PIEZOELECTRICITY, ACOUSTIC WAVES AND DEVICE APPLICATIONS

PIEZOELECTRICITY, ACOUSTIC WAVES AND DEVICE APPLICATIONS

Proceedings of the 2006 Symposium

Zhejiang University, China 14 – 16 December 2006

editors

Ji Wang

Ningbo University, China

Weiqiu Chen

Zhejiang University, China

World Scientific

NEW JERSEY • LONDON • SINGAPORE • BEIJING • SHANGHAI • HONG KONG • TAIPEI • CHENNAI

Published by

World Scientific Publishing Co. Pte. Ltd.
5 Toh Tuck Link, Singapore 596224
USA office: 27 Warren Street, Suite 401-402, Hackensack, NJ 07601
UK office: 57 Shelton Street, Covent Garden, London WC2H 9HE

British Library Cataloguing-in-Publication Data
A catalogue record for this book is available from the British Library.

PIEZOELECTRICITY, ACOUSTIC WAVES AND DEVICE APPLICATIONS
Proceedings of the 2006 Symposium

ISBN-13 978-981-270-813-7
ISBN-10 981-270-813-8

Printed in Singapore by World Scientific Printers (S) Pte Ltd

FOREWORD

The world is increasingly intelligent and connected through the ubiquitous functioning of various sensors and transmission systems based on the generation and propagation of acoustic waves in piezoelectric solids, as so many researchers and engineers are working on the analysis, design, manufacture, test, and applications of piezoelectric acoustic wave devices. The evidence, of course, is the growing participation and scope of the *Symposium on Piezoelectricity, Acoustic Waves, and Device Applications (SPAWDA)* started in Ningbo University, 2004, and followed in Zhejiang University, 2006.

This volume is the outcome of the Second Symposium on Piezoelectricity, Acoustic Waves, and Device Applications (SPAWDA 2006) held at Zhejiang University, Hangzhou, China, December 14-17. The Symposium was sponsored by major organizations including the Chinese Society of Theoretical and Applied Mechanics (CSTAM), the Acoustical Society of China (ASC), and the IEEE UFFC Society and organized by Zhejiang University and Ningbo University with the participation of about 140 leading scientists, engineers, industrial experts, and students representing prominent institutions and special interest groups in countries and regions such as China, US, Germany, Saudi Arabia, Hong Kong, and Taiwan. The subjects and topics of the Symposium, as readers can discover from papers in this collection, are broad, in-depth, and comprehensive in major areas concerning the frontiers and emerging technology of piezoelectric acoustic wave devices in three major aspects: fundamental theory, devices, and applications.

The majority of presentations and papers are delivered by Chinese authors, but the international participation has blended the Symposium and this volume of proceedings to the ideal flavor. We hope that this proceeding will serve not only as an overview of the current knowledge and technology about the theory and practical methods, but also as a catalyst and guide for future research in this rapidly growing field of piezoelectric devices and applications. We look forward to the development and practical applications of new theories, methods, and technologies, and foresee an increasing reliance on research and development through forged partnerships among academic, governmental, and industrial institutions.

The opening address by Professor Wei Yang, Academician of the Chinese Academy of Sciences and President of Zhejiang University, has praised the efforts in bringing researchers in Mechanics and Material Science and engineers in device development and applications to this unified forum for the opportunity to present and learn the latest discoveries, findings, and developments on major aspects of the theory, tools, and products in this exciting and growing industry. Professor Yang showed his encouragement and support to researchers in Mechanics for their contribution. Representatives from professional organizations and industries were also showing their supports as before with praises, encouragements, and expectations for the success of the Symposium. Throughout the event, speakers have been emphasizing applications of Mechanics, Physics, and Material Science in the development of piezoelectric acoustic wave devices as guiding principles, design tools, and enabling technology. Significantly, the panel discussion on piezoelectric device technology led by industrial experts like Dr. CS Lam (TXC), Dr. Clemens Ruppel (Epcos), Mr. Zhonghua Xie (Huapu), Mr. Xiaobing Chen (26th Institute), and others was well received in updating the latest technology trend in the industry and foreseeing challenges ahead by relating the basic science and research to current industrial needs.

There were more varieties in technical programs this year. In addition to the general sessions and 14 parallel sessions, there was a *Tiersten Memorial Session* dedicated to Professor Harry F. Tiersten, who has been a leading researcher in the field and passed away on June 12, 2006. Professor Tiersten has made important contributions to the field of piezoelectric devices and his book entitled *Linear Piezoelectric Plate Vibrations* is also a standard reference among researchers and students. There were also three sessions for the student paper competition with winners of best paper awards selected by groups of judges. In a brief closing ceremony, a few industrial and academic leaders handed out Student Paper Awards to the winners. It is hoped that the students will be encouraged to study and work in this friendly and close community. Of course, it is our honor to express our gratitude and appreciation to our industrial sponsors: *TXC Corporation (http://www.txc.com), Huapu Microelectronics (http://www.cetcmc.cn), East Crystal (http://www.ecec.com.cn), Vectron Shanghai (www.vectron.com), and Changfeng SAW Technology (http://cssaw.com).*

In summary, successful outcomes of this Symposium include: 1) enhanced technical exchange with involvements of academia, government labs, and industrial engineers and management; 2) extended interaction between theoretical study and product development, especially the invitation from Mr. Zhonghua Xie on visiting his research and production facility and free fabrication service for academic research are the important steps towards further academic and industrial cooperation; 3) enriched experiences for students with both student paper competition and opportunities from industries for practical training and employment; and 4) expanded international participation through the sponsorship by the IEEE UFFC and publication by the World Scientific.

As the Symposium is highly supported by colleagues, friends, participants, and sponsors, a more exciting event is to be seen at the Third Symposium on Piezoelectricity, Acoustic Waves, and Device Applications (Spawda 2008) to be held in Nanjing and organized jointly by Nanjing University of Aeronautics and Astronautics and Nanjing University in 2008.

Ji Wang
Ningbo University

Weiqiu Chen
Zhejiang University

ORGANIZERS AND COMMITTEES

发起组织/Sponsoring Organizations

中国力学学会/The Chinese Society of Theoretical and Applied Mechanics	http://www.cstam.org.cn
中国声学学会/The Acoustic Society of China	http://www.asc.ioa.ac.cn
IEEE UFFC	http://www.ieee-uffc.org

会议组织委员会/Organizing Committee

主 席/Chairman

丁皓江/Haojiang Ding	浙江大学/*Zhejiang University*

副主席/Co-Chairmen

王 骥/Ji Wang	宁波大学/*Ningbo University*
陈伟球/Weiqiu Chen	浙江大学/*Zhejiang University*
仲 政/Zheng Zhong	同济大学/*Tongji University*

委 员/Members (按姓拼音首字母排列/Alphabetically According to Surname)

何世堂/Shitang He	中科院声学所/*Institute of Acoustics, Chinese Academy of Sciences*
霍永忠/Yongzhong Huo	复旦大学/*Fudan University*
李锡夔/Xikui Li	大连理工大学/*Dalian University of Technology*
水永安/Yong'an Shui	南京大学/*Nanjing University*
张俊乾/Junqian Zhang	上海大学/*Shanghai University*

会议学术委员会/Scientific Committee

主 席/Chairmen

鲍亦兴/Yhi-Hsing Pao	浙江大学/*Zhejiang University*
杜善义/Shanyi Du	哈尔滨工业大学/*Harbin Institute of Technology*
杨 卫/Wei Yang	浙江大学/*Zhejiang University*

副主席/Co-Chairmen

水永安/Yong'an Shui	南京大学/*Nanjing University*
匡震邦/Zhenbang Kuang	上海交通大学/*Shanghai Jiao Tong University*
沈亚鹏/Yapeng Shen	西安交通大学/*Xi'an Jiaotong University*
苏先樾/Xianyue Su	北京大学/*Peking University*
余寿文/Shouwen Yu	清华大学/*Tsinghua University*
李锡夔/Xikui Li	大连理工大学/*Dalian University of Technology*
汪越胜/Yuesheng Wang	北京交通大学/*Beijing Jiaotong University*
万学华/Xuehua Wan	中国压电网/*ChinaPiezo–The Online Gateway to Piezo Technology*
吴 江/Jiang Wu	四川压电与声光研究所 *Sichuan Institute of Piezoelectric and Acoustooptic Technology*

委员/Members (按姓拼音首字母排列/Alphabetically According to Surname)

陈常青/Changqing Chen	西安交通大学/*Xi'an Jiaotong University*

会议程序委员会/Program Committee

主席/Chairmen

副主席/Co-chairmen

委员/Members (按姓拼音首字母排列/Alphabetically According to Surname)

会议承办/Conference Organizing

浙江大学/Zhejiang University　　http://www.zju.edu.cn
宁波大学/Ningbo University　　http://www.nbu.edu.cn
浙江省力学学会/ The Zhejiang Society of Theoretical and Applied Mechanics

CONTENTS

Piezoelectricity

Acoustic Waves and Vibrations

Device Applications

声电转换材料的研究进展

梁盛德 李全禄 张晴 巫建功
陕西省西安市长安南路 199 号陕西师范大学应用声学研究所 710062
电子邮件：lql0314@hotmail.com

马晴
陕西省咸阳市咸阳师范学院物理系 712000
电子邮件： slmaqing@126.com

本文简要地叙述了目前国内外应用于声电转换方面的两类材料—压电与压磁声电转换材料的研究进展。就常用的压电和压磁材料的结构、性能及应用作了初步分析和归类比较。最后指出了当前声电转换材料研究开发的过程中应注意的问题，并对今后研究开发的方向，提出了一些建议。

关键词：压电性，压磁性，声电转换材料，应用

RESEARCH PROGRESS OF ACOUSTOELECTRIC TRANSDUCER MATERIALS

Sheng-De LIANG, Quan-Lu LI, Qing ZHANG, Jian-Gong WU
Institute of Applied Acoustics, Shaanxi Normal University, Xi'an, 710062, China
E-mail: lql0314@hotmail.cn

Qing MA
Department of Physics, Xian Yang Normal University, Xian Yang, 712000, China
E-mail: slmaqing@126.com

This paper briefly summarizes the current research progress in China and other countries of the acoustoelectric transducer materials, i.e. piezoelectric and piezomagnetic transducer materials. The structures, properties and applications are of these materials are analyzed and compared. The future research and development of the field are finally suggested.

Keywords: piezoelectricity, piezomagnetism, acoustoelectric transducer material, application

1. 引言

声电转换材料在现代功能材料中占有非常重要的地位，它具有非常广泛的用途。近几年来声电转换材料被广泛应用于制作换能器、变压器、滤波器和蜂鸣器等器件。可以预见，随着电子、信息、航空、航天等高科技领域日新月异的发展，声电转换材料的研制技术和应用开发及相关的科学研究将越来越受到人们的重视。

2. 声电材料的研究现状及分类

本文把现已投入使用的大多数声电转换材料归结为两大类型：压电型和压磁型，它们的族系分别如下(少数为天然材料，大多数为人工制造的) [1]。

2.1. 压电材料的分类

压电型材料包括压电陶瓷、压电单晶、压电半导体、压电高聚物、压电复合材料等。

2.1.1. 压电陶瓷

压电陶瓷是指把氧化物（氧化锆、氧化铅、氧化钛等）高温烧结，固相反应后制成的多晶体，并通过直流高压极化处理使其具有压电效应的铁电陶瓷的统称。目前常见的压电陶瓷主要有：

(1) 单元系压电陶瓷
最早具有压电性的陶瓷($BaTiO_3$)是 1947 年由美国的 Robert [2]发现的，由于其居里温度点不高(120℃)和第二相变点(0℃)都在工作温区附近，性能随温度和

时间的变化太大从而限制了其应用。但是 $BaTiO_3$ 压电性的发现却成为探索新型氧化物铁电体的转折点，人们在此基础上研制出了置换 $BaTiO_3$ 所获得的同 $BaTiO_3$ 有类似结构的 ABO_3 型铁电体。

(2) 二元系压电陶瓷

1955 年美国 NBS 研究所(现称 NIST)的 Jaffe [3]等人发现了 $Pb(Zr_xTi_{1-x})O_3$(简称 PZT)系固溶体的高压电活性和高介电常数，该类材料以其优异的性能成为压电陶瓷领域中的研究主流。PZT 的出现，增加了许多在 $BaTiO_3$ 时代不可能有的新应用，如陶瓷滤波器和压电点火装置等。

(3) 三元系及多元系压电陶瓷

1965 年日本松下电气公司的科研人员在二元系组分中加入 $Pb(Mg_{1/3}Nb_{2/3})O_3$ 后，试制成了三元系压电陶瓷。常见的三元系压电陶瓷材料有如下几种：① 铌镁锆钛酸铅系，主要成分是 $xPb(Mg_{1/3}Nb_{2/3})$-$yPbTiO_3$-$zPbZrO_3$。此材料特点是具有高机电耦合系数，高介电常数，较大的机械品质因数值和较好的稳定性，用途广泛。② 铌锌锆钛酸铅系，主要成分 $xPb(Zn_{1/3}Nb_{2/3})$-$yPbTiO_3$-$zPbZrO_3$。此材料特点是稳定性好，烧成范围宽，成分易控制，致密度高，绝缘性能好，压电性能优异。③ 碲锰锆钛酸铅系，主要成分是 $xPb(Mn_{1/2}Te_{1/2})O_3$-$yPbTiO_3$-$zPbZrO_3$。此材料特点是在受机械压力和电负载时，压电性能衰减少。④锑锰锆钛酸铅系，主要成分是 $xPb(Mn_{1/3}Sb_{2/3})$-$yPbTiO_3$-$zPbZrO_3$。此材料特点是机电耦合系数和机械品质因数量值都高，且谐振频率的时间稳定好，损耗也小。目前三元系压电陶瓷的研究工作还在不断深入，而且部分研究人员在三元系材料的基础上添加了第四、第五种组元，开拓出了人们所说的四元系、五元系压电陶瓷，预计将会有更优良的压电陶瓷新材料出现。

(4) 无铅压电陶瓷

上述的压电陶瓷均含有大量的铅，制造和使用过程中会导致环境污染。国内外报道的无铅压电陶瓷体系主要有以 $BaTiO_3$ 为基的无铅压电陶瓷、以 $Bi_{1/2}Na_{1/2}Bi_{1/2}Na_{1/2}TiO_3$ (BNT)为基的无铅压电陶瓷、碱金属铌酸盐基的无铅压电陶瓷、钨青铜结构无铅压电陶瓷和铋层状结构无铅压电陶瓷[4]。目前研究的 $BaTiO_3$ 为基的无铅压电陶瓷体系主要有三类，即：① $(1-x)BaTiO_3$-$xABO_3$ (A=Ba、Ca 等；B=Zr、Sn、Hg、Ce 等)；② $(1-x)BaTiO_3$-$xA^1B^1O_3$ (A^1=K、Na；B^1=Nb、Ta)；③ $(1-x)BaTiO_3$-$xA^{11}0.5NbO_3$ (A^{11}= Ca、Sr、Ba 等)。BNT 基无铅压电陶瓷主要有五类，即：① $(1-x)$BNT-$xBi_{1/2}K_{1/2}TiO_3$；② $(1-x)$BNT-$xATiO_3$；(A = Ba、Sr、Ca 或由它们组成的复合离子)；③ $(1-x)$BNT-xA_1NbO_3 (A_1=K、Li、Na)；④ $(1-x)$BNT-$xA^{11}B^{11}O_3$ (A^{11}=Bi、La；B^{11}=Cr、Fe、Sc、Mn)；⑤ $(1-x-y)$BNT-$x BaTiO_3$-$y BiFeO_3$。铋层状结构无铅压电陶瓷主要有：① $Bi_4Ti_3O_{12}$ 基压电陶瓷；② $MBi_2N_2O_9$ 基压电陶瓷(M=Sr、Ca、Ba、$Na_{1/2}Ba_{1/2}$、$K_{1/2}Bi_{1/2}$；N=Nb、Ta)；③ $Bi_3TiM'O_9$ 基压电陶瓷(M' = Ta、Ta)； ④ 复合铋层状结构无铅压电陶瓷。⑤ $(1-x)BaBiTi_4O_{15}$-$xBa_4Ti_{13}O_{30}$。近几年来，BNT 基和铋层状结构无铅压电陶瓷的研究和开发极为活跃。BNT 陶瓷具有铁电性强(Pr 为 38 uc/m^2)、压电系数大(k_t、k_{33} 约为 40%～50%)、介电常数小(为 240～340)、声学性能好(N_P=3200 Hz · m)等优点。以 Takenaka 为代表的日本学者对 BNT 基无铅压电陶瓷进行长期的掺杂改性研究[5]，成功地解决了矫顽场过高的问题，并得到了许多性能良好的 BNT 基压电陶瓷。表 1 给出了 BNT 基陶瓷中加入第二组元配方陶瓷体系的压电性能。铋层状结构无铅压电陶瓷具有介电常数低(127～154)、自发极化强、居里温度高(>500℃)、机械品质因数 Q_m 高(2000～7200)、电阻率高、谐振频率的时间和温度稳定性好等特点。表 2 给出了部分铋层状结构无铅压电陶瓷的压电性能。

表 1. BNT 基陶瓷中加入第二组元配方陶瓷体系的性能

组元	k_p /%	k_{33}/ %	$\varepsilon_{33}^T/\varepsilon_0$	Q_m
$BaTiO_3$	-	57	1001	-
$NaNbO_3$	10.8	43.3	339	-
$NaSbO_3$	36.8	49.2	1462	84
$BiCrO_3$	31.2	41.7	155	1288
$LaFeO_3$	28	37.2	602	472
$BiFeO_3$	20.6	43.8	618	861

表 2. 部分铋层状结构无铅压电陶瓷性能

组成	d_{33} /pC/N	$\varepsilon_{33}^T/\varepsilon_0$	Q_m	k_t /%
$0.95Bi_4Ti_{13}O_{12}+0.05YMnO_3$		144	5650	25
$0.95Bi_4Ti_{13}O_{12}+0.05HoMnO_3$		145	4700	22
$(SrBi_2Ta_2O_9)_{0.3}(SrBi_2Nb_2O_9)_{0.7}$	80	-	-	-
$(BaBi_2Nb_2O_9)_{0.4}(CaBi_2Ta_2O_9)_{0.6}$	45	-	-	-

2.1.2. 压电单晶

压电单晶是一种温度稳定性好的压电材料，传统的有应用价值的压电晶体主要有：石英(Si)、铌酸锂（$LiNbO_3$）、钽酸锂（$LiTaO_3$）、锗酸锂（$LiGeO_3$）、镓酸锂（$LiGaO_3$）、锗酸铋（$BiGe_{12}O_{20}$）等。目前各国都在研究新型压电单晶材料，研究的重点主要在各种弛豫基铁电单晶$(In_{1/2}Nb_{1/2})$-$PbTiO_3$ 、$Pb(Yb_{1/2}Nb_{1/2})$-$PbTiO_3$ (PYN-PT)、$BiScO_3$-$PbTiO_3$ (BSPT)、$BiScO_3$-$BiGaO_3$-$PbTiO_3$、$Pb(Mg_{1/3}Nb_{2/3})O_3PbTiO_3$ (PMNT)、$Pb(Zn_{1/3}Nb_{2/3})O_3$-$PbTiO_3$ (PZN-PT)等，它们均表现出了高的居里温度和相对优良的介电和压电性能。另外，硅酸镓镧$La_3Ga_5SiO_{14}$(LGS)系列新型压电单晶和通过离子置换得到的类 LGS 结构单晶$La_3Ga_{5.5}Nb_{0.5}O_{14}$(LGN)、$La_3Ga_{5.5}Ta_{0.5}O_{14}$(LGT)、$Sr_3Ga_2Ge_4O_{14}$ (SGG)、$Na_2CaGe_6O_{14}$ (NCG)等在声表面波器件方面得到了广泛应用。

2.1.3. 压电半导体

具有压电效应的半导体材料称为压电半导体，它们既具有半导体特性同时也具有压电性。这些半导体材料包括硒(Se)，碲(Te)，Ⅱ-Ⅵ族化合物如氧化锌(ZnO)、硒化镉(CdSe)、碲化镉(CdTe)、碲化锌(ZnTe)，Ⅲ-Ⅵ族化合物如砷化镓(GaAs)、碲化铟(InTe)、磷化镓(GaP)，还有三元化合物如硫砷银(Ag_3AsS)、砷锗镉(CdGeAs)，等等。利用它们的压电效应可以制作许多声电器件和电声器件，如晶体拾音器、晶体振荡器和扬声器等。

2.1.4. 压电高聚物

压电高聚物一般可分为压电塑料、压电橡胶、压电树脂、压电高聚物复合材料及压电薄膜等。人们发现较早的压电高聚物是聚偏氟乙烯（PVDF)，这是一种薄膜型压电材料，具有柔韧性、热塑性和易于加工等特点。近几年来，奇数尼龙、亚乙烯基二氰 VDCN 共聚物及芳香族和脂肪族聚脲等的研究也表明它们呈现出了和 PVDF 类似强度的压电活性。

2.1.5. 压电复合材料

压电复合材料是由两相或多相材料复合而成的，通常见到的是由压电陶瓷和聚合物组成的两相复合材料。与纯粹的压电陶瓷材料或高聚物相比，压电复合材料具有低密度、低阻抗、低机械品质因数、高频带、高的抗机械冲击性能和低的横向耦合振动等优点。目前已被广泛应用于无损检测、水声和医用声学等领域。

2.2. 压磁材料的分类

传统的压磁材料包括铁磁金属类材料及其合金和铁氧体材料等，不过由于它们的机电转换效率较低，其应用范围已经很小。近年来，以 Terfenol-D 为代表的稀土超磁致伸缩材料，由于其部分性能优于压电陶瓷（PZT）等材料，压磁材料的研究又受到了人们的重视[6]。

2.2.1. 铁磁金属类

包括 Fe、Co、Ni 及其合金和化合物。其在居里点以下，当加上外电场时，各磁畴内磁矩趋向于外磁场方向整齐排列，使材料具有较大的磁化强度。如 Ni、Co、Al-Fe、Ni-Fe、Fe-Co-V、Ni-Co 等铁磁金属及合金都是良好的磁致伸缩材料。

2.2.2. 铁氧体

铁氧体作为一种具有铁磁性的金属氧化物，是由铁与其他一种或多种金属组成的复合氧化物。用作压磁材料的铁氧体有：Ni-Zn 系铁氧体、Ni-Cu 系铁氧体、Mn-Zn 系铁氧体、Ni-Cu-Co 铁氧体和其他掺有 Cu、Co、Zn、Cd、Cr、Li 等不同成分组成的 Ni-Fe 基铁氧体磁致伸缩材料。工业上应用最多的是镍锌铁氧体 Ni-$ZnFe_2O_4$、镍铜铁氧体 Ni-$CuFe_2O_4$ 和镍镁铁氧体 Ni-$MgFe_2O_4$ 等。

2.2.3 稀土超磁致伸缩材料

以 Terfenol-D 为代表的稀土超磁致伸缩材料与压电材料（PZT）和传统的磁致伸缩材料相比，具有独特的性能。表 3 是 Terfenol-D 稀土超磁致伸缩材料、Ni 和 PZT 的物理性能比较。其中 λ_s 为饱和磁致伸缩系数， k_{33} 为机电耦合因数， ν 为能量密度， n 为能量转换效率。

表 3. Terfenol-D 稀土超磁致伸缩材料、Ni 和 PZT 的物理性能比较

参数	Terfenol-D	Ni	PZT	参数	Terfenol-D	Ni	PZT
$\lambda_s/10^{-6}$	1500~2000	-40	100~450	t/μs	<1	-	10
k_{33}	0.7~0.75	0.3	0.48~0.72	E/GPa	25~35	210	50
v/kJ·m^{-3}	14~25	0.03	0.65	v/m·s^{-1}	1720	4950	3130
n/%	49~56	9	23~52	T_c/℃	380	>500	130~400

3. 压电与压磁材料的性能改进

要提高声电转换材料的性能，通常采用两种方法：一种是通过改善制备工艺及其条件对其进行改性，另一种是采用掺杂的方法对其进行改性。

3.1. 压电材料（PZT）的性能改进

当前为了进一步提高材料的压电活性，以满足不同功能器件的特殊需要，研究人员进行了多方面的探讨。

3.1.1. 压电陶瓷制备方法的改进

粉体合成：功能陶瓷对合成粉体的基本要求是：高纯、超细、粒度分布均匀、分散性好、化学计量准确以及掺杂均匀等。另外从烧结角度和压电陶瓷的微观结构以及最终性能来看，当合成的陶瓷粉体颗粒越细，分布越均匀，化学计量比越准确，就越有可能实现低温烧结。目前制备 PZT 粉体的方法主要有固相法和液相法。液相法制备的陶瓷粉体，具有合成温度低、粉体纯度高、粒径小等优点，是目前实验室和工业上广泛采用的制备纳米超细粉体的方法。液相法中主要包括共沉淀法、溶胶—凝胶法和水热法等。但溶胶—凝胶法和沉淀法对溶液的 pH 值的变化较为敏感，操作难度大；而水热法制备陶瓷粉体，工艺相对简单，粉体不需要高温处理，得到的粉体具有结晶好，团聚少，粒度分布窄、烧结活性高等优点，因此得到广泛的重视。同时，只有水热法可成功地在较低温度(160℃)下合成高纯、超细、均一的 PZT 陶瓷粉体。

压电陶瓷材料大都是铅基氧化物，高温下氧化铅的挥发，使得烧成温度和保温时间与材料的相组成和显微结构有着密切的关系，直接影响着材料的物理性能。因此低温烧结变成了重要的研究向。目前，实现低温烧结的方法有：添加助溶剂法、超细粉体法、热压烧结法、冷压烧结法等。研究表明[7]，在利用水热法合成 PZT 陶瓷粉体时掺加微量的 Fe^{2+}、Bi^{3+}、Cu^{2+} 等离子，在合成的粉体中再外加 BCW [$Ba(CuW)O_3$]，可以实现在空气中 850℃完成烧结，比不加烧结助剂的粉体的烧结温度降低 250℃左右。清华大学李龙士等在陶瓷原料中加入由 $xBO_{1.5}$-$yBiO_{1.5}$-$zCdO$ 组成的玻璃料可使烧结温度得到较大程度的降低，且其压电性和介电性都得到了改善。Patel 等人对 PZT 材料进行热压烧结，烧结温度较普通烧结降低了 150-200℃，性能也有所提高[8]。

3.1.2. 压电陶瓷的掺杂改性

取代改性，即等价离子置换 Pb^{2+}或 Zr^{4+}、Ti^{4+}构成固溶体。置换 Pb^{2+}的常用等价离子主要是碱土金属离子，如 Ba^{2+}、Sr^{2+}、 Ca^{2+}、Mg^{2+}等。置换后的固溶体的某些性能会发生改变。例如，居里温度下降，机电耦合系数、介电系数和压电系数有一定程度的增加。置换 Zr^{4+} 、Ti^{4+}的等价离子主要是 Sn^{4+}和 Hg^{4+}。引入这些离子后，将使轴比(c/a)降低，居里温度下降，介电常数稍有增加，有时还能使介电常数和机电耦合系数的稳定性有一定的改善，但是它们的作用并不明显。

添加物改性，即添加不等价离子化合物置换 Pb^{2+} 或 Zr^{4+}、Ti^{4+}离子。掺杂的方式可分为三类：第一类是受主掺杂，即用低价正离子取代高价正离子，如 Li^{+}、Fe^{3+}取代 Zr^{4+}、Ti^{4+}。为保持电中性，材料中将出现氧空位。受主掺杂能使介电常数降低、频率常量升高、机械品质因数增大、老化率增大。第二类是施主掺杂，即用高价正离子取代低价正离子，如 La^{3+} 取代 Pb^{2+} 、Nb^{5+}取代 Zr^{4+}、Ti^{4+}。施主杂质使材料中出现铅空位，能使介电常数提高、机电耦合系数增大、机械品质因数降低、老化率降低。另外，根据具体要求，也可采用共掺杂的方式，例如同时以 La^{3+}取代 Pb^{2+}、以 Fe^{3+}取代 Zr^{4+}、Ti^{4+}。

3.2. 压磁材料的性能改进

不管是压电还是压磁材料，要对其进行性能改进，采用的方法就是上面所说的工艺改进或材料组分改进。

3.2.1. 稀土超磁致伸缩材料的制备方法的改进

稀土超磁致伸缩材料的制备技术主要采用定向凝固方法和粉末冶金方法。Tb_2Dy_2Fe 的 $\lambda_{111}>>\lambda_{100}$， 人们一直希望得到具有<111>方向择优取向的样品。当生长速度 V 小于 6 mm/min 时，晶体为<110>轴向择优取向，当 $8 < V < 12$ mm/min 时，为〈112〉择优取向，当 $V > 15$mm/ min 时，发生从<112>轴向向<110>轴向的转变，但是不能得到<111>方向取向的样品。文献[9]中报道，在磁场和微重力条件下，生长出了<111>方向生长的 $Tb_{0.3}Dy_{0.7}Fe_{1.9}$ 材料，最大应变可达 2000×10^{-6}。文献[10]中北京有色金属研究总院稀土材料国家工程研究中心开发的“一步法”新工艺，将熔炼—定向凝固—热处理等工艺在一台设备上完成可成功生产出直径 70mm，长 250mm 的大直径、高性能的稀土超磁致伸缩棒材。武汉理工大学首创的以提拉法无污染磁悬浮冷坩埚技术为核心的加工技术生产出来的 $Tb_{0.3}Dy_{0.7}Fe_{1.9}$，其磁致伸缩系数为 2000×10^{-6}~2400×10^{-6}。

3.2.2. 稀土超磁致伸缩材料的掺杂改性

自从发现高性能 $Tb_{0.3}Dy_{0.7}Fe_{1.9}$ 磁致伸缩材料后，人们利用各种元素来分别取代 Tb、Dy、Fe 这三种元素，期望能提高材料的性能并且降低材料的成本。用 Al 、Ni 、V、Co 、Mn 等取代 Tb-Dy-Fe 中的 Fe 原子进行大量的研究，发现 $Tb_{0.5}Dy_{0.5}(Fe_{0.9}Mn_{0.1})_2$ 比 $Tb_{0.3}Dy_{0.7}Fe_2$ 的各向异性小，本身的磁致伸缩应变也较大，多晶材料在 14 kOe 磁场条件下的应变可达 1320×10^{-6}，但是 Mn 替代 Fe 会降低 Tb 和 Dy 之间各向异性的平衡温度。Al 替代 Fe 也可以降低

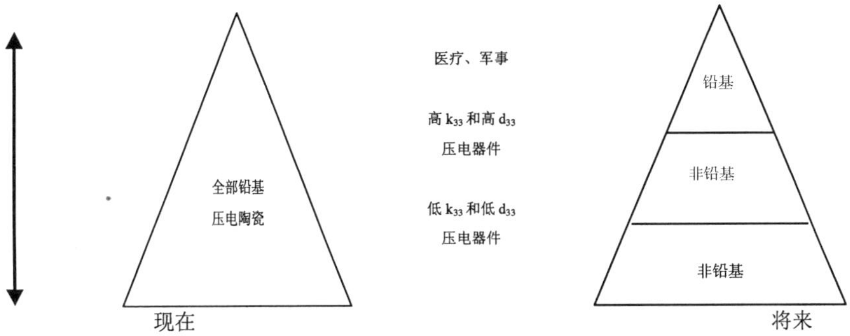

图 1. 铅基和非铅基压电陶瓷材料与器件的应用领域

Tb-Dy-Fe 的各向异性，V 替代 Fe 可以有效地提高合金的磁致伸缩性能，且居里温度可以提高到 426 ℃。对于 $Tb_{0.27}Dy_{0.73}Fe_2B_x$ 合金，B 的加入可以抑制恶化磁致伸缩性能的富铁相的形成，当 $x = 0.2$ 时，几乎不出现富铁相。也有人在研究用 Pr、Nd、Ho 等轻稀土替代 $Tb_{0.3}Dy_{0.7}Fe_2$ 中的 Tb 或 Dy。他们发现对于 $Tb_{0.3}Dy_{0.6}Pr_{0.1}(Fe_{0.95}Mn_{0.05})_x$ 合金当 $x = 1.85$ 时,在 2kOe 的磁化场条件下，磁致伸缩应变可达 1710×10^{-6}。

4. 声电转换材料的应用

已投入市场的压电产品主要有压电滤波器、压电变压器、压电换能器、压电超声马达与驱动器、压电点火器等。图 1 给出了铅基和非铅基压电陶瓷材料与器件的应用领域[11]。由表 3 可知 Terfenol-D 材料的磁弹、声学、力学性能呈现出明显的优势，因此将其制成换能器具有位移大、功率高、控制精密、响应快、频带宽、能量供应简单及可靠等优点。世界著名的美国 Etrema 公司销售经理 Todd Kreamer 曾经说过“材料的应用行业及应用产品几乎是无限的”。用稀土超磁致伸缩材料制作的水声换能器和电声换能器已成功用于海军装备、油井探测、噪声与振动控制系统、海洋勘探与水下通讯等领域[12]。

5. 结论

目前声电转换材料的研究是一门多学科互相交叉的综合性应用基础研究，是介于基础科学与应用科学之间的一门技术科学，与其它相关学科联系密切，且相互渗透、相互促进。作者认为压电和压磁声电转换材料将长期共存，压电材料取代压磁材料的可能性不大，而且在实际应用中将相互弥补各自的不足，各有独到的应用。在压电和压磁声电转换材料中改性研制兼有多种性能如压阻、压敏、热释电、光电和磁光等多功能材料，以适应未来相关电子器件的智能化、集成化和小型化的多功能器件的需要，将成为材料工程领域内的一个重要的发展趋势。

致谢

此文工作得到了国家自然科学基金（No. 10374064）、陕西省自然科学基金（No. 2006A03）、陕西省教育厅计划科研项目（No. 06JK322）的资助。

参考文献

1. 李全禄, 压电与压磁声电转换材料的研究及应用, 压电与声光 **17**(2), 43 (1995).
2. 张福学等, 压电铁电应用, 国防工业出版社, 北京 (1987).
3. B. Jaffe, W. R. Cook Jr., H. Jaffe, 压电陶瓷, 科学出版社, 北京 (1971).
4. 尹奇异等, 无铅压电陶瓷及其应用研究, 金属功能材料 **11**(6), 40 (2004).
5. T. Takenaka, Current status and prospects of lead-free piezoelectric ceramics, *J. Euro. Ceramic Soc.* **25**(12), 2693 (2005).
6. 余声明, 智能磁性材料及其应用, 磁性材料及器件 **35**(5), 1 (2004).
7. 周桃生等, 低温烧结改性 $BaTiO_3$ 压电陶瓷材料的研究, 压电与声光 **23**(2), 106 (2001).
8. 紫京鹤，李龙士等, 低温烧结 PZT 压电陶瓷的研究, 清华大学学报(自然科学版) **28**(3), 1 (1988).
9. H. Minaga, et al., Synthesis of $Tb_{0.3}Dy_{0.7}Fe_{1.9}$ magnetostrictive alloy by unidirectional solidification in magnetic field and microgravity, *J. Magn. Magn. Mater.* **248**(2), 230 (2002).
10. 李扩社, “一步法”制备高性能稀土超磁致伸缩材料的研究, 北京有色金属研究总院学位论文, 北京 (2004).
11. 肖定全, 关于无铅压电陶瓷及其应用的几个问题, 电子元件与材料 **23**(11), 62 (2004).
12. 李素珍, 稀土超磁致伸缩材料与器件发展现状, 稀土信息 (4), 28 (2005).

无铅压电陶瓷材料的研究

马晴
陕西省咸阳市咸阳师范学院物理系 712000
电子邮件：slmaqing@126.com

李全禄 张晴 梁盛德 李晓娟 郝淑娟
陕西省西安市长安南路 199 号陕西师范应用声学研究所 710062
电子邮件： lql0314@hotmail.com

压电陶瓷在很多方面都有广泛的重要应用，但是随着以人为本观念的深入和人们对环境保护意识的进一步增强，一些压电陶瓷材料（如：PT 和 PZT 等）中含铅的问题引起了人们对压电陶瓷材料更多的思考。本文综合叙述了无铅压电陶瓷材料的研究现状及其在应用中还存在的问题；指出无铅压电陶瓷的晶格缺陷对压电性能的影响；给出了目前无铅压电陶瓷材料研究的主体方向：$BaTiO_3$ 基无铅压电陶瓷，$Bi_{0.5}Na_{0.5}TiO_3$ (BNT) 基无铅压电陶瓷和 Bi 层状压电陶瓷。简单介绍了以上几种无铅压电陶瓷的压电特性和无铅铁电陶瓷电子发射性能及添加剂对压电性能的影响。

关键词：无铅压电陶瓷，晶格缺陷，钛酸铋钠，铋层状材料

A STUDY OF THE LEAD-FREE PIEZOELECTRIC CERAMIC MATERIALS

Qing MA
Department of Physics, Xian Yang Normal University, Xian Yang, 712000, China
E-mail: slmaqing@126.com

Quan-Lu LI, Qing ZHANG, Sheng-De LIANG, Xiao-Juan LI, Shu-Juan HAO
Institute of Applied Acoustics, Shaanxi Normal University, Xi'an , 710062 , China
E-mail: lql0314@hotmail.com

Piezoelectric ceramics have important applications in many fields. However, with the consciousness of importace of people-orientation and environmental protection, the lead-involved piezoelectric ceramics such as PT and PZT become improper. This paper summarizes the status as well as certain problems in applications of lead-free piezoelectric ceramic materials. The effect of defects in the crystal lattice of piezoelectric ceramics on their performance is discussed. The research trends of lead-free piezoelectric ceramics, including $BaTiO_3$ (BT) or $Bi_{0.5}Na_{0.5}TiO_3$ (BNT) based piezoelectric ceramics and bismuth (Bi) layered structure piezoelectric ceramics, are pointed out. The piezoelectricity and emission properties of electronics of these piezoelectric ceramics and lead-free ferroelectric ceramics are also briefly discussed, with special emphasis on the effect of additives in the materials.

Keywords: lead-free piezoelectric ceramic, defect of the crystal lattice, sodium-bismuth titanate, Bi layered structure material

1. 压电陶瓷及压电效应

1.1. 压电陶瓷及其分类

压电陶瓷是压电多晶材料，而大部分压电多晶材料都是有铁电性质。目前，在超声应用领域，压电陶瓷材料绝对处于支配地位[1]。压电陶瓷具有原材料价格低廉、机械强度好、易于加工成形等优点，而且还可以通过添加不同的材料成分，达到不同压电材料的不同性能的需要。

压电陶瓷的原始成分基本上都是金属氧化物粉末，根据压电陶瓷材料的成份进行分类，如表 1 所示。

表 1. 压电材料分类

<table>
<tr><td rowspan="7">压电材料</td><td>压电单晶体</td><td colspan="2">石英(SiO_2)、酒石酸钾钠($NaKC_4H_4+4H_2O$ 即 KNT)、磷酸二氢氨($NH_4H_2PO_4$ 即 ADP)、铌酸锂($LiNbO_3$)、钽酸锂($LiTaO_3$)、锗酸锂($LiGeO_3$)、硫酸锂($LiSO_4$-H_2O 即 LSH)等</td></tr>
<tr><td rowspan="3">压电陶瓷</td><td>一元系</td><td>钛酸钡(BaTiO3)、钛酸铅(PbTiO3)、铌酸钾钠(KxNa1-xNbO3)、偏铌酸铅($PbNb_2O_5$)等</td></tr>
<tr><td>二元系</td><td>铌镁-锆-钛酸铅系中包含锆钛酸铅($Pb(Zr_xTi_{1-x})O_3$)、偏铌酸铅钡($Pb_{1-x}Ba_xNb_2O_5$)等</td></tr>
<tr><td>三元系</td><td>铌镁-锆-钛酸铅、铌钴-锆-钛酸铅、铌锌-锆-钛酸铅、铌锑-锆-钛酸铅、铌锰-锆-钛酸铅等</td></tr>
<tr><td>压电高分子聚合物</td><td colspan="2">聚偏二氟乙烯(PVDF)</td></tr>
<tr><td>复合压电材料</td><td colspan="2">PVDF+PZT 的复合</td></tr>
</table>

多元系压电陶瓷材料主要是在锆酸铅-钛酸铅二元系基础上发展起来的，其通式为：$PbTiO_3$-$PbZnO_3$-$\sum_n PbB'_{1-a}B''_aO_3$（n=2，3），此处 B′代表 5 价和 6 价正离子，B″代表 1，2 和 3 价正离子，a 值为 1/2、1/3 和 1/4，其值取决于 B′和 B″的原子价数，通常调节和添加 $PbB'_{1-a}B''_aO_3$ 可改变系统的元素数以获得很宽性能调节范围的新材料[2]。目前四元系压电陶瓷材料也得到了发展。

1.2. 压电效应

压电效应是法国物理学家居里兄弟于 1880 年在石英（ -SiO_2）上发现的。压电效应是指某些电介质受到外力作用时，由于电介质的形变，使其表面上产生与外力大小成正比的一定数量的异号束缚电荷的现象。此过程是机械能转变为电能的过程。另外，当有电场作用时，具有压电效应的材料也会发生形变，实质是电能转变为机械能的过程。故压电效应是可逆的此即逆压电效应。

人工制备的未经极化的陶瓷由于其中的电轴取向杂乱排列，故不具压电效应。所以，只有经过极化工序处理后的压电陶瓷，才能显示压电效应[1]。

1.3. 压电陶瓷材料的应用

压电陶瓷材料的应用仅在 20 世纪 40 年代中期才得以实现。利用压电陶瓷的性质及压电效应原理，目前已投入市场的压电陶瓷产品主要有压电滤波器、压电换能器、压电超声马达与驱动器、压电点火器等等[3]。

2. 开发无铅压电陶瓷材料的研究与发展

传统的压电陶瓷（例如 $PbTiO_3$，$Pb(Zr_xTi_{1-x})O_3$，和铌镁-锆-钛酸铅等）大多是含铅陶瓷，且含铅的氧化物（PbO 或 Pb_3O_4）含量 70%左右[12]。在其制备、使用及废弃后的处理过程中，易对环境和人类造成严重的危害。随着全社会对环境保护问题的重视，人们开始重新审视过去研究、开发、生产和使用压电陶瓷材料的活动及其不良后果；更新忽视生存环境恶化，单纯追求高性能、高附加值的材料发展思路；探索发展既有良好性能或功能，又对资源和能源消耗较底且与环境协调好的（绿色）材料及制品[4]。

1960 年 Smolenskii 等人首次合成钛酸铋钠，简称 BNT [5]。其具有较复杂的相变序列，在室温下是三方铁电相；在约 230 度，经历弥散相变，转变为反铁电相；在 320 度转变为四方顺电相；在 520 度以上为立方相[5,6]。

BNT 陶瓷具有弛豫铁电体的特征，具有相对较大的剩余极化强度（0.37 $c{\cdot}m^{-2}$）和很高的矫顽场（7.3 $kv{\cdot}mm^{-1}$）[6,7]。通过引入钛酸钡（$BaTiO_3$）组元，Takennda 等人降低了 NBT 过高的矫顽场，避免了因 BNT 铁电相较高的电导率导致的极化困难，获得了具有相当压电活性的材料[8]。

压电陶瓷的发展是从钛酸钡（$BaTiO_3$）陶瓷开始的，钛酸钡陶瓷是发展得比较成熟的无铅压电陶瓷材料，它的压电性能居于中等，虽然具有相对较高的压电常数(d_{33} 可达 190 $pC{\cdot}N^{-1}$)，但是它难以通过掺杂来改变性能以满足不同的需要。另一方面钛酸钡的居里温度仅为 120℃，且在室温附近存在相变，因而工作温度范围较窄，温度和时间稳定性欠佳，烧结困难。很显然用钛酸钡代替铅基压电陶瓷还远远不够[9]。

2.1. 新型无铅压电陶瓷研究

2.1.1. $NaNbO_3$ 的研究

20 世纪 60 年代初期，其它一些与钛酸钡具有同样钙钛矿结构的无铅压电陶瓷涌现出来，主要是以铌酸盐和钛酸盐为主的无铅压电陶瓷[10]。其中 $NaNbO_3$ 基无铅压电陶瓷具有独特的物理性质：低密度、高声学速度，介电常数、机械品质因数及压电常数取值范围较宽等[9]。但 $NaNbO_3$ 基无铅压电陶瓷烧结过程中 Na 易挥发，且与铅基压电陶瓷相比其性能较差，仍难以满足生产实际的需要。

2.1.2. Bi 层状结构化合物

20 世纪 80 年代无铅压电陶瓷的研究集中在了 Nb 系压电陶瓷，及 Bi 层状结构化合物。在 Bi 层状结构体系中以 $ABiTi_4O_{15}$（A 为 Ca，$Bi_{0.5}Na_{0.5}$ 等+2 价金属离子或复合离子）为主。Bi 层状结构无铅压电陶瓷具有居里温度高、介电击穿强度大、介电耗损低、性能各向异性大及温度、应力性能稳定等特征，是适合高温高频领域的陶瓷材料。但其压电活性低，难以极化[11]。

2.1.3. 以碱性金属铌酸盐为基的陶瓷体系

碱性金属铌酸盐，即 $NaNbO_3$、$KNbO_3$、$LiNbO_3$ 等 ABO_3 型化合物，此类化合物晶体的压电性较大。主要有关于 $KNbO_3$-$NaNbO_3$ 陶瓷的压电性研究；$KNbO_3$-$NaNbO_3$-$LiNbO_3$ 体系陶瓷的压电性能研究；还有 2004 年 11 月 Nature 杂志上报道的日本丰田公司的研发人员研发出的压电性能与铅基压电陶瓷相当的无铅压电陶瓷材料，其成分分为（$K_{0.5}Na_{0.5}$）NbO_3 和 $LiTaO_3$，其中（$K_{0.5}Na_{0.5}$）NbO_3 的居里温度可达 415 度，$LiTaO_3$ 的居里温度可达 615 度高。两者按一定比例混合烧结时，能获得 d_{33} 为 230 $PC.N^{-1}$ 的多晶陶瓷[10]。但是制备织构陶瓷所需的活性模板法过程复杂、成本较高，因此投入生产还是不够理想。

2.1.4. 以钛酸铋钠为基的二元或多元陶瓷体系

钛酸铋钠具有铁电性强、压电系数大、介电系数小、声学性能好等特点，但是它的矫顽场高、极化难，不易得到高的压电性能。钛酸鉍钠$(Bi_{0.5}Na_{0.5})TiO_3$ (BNT) 也是目前无鉛陶瓷研究的热点。它是 1960 年被首次发现的，具有钙钛矿结构。同样钛酸鉍钠也具有压电活性低、矫顽场大等特点。目前主要是通过添加多种钙钛矿结构掺杂物对钛酸鉍钠进行改性。Wang 等[12] 在$(Bi_{0.5}Na_{0.5})_{0.94}Ba_{0.06}TiO_3$ 中加入 0.5 mol%的 CeO_2 和 0.75mol% 的 La_2O_3 后通过传统烧结，发现压电陶瓷铋层状无铅压电陶瓷有它自身的缺点：一是矫顽场过高，不利于极化；二是压电活性低。为了克服这两种缺陷，主要采用高温极化和掺杂改性。因为随温度升高矫顽场下降，通过掺杂压电活性增强。另外还可以通过工艺改进来实现性能改善，如利用晶粒定向技术提高铋层状无铅压电陶瓷晶体的各向异性[4]。

2.2. 无铅压电陶瓷的晶格缺陷对压电性的影响

晶格缺陷是指实际晶体中原子的排列与理想晶体中的周期性点阵结构发生偏离的现象。李国荣等[13]对此所做的实验证明，Na、K 和 Bi 在烧结过程中容易挥发，使晶格中产生 A 空位和氧空位，这些晶格中的阳离子空位和阴离子氧空位之间构成了缺陷偶极子。在外电场作用下，缺陷偶极子与自发偶极子相同，沿电场方向取向，因此取向的缺陷偶极子对压电性能产生正贡献，且压电温度稳定性与脱阱温度有关[6,13]。

2.3. 无铅压电陶瓷对电子发射性能的影响

在众多铁电阴极材料中，锆钛酸铅基材料发射电流密度大，应用较多，但是目前不少人热衷于无害的不含铅等有毒元素材料的研究及其应用，力争逐步取代现有的含铅陶瓷材料。

陈忠道等[14]采用 $Na_{0.5}Bi_{0.5}TiO_3$-$BaTiO_3$ (BNBT) 基无铅压电陶瓷，进行铁电阴极材料电子发射实验，虽然还存在材料制备以及预极化过程中的种种不足，但是却获得了最大电流发射密度 $20A/cm^2$ 的结果，初步报道了无铅压电陶瓷在铁电阴极发射中的电学性能参数。并且在抗疲劳特性和使用寿命方面 BNBT 材料要比 PZT-5 材料更好，这可由表 2 说明。的性质有明显的提高，d_{33}=162×10^{-12}C/N，ε =625~ 831，在 1kHz 共振下，介电损耗 tan δ = 2.0%。通过 X 射线衍射发现，烧结过程中 CeO_2 和 La_2O_3 弥散在晶格中，不影响陶瓷的性能。

表 2. 发射 BNBT 与 PZT-5 介电性能与压电系数比较[14]

Number		C / pF	tanδ	ε	d_{33} / $C\cdot N^{-1}$	Size
		1 kHz				
BNBT-1	Before	751	0.0430	355	20~40	φ23.4mm×1.8mm
	After	529	0.0430	249	14~35	
BNBT-2	Before	1278	0.0470	622	21~27	φ23.3mm×1.8mm
	After	1091	0.0500	530.7	18~24	
PZT-5	Before	1413.0	0.0182	673.6	434~456	φ23.4mm×1.8mm
	After	128.92	0.0827	61.5	96~105	

3. 结束语

随着社会的发展和人们认识的提高，对材料的应用及选择更加严格，这也必然会使材料朝更优化的方向发展，促使人们对材料作更深入的研究。

总之，与铅基压电陶瓷相比，无铅压电陶瓷的性能还存在不足，但无铅压电陶瓷的无毒性却在环保意识渐强的今天，被得到广泛的公认。当然要提高无铅压电陶瓷体系的性能及扩大应用领域或者增强实用性，都还需要对无铅压电陶瓷（包括铁电陶瓷[15]）作更深入的研究与探讨。

本文只是从无铅压电陶瓷材料的优缺点出发，简单地综述了无铅压电陶瓷材料的一些基本性能及无铅压电陶瓷存在的一些基本问题。从以上还可以看出，在目前状况下无论含铅压电陶瓷还是不含铅压电陶瓷，主要是通过添加各种掺杂剂进行改性。因此一般来说压电陶瓷材料都是成分复杂的陶瓷固溶体，而多元系材料的无铅压电陶瓷材料的组成就更增加复杂了。从这一点来衡量，目前无铅压电陶瓷还不可能完全代替铅基压电陶瓷，但其在机-电转化方面却充当着不可忽视的角色。

致谢

此文工作得到了国家自然科学基金（No. 10374064）、陕西省自然科学基金（No. 2006A03）、陕西省教育厅计划科研项目（No. 06JK322）的资助。

参考文献：

1. 林书玉, 超声换能器的原理及设计, 科学出版社, 北京 (2004).
2. 李全禄, 压电陶瓷各向异性的研究, 压电与声光 **15**(1), 47 (1983).
3. 李晓娟等, 国内外压电陶瓷的新进展及新应用, 硅酸盐通报 **25**(4), 101 (2006).
4. 彭春娥, 李敬锋, 无铅压电陶瓷材料的应用及研究进展, 新材料产业 **3**, 45 (2005).
5. G.A. Smolenskii, V.A. Isupv, A.I. Afranovskaya, et al., New ferroelectrics of complex composition, *Sov. Phys Solid Stat.* **2**, 2651 (1961).
6. 李承恩, 李毅, 徐曾华等, 无铅压电材料 NBT-BZT 陶瓷压电性能改造, 电子元件与材料 (5), 21 (2003).
7. 鄢洪建, 肖定全, 朱建国等, $Na_{0.5}Bi_{0.5}TiO_3$ 系无铅压电陶瓷的研究, 哈尔滨理工大学学报 **7**(6), 85 (2002).
8. 吴裕功, 马晋毅, 董向红等, $Na_{0.5}Bi_{0.5}TiO_3$-$SrTiO_3$ 无铅压电陶瓷的介电压电性能, 压电与声光 **22** (6), 370 (2000).
9. 肖定全, 关于无铅压电陶瓷及其应用的几个问题, 电子元件与材料 **123**(11), 62 (2004).
10. 肖定全, 赁敦敏, 朱建国等, 新型无铅压电陶瓷的研制, 电子元件与材料 **23**(11), 13 (2004).
11. 郝俊杰, 李龙士, 王晓彗等, 无铅压电陶瓷材料研究现状 **32**(2), 189 (2004).
12. X.X. Wang, H.L.W. Chan, C.L. Choy, $(Bi_{0.5}Na_{0.5})_{0.94}Ba_{0.06}TiO_3$ lead-free ceramics with simultaneous addition of CeO_2 and La_2O_3, *Appl. Phys. A – Mater. Sci. Proc.* **80**, 333 (2005).
13. 李国荣, 赵苏串, 张丽娜等, 无铅压电陶瓷的晶格缺陷对压电性能影响研究, 四川大学学报 **42 (2)**, 19(2005)
14. 陈忠道, 张树人, 蔡雪梅等, 无铅铁电陶瓷电子发射性能, 强激光与粒子束 **16**(12), 1607 (2004).
15. 许煜寰, 铁电与压电材料, 科学出版社, 北京 (1978).

超细粉体技术的发展现状及其应用

杨桂考 李全禄 马晴 周九茹 信辉
陕西省西安市长安南路 199 号陕西师范大学应用声学研究所 710062
电子邮件：lql0314@hotmail.com

超细粉体科学与技术是随着近代科技的发展而发展起来的一门新兴科学技术，本文介绍超细粉体的分类及其特殊性质。从超细粉体的制备方法、分级和修饰等几个方面来概述我国超细粉体技术的发展现状和取得的成就，并介绍了超细粉体技术在各个领域的新应用和研究方向。最后，指出了我国在超细粉体技术上与国外先进国家的差距及今后应努力的方向。

关键词：超细粉体技术，制备方法，分级，表面改性与修饰，团聚

DEVELOPMENTS AND APPLICATIONS OF SUPERFINE POWDER TECHNOLOGY

Gui-Kao YANG, Quan-Lu LI, Qing MA, Jiu-Ru ZHOU, Hui XIN
Institute of Applied Acoustics, Shaanxi Normal University, Xi'an, 710062, China
E-mail: lql0314@hotmail.com

The superfine powder technology is a rising area that strides forward along with the developments of modern science and technology. This article clarifies the classification and characteristics of superfine powders. The current status and achievements in China are summarized from various aspects including the preparation methods, the graduation, and modification. The latest applications and research trends of superfine powder are also reviewed. The gap existing between China and other advanced countries in the superfine powder technology is noticed, which shows clearly how we shall do immediately.

Keywords: superfine powder technology, preparation method, graduuation, superficial modification and beautification, reunion

1. 前言

超细粉体（superfine powder）又称超微粉体，通常又分微米粉体、亚微米粉体及纳米粉体。粒径大于 1μm 的粉体称为微米粉体，粒径处于 0.1~1μm 之间的粉体称为亚微米粉体，粒径处于 0.001~0.1μm 之间的粉体称为纳米粉体。随着材料物质的超细化，其表面分子排列及电子分布结构均发生变化，产生了奇特的表面效应、小尺寸效应、量子效应和宏观量子隧道效应[1]，但是不同的粒径其各种效应的表现程度不同，侧重面不同。

对于粒径为微米或亚微米的超细粉体，虽然其物理化学性质与大块材料的物理化学性质相差不太大，但其比表面积增大，表面能大，表面活性高，表面与界面性质发生了很大变化[2]。

当小颗粒尺寸进入纳米级时，其本身和由它构成的纳米固体主要有如下三个方面的效应，并由此派生出大块固体不具备的许多特殊性质[3]。

1.1. 小尺寸效应

当超细粒子的尺寸与光波波长、德布罗意波长以及超导态的相干长度或透射深度等物理特征尺寸相当或更小时，周期性的边界条件将被破坏，声、光、电磁、热力学等特性均会呈现新的尺寸效应。人们曾用装配有电视录像的高速电子显微镜对超细金颗粒(d＝2nm)结构的非稳定性进行观察，实时地记录颗粒形态在观察中的变化，发现颗粒形态可以在单晶与多晶、孪晶之间进行连续地转变，这与通常的熔化相变不同，并提出了准熔化相的概念。纳米微粒的这些小尺寸效应为实用技术开拓了新领域。

1.2. 表面与界面效应

超细粉体颗粒尺寸小，表面积大，位于表面的原子占相当大的比例。随着粒径减小，表面积急剧变大，引起表面原子数迅速增加。例如，粒径为 10nm 时，比表面积为 $90m^2/g$；粒径为 5nm 时，比表面积为 $180m^2/g$；粒径小到 2nm 时，比表面积猛增到 $450m^2/g$。这样高的比表面，使处于表面的原子数越来越多，大大增强了粒子的活性。无机材料的纳米粒子暴露在大

表 1. 超细粉体的尺寸与其特性

分　类	直　径	原子数目	表面效应	特　征
微 米	>1 μm	>10^{11}	——	体效应
亚微米	1 μm -100 nm	10^8	有影响	体效应
纳 米	100 nm-10 nm	10^5	显著	小尺寸与表面效应
	10 nm-1 nm	10^3	表面原子数占优	量子尺寸效应
团簇分子	<1 nm	<10^2		团簇分子

气中会吸附气体，并与气体进行反应。粒子表面活性高的原因在于它缺少近邻配位的表面原子，极不稳定，很容易与其它原子结合。这种表面原子的活性不但引起纳米粒子表面原子结构的变化，同时也引起表面电子自旋构像和电子能谱的变化。

1.3. 量子尺寸效应

宏观物体包含无限个原子，即大粒子或宏观物体的能级间距几乎为零；而纳米微粒包含的原子数有限，N（10^4 左右）值很小，导致能级间距发生分裂。块状金属的电子内能谱为准连续能带，而当能级间距大于热能、磁能、静磁能、静电能、光子能量或超导的凝聚态能时，必须考虑量子效应，这就导致纳米微粒磁、光、声、热、电以及超导电性与宏观性的显著不同，称为量子尺寸效应[4]。

2. 超细粉体科学与技术

超细粉体科学与技术是随着近代科技的发展而发展起来的一门新兴科学技术，是材料科学的重要组成部分，在理论研究和工程应用上都就有十分重要的意义。超细粉体科学与技术是指制备与使用超细粉体及相关的技术。其研究内容包括超细粉体的制备技术，分级技术、分离技术、干燥技术、输送，混合与均化技术、表面改性与修饰技术、粒子复合技术、检测技术、制造及储运过程中的安全技术、包装，运输及应用技术等等[5]。

2.1. 超细粉体的制备方法

超细粉体的制备方法多种多样，按制备时的物相可分为固相法、液相法和气相法。按性质归类可分为物理方法、化学方法及物理化学法；按制备方法的特点可分为粉碎法、机械合金化、微乳液法等。固相法制备超细粉体的主要特点是产量大，可以实现工业化，能制备其他方法无法制备的一些粉体，不足之处是粉体的细度、纯度及形态受设备和工艺本身的限制，往往得不到很细及高纯的粉体。主要的合成方法有机械粉碎法、机械合金化等。粉碎法是借用各种外力，如机械力、流能力、化学能、声能、热能等使现有的固体块料粉碎成超细粉体。其中室温固相化学反应法[6]是近几年发展起来的一种新型合成方法,该法在室温下对反应物直接进行研磨，合成一些中间化合物，再对化合物进行适当处理得到最终产物。由于它从根本上消除了溶剂化作用，使反应在一个全新的化学环境下进行，因而有可能获得在溶液中不能得到的物质。

液相法制备的主要特征是可将各种反应的物质溶于液体中，可以精确控制各组分的含量，并实现了原子、分子水平的精确混合；容易添加微量有效成分，可制成多种成分的均一粉体；合成的超细粉体表面活性好；容易控制颗粒的形状和粒径；工业化生产成本较低等。液相法制备按原理可分为物理法和化学法。物理法主要包括超临界法和溶剂蒸发法。化学法包括沉淀法、醇盐水解法、溶胶-凝胶法（Sol-Gel 法）、水热合成法、非水乳液法、微乳液法等。

表 2. 按物相法超细粉体的制备方法分类

<table>
<tr><td rowspan="11">超细分体制备方法</td><td rowspan="2">固相法</td><td>粉碎法</td></tr>
<tr><td>机械合金化</td></tr>
<tr><td rowspan="7">液相法</td><td>沉淀法，包括共沉淀法和均匀沉淀法</td></tr>
<tr><td>溶剂蒸发法，包括喷雾干燥法，喷雾热解法，冷冻干燥法</td></tr>
<tr><td>溶胶凝胶法</td></tr>
<tr><td>醇盐水解法</td></tr>
<tr><td>水热合成法</td></tr>
<tr><td>非水溶剂法</td></tr>
<tr><td>微乳液法</td></tr>
<tr><td rowspan="2">气相法</td><td>物理气相合成，包括激光法、等离子法、电阻加热法等</td></tr>
<tr><td>化学气相合成，包括激光法、等离子法、电阻加热法</td></tr>
</table>

气相法制备超细粉体是指在气象中形成超细粉体颗粒的一类工艺方法。气相法合成超细粉体的特点是产品纯度高，分散性良好，颗粒粒径分布窄，粒径小。按照粉体形成过程中有无气相反应可将其分为蒸发冷凝和气相反应（CVD 法）两大类，按照其加热方式可分为电阻加热法、化学火焰法、等离子体法、激光法等。

此外，还有一些其他的方法制备超细粉体。如爆炸法、燃烧合成法、辐射化学合成法[7-9]等。

2.2 超细粉体的分级技术

超细粉体的分级技术在粉体制备过程中起着重要的作用。超细粉体分级按物料状态分为：

1. 干法分级；
2. 湿法分级；
3. 超临界分级（介于干法和湿法之间）

干式分级设备主要有两类：有网筛分级与无网筛分级。近年来有人提出组合式分级概念，结合有网筛与无网筛分级的优缺点，研究开发一种新型的气流式筛分机[10]。目前，干式分级的研究主要有以下几种理论：附壁效应分级理论、惯性分级理论和新型超细分级理论（包括迅速分级理论、减压分级理论、高压静电分级理论）[11]。

干式分级的超细分级机大多数是随着机械冲击式超细粉碎（磨）机和气流磨的研制而开发的。近年来我国对喷式流化床气流磨的引进、研制、开发，而使干式超细分级机在我国有长足的发展。国产干式分级技术的重要进展是对分级流场的研究及 LHB 型涡流分级机及射流分级机的生产[12]。

超细粉体的湿法分级，主要有水力旋流器特别是小直径水力旋流器、卧式螺旋分级机和蝶式分级机。用于工业的离心分级设备，可分为四种，即空气旋流器、空气环流分离器、水力旋流器、沉降式离心机。旋流过程可以认为是离心分级最普通的情况，因为液体和固体粒子在其他型式离心分级机中的运动特性，只不过是旋流过程的特殊情况。

重力水力分级设备利用沉降分级理论，如细粒悬浮液分级设备包括：机械分级机、圆锥分级机、箱式和槽式水力分级机、用于微细粒的重力分级机，以及错流式分级机。离心式分级设备包括[13]：

1. 水力旋流器；
2. 卧式螺旋离心分级机；
3. 叶轮式水力分级机；
4. Tuclaus-thal 式离心分级机；
5. 固定碗式离心分级机；
6. 碟式离心分级机等

水力溢流分级精度较高，是目前常用的超细颗粒分级方法。在对超细 $-Al_2O_3$ 水力分级实验中，分散剂虽然消除了分级过程中小颗粒现象，但是使分级后的产品粒度分布变宽，如在加入分散剂同时进行超声处理后，样品可以得到较好的分级效果[14]。

2.3. 超细粉体的表面改性与修饰

对于任何分级方法而言，要想取得较好的分级效果，关键是如何提高分级物料的分散性和上面提到的选择合适的分级力场。当粒径 d 很小时，在粒径微细区出现的向上的弯钩，某些情况弯钩位置上升很多，有时竟达 100%，即极细的颗粒反而完全进入粗产品。这种现象称为“鱼钩效应”[15]。团聚是造成“鱼钩效应”的主要原因。这一现象的产生又使得其比表面减少，表面活性降低，其表面与界面特性又趋于大块材料，因而使用效果差。

超细粉体表面改性与修饰主要是为了提高超细颗粒的分散性及颗粒的表面特性与使用功能，进而提高超细粉体的实际使用效果。目前，已成为超细颗粒材料研究和开发中一个极其重要的课题。超细粉体表面改性与修饰就是对超细颗粒进行新的加工，使其表面特性发生较大的改变，从而赋予粒子新的功能并使其物性得到改善[16]。

超细粉体表面改性与修饰的方法很多，大概可分为高能（中子流、等离子体、X 射线及 γ 射线等）物理法、固相（液相、气相）包覆法及胶囊化包覆法、表面化学法、机械力化学法、沉淀反应法等[17]。其中，机械化学反应法改性合成超细粉体是近几年发展起来的一种新方法，它是物理法和化学法相互结合的产物。对粉体进行一定的改性处理和加工，使粉体表面特性发生改变，从而赋予粉体新的功能，充分改善或提高粉体原料的应用性能以满足新材料、新工艺和新产品开发的需要[18]。

超细粉体表面改性与修饰的设备对超细粉体表面改性与修饰工艺的实施和改性与修饰的效果起着至关重要的作用，也是目前超细粉体表面改性与修饰技术的薄弱环节[17,19]。另外，改性与修饰效果的表征问题也是很重要的一个发展方向。而研究超细粉体的团聚机理、探索消除团聚的有效途径是目前理论工作者的首要任务。纪守峰等[20]对团聚机理研究的现状进行了总结分析，他们认为要从根本上解决超细粉体的团聚问题，找出行之有效的分散方法，必须加强基础理论研究，建立统一完善的团聚理论。据报道，日前已经有人申请了一项关于无团聚纳米级二氧化钛制备技术的专利。这些都说明我国在这个领域的取得了很好的进步。

3. 超细粉体技术的应用领域

随着超细粉体技术的发展，超细粉体的应用已成为超细粉体技术发展过程中越来越重要的研究内容。随着研究内容与大规模工业化生产进程的发展，人们发现，超细粉体在国民经济各领域有着广泛而重要的应用，并越来越起着重要的作用。

3.1. 超细粉体在材料领域的应用

超细粉体在材料领域应用广泛、前景良好。它广泛应用于磁性材料，隐身隐形材料，超硬，高耐磨及超塑材料及建筑材料。

3.2. 超细粉体技术在化工领域的应用

超细粉体及超细技术在化工领域的应用十分广泛，在催化、裂解、有机合成、化纤、塑料、橡胶、造纸、农药、燃料、油墨及复印粉等领域都有着广泛的应用。

其中，粉末涂料的超微细粉化，能使粉末涂装具有涂层薄,表观性能好的双重优点，具有巨大的经济效益和社会效益。据报道，超微细粉体涂料在上海研制并中试成功。超微细粉末涂料的研制是粉末涂料技术上亟待攻克的重大技术难题。该技术的研制成功是粉末涂料技术上的重大突破，也是世界首创，它使粉末涂料能像液体油漆那样同时具有低涂层膜厚的高表观性能，这是业内人士多年来的梦想。该项目在上海中试成功，标志着我国超微细粉末涂料的技术和生产已达到世界领先水平。

3.3. 超细粉体在医药、生物及基因工程等领域的应用

超细粉体技术在医药领域有着广泛的应用。无论是中药还是西药，经超细化后都可提高其使用效果，被吸收的速率加快，药物生产疗效快，药物的使用量可减少。研究表明，无论是内服药还是外用药，超细化后使用效果都大大提高。

超细粉体技术在基因工程方面也有着十分重要的应用，这一技术对改变目前我国农业落后现状，具有十分重要的意义。

3.4. 超细粒子在新型高灵敏度传感器制造方面的应用

超细粒子，尤其是亚微米及纳米粒子的高比表面积，高活性，特异性及极微小性等使之成为应用于传感器方面最有前途的材料[21]，它对外界环境如温度，光，湿气等十分敏感，外界环境的改变引起表面或界面离子价态和电子运输的变化，利用其电阻的显著变化可做成传感器，其特点是响应速度快，灵敏度高，选择性优良。

3.5. 超细粉体技术在保健、日用品等领域的应用

超细粉体技术可广泛地应用于保健食品行业的各个领域[22]。一般来说，利用超细粉碎高科技手段将保健食品原料粉碎到超细产品，称为超细保健食品。当食品、营养品及化妆品经超细化到微米与亚微米级后，极易被人体或皮肤直接吸收，大大增加了其功效。

3.6. 超细粉体技术及产品在军事，航空，航天领域的应用

超细粉体技术及产品在军事，航空，航天领域的应用尤为重要，它对这些领域的技术进步及发展起着很大的促进作用[23-26]。在固体火箭推进剂及火药方面，在隐身、隐形系统中的应用，军用轻质、高强度超硬材料的应用，耐高温、散热，导电涂层等方面都有重要的用处。

4. 结束语

2001 年江苏省超细粉体工程技术研究中心向法国出口一套自制的超细磷酸钙和超细硫磺粉碎设备并成功运行，同时向日本、瑞士等发达国家转让技术或建立合作关系。标志着我国在此领域已经具有很高的水平。国家特种超细粉体工程技术研究中心（National Special Superfine Powder Engineering Research Center）于 2002 年初由国家科技部批准依托南京理工大学组建，近几年取得了很多的成果[27]。这些都说明了我国在此领域的发展与进步，另一方面也说明了我们起步比较晚。

我国超细粉体科学与技术与国外先进国家相比，目前存在的问题是：起步晚、起点低；人力、财力、物力等各种资源投入不够多也不集中；各种设备缺乏国家标准，也没有行业标准，在国际市场上缺乏竞争力[28]。在理论领域的研究相对比较落后，尤其是在超细粉碎与分级理论；粉碎与团聚；改性与修饰研究等方面。

今后的发展方向：加强粉碎与超细粉碎的理论研究，加强专用设备的研究，提高设备自动化调控水平；注重粉碎与分级的有机结合，进一步完善设备的配套性；加强设备精度研究，提高产品细度，研究适合实际的大型机，提高产量、促进我国大型粉体企业的发展；加强超细粉碎粒子的在线测试、监控及其相应监测仪器设备的研究；研究纳米粉体在各种液相介质中的分散技术及相应设备，研究超微细粉体的团聚机理、探索消除团聚的有效途径；加强改性与修饰的研究，包括技术、测试与表征手段及仪器[29]。

致谢

此文工作得到了国家自然科学基金（No. 10374064）、陕西省自然科学基金（No. 2006A03）、陕西省教育厅计划科研项目（No. 06JK322）的资助。

参考文献

1. 李凤生等 编著，超细粉体技术．国防工业出版社，北京 (2003).
2. N. Iehinose, Y. Czaki, S. Kashu, Superfine Particle Technology, Springer-Verlag, Berlin (1992).
3. E.C. Walter, M.P. Zach, B.J. Murray, et al. Metal nanowire arrays by electrodeposition, *Chem. Phys. Chem.* **4**, 131 (2003).
4. W.P. Halprin, *Rev. Mod. Phys*. **58**(3), 532 (1986).

5. 李凤生 著，特种超细粉体制备技术及应用，国防工业出版社，北京 (2002).
6. 方道来，室温固相反应法制备 $FeNiMnO_4$ 超细粉体，化工时刊 **20**(4), 31 (2006).
7. 郑敏，王作山，爆炸法合成纳米 α-Fe_2O_3，硅酸盐学报 **33**(8), 930 (2005).
8. 张晓峰等，燃烧法合成碳纳米管的实验方案设计，工程热物理学报 **27**(2), 357 (2006).
9. 魏建红，官建国，袁润章，金属纳米粒子的制备与应用，武汉理工大学学报 **23**(3), 1 (2001).
10. 鲁林平等，超细粉体分级技术研究进展，化工装备技术 **26**(3), 19 (2005).
11. 彭景光等，超细粉体干法分级理论的研究现状及其展望，化工矿物与加工 **34**(4), 1 (2005).
12. 孙成林，近年我国超细粉碎与超细分级发展及问题. 中国非金属矿工业导刊 (1), 39 (2003)
13. 刘惠中，郑荣田，细粒级物料的湿式分级技术，矿冶 **14**(3), 25 (2005).
14. 陈伟等，水力溢流分级在超细粉体中的应用研究，中国粉体工业, (2005).
15. 梅芳，张庆红，陆厚根，气流分级的"鱼钩效应"研究，粉体技术 **5**, 1 (1995).
16. F.S. Li, Surface modification of ultra-fine ammonium perchlorate and its influence on propellant properties, In: *Advances in Measurement and Control of Colloidal Processes*, Butterworth-Heinemann Ltd., Oxford (1991).
17. 毋伟等，超细粉体表面修饰，化学工业出版社，北京 (2004).
18. A.C. Dodd, K. Kyaiprasad, P.G. McCormick, Synthesis of ultra fine zirconia powder by mechano- chemical processing. *Scripta Mater.* **44**, 689 (2001).
19. 李凤生等，微纳米粉体制备与改性设备，国防工业出版社，北京 (2004).
20. 纪守峰，李桂春，超细粉体团聚机理研究进展，中国矿业 **15**(8), 54 (2006).
21. 王丽江等，纳米技术在生物传感器及检测中的应用，传感技术学报 **19**(3), 581 (2006).
22. 王学川，任龙芳，强涛涛，纳米材料在化妆品中的应用，日用化学品科学, **29**(4), 15 (2006).
23. 张明，梁彦，唐庆明，纳米铝粉在固体推进剂中的应用，火箭推进 **32**(1), 35 (2006).
24. 周旭，新型纳米吸波材料研究现状与进展，舰船防化 (S1), 5 (2006).
25. 张晓光，董军章，闵江，王旭，纳米复合材料及其在隐身技术中的应用，光电技术应用 **21**(2), 1 (2006).
26. 邢志娜，非晶态合金材料及其在国防领域中的应用展望，海军航空工程学院学报 **21**(2), 295 (2006).
27. http://www.nssperc.com/lunwenjizzhuzuo.HTM
28. 孙成林，我国超细粉碎设备行业存在的问题及努力方向，中国科技成果 (2), 26 (2005).
29. 房丽娜等，粉碎设备及技术发展历程与研究进展，有色矿冶 增刊, 178 (2005).

压电高聚物的研究及应用

张晴 李全禄 梁盛德 姬艳红
陕西省西安市长安南路 199 号陕西师范大学应用声学研究所 710062
电子邮件： lql0314@hotmail.com

马晴
陕西省咸阳市咸阳师范学院物理系 712000
电子邮件：slmaqing@126.com

本文简要叙述压电效应和压电高聚物的发展简史。着重就几种重要的压电高聚物及其复合物（如：PVDF、尼龙11、压电橡胶等）进行了研究，分析了它们的结构、性质、应用及制备工艺。最后讨论了压电高聚物的发展趋势和需要进一步研究的问题。

关键词：压电高聚物，压电复合材料，应用

RESEARCH AND APPLICATION OF PIEZOPOLYMERS

Qing ZHANG, Quan-Lu LI, Sheng-De LIANG, Yan-Hong JI
Institute of Applied Acoustics, Shaanxi Normal University, Xi'an , 710062 , China
E-mail: lql0314@hotmail.com

Qing MA
Department of Physics, Xian Yang Normal University, Xian Yang, 712000, China
E-mail: slmaqing @126.com

This paper describes briefly the history of research on piezoelectricity effect and piezopolymers. Then attention is focused on several important piezopolymers and their composites (for example PVDF, PA11, piezoelectric rubber, etc.). A study of the structures, properties, applications and fabricating techniques is presented. Finally, the development trend of piezopolymers and some problems which need further research are discussed.

Keywords: piezopolymers, piezoelectric composite materials, application

1. 前言

自 1880 年法国物理学家居里兄弟在水晶（石英，α-SiO_2）上发现压电效应以来[1]，压电材料受到了人们的重视，并已被广泛应用于工业、医学、军事等各个领域。由于压电高聚物具有传统的压电材料（如压电陶瓷等）无法匹敌的优点，故在其被发现后的二、三十年里，就获得了相当高的评价，但对其研究仍处于探索阶段[2]。本文叙述了压电高聚物及其复合物的研究及应用现状并对其发展趋势进行了简单讨论。

2. 压电效应及压电材料

对某些电介质材料施加机械力引起其形变后，能够产生与此应变成正比的极化现象，即称其为压电效应。也就是说，压电效应的产生是由于晶体在受外力作用下，其内部产生了新的电偶极距，从而引起了电荷分布的改变。反之，当把具有压电性的晶体放在电场中，晶体就会发生形变，这种现象称为逆压电效应。

继居里兄弟发现石英晶体的压电效应后，人们相继在无机范围内发现了大量天然的和人造的压电材料，如压电单晶、压电陶瓷、压电薄膜等，并也得到了广泛的应用。例如：1916 年法国的朗之万将石英晶体应用于水下潜艇的探测；1919 年美国贝尔实验室制成第一个罗谢尔盐器件。对有机体压电性的探索最早可以追溯到 Briain（1924 年），他研究过某些硬橡胶、赛璐珞等的压电性。1941 年，Martin 发现角质蛋白质的压电性；在 1950 年代～1960 年代，Fukada 在木材、骨头、DNA 等中也发现了压电效应。

3. 压电高聚物的发现及特性

3.1. 压电高聚物的发现

从压电效应发现以来，人们对压电材料的研究逐步深入，从无机领域扩展到了有机领域，从简单的机体扩展到了高分子聚合物。1955 年，Fukada 在观察到木材的正压电效应的同时，也观察到了逆压电效应。此后，高分子化合物的压电性受到了人们的重视。1967 年，Peterlin 等人观察并研究了聚偏氟乙烯（Polyvinylidene fluoride，简写为 PVDF 或 PVF_2）的 ε 值及其压电性，这是人们发现最早的压电高分子聚合物。对 PVDF 的研究取得历史性突破的是日本的河内（Kawai, 1969 年）[3]，他发现高温电场下极化的 PVDF 薄膜经单轴拉伸后，其压电性在类似聚合物中是最强的。之后，出现了以 PVDF 为代表的压电高聚物的研究热潮。

3.2. 压电高聚物的特性

高聚物又称高分子化合物，分子量可高达几千甚至几百万，有天然的和人工合成的。由于其结构的不同，故两种高聚物的性能差别也很大，但却都有一般压电材料所不具备的特性。传统的压电材料（如压电陶瓷），存在密度高、声阻抗大、性脆、不能制成大面积薄片和复杂的形状、不易与轻质负载匹配等缺点，而压电高聚物则具有密度低、阻抗低、柔性好、易与轻质负载相匹配的特性。

表 1. 压电陶瓷和压电聚合物性能比较

类 型	d_3(pm/V)	g_{31} (Mv-m/N)	k_{31}	特性
压电陶瓷锆钛酸铅（PZT）	175	11	0.34	脆，重
压电聚合物聚偏氟乙烯(PVDF)	28	240	0.12	柔性，轻质，低声阻抗和机械阻抗

例如表 1 所示[4]，压电聚合物（PVDF）的压电应力常数 d_{31} 比压电陶瓷（PZT）的要小，而压电电压常数 g_{31} 比压电陶瓷的要大，说明它比压电陶瓷更适合做传感器材料。此外，在其他的技术应用领域如器件配置中也有其独特的地位。

4. 压电高聚物的种类、应用及制备

压电高聚物的分类方法很多：根据来源可分为天然高聚物和合成高聚物；根据生成反应可分为聚合物或加聚物和缩聚物；根据主链结构可分为均链高聚物和杂链高聚物；从实用的角度又可分成压电塑料、压电橡胶、压电树脂、压电高聚物复合材料以及合成多肽。现就几种重要的压电高聚物进行探讨。

4.1. 聚偏氟乙烯（PVDF）

聚偏氟乙烯（PVDF）是发现最早的高聚物，也是常用的氟树脂，它是由偏氟乙烯单体（VDF）均聚或 VDF 与其它少量含氟乙烯基单体共聚而成的。其单体单元是[$-CH_2-CF_2-$]，分子量 40～60 万，属于电场取向型的白色粉末状半结晶性高聚物。分子本身不对称，同时在聚合过程中单体的连接方式存在头一尾（$-CH_2-CF_2-CH_2-CF_2-$），头一头($-CF_2-CH_2-CH_2-CF_2-$)，尾一尾（$-CH_2-CF_2-CF_2-CH_2-$）三种。PVDF 有四种晶型：α 型、β 型、γ 型和 λ 型，它们是依两种结构进行结晶的，在晶型 I 中，分子构形是锯齿形的，每个晶胞包含有两个链与两个单体单元，且重复单元的偶极子与链轴相垂直；在晶型 II 中，聚合物链则采取 TGTG′（反式一反左式一反式一反右式）的构形方式，每个晶胞包含两个链与四个单体单元，且偶极子与链轴相平行。

表 2. 聚偏氟乙烯（PVDF）的性能参数

性能参数	数值
拉伸强度/MPa	36~60
弯曲强度/MPa	48~62
压缩强度/MPa	69~103
熔点/℃	165~185
玻璃化温度/℃	-35
脆化温度/℃	-60
分解温度/℃	350
工作温度/℃	-40~150
压电应变常数 d_{31}(pC/N)	23
压电应变常数 d_{33}(pC/N)	35
压电电压常数 g_{33}(mV·m/N)	330
压电电压常数 g_{31}(mV·m/N)	200
压电应力常数 e(C/m^2)	0.06
体积电阻率/Ω·cm	2×10^{14}
热导率/$W\cdot m^{-1}\cdot K^{-1}$	3.49
声阻抗率/（kg/m^2·s）	1.78×10^6

PVDF 具有高机械强度和韧性，良好的耐化学腐蚀性、耐高温性、耐氧化性、耐气候性、耐紫外线和耐辐射性，以及突出的介电性、压电性、热电性等综合性能（具体参见表 2）[5,6]，使得聚偏氟乙烯成为氟树脂中仅次于聚四氟乙烯（PTFE）的第二大品种，并广泛应用在化工设备、电子电器和建筑涂料三大领域。近年来 PVDF 还作为一种新颖的功能材料不论在理论研究还是在实际应用方面也取得了一定的进展。此外，PVDF 在人体中不被排斥，因此在医用高分子方面也可制成人工器脏加以应用，如人工肺、人工肾等。

PVDF 是电场取向型高聚物，也是典型的集压电性和热释电性于一身的高聚物，其压电性自被发现以来就是一个争论的话题。究其机理主要有两种解释[7]：一是尺寸效应，即假定偶极子是刚性的，由膜厚的变化引起了压电反应；二是结晶相的本征压电性，即由于晶相和非晶相的介电常数对应变具有不同的依赖性，而结晶相的压电性可由电致伸缩效应和剩余极化强度决定，因此，当材料处于极化时，电致伸缩效应将产生压电性，晶区的介电常数对应变的依赖性就使晶区产生了压电性。不过不论哪种解释是正确的，都肯定了 PVDF 的压电性。

由于 PVDF 的熔点低、熔体流动性好，所以对 PVDF 的加工可采用通用的树脂加工方法进行加工，且其材质不必是不锈钢。同时 PVDF 树脂具有不吸湿性，故在加工前不必进行干燥处理。加工过程可分为模塑、挤塑、注塑、浇铸四步[8]。有时为了制成压电性较好的 PVDF 薄膜，需要再进行极化工艺。

4.2. 尼龙 11（nylon11）

聚酰胺（polyamide）简称为 PA,也即是俗称的尼龙（nylon）,它是主链上重复的结构单元酰胺[－NHCO－]聚合而成的高分子化合物。其过程可以是二元酸和二元胺的缩聚，也可以是氨基酸本身的自聚。1981 年，Newman 等人首次报道了经 70℃～90℃温度下极化的 PA11 具有压电性，而且在较高的温度下（200℃）仍能保持良好的压电性[9]，从此掀起了 PA11 的研究热潮，使 PA11 成为仅次于 PVDF 的新型压电高聚物。

PA11 的化学名称为聚十一内酰胺（polyundecanoylamide），其分子式为$[-NH-(CH_2)_{10}-CO-]_n$，是以蓖麻油为原料，通过脂交换、裂解、水解、溴加成、氨取代、缩聚一系列的反应聚合而成的长链柔软尼龙[10]，其酰胺基团长链可发生转向。尼龙 11 的晶体结构主要有四种：三种稳定相 α、γ、δ 和两个亚稳定相 γ'、δ'，这些晶型中只有 δ' 具有压电性和铁电性。将尼龙 11 从熔融态在冰水混合物中淬火后再在室温下拉伸，就可形成 δ' 近晶型。尼龙 11 也属于电场取向型高聚物，经熔融－淬火－冷拉伸－极化处理的 PA11 薄膜在很大的温度区间内可表现出明显的压电性，这种性质就来源于 δ' 相。

Newman 等人研究发现，PA11 的酰胺基团偶极子同向排列产生了垂直分子链的强偶极距，酰胺基团中的氢键层平行于膜表面，偶极子平行于样品表面。强极化条件下，分子链旋转 180°，晶体结构保持不变；偶极子旋转 90°，垂直膜表面，于是形成了电滞回线。

对尼龙 11 的压电性应注意两种影响因素：(1) 热处理工艺对 PA11 压电性的影响：尼龙 11 的压电性与晶体结构相关，而热处理工艺中的淬火及退火工艺能引起材料的内部结构发生变化，从而导致 PA11 的压电性发生改变[11]；(2) 拉伸工艺对 PA11 压电性的影响：近年来的研究发现，拉伸现象并不是尼龙压电性的必要条件，未经拉伸的尼龙 11 也可表现出一定的铁电性[12]。不过拉伸工艺对于提高材料的压电性有一定的帮助作用，随着拉伸比率的增加，材料的压电系数会相应的增加。

对尼龙的生产加工应注意：(1) 尼龙具有一定的吸水性，因此在加工前要进行干燥处理；(2) PA11 为半结晶性聚合物，故加工时温度范围不宜过大。

4.3. 压电橡胶 (piezoelectric rubber)

压电橡胶也是一种重要的高分子聚合物，用途十分广泛，应用领域包括人们的日常生活、医疗卫生、交通运输、电子通讯、工农业生产、航空航天等，是国民经济和科技领域不可缺少的高分子材料之一。

压电橡胶是大分子链的聚合物，具有相当的柔性，因此它是高弹性压电高聚物的总称。在较宽的温度范围内（－130～150℃）仍具有很好的伸长率、回弹率、抗拉强度的压电高聚物都属于压电橡胶。目前发现的压电性能较强的有压电硅橡胶和压电氟橡胶。基于此类橡胶研制的新型压电复合材料 PSB（PZT－硅橡胶）[13]和其他的合成橡胶与压电陶瓷的复合物都具有良好的压电效应。

橡胶的分类方法很多，一般习惯性的把它分成天然橡胶和合成橡胶。由于受一定条件的制约，橡胶的发展以合成橡胶为主。硅橡胶和氟橡胶就属于合成橡胶。至于橡胶的加工工艺可分为塑炼、混炼、压延、压出、成型、硫化等步骤[14]。每一步都有不同的目的并同时配合了若干辅助的操作。

4.4. 压电复合材料（piezoelectric composites）

由两种或两种以上的压电材料（压电陶瓷，压电高聚物等）按一定的方式结合，从而得到性能更加优异的新材料，这种新型压电材料总称为压电复合材料。其中所选用的陶瓷材料有：锆钛酸铅（PZT）、钛酸铅（$PbTiO_3$，PT）、钛酸钡（$BaTiO_3$，BT）等；选用的聚合物有：聚偏氟乙烯（PVDF）、聚氯乙烯（PVC）、聚酰亚胺（PI）、硅橡胶等。例如：尼龙 11－PVDF、PZT－硅橡胶、PZT－环氧树脂、$PbTiO_3$－合成树脂、1-3 型压电复合材料、0-3 型压电复合材料等。因为压电复合物是两种材料“取长补短”的产物，因而压电性能也较每一种材料要强；与一般的压电陶瓷相比，它具有低阻抗、高频带、低机械品质因数等优点。目前已被应用于无损检测、水声和医用超声换能器中。

具体来说，分别将 PVDF 粉末和 PA11 颗粒在 190℃和 210℃下加热并由冰水淬火成膜，然后将 PVDF 和 PA11 叠放在加有适当间隔层的铅箔中，在 210℃下共熔后经冰水淬火形成 PA11－PVDF 复合膜，再将这种薄膜经拉伸、上电极、极化等工艺处理后，压电系数都远远的高于单纯的 PVDF 或 PA11 薄膜[15]。测试表明：不论是其共混压电膜还是其层状复合压电膜，复合膜的 d_{31} 值将比单一的 PVDF 高出 50％甚至几倍，比单一的 PA11 高出十几倍；室温下，复合膜的 e_{31} 值将比单一的 PVDF 高出 85%，比单一的 PA11 高出十八倍。

又如 PSB（PZT-硅橡胶）材料，由于其本身的品质因数较低，而且其横向耦合效应又非常小，再加上能够承受较大的发射电压等优点，很适合用作超声检测换能器材料。

对于 1-3 型压电复合材料和 0-3 型压电复合材料而言，Newham 等人在 1978 年提出了这种连接方式：前一个数字表示压电材料陶瓷的连通维数，第二个数字表示高聚物的连通维数。按照这种连接方式生成的复合材料共有 10 种，即：0-0、0-1、0-2、0-3、1-1、1-2、1-3、2-2、2-3 和 3-3 型。在 0-3 型压电复合材料中，虽然陶瓷相呈颗粒状均匀分布，使得电场通路的连通性较差，但由于其本身的电容率极低，故使它的压电系数仍然很高，柔顺性也好；在 1-3 型压电复合材料中，聚合物的柔顺性好，在受到外力作用时，陶瓷的应力也相应的增大，同时电容率也大幅度下降，这使得复合材料的压电系数得到明显增加，柔顺性也有显著改善。

影响压电复合材料的因素有很多[16,17]，主要有连接类型、两种材料的体积或质量比例、两相的相容性和匹配性、两相的界面结合、基体、成型工艺和极化工艺等。不同的连通类型对应着组元不同的分布状态，这将导致电场的不同分布，从而影响到复合材料的压电性；陶瓷相是功能相，其含量直接影响复合材料的性能，一般来说，陶瓷的含量增加使复合物的压电性增强，同时陶瓷柱的纵横比的增加，复合物的压电常数也会增加；由于陶瓷相和聚合物相的压电常数具有相反的符号，导致了聚合物行的压电能力越强，复合材料的压电性能越差，所以最好使用压电常数趋于 0 的聚合物；复合时可用耦联剂等对压电相和聚合物相进行预处理，以保证有较好的界面结合；复合物的基体一般是聚合物相，由于其具有柔韧性，在振动时能够将力很好的转移到陶瓷相，从而提高了复合材料的优值，使压电性增强；不同的成型工艺将对材料的性能有影响，目前使用较多的是热压法，这种方法对提升材料的压电常数有一定的帮助；极化过程中的人工极化是不可缺少的工艺，其中极化温度、极化场强和极化时间是影响压电性能的重要因素，极化温度太高，复合材料会变形，温度太低，极化过程缓慢，极化场强太高，样品将被击穿，极化场强过低，计划效果很差，极化时间太长的话又太费时，所以一般最好通过实验来确定最佳极化条件。

5. 展望前景与总结

自 1955 年发现高聚物的压电性以来，压电高聚物的研究和应用进展的很快。1959 年，日本首次用鲸骨和腱制成唱机拾音器芯座；1968 年，日本又用合成多肽膜制成了实验用传声缓和耳机的换能元件；1974 年，PVDF 首次应用于声电转换技术。由于 PVDF 本身比其它的压电高聚物具有更好的力学和电学性能，使很多国家花费了大量力量对其研究和应用。在声电性能方面，PVDF 薄膜的压电性是一般压电材料的 10 倍，而且有极好的柔韧性，克服了振动质量大、劲度大、材料质地硬等缺点，是超声波传感器[18]的最理想选择；近几年，美国开发研制的一种新型助听器，ITE 助听器，就是用 PVDF 做振膜，灵敏度为 250 μV/Pa，±1 dB 的频率相应达到了 15 kHz，此外还可用于扬声器、话筒、超声波诊断仪等元件；在压电性能方面，可做成各种力学量传感器；PVDF 也具有很强的热电性[19]，利用它可以制成各种热电传感器、非接触温度计、红外线传感器、激光功率计等，在工业企业和医疗方面有广泛用途。在近几年开发应用的智能材料中，PVDF 薄膜又被制成各种传感器及执行部件或触觉敏感元件[20]。其它的高聚物及其复合物也得到了充分应用，例如：PZT-PVDF 的压电复合薄膜可做成大多数机电换能器的低频器件；PZT 和 $BaTiO_3$ 薄膜通过凝胶法沉淀在 TiNi 合金称底上可用于超高精密度的制动器；尼龙 11-PVDF 复合膜的压电性、热电性及其对温度和湿度的依赖性在近几年被应用在敏感技术中等。总的来说，压电高聚物应用范围主要集中在：声学测量[21]、声学无损检测[22]、医学超声成像[23]、各类换能器、功能材料[24]等。

综上可知，压电材料从出现至今，对它的研究和应用已经有了相当的进展，但它毕竟还是一个新生的事物，仍然存在巨大的发掘潜力。可以对现有的连接方式进行一系列的剪切、混合连接的工艺，开发出新型的复合物；在复合材料的制备中，极化条件是一个重要的因素，因此可以通过改变极化条件来控制复合物的性质；极化工艺中，可通过尝试用不同的方法生成复合材料。在以后的工作中，研究者们可以加强对高聚物及其复合物的分子理论研究，从基本入手，用化学方法提高偶极子的浓度，从而产生性能更优良的新材料；深入理论研究，通过开发新配料、新比例、新连通方式，进一步提高聚合物的性能；可以借助一些其它技术理论，如表面波技术和微波声学技术，推动高聚物的发展；一些现代化的设备，如计算机等，可作为辅助设备，用于测试和计算；大力开发一些其它的新型压电复合材料等。总之，对压电高聚物及其复合材料的开发具有相当大的前景，对其性能和应用的研究也将更有意义。

致谢

此文工作得到了国家自然科学基金（No. 10374064）、陕西省自然科学基金（No. 2006A03）、陕西省教育厅计划科研项目（No. 06JK322）的资助。

参考文献

1. 林书玉, 超声换能器的原理及设计, 科学出版社, 北京 (2004).
2. 李全禄, 压电高聚物的探索, 压电与声光 **15**(5), 26 (1993).
3. H. Kawai, The piezoelectricity of polyvnylidene fluoride, *J. Appl. Phys.* **8**, 73 (1969).
4. 胡南, 刘雪宁, 杨治中, 聚合物压电智能材料研究新进展, 高分子通报 **5**, 75 (2004).
5. 朱友良, 余燕, 聚偏氟乙烯树脂的性能与应用, 上海塑料 **132**(4), 35 (2005).
6. 张士林, 范孜娟, 聚偏氟乙烯树脂性能和加工应用, 工程塑料应用 **33**(4), 67 (2005).
7. 孙建丽, 刘廷华, 压电高聚物材料的发展及应用, 塑料工业 **33**, 46 (2005).
8. 黄丽, 高分子材料, 化学工业出版社, 北京 (2005).
9. B. A. Newman, J. I. Scheinbeim, A new class of ferroelectric polymer, the odd-numbered nylons, *Ferroelectrics* **127**, 229 (1992).
10. 廖明义, 陈平. 高分子合成材料学(下), 化学工业出版社, 北京 (2005).
11. 朱俊, 张兴元, 退火与极化温度对尼龙 11 薄膜驻极体内陷阱能级分布的影响, 物理学报 **54**, 3414 (2005).
12. S.L. Wu, J.I. Scheinbeim, Ferroelectricity and piezoelectricity of nylon 11 film with different draw ration, *J. Poly. Sci. Part B* **37**, 2737 (1999).
13. 李东林, PSB 复合材料换能器特性研究, 中日电子敏感技术科学讨论会论文集(哈尔滨, 1992), 374 (1992).
14. 吴其晔, 冯莺, 高分子材料概论. 机械工业出版社, 北京 (2004).
15. 苏汲, 张伟, 尼龙 11/聚偏氟乙烯复合膜在敏感技术中的应用, 中日电子敏感技术科学讨论会论文集(哈尔滨, 1992), 397 (1992).
16. 甘国友, 严继康, 孙加林, 陈敬超, 张家涛, 压电复合材料的现状与展望, 功能材料 **31**, 456 (2000).
17. 张荣国, 颜学敏, 雷家, 陶瓷-聚合物相压电复合材料研究进展, 佛山陶瓷 **105**(9), 25 (2005).
18. 曹建芳, 徐利梅, 李辉, 声频定向 PVDF 超声波传感器的设计与测试, 实验科学与技术 **3**, 1 (2005).
19. 游达, 董玉林, 张联盟, 陶瓷/聚合物压电复合材料的高内外概况和应用展望, 新材料产业 **106** (9), 25 (2002).
20. 唐永华, 吴雄文, 智能复合材料的研制及应用, 煤矿机械 **3**, 38 (2001).
21. M. Saito, et al., P(VDF-TrFE) transducer with a concave annular structure for the measurement of layer thickness, *IEEE Ultra. Ferr. Ferq. Contr.* **40**, 34 (1993).
22. Y.Q. Chen and L. R. Wang, A piezopolymer finger pulse and breathing wave sensor, *Senors and Actuators* **A23**, 879 (1990).
23. W. Arden, Modeling 1-3 composite piezoelectrics: hydrosfatic response, *IEEE Ultra. Ferr. Ferq. Contr.* **40**, 41 (1993).
24. 王雅琼, 功能高分子材料及应用, 科普长廊 **3**, 21 (1996).

SUBSONIC SLIP PULSE ALONG A FRICTIONLESS INTERFACE BETWEEN TWO PIEZOELECTRIC SOLIDS IN SLIDING CONTACT WITH LOCAL SEPARATION

Yu-Zhu BAI, Yue-Sheng WANG

Institute of Engineering Mechanics, Beijing Jiaotong University, Beijing 100044, P.R.China

Gui-Lan YU

School of Civil Engineering and Architecture, Beijing Jiaotong University, Beijing 100044, P.R.China

The Stroh formalism of piezoelectric material, Fourier analysis and singular integral equations technique are used to investigate the existence of the pulse in presence of local separation at frictionless interface between two contact piezoelectric solids, which are pressed together by uniaxial tractions and laid in the electric field. The problem is cast into a set of singular integral equations with Cauchy kernel of which the closed solutions are derived. The numerical discussion on the existence of such slip pulse is presented. The results show that such slip pulse, which has square-root singularities at both ends of the local separation zone, can propagate in most material combinations. And the existence of such slip pulse will be affected by applied mechanical and electric fields in some special material combinations.

Keywords: Piezoelectric material, slip pulse, stroh formalism, singular integral equation, interface

1. Introduction

The interfacial wave along the interface between two isotropic elastic solids which are pressed together, not bonded, and can slip with respect to each other without friction was investigated by Achenbach et al. [1]. Later Comninou et al. [2] studied this kind of interface wave including pulse in the case of a frictional interface between two isotropic elastic solids. This kind of wave, a variation of the Stoneley wave, was termed "slip wave" by Barnett [3] who studied its propagating in anisotropic media. Recently, Wang [4] applied the Stroh formalism of anisotropy and singular integral equation to investigate the slip wave in the anisotropic media. But the research on the slip wave or pulse in the piezoelectric materials is limited, Alshits [5] and Darinskii [6] only discussed the slip wave propagating along the interface of the piezoelectric media without appearance of local separation. In this paper, we will devote to the existence of a slip pulse causing local separation along the unilateral frictionless interface between two piezoelectric solids. In the analysis, we'll employ the Stroh formalism of piezoelectric media, Fourier analysis, singular integral equations and the concept of "surface impedance tensor".

2. Problem Formulation

Consider two homogeneous anisotropic linear elastic piezoelectric half-spaces <1> and <2> which are pressed together by remote pressure p_0 and in frictionless contact along a planar interface, see figure.1. At the same time, the piezoelectric solids are loaded at infinity with the uniform electric displacement D_n. Here we consider the case that the disturbance causes local separation along the interface when the applied pressure p_0 is lower or the pulse is relatively strong. Since the extension and position of the local separation is unknown before the solution, the problem is a nonlinear one. In physics, this will lead to higher harmonic generations. Therefore we can write the displacement (including electric potential) and traction (including electric displacement) fields along the interface as the Fourier integrals containing all higher frequencies [2]

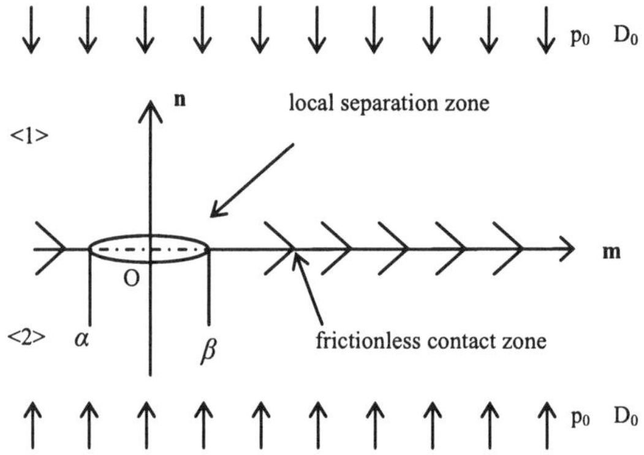

Figure 1. The local separation and frictionless contact zones on the interface between two homogeneous anisotropic linear elastic piezoelectric half-spaces.

$$\mathbf{U}^{(1)} = \int_0^{+\infty} \mathbf{A}^{(1)}(s)\exp(is\eta)\mathrm{d}s + \int_{-\infty}^{0} \mathbf{A}^{(1)*}(s)\exp(is\eta)\mathrm{d}s \quad (1a)$$

$$\mathbf{U}^{(2)} = \int_0^{+\infty} \mathbf{A}^{(2)*}(s)\exp(is\eta)\mathrm{d}s + \int_{-\infty}^{0} \mathbf{A}^{(2)}(s)\exp(is\eta)\mathrm{d}s \quad (1b)$$

$$\mathbf{T}^{(1)} = -p_0\mathbf{n}' + D_0\mathbf{o}' - ik\int_0^{+\infty} s\mathbf{L}^{(1)}(s)\exp(is\eta)\mathrm{d}s - ik\int_{-\infty}^{0} s\mathbf{L}^{(1)*}(s)\exp(is\eta)\mathrm{d}s \quad (1c)$$

$$\mathbf{T}^{(2)} = -p_0\mathbf{n}' + D_0\mathbf{o}' - ik\int_0^{+\infty} s\mathbf{L}^{(2)*}(s)\exp(is\eta)\mathrm{d}s - ik\int_{-\infty}^{0} s\mathbf{L}^{(2)}(s)\exp(is\eta)\mathrm{d}s \quad (1d)$$

where

$$\mathbf{n}' = (\mathbf{n},0)^{\mathrm{T}}, \mathbf{n} = (0,1,0), \mathbf{o}' = (0,0,0,1)^{\mathrm{T}}, \mathbf{m} = (1,0,0),$$
$$\mathbf{U} = (\mathbf{u}^{\mathrm{T}},\varphi)^{\mathrm{T}}, \mathbf{T} = (\boldsymbol{\tau}^{\mathrm{T}},D_n)^{\mathrm{T}}, \eta = k(\mathbf{m}\cdot\mathbf{x} - vt),$$

with $\mathbf{u} = (u_m,u_n,u_t)^{\mathrm{T}}$ being the displacement vector, φ scalar quantity of voltage, $\boldsymbol{\tau} = \mathbf{n}\cdot\boldsymbol{\sigma}$ the traction vector on the plane parallel to the interface, $D_n = \mathbf{n}\cdot\mathbf{D}$ the electric displacement normal to the same plane, and the superscript "T" indicating the transposition of the vector. The asterisk * means complex conjugate, k wave number, v the wave speed, $\mathbf{A}^{(1)}(s)$ and $\mathbf{A}^{(2)*}(s)$ the polarization vectors including three components of the mechanical displacement and electric potential, $\mathbf{L}^{(1)}(s)$ and $\mathbf{L}^{(2)*}(s)$ the polarization vectors including three components of the traction and electric displacement, and the superscript (1) and (2) refer to the upper and lower media respectively. The wave speed $v < \hat{v}(1,2)$ where $\hat{v}(1,2) = (\hat{v}^{(1)}, \hat{v}^{(2)})$, which $\hat{v}^{(1)}$ and $\hat{v}^{(2)}$ being the limiting speeds of the upper and lower piezoelectric solid. By the concept of "surface impedance tensor"[5,6], $\mathbf{A}^{(1)}(s)$, $\mathbf{A}^{(2)*}(s)$ and $\mathbf{L}^{(1)}(s), \mathbf{L}^{(2)*}(s)$ have the relation of

$$\mathbf{L}^{(1)}(s) = -i\mathbf{Z}\mathbf{A}^{(1)}(s),\quad \mathbf{L}^{(2)*}(s) = i\mathbf{Z}\mathbf{A}^{(2)*}(s). \quad (2)$$

When the slip pulse propagates along the unilateral interface in Fig.1, the boundary conditions can be written as follows:

(i) The interface tractions and normal electric displacement are continuous across the interface, i.e.

$$\mathbf{m}'\cdot\mathbf{T}^{(1)} = \mathbf{m}'\cdot\mathbf{T}^{(2)} = 0, \mathbf{t}'\cdot\mathbf{T}^{(1)} = \mathbf{t}'\cdot\mathbf{T}^{(2)} = 0,$$
$$\mathbf{n}'\cdot\mathbf{T}^{(1)} = \mathbf{n}'\cdot\mathbf{T}^{(2)},\quad \mathbf{o}'\cdot\mathbf{T}^{(1)} = \mathbf{o}'\cdot\mathbf{T}^{(2)}. \quad (3)$$

where $\mathbf{n}\cdot\mathbf{x} = 0$, $\mathbf{t}' = \mathbf{m}'\times\mathbf{n}'$, $\mathbf{m}' = (\mathbf{m},0)^{\mathrm{T}}$, $\mathbf{t}' = (\mathbf{t},0)^{\mathrm{T}}$, $\mathbf{t} = (0,0,1)$.

(ii) In the local separation zone, the normal traction $N(\eta) = \mathbf{n}'\cdot\mathbf{T}^{(1)} = \mathbf{n}'\cdot\mathbf{T}^{(2)}$ should vanish, while the opening displacement (or gap) which is defined as $g(\eta) = \mathbf{n}'\cdot(\mathbf{u}^{(1)} - \mathbf{u}^{(2)})|_{\mathbf{n}\cdot\mathbf{x}=0}$ should be positive, i.e.

$$N(\eta) = 0,\quad g(\eta) > 0. \quad (4)$$

Viewing the local separation zone as an open crack, we assume the impermeable conditions in the separation zone, that is, the normal electric displacements $D(\eta) = D_n^{(1)} = D_n^{(2)}$ vanishes, while the electric potential involves a jump $\Delta\varphi(\eta) = (\varphi^{(1)} - \varphi^{(2)})|_{\mathbf{n}\cdot\mathbf{x}=0} \neq 0$ across the separated surface, i.e.

$$D(\eta) = 0,\quad \Delta\varphi(\eta) \neq 0. \quad (5)$$

(iii) In the sliding contact zone, the gap $g(\eta)$ and the electric potential jump $\Delta\varphi(\eta)$ should vanish and the normal traction should be compressive, i.e.

$$N(\eta) < 0, g(\eta) = 0, \Delta\varphi(\eta) = 0. \quad (6)$$

It is convenient to replace the conditions $g(\eta) = 0$ and $\Delta\varphi(\eta) = 0$ with the weaker conditions

$$\frac{d}{d\eta}[g(\eta)] = 0,\quad \frac{d}{d\eta}[\Delta\varphi(\eta)] = 0, \quad (7)$$

with making special consideration ensuring that the gap and the electric potential jump indeed vanish outside the separation zone.

3. Dual Integral Equations

Following Eqs. (1) and (3), we have

$$\left.\begin{aligned} s \geq 0,\ \mathbf{L}^{(1)}(s) = \mathbf{L}^{(2)*}(s) \\ s \leq 0,\ \mathbf{L}^{(1)*}(s) = \mathbf{L}^{(2)}(s) \end{aligned}\right\} \triangleq \mathrm{sgn}(s)\mathbf{L}(s) \quad (8)$$

where $\mathbf{L}(s)$ is the undetermined complex matrix which can be written as

$$\mathbf{L}(s) = \boldsymbol{\Gamma}(s) = \Gamma^m(s)\mathbf{n}' + \Gamma^e(s)\mathbf{o}', \quad (9)$$

where the $\Gamma^m(s)$ and $\Gamma^e(s)$ are undetermined complex constants. Introduce

$$\mathbf{N}(\eta) = (N(\eta), D(\eta))^{\mathrm{T}},\ \mathbf{P}_0 = (p_0, -D_0)^{\mathrm{T}},$$
$$\boldsymbol{\Gamma}(s) = (\Gamma^m(s), \Gamma^e(s))^{\mathrm{T}}, \mathbf{G}(\eta) = (g(\eta), \Delta\varphi(\eta))^{\mathrm{T}},$$

Then the relation of $\mathbf{A}^{(j)}(s)$ and $\mathbf{L}^{(j)}(s)$ or $\mathbf{A}^{(j)*}(s)$

and $\mathbf{L}^{(j)*}(s)$ can be rewritten as

$$\mathbf{A}^{(j)}(s)=\mathrm{sgn}(s)\mathrm{i}(\mathbf{Z}_j)^{-1}\mathbf{n}''\cdot\mathbf{\Gamma}(s),$$

$$\mathbf{A}^{(j)*}(s)=-\mathrm{sgn}(s)\mathrm{i}(\mathbf{Z}_j^{*})^{-1}\mathbf{n}''\cdot\mathbf{\Gamma}(s),$$

where $\mathbf{n}''$ is a 4×2 matrix defined as $\mathbf{n}''=(\mathbf{n}',\mathbf{o}')$. It follows from (1a), (1b) and (14) that the gap and electric potential jump may be expressed as

$$\mathbf{G}(\eta)=\mathrm{i}\int_0^{+\infty}(\mathbf{n}'')^{\mathrm{T}}\left[\mathbf{Z}_1^{-1}+(\mathbf{Z}_2^{*})^{-1}\right]\mathbf{n}''\mathbf{\Gamma}(s)\exp(\mathrm{i}s\eta)\mathrm{d}s$$
$$+\mathrm{i}\int_{-\infty}^{0}(\mathbf{n}'')^{\mathrm{T}}\left[(\mathbf{Z}_1^{*})^{-1}+\mathbf{Z}_2^{-1}\right]\mathbf{n}''\mathbf{\Gamma}(s)\exp(\mathrm{i}s\eta)\mathrm{d}s, \quad (10)$$

Remember that $\mathbf{Z}_1^{-1}$ (or $(\mathbf{Z}_2^{*})^{-1}$) is hermitian. Therefore

$$\mathbf{\Lambda}=(\mathbf{n}'')^{\mathrm{T}}\left[\mathbf{Z}_1^{-1}+(\mathbf{Z}_2^{*})^{-1}\right]\mathbf{n}''$$

is a 2×2 hermitian matrix. Write $\mathbf{\Lambda}=\mathbf{\Lambda}_R+\mathrm{i}\mathbf{\Lambda}_I$ where the real part $\mathbf{\Lambda}_R$ is symmetric and the imaginary part $\mathbf{\Lambda}_I$ is anti-symmetric. Then for the case of the impermeable separation condition, Eqs. (3), (6) and (7) will lead to a set of dual integral equations

$$\mathbf{N}(\eta)=-\mathbf{P}_0-\mathrm{i}k\int_{-\infty}^{+\infty}|s|\mathbf{\Gamma}(s)\exp(\mathrm{i}s\eta)\mathrm{d}s$$

in the separation zone. (11a)

$$\frac{d}{d\eta}[\mathbf{G}(\eta)]=-\int_{-\infty}^{+\infty}s\left[\mathbf{\Lambda}_R+\mathrm{i}\,\mathrm{sgn}(s)\mathbf{\Lambda}_I\right]\mathbf{\Gamma}(s)\exp(\mathrm{i}s\eta)\mathrm{d}s$$

in the contact zone. (11b)

4. Singular Integral Equation and Its Solution

We assume that the two piezoelectric solids separate over the interval $\alpha\le\eta\le\beta$, and are in frictionless contact over the rest of the interface.

Set

$$\mathbf{\Gamma}(s)=\frac{\left[\mathbf{\Lambda}_R+\mathrm{sgn}(s)\mathrm{i}\mathbf{\Lambda}_I\right]^{-1}}{2\pi s}\int_{\alpha}^{\beta}\mathbf{\Phi}(\xi)\exp(-\mathrm{i}s\xi)\mathrm{d}\xi, \quad (12)$$

where $\mathbf{\Phi}(\xi)=(\Phi_1(\eta),\Phi_2(\eta))^{\mathrm{T}}$ is a vector function defined in the region of (α,β). Substituting (12) into (11b), we get the single-valued condition

$$\int_{\alpha}^{\beta}\mathbf{\Phi}(\xi)\mathrm{d}\xi=0,\ \frac{\mathrm{d}}{\mathrm{d}\eta}[\mathbf{G}(\eta)]=-\mathbf{\Phi}(\eta). \quad (13)$$

Substituting (12) into (11a), we can convert (11a) to a vector singular integral equation with a Cauchy Kernel,

$$k\tilde{\mathbf{\Lambda}}_I\mathbf{\Phi}(\eta)-\frac{k\tilde{\mathbf{\Lambda}}_R}{\pi}\int_{\alpha}^{\beta}\mathbf{\Phi}(\xi)\frac{1}{\xi-\eta}\mathrm{d}\xi=\mathbf{P}_0, \quad (14)$$

which is submitted to the single valued condition (13). In (14), $\mathbf{\Lambda}^{-1}=\tilde{\mathbf{\Lambda}}_R+\mathrm{i}\tilde{\mathbf{\Lambda}}_I$ where $\tilde{\mathbf{\Lambda}}_R$ is a real symmetric matrix and $\tilde{\mathbf{\Lambda}}_I$ is a real anti-symmetric matrix. These two real matrices are denoted as

$$\tilde{\mathbf{\Lambda}}_I=\begin{bmatrix}0 & \lambda_0(\nu)\\ -\lambda_0(\nu) & 0\end{bmatrix},\quad \tilde{\mathbf{\Lambda}}_R=\begin{bmatrix}\lambda_1(\nu) & \lambda_3(\nu)\\ \lambda_3(\nu) & \lambda_2(\nu)\end{bmatrix}. \quad (15)$$

The solution of the singular integral equation (14) should be discussed in two cases, $\tilde{\mathbf{\Lambda}}_I=\mathbf{0}$ and $\tilde{\mathbf{\Lambda}}_I\neq\mathbf{0}$.

(I). The case of $\tilde{\mathbf{\Lambda}}_I=\mathbf{0}$ (i.e. $\lambda_0(\nu)=0$)

In this case, the singular integral equation reduces to a Cauchy singular integral equation of the first type,

$$\frac{\tilde{\mathbf{\Lambda}}_R}{\pi}\int_{\alpha}^{\beta}\mathbf{\Phi}(\xi)\frac{1}{\xi-\eta}\mathrm{d}\xi=-\frac{\mathbf{P}_0}{k}. \quad (16)$$

Solving Eq.(16) according to the singular-valued condition (13), we get

$$\mathbf{\Phi}(\eta)=\frac{\mathrm{i}\mathbf{F}}{\sqrt{(\eta-\alpha)(\beta-\eta)}}\left(\eta-\frac{\alpha+\beta}{2}\right), \quad (17)$$

with $\mathbf{F}=\dfrac{\mathrm{i}(\tilde{\mathbf{\Lambda}}_R)^{-1}\mathbf{P}_0}{k}$ $\eta\in(\alpha,\ \beta)$.

Using (17), we can calculate $g(\eta)$ and $\Delta\varphi(\eta)$ in the separation zone,

$$\mathbf{G}(\eta)\triangleq\begin{Bmatrix}g(\eta)\\ \Delta\varphi(\eta)\end{Bmatrix}=\mathrm{i}F_i\sqrt{(\eta-\alpha)(\beta-\eta)}$$
$$=\frac{-1}{k\|\tilde{\mathbf{\Lambda}}_R\|}\begin{pmatrix}\lambda_2(\nu)p_0+\lambda_3(\nu)D_0\\ -\lambda_3(\nu)p_0-\lambda_1(\nu)D_0\end{pmatrix}\sqrt{(\eta-\alpha)(\beta-\eta)}. \quad (18)$$

$N(\eta)$ and $D(\eta)$ in the contact zone are

$$\mathbf{N}(\eta)\triangleq\begin{pmatrix}N(\eta)\\ D(\eta)\end{pmatrix}=\pm\frac{\left(\eta-\dfrac{\alpha+\beta}{2}\right)}{\sqrt{(\eta-\alpha)(\beta-\eta)}}\begin{pmatrix}p_0\\ -D_0\end{pmatrix}, \quad (19)$$

where "-" is for $\eta<\alpha$ and "+" for $\eta>\beta$. The existence condition of the slip pulse with local separation is $g(\eta)>0$ and $N(\eta)<0$. Because the term $\sqrt{(\eta-\alpha)(\beta-\eta)}$ in eq. (17) is positive and

$\pm\left(\eta-\frac{\alpha+\beta}{2}\right)/\sqrt{(\eta-\alpha)(\beta-\eta)}$ in (18) is negative, the existence condition for slip wave with local separation is given by

$$k^{-1}p_0\left\|\boldsymbol{\Lambda}_R\right\| f\left(\lambda_2(v)+\tilde{m}\lambda_3(v)\right)<0, \qquad (20)$$

which means that the function $f(v,\tilde{m})=\lambda_2(v)+\lambda_3(v)*\tilde{m}$ (with $\tilde{m}=D_0/p_0$) and $\left\|\tilde{\boldsymbol{\Lambda}}_R\right\|$ have different signs. It is noted that the existence of the slip pulse with local separation is dependent on the applied mechanical and electrical loads.

(II). The case of $\tilde{\boldsymbol{\Lambda}}_I\neq\mathbf{0}$ (i.e. $\lambda_0(v)\neq 0$)

In this case we have a Cauchy singular integral equation of the second type

$$\tilde{\boldsymbol{\Lambda}}_I\boldsymbol{\Phi}(\eta)-\frac{\tilde{\boldsymbol{\Lambda}}_R}{2\pi}\int_\alpha^\beta \boldsymbol{\Phi}(\xi)\frac{1}{\xi-\eta}\mathrm{d}\xi=\frac{\mathbf{P}_0}{k}. \qquad (21)$$

It is easily proved that if the solution of (21) satisfies the single-valued condition (13), p_0 and D_0 must vanish. This is unacceptable. So the slip pulse with local separation cannot exist when $\lambda_0(v)\neq 0$.

5. Numerical Results and Discussion

We first consider two contacting identical piezoelectric solids made of cadmium sulfur crystals (CdS), and then two contacting dissimilar piezoelectric solids, CdS and zinc oxide crystal (ZnO). The mechanical and electric parameters of these two materials are listed in Ref. [7]. We suppose an initial crystal orientation of the material with its three crystal axes X_1, X_2 and X_3 coincide with $\mathbf{t}$, $\mathbf{m}$ and $\mathbf{n}$ respectively. Then a material combination $[\theta_1,\theta_2]$ is defined by rotating the upper/lower crystal anticlockwise about X_1 (i.e. $\mathbf{t}$) by an angle θ_1/θ_2. Next we will present numerical results for four typical cases and discuss the existence of the slip pulse with local separation.

Case A. Identical material combinations with the mirror-symmetric crystal orientations

In this case, we will get $\theta_1=-\theta_2$, $v_R^{(1)}=v_R^{(2)}=v_R$ ($v_R^{(1)}$ is the Rayleigh speed of upper piezoelectric solid and $v_R^{(2)}$ is the Rayleigh speed of lower one) and $\lambda_0(v)=\lambda_3(v)=0$ for $v\in(0,\hat{v})$. Then the existence condition (20) can be rewritten as $\lambda_2(v)/\left\|\tilde{\boldsymbol{\Lambda}}_R\right\|<0$ which has no relation with the external applied electric load. As an example, Fig.2 shows the curve of $\lambda_2(v)/\left\|\tilde{\boldsymbol{\Lambda}}_R\right\|$ varying with v for the identical material (CdS) combination $[-\pi/3,\pi/3]$. It is found that the slip pulse causing local separation of the interface may propagate and its speed may be any value in the region of $(v_R,\hat{v})$.

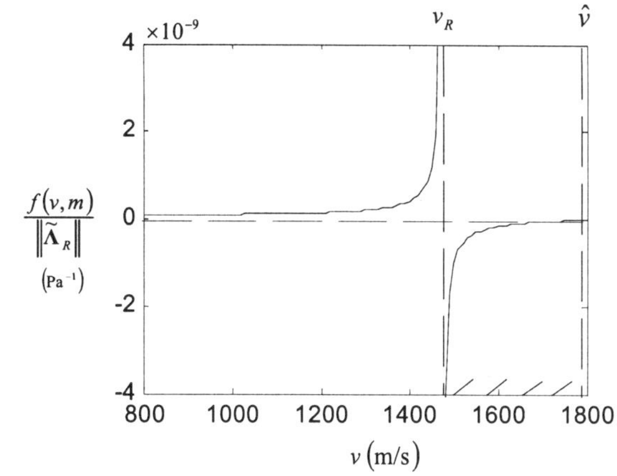

Figure 2. Existence of the slip pulse for the identical material (CdS) combination $[-\pi/3,\pi/3]$.

Case B. Identical material combinations with the identical crystal orientations

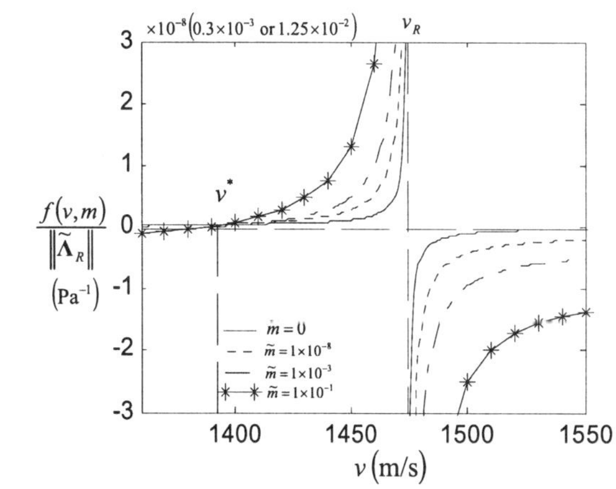

Figure 3. Existence of the slip pulse velocity for identical material (CdS) combination $[-\pi/3,-\pi/3]$. $\tilde{m}$ is in the unit of coulomb/N. The scale of the vertical axis multiplies 10^{-8} for $\tilde{m}=0$ and 1×10^{-8}, 0.3×10^{-3} for $\tilde{m}=1\times10^{-3}$ and 1.25×10^{-2} for $\tilde{m}=1\times10^{-1}$.

In this case $\theta_1=\theta_2$, we will get $v_R^{(1)}=v_R^{(2)}=v_R$. We have $\lambda_0(v)\equiv 0$ but $\lambda_3(v)\neq 0$ for $v\in(0,\hat{v})$. The existence condition (20) has relation with the applied electrical load or $\tilde{m}$. As an example, Fig.3 depicts the curve of $f(v,\tilde{m})/\left\|\tilde{\boldsymbol{\Lambda}}_R\right\|$ varying with v for some selected values of $\tilde{m}$ for the identical material (CdS) combination $[-\pi/3,-\pi/3]$. It is seen that the slip pulse causing the local separation of the interface can exist for all cases. When $\tilde{m}=0$ or 1×10^{-8} Coulomb/N, the slip pulse is in the region of $(v_R,\hat{v})$; and when $\tilde{m}=1\times10^{-3}$ or 1×10^{-1} Coulomb/N, the speed is in the region of $(v_R,\hat{v})\cup(0,v^*)$ with v^* being the zero point of $f(v,\tilde{m})/\|\tilde{\Lambda}_R\|$. Generally $\tilde{m}$ is very small in practical cases.

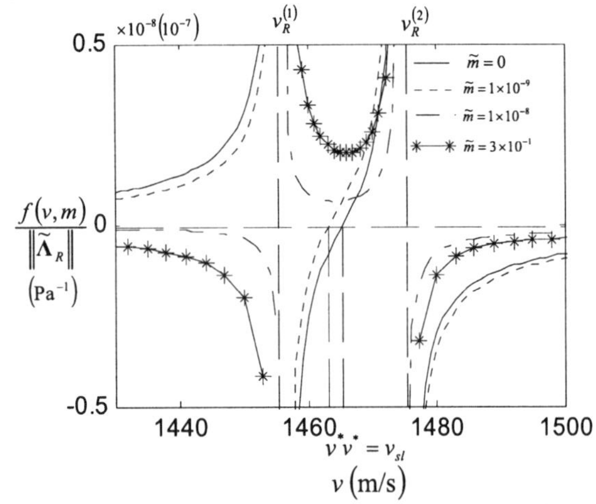

Figure 4. Existence of the slip pulse for identical material (CdS) combination $[-\pi/6,-\pi/3]$. $\tilde{m}$ is in the unit of coulomb/N. The scale of the vertical axis multiplies 10^{-8} for $\tilde{m}=0$ and 1×10^{-9}, 10^{-7} for $\tilde{m}=1\times10^{-8}$ and 1 for $\tilde{m}=3\times10^{-1}$.

Case C. Identical material combinations with the dissimilar crystal orientations

In this case $\theta_1\neq\pm\theta_2$, we will have $v_R^{(1)}\neq v_R^{(2)}$, $\lambda_0(v)\equiv0$ and $\lambda_3(v)\neq0$ for $v\in(0,\hat{v})$. Consider the upper and lower solids made of CdS but with different crystal orientations. For an example $[-\pi/6,-\pi/3]$, Fig.4 shows the curve of $f(v,\tilde{m})/\|\tilde{\Lambda}_R\|$ varying with v for some selected values of $\tilde{m}$. The slip pulse in presence of the local separation can propagate with the speed in the region of $v\in(v_R^{(1)},v^*)\cup(v_R^{(2)},\hat{v})$ for $\tilde{m}=0$ or 1×10^{-9} Coulomb/N where v^* is defined as before. Computation tests show that v^* for $\tilde{m}=0$ is exactly the zero point of $\|\Lambda_R\|$, i.e. the speed v_{sl} of the slip pulse without separation of the interface. When $\tilde{m}=1\times10^{-8}$ and 3×10^{-1} Coulomb/N, the speed of the slip pulse with local separation is in the region of $(0,v_R^{(1)})\cup(v_R^{(2)},\hat{v})$.

Case D. Dissimilar material combinations

Consider the upper solid made of CdS and the lower one made of ZnO. Since we suppose the material crystal axis X_1 coincides with $\mathbf{t}$, we have $\lambda_0(v)=0$. If the other two principal axes are simultaneously normal or parallel to the interface, then we further have $\lambda_3(v)=0$. Fig.5 illustrates the curve of $f(v,\tilde{m})/\|\tilde{\Lambda}_R\|$ (i.e. $\lambda_2(v)/\|\tilde{\Lambda}_R\|$) varying with v for the dissimilar combination (CdS/ZnO) $[0,0]$. The speed of the slip pulse with local separation is in the region of $(v_R^{(1)},\hat{v})$.

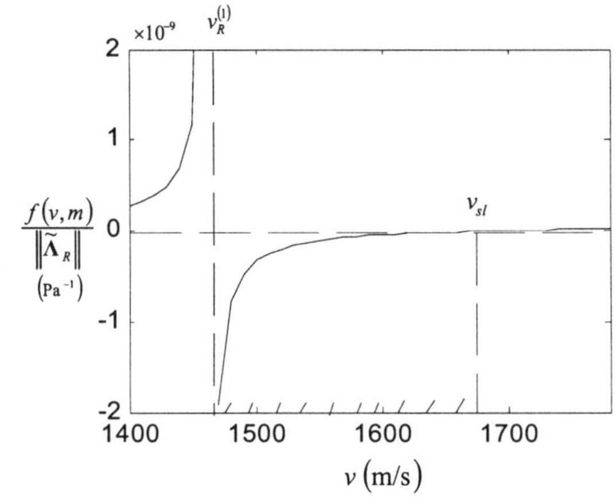

Figure 5. Existence of the slip pulse for the dissimilar material (CdS/ZnO) combination [0,0].

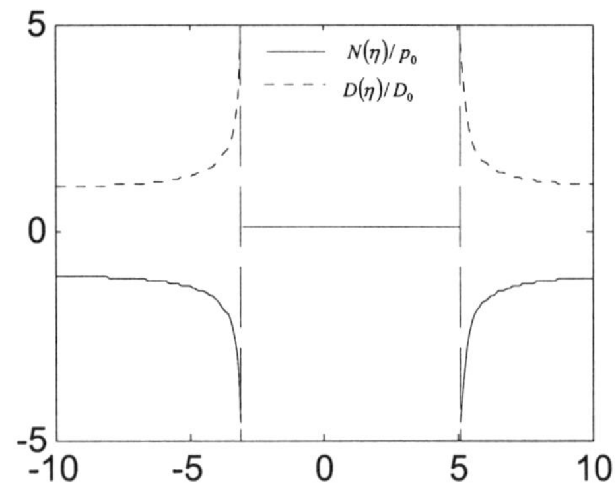

Figure 6. Distributions of the normal traction $N(\eta)/p_0$ and electrical displacement $D(\eta)/D_0$ at the interface.

In order to demonstrate the singular behavior at the ends of the contact/separation zones, we show the normal interface traction and electric displacement in Fig.6 for $N(\eta)/p_0$ and $D(\eta)/D_0$ by taking $\alpha=-3$ and $\beta=5$. They involve square-root singularities at both ends of the local separation zone. It is worth notice that the slip pulse with separation exists for all material combinations we have considered because $\lambda_0(v)\equiv0$. However for an arbitrary material combination, it is not always the case that $\lambda_0(v)\equiv0$, and therefore such a slip pulse cannot propagates when $\lambda_0(v) \neq 0$, although we did not give this kind of examples.

6. Conclusions

It is found that the existence of such a slip pulse depends on a well defined matrix ($\mathbf{\Lambda}$ or $\mathbf{\Lambda}^{-1}$, Eq.(15)) which is related to the surface impedance tensors of the two component piezoelectric solids. This matrix classifies different material combinations in which the existence of such a slip pulse shows different. If this matrix is real (i.e. $\lambda_0(v) \equiv 0$), then such a slip pulse can propagate with the speed varying in certain specific regions generally between the lowest Rayleigh wave speed and the limited speed. When the matrix is full (i.e. $\lambda_3(v) \neq 0$), the slip pulse speed is related with the applied mechanical and electrical loads; otherwise when the matrix is diagonal (i.e. $\lambda_3(v) \neq 0$), it is not. If the defined matrix $\mathbf{\Lambda}^{-1}$ is complex (i.e. $\lambda_0(v) \neq 0$), such kind of slip pulses does not exist.

Acknowledgments

The work is supported by the National Natural Science Foundation under Grand No.10372001. The third author is also grateful to the support of National Science Fund for Distinguished Young Scholars under grand No.10025211.

References

1. J.D. Achenbach, H.I. Epstein, Dynamic interaction of a layer and a half space, *J. Eng. Mech. Div.* **93**, 27 (1976).
2. M. Comninou, J. Dundurs, J.R. Barber, Disturbance at a frictional interface caused by a plane elastic pulse, *ASME J. Appl. Mech*, **49**, 361 (1982).
3. D. M. Barnett and J. Lothe, Free surface (Rayleigh) waves in anisotropic elastic half-spaces: the surface impedance method, *Proc. Roy. Soc. Lond.* **A402**, 135 (1985).
4. Y.S. Wang, G.L. Yu, J. M. Qu, Subsonic slip waves along the interface between two anisotropic elastic half-spaces in sliding contact with separation, *Int. J. Eng. Sci*, **41**, 1785 (2003).
5. V.I. Alshits, D.M. Barnett, A.N. Darinskii, J. Lothe, On the existence problem for localized acoustic waves on the interface between two piezocrystals, *Wave Motion*, **20**, 233 (1994).
6. A.N. Darinskii, M. Weihnacht, Interface waves on the sliding contact between identical piezoelectric crystals of general anisotropy, *Wave Motion*, **43**, 67 (2005).
7. B.A. Auld, *Acoustic Fields and Waves in Solid*, John Wiley, New York (1973).

柔性压电梁结构运动稳定性分析

李凤明　　王日新
黑龙江省哈尔滨工业大学航天学院 150001
电子邮件：　lfmcy@yahoo.com

汪越胜　　刘颖
北京交通大学工程力学研究所 100044
电子邮件：　yswang@center.njtu.edu.cn

本文研究了柔性压电梁结构的运动稳定性，采用 Hamilton 变分原理推导结构运动方程，并采用多尺度方法求解稳态响应的运动稳定性区域。给出了数值算例，并分析了电压、轴向力以及阻尼比等因素对稳定性区域的影响。通过分析可见，外加电压与压电层上下表面电势差的差值越大，稳定域越大；梁所承受的轴力越小，稳定域越大；阻尼越大，稳定域越大。

关键词： 压电材料，柔性梁，非线性振动，稳定性，多尺度法

ANALYSIS ON THE MOTION STABILITY OF THE FLEXIBLE PIEZOELECTRIC BEAMS

Feng-Ming LI, Ri-Xin WANG
School of Astronautics, Harbin Institute of Technology, Harbin 150001, China
E-mail:　lfmcy@yahoo.com

Yue-Sheng WANG, Ying LIU
Institute of Engineering Mechanics, Beijing Jiaotong University, Beijing 100044, China
E-mail: yswang@center.njtu.edu.cn

In this paper, the motion stability of the flexible piezoelectric beams is studied. The Hamilton principle is applied to derive the equation of motion and the method of multiple scales is used to solve the stabile regions of the stationary motion. The numerical example is given to analyze the effects of the voltage, axial force and damping ratio on the stabile regions. From the results it is seen that the larger the difference between the applied outer voltage and the electric potential deference between the upper and lower surfaces of the piezoelectric layer, the larger the stable regions; the smaller the axial force, the larger the stable regions; and the larger the damping ratio, the larger the stable regions.

Keywords: piezoelectric material, flexible beam, nonlinear vibration, stability, method of multiple scales

1. 引言

未来航空航天结构趋向于大型、低刚度和柔性化，这类结构的特点是模态阻尼小，在外激励作用下，大幅度的振动持续时间长。这不仅会影响航天结构的正常工作，还将使结构产生过早的疲劳破坏，影响结构的使用寿命[1]。因此，人们对这种柔性航天结构的动力学建模、振动控制、运动稳定性、波传播等方面进行了很多研究[1-7]。压电材料在结构的振动控制中得到广泛应用，由于压电材料用于作动器和传感器时具有很多优点，因此压电材料非常适合航天结构的需要[1]。

Lee 和 Kim [4]采用谱有限元方法研究了弹性-压电层合梁的动力学特性，他们考虑了梁的轴向和横向振动的耦合。曹宗杰等[5]对振动控制中压电传感器与执行器位置的拓扑优化进行了研究，他们根据奇异值单元灵敏度给出了传感器与执行器位置的优化准则。聂润兔等[6]研究了压电桁架结构的动力学建模与振动控制问题，考虑叠层压电陶瓷主动杆件的机电耦合

效应，建立了压电桁架结构机电耦合有限元力学模型，并采用独立模态空间方法对结构进行振动控制。Chen 等[7]研究了含压电层的复合材料梁结构的动力学稳定性和振动控制，采用 Hamilton 变分原理推导结构运动方程，并采用谐波平衡法求解运动方程，获得一阶近似的运动稳定性区域。但在他们的研究中，没有考虑结构阻尼的影响。

本文对柔性压电梁结构的运动稳定性进行研究，考虑阻尼的影响，采用 Hamilton 变分原理推导结构运动方程，并采用多尺度方法求解运动方程，获得稳态响应的运动稳定和不稳定区域的分界线。通过数值算例，分析了外电压、压电层上下表面的电势差以及阻尼比等因素对稳定性区域的影响。

2. 运动方程

矩形截面梁结构如图 1 所示，梁的上表面粘贴压电片，设外电压 V_0 施加在压电片上表面，沿梁轴线方向作用激振力 $P(t)=P_0+P_t\cos\Omega t$。

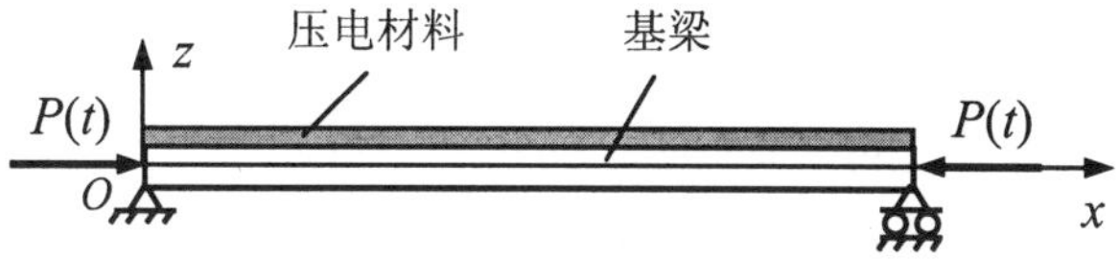

图 1. 承受轴向力的柔性压电梁结构简图

压电材料的极化方向沿 z 轴方向，设压电材料为横观各向同性，则其本构方程表示为

$$\sigma_x^p = c_{11}\varepsilon_x^p - e_{31}E_z,\quad D_z = e_{31}\varepsilon_x^p + \xi_{33}E_z \tag{1}$$

式中 σ_x^p 和 ε_x^p 为 x 方向正应力及正应变，Dz 和 Ez 为 z 方向电位移及电场强度，c_{11}, e_{31} 和 ξ_{33} 分别为压电材料的弹性常数、压电常数及介电常数。对细长柔性梁，忽略纵向变形影响，式(1)中的正应变 ε_x^p 和电场强度 Ez 分别表示为

$$\varepsilon_x^p = -z\,\partial^2 w/\partial x^2 + (1/2)(\partial w/\partial x)^2,\quad E_z = -\mathrm{d}\varphi/\mathrm{d}z \tag{2}$$

式中 w 和 φ 分别为压电材料中性层沿 z 方向的位移及电势函数。基梁中的正应力及正应变分别表示为

$$\sigma_x = E\varepsilon_x,\quad \varepsilon_x = -z\,\partial^2 w/\partial x^2 + (1/2)(\partial w/\partial x)^2 \tag{3}$$

式中 σ_x, ε_x 和 E 分别为 x 方向正应力、正应变及弹性模量。

Hamilton 变分原理表示为

$$\int_{t_1}^{t_2} \delta(T-U)\mathrm{d}t + \int_{t_1}^{t_2} \delta W \mathrm{d}t = 0 \tag{4}$$

式中 δ 为变分符号，T 和 U 分别为整体结构的动能和势能，δW 为外力虚功。整体结构的势能由基梁和压电层的弹性势能及压电材料的电势能构成，表示为

$$U = \frac{1}{2}\int_V \sigma_x\varepsilon_x \mathrm{d}V + \frac{1}{2}\int_V \sigma_x^p\varepsilon_x^p \mathrm{d}V - \frac{1}{2}\int_V D_z E_z \mathrm{d}V \tag{5}$$

将式(1)–(3)分别代入式(5)，得

$$\begin{aligned} U = {} & a_1\int_0^L \left[(\partial^2 w/\partial x^2)\right]^2 \mathrm{d}x + a_2\int_0^L (\partial^2 w/\partial x^2)\mathrm{d}x \\ & + a_3\int_0^L (\partial^2 w/\partial x^2)(\partial w/\partial x)^2 \mathrm{d}x \\ & + a_4\int_0^L (\partial w/\partial x)^2 \mathrm{d}x + a_5\int_0^L (\partial w/\partial x)^4 \mathrm{d}x + a_6 \end{aligned} \tag{6}$$

式中各项系数表示为

$$\begin{aligned} & a_1 = Ebh^3/24 + c_{11}bh_p(4h_p^2 + 6hh_p + 3h^2)/24, \\ & a_2 = be_{31}\int_{h/2}^{(h_p+h/2)} \varphi \mathrm{d}z \\ & -be_{31}[(h_p+h/2)\varphi(h_p+h/2) - (h/2)\varphi(h/2)], \\ & a_3 = -bc_{11}(h_p^2 + hh_p)/4, \\ & a_4 = (e_{31}/2)[\varphi(h_p+h/2) - \varphi(h/2)], \\ & a_5 = Ebh/8 + bc_{11}h_p/8, \\ & a_6 = -(bL\xi_{33}/2)\int_{h/2}^{(h_p+h/2)} (\mathrm{d}\varphi/\mathrm{d}z)^2 \mathrm{d}z \end{aligned} \tag{7}$$

式中 h 和 hp 分别为基梁和压电层的厚度，L 和 b 分别为基梁和压电层的长与宽。a_6 为常数项。系数 a_4 中的 $\varphi(h_p+h/2)-\varphi(h/2)$ 为压电层上下表面的电势差，用符号 V_1 表示。则 a_4 记为 $a_4 = be_{31}V_1/2$。在推导运动方程时将会看到，式(6)中的含系数 a_2 项经 Hamilton 变分后为零，故系数 a_2 不作过多分析。

整体结构的动能表示为

$$T = \frac{1}{2}\int_0^L \left[(\rho A + \rho_p A_p)(\partial w/\partial t)^2\right]\mathrm{d}x \tag{8}$$

式中 ρ 和 ρp 分别为基梁及压电材料的密度，A 和 Ap 分别为基梁及压电层的横截面积。轴向力 P(t)及外电压 V_0 所作的功为

$$W_1 = \int_0^L [P(\partial w/\partial x)^2/2]\mathrm{d}x + \int_0^L bV_0 D_z^0 \mathrm{d}x \tag{9}$$

式中 V_0 为外加作动电压，D_z^0 为压电片上表面电位移(即单位面积电荷)，通过式(1)可将 D_z^0 表示为

$$\begin{aligned} D_z^0 = {} & e_{31}[-(h_p+h/2)\partial^2 w/\partial x^2 + (1/2)(\partial w/\partial x)^2] \\ & + \xi_{33}(-\mathrm{d}\varphi/\mathrm{d}z)\big|_{z=h_p+h/2} \end{aligned} \tag{10}$$

式中最后一项为常数项。将式(10)代入式(9)，可得

$$W_1 = \int_0^L [(P + bV_0 e_{31})(\partial w/\partial x)^2/2]\mathrm{d}x$$
$$- \int_0^L bV_0 e_{31}(h_p + h/2)\partial^2 w/\partial x^2 \mathrm{d}x$$
$$- \int_0^L bV_0 \xi_{33}(\mathrm{d}\varphi/\mathrm{d}z)\big|_{z=h_p+h/2}\mathrm{d}x \quad (11)$$

研究中考虑梁的阻尼，则梁的阻尼在虚位移 δw 上的虚功 δW_2 为

$$\delta W_2 = -(1/2)\int_0^L c(\partial w/\partial t)\mathrm{d}x\delta w \quad (12)$$

式中 c 为阻尼系数。

将式(6)、(8)、(11)和(12)代入式(4)，经变分运算并略去高阶小量，得到整体结构的运动方程为

$$2a_1\frac{\partial^4 w}{\partial x^4} + c\frac{\partial w}{\partial t} + a_7\frac{\partial^2 w}{\partial t^2} + a_8\frac{\partial^2 w}{\partial x^2} = 0 \quad (13)$$

式中 $a_7 = \rho A + \rho_p A_p$，$a_8 = P + be_{31}(V_0 - V_1) = P + be_{31}\Delta V$，其中 ΔV 表示外加电压与压电层上下表面电势差的差值。可见，系数 a_8 反映了轴力 P 和外电压对运动的影响。

3. 运动稳定性分析

下面对运动方程进行稳定性分析，将 a_8 和 $P(t) = P_0 + P_t\cos\Omega t$ 代入式(13)，并重新表示为

$$2a_1\frac{\partial^4 w}{\partial x^4} + c\frac{\partial w}{\partial t} + a_7\frac{\partial^2 w}{\partial t^2} + (a_9 + P_t\cos\Omega t)\frac{\partial^2 w}{\partial x^2} = 0 \quad (14)$$

式中 $a_9 = P_0 + be_{31}(V_0 - V_1) = P_0 + be_{31}\Delta V$。研究中考虑柔性梁的一阶横向振动模态，可将 w 表示为如下形式

$$w(x,t) = W(t)\sin(\pi x/L) \quad (15)$$

将式(15)代入(14)中，整理得

$$\mathrm{d}^2W/\mathrm{d}t^2 + 2\hat{\zeta}\omega\mathrm{d}W/\mathrm{d}t + \omega^2(1 - 2\hat{\mu}\cos\Omega t)W = 0 \quad (16)$$

式中 $\hat{\zeta} = c/(2\omega a_7)$ 为阻尼比，$\omega^2 = (2a_1\pi^4 - a_9L^2\pi^2)/(a_7L^4)$，$\hat{\mu} = P_tL^2/(4a_1\pi^2 - 2a_9L^2)$ 为无量纲量。

定义如下无量纲量：$\overline{W} = W/L$，$\overline{\omega} = \omega/\omega_1$，$\bar{t} = \omega_1 t$，$\overline{\Omega} = \Omega/\omega_1$，其中 $\omega_1 = \sqrt{2a_1\pi^4/(a_7L^4)}$ 为无阻尼、不含压电层的简支梁的一阶固有频率。将以上无量纲量代入式(16)，得如下无量纲运动方程

$$\mathrm{d}^2\overline{W}/\mathrm{d}\bar{t}^2 + 2\hat{\zeta}\overline{\omega}\mathrm{d}\overline{W}/\mathrm{d}\bar{t} + \overline{\omega}^2(1 - 2\hat{\mu}\cos\overline{\Omega}\bar{t})\overline{W} = 0 \quad (17)$$

为书写简便，以下分析中略去各无量纲量符号上面的“–”。式(17)为含阻尼参数激励 Mathieu 方程。

下面采用多尺度法[8]求解，为此，引入如下标度变换：$\hat{\zeta} \to \varepsilon\zeta$，$\hat{\mu} \to \varepsilon\mu$，其中 ε 为无量纲小扰动参数。则式(17)变为

$$\mathrm{d}^2W/\mathrm{d}t^2 + 2\varepsilon\zeta\omega\mathrm{d}W/\mathrm{d}t + \omega^2(1 - 2\varepsilon\mu\cos\Omega t)W = 0 \quad (18)$$

设方程(18)的解为如下形式

$$W(t,\varepsilon) = W_0(T_0,T_1,T_2,\cdots) + \varepsilon W_1(T_0,T_1,T_2,\cdots)$$
$$+ \varepsilon^2 W_2(T_0,T_1,T_2,\cdots) + \cdots \quad (19)$$

式中 Tn = εnt (n = 0, 1, 2, …)，取前两阶时间尺度，其中 $T_0 = t$ 为快变时间尺度，$T_1 = \varepsilon t$ 为慢变时间尺度。则有如下微分算子

$$\mathrm{d}/\mathrm{d}t = \partial/\partial T_0 + \varepsilon\partial/\partial T_1 + \cdots = D_0 + \varepsilon D_1 + \cdots$$
$$\mathrm{d}^2/\mathrm{d}t^2 = \partial^2/\partial T_0^2 + 2\varepsilon\partial^2/\partial T_0\partial T_1 + \cdots$$
$$= D_0^2 + 2\varepsilon D_0D_1 + \cdots \quad (20)$$

研究 $\omega = \Omega/2$ 的亚谐波-主参数共振，为此设

$$\omega = \Omega/2 + \varepsilon\omega_1 + \varepsilon^2\omega_2 + \cdots \quad (21)$$

将式(19)—(21)代入式(18)中，并令等式两端 ε 的同次幂的系数相等，得

$$D_0^2W_0 + (\Omega^2/4)W_0 = 0 \quad (22)$$

$$D_0^2W_1 + (\Omega^2/4)W_1 = -2D_0D_1W_0 - \zeta\Omega D_0W_0$$
$$+ \Omega^2\mu\cos\Omega tW_0/2 - \Omega\omega_1W_0 \quad (23)$$

式(22)的复数形式的解为

$$W_0 = a(T_1)\exp(\mathrm{i}\Omega T_0/2) + \bar{a}(T_1)\exp(-\mathrm{i}\Omega T_0/2) \quad (24)$$

式中 $\bar{a}$ 为 a 的共轭复数。

将式(24)代入式(23)中，得如下方程

$$D_0^2W_1 + (\Omega^2/4)W_1 = (-\mathrm{i}\Omega a' - \mathrm{i}\zeta\Omega^2a/2 - \Omega\omega_1a$$
$$+ \Omega^2\mu\bar{a}/4)\exp(\mathrm{i}\Omega T_0/2)$$

$$+(\Omega^2\mu a/4)\exp(3i\Omega T_0/2)+cc \tag{25}$$

式中 a' 为 a 对 T_1 的导数，cc 表示等式右端各项的共轭复数部分。消除式(25)中的久期项，得

$$-ia'-i\zeta\Omega a/2-\omega_1 a+\Omega\mu\bar{a}/4=0 \tag{26}$$

将 a 表示为如下形式

$$a=a_r+ia_i \tag{27}$$

式中 ar 和 ai 均为 T_1 的实函数。将式(27)代入式(26)中，将实部和虚部分开，得

$$a_r'+\zeta\Omega a_r/2+\omega_1 a_i+\Omega\mu a_i/4=0$$

$$a_i'+\zeta\Omega a_i/2-\omega_1 a_r+\Omega\mu a_r/4=0 \tag{28}$$

对于稳态响应，$a_r'=a_i'=0$。于是，若使 ar 和 ai 取非平凡解，令式(28)中关于 ar 和 ai 的系数行列式为零，可得如下方程

$$\zeta^2\Omega^2/4-(\mu^2\Omega^2/16-\omega_1^2)=0 \tag{29}$$

由上式得

$$\omega_1=\pm\frac{\Omega}{2}\left(\frac{\mu^2}{4}-\zeta^2\right)^{1/2} \tag{30}$$

由此可见，当 $\zeta\geq\mu/2$ 时，运动是稳定的；当 $\zeta<\mu/2$ 时，出现不稳定区域。将式(30)代入式(21)，得到如下一阶近似的稳定和不稳定区域的分界线

$$2\omega/\Omega=1+2\varepsilon\omega_1/\Omega=1\pm(\hat{\mu}^2/4-\hat{\zeta}^2)^{1/2} \tag{31}$$

由上式可见，压电梁的外电压、压电层上下表面的电势差、轴向力(这三项由 $\hat{\mu}$ 反映出)以及阻尼比($\hat{\zeta}$)等因素对其稳定性区域存在影响。

4. 算例和讨论

针对图 1 所示的承受轴向压力的柔性压电梁，通过式(31)计算出运动稳定和失稳区域的分界线，讨论各因素对稳定性区域的影响。计算中基梁为铝材料，压电层为 PZT-5H，基梁和压电层的参数取值如表 1 所示。图 2—图 4 分别针对外加电压与压电层上下表面电势差的差值 ΔV、轴向力 Pt 和 P_0 以及阻尼比 $\hat{\zeta}$ 取不同值时，柔性压电梁的运动稳定性区域随频率 2ω/Ω 的变化规律。图 2 对应于轴力幅值 Pt 和 P_0 均取为 200N(小于梁的屈曲载荷)，稳定与失稳区域的变化情况。纵坐标为阻尼比 $\hat{\zeta}$，横坐标为频率 2ω/Ω。由图 2 可见，随着电压差值 ΔV 由负值变为正值，稳定区域逐渐变大，失稳区域逐渐变小。

表 1. 压电梁的参数取值

	弹性常数 E 或 c_{11} / (GPa)	压电常数 e_{31} / (C·m^{-2})	长 L / (m)	宽 b / (m)	厚 h / (m)
基梁	71	—	0.5	0.01	0.005
压电层	126	–6.50	0.5	0.01	0.001

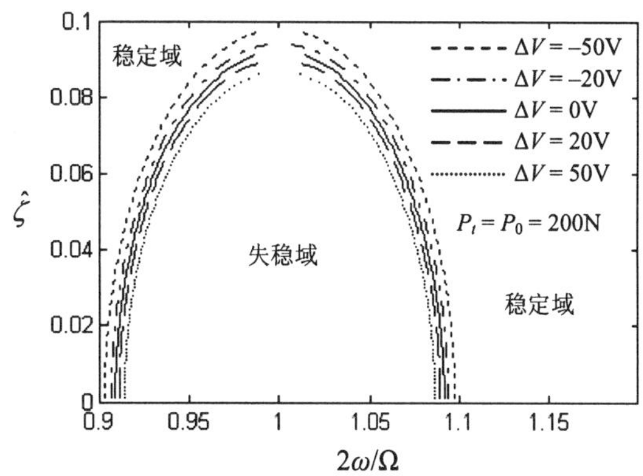

图 2. 电压对压电梁稳定性的影响

对应 ΔV = 20V，轴力幅值 Pt 和 P_0 取不同值时，图 3 给出了稳定与失稳区域的变化情况。由图 3 可见，随着轴力的逐渐变大，失稳域也逐渐越大。针对阻尼比 $\hat{\zeta}$ 的三种不同取值，图 4 给出了稳定及失稳域的变化情况。纵坐标为无量纲量 $\hat{\mu}$，横坐标为频率 2ω/Ω。由图 4 可见，随着阻尼的逐渐增大，失稳域逐渐变小，稳定域逐渐变大。

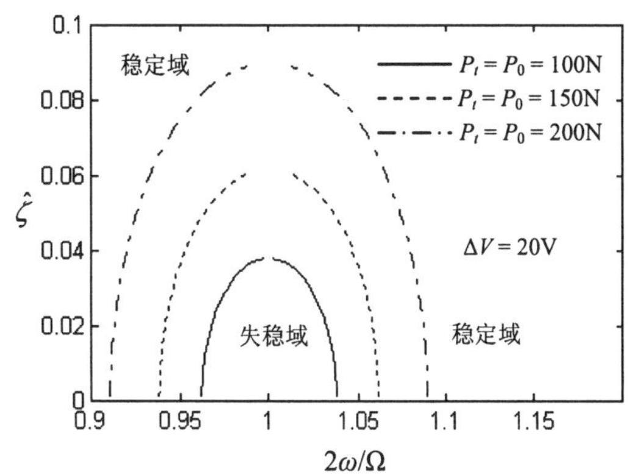

图 3. 轴力对压电梁稳定性的影响

5. 结论

本文研究了压电梁结构的运动稳定性问题，采用多尺

度方法给出稳定与失稳域的分界线。并给出数值算例，分析了不同参数对稳定域的影响。通过分析，得到如下结论：外加电压与压电层上下表面电势差的差值 ΔV 越大，稳定性区域越大，这相当于增加了结构阻尼。梁所承受的轴力越大(小于梁的静态屈曲载荷)，失稳域越大，因此实际工作中应注意梁的承载情况。阻尼越大，稳定性区域越大。

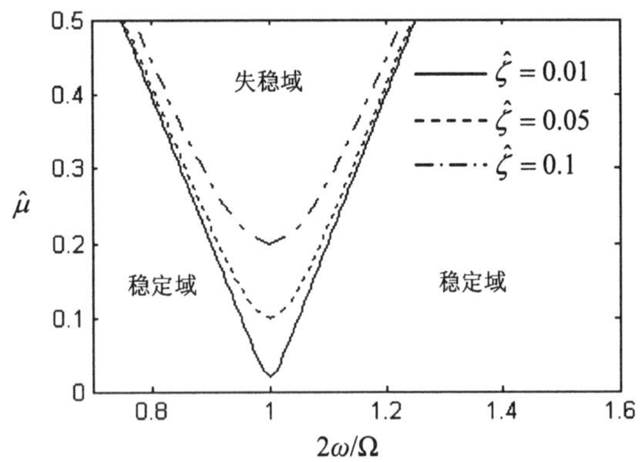

图 4. 阻尼对压电梁稳定性的影响

致谢

本文研究工作得到了国家自然科学基金(No. 10672017，10632020)的资助，特此表示感谢。

参考文献

1. 黄文虎，王心清，张景绘，郑钢铁，航天柔性结构振动控制的若干新进展，力学进展 **27**(1), 5 (1997).
2. 蔡国平，存在时滞的柔性梁的振动主动控制，固体力学学报 **25**(1), 29 (2004).
3. 陈阿丽，李凤明，汪越胜，失谐压电周期结构中波动的局部化，振动工程学报 **18**(3), 272 (2005).
4. U. Lee, J. Kim, Dynamics of elastic-piezoelectric two-layer beams using spectral element method, *Int. J. Solids Struct.* **37**, 4403 (2000).
5. 曹宗杰，闻邦椿，陈塑寰，智能结构振动控制中压电传感器与执行器位置的拓扑优化，振动工程学报 **14**(1), 90 (2001).
6. 聂润兔，邵成勋，邹振祝，压电桁架结构动力学建模与振动控制，宇航学报 **19**(4), 8 (1998).
7. L.W. Chen, C.Y. Lin, C.C. Wang, Dynamic stability analysis and control of a composite beam with piezoelectric layers, *Compos. Struct.* **56**, 97 (2002).
8. 陈予恕，非线性振动，高等教育出版社，北京 (2002).

EFFECT OF INITIAL STRESSES ON DISPERSION RELATION FOR TRANSVERSE PIEZOELECTRIC WAVES ON A LAYERED CYLINDER

Abo-el-nour N. Abd-alla
Mathematical Department, Faculty of Education for Girls, Gazan, Kingdom of Saudi Arabia
E-mail: an_abdalla@yahoo.com

Fatimah A. Al-sheikh
Mathematical Department, Faculty of Education for Girls, Gazan, Kingdom of Saudi Arabia
E-mail: f_alsheikh2000@yahoo.com

Effect of initial stresses on dispersion relation for transverse surface waves circulating around a piezoelectric cylinder covered with a perfectly conducting layer is investigated. Two overlay materials are considered: namely, Gold and Aluminum. The piezoelectric substrate is considered to have the symmetry of a hexagonal crystal, and the layer is a perfectly conducting. The dispersion equation has been derived for the two overlays materials in the form of determinant involving Bessel functions. The roots of the dispersion equation give the values of the characteristic circular frequency parameters of the first three modes for various geometries. These roots are numerically calculated by "Bisection method iterations technique" and presented graphically for various thickness of the overlayer and for different values of the initial stresses. The effect of the initial stresses on the natural frequencies is illustrated on the figures. It is found that both the thickness of the overlayer and the initial stresses have a substantial effect on the dispersion behavior. Moreover, it is seen that dispersion relation for a PZT-4 core covered by a Gold is much smaller than of the Aluminum layer. The results obtained in this paper not only may help us insight into the electro-mechanical coupling behavior of the piezoelectric composites cylinders, but also can offer theoretical basis and meaningful suggestion for the design of piezoelectric probes and electro-acoustic devices in the nondestructive evaluation technology. Finally, The results are compared graphically when the overlay is Gold or Aluminum and with those do not have initial stress and electric field which have been studied in the classical cases.

Keywords: Piezoelectricity, wave propagation, dispersion relation, transverse surface waves, initial stresses, hexagonal crystals.

1. Introduction

The piezoelectric materials, particularly piezoelectric ceramics, have been found to have wide applications in smart systems of aerospace, automotive, medical, and electronic fields due to the intrinsic coupling characteristics between their electric and mechanical fields [6, 14]. As the piezoelectric materials are being extensively used as actuators or transducers in technologies of smart and adaptive systems, the mechanical reliability and durability of these materials become increasing important [8]. Since the investigation of radial mode vibrations in [8], The piezoelectric effect in hollow cylinders has been effectively employed in the fabrication of annular accelerometers, and other applications may arise wherever thickness shear elements such as delay line transducers of frequency control filters, are adapted to a cylindrical shape [17, 18]. For the more historical development of piezoelectric problems and their applications in electromechanical devices (see Refs. [7, 8]).

In the conventional surface wave devices the acoustic wave propagates on a flat surface and the desired time delay is usually limited by the length of the crystal. It is conceivable that, if the surface wave is guided around a cylindrical body, one will be able to achieve a much longer time delay. In the design of signal filtering, the dispersive behavior of the surface waves becomes very important. The desirable dispersion can be obtained by changing the geometry of the substrate or adding metallic conducting films on top of the piezoelectric substrate [11].

Many acoustoelectro devices make use of surface waves propagating azimuthally in cylindric surface of a piezoelectric material. The study of such waves was initiated in Refs. [6,12,14]. Paul et al. [9] treated axisymmetric vibration of a piezocomposite hollow circular cylinder. Radial vibrations of axially polarized piezoelectric ceramic cylinders have been discussed [1].

Sun et al. [13] studied wave propagating around of a piezoelectric layered cylinder of hexagonal crystal symmetry. Subsequently, Wang et al. [17] investigated the longitudinal wave propagation in piezoelectric coupled rods and Qian et al. [10] studied the effect of initial stress on the propagation behavior of SH-waves in multilayered piezoelectric composite structures. Moreover, the same author and others [11] have investigated scattering of elastic waves by cylinders in 1-3 piezocomposited. Dispersion phenomena in transversely isotropic piezo-electric plated with either short or open circuit boundary conditions have been treated by Guo et al. [6]. Piezoelectric tubes and tubular composites for actuator and sensor applications are considered by Zhang et al. [18]. Recently, Dong et al. [3] studied wave propagation characteristics in piezoelectric cylindrical laminated shells under large deformation.

In present contribution, the propagation of acoustic surface waves around a piezoelectric cylinder with metallic overlays is considered. The piezoelectric substrate is assumed to be transversely isotropic, i.e. it has the symmetry of hexagonal crystal. The materials of Gold and Aluminum are chosen as overlays materials. Dispersion equation is calculated and the natural frequencies for different values of initial stresses and for various thicknesses of the overlays are presented in curves. It is found that the Gold and Aluminum materials as overlays and the initial stresses have substantial effects on the dispersion behavior. Furthermore, it is observed that the Aluminum as overlay has more sensitive effect on the dispersion behavior than the Gold. The results obtained in this paper may be offer theoretical basis and meaningful suggestion for the design of piezoelectric probes and electro-acoustic devices in the nondestructive evaluation technology.

2. General Equations

The general form of the motion differential equations of piezoelectric layer, taking into account the presence of initial stresses, can be expressed as follows [10]

$$T_{i,j,j} + (u_{i,k}T^{\circ}_{kj})_{,j} = \rho \ddot{u}_i. \tag{1}$$

In connection with Gauss's divergence equation:

$$D_{i,i} = 0. \tag{2}$$

The constitutive relations of the piezoelectric medium can be written as:

$$\left.\begin{aligned} T_{ij} &= c_{ijkl}S_{kl} - e_{kij}E_k, \\ D_i &= e_{ikl}S_{kl} + \in_{ik} E_k. \end{aligned}\right\} \tag{3}$$

in which $i,j,k,l = 1,2,3, T_{ij}, T^{\circ}_{ij}, S_{kl}$ are stress, initial stress and strain tensors, u_i, D_i, E_k denote the mechanical, electrical displacement and the electric field vectors in the ith direction, respectively, ρ is the mass density of the piezoelectric medium and $c_{ij,kl}, e_{kij}, \in_{ik}$ are elastic, piezoelectric and dielectric constants respectively. The dot denotes time differentiation, and a comma followed by the subscript i indicates space differentiation with respect to corresponding coordinate x_i. Also, the repeated index in the subscript implies summation with respect to that index.

The strain tensor S_{kl} and the electric field intensity vector E_k are related to the displacement vector u_i and the electric potential φ (quasi-static approximation can be employed) through the following:

$$\left.\begin{aligned} S_{ij} &= \tfrac{1}{2}(u_{i,j} + u_{j,i}), \\ E_i &= -\phi_{,i}. \end{aligned}\right\} \tag{4}$$

3. Formulation of the Problem

In this problem, we work in cylindric coordinates r, θ, z. We also consider a long solid cylinder of radius a covered by a then layer of conducting metal (see Fig. 1).

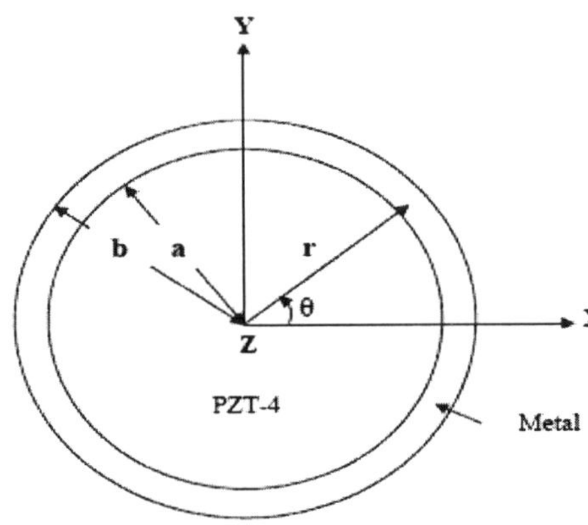

Figure 1

The inner core is a transversely isotropic solid such as crystals of the hexagonal class. It is assumed that the poling direction of the crystal coincides with the z-axis. The thin layer is assumed to be isotropic its radius from the z-axis is b So, the uniform thickness of the layer is $h = b - a$. In this case two surface modes are possible: (i) vertically polarized plane waves ($w = 0$, $\partial/\partial z = 0$), with no coupling between the electric field and the displacement components u, v ; and (ii) horizontally polarized waves ($u = v = 0$, $\partial/\partial z = 0$) with non-zero component w. For us here, the second -piezoactive- mode is of interest.

3.1. *Governing equations for the core*

The only non-vanishing displacement component, for the axially polarized shear wave, is w which is independent of z. The corresponding non-vanishing strain components are:

$$S_{rz} = \frac{\partial w}{\partial r}, \quad S_{\theta z} = \frac{1}{r}\frac{\partial w}{\partial \theta}. \tag{5}$$

For the piezoelectric core under consideration, the constitutive relations between the stress components and the strain components and the electric field may be written in the following form, after using the abbreviated subscript notation for elastic and piezoelectric constants (see Refs. [2, 9]):

$$\left.\begin{aligned} T_{\theta z} &= c_{44}S_{\theta z} - e_{15}E_{\theta}, \\ T_{rz} &= c_{44}S_{rz} - e_{15}E_{r}, \\ D_r &= e_{15}S_{rz} + \in_{11} E_r, \\ D_\theta &= e_{15}S_{\theta z} + \in_{11} E_\theta \end{aligned}\right\} \tag{6}$$

Using Eqs. (4) and (5) in Eqs. (6), one may get the stress components as functions of the electric potential and the displacement components as follows

$$\left.\begin{aligned} T_{\theta z} &= \frac{1}{r}(c_{44}\frac{\partial w}{\partial \theta} + e_{15}\frac{\partial \varphi}{\partial \theta}), \\ T_{rz} &= c_{44}\frac{\partial w}{\partial r} + e_{15}\frac{2\varphi}{\partial r}, \\ D_r - e_{15}&\frac{\partial w}{\partial r} - \in_{11}\frac{\partial \varphi}{\partial r}, \\ D_\theta &= \frac{1}{r}(e_{15}\frac{\partial w}{\partial \theta} - \in_{11}\frac{\partial \varphi}{\partial \theta}). \end{aligned}\right\} \tag{7}$$

The stresses are required to satisfy the equations of motion under an initial stress T°_{rr} so Eq. (1) may reduce to the following:

$$\frac{\partial T_{rz}}{\partial r} + \frac{1}{r}\frac{\partial T_{\theta z}}{\partial \theta} + \frac{1}{r}T_{rz} + \left(\frac{\partial^2 w}{\partial r^2} + \frac{1}{r}\frac{\partial w}{\partial r} + \frac{1}{r^2}\frac{\partial^2 w}{\partial \theta^2}\right)T^{\circ}_{rr} = \rho\frac{\partial^2 w}{\partial t^2}. \tag{8}$$

where c_{44} is an elastic constant, e_{15} is a piezoelectric constant, and $\in_{11}$ is a dielectric constant. The complete constitutive relations for the hexagonal crystal can be found in Refs. [2, 8].

The substitution of Eqs. (7) in Eqs. (8) and (2) yields the equation of motion and Gauss's law in terms of the mechanical displacement and the electric potential, respectively, as

$$\begin{aligned} (c_{44} + T^{\circ}_{rr})\nabla^2 w + e_{15}\nabla^2\varphi &= \rho\ddot{w}, \\ e_{15}\nabla^2 w - \in_{11}\nabla^2\varphi &= 0. \end{aligned} \tag{9}$$

where $\nabla^2 = \partial^2/\partial r^2 + \partial/r\partial r + \partial^2/r^2\partial\theta^2$ is the two dimensional Laplacian operator.

Introducing a new potential function $\psi = \varphi - (e_{15}/\in_{11})w$. The two equations in (9) reduce to the following:

$$(c^{\bullet}_{44} + T^{\circ}_{rr})\nabla^2 w = \rho\ddot{w}, \quad \nabla^2\psi = 0. \tag{10}$$

where $c^{\bullet}_{44} = c_{44} + e^2_{15}/\in_{11}$ is the stiffened elastic constant. It is noted that the stress component T_{rz} can now be written as

$$T_{rz} = c^{\bullet}_{44}\frac{\partial w}{\partial r} + e_{15}\frac{\partial \psi}{\partial r}. \tag{11}$$

3.2. *Governing the equations for the overlay*

Since the outer layer is assumed to be isotropic and elastic, the pertinent stress-strain relations in this problem are given by

$$T'_{rz} = c'_{44}S'_{rz} \quad , \quad T'_{\theta z} = c'_{44}S'_{\theta z}. \tag{12}$$

where c'_{44} is the shear modulus, It is noted that the primed notations are used to denote the outer layer.
The equation of motion is obtained as

$$c'_{44}\nabla^2 w' = \rho'\ddot{w}'. \tag{13}$$

3.3. *Boundary conditions*

We suppose that the boundary $r = b$ of the overlay which separate the body from the vacuum is free from stresses, i.e.,

$$T'_{rz} = 0 \qquad \text{at } r = b, \tag{14}$$

for the core at $r = a$ we have boundary condition

$$\varphi = 0 \qquad \text{at } r = a, \tag{15}$$

and the continuity conditions at the interface may be written in the form

$$w = w' \qquad at \qquad r = a, \tag{16}$$

$$T_{rz} = T'_{rz} \qquad at \qquad r = a. \tag{17}$$

4. Solution of the Problem (Dispersion Relation)

Let us assume the solution of the Eqs. (9), for the harmonic wave, with angular frequency ω and n is the angular wave number in the core, $0 \le r \le a$ in the form:

$$\left.\begin{aligned} w(r,\theta,t) &= W(r)\exp[i(n\theta - wt)], \\ \psi(r,\theta,t) &= \Psi(r)\exp[i(n\theta - wt)]. \end{aligned}\right\} \tag{18}$$

and the solution for the overlay which is governed by Eq. (13) , i.e. in $0 \le r \le b$ in the form:

$$w'(r,\theta,t) = W'(r)\exp[i(n\theta - wt)]. \tag{19}$$

Usually, n is chosen to be an integer to ensure the periodicity (in θ) of the solution.

Substituting Eqs. (18) and (19) in Eqs. (9) and (13), respectively, we obtain

$$\left.\begin{aligned} &\frac{d^2W}{dr^2} + \frac{1}{r}\frac{dW}{dr} + (\lambda_1^2 - \frac{n^2}{r^2})W = 0, \\ &\frac{d^2\Psi}{dr^2} + \frac{1}{r}\frac{d\Psi}{dr} - \frac{n^2}{r^2}\Psi = 0. \end{aligned}\right\} \tag{20}$$

in the core, and

$$\frac{d^2W'}{dr^2} + \frac{1}{r}\frac{dW'}{dr} + (\lambda_2^2 - \frac{n^2}{r^2})W' = 0. \tag{21}$$

in the layer, in Eqs. (20) and (21) we have used:

$$\lambda_1^2 = \rho\omega^2(c_{44}^* + T_{rr}^\circ), \quad \lambda_2^2 = \rho'\omega^2 / c_{44}'. \tag{22}$$

It is known that Eqs. (20) and (21) are Bessel equations of order n and that their solutions can be obtained easily. With the physical restriction that the mechanical displacement and the electric potential must remain bounded everywhere, we obtained the solutions for Eqs. (20) and (21) as

$$\left.\begin{aligned} w(r,\theta,t) &= AJ_n(\lambda_1, r)\exp[i(n\theta - \omega t)], \\ \psi(r,\theta,t) &= Br^n(r)\exp[i(n\theta - \omega t)]. \end{aligned}\right\} \tag{23}$$

and

$$w'(r,\theta,t) = [CJ_n(\lambda_2 r) + DY_n(\lambda_2 r)]\exp[i(n\theta - \omega t)]. \tag{24}$$

respectively. In Eqs. (23) and (24), J_n and Y_n are Bessel functions of the first and second kind, respectively, and A, B, C, D are constant amplitudes.

By using the solution given by Eqs. (23) and (24), the shear stresses T_{rz} and T_{rz}' and the electric potential φ can be derived as

$$\left.\begin{aligned} T_{rz} &= [c_{44}^*\lambda_1 J_n'(\lambda_1 r)A + e_{15}nr^{n-1}B]\exp[i(n\theta - \omega t)], \\ T_{rz}' &= c_{44}'\lambda_2[CJ_n'(\lambda_2 r) + DY_n'(\lambda_2 r)]\exp[i(n\theta - \omega t)], \\ \varphi &= [(e_{15}/\epsilon_{11})J_n(\lambda_1 r)A + r^n B]\exp[i(n\theta - \omega t)]. \end{aligned}\right\} \tag{25}$$

where J_n' and Y_n' are derivatives of J_n and Y_n with respect to r. It is important to note that if $n < 1$, then the shear stress and the electric field given by Eq. (25) become unbounded at the center of the core. However, the values of n which are of practical interest usually lie far beyond this region.

Substitution of the solutions given by Eqs. (23)-(25) in Eqs. (14)-(17) leads to four homogeneous equations for *A, B, C* and *D*. The four equations can be reduced to three by eliminating *B* through the use of Eq. (15). The dispersion equation is then obtained by setting the determinant coefficients of the three equations to zero. we obtain

$$\Delta = \begin{vmatrix} a_{11} & a_{12} & a_{13} \\ a_{21} & a_{22} & a_{23} \\ a_{31} & a_{32} & a_{33} \end{vmatrix} = 0 \tag{26}$$

where

$$\begin{aligned} &a_{11} = c_{44}^*\lambda_1 J_n'(\lambda_1 a) - \frac{e_{15}^2}{\epsilon_{11}}\frac{n}{a}J_n(\lambda_1 a), \\ &a_{12} = -c_{44}'\lambda_2 J_n'(\lambda_2 a), \; a_{13} = -c_{44}'\lambda_2 Y_n'(\lambda_2 a), \\ &a_{21} = J_n(\lambda_1 a), \; a_{22} = -J_n(\lambda_2 a), \\ &a_{23} = -Y_n(\lambda_2 a), \; a_{31} = 0, a_{32} = J_n'(\lambda_2 b), \; a_{33} = Y_n'(\lambda_2 b). \end{aligned}$$

The roots of Eq. (26) give the values of natural frequency for acoustic surface wave propagating around a piezoelectric cylinder with metallic overlays. The piezoelectric core which is assumed to be hexagonal symmetry, covered with a perfectly conducting layer. It is easily noted that the frequency Eq. (26) involves the dimensions *a,b* of the cylinder and the elastic, electric and the initial stress constants. To simplify the calculation of the eigenvalues of Eq. (26), we confined our attention to make these quantities dimensionless, therefore we introduce the following transformations:

$$\left.\begin{aligned} &\Omega = \alpha\lambda_1, \qquad \delta = h/a \\ &k^2 = e_{15}^2/(c_{44}^* \epsilon_{11}), \qquad \beta = \alpha(b/a), \\ &\alpha = [\rho'(c_{44}^* + T_{rr}^\circ)/\rho c_{44}']^{\frac{1}{2}}, \\ &\gamma = \{[\rho' c_{44}'(c_{44}^* + T_{rr}^\circ)]/(\rho c_{44}^{*2})\}^{\frac{1}{2}} \end{aligned}\right\} \tag{27}$$

According to the transformations (27), on may write the elements of the determinant (26) as follows:

$$a_{11} = \frac{n}{\Omega}(1-k^2)J_n(\Omega) - J_{n+1}(\Omega),$$

$$a_{12} = -\gamma[\frac{n}{\alpha\Omega}J_n(\alpha\Omega) - J_{n+1}(\alpha\Omega)],$$

$$a_{13} = -\gamma[\frac{n}{\alpha\Omega}Y_n(\alpha\Omega) - Y_{n+1}(\alpha\Omega)],$$

$$a_{21} = J_n(\Omega), \quad a_{22} = -J_n(\alpha\Omega),$$

$$a_{23} = -Y_n(\alpha\Omega), \quad a_{31} = 0,$$

$$a_{32} = [\frac{n}{\beta\Omega}J_n(\beta\Omega) - J_{n+1}(\beta\Omega)],$$

$$a_{33} = [\frac{n}{\beta\Omega}Y_n(\beta\Omega) - Y_{n+1}(\beta\Omega)].$$

5. Numerical Results and Discussion

The calculation of the roots of the dispersion Eq. (26), which may be regarded as function of n, δ, Ω and T_{rr}° represents a major task of this work. The dimensionless frequency Ω is calculated and plotted against the thickness ratio $(\delta = h/a)$ for three different values of initial stresses T_{rr}° for the first three modes and when (n=0,1,2). The elastic, piezoelectric and dielectric constants of ceramic PZT-4 core covered by a layer of Gold or Aluminum are taken from Ref. [11], which they have the following data:

Table 1. The physical constants of ceramic PZT-4, Aluminum and Gold.

Ceramic PZT-4	Gold	Aluminum	Units
$\rho = 7500$	$\rho = 19300$	$\rho' = 2695$	kg/m³
$c_{44} = 2.6X10^{10}$	$c'_{44} = 4.24X10^{10}$	$c'_{44} = 2.85X10^{10}$	N/m²
$e_{15} = 10.5$			C/m²
$\epsilon_{11} = 5.8X10^{-9}$			F/m

We have adopted the following iterative procedure for numerical computations. For a fixed value of l we evaluate the determinant, presented in the left hand side of Eq. (26), for various values of the unknown quantity Ω, commencing with the initial value zero and each time adding a fixed but small increment to that unknown quantity till the value of the determinant changes its sign. Then the bisection method also, known as method of having the interval or Bolzano method is applied to locate the root correct to a chosen number of decimal places. With this root as the initial value, the procedure is repeated to find the next root [4].

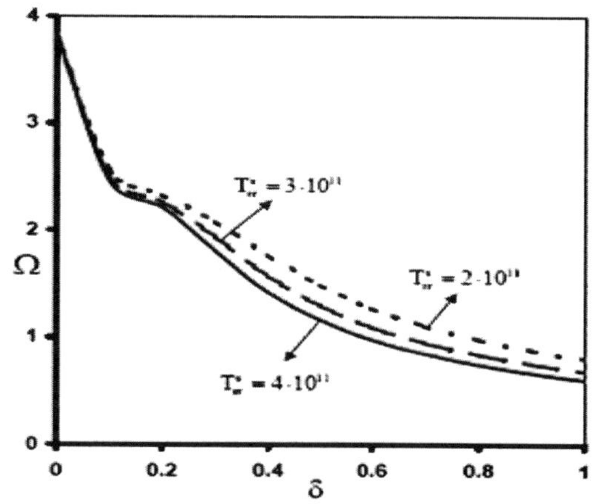

Figure 2. The first mode for the dispersion relation as function of thickness ratio δ when n=0 and for various values of initial stresses.

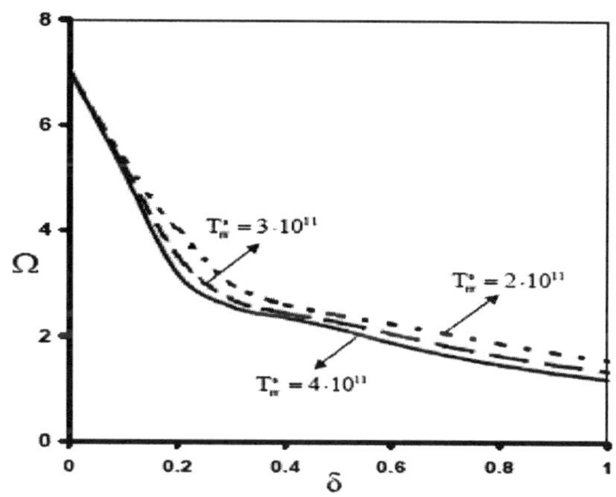

Figure 3. The second mode for the dispersion relation as function of thickness ratio δ when n=0 and for various values of initial stresses.

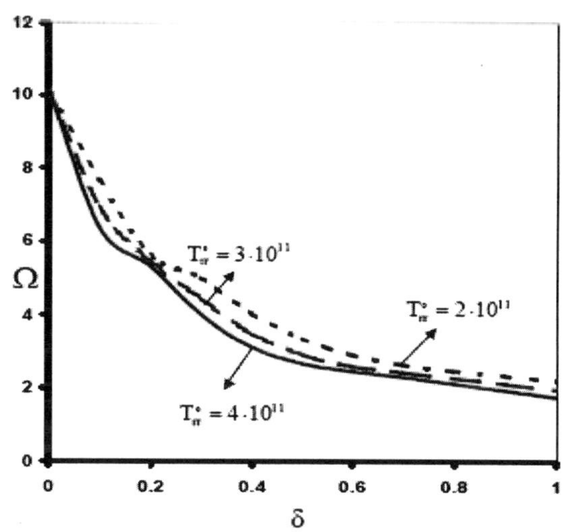

Figure 4. The third mode for the dispersion relation as function of thickness ratio δ when $n=0$ and for various values of initial stresses.

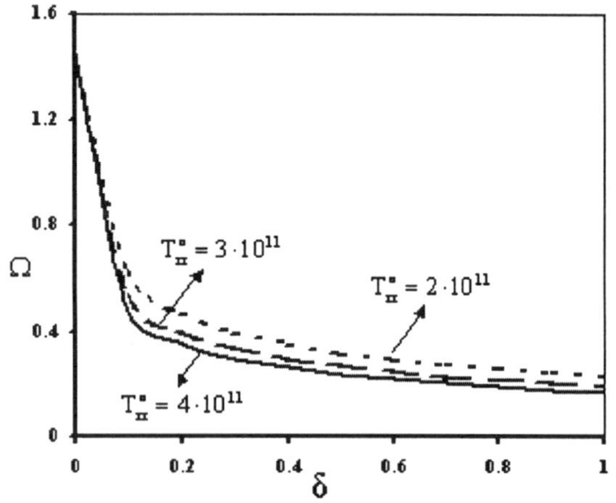

Figure 5. The first mode for the dispersion relation as function of thickness ratio δ when $n=1$ and for various values of initial stresses.

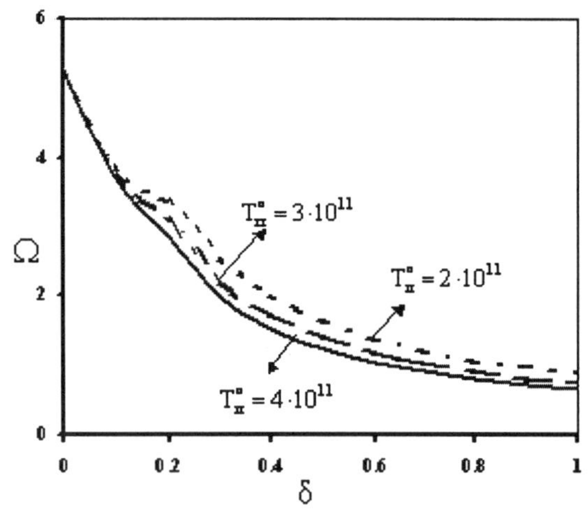

Figure 6. The second mode for the dispersion relation as function of thickness ratio δ when $n=1$ and for various values of initial stresses.

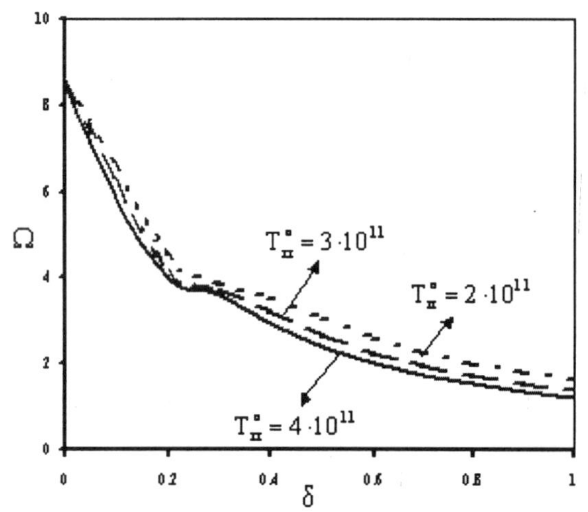

Figure 7. The third mode for the dispersion relation as function of thickness ratio δ when $n=1$ and for various values of initial stresses.

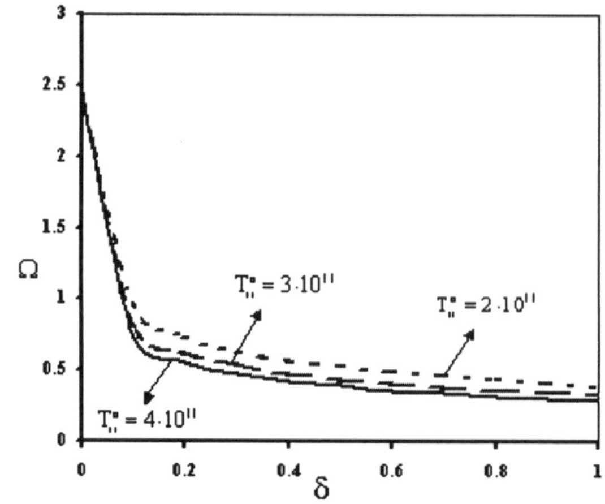

Figure 8. The first mode for the dispersion relation as function of thickness ratio δ when $n=2$ and for various values of initial stresses.

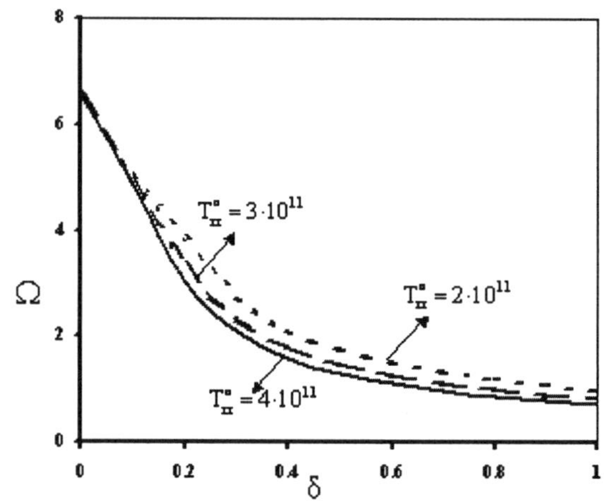

Figure 9. The second mode for the dispersion relation as function of thickness ratio δ when $n=2$ and for various values of initial stresses.

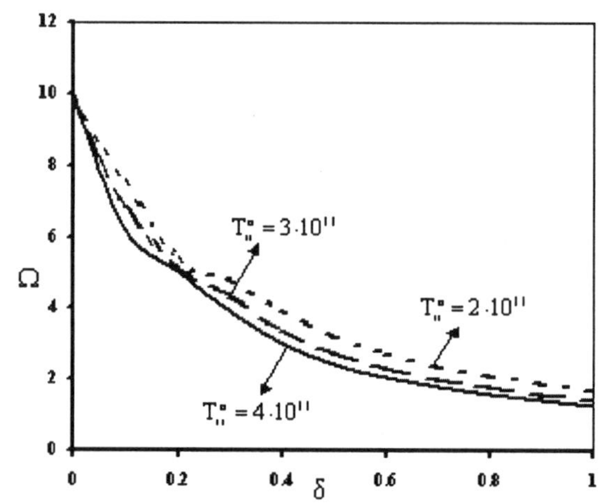

Figure 10. The third mode for the dispersion relation as function of thickness ratio δ when $n=2$ and for various values of initial stresses.

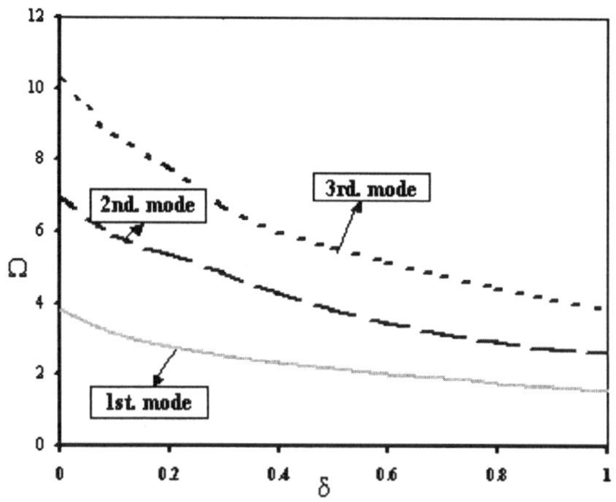

Figure 11. (Special case 1) The first three modes for the dispersion relation as function of thickness ratio δ when n=0 and there are no initial stresses.

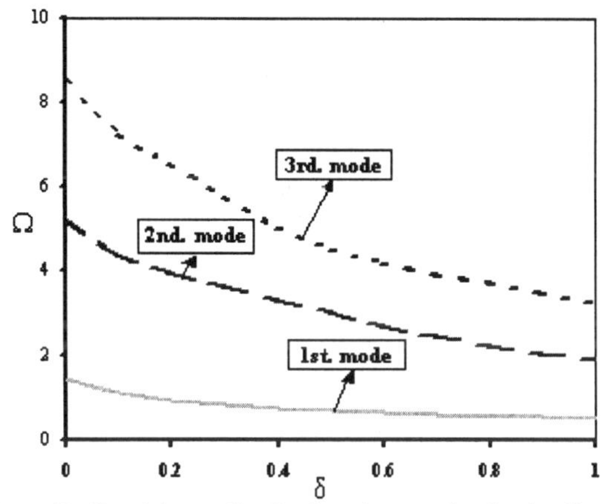

Figure 12. (Special case 1). The first three modes for the dispersion relation as function of thickness ratio δ when n=1 and there are no initial stresses.

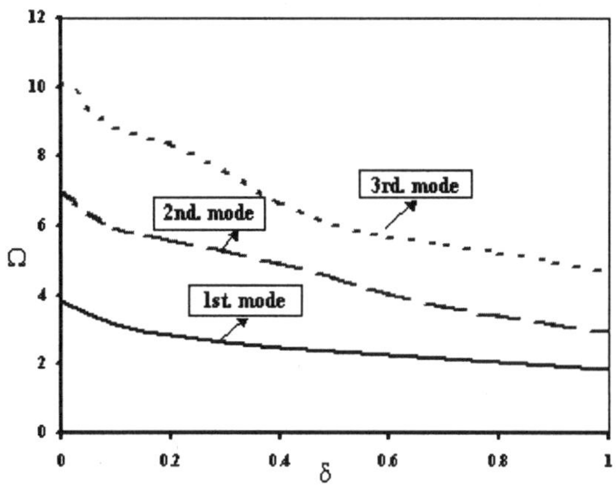

Figure 13. (Special case 2). The first three modes for the dispersion relation as function of thickness ratio δ when n=0 and there are no both of initial stresses and electric potential.

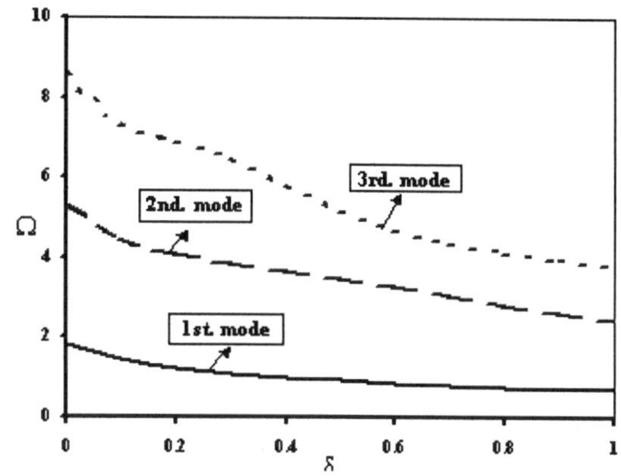

Figure 14. (Special case 2). The first three modes for the dispersion relation as function of thickness ratio δ when n=1 and there are no both of initial stresses and electric potential.

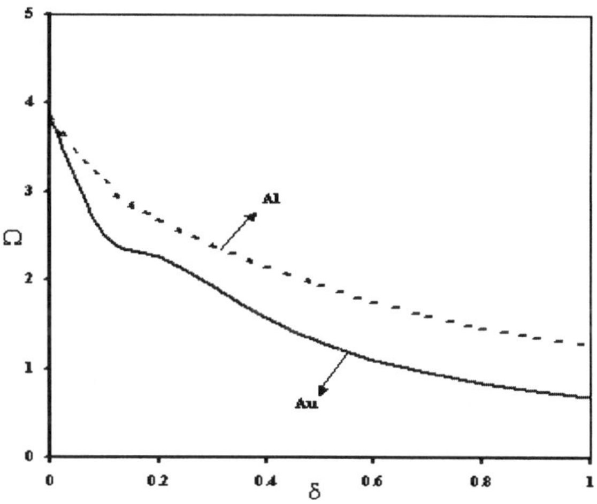

Figure 15. Comparison between the Gold and the Aluminum for the first mode for the dispersion relation as function of thickness ratio δ when $T^{\circ}_{rr} = 3\times10^{11}$ and n=0.

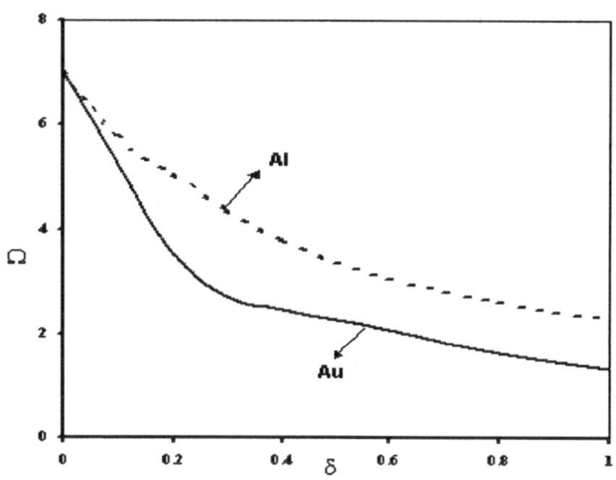

Figure 16. Comparison between the Gold and the Aluminum for the second mode for the dispersion relation as function of thickness ratio δ when $T^{\circ}_{rr} = 3\times10^{11}$ and n=0.

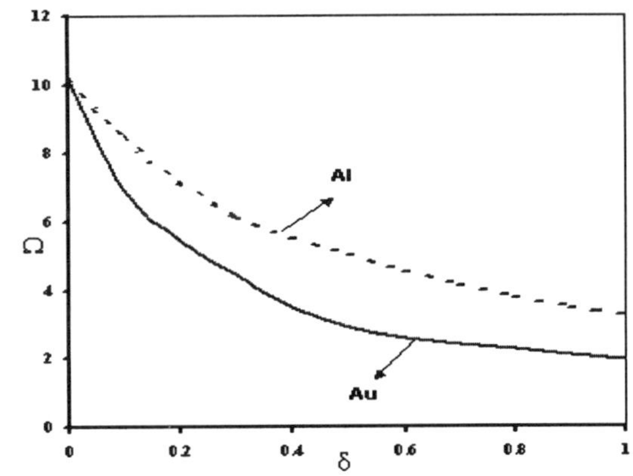

Figure 17. Comparison between the Gold and the Aluminum for the third mode for the dispersion relation as function of thickness ratio δ when $T_{rr}^{\circ} = 3\times10^{11}$ and n=0.

When the overlay is considered a Gold, the results are illustrated graphically and presented in Figures (2-4) for n=0, in Figs. 5-7 for $n=1$, and in Figs. 8-10 for n=2, all of them plotted when the initial stresses are taken the three different values, i.e., $T_{rr}^{\circ} = [(2,3,4)x10^{11} N/m^2]$. The dispersion curves for the frequency Ω versus the thickness ratio δ show a small decreases with increasing the values of the thickness ratio δ, after it reaches its peak position near the origin. Also, the frequency Ω increases as the values of the initial stresses T_{rr}° decreases for all the three modes and the values of n.

Also, two special cases when the overlay is Gold have been considered: (i) when there are no initial stresses applied in the problem when n=0,1, this is presented graphically in Figs. 11-12; (ii) when both of the initial stresses and electric potential are removed from the problem, this is illustrated in Figs. 13-14. These results in the two special cases are in accord with the corresponding classical known results [2, 9].

In Figs. 15- 17 two types of layer materials, namely: Gold (Au), Aluminum (Al) all with initial stresses $T_{rr}^{\circ} = [3\times10^{11} N/m^2]$ are considered. The results for the first three modes when n=0, 1, 2 are shown. It is seen that dispersion relation for a PZT-4 core covered by the Gold is much smaller than of the Aluminum layer.

It is observed that the propagation of axially polarized shear waves circulating around a piezoelectric cylinder covers with a perfectly conducting layer under the influence of the initial stresses can differ significantly from those propagation in the absence of the initial stresses. So, one may state that, the initial stresses in the layer are inevitable and important because they may result in frequency shift, a change in the velocity of surface waves and controlling the selectivity of a filter and temperature compensation of the devices.

References

1. N.T. Adelman, Y. Stavsky, Radial vibrations of axially polarized piezoelectric ceramic cylinders, *J. Acoust. Soc. Am.* **57**(2), 356 (1975).
2. B.A. Auld, *Acoustic Fields and Waves in Solids*, Robert E. Krieger Publishing Company, Florida (1990).
3. K. Dong, X. Wang, Wave propagation character-ristics in piezoelectric cylindrical laminated shells under large deformation, *Compos. Struct.* **77**(2), 171 (2007).
4. C.F. Geralg, P.O. *Wheatley, Applied numerical analysis*, 4th ed., Addison Wesley, New York (1989).
5. F.L. Guo, G.A. Rogerson, Dispersion phenomena in transversely isotropic piezo-electric plated with either short or open circuit boundary conditions, *Int. J. Solids Struct.* **41**, 1539 (2004).
6. M. Hoummady, A. Campitelli, W. Wlodarski, Acoustic wave sensors: design, sensing mechanisms and applications, *Smart Mater. Struct.* **6**, 647 (1997).
7. S.N. Jiang, Q. Jiang, X.F. Li, S.H. Guo, H.G. Zhou, J.S. Yang, Piezoelectromagnetic waves in a ceramic plate between two ceramic half-spaces, *Int. J. Solids Struct.* **43**, 5799 (2006).
8. V.Z. Parton, B.A. Kudryavtsev, *Electro- magneto-elasticity: Piezoelectrics and Electrically Conductive Solids*, Gordon & Breach, New York (1988).
9. H.S. Paul, V.K. Nelson, Axisymmetric vibration of piezocomposite hollow circular cylinder, *Acta Mech.* **116**, 213 (1996).
10. Z. Qian, F. Jin, K. Kishimoto, Z. Wang, Effect of initial stress on the propagation behavior of SH-waves in multilayered piezoelectric composite structures, *Sensors and Actuators* **A112**, 368 (2004).
11. Z. Qian, F. Jin, Z. Wang, K. Kishimoto, Investigation of scattering of elastic waves by cylinders in 1-3 piezocomposited, *Ultrasonics* **43**, 822 (2005).
12. S.S. Rao, M. Sunar, Piezoelectricity and its use in disturbance sensing and control of flexible structures: a survey, *Appl. Mech. Rev.* **47**, 113 (1994).
13. C.T. Sun, N.C. Cheng, Piezoelectric waves on a layered cylinder, *J. Appl. Phys.*, **45**(10), 4288 (1974).

14. M.J. Vellekoop, Acoustic wave sensors and their technology, *Ultrasonics* **36**, 7 (1998).
15. I.A. Viktorov, P.A. Pyatakov, Effects of piezo-electricity on the properties of transverse surface waves supported by a cylindrical surface of crystals, *Akust. Zhun* **24**(1), 53 (1978).
16. H.M. Wang, H.J. Ding, W. Ge, Transient responses in a two-layered elasto-piezoelectric composite hollow cylinder, *Compos. Struct.* in press (2006).
17. Q. Wang, V.K. Varadan, Longitudinal wave propagation in piezoelectric coupled rods, *Smart Mater. Struct.* **11**, 48 (2002).
18. Q.M. Zhang, H. Wang, L.E. Cross, Piezoelectric tubes and tubular composites for actuator and sensor applications, *J. Mater. Soc.* **28**, 3962 (1993).

A SIMPLY SUPPORTED CIRCULAR PIEZOTHERMOELASTIC PLATE UNDER UNIFORM LOADING

Peng-Fei HOU
Department of Engineering Mechanics, Hunan University, Changsha,410082, P. R. China

Li-Juan GUO
Department of Engineering Mechanics, Hunan University, Changsha,410082, P. R. China

Wei LUO
Department of Engineering Mechanics, Hunan University, Changsha, 410082, P. R. China

In this paper, the three-dimensional coupled fields in simply supported solid and annular circular piezothermoelastic plates subjected to uniform coupled load are solved and expressed in elementary functions. For this object, the general solutions of Chen [1] for transversely isotropic piezothermoelastic materials are rewritten to a non-dimensional form. Then, the coupled field in hollow circular plates can be obtained by virtue of four constructed harmonic functions and the non-dimensional general solutions. This solution can be degenerated to the corresponding ones of solid circular plate. At last, the numerical results of coupled fields in cadmium selenide annular circular plate, including displacements, stresses, electric potential and electric displacements, are presented in details. And the displacement, stress and temperature increase induced by thermal-mechanical loadings are compared with those obtained for the same material where the piezoelectric and pyroelectric effects are ignored.

Key words: Piezothermoelastic, general solution, simply supported circular plate

1. Introduction

Piezoelectric materials have been widely used in smart structures, sensing devices, vibration control, etc due to their distinct coupling effects. Of 20 crystal classes with piezoelectric effect, ten of them exhibit pyroelectric effect and hence are called the pyroelectric material [2]. Piezoelectric ceramics and piezoelectric polymers of crystal classes 6mm and 2mm, which are extensively utilized in engineering, all belong to pyroelectric materials. Apart from the applications of piezoelectric materials, pyroelectric materials can still be used in sonar arrays, hydrophones, infrared detectors, etc. The response characteristics may change considerably when composite structures work in environments where temperature varies notably. Thus, temperature variation may seriously affect the sensing and controlling performance of smart structures. For example, Rao and Sunar [3] pointed out that temperature variation in the piezoelectric polymer can affect the overall performance of a distributed control system. Therefore, in-depth investigation on electro-thermo-mechanical coupling behavior is significant.

Shang et al. [4] studied the thermal buckling of a laminated piezoelectric plate with uniform temperature. Tauchert [5] examined the response of laminated plate embedded with piezoelectric lamina to stationary thermal and electric loads using the classical plate theory. Ashida et al. [6, 7] proposed a general solution technique for static three-dimensional piezothermoelastic problem of crystal class 6mm solids. Ashida and other researchers [8, 9, 10, 11] solved several problems using this general solution. Ding et al. [12, 13] also gave a general solution for 6mm piezothermoelastic media by operator theory. Applying this general solution, the static problem of a half-space subjected to axisymmetric heating and quasi-static problem of response of a rectangular plate are studied. Chen [1] derived a more compact general solution for 6mm piezothermoelastic media, which is expressed by five weighted mono-harmonic functions. This will bring some convenience for dealing with boundary value problems.

There is a series of classical problems concerning body of revolution in the theory of elasticity as shown in Love's treatise [14] and Timoshenko and Goodier's monograph [15], including solid circular plate or cylinder under uniform axial and radial tension (or compression) and pure bending, simply-supported circular plate subjected to uniform loadings etc. Singh [16] studied the corresponding axisymmetric problems for transversely isotropic thermoelasticity. These solutions not only can be used directly in practice, but also act as the necessary benchmarks for various thin plates theories and numerical methods. To the author knowledge, no corresponding work had been found on above classical problems for piezothermoelastic media.

In this paper, a simply-supported solid or annular circular plates subjected to uniform coupled loadings on single surfaces is investigated. For this object, the general solution of Chen [1] will be rewritten to a non-dimensional form at first. Then, the coupled field in annular plates is derived by virtue of four constructed mono-harmonic functions and the obtained non-dimensional general solutions. This solution can be degenerated to the corresponding ones of solid circular plate. At last, the numerical results of coupled fields in annular plates subjected to coupled loadings are presented in details.

2. General Solution For Piezothermoelasyic Materials

In cylindrical coordinates (r,ϕ,z), with the plane $ro\phi$ parallel to the plane of isotropy, the constitutive relations of a transversely isotropic piezothermoelalstic medium (crystal class 6 mm) are

$$\sigma_r = c_{11}\frac{\partial u_r}{\partial r} + c_{12}\left(\frac{1}{r}\frac{\partial u_\phi}{\partial \phi} + \frac{u_r}{r}\right) + c_{13}\frac{\partial u_z}{\partial z} + e_{31}\frac{\partial \Phi}{\partial z} - \lambda_{11}\theta,$$

$$\sigma_\phi = c_{12}\frac{\partial u_r}{\partial r} + c_{11}\left(\frac{1}{r}\frac{\partial u_\phi}{\partial \phi} + \frac{u_r}{r}\right) + c_{13}\frac{\partial u_z}{\partial z} + e_{31}\frac{\partial \Phi}{\partial z} - \lambda_{11}\theta,$$

$$\sigma_z = c_{13}\left(\frac{\partial u_r}{\partial r} + \frac{1}{r}\frac{\partial u_\phi}{\partial \phi} + \frac{u_r}{r}\right) + c_{33}\frac{\partial u_z}{\partial z} + e_{33}\frac{\partial \Phi}{\partial z} - \lambda_{33}\theta,$$

$$\tau_{\phi z} = c_{44}\left(\frac{\partial u_\phi}{\partial z} + \frac{\partial w}{r\partial \phi}\right) + e_{15}\frac{\partial \Phi}{r\partial \phi},$$

$$\tau_{rz} = c_{44}\left(\frac{\partial u_r}{\partial z} + \frac{\partial w}{\partial r}\right) + e_{15}\frac{\partial \Phi}{\partial r},$$

$$\tau_{r\phi} = c_{66}\left(\frac{1}{r}\frac{\partial u_r}{\partial \phi} + \frac{\partial u_\phi}{\partial r} - \frac{u_\phi}{r}\right), \tag{1a}$$

$$D_r = e_{15}\left(\frac{\partial u_r}{\partial z} + \frac{\partial w}{\partial r}\right) - \varepsilon_{11}\frac{\partial \Phi}{\partial r},$$

$$D_\phi = e_{15}\left(\frac{\partial u_\phi}{\partial z} + \frac{\partial w}{r\partial \phi}\right) - \varepsilon_{11}\frac{\partial \Phi}{r\partial \phi},$$

$$D_z = e_{31}\left(\frac{\partial u_r}{\partial r} + \frac{\partial u_\phi}{r\partial \phi} + \frac{u_r}{r}\right) + e_{33}\frac{\partial w}{\partial z} - \varepsilon_{33}\frac{\partial \Phi}{\partial z} + p_3\theta. \tag{1b}$$

where u_i and $\sigma_i\,(\tau_{ij})$ $(i,j=r,\phi,z)$ are components of the displacement and normal (shear) stress, respectively; θ is temperature increment; Φ is the electric potential; D_i $(i=r,\phi,z)$ are components of electric displacement; λ_{ii}, c_{ij}, e_{ij}, ε_{ii} $(i,j=1,\cdots,6)$ and p_3 are the thermal moduli, elastic constants, piezoelectric constants, dielectric constants and pyroelectric constant, respectively. The relation $2c_{66}=c_{11}-c_{12}$ holds for materials with transverse isotropy.

The mechanical equilibrium equations, electrostatic equation and heat equilibrium equation are

$$\frac{\partial \sigma_r}{\partial r} + \frac{1}{r}\frac{\partial \tau_{r\phi}}{\partial \phi} + \frac{\partial \tau_{zr}}{\partial z} + \frac{\sigma_r - \sigma_\phi}{r} = 0,$$

$$\frac{\partial \tau_{r\phi}}{\partial r} + \frac{1}{r}\frac{\partial \sigma_\phi}{\partial \phi} + \frac{\partial \tau_{\phi z}}{\partial z} + \frac{2\tau_{r\phi}}{r} = 0,$$

$$\frac{\partial \tau_{zr}}{\partial r} + \frac{1}{r}\frac{\partial \tau_{\phi z}}{\partial \phi} + \frac{\partial \sigma_z}{\partial z} + \frac{\tau_{zr}}{r} = 0,$$

$$\frac{1}{r}\frac{\partial}{\partial r}(rD_r) + \frac{1}{r}\frac{\partial D_\phi}{\partial \phi} + \frac{\partial D_z}{\partial z} = 0,$$

$$\left(\beta_{11}\Delta + \beta_{33}\frac{\partial^2}{\partial^2 z}\right)\theta = 0\cdot \tag{2}$$

where Δ is the following planar Laplacian.

$$\Delta = \frac{\partial^2}{\partial r^2} + \frac{1}{r}\frac{\partial}{\partial r} + \frac{1}{r^2}\frac{\partial^2}{\partial \phi^2}. \tag{3}$$

β_{ii} $(i=1,3)$ are the thermal conductivity coefficients.

Define the following non-dimensional parameters:

$$c_i = \frac{c_{1i}}{c_{33}}\ (i=1,2,3),\quad c_4 = \frac{c_{44}}{c_{33}},$$

$$c_6 = \frac{c_{66}}{c_{33}},\quad e_i = \frac{e_{3i}}{\sqrt{c_{33}\varepsilon_{33}}}\ (i=1,3),$$

$$e_5=\frac{e_{15}}{\sqrt{c_{33}\varepsilon_{33}}},\quad \varepsilon=\frac{\varepsilon_{11}}{\varepsilon_{33}},$$
$$\lambda_i=\frac{\lambda_{ii}}{\alpha_r c_{33}}\quad (i=1,3),\quad \beta=\frac{\beta_{11}}{\beta_{33}},$$
$$p=\frac{p_3}{\alpha_r\sqrt{c_{33}\varepsilon_{33}}},\quad \xi=\frac{r}{r_1},\quad \zeta=\frac{z}{r_1},$$
$$u_k=\frac{u_i}{r_1\alpha_r T_0}\quad (i=r,\phi,z;\, k=\xi,\phi,\zeta),$$
$$\vartheta=\frac{\theta}{T_0},\quad \varphi=\sqrt{\frac{\varepsilon_{33}}{c_{33}}}\frac{\Phi}{r_1\alpha_r T_0},\quad \sigma_k=\frac{\sigma_i}{c_{33}\alpha_r T_0},$$
$$\tau_{kl}=\frac{\tau_{ij}}{c_{33}\alpha_r T_0},\quad D_k=\frac{D_i}{\alpha_r T_0\sqrt{c_{33}\varepsilon_{33}}}$$
$$(i,j=r,\phi,z;\, k,l=\xi,\phi,\zeta) \tag{4}$$

where r_1 is a non-zero dimension, α_r and T_0 are the thermal expansion coefficient and reference temperature, respectively.

Thus the piezothermoelastic general solution of governing Eqs. (1) and (2) presented by Chen [1] can be transferred into the non-dimensional cylindrical coordinates (ξ,ϕ,ζ) as follows.

$$u_\xi=-\frac{1}{\xi}\frac{\partial\psi_0}{\partial\phi}+\sum_{j=1}^{4}\frac{\partial\psi_j}{\partial\xi},$$
$$u_\phi=\frac{\partial\psi_0}{\partial\xi}+\sum_{j=1}^{4}\frac{1}{\xi}\frac{\partial\psi_j}{\partial\phi},$$
$$u_\zeta=\sum_{j=1}^{4}s_j k_{1j}\frac{\partial\psi_j}{\partial\zeta_j},$$
$$\varphi=\sum_{j=1}^{4}s_j k_{2j}\frac{\partial\psi_j}{\partial\zeta_j},$$
$$\vartheta=\sum_{j=1}^{4}k_{3j}\frac{\partial^2\psi_j}{\partial\zeta_j^2}. \tag{5}$$

where $\psi_j\ (j=0,1,2,3)$ are weighted mono-harmonic functions, which satisfy the following equation.

$$\left(\Delta+\frac{\partial^2}{\partial\zeta_j^2}\right)\psi_j=0 \tag{6}$$

$\zeta_j=s_j\zeta$, $s_0=\sqrt{c_6/c_4}$, $s_4=\sqrt{\beta}$, $s_j\quad (j=1,2,3)$ are the three roots of algebraic equation (18) in Chen [1] which satisfy $\mathrm{Re}(s_j)>0$. In addition,

$$k_{1j}=\alpha_{j1}/s_j,\quad k_{2j}=\alpha_{j2}/s_j,\quad k_{3j}=\alpha_{j3}, \tag{7}$$

where α_{jm} (m=1,2,3) are combined constants defined in Eq. (24) of Chen [1]. It is noted that general solution (5) is in the common case of distinct eigenvalues s_j $(j=1,2,3,4)$.

Substitution of general solution (5) into non-dimensional constitutive relations, the general solution of stress and electric displacement components are obtained. At this point, the coefficients in front of derivatives of mono-harmonic functions ψ_j $(j=0,1,2,3)$ with respect to coordinates are all products or linear combinations of material constants and characteristic roots. If expressions of the stresses and electric displacements are substituted into the non-dimensional mechanical equilibrium equations, electrostatic equation and heat equilibrium equation, some relations among these coefficients will be determined with consideration of Eq. (6). With these relations being taken into account, the general solutions of stress and electric displacement components can be written as follows:

$$\sigma_\xi=-2c_6\frac{\partial}{\partial\xi}\left(\frac{1}{\xi}\frac{\partial\psi_0}{\partial\phi}\right)-2c_6\sum_{j=1}^{4}\left(\frac{1}{\xi}\frac{\partial}{\partial\xi}+\frac{1}{\xi^2}\frac{\partial^2}{\partial\phi^2}\right)\psi_j$$
$$-\sum_{j=1}^{4}s_j^2\omega_{1j}\frac{\partial^2\psi_j}{\partial\zeta_j^2},$$
$$\sigma_\phi=2c_6\frac{\partial}{\partial\xi}\left(\frac{1}{\xi}\frac{\partial\psi_0}{\partial\phi}\right)+2c_6\sum_{j=1}^{4}\left(\frac{1}{\xi}\frac{\partial}{\partial\xi}+\frac{1}{\xi^2}\frac{\partial^2}{\partial\phi^2}\right)\psi_j$$
$$-\sum_{j=1}^{4}(s_j^2\omega_{1j}-2c_6)\frac{\partial^2\psi_j}{\partial\zeta_j^2},$$
$$\sigma_\zeta=\sum_{j=1}^{4}\omega_{1j}\frac{\partial^2\psi_j}{\partial\zeta_j^2},$$
$$\tau_{\xi\phi}=c_6\left(2\frac{\partial^2}{\partial\xi^2}+\frac{\partial^2}{\partial\zeta_0^2}\right)\psi_0+2c_6\sum_{j=1}^{4}\frac{\partial}{\partial\xi}\left(\frac{1}{\xi}\frac{\partial\psi_j}{\partial\phi}\right),$$
$$\tau_{\phi\zeta}=c_4 s_0\frac{\partial^2\psi_0}{\partial\xi\partial\zeta_0}+\sum_{j=1}^{4}s_j\omega_{1j}\frac{1}{\xi}\frac{\partial^2\psi_j}{\partial\phi\partial\zeta_j},$$
$$\tau_{\zeta\xi}=-c_4 s_0\frac{1}{\xi}\frac{\partial^2\psi_0}{\partial\phi\partial\zeta_0}+\sum_{j=1}^{4}s_j\omega_{1j}\frac{\partial^2\psi_j}{\partial\xi\partial\zeta_j}, \tag{8a}$$

$$D_\xi=-e_5 s_0\frac{1}{\xi}\frac{\partial^2\psi_0}{\partial\phi\partial\zeta_0}+\sum_{j=1}^{4}s_j\omega_{2j}\frac{\partial^2\psi_j}{\partial\xi\partial\zeta_j},$$
$$D_\phi=e_5 s_0\frac{\partial^2\psi_0}{\partial\xi\partial\zeta_0}+\sum_{j=1}^{4}s_j\omega_{2j}\frac{1}{\xi}\frac{\partial^2\psi_j}{\partial\phi\partial\zeta_j},$$
$$D_\zeta=\sum_{j=1}^{4}\omega_{2j}\frac{\partial^2\psi_j}{\partial\zeta_j^2}. \tag{8b}$$

where

$$
\begin{aligned}
\omega_{1j} &= [c_1 - (c_3 k_{1j} + e_1 k_{2j})s_j^2 + \lambda_1 k_{3j}]/s_j^2 \\
&= c_4(1+k_{1j}) + e_5 k_{2j} \\
&= -c_3 + (k_{1j} + e_3 k_{2j})s_j^2 - \lambda_3 k_{3j}, \\
\omega_{2j} &= -e_1 + (e_3 k_{1j} - k_{2j})s_j^2 + p k_{3j} \\
&= e_5(1+k_{1j}) - \varepsilon k_{2j}.
\end{aligned} \tag{9}
$$

In regard to axisymmetric problems, let $\psi_0 = 0$ and ψ_j $(j=1,2,3,4)$ be independent of ϕ, get

$$
u_\xi = \sum_{j=1}^4 \frac{\partial \psi_j}{\partial \xi}, \quad u_\zeta = \sum_{j=1}^4 s_j k_{1j} \frac{\partial \psi_j}{\partial \zeta_j},
$$

$$
\varphi = \sum_{j=1}^4 s_j k_{2j} \frac{\partial \psi_j}{\partial \zeta_j}, \quad \vartheta = \sum_{j=1}^4 k_{3j} \frac{\partial^2 \psi_j}{\partial \zeta_j^2}. \tag{10a}
$$

$$
\sigma_\xi = -2c_6 \sum_{j=1}^4 \frac{1}{\xi}\frac{\partial \psi_j}{\partial \xi} - \sum_{j=1}^4 s_j^2 \omega_{1j} \frac{\partial^2 \psi_j}{\partial \zeta_j^2},
$$

$$
\sigma_\phi = 2c_6 \sum_{j=1}^4 \frac{1}{\xi}\frac{\partial \psi_j}{\partial \xi} - \sum_{j=1}^4 (s_j^2 \omega_{1j} - 2c_6) \frac{\partial^2 \psi_j}{\partial \zeta_j^2},
$$

$$
\sigma_\zeta = \sum_{j=1}^4 \omega_{1j} \frac{\partial^2 \psi_j}{\partial \zeta_j^2}, \quad \tau_{\zeta\xi} = \sum_{j=1}^4 s_j \omega_{1j} \frac{\partial^2 \psi_j}{\partial \xi \partial \zeta_j}. \tag{10b}
$$

$$
D_\xi = \sum_{j=1}^4 s_j \omega_{2j} \frac{\partial^2 \psi_j}{\partial \xi \partial \zeta_j}, \quad D_\zeta = \sum_{j=1}^4 \omega_{2j} \frac{\partial^2 \psi_j}{\partial \zeta_j^2}. \tag{10c}
$$

In next section, the compact general solution (10) will be used.

3. Final Manuscript

As shown in Fig.1, an annular plate is studied at first, and then a solid circular plate as a degenerated case. Let ζ axis be the symmetric axis and origin O be in center of the middle plane of plate. $\xi_0 = r_0/r_1$, $\xi_1 = r_1/r_1 = 1$ and $h = H/r_1$ are the non-dimensional inner radius, outer radius and height of annular plate. The annular plate is under uniform pressure p, electric displacement D and temperature increments of $-c$ on upper surface $\zeta = -h/2$. The lateral sides $\xi = \xi_k$ $(k=0,1)$ are traction free and thermally insulated except being subjected to electric displacement flux Ω_0 and Ω_1.

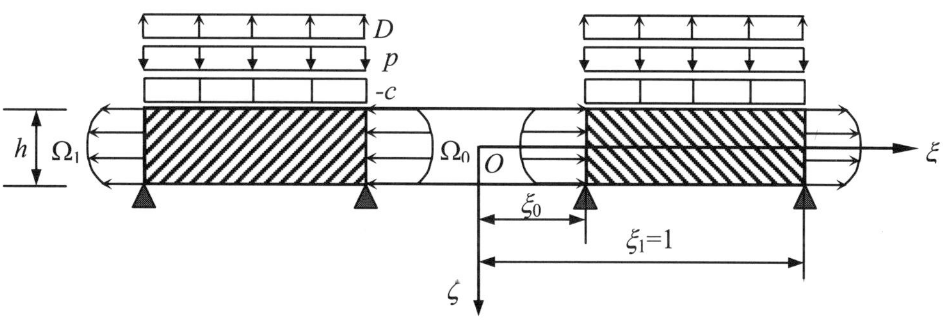

Figure 1. Simply supported annular plate under uniform loadings on single surface.

The boundary conditions are

$\xi = \xi_k$ $(k=0,1)$:

$$u_\zeta(\xi_k, 0) = 0,$$

$$\Phi(\xi_1, 0) = 0$$

(Reference zero electric potential),

$$\int_{-h/2}^{h/2} \sigma_\xi(\xi_k, \zeta) d\zeta = 0,$$

$$\int_{-h/2}^{h/2} \zeta \sigma_\xi(\xi_k, \zeta) d\zeta = 0,$$

$$2\pi \xi_k \int_{-h/2}^{h/2} D_\xi(\xi_k, \zeta) d\zeta = \Omega_k$$

(Electric displacement flux), (11a)

$$\frac{\partial \vartheta}{\partial \xi}(\xi_k, \zeta) = 0 \text{ (Thermally insulated).}$$

$\zeta = \pm h/2$:

$$
\begin{aligned}
&\tau_{\zeta\xi}(\xi, \pm h/2) = 0, \\
&\sigma_\zeta(\xi, -h/2) = -p, \ \sigma_\zeta(\xi, h/2) = 0, \\
&D_\zeta(\xi, -h/2) = -D, \ D_\zeta(\xi, h/2) = 0, \\
&\vartheta(\xi, -h/2) = -c, \ \vartheta(\xi, h/2) = 0.
\end{aligned} \tag{11b}
$$

Weight mono-harmonic functions are constituted as

$$\begin{aligned}\psi_j &= F_{1j}\zeta_j + F_{2j}\left(\zeta_j^2 - \frac{\xi^2}{2}\right) \\ &+ F_{3j}\left(\zeta_j^3 - \frac{3}{2}\xi^2\zeta_j\right) \\ &+ F_{5j}\left(\zeta_j^5 - 5\xi^2\zeta_j^3 + \frac{15}{8}\xi^4\zeta_j\right) \\ &+ G_{1j}\zeta_j \ln\xi \\ &+ G_{3j}\left[\left(\zeta_j^3 - \frac{3}{2}\xi^2\zeta_j\right)\ln\xi + \frac{3}{2}\xi^2\zeta_j\right].\end{aligned} \tag{12}$$

where F_{1j}, F_{2j}, F_{3j}, F_{5j}, G_{1j}, G_{3j} ($j=1,2,3,4$) are undetermined constants.

Substituting Eq. (12) into general solution (10) gives piezothermoelastic field as

$$u_\xi = -\sum_{j=1}^4 F_{2j}\xi - 3\sum_{j=1}^4 F_{3j}\xi\zeta_j - 5\sum_{j=1}^4 F_{5j}\left(2\xi\zeta_j^3 - \frac{3}{2}\xi^3\zeta_j\right) + \sum_{j=1}^4 G_{1j}\frac{\zeta_j}{\xi} + \sum_{j=1}^4 G_{3j}\left(-3\xi\zeta_j\ln\xi + \frac{\zeta_j^3}{\xi} + \frac{3}{2}\xi\zeta_j\right),$$

$$\begin{aligned}u_\zeta &= \sum_{j=1}^4 s_j k_{1j} F_{1j} + 2\sum_{j=1}^4 s_j k_{1j} F_{2j}\zeta_j \\ &+ 3\sum_{j=1}^4 s_j k_{1j} F_{3j}\left(\zeta_j^2 - \frac{1}{2}\xi^2\right) + \sum_{j=1}^4 s_j k_{1j} G_{1j}\ln\xi \\ &+ 5\sum_{j=1}^4 s_j k_{1j} F_{5j}\left(\zeta_j^4 - 3\xi^2\zeta_j^2 + \frac{3}{8}\xi^4\right) \\ &+ 3\sum_{j=1}^4 s_j k_{1j} G_{3j}\left[\left(\zeta_j^2 - \frac{\xi^2}{2}\right)\ln\xi + \frac{\xi^2}{2}\right],\end{aligned}$$

$$\begin{aligned}\varphi &= \sum_{j=1}^4 s_j k_{2j} F_{1j} + 2\sum_{j=1}^4 s_j k_{2j} F_{2j}\zeta_j \\ &+ 3\sum_{j=1}^4 s_j k_{2j} F_{3j}\left(\zeta_j^2 - \frac{1}{2}\xi^2\right) \\ &+ 5\sum_{j=1}^4 s_j k_{2j} F_{5j}\left(\zeta_j^4 - 3\xi^2\zeta_j^2 + \frac{3}{8}\xi^4\right) \\ &+ \sum_{j=1}^4 s_j k_{2j} G_{1j}\ln\xi \\ &+ 3\sum_{j=1}^4 s_j k_{2j} G_{3j}\left[\left(\zeta_j^2 - \frac{\xi^2}{2}\right)\ln\xi + \frac{\xi^2}{2}\right],\end{aligned}$$

$$\begin{aligned}\vartheta &= 2\sum_{j=1}^4 k_{3j} F_{2j} + 6\sum_{j=1}^4 k_{3j} F_{3j}\zeta_j \\ &+ 10\sum_{j=1}^4 k_{3j} F_{5j}\left(2\zeta_j^3 - 3\xi^2\zeta_j\right) + 6\sum_{j=1}^4 k_{3j} G_{3j}\zeta_j \ln\xi.\end{aligned} \tag{13a}$$

$$\begin{aligned}\sigma_\xi &= 2\sum_{j=1}^4 e_j F_{2j} + 6\sum_{j=1}^4 e_j F_{3j}\zeta_j \\ &+ 5\sum_{j=1}^4 F_{5j}\left(4e_j\zeta_j^3 - 3f_j\xi^2\zeta_j\right) - 2c_6\sum_{j=1}^4 G_{1j}\frac{\zeta_j}{\xi^2} \\ &+ \sum_{j=1}^4 G_{3j}\left[6e_j\zeta_j\ln\xi - c_6\left(\frac{2\zeta_j^3}{\xi} + 3\zeta_j\right)\right],\end{aligned}$$

$$\begin{aligned}\sigma_\phi &= 2\sum_{j=1}^4 e_j F_{2j} + 6\sum_{j=1}^4 e_j F_{3j}\zeta_j \\ &+ 5\sum_{j=1}^4 F_{5j}\left(4e_j\zeta_j^3 - 3g_j\xi^2\zeta_j\right) + 2c_6\sum_{j=1}^4 G_{1j}\frac{\zeta_j}{\xi^2} \\ &+ \sum_{j=1}^4 G_{3j}\left[6e_j\zeta_j\ln\xi + c_6\left(\frac{2\zeta_j^3}{\xi} + 3\zeta_j\right)\right],\end{aligned}$$

$$\begin{aligned}\sigma_\zeta &= 2\sum_{j=1}^4 \omega_{1j} F_{2j} + 6\sum_{j=1}^4 \omega_{1j} F_{3j}\zeta_j \\ &+ 10\sum_{j=1}^4 \omega_{1j} F_{5j}\left(2\zeta_j^3 - 3\xi^2\zeta_j\right) + 6\sum_{j=1}^4 \omega_{1j} G_{3j}\zeta_j\ln\xi,\end{aligned}$$

$$\begin{aligned}\tau_{\zeta\xi} &= -3\sum_{j=1}^4 s_j\omega_{1j} F_{3j}\xi - 15\sum_{j=1}^4 s_j\omega_{1j} F_{5j}\left(2\xi\zeta_j^2 - \frac{\xi^3}{2}\right) \\ &+ \sum_{j=1}^4 s_j\omega_{1j} G_{1j}\frac{1}{\xi} - 3\sum_{j=1}^4 s_j\omega_{1j} G_{3j}\left(\xi\ln\xi - \frac{\zeta_j^2}{\xi} - \frac{\xi}{2}\right),\end{aligned}$$

$$\begin{aligned}D_\xi &= -3\sum_{j=1}^4 s_j\omega_{2j} F_{3j}\xi - 15\sum_{j=1}^4 s_j\omega_{2j} F_{5j}\left(2\xi\zeta_j^2 - \frac{\xi^3}{2}\right) \\ &+ \sum_{j=1}^4 s_j\omega_{2j} G_{1j}\frac{1}{\xi} - 3\sum_{j=1}^4 s_j\omega_{2j} G_{3j}\left(\xi\ln\xi - \frac{\zeta_j^2}{\xi} - \frac{\xi}{2}\right),\end{aligned}$$

$$\begin{aligned}D_\zeta &= 2\sum_{j=1}^4 \omega_{2j} F_{2j} + 6\sum_{j=1}^4 \omega_{2j} F_{3j}\zeta_j \\ &+ 10\sum_{j=1}^4 \omega_{2j} F_{5j}\left(2\zeta_j^3 - 3\xi^2\zeta_j\right) + 6\sum_{j=1}^4 \omega_{2j} G_{3j}\zeta_j\ln\xi,\end{aligned} \tag{13b}$$

where

$$e_j = c_6 - s_j^2\omega_{1j}, \quad f_j = c_6 - 2s_j^2\omega_{1j}, \quad g_j = 3c_6 - 2s_j^2\omega_{1j}. \tag{14}$$

Substituting Eq. (13) into boundary conditions (11), one can obtain following linear equation.

$$\sum_{j=1}^{4} e_j F_{2j} = 0,\quad 2\sum_{j=1}^{4}\omega_{1j}F_{2j} = -\frac{p}{2},\quad 2\sum_{j=1}^{4}\omega_{2j}F_{2j} = -\frac{D}{2}, \tag{15a-c}$$

$$2\sum_{j=1}^{4} k_{3j}F_{2j} = -\frac{c}{2},\quad \sum_{j=1}^{4} s_j k_{3j}F_{5j} = 0,\quad \sum_{j=1}^{4} s_j\omega_{1j}F_{5j} = 0, \tag{15d-f}$$

$$\sum_{j=1}^{4} s_j\omega_{2j}F_{5j} = 0,\quad \sum_{j=1}^{4} s_j^3\omega_{1j}F_{5j} = -\frac{p}{10h^3}, \tag{15g, h}$$

$$2\sum_{j=1}^{4} s_j k_{1j}F_{1j} - 3\xi_0^2\sum_{j=1}^{4} s_j k_{1j}F_{3j} + \frac{15}{4}\xi_0^4\sum_{j=1}^{4} s_j k_{1j}F_{5j} + 2\ln\xi_0\sum_{j=1}^{4} s_j k_{1j}G_{1j} - 3\xi_0^2\left(\ln\xi_0 - 1\right)\sum_{j=1}^{4} s_j k_{1j}G_{3j} = 0, \tag{15i}$$

$$2\sum_{j=1}^{4} s_j k_{1j}F_{1j} - 3\sum_{j=1}^{4} s_j k_{1j}F_{3j} + \frac{15}{4}\sum_{j=1}^{4} s_j k_{1j}F_{5j} + 3\sum_{j=1}^{4} s_j k_{1j}G_{3j} = 0, \tag{15j}$$

$$2\sum_{j=1}^{4} s_j k_{2j}F_{1j} - 3\sum_{j=1}^{4} s_j k_{2j}F_{3j} + \frac{15}{4}\sum_{j=1}^{4} s_j k_{2j}F_{5j} + 3\sum_{j=1}^{4} s_j k_{2j}G_{3j} = 0, \tag{15k}$$

$$6\sum_{j=1}^{4} s_j e_j F_{3j} + 3\sum_{j=1}^{4} s_j\left(h^2 s_j^2 e_j - 5\xi_0^2 f_j\right)F_{5j} - \frac{2c_6}{\xi_0^2}\sum_{j=1}^{4} s_j G_{1j} + 3\sum_{j=1}^{4} s_j\left[2e_j\ln\xi_0 - c_6\left(\frac{h^2}{10\xi_0}s_j^2 + 1\right)\right]G_{3j} = 0, \tag{15l}$$

$$6\sum_{j=1}^{4} s_j e_j F_{3j} + 3\sum_{j=1}^{4} s_j\left(h^2 s_j^2 e_j - 5f_j\right)F_{5j} - 2c_6\sum_{j=1}^{4} s_j G_{1j} - 3c_6\sum_{j=1}^{4} s_j\left(\frac{h^2}{10}s_j^2 + 1\right)G_{3j} = 0, \tag{15m}$$

$$\sum_{j=1}^{4} s_j k_{3j}G_{3j} = 0,\quad \sum_{j=1}^{4} s_j\omega_{1j}G_{1j} + \frac{3h^2}{4}\sum_{j=1}^{4} s_j^3\omega_{1j}G_{3j} = 0, \tag{15n, o}$$

$$\sum_{j=1}^{4} s_j\omega_{1j}G_{3j} = 0,\quad \sum_{j=1}^{4} s_j\omega_{2j}G_{3j} = 0,\quad \sum_{j=1}^{4} s_j\omega_{1j}F_{3j} = \frac{p}{4h}, \tag{15p-r}$$

$$3h\sum_{j=1}^{4} s_j\omega_{2j}F_{3j} + \frac{5h^3}{2}\sum_{j=1}^{4} s_j^3\omega_{2j}F_{5j} = \frac{D}{2}, \tag{15s}$$

$$h\sum_{j=1}^{4} s_j\omega_{2j}G_{1j} + \frac{h^3}{4}\sum_{j=1}^{4} s_j^3\omega_{2j}G_{3j} = \frac{\Omega_1}{2\pi} + \frac{D}{2}, \tag{15t}$$

$$3h\sum_{j=1}^{4} s_j k_{3j}F_{3j} + \frac{5h^3}{2}\sum_{j=1}^{4} s_j^3 k_{3j}F_{5j} = \frac{c}{2}. \tag{15u}$$

Although twenty-four constants F_{1j}, F_{2j}, F_{3j}, F_{5j}, G_{1j}, G_{3j} ($j = 1,2,3,4$) cannot be determined completely by above twenty-one equations, the piezothermoelastic field (13) can be determined. The reason is described as follow.

There are seven combined constants about F_{1j} and G_{1j} ($j = 1,2,3,4$) in piezothermoelastic field (13).

$$\sum_{j=1}^{4} s_j k_{1j}F_{1j},\quad \sum_{j=1}^{4} s_j k_{2j}F_{1j},\quad \sum_{j=1}^{4} s_j G_{1j},\quad \sum_{j=1}^{4} s_j k_{1j}G_{1j},\quad \sum_{j=1}^{4} s_j k_{2j}G_{1j},\quad \sum_{j=1}^{4} s_j\omega_{1j}G_{1j},\quad \sum_{j=1}^{4} s_j\omega_{2j}G_{1j}. \tag{16)-(22}$$

By virtue of Eq. (9), combined constant (21, 22) can be expressed by combined constant (18-20) as

$$\sum_{j=1}^{4} s_j\omega_{1j}G_{1j} = c_4\left(\sum_{j=1}^{3} s_j G_{1j} + \sum_{j=1}^{3} s_j k_{1j}G_{1j}\right) + e_5\sum_{j=1}^{4} s_j k_{2j}G_{1j}, \tag{23}$$

$$\sum_{j=1}^{4} s_j\omega_{2j}G_{1j} = e_5\left(\sum_{j=1}^{3} s_j G_{1j} + \sum_{j=1}^{3} s_j k_{1j}G_{1j}\right) - \varepsilon_{11}\sum_{j=1}^{4} s_j k_{2j}G_{1j}. \tag{24}$$

Thus, there are twenty-one undetermined constants including F_{2j}, F_{3j}, F_{5j}, G_{3j} ($j = 1,2,3,4$) and combined constants (16~20) which can be solved by twenty-one equations in Eq. (15). Thus the piezothermoelastic field (13) for simply supported annular plate is determined.

It is noted that following relationships between electric boundary values D, Ω_0 and Ω_1 can be obtained in the case of Substituting Eq. (13) into boundary conditions (11).

$$D=\frac{\Omega_0-\Omega_1}{\pi(1-\xi_0^2)}. \tag{25}$$

One can found that Eq. (25) embody the Gauss Law in form of integral, i.e. for a media without charge source, its import and export of flux of electric displacement are equal to each other.

As for solid simply supported circular plate, let $G_{1j}=G_{3j}=0$ and $\xi_0=0$. All equations from boundary conditions on $\xi=\xi_0$ are canceled. Thus, constants F_{2j}, F_{3j}, F_{5j} $(j=1,2,3,4)$ and combined constant (16, 17) can be solved by Eqs. (15a-h, j, k, m, r, s, u).

4. Numerical Results

An annular plate of Piezothermoelastic Cadmium selenide (Ashida et al. [24]) under uniform loading on single surface is considered. Assume that the thickness of annular plate $h=0.3$, inner radius $\xi_0=0.5$ and outer radius $\xi_1=1$. Based on the equations above, the coupled field in annular plate is calculated for two cases.

(1) Thermo-mechanical loadings are acted.

$$p=1,\ c=1,\ D=0,\ \Omega_0=\Omega_1=0.$$

(2) Only electric loading is acted.

$$p=0,\ c=0,\ D=1,\ \Omega_0=\pi(1-\xi_0^2),\ \Omega_1=0.$$

As a comparison, displacement and stress in Cadmium selenide annular plate under loading of case 1 are plotted in Figs. 2-6 together with those in a purely thermoelastic annular plate with the same physical constants c_{ij}, λ_{ii} and under the same loading (Singh [16]). The corresponding peak values are also compared in Tab. 1. The electric components for case 1 and all components for case 2 are plotted in Figs. (11~15) on planes of $\zeta=h/2$, $h/4$, 0, $-h/4$, $-h/2$, respectively. The peak values of all components for case 2 are listed in Table 2.

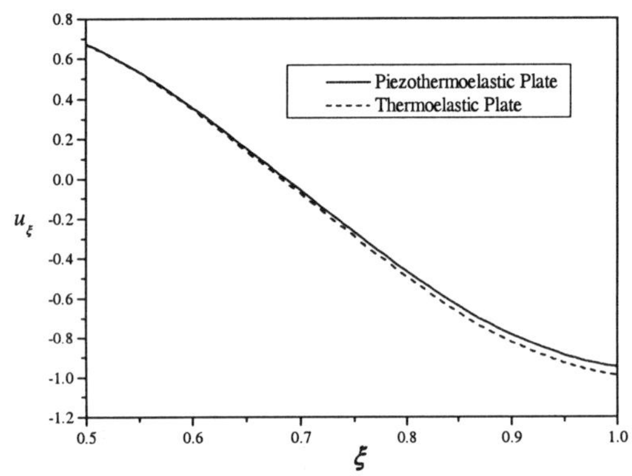

Figure 2. Distribution of displacement u_ξ on plane of $\zeta=0$.

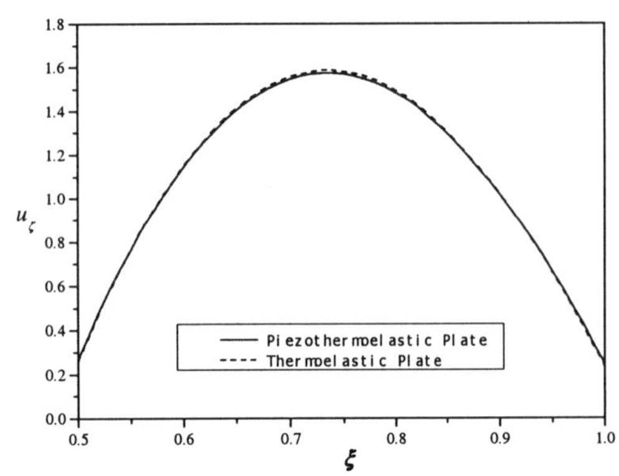

Figure 3. Distribution of displacement u_ζ on plane of $\zeta=0$.

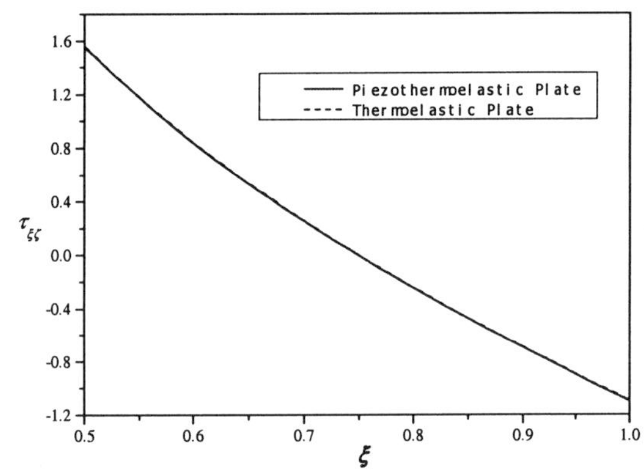

Figure 4. Distribution of stress $\tau_{\xi\zeta}$ on plane of $\zeta=0$.

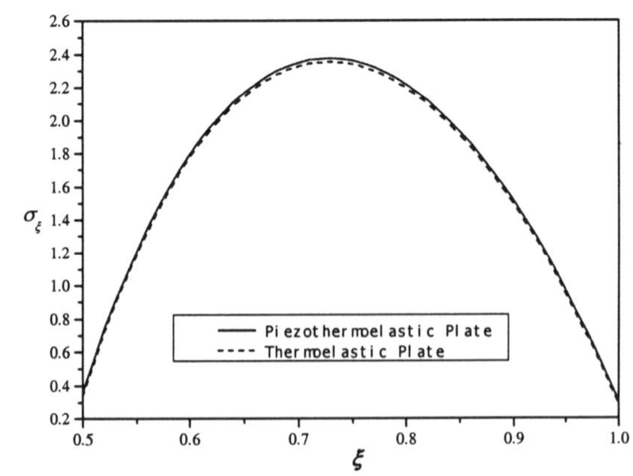

Figure 5. Distribution of stress σ_ξ on plane of $\zeta=h/2$.

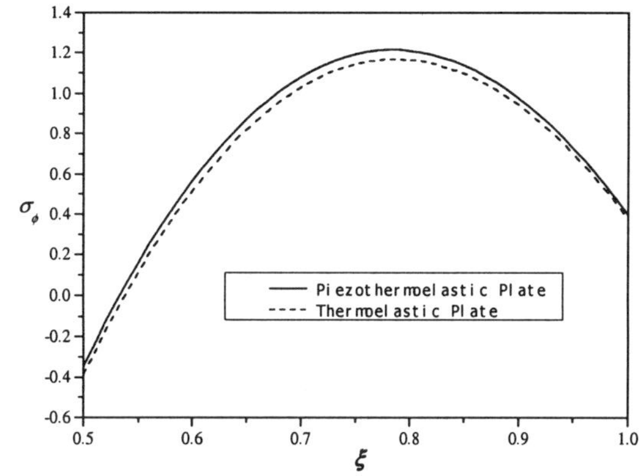

Figure 6. Distribution of stress σ_ϕ on plane of $\zeta = h/2$.

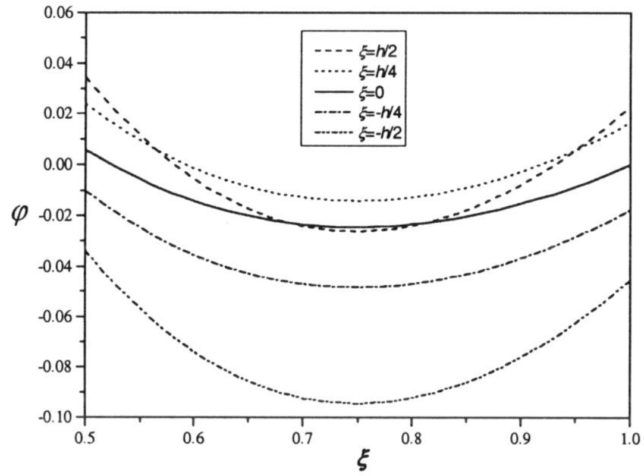

Figure 7. Distribution of electric potential φ.

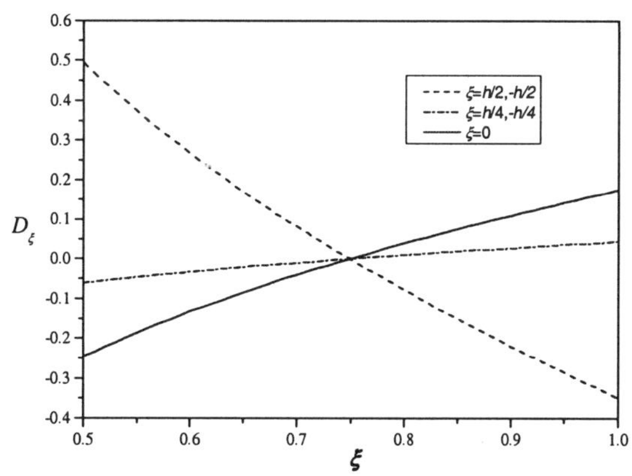

Figure 8. Distribution of electric displacement D_ξ.

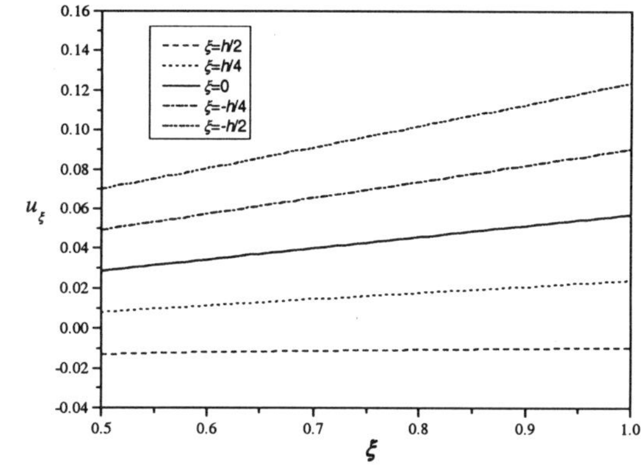

Figure 9. Distribution of displacement u_ξ.

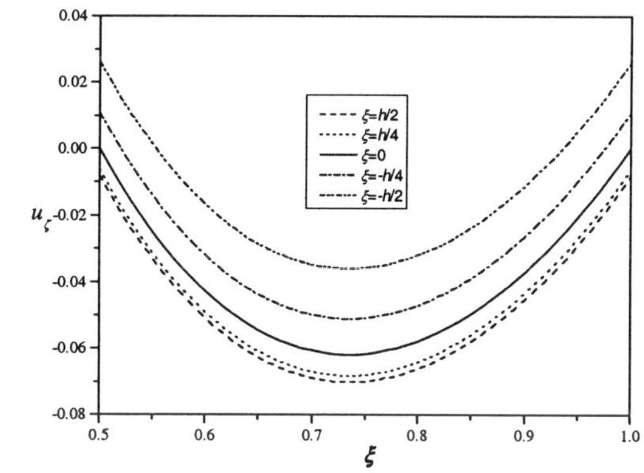

Figure 10. Distribution of displacement u_ζ.

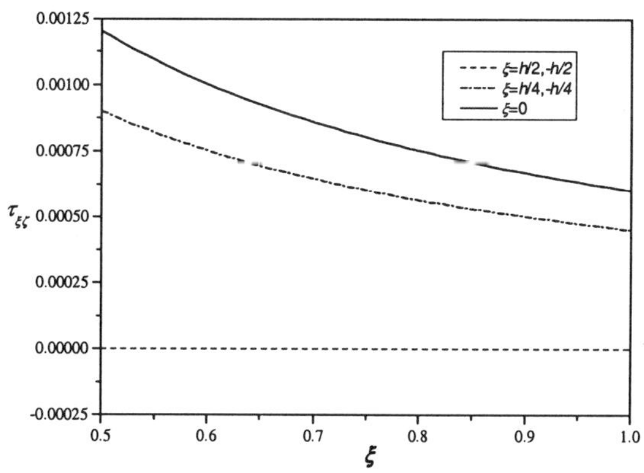

Figure 11. Distribution of stress $\tau_{\zeta\xi}$.

For Case 1: Figs. 2 and 3 and Table 1 show that although the distributions of displacement are complex, the peak values in thermoelastic plate are larger than those in piezothermoelastic plate. This is a consequence of the stiffening effect that the piezoelectric terms tend to increase the overall stiffness of the plate because of the internal forces generated by the induced electric fields. Figs. 4 to 6 and Table 1 show that the normal stresses in thermoelastic plate is less than those in piezothermo- elastic plate, and the shear stress in two plate are nearly equal to each other. The peak value of shear stress in thermoelastic plate is large than that in

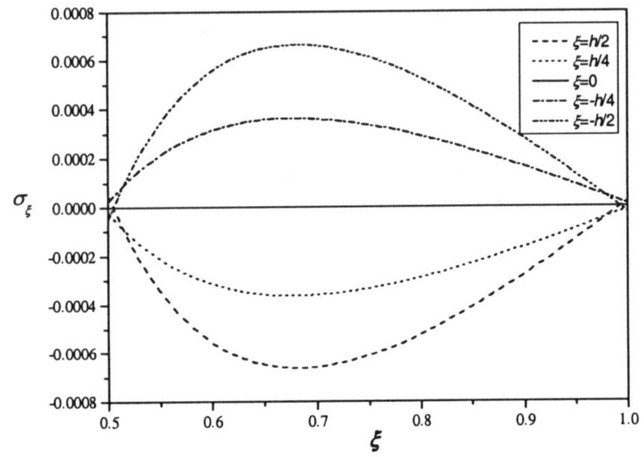

Figure 12 Distribution of stress σ_ξ.

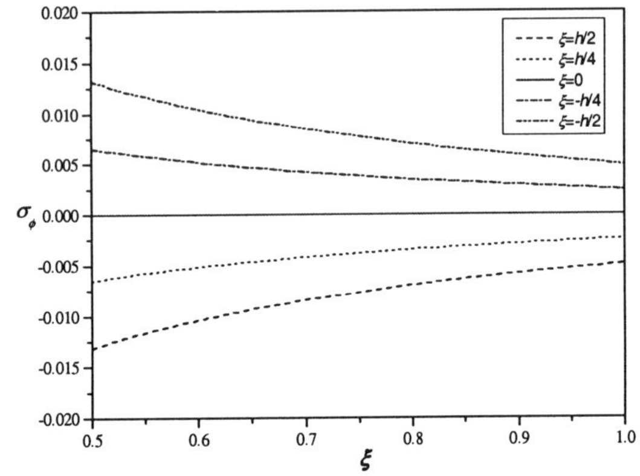

Figure 13 Distribution of stress σ_φ.

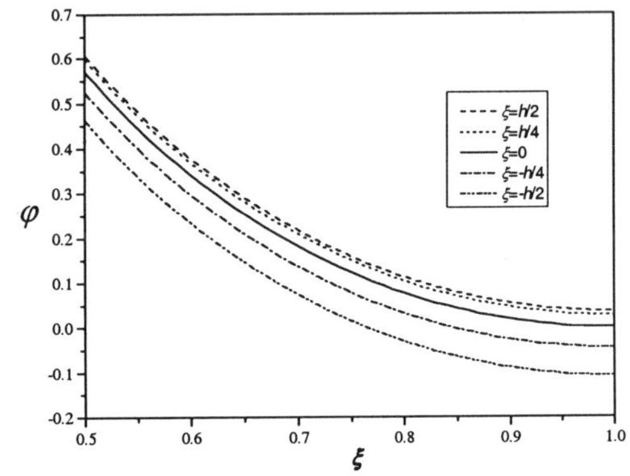

Figure 14 Distribution of electric potential φ.

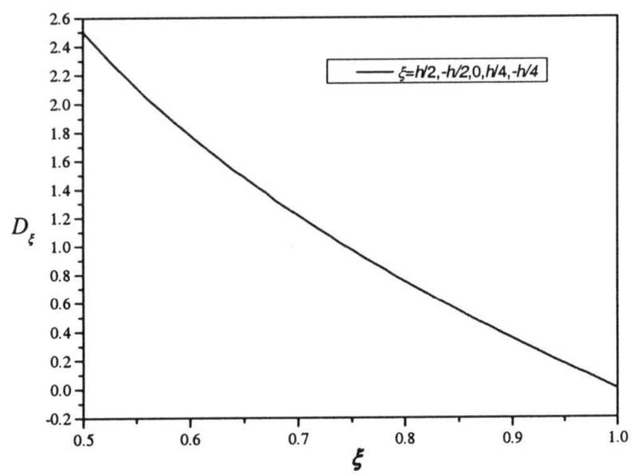

Figure 15 Distribution of electric displacement D_ξ.

piezothermo-elastic plate. Figs. 7 and 8 show that electric potential φ is larger on the middle area between inner and outer lateral sides and the peak value is $\varphi(0.75,-h/2) = -0.0945$. On the contrary, electric displacement D_ξ is larger on the inner and outer lateral sides and the peak value is $D_\xi(0.5,\pm h/2) = 0.4942$.

For Case 2: Figs. 9 to 15 show that displacement u_ξ is larger on the outer lateral side. Displacement u_ζ, stress σ_ξ are larger on the middle area. Other components are larger on the inner lateral side. Figs.8 and 15 all show that shear stress $\tau_{\xi\zeta}$ is larger in the sides of middle plane. So the shear-model crack is easily emerged in this area.

In additions, the calculations also shown that the temperature increment ϑ, stress σ_ζ and electric displacement D_ζ in two cases are in uniform distribution along with ξ. Their peak values are in the surface of $\zeta = -h/2$, i.e. the surface in which the loadings are acted on.

5. Conclusions

In this paper, the analytical solution for piezothermo-elastic solid and annular plate under uniform coupled loadings is obtained by virtue of compact non-dimensional general solution (10). These analytical solutions can serve as benchmarks for numerical methods such as finite element method, boundary element method, etc. Eq. (25) show that there is relationship between the electric boundary conditions. It embodies the Gauss Law in form of integral, i.e. for a media without charge source, its import and export of flux of electric displacement are equal to each other. In addition, there is an interesting phenomenon that although not all unknown constants can be determined during searching for analytical solutions, the corresponding coupled field can be determined with using the technique of combined constants.

Acknowledgments

The works are support from Excellent Young Teacher Foundation in Hunan Province (521105236) and Yu-Ying Foundation of Hunan University (531103011110).

References

1. W.Q. Chen, On the general solution for piezothermoelasticity for transverse isotropy with application, *J. Appl. Mech.* **67**, 705 (2000).
2. J.L. Nowinski, *Theory of Thermoelasticity with Applications*, Sijthoff & Noordhoff International Publishers, The Netherlands (1978).
3. S.S. Rao, M. Sunar, Analysis of distributed thermopiezoelectric sensors and actuators in advanced intelligent structures, *AIAA J.* **31**, 1280 (1993).
4. F.L. Shang, Z.K. Wang, Z.H. Li, Exact analysis of thermal buckling of piezoelectric laminated plates, *Acta Mech. Solida Sinica* **18**, 1 (1997) (in Chinese).
5. T.R. Tauchert, Piezothermoelastic behavior of a laminated plate, *J. Thermal Stresses* **15**, 25 (1992).
6. F. Ashida, T.R. Tauchert, N. Noda, Potential function method for piezothermoelastic problems of solids of crystal class 6mm in cylindrical coordinates, *J. Thermal Stresses* **17**, 361 (1994).
7. F. Ashida, T.R. Tauchert, N. Noda, A general solution technique for piezothermoelasticity of hexagonal solids of class 6mm in Cartesian coordinates, *Zeitschrift für angewandte Mathematik und Mechanik* **74**, 87 (1994).
8. F. Ashida, T.R. Tauchert, Temperature determination for a contacting body based on an inverse piezothermoelastic problem. *Int. J. Solids Struct.* **34**, 2549 (1997).
9. F. Ashida, J. Choi, N. Noda, Control of elastic displacement in piezoelectric-based intelligent plate subjected to thermal load, *Int. J. Eng. Sci.* **35**, 851 (1997).
10. F. Ashida, T.R. Tauchert, Transient response of a piezothermoelastic circular disk under axisymmetric heating. *Acta Mech.* **128**, 1 (1998).
11. S. Kapuria, P.C. Dumir, S. Sengupta, Exact piezothermoelastic axisymmetric solution on a finite transversely isotropic cylindrical shell, *Comput. Struct.* **61**, 1085 (1996).
12. H.J. Ding, F.L. Guo, P.F. Hou, Y. W. Chi, A general solution for static piezothermoelastic problems of crystal class 6mm solids, *Acta Mech. Solida Sinca* **12**, 189 (1999).
13. H.J. Ding, F.L. Guo, P.F. Hou, A general solution for piezothermoelasticity of transversely isotropic piezoelectric materials and its applications, *Int. J. Eng. Sci.* **38**, 1415 (2000).
14. A.E.H. Love, *A Treatise on the Mathematical Theory of Elasticity*, 4th Ed., Dover Publications, New York (1944).
15. S.P. Timoshenko, J.N. Goodier, *Theory of Elasiticity*, 3rd Ed., McGraw-Hill, New York (1970).
16. A. Singh, Axisymmetric thermal stresses in transversely isotropic bodies, *Arch. Mech. Stosow* **12**, 309 (1960).

实验研究 1-3 型压电复合材料结构参数对其性能的影响

李莉
北京市海淀区西土城路 10 号 北京邮电大学自动化学院 100876
电子邮件：lily_1978@tom.com

秦雷，王丽坤，万媛媛，杜宏亮，孙百生
北京市朝阳区北四环中路 35 号 北京信息工程学院传感技术研究中心 100101
电子邮件：zuozhebing@126.com, zuozheding@zgkj.com.cn

本文通过实验研究了水声换能器用的 1-3 和 1-3-2 两种压电复合材料的结构参数（陶瓷体积百分比和外形尺寸）对其性能的影响。利用切割-浇注方法分别制备了陶瓷体积百分比不同的 1-3 型和 1-3-2 型两种压电复合材料，分析并比较了 1-3 与 1-3-2 复合材料的性能。结果表明，当 1-3-2 型复合材料中陶瓷基底的体积百分比小于 30%时，其性能与 1-3 复合材料基本相同。另外，实验还通过磨片改变复合材料的厚度，制备了不同宽厚比的材料样品，并对样品进行了各项性能测试（包括谐振频率，机电耦合系数等），分析了样品外形尺寸变化对其振动形式的影响，给出了可以得到较纯的厚度振动和较大的厚度机电耦合系数的最佳的高宽比范围：$h/w<0.2$ 或 $0.35<h/w<0.44$，其厚度谐振在 170~210*KHz* 和大于 250*KHz* 的频率范围内。

关键词：1-3 型压电复合材料，性能，谐振

INVESTIGATING THE INFLUENCE ON RESONANCE PERFORMANCE WITH THE ASPECT OF 1-3 PIEZOCOMPOSITES

Li LI
Automatization School, Beijing University of Posts and Telecommunications,
10 XiTuCheng Road, HaiDian District, Beijing, 100876, China
E-mail: lily_1978@tom.com

Lei QIN, Li-Kun WANG, Yuan-Yuan WAN, Hong-Liang DU, Bai-Sheng SUN
Sensor Technology Research Center, Beijing Information technology Institute,
35 Middle North 4th Ring Road, Beijing, 100101, China
E-mail: zuozhebing@126.com, zuozheding@zgkj.com.cn

The influence of piezoelectric phase volume fraction and composite shape (height/width) on resonance of 1-3 and 1-3-2 type piezoelectric composites which applied on low frequency band has been investigated. 1-3 and 1-3-2 composite samples were fabricated by dice-fill technology. The performance of two type composites with volume fraction of ceramic was analyzed and compared. In sum, 1-3-2 composite was the same to 1-3 composite on performance when ceramic bottom volume fraction of 1-3-2 composite was less then 30%. In addition, height/width ratio of composite was altered by adjusting the height of samples. Then, the resonant frequency and electromechanical coupling coefficient of composites were measured. The result showed that the resonant frequency has been affected by the variety of geometries of samples and volume fraction of ceramic.

Keywords: piezoelectric composite, aspect, resonant frequency

1. 引言

1-3 型压电复合材料以其声阻抗低、介电常数低，高静水压压电常数，横向机电耦合系数小，易于制备等优点，已经广泛应用到医疗超声成像、水下监听和无损检测等多个领域[1]。目前，1-3 型压电复合材料多采用切割-浇注法进行制备[2]，用这种方法制备水声应用的 1-3 复合材料操作简单、成本低，而且，1-3 型压电复合材料可以通过选择适当的压电陶瓷相与

聚合物相的比例调整材料性能（例如静水压压电系数 g_h 和静水压应变系数 d_h 等），以满足各种器件的设计要求。但 1-3 型复合材料在受热和力学冲击下容易变形，难以满足器件高稳定性要求，为了克服其缺点，1-3-2 型压电复合材料被研制开发[3]，并且其一部分理论和性能分析都已被实现并得到证明[4]。

1-3 压电复合材料主要利用其厚度振动模式实现机电转换，但是不同陶瓷体积百分比和结构尺寸不同的复合材料其厚度谐振频率会与其他振动模式产生不同程度的耦合，降低了机电能量的转换效率。为了设计出具有较纯厚度振动的 1-3 系复合材料，人们已经利用有限元和有限差分等方法通过理论和实验进行了大量研究分析，取得了一定的成果[5-8]。这些研究主要集中在高频医疗超声应用的频段，该频段与复合材料的厚度谐振产生耦合的主要是周期微结构中 Bragg 衍射引起的横向周期振动模[7,8]。然而，对于水声应用频段的 1-3 复合材料振动分析的研究非常少，本文主要讨论了水声应用的 1-3 系压电复合材料的各项性能，并制备了一批不同结构尺寸的 1-3 和 1-3-2 型压电复合材料样品，对其振动模式进行了实验研究。

2. 1-3 系压电复合材料的制备

本文中 1-3 系压电复合材料实验样品为切割-浇注工艺制成的方形薄片，结构如图 1 所示。其压电陶瓷采用中科院声学研究所生产的 PZT-5 陶瓷，尺寸为 $20mm \times 20mm \times 10mm$，出厂时已经过极化。利用切割机在垂直于陶瓷极化轴的表面上，沿着互相垂直的两个方向进行切割，形成陶瓷骨架。在陶瓷骨架中浇注聚合物，聚合物采用江苏无锡树脂厂生产的环氧树脂 WRS618，添加适量固化剂。然后，抽真空排出气泡，室温固化，制成复合材料毛坯，打磨或切割进行毛坯整形，制成 1-3-2 型复合材料样品，再利用高真空磁控溅射仪制备样品表面电极。1-3 型复合材料样品的制备则是将 1-3-2 型样品打磨去掉基底制成。复合材料样品制备使用的两种材料性能参数列于在表 1 中。

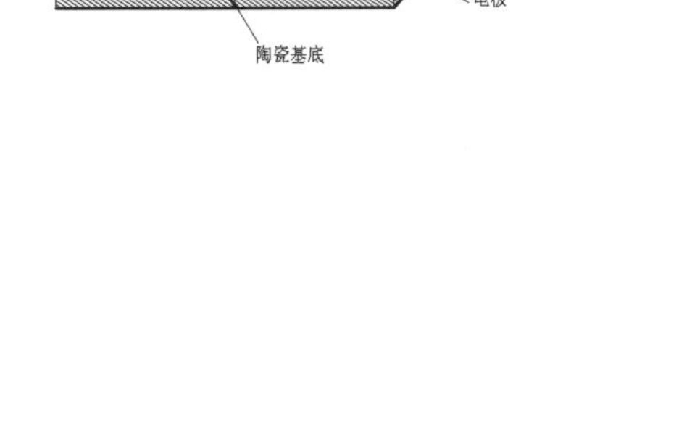

图1. 1-3-2复合材料结构图

表1. 陶瓷和环氧树脂性能参数

PZT-5A		WRS618	
$\rho(10^3 kg/m^3)$	7.45	$\rho(10^3 kg/m^3)$	1.05
$\varepsilon_{33}^{S}/\varepsilon_0$	830	$s_{11}(10^{-12} m^2/N)$	216
$d_{33}(10^{-12} C/N)$	400	$c_{11}(10^{10} N/m^2)$	0.36
$d_{31}(10^{-12} C/N)$	-171	$c_{12}(10^{10} N/m^2)$	0.138
$s_{33}(10^{-12} m^2/N)$	18.8	$\varepsilon_{11}(10^{-11} F/m^2)$	3.45
$c_{11}^{E}(10^{10} N/m^2)$	12.1		
$c_{12}^{E}(10^{10} N/m^2)$	7.54		
$c_{13}^{E}(10^{10} N/m^2)$	7.52		
$e_{31}(C/m^2)$	-5.4		
$e_{33}(C/m^2)$	15.8		

3. 1-3 复合材料性能与陶瓷体积百分比的关系

用于水声和超声的 1-3 系压电元件主要利用厚度振动模工作。因此，涉及复合材料的厚度振动的性能参数，如厚度振动机电耦合系数 k_t、频率常数 N_t、声阻抗 Z、相对介电常数 $\varepsilon_{33}/\varepsilon_0$ 和压电常数 d_{33} 等是研究的重点。

3.1. 压电常数 d33 和相对介电常数 $\varepsilon_{33}/\varepsilon_0$ 与陶瓷体积百分比的关系

目前，对于 1-3 型复合材料的这些性能参数可以通过 Chan 的理论进行估算[9]。对于改进的 1-3 型复合材料（1-3-2 型），其中相对介电常数 ε_{33}，压电常数 d_{33} 和压电电压常数 g_{33} 也可以通过此前的文章中的理论模型估算得到[4]。两种复合材料的 ε_{33} 和 d_{33} 的理论公式如(1)、(2)所示。式(1)为 1-3 型复合材料的理论公式，式(2)为 1-3-2 型复合材料的理论公式。上划线代表复合材料，上标 c 和 p 分别代表陶瓷相和聚合物相，v1 和 v2 分别代表 1-3 复合材料中陶瓷体积百分比和 1-3-2 复合材料中陶瓷基底的体积百分比。

$$
\begin{aligned}
\overline{d}_{33} &= v_1 s_{11}^{p} d_{33}^{c} / [v_1 s_{11}^{p} + (1-v_1) s_{33}^{c}] \\
\overline{\varepsilon}_{33} &= v_1 \varepsilon_{33}^{c} - v_1 (1-v_1)(d_{33}^{c})^2 / \\
&\quad [v_1 s_{11}^{p} + (1-v_1) s_{33}^{c}] + (1-v_1)\varepsilon_{11}^{p}
\end{aligned}
\tag{1}
$$

$$
\begin{aligned}
\overline{d}_{33} = d_{33}^{c}\{&1-(1-v_1)(1-v_2)\varepsilon_{33}^{c} s_{33}^{c} \\
&/\{v_1(v_1 v_2 + 1 - v_2) s_{11}^{p} \varepsilon_{33}^{c} \\
&+[v_1 v_2 (1-v_1) + (1-v_1)(1-v_2)]\varepsilon_{33}^{c} s_{33}^{c} \\
&+ v_1 v_2 (1-v_1)[\varepsilon_{11}^{p} s_{11}^{p} - (d_{33}^{c})^2] \\
&+ v_2 (1-v_1)^2 \varepsilon_{11}^{p} s_{33}^{c}\}\}
\end{aligned}
$$

$$
\begin{aligned}
\overline{\varepsilon}_{33} = \{ & v_1^2 s_{11}^p \varepsilon_{33}^c \\
& + v_1(1-v_1)[\varepsilon_{33}^c s_{33}^c + s_{11}^p \varepsilon_{11}^p - (d_{33}^c)^2] \\
& + (1-v_1)^2 \varepsilon_{11}^p s_{33}^c \} \varepsilon_{33}^c / v_1(v_1 v_2 + 1 - v_2) s_{11}^p \varepsilon_{33}^c \\
& + (1-v_1)(v_1 v_2 + 1 - v_2) s_{33}^c \varepsilon_{33}^c \\
& + v_1 v_2 (1-v_1)[s_{11}^p \varepsilon_{11}^p - (d_{33}^c)^2] \\
& + v_2 (1-v_1)^2 \varepsilon_{11}^p s_{33}^c
\end{aligned}
\tag{2}
$$

将表 1 中陶瓷和环氧的材料参数代入以上两式中，经过计算比较得到图 2 所示的结果。图 2 为 1-3 和 1-3-2 复合材料性能随陶瓷柱体积百分比变化曲线的比较。从图中可看出，陶瓷基底体积百分比为 10% 的 1-3-2 型复合材料的 ε_{33} 和 d_{33} 随陶瓷柱体积百分比变化的曲线与 1-3 型几乎一致，且比 1-3 型稍稍大一些。

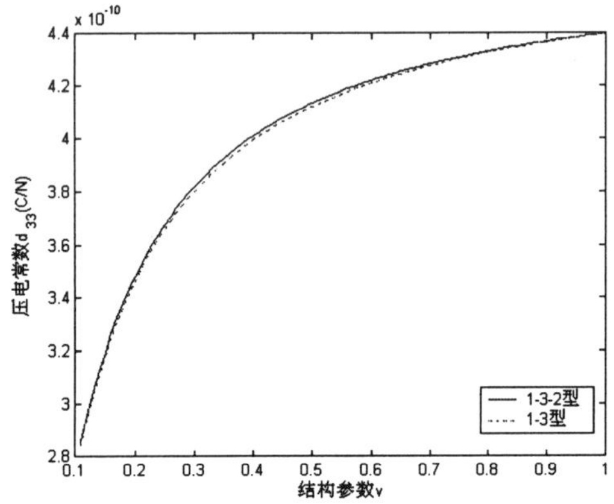

(a) 压电常数d_{33}随陶瓷柱体积百分比的变化

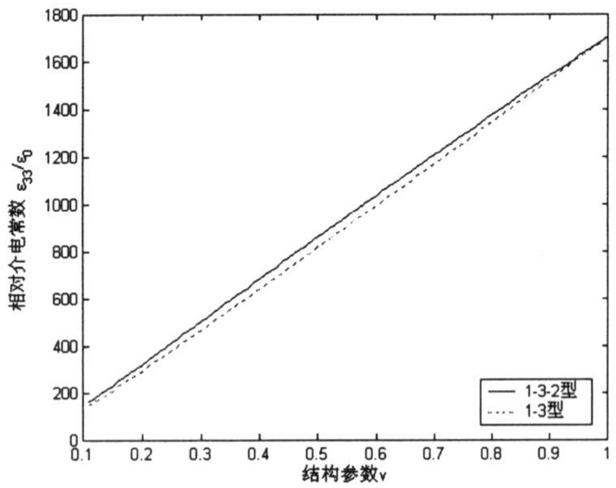

(b) 相对介电常数 $\varepsilon_{33}/\varepsilon_0$ 随陶瓷柱体积百分比的变化

图2. 1-3与1-3-2复合材料性能参数理论值比较
（其中 1-3-2 中陶瓷基底占整个复合材料的比例为 10%）

另外，从公式(2)的计算得出，当 1-3-2 复合材料中陶瓷基底占整个元件的体积百分比较小时（30%以下），其性能变化不大，与 1-3 型复合材料基本相同。因此我们可以相信 1-3-2 复合材料的压电性能与 1-3 型元件基本相似。

3.2. 厚度机电耦合系数和频率常数随陶瓷体积比变化

根据Chan的1-3型复合材料理论模型[9]，复合材料厚度振动的频率常数、机电耦合系数的计算公式如下：

$$\overline{N}_t = \tfrac{1}{2}(\overline{C}_{33}^D / \overline{\rho})^{1/2} \tag{3}$$

$$\overline{\rho} = v\rho^c + (1-v)\rho^p \tag{4}$$

$$\overline{k}_t = (1 - \overline{C}_{33}^E / \overline{C}_{33}^D)^{1/2} \tag{5}$$

式中上划线代表复合材料，上标c和p分别代表陶瓷相和聚合物相，E和D分别表示恒电场和恒电位移下的各种参量。v表示复合材料中陶瓷相的体积百分比。

将表1中陶瓷相和聚合物相的各种参数代入上式，即得到1-3复合材料频率常数和机电耦合系数随陶瓷体积百分比的变化曲线，如图3所示。从计算结果可知，当复合材料中陶瓷相所占百分比一定时，复合材料的Nt和kt就已确定。若1-3复合材料中陶瓷体积百分比为46.9%，则复合材料的频率常数为1835；机电耦合系数为0.675。

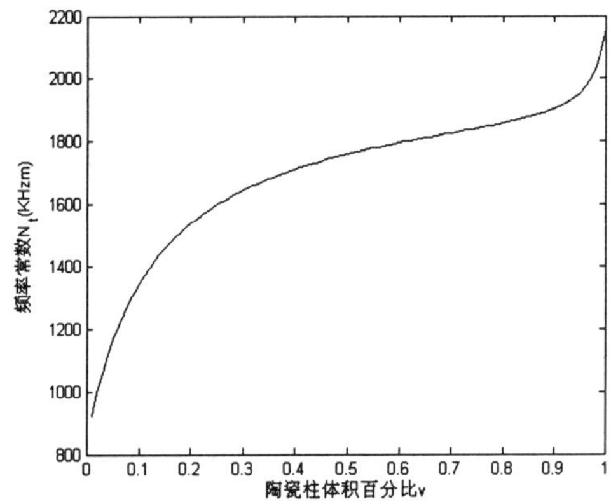

(a) 厚度谐振频率常数N_t

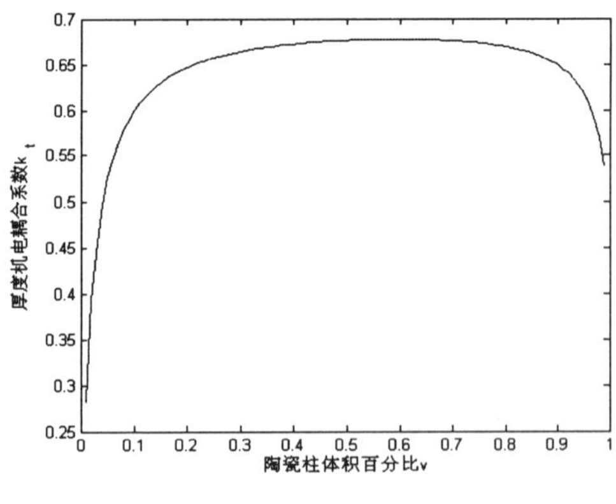

(b) 厚度谐振机电耦合系数k_t

图3. 1-3复合材料性能与陶瓷体积百分比关系的理论曲线

4. 实验研究 1-3 复合材料结构尺寸对厚度振动的影响

4.1. 复合材料厚度振动频率常数的实验研究

文中上部分已经说明，1-3复合材料的厚度振动频率常数只与材料的结构组成有关，当复合材料中陶瓷体积百分比一定，材料的频率常数为定值。因此从公式(6)中得出材料的反谐振频率与厚度成反比例。其曲线如图4(a)中实线所示。

为了分析1-3复合材料的厚度振动，实验制备了两组复合材料样品，A组样品为1-3型，共6片（A1~A6），结构参数相同。陶瓷柱宽为0.913mm，柱间距为0.45mm，陶瓷柱体积百分比为46.9%，复合材料尺寸均为$20mm \times 20mm \times 9mm$。B组样品为1-3-2型，共3片（B1~B3），尺寸为$20mm \times 20mm \times 10mm$，其结构参数列于表2中。

表2. *B*组样品尺寸与结构参数

样品序号	瓷柱间隔 /mm	瓷柱宽度 /mm	基底厚度 /mm	体积百分比 v%
*B*1	0.366	0.99	1	45.63
*B*2	0.366	1.189	1	51.5
*B*3	0.366	1.433	1	57

利用磨片机打磨样品，减小样品厚度，从而改变复合材料的总体高宽比（厚度/宽度），进而分析了A，B两组样品的振动随厚度变化的情况。根据IRE标准，利用精密阻抗分析仪（Agilent 4294A）直接测得样品的f_s和f_p，利用如下公式计算出厚度振动参数。

$$N_t = f_p t \tag{6}$$

$$k_t^2 = \frac{\pi}{2} \cdot \frac{f_s}{f_p} \cdot tg\left(\frac{\pi}{2} \cdot \frac{f_p - f_s}{f_p}\right) \tag{7}$$

利用样品厚度振动频率随厚度变化的数据，进行曲线拟合，拟合公式为$y = ax^{-1} + b$，其中y代表厚度振动的反谐振频率fp，x代表厚度t，拟合出的系数a即为复合材料的厚度谐振频率常数。实验计算出的样品厚度振动频率常数与理论值列于表3中。

表 3. 复合材料频率常数实验值与理论值的比较

样品类型	序号	体积百分比%	N_t（实验值）	平均值	N_t（理论值）
1-3型	*A*1	46.9	1882	1852	1835
	*A*2		1824		
	*A*3		1881		
	*A*4		1824		
	*A*5		1868		
	*A*6		1835		

实验数据的拟合曲线与1-3模型理论曲线的比较如图4(a)所示。从图中可以看出，两条曲线的变化趋势完全一致。另外，图4(b)还出示了1-3-2型复合材料厚度振动频率随样品厚度变化曲线与1-3型的比较。该图表明两种材料的变化曲线基本一致。

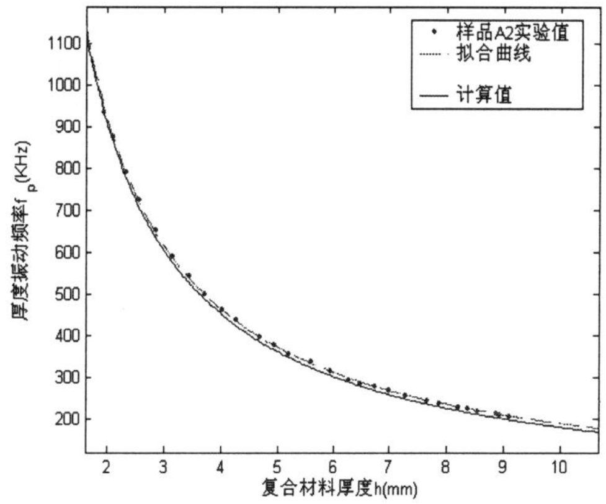

(a) 1-3厚度谐振频率随样品厚度变化与理论值的比较

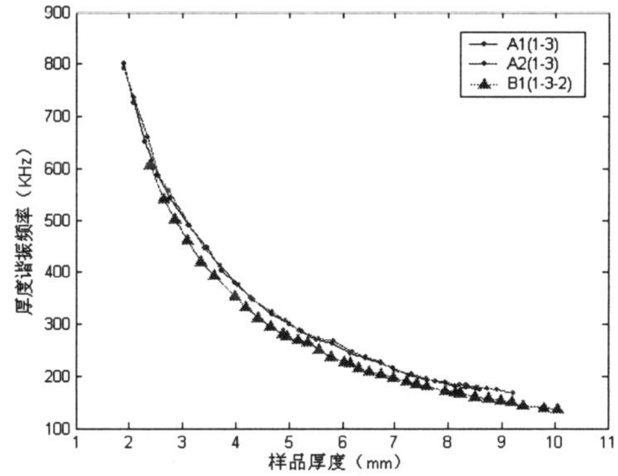

(b) 两种样品厚度谐振频率随厚度变化的比较

图4. 两种材料厚度谐振与外形尺寸关系的比较

4.2 复合材料厚度振动与其它振动耦合的实验研究

最近关于 1-3 型压电复合材料振动模式的研究有很多，大部分理论认为这种复合材料中主要存在三种振动模式[5]：用于发射和接收超声波的振动模式——厚度振动模；圆形薄片复合材料的径向振动产生的平面振动模；复合材料周期结构中 Bragg 衍射引起的横向周期振动模。由于平面振动主要出现在低频范围，因此在高频医疗超声应用中，与厚度振动发生耦合的主要是横向周期振动。因此，若想抑制横向周期结构振动对厚度谐振的影响，可以通过适当选择两相材料的体积百分比和材料的周期结构参数来实现[9]。

然而，对于水声应用的1-3复合材料振动形式及其耦合现象的研究却非常少。文中这部分通过实验分析了工作频率在几百千赫范围内的1-3方形薄片复合材料厚度振动与外形尺寸的关系。图5出示了两种复合材料厚度反谐振频率随材料高宽比变化的曲线。

从图5中，可以看出具有相近陶瓷柱体积百分比的两种复合材料的谐振形式随高宽比的变化趋势基本一致，在高宽比的两个不同范围内，厚度谐振会受到其他振动形式的干扰。实验中A，B两组样品的厚度振动比较单纯的最佳外形高宽比和谐振频率范围列于表4中。

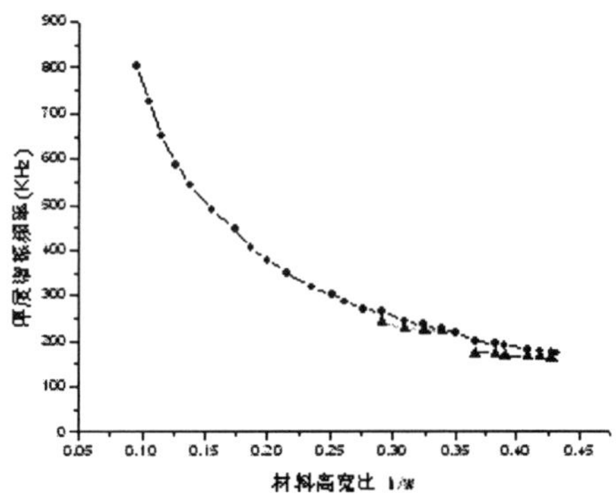

(a) 样品A1谐振频率随高宽比的变化

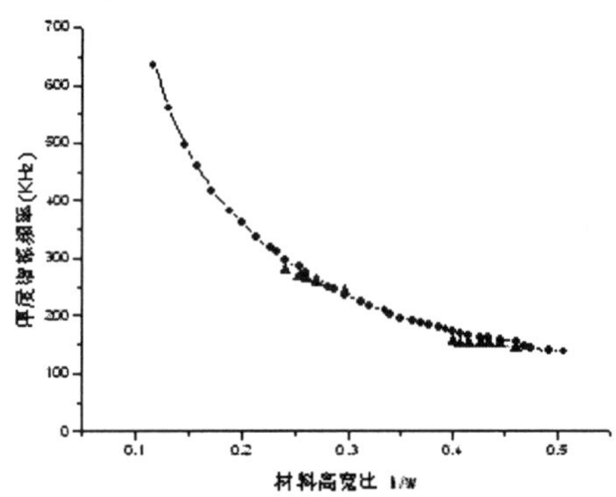

(b) 样品B3谐振频率随高宽比的变化

图5. 两种复合材料谐振频率与高宽比的关系
（其中-·-为厚度谐振频率，-▲-为干扰振动频率）

为了避免其他振动形式对厚度振动的干扰，这里我们可以得出陶瓷体积百分比在47%左右的1-3复合材料具有较孤立厚度谐振峰和较高机电耦合系数的外形高宽比大致在小于0.3和0.35~0.44范围内，谐振频率范围大致为170~210 kHz和大于250 kHz。

在样品厚度的变化范围内，厚度振动的机电耦合系数随样品厚度变化的情况画于图6中。从所有样品的数据中发现，厚度机电耦合系数在宽高比的变化范围内基本保持稳定，变化幅度很小。只有在样品的厚度振动与其他干扰振动发生耦合时，机电耦合系数有相对较大的下降。

表4. 具有较孤立厚度振动的高厚宽比和频率范围

样品类型	序号	高宽比范围		频率范围(kHz)	
1-3型	*A*1	<0.319	0.359~0.448	>245	173~210
	*A*2	<0.327	0.353~0.447	>242	173~210
	*A*3	<0.325	0.362~0.447	>243	170~203
	*A*4	<0.325	0.352~0.448	>245	173~210
	*A*5	<0.317	0.347~0.44	>250	176~215
	*A*6	<0.323	0.35~0.448	>248	170~208
1-3-2型	*B*1	<0.261	0.288~0.435	>280	172~237
	*B*2	<0.285	0.308~0.421	>315	175~233
	*B*3	<0.23	0. 33~0.45	>310	176~224

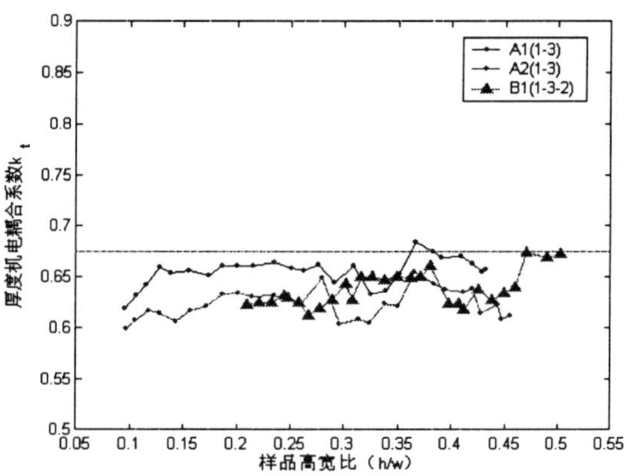

图6. 厚度机电耦合系数k_t随样品厚宽比的变化
（直线为k_t的理论值）

5. 结论

对1-3和1-3-2型两种压电陶瓷/聚合物复合材料的压电性能进行了理论分析，并制备了不同结构参数的两类复合材料，对其各项性能进行了测试，结果表明在1-3-2型材料中陶瓷基底所占比例较小（<30%）时，其性能与1-3复合材料基本相同，且其制备工艺简单。另外，文中还分析了实验中不同高宽比的两种样品的厚度谐振频率和机电耦合系数，得到了水声应用的1-3系复合材料具有较纯厚度振动的最佳外形高宽比（h/w<0.2或0.35<h/w<0.44）和谐振频率范围（170~210KHz和大于250KHz）。

致谢

此文工作得到了北京市自然科学基金重点项目（No.KI200419772016）和北京市传感器重点实验室开放课题（No.66062015）的资助，在此一并表示感谢。

References

1. A. Saigal, A.E. Giannakopoulos, H.E. Pettermann,

et al., Electrical response during indentation of a 1-3 piezoelectric ceramic-polymer composite, *J. Appl. Phys.* **86**(1), 603 (1999).

2. H.P. Savakus, K.A. Klicker, R.E. Newnham, PZT-epoxy piezoelectric transducers: a simplified fabrication procedure, *Mat. Res. Bull.* **16**, 677 (1981).
3. 王丽坤, 秦雷, 段成丽, PZT/环氧树脂1-3-2型压电复合材料的制备及性能, 功能材料与器件学报 **12**(5), 418 (2006).
4. 李莉, 秦雷, 万媛媛, 1-3-2型压电陶瓷/聚合物复合材料的理论模型, 功能材料与器件学报 **13**(4), 待发表 (2007).
5. T.R. Gururaja, W.A. Schulze, L.E. Cross, Piezoelectric composite materials for ultrasonic transducer applications, Part I: Resonant modes of vibration of PZT rod-polymer composites, *IEEE Sonics Ultra.* **32**(4), 481 (1985).
6. W.A. Smith, B.A. Auld, Modeling 1-3 composite piezoelectrics: Thickness-mode oscillations, *IEEE Ultra. Ferr. Freq. Contr.* **38**(1), 40 (1991).
7. D. Certon, F. Patat, F. Levassort, et al., Lateral resonances in 1-3 piezoelectric periodic composite: Modeling and experimental results, *J. Acoust. Soc. Am.* **101**(4), 2043 (1997).
8. P. Reynolds, J. Hyslop, G. Hayward, Analysis of spurious resonances in single and multi-element piezocomposite ultrasonic transducers, *IEEE Ultrasonics Sym.*, 1650 (2003).
9. H.L.W. Chan, J. Unsworth, Simple model for piezoelectric ceramic/polymer 1-3 composites used in ultrasonic transducer applications, *IEEE Ultra. Ferr. Freq. Contr.* **36**(4), 434 (1989).

节式压电梁的电阻模拟和实验研究

匡友弟　陈传尧
湖北省武汉市华中科技大学土木工程与力学学院 430074
电子邮件：youdi_kuang@163.com, chency00@hust.edu.cn

王卓　李国清
湖北省武汉市华中科技大学土木工程与力学学院 430074
电子邮件：Lig57@hust.edu.cn, wzlee123@126.com

本文研究含一对分布式压电激励器的节式梁的电阻抗。压电激励器在电路中并联。整个梁中的压电夹层节和弹性节的动态特性分别用一个 5×5 和 4×4 的等效电阻抗矩阵表示。考虑节间的连续条件以及智能梁的力电边界条件，求解线性阻抗方程，得到系统的电阻抗。实验测试两端自由的节式压电梁的电阻抗，并与理论值比较，两者相吻合；在 2800Hz 内，从两者中提取的系统谐振频率相对误差不大于 1.62%。对节式梁中压电单元的相关参数研究表明：系统电阻抗与压电片的弹性常数和压电常数的绝对值的变化趋势一致，与介电常数的变化趋势相反。压电常数和介电常数的变化对系统频率无明显的影响。

关键词： 梁，压电，电阻抗

THE MODELING AND EXPERIMENTS ON THE ELECTRIC IMPEDANCE OF A SEGMENTED BEAM WITH PIEZOELECTRIC ACTUATORS

You-Di KUANG
School of Civil Engineering and Mechanics, Huazhong University of Science and Technology, Wuhan, 430074, Hubei, P R China
E-mail: youdi_kuang@163.com

Chuan-Yao CHEN
School of Civil Engineering and Mechanics, Huazhong University of Science and Technology, Wuhan, 430074, Hubei, P R China
E-mail: chency00@hust.edu.cn

The electric impedance of a segmented beam with surface piezoelectric actuators is studied. The two layer piezoelectric actuators are in parallel in the electric circuit. The dynamics of the piezo-laminated segment and the elastic segments in the whole beam are presented by the 5×5 and 4×4 impedance matrix, respectively. Considering the mechanical-electric boundary conditions and the continuum conditions among these beam segments, the electric impedance of the whole system is obtained by solving its linear impedance equations. The experiment on a free-free segmented beam is done, the measured electric impedance of the system agrees with the theoretical value. For the resonance frequencies of such system, the relative errors between the measured and the theoretical values are smaller than 1.62% in the frequency range of 2800Hz. The parameter study of piezoelectric elements shows the change of the system impedance has the same trend with the change of their elastic modulus and absolute value of piezoelectric strain constant. However, the change of the system impedance has the opposite trend with the change of its dielectric constant.

Keywords: beam, piezoelectric, electric impedance

1. 引言

压电单元的电阻抗信息在结构控制[1]和结构损伤检测[2,3]方面有着重要的应用。对含压电单元的智能梁的电阻抗研究，已有一些理论成果[4,5]。与这些研究中的结构受单压电片激励模型[4]和结构受串联双压电片激励模型[5]相区别的是，本文研究的是一对在电路中并联的压电片的电阻抗，这种并联方式也适用于不导电中间结构层，并对理论模拟进行了试验验证。

2. 并联式双压电晶片夹层梁的阻抗矩阵

考虑一个双压电片夹层梁，如图1所示。上下两个压电层的材料和几何尺寸一致，但极化方向相反，中间弹性层和压电层的宽度也相同。区别于文献[4]中的双压电片串联模型(结构层为可导电层)，这里两个压电片在电路中并联，因此对中间结构层是否可导电无要求。

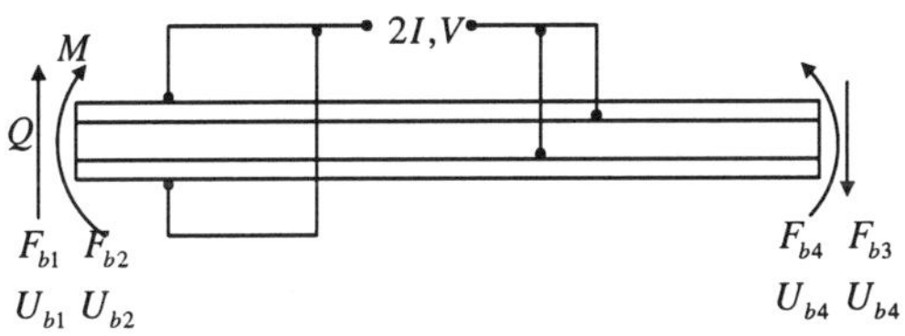

图 1. 双压电片并联式夹层梁

忽略梁中的剪切作用以及转动惯量，在简谐电激励下，双压电片夹层梁的运动方程为[3]:

$$\bar{K}_b \frac{\partial^4 w_b}{\partial^4 x} + \rho_b \frac{\partial^2 w_b}{\partial^2 x} = 0, \tag{1}$$

等效刚度 $\bar{K}_b$ 和单位长度的质量 ρ_b 为:

$$\bar{K}_b = \frac{2}{3} W_b \left[\frac{1}{S_{p11}^E} ((h_p + h_e/2)^3 - (h_e/2)^3 + \frac{1}{S_{e11}} (h_e/2)^3 \right],$$
$$\rho_b = 2W_b(\rho_p h_p + \rho_e h_e/2). \tag{2}$$

这里，脚标 p，e 和 b 分别表示夹层梁中的压电层，弹性层和整个夹层。S_{p11}^E 为压电层常电场下的柔度常数，S_{e11} 为弹性层的柔度常数。W_b 为梁宽。h_p 和 h_e 分别为压电层和弹性层的厚度。w_b 为夹层梁的横向位移。

通过分离变量，得到方程 (1) 的解为[3]:

$$w_b = (A\cos(\lambda_b x) + B\sin(\lambda_b x) + C\cosh(\lambda_b x) + D\sinh(\lambda_b x))e^{i\omega t}. \tag{4}$$

其中：$\lambda_b^4 = \rho_b \omega^2 / \bar{K}_b$，$\omega$ 为电驱动频率，$i = \sqrt{-1}$。A、B、C、D 是由边界条件决定的常数。

根据电系统和机械系统间的类比关系，速率和电流等效为机电流（electromechanical flows），力和电压等效为机电压（electromechanical efforts）。定义等效电流和等效电压为:

$$\begin{aligned} &U_{b1} = \frac{\partial w_b}{\partial t}\bigg|_{x=0}, U_{b2} = \frac{\partial \phi_b}{\partial t}\bigg|_{x=0}, \\ &U_{b3} = \frac{\partial w_b}{\partial t}\bigg|_{x=l_b}, U_{b4} = \frac{\partial \phi_b}{\partial t}\bigg|_{x=l_b}, \\ &F_{b1} = Q_b\big|_{x=0}, F_{b2} = M_b\big|_{x=0}, \\ &F_{b3} = -Q_b\big|_{x=l_b}, F_{b4} = -M_b\big|_{x=l_b}, \end{aligned} \tag{5}$$

这里，l_b 为夹层梁的长度。其中转角位移 ϕ_b、弯矩 M_b 和剪力 Q_b 为[3]:

$$\begin{aligned} &\phi_b = -\frac{\partial w_b}{\partial x}, M_b = \bar{K}_b \frac{\partial^2 w_b}{\partial x^2} + N_1 V, \\ &Q_b = \bar{K}_b \frac{\partial^3 w_b}{\partial x^3}. \end{aligned} \tag{6}$$

其中，积分常数 $N_1 = -\frac{d_{31}}{s_{p11}^E} W_b (h_p + h_e)$。

流过压电激励器电极面的电流为[3]:

$$I = -N_1(U_2 - U_4)/2 + i\omega C_c V. \tag{7}$$

这里，$C_c = \mu_{33}^\sigma (1 - \frac{d_{31}^2}{s_{p11}^E \varepsilon_{33}^\sigma}) \frac{l_b W_b}{h_p}.$

根据方程(3)-(6)，可以得到双压电片夹层梁的阻抗方程如下:

$$\mathbf{F}_b = \mathbf{Z}_b \mathbf{U}_b. \tag{8}$$

其中

$\mathbf{U}_b = \{U_{b1}, U_{b2}, U_{b3}, U_{b4}, V\}^T$，$\mathbf{F}_b = \{F_{b1}, F_{b2}, F_{b3}, F_{b4}, I\}^T$ $\mathbf{Z}_b$ 为 5×5 的非对称阻抗矩阵，其中的非零元素列于附录。

由于在弹性梁单元里没有力电耦合，通过消除 $\mathbf{Z}_b$ 里面的力电耦合项，$\mathbf{Z}_b$ 可以退化为 4×4 阶的弹性梁的阻抗矩阵 $\mathbf{Z}_e$。则弹性梁单元的阻抗方程可以写为:

$$\mathbf{F}_e = \mathbf{Z}_e \mathbf{U}_e. \tag{9}$$

这里 $\mathbf{U}_e = \{U_{e1}, U_{e2}, U_{e3}, U_{e4}\}^T$，$\mathbf{F}_e = \{F_{e1}, F_{e2}, F_{e3}, F_{e4}\}^T$。

3. 节式压电梁的电阻抗

考虑图2所示的节式压电梁，一对压电片激励器对称布置在弹性梁的表面。整个梁可以分为两个弹性节和一个压电节，编号为 $k(k = 1,2,3)$，根据式(8)，这两个弹性段的阻抗方程为：

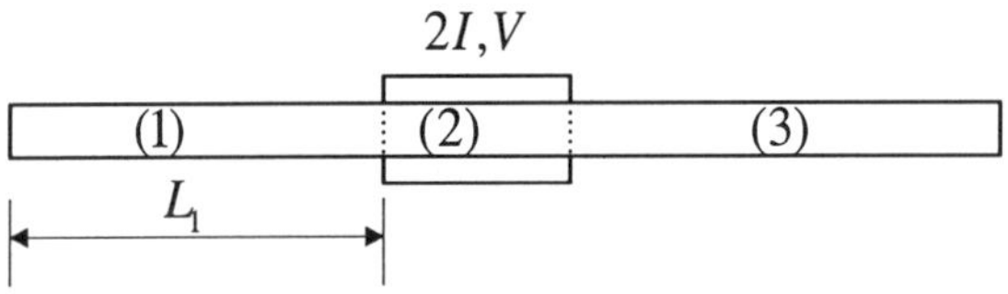

图 2. 节式压电梁

$$\mathbf{F}_e^{(k)}=\mathbf{Z}_e^{(k)}\mathbf{U}_e^{(k)}\quad (k=1,3). \tag{10}$$

同时，根据式(7)，压电段的阻抗方程为：

$$\mathbf{F}_b^{(k)}=\mathbf{Z}_b^{(k)}\mathbf{U}_b^{(k)}\quad (k=2). \tag{11}$$

首先考虑节间的连续条件，在弹性节 1 和压电节 2 间，界面连续条件为：

$$\begin{aligned}&U_{e3}^{(1)}=U_{b1}^{(2)},\ U_{e4}^{(1)}=U_{b2}^{(2)}\\&F_{e3}^{(1)}=-F_{b1}^{(2)},\ F_{b4}^{(1)}=-F_{b2}^{(2)}.\end{aligned} \tag{12}$$

这些条件也适用于弹性节 3 和压电节 2 间的交界面。

对于梁的端部边界条件，考虑下面三种可能边界条件：

自由端 $F_{e1}^{(1)}=F_{e2}^{(1)}=0$ (左端)

或 $F_{e3}^{(3)}=F_{e4}^{(3)}=0$ (右端)；

简支端 $U_{e1}^{(1)}=F_{e2}^{(1)}=0$ (左端)

或 $U_{e3}^{(3)}=F_{e4}^{(3)}=0$ (右端)； (13)

固支端 $U_{e1}^{(1)}=U_{e2}^{(1)}=0$ (左端)

或 $U_{e3}^{(3)}=U_{e4}^{(3)}=0$ (右端)。

最后考虑电学梁的电学边界条件。当输入电压 V_{in} 给定，每个压电片上的电压为 ：

$$V=V_{in}. \tag{14}$$

在方程(10-14)里面，共有 26 个未知数和 26 个线性方程，因此通过求解这些线性方程，可以得到待求的机电流和机电压。

根据 Kirchhoff 电学定理，压电单元的并联电阻抗(即系统电阻抗)为

$$Z_s=V/(2I). \tag{15}$$

根据式(15)，可以计算系统的电阻抗和系统谐振频率。

4. 节式压电梁的电阻抗实验和讨论

实验设置见图 3，铝梁用两根细橡皮筋悬挂来模拟两端自由边界条件，压电片为江苏联能电子技术有限公司提供的 PZT-5B 。压电单元的并联电阻抗用 HP4192A 阻抗仪测试。将压电片用铜粉质导电胶粘贴到梁表面。梁、压电片的材料常数和几何尺寸见表 1。压电片的位置设置(见图 2)为 L_1=129.75 mm。

实验测试得到的系统电阻抗随频率的变化曲线绘于图 4，并与理论计算值比较。可以看到，理论值与实验值吻合。图 4 也表明：系统电阻抗随着频率的增大而减小，频率越高，变化的幅度越小。另外，将实验测得的前三阶系统谐振频率值和理论计算值示于表 2，两者的相对误差随着阶数的增加而增大，在 2800 Hz 内，最大误差为 1.62%。可能原因是本文的理论模拟是基于欧拉-贝努尼梁理论，忽略了剪切效应和转动惯量的影响，当考虑的频率增大时，理论计算的误差将增大；并且压电层与梁间的铜粉质粘结层的影响没有考虑。

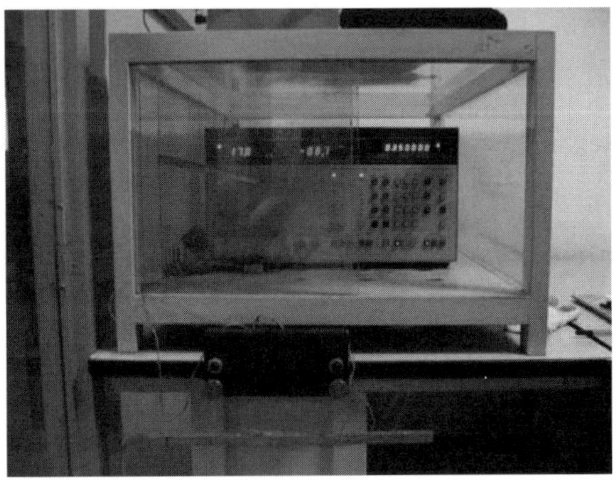

图 3. 实验设置图

5. 压电片相关参数对电阻抗的影响

这里将分析压电片弹性常数、压电常数和介电常数对系统电阻抗的影响。当考虑压电片某种参数的变化时，系统其他参数同表 1。图 5 给出了压电片不同弹性常数的影响曲线；图 6 给出了不同的压电常数的影响曲线；图 7 给出了不同介电常数的影响曲线，这里

表 1. 材料常数和几何尺寸

	铝	PZT-5B
杨氏模量 E（Pa）	70×10^{9}	74×10^{9}
密度 ρ(kg/m³)	2740	7700
压电常数 d_{31}(m/V)		-180×10^{-12}
介电常数 $\varepsilon_{33}^{\sigma}$		1.77×10^{-8}
长度(m)	359.5×10^{-3}	30×10^{-3}
宽度(m)	10×10^{-3}	10×10^{-3}
厚度(m)	11×10^{-3}	0.4×10^{-3}

ε_0 为真空介电常数。从这三个图中可以看出，系统

电阻抗与压电片的弹性常数和压电常数的绝对值的变化趋势一致，与介电常数的变化趋势相反。另外，

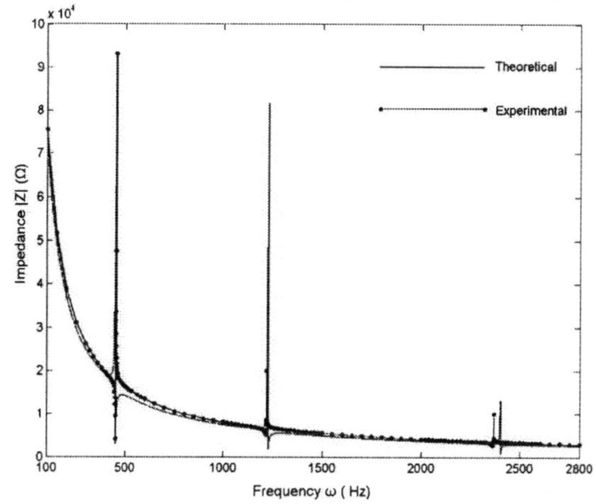

图 4. 系统电阻抗试验值和理论值的对比

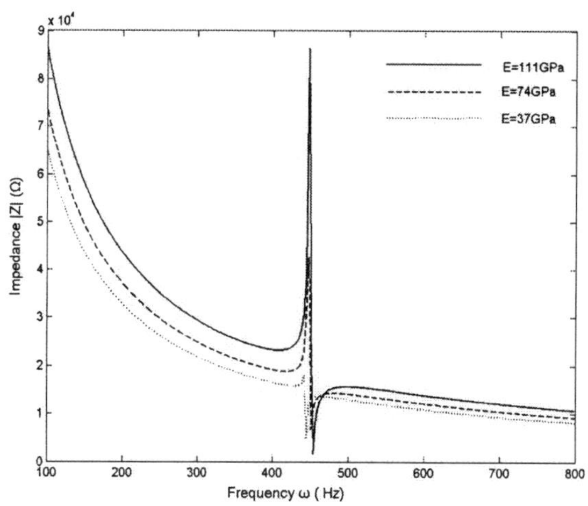

图 5. 压电片弹性模量对系统电阻抗的影响

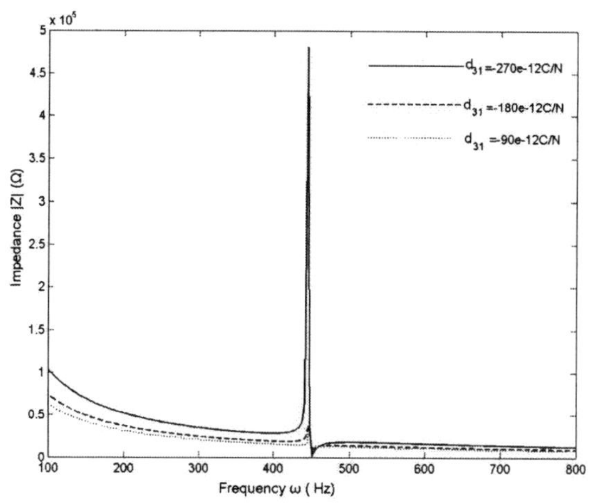

图 6. 压电片压电常数对系统电阻抗的影响

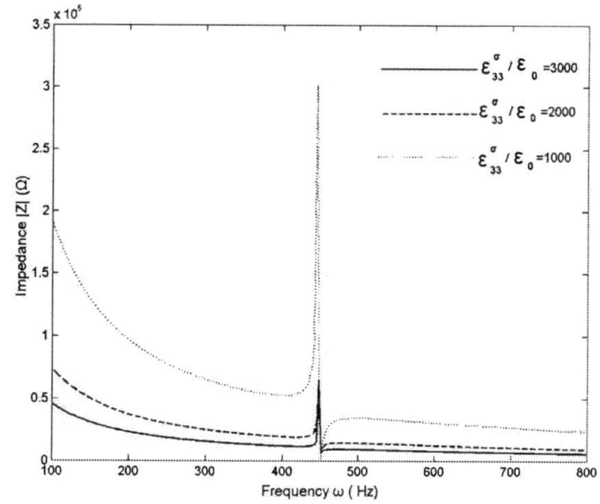

图 7. 压电片介电常数对系统电阻抗的影响

压电常数和介电常数的变化对系统频无明显的影响，这与目前的相关研究结论[6]一致。

表 2. 系统谐振频率

	一阶	二阶	三阶
理论值（Hz）	450.0	1229.0	2403.0
实验值（Hz）	450.0	1214.5	2364.0
相对误差*	0	1.18%	1.62%

*相对误差=(理论值－实验值)/理论值

6. 结论

本文建立了在电路中双压电片并联的夹层梁的 5×5 等效阻抗矩阵，给出了节式压电梁的系统电阻抗。对两端自由的节式压电梁的电阻抗的试验研究表明：测试值与理论计算值吻合；在 2800 Hz 内，从两者中提取的系统谐振频率相对误差不大于 1.62%。对节式梁中压电单元的相关参数研究显示：系统电阻抗与压电片的弹性常数和压电常数的绝对值的变化趋势一致，与介电常数的变化趋势相反。压电常数和介电常数的变化对系统频率无明显的影响。

致谢

此文工作得到了华中科技大学优秀博士论文基金（No. 0123240003）的资助。

附录

矩阵 $\mathbf{Z}_b$ 的非零元素为

$$Z_{11} = Z_{33} = \frac{\bar{K}_b \lambda_b^3}{i\omega}\frac{-cn - sm}{1 - cm}, Z_{13} = Z_{31} = \frac{\bar{K}_b \lambda_b^3}{i\omega}\frac{s + n}{1 - cm},$$

$$Z_{12} = Z_{21} = -Z_{34} = -Z_{43} = \frac{\bar{K}_b \lambda_b^2}{i\omega}\frac{sn}{1 - cm}$$

$$Z_{14} = Z_{41} = -Z_{23} = -Z_{32} = \frac{\bar{K}_b \lambda_b^2}{i\omega} \frac{-c+m}{1-cm}$$

$$Z_{22} = Z_{44} = \frac{\bar{K}_b \lambda_b}{i\omega} \frac{cn-sm}{1-cm} + \frac{N_1^2}{2i\omega C_c},$$

$$Z_{24} = Z_{42} = \frac{\bar{K}_b \lambda_b}{i\omega} \frac{s-n}{1-cm} - \frac{N_1^2}{2i\omega C_c}$$

$$Z_{25} = -Z_{45} = \frac{N_1}{i\omega C_c}, Z_{52} = -Z_{54} = \frac{Z_{25}}{2}, Z_{55} = \frac{1}{i\omega C_c}.$$

其中

$$c = \cos(\lambda_b l_b), s = \sin(\lambda_b l_b), m = \cosh(\lambda_b l_b), n = \sinh(\lambda_b l_b)$$

这里，$\varepsilon_{33}^{\sigma}$ 为介电常数。

参考文献

1. S.O.R. Moheimani, A.J. Fleming, S. Behrens, Dynamics, stability, and control of multivariable piezoelectric shunts, *IEEE/ASME Trans. Mechat.* **9**, 87 (2004).
2. T. Morisaki, Z.W. Jiang, Estimation approach for structural health monitoring using piezoelectric impedance based measuring method, *Int. J. Appl. Electromag. Mech.* **21**, 89 (2005).
3. Y.D. Kuang, G.Q. Li, C.Y. Chen, An admittance function of active piezoelectric elements bonded on a cracked beam, *J. Sound Vib.* **298**, 393 (2006).
4. C. Liang, F. Sun, C.A. Rogers, Couple electric-mechanical analysis of adaptive material systems-determination of the actuator power consumption and system energy transfer, *J. Intell. Mater. Sys. Struct.* **5**, 12 (1994).
5. Y.S. Cho, Y.E. Park, C.S. Han, S.K. Ha, Five-port equivalent electric circuit of piezoelectric bimorph beam, *Sensors and Actuators* **84**, 140 (2000).
6. J. Wang, J.D. Yu, Y.K. Yong. A new theory for electroded piezoelectric plates and its finite element application for the forced vibrations of quartz crystal resonants, *Int. J. Solid Struct.* **37**, 5653 (2000).

CEO_2 掺杂 $PB_{0.99}CA_{0.006}NB_{1.98}TI_{0.01}O_{5.986}$ 高居里温度压电陶瓷的研究

程亮 李月明 张玉平 顾幸勇 廖润华
江西省景德镇市陶阳南路 27 号 景德镇陶瓷学院材料系 333001
电子邮件：lym6329@163.com

本研究采用传统电子陶瓷制备方法，以 CeO_2 对 $Pb_{0.99}Ca_{0.006}Nb_{1.98}Ti_{0.01}O_{5.986}$ (PCNT)压电陶瓷进行掺杂，制备出 PCNT-*x* wt % CeO_2 系高居里温度压电陶瓷。XRD 分析表明，*x* 在 0~0.4 wt%范围内均能形成斜方钨青铜型固溶体，利用 XRD 数据计算了晶体的晶格常数随 *x* 的变化，分析了晶格常数变化对材料压电性能的影响。陶瓷材料的居里温度测试结果表明该体系具有高的居里温度(T_c>550 ℃)。测试了陶瓷样品的压电、介电性能，发现当 CeO_2 的掺杂量为 0.3 wt %时样品的压电常数 d_{33} 达到最大值，为 75 pC/N，机电耦合系数 $k_t = 0.33$，材料的介电常数 $\varepsilon_{33}^T/\varepsilon_0 = 248$，介质损耗 $\tan\delta = 0.01$，居里温度 T_c 为 550℃，该组成具有优异的压电性能，适合于高温环境下的使用。

关键词： $PbNb_2O_6$, 掺杂，压电陶瓷，高居里温度

STUDY ON CeO_2-DOPED $Pb_{0.99}Ca_{0.006}Nb_{1.98}Ti_{0.01}O_{5.986}$ PIEZOELECTRIC CERAMICS WITH HIGH CURIE TEMPERATURE

Liang CHENG, Yue-Ming LI, Yu-Ping ZHANG, Xing-Yong GU, Run-Hua LIAO
Department of materials, Jingdezhen Ceramic Institute, South Taoyang Road 27
Jingdezhen, 333001 Jiangxi Province, P. R. China
E-mail: lym6329@163.com

$Pb_{0.99}Ca_{0.006}Nb_{1.98}Ti_{0.01}O_{5.986}$ (PCNT)-x wt% CeO_2 (x=0-0.4) system with high Curie temperature piezoelectric ceramics were fabricated by traditional ceramic technique. XRD results show orthorhombic symmetry tungsten bronze structure with ferroelectric characteristic existed in these compositions. The lattice constant of crystals were calculated from the XRD data. It is found that the lattice constant and the unit-cell volume decrease with the increasin2. When x=0.3 wt %, the piezoelectric constant d_{33} reaches to 75 pC/N which is the maximum value of all the compositions, and the longtitude electromechanical coupling factor kt is 0.33, the dielectric constant $\varepsilon_{33}^T/\varepsilon_0$ is 248, the dielectric loss $\tan\delta$ is 0.01 and the Curie temperature of dopant CeO_2 content reaches to 550 ℃. This piezoelectric material is desirable for high temperature application.

Keywords: lead metaniobate, doping, piezoelectric ceramic, high Curie temperature

1. 引言

偏铌酸铅（$PbNb_2O_6$，简称 PN）是最早发现的钨青铜结构（AB_2O_6型）的铁电体[1]，它具有两个突出的特点：一是材料的居里温度高（570℃），且在此温度下不易退极化；二是很低的机械品质因数，能够得到清晰的波形，适合于超声缺陷检测换能器的要求，它的压电系数各向异性高，对静水压有较高的响应。因此，偏铌酸铅压电陶瓷材料特别适宜作宽带、耐高温耐高静水压的换能器[2-4]。但纯偏铌酸铅陶瓷存在着烧结困难的特点，并且偏铌酸铅的铁电相在较高的温度（约 1230℃）下形成，常温下是亚稳态，要制备出压电性能良好的偏铌酸铅压电陶瓷比较困难[5]。为了克服这一难点，常用的一种制备方法是烧结后急冷[6]，但这导致陶瓷样品极易开裂，从而限制了实用性陶瓷元件的制备。另一种较为理想的方法是"掺杂改性"[7-9]，但常常导致材料的居里温度大幅度降低。通过对 Ca 和 Ti 离子掺杂纯 PN 的研究结果表明，Ca 和 Ti 离子有助于其烧结获得致密陶瓷，获得较高的居里温度，但压电性能仍不够理想。因此，本研究在此基础上，以 $Pb_{0.99}Ca_{0.006}Nb_{0.99}Ti_{0.01}O_{5.98}$ (PCNT)为基础配方，采用 CeO_2 为改性剂，研究 CeO_2 对 PCNT 材料机电性能的影响。

2. 实验

采用分析纯的原料 Pb_3O_4，Nb_2O_5，$CaCO_3$，TiO_2 和 CeO_2，按照 PCNT-x wt% CeO_2 配比称量，x 取 0，0.01，0.02，0.03，0.04，记为 PCNT，Ce-01，Ce-02，Ce-03，Ce-04。以无水乙醇为介质混合球磨 4h，850℃下保

温 2h 合成，合成后的粉体采用 D8-Advance 型 X 射线衍射仪分析其晶体结构，以确定是否合成。合成粉体再以无水乙醇为球磨介质球磨 6 h，干燥后加入一定量 5wt%浓度的 PVA 溶液作为粘结剂，在 150 MPa 压力下压制成 Φ11 mm×1.5 mm 的圆片，排塑后在铅气氛中埋烧，并在 1240~1260℃下保温 2h 烧结。烧结陶瓷粉碎后采用 D8-Advance 型 X 射线衍射仪分析其晶体结构。陶瓷样品磨光后被银电极，烧银后的样品在 160℃的硅油内极化，极化电压为 4-4.5k V/mm，极化时间为 15-20 min。室温下放置 24h 后，采用 ZJ-3A 型准静态 d_{33} 测量仪测量样品的压电常数 d33。采用 HP4294A 精密阻抗分析仪测量样品 1 kHz 下的电容、介质损耗和阻抗，利用谐振-反谐振法计算陶瓷的机电性能参数。由 TH2828 型数字电桥和智能温控组成的测试系统测量陶瓷样品的介电常数随温度的变化，以确定材料的居里温度。

3. 结果分析与讨论

3.1. X 射线衍射分析

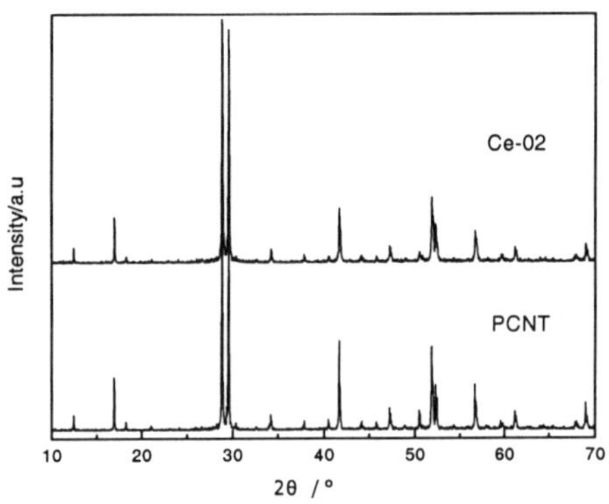

Figure 1. XRD patterns of Ce-02 and PCNT synthetic powder at 850℃.

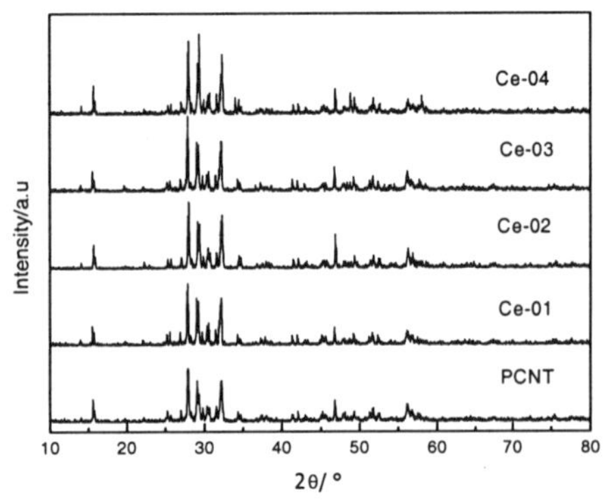

Figure 2. XRD patterns of CeO_2-doped PCNT ceramic samples.

图 1 为 Ce-02 与 PCNT 组成在 850℃下合成粉体的 XRD 图谱，可以看出两者均合成了非铁电性的三方钨青铜结构。由于偏铌酸铅的铁电相只有在 1230℃下才能形成，低于该温度只能合成三方钨青铜结构。图 2 为 CeO_2 掺杂的 PCNT 体系陶瓷样品的 XRD 图谱，由图可以看出，各样品均形成了具有铁电性的斜方钨青铜结构。随着 CeO_2 的掺杂量不同，衍射峰和晶格常数发生了一些变化。

利用XRD数据计算出的该体系各样品的晶格常数如表1所示。由图2和表1可知，随着掺杂量x的增加，衍射峰向高角度方向移动，晶胞体积呈不规则变化，但有减小的趋势。

Table 1. The lattice constant of CeO_2-doped PCNT ceramic samples

Sample	*a* (nm)	*b* (nm)	*c* (nm)	*V* (nm^3)
PCNT	1.76139	1.79753	0.38685	1.22483
Ce-01	1.73873	1.81113	0.38703	1.21878
Ce-02	1.77090	1.78877	0.38670	1.22496
Ce-03	1.80815	1.78700	0.38597	1.22024
Ce-04	1.76564	1.79155	0.38489	1.20970

偏铌酸铅具有未填满型钨青铜结构，由$[BO_6]$八面体共角顶联接形成了五角形、四角形和三角形孔隙，分别称为 A_1、A_2 和 A_3 孔隙[10]。当 B 位置为 Nb^{5+}离子时，三种的孔隙大小 r 分别为 A_1 = 0.190 nm、A_2 = 0.138 nm、A_3 = 0.080 nm。在 PCNT 体系中，基础配方中 Ti^{4+}离子是过量的，铈离子在晶体中可能两种价态，即 Ce^{4+}和 Ce^{3+}，各离子的离子半径分别为：$r(Pb^{2+})$ = 0.120nm、$r(Ca^{2+})$ = 0.134nm、$r(Nb^{5+})$ = 0.067 nm、$r(Ti^{4+})$ = 0.064nm、$r(Ce^{4+})$ = 0.094 nm 和 $r(Ce^{3+})$ = 0.118 nm。由此可知，Nb^{5+}和 Ti^{4+}离子的半径非常接近，因此 Ti^{4+}离子能够取代 Nb^{5+}进入 B 位置。根据哥希密特法则，可以计算出$|(rCe^{4+}-rNb^{5+})/rNb^{5+}|>30\%$，所以 Ce^{4+}离子不能取代 Nb^{5+}进入 B 位置，因而 Ce^{4+}离子只能进入 A_1 或 A_2 位置。但 Ca^{2+}、Ce^{3+}则可以取代 Pb^{2+}离子进入 A 位。因此，CeO_2 掺杂使晶体结构趋向于填满型钨青铜结构，导致晶格常数产生变化。本研究中 PCNT 中的 Ti^{4+}离子是过量的，Ti^{4+}离子除进入 B 位置外，部分 Ti^{4+}离子可能进入 A_3 孔隙中。因此，表 1 中的晶格常数的变化不太规则。

3.2 陶瓷的介电性能

图3为Ce-01和Ce-03陶瓷样品在1，10，100 kHz下的介电常数-温度的关系曲线图。从介电常数-温度曲线中可以看出，Ce-01在1，10，100kHz时的介电峰不在同一温度点，分别为570℃，560℃和550℃，Ce-03的介电峰则均在550℃处。Ce-01的介电峰比较平稳，而Ce-03的介电峰比较尖锐。Ce-01从室温到210℃，Ce-03从室温到290℃的介电常数随温度和频率的变化并不明显，说明其可以在此温度范围内使用，且Ce-03的使用温度比Ce-01要高。温度进一步升高后，

两组成的介电常数与频率均有很强的依赖性，即在高温条件下，介电常数对频率的比较敏感，低频下的介电常数高于高频下，表明在高温下存在介电弛豫。产生介电弛豫介电弛豫是与本研究组成中添加了多种掺杂离子有关，根据Smolensky介电弛豫成分起伏理论[11]，当晶格中各位置含有多种成分时，容易形成组成和晶体结构的微不均匀，形成不同极化行为的微区，从而发生极化弛豫，形成了介电弛豫现象。

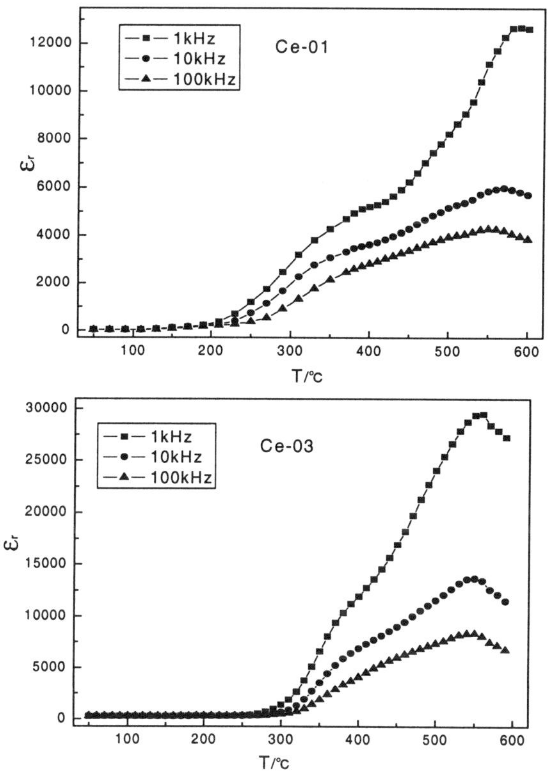

Figure 3. Dielectric constant ε_r as a function of temperature for Ce-01 and Ce-03 ceramic samples

3.3 陶瓷的压电性能

图4为CeO_2掺杂PCNT体系陶瓷的机电性能随着x值的变化。从图中可以看出，当x = 0.1wt%时，机电耦合系数k_t达到最大，为0.363；当x = 0.3wt%时，压电常数d_{33}达到极大值，为75pC/N，而机电耦合系数k_t达到极小值，为0.33。当x = 0.2wt%时，介电常数$\varepsilon_{33}{}^T/\varepsilon_0$达到极大值250，当x＞0.2 wt %时介电常数逐渐降低；当x = 0.2 wt %时，介电损耗tanδ达到极小值，为0.008。掺杂后的PCNT体系的械品质因素Q_m和频率常数N_Φ都有所降低。

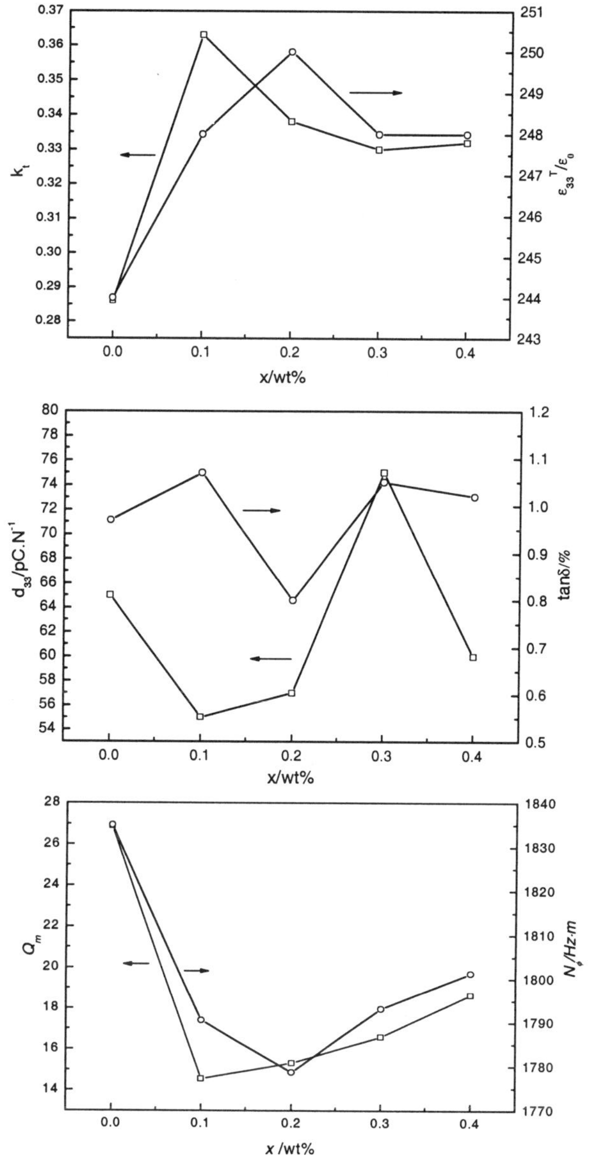

Figure 4. Electric properties as a function of CeO_2 content x for PNCT system ceramics

表2列出了国内外PN基高居里温度压电陶瓷与本研究压电陶瓷性能。从表中可以看出，本研究所得材料的压电常数d_{33} 达到了75 pC/N，其居里温度高达550℃，且本研究所采用的方法是在普通方法烧结所得的，因此，与其他研究相比，本研究材料具有工艺相对简单，性能优良的特点。

CeO_2是在压电陶瓷中经常使用的一种添加物，这种添加物具有“软、硬两性”的特点[4]。铈(Ce)是一种稀土元素，通常是以CeO_2加入到配方中，添加CeO_2的压电陶瓷材料具有很多优点，能使材料的电阻率提高，实现高温高电场极化，使压电性能挖掘充分，材料老化性能及温度稳定性都比较好[12]。

对于铈作用的机理是这样的，由前所述的离子半径可知，Ce^{3+}离子可以取代Pb^{2+}的位置，由于Ce^{3+}离子的价态高，为了保持电价平衡，晶体中将出现铅缺位，这时Ce^{3+}离子起施主作用，铅空位的出现使得电畴运动变得容易进行，而导致电阻率增大，故其有“软性”添加物的一些特征，使压电常数与机电耦合系数增大。另一方面，Ce^{4+}填入A_1或A_2孔隙后，晶胞中的空位减少，限制了偶极子的运动，亦即电畴运动受到限制，因而表现出“硬性”添加物的特征，所以机械品质因数Q_m等都增大了。此外，可以看出CeO_2的加入量越多，其居里温度Tc越低。这是因为不管Ce离子是进入A孔隙位还是Ti^{4+}占据B位，铅空位和氧空位的出现使晶体结构的稳定性下降，导致材料在较低温度下就会发生晶型相变，所以材料的居里温度会下降。

Table 2. The electric properties of PN-based piezoelectric ceramics

Composition System	d_{33}/pC·N^{-1}	T_c /℃	Condition of preparation	Reference
$[(Pb_{0.62}Ba_{0.38})_{0.94}La_{0.04}Nb_2O_6]$	180	<400		[13]
$(Pb,K)Nb_2O_6$	70	550	K^+ dopant, with pore ratio 15 %	[14]
$(Pb,K)Nb_2O_6$	80	—	K^+ and Nb^{5+} dopants, with hot press sintering method	[15]
PNA series	76	562		[16]
$Pb_{1-x}Ba_xNb_2O_6$	43	600	Doped with rare earth cations	[17]
PCNT	65	555	Sintering at ordinary press	
Ce-01	57	570	Sintering at ordinary press	
Ce-03	75	550	Sintering at ordinary press	

4. 结论

采用传统电子陶瓷制备方法成功制备出 CeO_2掺杂的 PCNT 改性偏铌酸铅高居里温度压电陶瓷，获得了压电性能良好、居里温度较高的压电陶瓷材料，当 CeO_2 的掺杂量 0.03wt%时，陶瓷的压电常数 d_{33} 达到 75 pC/N，机电耦合系数k_t为0.33，介电常数$\varepsilon_{33}^T/\varepsilon_0 = 248$，介质损耗 $\tan\delta = 0.01$，居里温度 T_c 达 550℃。该材料适合于高温环境下的使用。

致谢

此文工作得到了江西省教育厅科研基金（No. 202021）的资助，在此表示感谢。

References

1. S.D. Wang, F.T. Liu, L.C. Lu, et al., Development of high Courie point piezoelectric ceramic, *Shangdong Ceram.* **27**(4), 149 (2004). (in Chinese)
2. X. Xu, X.Y. Li, S.M. Guo, et al., Study on aging of lead metaniobate pizoelectric ceramics, *Jiangxi Sci.* **18**(4), 211 (2000). (in Chinese)
3. A.N. Rybjanets, O.N. Razumovskaja, L.A. Reznitchenko, Lead titanate and lead metaniobate porous ferroeletric ceramics, *Integr. Ferro.* **63**, 197 (2004).
4. B. Jaffe, W.R. Cook, H. Jaffe, *Piezoelectric Ceramics*, Academic Press, London (1971).
5. J.M. Xue, S. Ezhilvalavan, X.S. Gao, Strontium-titanate-doped lead metaniobate ferroelectric thin films, *Appl. Phys. Lett.* **81** (5), 887 (2002).
6. C.E. Li, J.M. Xue, J.G. Zhou, et al., Research on high temperature piezoelectric properties of modified $PbNb_2O_6$, *Inorg. Mater.* **10**(4), 452 (1995). (in Chinese)
7. C.V.R.K. Vasant, M. Sayer, R. Pascual, Ferro-electric lead niobate films by pulsed thermal processing, *Appl. Phys. Lett.* **60**(18), 2207 (1992).
8. D.R. Chen, G.R. Li, Q.R. Yi, The characterization of strain vs field and crystal structure for PBMN piezoelectric ceramic with tungsten bronze structure, *Jpn. J. Appl. Phys, Part* 1 **38**(3A),1503 (1999).
9. X. Xu, The affection of the technological conditions in the modified-$PbBaNb_2O_6$ ceramics, *China Ceram.* **36**(6), 14 (2000). (in Chinese)
10. Q.H. Xu, L.L. Chen, H.Y. Zhou, et al., Molecule design of tungsten bronze (TB) crystal materials and its new developments, *Mater. Rev.* **17**(1), 24 (2003). (in Chinese)
11. G.A. Smolensky, V.A. Isupov, Phase change of certain solid solutions having electrical properties of rachelle salt, *Dokl. Akad. Nank. USSR* **96**, 53 (1954).
12. H.R. Zhang, X.H. Wang, J.L. Yang, et al., Piezoelectricity ceramics for high frequency resonators of thickness shearing model, *Electron. Comp. Mater.* **18**(3), 9 (1999). (in Chinese)

THE BENDING SOLUTION OF PIEZOELECTRIC FUNCTIONALLY GRADIENT RECTANGULAR THIN PLATE

Wei LIU
Department of Mechanics and Engineering Science, College of Mathematics, Jilin University, Qianjin Street 2699, ChangChun, 130012, P. R. China
E-mail: liuw99@jlu.edu.cn

Li-Xia DING
Institute of Mathematics, Jilin University, Qianjin Street 2699, ChangChun, 130012, P. R. China
E-mail: lxding001@163.com

On the basis of the classical theory of Kirchhoff plate and assuming the physical properties obey a power law in the thickness of piezoelectric functionally graded materials, the modified classical laminate theory involving piezoelectric coupling terms is used. The governing equations of piezoelectric functionally gradient thin plate subjected to mechanical load and applied electric field are developed. Applying bi-triangle series expansion, the stress and displacement are obtained for piezoelectric functionally gradient rectangular thin plate with different boundary conditions subjected to the electric field. Then the influences of gradient parameter on its behaviors are discussed. These results obtained satisfy engineering requirement and the solving is straightforward.

Keywords: bending, piezoelectric materials, functionally graded materials, rectangular thin plate.

1. Introduction

In recent years, with the development of aeronautic and spaceflight engineering, the smart structural systems are becoming more prevalent. Piezoelectric materials, one type of the functionally materials, have been widely used as actuators and sensors in smart system due to their intrinsic coupling properties of mechanical and electric fields [1]. The traditional piezoelectric actuators have great drawbacks because they are often constructed as bimorph or stacked form by bonding together two piezoelectric ceramic sheets. In order to overcome these disadvantages people use piezoelectric functionally graded actuators instead of piezoelectric actuators [2]. The functionally grated materials (FGMs) are a relatively new class of composite materials. It is important to research its mechanical behavior subjected to mechanical loads and electric field applied. Substantial research work has been done on the FGMs [3-9]. Considering the piezoelectric materials usually are used as sensors and actuators in the engineering problem and their sections are often regular shape such as rectangular, circle etc. and the thin plates that their thickness are less small than their mid-plane scale are even familiar, therefore it is both significance of theory and the value of application in the engineering to discuss the bending of the piezoelectric functionally graded thin plate based on the classical theory of plate.

In this paper, the governing equations of piezoelectric functionally gradient thin plate subjected to mechanic load and applied electric field are developed. Applying bi-triangle series expansion, the stress and displacement are obtained for piezoelectric functionally gradient rectangular thin plate with different boundary conditions subjected to electric field. Then the influences of gradient parameter on its behaviors are discussed.

2. Statements and Basic Equation

2.1. *The mathematic model of parameter*

The piezoelectric functionally gradient materials may be composite by two or two kind's piezoelectric materials and the fraction of the volume is designed in order to carry out the property parameters including elastic coefficient, piezoelectric coefficient etc. change in the space. Supposing the property parameters of FGM have a power law dependence on the thickness and defining by

$$F(z) = A + B(z/h)^p \tag{1}$$

here F is some property parameter of piezoelectric functionally gradient materials; A, B is the constant determined by the corresponding pure piezoelectric material respectively; z, h is the position coordinate in the direction of thickness of the mid-layer and the total thickness of the gradient layers respectively; p is the distribution factor of the actual components, p = km; k is the design value of the distribution factor of the components according to requirement; m is correct factor of error obtained by the statistical average from the examination datum depending on the machining techniques; the equipment of machining and the errors of machining etc.

2.2. *The government equations*

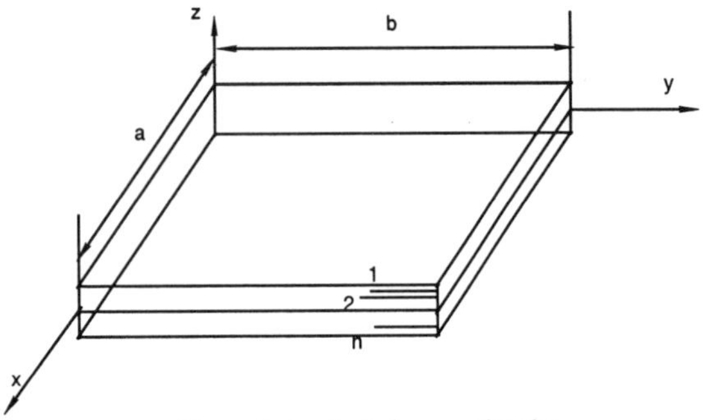

Figure 1. Laminated composite plate.

See Fig. 1, x-y plane is the homogeneous plane (superposition with the mid-plane of the plate), considering the inverse piezoelectric effect only, the constitutive equation of the piezoelectric materials are given by

$$\{\sigma\} = [C]\{\varepsilon\} - [e]\{E\} \tag{2}$$

where {σ}, {ε}are the stress and strain vector, respectively, {E} is the electric field vector, [C] is the elastic stiffness matrix, [e] is the piezoelectric coefficient matrix.

According to the modified laminate theory involving the piezoelectric coupled term, see Fig. 1, the FGM plate is divided by *n* layers, the every property of piezoelectric and elastic is assumed uniform when the layers are enough. Considering the plane stress state $\sigma_z=\sigma_{xz}=\sigma_{yz}=0$, and applying electric field in *z* direction, Eq. (2) is reduced to

$$\begin{Bmatrix}\sigma_x\\ \sigma_y\\ \sigma_z\end{Bmatrix} = \begin{bmatrix}\bar{Q}_{11} & \bar{Q}_{12} & 0\\ \bar{Q}_{21} & \bar{Q}_{22} & 0\\ 0 & 0 & \bar{Q}_{66}\end{bmatrix}_i \begin{Bmatrix}\varepsilon_x\\ \varepsilon_y\\ \gamma_z\end{Bmatrix} - \begin{bmatrix}0 & 0 & \bar{e}_{13}\\ 0 & 0 & \bar{e}_{23}\\ 0 & 0 & 0\end{bmatrix}_i \begin{Bmatrix}0\\ 0\\ E_z\end{Bmatrix} \tag{3}$$

where

$$\bar{Q}_{ij} = C_{ij} - \frac{C_{i3}}{C_{33}}C_{j3}, \bar{e}_{ij} = \frac{C_{i3}}{C_{33}}e_{33} - e_{ij} \tag{4}$$

Eq. (3) is rewritten simply

$$\{\sigma\} = [\bar{Q}]_i\{\varepsilon\} - [\bar{e}]_i\{E\} \tag{5}$$

here $[\bar{Q}]_i$, $[\bar{e}]_i$ is the reduced elastic coefficient matrix and piezoelectric coefficient matrix respectively.

Supposing the small deflection bending of thin plate, the geometric deflection comprised by the mid-plane membrane deflection and bending deflection, based on classical Kirchhoff theory of plate, the geometric deflection equation is

$$\varepsilon_x = \varepsilon_x^0 + z\kappa_x, \varepsilon_y = \varepsilon_y^0 + z\kappa_y, \gamma_{xy} = \gamma_{xy}^0 + z\kappa_{xy} \tag{6}$$

here $\varepsilon^0 = \left\{\varepsilon_x^0 \quad \varepsilon_y^0 \quad \gamma_{xy}^0\right\}^T$ are the in-plane strain components at the mid-plane, z=0 is shown as Fig. 1, $\kappa = \left\{\kappa_x \quad \kappa_y \quad \kappa_{xy}\right\}^T$ are the curvatures of the plate.

The resultant in-plane forces and the bending moments are defined by

$$N = \int_{-h/2}^{h/2}\{\sigma\}\,dz, \quad M = \int_{-h/2}^{h/2}\{\sigma\}\,zdz \tag{7}$$

where $N = \left\{N_x \quad N_y \quad N_{xy}\right\}^T$, $M = \left\{M_x \quad M_y \quad M_{xy}\right\}^T$. Substituting Eqs. (5) and (6) into (7), carrying out the integration through the plate thickness of h, Eq. (7) can then be written as

$$\begin{bmatrix}N\\ M\end{bmatrix} = \begin{bmatrix}A & B\\ B & D\end{bmatrix}\begin{Bmatrix}\varepsilon^0\\ \kappa\end{Bmatrix} - \begin{bmatrix}N^E\\ M^E\end{bmatrix} \tag{8}$$

where

$$\begin{bmatrix}A & B & D\end{bmatrix} = \sum_{i=1}^{n}\int_{h_{i-1}}^{h_i}\left[\bar{Q}\right]_i\left(dz, zdz, z^2dz\right) \tag{9a}$$

$$\begin{bmatrix}N & M\end{bmatrix}^E = \sum_{i=1}^{n}\int_{h_{i-1}}^{h_i}[\bar{e}]_i\{E\}_i\left(dz, zdz\right) \tag{9b}$$

N^E, M^E are called as the equivalent membrane force and bending moment, respectively, and it is easy to obtain

$$M_x^E = M_y^E = M^E, \ M_{xy}^E = 0.$$

Considering the small deflection bending of the thin plate, its equilibrium differential equation is given by [10],

$$\frac{\partial^2 M_x}{\partial x^2}+2\frac{\partial^2 M_{xy}}{\partial x\partial y}+\frac{\partial^2 M_y}{\partial y^2}=-q(x,y) \tag{10}$$

Substituting M_x, M_y, M_{xy} into Eq. (10), the governing equation for FGM thin plate bending are obtained

$$D_{11}\nabla^2\nabla^2 w=q(x,y)-\nabla^2 M^E \tag{11}$$

where D_{11} is a component of $\mathbf{D}$, w is the mid-plane deflection of plate, $q(x,y)$ is the transverse distributed loads.

3. Solution

Considering piezoelectric FGM thin plate under applied the electric field in the z-direction only (E_z), that is $q(x,y)=0$, then Eq. (11) can be simplified as

$$D_{11}\nabla^2\nabla^2 w=q^E \tag{12}$$

where $q^E=-\nabla^2 M^E$ is called as the equivalent transverse load introduced by the electric field.

3.1. *Case 1*

The boundary conditions for a fully simply supported (SSSS) rectangular piezoelectric FGM plate subjected to the applied electric field are given by

$$w=0,\quad \partial^2 w/\partial x^2=-M^E/D_{11}. \quad (x=0,a)$$
$$w=0,\quad \partial^2 w/\partial y^2=-M^E/D_{11}. \quad (y=0,b) \tag{13}$$

In order to solve the governing Eq. (12), it may be decomposed into

$$\begin{aligned} &D_{11}\nabla^2 w+M^E=f(x,y)\\ &\nabla^2 f(x,y)=0 \end{aligned} \tag{14}$$

Considering the boundary conditions (13) with the property of plane harmonious function, we know that f(x,y) is zero in domain and at the boundary. Then solving the Eq. (14) is transformed into solving the following Eq. (14a).

$$\begin{aligned} &D_{11}\nabla^2 w=-M^E \quad (\text{in domain})\\ &w=0 \quad (\text{at boundary}) \end{aligned} \tag{14a}$$

$w(x,y)$, $M_{xy}^E(x,y)$ are expanded as double-triangular series expressions, that are

$$w(x,y)=\sum_{m=1}^{\infty}\sum_{n=1}^{\infty}W_{mn}\sin\frac{m\pi x}{a}\sin\frac{n\pi y}{b} \tag{15}$$

$$M^E(x,y)=\sum_{m=1}^{\infty}\sum_{n=1}^{\infty}M_{mn}\sin\frac{m\pi x}{a}\sin\frac{n\pi y}{b} \tag{16}$$

where M_{mn} is the Fourier coefficient, and

$$M_{mn}=\frac{4}{ab}\int_0^a\int_0^b M^E(x,y)\sin\frac{m\pi x}{a}\sin\frac{n\pi y}{b}dxdy \tag{17}$$

Substituting Eqs. (15) and (16) into Eq. (14), yields

$$W_{mn}=M_{mn}/\left[D_{11}\pi^2\left(m^2/a^2+n^2/b^2\right)\right] \tag{18}$$

Then if the electric field is only the function depending on z, it is easy to see the equivalent bending moment induced by electric field is constant from Eq. (9b) and integrating Eq. (17) yields

$$M_{mn}=16M^E/mn\pi^2 \quad (m,n=1,3\cdots) \tag{19}$$

Substituting Eqs. (15) and (18) into Eq. (19), gives

$$w(x,y)=\frac{16M^E}{D_{11}\pi^4}\sum_{m=1,3\cdots}^{\infty}\sum_{n=1,3\cdots}^{\infty}\frac{\sin\frac{m\pi x}{a}\sin\frac{n\pi y}{b}}{\left[(m/a)^2+(n/b)^2\right]mn} \tag{20}$$

3.2. *Case 2*

The boundary conditions for a rectangular piezoelectric FGM plate that is simply supported at x=0, a and is clamped at y=0, b (CSCS) subjected to the applied electric field are given by

$$w=0, \partial^2 w/\partial x^2=-M^E/D_{11}. \ (x=0,a)$$
$$w=0, \partial w/\partial y=0. \ (y=0,b) \tag{21}$$

Let the distribution factor of the actual components p=1, for simplifying, parallel moving the coordinate origin to the left midpoint of plate (see Fig. 1), integrated Eq. (20) and used superposition theory [10] , then we have

$$w=\frac{16M^E}{D_{11}\pi^4}\sum\sum\frac{(-1)^{(m-1)/2}}{\left[(m/a)^2+(n/b)^2\right]mn}[\cos\frac{n\pi y}{b}$$
$$+\frac{(-1)^{\frac{n+1}{2}}(\frac{1}{2}th\alpha_m ch\frac{m\pi y}{a}-\frac{y}{b}sh\frac{m\pi y}{a})n\pi}{ch\alpha_m\left(\alpha_m-\alpha_m th^2\alpha_m+th\alpha_m\right)}]\sin\frac{m\pi x}{a}$$
$$(m,n=1,3\ldots) \tag{22}$$

3.3. *Case 3*

The boundary conditions for a fully clamped (CCCC) rectangular piezoelectric FGM plate subjected to the applied electric field are as follows

$$w=0, \partial w/\partial x=0. \ (x=0,a)$$

$$w=0, \partial w/\partial y=0. \ (y=0,b) \tag{23}$$

If the equivalent bending moment induced by electric field is only the function about z, the equivalent transverse load is zero, it is easy to see w is also zero from Eq. (12).

4. Numerical examples and discussions

In this section numerical study of piezoelectric FGM rectangular plate (a=50mm, b=20mm, h=0.67mm), which is simply supported constituted of the two layers equal thickness piezoelectric materials at the top and the bottom respectively and a metal film at the mid-plane of 0.01mm will be made based on the above method. The material chosen for the study is given in Table 1. We study three cases which are standard bimorph, FGM type A and FGM type B, respectively, as shown in Fig. 2.

Table 1. Mechanics and piezoelectric properties of piezoelectric materials (C_{ij}: GPa, e_{ij}: C/m^2)

	PZT-C91	PZT-C6	PZT-C3	Platinum
C_{11}	120	123	148.5	70
C_{12}	77	77	77.4	30
C_{13}	77	80	79.2	30
C_{33}	114	112	135.5	70
C_{44}	24	19	32.5	33
e_{31}	-17.3	-7.3	-1.21	0
e_{33}	21.2	17.2	11.03	0
e_{15}	20.2	14.5	9.48	0
$\in_{33}/\in_0$*	2664	749	338	-

*$\in_0$=8.85x10^{-12}(C^2/Nm^2)

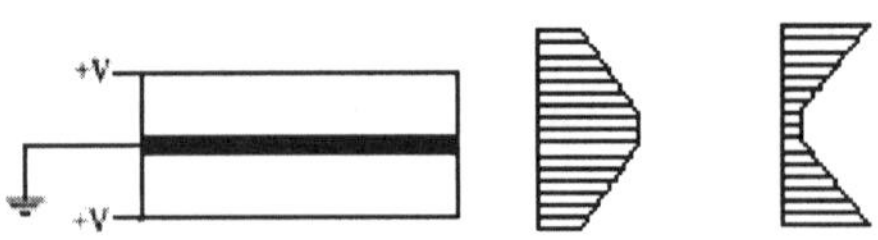

Figure 2. Standard bimorph, FGM A and B.

First, consider case 1 (SSSS), and let p=0. The piezoelectric FGM reduce to the pure piezoelectric materials without gradient property. The maximum stresses of standard bimorph by made from C91,C6,C3 are given by Table 2 when applied voltage is 33V and p=0, n=2. The present results are good agreement with the theory solution in literature [9] from the Table 2.

Table 2. The bending stresses of standard bimorph

Maximum stress (MPa)	Standard bimorph		
	C91	C6	C3
Ref. [9]	3.08	1.9	0.75
Present	3.0835	1.9233	0.7476

When p=1, n=6, the maximum deflections for piezoelectric FGM plates (type A and type B), which is made from PZT-C91 and PZT-C6, are computed respectively, under various applied electric field, as shown in Fig. 3. The present results are compared to those in Ref. [9] and a good agreement is obained. Furthermore, when the applied voltage is 33V, the maximum stress for piezoelectric FGM plate type A and type B are also given by Table 3.

Table 3. The displacement and stress of FGM type A and type B

		type A	type B
Max deflection (μm)	the results in [9]	44.8	29.4
	the present results	38.0459	26.0038
Max stress (MPa)	the results in [9]	1.65	3.75
	the present results	1.4807	3.3918

Table 4. The displacement and stress of FGM type A and B under different boundary conditions

	B. C.	Type A	Type B
Maximum deflection (μm)	SSSS	38.0459	26.0038
	CSCS	19.3251	13.2084
	CCCC	0	0
Maximum stress (MPa)	SSSS	1.4807	3.3918
	CSCS	9.0705	5.5582
	CCCC	3.4353	3.4353

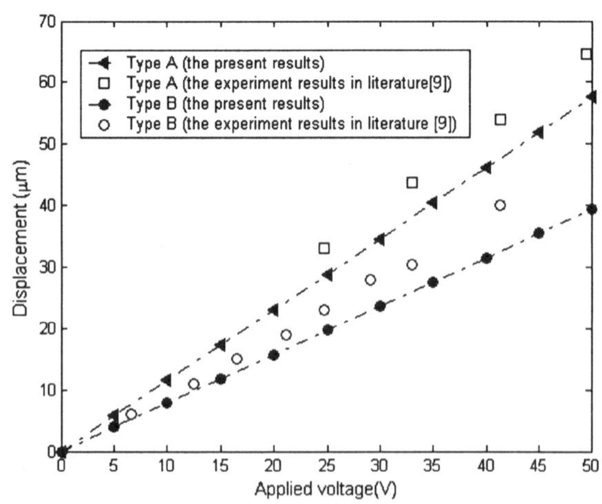

Figure 3. The relation of maximum displacement with applied voltage.

Meanwhile, when p=1, n=6 and the applied voltage is 33V, the maximum stresses for piezoelectric FGM plate type A and type B under different boundary conditions which are fully simply supported (SSSS), simply supported at two edges and clamped at the other two edges (CSCS) and fully clamped (CCCC) respectively are presented in Table 4.

Finally, the influence of gradient parameter on its property is discussed. The relation of maximum stress with distribution factor of FGM type A and B was given in Fig. 4. It can be seen that the distribution factor has a great effect on its stress.

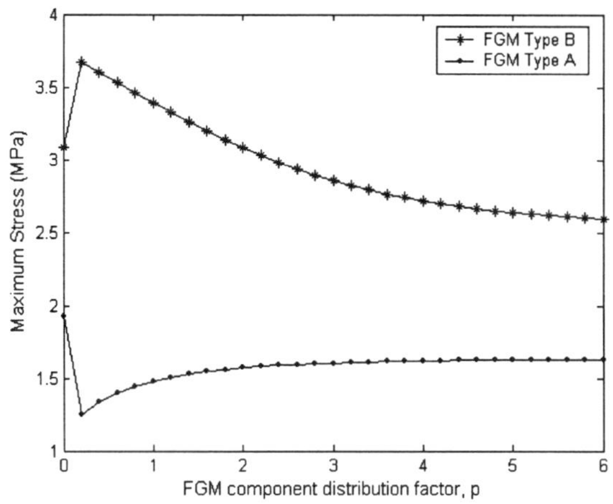

Figure 4. The relation of maximum stress with distribution factor of FGM type A and B.

5. Conclusions

Applying bi-triangle series expansion, the bending solution is obtained for piezoelectric functionally gradient rectangular thin plate subjected to different applied electric field under different boundary conditions. The results obtained for fully simply supported FGM plate have a good agreement with the experiment results and the finite element numerical results in the literatures. Especially, when the equation reduces to the non-graded piezoelectric material, the results of stress obtained have accord with corresponding theory results. This validated our method. Then the influences of gradient parameter on its behaviors are discussed.

Acknowledgments

This work was supported by the National Natural Science Foundation of China (No. 10472037).

References

1. S.S Rao, M. Sunar, Piezoelectricity and its use in disturbance sensing and control of flexible structures: A Survey, *Appl Mech Rev.* **47**, 113 (1994).
2. X.H. Zhu, Z.Y. Meng, Operational principle, fabrication and displacement characteristics of functionally gradient piezoelectric ceramic actuator, *Sensors and Actuators* **A48**, 169 (1995).
3. Z. Zhong, Three-dimensional exact analysis of a simply supported functionally gradient piezoelectric plate, *Int. J. Solids Struc.* **40**, 5335 (2003).
4. W.Q. Chen, H.J. Ding, On free vibration of a functionally graded piezoelectric rectangular plate, *Acta Mech.* **153**, 207 (2002).
5. X.H. Wu, Y.P. Shen, Three-dimensional solution for the free vibration of functionally gradient piezoelectric plates, *Acta Mech. Solida Sinica* **24**, 75 (2003). (in Chinese)
6. Z.G. Yang, Z. Zhong, Y. Dai, Exact solution for axisymmetric free vibration of a functionally graded piezoelectric circular plate, *Chinese Quart. Mech.* **24**, 506 (2003). (in Chinese)
7. Y. Ootao, Y. Tanigawa, Three-dimensional transient piezothermo-elasticity in functionally graded rectangular plate bonded to a piezoelectric plate, *Int. J. Solids Struc.* **37**, 4377 (2000).
8. W. Liu, L.X. Ding, II.W. Luo, Analysis in-planc stresses and out-of-plane displacements of piezoelectric functionally graded plates base on different gradient models, *J. Jilin University (Science Ed.)* **43**, 589 (2005). (in Chinese)
9. M. Taya, A.A. Almajid, M. Dunn, H. Takahashi, Design of bimorph piezo-composite actuators with functionally graded microstructure, *Sensors and Actuators* **A107**, 248 (2003).
10. L.Y. Wu, *The theory of plate and shell*, Shanghai Jiaotong University Press, Shanghai (1989). (in Chinese)

PZT/EPOXY 压电复合材料的压力和温度稳定性研究

万媛媛 王丽坤 秦雷 杜宏亮 魏兵
100101 北四环中路 35 号北京信息工程学院传感器技术研究中心
电子邮件：maggie_w1605@sina.com

李莉
100876 北京市海淀区西土城路 10 号 北京邮电大学自动化学院
电子邮件： lily_1978@tom.com

采用微机控制电子万能试验机，对自行研制的 PZT/EPOXY1-3 和 1-3-2 型压电复合材料进行了定向加载实验，在垂向力作用下测量了复合材料的介电常数，谐振频率和损耗。同时采用温度实验箱测量了样品的上述参数，通过改变压力和温度获得材料性能参数的变化情况。测量结果显示 1-3 和 1-3-2 型压电复合材料的介电常数和谐振频率均随压力的增加而增加，但 1-3-2 型样品的增幅较小，而 1-3 型样品的增幅较大；当温度增加，复合材料的介电常数减小，而谐振频率增大；介质损耗随压力和温度变化略有波动，波动范围不大，在 0～6MPa 和-50～100°C 范围内，复合材料的介质损耗均小于 0.04。两种材料的实验数据说明，1-3-2 型压电复合材料压力稳定性较 1-3 型好，二者的温度稳定性能基本相同。

关键词：压电复合材料，定向压力，温度，稳定性

INVESTIGATION ON THE STABILITY OF PZT/EPOXY PIEZOELECTRIC COMPOSITE WITH DIRECTIONAL PRESSURE AND TEMPERATURE

Yuan-Yuan WAN, Li-Kun WANG, Lei QIN, Hong-Liang DU, Bing WEI
Sensor Technology Research Center, Beijing Information technology Institute,
35 Middle North 4th Ring Road, Beijing, 100101, China
E-mail: Maggie_w1605@sina.com

Li LI
Automatization School, Beijing University of Posts and Telecommunications,
10 XiTuCheng Road, HaiDian District, Beijing, 100876, P. R. China
E-mail: lily_1978@tom.com

Using the microcomputer control electron universal testing machine, both 1-3 and 1-3-2 PZT/epoxy piezoelectric composites prepared in our lab have been test with directional pressure. The permittivity, resonant frequency and dielectric loss of the composites have been measured under vertical force. Simultaneously, the parameters can be measured with a temperature test box, and the variety of the material properties can be obtained with pressure and temperature. The result showed that both the permittivity and the resonant frequency of 1-3 and 1-3-2 PZT/epoxy piezoelectric composites increased with pressure enhancing, 1-3-2 composites increase less than 1-3 composites. With the increase of temperature, the permittivity of two type composites decrease, the resonant frequency increase. The fluctuation range of dielectric loss of all these samples is very small while the pressure varied from 0 to 6 MPa. It is no more than 0.04. While or the temperature changed from -50 to 100 °C, the state is the same. The experimental data of these two type composites indicated that the stability of 1-3-2 composite with pressure is better than that of 1-3 composite, and the stability of these two types are almost the same with temperature.

Keywords: piezoelectric composite, directional pressure, temperature, stability

1. 引言

由于具有高的机电耦合系数、低声阻抗、低密度以及可以制备成不同曲面的特点，1-3 型压电复合材料被广泛的研究并应用于医疗超声成像、无损检测技术、水声换能器中[1]。因为复合材料中含有 PZT 和 EPOXY,由于热胀冷缩效应，两相材料随着温度的增加会产生膨胀，又由于两相材料的热胀冷缩程度并不相同，所以温度的改变直接影响了样品的周期性，使复合材料的性能随温度变化产生飘移。

另外，由于 1-3 型压电复合材料内部陶瓷与环氧树脂纵向并联，横向无硬质材料拉撑，使其机械稳定性受到影响。Haun 等人设计了一种方法，他们通过引入横向加固的方法来增强 1-3 压电复合材料的机械稳定性[2]。在这个设计中，硬质的玻璃纤维被横向放置在 PZT 柱之间，以此加固整体的结构。相似地，1-3-2 型压电复合材料，它通过在 1-3 型复合材料底端串联陶瓷基底来增强复合材料的机械稳定性[3]。

由于复合材料的温度和压力稳定性是设计换能器的重要参数，本文通过实验研究了 1-3 和 1-3-2 型压电复合材料的压力和温度稳定性，采用垂向加压和改变环境温度对材料样品的相对介电常数，谐振频率和损耗的变化进行了分析。

2. PZT/EPOXY 压电复合材料结构

2.1. 1-3 型压电复合材料结构

1-3 型压电复合材料的结构如图 1 所示[4]，它由均匀排列的陶瓷柱和聚合物复合而成。制备成型后，需要打磨去掉制备过程中用于支撑陶瓷柱的基底，并在复合材料两端镀上电极.这种材料具有低密度、较高的等静压压电性能、声阻抗易于与水和生物组织匹配，以及材料参数在一定范围内可定制等特点，是目前研究和应用较为广泛的一种压电材料[5]。但是这类材料陶瓷与聚合物复合成型后上下表面需要打磨和制备电极，特别是在受热和力学冲击下容易变形，难以满足高稳定性的要求[6]。

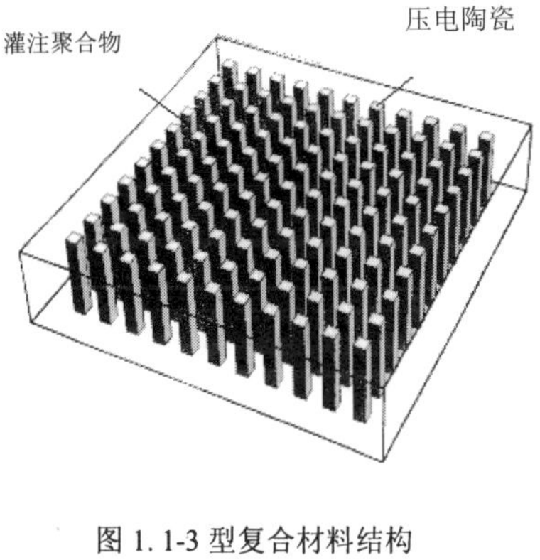

图 1. 1-3 型复合材料结构

2.2. 1-3-2 型压电复合材料结构

1-3-2 型复合材料的结构如图 2 所示[6]，是一种改进的 1-3 型压电复合材料。这种结构的复合材料纵向和横向均有硬质压电陶瓷支撑，结构较 1-3 型材料稳定；瓷柱的排列由切割设备精确控制，可保证其均匀分布；材料基板的表面沿用压电体的表面，不需打磨和被敷电极，简化了制作工艺，而且保留了 1-3 型压电复合材料的优越性能[3]。

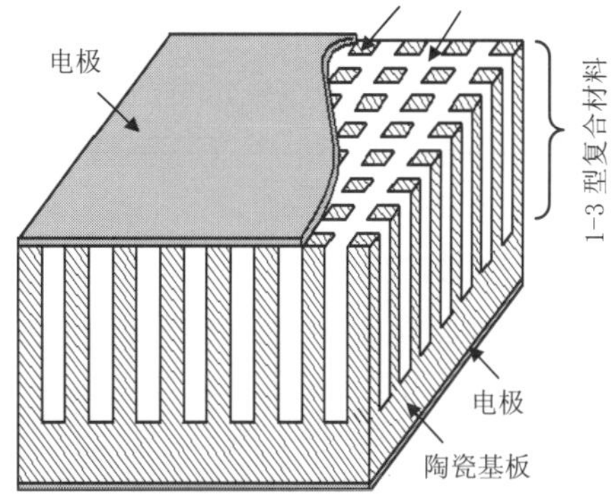

图 2. 1-3-2 型复合材料结构

3. PZT/EPOXY 压电复合材料的制备

1-3-2 型压电复合材料采用切割－浇注工艺制备。利用自动砂轮划片机（DAD321,Disco 公司，日本），在垂直于压电陶瓷极化轴表面相互垂直的两个方向上按着先前设计好的切割参数切割陶瓷，制成图 2 所示的压电陶瓷骨架，用超声波震荡仪清洗陶瓷骨架，再在骨架中浇注一定配比的聚合物，聚合物采用江苏无锡树脂厂生产的环氧树脂 WRS618，添加适量固化剂。然后，抽真空排出气泡，室温固化，制成复合材料毛坯，打磨或切割进行毛坯整形，制成 1-3-2 型压电复合材料样品。再用高真空磁控溅射仪为样品的上表面溅射电极，下电极沿用压电陶瓷的表面电极。由于采用极化过的压电陶瓷，且整个制备工艺在常温和常压下进行，对压电陶瓷的电极化影响很小，不需再次极化复合材料，省去了极化和制备下电极的工序。

1-3 型压电复合材料的制备工艺与 1-3-2 型大体相同，不同的是在样品室温固化后需去掉基底，磨去未切割的部分，并在复合材料上下两端镀上电极，即制备出 1-3 型压电复合材料。

本实验中所使用的压电陶瓷选用 PZT-5A（中国科学院声学研究所生产），聚合物选用市售环氧树脂 618。实验制备了 4 片 1-3-2 型复合材料样品，样品编号：3#、4#、7#、8#，原始尺寸均为 20mm×20mm ×10mm。为便于比较，实验同时制备了 4 片相同组份及厚度的 1-3 型复合材料样品，样品编号：1#、2#、5#、6#，原始尺寸均为 20mm×20mm×9mm，样品结构参数列于表 1 中。之后，并对两类实验制备样品进行了相关性能测试。

表 1. 样品结构参数

样品编号	瓷柱间隔 /mm	瓷柱宽度 /mm	基底厚度 /mm	体积百分比v%
1-3-2型(3#, 4#, 7#, 8#)	0.46	0.9	0.5	45.56%
1-3型(1#, 2#, 5#, 6#)	0.46	0.9	0	45.56%

4. 压力稳定性测试方法

复合材料的介电常数、损耗及频率特性随压力的变化采用微机控制电子万能试验机（RGT—20A）和精密阻抗分析仪（Agilent 4294A）测出。电子万能试验机结构如图 3 所示，实验方法为将待测样品置于试验机的夹具内，样品两侧用导线引出接至精密阻抗分析仪。然后利用计算机设定试验参数驱动电机工作，电机通过减速系统和安装在滑道上的滑动架，再通过安装在滑动架上的施压头对样品施加 0-6MPa 的静压力。施压头通过传感器把施加在样品上的压力值反馈给计算机，当压力每增加 1MPa 时，保持静压力稳定，利用阻抗分析仪测量样品的介电常数、介质损耗及谐振频率。

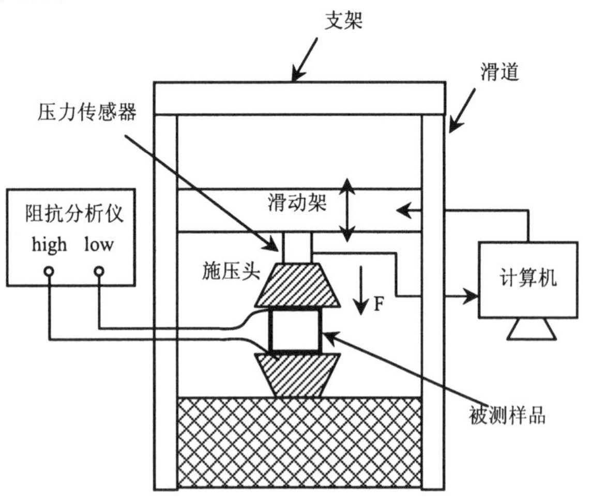

图 3. 电子万能试验机示意图

复合材料的介电损耗 tanδ 和谐振频率 f_r 可由阻抗分析仪直接测量得到，而相对介电常数 ε_r 则通过低频电容计算得到，计算公式如下：

$$\varepsilon_r = \frac{Cd}{\varepsilon_0 A} \tag{1}$$

式中：$\varepsilon_0=8.85\times10^{-12}$（F/m），为真空介电系数；A 为样品电极面积（$m^2$）；d 为电极间距离；C 为电容。

5. 温度稳定性测试方法

复合材料的介电常数、损耗及频率特性随温度的变化采用高低温实验箱及精密阻抗分析仪测试。材料样品置于测试盒（金属屏蔽盒）的夹具上，夹具两端的引线从温度实验箱的出线孔穿出，接至精密阻抗分析仪。温度的测量范围为-50℃～+100℃，从负温逐渐升高温度，每 10℃为一个测温点，温度升至测温点时保持 30min，然后用阻抗分析仪测量样品的相对介电常数、损耗及谐振频率。

6. 试验结果与分析

6.1. 压力稳定性结果

实验测量了 1-3-2 型样品（3#, 4#）和 1-3 型样品（1#, 2#）在 0～6 MPa 垂向压力作用下,压力每增加 1MPa 样品的谐振频率、相对介电常数和介质损耗,从而研究其随压力变化的关系。

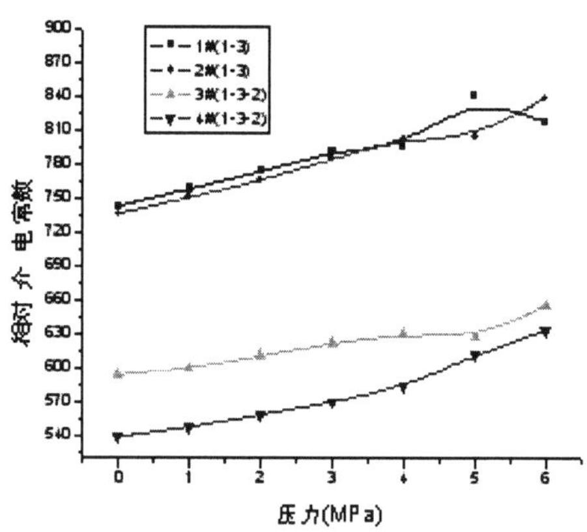

(a) 相对介电常数压力谱

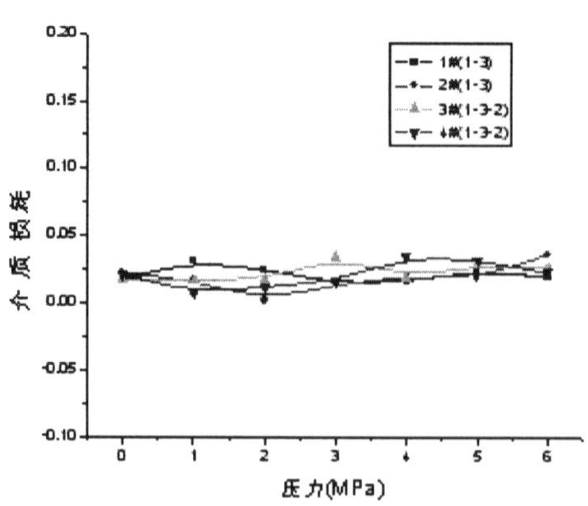

(b) 介质损耗压力谱

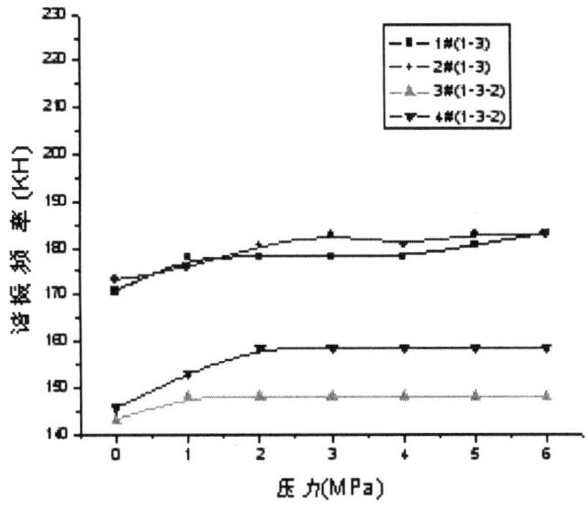

(c) 谐振频率随压力变化的曲线

图3. 样品性能参数随压力变化曲线

图3(a)-(c)分别是样品的相对介电常数，介质损耗和谐振频率随压力变化的特性曲线。从中可看出1-3和1-3-2型压电复合材料的谐振频率和相对介电常数随压力的增加而增加，在压力增加至2MPa以后,1-3-2型样品的谐振频率趋于一个稳定值，而1-3型样品的谐振频率还有增幅；两种材料的介质损耗随压力的增大均保持稳定，波动最大不超过0.04.

6.2. 压力稳定性结果

实验测量了1-3-2型样品(7#, 8#)和1-3型样品(5#, 6#)在-50～+100℃温度范围内每10℃的谐振频率、相对介电常数和介质损耗，研究其随温度变化的关系。

图 4(a)-(c)分别是样品的相对介电常数，介质损耗和谐振频率随温度变化的特性曲线。可看出两种压电复合材料的介电常数均随温度的增加而增加,1-3型样品的变化速率约为 2.958/℃，1-3-2 型样品的变化速率约为 3.735/℃；两种材料的介质损耗随温度的升高均保持稳定，波动最大不超过 0.05；谐振频率随温度的增加而减小，温度每增加 1℃，1-3 型样品谐振频率下降约为 143Hz，而 1-3-2 型样品约为 98Hz.

7. 结论

本文通过分析对比 1-3 和 1-3-2 型压电复合材料的谐振频率、介质损耗和介电常数在随压力和温度的变化情况。两种材料的实验数据说明，1-3-2 型压电复合材料的谐振频率在随压力变化时稳定性较 1-3 型好，具有良好的压力稳定性;二者的温度稳定性能基本相同。

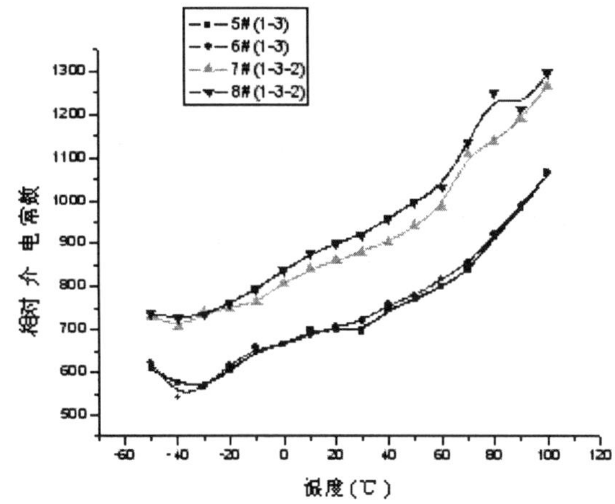

(a)相对介电常数温

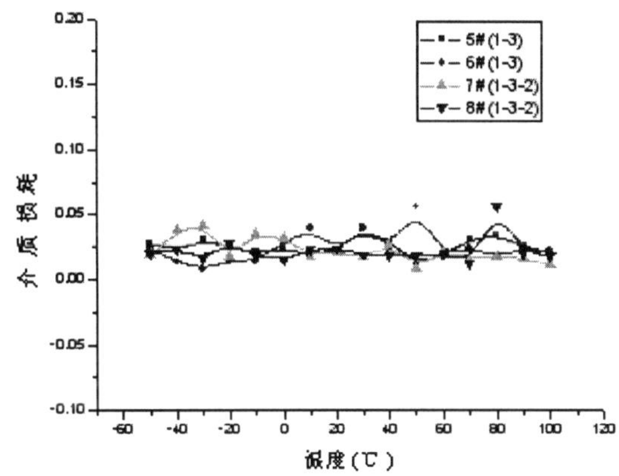

(b)介质损耗温谱

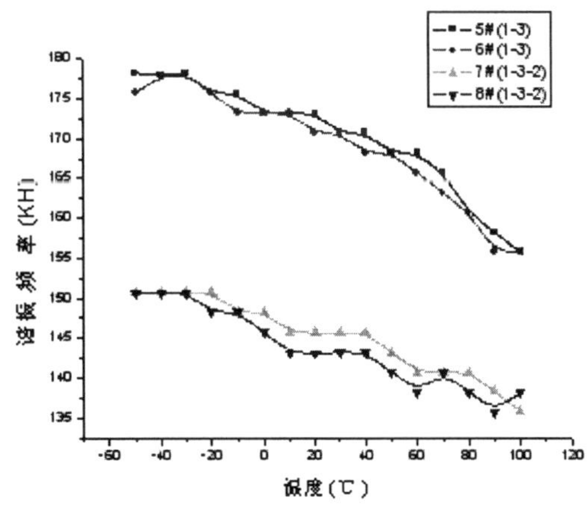

(c) 谐振频率随温度变化的曲线

图4. 样品性能参数随温度变化曲线

致谢

感谢北京市自然科学基金重点项目（KI200410772016）,北京市传感器重点实验室开放课题（66062025）提供资助。

References

1. 张福学, 王丽坤 编, 现代压电学(中册), 科学出版社, 北京 (2000).
2. M.J. Haun, R.E. Newnham, 1-2-3 and 1-2-3-0 piezoelectric composites for hydrophone applications, *Adv. Ceram. Mater.* **1**, 361 (1986).
3. 王丽坤, 秦雷, 段成丽, PZT/环氧树脂1-3-2型压电复合材料的制备及性能, 功能材料与器件报, **12**(5), 418 (2006).
4. 王丽坤, 李书相, 李光, 压电复合材料, 宁波大学学报(理工版) **17**, (2006).
5. T. Sashida, T. Kenjo, *An Introduction to Ultrasonic Motors*, Clarendon Press, Oxford (1993)
6. 李光, 王丽坤, 栾桂冬等, 1-3-2 型压电复合材料的研制, 压电与声光 **27**(1), 71 (2005).

ANALYTICAL SOLUTION FOR FUNCTIONALLY GRADED ANISOTROPIC PIEZOELECTRIC CANTILEVER BEAM SUBJECTED TO LINEARLY DISTRIBUTED LOAD

D. J. HUANG

Department of Civil Engineering, Zhejiang University, Hangzhou, Zhejiang Province 310027, P.R.China
Faculty of Engineering, Ningbo University, Ningbo, Zhejiang Province 315211, P.R.China

H. J. DING, W. Q. CHEN

Department of Civil Engineering, Zhejiang University, Hangzhou, Zhejiang Province 310027, P.R.China

This paper considers the plane stress problem of anisotropic piezoelectric beam subjected to linearly distributed load, with the coefficients of elastic compliance, piezoelectric and dielectric impermeability being arbitrary functions of the thickness coordinate. Based on the basic equations of the plane stress problem, the stress function and electric displacement function are assumed in forms of polynomials of the longitudinal coordinate, and can be determined absolutely by the compatibility equations and boundary conditions.

Keywords: functionally graded material, piezoelectric cantilever beam, plane stress problem, linearly distributed load

1. Introduction

The problems of Functionally Graded Piezoelectric (FGP) material and structure have been hot topics in recent years. Great deals of works have been carried out on problems of Functionally Graded Piezoelectric beams and plates by virtue of laminated plate theories. Saravanos and Heyliger [1] and Tauchert et al. [2] presented excellent reviews on the related topics. With regard to the FGP beams, Kruusing [3] reviewed the design and modeling of cantilever beam microactuators loaded normally at the tip, and presented a new simple and straightforward analytical model of the mechanical response. Hauke et al. [4] presented a new kind of multi-morph piezoelectric cantilever actuator, which was assumed to consist of N-layers with stepwise linear piezoelectric coefficient in different layers, while other material parameters were assumed constant for all layers. Shi [5] investigated orthotropic density FGP cantilever by the stress function approach. He assumed the body force function is a cubic polynomial, and presented several analytical solutions under different loading conditions. Shi and Chen [6] presented solutions for an orthotropic FGP beam subjected to different loads, in which the material parameter s_{33} was assumed to be a quadratic polynomial and the body force function to be a cubic polynomial along the height of the beam. Liu and Shi [7] investigated the problem of an orthotropic FGP beam whose piezoelectric parameter changes linearly along the beam height.

This paper considers the bending problem of anisotropic FGP cantilever subjected to linearly distributed load by stress function approach, whose coefficients of elastic compliance, piezoelectric and dielectric impermeability can be arbitrary functions of the thickness coordinate z.

2. Basic Formulations

The basic formulations of the generalized plane stress problem for piezoelectric materials include the equilibrium equations, the geometric equations and the constitutive equations as follows.

The equilibrium equations are

$$\frac{\partial \sigma_x}{\partial x}+\frac{\partial \tau_{xz}}{\partial z}=0,\quad \frac{\partial \sigma_z}{\partial x}+\frac{\partial \tau_{xz}}{\partial x}=0. \tag{1}$$

$$\frac{\partial D_x}{\partial x}+\frac{\partial D_z}{\partial z}=0. \tag{2}$$

where σ_x, σ_z and τ_{xz} are stress components, D_x and D_z electric displacement components.

The geometric equations are

$$\varepsilon_x=\frac{\partial u}{\partial x},\quad \varepsilon_z=\frac{\partial w}{\partial z},\quad \gamma_{xz}=\frac{\partial u}{\partial z}+\frac{\partial w}{\partial x}. \tag{3}$$

$$E_x=-\frac{\partial \phi}{\partial x},\quad E_z=-\frac{\partial \phi}{\partial z}. \tag{4}$$

where ε_x, ε_z and γ_{xz} are strain components, E_x and E_z electric field components, u and w displacement components, ϕ electric potential.

The constitutive equations are

$$\varepsilon_x = s_{11}\sigma_x + s_{13}\sigma_z + s_{15}\tau_{xz} + g_{11}D_x + g_{31}D_z,$$
$$\varepsilon_z = s_{13}\sigma_x + s_{33}\sigma_z + s_{35}\tau_{xz} + g_{13}D_x + g_{33}D_z,$$
$$\gamma_{xz} = s_{15}\sigma_x + s_{35}\sigma_z + s_{55}\tau_{xz} + g_{15}D_x + g_{35}D_z. \quad (5)$$
$$E_x = -g_{11}\sigma_x - g_{13}\sigma_z - g_{15}\tau_{xz} + \beta_{11}D_x + \beta_{13}D_z,$$
$$E_z = -g_{31}\sigma_x - g_{33}\sigma_z - g_{35}\tau_{xz} + \beta_{13}D_x + \beta_{33}D_z, \quad (6)$$

where s_{ij}, g_{ij} and β_{ij} are coefficients of elastic compliance, piezoelectric, and dielectric impermeability, respectively. For the functionally graded material considered in this paper, we have

$$s_{ij} = s_{ij}(z),\ g_{ij} = g_{ij}(z),\ \beta_{ij} = \beta_{ij}(z),\ (i,j = 1,3,5). \quad (7)$$

From Eqs. (3) and (4), we obtain the following two compatibility equations, respectively

$$\frac{\partial^2 \varepsilon_x}{\partial z^2} + \frac{\partial^2 \varepsilon_z}{\partial x^2} - \frac{\partial^2 \gamma_{xz}}{\partial x \partial z} = 0. \quad (8)$$

$$\frac{\partial E_x}{\partial z} - \frac{\partial E_z}{\partial x} = 0. \quad (9)$$

3. Stress Function and Electric Displacement Function

Introducing a stress function φ and an electric displacement function ψ, we obtain the general solutions of Eqs. (1) and (2)

$$\sigma_x = \frac{\partial^2 \varphi}{\partial z^2},\quad \sigma_z = \frac{\partial^2 \varphi}{\partial x^2},\quad \tau_{xz} = -\frac{\partial^2 \varphi}{\partial x \partial z}. \quad (10)$$

$$D_x = \frac{\partial \psi}{\partial z},\quad D_z = -\frac{\partial \psi}{\partial x}. \quad (11)$$

Further, we assume that φ and ψ take the following forms

$$\varphi = \varphi_0(z) + x\varphi_1(z) + x^2\varphi_2(z) + x^3\varphi_3(z),$$
$$\psi = \psi_0(z) + x\psi_1(z) + x^2\psi_2(z) + x^3\psi_3(z). \quad (12)$$

where $\varphi_0, \varphi_1, \varphi_2$ and φ_3 are unknown functions of z. Substitutions of Eq. (12) into Eqs. (10) and (11) yields

$$\sigma_x = \varphi_0'' + x\varphi_1'' + x^2\varphi_2'' + x^3\varphi_3'',$$
$$\sigma_z = 2\varphi_2 + 6x\varphi_3,$$
$$\tau_{xz} = -\varphi_1' - 2x\varphi_2' - 3x^2\varphi_3'. \quad (13)$$
$$D_x = \psi_0' + x\psi_1' + x^2\psi_2' + x^3\psi_3',$$
$$D_z = -\psi_1 - 2x\psi_2 - 3x^2\psi_3. \quad (14)$$

where a prime denotes the derivative with respect to z.

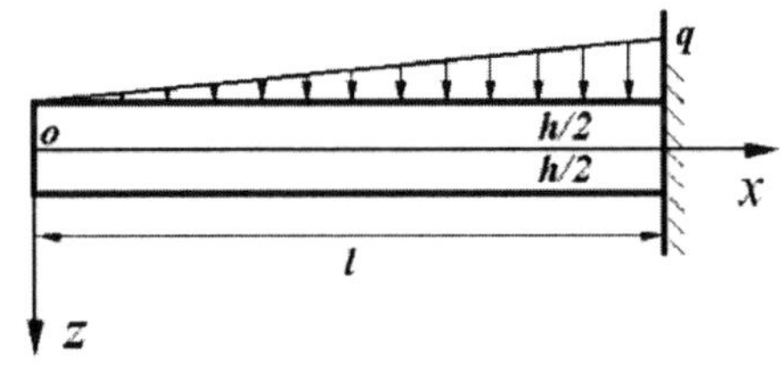

Figure 1. A cantilever beam, coordinate and loading.

Consider an FGP cantilever beam of unit width, with span l and height h, subjected to a linearly distributed load q as shown in Fig. 1. The boundary conditions are

$$\sigma_z = -q_0 x/l,\quad \tau_{xz} = 0,\quad D_z = 0,\quad at\ z = -h/2. \quad (15)$$
$$\sigma_z = 0,\quad \tau_{xz} = 0,\quad D_z = 0,\quad at\ z = h/2. \quad (16)$$
$$N_0 = 0,\quad M_0 = 0,\quad Q_0 = 0,\quad D^* = 0,\quad at\ x = 0. \quad (17)$$
$$u = w = 0,\quad \partial w/\partial x = 0\ or\ \partial u/\partial z = 0,\quad \phi = 0,\quad at\ point\ (x,z) = (l,0). \quad (18)$$

where N_0, M_0, Q_0 and D^* denote the axial force, bending moment, shear force and average electric displacement at $x = 0$,

$$N_0 = \int_{-h/2}^{h/2} \sigma_x(0,z)\,dz = \varphi_0'(h/2) - \varphi_0'(-h/2). \quad (19a)$$

$$M_0 = \int_{-h/2}^{h/2} \sigma_x(0,z)\,z\,dz = \frac{h}{2}\left[\varphi_0'(h/2) + \varphi_0'(-h/2)\right] - \varphi_0(h/2) + \varphi_0(-h/2). \quad (19b)$$

$$Q_0 = \int_{-h/2}^{h/2} \tau_{xz}(0,z)\,dz = \varphi_1(-h/2) - \varphi_1(h/2). \quad (19c)$$

$$D^* = \int_{-h/2}^{h/2} D_x(0,z)\,dz = \psi_0(h/2) - \psi_0(-h/2). \quad (19d)$$

Substitutions of Eqs. (13) and (14) into Eqs. (15) and (16) give

$$\varphi_1'(-h/2) = 0,\quad \varphi_1'(h/2) = 0. \quad (20a)$$
$$\varphi_2(-h/2) = 0,\quad \varphi_2(h/2) = 0. \quad (20b)$$
$$\varphi_2'(-h/2) = 0,\quad \varphi_2'(h/2) = 0. \quad (20c)$$

$$\varphi_3'(-h/2)=0, \quad \varphi_3'(h/2)=0. \tag{20d}$$

$$\varphi_3(-h/2)=-q/(6l), \quad \varphi_3(h/2)=0. \tag{20e}$$

$$\psi_1(-h/2)=0, \quad \psi_1(h/2)=0. \tag{20f}$$

$$\psi_2(-h/2)=0, \quad \psi_2(h/2)=0. \tag{20g}$$

$$\psi_3(-h/2)=0, \quad \psi_3(h/2)=0. \tag{20h}$$

Substituting Eqs. (13) and (14) into Eqs. (5) and (6), and then into Eqs. (8) and (9), we obtain the following equations

$$\left(s_{11}\varphi_3''+g_{11}\psi_3'\right)''=0. \tag{21}$$

$$\left(\beta_{11}\psi_3'-g_{11}\varphi_3''\right)'=0. \tag{22}$$

$$\begin{aligned}&\left(s_{11}\varphi_2''-3s_{15}\varphi_3'+g_{11}\psi_2'-3g_{31}\psi_3\right)''\\&-\left(3s_{15}\varphi_3''+3g_{15}\psi_3'\right)'=0.\end{aligned} \tag{23}$$

$$\begin{aligned}&\left(g_{11}\varphi_2''-3g_{15}\varphi_3'-\beta_{11}\psi_2'+3\beta_{13}\psi_3\right)'\\&-3g_{31}\varphi_3''+3\beta_{13}\psi_3'=0.\end{aligned} \tag{24}$$

$$\begin{aligned}&\left(s_{11}\varphi_1''+6s_{13}\varphi_3-2s_{15}\varphi_2'+g_{11}\psi_1'-2g_{31}\psi_2\right)''\\&+\left(6s_{55}\varphi_3'-2s_{15}\varphi_2''-2g_{15}\psi_2'+6g_{35}\psi_3\right)'\\&+6s_{13}\varphi_3''+6g_{13}\psi_3'=0.\end{aligned} \tag{25}$$

$$\begin{aligned}&\left(g_{11}\varphi_1''+6g_{13}\varphi_3-2g_{15}\varphi_2'-\beta_{11}\psi_1'+2\beta_{13}\psi_2\right)'\\&-2g_{31}\varphi_2''+6g_{35}\varphi_3'+2\beta_{13}\psi_2'-6\beta_{33}\psi_3=0.\end{aligned} \tag{26}$$

$$\begin{aligned}&\left(s_{11}\varphi_0''+2s_{13}\varphi_2-s_{15}\varphi_1'+g_{11}\psi_0'-g_{31}\psi_1\right)''\\&+\left(2s_{55}\varphi_2'-s_{15}\varphi_1''-6s_{35}\varphi_3-g_{15}\psi_1'+2g_{35}\psi_2\right)'\\&+2s_{13}\varphi_2''-6s_{35}\varphi_3'+2g_{13}\psi_2'-6g_{33}\psi_3=0.\end{aligned} \tag{27}$$

$$\begin{aligned}&\left(g_{11}\varphi_0''+2g_{13}\varphi_2-g_{15}\varphi_1'-\beta_{11}\psi_0'+\beta_{13}\psi_1\right)'\\&-g_{31}\varphi_1''-6g_{33}\varphi_3+2g_{35}\varphi_2'+\beta_{13}\psi_1'-2\beta_{33}\psi_2=0.\end{aligned} \tag{28}$$

Integrating Eq. (21) twice and Eq. (22) once, respectively, and introducing 3 integral constants, φ_3'' and ψ_3' can be obtained by solving the simultaneous equations of Eqs. (21) and (22). Integrating φ_2'' twice and ψ_2' once, we obtain φ_2 and ψ_2 with 3 integral constants. Thus we have 6 undetermined integral constants, which can be determined with 6 boundary conditions of Eqs. (20d), (20e) and (20h).

Substituting φ_3 and ψ_3 into Eqs. (23) and (24), and then integrating them twice and once, respectively, we will introduce 3 integral constants. φ_2'' and ψ_2' can be obtained by solving the simultaneous equations of Eqs. (23) and (24). Integrating φ_2'' twice and ψ_2' once give φ_2 and ψ_2 with 3 integral constants. Thus we have 6 undetermined integral constants, which can be obtained with 6 boundary conditions of Eqs. (20b), (20c) and (20g).

Substituting φ_2, φ_3, ψ_2 and ψ_2 into Eqs. (25) and (26), and then integrating them twice and once, respectively, we will introduce 3 integral constants. φ_1'' and ψ_1' can be obtained by solving the simultaneous equations of Eqs. (25) and (26). Integrating φ_1'' twice and ψ_1' once give φ_1 and ψ_1 with 3 integral constants. Because the constant term in φ_1 makes no contribution to stress field, one of the integral constants in φ_1 can be omitted,. Thus we have 5 integral constants to be determined, which can be obtained with 5 boundary conditions of Eqs. (20a), (20f) and substitution of (19c) into $(17)_3$.

Substituting φ_1, φ_2, φ_3, ψ_1, ψ_2 and ψ_2 into Eqs. (27) and (28), and then integrating them twice and once, we will introduce 3 integral constants. φ_0'' and ψ_0' can be obtained by solving the simultaneous equations of Eqs. (27) and (28). Integrating φ_0'' twice and ψ_0' once give φ_0 and ψ_0 with 3 integral constants. Because the linear term and constant term in φ_0 make no contribution to stress field, and the constant term in ψ_0 makes no contribution to electric displacement field, the 3 integral constants can be omitted. Thus, there are 3 integral constants to be determined in φ_0 and ψ_0, which can be obtained with 3 boundary conditions of substitutions of Eqs. (19a), (19b) and (19d) into Eqs. $(17)_1$, $(17)_2$ and $(17)_4$, respectively.

Thus, all the unknown integral constants have been determined, then the stress function and electric displacement function are determined absolutely. Substitutions of Eqs. (3) and (4) into Eqs. (5) and (6) and then integrating them give the displacement and electric potential expressions. There are 3 integral constants in the displacement expressions, and 1 integral constant in electric potential expression, thus there are totally 4 unknown constants, which can be determined with boundary condition Eq. (18) at the fixed end.

3. A numerical example

Consider an FGP cantilever beam with span $l=1\,m$, height $l=1\,m$, subjected to a linearly distributed load $q=-q_0 x/l$, $q_0=1\times10^7\,\mathrm{N/m^2}$. The boundary conditions at the fixed end are taken as $u=w=0$, $\partial w/\partial x=0$ and $\phi=0$ at the point $(x,z)=(0,l)$. We assume that s_{11} and β_{11} are exponential functions of z, namely $s_{11}(z)=s_{11}^0 e^{\lambda(z/h+1/2)}$ and $\beta_{11}(z)=\beta_{11}^0 e^{\lambda(z/h+1/2)}$, where s_{11}^0 and β_{11}^0 are the values at $z=-h/2$, while all other material parameters are constant, i.e. $s_{ij}=s_{ij}^0$, $g_{ij}=g_{ij}^0$, $\beta_{ij}=\beta_{ij}^0$. All the material parameters are listed in Table 1. Some results of stress, electric displacement and displacement are shown in Figs. 2-7.

Table 1. Material properties

(s_{ij}^0 in $10^{-10}\,\mathrm{m^2/N}$, g_{ij}^0 in $\mathrm{m^2/C}$, β_{ij}^0 in $10^7\,\mathrm{m/F}$)

s_{11}^0	s_{13}^0	s_{15}^0	s_{33}^0	s_{35}^0
0.1400	-0.0305	0	0.0901	0
s_{55}^0	g_{11}^0	g_{13}^0	g_{15}^0	g_{31}^0
0.2368	0	0	0.0268	-0.0091
g_{33}^0	g_{35}^0	β_{11}^0	β_{13}^0	β_{33}^0
0.0197	0	3.6100	0	3.3234

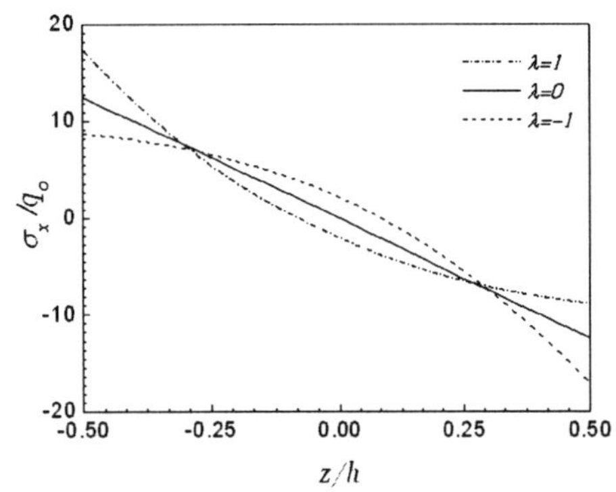

Figure 2. σ_x/q_0 versus z/h at $x=0.5l$.

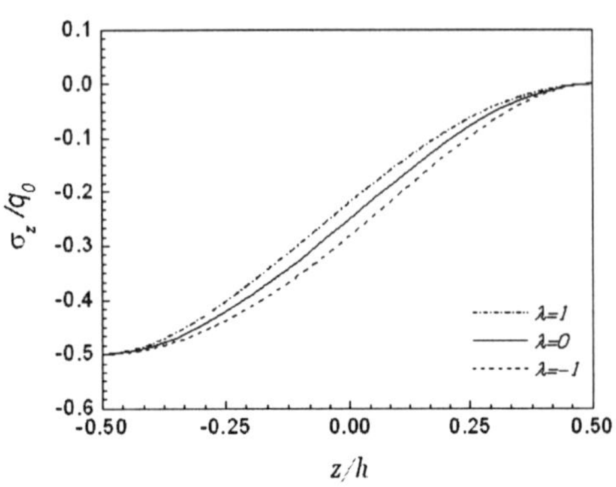

Figure 3. σ_z/q_0 versus z/h at $x=0.5l$.

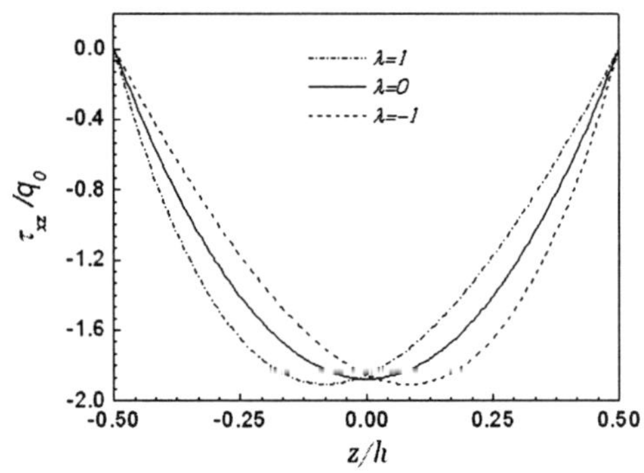

Figure 4. τ_{xz}/q_0 versus z/h at $x=0.5l$.

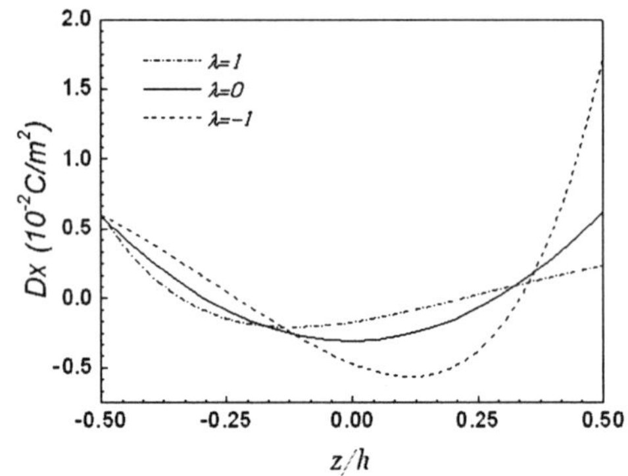

Figure 5. D_x versus z/h at $x=0.5l$.

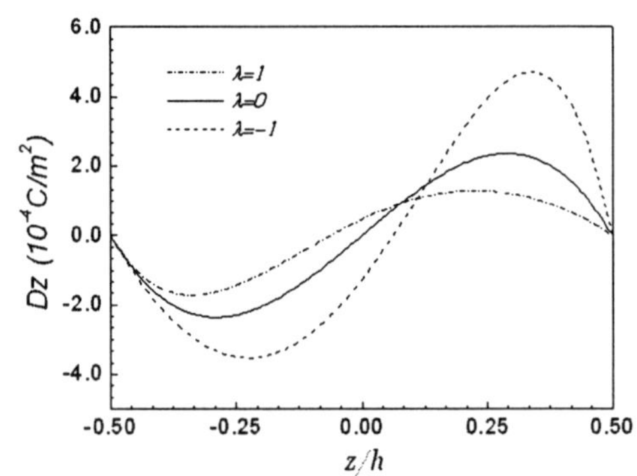

Figure 6. D_z versus z/h at $x=0.5l$.

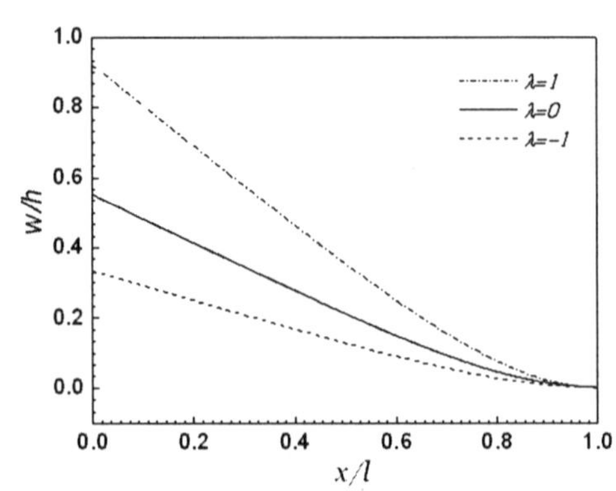

Figure 7. w/h versus x/l at $z=0$.

Acknowledgments

The work was supported by the National Natural Science Foundation of China (Nos. 10472102 and 10432030).

References

1. D.A. Saravanos, P.R. Heyliger, Mechanics and computational models for laminated piezoelectric beams, plates, and shells, *Appl. Mech. Reviews* **52** (10), 305 (1999).
2. T.R. Tauchert, F. Ashida, N. Noda, S. Adali, V. Verijenko, Developments in thermopiezoelasticity with relevance to smart composite structures, *Compos. Struct.* **48**, 31 (2000).
3. A. Kruusing, Analysis and optimization of loaded cantilever beam microactuators. *Smart Mat. Struct.* 9186 (2000).
4. T. Hauke, A. Kouvatov, R. Steinhausen, W. Seifert, H. Beige, H.T. Hanghammer, H. Abicht, Bending behavior of functionally graded materials, *Ferroelectrics* **238**, 195 (2001).
5. Z.F. Shi, General solution of a density functionally gradient piezoelectric cantilever and its applications, *Smart Mater. Struct.* **11**(1), 122 (2002).
6. Z.F. Shi, Y. Chen, Functionally graded piezoelectric cantilever beam under load, *Arch. Appl. Mech.*, **74**(3-4), 237 (2004).
7. T.T. Liu, Z.F. Shi, Bending behavior of functionally gradient piezoelectric cantilever, *Ferroelectrics*, **308**, 43 (2004).

NEW WAVELET APPROXIMATIONS OF DEFLECTIONS FOR SOLVING PDES OF BEAMS AND SQUARE THIN PLATES

Jun ZHOU

Department of Mechanics, Lanzhou University, Lanzhou, 730000, P.R. China

You-He ZHOU

Department of Mechanics, Lanzhou University, Lanzhou, 730000, P.R. China

A new approximate method based on the concept of wavelet is suggested to combined with the conventional finite element method. Hamilton's principle is employed to derive the governing equations in discrete form for structures such as beams and thin plates. Numerical results are given, indicating that the suggested method performs quite well.

Keywords: square plate, boundary rotational degrees of freedom, Hamilton's principle, variational equation, nonhomogeneous boundary condition, interpolation wavelet

1. Introduction

As an important application, wavelet has been widely used in the numerical solving PDEs due to the multi-resolution of wavelet. For a summarization of the recent development of wavelet methods for PDEs, we refer to the review article of Dahmen [1]. Recently, wavelet-based methods are employed in the analysis of engineering structures, where higher order boundary conditions are to be treated.

Zhou et al. [2-4] and Wang [5] established wavelet-Galerkin methods, based on Daubechies and Coieflet scaling functions, respectively, for beam and plate structures. Both displacement and force boundary conditions were treated well. Nevertheless, the wavelet formulations of deflection depend on specific boundary conditions, and are only effective for homogeneous boundary conditions of square plates. On the other hand, only simple boundary conditions were considered. Kim and Jang [6] employed the auto-correlation of Harr wavelet to solve the bending of thin-walled box beam. A wavelet-based FEM was advised by Han et al. [7] to solve the bending problems of thick plates. In this method, linear combinations of some fundamental interpolation scaling functions were constructed and were required to satisfy both the displacement and force boundary conditions. This also makes the wavelet approximations of deflection dependent on boundary conditions and unable to handle non-homogeneous boundary conditions. It is unable to implement general boundary conditions of square plates either. A spline wavelet finite element method (FEM) was presented by Han et al. [8,9], in which element shape functions are expressed by spline wavelet. The method can deal with complicate engineering structures and the treatment of boundary conditions rather easy: just in the same way as the conventional FEM. It is a great improvement in the application of wavelet in engineering. Whereas, this method does not belong to the class of wavelet methods that construct deflection formulations in wavelet spaces. In fact, the method was built up in the theory frame of FEM, namely, still based on elements.

In brief, current wavelet-Galerkin methods and wavelet-FEMs for solving the statics/dynamics of beams and plates generally lack the ability of treating general boundary conditions.

2. New wavelet approximation of deflection for beams

Firstly, a modified form of boundary interpolation functions of Bertoluzza and Naldi [10] is defined by the following equation:

$$\Theta_{j,k}(x) = \begin{cases} \sum_{i=-N+1}^{-2} L_k(x_i)\theta_{j,i}(x) + \theta_{j,k}(x), & k=-1,0,\cdots,K-1 \\ \theta_{j,k}(x), & k=K,\cdots,2^j-K \\ \sum_{i=2^j+2}^{2^j+N-1} L_k(x_i)\theta_{j,i}(x) + \theta_{j,k}(x), & k=2^j-K+1,\cdots,2^j+1 \end{cases} \quad (1)$$

where $L_k(x)$ denotes the Lagrange fundamental

interpolating function, $x_k := k2^{-j}$, K is a positive integer, and $\theta(x)$ is the so-called interpolation scaling function [11-13]. Note that notations $L_k(\bullet)$ in the first and the third expressions of (1) are defined by

$$L_k(\bullet) := \prod_{s=-1, s\neq k}^{K-1} \frac{\bullet - x_k}{x_k - x_s}, \quad k=-1,0,\cdots,K-1, \tag{2}$$

and

$$L_k(\bullet) := \prod_{s=-1, s\neq k}^{K-1} \frac{\bullet - x_k}{x_k - x_s}, \quad k=-1,0,\cdots,K-1, \tag{3}$$

respectively.

By using $\Theta_{j,k}(x)$ in Eq. (1), deflection function $w(x,t)$ can be approximated by

$$\begin{aligned} w(x,t) \approx \Theta_{j,-1}(x)w_{-1} + \sum_{k=0}^{2^j} \Theta_{j,k}(x)w_k \\ + \Theta_{j,2_j+1}(x)w_{2_j+1}, \quad x \in [0,1] \end{aligned}, \tag{4}$$

where $w_k := w(k2^{-j})$, for $k=-1,0,\cdots,2^j+1$.

Let $w_{,x}^0 = \dfrac{\partial w(0,t)}{\partial x}$, $w_{,x}^1 = \dfrac{\partial w(1,t)}{\partial x}$ and select and integer $K \geq N$. It is not difficult to obtain the expressions of $w_{,x}^0$ and $w_{,x}^1$, respectively, from the wavelet approximation in Eq. (4). Substituting $w_{j,-1}$ and $w_{j,2^j+1}$'s expressions into Eq. (4), we obtain a new form of wavelet approximation for deflection $w(x,t)$:

$$\begin{aligned} w(x,t) \approx \overline{w}(x,t) = w_{,x}^0 \Phi_{j,-1}(x) \\ + \sum_{k=0}^{2^j} w_k \Phi_{j,k}(x) + w_{,x}^1 \Phi_{j,2^j+1}(x) \end{aligned}, \tag{5}$$

where notation $\Phi_{j,k}(\bullet)$ is defined as (6).

$$\Phi_{j,k}(\bullet) = \begin{cases} \dfrac{1}{2^j \dot{\Theta}_{j,-1}(0)} \Theta_{j,-1}(\bullet), & k=-1 \\ \Theta_{j,k}(\bullet) - \dfrac{\dot{\Theta}_{j,k}(0)}{\dot{\Theta}_{j,-1}(0)} \Theta_{j,-1}(\bullet), & k=0,\cdots,K-1 \\ \Theta_{j,k}(\bullet), & k=K,\cdots,2^j-K \\ \Theta_{j,k}(\bullet) - \dfrac{\dot{\Theta}_{j,k}(0)}{\dot{\Theta}_{j,2^j+1}(0)} \Theta_{j,2^j+1}(\bullet), & k=2^j-K+1,\cdots,2^j \\ \dfrac{1}{2^j \dot{\Theta}_{j,2^j+1}(0)} \Theta_{j,2^j+1}(\bullet), & k=2^j+1 \end{cases} \tag{6}$$

It is easy to verify that $\Phi_{j,k}(\bullet)$ satisfies

$$\begin{cases} \Phi_{j,k}(l2^{-j}) = \delta_{l,k}, & k,l=0,1,\cdots,2^j \\ \dot{\Phi}_{j,k}(0) = \dot{\Phi}_{j,k}(1) = 0, & k=0,1,\cdots,2^j \\ \dot{\Phi}_{j,-1}(0) = \dot{\Phi}_{j,2^j+1}(1) = 1 & \\ \Phi_{j,-1}(k2^{-j}) = \Phi_{j,2^j+1}(k2^{-j}) = 0, & k=0,1,\cdots,2^j \end{cases} \tag{7}$$

which assures that $w(x,t)$'s wavelet approximation $\overline{w}(x,t)$ as defined by Eq. (5) satisfies

$$\begin{cases} \overline{w}(x_{j,k},t) = w_k, \quad k=0,1,\cdots,2^j \\ \dfrac{\partial \overline{w}(0,t)}{\partial x} = w_{,x}^0 \\ \dfrac{\partial \overline{w}(1,t)}{\partial x} = w_{,x}^1 \end{cases} \tag{8}$$

The extension of Eq. (5) to plates is straightforward in principle.

3. Variational Equation of Beams Based on the New Wavelet Approximation

For a linear beam of unit length, the strain potential energy U_s and kinetic energy T are represented, respectively, by the following equations:

$$U_s = \int_0^1 \frac{1}{2} EI \left(\frac{\partial^2 w}{\partial x^2} \right)^2 dx, \tag{9}$$

$$T = \int_0^1 \frac{1}{2} \rho \left(\frac{\partial w}{\partial t} \right)^2 dx, \tag{10}$$

where E and I denote the Young's modulus and the moment inertia of the beam. The work of external load U_f can be written as

$$\begin{aligned} U_f = \int_0^1 p(x) w dx \\ + \left(M_x^0 \frac{\partial w}{\partial x}|_{x=0} - M_x^1 \frac{\partial w}{\partial x}|_{x=1} \right) \\ + \left(Q_x^1 w|_{x=1} - Q_x^0 w|_{x=0} \right) \end{aligned} \tag{11}$$

where M_x^0, M_x^1, Q_x^0 and Q_x^1 denotes boundary transverse moment of flexure and shearing force, respectively, and $p(x)$ is the distributed force.

By applying the Hamilton's principle [14], the following discrete form of dynamics of the beam is obtained:

$$\mathbf{M}\{\ddot{\mathbf{W}}\}+\mathbf{K}\{\mathbf{W}\}=\{\mathbf{Q}\}+\{\mathbf{P}\}, \quad (12)$$

in which vectors are defined as (13).

$$\begin{cases}\{\mathbf{W}\}=\left\{w_{,x}^{0},w_{j,0},\cdots,w_{j,2^j},w_{,x}^{1}\right\}^{\mathrm{T}} \\ \{\mathbf{\Phi}\}=\left\{\Phi_{j,-1}(x),\Phi_{j,0}(x),\cdots,\Phi_{j,2^j}(x),\Phi_{j,2^j+1}(x)\right\}^{\mathrm{T}}\end{cases} \quad (13)$$

The matrices $\mathbf{M}$ and $\mathbf{K}$ takes the following form:

$$\mathbf{M}=\int_0^1 \rho\{\mathbf{\Phi}\}\{\mathbf{\Phi}\}^{\mathrm{T}}dx, \quad (14)$$

$$\mathbf{K}=\int_0^1 EI\frac{d^2}{dx^2}\{\mathbf{\Phi}\}\frac{d^2}{dx^2}\{\mathbf{\Phi}\}^{\mathrm{T}}dx, \quad (15)$$

while the load vectors $\{\mathbf{Q}\}$ and $\{\mathbf{P}\}$ are defined as follows:

$$\begin{cases}\{\mathbf{Q}\}:=\left\{M_x^0,-Q_x^0,0\cdots,0,Q_x^1,-M_x^1\right\} \\ \{\mathbf{P}\}:=\int_0^1 p(x)\{\mathbf{\Phi}\}dx\end{cases}, \quad (16)$$

As can be seen in Eq. (12), both homogeneous and non-homogeneous boundary conditions will be naturally satisfied.

For statical problems can be regarded as degenerated cases of dynamical problems, the discrete form for statics of the square plate is omitted in this paper. And the characteristic equations of buckling problems can also be obtained based on wavelet expansion (5).

4. Case Study

Example 1. Natural vibration of a simple-supported beam is simulated in this example, in which exact solution $w(x,t)=w_0\sin(\pi x)\cos(\omega_1 t)$ is used as the reference solution to compare with the numerical solution, where $\omega_1=4.3281\times10^3\text{rad/s}$ denotes the first-order natural frequency of the beam. In Fig.1, both the exact and numerical solutions of time response of the center point of the beam is plotted, where the numerical result is computed by the well-known Newmark method [15]. The phase difference in the figure is produced by the Newmark method.

Example 2. In this example, a Cantilever is supposed to subject to a time-varying transverse moment $M_1(t)$ and force $Q_1(t)$ on the free end, and it is supposed that $M_x^1(t)=Q_x^1(t)=10^5\sin(0.3\omega_1 t)$, where ω_1 is set to the first order natural frequency of the beam with simple supports. Numerical results of time response are plotted in Fig. 2 for the case without damping and the case with damping ($c=10^5$).

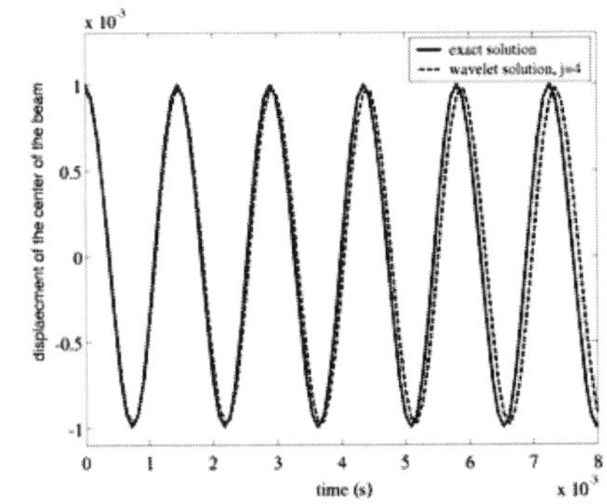

Figure 1. Time response obtained in this paper of displacement of a natural vibrational beam with simple supports, compared with its exact solution.

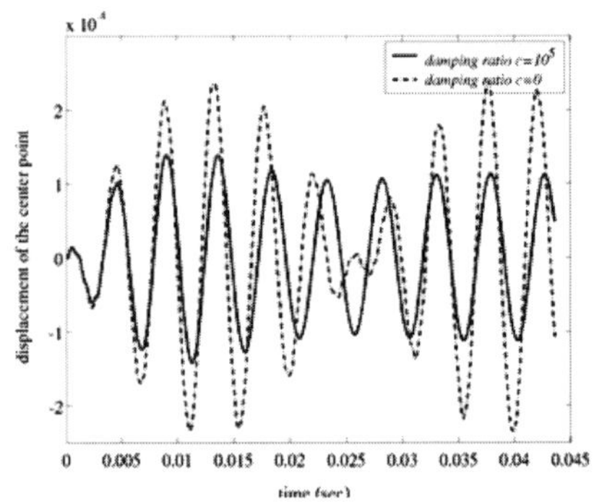

Figure 2. Time response obtained in this paper of a cantilever, subjected to a transverse moment excitation and shearing force at the free end. The solid line denotes the result when the material has damp.

5. Conclusion

New wavelet approximations for beams and plates are presented in this paper for solving statics and dynamics of linear Euler beams and plates with variational methods. The new approximations include boundary rotational DOFs of beams and square plates, so both homogeneous and non-homogeneous boundary conditions can be treated as conveniently as conventional FEMs treat, which is priorer compared with most current wavelet-Galerkin methods and wavelet-FEMs who have difficulties in implementation of non-homogeneous and general boundary conditions. Illustrative examples show that our approximations are effective and obtain satisfactory accuracy.

Acknowledgments

This research was supported by a grant of the National Key Basic Research and Development Foundation of the Ministry of Science and Technology of China (No. G2000048702, 2003CB716707), the National Natural Science Foundation of China for Outstanding Young Researchers, the Key Fund of the National Natural Science Foundation of China, the National Natural Science Foundation of China for Abroad Outstanding Young Scientists, and the Science Fund of the Ministry of Education of China for Ph.D Program. The authors would like to express their sincere appreciation to these supports.

References

1. W. Dahmen, Wavelet methods for PDEs – some recent developments, *J. Comput. Appl. Math.* **128**, 133 (2001).
2. Y. H. Zhou, J.Z. Wang, X.J. Zheng, Application of wavelet Galerkin FEM to bending of beam and plate structures, *Applied Math. Mech.* **19**(8), 745 (1998).
3. Y.H. Zhou, J.Z. Wang, X.J. Zheng, Applications of wavelet Galerkin FEM to bending of plate structure, *Acta Mech. Solida Sinica* **12**(2), 136 (1999).
4. Y.H. Zhou, J.Z. Wang, X.J. Zheng, Q. Jiang, Vibration control of variable thickness plates with piezoelectric sensors and actuators based on wavelet theory, *J. Sound Vib.* **237**(3), 395 (2000).
5. J.Z. Wang, *Generalized Theory and Arithmetic of Orthogonal Wavelets and Applications to Researches of Mechanics Including Piezoelectric Smart Structures*, PhD thesis, Department of Mechanics, Lanzhou University, 2001. (in Chinese)
6. Y.Y. Kim, G.W. Jang, Hat interpolation wavelet-based multi-scale galerkin method for thin-walled box beam analysis, *Int. J. Numer. Meth. Eng.* **53**, 1575 (2002).
7. J.G. Han, W.X. Ren, Y. Huang, A multivariable wavelet-based finite element method and its application to thick plates, *Finite Elem. Anal. Des.* **41**, 821 (2004).
8. J.G. Han, W.X. Ren, Y. Huang, A wavelet- based stochastic finite element method of thin plate bending, *Appl. Math. Modelling* **31**, 181 (2007).
9. J.G. Han, W.X. Ren, Y. Huang, A spline wavelet finite element method in structural mechanics, *Int. J. Numer. Meth. Eng.* **66**(1), 166 (2006).
10. S. Bertoluzza, G. Naldi, A wavelet collocation method for the numerical solution of partial differential equations, *Appl. Comput. Harm. Anal.* **3**, 1 (1996).
11. C.F. Xu, C. Cai, G.K. Li, et al., The interpolating wavelet and its applications, In: *Proc. Int. Sym. Multispectral Image Processing*, 428 (1998).
12. D.L. Donoho, Interpolating wavelet transforms, *Tech. Rep.* 408, Dept. of Statistics, Stanford University (1992).
13. C.F. Xu, G.K. Li, *Practical Wavelet Method*, Huazhong Unviersity of Science and Technology Press, Wuhan (2001). (in Chinese)
14. W.C. Qian, *Variation and Finite Element Method*, Vol. I, The Science Press, Beijing (1980). (in Chinese)
15. N.A. Newmark, A method of computation for structural dynamics, *J. Eng. Mech. Div. ASCE*, **85**(EM3), 67 (1959).

REFLECTION OF LONGITUDINAL WAVES UNDER INITIAL STRESSES AT AN INTERFACE IN PIEZOELECTRIC MEDIA

Abo-el-nour N. Abd-alla, Fatimah A. Al-sheikh
Mathematical Department, Faculty of Education for Girls, Gazan, Kingdom of Saudi Arabia
E-mail: {an_abdalla, f_alsheikh2000}@yahoo.com

The propagation of plane longitudinal waves at an interface of a semi-infinite piezoelectric elastic medium under the influence of the initial stresses is discussed. The free surface of the piezoelectric elastic medium is considered to be adjacent to vacuum. We assumed that the piezoelectric material is anisotropic and of a type of transversely isotropic crystals (hexagonal crystal structure, class 6 mm). For an incident of longitudinal plane wave, four types (two for the displacement and two the electric potential) of reflected plane waves, called quasi-longitudinal (*qP*) and quasi-shear vertical (*qSV*) waves are shown to exist. The relations governing the reflection coefficients of these reflected waves for various boundary conditions (mixed-free-fixed) are derived. It has shown analytically that reflected coefficients of (*qP*) and (*qSV*) waves depend upon the angle of incidence, the parameters of electric potential, the material constants of the medium as will as the initial stresses presented in the medium. The numerical of reflection coefficients for different values of initial stresses have been carried out by computer for PZT-5H Ceramic as an example and the results are given in the form of graphs. These graphs show the prominent effect of the prestressing, the parameters of electric potential and the angle of incidence as well on the reflection coefficients. Finally, a particular case is considered in the absence of the initial stresses and the electric potential. Some earlier studies have been compared to the special case and are in good agreement with it.

Keywords: plane longitudinal waves, reflection coefficients, initial stresses, PZT-5H ceramic, piezoelectricity

1. Introduction

Initial stresses are developed in the medium due to many reasons, resulting from difference of temperature, process of quenching, slow process of creep, differential external forces, gravity variations etc. The Earth is supposed to be under high initial stresses. It is therefore of great interest to study the effect of these stresses on the propagation of stress waves.

Dey et al. [1] have discussed the propagation of *P* and *S* waves in an unbounded medium under initial stresses and have shown that the velocities of these waves not only depend on the initial stresses but also on the direction of propagation. The propagation of body waves in anisotropic media is fundamentally different from their propagation in isotropic media, although the differences may be comparatively subtle and difficult to observe (see Ref. [2]). In general, for any type of anisotropy, there are always three types of body waves propagating with three different velocities. Choosing the three components of displacement adequately, they are called quasi-*P* (*qP*), quasi-*SV* (*qSV*) and quasi-*SH* (*qSH*) waves. The velocities of these three waves change according to the type of symmetry present in the medium. Owing to these properties, anisotropy is detected by observations of change in P-wave velocity along two perpendicular directions and by observations of S-wave splitting. For both these effects it is not necessary that the whole medium be anisotropic; only some part of it need be so [3]. Generally, particle motion is neither purely longitudinal nor transverse, for this reason, the three types of body waves in an anisotropic medium are referred as *qP*, *qSV* and *qSH* instead of *P*, *SV* and *SH*, the symbols used for propagation in isotropic medium [3]. Chattopadhyay et al. [4,5] have studied the problems of reflection of qP and *qSV*-waves at free and rigid boundaries in a medium of monoclinic type and of a fibre reinforced medium, respectively.

In this article, we analytically investigated reflection longitudinal wave propagation in piezoelectric structure for different values of initial stresses and the angle of incidence. The numerical results have been calculated and presented graphically for various boundary conditions. It is found that the relative reflection coefficients in piezoelectric medium are not only depend on the angle of the incidence and on the initial stresses but also on the elastic, electric constants of the medium and the angles of the direction of the propagation when the free boundary conditions is used. While, for the fixed boundary conditions, it is noted that the displacement reflection coefficients and one of the electric potential do not depend on the initial stresses but depend only on the elastic material constants which involved in the angle of the reflection coefficient. While, the second reflection coefficient of the electric potential depends on the elastic material in addition to the initial stresses. Finally, for the mixed boundary conditions, with regard to displacement waves and electric potential, it is observed that an incident quasi-longitudinal wave is reflected on a "smooth" surface as two identical quasi-longitudinal waves of the same wave number, the angle of incidence is equal the angle of the reflection and they have the same magnitude of amplitudes but the reflection coefficient of the electric potential is in the opposite direction of the reflection coefficient of the displacement wave. Some earlier studies have been deduced as special case of this study.

2. Basic Equations and Formulations

We will consider a transversely isotropic piezoelectric half-space (hexagonal crystal structure, class 6mm) occupying region $x_3 \le 0$ and adjoining the vacuum $x_3 > 0$, Fig. 1. Let the wave motion in this medium be characterized by: the displacement vector $\vec{u}(u_1, 0, u_3)$, the electric potential function φ, all these quantities being dependent only on the variables x_1, x_3, t.

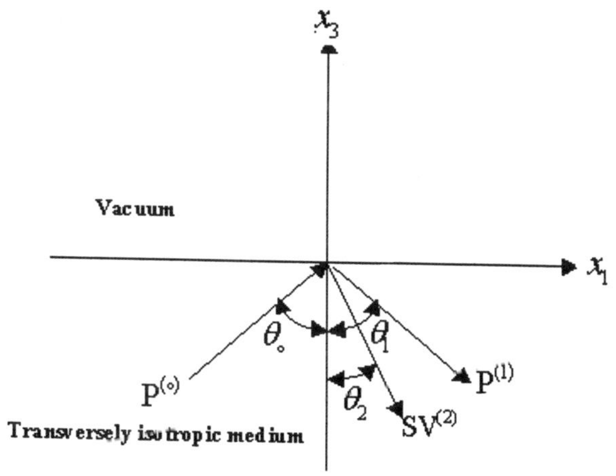

Figure 1. A half space.

The general forms of the dynamical equations of motion with homogeneous initial stresses and the equation for electric field can be expressed as follows [6]

$$\tau_{ij,i} + u_{j,ki}\overset{\circ}{\tau}_{ik} = \rho \ddot{u}_j. \tag{1a}$$

$$D_{i,i} = 0. \tag{1b}$$

Completed by the constitutive equations:

$$\tau_{ij} = c_{ijkl}\varepsilon_{kl} - e_{kij}E_k. \tag{2a}$$

$$D_i = e_{ikl}\varepsilon_{kl} + \epsilon_{ik} E_k. \tag{2b}$$

where τ_{ij}, ε_{kl}, E_k and D_i indicate the stress tensor, strain tensor, electric field vector, and electric displacement vector, respectively, are c_{ijkl}, e_{kij} and ϵ_{ik} are elastic, piezoelectric and dielectric constants for piezoelectric medium, with $i, j, k, l = 1, 2, 3$ and ρ is the mass density, u_i denote the mechanical displacements in the ith direction, $\overset{\circ}{\tau}_{ik}$ is the initial stress tensor. The dot denotes time differentiation, the comma denotes space-coordinate differentiation, the repeated index in the subscript implies summation.

The relationship between the displacement components and strain components is given by

$$\varepsilon_{ij} = \tfrac{1}{2}(u_{i,j} + u_{j,i}). \tag{3a}$$

The Maxwell equations in the quasi-static approximation are

$$E_k = -\frac{\partial \phi}{\partial x_k}. \tag{3b}$$

The constitutive equations are different for different dependent on the types of piezoelectric materials considered. In this paper, the piezoelectric material of hexagonal crystal structure, class 6 mm, is employed. For other types of piezoelectric material, the constitutive equations should be changed accordingly. Assuming the six-fold axes of the piezoelectric material parallel to the x_3-direction, Eq. (2) can be rewritten as

$$\begin{aligned}
\tau_1 &= C_{11}\varepsilon_1 + C_{12}\varepsilon_2 + C_{13}\varepsilon_3 - e_{31}E_3,\\
\tau_2 &= C_{21}\varepsilon_1 + C_{11}\varepsilon_2 + C_{13}\varepsilon_3 - e_{31}E_3,\\
\tau_3 &= C_{13}\varepsilon_1 + C_{13}\varepsilon_2 + C_{33}\varepsilon_3 - e_{33}E_3,\\
\tau_{23} &= 2C_{44}\varepsilon_{23} - e_{15}E_2,\\
\tau_{31} &= 2C_{44}\varepsilon_{31} - e_{15}E_1,\\
\tau_{12} &= (C_{11} - C_{12})\varepsilon_{12}
\end{aligned} \tag{4a}$$

$$\begin{aligned}
D_1 &= 2e_{15}\varepsilon_{31} + \epsilon_{11} E_1,\quad D_2 = 2e_{15}\varepsilon_{23} + \epsilon_{11} E_2,\\
D_3 &= 2(e_{31}\varepsilon_1 + e_{31}\varepsilon_2 + e_{33}\varepsilon_3) + \epsilon_{33} E_3.
\end{aligned} \tag{4b}$$

where $C_{11}, C_{12}, C_{13}, C_{33}$ and C_{44} are the elastic constants, e_{31}, e_{15}, and e_{33} are the piezoelectric constants, and ϵ_{11} and ϵ_{33} are the dielectric constants for the piezoelectric material $x_3 \le 0$.

It is assumed that a state of plane strain parallel to the $x_1 - x_3$ plane exists and the propagation of waves in the x_1-direction is considered. For the simplicity, we consider the component of initial stress affect only is τ_{33}° . Substituting Eqs. (3) and (4) in Eq. (1), the electromechanical-coupling equations of motion in terms of mechanical displacements and electric potential may be simplified as:

$$\begin{aligned} &C_{11}u_{1,11} + (C_{44} + \tau_{33}^{\circ})u_{1,33} + (C_{13} + C_{44})u_{3,13} + \\ &\qquad (e_{31} + e_{15})\varphi_{,13} = \rho\ddot{u}_1, \\ &(C_{13} + C_{44})u_{1,13} + C_{44}u_{3,11} + (C_{33} + \tau_{33}^{\circ})u_{3,33} + \\ &\qquad e_{15}\varphi_{,11} + e_{33}\varphi_{,33} = \rho\ddot{u}_3, \\ &(e_{15} + e_{31})u_{1,13} + e_{15}u_{3,11} + e_{33}u_{3,33} - \in_{11}\varphi_{,11} \\ &\qquad - \in_{33}\varphi_{,33} = 0. \end{aligned} \tag{5}$$

3. Solution for Incident qP-waves and Boundary Conditions

Let us consider the solution of Eqs. $(5)_{1,2}$ as:

$$(\vec{u}^{(n)}, \varphi^{(n)}) = (\vec{A}, \vec{B})\, \vec{d}_n \exp(i\eta_n). \tag{6}$$

where different values of the index n serve to label the various types of waves that occur, $\vec{d}$ is the unit displacement vector and η_n is defined as:

$$\eta_n = K_n(\vec{x} \cdot \vec{p} - c_n t). \tag{7}$$

where $\vec{p}$ being the unit propagation vector, $\vec{x}$ is position vector, with $\vec{x} \cdot \vec{p} = const.$ is plane of constant phase, $\vec{A}, \vec{B}$ are the vibration amplitudes, c_n the velocity of propagation and K_n the corresponding wave number.

In two dimensions, we have

$$\vec{u}^{(n)} = (u_1^{(n)}, u_3^{(n)}), \quad \vec{d}_n = (d_1^{(n)}, d_3^{(n)}), \quad \vec{p}^{(n)} = (p_1^{(n)}, p_3^{(n)}). \tag{8}$$

such that $p_1^{(n)2} + p_3^{(n)2} = 1$. Assigning $n = 0$ for the incident (qP) quasi-longitudinal wave which makes an angle $\theta_\circ$. The displacement components and the electric potential Eq. (6), with taking into consideration of Eq. (7), may be expressed as:

$$\left.\begin{aligned} u_1^{(\circ)} &= A_\circ \sin\theta_\circ \exp[ik_\circ(x_1 \sin\theta_\circ + x_3 \cos\theta_\circ - c_{L\circ}t], \\ u_3^{(\circ)} &= A_\circ \cos\theta_\circ \exp[ik_\circ(x_1 \sin\theta_\circ + x_3 \cos\theta_\circ - c_{L\circ}t], \\ \varphi^{(\circ)} &= B_\circ \exp[ik_\circ(x_1 \sin\theta_\circ + x_3 \cos\theta_\circ - c_{L\circ}t] \end{aligned}\right\} \tag{9}$$

where $c_\circ = c_{L\circ} = \omega / K_\circ$ is the velocity of incident (qP) wave and $d^{(\circ)} = p^{(\circ)}$.

For a reflected (qP) quasi-longitudinal wave which makes an angle θ_1 , we have

$$\left.\begin{aligned} u_1^{(1)} &= A_1 \sin\theta_1 \exp[ik_1(x_1 \sin\theta_1 - x_3 \cos\theta_1 - c_{L1}t)], \\ u_3^{(1)} &= -A_1 \cos\theta_1 \exp[ik_1(x_1 \sin\theta_1 - x_3 \cos\theta_1 - c_{L1}t)], \\ \varphi^{(1)} &= B_1 \exp[ik_1(x_1 \sin\theta_1 - x_3 \cos\theta_1 - c_{L1}t)] \end{aligned}\right\} \tag{10}$$

where $c_1 = c_{L1} = \omega / K_1$ is the velocity of reflected (qP) wave and $d^{(1)} = p^{(1)}$. For a reflected (qSV) quasi-transverse wave which makes an angle θ_2 , we have

$$\left.\begin{aligned} u_1^{(2)} &= A_2 \cos\theta_2 \exp[ik_2(x_1 \sin\theta_2 - x_3 \cos\theta_2 - c_{T2}t)], \\ u_3^{(2)} &= A_2 \sin\theta_2 \exp[ik_2(x_1 \sin\theta_2 - x_3 \cos\theta_2 - c_{T2}t)], \\ \varphi^{(2)} &= B_2 \exp[ik_2(x_1 \sin\theta_2 - x_3 \cos\theta_2 - c_{T2}t)] \end{aligned}\right\} \tag{11}$$

where $c_2 = c_{T2} = \omega / K_2$ is the velocity of reflected (qSV) wave and $d^{(2)} \neq p^{(2)}$ but, in this case $\vec{d} = \vec{j}_2 \wedge \vec{p}$, where $\vec{j}_2$ is the unit vector of the x_2 axis of the Cartesian system of rectangular coordinates.

The relation governing the reflection depends on the boundary conditions at x_3. The following conditions may be considered:

3.1. Case 1: Reflection of qP-wave at a free boundary

When the plane $x_3 = 0$ is free of stresses and electric potential, the sum of the three tractions and three electric potential must vanish at $x_3 = 0$. So, we may write the boundary conditions as:

$$\left.\begin{aligned} \tau_3 &= \tau_3^{(\circ)} + \tau_3^{(1)} + \tau_3^{(2)} = 0 \\ \tau_{31} &= \tau_{31}^{(\circ)} + \tau_{31}^{(1)} + \tau_{31}^{(2)} = 0 \\ \varphi &= \varphi^{(\circ)} + \varphi^{(1)} + \varphi^{(2)} = 0 \end{aligned}\right\} \tag{12}$$

Substituting in Eq. (12), the values of $\tau_3^{(n)}, \tau_{31}^{(n)}$ and $\varphi^{(n)}$ (for $n = 0,1,2$) from Eqs. (9)-(11) using Eqs. (3), (4a), one may have

$$\begin{aligned} &ik_\circ[A_\circ(C_{31}\sin^2\theta_\circ + C_{33}\cos^2\theta_\circ) + e_{33}B_\circ\cos\theta_\circ]\exp(\overline{\eta}_\circ) \\ &+ik_1[A_1(C_{31}\sin^2\theta_1 + C_{33}\cos^2\theta_1) - e_{33}B_1\cos\theta_1]\exp(\overline{\eta}_1) \\ &+ik_2[A_2(C_{31} - C_{33})\sin\theta_2\cos\theta_2 \\ &\qquad e_{33}B_2\cos\theta_2]\exp(\overline{\eta}_2) = 0 \end{aligned} \tag{13}$$

$$\begin{aligned} &ik_\circ[A_\circ C_{44}\sin 2\theta_\circ + B_\circ e_{15}\sin\theta_\circ]\exp(\overline{\eta}_\circ) + \\ &ik_1[-A_1 C_{44}\sin 2\theta_1 + e_{15}B_1\sin\theta_1]\exp(\overline{\eta}_1) + \\ &ik_2[-A_2 C_{44}\cos 2\theta_2 + e_{15}B_2\sin\theta_2]\exp(\overline{\eta}_2) = 0. \end{aligned} \tag{14}$$

$$ik_\circ B_\circ \exp(\overline{\eta}_\circ) + ik_1 B_1 \exp(\overline{\eta}_1) + ik_2 B_2 \exp(\overline{\eta}_2) = 0. \tag{15}$$

Eqs. (13), (14) and (15) must be valid for all values of t and x_1, hence $\bar{\eta}_\circ = \bar{\eta}_1 = \bar{\eta}_2$

$$k_\circ \sin\theta_\circ = k_1 \sin\theta_1 = k_2 \sin\theta_2, \quad k_\circ c_{L\circ} = k_1 c_{L1} = k_2 c_{T2} = \omega. \tag{16}$$

From the above relations, we get

$$k_\circ = k_1, \quad \theta_\circ = \theta_1, \quad c_{L\circ} = c_{L1}, \quad \frac{k_2}{k_\circ} = \frac{c_{L\circ}}{c_{L2}} = \tau, \quad \sin\theta_2 = \frac{1}{\tau}\sin\theta_\circ. \tag{17}$$

Furthermore, we should now use the equations of motion of the medium, i.e. Eq. (5), which will give us additional relations between amplitudes. Substituting Eqs. (9)-(11) (when $x_3 = 0$) into Eq. $(5)_1$ for the incident qP waves and the reflected qSV waves (i.e. $u_1 = u_1^{(n)}$, $u_3 = u_3^{(n)}$, $\varphi = \varphi^{(n)}$, $n = 0,1,2$) and using the obtained relations (17), we get

$$B_\circ = \kappa_\circ A_\circ, \; B_1 = \kappa_1 A_1, \; B_2 = \kappa_2 A_2. \tag{18}$$

where

$$\kappa_\circ = -\frac{1}{(e_{31}+e_{15})\cos\theta_\circ}[C_{11}\sin^2\theta_\circ + (2C_{44} + C_{13} + \tau_{33}^\circ)\cos^2\theta_\circ - \rho c_{L\circ}^2],$$

$$\kappa_1 = \frac{1}{(e_{31}+e_{15})\cos\theta_1}[C_{11}\sin^2\theta_1 + (2C_{44} + C_{13} + \tau_{33}^\circ)\cos^2\theta_1 - \rho c_{L1}^2],$$

$$\kappa_2 = \frac{-1}{(e_{31}+e_{15})\sin\theta_2}[(C_{44} + C_{13} - C_{11})\sin^2\theta_2 - (C_{44} + \tau_{33}^\circ)\cos^2\theta_2 + \rho c_{T2}^2]. \tag{19}$$

From Eqs. (18) and (19), It is easy to see that

$$\kappa_1 = -\kappa_\circ. \tag{20}$$

Solving Eqs. (13)-(15), taking into consideration Eqs. (16)-(20), we can determine the reflection coefficients as:

$$\frac{A_1}{A_\circ} = \frac{T_1 + T_2}{T_1 - T_2}, \quad \frac{A_2}{A_\circ} = \frac{2}{T_2 - T_1}. \tag{21}$$

$$\frac{B_1}{B_\circ} = -(\frac{\kappa_2}{\kappa_\circ}\frac{A_2}{A_\circ} + 1), \quad \frac{B_2}{B_\circ} = (\frac{A_1}{A_\circ} - 1). \tag{22}$$

where

$$T_1 = \frac{[(C_{31} - C_{33})\sin\theta_2\cos\theta_2 - e_{33}\kappa_2\cos\theta_2)]\tau}{[(C_{31}\sin^2\theta_\circ + C_{33}\cos^2\theta_\circ + e_{33}\kappa_\circ\cos\theta_\circ)]}, \quad T_2 = \frac{[(C_{44}\cos 2\theta_2 - e_{15}\kappa_2\sin\theta_2)]\tau}{[C_{44}\sin 2\theta_\circ + e_{15}\kappa_\circ\sin\theta_\circ)]}. \tag{23}$$

where $A_1/A_\circ$ and $A_2/A_\circ$ are the coefficients of reflected qP wave and qSV wave, respectively.

When the electric potential and the initial stresses are neglected, i.e., $e_{31} = e_{15} = e_{33} = 0$ and $\tau_{33}^{(\circ)} = 0$, we get the pure elastic case which in it T_1 and T_2 may be written as

$$T_1 = \frac{\tau(C_{31} - C_{33})\sin\theta_2\cos\theta_2}{C_{31}\sin^2\theta_\circ + C_{33}\cos^2\theta_\circ}, \; T_2 = \frac{\tau[C_{44}\cos 2\theta_2]}{C_{44}\sin 2\theta_\circ}. \tag{24}$$

Noticing Eq. (21), we find that Eq. (24) agrees well with the results given by Achenbach ([7], p. 176) for a homogeneous isotropic medium.

3.2 *Case2: Reflection of qP-wave at a fixed boundary*

Since the boundary $x_3 = 0$ is bounded by a rigid layer, the boundary conditions may be written in the form:

$$\left.\begin{aligned} u_1 &= u_1^{(\circ)} + u_1^{(1)} + u_1^{(2)} = 0 \\ u_3 &= u_3^{(\circ)} + u_3^{(1)} + u_3^{(2)} = 0 \\ \varphi &= \varphi^{(\circ)} + \varphi^{(1)} + \varphi^{(2)} = 0 \end{aligned}\right\} \tag{25}$$

From Eqs. (9)-(11), substituting the values of $u_1^{(n)}$, $u_3^{(n)}$, $\varphi^{(n)}$ for n=0, 1, 2 in Eqs. (25), taking into the account the relations (16)-(20), we obtain

$$\begin{aligned} &A_\circ\sin\theta_\circ + A_1\sin\theta_1 + A_2\cos\theta_2 = 0, \\ &A_\circ\cos\theta_\circ - A_1\cos\theta_1 + A_2\sin\theta_2 = 0, \\ &B_\circ + B_1 + B_2 = 0. \end{aligned} \tag{26}$$

Solving the system of the first two equations of Eqs. (26), one may determine the reflection coefficients of the displacement waves as:

$$\left.\begin{aligned} \frac{A_1}{A_\circ} &= \frac{\cos(\theta_\circ + \theta_2)}{\cos(\theta_\circ - \theta_2)}, \\ \frac{A_2}{A_\circ} &= \frac{-\sin 2\theta_\circ}{\cos(\theta_\circ - \theta_2)}. \end{aligned}\right\} \tag{27}$$

From Eq. $(26)_3$ with using the relations (18)-(20) which are also satisfied in this case, one may arrive

$$\left.\begin{aligned} \frac{B_1}{B_\circ} &= -(\frac{\kappa_2}{\kappa_\circ}\frac{A_2}{A_\circ} + 1), \\ \frac{B_2}{B_\circ} &= (\frac{A_1}{A_\circ} - 1). \end{aligned}\right\} \tag{28}$$

The Eqs. (27) and (28) represent the reflection coefficients of qP , qSV waves for fixed boundaries.

3.3. *Case 3: Reflection of qP-wave at a mixed boundary*

The following boundary conditions have to satisfy at the plane $x_3 = 0$, the vanishing of normal components of displacement vector $\vec{u}$, of tangent components of the stress tensor τ_{ij}, and the normal component of electric potential φ:

$$\left.\begin{aligned} u_3 &= u_3^{(\circ)} + u_3^{(1)} + u_3^{(2)} = 0, \\ \tau_{31} &= \tau_{31}^{(\circ)} + \tau_{31}^{(1)} + \tau_{31}^{(2)} = 0, \\ \varphi &= \varphi^{(\circ)} + \varphi^{(1)} + \varphi^{(2)} = 0. \end{aligned}\right\} \tag{29}$$

Substituting in Eqs. (29), the values of $u_3^{(n)}, \tau_{31}^{(n)}$ and $\varphi^{(n)}$ (for $n = 0,1,2$) from Eqs. (3), (4a) and (9)-(11). Also, in this case, one can obtain the same relations as (16)-(20), so we have

$$A_\circ \cos\theta_\circ - A_1 \cos\theta_1 + A_2 \cos\theta_2 = 0. \tag{30}$$

$$\begin{aligned} &(A_\circ C_{44} \sin 2\theta_\circ + e_{15} B_\circ \sin\theta_\circ) - (A_1 C_{44} \sin 2\theta_1 \\ &- e_{15} B_1 \sin\theta_1) - \tau (A_2 C_{44} \cos 2\theta_2 - e_{15} B_2 \sin\theta_2) = 0. \end{aligned} \tag{31}$$

$$B_\circ + B_1 + B_2 = 0. \tag{32}$$

Solving the system of Eqs. (30)-(32), one may arrive

$$\frac{A_1}{A_\circ} = -\frac{B_1}{B_\circ} = 1, \; A_2 = 0, \; B_2 = 0. \tag{33}$$

4. Numerical Results and Discussions

In this paper, The PZT-5H piezoelectric ceramic material is selected to do the numerical calculations. Values of the material parameters used in computation are shown in Table 1.

Table 1. Values for the PZT-5H piezoelectric ceramic material

$C_{11} = 12.1 \times 10^{10}\ N/m^2$	$C_{44} = 2.30 \times 10^{10}\ N/m^2$	$\rho = 7.5\ Kg/m^3$
$C_{12} = 7.95 \times 10^{10}\ N/m^2$	$e_{15} = 17.0\ C/m^2$	$\epsilon_{11} = 150\ F/m$
$C_{13} = 8.41 \times 10^{10}\ N/m^2$	$e_{31} = -6.5\ C/m^2$	$\epsilon_{33} = 130\ F/m$
$C_{33} = 11.7 \times 10^{10}\ N/m^2$	$e_{33} = 23.3\ C/m^2$	

Since the medium is anisotropic (specially transversely isotropic) which is represent a kind of hexagonal crystals and it has in general case five elastic constants (for details see Ref. [8]), we have used in the calculations of the qP wave velocity $c_{L\circ}$ the definition in Ref. [8] as

$$c_{L\circ} = \frac{\sqrt{C_{44} + C_{11}\sin^2\alpha + C_{33}\cos^2\alpha + \nu_1}}{\sqrt{2\rho}}, \qquad c_{T2} = \frac{\sqrt{C_{44} + C_{11}\sin^2\alpha + C_{33}\cos^2\alpha - \nu_1}}{\sqrt{2\rho}}. \tag{34}$$

with

$$\nu_1 = \left([(C_{11} - C_{44})\sin^2\alpha + (C_{44} - C_{33})\cos^2\alpha]^2 + (C_{13} + C_{44})^2 \sin^2 2\alpha\right)^{1/2} \tag{35}$$

The numerical computations of the reflection coefficients $A_1/A_\circ$, $A_2/A_\circ$, $B_1/B_\circ$ and $B_2/B_\circ$ versus the angle of incident $\theta_\circ$ have been carried out and presented graphically in Figs. 2-8. The calculations have been considered for four different values of the initial stresses $(\tau_{33}^\circ = (4,5,6,7) \times 10^{10}\, N/m^2)$ and for various boundary conditions.

Inspection of the reflection coefficients in Eqs. (21), (22), (27), (28) and (33) leads to several observations:

(1) The relative reflection coefficients in piezoelectric medium are not only depend on the angle of the incidence and on the initial stresses but also on the elastic, electric constants of the medium and the angles of the direction of the propagation.

(2) Figs. 2-5 show, for the free boundary conditions, the incoming qP wave is split into four waves at the flat boundary, two of them $A_1/A_\circ, B_2/B_\circ$ reflected as qP waves with an angle θ_1 which is found that is equal to the angle of incidence $\theta_\circ$ and the other two $A_2/A_\circ, B_1/B_\circ$ reflected as qSV waves with an angle of θ_2 which is found that is related to $\theta_\circ$ by the relation $\theta_2 = \sin^{-1}[(1/\tau_1)\sin\theta_\circ]$. In this case, it is observed that the variations of reflection coefficients $A_1/A_\circ, B_2/B_\circ$ increase with increasing the values of the initial stresses. While, Figs. 4 and 3 illustrate behavior the oscillatory of the variations of reflection coefficient $A_2/A_\circ$ and $B_1/B_\circ$. The maximum and minimum of $A_2/A_\circ$ and $B_1/B_\circ$ decrease with increasing the initial stresses.

(3) For the fixed boundary conditions, from Eqs. (27) and (28), it is easy to note that the displacement reflection coefficients $A_1/A_\circ, A_2/A_\circ$ and $B_2/B_\circ$ do not depend on the initial stresses but depend only on the elastic material constants which involved in the definition of θ_2. While, the

reflection coefficient $B_1/B_\circ$ depend on the elastic material in addition to the initial stresses which is included in the two parameters κ_2 and κ_1.

(4) For the mixed boundary conditions, from Eq. (33), with regard to displacement waves and electric potential, it may be stated that an incident qP wave is reflected on a "smooth" surface as two identical qP waves of the same wave number, the angle of incidence is equal the angle of the reflection and they have the same magnitude of amplitudes but the reflection coefficient of the electric potential $B_1/B_\circ$ is in the opposite direction of the reflection coefficient of the displacement wave $A_1/A_\circ$.

(5) Figs. 9 and 10 show the comparison between the special case of our study, which presented in Eq. (24) with the pure elastic case for the reflection coefficients $A_1/A_\circ$ and $A_2/A_\circ$ when the medium is isotropic and homogeneous [7]. In the special case the electric potential and the initial stresses are neglected. While, in classical case, two values of Poisson's ratios υ is taken as (0.40, 0.43) and (0.40, 35) for $A_1/A_\circ$ and $A_2/A_\circ$, respectively.

(6) The present theoretical results may provide interesting information for experimental scientists, researchers and seismologists working on subject of wave propagation due to many reasons: (a) there are an unavoidable initial stresses in the thick layered structure during the manufacturing process. Thus, it is significant to analyze the effect of the initial stresses on the propagation behavior of waves in a thick layered piezoelectric structure; (b) The study of wave propagation in anisotropic piezoelectric materials with additional parameters provides information about existence of new or modified waves; (c) This information may be useful for experimental seismologists in correcting earthquake estimation also, may be used for non-destructive evaluation of prestressing.

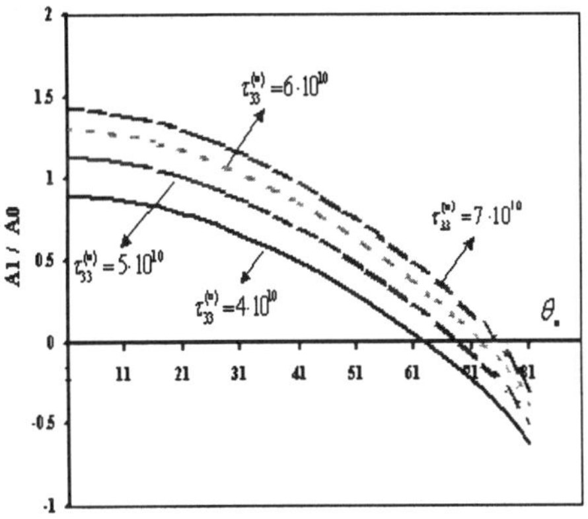

Figure 2. $A_1/A_\circ$ versus $\theta_\circ$ for free boundary conditions.

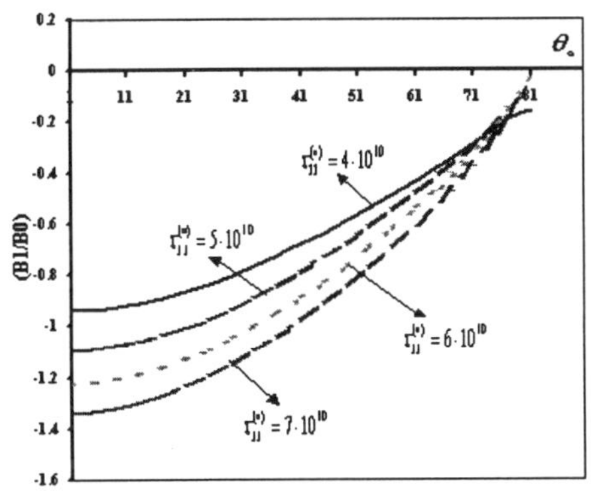

Figure 3. $B_1/B_\circ$ versus $\theta_\circ$ for free boundary conditions.

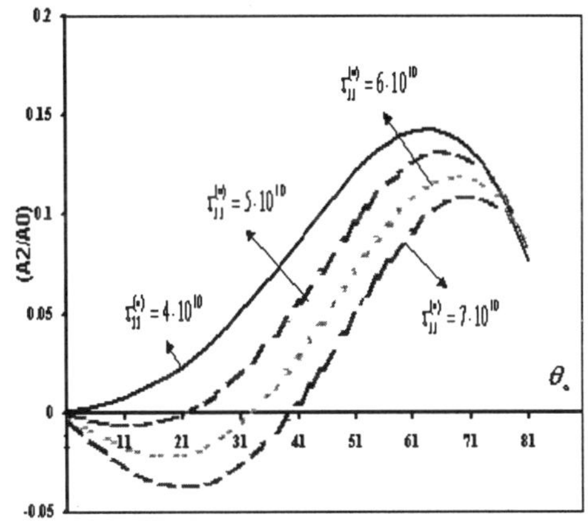

Figure 4. $A_2/A_\circ$ versus $\theta_\circ$ for free boundary conditions.

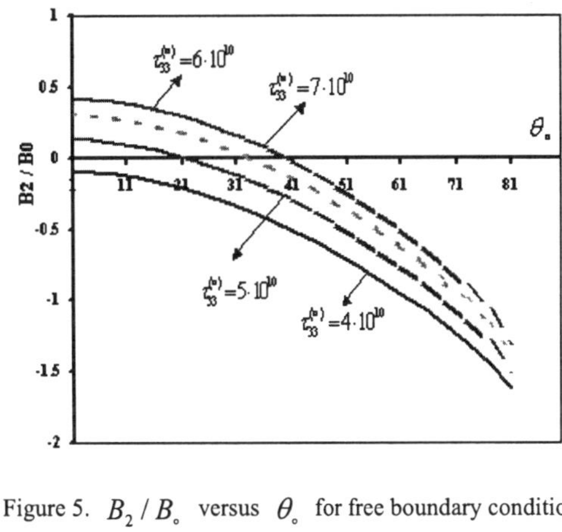

Figure 5. $B_2/B_\circ$ versus $\theta_\circ$ for free boundary conditions.

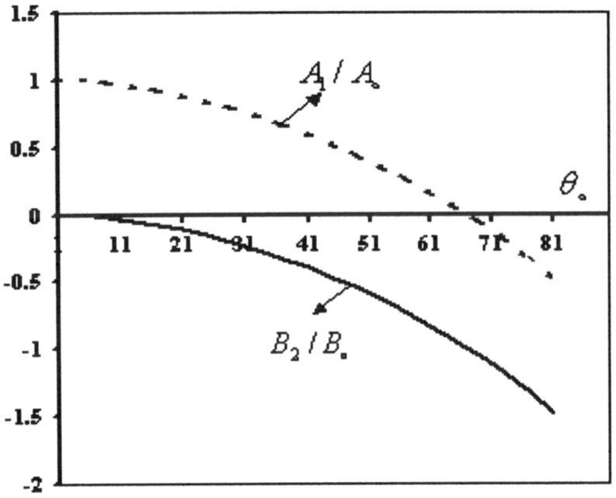

Figure 6. A_1/A_0 and B_2/B_0 versus θ_0 for fixed boundary conditions.

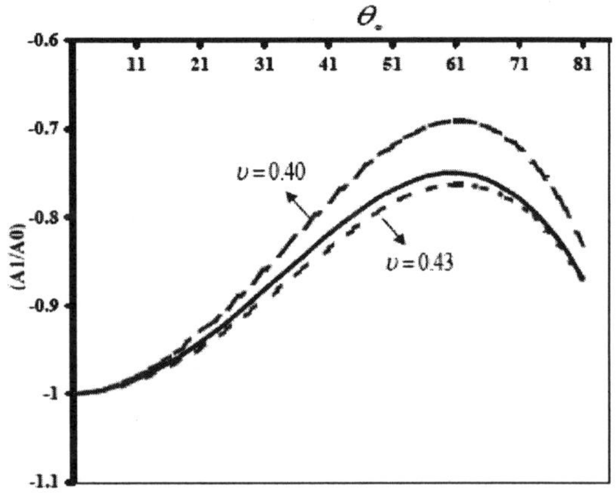

Figure 9 —— A_1/A_0 versus θ_0 when there are no initial stresses and electric potential.

— — — A_1/A_0 versus θ_0 after Achenbach [7].

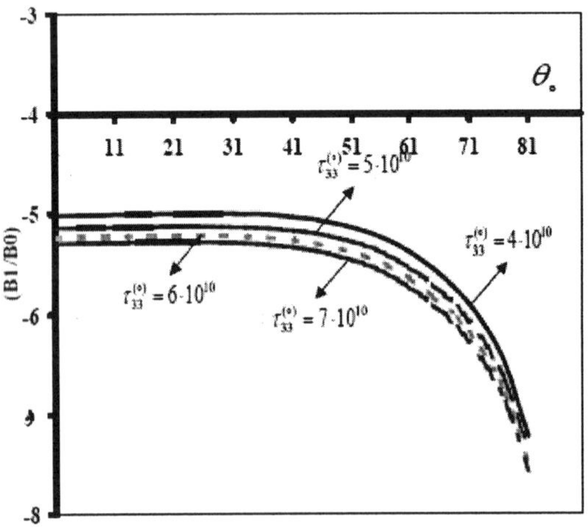

Figure 7. B_1/B_0 versus θ_0 for fixed boundary conditions.

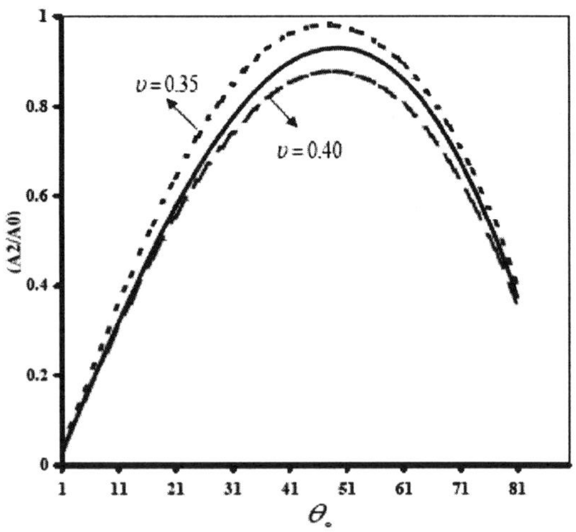

Figure 10 —— A_2/A_0 versus θ_0 when there are no initial stresses and electric potential.

— — — A_2/A_0 versus θ_0 after Achenbach [1].

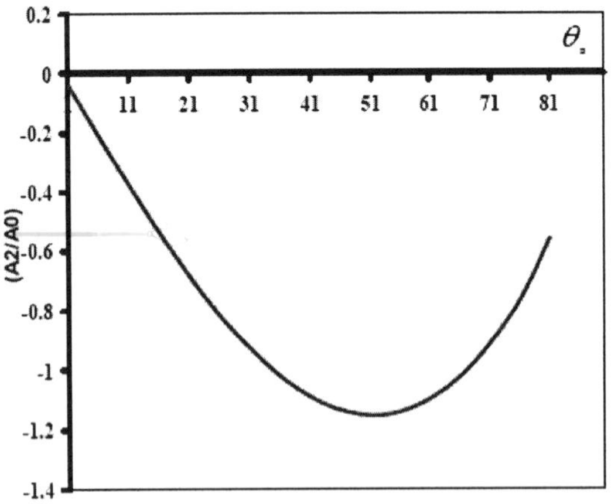

Figure 8. A_2/A_0 versus θ_0 for fixed boundary conditions.

References

1. S. Dey, S.K. Addy, Reflection of plane waves under initial stresses at a free surface, *Int. J. Non-Linear Mech.* **12**, 371 (1977).
2. A. Udias, *Principals of Seismology*, Cambridge University Press, Cambridge (1999).
3. S.J. Singh, Comments on "the reflection phenomena of P-waves in a medium of monoclinic

type" by Chattopadhyay and Chouduhury, *Int. J. Eng. Sci.* **37**, 407 (1999).

4. A. Chattopadhyay, S. Saha, M. Chakraborty, Reflection of SV waves in a monoclinic medium, *Ind. J. Pure Appl. Math.* **27**, 1029 (1996).
5. A. Chattopadhyay, R.L.K. Venhateswarla, S. Saha, Reflection of quasi-P waves and quasi-SV waves at free and rigid boundaries of a fibre- reinforced medium, *Sadhana* **27**, 613 (2002).
6. H. Liu, Z.K. Wang, T.J. Wang, Effect of initial stress on the propagation behavior of Love waves in a layered piezoelectric structure, *Int. J. Solids Struct.* **38**, 37 (2001).
7. J.D. Achenbach, *Wave Propagation in Elastic Solids*, North-Holland, New York (1973).
8. B.A. Auld, *Acoustic Field and Waves in Solids*, R. E. Krieger Pub. Com., Florida, USA (1990).
9. E.G. Henneke, Reflection refraction of stress waves at a plane boundary between anisotropic media, *J. Acoust. Soc. Am.* **51**, 210 (1972).
10. W. Hussain, R.W. Ogden, The effect of pre-strain on the reflection and transmission of plane waves at an elastic interface, *Int. J. Eng. Sci.* **39**, 929 (2001).
11. B. Singh, On the theory of generalized thermo-electricity for piezoelectric materials, *Appl. Math. Comput.* **17**, 398 (2006).
12. S.J. Singh, S. Khurana, Reflection of P and SV waves at the interface of a monoclinic elastic half-space, *Proc. Ind. Acad. Sci. (Earth Planet. Sci.)* **111**, 401 (2002).
13. M. Tajuddin, S.J. Hussaini, Reflection of plane waves at boundaries of a liquid filled poroelastic half-space, *J. Appl. Geophys.* **58**, 59 (2006).

FREE VIBRATION AND STEADY-STATE RESPONSE OF A SMART CYLINDER

Zu-Guang BIAN
School of Civil Engineering & Architecture, Ningbo Institute of Technology, Zhejiang University, Ningbo, 315100, P. R. China

Wei-Qiu CHEN
Department of Civil Engineering, Zhejiang University, Hangzhou, 310027, P. R. China

Y. H. WANG
School of Civil Engineering & Architecture, Ningbo Institute of Technology, Zhejiang University, Ningbo, 315100, P. R. China

In the present paper, we focus on the free vibration and steady-state response of a smart cylinder, which consists of an intermediate functionally graded elastic layer bonded with two inner and outer homogeneous piezoelectric ones. The bonding adhesives between the functionally graded layer and piezoelectric ones are considered by a spring layer, which may be perfect or imperfect. For a hybrid cylinder simply supported at its two ends, an exact elasticity (piezoelasticity) method based on state space formulations is employed. To approach the radial inhomogeneity of the functionally graded layer and facilitate the solving of state space equations, we adopt an approximate laminated model. In the above process, the anisotropy of materials and the polarized direction of piezoelectrics are considered. Finally, the effect of the related parameters on the free vibration and steady-state response of the hybrid cylinder is discussed in numerical examples.

Keywords: free vibration, steady-state response, functionally graded material, piezoelectric material, state space approach, spring layer model

1. Introduction

Functionally graded material (FGM) is a special non-homogeneous material, the volume fraction of its components and hence the material properties changing continuously in some direction. Though FGM was first introduced to reduce the thermal stresses [1], it has also attracted great attention in the study of smart structures consisting of host FGM structures bonded with piezoelectric actuators and sensors [2,3], which are smart in response to environmental changes. Liew et al. developed a generic finite element method to study the dynamic control of functionally graded (FG) shells in the frequency domain by using its surface self-monitoring piezoelectric sensors and self-controlling piezoelectric actuators [4]. Zhu et al. employed the Bolotin's method to analyze the Mathieu-Hill equations which govern the dynamic instability region of FG piezoelectric circular cylindrical shells [5]. Shen and Noda investigated the postbuckling of a pressure-loaded FG cylindrical shell bonded with piezoelectric actuators [6], where the material properties of FGM and piezoelectrics are supposed to be temperature-dependent.

In this paper, a smart FG cylinder, which can be either axially polarized (APP) or radially polarized (RPP), is investigated. Since the bonding adhesive at interfaces between the FG layer and the piezoelectric layers may become degenerated during the service time or an artificial weak bonding is introduced occasionally to reduce the concentration of transverse shear stresses and prevent laminates from shear failure, research on the characteristic of interfaces has gained much attention nowadays [7-8]. Cai et al. investigated the bending and free vibration of a simply supported angle-ply laminated cylindrical panel with perfectly or imperfectly bonded layers [9]. Bui et al. employed interface finite elements to study the influence of imperfect interlaminar inter-faces on the local mechanical behavior of composite laminates [10]. A general linear spring-layer model applied by Librescu [11] and Chen et al. [12-14] is employed in this paper, since it is not only convenient and effective to describe the important features of weak interfaces, but also sufficiently precise at the initial stage of the interfacial delamination. Directly based on the three-dimensional equations of elasticity or piezo-elasticity, a set of state equations is obtained to analyze the free vibration and steady-state response of a simply supported smart cylinder, which is conveniently solved after an approximate laminated model is introduced. Effect of some related parameters on the behavior of the smart cylinder is discussed in the numerical examples.

2. State Space Method

Consider a smart hybrid cylinder in Figure 1. The host FG elastic layer, which is inhomogeneous along the radial direction, is integrated with homogeneous piezoelectric sensor and actuator on its inner and outer surfaces, respectively. The thickness of the three layers is H_1, H_2 and H_3, respectively, and H (=H_1+H_2+H_3) is the total thickness of the hybrid cylinder. Besides, L and R represent the length and inner radius, respectively. To facilitate the analytical procedure, cylindrical coordinates, r, θ, z, are adopted.

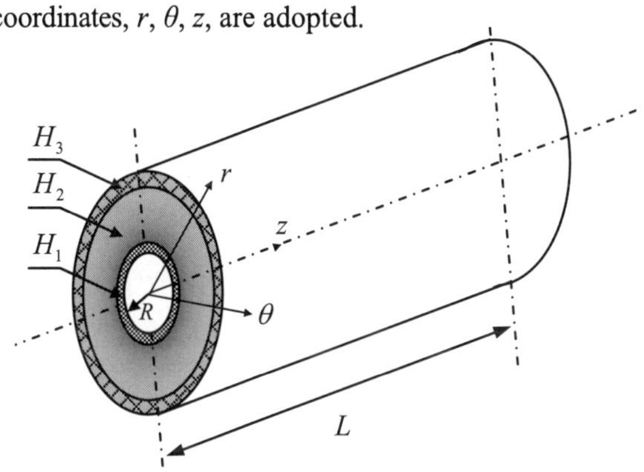

Figure 1. Geometry and cylindrical coordinates of a smart cylinder.

Suppose the cylinder is simply supported at its two ends, then the mechanical boundary conditions at z=0 and L are [15]

$$u_r = 0,\ u_\theta = 0 \text{ and } \sigma_{zz} = 0 \tag{1}$$

2.1. *Formulations for piezoelectric layer*

From the basic equations of orthotropic piezoelectric materials [15], the state equations can be directly derived by following a routine way. In absence of body force and free charge density, they are

$$\partial \mathbf{Y} / \partial r = \mathbf{MY} \tag{2}$$

where $\mathbf{M}$ is an eighth-order operational matrix, whose expression is different for APP and RPP, and $\mathbf{Y}$ is named as a state vector, which is expanded as

$$\mathbf{Y} = \begin{Bmatrix} u_z \\ u_\theta \\ \sigma_{rr} \\ D_r \\ \sigma_{zr} \\ \sigma_{r\theta} \\ u_r \\ \Phi \end{Bmatrix} = \sum_{m=0}^{\infty}\sum_{n=0}^{\infty} \begin{Bmatrix} R\bar{u}_z(\eta)\cos(m\pi\zeta)\cos(n\theta) \\ R\bar{u}_\theta(\eta)\sin(m\pi\zeta)\sin(n\theta) \\ c_{44}^{s}\bar{\sigma}_{rr}(\eta)\sin(m\pi\zeta)\cos(n\theta) \\ \sqrt{c_{44}^{s}\varepsilon_{33}^{s}}\bar{D}_r(\eta)\sin(m\pi\zeta+\varphi_0)\cos(n\theta) \\ c_{44}^{s}\bar{\sigma}_{zr}(\eta)\cos(m\pi\zeta)\cos(n\theta) \\ c_{44}^{s}\bar{\sigma}_{\theta z}(\eta)\sin(m\pi\zeta)\sin(n\theta) \\ R\bar{u}_r(\eta)\sin(m\pi\zeta)\cos(n\theta) \\ R\sqrt{c_{44}^{s}/\varepsilon_{33}^{s}}\bar{\Phi}(\eta)\sin(m\pi\zeta+\varphi_0)\cos(n\theta) \end{Bmatrix} \exp(i\omega t) \tag{3}$$

where $\eta = r/R$ and $\zeta = z/L$. m and n are axial half-wave number and circumferential wave number, respectively. ω is the circular frequency. φ_0 equals $\pi/2$ or 0 for APP and RPP, respectively. c_{44}^{s} and ε_{33}^{s} are corresponding material constants of the piezoelectric sensor. The overbar on each quantity denotes a dimensionless quantity.

Substituting Eq. (3) into Eq. (2) leads to

$$d\bar{\mathbf{Y}} / d\eta = \mathbf{D}\bar{\mathbf{Y}} \tag{4}$$

where $\bar{\mathbf{Y}}$ is the dimensionless state vector of $\mathbf{Y}$, and the coefficient matrix $\mathbf{D}$ consists of the material constants, the radial coordinates η and so on.

2.2. *Formulations for FG elastic layer*

From the basic equations for elastic cylinder and in a similar way, the state equation for the FG elastic layer can be derived as

$$d\bar{\mathbf{Y}}^{\mathrm{f}} / d\eta = \mathbf{D}^{\mathrm{f}}\bar{\mathbf{Y}}^{\mathrm{f}} \tag{5}$$

where $\bar{\mathbf{Y}}^{\mathrm{f}} = [\bar{u}_z\ \bar{u}_\theta\ \bar{\sigma}_{rr}\ \bar{\sigma}_{zr}\ \bar{\sigma}_{r\theta}\ \bar{u}_r]^{\mathrm{T}}$ is a dimension-less state vector for the FG elastic layer, and the sixth-order coefficient matrix $\mathbf{D}^{\mathrm{f}}$ can be obtained by letting e_{ij} vanished and deleting the fourth and eighth rows and columns of $\mathbf{D}$.

2.3. *Solutions to state equations*

It is difficult to solve Eqs. (4) and (5) directly since the coefficient matrixes, $\mathbf{D}$ and $\mathbf{D}^{\mathrm{f}}$, are variable through the radial direction. So we adopt an approximate laminated model [14] here. That is, the cylinder is equally divided into fictitious piece layers, within each layer, all the $\mathbf{D}$ and $\mathbf{D}^{\mathrm{f}}$ are approximated to take the same value at each mid-layer. In the light of this model, Eqs. (4) and (5) can be solved readily now. In a certain layer, such as the jth layer, the solutions are

$$\bar{\mathbf{Y}}(\eta) = \exp[(\eta - \eta_j^0)\mathbf{D}_j]\bar{\mathbf{Y}}(\eta_j^0) \tag{6}$$

where η_j^0 takes the value of η at the inner surface of the jth layer.

To consider the continuity of the state vectors between each fictitious layer, the following transfer equations can be obtained from Eq. (6)

$$\overline{\mathbf{Y}}^{\mathrm{s}}(\eta_1)=\mathbf{T}^{\mathrm{s}}\overline{\mathbf{Y}}^{\mathrm{s}}(1),\quad \overline{\mathbf{Y}}^{\mathrm{f}}(\eta_2)=\mathbf{T}^{\mathrm{f}}\overline{\mathbf{Y}}^{\mathrm{f}}(\eta_1),\quad \overline{\mathbf{Y}}^{\mathrm{a}}(\eta_3)=\mathbf{T}^{\mathrm{a}}\overline{\mathbf{Y}}^{\mathrm{a}}(\eta_2) \tag{7}$$

where (and hereunder) the superscripts 's', 'f' and 'a' denote the quantities of the piezoelectric sensor, the FG layer and the piezoelectric actuator respectively, and

$$\eta_1=1+H_1/R,\quad \eta_2=\eta_1+H_2/R,\quad \eta_3=\eta_2+H_3/R.$$

$$\begin{aligned}\mathbf{T}^{\mathrm{s}}&=\prod_{j=p_1}^{1}\exp(\mathbf{D}_j^{\mathrm{s}}/p_1\cdot H_1/R)\\ \mathbf{T}^{\mathrm{f}}&=\prod_{j=p_2}^{1}\exp(\mathbf{D}_j^{\mathrm{f}}/p_2\cdot H_2/R)\\ \mathbf{T}^{\mathrm{a}}&=\prod_{j=p_3}^{1}\exp(\mathbf{D}_j^{\mathrm{a}}/p_3\cdot H_3/R)\end{aligned} \tag{8}$$

where p_1, p_2 and p_3 are the numbers of fictitious layers of the piezoelectric sensor, the FG elastic layer and the piezoelectric actuator respectively.

3. Description of imperfect interfaces

The interfaces between the piezoelectric layers and FG layer are supposed to be imperfect, and a linear spring model [12-14] is employed to describe the constitutive relations at the two interfaces, that is

(1) At the interface between the piezoelectric sensor and the FG layer ($\eta=\eta_1$)

$$\sigma_{r\ell}^{\mathrm{s}}=\sigma_{r\ell}^{\mathrm{f}}=(u_\ell^{\mathrm{f}}-u_\ell^{\mathrm{s}})/R_\ell^{\mathrm{s}} \tag{9-1}$$

(2) At the interface between the FG layer and the piezoelectric actuator ($\eta=\eta_2$)

$$\sigma_{r\ell}^{\mathrm{a}}=\sigma_{r\ell}^{\mathrm{f}}=(u_\ell^{\mathrm{a}}-u_\ell^{\mathrm{f}})/R_\ell^{\mathrm{a}} \tag{9-2}$$

where $\ell=r,\ \theta,\ z$. R_ℓ is the compliance coefficient of adhesives at two interfaces. Obviously, the present model can describe several cases of bonding imperfections when different values of R_ℓ are assigned. For example, the slip-type imperfection can be modeled by setting R_r to zeros as well as keeping R_θ and R_z as finite constants. When each R_ℓ is assigned to be zeros or infinites, the model then represents a completely perfect or completely delaminated interface respectively.

Incorporating Eq. (3) with Eq. (9), one can obtain

$$\overline{\mathbf{Y}}^{\mathrm{f}}(\eta_1)=\mathbf{P}^{\mathrm{s}}\overline{\mathbf{Y}}_{\mathrm{m}}^{\mathrm{s}}(\eta_1),\quad \overline{\mathbf{Y}}_{\mathrm{m}}^{\mathrm{a}}(\eta_2)=\mathbf{P}^{\mathrm{a}}\overline{\mathbf{Y}}^{\mathrm{f}}(\eta_2) \tag{10}$$

where $\overline{\mathbf{Y}}_{\mathrm{m}}^{\mathrm{s}}$ and $\overline{\mathbf{Y}}_{\mathrm{m}}^{\mathrm{a}}$ are the mechanical part of $\overline{\mathbf{Y}}^{\mathrm{s}}$ and $\overline{\mathbf{Y}}^{\mathrm{a}}$ respectively, $\mathbf{P}^{\mathrm{s}}$ and $\mathbf{P}^{\mathrm{a}}$ are the compliance matrixes, which become identity matrixes if the interfaces are perfect.

4. Boundary conditions and the global governing equation

4.1. *Boundary conditions*

For the piezoelectric actuator, a voltage is imposed between its inner and outer surfaces, so the electric boundary conditions are [14]

$$\Phi=\Phi^{(k)}(\zeta,\theta)\exp(i\omega t) \tag{11}$$

where ω is the circular frequency of the imposed electric potentials, and $\Phi^{(k)}$ ($k=1$ and 2 for $\eta=\eta_3$ and η_2, respectively) are the amplitudes, which can be expanded as

$$\Phi^{(k)}=\sum_{m=0}^{\infty}\sum_{n=0}^{\infty}R\sqrt{c_{44}^{\mathrm{s}}/\varepsilon_{33}^{\mathrm{s}}}\,f_{mn}^{(k)}\sin(m\pi\zeta+\varphi_0)\cos(n\theta) \tag{12}$$

where $f_{mn}^{(k)}$ are the Fourier coefficients.

Connecting Eq. (11) with Eq. (7) yields

$$\begin{aligned}\overline{D}_r(\eta_2)&=\frac{f_{mn}^{(1)}-T_{88}^{\mathrm{a}}f_{mn}^{(2)}}{T_{84}^{\mathrm{a}}}-\frac{1}{T_{84}^{\mathrm{a}}}[T_{81}^{\mathrm{a}}\ T_{82}^{\mathrm{a}}\ T_{83}^{\mathrm{a}}\ T_{85}^{\mathrm{a}}\ T_{86}^{\mathrm{a}}\ T_{87}^{\mathrm{a}}]\overline{\mathbf{Y}}_{\mathrm{m}}^{\mathrm{a}}(\eta_2)\\ \overline{\mathbf{Y}}_{\mathrm{m}}^{\mathrm{a}}(\eta_3)&=\left\{[\mathbf{C}_1^{\mathrm{a}}\ \mathbf{C}_2^{\mathrm{a}}\ \mathbf{C}_3^{\mathrm{a}}\ \mathbf{C}_5^{\mathrm{a}}\ \mathbf{C}_6^{\mathrm{a}}\ \mathbf{C}_7^{\mathrm{a}}]-\frac{1}{T_{\mathrm{a}}^{84}}\mathbf{C}_4^{\mathrm{a}}\mathbf{R}_8^{\mathrm{a}}\right\}\overline{\mathbf{Y}}_{\mathrm{m}}^{\mathrm{a}}(\eta_2)\\ &\quad+\frac{f_{mn}^{(1)}-T_{88}^{\mathrm{a}}f_{mn}^{(2)}}{T_{84}^{\mathrm{a}}}\mathbf{C}_4^{\mathrm{a}}+f_{mn}^{(2)}\mathbf{C}_8^{\mathrm{a}}\end{aligned} \tag{13}$$

where T_{ij}^{a} are elements of matrix $\mathbf{T}^{\mathrm{a}}$, and

$$\begin{aligned}\mathbf{C}_i^{\mathrm{a}}&=[T_{1i}^{\mathrm{a}}\ T_{2i}^{\mathrm{a}}\ T_{3i}^{\mathrm{a}}\ T_{5i}^{\mathrm{a}}\ T_{6i}^{\mathrm{a}}\ T_{7i}^{\mathrm{a}}]^{\mathrm{T}}\\ \mathbf{R}_i^{\mathrm{a}}&=[T_{i1}^{\mathrm{a}}\ T_{i2}^{\mathrm{a}}\ T_{i3}^{\mathrm{a}}\ T_{i5}^{\mathrm{a}}\ T_{i6}^{\mathrm{a}}\ T_{i7}^{\mathrm{a}}]\end{aligned} \tag{14}$$

The electric boundary conditions of the piezoelectric sensor are [14]

$$\Phi=0\ \text{ at }\ \eta=\eta_1,\quad D_r=0\ \text{ at }\ \eta=1 \tag{15}$$

In a similar manner, the following formulas can be derived

$$\begin{aligned}\overline{\Phi}(1)&=-[T_{81}^{\mathrm{s}}\ T_{82}^{\mathrm{s}}\ T_{83}^{\mathrm{s}}\ T_{85}^{\mathrm{s}}\ T_{86}^{\mathrm{s}}\ T_{87}^{\mathrm{s}}]\overline{\mathbf{Y}}_{\mathrm{m}}^{\mathrm{s}}(1)/T_{88}^{\mathrm{s}}\\ \overline{\mathbf{Y}}_{\mathrm{m}}^{\mathrm{s}}(\eta_1)&=\left\{[\mathbf{C}_1^{\mathrm{s}}\ \mathbf{C}_2^{\mathrm{s}}\ \mathbf{C}_3^{\mathrm{s}}\ \mathbf{C}_5^{\mathrm{s}}\ \mathbf{C}_6^{\mathrm{s}}\ \mathbf{C}_7^{\mathrm{s}}]-\mathbf{C}_8^{\mathrm{s}}\mathbf{R}_8^{\mathrm{s}}/T_{88}^{\mathrm{s}}\right\}\overline{\mathbf{Y}}_{\mathrm{m}}^{\mathrm{s}}(1)\end{aligned} \tag{16}$$

where T_{ij}^{s} are elements of matrix $\mathbf{T}^{\mathrm{s}}$, and

$$\begin{aligned}\mathbf{C}_i^{\mathrm{s}}&=[T_{1i}^{\mathrm{s}}\ T_{2i}^{\mathrm{s}}\ T_{3i}^{\mathrm{s}}\ T_{5i}^{\mathrm{s}}\ T_{6i}^{\mathrm{s}}\ T_{7i}^{\mathrm{s}}]^{\mathrm{T}}\\ \mathbf{R}_i^{\mathrm{s}}&=[T_{i1}^{\mathrm{s}}\ T_{i2}^{\mathrm{s}}\ T_{i3}^{\mathrm{s}}\ T_{i5}^{\mathrm{s}}\ T_{i6}^{\mathrm{s}}\ T_{i7}^{\mathrm{s}}]\end{aligned} \tag{17}$$

Connecting with Eqs. (7), (10), (13) and (16), we can obtain the global elastic transfer relation

$$\overline{\mathbf{Y}}^{\mathrm{a}}_{\mathrm{m}}(\eta_3) = \mathbf{S}\overline{\mathbf{Y}}^{\mathrm{s}}_{\mathrm{m}}(1) + \mathbf{B} \tag{18}$$

where

$$\mathbf{S} = \left\{[\mathbf{C}^{\mathrm{a}}_1\ \ \mathbf{C}^{\mathrm{a}}_2\ \ \mathbf{C}^{\mathrm{a}}_3\ \ \mathbf{C}^{\mathrm{a}}_5\ \ \mathbf{C}^{\mathrm{a}}_6\ \ \mathbf{C}^{\mathrm{a}}_7] - \mathbf{C}^{\mathrm{a}}_4\mathbf{R}^{\mathrm{a}}_8 / T^{84}_{\mathrm{a}}\right\} \times \mathbf{P}_{\mathrm{a}}\mathbf{T}_{\mathrm{f}}\mathbf{P}_{\mathrm{s}} \times \left\{[\mathbf{C}^{\mathrm{s}}_1\ \ \mathbf{C}^{\mathrm{s}}_2\ \ \mathbf{C}^{\mathrm{s}}_3\ \ \mathbf{C}^{\mathrm{s}}_5\ \ \mathbf{C}^{\mathrm{s}}_6\ \ \mathbf{C}^{\mathrm{s}}_7] - \mathbf{C}^{\mathrm{s}}_8\mathbf{R}^{\mathrm{s}}_8 / T^{\mathrm{s}}_{88}\right\}$$

$$\mathbf{B} = (f^{(1)}_{mn} - T^{\mathrm{a}}_{88} f^{(2)}_{mn})\mathbf{C}^{\mathrm{a}}_4 / T^{\mathrm{a}}_{84} + f^{(2)}_{mn}\mathbf{C}^{\mathrm{a}}_8 \tag{19}$$

Suppose the inner and outer surfaces are free, then the mechanical boundary conditions at the inner and outer surfaces ($\eta = 1$ and η_3, respectively) are

$$\sigma_{r\theta} = 0,\ \sigma_{zr} = 0,\ \sigma_{rr} = 0 \tag{20}$$

4.2. *Governing equation*

From Eqs. (18) and (20), we can obtain

$$\begin{bmatrix} S_{31} & S_{32} & S_{36} \\ S_{41} & S_{42} & S_{46} \\ S_{51} & S_{52} & S_{56} \end{bmatrix} \begin{Bmatrix} \overline{u}_z(1) \\ \overline{u}_\theta(1) \\ \overline{u}_r(1) \end{Bmatrix} = - \begin{Bmatrix} B_3 \\ B_4 \\ B_5 \end{Bmatrix} \tag{21}$$

where S_{ij} and B_i are elements of matrix **S** and vector **B**, respectively. So the governing equation of the steady-state response of the hybrid cylinder is deduced

$$\begin{Bmatrix} \overline{u}_z(1) \\ \overline{u}_\theta(1) \\ \overline{u}_r(1) \end{Bmatrix} = - \begin{bmatrix} S_{31} & S_{32} & S_{36} \\ S_{41} & S_{42} & S_{46} \\ S_{51} & S_{52} & S_{56} \end{bmatrix}^{-1} \cdot \begin{Bmatrix} B_3 \\ B_4 \\ B_5 \end{Bmatrix} \tag{22}$$

From Eq.(22), the displacement components and in turn the mechanical state vector, $\overline{\mathbf{Y}}^{\mathrm{s}}_{\mathrm{m}}(1)$, can be determined. Now the three basic state vectors, $\overline{\mathbf{Y}}^{\mathrm{s}}(1)$, $\overline{\mathbf{Y}}^{\mathrm{f}}(\eta_1)$ and $\overline{\mathbf{Y}}^{\mathrm{a}}(\eta_2)$ can be determined by the virtue of Eqs. (7), (10), (13) and (16). Finally, each state vector is solved from Eq. (6).

The governing equation of the free vibration can be also derived from Eq. (21). In this case, the piezoelectric actuator is grounded and **B**=0, so the Eq. (21) becomes homogeneous simultaneous equations. For non-trivial solution to exist, the following frequency equation is obtained

$$\begin{vmatrix} S_{31} & S_{32} & S_{36} \\ S_{41} & S_{42} & S_{46} \\ S_{51} & S_{52} & S_{56} \end{vmatrix} = 0 \tag{23}$$

5. Numerical examples

In present section, the free vibration and steady-state response of the hybrid cylinder are considered. Suppose the thickness ratio is $H_1{:}H_2{:}H_3$=1:2:1, the total thickness-inner radius ratio is H/R=0.5, and the length-inner radius ratio is L/R=4. For the FG layer, the distributions of material properties must be determined. There have been several nonhomogeneous models of FGM in literature. Here the following model is considered

$$P(\eta) = P_{\mathrm{o}}\left(\frac{\eta - \eta_1}{\eta_2 - \eta_1}\right)^{\kappa} + P_{\mathrm{i}}\left[1 - \left(\frac{\eta - \eta_1}{\eta_2 - \eta_1}\right)^{\kappa}\right],\quad \eta_1 \le \eta \le \eta_2 \tag{24}$$

where κ is a gradient index, which equals to 0.5 in the numerical examples. P represents an arbitrary material constant of the FGM, while P_{i} and P_{o} refer to the corresponding ones of two homogeneous materials, which are Ti-6Al-4V and SiC respectively in this paper, whose material constants are listed in Table 1. Noted that the two homogeneous materials are isotropic, so the elastic constant c_{ij} should be recalculated by the rules in [15]. Table 2 gives the material constants of piezo-electric sensor and actuator, which are PVDF and PZT-4 respectively.

Table 1. Material constants of two homogenous materials of the FG layer

Property	Young's modulus E (GPa)	Poisson's ratio ν	Mass density ρ (Kg/m^3)
P_{i} (Ti-6Al-4V)	110	0.30	4500
P_{o} (SiC)	440	0.25	2700

Table 2. Material constants of piezoelectric sensor and actuator
(Units: c_{ij}-10^{10}N/m^2, ε_{ij}-10^{-11}F/m, e_{ij}-C/m^2, ρ-Kg/m^3)

Property	c_{11}	c_{12}	c_{13}	c_{22}	c_{23}	c_{33}	c_{44}	c_{55}	c_{66}
PVDF	0.361	0.161	0.142	0.313	0.131	0.163	0.055	0.059	0.069
PZT-4	13.9	7.78	7.43	13.9	7.43	11.5	2.56	2.56	3.06
Property	e_{15}	e_{24}	e_{31}	e_{32}	e_{33}	ε_{11}	ε_{22}	ε_{33}	ρ
PVDF	-0.0159	-0.0127	0.0321	-0.00407	-0.0212	5.4	6.64	5.93	1800
PZT-4	12.7	12.7	-5.2	-5.2	15.1	646.4	646.4	562.2	7500

To avoid the phenomenon of material penetration at two interfaces [12-14], we assume $R^{\mathrm{s}}_r = R^{\mathrm{a}}_r = 0$ in the following numerical examples. Besides we suppose $R^{\mathrm{s}}_\theta = R^{\mathrm{a}}_\theta$ and $R^{\mathrm{s}}_z = R^{\mathrm{a}}_z$ for brevity. Two dimensionless parameters are further introduced as $\overline{R}_\theta = R^{\mathrm{s}}_\theta c^{\mathrm{s}}_{44} / R$ and $\overline{R}_z = R^{\mathrm{s}}_z c^{\mathrm{s}}_{44} / R$. The couple of (a-r) hereunder represents the piezoelectric actuator is axially polarized and the piezoelectric sensor is radially polarized, and so on.

5.1. *Free vibration*

First we investigate the effect of the compliance coefficients and the polarized direction of the piezoelectric sensor and actuator on the lowest dimensionless natural frequency $\Omega\,(= \omega R\sqrt{\rho^{\mathrm{s}} / c^{\mathrm{s}}_{44}})$. In Fig. 2, the wave numbers are m=1 and n=1.

From Fig. 2, we find that the Ω decreases with $\overline{R}_z$ and $\overline{R}_\theta$, which indicates that the growth of the compliance coefficient will reduce the overall stiffness

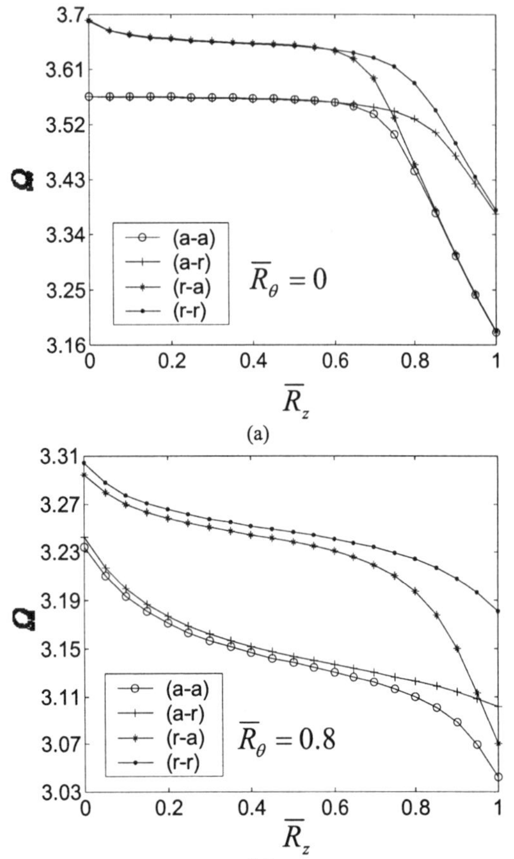

Figure 2. Curves of Ω versus $\overline{R}_z$.

of the hybrid cylinder. The Ω is also affected by the polarized direction of the piezoelectric sensor and actuator, when the sensor and actuator are both radially polarized, the natural frequencies are the highest, while they are both axially polarized, the natural frequencies are the lowest. At the initial stage of the interfacial delamination (i.e. $\overline{R}_z$ and $\overline{R}_\theta$ are very small), the natural frequencies of the axially polarized sensor and the radially polarized actuator are larger than that of the radially polarized sensor and the axially polarized actuator. While at the following stage, the result will be reversed.

5.2. *Steady-state response*

Now the effect of the compliance coefficients and the polarized direction on the steady-state response is studied. Suppose the electric potentials applied on the piezoelectric actuator are $\Phi=0$ at $\eta=\eta_2$ and $\Phi = R\sqrt{c_{44}^s / \varepsilon_{33}^s}\sin(\pi\zeta+\varphi_0)\cos\theta\cdot\exp(i\omega t)$ at $\eta=\eta_3$, respectively. Table 3 lists the first two lowest natural frequencies of this cylinder, then the dimensionless forced vibration frequency is assumed to be $\Omega=5$, and the steady-state responses of the hybrid cylinder are displayed in Figure 3, where the continuous and broken curers are curves for $\overline{R}_\theta=\overline{R}_z=0$ and for $\overline{R}_\theta=\overline{R}_z=0.2$, respectively.

Table 3. The first two lowest natural frequencies

Polarized direction	$\overline{R}_\theta=\overline{R}_z=0$ 1st order	2nd order	$\overline{R}_\theta=\overline{R}_z=0.2$ 1st order	2nd order
(a-r)	3.5647	9.6925	3.3100	5.2480
(r-a)	3.6906	9.7127	3.4018	5.5074

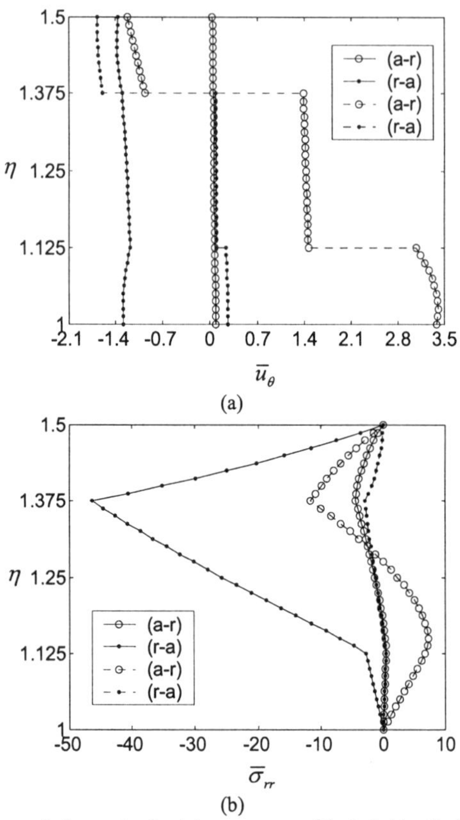

Figure 3. Some steady-state responses of the hybrid cylinder.

From Fig. 3, some conclusions can be drawn. Firstly, when the interfacial imperfection is present, the amplitudes of the lateral displacement $\overline{u}_\theta$ are discontinuous across the two bonding interfaces. Secondly, the appearance of the interfacial delamination reduces not only the overall stiffness but also the natural frequencies, and hence it not always reduces the steady-state responses of the hybrid cylinder. For example, the $\overline{u}_\theta$ of the hybrid cylinder, whose actuator and sensor are axially and radially polarized respectively (i.e. the case of (a-r) in these figures), increases instead of decreases when the interfaces become weak, since the near resonant vibration happens when the overall stiffness falls down. Finally, the steady-state responses of the hybrid cylinder are affected by the polarized direction of piezoelectrics. During the transformation of the perfect interfaces ($\overline{R}_\theta=\overline{R}_z=0$) into the imperfect interfaces ($\overline{R}_\theta=\overline{R}_z=$ 0.2), $\overline{u}_\theta$ and $\overline{\sigma}_{rr}$ of the radially polarized sensor ($1\leq\eta\leq1.125$) increase, while those of the axially polarized sensor decrease. The analogous phenomenon also exists for the actuator.

6. Conclusion

In this paper, the free vibration and steady-state response of a smart cylinder are studied. To consider the weakness of interfaces between the homogeneous piezoelectric laminates and the elastic FGM layer, a general linear spring-layer model is employed, which includes several compliance coefficients and can characterize the interfaces from completely perfect to completely debonded. The state space method combined with an approximate laminated model is employed to obtain the solutions of a simply supported cylinder. Without simplifying assumptions on the distributions of the mechanical and electrical fields along the thickness direction, results presented in the paper can serve as benchmarks for clarifying any simplified theories and numerical methods.

Through numerical examples, we find that the natural frequency decreases with the interfacial imperfection, indicating that the global stiffness of the hybrid cylinder is reduced. The steady-state response, however, doesn't decrease at all time, since the natural frequency is changed and resonant vibration may occur. The polarized direction of piezoelectrics will also change the behavior of the hybrid cylinder, to which attention should be should be paid in practice.

Acknowledgments

The work was supported by the National Natural Science Foundation of China (No. 10432030), the Research Foundation for Scholars of NIT (No. 1142357G608), and the Specialized Research Fund for the Doctoral Program of Higher Education (No. 20060335107).

References

1. B.H. Rabin, I. Shiota, Functionally gradient materials, *MRS. Bull.* **20**, 14 (1995).
2. A. Chakraborty, S. Gopalakrishnan, A spectrally formulated finite element for wave propagation analysis in functionally graded beams, *Int. J. Solids Struct.* **40**, 2421 (2003).
3. K.M. Liew, J. Yang, S. Kitipornchai, Postbuckling of piezoelectric FGM plates subject to thermo-electro-mechanical loading, *Int. J. Solids Struct.* **40**, 3869 (2003).
4. K.M. Liew, X.Q. He, S. Kitipornchai, Finite element method for the feedback control of FGM shells in the frequency domain via piezoelectric sensors and actuators, *Comput. Meth. Appl. Mech. Eng.* **193**, 257 (2004).
5. J. Zhu, C. Chen, Y. Shen, S. Wang, Dynamic stability of functionally graded piezoelectric circular cylindrical shells, *Mater. Lett.* **59**, 477 (2005).
6. H.S. Shen, N. Noda, Postbuckling of pressure-loaded FGM hybrid cylindrical shells in thermal environments, *Compos. Struct.* **77**, 546 (2007).
7. J. Aboudi, Damage in composites modeling of imperfect bonding, *Compos. Sci. Tech.* **28**, 103 (1987).
8. L.H. He, C.W. Lim, Electromechanical responses of piezoelectric fiber composites with sliding interface under anti-plane deformations, *Compos. Part B* **34**, 373 (2003).
9. J.B. Cai, W.Q. Chen, G.R. Ye, Effect of interlaminar bonding imperfections on the behavior of angle-ply laminated cylindrical panels, *Compos. Sci. Tech.* **64**, 1753 (2004).
10. V.Q. Bui, E. Marechal, H. Nguyen-Dang, Imperfect interlaminar interfaces in laminated composites: interlaminar stresses and strain-energy release rates, *Compos. Sci. Tech.* 60, 131 (2000).
11. L. Librescu, R. Schmidt, A general linear theory of laminated composite shells featuring inter- laminar bonding imperfections, *Int. J. Solids Struct.* **38**, 3355 (2001).
12. W.Q. Chen, J.P. Jung, K.Y. Lee, Static and dynamic behavior of simply-supported cross-ply laminated piezoelectric cylindrical panels with imperfect bonding, *Compos. Struct.* **74**, 265 (2006).
13. W.Q. Chen, J.B. Cai, G.R. Ye, Y.F. Wang, Exact three-dimensional solutions of laminated orthotropic piezoelectric rectangular plates featuring interlaminar bonding imperfections modeled by a general spring layer, *Int. J. Solids Struct.* **41**, 5247 (2004).
14. Z.G. Bian, J. Ying, W.Q. Chen, H.J. Ding, Bending and free vibration analysis of a smart functionally graded plate, *Struct. Eng. Mech.* **23**, 97 (2006).
15. H.J. Ding, W.Q. Chen, *Three Dimensional Problems of Piezoelasticity*, Nova Science Publishers, New York (2001).

RADIAL VIBRATION OF ELASTO-PIEZOELECTRIC COMPOSITE CYLINDER WITH AN ISOTROPIC ELASTIC CORE

Hui-Ming WANG
Department of Mechanics, College of Mechanical and Energy Engineering, Zhejiang University, ZheDa Road 38, Hangzhou, 310027, P. R. China
Email: wanghuiming@zju.edu.cn

HAO-JIANG DING
Department of Civil Engineering, College of Civil Engineering and Architecture, Zhejiang University, ZheDa Road 38, Hangzhou, 310027, P. R. China

The transient responses of infinite elasto-piezoelectric composite hollow cylinder with an isotropic core under radial vibration are obtained. According to the charge equation of electrostatics, the expression of electric displacement for piezoelectric layer is first expressed by a product of a known function about radial distance and an unknown function about time. Then the governing equations for mechanical field of the piezoelectric layer, involving the unknown time function, are derived. By the method of superposition, the dynamic solutions for both elastic and piezoelectric layers are divided into two parts named as quasi-static and dynamic parts. The quasi-static part is obtained in an explicit form and the dynamic part is solved by the separation of variables method. Both the quasi-static and dynamic parts thus obtained involve the undetermined time function. By means of the electric boundary conditions, a Volterra integral equation of the second kind with respect to the unknown time function is derived. Interpolation method is introduced to solve the integral equation efficiently. The displacements, stresses and electric fields are finally determined. Numerical results are presented.

Keywords: radial vibration, composite hollow cylinder, Volterra integral equation

1. Introduction

The piezoelectric materials, also named as intelligent materials, are often bonded on or embedded in the host structures acted as sensors or actuators in modern structural engineering [1,2].

The content for studying the coupling effect between the mechanical and electric fields has long been an important subject and many achievements have been obtained. Zhang and Sun [3] obtained the approximate solution for a sandwich plate containing a piezoelectric core. Vel and Batra [4] obtained the three-dimension solution for hybrid multilayered piezoelectric plates. Rajapakse and Zhou [5] studied the static stress distribution in fibre-reinforced composite cylinder containing piezoelectric sensors/actuators. Jin et al. [6] investigated the Lamb wave propagation in a metallic semi-infinite medium covered with piezoelectric layer. Wang et al. [7] also studied the shear direction acoustic wave in composite cylinder covered by a piezoelectric layer. Wang and Ding [8] further studied the transient response of a composite hollow sphere composed of elastic and piezoelectric layers under electric and mechanical excitation.

In this paper, the transient response of electro-piezoelectric composite hollow cylinder with an isotropic elastic core is analyzed. The stress focusing effect at the center of isotropic core is also presented.

2. Problem statement and basic equations

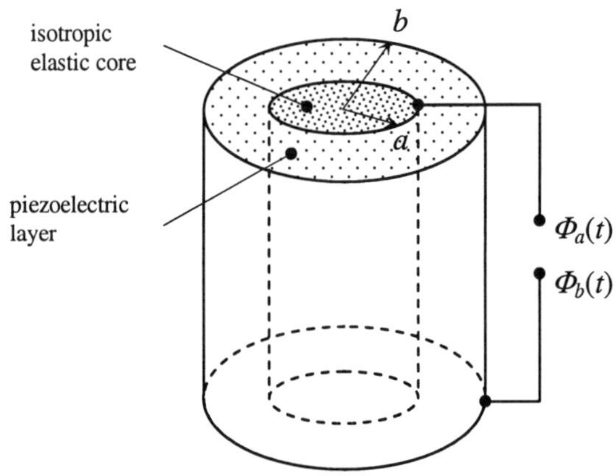

Figure 1. Geometry of an elasto-piezoelectric composite cylinder with an isotropic core.

As shown in Fig. 1, the composite hollow cylinder is composed by a piezoelectric layer and an isotropic core.

The inner and outer radii of the piezoelectric layer are denoted as a and b, respectively. In the following statements and equations, we describe the problem in the cylindrical coordinate system (r, θ, z). The quantities denoted by the same symbols for elastic and piezoelectric layers are distinguished by the superscripts "E" and "P", respectively. For axisymmetric plane strain case, the non-zero components of displacement and electric potential satisfy $u_r^{(E)} = u_r^{(E)}(r,t)$, $u_r^{(P)} = u_r^{(P)}(r,t)$ and $\Phi = \Phi(r,t)$. The under considered case is that the elastic core is isotropic and the piezoelectric layer is orthotropic. For the sake of simplicity, we present all the equations in non-dimensional form. The constitutive relations are

$$\sigma_\theta^{(E)} = \bar{c}_{11}^{(E)} \frac{u^{(E)}}{\xi} + \bar{c}_{13}^{(E)} \frac{\partial u^{(E)}}{\partial \xi}, \qquad \sigma_r^{(E)} = \bar{c}_{13}^{(E)} \frac{u^{(E)}}{\xi} + \bar{c}_{33}^{(E)} \frac{\partial u^{(E)}}{\partial \xi}, \tag{1a}$$

$$\begin{aligned} \sigma_\theta^{(P)} &= \bar{c}_{11}^{(P)} \frac{u^{(P)}}{\xi} + \bar{c}_{13}^{(P)} \frac{\partial u^{(P)}}{\partial \xi} + e_1 \frac{\partial \phi}{\partial \xi}, \\ \sigma_r^{(P)} &= \bar{c}_{13}^{(P)} \frac{u^{(P)}}{\xi} + \bar{c}_{33}^{(P)} \frac{\partial u^{(P)}}{\partial \xi} + e_3 \frac{\partial \phi}{\partial \xi}, \\ D_r &= e_1 \frac{u^{(P)}}{\xi} + e_3 \frac{\partial u^{(P)}}{\partial \xi} - \frac{\partial \phi}{\partial \xi}. \end{aligned} \tag{1b}$$

The equations of motion are

$$\frac{\partial \sigma_r^{(i)}}{\partial \xi} + \frac{\sigma_r^{(i)} - \sigma_\theta^{(i)}}{\xi} = \bar{\rho}^{(i)} \frac{\partial^2 u^{(i)}}{\partial \tau^2} \quad (i = E, P), \tag{2a}$$

$$\frac{1}{\xi} \frac{\partial}{\partial \xi} [\xi D_r] = 0. \tag{2b}$$

The boundary conditions, the continuity conditions as well as the initial conditions are

$$u^{(E)}(0,\tau) = 0, \quad \sigma_r^{(P)}(1,\tau) = p(\tau), \tag{3}$$

$$\phi(s,\tau) = \phi_a(\tau), \quad \phi(1,\tau) = \phi_b(\tau), \tag{4}$$

$$u^{(E)}(s,\tau) = u^{(P)}(s,\tau), \quad \sigma_r^{(E)}(s,\tau) = \sigma_r^{(P)}(s,\tau), \tag{5}$$

$$u^{(i)}(\xi,0) = u_0^{(i)}(\xi), \quad \dot{u}^{(i)}(\xi,0) = v_0^{(i)}(\xi) \quad (i = E, P), \tag{6}$$

The non-dimensional transformation is presented as

$$\begin{aligned} & u^{(i)} = u_r^{(i)}/b, \quad \sigma_j^{(i)} = \sigma_{jj}^{(i)}/c_{33}^{(P)}, \quad \phi = \Phi/\Phi_0, \\ & D_r = D_{rr}/D_0, \quad \bar{c}_{jm}^{(i)} = c_{jm}^{(i)}/c_{33}^{(P)}, \quad e_j^{(P)} = e_{3j}^{(P)}/D_0, \\ & \bar{\rho}^{(i)} = \rho^{(i)}/\rho^{(P)}, \quad \phi_a = \Phi_a/\Phi_0, \quad \phi_b = \Phi_b/\Phi_0, \\ & u_0^{(i)} = U_0^{(i)}/b, \quad v_0^{(i)} = V_0^{(i)}/c_v, \quad p = q/c_{33}^{(P)}, \\ & D_0 = \sqrt{c_{33}^{(P)} \varepsilon_{33}}, \quad \Phi_0 = b\sqrt{c_{33}^{(P)}/\varepsilon_{33}}, \quad \xi = r/b, \\ & s = a/b, \quad \tau = c_v t/b, \quad c_v = \sqrt{c_{33}^{(P)}/\rho^{(P)}}. \end{aligned} \tag{7}$$

where $\sigma_{jj}^{(i)}(i = E, P)$ are the components of stress, and D_{rr} is the radial electric displacement in piezoelectric layer. $c_{jm}^{(i)}(i = E, P)$, e_{31} and e_{33}, and ε_{33} are the elastic, piezoelectric and dielectric constants, respectively. $\rho^{(i)}$ is the mass density of the ith layer. q is prescribed dynamic pressure acting on the outer surfaces. Φ_a and Φ_b are the known electric potentials applied on the inner and outer surfaces of piezoelectric layer, respectively. $U_0^{(i)}$ and $V_0^{(i)}$ are known functions of the radial coordinate r. In Eq. (6) and here after, a dot over a quantity denotes its partial derivative with respect to non-dimensional time τ.

3. Governing equations for mechanical field

The solution of Eq. (2b) can be written in a form as

$$D_r(\xi,\tau) = \eta(\tau)/\xi, \tag{8}$$

where $\eta(\tau)$ is an unknown function with respect to the non-dimensional time τ. Utilizing Eq. (8), the third of Eq. (1b) can be rewritten as.

$$\frac{\partial \phi}{\partial \xi} = e_1 \frac{u^{(P)}}{\xi} + e_3 \frac{\partial u^{(P)}}{\partial \xi} - \frac{\eta(\tau)}{\xi}, \tag{9}$$

The substitution of Eq. (9) into the first two of Eq. (1b) derives

$$\begin{aligned} \sigma_\theta^{(P)} &= \tilde{c}_{11}^{(P)} \frac{u^{(P)}}{\xi} + \tilde{c}_{13}^{(P)} \frac{\partial u^{(P)}}{\partial \xi} - e_1 \frac{\eta(\tau)}{\xi}, \\ \sigma_r^{(P)} &= \tilde{c}_{13}^{(P)} \frac{u^{(P)}}{\xi} + \tilde{c}_{33}^{(P)} \frac{\partial u^{(P)}}{\partial \xi} - e_3 \frac{\eta(\tau)}{\xi}, \end{aligned} \tag{10}$$

where

$$\tilde{c}_{11}^{(P)} = \bar{c}_{11}^{(P)} + e_1 e_1, \quad \tilde{c}_{13}^{(P)} = \bar{c}_{13}^{(P)} + e_1 e_3, \quad \tilde{c}_{33}^{(P)} = \bar{c}_{33}^{(P)} + e_3 e_3, \tag{11}$$

The substitution of Eqs. (1a) and (10) into Eq. (2a) derives

$$\frac{\partial^2 u^{(E)}}{\partial \xi^2} + \frac{1}{\xi} \frac{\partial u^{(E)}}{\partial \xi} - \frac{\mu_E^2}{\xi^2} u^{(E)} = \frac{1}{c_E^2} \frac{\partial^2 u^{(E)}}{\partial \tau^2}, \tag{12a}$$

$$\frac{\partial^2 u^{(P)}}{\partial \xi^2} + \frac{1}{\xi} \frac{\partial u^{(P)}}{\partial \xi} - \frac{\mu_P^2}{\xi^2} u^{(P)} = \frac{1}{c_P^2} \frac{\partial^2 u^{(P)}}{\partial \tau^2} - \bar{e}_1 \frac{\eta(\tau)}{\xi^2}, \tag{12b}$$

where

$$\begin{aligned} & c_E = \sqrt{\bar{c}_{33}^{(E)}/\bar{\rho}^{(E)}}, \quad c_P = \sqrt{\tilde{c}_{33}^{(P)}/\bar{\rho}^{(P)}}, \quad \bar{e}_1 = e_1/\tilde{c}_{33}^{(P)}, \\ & \mu_E = \sqrt{\bar{c}_{11}^{(E)}/\bar{c}_{33}^{(E)}} = 1, \quad \mu_P = \sqrt{\tilde{c}_{11}^{(P)}/\tilde{c}_{33}^{(P)}}, \end{aligned} \tag{13}$$

4. Solution approach for mechanical field

According to the method of superposition, the displacement and stresses are divided into two parts as

$$\begin{aligned} & u^{(i)} = u_s^{(i)} + u_d^{(i)}, \quad \sigma_r^{(i)} = \sigma_{rs}^{(i)} + \sigma_{rd}^{(i)}, \\ & \sigma_\theta^{(i)} = \sigma_{\theta s}^{(i)} + \sigma_{\theta d}^{(i)} \quad (i = E, P). \end{aligned} \tag{14}$$

In Eq. (14), we also set

$$\sigma_{rs}^{(E)} = \bar{c}_{13}^{(E)} \frac{u_s^{(E)}}{\xi} + \bar{c}_{33}^{(E)} \frac{\partial u_s^{(E)}}{\partial \xi},$$

$$\sigma_{rs}^{(P)} = \bar{c}_{13}^{(P)} \frac{u_s^{(P)}}{\xi} + \bar{c}_{33}^{(P)} \frac{\partial u_s^{(P)}}{\partial \xi} - e_3 \frac{\eta(\tau)}{\xi}; \tag{15a}$$

$$\sigma_{rd}^{(E)} = \bar{c}_{13}^{(E)} \frac{u_d^{(E)}}{\xi} + \bar{c}_{33}^{(E)} \frac{\partial u_d^{(E)}}{\partial \xi},$$

$$\sigma_{rd}^{(P)} = \bar{c}_{13}^{(P)} \frac{u_d^{(P)}}{\xi} + \bar{c}_{33}^{(P)} \frac{\partial u_d^{(P)}}{\partial \xi}. \tag{15b}$$

where $u_s^{(i)}$, $\sigma_{rs}^{(i)}$ and $\sigma_{\theta s}^{(i)}$ $(i = E, P)$ only satisfy the following mechanical boundary conditions and continuity conditions.

$$u_s^{(E)}(0,\tau) = 0, \quad \sigma_{rs}^{(P)}(1,\tau) = p(\tau), \tag{16}$$

$$u_s^{(E)}(s,\tau) = u_s^{(P)}(s,\tau), \quad \sigma_{rs}^{(E)}(s,\tau) = \sigma_{rs}^{(P)}(s,\tau). \tag{17}$$

By inspecting the mechanical boundary conditions and continuity conditions, the solution for $u_s^{(i)}$ can be assumed as

$$\begin{aligned} u_s^{(E)}(\xi,\tau) &= f_1^{(E)}(\xi)p(\tau) + f_2^{(E)}\eta(\tau), \\ u_s^{(P)}(\xi,\tau) &= f_1^{(P)}(\xi)p(\tau) + f_2^{(P)}\eta(\tau). \end{aligned} \tag{18}$$

in which

$$\begin{aligned} &f_1^{(E)}(\xi) = A_0\xi + A_1\xi^2, \quad f_2^{(E)}(\xi) = A_2\xi + A_3\xi^2, \\ &f_1^{(P)}(\xi) = B_0\xi, \quad f_2^{(P)}(\xi) = B_1. \end{aligned} \tag{19}$$

where $A_0 \sim A_3, B_0$ and B_1 are six unknown constants which can be determined by substituting Eq. (18) into Eqs. (16) and (17).

$$\begin{aligned} &A_0 = \frac{K_2^{(E)}B_1 - 1}{K_2^{(E)} - K_1^{(E)}}, \quad A_1 = -\frac{K_1^{(E)}B_1 - 1}{s(K_2^{(E)} - K_1^{(E)})}, \\ &A_2 = \frac{K_2^{(E)}B_0}{s(K_2^{(E)} - K_1^{(E)})}, \quad A_3 = -\frac{K_1^{(E)}B_0}{s^2(K_2^{(E)} - K_1^{(E)})}, \\ &B_0 = \frac{1}{\bar{c}_{33}^{(P)} + \bar{c}_{13}^{(P)}}, \quad B_1 = \frac{e_3}{\bar{c}_{13}^{(P)}}, \\ &K_1^{(E)} = \bar{c}_{33}^{(E)} + \bar{c}_{13}^{(E)}, \quad K_2^{(E)} = 2\bar{c}_{33}^{(E)} + \bar{c}_{13}^{(E)}, \end{aligned} \tag{20}$$

The governing equations for $u_d^{(i)}$, $\sigma_{rd}^{(i)}$ and $\sigma_{\theta d}^{(i)}$ $(i = E, P)$ are derived as

$$\left(\frac{\partial^2}{\partial \xi^2} + \frac{1}{\xi}\frac{\partial}{\partial \xi} - \frac{\mu_E^2}{\xi^2}\right)u_d^{(E)} = \frac{1}{c_E^2}\left(\frac{\partial^2 u_d^{(E)}}{\partial \tau^2} + \frac{\partial^2 u_s^{(E)}}{\partial \tau^2}\right) - \left(\frac{\partial^2}{\partial \xi^2} + \frac{1}{\xi}\frac{\partial}{\partial \xi} - \frac{\mu_E^2}{\xi^2}\right)u_s^{(E)}, \tag{21a}$$

$$\left(\frac{\partial^2}{\partial \xi^2} + \frac{1}{\xi}\frac{\partial}{\partial \xi} - \frac{\mu_P^2}{\xi^2}\right)u_d^{(P)} = \frac{1}{c_P^2}\left(\frac{\partial^2 u_d^{(P)}}{\partial \tau^2} + \frac{\partial^2 u_s^{(P)}}{\partial \tau^2}\right) - \bar{e}_1\frac{\eta(\tau)}{\xi^2} - \left(\frac{\partial^2}{\partial \xi^2} + \frac{1}{\xi}\frac{\partial}{\partial \xi} - \frac{\mu_P^2}{\xi^2}\right)u_s^{(P)}, \tag{21b}$$

$$u_d^{(E)}(0,\tau) = 0, \quad \sigma_{rd}^{(P)}(1,\tau) = 0, \tag{22}$$

$$u_d^{(E)}(s,\tau) = u_d^{(P)}(s,\tau), \quad \sigma_{rd}^{(E)}(s,\tau) = \sigma_{rd}^{(P)}(s,\tau). \tag{23}$$

By means of separation of variables method, $u_d^{(i)}(\xi,\tau)$ can be assumed as

$$u_d^{(i)}(\xi,\tau) = \sum_{m=1}^{\infty} R_m^{(i)}(\xi)\Omega_m(\tau) \quad (i = E, P), \tag{24}$$

where $\Omega_m(\tau)$ is an undetermined function and $R_m^{(i)}(\xi)$ is an eigenfunction. By observing the left-hand side of Eq. (21a,b), $R_m^{(i)}(\xi)$ can be assumed as

$$\begin{aligned} R_m^{(E)}(\xi) &= A_{1m}J_1(\tfrac{\omega_m}{c_E}\xi), \\ R_m^{(P)}(\xi) &= B_{1m}J_{\mu_P}(\tfrac{\omega_m}{c_P}\xi) + B_{2m}Y_{\mu_P}(\tfrac{\omega_m}{c_P}\xi), \end{aligned} \tag{25}$$

where $J_1()$ is Bessel function of the first kind of order 1 and $J_{\mu_P}()$ and $Y_{\mu_P}()$ are Bessel functions of the first and second kinds of order μ_P. A_{1m}, B_{1m} and B_{2m} are unknown constants. ω_m is a series of the positive roots of an eigenequation. By means of Eqs. (24) and (25), the boundary condition (22) and the continuity condition (23), the eigenequation can be derived as

$$|H(\omega_m)_{3\times3}| = 0, \tag{26}$$

where

$$\begin{aligned} &H_{11}(\omega_m) = 0, \quad H_{12}(\omega_m) = P_J^{(P)}(\tfrac{\omega_m}{c_P}), \\ &H_{13}(\omega_m) = P_Y^{(P)}(\tfrac{\omega_m}{c_P}), \quad H_{21}(\omega_m) = J_1(\tfrac{\omega_m}{c_E}s), \\ &H_{22}(\omega_m) = -J_{\mu_P}(\tfrac{\omega_m}{c_P}s), \quad H_{23}(\omega_m) = -J_{\mu_P}(\tfrac{\omega_m}{c_P}s), \\ &H_{31}(\omega_m) = P_J^{(E)}(\tfrac{\omega_m}{c_E}s), \quad H_{32}(\omega_m) = -P_J^{(P)}(\tfrac{\omega_m}{c_P}s), \\ &H_{33}(\omega_m) = -P_Y^{(P)}(\tfrac{\omega_m}{c_P}s), \\ &P_J^{(E)}(\tfrac{\omega_m}{c_E}\xi) = \left(\bar{c}_{33}^{(E)}\tfrac{\partial}{\partial\xi} + \bar{c}_{13}^{(E)}\tfrac{1}{\xi}\right)J_1(\tfrac{\omega_m}{c_E}\xi), \\ &P_J^{(P)}(\tfrac{\omega_m}{c_P}\xi) = \left(\bar{c}_{33}^{(P)}\tfrac{\partial}{\partial\xi} + \bar{c}_{13}^{(P)}\tfrac{1}{\xi}\right)J_{\mu_P}(\tfrac{\omega_m}{c_P}\xi), \\ &P_Y^{(P)}(\tfrac{\omega_m}{c_P}\xi) = \left(\bar{c}_{33}^{(P)}\tfrac{\partial}{\partial\xi} + \bar{c}_{13}^{(P)}\tfrac{1}{\xi}\right)Y_{\mu_P}(\tfrac{\omega_m}{c_P}\xi). \end{aligned} \tag{27}$$

Eq. (26), a transcendental equation, is the eigenequation from which a series of positive real roots ω_m $(m = 1, 2, \cdots, \infty)$ can be obtained. After ω_m $(m = 1, 2, \cdots, \infty)$, arranged in an ascending order, have been obtained, the coefficients A_{1m}, B_{1m} and B_{2m} for each ω_m can be selected as

$$A_{1m} = H_{11}^*(\omega_m), \quad B_{1m} = H_{12}^*(\omega_m), \quad B_{2m} = H_{13}^*(\omega_m), \tag{28}$$

where the element with a superscript "*" denotes its cofactor. Then $R_m^{(i)}(\xi)$ is completely determined. It can also be verified that $R_m^{(i)}(\xi)$ has the following orthogonal property.

$$\bar{\rho}^{(E)}\int_0^s \xi R_m^{(E)}(\xi)R_j^{(E)}(\xi)\mathrm{d}\xi + \bar{\rho}^{(P)}\int_s^1 \xi R_m^{(P)}(\xi)R_j^{(P)}(\xi)\mathrm{d}\xi = L_m\delta_{mj}, \tag{29}$$

where δ_{mj} is Kronecker delta and

$$L_m = \bar{\rho}^{(E)} \int_0^s \xi [R_m^{(E)}(\xi)]^2 \mathrm{d}\xi + \bar{\rho}^{(P)} \int_s^1 \xi [R_m^{(P)}(\xi)]^2 \mathrm{d}\xi \cdot \tag{30}$$

Substituting Eq. (24) into Eqs. (21a,b) and utilizing Eq. (29), we obtain

$$\frac{\mathrm{d}^2 \Omega_m(\tau)}{\mathrm{d}\tau^2} + \omega_m^2 \Omega_m(\tau) = q_m(\tau) \; (m = 1, 2, \cdots, \infty), \tag{31}$$

where

$$\begin{aligned} q_m(\tau) &= F_{1m} \tfrac{\mathrm{d}^2 p(\tau)}{\mathrm{d}\tau^2} + F_{2m} \tfrac{\mathrm{d}^2 \eta(\tau)}{\mathrm{d}\tau^2} + G_{1m} p(\tau) + G_{2m} \eta(\tau), \\ F_{jm} &= -\tfrac{\bar{\rho}^{(E)}}{L_m} \int_0^s \xi f_j^{(E)}(\xi) R_m^{(E)}(\xi) \mathrm{d}\xi \\ &\quad - \tfrac{\bar{\rho}^{(P)}}{L_m} \int_s^1 \xi f_j^{(p)}(\xi) R_m^{(p)}(\xi) \mathrm{d}\xi \quad (j = 1, 2), \\ G_{jm} &= \tfrac{\bar{\rho}^{(E)}}{L_m} \int_0^s \xi g_j^{(E)}(\xi) R_m^{(E)}(\xi) \mathrm{d}\xi + \\ &\quad \tfrac{\bar{\rho}^{(P)}}{L_m} \int_s^1 \xi g_j^{(p)}(\xi) R_m^{(p)}(\xi) \mathrm{d}\xi \quad (j = 1, 2), \\ g_j^{(i)}(\xi) &= \left(\tfrac{\mathrm{d}^2}{\mathrm{d}\xi^2} + \tfrac{1}{\xi} \tfrac{\mathrm{d}}{\mathrm{d}\xi} - \tfrac{\mu_i^2}{\xi^2} \right) f_j^{(i)}(\xi) \; (i = E, P; \; j = 1, 2). \end{aligned} \tag{32}$$

The solution of Eq. (31) is

$$\begin{aligned} \Omega_m(\tau) &= \Omega_m(0) \cos \omega_m \tau + \tfrac{\dot{\Omega}_m(0)}{\omega_m} \sin \omega_m \tau + \\ &\quad \tfrac{1}{\omega_m} \int_0^\tau q_m(\varsigma) \sin \omega_m (\tau - \varsigma) \mathrm{d}\varsigma. \end{aligned} \tag{33}$$

Consider $q_m(\tau)$ involving $\ddot{\eta}(\tau)$. By means of the method of integration by parts as well as the initial conditions (6), Eq. (33) can be rewritten as

$$\Omega_m(\tau) = \Omega_{1m}(\tau) + F_{2m} \eta(\tau) + Z_{2m} \int_0^\tau \eta(\varsigma) \sin \omega_m (\tau - \varsigma) \mathrm{d}\varsigma, \tag{34}$$

where

$$\begin{aligned} \Omega_{1m}(\tau) &= I_{1m} \cos \omega_m \tau + \tfrac{I_{2m}}{\omega_m} \sin \omega_m \tau + F_{1m} p(\tau) + \\ &\quad Z_{1m} \int_0^\tau p(\varsigma) \sin \omega_m (\tau - \varsigma) \mathrm{d}\varsigma, \\ Z_{1m} &= \tfrac{G_{1m}}{\omega_m} - \omega_m F_{1m}, \quad Z_{2m} = \tfrac{G_{2m}}{\omega_m} - \omega_m F_{2m}, \\ I_{1m} &= \tfrac{\bar{\rho}^{(E)}}{L_m} \int_0^s \xi u_0^{(E)}(\xi) R_m^{(E)}(\xi) \mathrm{d}\xi + \\ &\quad \tfrac{\bar{\rho}^{(P)}}{L_m} \int_s^1 \xi u_0^{(P)}(\xi) R_m^{(P)}(\xi) \mathrm{d}\xi, \\ I_{2m} &= \tfrac{\bar{\rho}^{(E)}}{L_m} \int_0^s \xi v_0^{(E)}(\xi) R_m^{(E)}(\xi) \mathrm{d}\xi + \\ &\quad \tfrac{\bar{\rho}^{(P)}}{L_m} \int_s^1 \xi v_0^{(P)}(\xi) R_m^{(P)}(\xi) \mathrm{d}\xi. \end{aligned} \tag{35}$$

It is noted here that $\eta(\tau)$ in Eq. (34) is still unknown. In the next section, electric boundary will be employed to determine the unknown function $\eta(\tau)$.

5. The second kind Volterra integral equation

The substitution of Eqs. (18) and (24) into the first of Eq.(16) derives

$$u^{(i)}(\xi, \tau) = \sum_{m=1}^{\infty} R_m^{(i)}(\xi) \Omega_m(\tau) + f_1^{(i)}(\xi) p(\tau) + f_2^{(i)}(\xi) \eta(\tau). \tag{36}$$

$$(i = E, P)$$

Substituting Eq. (36) into Eq. (9) and integrating it over the interval $[s, 1]$, and further utilizing Eq. (34), we have

$$\psi(\tau) = N_1 \eta(\tau) + \sum_{m=1}^{\infty} N_{2m} \int_0^\tau \eta(\varsigma) \sin \omega_m (\tau - \varsigma) \mathrm{d}\varsigma \, , \tag{37}$$

where

$$\begin{aligned} N_1 &= E_2 + \sum_{m=1}^{\infty} E_{3m} F_{2m}, \quad N_{2m} = E_{3m} Z_{2m}, \\ \psi(\tau) &= \phi_b(\tau) - \phi_a(\tau) - E_1 p(\tau) - \sum_{m=1}^{\infty} E_{3m} \Omega_{1m}(\tau), \\ E_1 &= e_1 \int_s^1 \xi^{-1} f_1^{(P)}(\xi) \mathrm{d}\xi + e_3 [f_1^{(P)}(1) - f_1^{(P)}(s)], \\ E_2 &= e_1 \int_s^1 \xi^{-1} f_2^{(P)}(\xi) \mathrm{d}\xi + e_3 [f_2^{(P)}(1) - f_2^{(P)}(s)] - \ln\left(\tfrac{1}{s}\right), \\ E_{3m} &= e_1 \int_{\xi_1}^1 \xi^{-1} R_m^{(P)}(\xi) \mathrm{d}\xi + e_3 [R_m^{(P)}(1) - R_m^{(P)}(s)]. \end{aligned} \tag{38}$$

It is noted that Eq. (37) is a Volterra integral equation of the second kind [9]. Recently, we have constructed a recursive formula by which Eq. (37) can be solved efficiently and quickly [10]. After $\eta(\tau)$ is obtained, the displacement, electric potential and stresses can then be completely determined.

6. Numerical results and analysis

Transient responses of infinite Steel[elastic core]-$BaTiO_3$[piezoelectric layer] composite cylinder are studied in this section. The material constants for Steel are taken as: Young's modulus E=210GPa, Poisson's ratio υ=0.29 and material density $\rho^{(E)}=7.8\times10^3$kg/m^3. The material constants for $BaTiO_3$ can be cited in Ref. [11]. In the computation, the inner-to-outer radii ratio of the piezoelectric layer is take as $s=a/b=0.8$. In the demonstration, we consider the case that the hollow cylinder, which is at rest at τ=0, i.e. $u_0^{(i)}(\xi) = 0$, $v_0^{(i)}(\xi) = 0$ $(i = E, P)$, is subjected to a dynamic pressure at the external surface. The mechanical boundary condition is

$$p(\tau) = e^{-2\tau} - 1. \tag{39}$$

In the numerical results, three electric boundary conditions are considered. That is

case A: ϕ_a=0, ϕ_b=0.1;
case B: ϕ_a=0, ϕ_b=0;
case C: ϕ_a=0.1, ϕ_b=0.

The time histories of dynamic stress $\sigma_r=\sigma_\theta$ at the center for three cases are shown in Fig. 2. From the presented responses, we find that the dynamic stresses at center vary dramatically in spite of the smooth variation of the dynamic load. The dynamic stress focusing effect is also observed clearly. We further find that the peak values are sensitive to the electric potential acted on the piezoelectric layer. That is to say, the peak values of the dynamic stress at the center of the elastic core can be adjusted by applying suitable electric potentials at the internal and external surfaces of the piezoelectric layer.

Fig. 3 shows the dynamic radial stress responses at the interface. From the curves, we also find that the peak values are sensitive to the prescribed electric potential.

The dynamic hoop stress responses at the interface are depicted in Figs. 4a and 4b. At the interface, the curves show that the maximum amplitudes of the compressive hoop stress in elastic core are always larger than those in piezoelectric layer. And also, the maximum amplitudes of the compressive hoop stress at the interface for case 3 (the internal surface of the piezoelectric layer is subjected to a constant electric potential while the external surface is electric shorted,) are always less than those for cases 2 and 3.

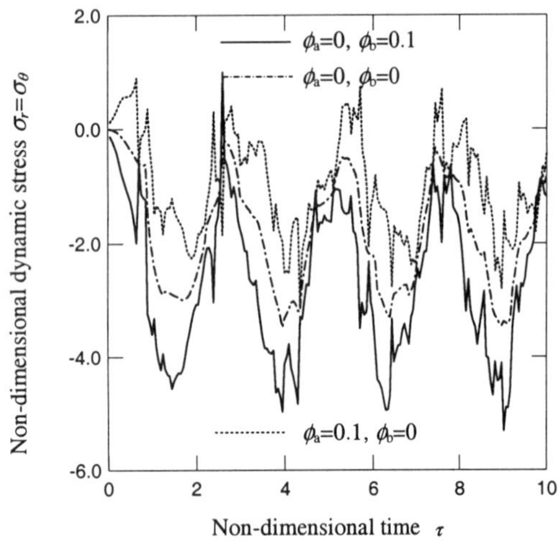

Figure 2. Time histories of dynamic stress $\sigma_r=\sigma_\theta$ at the center.

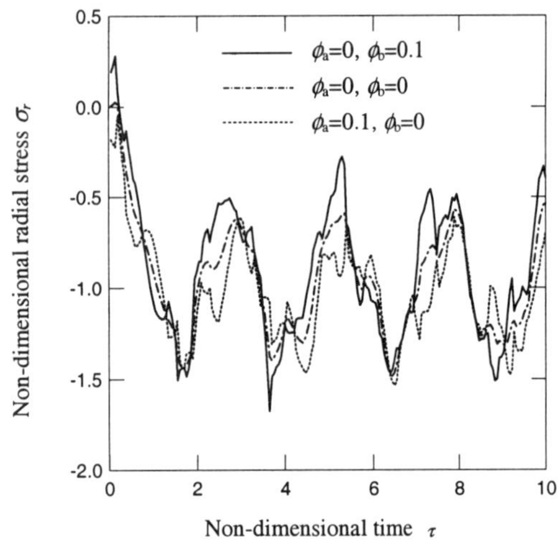

Figure 3. Time histories of radial stress σ_r at the interface.

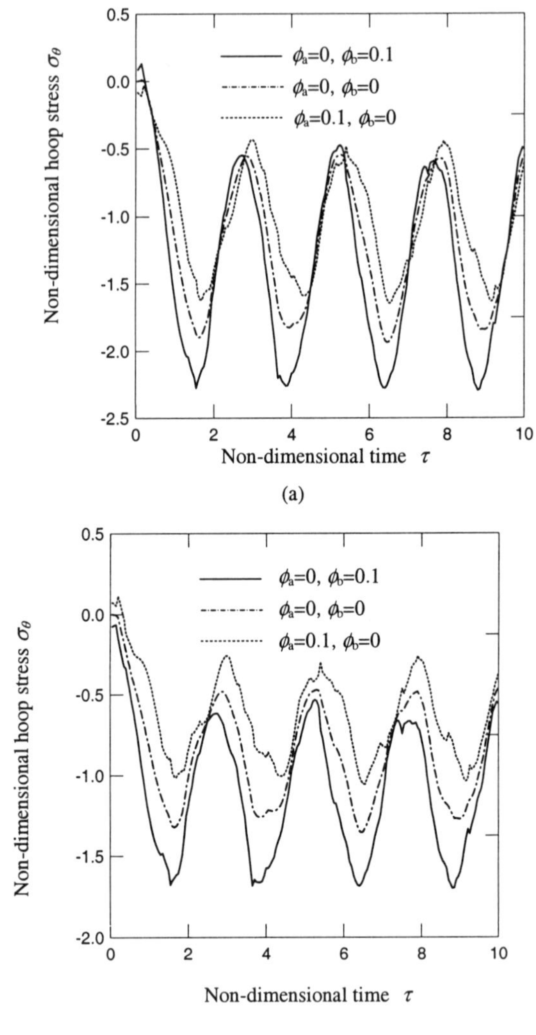

Figure 4. Time histories of hoop stress σ_θ at the interface: (a) external surface of elastic core, and (b) internal surface of piezoelectric layer.

Acknowledgments

The work was supported by the National Natural Science Foundation of China (No. 10432030).

References

1. S.S. Rao, M. Sunar, Piezoelectricity and its use in disturbance sensing and control of flexible structures: a survey, *Appl. Mech. Rev.* **47**, 113 (1994).
2. J.N. Reddy, On laminated composite plates with integrated sensors and actuators, *Eng. Struct.* **21**, 568 (1999).

3. X.D. Zhang, C.T. Sun, Analysis of a sandwich plate containing a piezoelectric core, *Smart Mater. Struct.* **8**, 31 (1999).
4. S.S. Vel, R.C. Batra, Three-dimension solution for hybrid multilayered piezoelectric plates, *J. Appl. Mech.* **67**, 558 (2000).
5. R.K.N.D. Rajapakse, Y. Zhou, Stress analysis of piezoceramic cylinders, *Smart Mater. Struct.* **6**, 169 (1997).
6. J. Jin, Q. Wang, S.T. Quek, Lamb wave propagation in a metallic semi-infinite medium covered with piezoelectric layer, *Int. J. Solids Struct.* **39**, 2547 (2002).
7. Q. Wang, J. Jin, S.T. Quek, Propagation of a shear direction acoustic wave in piezoelectric coupled cylinders, *J. Appl. Mech.* **69**, 391 (2002).
8. H.M. Wang, H.J. Ding, Dynamic analysis of a composite hollow sphere composed of elastic and piezoelectric layers, *Arch. Appl. Mech.* **76**, 249 (2006).
9. R. Kress, *Linear Integral Equations*, Springer-Verlag, Berlin (1989).
10. H.J. Ding, H.M. Wang, W.Q. Chen, New numerical method for Volterra integral equation of the second kind in piezoelectric dynamic problems, *Appl. Math. Mech.* **25**, 16 (2004).
11. N. Kharouf, P.R. Heyliger, Axisymmetric free vibrations of homogeneous and laminated piezoelectric cylinders, *J. Sound Vib.* **174**, 539 (1994).

RESEARCH AND APPLICATION ON PIEZOELECTRIC CERAMIC COMPONENT WITH SHEAR MODES FOR MICRO-ULTRASONIC MOTOR

Cun-Yue LU, Ji-Feng GUO
College of Electrical Engineering, Zhejiang University, No. 38 Zheda Road, Hangzhou, 310027, P. R. China

Tie-Ying ZHOU
Department of Physics, Tsinghua University, Beijing, 100084, P. R. China

Commonly, the shear piezoelectric constant value for d15 is almost two times higher than those for d33 and d31. Also the value of share electro-mechanical coupling coefficient k15 is higher than those of k31 and k33. Sometimes a design for ultrasonic motor based on share coefficients d15 has the potential for superior performance. In the paper, we propose a new mechanism for exciting shear-bending vibration in piezoelectric ceramic rod. A solid piezoelectric ceramic rod is polarized along its axial direction. The surface of the cylindrical rod used as an electrode is plated with nickel. The cylindrical electrode was divided into four pairs and each pair has two parts symmetrically along the axes. If opposite voltage signals are applied to the electrode parts which are opposite on circumferential direction or along the axial direction, a shearing strain should be induced on the piezoelectric ceramic. Using a pair of alternating voltage signals (sine and cosine) on four pairs of electrodes, a shaking head vibration (wobbling motion) was generated circumferentially. A mini-ultrasonic motor prototype with this concept and a diameter of 6mm was designed. And its characteristics were determined experimentally. The design concept presented in this paper is much promising for applications in small motors, especially in those with piezoelectric ceramic rod stators with a large diameter-length ratio.

Keywords: ultrasonic motor, shear-bending mode, piezoelectric ceramic rod

1. Introduction

Recently, mini/micro ultrasonic motors have been of significant research interests. Compared with ordinary traveling wave type and standing wave type ultrasonic motors, the shaking head type ones have such advantages as simple configuration, lower cost and easy to be miniaturized. So many reported mini ultrasonic motors belong to shaking head type ones, which use the axial bending-vibration modes of the stator as the working modes [1-4]. For the purpose of simplify the construction, mini ultrasonic motors often use directly a piezoelectric ceramic rod or tube as a stator. Commonly, previous designs have used the piezoelectric d_{31} or d_{33} effect to generate bending vibration. The constant value for d_{31} or d_{33} has a lower value compared with shear piezoelectric constant d_{15}. Also, the values of electromechanical coupling coefficient k_{31} and k_{33} are smaller than that of the shear electromechanical coupling coefficient k_{15}.

A design for an ultrasonic motor based on the shear coefficients has the potential for superior performance, relative to conventional d_{31} and d_{33} based ones. Thus, this paper presents a special design for an electrode distribution on a piezoelectric ceramic rod by using the shear piezoelectric d_{15} effect to excite the bending vibration modes of the stators.

2. Motor configuration and principle

2.1. *Working principle*

If an electric field applied to a piezoelectric ceramic is vertical to the direction of polarization, a shearing strain should be inspired on the piezoelectric ceramic. Fig. 1(a) shows a solid piezoelectric ceramic rod which is polarized along its axial direction. The cylindrical surface of the rod is plated with nickel as electrode. The cylindrical surface electrode was divided into four pairs (AB, CD, EF and GH) by acid eroding and each pair has two parts symmetrically along the axes. For example, the pair AB has part A and part B. By use of an alternating current (AC) voltage signals (positive and negative), separately on one pair electrodes, a bending vibration was generated at the stator's resonance frequency. Fig. 1(a) shows the driving method. Excitation signal $A\sin(\omega t)$ are applied to electrode A, while excitation signal - $A\sin(\omega t)$ are applied to electrode B. At the same time, on the symmetrical pair of electrodes, excitation signal - $A\sin(\omega t)$ are applied to electrode C, and excitation signal $A\sin(\omega t)$ are applied to electrode D. Thus A bending vibration of a piezoelectric rod is excited as shown in figure 1(b).

Similarly, if a $A\cos(\omega t)$ voltage signal are applied to electrode E and H, while a $-A\sin(\omega t)$ voltage signal are applied to electrode F and G, the other bending vibration on the piezoelectric rod is excited. The directions of the two vibrations are vertical to each other. By use of a pair of alternating voltage signals (sine and cosine) on four pairs of electrodes, a shaking head vibration (wobbling motion) was generated circumferentially. Because the polarization is along the axial direction, the piezoelectric ceramic rod can be well polarized.

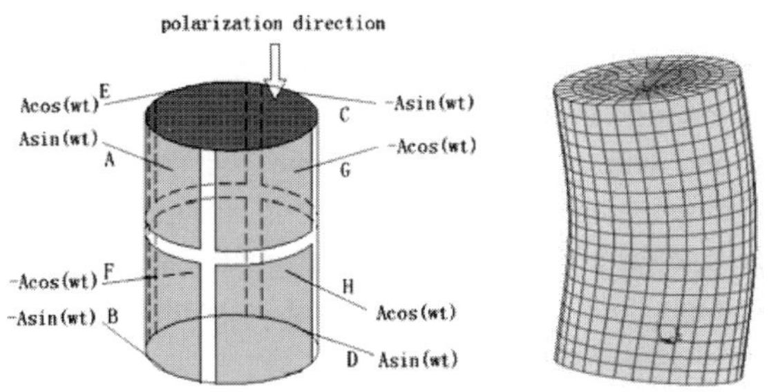

(a) (b)

Figure 1. The electrode distribution and working principle of the piezoelectric ceramic rod: (a) The electrode distribution; (b) Vibrating mode.

2.2. *Motor configuration*

As a prototype example, a compact ultrasonic motor based on bending vibrating modes of the piezoelectric rod was fabricated, as illustrated in Fig. 2(a). It consists of a piezoelectric ceramic stator, a rotor, and a pressing mechanism including a nut, a spring and a bearing. A copper plate with a slender shaft is bonded to one end of the piezoelectric ceramic rod. The working bending vibration modes of the stator are as shown in Fig. 2(b). The local bending vibrating resonance modes of the piezoelectric ceramic part should be its 1st local bending vibrating resonance modes.

The role of a piezoelectric stator is to transform the input electric energy into a mechanical energy. This transformation of energy can be described by an effective electromechanical coupling coefficient, k_{eff}, given as

$$K_{eff}^2 = \frac{f_a^2 - f_r^2}{f_a^2}$$

where f_r is the resonant frequency, and f_a is the anti-resonant frequency. An ultrasonic motor needs a large electromechanical coupling factor.

An ultrasonic motor needs a large electromechanical coupling factor. The electromechanical coupling coefficient of the piezoelectric stator can be modeled using ANSYS® software. Fig. 3 shows the predicted k_{eff} of the bending modes as functions of the

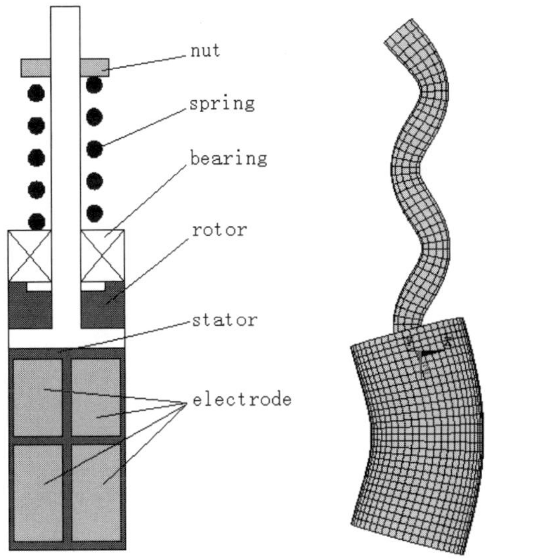

(a) (b)

Figure 2. The configuration of a micro motor and its vibrating mode.

diameter and the length of the piezoelectric rod. It can be found from Fig.3 that coefficient k_{eff} increases with the diameter of stator, and decreases with the length of stator. This modeling revealed that a piezoelectric rod with a larger diameter and a smaller length would have a larger value of k_{eff}. Thus such a special design presented in this paper for the electrode distribution on the piezoelectric ceramic rod is well suitable to a structure of the short fat stator with a larger value of k_{eff}.

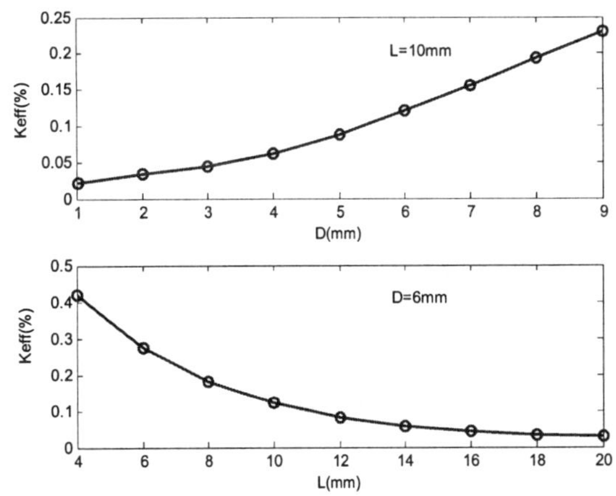

Figure 3. Calculated k_{eff} as a function of diameter (D) and length (L) of the stator.

Because of the fact that the calculated value of 0.12 for k_{eff} in the bending mode is much smaller than the value for k_{15} of the piezoelectric material itself, it is quite reasonable to believe that there would be a better configuration for a micro ultrasonic motor to yield a significantly higher k_{eff}.

In our design, the piezoelectric rod is 6mm in diameter, 10mm long and made with PZT-5h soft-type material. The frequency response characteristic of the rod measured with impedance analyzer is shown in figure 4. The resonant frequency of the working bending vibration modes is 72.3 kHz.

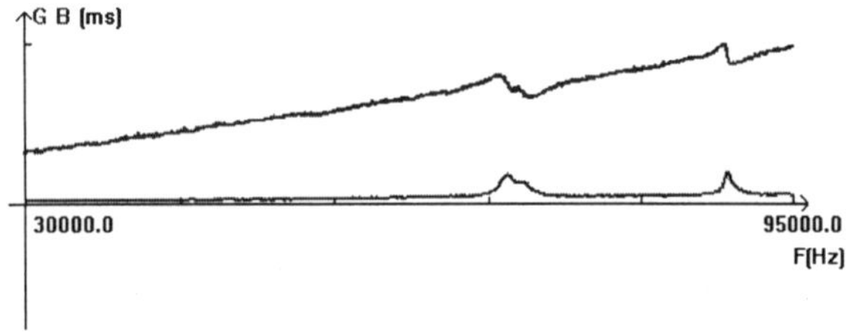

Figure 4. The measured resonant frequency of the motor.

The rotational speed of the motor varies proportionally with an applied voltage. This result is in agreement with a no-load working condition of the rotor, as shown in Fig. 5.

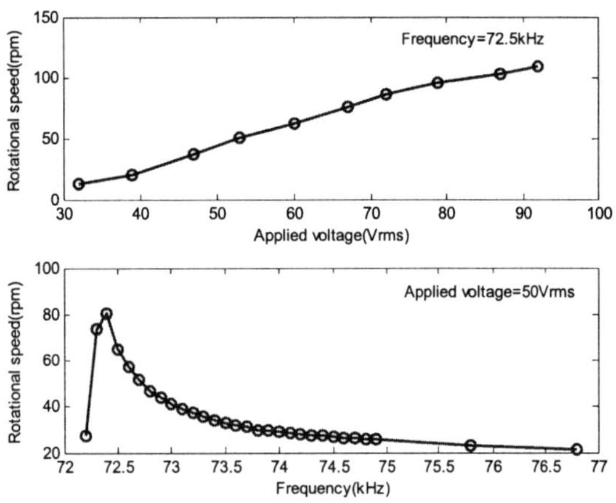

Figure 5. Characteristics of shear-bending mode motor.

The driving electric voltage of the motor is about 50 V in rms. Fig.5 also shows the relation between the rotation speed and the drive frequency. At a resonant frequency of 72.5 kHz, the motor has a maximum rotation speed of 109.5 rpm. Under optimum conditions, the maximum speed was slightly increased to 200 rpm. In the frequency range from 73 to 75 kHz, the motor speed decreases linearly with the increasing of drive frequency.

3. Conclusion

This paper proposed a new mechanism for exciting shear-bending vibration in a piezoelectric ceramic rod. A mini-motor prototype with this concept and a diameter of 6mm was designed, and its characteristics were measured experimentally. The design concept presented in this paper is much promising for the applications in smaller motors and especially in these motors with piezoelectric ceramic rod stators with a large diameter-length ratio. There is still much space to improve for higher efficiency and smaller size of motor, although both FEM analyses and experimental results have demonstrated the concept.

Acknowledgments

The authors thanks for the financial supports from the State Key Laboratory of Acoustics, Institute of Acoustics, CAS (No. 200506).

References

1. S. Dong, S.P. Lim, K.H. Lee, J. Zhang, L.C. Lim, K. Uchino, Piezoelectric ultrasonic micromotor with 1.5 mm diameter, *IEEE Ultra. Ferr. Freq. Contr.* **50**, 361 (2003).
2. S. Cagatay, B. Koc, K. Uchino, A 1.6-mm metal tube ultrasonic motor, *IEEE Ultra. Ferr. Freq. Contr.* **50**, 782 (2003).
3. T. Morita, M. Kurosawa, T. Higuchi, A cylinder micro-ultrasonic motor, *Ultrasonics* **38**, 33 (2000).

压电-异材结合材料尖劈/接头端部反平面奇异性

陈梦成 平学成 朱剑军
330013 江西南昌华东交通大学土木建筑学院
电子邮件: chenmch@ecjtu.jx.cn

本文对压电-异材结合材料尖劈或接头端部附近反平面电弹性场奇异性问题进行了分析。首先，以应力平衡方程、Maxwell 方程和和边界条件为基础，得到了一种新的求解压电材料特征问题的弱式方程；其次，假定尖劈或接头端部附近单元内位移和电势沿径向分布为指数形式，沿周向方向分布则采用泡函数插值；最后，将其代入弱式方程，建立了一种只需对尖劈或接头端部附近周向进行离散的一维简单有限元模型。模型中压电材料的极化轴方向可以任意假定。利用该有限元模型讨论了尖劈角度、极化轴方向和边界条件对奇异性的影响。通过和特定情况下的现有解相比，证实了本文有限元数值方法的有效性，而且精度很高。

关键词： 压电材料，弹性体，尖劈/接头，奇异性，有限元

ANTIPLANE SINGULARITIES NEAR THE TIPS OF BONDED PIEZOELECTRIC-PIEZOELECTRIC OR ELASTIC WEDGES AND JUNCTIONS

Meng-Cheng CHEN, Xue-Cheng PING, Jian-Jun ZHU
School of Civil Engineering and Architecture, East China Jiaotong University, Nanchang, China, 330013
E-mail: chenmch@ecjtu.jx.cn

Singular electro-elastic fields near the corners of wedges/junctions in piezoelectric-piezoelectric or elastic materials under antiplane loadings are analyzed. At first, a new weak form for solving eigenpair problems in piezoelectric materials is derived with stress equilibrium equations, Maxwell equation and boundary conditions; Then, with the asymptotic exponential assumption along the radial distribution and the bubble mode assumption along the circumferential distribution of the displacement and electric potential in an element around the tip of wedge/junction, a simple one-dimensional finite element formulation that only discretize the displacement and electric potential circumferentially is established. The polarization orientation of piezoelectric materials may be arbitrary. In numerical examples, the influences of wedge angles, poling orientation and boundary conditions are discussed. Through comparing the existing solutions, the validity and high precision of present method is proved.

Keywords: piezoelectricity, elasticity, wedge/junction, singularity, finite element

1. 引 言

为了满足机和电等多功能的需求，压电材料在现代工程结构和构件中得到了广泛的应用。在工程实际中，压电材料一般与别的材料结合在一起共同使用，压电材料本身也多为片状材料的积层体。众所周知，材料特性的不匹配或几何不连续会导致在尖劈或接头端部附近产生应力奇异性。该奇异性是断裂力学研究的基础和材料失效的主要因素。关于奇异性问题，目前主要集中在弹性场的奇异性，而对于具有电弹性场的奇异性，目前研究的还很少。这主要是压电材料为各向异性，加上又有机电耦合作用，问题的复杂性大大增加。特别是当所研究的区域中包含两种压电材料或压电材料和弹性材料或更多种材料（结合材料问题）时，求解电弹性场的奇异性问题更为困难。求解奇异性问题可以采用的方法有解析解法和数值解法。解析解法[1-4]需要研究者具有高超的数学和力学功底，应用范围窄，一般只适用于比较简单的几何构形；数值方法求解思路比较简单，应用范围广，一般也能够达到满意的精度，因而数值方法在工程实际应用中具有十分重要的意义。常用的求解应力奇异性的数值方法可以分为两种，一种是利用普通的 BEM、FEM 数值分析程序先求解离散化了的应力解，进而用拟合外插的方法求解应力奇异性[5,6]；另一种是利用位移场和应力场的变量分离型的特征，仅对绕奇异点周向进行离散的有限元特征分析法[7-11]。本文拟采用后一

种方法，建立一个通用的计算压电单一材料尖劈、压电-压电结合材料尖劈/接头、压电-弹性结合材料尖劈/接头等端部反平面应力和电位移奇异性有限元模型，并编制程序考察应力和电位移的变化规律。

2. 一维有限元的基础理论

以电弹性场奇异点为极点建立极坐标系(r,θ)，如图 1 所示，图 1 给出了由压电材料多体Ω^B、Ω^C和空气介质Ω^A构成的扇形区域组合图，Ω^A、Ω^B和Ω^C中的场变量分别由上标“A”、“B”和“C”来明示，在以奇异点为极点的中，压电材料的电弹性特征分析反平面问题包括以下几个控制方程（由平衡条件和边界条件构成）：

（a）应力平衡方程：

$$\frac{\partial(r\sigma_{rz})}{\partial r}+\frac{\partial(\sigma_{\theta z})}{\partial\theta}=0 \quad 在\Omega^B和\Omega^C中$$

（b）Maxwell 方程

$$\frac{\partial(rD_r)}{\partial r}+\frac{\partial(D_\theta)}{\partial\theta}=0 \quad 在\Omega^A、\Omega^B和\Omega^C中$$

（c）界面应力连续条件

$$(\sigma_{\theta z}^{B}-\sigma_{\theta z}^{C})\big|_{\theta=\theta_{BC}}=0$$

（d）界面位移连续条件

$$(w^B-w^C)\big|_{\theta=\theta_{BC}}=0$$

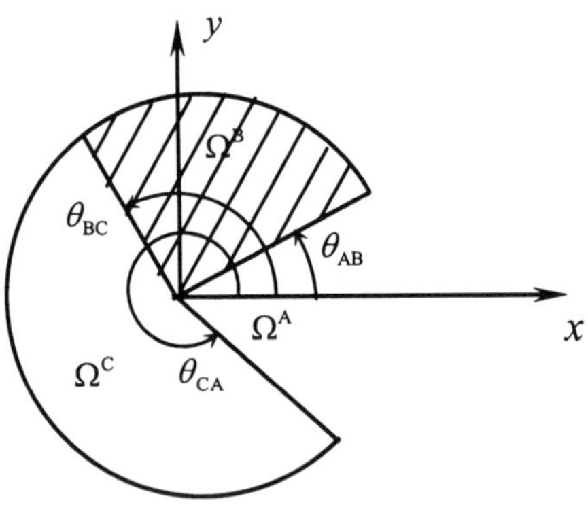

Figure 1. Configuration of multi-piezoelectric material wedges.

（e）界面电位移连续条件

$$(D_\theta^A-D_\theta^B)\big|_{\theta=\theta_{AB}}=0,\ (D_\theta^B-D_\theta^C)\big|_{\theta=\theta_{BC}}=0,$$
$$(D_\theta^C-D_\theta^A)\big|_{\theta=\theta_{CA}}=0$$

（f）界面电势连续条件

$$(\phi^A-\phi^B)\big|_{\theta=\theta_{AB}}=0,\ (\phi^B-\phi^C)\big|_{\theta=\theta_{BC}}=0,$$
$$(\phi^C-\phi^A)\big|_{\theta=\theta_{CA}}=0$$

（g）尖劈边界应力自由条件

$$\sigma_{\theta z}^{B}\big|_{\theta=\theta_{CA}}=\sigma_{\theta z}^{C}\big|_{\theta=\theta_{AB}}=0$$

（h）本构方程

$$\mathbf{D}=\epsilon_0\,\mathbf{E},\quad \begin{Bmatrix}\boldsymbol{\sigma}\\ \mathbf{D}\end{Bmatrix}=\begin{bmatrix}\mathbf{G} & -\mathbf{e}^T\\ \mathbf{e} & \boldsymbol{\epsilon}\end{bmatrix}\begin{Bmatrix}\boldsymbol{\varepsilon}\\ \mathbf{E}\end{Bmatrix}=\overline{\mathbf{C}}\begin{Bmatrix}\boldsymbol{\varepsilon}\\ \mathbf{E}\end{Bmatrix}$$

式中θ_{AB}、θ_{BC}和θ_{CA}是如图 1 所示子区域Ω^A、Ω^B和Ω^C之间界面的角坐标；ϵ_0是空气介电常数；$\mathbf{G}$为材料剪切弹性矩阵；$\overline{\mathbf{C}}$为电弹性常数矩阵；

$$\boldsymbol{\varepsilon}=[\gamma_{rz}\quad \gamma_{\theta z}]^T,\ \boldsymbol{\sigma}=[\sigma_{rz}\quad \sigma_{\theta z}]^T,\ \mathbf{E}=[E_r\quad E_\theta]^T,$$
$$\mathbf{D}=[D_r\quad D_\theta]^T.$$

由于空气介质不产生弹性场，因此由控制方程(a)-(c)、(e)和(g)可得到下面弱式：

$$\int_{\Omega^A}(\delta\mathbf{E}^T\mathbf{D})\mathrm{d}\Omega+\int_{\Omega^B\cup\Omega^C}\left(\begin{Bmatrix}\delta\boldsymbol{\varepsilon}\\ \delta\mathbf{E}\end{Bmatrix}^T\begin{Bmatrix}\boldsymbol{\sigma}\\ \mathbf{D}\end{Bmatrix}\right)\mathrm{d}\Omega$$
$$-R\int_{\theta_{AB}}^{\theta_{CA}}\begin{Bmatrix}\delta w\\ -\delta\phi\end{Bmatrix}^T\begin{Bmatrix}\sigma_{rz}\\ D_r\end{Bmatrix}\Bigg|_{r=R}\mathrm{d}\theta+R\int_{\theta_{CA}}^{\theta_{AB}}\delta\phi\, D_r\big|_{r=R}\,\mathrm{d}\theta=0 \tag{1}$$

式(1)可视为压电材料求解特征问题的虚功原理，和传统意义下的虚功原理所不同的是：式中第 3 项、第 4 项中的σ_{rz}和D_r是从扇形区域内位移和电势导出的，而并非是给定的应力和电位移边界条件。式(1)考虑了空气介质的导电性，属于部分导通边界条件. 如果去掉式(1)中的第 1 和第 4 项，就得到了绝缘条件下的弱式。

3. 一维有限元离散化

极易看出，以上弱式方程(1)也适用于多材料区域特征问题并能利用有限元方法。为了确保界面连续条件，相邻材料或单元共同界面上位移和电势的连续必须在保持在C^0阶，因为任何更高阶的连续都将导致应变和应力、电场和电位移在界面上不连续。用“e”表示典型单元，同一单元内材料属性相同。对于$\theta_s^e\le\theta\le\theta_e^e$和$r=R$构成的圆弧线段单元，角坐标$\theta$采用下面线性插值形式：

$$\theta=N_s\theta_s+N_e\theta_e \tag{2}$$

式中$N_s=(1-\xi)/2$、$N_e=(1+\xi)/2$，ξ是定义在[-1，1]之间的自然坐标。典型单元 e 内C^0阶近似位移w^e和电势$-\phi^e$可表示为下面泡型（bubble mode）插值形式：

$$\begin{Bmatrix} w^e \\ -\phi^e \end{Bmatrix} = r^{\lambda+1}\overline{\mathbf{N}}^e \begin{Bmatrix} \mathbf{q}_m^e \\ \mathbf{q}_e^e \end{Bmatrix} = r^{\lambda+1}\overline{\mathbf{N}}^e \mathbf{q}^e \tag{3}$$

其中$N_j = \xi^{j-1}(1-\xi^2)$称为泡形函数，$j=1,\ldots,n$（下同），n为泡型个数；令$\mathbf{q}_m^e$和$\mathbf{q}_e^e$为单元位移和电势节点变量，则有：

$$\mathbf{q}^e = \begin{Bmatrix} \mathbf{q}_m^e \\ \mathbf{q}_e^e \end{Bmatrix} \tag{4}$$

$$\overline{\mathbf{N}}^e = \begin{bmatrix} N_s & 0 & N_1 & 0 & \cdots & N_n & 0 & N_e & 0 \\ 0 & -N_s & 0 & -N_1 & \cdots & 0 & -N_n & 0 & -N_e \end{bmatrix}$$

对于压电材料，根据反平面应变的定义、平面内电场电势关系以及反平面本构方程(h)中的第二式，单元内应变和应力、电场和电位移有

$$\begin{Bmatrix} \boldsymbol{\varepsilon}^e \\ \mathbf{E}^e \end{Bmatrix} = r^{\lambda}(\lambda\overline{\mathbf{B}}_1^e + \overline{\mathbf{B}}_0^e)\mathbf{q}^e \tag{5a}$$

$$\begin{Bmatrix} \boldsymbol{\sigma}^e \\ \mathbf{D}^e \end{Bmatrix} = r^{\lambda}\overline{\mathbf{C}}^e(\lambda\overline{\mathbf{B}}_1^e + \overline{\mathbf{B}}_0^e)\mathbf{q}^e = r^{\lambda}\begin{Bmatrix} \tilde{\boldsymbol{\sigma}}^e(\theta) \\ \tilde{\mathbf{D}}^e(\theta) \end{Bmatrix} \tag{5b}$$

其中

$$\overline{\mathbf{B}}_0 = \begin{bmatrix} N_s & 0 & N_1 & 0 & \cdots & N_n & 0 & N_e & 0 \\ N_{s,\theta} & 0 & N_{1,\theta} & 0 & \cdots & N_{n,\theta} & 0 & N_{e,\theta} & 0 \\ 0 & -N_s & 0 & -N_1 & \cdots & 0 & -N_n & 0 & -N_e \\ 0 & -N_{s,\theta} & 0 & -N_{1,\theta} & \cdots & 0 & -N_{n,\theta} & 0 & -N_{e,\theta} \end{bmatrix}$$

$$\overline{\mathbf{B}}_1 = \begin{bmatrix} N_s & 0 & N_1 & 0 & \cdots & N_n & 0 & N_e & 0 \\ 0 & 0 & 0 & 0 & \cdots & 0 & 0 & 0 & 0 \\ 0 & -N_s & 0 & -N_1 & \cdots & 0 & -N_n & 0 & -N_e \\ 0 & 0 & 0 & 0 & \cdots & 0 & 0 & 0 & 0 \end{bmatrix}$$

于是有

$$\begin{Bmatrix} \sigma_{rz} \\ D_r \end{Bmatrix} = \begin{bmatrix} 1 & 0 & 0 & 0 \\ 0 & 0 & 1 & 0 \end{bmatrix}\begin{Bmatrix} \boldsymbol{\sigma}^e \\ \mathbf{D}^e \end{Bmatrix} = r^{\lambda}\overline{\mathbf{H}}(\lambda\overline{\mathbf{B}}_1 + \overline{\mathbf{B}}_0)\mathbf{q}^e \tag{6}$$

式中

$$\overline{\mathbf{H}} = \begin{bmatrix} 1 & 0 & 0 & 0 \\ 0 & 0 & 1 & 0 \end{bmatrix}\overline{\mathbf{C}}$$

对于弹性介质和空气介质，单元内场分量可从式(3)-(6)中分离出来，限于篇幅，表达式不再列出。

把式(3)-(6)式以及弹性介质和空气介质的场分量代入弱式方程(1)，得

$$\begin{aligned} &\sum_{e^{piezo}}\left[\begin{Bmatrix} \delta\mathbf{q}_m^e \\ \delta\mathbf{q}_e^e \end{Bmatrix}^T (\lambda^2\overline{\mathbf{P}}^e + \lambda\overline{\mathbf{Q}}^e + \overline{\mathbf{R}}^e)\begin{Bmatrix} \mathbf{q}_m^e \\ \mathbf{q}_e^e \end{Bmatrix}\right] \\ &+\sum_{e^{elastic}}\left[(\delta\mathbf{q}_m^e)^T(\lambda^2\tilde{\mathbf{P}}^e + \lambda\tilde{\mathbf{Q}}^e + \tilde{\mathbf{R}}^e)\mathbf{q}_m^e\right] \\ &+\sum_{e^{air}}\left[(\delta\mathbf{q}_e^e)^T(\lambda^2\mathbf{P}^e + \lambda\mathbf{Q}^e + \mathbf{R}^e)\mathbf{q}_e^e\right] = \mathbf{0} \end{aligned} \tag{7}$$

其中$\overline{\mathbf{P}}^e$、$\overline{\mathbf{R}}^e$、$\overline{\mathbf{Q}}^e$、$\tilde{\mathbf{P}}^e$、$\tilde{\mathbf{Q}}^e$、$\tilde{\mathbf{R}}^e$、$\mathbf{P}^e$、$\mathbf{Q}^e$和$\mathbf{R}^e$的定义参见文[10]。

由于式(7)中的所有$\delta\mathbf{q}_m^e$和$\delta\mathbf{q}_e^e$可以任意取，因此，式(7)可以整理为如下形式的二阶特征方程：

$$(\lambda^2\mathbf{P} + \lambda\mathbf{Q} + \mathbf{R})\mathbf{q} = \mathbf{0} \tag{8}$$

其中$\mathbf{q}$是所有$\mathbf{q}_m^e$和$\mathbf{q}_e^e$的集合；$\mathbf{P}$为$\overline{\mathbf{P}}^e$、$\tilde{\mathbf{P}}^e$和$\mathbf{P}^e$的组装矩阵；$\mathbf{Q}$为$\overline{\mathbf{Q}}^e$、$\tilde{\mathbf{Q}}^e$和$\mathbf{Q}^e$的组装矩阵；$\mathbf{R}$为$\overline{\mathbf{R}}^e$、$\tilde{\mathbf{R}}^e$和$\mathbf{R}^e$的组装矩阵。

若方程(8)中引入亚矢量$\overline{\mathbf{q}} = \lambda\mathbf{q}$，则方程（8）可转化为标准的一阶特征方程，即可表示为

$$\begin{bmatrix} -\mathbf{P}^{-1}\mathbf{Q} & -\mathbf{P}^{-1}\mathbf{R} \\ \mathbf{I} & 0 \end{bmatrix}\begin{Bmatrix} \overline{\mathbf{q}} \\ \mathbf{q} \end{Bmatrix} = \lambda\begin{Bmatrix} \overline{\mathbf{q}} \\ \mathbf{q} \end{Bmatrix} \tag{9}$$

式(9)可以通过有关特征问题的标准子程序来进行数值求解。由方程(9)可以得到满足$-1 < \mathrm{Re}(\lambda) < 0$的全部特征对，即全部特征值$\lambda$和相应的角分布函数$F(\theta)$。

4. 算例与讨论

为了验证上面讨论的有限元模型的有效性和可行性，本节将给出若干算例，用到的材料或介质有：PZT4、PZT5、铝和空气，它们的材料常数见文[2]。

4.1 考核例

首先考虑单相压电材料 PZT4，极化轴与 Y 轴的夹角为 90°，尖劈的角度为 270°。本文采用 4 个单元 5 个节点计算得到两个特征值，分别为-0.31946008 和-0.3231133956，文献[2] 给出了一个特征值为-0.3194601，两者之间的误差量级仅为 10^{-8}。

接下来考虑 PZT4 和 PZT5 两种压电材料构成的尖劈，图 1 中，假设Ω^C为 PZT4 半平面，Ω^B为 90°的 PZT5 尖劈（即$\theta_{AB}=90^\circ$，$\theta_{BC}=180^\circ$，$\theta_{AB}=90^\circ$）；PZT4 的极化角度是 45°，PZT5 尖劈的角度是 90°；本文采用 4 个单元 5 个节点，计算得到两个结果-0.31056149222、-0.3567277431，文献[2]得到其中一个结果为-0.3105615，两者的结果几乎相同。

4.2 两相压电材料尖劈的电弹性场奇异性

如图 2 所示的 PZT5/PZT4 两相压电材料，PZT4 的极化角为 45°，PZT5 的极化轴与 Y 轴平行。图 3 给出了 PZT5 的不同尖劈角度α时特征值的分布曲线，可以看出：由于两种压电材料的材料属性不同，两个特征值不像单相压电材料尖劈那样重合。$\alpha = 90^\circ$时，得到两个特征值：$\lambda_{\mathrm{III}} = -0.31056149$；$\lambda_{\mathrm{IV}} = -0.356728$。通过计算发现，这两个特征值对应

的奇异性电弹场角分布完全相同。

图 4 给出两种情况下的归一化应力和电位移角分布。材料 1 和材料 2 的交界面上，$\sigma_{rz}(\theta)$ 和 $D_r(\theta)$ 有较小的突变，$\sigma_{\theta z}(\theta)$ 和 $D_\theta(\theta)$ 满足界面连续条件。注意

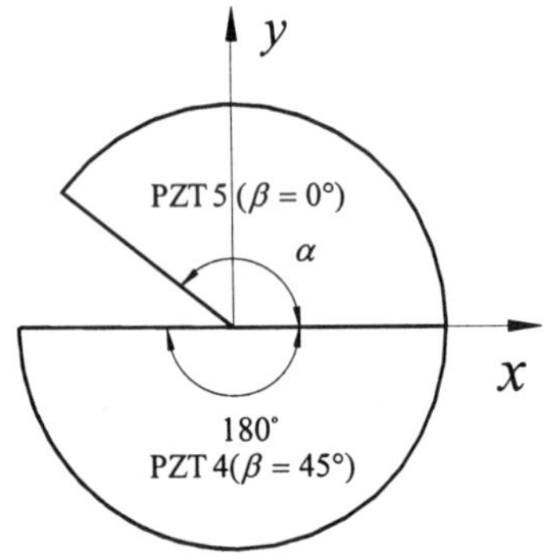

Figure 2. PZT4-PZT5 wedge.

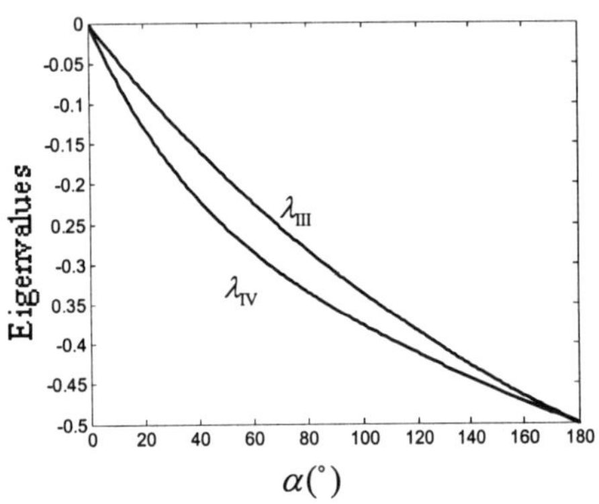

Figure 3. Eigenvalues of PZT4-PZT5 wedge.

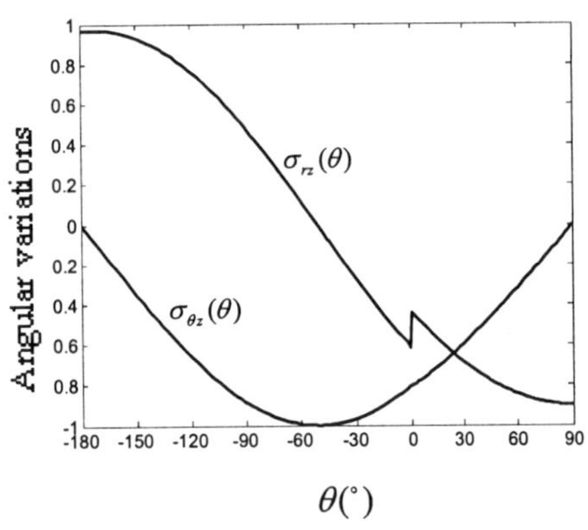

到，最大值并不出现在界面上，而是出现在楔形切口的自由边和 θ=-45° 附近。

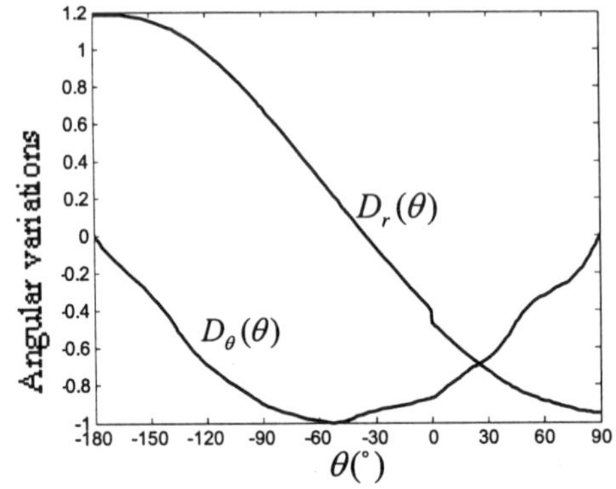

Figure 4. Normalized stress and electric displacement angular variations of PZT4/PZT5 notch with notch angle $\alpha_1 = 90^\circ$.

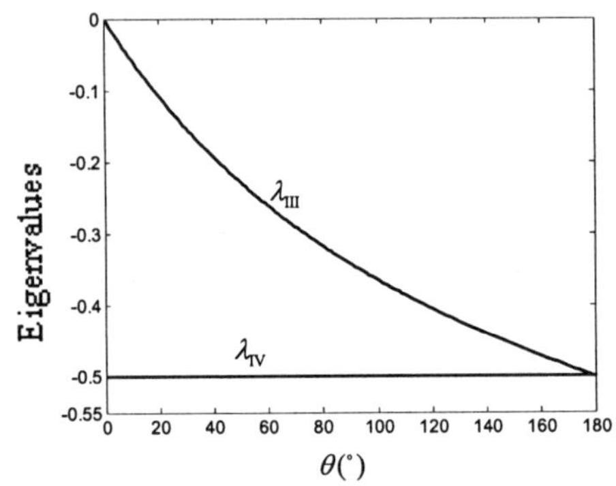

Figure 5. Eigenvalues of PZT4/Al wedge.

4.3 PZT4/Al 尖劈的电弹场奇异性

假设材料几何形式与图 2 相同，这里将 PZT5 换成 Al，PZT4 的极化方向改为沿 Z 轴方向。图 5 给出尖劈角度与特征值的关系。由图可见：有两个实特征值，其中一个指数始终保持为-0.5，另一个指数随 Al 的尖劈角度的增大而增加，在 $\alpha = 180^\circ$ 情况下也达到-0.5. 文献[2]对这种几何形式进行了理论分析，证明了特征值可以通过下式计算：

$$\cos(\lambda\pi)\cdot[\frac{\Lambda_{11}}{G}\cos(\lambda\theta)\sin(\lambda\pi)-(g_{15}g_{15}+\Lambda_{11}s_{44})\cdot \cos(\lambda\pi)\sin(\lambda\theta)]=0 \tag{13}$$

式中 G、Λ_{11}、g_{15} 和 s_{44} 的物理意义参见文献[2]。用上述公式计算的结果与本文计算结果完好的吻合，这进一步证明了本文方法的正确性。

α =90° 时，两个特征值为：λ_{III} = -0.341228 和 λ_{IV} = -0.5。图 6 和图 7 给出了相应的奇性场角分布图。同样，在材料的交界面处，$\sigma_{rz}(\theta)$ 和 $D_r(\theta)$ 存在突变，

$\sigma_{\theta z}(\theta)$满足界面连续条件。需要特别注意的是：材料的交界面处，$D_\theta(\theta)$并不连续，而是存在突变，在此处，我们只能得到电势ϕ的连续条件，说明压电/导体尖劈相对于压电/压电尖劈发生了很大变化。

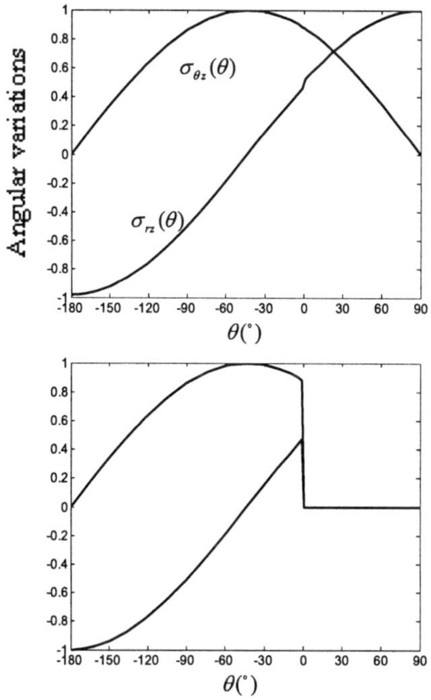

Figure 6. Normalized stress and electric displacement angular variations for λ_{III}.

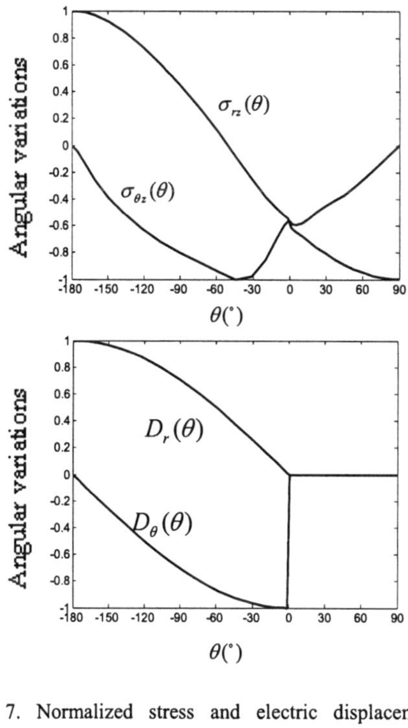

Figure 7. Normalized stress and electric displacement angular variations for λ_{IV}.

5. 结论

基于应力平衡方程、Maxwell 方程和边界方程，给出了求解压电材料中尖劈/接头端部附近反平面奇异性问题的弱式方程，并建立了相应的有限元数值计算方法。该方法适用于分析任意相压电-异材接合尖劈端部附近电弹场奇异性问题。

算例的计算结果说明，本文有限元计算结果与理论分析的结果符合的很好，采用较少的单元和节点数的时候就能满足较高的精度要求，这一点是很重要的，因为在解决复杂问题时可以不必划分更多的单元和节点数，从而避免了有限元求解方程数目的过分庞大而产生的误差问题。

参考文献

1. H.A. Sosa, Y.E. Pak, Three-dimensional eigenfunction analysis of a crack in a piezoelectric material, *Int. J. Solids Struct.* **26**, 1 (1990).
2. C.H. Chue, C.D. Chen, Decoupled formulation of piezoelectric elasticity under generalized plane deformation and its application to wedge problems, *Int. J. Solids Struct.* **39**, 3131 (2002).
3. Q.H. Qin, S.W. Yu, An arbitrary-orientated plane crack terminating at the interface between dissimilar piezoelectric materials, *Int. J. Solids Struct.* **34**, 581 (1997).
4. Y.H. Liu, J.Q. Xu, H.J. Ding, An axisymmetric interface edge of bonded trans- versely isotropic piezoelectric materials under torsion, *J. Appl. Mech.* **66**, 821 (1999).
5. X.G. Wang, J.Q. Xu, Edge singularity of bonded piezoelectric materials with two repeated eigenvalues, *Chinese Quart. Mech.* **22**, 55 (2001). (in Chinese)
6. J.Q. Xu, Y.H. Liu, X.G. Wang, Numerical methods for the determination of multiple stress singularities and related stress intensity coefficients, *Eng. Fract. Mech.* **23**, 775 (1999).
7. Y. Yamada, H. Okumura, Finite element analysis of stress and strain singularity eigenstate in homogeneous media or composite materials. In: *Hybrid and Mixed Finite Methods*, edited by S. N. Atluri, R. H. Gallagher, O. C. Zienkiewicz, Wiley, Chichester, 325 (1983).
8. M.C. Chen, K.Y. Sze, A novel hybrid finite element analysis of bimaterial wedge problems, *Eng. Fract. Mech.* **68**, 1463 (2001).
9. X.G. Wang, Y.M. Guo, J.Q. Xu, On the stress singularity of a crack terminating at the interface,

Acta Mech. Solida Sinica **23**, 412 (2002). (in Chinese)
10. M.C. Chen, X.C. Ping, J. J. Zhu, Finite element analysis of singular electro-elastic fields near piezoelectric wedges, *Acta Mech. Sinica* **26**, 157 (2005). (in Chinese)
11. X.C. Ping, M.C. Chen, A non-conforming FE method for asymptotic fields of wedge tips, *J. East China Jiaotong Univ.* **28**, 78 (2004). (in Chinese)

具有初应力的压电圆柱层状结构中的 SH 波传播

杜建科 金小英 王骥
宁波大学工学院压电器件重点实验室，宁波 315211，浙江
电子邮件：dujianke@nbu.edu.cn, jinxi106@yahoo.com.cn, wangji@nbu.edu.cn

基于线性压电弹性理论，通过变换，将耦合波的控制方程简化为贝塞尔方程和拉普拉斯方程。利用位移、剪应力、电势和电位移在压电层与基体的界面上的连续条件，以及压电层表面的自由边界条件和电学开路与短路条件，分析了具有初始应力的压电圆柱层状结构中 SH 波的传播特性，研究了压电覆盖层中初始应力对 SH 波的影响。针对覆盖层为压电陶瓷材料 PZT-5H，基体为铝金属的层状结构，分析了初始应力对相速度和机电耦合系数等波传播特性的影响，给出了随应力变化的频散曲线、群速度曲线和机电耦合系数曲线。

关键词：SH 波，压电圆柱层状结构，频散曲线，机电耦合系数

SH WAVE PROPAGATION IN A CYLINDRICALLY LAYERED PIEZOELECTRIC STRUCTURE WITH INITIAL STRESS

Jian-Ke DU, Xiao-Ying JIN, Ji WANG
Piezoelectric Device Lab, School of Engineering, Ningbo University, *818 Fenghua Road*
Ningbo 315211, Zhejiang, P. R. China
E-mail: dujianke@nbu.edu.cn, jinxi106@yahoo.com.cn, wangji@nbu.edu.cn

Based on the theory of liner piezoelectric elastic, the governing equations of the coupled waves are reduced to Bessel and Laplace equation. The boundary conditions imply that the displacements, shear stress, electric potential and electric displacement are continuous across the interface between the layer and the substrate together with the traction free at the surface of the layer. The electrically open and short conditions at cylinder surface are applied to solve the problem. The effect of the initial stress on the phase velocity and the electromechanical coupling factor are discussed in detail for piezoelectric ceramics PZT-5H, substrate for Aluminum. We find that the initial stress has an important effect on the SH wave propagation in a circular cylindrical layered structure.

Keywords: SH wave, cylindrically layered piezoelectric structure, dispersion curves, electromechanical coupling factor

1. 引言

声表面波（SAW，Surface Acoustic Wave）是沿物体表面传播的一种弹性波，最早是英国物理学家瑞利（Rayleigh）在 19 世纪 80 年代研究地震波的过程中发现的一种能量集中于地表面传播的声波。1965 年，美国的怀特（R. M. White）和沃尔特默（F. W. Voltmer）[1]在应用物理杂志上发表题为“一种新型声表面波声——电转化器”的论文，发明了能在压电材料表面激励声表面波的金属叉指换能器 IDT（Inter-digital Transducer），取得了声表面波技术的关键性突破，大大加速了声表面波技术的发展，相继出现了许多各具特色的声表面波器件，逐步发展成为一门新兴的、声学和电子学相结合的边缘学科。

SH 波是一种质点运动方向垂直于波传播方向，同时平行于介质表面的波。1911 年，Love [2]研究了各向同性基体上覆盖一层薄的各向同性材料的层状结构中的 SH 波，发现当薄层中体剪切波的速度比基体中的速度小时，SH 波集中在薄层的表面传播，沿着基体厚度方向很快衰减，这就是所谓 Love 波，或者 SH-SAW。在过去的 20 年时间里，SH 表面波被大量地用于传感器等灵敏器件[3-5]和声表面波器件[6-11]，而采用层状结构可以获得较高的器件性能[8-13]。文献[10-12]分析了圆柱层状结构中的 SH 波传播特性。

在声波器件的加工过程中，由于热膨胀系数的不同，在器件中会出现初始应力。分析初始应力对声波传播特性的影响，对提高器件的灵敏度具有重要意义。近年来，文献[14]利用解析法分析了初应力对均匀压电层状结构中 Love 的影响。文献[15]利用传递

矩阵法，分析了具有初应力的 Love 波的传播特性。

本文针对压电圆柱层状结构，利用解析法，分析了覆盖层中的初始应力对波传播特性的影响。

2. 问题的描述

如图 1 所示的压电圆柱层状结构，覆盖层为横观各向同性压电介质，极化方向沿 z 轴，基体为金属，覆盖层与基体为理想连接，覆盖层中沿 θ 方向有初应力 σ_θ^0，沿厚度方向均匀分布。

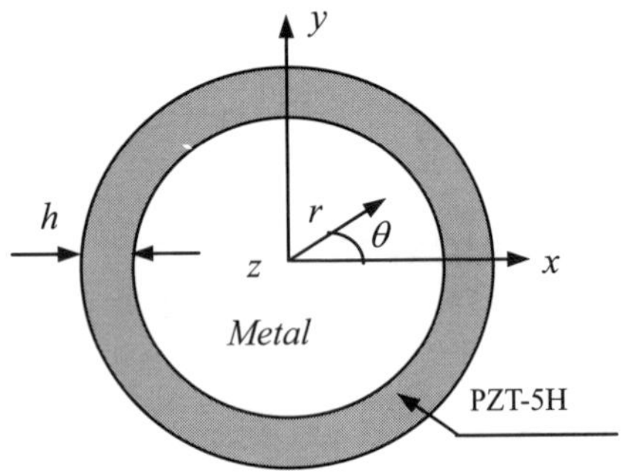

Figure 1. A cylindrically layered piezoelectric structure.

假设 SH 波沿着 θ 方向传播，位移和电势可表示为：

$$u_r = u_\theta = 0, u_z = w = w(r,\theta,t), \phi = \phi(r,\theta,t). \tag{1}$$

应变可表示为：

$$S_{rz} = \frac{\partial u_z}{\partial r}, \quad S_{\theta z} = \frac{1}{r}\frac{\partial u_z}{\partial \theta}. \tag{2}$$

电场和电势的关系为：

$$E_r = -\frac{\partial \phi}{\partial r}, \qquad E_\theta = -\frac{1}{r}\frac{\partial \phi}{\partial \theta}. \tag{3}$$

压电层的本构关系可表示为：

$$\sigma_{\theta z} = \frac{1}{r}(c_{44} w_{,\theta} + e_{15}\phi_{,\theta}), \tag{4}$$

$$\begin{aligned} \sigma_{rz} &= c_{44} w_{,r} + e_{15}\phi_{,r}, \\ D_r &= e_{15} w_{,r} - \varepsilon_{11}\phi_{,r}, \\ D_\theta &= \frac{1}{r}(e_{15} w_{,\theta} - \varepsilon_{11}\phi_{,\theta}), \end{aligned} \tag{5}$$

其中，c_{44} 表示弹性模量，e_{15} 表示压电常数，ε_{11} 表示介电常数，σ_{ij} 表示应力，D_i 表示电位移。

沿 θ 方向有初应力 σ_θ^0，运动方程和高斯方程为 [10]

$$\begin{aligned} &\frac{\partial \sigma_{zr}}{\partial r} + \frac{\sigma_\theta^0}{r^2}\frac{\partial^2 w}{\partial \theta^2} + \frac{1}{r}\frac{\sigma_{\theta z}}{\partial \theta} + \frac{\sigma_{zr}}{r} = \rho \frac{\partial^2 w}{\partial t^2} \\ &D_{r,r} + \frac{D_{\theta,\theta}}{r} + \frac{D_r}{r} = 0 \end{aligned} \tag{6}$$

将方程(1)-(5)代入式(6)中，得到控制方程：

$$\begin{aligned} &c_{44}\nabla^2 w + e_{15}\nabla^2\phi + \frac{\sigma_\theta^0}{r^2}\frac{\partial^2 w}{\partial \theta^2} = \rho\frac{\partial^2 w}{\partial t^2} \\ &e_{15}\nabla^2 w - \varepsilon_{11}\nabla^2\phi = 0 \end{aligned} \tag{7}$$

令

$$c_{44}^* = c_{44} + \frac{e_{15}^2}{\varepsilon_{11}} \quad , \quad \varphi = \phi - \frac{e_{15}}{\varepsilon_{11}} w \tag{8}$$

则控制方程可改写为：

$$\begin{aligned} &c_{44}^*\nabla^2 w + \frac{\sigma_\theta^0}{r^2}\frac{\partial^2 w}{\partial \theta^2} = \rho\frac{\partial^2 w}{\partial t^2} \\ &\nabla^2\varphi = 0 \end{aligned} \tag{9}$$

金属层的运动方程为：

$$c_{44}^m \nabla^2 w^m = \rho^m \frac{\partial^2 w^m}{\partial t^2} \tag{10}$$

应力表示为：

$$\begin{aligned} \sigma_{zr}^m &= c_{44}^m \frac{\partial w^m}{\partial r} \\ \sigma_{\theta z}^m &= \frac{c_{44}^m}{r}\frac{\partial w^m}{\partial \theta} \end{aligned} \tag{11}$$

真空中的电势满足 Laplace 方程：

$$\nabla^2 \phi_0 = 0 \tag{12}$$

相关的力学和电学变量必须满足如下的边界条件和界面连续条件：

边界条件：

（a） 开路情况

$$\sigma_{rz}(a+h,\theta) = 0 \tag{13a}$$

$$\phi(a+h,\theta) = \phi_0(a+h,\theta) \tag{13b}$$

$$D_r(a+h,\theta) = D_0(a+h,\theta) \tag{13c}$$

（b） 短路情况

$$\sigma_{rz}(a+h,\theta) = 0 \tag{14a}$$

$$\phi(a+h,\theta) = 0 \tag{14b}$$

界面连续条件：

$$w(a,\theta) = w^m(a,\theta) \tag{15a}$$

$$\sigma_{rz}(a,\theta)=\sigma_{rz}^{m}(a,\theta) \quad (15b)$$

$$\phi(a,\theta)=\phi^{m}(a,\theta)=0 \quad (15c)$$

3. 方程的解

假设:

$$w(r,\theta,t)=w(r)e^{i(p\theta-\omega t)} \quad a\le r\le a+h \quad (16)$$

$$w^{m}(r,\theta,t)=w^{m}(r)e^{i(p\theta-\omega t)} \quad 0\le r\le a \quad (17)$$

$$\varphi(r,\theta,t)=\varphi(r)e^{i(p\theta-\omega t)} \quad a\le r\le a+h \quad (18)$$

将方程(16)-(18)代入式(8)-(11)中，可得到

$$w''+\frac{1}{r}w'-[\frac{p^2}{r^2}(1+\frac{\sigma_\theta^0}{c_{44}^*})-\frac{\rho\omega^2}{c_{44}^*}]w=0 \quad (19)$$

令 $\xi^2=p^2(1+\frac{\sigma_\theta^0}{c_{44}^*})$ ， $b^2=\frac{\rho\omega^2}{c_{44}^*}$

则式(19)可改写为

$$r^2w''+rw'+(r^2b^2-\xi^2)w=0 \quad (20)$$

$$w^{m''}+\frac{1}{r}w^{m'}+[\frac{\rho^m\omega^2}{c_{44}^m}-\frac{p^2}{r^2}]w^m=0 \quad (21)$$

令 $\eta^2=\frac{\rho^m\omega^2}{c_{44}^m}$

则式(21)可改写为

$$r^2w^{m''}+rw^{m'}+(r^2\eta^2-p^2)w^m=0 \quad (22)$$

$$r^2\varphi''+r\varphi'-p^2\varphi=0 \quad (23)$$

则方程(20)，(22)，(23)的解为

$$w(r,\theta,t)=[AJ_p(rb)+BY_p(rb)]e^{i(p\theta-\omega t)} \quad a\le r\le a+h \quad (24)$$

$$w^m(r,\theta,t)=CJ_p(r\eta)e^{i(p\theta-\omega t)} \quad 0\le r\le a \quad (25)$$

$$\varphi(r,\theta,t)=(Dr^p+Er^{-p})e^{i(p\theta-\omega t)} \quad a\le r\le a+h \quad (26)$$

所以，

$$\phi(r,\theta,t)=[Dr^p+Er^{-p}+\frac{e_{15}}{\varepsilon_{11}}(AJ_p(rb)+BY_p(rb))]e^{i(p\theta-\omega t)}) \quad (27)$$

其中，A,B,C,D,E 为未知常数，J_p,Y_p 表示第 p 阶的第一类和第二类贝塞函数。

假设:

$$\phi_0(r,\theta,t)=\phi_0(r)e^{i(p\theta-wt)} \quad (28)$$

将式(28)代入式(12)中，得到 $\phi_0(r,\theta,t)$ 的解:

$$\phi_0(r,\theta,t)=(A_0r^{-p}+B_0r^p)e^{i(p\theta-\omega t)} \quad (29)$$

其中， A_0,B_0 为未知常数。

4. 问题的解

$$\sigma_{rz}=\{c_{44}^*b[AJ_p'(rb)+BY_p'(rb)] + e_{15}p(Dr^{p-1}-Er^{-p-1})\}e^{i(p\theta-\omega t)} \quad (30)$$

$$D_r=\varepsilon_{11}p(Er^{-p-1}-Dr^{p-1})e^{i(p\theta-\omega t)} \quad (31)$$

$$\sigma^m{}_{rz}=Cc_{44}^m\eta J_p'(r\eta)e^{i(p\theta-\omega t)} \quad (32)$$

$$D_0=\varepsilon_0p(A_0r^{-p-1}-B_0r^{p-1})e^{i(p\theta-\omega t)} \quad (33)$$

4.1. 电学开路情况

将方程(24)，(25)，(27)，(29)-(33)代入边界条件和连续条件(13)和(15)中，得到

$$Ac_{44}^*bJ_p'((a+h)b)+Bc_{44}^*bY_p'((a+h)b)+De_{15}p(a+h)^{p-1}-Ee_{15}p(a+h)^{-p-1}=0 \quad (34a)$$

$$A\frac{e_{15}}{\varepsilon_{11}}J_p((a+h)b)+B\frac{e_{15}}{\varepsilon_{11}}Y_p((a+h)b)+D(a+h)^p+E(a+h)^{-p}A_0-(a+h)^{-p}-B_0(a+h)^p=0 \quad (34b)$$

$$D\varepsilon_{11}(a+h)^{p-1}-E\varepsilon_{11}(a+h)^{-p-1}+A_0\varepsilon_0(a+h)^{-p-1}-B_0\varepsilon_0(a+h)^{p-1}=0 \quad (34c)$$

$$AJ_p(ab)+BY_p(ab)-CJ_p(a\eta)=0 \quad (34d)$$

$$Ac_{44}^*bJ_p'(ab)-Cc_{44}^m\eta J_p'(a\eta) \quad (34e)$$

$$Bc_{44}^*bY_p'(ab)+De_{15}pa^{p-1}-Ee_{15}pa^{-p-1}=0$$

$$A\frac{e_{15}}{\varepsilon_{11}}J_p(ab)+\frac{e_{15}}{\varepsilon_{11}}Y_p(ab)+Da^p+Ea^{-p}=0 \quad (34f)$$

$$D\varepsilon_{11}pa^{p-1}+E\varepsilon_{11}pa^{-p-1}=0 \quad (34g)$$

为得到非零解，则关于未知量 A,B,C,D,E,A_0,B_0 的方程组(34)的系数行列式必须为零，从而可以求得到电学开路时 SH 波传播的相速度方程。

4.2 电学短路情况

将方程(24)，(25)，(27)，(29)-(33)代入边界条件和连续条件(14)-(15)中，得到:

$$Ac_{44}^*bJ_p'((a+h)b)+Bc_{44}^*bY_p'((a+h)b)+De_{15}p(a+h)^{p-1}-Ee_{15}p(a+h)^{-p-1}=0 \quad (35a)$$

$$A\frac{e_{15}}{\varepsilon_{11}}J_p((a+h)b)+B\frac{e_{15}}{\varepsilon_{11}}Y_p((a+h)b)+D(a+h)^p+E(a+h)^{-p}=0 \quad (35b)$$

$$AJ_p(ab)+BY_p(ab)-CJ_p(a\eta)=0 \quad (35c)$$

$$Ac_{44}^{*}bJ_p'(ab)+De_{15}pa^{p-1}-Cc_{44}^{m}\eta J_p'(a\eta) \tag{35d}$$
$$-Ee_{15}pa^{-p-1}+Bc_{44}^{*}bY_p'(ab)=0$$

$$A\frac{e_{15}}{\varepsilon_{11}}J_p(ab)+B\frac{e_{15}}{\varepsilon_{11}}Y_p(ab)+Da^p+Ea^{-p}=0 \tag{35e}$$

为得到非零解，则关于未知量A,B,C,D,E的方程组(35)的系数行列式必须为零，从而可以求得到电学短路时 SH 波传播的相速度方程。

5. 结果和讨论

表 1. 材料参数

	ρ (10^3kg/m^3)	e_{15} (k/m^2)	ε_{11} (10^{-9}F/m)	c_{44} (10^9N/m^2)
PZT-5H	7.5	17	15	23
Aluminum	2.8	0	0	27

压电层的材料是PZT−5H陶瓷，基体是铝金属，它们的材料参数见表 1。真空的介电常数为$\varepsilon_0=8.85\times10^{-12}$F/m。机电耦合系数定义为：

$$k^2=\frac{2(c_{(open)}-c_{(short)})}{c_{(open)}} \tag{36}$$

其中，$c_{(open)}$和$c_{(short)}$分别表示在自由表面电学开路和电学短路时第mth模态的相速度。因为波长远小于圆柱的半径，所以波数k和波速c可表示为：

$$k=\frac{p}{a+h},c=\frac{\omega}{k} \tag{37}$$

群速度表征能量传播的速率，可定义为[16]：

$$c_g=c+k\frac{dc}{dk} \tag{38}$$

图 2 显示了在不同基体材料下的频散曲线。结果表明，在相同波数下，基体材料为钢时，SH 波的传播速度较大，铝次之，其后是金。

图 3 表示在不同压电层厚度下的频散曲线，可以看到，在相同波数下，随着厚度的增大，波速减小。

图 4 表示在不同初应力下的频散曲线，随着初应力的增大，波速减小。

图 5 显示了在不同初应力下的群速度曲线。结果表明，随着初应力的增大，群速度减小。

图 6 显示了在不同波数下的波速与初应力关系曲线。结果表明，在给定波数下，波速随着初应力的增大而减小，当初应力大于 109MPa 后，波速显著减小。在给定初应力下，随着波数的增加，波速减小幅度增大。

图 7 显示了机电耦合系数与初应力的关系曲线。在给定波数下，机电耦合系数随着初应力的增大而增大，当初应力大于 109MPa 后，机电耦合系数增加显著。

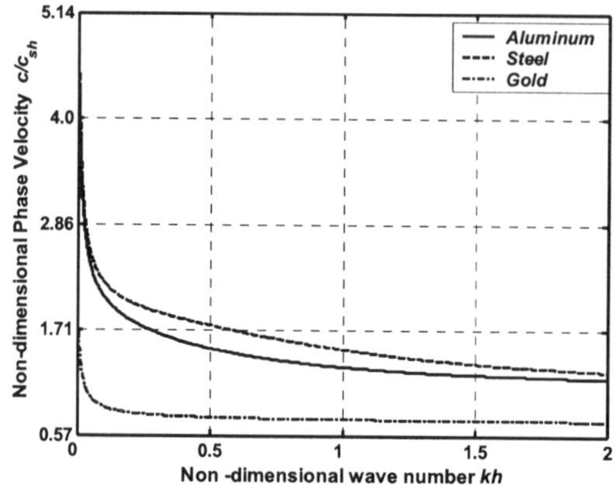

Figure 2. Dispersion curves of cylinder with different core material.

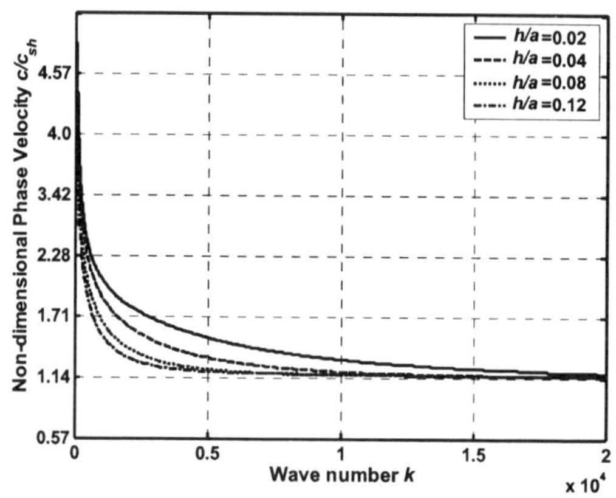

Figure 3. Dispersion curves of an aluminum cylinder with a piezoelectric layer of different thickness.

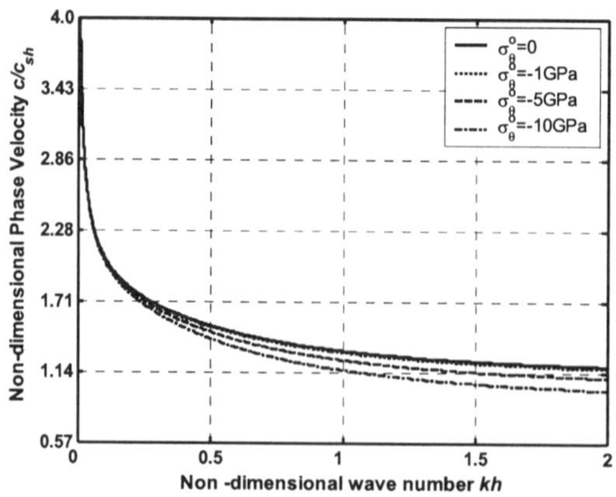

Figure 4. Dispersion curves of an aluminum cylinder with different initial stress.

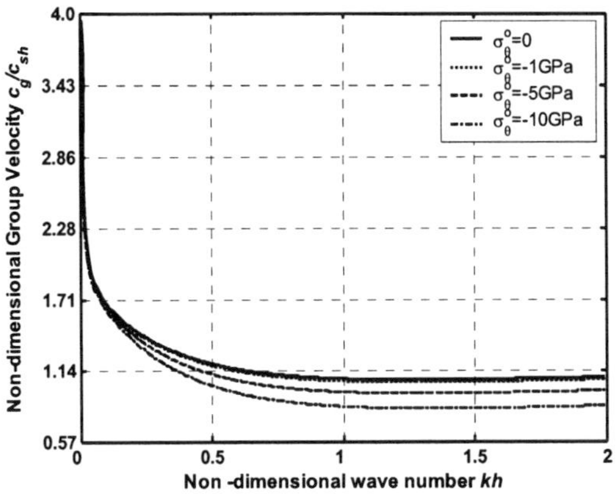

Figure 5. Group velocity of the first mode with different initial stress.

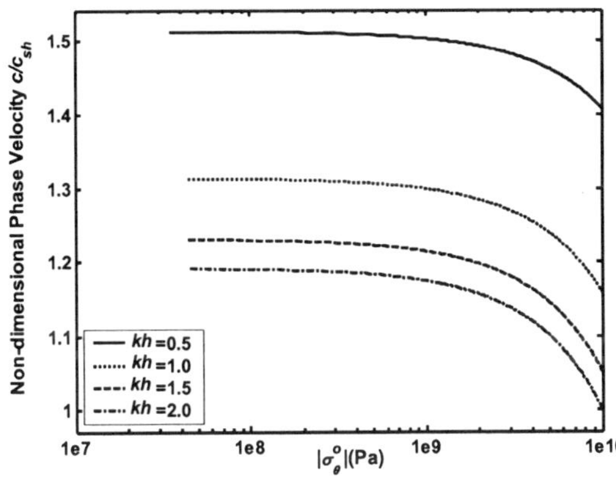

Figure 6. Phase velocity of the first mode for different *kh*.

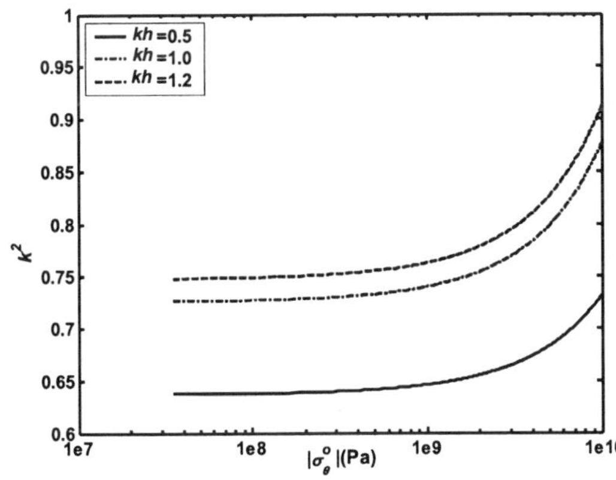

Figure 7. Electromechanical coupling factor of the first mode versus initial stress for different *kh*.

6. 结论

利用解析法，得到考虑初始应力的压电圆柱层状结构中 SH 波的频散方程，计算了 SH 波在压电层状结构中的一些传播特性。我们发现，初始应力对压电层状结构中 SH 波的传播有明显的影响，同时，压电层厚度与基体层厚度的比值对 SH 波的波速也有显著影响。

致谢

本文得到了国家自然基金(NO.10572065)、宁波市科技攻关项目(2005B100015)和宁波大学科研基金的资助。

参考文献

1. R.M. White, et al., Direct piezoelectric coupling to surface elastic wave, *Appl. Phys. Lett.* **7**, 314 (1965).
2. A.E.H. Love, Some Problems of Geodynamics, Cambridge University Press, London (1911).
3. X. F. Li and J. S. Yang., Piezoelectric gap waves between a piezoceramic half-space and piezoceramic plate, *Sensors and Actuators* **A924**, 4247 (2006).
4. L.P.M. Bracke, T.G. van Vliet, A broadband magneto-electric transducer using a composite materials, *Int. J. Electr.* **51**, 255 (1981).
5. Y.R. Kang. S.C. Kang, Air-gap type film bulk acoustic resonator using flexible thin substrate, *Sensor and Actuators* **A117**, 62 (2005).
6. Q. Wang, S.T. Quek. V.K. Varadan, Analytical solution for shear horizontal wave propagation in piezoelectric coupled media by interdigital transducer, *J. Appl. Mech.* **72**, 341 (2005).
7. J.S. Yang, An *Introduction to the Theory of Piezoelectricity*, Springer, Berlin (2005).
8. J.S. Yang, *The Mechanics of Piezoelectric Structures*, World Scientific, New York (2006).
9. 刘华, 匡震邦, 蔡正敏, 非均匀压电层状结构中 Love 波的传播, 力学学报 **35**, 485 (2003).
10. C.Q. Chen, Y.P. Shen, Stability analysis of piezoelectric circular cylindrical shell, *J. Appl. Mech.* **64**, 847 (1997).
11. Q. Wang, J. Jin, S.T. Quek, Propagation of a shear direction acoustic wave in piezoelectric coupled cylinders, *J. Appl. Mech.* **69**, 391 (2002).
12. J.K. Du, Y.P. Shen, D.Y. Ye, F. R. Yue, Scattering of anti-plane shear waves by a partially debonded magneto-electro-elastic circular cylindrical inhomogeneity, *Int. J. Eng. Sci.* **42**, 887 (2004).
13. 张碧星, 喻明, 熊伟, 兰从庆, 层状介质中的声波场及面波研究, 声学学报 **22**, 230 (1997).

14. H. Liu, Z.K. Wang, T.J. Wang, Effect of initial stress on the propagation behavior of Love waves in a layered piezoelectric structure, *Int. J. Solids Struct.* **38**, 37 (2001).
15. Z. Qian, F. Jin, Z. Wang and K. Kishimoto, Love waves propagation in a piezoelectric layered structure with initial stress, *Acta Mech.* **171**, 41(2004).
16. K.F. Graff, *Wave Motion in Elastic Solids*, Clarendon Press, Oxford (1975).

PIEZOELECTRIC ALN THIN FILMS SYNTHESIZED BY MIDFREQUENCY DUALTARGET MAGNETRON SPUTTERING

Pu CHEN, Qi-Cai PENG, Bin-Guang ZHAO
School of Material Science and Engineering, Xihua University, Chengdu, Sichuan, 610039, P.R. China
E-mail: pengaqc@126.com

Lun ZENG, Ke-Qiang DENG, Hui-Hong DENG, De-Wu YAO
610041 Southwest Institute of Technical Physics, Chengdu, Sichuan, 610041, P.R. China
E-mail: zenglun1962@163.com

AlN thin films were deposited on Si (111) substrates by midfrequency dualtarget magnetron sputtering. X-ray diffraction (XRD) and atomic force microscopy (AFM) are employed to characterize the AlN thin films. In order to control structure and roughness of the films for high frequency surface acoustic wave (SAW) devices, the influences of different processing parameters were investigated. It was found that substrate temperature and annealing temperature have a great effect on the microstructure and surface morphology of the films.

Keywords: Aluminum nitride, midfrequency, structure and roughness

1. Introduction

Aluminum nitride (AlN) has many excellent chemical and physical properties such as high hardness, high thermal conductivity, good chemical stability, high surface acoustic velocity and wide band [1]. AlN thin films have received considerable interest as a promising candidate electronic material for thermal dissipation, dielectric and passivation layers, surface acoustic wave devices, and photoelectric devices [2]. A variety of deposition methods such as conventional chemical vapor deposition (CVD) [3,4], plasma enhanced CVD [5], molecular beam epitaxy [6], DC reactive sputtering [7], and RF reactive sputtering [8-10], etc. were used to grow AlN films. Among these methods, reactive sputtering is a preferred choice because of its low growth temperature. However, DC reactive sputtering suffers from arcing for dielectric films deposition, and RF reactive sputtering suffers from deposition rate and large area coating. In this work, a novel thin film growth technique named midfrequency (MF) dualtarget reactive sputtering was employed to prepare AlN films. MF sputtering already showed a lot of merits compared with RF sputtering [11]. The film grown by MF sputtering has higher growth rate, higher density, and smoother surface. Moreover, it is easier to grow crystalline structure even in the ambient temperature.

The performance of AlN films is greatly influenced by their microstructure. For example, films with various preferred orientations show different piezoelectric behavior [10]. With reduced device feature size, the heat dissipation capacity of AlN films becomes more and more important. The microstructural factors such as morphology, interface roughness and anisotropic structure play important roles in phonon scattering procedure in AlN films at a certain temperature range, and will influence heat transport properties of the deposited films [11,12].

In this study, to consider the effect of substrate temperature and annealing temperature on microstructure and surface morphology of AlN films, the films were prepared using midfrequency dualtarget magnetron sputtering with various deposition conditions. The microstructure and surface morphology of the films were examined by X-ray diffraction (XRD), atomic force microscopy (AFM), respectively.

2. Experiment

AlN thin films were prepared by mid-frequency dual-target magnetron sputtering from an aluminum target of 99% purity in a high purity argon 99.999% and nitrogen 99.999% gas mixture. The power frequency for sputtering was set at 40 kHz. The target was aluminum with a size of 140×600 mm^2. Si (111) substrates were chosen for the deposition of AlN films because the thermal expansion coefficient of AlN matches well with that of silicon. The substrates, with the diameter of 1.2 inch, were cleaned in the ultrasonic baths of acetone and de-ionized water, and then blown out with dry N_2 gas before inserting into the vacuum chamber. After the vacuum chamber was evacuated below 5.40×10^{-3} Pa, the argon gas was introduced into chamber and pre-sputtered the target for 5 min prior to deposition. The AlN films were deposited at a substrate temperature of 100-300℃.The deposition time was 90 min and N_2 pressure was 0.06 Pa.

The crystal structure and the preferred orientation of films were identified by X-ray powder diffraction patterns (θ/2θ) at a wavelength of 0.15418 nm (Cu Kα). The average surface roughness (RMS) was determined by atomic force microscopy in the contact mode with measuring area of 2×2 μm^2.

3. Results and Discussion

3.1. *Results of X-ray diffraction*

This reactive magnetron sputtering technique is based upon a low free energy of formation of aluminum nitride(ΔH at 298 K-76.1 kcal/mol, ΔS at 298 K-4.8 kcal/mol) [13] when aluminum ions sputtered in the argon ion plasma react with the nitrogen ions also present in the plasma. Good quality AlN films can be fabricated by MF magnetron sputtering at low electric fields, with high-energy electrons driven out by a magnetic field to reduce any possible damaging effects resulting from electron bombardment of the growing films. In this study, the thickness of the films was approximately 800 nm.

The XRD results reveal that the specimens were all wurtzite hexagonal AlN structure grown by MF reactive sputtering. Figurel shows the XRD patterns of AlN films at 100℃, it only appeared (110) peaks. Figure 2 shows the XRD patterns of AlN films grown at 190℃ ,the preferential orientation of the films was not distinct, and AlN (011) and (110) peaks both appeared. When the substrate temperature increased to 250℃ and AlN films were annealed at 600 ℃, the (011) and (110) peaks were also evident in the XRD patterns. These peaks had a high intensity, especially the (110) peaks as shown in Figure 3. It is reported [13] that if the substrate temperature were too high, the Al and N atoms would have to collide with sputtering gas ions before reaching the substrate surface, and would not have enough energy to arrange according to the hexagonal wurtzite crystalline structure at the substrate surface. Thus, AlN films were found to be amorphous. Our results demonstrated that increasing substrate temperature is conducive to the (110) plane preferential orientation of AlN films.

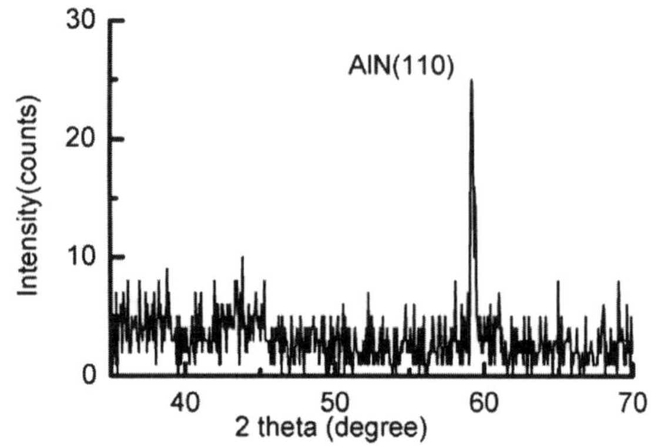

Figure 1. X-ray diffraction patterns of AlN films deposited on Si (111). The substrate temperature was 100℃.

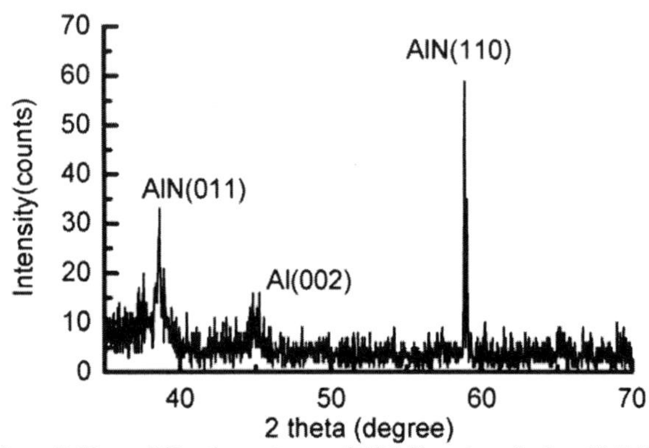

Figure 2. X-ray diffraction patterns of AlN films deposited on Si (111). The substrate temperature was 190℃.

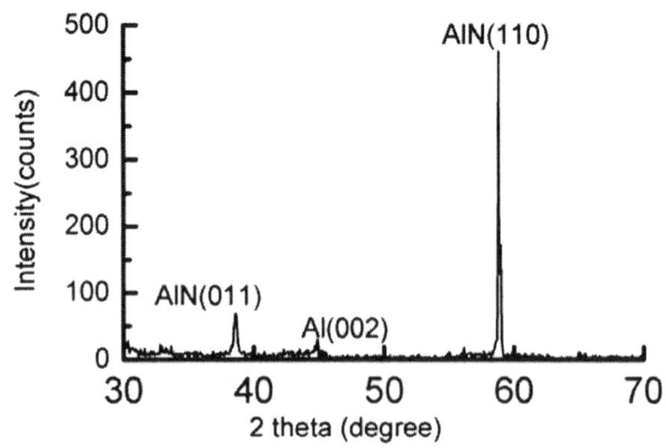

Figure 3. X-ray diffraction patterns of AlN films deposited on Si (111). The substrate temperature was 250℃ and annealing temperature was 600℃.

When preparing AlN films using the magnetron sputtering method, the film can be in the crystalline or amorphous state. The grains in a crystalline film can grow in a directional or non-directional way. For a preferential orientation growth, the preferred plane depends on whether the growth rate on the plane perpendicular to the direction of the substrate has an advantage. AlN (011) and (110) peaks both appeared in the specimen. At the same time, due to N_2 pressure and power not enough, it existed Al atoms on the substrate.

In summary, substrate temperature affects the orientation of the films. When substrate temperature increases more sputtering particles reach the substrate directly without collision and the energy of the sputtering particles is greater, and consequently, the growth rate of the (110) plane is faster. When substrate temperature decreases, most of sputtering particles will make collisions once or many times before reaching the substrate, thus decreasing the energy of the particles, or forming small AlN clusters. In this case, the growth rate of the (110) plane is lower.

3.2 Surface roughness and microstructure of AlN films

When AlN film is applied to SAW devices, its composition and surface roughness have a critical impact on the quality of the device. As the surface acoustic wave is only propagated on the surface, all the energy is concentrated almost within a wavelength from the surface to the inside. When the surface roughness is more than a wavelength, apparently the surface acoustic wave is not able to pass through [13].

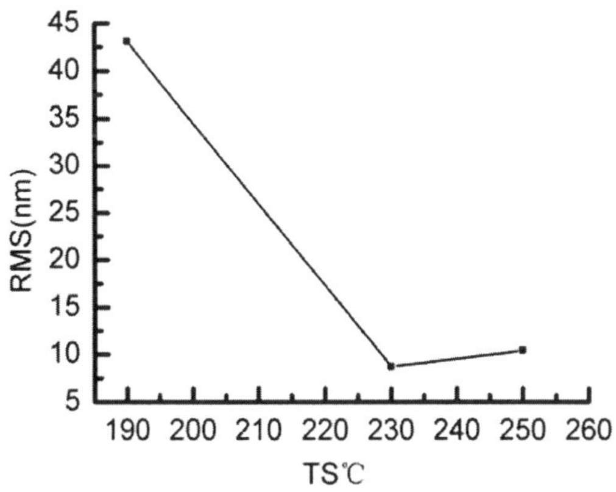

Figure 4. Surface roughness of AlN films at various substrate temperatures.

Fig. 4 shows the root-mean-square surface roughness (RMS) measured at various substrate temperatures. It was found that altering substrate temperature enables the surface roughness to be changed. The optimal substrate temperature for the surface roughness of AlN films is 230℃. From Fig. 5, it is evident that the surface roughness of the specimen is comparatively small at 230℃. This phenomenon can be attributed to the roughening effect caused by the increase in the mobility of adatoms at high temperatures, which facilitate the diffusion of adatoms from grain boundaries to lower energy positions with the introduction of vacancies and voids at the grain interface [15].

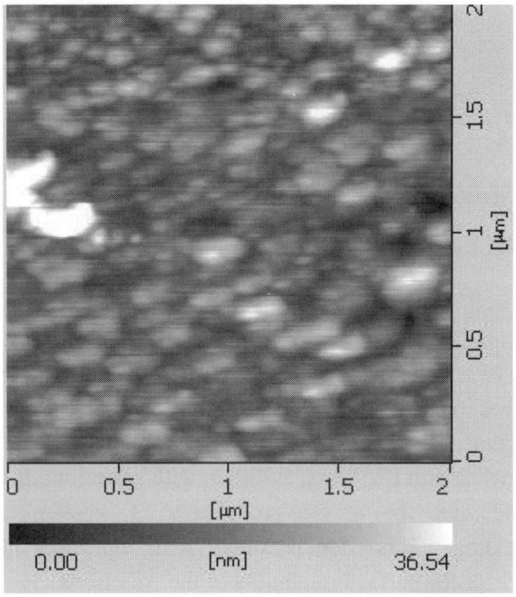

Figure5. AFM images for AlN films deposited on Si (111) at 230℃.

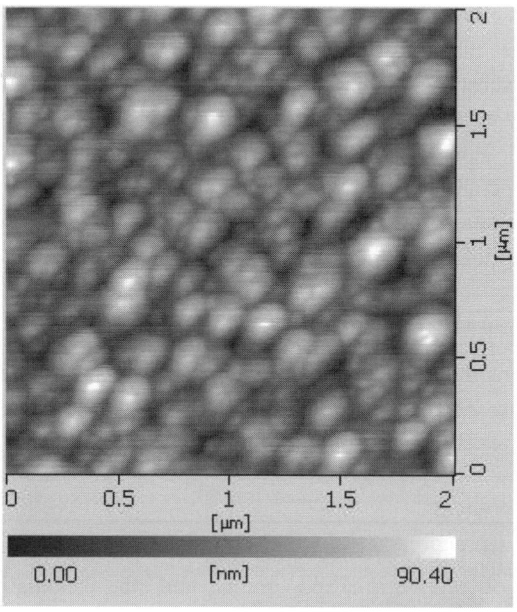

(a) RMS =14.70nm without annealing

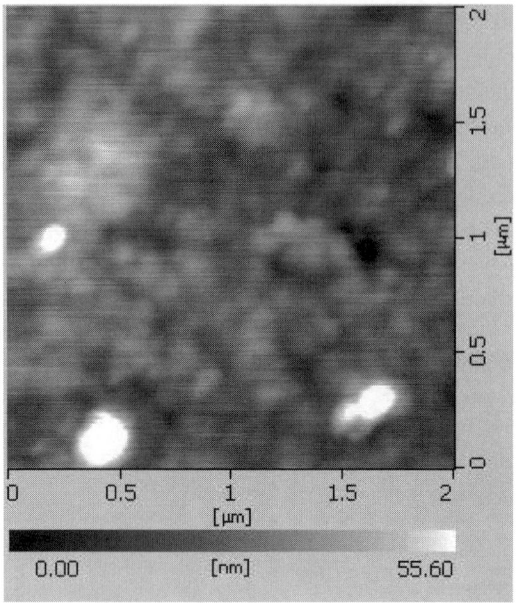

(b) RM=8.700nm with annealing

Figure 6. AFM images for the surface roughness of AlN films.

Fig. 6 shows the surface roughness of AlN film as a function of annealing. RMS was 14.70nm without annealing and RMS was 8.700nm with annealing. It was found that the surface roughness is smaller after annealing. This demonstrated that annealing will decrease the surface roughness of the AlN films.

4. Conclusions

AlN films were synthesized with a midfrequency dual-target magnetron sputtering method. It was found that the substrate temperature and annealing temperature are very important factors for the structure and roughness of AlN films. This demonstrated that increasing substrate temperature is conducive to the (110) plane preferential orientation of AlN films. After annealing, surface morphology of AlN films is smoother.

Acknowledgements

The authors would like to express their thanks to Prof. Jumu Zhu at School of Material Science, Sichuan University for his support of this research.

References

1. W. Bo, et al., The growth of AlN films composed of silkworm-shape grains and the orientation mechanism, *Mater. Lett.* **53**, 367 (2002).
2. H. Cheng, et al., The influence of deposition conditions on structure and morphology of aluminum nitride films deposited by radio frequency reactive sputtering, *Thin Solid Films* **434**, 112 (2003).
3. B. Aspar, R. Rodriguez-Clemente and A. Figueras et al., Influence of the experimental conditions on the morphology of CVD AlN films, *J. Cryst. Growth* **129**, 56 (1993).
4. K. Kaya, H. Takahashi, Y. Shibata, et al., Experimental surface acoustic wave properties of AlN thin films on sapphire substrates, *J. Appl. Phys.* **36**, 307 (1997).
5. J.W. Soh, S.S. Jang, I.S. Jeong, W.J. Lee, C-axis orientation of AlN films prepared by ECR PECVD, *Thin Solid Films* **279**, 17 (1996).
6. D.G. Kipshidze, H.P. Schenk, A. Fissel, et al., Molecular-beam epitaxy of a strongly lattice-mismatched hetero-system AlN/Si (111) for application in SAW devices, *Semiconductors* **33**, 1241 (1999).
7. M. Ishihara, S.J. Li, H. Yumoto, et al., Control of preferential orientation of AlN films prepared by the reactive sputtering method, *Thin Solid Films* **316**, 152 (1998).
8. H.E. Cheng, T.C. Lin, W.C. Chen, Preparation of [002] oriented AlN thin films by mid frequency reactive sputtering technique, *Thin Solid Films* **425**, 85 (2003).
9. H.C. Lee, K.Y. Lee, Y.J. Yong, J.Y. Lee, G.H. Kim, Effect of hydrogen addition on the preferred orientation of AlN films prepared by reactive sputtering, *Thin Solid Films* **271**, 50 (1995).
10. M. Penza, M.F. De Riccardis, L. Mirenghi, et al., Low temperature growth of r.f. reactively planar magnetron-sputtered AlN films, *Thin Solid Films* **259**, 154 (1995).
11. K. Suzuki, State of the art in large area vacuum coatings on glass, *Thin Solid Films* **351**, 8 (1999).
12. A. van der Drift, Evolutionary selection, a principle governing growth orientation in vapor-deposited layers, *J. Philips Res. Rep.* **22**, 267 (1967).
13. X. Xu, et al., Morphological properties of AlN piezoelectric thin films deposited by DC reactive magnetron sputtering, *Thin Solid Films* **388**, 62 (2001).
14. C.K. Xu, X.L. Meng, *Acoustic Surface Wave Apparatus and its Application*, Science Press, Beijing (1984). (in Chinese)
15. J. Yun, D.S. Dandy, Model of morphology evolution in the growth of polycrystalline β-SiC films, *Diamond Rel. Mater.* **9**, 439 (2000).

NEW BOUNDARY CONDITIONS FOR PIEZOELECTRIC PLATES

Yang GAO
College of Science, China Agricultural University, Beijing 100083, P. R. China

Si-Peng XU
College of Engineering, Ocean University of China, Qingdao 266071, P. R. China

Bao-Sheng ZHAO
School of Mechanical Engineering, University of Science and Technology Liaoning, Anshan 114044, P. R. China

For plate bending and stretching problems in piezoelectric materials, the reciprocal theorem and the general solution of piezoelasticity are applied in a novel way to obtain the appropriate mixed boundary conditions accurate to all order. The method developed by Gregory and Wan is used to establish necessary conditions which the prescribed data on the edge of the plate must satisfy in order that it should generate a decaying state within the plate; for the case of axisymmetric bending and stretching of a circular plate, these decaying state conditions are obtained explicitly for the first time when the mixed conditions are imposed on the plate edge. They are then used for the correct formulation of boundary conditions for the interior solution.

Keywords: boundary conditions, piezoelectric plates, mixed data, bending problems, stretching problems

1. Introduction

As piezoelectric patches used as actuator or sensor are usually considered as plates because of their plate-like geometry, many scientists paid more attention to the study of piezoelectric plates. Two-dimensional theories for piezoelectric plates have been studied by many investigators. Tiersten [1] and Mindlin [2, 3] initiated the study based on power series expansions of the mechanical displacements and the electric potential along the thickness of the plate and the variational principle, while Bugdayci and Bogy [4] and Lee and Syngellakis et al. [5] applied trigonometric series representation to the research of piezoelectric plates. Besides, other scholars, such as Lee [6], Bisegna and Caruso [7], and Krommer [8], just to name a few, performed similar analyses based on classical plate theories or refined plate theories in combination with a gross linear, quadratic or biquadratic through-the-thickness distribution of the electric potential. Recently, by utilizing the general solution of piezoelasticity and Lur'e method, a refined theory for piezoelectric plates was deduced systematically and directly without ad hoc assumptions [9].

It is generally known that the exact solution of linear elastostatic problems for flat plates consists of an interior component significant throughout the plate and a boundary layer component (in a decaying form). Near a cylindrical edge, the interior solution is supplemented by boundary layer solution component which becomes insignificant away from the edge. The prescribed admissible boundary conditions can be satisfied only by a combination of these two components. However, the boundary layer solution, even just a leading term approximation, needed to fit the edge-data is rather intractable except for cases with simple geometries and load symmetries. This and the fact that the solution behavior near the plate edges is often not needed from practical viewpoint have driven people to take efforts over the years to formulate the interior solution of plate problems, by assigning an appropriate portion of the prescribed edge-data to it, without any reference to the boundary layer solution.

By an application of the Betti-Rayleigh reciprocal theorem, Gregory and Wan developed a novel method determining the interior solution successfully and effectively; they provided the results for several plate problems, and derived a set of correct boundary conditions for arbitrarily prescribed admissible edge-data [10-17]. From these results, they have now explicit examples showing that the higher order accuracy offered by the governing differential equations of a higher order plate theory may not be attained unless commensurate boundary conditions are developed and used for these equations. These general results also show that, to be strictly correct, Saint-Venant's principle should generally be applied only to the leading term outer solution, i.e. the classical plate theory.

Recently, relevant boundary conditions for elastic beam have been attempted [18]. Moreover, Xu et al. [19] extended the model and method suggested by Gregory and Wan [11] for elastic plates to piezoelectric plates, which enables us to formulate the correct edge conditions for two-dimensional piezoelectric plate theories with the stress data. When stress and electric displacement conditions are imposed on the plate edge, these decaying state conditions for the case of axisymmetric deformation of a transversely isotropic piezoelectric circular plate are derived explicitly, which are then used for the correct formulation of boundary conditions for the plate theory solution. Besides, analytical solution of the decaying state is formulated to verify validity of these boundary conditions.

This paper presents the second part of our research on deducing the appropriate boundary conditions for piezoelectric plates [19]. With the first part of this research focusing on the boundary conditions for the stress data, we will investigate the boundary conditions for the mixed data. In the following sections, we obtain a set of necessary conditions on the mixed data for the existence of a rapidly decaying solution of the bending and stretching problems. Through generalizing the method developed by Gregory and Wan [11] and by invoking the general solution of piezoelasticity, these necessary conditions are then translated into the desired set of boundary conditions for the interior expansion.

2. Decaying state in piezoelectric plates

Let us consider a homogeneous and piezoelectric flat plate occupying the domain

$$\Omega = \{(x,y,z) | (x,y) \in G, |z| \le h\}$$

in a Cartesian coordinate system (*x*, *y*, *z*), where *G* and *h* are the mid-plane and the thickness of the plate, respectively. There are no body forces and the top and bottom faces of the plate are traction-free so that

$$\sigma_{zz} = \sigma_{zx} = \sigma_{zy} = 0, \; D_z = 0 \; (z = \pm h). \tag{1}$$

where σ_{ij} are stress components, while D_i are the electric displacement components. Set a natural coordinate system (*n*, *t*, *z*) on the curved edge *E* of the plate with *n* normal to the edge. For the sake of definiteness, we will consider here only the case of mixed edge-data so that

$$\begin{aligned} u_n &= \bar{u}_n(t,z), \quad \sigma_{nt} = \bar{\sigma}_{nt}(t,z), \\ \sigma_{nz} &= \bar{\sigma}_{nz}(t,z), \quad D_n = \bar{D}_n(t,z). \end{aligned} \tag{2}$$

Two classes of exact states are investigated for the equations of three dimensional piezoelectricity governing flat plates with free faces. One of these is the analogue of Levy solution for elastic plates and is designated as the interior state. The other complementary class corresponds to a boundary layer solution and is designated as the decaying state. An elastostatic state in the plate is said to be a *decaying state*

$$\begin{aligned} |\boldsymbol{u}| &\le M_1^d e^{-\gamma d/h}, \quad |\phi| \le M_2^d e^{-\gamma d/h}, \\ |\boldsymbol{\sigma}| &\le M_3^d e^{-\gamma d/h}, \quad |\boldsymbol{D}| \le M_4^d e^{-\gamma d/h}, \end{aligned} \tag{3}$$

or a *regular state*

$$\begin{aligned} |\boldsymbol{u}| &\le M_1^r h^\alpha, \quad |\phi| \le M_2^r h^\alpha, \\ |\boldsymbol{\sigma}| &\le M_3^r h^\alpha, \quad |\boldsymbol{D}| \le M_4^r h^\alpha, \end{aligned} \tag{4}$$

if as $h \to 0$. Where $|\boldsymbol{\sigma}|$, $|\boldsymbol{D}|$ and $|\boldsymbol{u}|$ mean the sum of absolute values of all components of $\boldsymbol{\sigma}$, $\boldsymbol{D}$ and $\boldsymbol{u}$, respectively, M_i^d and M_i^r are the maximum modulus of the prescribed edge-data for the decaying and regular states, respectively, *d* is the minimum distance of the observation point from the edge of the plate, γ and α are positive constants.

3. Necessary conditions for a decaying state

Consider a piezoelectric flat plate with a fictitious hole bounded by two flat faces $z = \pm h$, cylindrical outer edge *E* and inner edge $\tilde{E}$ whose detailed shape is not important, but whose minimum distance $\tilde{d}$ from *E* to $\tilde{E}$ is positive and independent of *h*.

Supposing that the edge-data give rise to the decaying state in the plate, we now apply the reciprocal theorem for piezoelectric media [20], which takes the form

$$\oint\!\!\!\oint_S \left(\sigma_{ij}^{(1)} u_j^{(2)} + D_i^{(1)} \phi^{(2)} - \sigma_{ij}^{(2)} u_j^{(1)} - D_i^{(2)} \phi^{(1)}\right) n_i \mathrm{d}S = 0, \tag{5}$$

where *S* is the surface of the plate, n_i is the direction cosine of the outward normal to *S*. With the foregoing two definitions in mind, now we take the state with a superscript "(1)" to be the exact solution of piezoelectric plate problems, and the decaying state induced by the prescribed stress data $\bar{\sigma}_{nt}$, $\bar{\sigma}_{nz}$, $\bar{D}_n$ and $\bar{u}_n$. For the auxiliary state, denoted by superscript "(2)", we take any regular state which fulfills load-free conditions on *S*. In light of these choices, Eq. (5) reduces to

$$\begin{aligned} &\iint_E \left(\bar{\sigma}_{nt} u_t^{(2)} + \bar{\sigma}_{nz} u_z^{(2)} + \bar{D}_n \phi^{(2)} - \bar{u}_n \sigma_{nn}^{(2)}\right) \mathrm{d}S \\ &= -\iint_{\tilde{E}} \left(\sigma_{ij} u_j^{(2)} - \sigma_{ij}^{(2)} u_j + D_i \phi^{(2)} - D_i^{(2)} \phi\right) n_i \mathrm{d}S. \end{aligned} \tag{6}$$

With the foregoing two definitions in mind, as $h \to 0$ the right side of Eq. (6) can be expressed as

$$\begin{aligned} &\left|\iint_{\tilde{E}} \left(\sigma_{ij} u_j^{(2)} - \sigma_{ij}^{(2)} u_j + D_i \phi^{(2)} - D_i^{(2)} \phi\right) n_i \mathrm{d}S\right| \\ &\le \left(M_3^d M_1^r + M_3^r M_1^d + M_4^d M_2^r + M_4^r M_2^d\right) \tilde{L} h^{1+\alpha} e^{-\gamma \tilde{d}/h}, \end{aligned} \tag{7}$$

where $\bar{L}$ denotes the perimeter of intersecting line between $z=0$ and $\tilde{E}$. In addition, the value of the left side of Eq. (6) is a know power function which is a power series in h, then Eq. (7) implies that the left side of Eq. (6) must be zero. Hence we finally obtain

$$\iint_E \left(\bar{\sigma}_{nt} u_t^{(2)} + \bar{\sigma}_{nz} u_z^{(2)} + \bar{D}_n \phi^{(2)} - \bar{u}_n \sigma_{nn}^{(2)}\right) \mathrm{d}S = 0, \tag{8}$$

which is a set of necessary conditions that the mixed data must satisfy in order that the data give rise only to a decaying state. Once a suitable regular state appearing in Eq. (8), which satisfies appropriate homogeneous boundary conditions, is constructed for the relevant edge-data, the translation is immediate. However, this is not the situation for general edge-data.

4. Axisymmetric deformation of circular plates

The general solution of transversely isotropic piezoelasticity for axisymmetric problems takes the form [21, 22]:

$$u_r = \partial_r \delta_{1i} \psi_i, \quad u_z = \partial_z m_i \psi_i, \quad \phi = \partial_z l_i \psi_i, \tag{9}$$

where δ_{ij} is the Kronecker delta symbol and the following summation convention has been used throughout this paper: the Einstein summation over repeated lower case indices from 1 to 3 is applied, while upper case indices take on the same numbers as the corresponding lower case ones but are not summed. Besides, the potential functions ψ_i satisfy the following quasi-harmonic equations in axisymmetric deformation

$$\left(\partial_r^2 + 1/r\,\partial_r + 1/s_I^2\,\partial_z^2\right)\psi_i = 0. \tag{10}$$

The values of m_i, l_i and s_i^2 are related by the following expressions:

$$\begin{aligned} &\frac{c_{44} + (c_{13}+c_{44})m_i + (e_{15}+e_{31})l_i}{c_{11}} \\ &= \frac{c_{33}m_i + e_{33}l_i}{c_{13} + c_{44}(1+m_i) + e_{15}l_i} \\ &= \frac{e_{33}m_i - \varepsilon_{33}l_i}{e_{31} + e_{15}(1+m_i) - \varepsilon_{11}l_i} = \frac{1}{s_i^2}, \end{aligned} \tag{11}$$

where c_{ij}, e_{ij} and ε_{ij} are the elastic stiffness coefficients, piezoelectric and dielectric constants, respectively. Herein we assume that s_i are distinct.

As we know, the problem can be decomposed into two categories, namely, anti-symmetric case and symmetric case, which correspond to the bending and stretching problems, respectively. These two problems will be discussed separately, in what follows, to facilitate the deduction.

4.1. *Axisymmetric bending problems*

Now the prescribed mixed data in Eq. (2) become

$$u_r(a,z) = \bar{u}_r(z), \quad \sigma_{rz}(a,z) = \bar{\sigma}_{rz}(z), \quad D_r(a,z) = \bar{D}_r(z), \tag{12}$$

where a is the radius of the circular plate. The necessary condition (8) for a decaying state induced by the mixed data reduces to the one-dimensional integral

$$\int_{-h}^{h} \left[-\bar{u}_r(z)\sigma_{rr}^{(2)} + \bar{\sigma}_{rz}(z) u_z^{(2)} + \bar{D}_r(z)\phi^{(2)}\right] \mathrm{d}z = 0. \tag{13}$$

Now our main task lies in obtaining accurate solutions for these regular states. We can take a rigid body translation in the z-direction as the first auxiliary regular state, that is

$$u_r^{(2)} \equiv 0, \quad u_z^{(2)} = \text{constant} \neq 0, \quad \phi^{(2)} \equiv 0. \tag{14}$$

Imposition of Eq. (14) on Eq. (13) yields

$$\int_{-h}^{h} \bar{\sigma}_{rz}(z)\,\mathrm{d}z = 0. \tag{15}$$

Obviously, the second auxiliary regular state may be taken as

$$u_r^{(2)} \equiv 0, \quad u_z^{(2)} \equiv 0, \quad \phi^{(2)} = \text{constant} \neq 0. \tag{16}$$

Then the corresponding necessary condition is

$$\int_{-h}^{h} \bar{D}_r(z)\,\mathrm{d}z = 0. \tag{17}$$

Now we look for the third auxiliary regular state with the use of the general solution (9). According to the characteristics of axisymmetric bending problem, we assume

$$\psi_i = A_i\left(2s_I^2 z^3 - 3r^2 z\right) + B_i z \ln r, \tag{18}$$

where A_i and B_i are unknown constants to be decided later.

The displacements and stresses obtained from Eq. (18) and (9) can be shown to be

$$\begin{aligned} u_r^{(2)} &= -6\delta_{1i} A_i r z + \delta_{1i} B_i z/r, \\ u_z^{(2)} &= m_i\left[A_i\left(6s_I^2 z^2 - 3r^2\right) + B_i \ln r\right], \\ \phi^{(2)} &= l_i\left[A_i\left(6s_I^2 z^2 - 3r^2\right) + B_i \ln r\right], \end{aligned} \tag{19}$$

$$\begin{aligned} \sigma_{rr}^{(2)} &= 6\left[-(c_{11}+c_{12})\delta_{1i} + 2s_I^2(c_{13}m_i + e_{31}l_i)\right] A_i z \\ &\quad -(c_{11}-c_{12})\delta_{1i} B_i z/r^2, \\ \sigma_{zz}^{(2)} &= 12\left[-c_{13}\delta_{1i} + s_I^2(c_{33}m_i + e_{33}l_i)\right] A_i z, \end{aligned}$$

$$\begin{aligned}\sigma_{rz}^{(2)} &= \left(c_{44}\delta_{li} + c_{44}m_i + e_{15}l_i\right)\left(-6A_i r + B_i 1/r\right),\\ D_z^{(2)} &= 12\left[-e_{31}\delta_{li} + s_l^2\left(e_{33}m_i - \varepsilon_{33}l_i\right)\right]A_i z,\\ D_r^{(2)} &= \left(e_{15}\delta_{li} + e_{15}m_i - \varepsilon_{11}l_i\right)\left(-6A_i r + B_i 1/r\right).\end{aligned} \tag{20}$$

As the procedure in the preceding section indicates, any candidate for regular state (2) must meet the requirements stipulated below

$$\begin{aligned}&\sigma_{rz}^{(2)} = \sigma_{zz}^{(2)},\ D_z^{(2)} = 0\ \ (z = \pm h),\\ &u_r^{(2)} = 0,\ \sigma_{rz}^{(2)} = 0,\ D_r^{(2)} = 0\ \ (r = a).\end{aligned} \tag{21}$$

Substitution of the expressions (19) and (20) into Eq. (21) with the use of Eq. (11) leads to

$$\begin{aligned}&\alpha_i A_i = 0,\ \beta_i A_i = 0,\ \alpha_i B_i = 0,\\ &\beta_i B_i = 0,\ -6a^2\delta_{li}A_i + \delta_{li}B_i = 0.\end{aligned} \tag{22}$$

From which we can determine the relationship among these unknown constants as

$$\frac{A_1}{\lambda_1} = \frac{A_2}{\lambda_2} = \frac{A_3}{\lambda_3},\ \frac{B_1}{\lambda_1} = \frac{B_2}{\lambda_2} = \frac{B_3}{\lambda_3},\ \frac{B_i}{A_i} = 6a^2, \tag{23}$$

where

$$\begin{aligned}&\alpha_i = c_{44}\delta_{li} + c_{44}m_i + e_{15}l_i,\\ &\beta_i = e_{15}\delta_{li} + e_{15}m_i - \varepsilon_{11}l_i,\ \lambda_i = e_{ijk}\alpha_j\beta_k,\end{aligned} \tag{24}$$

in which e_{ijk} is Levi-Civita permutation symbol with indices vary from 1 to 3.

On substituting the expressions (19) and (20) into Eq. (13), we obtain, after using the conditions (15) and (17)

$$\int_{-h}^{h}\left[\left(c_{11}\delta_{li} - \gamma_i\right)A_i\bar{u}_r z + \frac{m_i s_l^2 A_i}{2}\bar{\sigma}_{rz}z^2 + \frac{l_i s_l^2 A_i}{2}\bar{D}_r z^2\right]\mathrm{d}z = 0, \tag{25}$$

where $\gamma_i = c_{13}m_i s_l^2 + e_{31}l_i s_l^2$. Taking account of the relationships (23), we obtain the third necessary condition for a decaying state when $\bar{u}_r$, $\bar{\sigma}_{rz}$ and $\bar{D}_r$ are prescribed

$$\int_{-h}^{h}\left[\bar{u}_r z - \left(\xi\bar{\sigma}_{rz} + \zeta\bar{D}_r\right)z^2\right]\mathrm{d}z = 0, \tag{26}$$

where

$$\xi = \frac{m_i s_l^2 \lambda_i}{2\left(-c_{11}\delta_{li}\lambda_i + \gamma_i\lambda_i\right)},\ \zeta = \frac{l_i s_l^2 \lambda_i}{2\left(-c_{11}\delta_{li}\lambda_i + \gamma_i\lambda_i\right)}. \tag{27}$$

4.2 Axisymmetric stretching problems

For this case, analogous to the axisymmetric bending, we can take the potential functions ψ_i to be of the form

$$\psi_i = C_i\left(2s_l^2 z^2 - r^2\right) + D_i \ln r, \tag{28}$$

where C_i and D_i are unknown constants to be decided later.

Now the corresponding auxiliary regular state reads as

$$\begin{aligned}&u_r^{(2)} = -2\delta_{li}C_i r + \delta_{li}D_i 1/r,\ u_z^{(2)} = 4m_i s_l^2 C_i z,\\ &\phi^{(2)} = 4l_i s_l^2 C_i z,\end{aligned} \tag{29}$$

$$\begin{aligned}\sigma_{rr}^{(2)} &= 2\left[-\left(c_{11} + c_{12}\right)\delta_{li} + 2s_l^2\left(c_{13}m_i + e_{31}l_i\right)\right]C_i\\ &\quad -\left(c_{11} - c_{12}\right)\delta_{li}D_i 1/r^2,\\ \sigma_{zz}^{(2)} &= 2\left[-c_{13}\delta_{li} + s_l^2\left(c_{33}m_i + e_{33}l_i\right)\right]C_i,\\ D_z^{(2)} &= 2\left[-e_{31}\delta_{li} + s_l^2\left(e_{33}m_i - \varepsilon_{33}l_i\right)\right]C_i,\\ \sigma_{rz}^{(2)} &= 0,\ D_r^{(2)} = 0.\end{aligned} \tag{30}$$

Thus substituting the expressions (29) and (30) into Eq. (21) with the help of Eq. (11), we can obtain

$$\alpha_i C_i = 0,\ \beta_i C_i = 0,\ -2a^2\delta_{li}C_i + \delta_{li}D_i = 0. \tag{31}$$

From which we can determine the relationship among these unknown constants as

$$C_1/\lambda_1 = C_2/\lambda_2 = C_3/\lambda_3,\ \delta_{li}D_i = 2a^2\delta_{li}C_i. \tag{32}$$

Therefore, the necessary conditions for a decaying state is obtained from Eq. (13) when $\bar{u}_r$, $\bar{\sigma}_{rz}$ and $\bar{D}_r$ are prescribed

$$\int_{-h}^{h}\left[\bar{u}_r - 2\left(\xi\bar{\sigma}_{rz} + \zeta\bar{D}_r\right)z\right]\mathrm{d}z = 0. \tag{33}$$

More importantly, the appropriate boundary conditions of piezoelectric plates in the bending and stretching problems for a set of mixed edge-data are obtained for the first time.

4.3 Boundary conditions for the interior solution

These aforementioned necessary conditions for a decaying state (boundary layer solution) can then be converted into a set of boundary conditions appropriate for the interior solution or its various approximate plate theories, which do not involve the boundary layer solution components. As the preceding discussion in Introduction, the difference between the exact solution and the interior one is a decaying state. As an immediate consequence, $\bar{u}_r$, $\bar{\sigma}_{rz}$ and $\bar{D}_r$ must satisfy the conditions

$$\begin{aligned}&\bar{u}_r = \left[u_r - u_r^I\right]_{r=a},\ \bar{\sigma}_{rz} = \left[\sigma_{rz} - \sigma_{rz}^I\right]_{r=a},\\ &\bar{D}_r = \left[D_r - D_r^I\right]_{r=a},\end{aligned} \tag{34}$$

where u_r^I, σ_{rz}^I and D_r^I are interior solutions. For the mixed edge-data to induce only the interior state, the data must satisfy the four conditions

$$\int_{-h}^{h}\left[\sigma_{rz}^{I}\right]_{r=a}\mathrm{d}z=\int_{-h}^{h}\hat{\sigma}_{rz}\mathrm{d}z, \tag{35}$$

$$\int_{-h}^{h}\left[D_{r}^{I}\right]_{r=a}\mathrm{d}z=\int_{-h}^{h}\hat{D}_{r}\mathrm{d}z, \tag{36}$$

$$\begin{aligned}&\int_{-h}^{h}\left[u_{r}^{I}z-\left(\xi\sigma_{rz}^{I}+\zeta D_{r}^{I}\right)z^{2}\right]_{r=a}\mathrm{d}z\\&=\int_{-h}^{h}\left[\hat{u}_{r}z-\left(\xi\hat{\sigma}_{rz}+\zeta\hat{D}_{r}\right)z^{2}\right]\mathrm{d}z,\end{aligned} \tag{37}$$

$$\begin{aligned}&\int_{-h}^{h}\left[u_{r}^{I}-2\left(\xi\sigma_{rz}^{I}+\zeta D_{r}^{I}\right)z\right]_{r=a}\mathrm{d}z\\&=\int_{-h}^{h}\left[\hat{u}_{r}-2\left(\xi\hat{\sigma}_{rz}+\zeta\hat{D}_{r}\right)z\right]\mathrm{d}z.\end{aligned} \tag{38}$$

where $\hat{u}_r$, $\hat{\sigma}_{rz}$ and $\hat{D}_r$ are the actually prescribed edge-data. By superposition, the boundary conditions for axisymmetric deformation of piezoelectric plates are formed. Up to here Eqs. (35)-(37) are for the bending problems, while Eq. (38) corresponds to the stretching problems. To obtain the appropriate boundary conditions for various approximate plate theories, we should expand in powers of h all terms in all four necessary conditions and retain only a suitable number of terms in each expansion. The above results for the bending and stretching problems illustrate the general method for deriving local necessary conditions for a decaying state and therewith appropriate boundary conditions for plate theories.

5. Discussion and conclusions

In this paper we extend the model and method suggested by Gregory and Wan [11] for elastic plates to piezoelectric plates in the bending and stretching problems, which enables us to formulate the correct edge conditions for piezoelectric plate theories with the mixed edge-data. However, attempts to derive the corresponding boundary conditions for displacement and other types of edge-data in present paper for general shape plates have not been successful. We have not found any simple auxiliary regular states suitable for these edge-data, but this does not mean that our approach is useless in these cases. It means that the required auxiliary states are themselves the solutions of certain particular boundary value problems, which, when solved once and for all, are to be used in the appropriate decaying state conditions.

Due to the complexity of piezoelectricity, there is no possibility to find the general and universal forms of the correct boundary conditions suitable for all other piezoelectric materials. Fortunately, the boundary conditions for this piezoelectric plate can be exactly reduced to some standard boundary conditions, thus providing the opportunity to: (1) determine rapidly decaying states within the plate, (2) formulate the interior solution of the piezoelectric plate problems and (3) extend the description of these decaying state conditions for the case of bending and stretching deformations approximately to other piezoelectric materials, etc.

Acknowledgments

The work is supported by the National Natural Science Foundation of China (No. 10602001).

References

1. H.F. Tiersten, *Linear Piezoelectric Plate Vibrations*, Plenum Press, New York (1969).
2. R.D. Mindlin, Forced thickness-shear and flexural vibrations of piezoelectric crystal plates, *J. Appl. Phys.* **23**, 83 (1952).
3. R.D. Mindlin, High frequency vibrations of piezoelectric crystal plates, *Int. J. Solids Struct.* **8**, 895 (1972).
4. N. Bugdayci, D.B. Bogy, A two-dimensional theory for piezoelectric layers used in electro- mechanical transducers-I: Derivation, *Int. J. Solids Struct.* **17**, 1159 (1981).
5. P.C.Y. Lee, S. Syngellakis, J.P. Hou, A two-dimensional theory for high-frequency vibrations of piezoelectric crystal plates with or without electrodes, *J. Appl. Phys.* **61,** 1249 (1987).
6. C.K. Lee, Theory of laminated piezoelectric plates for the design of distributed sensors/actuators, Part I: Governing equations and reciprocal relationship, *J. Acoust. Soc. Am.* **87**, 1144 (1990).
7. P. Bisegna, G. Caruso, Evaluation of higher- order theories of piezoelectric plates in bending and in stretching, *Int. J. Solids Struct.* **38**, 8805 (2001).
8. M. Krommer, Piezoelastic vibrations of composite Reissner-Mindlin-type plates, *J. Sound Vib.* **263**, 871 (2003).
9. S.P. Xu, W. Wang, A refined theory of transversely isotropic piezoelectric plates, *Acta Mech.* **171**, 15 (2004).
10. R.D. Gregory, F.Y.M. Wan, Decaying states of plane strain in a semi-infinite strip and boundary conditions for plate theory, *J. Elast.* **14**, 27 (1984).
11. R.D. Gregory, F.Y.M. Wan, On plate theories and Saint-Venant's principle, *Int. J. Solids Struct.* **21**, 1005 (1985).
12. R.D. Gregory, F.Y.M. Wan, Edge effect in the stretching of plates, In: *Local Effects in the Analysis of Structures*, edited by P. Ladeveze, Elsevier, Amsterdam **35** (1985).

13. R.D. Gregory, F.Y.M. Wan, On the interior solution for linearly elastic plate, *J. Appl. Mech.* **55**, 551 (1988).
14. Y.H. Lin, F.Y.M. Wan, First integrals and the interior solution for orthotropic plates in plane strain or axisymmetric deformations, *Stud. Appl. Math.* **79**, 93 (1988).
15. F.Y.M. Wan, Stress boundary conditions for plate bending, *Int. J. Solids Struct.* **40**, 4107 (2003).
16. Y. Gao, M.Z. Wang, Comment on "Stress boundary conditions for plate bending" by F. Y. M. Wan [Int. J. Solids Struct. 40 (2003) 4107–4123], *Int. J. Solids Struct.* **46**, 1854 (2006).
17. F.Y.M. Wan, Author's response to Comment by Yang Gao and Min-Zhong Wang on "Stress boundary conditions for plate bending" by F. Y. M. Wan [Int. J. Solids Struct. 40 (2003) 4107–4123], *Int. J. Solids Struct.* **46**, 1856 (2006).
18. Y. Gao, S.P. Xu, B.S. Zhao, Boundary conditions for elastic beam bending, *Comptes Rendus Mecanique*, in press.
19. S.P. Xu, Y. Gao, W. Wang, Boundary conditions for transversely isotropic piezoelectric plates, *Mech. Res. Commun.*, to be submitted.
20. X.M. Wang, Y.P. Shen, Theorem of work reciprocity for pyroelectric elastic media with application, *Acta Mech. Sinica* **28**, 244 (1996).
21. H.J. Ding, B. Chen, J. Liang, General solutions for coupled equations for piezoelectric media, *Int. J. Solids Struct.* **33**, 2283 (1996).
22. H.J. Ding, W.Q. Chen, *Three Dimensional Problems of Piezoelasticity*, Nova Science Publishers, New York (2001).

3D ANALYTICAL SOLUTION FOR A TRANSVERSELY ISOTROPIC MAGNETOELECTROELASTIC ROTATING DISC WITH FUNCTIONALLY GRADED PROPERTY

Jiang-Ying CHEN

Faculty of Engineering, Ningbo University, Ningbo 315211, China
E-mail: chenjiangying@nbu.edu.cn

Hao-Jiang DING, Wei-Qiu CHEN

Department of Civil Engineering, Zhejiang University, Hangzhou 310027, China
E-mail: dinghj@zju.edu.cn, chenwq@zju.edu.cn

Based on the basic equations of a transversely isotropic magnetoelectroelastic axisymmetric problem, a three-dimensional (3D) analytical solution for a functionally graded, magnetoelectroelastic disc rotating with a constant angular velocity is obtained. The displacement components, electric potential and magnetic potential are assumed in forms of polynomials of the radial coordinate (r), with coefficients being unknown functions of the axial (thickness) coordinate (z), which can be determined by solve a group of simply governing equations. Since the material parameters can be arbitrary functions of the z -coordinate, the present solution can be degenerated into that for corresponding homogeneous materials cases and various uncoupled cases. The numerical results of a particular functionally graded magnetoelectroelastic rotating disc clearly show the effect of material inhomogeneity (i.e. gradient index) on the elastic, electric and magnetic fields, which can be used to guide the optimization design of rotating discs.

Keywords: functionally graded magnetoelectroelastic material (FGMM), rotating disc, 3D analytical solution

1. Introduction

As an important element of the transmitted systems in mechanism, the rotating disc has been always attracted many attentions in science and engineering, especial in its analytical solutions and its optimization designs. Usually, the rotating disc is assumed in a plane-stress or plane-strain state for simplify the analysis [1-8]. Many of times, it could be no enough accuracy to analysis. Based on the three dimensional theory, Timoshenko and Goodier [3] obtained the analytic axisymmetric solution for a homogeneous isotropic rotating disc. Ramu and Iyengar [9] studied the influence of axial stress σ_z on the in-plane stresses in a homogeneous isotropic rotating disk and then derived the quasi-3D elastic stresses field. For the anisotropy material, Lekhnitskii [9] presented a 3D solution for a rotating disc. Chen and Lee [10] studied the stresses of the laminated orthotropic rotating cylindrical shell under simply-supported, which involved the effect of the centrifugal force as well as the Coriolis acceleration. 3D analytical solution for a homogeneous transversely isotropic piezoelectric rotating disc was derived by Ding et al. [11, 12] on the basis of the general solution for the 3D governing piezoelectricity equations. Using the general solution method, Chen et al. [13] obtained similar solution for a magnetoelectroelastic annular/circular plate. Main and Spencer [14] studied the axisymmetric deformation of isotropic functionally graded material (FGM) disks with elastic parameters being arbitrary functions of the axial coordinate z , without considering the influence of body force. Recently, Chen et al. [15] presented a 3D analytical solution for a rotating disc of transversely isotropic FGM by means of direct displacement function method. The magnetoelectroelastic materials are important materials of intelligence structures and components. Research on some of common magnetoelectroelastic structures made of either homogeneous transversely isotropic [13,16] or with material parameters being a functions of the radial coordinate [17] and material parameters being an exponential functions of the axial coordinate [18] have be reported. But, the solution of a rotating disc for FGMM and involves the effect of the body force is not be seen in the literature.

In this paper, a magnetoelectroelastic solution is derived for a rotating disc made of transversely isotropic FGMM. The solution can be readily degenerated into cases as follows: (1) a functionally graded, transversely isotropic, piezoelectric (piezomagnetic) and elastic disc; (2) a functionally graded, isotropic piezoelectric and elastic disc; (3) a homogeneous transversely isotropic, magnetoelectroelastic disc; (4) a homogeneous transversely isotropic or isotropic, piezoelectric (piezomagnetic) and elastic disc; (5) a homogeneous isotropic, piezoelectric (piezomagnetic) and elastic disc.

The special feature of our solution is that the material properties can be any variation with the axial (thickness) coordinate. A numerical example of the particular FGMM disc is finally given to show the effect of material inhomogeneity on the elastic, magnetic and electric fields, which are great useful for optimization design of rotating discs as well as other mechanical systems.

2. Basic equations

Consider an axisymmetric problem with the z -axis being along the symmetry axis of the cylindrical coordinate system (r,θ,z). The equilibrium equations can be written as

$$\sigma_{r,r}+\tau_{rz,z}+r^{-1}(\sigma_r-\sigma_\theta)+F_r=0,$$
$$\tau_{rz,r}+r^{-1}\tau_{rz}+\sigma_{z,z}+F_z=0,$$
$$D_{r,r}+r^{-1}D_r+D_{z,z}=0,\ B_{r,r}+r^{-1}B_r+B_{z,z}=0 \quad (1)$$

where σ_r, σ_θ, σ_z and τ_{rz} are the stress components, D_r and D_z are the electric displacement components, B_r and B_z are the magnetic inductions, F_r and F_z are the body force components in r - and z -directions, respectively, and the comma denotes differentiation with respect to the followed coordinate variable.

The generalized Hooke's law for a transversely isotropic FGMM is expressed as

$$\sigma_r=c_{11}u_{,r}+c_{12}r^{-1}u+c_{13}w_{,z}+e_{31}\Phi_{,z},$$
$$\sigma_\theta=c_{12}u_{,r}+c_{11}r^{-1}u+c_{13}w_{,z}+e_{31}\Phi_{,z},$$
$$\sigma_z=c_{13}(u_{,r}+r^{-1}u)+c_{33}w_{,z}+e_{33}\Phi_{,z},$$
$$\tau_{rz}=c_{44}(u_{,z}+w_{,r})+e_{15}\Phi_{,r},$$
$$D_r=e_{15}(u_{,z}+w_{,r})-\varepsilon_{11}\Phi_{,r},$$
$$D_z=e_{31}(u_{,r}+r^{-1}u)+e_{33}w_{,z}-\varepsilon_{33}\Phi_{,z},$$
$$B_r=d_{15}(u_{,z}+w_{,r})-g_{11}\Phi_{,r}-\mu_{11}\Psi_{,r},$$
$$B_z=d_{31}(u_{,r}+r^{-1}u)+d_{33}w_{,z}-g_{33}\Phi_{,z}-\mu_{33}\Psi_{,z}. \quad (2)$$

where $c_{ij}=c_{ij}(z)$, $e_{ij}=e_{ij}(z)$, $\varepsilon_{ij}=\varepsilon_{ij}(z)$, $d_{ij}=d_{ij}(z)$, $g_{ij}=g_{ij}(z)$ and μ_{ij} $(i,j=1,2,3,4,5)$ are elastic, piezoelectric, dielectric, piezomagnetic, electromagnetic and magnetic coefficients, respectively, $\rho=\rho(z)$ is the density of the material. u,w are the components of displacements in r - and z -directions, respectively, Φ and Ψ are the electric potential and magnetic potential, respectively.

3. Boundary conditions and solutions

Set a cylindrical coordinate system as Fig. 1. Consider a transversely isotropic FGMM disc with radius a and height h, rotating about the z -axis with a uniform angular velocity ω. We have $F_r=\rho r\omega^2$ and $F_z=0$ in Eq. (1).

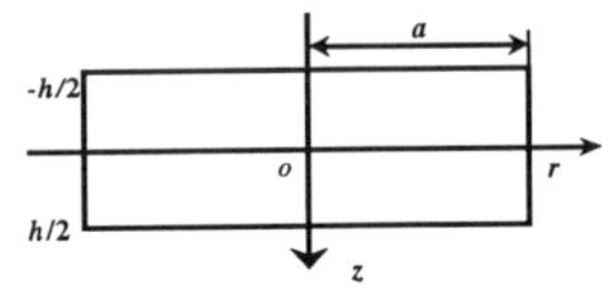

Figure 1. The geometry of the cylindrical coordinate system.

The boundary conditions can be written as

$$z=\pm h/2:\sigma_z=0,\tau_{rz}=0,D_z=0,B_z=0, \quad (3)$$

$$r=a:\ N=\int_{-h/2}^{h/2}\sigma_r dz=0, M=\int_{-h/2}^{h/2}z\sigma_r dz=0,$$
$$Q=\int_{-h/2}^{h/2}\tau_{rz}dz=0,$$
$$D=\frac{1}{h}\int_{-h/2}^{h/2}D_r dz=0, B=\frac{1}{h}\int_{-h/2}^{h/2}B_r dz=0. \quad (4)$$

To seek the solution of the displacements, electric potential and magnetic potential, we assume

$$u=ru_1(z)+r^3u_3(z), w=w_0(z)+r^2w_2(z)+r^4w_4(z)$$
$$\Phi=\Phi_0(z)+r^2\Phi_2(z), \Psi=\Psi_0(z)+r^2\Psi_2(z) \quad (5)$$

where u_i, w_i, Φ_i and Ψ_i are undetermined functions of z, and are referred to the displacement functions, electric potential function and magnetic potential, respectively.

Substituting Eq. (5) into Eq. (2), obtains

$$\sigma_r=(c_{11}+c_{12})u_1+c_{13}w_0'+e_{31}\Phi_0'+d_{31}\Psi_0'$$
$$+r^2[(3c_{11}+c_{12})u_3+c_{13}w_2'+e_{31}\Phi_2'+d_{31}\Psi_2']+r^4c_{13}w_4',$$
$$\sigma_\theta=(c_{11}+c_{12})u_1+c_{13}w_0'+e_{31}\Phi_0'+d_{31}\Psi_0'$$
$$+r^2[(c_{11}+3c_{12})u_3+c_{13}w_2'+e_{31}\Phi_2'+d_{31}\Psi_2']+r^4c_{13}w_4',$$
$$\sigma_z=2c_{13}u_1+c_{33}w_0'+e_{33}\Phi_0'+d_{33}\Psi_0'$$
$$+r^2[4c_{13}u_3+c_{33}w_2'+e_{33}\Phi_2'+d_{33}\Psi_2']+r^4c_{33}w_4',$$
$$\tau_{rz}=r[c_{44}(u_1'+2w_2)+2e_{15}\Phi_2+2d_{15}\Psi_2]$$
$$+r^3c_{44}(u_3'+4w_4),$$

$$
\begin{aligned}
D_r &= r[e_{15}(u_1' + 2w_2) - 2\varepsilon_{11}\Phi_2 - 2g_{11}\Psi_2] \\
&\quad + r^3 e_{15}(u_3' + 4w_4), \\
D_z &= 2e_{31}u_1 + e_{33}w_0' - \varepsilon_{33}\Phi_0' - g_{33}\Psi_0' \\
&\quad + r^2[4e_{31}u_3 + e_{33}w_2' - \varepsilon_{33}\Phi_2' - g_{33}\Psi_2'] + r^4 e_{33}w_4', \\
B_r &= r[d_{15}(u_1' + 2w_2) - 2g_{11}\Phi_2 - 2\mu_{11}\Psi_2] \\
&\quad + r^3 d_{15}(u_3' + 4w_4), \\
B_z &= 2d_{31}u_1 + d_{33}w_0' - g_{33}\Phi_0' - \mu_{33}\Psi_0' \\
&\quad + r^2[4d_{31}u_3 + d_{33}w_2' - g_{33}\Phi_2' - \mu_{33}\Psi_2'] + r^3 d_{33}w_4'.
\end{aligned} \tag{6}
$$

where a prime indicates differentiation with respect to z. Substitution of Eq. (6) into Eq. (1) yields governing equations as follows

$$
\begin{aligned}
&[c_{44}(u_1' + 2w_2) + 2e_{15}\Phi_2 + 2d_{15}\Psi_2]' \\
&\quad + 2(4c_{11}u_3 + c_{13}w_2' + e_{31}\Phi_2' + d_{31}\Psi_2') + \rho\omega^2 = 0 \\
&[c_{44}(u_3' + 4w_4)]' + 4c_{13}w_4' = 0, \\
&[2c_{13}u_1 + c_{33}w_0' + e_{33}\Phi_0' + d_{33}\Psi_0']' \\
&\quad + 2[c_{44}(u_1' + 2w_2) + 2e_{15}\Phi_2 + 2d_{15}\Psi_2] = 0, \\
&[4c_{13}u_3 + c_{33}w_2' + e_{33}\Phi_2' + d_{33}\Psi_2']' \\
&\quad + 4c_{44}(u_3' + 4w_4) = 0, \\
&(c_{33}w_4')' = 0, \\
&[2e_{31}u_1 + e_{33}w_0' - \varepsilon_{33}\Phi_0' - g_{33}\Phi_0']' \\
&\quad + 2[e_{15}(u_1' + 2w_2) - 2\varepsilon_{11}\Phi_2 - 2g_{11}\Psi_2] = 0, \\
&[4e_{31}u_3 + e_{33}w_2' - \varepsilon_{33}\Phi_2' - g_{33}\Phi_2']' \\
&\quad + 4e_{15}(u_3' + 4w_4) = 0, \\
&(e_{33}w_4')' = 0, \\
&(2d_{31}u_1 + d_{33}w_0' - g_{33}\Phi_0' - \mu_{33}\Psi_0')' \\
&\quad + 2[d_{15}(u_1' + 2w_2) - 2g_{11}\Phi_2 - 2\mu_{11}\Psi_2] = 0, \\
&(4d_{31}u_3 + d_{33}w_2' - g_{33}\Phi_2' - \mu_{33}\Psi_2')' \\
&\quad + 4d_{15}(u_3' + 4w_4) = 0, \\
&(d_{33}w_4')' = 0.
\end{aligned} \tag{7)-(17}
$$

From Eq. (3) and Eq. (6), we have

$$
\begin{aligned}
&2c_{13}(\pm h/2)u_1(\pm h/2) + c_{33}(\pm h/2)w_0'(\pm h/2) \\
&\quad + e_{33}(\pm h/2)\Phi_0'(\pm h/2) + d_{33}(\pm h/2)\Psi_0'(\pm h/2) = 0, \\
&4c_{13}(\pm h/2)u_3(\pm h/2) + c_{33}(\pm h/2)w_2'(\pm h/2) \\
&\quad + e_{33}(\pm h/2)\Phi_2'(\pm h/2) + d_{33}(\pm h/2)\Psi_2'(\pm h/2) = 0, \\
&c_{33}(\pm h/2)w_4'(\pm h/2) = 0, \\
&c_{44}(\pm h/2)[u_1'(\pm h/2) + 2w_2(\pm h/2)] \\
&\quad + 2e_{15}(\pm h/2)\Phi_2(\pm h/2) + 2d_{15}(\pm h/2)\Psi_2(\pm h/2) = 0, \\
&c_{44}(\pm h/2)[u_3'(\pm h/2) + 4w_4(\pm h/2)] = 0, \\
&2e_{31}(\pm h/2)u_1(\pm h/2) + e_{33}(\pm h/2)w_0'(\pm h/2) \\
&\quad - \varepsilon_{33}(\pm h/2)\Phi_0'(\pm h/2) - g_{33}(\pm h/2)\Psi_0'(\pm h/2) = 0, \\
&4e_{31}(\pm h/2)u_3(\pm h/2) + e_{33}(\pm h/2)w_2'(\pm h/2) \\
&\quad - \varepsilon_{33}(\pm h/2)\Phi_2'(\pm h/2) - g_{33}(\pm h/2)\Psi_2'(\pm h/2) = 0, \\
&e_{33}(\pm h/2)w_4'(\pm h/2) = 0, \\
&2d_{31}(\pm h/2)u_1(\pm h/2) + d_{33}(\pm h/2)w_0'(\pm h/2) \\
&\quad - g_{33}(\pm h/2)\Phi_0'(\pm h/2) - \mu_{33}(\pm h/2)\Psi_0'(\pm h/2) = 0, \\
&4d_{31}(\pm h/2)u_3(\pm h/2) + d_{33}(\pm h/2)w_2'(\pm h/2) \\
&\quad - g_{33}(\pm h/2)\Phi_2'(\pm h/2) - \mu_{33}(\pm h/2)\Psi_2'(\pm h/2) = 0, \\
&d_{33}(\pm h/2)w_4'(\pm h/2) = 0.
\end{aligned} \tag{18)-(28}
$$

Using the boundary conditions Eqs. (18)-(28), and integrating Eqs. (7)-(17) progressively, one yields

$$
\begin{aligned}
u_1 &= 32a_6F_1(z) - 8a_5F_0(z) - 2a_4f_4(z) \\
&\quad - 2a_3f_3(z) - 2a_2(z + h/2) + a_1 - \omega^2R_2(z) \\
u_3 &= -4a_6(z + h/2) + a_5, \\
w_0 &= 64a_6M_1(z) - 16a_5M_0(z) - 4a_4M_4(z) - 4a_3M_3(z) \\
&\quad + 4a_2f_1(z) + 2a_1f_0(z) - 2\omega^2R_5(z) + w_{00}, \\
w_2 &= 16a_6f_1(z) - 4a_5f_0(z) + a_2, \\
w_4 &= a_6, \\
\Phi_0 &= 64a_6P_1(z) - 16a_5P_0(z) - 4a_4P_4(z) - 4a_3P_3(z) \\
&\quad + 4a_2g_1(z) + 2a_1g_0(z) - 2\omega^2R_6(z) + \Phi_{00}, \\
\Phi_2 &= 16a_6g_1(z) - 4a_5g_0(z) + a_4, \\
\Psi_0 &= 64a_6S_1(z) - 16a_5S_0(z) - 4a_4S_4(z) - 4a_3S_3(z) \\
&\quad + 4a_2h_1(z) + 2a_1h_0(z) - 2\omega^2R_7(z) + \Psi_{00}, \\
\Psi_2 &= 16a_6h_1(z) - 4a_5h_0(z) + a_3.
\end{aligned} \tag{29)-(37}
$$

and relations formulas obtained as follows

$$
\begin{aligned}
&32a_6k_1(h/2) - 8a_5k_0(h/2) - \omega^2R_0(h/2) = 0, \\
&32a_6K_1(h/2) - 8a_5K_0(h/2) - \omega^2R_1(h/2) = 0, \\
&32a_6G_1(h/2) - 8a_5G_0(h/2) - 2a_4g_4(h/2) \\
&\quad - 2a_3g_3(h/2) - \omega^2R_3(h/2) = 0, \\
&32a_6H_1(h/2) - 8a_5H_0(h/2) - 2a_4h_4(h/2) \\
&\quad - 2a_3h_3(h/2) - \omega^2R_4(h/2) = 0,
\end{aligned} \tag{38)-(41}
$$

in which $a_3 \sim a_6, w_{00}, \Phi_{00}$,and Ψ_{00} are integral constants; w_{00} is a rigid-body translation, Φ_{00} is a reference electric potential, and Ψ_{00} is a reference magnetic potential, they contribute nothing to the stress, electric and magnetic field, and the coefficients (functions) f_i, g_i, h_i, k_i , $(i = 1,2,3,4)$, F_i, G_i, K_i, H_i, $M_i, P_i, S_i, M_{i+3}, P_{i+3}, S_{i+3}$, $(i = 1,2)$, $R_i (i = 1,\cdots,7)$ are list in Appendix.

Applying Eq.(4), the resultant force in r -direction, $N(r) = 0$, and the bending moment $M(r) = 0$, one obtains

$$
\begin{aligned}
&4a_6(8N_{01} - M_{01}^0a^2) - a_5(8N_{00} - M_{00}^0a^2) - 2a_4J_{01} \\
&-2a_3J_{00} - 2a_2M_{01}^1 + a_1M_{00}^1 - \omega^2L_0 = 0,
\end{aligned} \tag{42}
$$

$$
\begin{aligned}
&4a_6(8N_{11} - M_{11}^0a^2) - a_5(8N_{10} - M_{10}^0a^2) - 2a_4J_{11} \\
&-2a_3J_{10} - 2a_2M_{11}^1 + a_1M_{10}^1 - \omega^2L_1 = 0
\end{aligned} \tag{43}
$$

where a_2 and a_1 are integral constants, and the coefficients N_{mn}, M_{mn}^l, L_m, J_{mn} $(l,m,n = 0,1)$ are list in Appendix.

Now, we can first obtain a_6 and a_5 from Eqs. (38) and (39), then a_4 and a_3 from Eq. (40) and (41), and finally a_2 and a_1 from Eqs. (42) and (43). Thus, the complete analytical solution for a transversely isotropic FGMM rotating disc is obtained.

The solution can easily be degenerated into

following cases: (1) the solution for a transversely isotropic FGPM rotating disc by simply setting $g_{ij}=0,\ d_{ij}=0, \mu_{11}=0, \mu_{33}=1$; (2) for a transversely isotropic FGM rotating disc by setting $e_{11}=e_{33}=e_{31}=e_{15}=0, \varepsilon_{11}=0,\ \ \varepsilon_{33}=1$ at the same time, (3) the one for an isotropic FGM rotating disc by further taking $c_{11}=c_{33}=\lambda+2\mu$, and $c_{12}=c_{13}=\mu$, where λ and μ are Lamé constants for isotropic materials; (4) if all material parameters are independent of the thickness coordinate z, above solutions will be reduced to corresponding homogeneous case.

4. Numerical example

Assuming the material parameters of a particular FGMM rotating disk to be in forms of

$$c_{11}=c_{11}^{0}e^{-\kappa\eta},\ c_{33}=c_{33}^{0}e^{\kappa\eta},\ c_{12}=c_{12}^{0},\ c_{13}=c_{13}^{0},$$
$$c_{44}=c_{44}^{0},\ e_{33}=e_{33}^{0}e^{\kappa\eta},\ e_{31}=e_{31}^{0},\ e_{15}=e_{15}^{0},$$
$$\varepsilon_{11}=\varepsilon_{11}^{0},\ \varepsilon_{33}=\varepsilon_{33}^{0}e^{\kappa\eta},\ d_{33}=d_{33}^{0}e^{\kappa\eta},$$
$$d_{31}=d_{31}^{0},\ d_{15}=d_{15}^{0},\ g_{11}=g_{11}^{0},\ g_{33}=g_{33}^{0}e^{\kappa\eta},$$
$$\mu_{11}=\mu_{11}^{0}e^{-\kappa\eta},\ \mu_{33}=\mu_{33}^{0}e^{\kappa\eta},\ \rho=\rho_{0}e^{2\kappa\eta}.$$

where $\eta=z/h+1/2$ is the dimensionless thickness coordinate, κ is the gradient index, which determines the degree of variation of material properties along the thickness, and $c_{ij}^{0}, e_{ij}^{0}, \varepsilon_{ij}^{0}, d_{ij}^{0}, g_{ij}^{0}, \mu_{ij}^{0}$ and ρ_0 are material constants at $z=-h/2$. Obviously, it will be corresponding homogeneous material, if $\kappa=0$.

The material parameters are listed in Table 1. The constants, w_{00}, Φ_{00} and Ψ_{00}, which have no effect on the stresses, electric displacements and magnetic inductions, can be obtained by setting $w=0, \Phi=0, \Psi=0$ at the central point ($r=0, z=0$).

Introducing the following dimensionless quantities

$$\xi=r/a,\ \zeta=z/a,\ \ \Sigma_{ij}=\sigma_{ij}/(\rho_0\omega^2a^2),$$
$$U=uc_{11}^{0}/(\rho_0\omega^2a^3),\ \ W=wc_{11}^{0}/(\rho_0\omega^2a^3),$$
$$\phi=\Phi e_{33}^{0}/(\rho_0\omega^2a^3), \Pi_{ij}=D_i e_{33}^{0}/(\rho_0\omega^2a^2\varepsilon_{33}^{0}),$$
$$\psi=\Psi d_{33}^{0}/(\rho_0\omega^2a^3), \Xi_{ij}=B_i d_{33}^{0}/(\rho_0\omega^2a^2\mu_{33}^{0}).$$

The influence of the gradient index κ to magnetic-electric-elastic properties are shown in Figs. 2-10. It is shown that the maximum stress occurs at $r=0$, where $\sigma_r=\sigma_\theta$. The distributions of hoop stress along the axisymmetric axis ($r=0$) is shown in Fig. 10, also for the three different values of κ ($\kappa=0,-1,-2.5$). It is remarked that σ_θ reaches the maximum (tension) value nearly at $z=0$ for $\kappa=-2.5$, and the results for $\kappa=0$ is the homogeneous case, which was considered by Chen et al. [13].

Table 1. Parameters used in the numerical calculation at $z=-h/2$

$a=1\text{m}, h=0.1\text{m},\ \omega=62.8\text{m/s}$,
$\rho_0=7.6\times10^3\text{kg/m}^3$, $c_{11}^0=286\text{GPa}$, $c_{12}^0=173\text{GPa}$,
$c_{13}^0=170\text{ GPa}$, $c_{33}^0=269.5\text{GPa}$, $c_{44}^0=45.3\text{GPa}$,
$e_{15}^0=11.6\text{cm}^{-2}$, $e_{31}^0=-4.4\text{cm}^{-2}$, $e_{11}^0=18.6\text{cm}^{-2}$,
$\varepsilon_{11}^0=8.0\times10^{-11}\text{C}^2\text{N}^{-1}\text{m}^{-2}$, $\varepsilon_{33}^0=9.3\times10^{-11}\text{C}^2\text{N}^{-1}\text{m}^{-2}$,
$g_{11}^0=5.0\times10^{-12}\text{NsV}^{-1}\text{C}^{-1}$, $g_{33}^0=3.0\times10^{-12}\text{NsV}^{-1}\text{C}^{-1}$,
$d_{15}^0=550\text{ Cm}^{-2}$, $d_{31}^0=580.3\text{Cm}^{-2}$, $d_{33}^0=699.7\text{Cm}^{-2}$,
$\mu_{11}^0=-5.90\times10^{-8}\text{Ns}^2\text{C}^{-2}$, $\mu_{33}^0=1.57\times10^{-8}\text{Ns}^2\text{C}^{-2}$.

It is noticed that more uniform distributions of the radial displacement, radial stress and hoop stress could be obtained by selecting a larger gradient index, as shown in Figs. 2, 6 and 7. The magnetic potential, radial electric displacement and radial magnetic induction have same variation tendency with increase of $|\kappa|$, as shown in Figs. 5, 8 and 9. Figs. 3 and 4 show that the axial displacement and electric potential have maximum values with the varies of $|\kappa|$, by letting $\partial w(a,-h/2)/\partial\kappa=0$, and $\partial\Phi(a,-h/2)/\partial\kappa=0$, we could obtain the appropriate $\kappa=-0.7$. Figs. 4 and 5 show that the electric potential and magnetic potential have nearly reached their equivalence plane at $z=-h/2$.

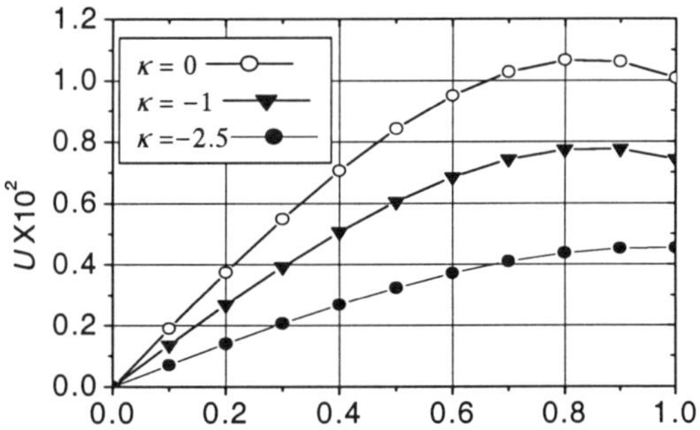

Figure 2. Dimensionless radial displacement at $z=-h/2$.

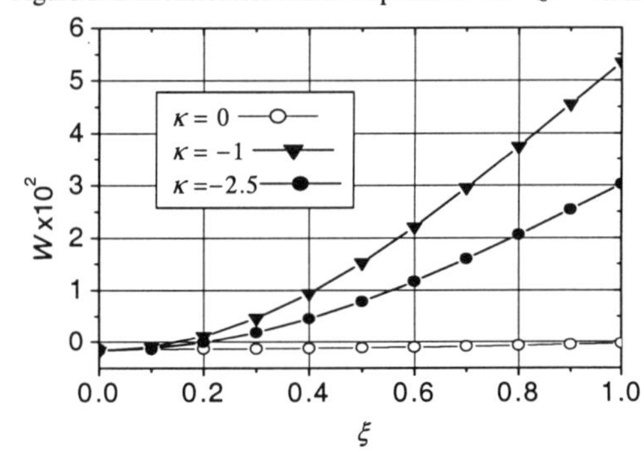

Figure 3. Dimensionless axial displacement at $z=-h/2$.

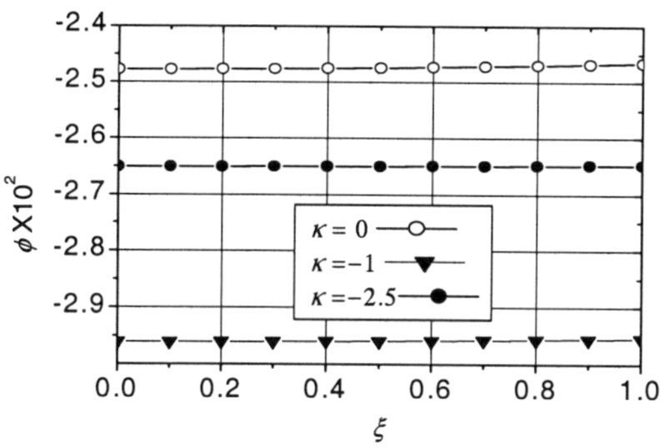

Figure 4. Dimensionless electric potential at $z = -h/2$.

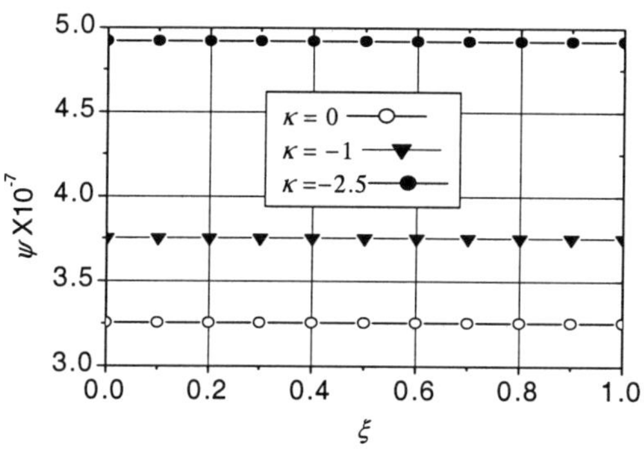

Figure 5. Dimensionless magnetic potential at $z = -h/2$.

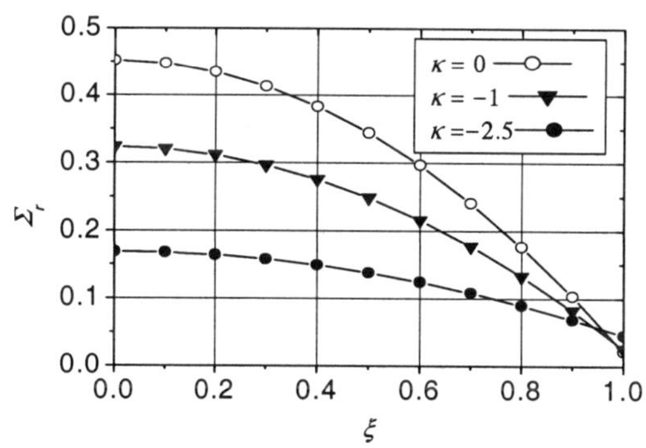

Figure 6. Dimensionless radial stress at $z = -h/2$.

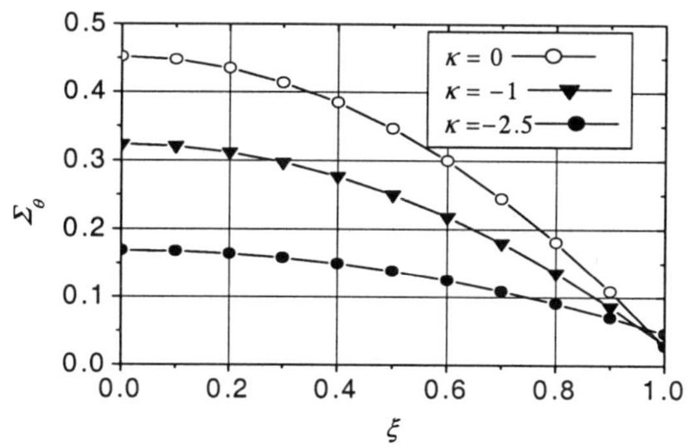

Figure 7. Dimensionless hoop stress at $z = -h/2$.

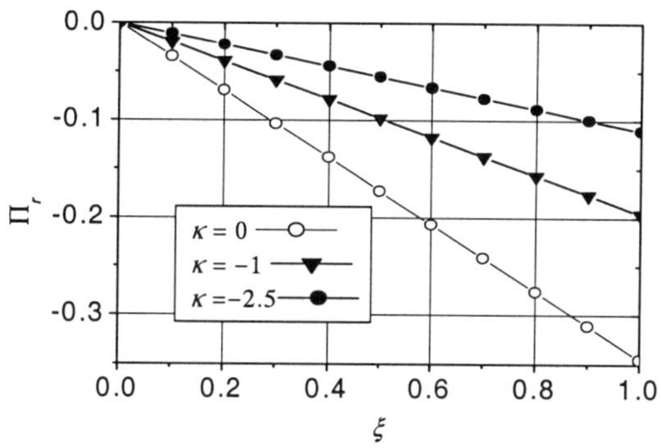

Figure 8. Dimensionless radial electric displacement at $z = -h/2$.

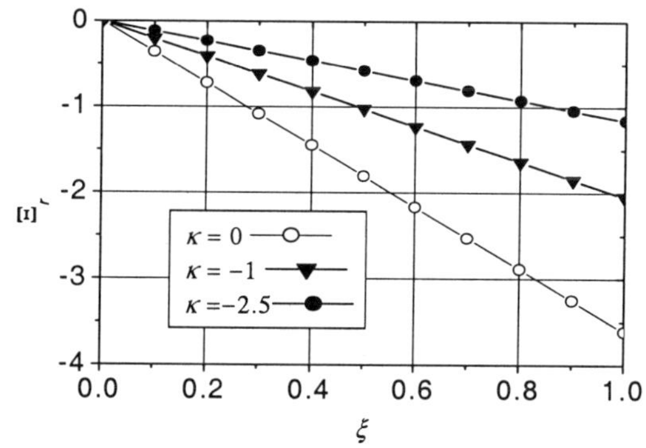

Figure 9. Dimensionless radial magnetic induction at $z = -h/2$.

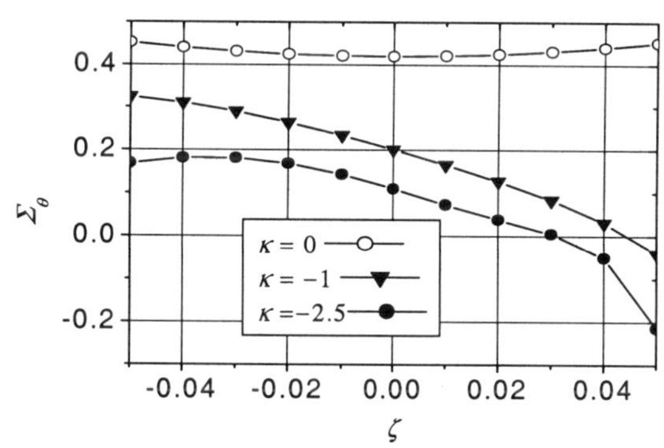

Figure 10. Dimensionless hoop stress at $r = 0$.

5. Conclusions

The 3D analytical solutions is obtained in the paper for a transversely isotropic rotating disc made of FGMM, which the material properties can be arbitrary variation with the thickness z, and the solution for the homogeneous materials is included as a special case. Thus the solution can be degenerated into the one for homogeneous transversely isotropic magneto-electro-elastic disk, which is found identical to that obtained by Chen et al. [13], furthermore it can be degenerated into the one for homogeneous transversely isotropic piezoelectric and elastic disk, which is met the results proposed by Ding et al. [11,12]. However, the present solution is more general since it is independent of the material eigenvalues, while the solutions in Refs. [11-13] are only suitable for cases that eigenvalues are distinct.

The solution also can be degenerated into that for various uncoupled cases, such as: a functionally graded piezoelectric (piezomagnetic) material, transversely isotropic rotating disc; a FGM, transversely isotropic rotating disc, and corresponding FGPM (or FGM) isotropic rotating disc et al.

Numerical results show that the material inhomogeneity (i.e. gradient index κ) significantly affects the elastic, electric and magnetic fields in the FGMM disc. An optimization design of the rotating disc may be achieved by controlled the distribution of material properties. In our problem, the material properties varied along the z-direction, could induce distinguish effect on distribution of the hoop stress. In fact, a nearly uniform distribution of hoop stress in a plane could be obtained for a special value of κ. The result is met the rules of optimization design described by Leissa and Vagins [5] and Seireg and Surana [2]. Similar conclusions are found by Chen [15] for a rotating disc made of transversely isotropic FGM. It is obvious that our analytical solution makes easy for the optimization design of rotating disk as well as design of sensing element.

Acknowledgments

The work was supported by the National Natural Science Foundation of China (No.10472102 and 10432030) and the Natural Science Foundation of Zhejiang Province (Y605040) and Ningbo City (2005A610024).

References

1. S.G. Lekhnitskii, *Anisotropic Plates*, Gordon and Breach, London (1968).
2. A. Seireg, K.S. Surana, Optimum design of rotating disks, *J. Eng. Industry* **92**, 1 (1970).
3. S.P. Timoshenko, J.N. Goodier, *Theory of Elasticity*, 3rd Ed., McGraw-Hill, New York (1970).
4. K.Y. Yehm R.P.S. Han, Analysis of high-speed rotating disks with variable thickness and inhomogeneity, *J. Appl. Mech.* **61**, 186 (1994).
5. A.W. Leissa, M. Vagins, The design of orthotropic materials for stress optimization, *Int. J. Solids Struct.* **14**, 517 (1978).
6. R. Jain, K. Ramachandra, K.R.Y. Simha, Rotating anisotropic disc of uniform strength, *Int. J. Mech. Sci.* **41**, 639 (1999).
7. R. Jain, K. Ramachandra, K.R.Y. Simha, Singularity in rotating orthotropic discs and shells, *Int. J. Solids Struct.* **37**, 2035 (2000).
8. F. Zhou. A. Ogawa, Elastic solutions for a solid rotating disk with cubic anisotropy, *J. Appl. Mech.* **69**, 81 (2002).
9. S.A. Ramu, K.J. Iyengar, Quasi-three dimensional elastic stresses in rotating disks, *Int. J. Mech. Sci.* **16**, 473 (1974).
10. W.Q. Chen, K.Y. Lee, Stresses in rotating cross-ply laminated hollow cylinders with arbitrary thickness, *J. Strain Anal.* **39**, 437 (2004).
11. H.J. Ding, F.L. Guo, P.F. Hou, D.Q. Zou, On the equilibrium of piezoelectric bodies of revolution, *Int. J. Solids Struct.* **37**, 1293 (2000).
12. H.J. Ding, W.Q. Chen, *Three Dimensional Problems of Piezoelasticity*, Nova Science Publishers, New York (2001).
13. J.Y. Chen, H.J. Ding, P.F. Hou, Three-dimensional analysis of magnetoelectro- elastic rotating annular plate, *J. Zhejiang Univ. (Eng. Science)* **37**, 440 (2003). (in Chinese)
14. M.A. Mian, A.J.M. Spencer, Exact solutions for functionally graded and laminated elastic materials, *J. Mech. Phys. Solids* **46**, 2283 (1998).
15. J.Y. Chen, H.J. Ding, W.Q. Chen, Three-dimensional analytical solution for a rotating disc of functionally graded materials with transverse isotropy, *Arch. Appl. Mech.* **77**, 241 (2007).
16. H.J. Ding, A.M. Jiang, P.F. Hou, W.Q. Chen, Green's functions for two-phase transversely isotropic magneto-electro-elastic media, *Eng. Anal. Boundary Elem.* **29**, 551 (2005).
17. R.K. Bhangale and N. Ganesan , Static analysis of simply supported functionally graded and layered magneto-electro-elastic plates, *Int. J. Solids Struct.* **43**, 3230 (2006).
18. E. Pan, F. Han, Exact solution for functionally graded and layered magneto-electro-elastic plates, *Int. J. Eng. Sci.* **43**, 321 (2005).

Appendix: Coefficients (functions) in Eqs. (29)-(43)

$$f_n(z)=\int_{-h/2}^{z}\frac{[e_{33}(e_{31}\mu_{33}-d_{31}g_{33})+d_{33}(d_{31}\varepsilon_{33}-e_{31}g_{33})+c_{13}(\varepsilon_{33}\mu_{33}-g_{33}^2)](\varsigma+h/2)^n}{c_{33}\varepsilon_{33}\mu_{33}-c_{33}g_{33}^2+\varepsilon_{33}d_{33}^2+\mu_{33}e_{33}^2-2d_{33}e_{33}g_{33}}d\varsigma,\quad f_3(z)=\int_{-h/2}^{z}d_{15}/c_{44}d\varsigma,$$

$$g_n(z)=\int_{-h/2}^{z}\frac{[g_{33}(c_{33}d_{31}-c_{13}d_{33})+e_{33}(d_{31}d_{33}+c_{13}\mu_{33})-e_{31}(c_{33}\mu_{33}+d_{33}^2)](\varsigma+h/2)^n}{c_{33}\varepsilon_{33}\mu_{33}-c_{33}g_{33}^2+\varepsilon_{33}d_{33}^2+\mu_{33}e_{33}^2-2d_{33}e_{33}g_{33}}d\varsigma,\quad f_4(z)=\int_{-h/2}^{z}e_{15}/c_{44}d\varsigma,$$

$$g_3(z)=\int_{-h/2}^{z}(g_{11}+e_{15}d_{15}/c_{44})d\varsigma,\ g_4(z)=\int_{-h/2}^{z}(\varepsilon_{11}+e_{15}^2/c_{44})d\varsigma,\ h_3(z)=g_3(z),\ h_4(z)=\int_{-h/2}^{z}(\mu_{11}+d_{15}^2/c_{44})d\varsigma,$$

$$h_n(z)=\int_{-h/2}^{z}\frac{[g_{33}(c_{33}e_{31}-c_{13}e_{33})+d_{33}(e_{31}e_{33}+c_{13}\varepsilon_{33})-d_{31}(c_{33}\varepsilon_{33}+e_{33}^2)](\varsigma+h/2)^n}{c_{33}\varepsilon_{33}\mu_{33}-c_{33}g_{33}^2+\varepsilon_{33}d_{33}^2+\mu_{33}e_{33}^2-2d_{33}e_{33}g_{33}}d\varsigma,$$

$$k_n(z)=\int_{-h/2}^{z}\left[c_{11}-\frac{c_{13}^2(\varepsilon_{33}\mu_{33}-g_{33}^2)-e_{31}^2(c_{33}\mu_{33}+d_{33}^2)-d_{31}^2(c_{33}\varepsilon_{33}+e_{33}^2)}{c_{33}\varepsilon_{33}\mu_{33}-c_{33}g_{33}^2+\varepsilon_{33}d_{33}^2+\mu_{33}e_{33}^2-2d_{33}e_{33}g_{33}}\right.$$
$$\left.-\frac{2c_{13}e_{33}(e_{31}\mu_{33}-d_{31}g_{33})+2d_{31}d_{33}(e_{31}e_{33}+c_{13}\varepsilon_{33})+2e_{31}g_{33}(c_{33}d_{31}-c_{13}d_{33})}{c_{33}\varepsilon_{33}\mu_{33}-c_{33}g_{33}^2+\varepsilon_{33}d_{33}^2+\mu_{33}e_{33}^2-2d_{33}e_{33}g_{33}}\right](\varsigma+h/2)^n d\varsigma,$$

$$F_n(z)=\int_{-h/2}^{z}\{[k_n(\varsigma)-e_{15}g_n(\varsigma)-d_{15}h_n(\varsigma)]/c_{44}-f_n(\varsigma)\}d\varsigma,\ K_n(z)=\int_{-h/2}^{z}k_n(\varsigma)d\varsigma,$$

$$G_n(z)=\int_{-h/2}^{z}[k_n(\varsigma)e_{15}/c_{44}-g_n(\varsigma)(\varepsilon_{11}+e_{15}^2/c_{44})-h_n(\varsigma)(g_{11}+e_{15}d_{15}/c_{44})]d\varsigma,$$

$$H_n(z)=\int_{-h/2}^{z}[k_n(\varsigma)d_{15}/c_{44}-g_n(\varsigma)(g_{11}+e_{15}d_{15}/c_{44})-h_n(\varsigma)(\mu_{11}+d_{15}^2/c_{44})]d\varsigma,$$

$$M_n(z)=\int_{-h/2}^{z}\left\{\frac{(g_{33}^2-\varepsilon_{33}\mu_{33})[c_{13}F_n(\varsigma)+K_n(\varsigma)]+(d_{33}g_{33}-e_{33}\mu_{33})[e_{31}F_n(\varsigma)+G_n(\varsigma)]}{c_{33}\varepsilon_{33}\mu_{33}-c_{33}g_{33}^2+\varepsilon_{33}d_{33}^2+\mu_{33}e_{33}^2-2d_{33}e_{33}g_{33}}\right.$$
$$\left.+\frac{(e_{33}g_{33}-d_{33}\varepsilon_{33})[d_{31}F_n(\varsigma)+H_n(\varsigma)]}{c_{33}\varepsilon_{33}\mu_{33}-c_{33}g_{33}^2+\varepsilon_{33}d_{33}^2+\mu_{33}e_{33}^2-2d_{33}e_{33}g_{33}}\right\}d\varsigma,$$

$$M_{n+3}(z)=\int_{-h/2}^{z}\left\{\frac{(g_{33}^2-\varepsilon_{33}\mu_{33})c_{13}f_{n+3}(\varsigma)+(d_{33}g_{33}-e_{33}\mu_{33})[e_{31}f_{n+3}(\varsigma)+g_{n+3}(\varsigma)]}{c_{33}\varepsilon_{33}\mu_{33}-c_{33}g_{33}^2+\varepsilon_{33}d_{33}^2+\mu_{33}e_{33}^2-2d_{33}e_{33}g_{33}}\right.$$
$$\left.+\frac{(e_{33}g_{33}-d_{33}\varepsilon_{33})[d_{31}f_{n+3}(\varsigma)+h_{n+3}(\varsigma)]}{c_{33}\varepsilon_{33}\mu_{33}-c_{33}g_{33}^2+\varepsilon_{33}d_{33}^2+\mu_{33}e_{33}^2-2d_{33}e_{33}g_{33}}\right\}d\varsigma,$$

$$P_n(z)=\int_{-h/2}^{z}\left\{\frac{(d_{33}g_{33}-e_{33}\mu_{33})[c_{13}F_n(\varsigma)+K_n(\varsigma)]+(d_{33}^2+c_{33}\mu_{33})[e_{31}F_n(\varsigma)+G_n(\varsigma)]}{c_{33}\varepsilon_{33}\mu_{33}-c_{33}g_{33}^2+\varepsilon_{33}d_{33}^2+\mu_{33}e_{33}^2-2d_{33}e_{33}g_{33}}\right.$$
$$\left.-\frac{(e_{33}d_{33}+c_{33}g_{33})[d_{31}F_n(\varsigma)+H_n(\varsigma)]}{c_{33}\varepsilon_{33}\mu_{33}-c_{33}g_{33}^2+\varepsilon_{33}d_{33}^2+\mu_{33}e_{33}^2-2d_{33}e_{33}g_{33}}\right\}d\varsigma,$$

$$P_{n+3}(z)=\int_{-h/2}^{z}\left\{\frac{(d_{33}g_{33}-e_{33}\mu_{33})c_{13}f_{n+3}(\varsigma)+(d_{33}^2+c_{33}\mu_{33})[e_{31}f_{n+3}(\varsigma)+g_{n+3}(\varsigma)]}{c_{33}\varepsilon_{33}\mu_{33}-c_{33}g_{33}^2+\varepsilon_{33}d_{33}^2+\mu_{33}e_{33}^2-2d_{33}e_{33}g_{33}}\right.$$
$$\left.-\frac{(c_{33}g_{33}+d_{33}e_{33})[d_{31}f_{n+3}(\varsigma)+h_{n+3}(\varsigma)]}{c_{33}\varepsilon_{33}\mu_{33}-c_{33}g_{33}^2+\varepsilon_{33}d_{33}^2+\mu_{33}e_{33}^2-2d_{33}e_{33}g_{33}}\right\}d\varsigma,$$

$$S_n(z)=\int_{-h/2}^{z}\left\{\frac{(e_{33}g_{33}-d_{33}\varepsilon_{33})[c_{13}F_n(\varsigma)+K_n(\varsigma)]-(c_{33}g_{33}+e_{33}d_{33})[e_{31}F_n(\varsigma)+G_n(\varsigma)]}{c_{33}\varepsilon_{33}\mu_{33}-c_{33}g_{33}^2+\varepsilon_{33}d_{33}^2+\mu_{33}e_{33}^2-2d_{33}e_{33}g_{33}}\right.$$
$$\left.+\frac{(e_{33}^2+c_{33}\varepsilon_{33})[d_{31}F_n(\varsigma)+H_n(\varsigma)]}{c_{33}\varepsilon_{33}\mu_{33}-c_{33}g_{33}^2+\varepsilon_{33}d_{33}^2+\mu_{33}e_{33}^2-2d_{33}e_{33}g_{33}}\right\}d\varsigma,$$

$$S_{n+3}(z)=\int_{-h/2}^{z}\left\{\frac{(e_{33}g_{33}-d_{33}\varepsilon_{33})c_{13}f_{n+3}(\varsigma)-(c_{33}g_{33}+e_{33}d_{33})[e_{31}f_{n+3}(\varsigma)+g_{n+3}(\varsigma)]}{c_{33}\varepsilon_{33}\mu_{33}-c_{33}g_{33}^2+\varepsilon_{33}d_{33}^2+\mu_{33}e_{33}^2-2d_{33}e_{33}g_{33}}\right.$$
$$\left.+\frac{(e_{33}^2+c_{33}\varepsilon_{33})[d_{31}f_{n+3}(\varsigma)+h_{n+3}(\varsigma)]}{c_{33}\varepsilon_{33}\mu_{33}-c_{33}g_{33}^2+\varepsilon_{33}d_{33}^2+\mu_{33}e_{33}^2-2d_{33}e_{33}g_{33}}\right\}d\varsigma,(n=0,1),$$

$$R_0(z)=\int_{-h/2}^{z}\rho d\varsigma,\ R_1(z)=\int_{-h/2}^{z}R_0(\varsigma)d\varsigma,\ R_2(z)=\int_{-h/2}^{z}R_0(\varsigma)/c_{44}d\varsigma$$

$$R_3(z)=\int_{-h/2}^{z}R_1(\varsigma)e_{15}/c_{44}d\varsigma,\ R_4(z)=\int_{-h/2}^{z}R_1(\varsigma)d_{15}/c_{44}d\varsigma.$$

$$R_5(z)=\int_{-h/2}^{z}\left\{\frac{(g_{33}^2-\varepsilon_{33}\mu_{33})[c_{13}R_2(\varsigma)+R_1(\varsigma)]+(d_{33}g_{33}-e_{33}\mu_{33})[e_{31}R_2(\varsigma)+R_3(\varsigma)]}{c_{33}\varepsilon_{33}\mu_{33}-c_{33}g_{33}^2+\varepsilon_{33}d_{33}^2+\mu_{33}e_{33}^2-2d_{33}e_{33}g_{33}}\right.$$
$$\left.+\frac{(e_{33}g_{33}-d_{33}\varepsilon_{33})[d_{31}R_2(\varsigma)+R_4(\varsigma)]}{c_{33}\varepsilon_{33}\mu_{33}-c_{33}g_{33}^2+\varepsilon_{33}d_{33}^2+\mu_{33}e_{33}^2-2d_{33}e_{33}g_{33}}\right\}d\varsigma,$$

$$R_6(z)=\int_{-h/2}^{z}\left\{\frac{(d_{33}g_{33}-e_{33}\mu_{33})[c_{13}R_2(\varsigma)+R_1(\varsigma)]+(d_{33}^2+c_{33}\mu_{33})[e_{31}R_2(\varsigma)+R_3(\varsigma)]}{c_{33}\varepsilon_{33}\mu_{33}-c_{33}g_{33}^2+\varepsilon_{33}d_{33}^2+\mu_{33}e_{33}^2-2d_{33}e_{33}g_{33}}\right.$$

$$\left.-\frac{(c_{33}g_{33}+d_{33}e_{33})[d_{31}R_2(\varsigma)+R_4(\varsigma)]}{c_{33}\varepsilon_{33}\mu_{33}-c_{33}g_{33}^2+\varepsilon_{33}d_{33}^2+\mu_{33}e_{33}^2-2d_{33}e_{33}g_{33}}\right\}d\varsigma,$$

$$R_7(z)=\int_{-h/2}^{z}\left\{\frac{(e_{33}g_{33}-d_{33}\varepsilon_{33})[c_{13}R_2(\varsigma)+R_1(\varsigma)]-(c_{33}g_{33}+e_{33}d_{33})[e_{31}R_2(\varsigma)+R_3(\varsigma)]}{c_{33}\varepsilon_{33}\mu_{33}-c_{33}g_{33}^2+\varepsilon_{33}d_{33}^2+\mu_{33}e_{33}^2-2d_{33}e_{33}g_{33}}\right.$$

$$\left.+\frac{(e_{33}^2+c_{33}\varepsilon_{33})[d_{31}R_2(\varsigma)+R_4(\varsigma)]}{c_{33}\varepsilon_{33}\mu_{33}-c_{33}g_{33}^2+\varepsilon_{33}d_{33}^2+\mu_{33}e_{33}^2-2d_{33}e_{33}g_{33}}\right\}d\varsigma$$

$$N_{mn}=\int_{-h/2}^{h/2}z^m[c_1(z)F_n(z)-2c_2(z)G_n(z)-2c_3(z)H_n(z)-2c_4(z)K_n(z)]dz,\ M_{mn}^l=\int_{-h/2}^{h/2}c_l(z)z^m(z+h/2)^n dz,$$

$$L_m=\int_{-h/2}^{h/2}z^m[c_1(z)R_2(z)-2c_2(z)R_3(z)-2c_3(z)R_4(z)-2c_4(z)R_1(z)]dz,$$

$$J_{mn}=\int_{-h/2}^{h/2}z^m[c_1(z)f_{n+3}(z)-2c_2(z)g_{n+3}(z)-2c_3(z)h_{n+3}(z)]dz,(l,m,n=0,1)$$

$$c_0(z)=2c_1(z)+c_{11}-c_{12}$$

$$c_1(z)=c_{11}+c_{12}-\frac{2[c_{13}c_{13}(\varepsilon_{33}\mu_{33}-g_{33}^2)-e_{31}e_{31}(d_{33}^2+c_{33}\mu_{33})-d_{31}d_{31}(e_{33}^2+c_{33}\varepsilon_{33})]}{c_{33}\varepsilon_{33}\mu_{33}-c_{33}g_{33}^2+\varepsilon_{33}d_{33}^2+\mu_{33}e_{33}^2-2d_{33}e_{33}g_{33}}$$

$$-\frac{4[c_{13}e_{33}(e_{31}\mu_{33}-d_{31}g_{33})+d_{31}d_{33}(e_{31}e_{33}+c_{13}\varepsilon_{33})+e_{31}g_{33}(d_{31}c_{33}-c_{13}d_{33})]}{c_{33}\varepsilon_{33}\mu_{33}-c_{33}g_{33}^2+\varepsilon_{33}d_{33}^2+\mu_{33}e_{33}^2-2d_{33}e_{33}g_{33}},$$

$$c_2(z)=\frac{c_{13}(e_{33}\mu_{33}-d_{33}g_{33})-e_{31}(d_{33}^2+c_{33}\mu_{33})+d_{31}(c_{33}g_{33}+e_{33}d_{33})}{c_{33}\varepsilon_{33}\mu_{33}-c_{33}g_{33}^2+\varepsilon_{33}d_{33}^2+\mu_{33}e_{33}^2-2d_{33}e_{33}g_{33}},$$

$$c_3(z)=\frac{c_{13}(d_{33}\varepsilon_{33}-e_{33}g_{33})+e_{31}(e_{33}d_{33}+c_{33}g_{33})-d_{31}(e_{33}^2+c_{33}\varepsilon_{33})}{c_{33}\varepsilon_{33}\mu_{33}-c_{33}g_{33}^2+\varepsilon_{33}d_{33}^2+\mu_{33}e_{33}^2-2d_{33}e_{33}g_{33}},$$

$$c_4(z)=\frac{c_{13}(\varepsilon_{33}\mu_{33}-g_{33}^2)+e_{31}(e_{33}\mu_{33}-d_{33}g_{33})+d_{31}(d_{33}\varepsilon_{33}-e_{33}g_{33})}{c_{33}\varepsilon_{33}\mu_{33}-c_{33}g_{33}^2+\varepsilon_{33}d_{33}^2+\mu_{33}e_{33}^2-2d_{33}e_{33}g_{33}}$$

ANALYSE OF OUTPUT CHARACTERISTICS OF CONNECTED PIEZOELECTRIC TRANSFORMERS BASED ON TWO PORT NETWORK PARAMETER

Wei-Jie DONG, Lei XIAO, Feng-Xian BAI

School of Electronic and Information Engineering, Dalian University of Technology, Dalian 116023, China

With the electronic devices being miniaturized, piezoelectric transformer has got more and more broad attention. It is necessary to study the connections of piezoelectric transformers because the output power of single piezoelectric transformer is low. This paper introduces a method to calculate the connected PTs' output characteristics using admittance parameter matrix of two port network, and analyses the gain, power and efficiency versus load and frequency for four possible connections. All calculations are performed with MATLAB, it is found that the parallel-parallel connection and parallel-series connection can enhance step-up ratio and output power, and the output characteristics of parallel-series connection are better than that of parallel-parallel connection.

Keywords: piezoelectric transformer, connection, two-port network

1. Introduction

More and more portable electronic devices are miniaturized and light, which lead Piezoelectric Transformer (PT) develop widely. Piezoelectric transformer is called the third generation transformer for its advantages such as minisize, high energy density, no wiring, no electromagnetic interference and high efficiency. Many applications require high voltage and power, for example large screen LCD, but the power of present commercial piezoelectric transformer is limited (<several watts). Even if in low voltage application situation power expansion and voltage expansion are needed to adapt different demands. So it is necessary to get several piezoelectric transformers connected to get the needed power.

The research about the connection of piezoelectric transformer is still limited till now. Bronstein analyzed the parallel-parallel connection using PSPICE and got the conclusion that the resonance frequency of connected PTs must match to each other [1]. Fung introduced PAF and PA factors to analyze an improved model of piezoelectric transformer and pointed out the ability of parallel connection, for Rosen type PT, is limited [2]. Lee pointed out the parallel-series connection can improve thermal balance compared with parallel-parallel connection [3].

The electromechanical model of piezoelectric transformer is a two-port network including an ideal transformer. There are four possible connection forms: input parallel-output parallel, input parallel-output series, input series-output parallel and input series-output series as shown in Fig. 1. This paper introduces a method, using admittance parameter of two-port, network, to calculate the output characteristics of connected piezoelectric transformers. According to different connections, choose suitable network parameter matrixes, and change the matrixes to **Y** parameter matrix to calculate step-up ratio, output power and efficiency of connected transformers. The effect of connections for enhancing step-up ratio and power are compared.

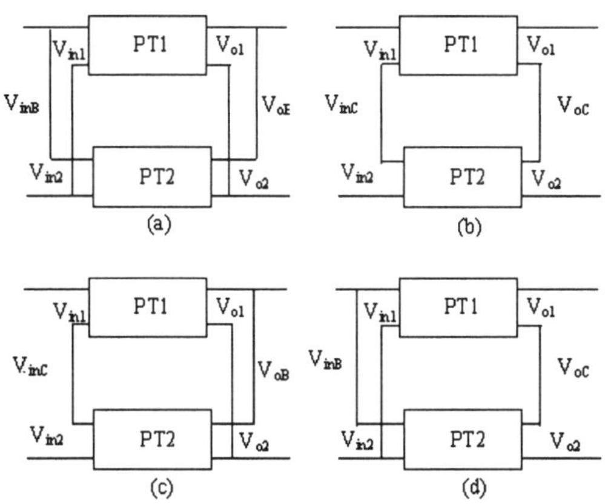

Figure 1. Four possible connection ways of PTs: (a) parallel-parallel, (b) series-series, (c) series-parallel, (d) parallel-series.

2. Output characteristics of PT denoted by Y parameter matrix

The electromechanical model of piezoelectric transformer is shown in Fig. 2(a), which can be treated as a two-port network shown in Fig. 2(b).

The Y parameter equations of a PT are:

$$Y_{11} = j\omega C_{d1} + 1/Z_m$$

$$Y_{12} = Y_{21} = -1/(n \times Z_m)$$
$$Y_{22} = j\omega C_{d2} + 1/n^2 Z_m \qquad (1)$$

where Z_m is the impedance of R-L-C branch circuit.

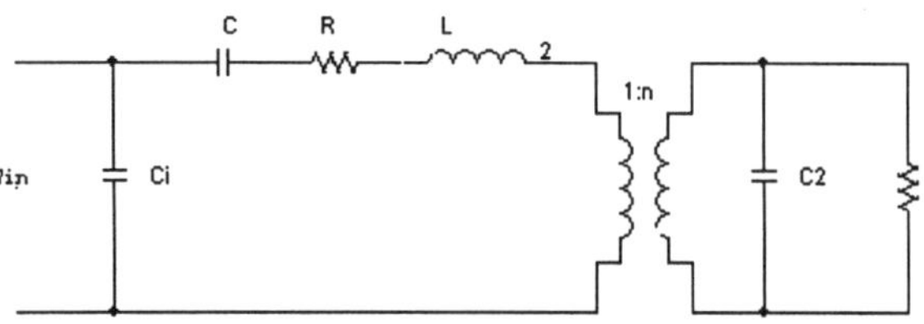

(a) Equivalent circuit of a PT

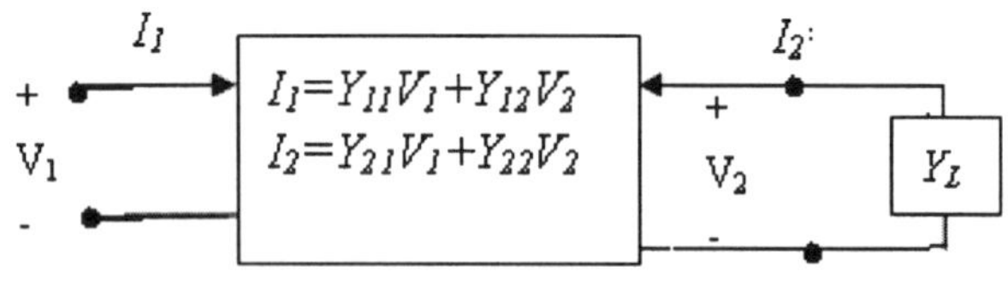

(b) Two port network in terms of Y parameter

Figure 2. Network model of a PT.

The model parameters used in this paper are measured by HP4294 as follows: R=19.52Ω, L=45.81mH, C=62.78pF, C_1=1.86nF and C_2=13pF.

For single PT with load R_L, the step-up ratio is:

$$Gain = \frac{V_2}{V_1} = \frac{Y_{21}}{I_2/V_2 - Y_{22}} = \frac{-Y_{21}}{Y_L + Y_{22}} \qquad (2)$$

Input admittance is:

$$Y_{in} = I_1/V_1 = Y_{11} + Y_{12} \cdot V_2/V_1 = Y_{11} - \frac{Y_{12} \cdot Y_{21}}{Y_L + Y_{22}}$$

Suppose V_1 =1V, the normalized input power is:

$$P_{in} = |V_1|^2 \operatorname{Re}(Y_{in}) = \operatorname{Re}\left(Y_{11} - \frac{Y_{12}Y_{21}}{Y_L + Y_{22}}\right) \qquad (3)$$

The normalized output power is:

$$P_{out} = |V_2|^2 \operatorname{Re}(Y_L) \qquad (4)$$

It is easy to calculate the step-up ratio, output power and the efficiency of piezoelectric transformers using the above equations. Input voltage is always assumed to be 1V in following calculations.

Fig. 3 shows the curves of step-up ratio versus frequency of a single piezoelectric transformer at different load (40kΩ, 100kΩ, 200kΩ, 500kΩ). It can be seen that the step-up ratio of piezoelectric transformer, as well as the resonance frequency, increases when the load increases.

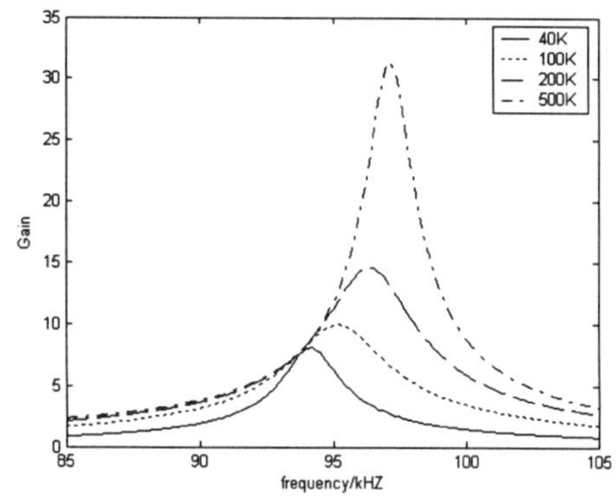

Figure 3. Curves of step-up ratio versus frequency.

3. Analysis of parallel-parallel Connected PTs

When several two-port networks connected in parallel, the Y parameter matrix of the composite network is equal to the sum of the Y parameter matrixes of these connected networks. So the Y parameter of connected PT can be calculated by adding the Y parameter matrixes of each PT together. Then following Eqs. (1)-(4) the characteristics of parallel-parallel connection can be analyzed.

If the number of connected PTs is N, the **Y** parameter matrix of the composite network $\mathbf{Y_c}$ is:

$$\mathbf{Y_c} = \mathbf{Y_1} + \mathbf{Y_2} + \ldots + \mathbf{Y_N}$$

In this paper, the connected piezoelectric transformers have the same parameters. Fig. 4 shows the curves of step-up ratio, output power P_{out}, input power P_{in}, efficiency η versus frequency from 85 kHz to 105 kHz, while N is in the range of 1~4 and the load is 100kΩ.

It can be seen from Figure 4 that when N increases, both of the step-up ratio and power increase while the resonance frequency becomes higher, but the efficiency decreases a little. So enhancing step-up ratio and efficiency is contradictory, and it requires getting a balance in practical application.

When the load is in large range, the relationship between the maximal step-up ratio and load is nonlinear [3]. Fig. 5 shows the relationship between maximal step-up ratio and load and Fig.6 shows the relationship between maximal output power and load. Figs. 5 and 6 indicate that the step-up ratio and output power get higher as N becomes larger, yet the increased value of step-up ratio trends to be smaller. This result suggests that the number of paralleled PTs is limited.

To maintain thermal balance between the PTs in parallel-parallel connection is difficult. This problem can get improved in parallel-series connection [3]. It is impossible to calculate the characteristics in case of parallel-series, series-series and series-parallel by **Y** parameter matrix directly but commixture parameter matrix **G** and **H** and impedance parameter matrix **Z** can be used to get corresponding parameter matrix of the composite network. **G**, **H** and **Z** can be changed to **Y** parameter matrix to calculate the output characteristics.

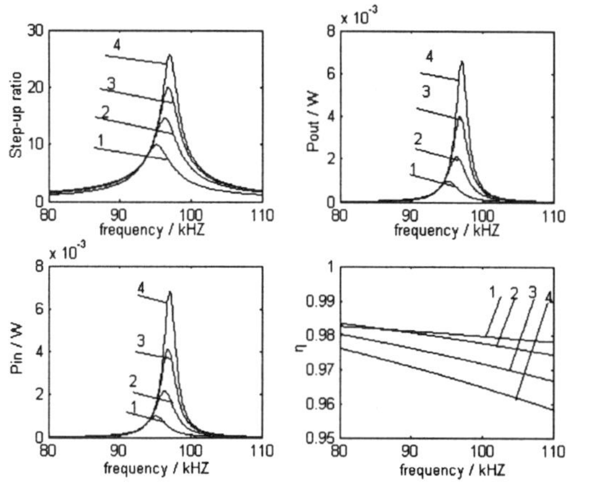

Figure 4. Step-up ratio, power and efficiency versus frequency of parallel-parallel connected PTs.

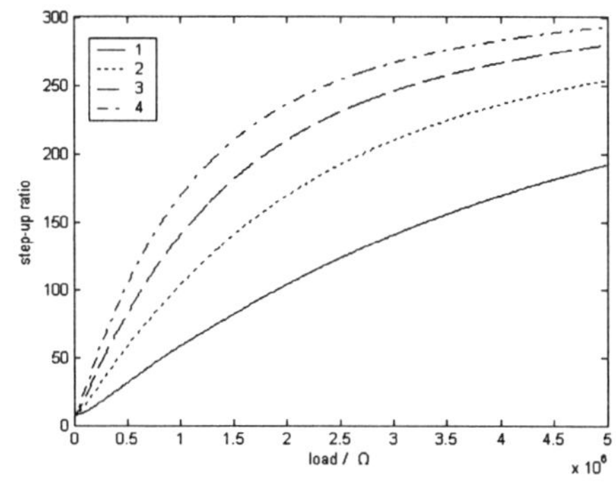

Figure 5. Maximal step-up ratio versus load of parallel-parallel connection/

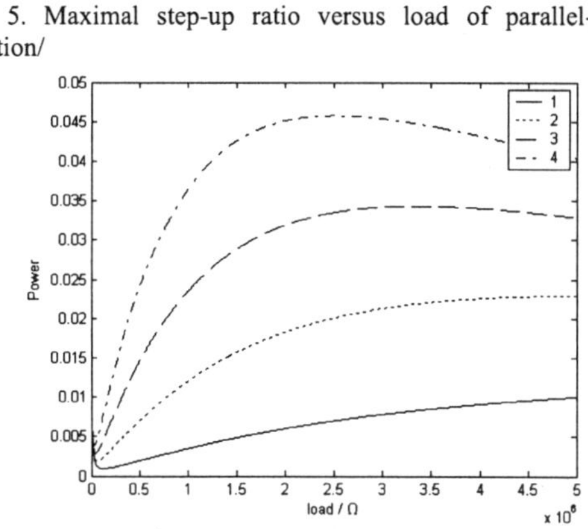

Figure 6. Maximal output power versus load of parallel-parallel connection.

4. The analysis of the parallel-series connection for PT

The parameters of PTs used in parallel-series connection are the same as that in parallel-parallel connection, and so is the load. The **G** parameter matrix of the composite network equals to the sum of the **G** parameter matrix of single network and then is changed to **Y** parameter matrix to calculate step-up ratio, output power and the efficiency.

The G parameters can be calculated from Y parameters as follows:

$$G = \begin{pmatrix} G_{11} & G_{12} \\ G_{21} & G_{22} \end{pmatrix} = \begin{pmatrix} \frac{|Y|}{Y_{22}} & \frac{Y_{12}}{Y_{22}} \\ \frac{-Y_{21}}{Y_{22}} & \frac{1}{Y_{22}} \end{pmatrix} \tag{5}$$

When the number of connected PTs is N, the G matrix of the composite network $\boldsymbol{G_c}$ is

$$\mathbf{G_c} = \mathbf{G_1} + \mathbf{G_2} + \ldots + \mathbf{G_N}$$

The Y parameters of the composite network can be calculated from $\mathbf{G_c}$ as follows:

$$Y = \begin{pmatrix} Y_{11} & Y_{12} \\ Y_{21} & Y_{22} \end{pmatrix} = \begin{pmatrix} \frac{|G|}{G_{22}} & \frac{G_{12}}{G_{22}} \\ \frac{-G_{21}}{G_{22}} & \frac{1}{G_{22}} \end{pmatrix} \tag{6}$$

Then the step-up ratio, power and efficiency of the composite network can be calculated according to the Eqs. (1)-(4), as shown in Fig. 7.

Compared with the characteristics of parallel-parallel connected PT, it can be seen that in case of parallel-series connection at the same load, the step-up ratio, power increases and the efficiency decreases as N increases, which is similar to the case of parallel-parallel connection. But the resonance frequency reduces. When the number of connected PTs is the same as that of parallel-parallel form, the step-up ratio, power and efficiency are higher than those in parallel-parallel connection.

Fig. 8 shows the relationship between maximal step-up ratio and load, and Fig. 9 shows the relationship between maximal output power and load in parallel-series connection. The step-up ratio and power are lower than those in parallel-parallel connection at large load (>500kΩ), but higher at general range of load.

5. The analysis of the series-series connection and series-parallel connection for PT

Similar to the case of parallel-series connection, when the piezoelectric transformers are connected in form of series-series and series-parallel, the **Y** parameter matrix of the composite network can be derived from commixture parameter matrix **H** and impedance parameter matrix **Z**, and then the step-up ratio, power, efficiency can be calculated according to the Eqs. (1)-(4), as shown in Figs. 10 and 11.

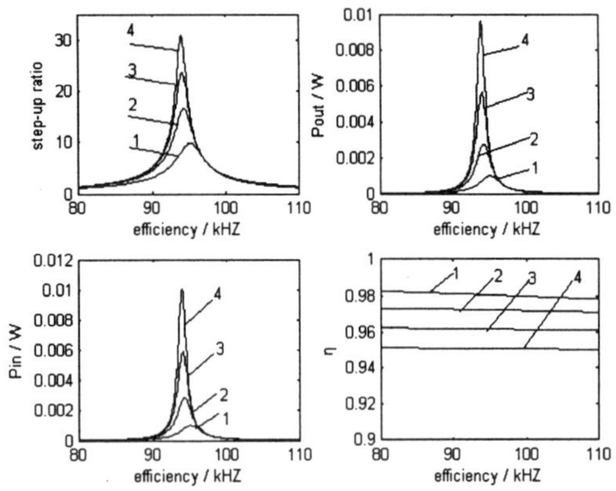

Figure 7. Step-up ratio, power, and efficiency versus frequency of parallel-series connected PTs.

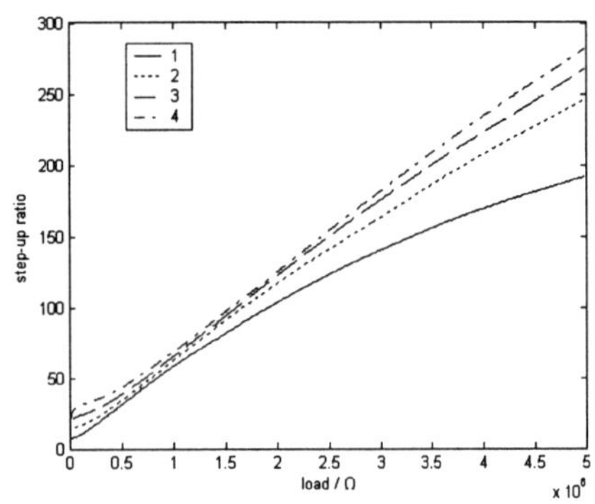

Figure 8. Maximal step-up ratio versus load of parallel-series connected PTs.

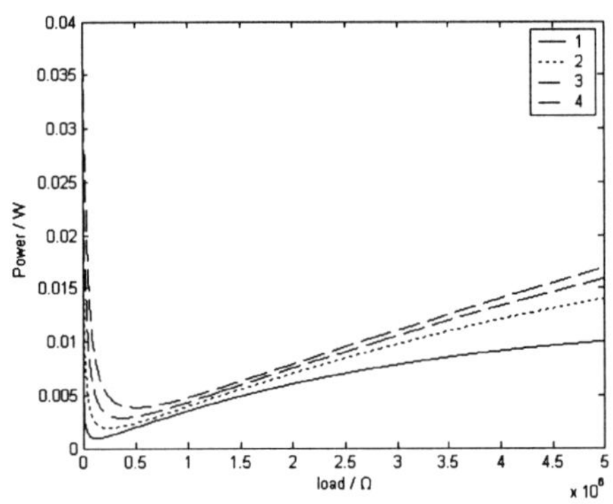

Figure 9. Maximal output power versus load of parallel-series connected PTs.

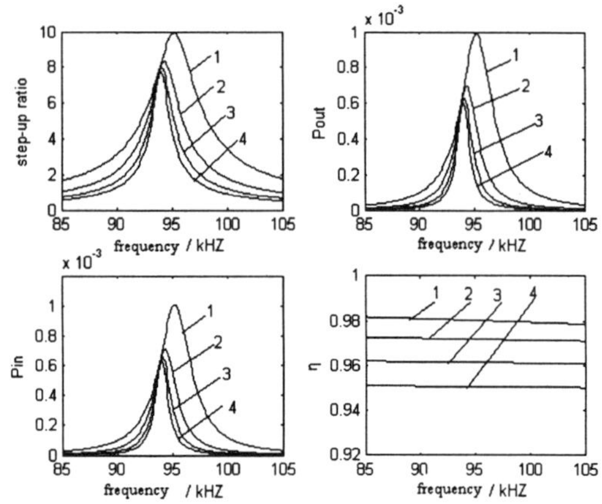

Figure 10. Step-up ratio, power, and efficiency versus frequency of series-series connected PTs.

It can be seen that the step-up ratio and power reduces as well as the efficiency in the above two connections, it means that the output characteristics get worse even than a single PT. Therefore series-series and series-parallel connection are meaningless in practice, it is not necessary to study them more.

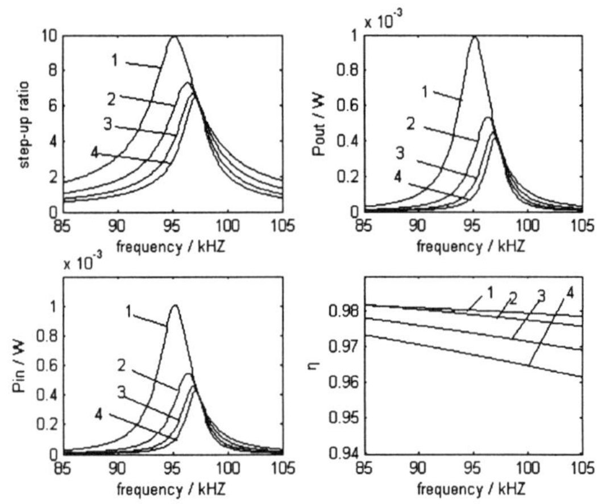

Figure 11. step-up ratio, power and efficiency versus frequency of series-parallel connected PTs.

6. Conclusion

This paper introduces a method for calculating the output characteristics of connected PTs using admittance parameter matrix of two-port network. This method is especially fit for theoretical analysis and numerical calculation. With this method, it is easy to analyze different connection forms of PTs. The results of four possible connections are compared. The parallel-

parallel and parallel-series connections can enhance step-up ratio and power; the other two ways of connection can not enhance step-up ratio and power.

References

1. G.I. Gregory, B.Y. Sam, Parallel connection of piezoelectric transformers, In: *2004 IEEE 35th Annual Power Electronics Specialists Conference, PESC04*, 1779 (2004).
2. K.F. Kwok, P. Dong, K.W.E Cheng. et al., General study on piezoelectric transformer, In: *1st International Conference on Power Electronics Systems and Applications Proceedings*, 216 (2004).
3. S. Lee, S. Choi, S. Yun, B.H Cho, Input parallel-output series connection of radial mode disk-type piezoelectric transformer for thermal balance improvement, In: *Power Electronics Specia-lists Conference* (*July 2006*) **IEEE18-22**, 1 (2006).
4. D.Y. Zhang, W.P. Zhang, D.Y. Chen, Study on electrical characteristic of piezoelectric transformer by power flow method, *Acta Electr. Sinica* **31**, 1648 (2003).

FREE VIBRATION OF SANDWICH BEAMS COUPLED WITH PIEZOELECTRIC LAYERS

Yun WANG
College of Electromechanical Engineering, Hangzhou Dianzi University, Hangzhou 310018, P. R. China

RONG-QIAO XU
Department of Civil Engineering, Zhejiang University, Hangzhou 310027, P. R. China
Email: xurongqiao@zju.edu.cn

A beam embedded piezoelectric layers is widely used as actuator to excite or control the vibrations of machines and structures. It is also applied as sensor to measure their vibrations. By using the hypothesis of Euler-Bernoulli in beam theory and assuming the distribution of the electric potential in the z-direction, this paper derives the governing equations for sandwich beams coupled with piezoelectric layers. The frequency equation of the free vibration is then obtained and numerical results are presented to demonstrate the availability of the presented theory.

Keywords: piezoelectric, sandwich beam, vibration

1. Introduction

Due to the versatility and efficiency of transformation between the mechanical energy and electrical energy, piezoelectric materials are widely used as actuators and sensors, which usually are surface bonded or embedded in the host structures, especially host beams [1-3]. Analytical methods were usually based on the beam theories because of their simplicity and efficiency [4-6]. Additionally, Bian et al. [7] investigated the free vibration of the composite beams with integrated surface piezoelectric layers using the state space method. Della and Shu [8] studied the vibration of beams with embedded piezoelectric sensors and actuators using variational principle in Rayleigh quotient form based on Eshelby's equivalent inclusion method. Numerical methods, such as finite element method [9-14] or Rayleigh-Ritz method [15] were also used to analyze the behaviors of such structures.

In current work, the hypothesis of Euler-Bernoulli in the beam theory is used to determine the displacement fields and the distribution of the electric potential is assumed as parabolic along the z-direction. The coupled governing equation is then derived for the flexural vibration of the composite beam. The free vibration of the sandwich beam with finite length is also investigated and the resonant frequencies are obtained for common boundary conditions at the two ends of the beam. The numerical example also studied the influence of the location of the piezoelectric layers on the frequency of the beam with different boundary conditions.

2. Governing equations

Fig. 1 shows the layout of a beam embedded with piezoelectric layer symmetrically with respect to the x-axis. According to the Euler-Bernoulli hypothesis, the deflection in z-direction and longitudinal displacement in x-direction are

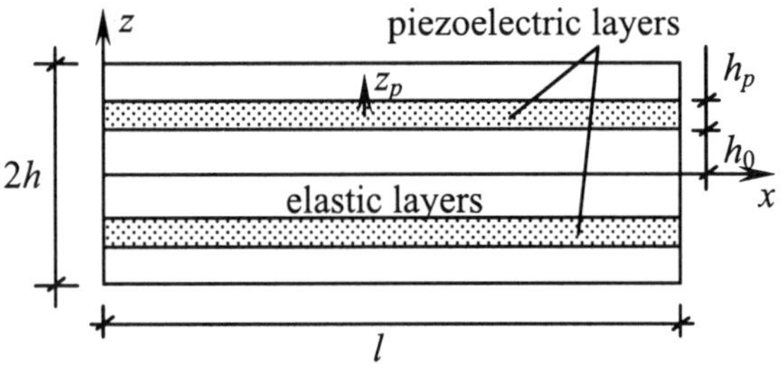

Figure 1. Schematic diagram of a beam with embedded piezoelectric layers.

$$w = w(x,t) \tag{1}$$

$$u = -z\frac{\partial w(x,t)}{\partial x} \tag{2}$$

The electric potential ϕ are assumed as [5, 14]

$$\phi = V_0(x,t) + \frac{2z_p}{h_p}V_1(x,t) + \phi_2(x,t)\left(1 - \frac{4z_p^2}{h_p^2}\right) \tag{3}$$

where $V_0(x,t)$ and $V_1(x,t)$ are determined by the applied surface electric potential $\phi^{\pm}$ on the top and bottom of the piezoelectric layer, namely

$$V_0 = \frac{1}{2}(\phi^+ + \phi^-), \quad V_1 = \frac{1}{2}(\phi^+ - \phi^-) \tag{4}$$

and z_p is measured from the center of the piezoelectric layer in the global z-direction,

$$z_p = z - h_0 - \frac{1}{2}h_p \tag{5}$$

Thus, the strain and stress in the elastic layers are readily obtained as

$$\varepsilon_x^e = -z\frac{\partial^2 w}{\partial x^2}, \quad \sigma_x^e = -Ez\frac{\partial^2 w}{\partial x^2} \tag{6}$$

The strain in the piezoelectric layers is same as the one in elastic layers, namely

$$\varepsilon_x^p = -z\frac{\partial^2 w}{\partial x^2} \tag{7}$$

and the stress are given by

$$\sigma_x^p = -c_{11}z\frac{\partial^2 w}{\partial x^2} - e_{31}E_z \tag{8}$$

where c_{11} and e_{31} denote the elastic constant and piezoelectric constant, respectively, of the piezoelectric layers and E_z is the component in the z-direction of the electric fields

$$E_z = -\frac{\partial \phi}{\partial z} = -\frac{\partial \phi}{\partial z_p} = -\frac{2}{h_p}V_1 + \frac{8z_p}{h_p^2}\phi_2 \tag{9}$$

Another component in the x-direction of the electric fields E_x is

$$E_x = -\left[\frac{\partial V_0}{\partial x} + \frac{2z_p}{h_p}\frac{\partial V_1}{\partial x} + \left(1 - \frac{4z_p^2}{h_p^2}\right)\frac{\partial \phi_2}{\partial x}\right] \tag{10}$$

The electric displacements in the piezoelectric layers are

$$D_x = -\varepsilon_{11}\left[\frac{\partial V_0}{\partial x} + \frac{2z_p}{h_p}\frac{\partial V_1}{\partial x} + \left(1 - \frac{4z_p^2}{h_p^2}\right)\frac{\partial \phi_2}{\partial x}\right] \tag{11}$$

$$D_z = \varepsilon_{33}\left(-\frac{2}{h_p}V_1 + \frac{8z_p}{h_p^2}\phi_2\right) - e_{31}z\frac{\partial^2 w}{\partial x^2} \tag{12}$$

The dynamic equilibrium equation of the beam is given by

$$\frac{\partial^2 M}{\partial x^2} - [\rho_e(2h - 2h_p) + 2\rho_p h_p]\frac{\partial^2 w}{\partial t^2} = 0 \tag{13}$$

in which M is the bend moment of the cross-section of the beam and given by

$$M = 2\left[\int_0^h \sigma_x^e z\,\mathrm{d}z - \int_{h_0}^{h_0+h_p} \sigma_x^e z\,\mathrm{d}z + \int_{h_0}^{h_0+h_p} \sigma_x^p z\,\mathrm{d}z\right] \tag{14}$$

Substitution of Eqs. (6) and (8) and finish the integral yield

$$M = -A_1\frac{\partial^2 w}{\partial x^2} - B_1\phi_2 + C_1V_1 \tag{15}$$

in which the constants A_1, B_1 and C_1 are

$$A_1 = \frac{2}{3}Eh^3 + \frac{2}{3}(c_{11} - E)(3h_0h_p^2 + 3h_0^2h_p + h_p^3)$$

$$B_1 = \frac{4}{3}e_{31}h_p, \quad C_1 = 4e_{31}(2h_0 + h_p) \tag{16}$$

Substituting Eq. (15) into Eq. (13) gives

$$A_1\frac{\partial^4 w}{\partial x^4} + B_1\frac{\partial^2 \phi_2}{\partial x^2} + \overline{\rho h}\frac{\partial^2 w}{\partial t^2} = C_1\frac{\partial^2 V_1}{\partial x^2} \tag{17}$$

where $\overline{\rho h}$ is the effective density per unit length of the beam, namely

$$\overline{\rho h} = \rho_e(2h - 2h_p) + 2\rho_p h_p \tag{18}$$

Eq. (17) is a coupled equation of the deflection w and the electric potential ϕ_2. Another equation is derived from the Maxwell equation,

$$\int_{h_0}^{h_0+h_p}\left(1 - \frac{4z_p^2}{h_p^2}\right)\left(\frac{\partial D_x}{\partial x} + \frac{\partial D_z}{\partial z}\right)\mathrm{d}z = 0 \tag{19}$$

Substitution of Eqs.(11) and (12) into Eq.(19) gives

$$A_2\frac{\partial^2 w}{\partial x^2} + B_2\frac{\partial^2 \phi_2}{\partial x^2} + C_2\phi_2 = D_2\frac{\partial^2 V_0}{\partial x^2} \tag{20}$$

in which the constants A_2, B_2, C_2 and D_2 are

$$A_2 = \frac{2}{3}e_{31}h_p, \quad B_2 = \frac{8}{15}\varepsilon_{11}h_p$$

$$C_2 = -\frac{16}{3}\frac{\varepsilon_{33}}{h_p}, \quad D_2 = -\frac{2}{3}\varepsilon_{11}h_p \tag{21}$$

Eqs. (17) and (20) are the governing equation of the composite beam coupled with the piezoelectric layers.

3. Free vibration

For the free vibration of the composite beam, the external electric voltage applied to the piezoelectric layers vanishes, namely $\phi^{\pm} = 0$, and therefore the governing Eqs. (17) and (20) become homogeneous.

Eliminating ϕ_2 from Eqs. (17) and (20) yields a differential equation of sixth-order to determine the deflection w as

$$\frac{A_1B_2}{C_2}\frac{\partial^6 w}{\partial x^6}+\frac{A_1C_2-A_2B_1}{C_2}\frac{\partial^4 w}{\partial x^4} +\frac{B_2\overline{\rho h}}{C_2}\frac{\partial^4 w}{\partial x^2\partial t^2}+\overline{\rho h}\frac{\partial^2 w}{\partial t^2}=0 \tag{22}$$

If the beam vibrates with resonant frequency ω, the deflection w can be assumed as

$$w=hW\,\mathrm{e}^{i\omega t} \tag{23}$$

in which W is the dimensionless amplitude of the deflection. Substitution of Eq. (23) into Eq. (22) yields

$$a_1\xi^6\frac{d^6W}{dX^6}-a_2\xi^4\frac{d^4W}{dX^4}+a_3\xi^2\Omega^2\frac{d^2W}{dX^2}-a_4\Omega^2W=0 \tag{24}$$

where X is the dimensionless x-coordinate and defined as

$$X=x/l \tag{25}$$

in which l is the length of the beam.

The solutions of Eq. (24) is readily obtained as

$$W=\sum_{j=1}^{6}b_j\,\mathrm{e}^{K_jX} \tag{26}$$

where b_j $(j=1,2,\cdots,6)$ are arbitrary constants determined by the boundary conditions at two ends of the beam and the parameters K_j $(j=1,2,\cdots,6)$ are the six eigen-roots of Eq. (24). The non-dimensional electric potential Φ is defined as

$$\Phi=\phi_2\frac{1}{h}\sqrt{\frac{\varepsilon_{33}}{c_{11}}} \tag{27}$$

and determined by

$$\Phi=\alpha_1\xi^4\frac{d^4W}{dX^4}+\alpha_2\xi^2\frac{d^2W}{dX^2}+\alpha_3\Omega^2W \tag{28}$$

where the constants α_j $(j=1,2,3)$ are

$$\alpha_1=\frac{A_1B_2}{C_2B_1h^4}\sqrt{\frac{\varepsilon_{33}}{c_{11}}},\quad \alpha_2=-\frac{A_2}{C_2h^2}\sqrt{\frac{\varepsilon_{33}}{c_{11}}}$$

$$\alpha_3=-\frac{EB_2}{C_2B_1h}\sqrt{\frac{\varepsilon_{33}}{c_{11}}} \tag{29}$$

The bend moment and shear force are then obtained in non-dimensional forms

$$\bar{M}=\frac{M}{Eh^2}=\beta_1\xi^2\frac{d^2W}{dX^2}+\beta_2\Phi$$

$$\bar{Q}=\frac{Q}{Eh}=\xi\frac{d\bar{M}}{dX}=\beta_1\xi^3\frac{d^3W}{dX^3}+\beta_2\xi\frac{d\Phi}{dX} \tag{30}$$

in which the constants β_1 and β_2 are

$$\beta_1=-\frac{A_1}{Eh^3},\quad \beta_2=\frac{B_1}{Eh}\sqrt{\frac{c_{11}}{\varepsilon_{33}}} \tag{31}$$

The boundary conditions at the two ends of the beam give a homogeneous equation set, i.e.

$$\sum_{j=1}^{6}C_{mj}b_j=0\quad(m=1,2,\cdots,6) \tag{32}$$

in which the coefficients C_{mj} are parameters and related to the boundary conditions and the frequency Ω, which are detailed in Appendix. For non-trivial solution of the constants b_j $(j=1,2,\cdots,6)$, the determinant of the coefficient matrix of Eq. (32) must vanish, namely,

$$\left|C_{mj}\right|=0 \tag{33}$$

Eq. (33) is the frequency equation of the free vibration of composite beams coupled with the piezoelectric layers. It is noticeable that Eq. (33) is transcendental with respect to the frequency Ω.

It is noticeable that the difficulties in numerical calculation will occur when the common software with double precision floating point calculation ability, such as FORTRAN, Mathematic and MATLAB. This problem may be overcome by using the computer software with more significant digits in floating point calculation. A software package called APFLOAT [16], which can handle numerical calculation with arbitrary desired precision, has been used in this study.

4. Numerical example

A numerical example demonstrates the presented theory and Tables 1-4 show the first five frequencies of the beam under four boundary conditions. The parameters for the example beam are as follows: Young's modulus E = 210GPa, the half-thickness of the beam h = 38mm, the length of the beam L = 1500mm, the mass density of the elastic layers and piezoelectric layers are $\rho_e=7800\,\mathrm{kg/m^3}$ and $\rho_p=7500\,\mathrm{kg/m^3}$, respectively. The elastic constant $c_{11}=139$ GPa, thickness of the piezoelectric layers $h_p=7.5$ mm, the piezoelectric constant $e_{31}=-6.8\,\mathrm{C/m^2}$, the dielectric constants

$\varepsilon_{11} = 6.9 \times 10^{-9}$ F/m and $\varepsilon_{33} = 5.47 \times 10^{-9}$ F/m. The four boundary conditions are simply supported-simply supported (SS), clamped-free (CF), simply supported -clamped (SC) and clamped-clamped (CC).

The numerical example investigates the influence of the position of the piezoelectric layer on the resonant frequencies of the beam and it is shown in Tables 1-4. It can be observed that the frequencies of the beam decrease with the increase of the distance from the piezoelectric layer to the mid-plane of the beam. It means that the piezoelectric layer can affect the resonant frequencies of the beam more significantly for a bigger h_0. This phenomenon can be utilized in the design of the actuators and sensors.

Table 1. The first five frequencies of a SS beam (Hz)

h_0	1st	2nd	3rd	4th	5th
0.1h	79.438	317.753	714.943	1271.011	1985.954
0.2h	79.038	316.153	711.345	1264.613	1975.958
0.3h	78.474	313.897	706.268	1255.587	1961.856
0.4h	77.742	310.969	699.681	1243.878	1943.559
0.5h	76.838	307.351	691.541	1229.406	1920.947

Table 2. The first five frequencies of a CF beam (Hz)

h_0	1st	2nd	3rd	4th	5th
0.1h	28.400	177.977	498.341	976.549	1614.305
0.2h	28.257	177.081	495.833	971.633	1606.179
0.3h	28.055	175.818	492.294	964.699	1594.716
0.4h	27.793	174.178	487.703	955.702	1579.843
0.5h	27.470	172.151	482.029	944.583	1561.463

Table 3. The first five frequencies of a SC beam (Hz)

h_0	1st	2nd	3rd	4th	5th
0.1h	124.098	402.156	839.065	1434.851	2189.514
0.2h	123.473	400.131	834.842	1427.629	2178.493
0.3h	122.592	397.276	828.884	1417.440	2162.945
0.4h	121.448	393.571	821.153	1404.221	2142.773
0.5h	120.035	388.992	811.600	1387.884	2117.844

Table 4. The first five frequencies of a CC beam (Hz)

h_0	1st	2nd	3rd	4th	5th
0.1h	180.077	496.390	973.123	1608.622	2403.003
0.2h	179.171	493.891	968.225	1600.524	2390.907
0.3h	177.892	490.367	961.315	1589.102	2373.844
0.4h	176.233	485.793	952.349	1574.281	2351.705
0.5h	174.183	480.142	941.269	1555.966	2324.345

5. Conclusions

By using the hypothesis of Euler-Bernoulli in the beam theory and the parabolic distribution of the electric potential in the z-direction, the coupled governing equation is derived for the flexural vibration of the composite beam. The frequency equation of the free vibration is obtained and the resonant frequencies are tabulated for some boundary conditions at the two ends of the beam. The influence of the location of the piezoelectric layers on the frequency is studied numerically. The results show the fact that the frequencies of the beam decrease with the increase of the distance from the piezoelectric layer to the mid-plane of the beam. It is available in the design of the actuators and sensors.

Acknowledgments

The project sponsored by the Scientific Research Foundation for the Returned Overseas Chinese Scholars, State Education Ministry.

Appendix

For SS, SC, CC and CF beams, the coefficient C_{mj} can be rendered in the form of matrix, namely,

$$[\mathbf{C}]=\begin{bmatrix}\mathbf{C}_S(0)\\ \mathbf{C}_S(1)\end{bmatrix},\quad [\mathbf{C}]=\begin{bmatrix}\mathbf{C}_S(0)\\ \mathbf{C}_C(1)\end{bmatrix}$$

$$[\mathbf{C}]=\begin{bmatrix}\mathbf{C}_C(0)\\ \mathbf{C}_C(1)\end{bmatrix},\quad [\mathbf{C}]=\begin{bmatrix}\mathbf{C}_C(0)\\ \mathbf{C}_F(1)\end{bmatrix} \tag{A.1}$$

respectively, where the coefficient matrix $[\mathbf{C}_S(0)]$ denotes the value of $[\mathbf{C}_S]$ at $X=0$ and so on. The matrices $[\mathbf{C}_S]$, $[\mathbf{C}_C]$ and $[\mathbf{C}_F]$ can also be written as

$$\begin{aligned}[\mathbf{C}_S]&=[\mathbf{C}_{S1}\ \ \mathbf{C}_{S2}\ \ \mathbf{C}_{S3}]\\ [\mathbf{C}_C]&=[\mathbf{C}_{C1}\ \ \mathbf{C}_{C2}\ \ \mathbf{C}_{C3}]\\ [\mathbf{C}_F]&=[\mathbf{C}_{F1}\ \ \mathbf{C}_{F2}\ \ \mathbf{C}_{F3}]\end{aligned} \tag{A.2}$$

and the sub-matrices $[\mathbf{C}_{Si}]$, $[\mathbf{C}_{Ci}]$ and $[\mathbf{C}_{Fi}]$ are

$$[\mathbf{C}_{S1}]=\begin{bmatrix}\sin(K_1X) & \cos(K_1X)\\ m_1\sin(K_1X) & m_1\cos(K_1X)\\ n_1\sin(K_1X) & n_1\cos(K_1X)\end{bmatrix} \tag{A.3}$$

$$[\mathbf{C}_{Si}]=\begin{bmatrix}\sinh(K_iX) & \cosh(K_iX)\\ m_i\sinh(K_iX) & m_i\cosh(K_iX)\\ n_i\sinh(K_iX) & n_i\cosh(K_iX)\end{bmatrix}\quad (i=2,3) \tag{A.4}$$

$$[\mathbf{C}_{C1}]=\begin{bmatrix}\sin(K_1X) & \cos(K_1X)\\ K_1\cos(K_1X) & -K_1\sin(K_1X)\\ n_1\sin(K_1X) & n_1\cos(K_1X)\end{bmatrix} \tag{A.5}$$

$$[\mathbf{C}_{Ci}]=\begin{bmatrix}\sinh(K_iX) & \cosh(K_iX)\\ K_i\cosh(K_iX) & K_i\sinh(K_iX)\\ n_i\sinh(K_iX) & n_i\cosh(K_iX)\end{bmatrix}\quad (i=2,3) \tag{A.6}$$

$$[\mathbf{C}_{F1}] = \begin{bmatrix} m_1 \sin(K_1X) & m_1 \cos(K_1X) \\ q_1 \cos(K_1X) & q_1 \sin(K_1X) \\ n_1 \sin(K_1X) & n_1 \cos(K_1X) \end{bmatrix} \quad \text{(A.7)}$$

$$[\mathbf{C}_{Fi}] = \begin{bmatrix} m_i \sinh(K_iX) & m_i \cosh(K_iX) \\ q_i \cosh(K_iX) & q_i \sinh(K_iX) \\ n_i \sinh(K_iX) & n_i \cosh(K_iX) \end{bmatrix} (i = 2,3) \quad \text{(A.8)}$$

in which the parameters m_i, n_i and q_i are given by

$$m_1 = \alpha_1\beta_2\xi^4K_1^4 - (\alpha_2\beta_2 + \beta_1)\xi^2K_1^2 + \alpha_3\beta_2\Omega^2$$

$$m_i = \alpha_1\beta_2\xi^4K_i^4 + (\alpha_2\beta_2 + \beta_1)\xi^2K_i^2 + \alpha_3\beta_2\Omega^2 \ (i = 1,2)$$

$$q_1 = [\alpha_1\beta_2\xi^4K_1^4 - (\alpha_2\beta_2 + \beta_1)\xi^2K_1^2 + \alpha_3\beta_2\Omega^2]\xi K_1$$

$$q_i = [\alpha_1\beta_2\xi^4K_i^4 + (\alpha_2\beta_2 + \beta_1)\xi^2K_i^2 + \alpha_3\beta_2\Omega^2]\xi K_i \ (i = 1,2)$$

$$n_1 = \alpha_1\xi^4K_1^4 - \alpha_2\xi^2K_1^2 + \alpha_3\Omega^2$$

$$n_i = \alpha_1\xi^4K_i^4 + \alpha_2\xi^2K_i^2 + \alpha_3\Omega^2 \ (i = 1,2) \quad \text{(A.9)}$$

References

1. T. Bailey, J.E. Hubbard Jr., Distributed piezo-electric polymer active vibration control of a cantilever beam, *J. Guidance Contr. Dyn.* **8,** 605 (1985).
2. E.F. Crawley, E. Anderson, Detailed model of piezoelectric actuation of beams, In: *Proc. 30th AIAA/ASME/SAE Structures, Structural Dynamics and Material Conference* (*Washington DC, April, 1989*) 2000 (1989).
3. E.F. Crawley, J. de Luis, Use of piezoelectric actuators as elements of intelligent structures. *AIAA J.* **25,** 1373 (1987).
4. Q. Wang, S.T. Quek, Flexural vibration analysis of sandwich beam coupled with piezoelectric actuator. *Smart Mater. Struct.* **9,** 103 (2000).
5. Q. Wang, S.T. Quek, A Model for the analysis of beams with embedded piezoelectric layers. *J. Intell. Mater. Sys. Struct.* **13,** 61 (2002).
6. J.S. Yang, *The Mechanics of Piezoelectric Structures*, World Scientific, Singapore (2006).
7. Z.G. Bian, C.W. Lim, W.Q. Chen, On functionally graded beams with integrated surface piezoelectric layers, *Compos. Struct.* **72,** 339 (2006).
8. C.N. Della, D.W. Shu, Vibration of beams with embedded piezoelectric sensors and actuators, *Smart Mater. Struct.* **15,** 529 (2006).
9. H.S. Tzou, C.I. Tseng, Distributed piezoelectric sensor/actuator design for dynamic measurement/control of distributed parameter system, *J. Sound Vib.* **138,** 17 (1990).
10. D.H. Robinson, J.N. Reddy, Analysis of piezoelectrically actuated beams using a layer-wise displacement theory, *Comput. Struct.* **41,** 265 (1991).
11. W.S. Huang, H.C. Park, Finite element modeling of piezoelectric sensors and actuators, *AIAA J.* **31,** 930 (1993).
12. D.A. Saravanos, P.R. Heyliger, Coupled layer-wise analysis of composite beams with embedded piezoelectric sensors and actuators, *J. Intell. Mater. Sys. Struct.* **6,** 350 (1995).
13. J. Kim, V.V. Varadan, V.K. Varadan, X.Q. Bao, Finite element modeling of a smart cantilever plate and comparison with experiments, *Smart Mater. Struct.* **5,** 165 (1996).
14. Z.K. Kusculuoglu, B. Fallahi, T.J. Royston, Finite element model of a beam with a piezoceramic patch actuator, *J. Sound Vib.* **276,** 27 (1996).
15. C.Cai, H. Zheng, K.C. Hung, Z.J. Zhang Vibration analysis of beam with an active constraining layer damping patch, *Smart. Mater. Struct.* **15,** 147 (2006).
16. High Performance Arbitrary Precision Arithmetic Package for C++ and Java, http://www.apfloat.org

ANALYSIS OF ELECTRICAL CHARACTERISTIC OF PARALLEL CONNECTED ROSEN PIEZOELECTRIC TRANSFORMERS

Feng-Xian BAI, Wei-Jie DONG, Lei XIAO

School of Electronic and Information Engineering, Dalian University of Technology, Dalian China

E-mail: baifx63@163.com, dongwj@dlut.edu.cn

Based on the classical lumped parameter model, using two-port network admittance Y-parameter matrix, the electrical characteristic of voltage gain, output power and efficiency of parallel-parallel connected piezoelectric transformers is analyzed in detail. In addition, how the number of paralleled identical Rosen type piezoelectric transformers contributes to the voltage gain and output power is simulated by the Pspice. The theoretical analysis and the simulation results show that, parallel connection of piezoelectric transformer is an effective way to improve the output power. Compared single piezoelectric transformer, the parallel connection of piezoelectric transformer can not only supply more power but also improve the voltage gain.

Keywords: Rosen piezoelectric transformer, equivalent circuit, admittance parameter matrix, the electrical characteristic

1. Introduction

Rosen type piezoelectric transformers (PTs) have had various applications in LCD, ion generator products and so on. But low output power is becoming a major handicap of PTs as LCD becomes bigger and bigger and more power is demanded. The multi-layer piezoelectric transformer is a way to solve the problem, but the fabrication techniques are complex and the cost is high. It is necessary to parallel or series some piezoelectric transformers together in order to obtain the required power rating [1,2].

At the present time, there is not too much research on the series connection and the parallel connection of PTs. Bronstein proposed that the mechanical resonant frequencies of parallel-parallel connected PTs have to be very close [3]. Fung proposed that the power increase of parallel-parallel connected PTs is not limitless [4]. In this paper, we took the classical lumped parameter equivalent circuit model as model of single PT. Using two-port network admittance Y-parameter matrix, we made the detailed theoretical analysis of the electrical characteristic of parallel-parallel connected PTs, that is voltage gain, output power and efficiency. Meanwhile the analysis result is given by Matlab. In addition, we simulated how the number of paralleled identical PTs contributes to the voltage gain and output power by the Pspice. The theoretical analysis and the simulation results show that, parallel connection of PTs provides a method to increase output power.

2. Circuit Model and Connection of PTs

2.1. *Equivalent Circuit Model of PT*

To analyze PT, we usually adopt lumped parameter equivalent circuit. Fig. 1 shows the classical lumped parameter model of single PT [5,6], this model is a linear passive two-port network, where the value of each component is a equivalent value nearby the resonant frequency of PTs. *R*, *C* and *L* constitute a resonance branch, *L* and *C* determine the resonance frequency of PT, *R* is used to weigh the PT loss, C_{in} and C_{out} are input capacitance and output capacitance, the voltage transfer ratio of idea transformer is 1:n.

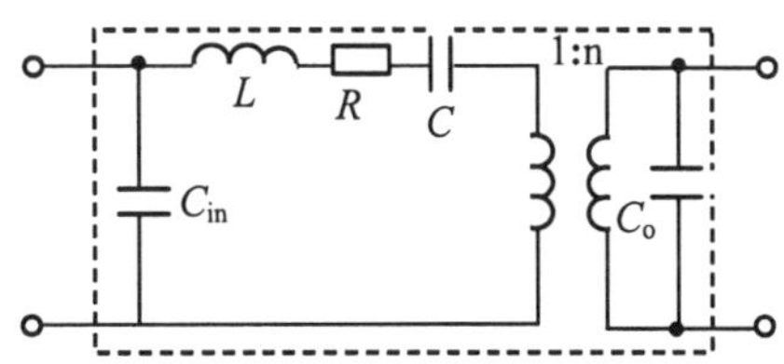

Figure 1. Conventional equivalent circuit of a PT.

2.2. *The Corresponding Relation Between Electrical Characteristic of PT and Y Parameter*

Y parameter equation of two-port network is shown in Fig. 2, where $Y_L=G_L+jB_L$ is admittance of load. For the PT equivalent circuit model shown in Fig. 1 [7], the Y parameter circuit equation is as follows:

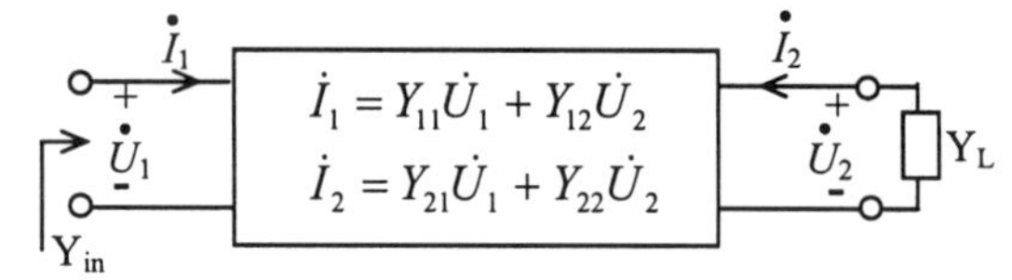

Figure 2. Linear passive two-port network by Y parameter.

$$Y_{11} = \mathrm{j}\omega C_{\mathrm{in}} + 1/Z_{\mathrm{m}},\ Y_{12} = Y_{21} = -1/(nZ_{\mathrm{m}})$$

$$Y_{22} = \mathrm{j}\omega C_{\mathrm{O}} + 1/(n^2 Z_{\mathrm{m}}) \tag{1}$$

where Z_m is the resistance of *R-L-C* branch.

$$Z_{\mathrm{m}} = R + \mathrm{j}\omega L - \mathrm{j}\frac{1}{\omega C} \tag{2}$$

The electrical characteristic formula described by Y parameter is stated as follows. From the Y parameter circuit equation of PT, it's obtained as:

$$\frac{\dot{U}_2}{\dot{U}_1} = \frac{Y_{21}}{\dot{I}_2/\dot{U}_2 - Y_{22}} = \frac{Y_{21}}{-Y_{\mathrm{L}} - Y_{22}}$$

Therefore, the voltage gain equation is:

$$k = \frac{U_2}{U_1} = \frac{|Y_{21}|}{|\dot{I}_2/\dot{U}_2 - Y_{22}|} = \frac{|Y_{21}|}{|Y_{\mathrm{L}} + Y_{22}|} \tag{3}$$

The input admittance equation is:

$$Y_{\mathrm{in}} = \dot{I}_1/\dot{U}_1 = Y_{11} + Y_{12}\dot{U}_2/\dot{U}_1 = Y_{11} + \frac{Y_{12}Y_{21}}{Y_{\mathrm{L}} + Y_{22}} \tag{4}$$

Let U_1=1V, the normalized input power is:

$$P_{\mathrm{in}} = U_1^2\,\mathrm{Re}[Y_{\mathrm{in}}] = \mathrm{Re}[Y_{\mathrm{in}}] \tag{5}$$

The normalized output power is:

$$P_{\mathrm{out}} = U_2^2\,\mathrm{Re}[Y_{\mathrm{L}}] = k^2\,\mathrm{Re}[Y_{\mathrm{L}}] \tag{6}$$

The transfer efficiency of the two-port network is:

$$\eta = \frac{P_{\mathrm{out}}}{P_{\mathrm{in}}} = k^2\frac{\mathrm{Re}[Y_{\mathrm{L}}]}{\mathrm{Re}[Y_{\mathrm{in}}]} \tag{7}$$

2.3. *Possible Connection of PTs*

There are four possible connection ways of PTs as shown in Fig. 3 [8]: parallel-parallel, series-series, series-parallel and parallel-series. However, the because the primary and secondary sides of the Rosen type PT have a common terminal that does not allow them to be connected simply. Here, this paper just discussed parallel-parallel connection of Rosen PTs, as shown in Fig. 3(a).

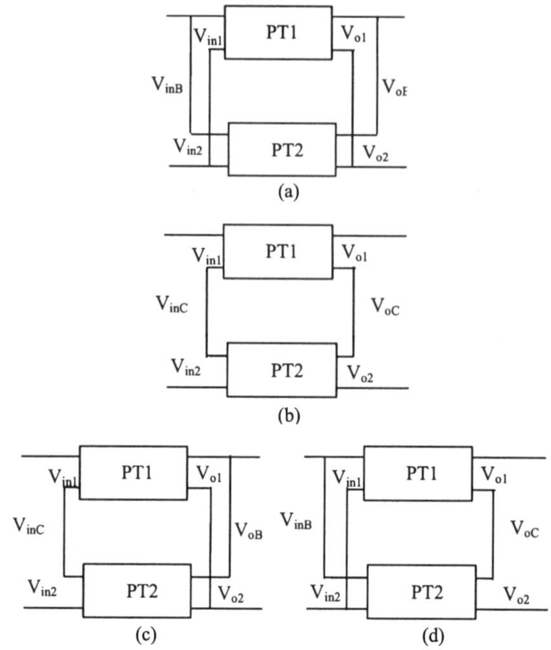

Figure 3. Possible ways of PTs interconnection.

3. Analysis of Parallel Connection of PTs Based on Y Parameter

At present, there are two ways for studying PTs, simulation and experiment. Pspice or Matlab software are usually used as simulation tools. Although electrical simulation with Pspice or Matlab can give intuitionistic characteristic curve, they can not give the direct relation between equivalent parameters of PTs and electrical characteristics. In this paper, we made the detailed theoretical analysis of the electrical characteristic of parallel-parallel connected PTs by employing Y-parameter matrix. The result of theoretical analysis is given by Matlab and compared with the simulation result by Pspice. Model parameters of PTs (PT3906BR, Xi'an Kang Hong, China) are as follows: L=45.81mH, C=62.78pF, R=19.52Ω, C_{in}=1.86nF, C_{out}=13pF, n=8.

3.1. *Analysis of Electrical Characteristic for Parallaled Identical PTs*

Parallel-parallel connection of PTs (as shown in Fig. 3(a)) satisfies the port condition of two-port network. The Y matrix of parallel combined two-port network equals to the sum of Y matrixes of the subnets.

$$Y = Y' + Y'' \tag{8}$$

$$Y = \begin{bmatrix} y'_{11} + y''_{11} & y'_{12} + y''_{12} \\ y'_{21} + y''_{21} & y'_{22} + y''_{22} \end{bmatrix} \tag{9}$$

For parallel connection of identical PTs having totally same parameters, the number of paralleled PTs is m, so the parameter $Y_{11}, Y_{22}, Y_{12}, Y_{21}$ of the parallel connected combination should be m times of the single PT. The voltage gain is as below:

$$k_B = \frac{|mY_{21}|}{|Y_L + mY_{22}|} = \frac{|Y_{21}|}{\left|\frac{Y_L}{m} + Y_{22}\right|} \tag{10}$$

Compare Eq. (10) with Eq. (3), it can be seen that maximal voltage gain K_B increases with the number m. The analysis result given by Matlab is shown in Fig. 4.

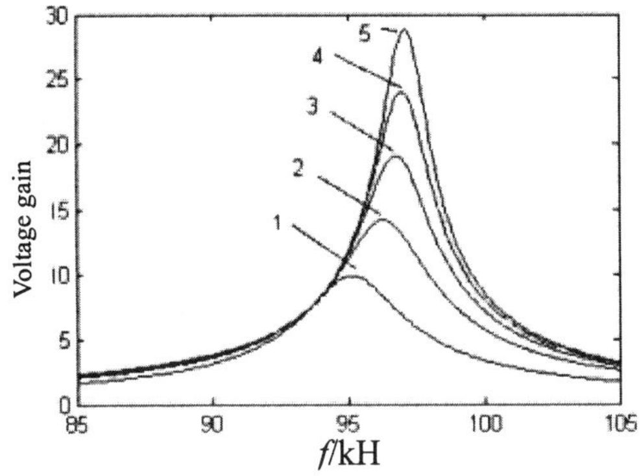

Figure 4. Frequency characteristic curve of voltage gain simulated by Matlab.

The input admittance of parallel connection is:

$$Y_{inB} = mY_{11} + \frac{mY_{12}mY_{21}}{Y_L + mY_{22}} = m(Y_{11} + \frac{mY_{12}Y_{21}}{Y_L + mY_{22}}) = m(Y_{11} + \frac{Y_{12}Y_{21}}{Y_L/m + Y_{22}})$$

The normalized input power of parallel connection is:

$$P_{in} = U_1^2 \mathrm{Re}[Y_{inB}] = \mathrm{Re}[Y_{inB}] \tag{11}$$

Fig. 5 shows that input power is increasing with the number m.

The normalized output power of parallel connection is:

$$P_{outB} = U_2^2 \mathrm{Re}[Y_L] = k_B^2 \mathrm{Re}[Y_L] \tag{12}$$

Compare Eq. (12) with Eq. (6), it can be seen that the normalized output power is proportional to the square of voltage gain, parallel connected voltage gain K_B is increasing with an increase of number m, so the maximal output power is increasing with an increase of number m. The analysis result given by Matlab is shown in Fig. 6.

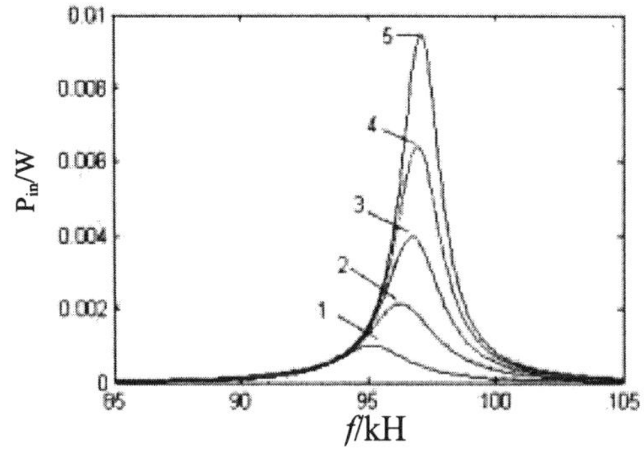

Figure 5. Frequency characteristic curve of normalized input power simulated by Matlb.

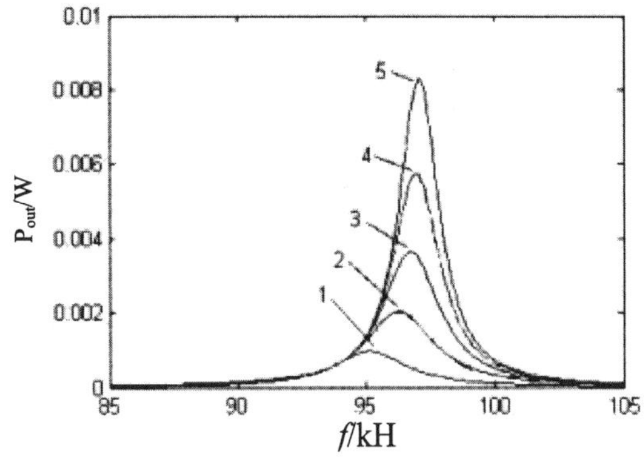

Figure 6. Frequency characteristic curve of normalized output power simulated by Matlb.

The transfer efficiency of parallel connection is:

$$\eta_B = \frac{P_{outB}}{P_{inB}} = k_B^2 \frac{\mathrm{Re}[Y_L]}{\mathrm{Re}[Y_{inB}]} \tag{13}$$

It can be seen from Fig. 5 and Fig. 6, the input power and output power are increasing with an increase of number m, while transfer efficiency is slightly decreasing with an increase of number m. It can be seen from Eqs. (11)-(13) that input power, output power and transfer efficiency are both related to load Y_L, therefore no matter input power, output power or transfer efficiency, they all vary with the load Y_L. The maximal output power and maximal efficiency can not be obtained simultaneously from circuit theory. The analysis result given by Matlab is shown in Fig. 7.

Fig. 7 shows that transfer efficiency parallel-parallel connected PTs is decreasing slightly with the number m. Maximum transfer efficiency of single PT is above 95% which is coincident with present literature.

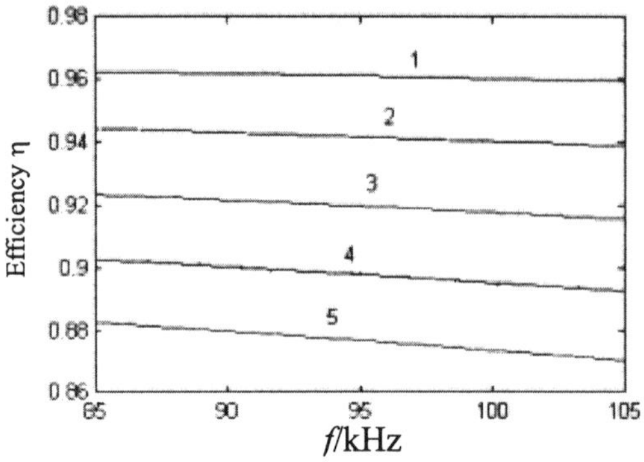

Figure7. Frequency characteristic curve of transfer efficiency simulated by Matlb.

3.2. *Simulation of Characteristic for Paralleled Identical PTs*

It is known to all that the characteristic of single PT is affected by frequency. Using Pspice we analyzed the frequency characteristic of voltage gain and output power with different m, while R_L = 100kΩ. As is shown in Fig. 8 and Fig. 9, 1 indicts single PT; 2 indicts two pieces of PTs connected, and so on.

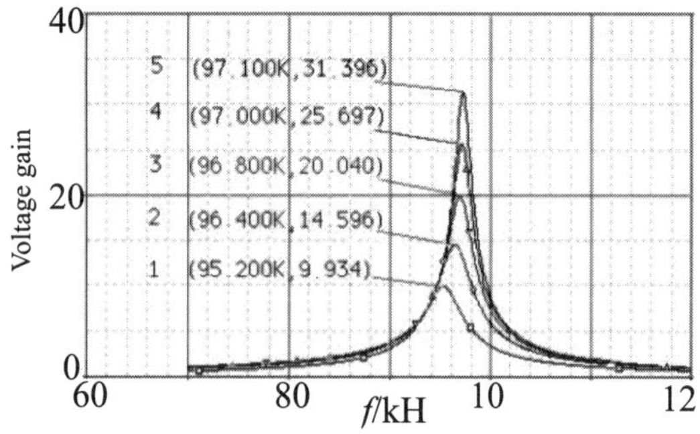

Figure 8. Frequency characteristic curve of voltage gain by Pspice.

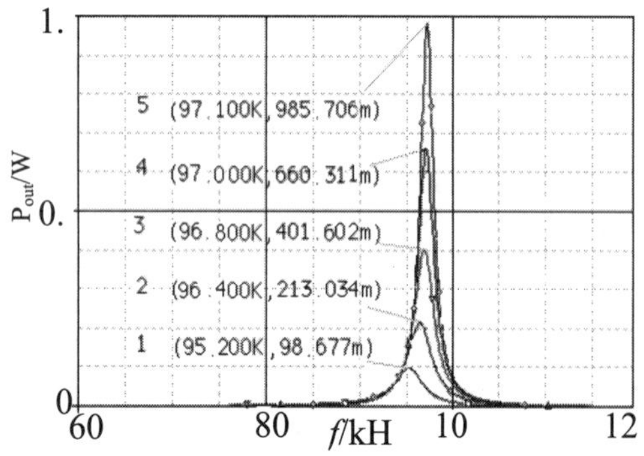

Figure 9. Frequency characteristic curve of output power by Pspice

It can be seen from Fig. 8 and Fig. 9 that parallel connection is an effective way of improving piezoelectric transformer output power and voltage gain. It can be further concluded from the figures that maximal voltage gain and maximum power both increase with the increasing the number m; the maximal voltage gain and maximum power appear at the same resonant point, and the resonant frequency is increasing with the increasing of number of parallel PTs, but extension increases slightly.

4. Conclusions

Concerning parallel-parallel characteristic of PTs, comparing the theoretical analysis with the simulation result by Pspice, we can get conclusions as follows:

(1) Parallel-parallel connected PTs can increase voltage gain. The results output from Matlab in Fig. 4 coincident with simulated results in Fig. 8. It can be seen that the voltage gain is increasing gradually with the number m, resonant frequency slightly increase with m. The only difference is that maximum simulated value of voltage gain are higher than theoretical analysis value.

(2) Parallel-parallel connected PTs can provide higher output power. The results output from Matlab in Fig. 6 coincident with the simulated results by Pspice in Fig. 9. It can be seen that output power increases gradually with the number m. From what have been analyzed, the number of paralleled PTs lies on the value of actual loads.

(3) Transfer efficiency of parallel-parallel connected PTs is decreasing slightly with the number m. When m<4 all the maximal transfer efficiency are above 90%, only when m>5 maximal transfer efficiency is below 90%. Hence we have to make further research on synthesis evaluation of the maximum power, maximal efficiency and load impedance matching in actual application.

In short, parallel connection of PTs is an effective way to improve the output power.

References

1. H. Kakehashi, T. Hidaka, T. Ninomiya, et al., Electric ballast using piezoelectric transformers for fluorescent lamp, *IEEE PESC Record*, 29 (1998).
2. C.Y. Lin, F.C. Lee, Piezoelectric transformer and its application, In: *Proc. of VPEC Seminar*, 129 (1995).
3. S. Bronstein, G. Ivensky, S. Ben-Yaakov, Parallel connection of piezoelectric transformers, In: *2004 35th Annual IEEE Power Electronics Specialists Conference*, 1779 (2004).

4. S.W. Fung, M.H. Pong, Analysis of parallel connection of Rosen type piezoelectric transformers, In: *Power Electronics and Motion Control Conference 2004 4th International*, Xi'an, 1685 (2004).
5. W.P. Mason, *Physical Acoustics - Principles and Methods*, Part A, Academic Press, New York (1964).
6. D.Y. Zhang, W.P. Zhang, D.Y. Chen, Study on electrical characteristic of piezoelectric transformer by power flow method, *Acta Electr. Sinica* **31**, 1648 (2003).
7. L. Weinberg, *Network Analysis and Synthesis*, McGraw-Hill, New York (1962).

ENERGY TRAPPING EFFECT OF STEPPED ELECTRODE IN MINIATURE AT-CUT QUARTZ RESONATOR

S.Y. PAO, Robin HUANG, C.S. LAM
TXC Corporation, Ping Cheng City, Taoyuan County, Taiwan

As the size of quartz resonator continues to shrink, beveling of the plano-plano quartz crystal is needed to reduce mounting loss and to sustain energy trapping so to have low motional resistance for oscillation. The beveling process though is time consuming and difficult to control for small size and low frequency quartz crystals. In recent years, studies on stepped electrode (a.k.a bi-mesa electrode) began to appear. It's believed that stepped electrode on plano-plano crystal would do part of the job in energy trapping like beveled crystals. In this paper, we report our own study of stepped electrode with the following configurations: single layer electrode on plano-plano crystal, stepped electrode on plano-plano crystal, single layer electrode on beveled crystal, and stepped electrode on beveled crystal. The vehicle for this study was a 15 MHz 3.2mm×2.5mm crystal. Preliminary results show that stepped electrode can provide to some degree of energy trapping as bevel crystals.

Keywords: energy trapping, stepped electrode, AT-cut quartz resonator

1. Introduction

As the demand of personal communication, the wireless apparatus, like cell phone and global positioning system (GPS), become smaller and lighter, size and power consumption are the main concern for the components in miniaturized portable electrical device. To answer this trend, the heart of electrical circuit-quartz crystal resonator/oscillator, is now reduced its size from 7mm×5mm to 2mm×1.6mm, and will be shrunk further. However, the size reduction also sacrifices the resonator's crystal impedance and Q-value. Trapping the thickness shear vibration energy of AT-cut quartz plate can keep the performance of a low frequency or thicker resonator. The most common way to trap the vibration energy is to bevel the plano-plano quartz plate to a convex-plano or convex-convex plate. The analysis and simulation of the energy trapping effect has been studied by Tanaka et al. [1,2]. Another method to trap the energy and decouple the unwanted modes is by stepped electrode [3,4].

In this paper, we adopt both the stepped electrode and beveling methods to trap the vibrational energy in the central area under the electrode of the blank for keeping low crystal impedance and high Q-values. We set four groups of blanks with different electrodes and beveling conditions to verify the effect of stepped electrode. These experiments are based on the blank for 3.2mm×2.5mm size and 15 MHz frequency. The experimental results show that a proper stepped electrode design can achieve good energy trapping effect.

2. Energy Trapping of Infinite AT-cut Quartz Plate

The energy trapping theory is based on the standing wave principle that resonances can only occur at frequencies above the cut-off frequency [5]. As we consider an infinite AT-cut plate having a thickness t, its fundament thickness shear resonant frequency is

$$f_B = \frac{1}{2t}\left(\frac{c'_{66}}{\rho}\right)^{1/2}$$

where c'_{66} is the stiffness constant of AT-cut quartz plate, ρ is the density of quartz. If we plate electrode on the quartz plate in designated area A surrounded by unplated area B, the mass loading effect of electrode makes the effective thickness of region A equal to t'. The frequency of the electrode region is

$$f_E = \frac{1}{2t'}\left(\frac{c'_{66}}{\rho}\right)^{1/2}$$

The cut-off frequency of electrode region A and unplated area B are f_E and f_B respectively. Waves having frequencies higher than f_E and lower than f_B can exist in region A only because frequencies lower than f_B can not exit the unplated area.

Waves in region A having frequencies between f_E and f_B are totally reflected to become standing waves. If these waves are excited by the correct frequencies, there will become spurs. Waves having frequencies higher than f_B are traveling outward toward the unplated region and not reflected to form standing waves. In order to suppress all inharmonic overtone modes in a resonator with circular electrodes, we have [5]

$$\text{Plate-back} < f_B \frac{2.98}{n^2}\left(\frac{t}{d}\right)^2$$

where n is the overtone number, d is the diameter of the circular electrode.

3. Experiment Results

The sketch of beveled and stepped electrode quartz crystal plates are shown in Fig. 1.

Figure 1(a). The sketch of a stepped electrode quartz plate.

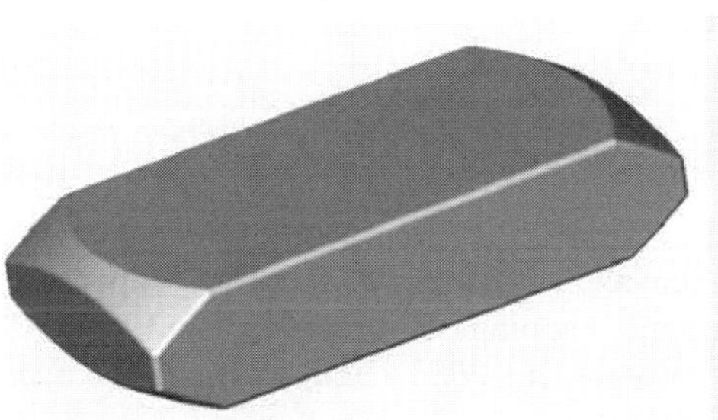

Figure 1(b) The sketch of a beveled quartz plate.

We set four group chips (Fig. 2) with different stepped electrodes and beveling condition to verify the effect of stepped electrode. The vehicles of this study are all 3.2mm×2.5mm size 15 MHz resonator. The conditions of each group are listed in Table 1.

Table 1. The stepped electrode and beveling condition of each group

Group	Electrode 1.19*2.28mm^2	Electrode 0.8*1.65mm^2	Proper Bevel
#1	√	×	×
#2	√	√	×
#3	√	×	√
#4	√	√	√

The models of each group are shown in the following:

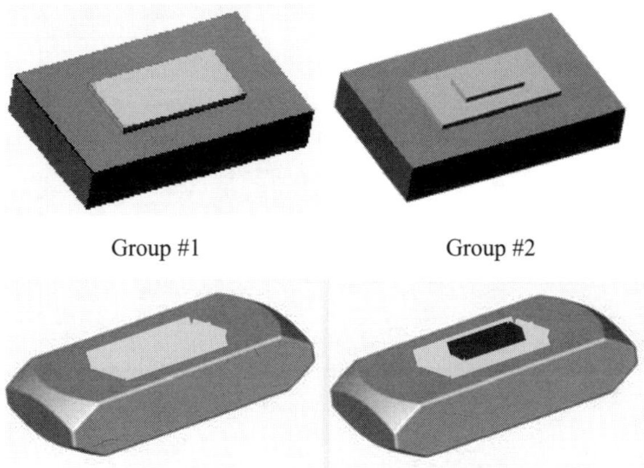

Figure 2. The models of four groups.

The blank in the first group is plated one metal electrode layer (1.19*2.28mm^2) but without bevel. The blank in the second group is plated two metal electrode layers (1.19*2.28mm^2 and 0.8*1.65mm^2) but without bevel. The blank in the third group is plated one metal electrode layer (1.19*2.28mm^2) and with proper bevel. The blank in the last group is plated two metal electrode layers (1.19*2.28mm^2 and 0.8*1.65mm^2) and with proper bevel. We use the equivalent series resistance (ESR) of the quartz resonator in each group as the index of energy trapping efficiency. The ESR (eliminating outliners) of each group is listed in Table 2.

Table 2. The average and standard deviation of ESR of each group

Group		#1	#2	#3	#4
ESR	Ave.	142.8	39.5	6.7	5.9
(Ohm)	Stdev.	46.1	11.1	1.8	1.4

The statistic analyses by MINITAB of the ESR of each group are in Figs. 3-6.

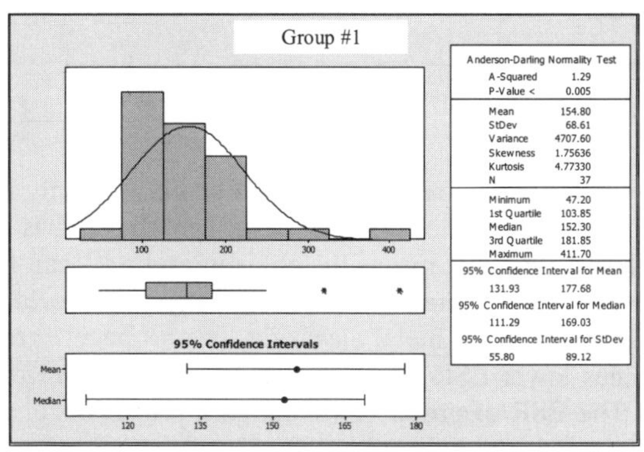

Figure 3. The ESR statistic analysis of group #1.

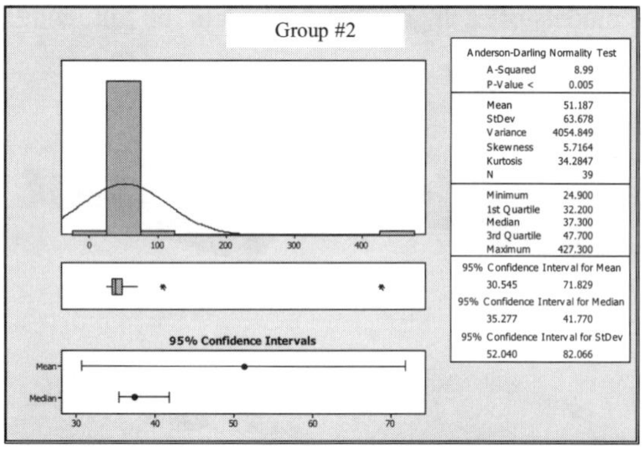

Figure 4. The ESR statistic analysis of group #2.

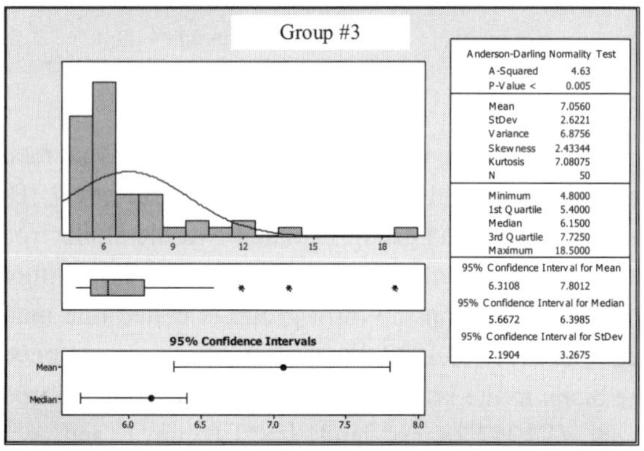

Figure 5. The ESR statistic analysis of group #3.

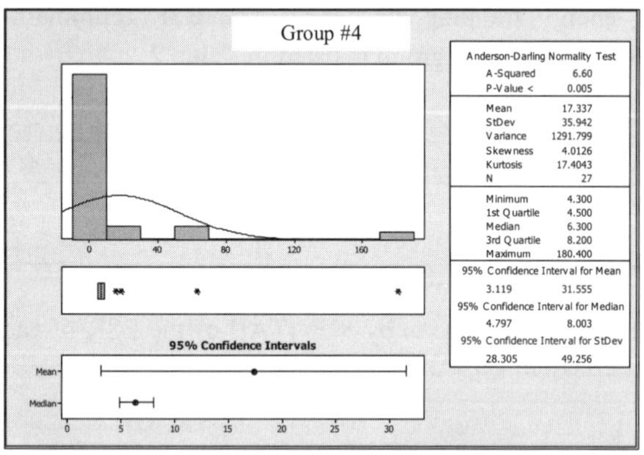

Figure 6. The ESR statistic analysis of group #4.

The experimental results show that blank with only one electrode but without proper bevel (group #1) has the highest ESR. That means the chips in group #1 can trap only a small amount of vibrational energy. The blank with two stepped metal electrodes but no bevel (group #2) has lower ESR which is only 28% of that of group #1. The ESR of group #3 (blank with proper bevel and only one electrode layer) is only 5% of that of group #1. Group #4 tells us that as we apply the stepped electrode on a beveled quartz plate, we can lower the ESR further. Because the ESR of quartz plate with proper bevel is already very low, stepped electrode can only enhance the impedance characteristic a few more. However, if we compare the ESR standard deviation and distribution of group #3 with that of group #4, we can find that stepped electrode makes ESR characteristic more concentrate, and it is good for controlling the quality of resonators.

4. Conclusion

For low frequency or thick quartz plate, trapping the vibrational energy for high Q-value and low crystal impedance is necessary. Beveling is a very effective way to achieve this purpose. However, in miniature resonator, to bevel the quartz plate is time consuming and difficult to control. By the experiment results in this study, applying stepped electrode on a quartz plate without bevel can lower the ESR obviously. Even for beveled crystal, stepped electrode can also concentrate the ESR characteristics and let the quality be more stable. With proper design in the number of layers, area and thickness of each electrode, the crystal impedance can be lowered more to fit the demand of oscillator circuit. In miniature quartz resonator, stepped electrode is a good choice to do the job of energy trapping either with beveling or independently.

References

1. H. Sekimoto, Analysis of trapping energy resonators with circular electrodes, *IEEE Sonics Ultra.* **SU-31(6)**, 664 (1984).
2. M. Tanaka, T. Imai, Y.K. Yong, 3-D FEM eigenvalue analysis of relative impedance and energy trapping of resonant modes in AT-cut resonators, In: *2003 IEEE Freq. Contr. Sym.*, 709 (2003).
3. S. Goka, K. Tamura, H. Sekimoto, Y. Watanabe, T. Sato, Decoupling effect of multi-stepped bi-mesa AT-cut quartz resonators, In: *2003 IEEE Freq. Contr. Sym.*, 694 (2003).
4. F. Lu, H.P. Lee, S.P. Lim, Energy-trapping analysis for the bi-stepped mesa quartz crystal microbalance using the finite element method, *Smart Mater. Struct.* **14**, 272 (2005).
5. V.E. Bottom, *Introduction to Quartz Crystal Unit Design*, Van Nostrand Reinhold, New York (1982)

STUDY ON CR/AG/AU LAYERED ELECTRODE FOR AT-CUT QUARTZ RESONATORS

Min-Chiang CHAO, Chih-Wen LIN, Jun-Nan SHANG, Chung-Lun LO
TXC Corporation, Ping Cheng City, Taoyuan County, Taiwan

In recent years, demand for quartz crystal resonators continues to grow for the mobile phone market. To meet the stringent long-term frequency stability requirement, crystal makers usually use Au as the electrode baseplating material. Using layered electrodes with different metallic materials was reported in the past for different reasons. In this paper we report our own study of using a sputtered Cr/Ag/Au layered structure for the electrodes of AT-cut quartz crystal resonators with the sole intention of reducing the usage of Au for cost reason. We studied the physical parameter, electrical sheet resistance, of the layers along with thermal processes. The electrical characteristics of finished crystal resonators were compared with those made with the Cr/Au baseplated electrodes and the reliability performance of the crystals with new electrodes also be examined. Preliminary results show that AT-cut quartz crystal resonators with electrodes based on the Cr/Ag/Au layered structure meet the long-term frequency stability requirement for mobile phone application. The electrical characteristics are compatible to the Cr/Au baseplated crystal resonators. The physical characteristics study shows that the Cr/Ag/Au layered structure is stable under related thermal process environments.

Keywords: AT-cut quartz resonator, layered electrode

1. Introduction

In recent years, demand for quartz crystal resonators continues to grow for the mobile phone market. From 2003 to 2006 (forecast), the mobile phone sales quantity grow from about 500 million units to over 900 million units, average annual growth rate is over 20% [1]. However, the pressure for price down increases very fast because low-price markets dominate the requirements, and gives high pressure on quartz crystal suppliers.

To meet the stringent long-term frequency stability requirement, crystal makers usually use Au as the electrode baseplating material. Using layered electrodes with different metallic materials was reported in the past for different reasons, including to improve the power durability of SAW filters [2-4], to improve the performance of FBARs [5], and materials characterization by using resonators [6]. In this paper we report our own study of using a sputtered Cr/Ag/Au layered structure for the electrodes of AT-cut quartz crystal resonators with the sole intention of reducing the usage of Au for cost reason. We studied the physical parameter, electrical sheet resistance, of the layers along with thermal processes. The electrical characteristics of finished crystal resonators were compared with those made with the Cr/Au baseplated electrodes and the reliability performance of the crystals with new electrodes also be examined.

2. Experiments Setup

To evaluate the characteristics, electrical performance and reliability of the Cr/Ag/Au layered electrode, we setup 2 kinds of experiments, the first one is through crystal resonators, 5.0mm×3.2mm size 26MHz quartz crystal resonators as specs for mobile phone applications, and examine the reliability and electrical performance. The second experiment is through a 4" silicon wafer with the coated layered electrodes for characteristics evaluation, in the paper, we checked about the electrical sheet resistance. Both the crystal resonators and 4" silicon wafer past through same sputtering process and thermal processes, including curing, vacuum annealing, baking and reflow, their setup conditions are shown in Table 1.

Table 1. The setup conditions for thermal processes

Thermal Process	Setup Conditions
Curing	265 oC, 180min
Vacuum Annealing	295 oC, 360min
Baking	200 oC, 720 min
Reflow	180 oC (10min) & 260 oC (peak), 10 sec

The electrode layer structure from the base material (AT-cut quartz) is Cr 10nm, Ag 300 nm, and Au 150nm.

The sheet resistance of the layered electrode was measured by 4-points probe (Resmap, IDE) through on wafer scanning probing, total 151 points data. The measurement did along with after as-deposited, and each thermal process as shown in Table 1.

To compare the electrical performance with usual Cr/Au electrode crystals, 4500pcs 26MHz 5.0×3.2 mm crystal resonators were made by using the same blank, ceramic packages and assembly processes by using Cr/Ag/Au layered electrode.

The reliability, especially the aging performance, is important for mobile applications. In this paper, we conducted 3 kinds of thermal conditions to evaluate the reliability performance including reflow, thermal shock, and high temperature and high humidity test.

3. Experiment Results

3.1. Electrical sheet resistance

The wafer coated with Cr/Ag/Au layered electrode showed mirror-like surface after all thermal processed, and the sheet resistance along with the processes is shown as Fig. 1. The results showed the similar behavior to Cr/Au layered electrode as shown in figure 2. Both Cr/Ag/Au and Cr/Au layered electrodes showed sheet resistance increased after 295 °C vacuum annealing, we think this is because diffusion of Cr atoms into Au layer as described in Ref. [7], the Cr diffuse into Au when the annealing temperature over 270 °C, because the thermal process temperature after annealing is lower than 270 °C and annealing temperature, so we can see the sheet resistance average value become stable after annealing process.

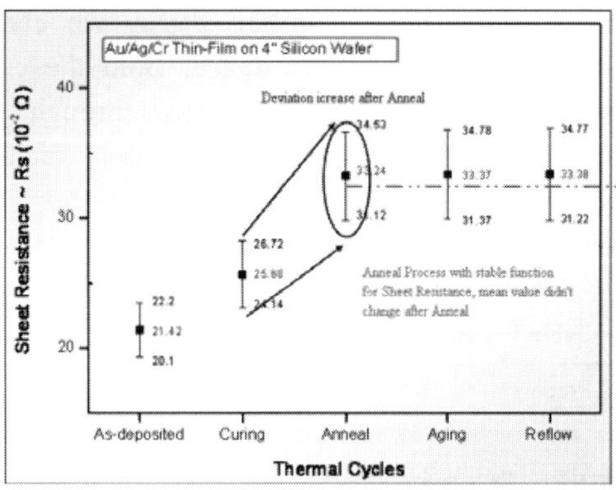

Figure 1. Sheet resistance of Cr/Ag/Au layered electrode along with processes.

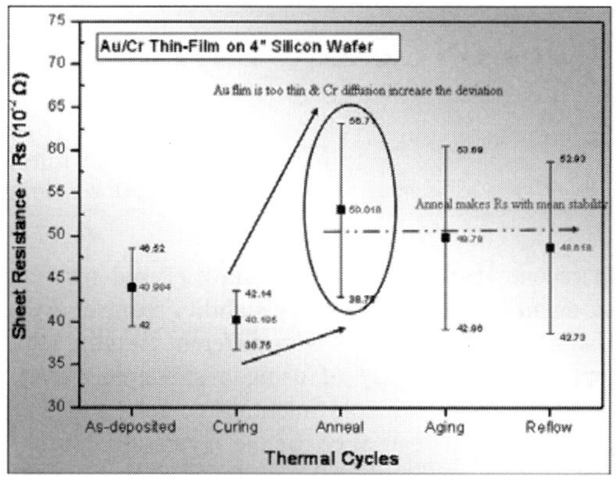

Figure 2. Sheet Resistance of Cr/Au layered electrode along with processes.

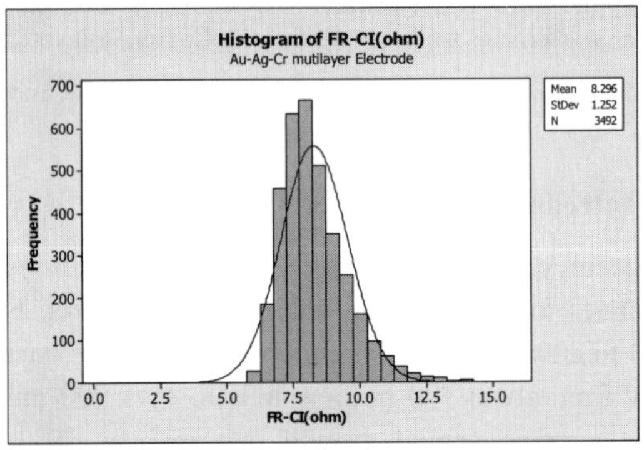

Figure 3. Equivalent Series Resistance distribution of Cr/Ag/Au electrode crystals (26MHz, 5.0×3.2 mm).

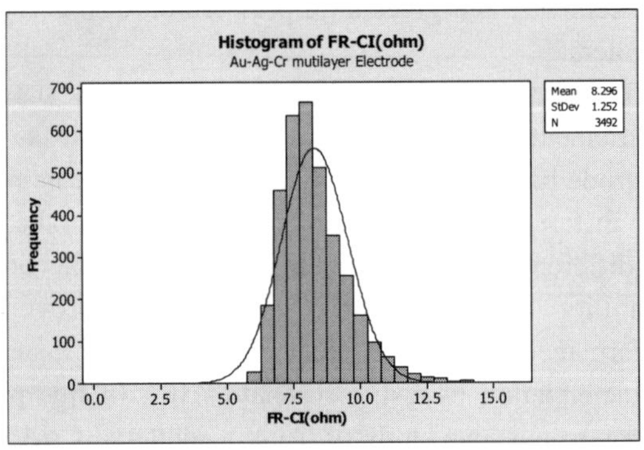

Figure 4. Equivalent Series Resistance distribution of Cr/Ag/Au electrode crystals (26MHz, 5.0×3.2 mm).

3.2. Electrical performance

The electrical performance of Cr/Ag/Au electrode crystals is very similar to Cr/Au, including frequency, equivalent series resistance, temperature test, spurious responses. Fig. 3 shows the statistical distribution of the equivalent series resistance and Fig. 4 shows the counterpart of Cr/Au layered electrode. The results show Cr/Ag/Au layer electrode resistance is a little lower than Cr/Au ones.

3.3. Reliability performance

3.3.1. Reflow test

The reflow test result is shown in Fig. 5, the frequency and equivalent series resistance shift between before and after reflow test is lower than 1ppm and 1 Ohm, which meet the requirement of mobile phone applications.

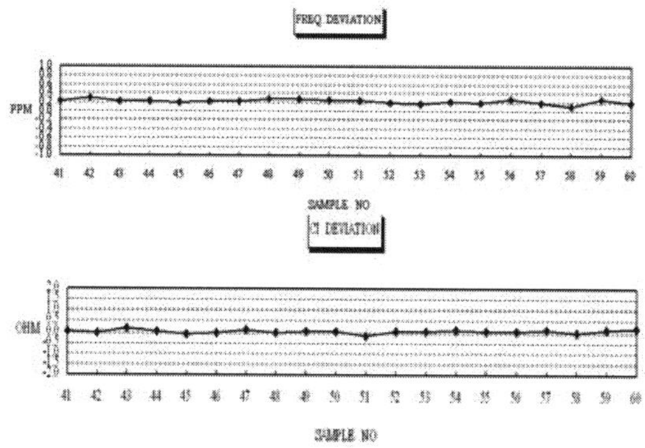

Figure 5. The frequency and ESR shift due to Reflow Test (all samples are within 1ppm, 1 Ohm).

3.3.2. Thermal shock test

The results for thermal shock test(test condition: -55°C to 125 °C, Dwell time 10min, transit time 20 sec) are shown in Fig. 6, all the samples show the frequency and ESR shift are within 1ppm and 1Ohm.

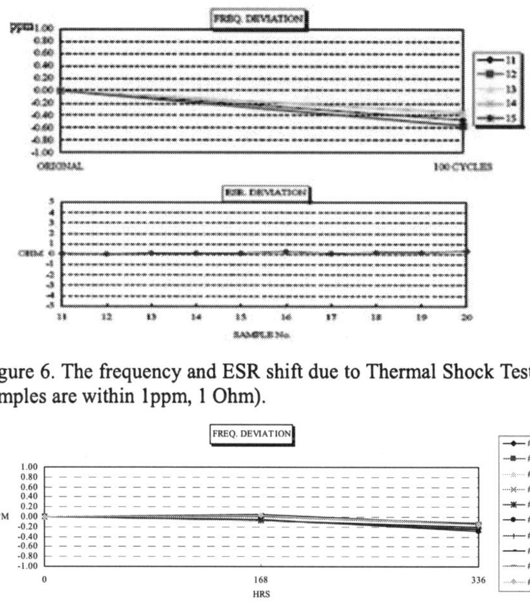

Figure 6. The frequency and ESR shift due to Thermal Shock Test (all samples are within 1ppm, 1 Ohm).

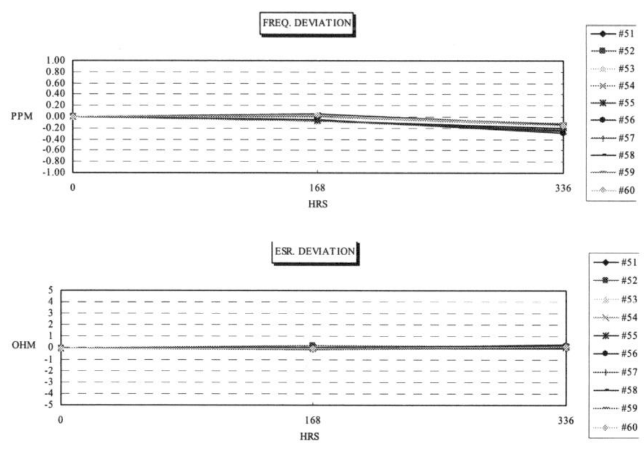

Figure 7. The frequency and ESR shift due to High Temperature and High Humidity Test (all samples are within 1ppm, 1 Ohm).

3.3.3. High temperature & humidity test

The results for high temperature and humidity test(test condition: temperature 85°C and relative humidity 85%, test time 336) are shown in Fig. 7, all the samples show the frequency and ESR shift are within 1ppm and 1Ohm.

4. Conclusions

Preliminary results show that AT-cut quartz crystal resonators with electrodes based on the Cr/Ag/Au layered structure meet the long-term frequency stability requirement for mobile phone application. The electrical characteristics are compatible to the Cr/Au baseplated crystal resonators. The physical characteristics, electrical sheet resistance, study shows that the Cr/Ag/Au layered structure is stable under related thermal process environments.

References

1. J. Osha, A. Griffin, S. Pajjuri, M. Heller, et al., *Semiconductor Industry*, (2006).
2. O. Nakagawara, M. Saeki, A. Teramoto, et al., High power durable SAW filter with epitaxial Aluminum electrodes on 38.5 rotated Y-X $LiTaO_3$ by two-step process sequence in Titanium intermediate layer, In: *2003 IEEE Freq. Contr. Sym.*, 1734 (2003).
3. T. Nishihara, H. Uchishiba, T. Matsuda, et al., Improvement in power durability of SAW filters, In: *1995 IEEE Freq. Contr. Sym.*, 383 (1995).
4. R. Takayama, H. Nakanishi, T. Sakuragawa, et al., High power durable electrodes for GHz band SAW duplexers, In: *2000 IEEE Freq. Contr. Sym.*, **1**, 9 (2000).
5. T. Yokoyama, T. Nishihara, S. Taniguchi, et al., New electrode material for low-loss and high-Q FBAR filters, In: *2004 IEEE Freq. Contr. Sym.*, 429 (2004).
6. L. Burianova, J. Nosek, Composite structure of piezoelectric quartz resonators, In: *2002 IEEE Freq. Contr. Sym.*, 136 (2002).
7. M. Tanaka, The diffusion phenomena in annealed Gold films with various undercoated metals on crystal quartz, In: *Proc. 28th EM Sym.*, 35 (1999).

非线性压电层合轴对称圆板的动力分析

姚林泉 沈纪苹
215006 江苏省苏州大学数学科学学院
电子邮件：lqyao@suda.edu.cn, sjp1107@sina.com

王 璠
510632 广东省广州市暨南大学理工学院
电子邮件：twfan@jnu.edu.cn

本文考虑非线性几何关系和非线性压电效应下，对轴对称压电层合圆板的动力学行为进行研究。根据力学和压电学导出问题的数学模型，可归结为非线性偏微分方程组的控制方程。将问题分成静态和动态两部分讨论。利用幂级数解法得到强电场作用下简支边界条件的静态控制方程的精确解。利用 Green 函数法和 KBM 法求解动态问题的振动控制方程，得到了振幅与自然频率之间的非线性关系。通过对单压电晶片执行器进行了数值计算。

关键词：非线性，电致伸缩，压电层合圆板，强电场

DYNAMIC ANALYSIS OF NONLINEAR PIEZOELECTRIC LAMINATED AXISYMMETRIC CIRCULAR PLATES

Lin-Quan YAO, Ji-Ping SHEN
School of Mathematical Science, Suzhou University, Suzhou, 215006, P. R. China
Email: lqyao@suda.edu.cn, sjp1107@sina.com

Fan WANG
School of Science and Engineering, Jinan University, Guangzhou, 510632, P. R. China
Email: twfan@jnu.edu.cn

In this paper, dynamic behaviors of a piezoelectric laminated axisymmetric circular plate structure are studied with a view to influence of the geometric nonlinearity and nonlinear piezoelectric effects. The nonlinear control equations of PDFs are gained by the math model of the problem derived from mechanics and piezoelectricity. The problem is divided into two sections for discussion. The exact solutions of static control equations of the plate for simply supported boundary condition are obtained by power series method. Galerkin method and KBM perturbation method are used to solve the dynamic control equations, and the nonlinear relations between large amplitude and natural frequencies are gained. The numerical calculation and analysis of unimorph piezoelectric actuator are given.

Keywords: nonlinearity, electrostrictive, piezoelectric laminated circular plates, strong electric field

1. 引言

近年来，随着航空航天、空间开发以及 MEMS 等领域的发展和要求，对智能结构元件的灵敏度、测量精度和稳定性等性能的要求越来越高。这样，对压电材料作为传感器和执行器的智能结构系统的研究分析显得尤为重要。现有的研究绝大部分只考虑了线性压电理论和线性几何关系。然而，为了充分发挥压电结构的性能和提高其精度应该考虑非线性压电效应的影响[1]。在强电场作用下同时考虑几何与材料非线性压电结构的定性和定量研究都有很大的困难，以及目前工程应用上存在的困难，使得这方面的研究尚不多见[2,3]。

本文考虑非线性几何关系和非线性压电效应下，对轴对称压电层合圆板的动力学行为进行研究。根据力学和压电学导出问题的数学模型，可归结为非线性偏微分方程组的控制方程。将问题分成静态和动态两部分进行讨论。首先，利用幂级数解法得到强电场作用下简支边界条件的静态控制方程的精确解。其次，利用 Green 函数法和 KBM 法求解动态问题的振动控

制方程，得到振幅与自然频率之间的非线性关系。我们的理论和计算总假设在揭穿电压范围内。

2. 控制方程

考虑半径为 a，总厚度为 H，有 n 层各向同性的层合圆板，建立如图 1 所示的柱坐标系。图中，h_0 为坐标轴离上表面的距离，待定。设第 k 层厚为 h_k，处于 $z=z_k$ 和 $z=z_{k+1}$ 之间，则

$$z_1=-h_0,\ z_k=-h_0+\sum_{i=1}^{k-1}h_i, k=2,3,\cdots,n+1 \tag{1}$$

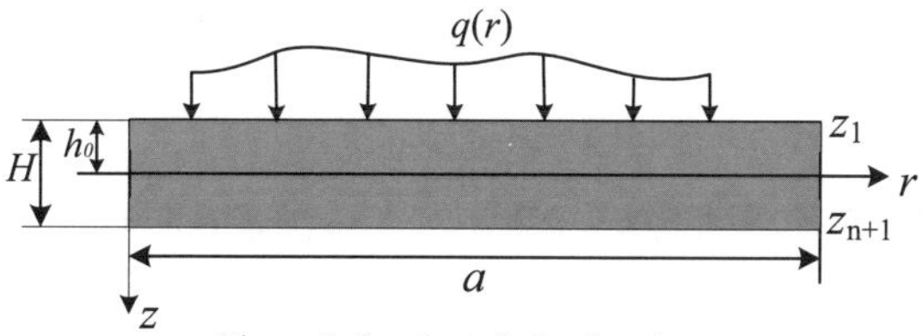

Figure 1. Laminated circular plate.

设每层被完好地粘合在一起并略去粘合层的厚度，压电层的极化沿 z 轴方向。对于轴对称层合板，所有的位移及其导出分量独立于坐标 θ。设沿厚度方向作用电场 E_z 及机械分布载荷 $q(r)$。轴对称情况下，轴向和环向应变和位移的几何非线性关系为

$$\boldsymbol{\varepsilon}\triangleq\begin{Bmatrix}\varepsilon_r\\ \varepsilon_\theta\end{Bmatrix}=\begin{Bmatrix}u_{r,r}+w_{,r}^2/2\\ u_r/r\end{Bmatrix}+z\begin{Bmatrix}-w_{,rr}\\ -w_{,r}/r\end{Bmatrix}\triangleq\boldsymbol{\varepsilon}^0+z\boldsymbol{\varepsilon}^1 \tag{2}$$

这里，$u_r(r,t)$ 和 $w(r,t)$ 分别是中面的轴向和横向位移。$(\bullet)_{,r}$，$(\bullet)_{,rr}$ 表示关于 r 的一阶和二阶导数或偏导数。

考虑电致伸缩不考虑电致弹性的非线性压电效应本构方程[4]为

$$\boldsymbol{\sigma}=\mathbf{Q}\boldsymbol{\varepsilon}-\mathbf{e}^T E_z-\frac{1}{2}\mathbf{b}E_z^2 \tag{3}$$

其中 $\boldsymbol{\sigma}=\{\sigma_r\quad \sigma_\theta\}^T$ 为应力矢量，$\mathbf{Q}$，$\mathbf{e}$，$\mathbf{b}$ 分别为平面刚度系数矩阵，压电系数和电致伸缩系数矢量。

根据层合板理论，并结合式(2)和(3)，单位长度上合成中面内力 $\mathbf{N}=\{N_r\quad N_\theta\}^T$ 和弯矩 $\mathbf{M}=\{M_r\quad M_\theta\}^T$ 构成如下层合板的广义本构关系

$$\begin{aligned}\mathbf{N}&=\int_z\boldsymbol{\sigma}dz=\mathbf{A}\boldsymbol{\varepsilon}^0+\mathbf{B}\boldsymbol{\varepsilon}^1-\mathbf{N}^p\\ \mathbf{M}&=\int_z\boldsymbol{\sigma}zdz=\mathbf{B}\boldsymbol{\varepsilon}^0+\mathbf{D}\boldsymbol{\varepsilon}^1-\mathbf{M}^p\end{aligned} \tag{4}$$

其中 $\mathbf{A}=(A_{ij}),\mathbf{B}=(B_{ij}),\mathbf{D}=(D_{ij})$ 分别为拉伸刚度，拉伸弯曲耦合刚度和弯曲刚度，$\mathbf{N}^p=\{N_r^p\quad N_\theta^p\}^T$ 和 $\mathbf{M}^p=\{M_r^p\quad M_\theta^p\}^T$ 为电场引起的轴向内力和弯矩。它们的分量为

$$\mathbf{A}=\sum_{k=1}^{n}\mathbf{Q}^{(k)}(z_{k+1}-z_k),\ \mathbf{B}=\frac{1}{2}\sum_{k=1}^{n}\mathbf{Q}^{(k)}(z_{k+1}^2-z_k^2),$$

$$\mathbf{D}=\frac{1}{3}\sum_{k=1}^{n}\mathbf{Q}^{(k)}(z_{k+1}^3-z_k^3) \tag{5}$$

$$\begin{cases}\mathbf{N}^p=\sum_{k=1}^{n}E_z^{(k)}(\mathbf{e}^{(k)}+\mathbf{b}^{(k)}E_z^{(k)}/2)(z_{k+1}-z_k)\\ \mathbf{M}^p=\sum_{k=1}^{n}E_z^{(k)}(\mathbf{e}^{(k)}+\mathbf{b}^{(k)}E_z^{(k)}/2)(z_{k+1}^2-z_k^2)/2\end{cases} \tag{6}$$

这里，上标 (k) 表示第 k 层的量。对于非压电层，相应的压电系数取为零。

为了使后面得到的控制方程简化，应适当选取坐标轴的位置使 $\mathbf{B}$ 中的元素 $B_{11}=0$，则由(1)及(5)中第二式，可得

$$h_0=\sum_{k=1}^{n}[Q_{11}^{(k)}h_k(2\sum_{i=1}^{k}h_i-h_k)]/(2\sum_{k=1}^{n}Q_{11}^{(k)}h_k) \tag{7}$$

在横向载荷作用下，层合板的动力平衡方程为[7]

$$N_{r,r}+\frac{1}{r}(N_r-N_\theta)=0 \tag{8}$$

$$M_{r,rr}+\frac{1}{r}\left(2M_r-M_\theta\right)_{,r}+N_r w_{,rr}+\frac{1}{r}N_\theta w_{,r}+q=I_0\ddot{w} \tag{9}$$

其中，$I_0=\sum_{k=1}^{n}\rho^{(k)}h_k$ 为合成惯量.

由式(4)的第一式和式(8)，消去 N_θ，再将式(4)第二式和式(8)代入式(9)，可得 u_r，w 和 N_r 之间的关系式。由于圆板的动力分析与非线性变形的静态平衡位置相关，因此，可以把动力分析分成静态和动态两部分。假设 $w=w(r,t)$ 及 $N_r=N_r(r,t)$ 可表示为静态分量和动态分量之和

$$w(r,t)=w_s(r)+w_d(r,t)\,,N_r(r,t)=N_s(r)+N_d(r,t) \tag{10}$$

这里，下标 s 和 d 分别表示静态和动态的量。这时 u_r，w 和 N_r 之间的关系式以及相应的简支边界条件将分成静态和动态两部分。静态问题满足的微分方程及边界条件为

$$\begin{cases}2A_{11}(B_{12}\mathbf{L}_3[w_s]+\mathbf{L}_2[r^2N_s])+(A_{11}^2-A_{12}^2)(w_{s,r})^2=0\\ D_{11}\mathbf{L}_4[w_s]+\dfrac{B_{12}}{2}\mathbf{L}_1[(w_{s,r})^2]-\mathbf{L}_1[rN_sw_{s,r}]=q\\ w_s(a)=N_s(a)=w_{s,r}(0)=0,N_s(0)<\infty\\ M_s(a)=[B_{12}\dfrac{u_s}{r}-D_{11}w_{s,rr}-D_{12}\dfrac{w_{s,r}}{r}-M_r^p]_{r=a}=0\end{cases} \tag{11}$$

和动态问题满足的微分方程及边界条件

$$\begin{cases} 2A_{11}\mathbf{L}_2[r^2N_d]+2A_{11}B_{12}\mathbf{L}_3[w_d] \\ \qquad +(A_{11}{}^2-A_{12}{}^2)[2w_{s,r}w_{d,r}+(w_{d,r})^2]=0 \\ D_{11}\mathbf{L}_4[w_d]+\dfrac{B_{12}}{2}\mathbf{L}_1[2w_{s,r}w_{d,r}+(w_{d,r})^2] \\ \qquad -\mathbf{L}_1[r(N_s w_{d,r}+N_d w_{s,r}+N_d w_{d,r})]=-I_0\ddot{w}_d \\ w_d(a)=N_d(a)=w_{d,r}(0)=0, N_d(0)<\infty \\ M_d(a)=[B_{12}\dfrac{1}{r}u_d-D_{11}w_{d,rr}-D_{12}\dfrac{1}{r}w_{d,r}]_{r=a}=0 \end{cases} \tag{12}$$

其中 $\mathbf{L}_1=\frac{1}{r}\frac{\partial}{\partial r}$，$\mathbf{L}_2=r\frac{\partial}{\partial r}\frac{1}{r}\frac{\partial}{\partial r}$，$\mathbf{L}_3=r\frac{\partial}{\partial r}\frac{1}{r}\frac{\partial}{\partial r}r\frac{\partial}{\partial r}$，$\mathbf{L}_4=\frac{1}{r}\frac{\partial}{\partial r}r\frac{\partial}{\partial r}\frac{1}{r}\frac{\partial}{\partial r}r\frac{\partial}{\partial r}$ 为微分算子。u_s,u_d 满足

$$u_s=(A_{11}{}^2-A_{12}{}^2)^{-1}\left[A_{11}B_{12}rw_{s,rr}-A_{12}B_{12}w_{s,r}+(A_{11}-A_{12})rN_r^p+A_{11}r(rN_s)_{,r}-A_{12}rN_s\right]$$

$$u_d=(A_{11}{}^2-A_{12}{}^2)^{-1}\left[A_{11}B_{12}rw_{d,rr}-A_{12}B_{12}w_{d,r}+A_{11}r(rN_d)_{,r}-A_{12}rN_d\right]$$

3. 静态问题求解

首先，求出结构仅有电场作用而没有机械外载作用下非线性静态问题的解。引入下列无量纲量及参数：

$$y=r^2/a^2,\ W_s=w/H,\ \varphi_s=yw_{s,y}/H,\ S_s=P_1yN_s,$$

$$U_s=2au_s/H^2,\ \mu_1=A_{12}/A_{11}, \mu_2=D_{12}/D_{11},$$

$$P_1=2A_{11}a^2/(A_{11}^2-A_{12}^2)/H^2,\ P_2=2HB_{12}P_1/a^2,$$

$$P_3=HB_{12}/(4D_{11}),\ P_4=a^2/(4D_{11}P_1),$$

$$\alpha_1=-P_2P_3(1+\mu_1)+1-\mu_2,\ \alpha_2=2(P_2P_3-1),$$

$$\alpha_3=(1-\mu_1)P_1P_3N_r^p-M_r^P a^2/(2HD_{11}) \tag{13}$$

则方程(11)化为

$$\begin{cases} y^2S_{s,yy}+P_2y^2\varphi_{s,yy}+\varphi_s{}^2=0 \\ y^2\varphi_{s,yy}+P_3\varphi_s{}^2-P_4S_s\varphi_s=0 \\ W_s(1)=S_s(1)=\varphi_s(0)=S_s(0)=0 \\ [\alpha_1\varphi_s+\alpha_2\varphi_{s,y}+2P_3S_{s,y}+\alpha_3]_{y=1}=0 \end{cases} \tag{14}$$

利用幂级数法求解静态问题(14)的解，将 φ_s 及 S_{r_s} 构造成以下幂级数解的形式[5]

$$\varphi_s=\sum_{i=1}^{\infty}A_iy^i,\ S_{r_s}=\sum_{i=1}^{\infty}B_iy^i \tag{15}$$

将(15)代入方程(14)，比较 y^i 的同次幂系数，可得关于系数 A_i,B_i 满足的关系为

$$\begin{cases} A_i=-\dfrac{1}{i(i-1)}\displaystyle\sum_{j=1}^{i-1}A_j\left(P_3A_{i-j}-P_4B_{i-j}\right),\ i=2,3,\cdots \\ B_i=-P_2A_i-\dfrac{1}{i(i-1)}\displaystyle\sum_{j=1}^{i-1}A_jA_{i-j},\ \ i=2,3,\cdots \\ \displaystyle\sum_{i=1}^{\infty}B_i=0,\ \ \sum_{i=1}^{\infty}\left[(\alpha_1+\alpha_2i)A_i+2iP_3B_i\right]+\alpha_3=0 \end{cases} \tag{16}$$

由上式前两式的递推关系可知，最终的未知参数为 A_1,B_1。由(16)的后两式知，它们是一组关于 A_1,B_1 的非线性方程组，可利用牛顿迭代法进行求解。

4. 非线性动态问题分析

为了求解方程(12)，引入下列无量纲量及参数：

$$x=r/a,\ \overline{w}_d(x,\tau)=Q_1w_d(r,t),\ \overline{w}_s(x)=Q_2w_s(r),$$

$$\overline{N}_d(x,\tau)=a^2N_d(x,t)/D_{11},\ \overline{N}_s(x)=a^2N_s(r)/D_{11},$$

$$Q_1=(A_{11}{}^2-A_{12}{}^2)^{1/2}(A_{11}D_{11})^{-1/2},\ Q_2=B_{12}/(D_{11}Q_1),$$

$$\tau=\omega t,\ \lambda=I_0a^4\omega^2/D_{11}, \tag{17}$$

其中 ω 是自然频率，λ 是频率参数。则式(12)化为

$$\begin{cases} \mathbf{L}_2[x^2\overline{N}_d]+Q_2\mathbf{L}_3[\overline{w}_d]+[\overline{w}_{s,x}\overline{w}_{d,x}+\dfrac{1}{2}(\overline{w}_{d,x})^2]=0 \\ \mathbf{L}_4[\overline{w}_d]+Q_2\mathbf{L}_1[\overline{w}_{s,x}\overline{w}_{d,x}+\dfrac{1}{2}(\overline{w}_{d,x})^2] \\ \qquad -\mathbf{L}_1[x(\overline{N}_s\overline{w}_{d,x}+\overline{N}_d\overline{w}_{s,x}+\overline{N}_d\overline{w}_{d,x})]=-\lambda\ddot{\overline{w}}_d \\ \overline{w}_d(1)=\overline{N}_d(1)=\overline{w}_{d,x}(0)=0, \overline{N}_d(0)<\infty \\ \{Q_2^2(\overline{w}_{d,xx}-\dfrac{\mu_1}{x}\overline{w}_{d,x})+Q_2[(x\overline{N}_d)_{,x}-\mu_1\overline{N}_d] \\ \qquad -(\overline{w}_{d,xx}+\dfrac{\mu_2}{x}\overline{w}_{d,x})\}_{x=1}=0 \end{cases} \tag{18}$$

方程(18)是非线性动力方程，求解比较困难。在此利用摄动法求得它的摄动解。首先求解线性动力特征值问题，然后再讨论它的非线性摄动解。

4.1. 线性特征值问题的解

对于线性振动问题，忽略式(18)中的非线性项，并设

$$\overline{w}_d(x,\tau)=R_d(x)\sin\tau,\ \overline{N}_d(x,\tau)=S_d(x)\sin\tau \tag{19}$$

其中 $R_d(x)$ 和 $S_d(x)$ 是线性特征函数。将式(19)代入式(18)可得线性特征方程为

$$\begin{cases}\mathbf{L}_2[x^2S_d]+Q_2\mathbf{L}_3[R_d]+\bar{w}_{s,x}R_{d,x}=0\\ \mathbf{L}_4[R_d]+Q_2\mathbf{L}_1[\bar{w}_{s,x}R_{d,x}]-\mathbf{L}_1[x\bar{N}_s\bar{w}_{d,x}+xS_d\bar{w}_{s,x}]=-\lambda\ddot{\bar{R}}_d\\ R_d(1)=S_d(1)=R_{d,x}(0)=0,S_d(0)<\infty\\ \{Q_2^2(R_{d,xx}-\mu_2R_{d,x}/x)+Q_2[(xS_d)_{,x}-\mu_1S_d]\\ \qquad -(R_{d,xx}+\mu_2R_{d,x}/x)\}_{x=1}=0\end{cases}\tag{20}$$

在上式中 $\bar{w}_s,\bar{N}_s$ 是静态问题的在无量纲式(17)下的挠度和轴力。它们在上一部分求得幂级数解(15)，只是无量刚的形式不同而已。故由式(15)可得

$$\frac{d\bar{w}_s}{dx}=\sum_{i=1}^{\infty}\bar{A}_i x^{2i-1},\quad \bar{N}_s=\sum_{i=0}^{\infty}\bar{B}_i x^{2i}\tag{21}$$

其中 $\bar{A}_i=2HQ_1A_i$ ，$\bar{B}_{i-1}=a^2B_i/(P_1D_{11})$ ，$i=1,2,3,\cdots$ 。A_i,B_i 由式(16)给出。从静态表达式(21)可设特征函数 $R_d(x)$ 和 $S_d(x)$ 具有如下级数形式

$$R_d(x)=\sum_{i=0}^{\infty}a_ix^{2i},\quad S_d(x)=\sum_{i=0}^{\infty}b_ix^{2i}\tag{22}$$

其中 a_i,b_i 为待定系数。形如式(22)的级数表达式自动满足 $x=0$ 的边界条件。将表达式(22)代入特征方程(20)的前两式可得关于系数 a_i,b_i 的递推关系为

$$b_i=-[4Q_2i(i+1)^2a_{i+1}+\sum_{j=1}^{i}ja_j\bar{A}_{i-j+1}]/[2i(i+1)],\quad i=1,2,\cdots\tag{23}$$

$$a_{i+2}=[-4Q_2(i+1)\sum_{j=1}^{i+1}ja_j\bar{A}_{i-j+2}+\lambda a_i+2(i+1)\sum_{j=1}^{i+1}(2ja_j\bar{B}_{i-j+1}+\bar{A}_jb_{i-j+1})]/[4(i+1)(i+2)]^2\quad i=0,1,\cdots\tag{24}$$

从以上关系式可以看出系数 a_i,b_i 中只有 a_0,a_1,b_0 是独立的，它们由边界条件确定。为了寻找特征方程的非零解，对于某特征值 λ ，a_0,a_1,b_0 不同时为零。根据 a_i,b_i 的递推式及边界条件可得关于 a_0,a_1,b_0 的齐次线性方程组，其系数为 λ 的函数。要使 a_0,a_1,b_0 不同时为零，则系数行列式必须为零，由此即得关于特征值 λ 的非线性特征方程。利用牛顿迭代法可确定 λ ，进一步可得相应的自然频率 ω_n 和特征函数 $R_d(x)$ 、$S_d(x)$ 。

4.2. 非线性振动摄动解

利用 Green 函数法求解非线性动态方程(18)中的第一式，并考虑关于 $\bar{N}_d(x,\tau)$ 的边界条件，可将径向薄膜力表示成如下积分方程形式

$$\bar{N}_d(x,\tau)=\frac{1}{2x^2}\int_0^1 G(x,\xi)\frac{1}{\xi}[Q_2\mathbf{L}_{3\xi}[\bar{w}_d(\xi,\tau)]+\bar{w}_{s,\xi}\bar{w}_{d,\xi}+\frac{1}{2}(\bar{w}_{d,\xi})^2]d\xi\tag{25}$$

这里，$\mathbf{L}_{3\xi}$ 表示算子中的微分是关于变量 ξ 的，$G(x,\xi)$ 是核函数，它的表达式为

$$G(x,\xi)=\begin{cases}(1-\xi^2)x^2,x<\xi\le 1\\ (1-x^2)\xi^2,0\le\xi\le x\end{cases}\tag{26}$$

同时，假设挠度 $\bar{w}_d(x,\tau)$ 可以近似表示为空间试探函数 $\bar{w}_d^*(x)$ 和时间函数 $f(\tau)$ 的乘积

$$\bar{w}_d(x,\tau)=\bar{w}_d^*(x)f(\tau)\tag{27}$$

将式(27)代入积分方程(25)，得

$$\bar{N}_d(x,\tau)=\bar{N}_d^{*l}(x)f(\tau)+\bar{N}_d^{*n}(x)f^2(\tau)\tag{28}$$

这里 $\bar{N}_d^{*l}(x)$ 表示线性分力，$\bar{N}_d^{*n}(x)$ 表示非线性分力。它们的表达式分别为

$$\bar{N}_d^{*l}(x,\tau)=\frac{1}{2x^2}\int_0^1 G(x,\xi)\frac{1}{\xi}[Q_2\mathbf{L}_{3\xi}[\bar{w}_d^*(\xi)]+\bar{w}_{s,\xi}\bar{w}_{d,\xi}]d\xi,$$

$$\bar{N}_d^{*n}(x)=\frac{1}{4x^2}\int_0^1 G(x,\xi)\frac{1}{\xi}(\bar{w}_{d,\xi}^*)^2d\xi\tag{29}$$

将(27)和(28)代入(18)中的边界条件，并要求问题的线性解满足相应的边界条件，可得试探函数 $\bar{w}_d^*(x)$ 满足的边界条件为

$$\begin{cases}\bar{w}_d^*(1)=\bar{w}_{d,x}^*(0)=0\\ \{Q_2^2(\bar{w}_{d,xx}^*-\mu_1\bar{w}_{d,x}^*/x)+Q_2[(x\bar{N}_d^{*l})_{,x}-\mu_1\bar{N}_d^{*l}]\\ \qquad -(\bar{w}_{d,xx}^*+\mu_2\bar{w}_{d,x}^*/x)\}_{x=1}=0\end{cases}\tag{30}$$

将表达式(27)代入方程(18)的第一式，利用 Galerkin 法并结合表达式(28)和(30)，可得关于时间函数 $f(\tau)$ 的方程

$$\lambda C_1f''(\tau)+C_2f(\tau)+C_3f^2(\tau)+C_4f^3(\tau)=0\tag{31}$$

其中

$$C_1=\int_0^1(\bar{w}_d^*)^2xdx$$

$$C_2=\int_0^1\begin{Bmatrix}\mathbf{L}_4[\bar{w}_d^*]+Q_2\mathbf{L}_1[\bar{w}_{s,x}\bar{w}_{d,x}^*]\\ -\mathbf{L}_1[x\bar{N}_d^{*l}\bar{w}_{s,x}+x\bar{N}_s\bar{w}_{d,x}^*]\end{Bmatrix}\bar{w}_d^*xdx$$

$$C_3=\int_0^1\begin{Bmatrix}\tfrac{1}{2}Q_2\mathbf{L}_1[(\bar{w}_d^*)^2]-\\ \mathbf{L}_1[x\bar{N}_d^{*n}\bar{w}_{s,x}+x\bar{N}_d\bar{w}_{d,x}^*]\end{Bmatrix}\bar{w}_d^*xdx$$

$$C_4 = -\int_0^1 \mathbf{L}_1[x\bar{N}_d^{*n}\bar{w}_{d,x}^*]\bar{w}_d^* x dx \qquad (32)$$

对于线性自由振动，特征值 $\lambda = C_2/C_1$，则式(31)化为

$$f''(\tau)+f(\tau)+\nu_1 f^2(\tau)+\nu_2 f^3(\tau)=0 \qquad (33)$$

其中 $\nu_1 = C_3/C_2$，$\nu_2 = C_4/C_2$。

现在，利用 KBM 法[7]解非线性动态方程(33)，可得如下时间函数 $f(\tau)$ 及振幅和频率的非线性关系

$$f = \tilde{A}\cos\phi - \frac{1}{2}\tilde{A}^2\nu_1(1-\frac{1}{3}\cos 2\phi) + \tilde{A}^3(\frac{1}{48}\nu_1^2+\frac{1}{32}\nu_2)\cos 3\phi + \cdots \qquad (34)$$

$$p^* = \frac{\tilde{\omega}}{\omega} = \dot{\phi} = 1 + (\frac{3}{8}\nu_2 - \frac{5}{12}\nu_1^2)\tilde{A}^2 + \cdots \qquad (35)$$

这里，$\tilde{\omega}$ 是非线性振动频率，ω 是自然频率，$\tilde{A}$ 是无量刚的振动振幅。当系统线性时，$p^* = \tilde{\omega}/\omega = 1$。

由于先前已计算得线性自由振动的型函数。所以。本文中将选择此振型函数作为试探函数。即取：$\bar{w}_d^*(x) = R_d(x)$。同时，正规化试探函数，使 $\bar{w}_d^*(0) = \underset{x\in[0,1]}{Max}\,\bar{w}_d^*(x) = 1$。再通过式(32)的计算，得出非线性系数 ν_1, ν_2。结合先前计算所得自然频率 ω，由式(35)便可得压电层合圆板自由振动的振幅与频率关系。

5. 数值分析

设单压电晶片由厚度为 $h = 0.38$ mm 的不锈钢片（$E = 210$ GPa, $\mu = 0.3$）和厚度为 $h = 0.68$ mm 的压电陶瓷（$E = 60.6$ GPa, $\mu = 0.27$，$e_{31} = e_{32} = 0.02274$，$b_{31} = b_{32} = 5.5\times10^{-5}$）粘合成半径为 $a = 100.0$ mm 的层合压电圆板。

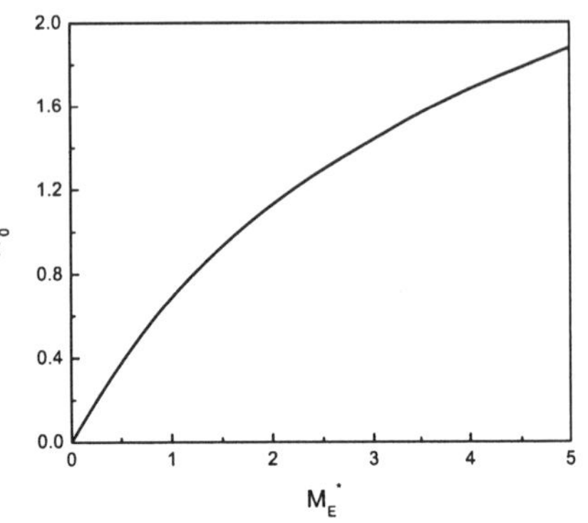

Figure 2. Relation of center deflection and moment.

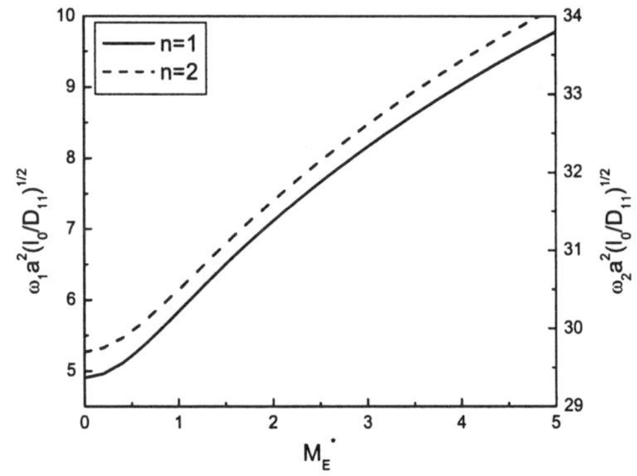

Figure 3. Relations of natural frequency and moment.

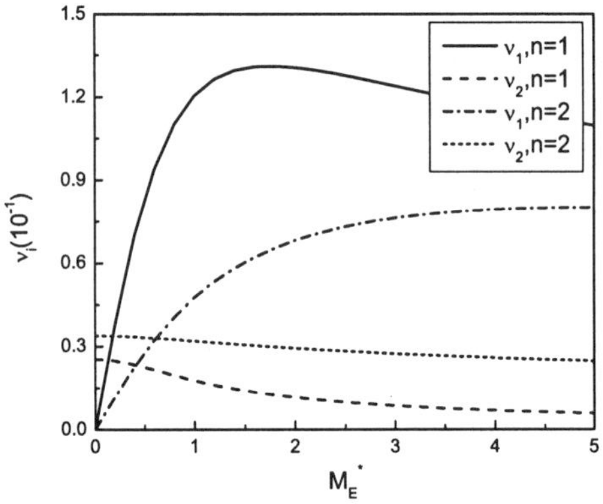

Figure 4. Relations of nonlinear coefficients and moment.

图 2 给出了单压电晶片执行器无量纲中心挠度 $W_0 = w_s(0)/H$ 随等效无量纲弯矩

$$M_E^* = a^2 M_r^P/(2HD_{11}) - (1-\mu_1)P_1P_3N_r^P$$

变化的曲线，表现出挠度与弯矩的非线性关系。图 3 给出了第一、第二自然频率 $\omega_i a^2\sqrt{I_0/D_{11}}$ 随弯矩(电场) M_E^* 变化的曲线图，显示出自然频率与弯矩（电场）的非线性关系，并具有相同的变化规律。图 4 给出了两种模态下非线性系数 ν_1, ν_2 随弯矩(电场) M_E^* 变化的曲线图。图 5 给出了频率与振幅的依赖关系。

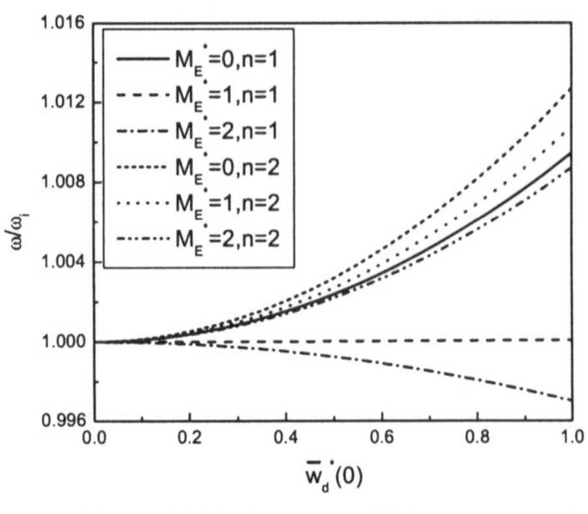

Figure 5. Relations of amplitude and moment.

6. 结论

本文考虑非线性几何关系和非线性压电效应下，对任意层铺设的轴对称压电层合圆板的静力学和动力学行为进行研究。利用幂级数法、Green 函数法和 KBM 法得到在强电场作用下简支边界层合压电圆板动力控制方程的解，得到振幅和自然频率之间的非线性关系。从数值计算结果中可以看出，自然频率随着电场的增大而增大，且呈非线性关系。

致谢

此文工作得到了国家自然科学基金（No. 10671111），江苏省教育厅自然科学基金(04KJB110117)，教育部留学回国人员科研启动基金，暨南大学重点实验室基金资助项目。

References

1. D.C. Sun, L.Y. Tong, D.J. Wang, An incremental algorithm for static shape control of smart structures with nonlinear piezoelectric actuators, *Int. J. Solids Struct.* **41**, 2277 (2004).
2. Q. M. Wang, Q.M. Zhang, B.M. Xu, et al., Nonlinear piezoelectric behavior of ceramic bending mode actuators under strong electric fields, *J. Appl. Phys.* **86**, 3352 (1999).
3. L.Q. Yao, J.G. Zhang, L. Lu, et al., Nonlinear static characteristics of piezoelectric bending actuators under strong applied electric field, *Sensors and Actuators* **A15**, 168 (2004).
4. S.P. Joshi, Non-linear constitutive relations for piezoceramic materials. *Smart Mater. Struct.* **1**, 80 (1992).
5. X.J. Zheng, *Large Deflection Theory of Thin Circular Plates and its Application*, Jilin Science and Technology Press, Jilin (1990). (in Chinese)
6. H.S. Tzou, Y.H. Zhou, Dynamics and control of nonlinear circular plates with piezoelectric actuators, *J. Sound Vib.* **188**, 189 (1995).
7. A.H. Nayfeh, *Introduction to Perturbation Techniques*, Shanghai Translation Publishing Company, Shanghai (1990). (in Chinese)

薄膜涂层材料界面 GRIFFITH 裂纹的波检测法

周星栋　常军　许金泉
上海市东川路 800 号上海交通大学力学系 200240
电子邮件：{xdzhou, changjun, jqxu}@sjtu.edu.cn

本文基于薄膜涂层材料中波传播的模型，提出在涂层表面施加激光脉冲，激发表面波，测取涂层表面各点的动态特性，结合波形分析技术进行界面裂纹的检测。通过有限元模拟不同的分析模型，并对涂层表面接收的波信号进行小波变换，分析高频系数，发现界面裂纹所在区域存在显著的特征，并在裂纹中心最明显。因此，可以判断界面裂纹的位置及大小，达到定量检测的目的。本文的研究，为工程中薄膜涂层材料的定量无损检测提供了一定的依据。

关键词： 涂层材料，界面裂纹，小波分析，无损检测

THE IMPACT-WAVE METHOD TO DETECT A GRIFFITH CRACK AT THE INTERFACE OF COATED MATERIALS

Xing-Dong ZHOU, Jun CHANG, Jin-Quan XU
School of Naval Architecture, Ocean and Civil Engineering, Shanghai Jiaotong University, Shanghai, 200240, P. R. China
E-mail: {xdzhou,changjun,jqxu}@sjtu.edu.cn

Based on the wave propagation model of the coated material, we proposed a laser impact wave method to detect the interfacial crack. The pulse-wave applied on the coating surface is used as an exciting source, the dynamic properties of the receivers along the surface are then collected, and using the waveform analysis, we can find the crack information. In the finite element simulation process, we analyzed different models and adopted the wavelet tool to get the detail coefficients. It shows that the coefficients at the crack area are different from those without crack, and it is pronounced at the crack center, thus we can detect the crack location and size. This paper provides a theoretical basis to non destructive evaluation of the coated materials.

Keywords: coated material, impact-wave, interfacial crack, non destructive evaluation

1. 引言

工程中广泛应用的薄膜涂层材料，涂层与基体的界面接合处易萌生裂纹。定量分析界面裂纹的位置与尺寸对于涂层材料产品的质量检测和寿命估计都具有非常重要的意义。然而实际工程中至今还没有切实可行的方法。常规的超声探伤方法，如脉冲回波法、脉冲透波法、脉冲干涉法及共振法等[1,2]，要求接收到的波信号在时域上可分离，即要求发射信号的持续时间小于声波在介质中的往返传播时间。近年来，许多学者对覆层较厚的复合结构中界面裂纹的检测进行了理论和实验研究[3-7]，主要方法是提高入射波频率或采用激光表面波[3-5]，或采用 C-scan、L-scan 成像[6]，或采用 Lamb 波扫描测速[7]。然而对涂层厚度极薄的薄膜涂层材料，定量检测界面缺陷的研究尚很少，主要困难在于波在界面上相互耦合，产生波型转换和新的波型，在薄膜涂层内多次反射和缺陷处发生衍射，各种波的交织和相互影响使弹性波散射问题的求解难度相当大。不过，由于界面缺陷的存在，必然会引起涂层材料动态特性的变化，基于这一点，本文利用有限元法模拟了含界面裂纹的薄膜涂层材料对激光脉冲载荷的响应，通过接收涂层表面的波信号，对其进行波形分析，并与无裂纹情况对比，得到裂纹的特征。

2. 分析模型及有限元模拟

如图 1 为涂层材料中波传播的理论分析模型，涂层材料“1”和基体材料“2”为均匀、各向同性的线弹性材料，涂层厚度为 h，基体为半无限大。激光脉冲载荷从自由表面一端入射，则涂层中可能存在纵波、横波和表面波，且在 x_1 方向，表面波占主导地位，涂层表

面的波信号可以通过接收距波源距离为 D 的自由表面测点 R 的位移、加速度等参量获得。

通过有限元软件 ABAQUS 对上述问题进行模拟，首先取涂层材料为氮化硅，基体材料为铝（材料特性如表 1 所示），涂层的厚度为 0.1mm，半无限基体厚度取为 60mm，模型宽为 40mm，裂纹长度为 1mm，位于模型中央，我们以如图 2 所示的载荷来模拟实际所用的激光脉冲载荷。

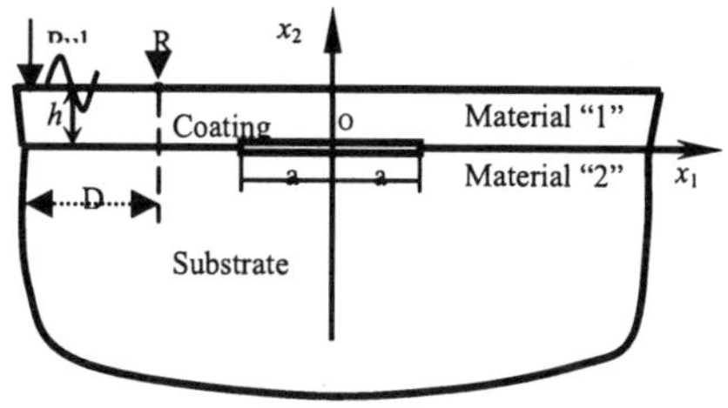

Figure 1. Analysis model.

Table 1. Material properties

材料	纵波速度 (m/s)	横波速度 (m/s)	Rayleigh 波速 (m/s)
铝	6300	3100	2833
氮化硅	10895	6115	5622
铜	4600	2300	2102
多晶金	3274	1200	1134
熔凝石英	10684	6401	5853

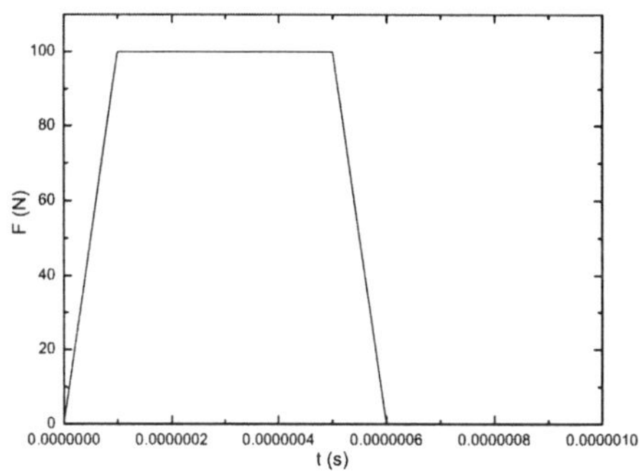

Figure 2. The loading history.

采用二维四节点平面应变单元对模型进行网格划分，由于涂层、界面及裂纹是影响波传播性质的主要影响因素，因此必须对整个涂层、界面附近以及裂纹处网格细分（如图 3），涂层中最小单元尺寸为 0.005mm，最大单元尺寸为 0.025mm。

3. 模拟结果及分析

提取涂层表面各测点 R_i（$i=1, 2, \ldots, N$）在有无裂纹情况下的表面位移信号，在此，我们仅列出几个具有代表性测点的响应图（如图 4），图中，时间历程为 $1.2*10^{-5}$s，取样点为 2048 个，R_i 距波源距离 D_i 分别为 D_1=10mm，D_2=19.5mm，D_3=20mm，D_4=20.5mm，D_5=30mm；实线表示有裂纹情况下的波信号，虚线表示无裂纹情况下的波信号。

从各点有无裂纹情况下的表面位移响应对比可知，位于裂纹前后的测点，表面位移响应几乎相同，但裂纹上端的测点存在不同，并在裂纹中心处，位移响应区别最大。但实际中，由于表面位移量级太小，很难从仪器上区分，因此有必要采用波形分析技术对信号进行处理，从频率上进行分析，从而找出裂纹的影响。

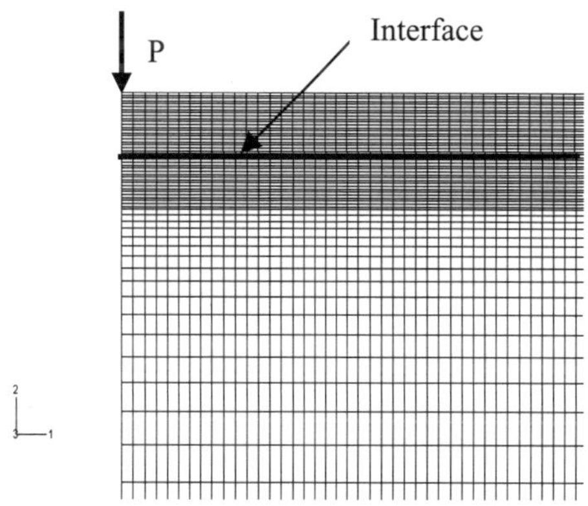

(a) Loading area

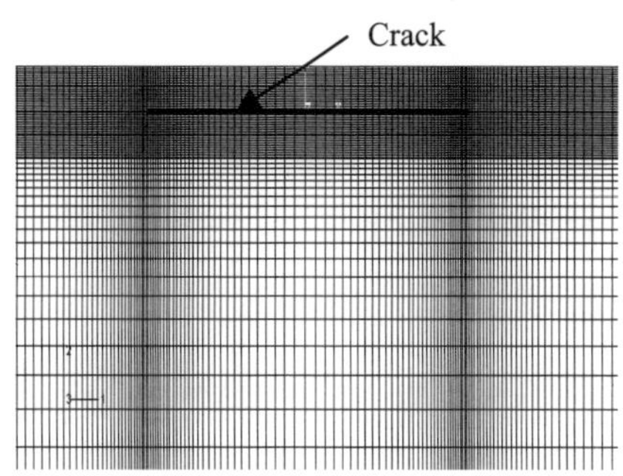

(b) Crack area

Figure 3. Mesh profile of the model.

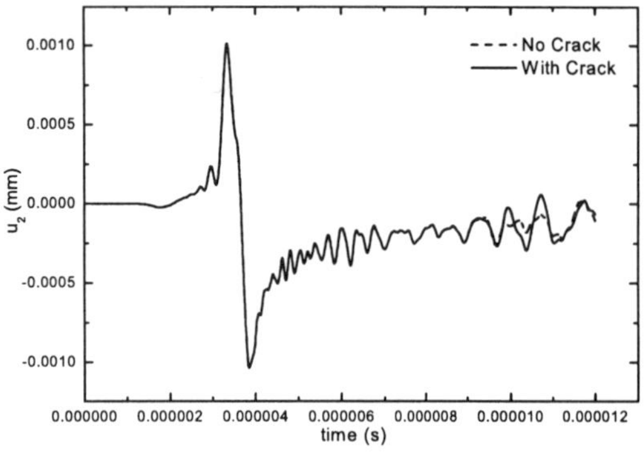

R_1

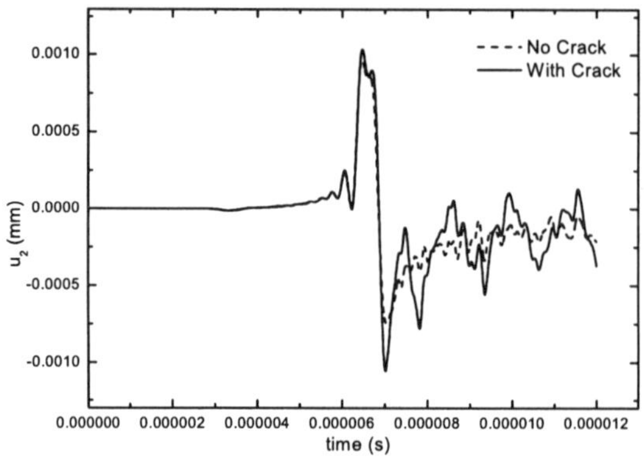

R_2

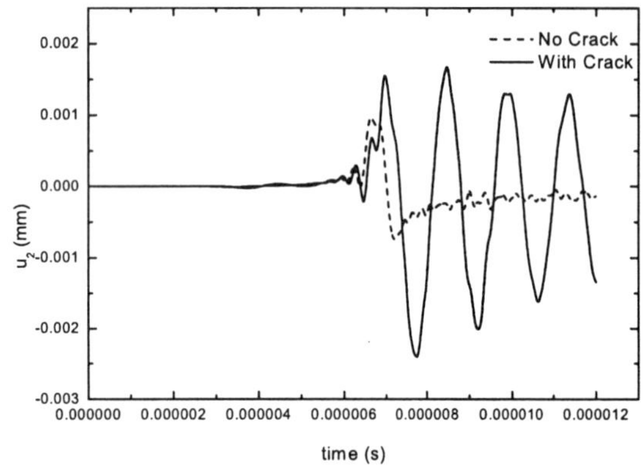

R_3

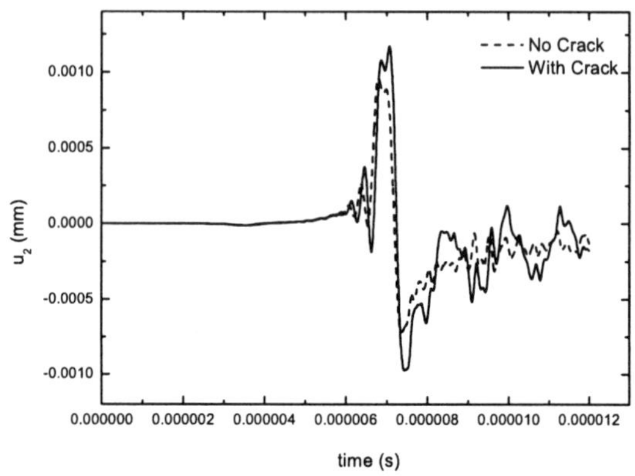

R_4

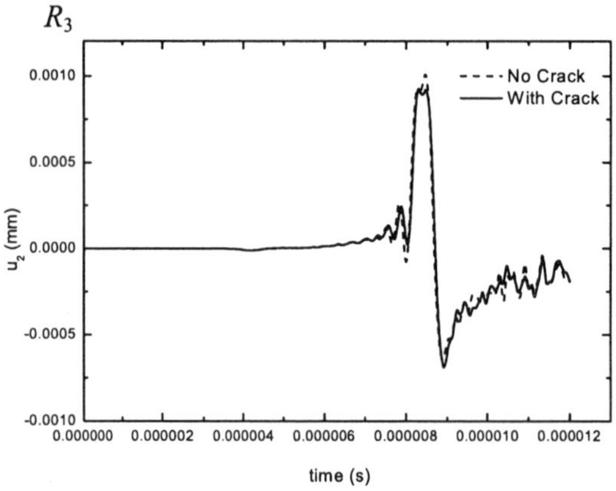

R_5

Figure 4. The contrast of the u_2 displacement history at each receiver R_i (i=1, 2, …, 5).

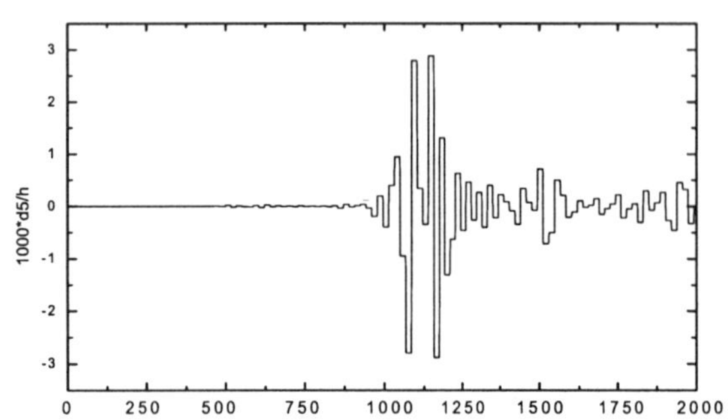

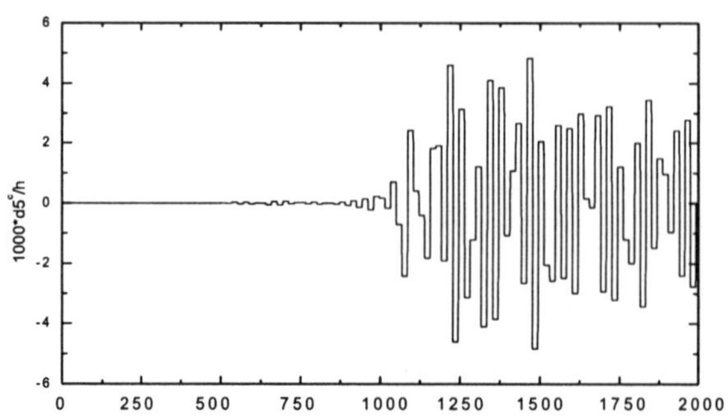

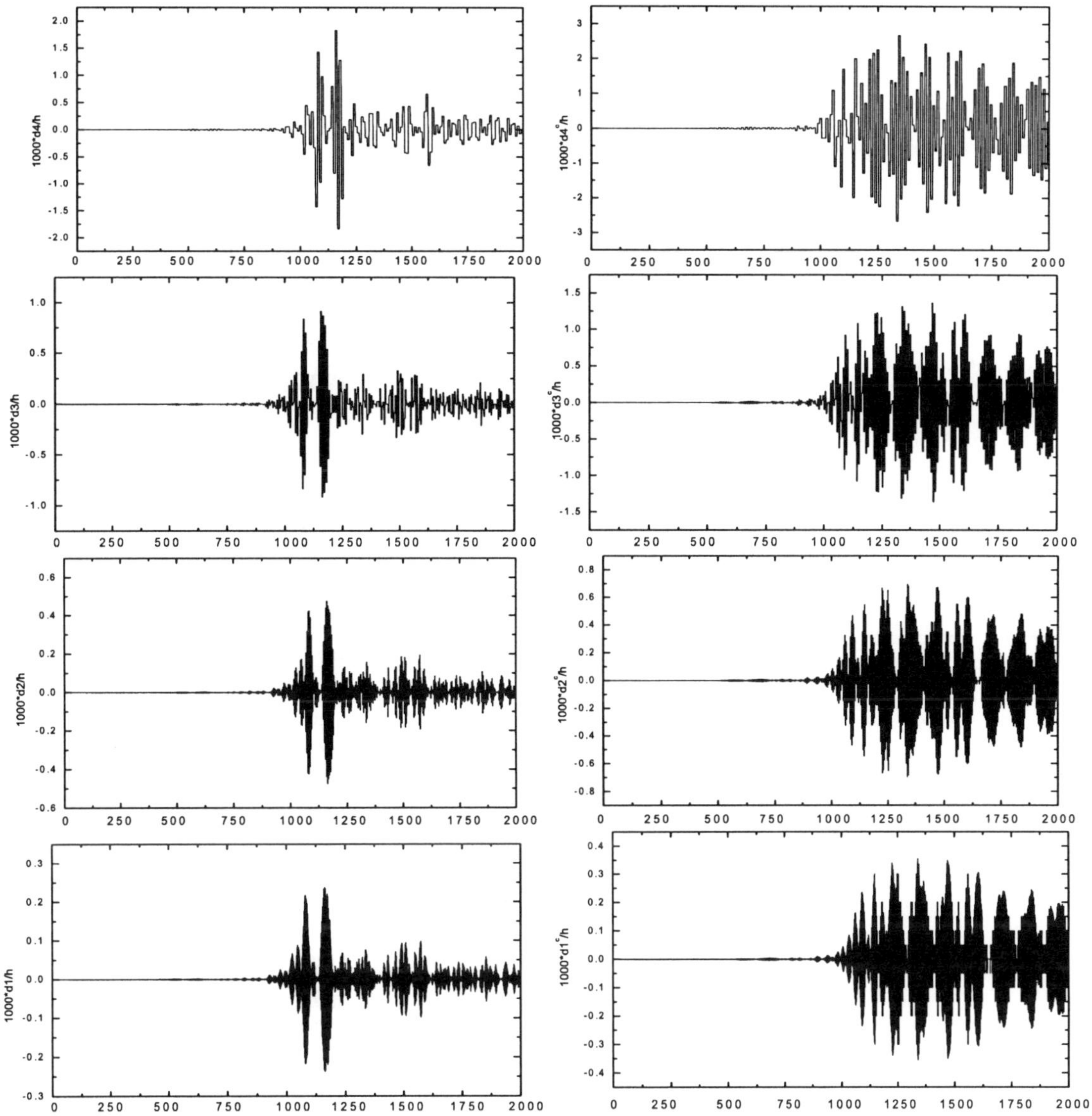

(a) No crack　　　　(b) Cracked

Figure 5. The detail coefficients of the wavelet result.

以裂纹中心点的表面位移响应为例，对其作 db1 的 5 阶小波分析，分析小波分解的高频系数。结果显示，对于有无裂纹情况下，该点的小波分解系数存在差别，如图 5（图中，将高频系数 d_i 进行了无量纲化 $1000d_i/h$，d_5 表示第一阶高频系数，d_4 表示第二阶高频系数，以此类推。上标 c 代表有裂纹的情况）。

4. 裂纹的定征方法

由上节表面位移响应的特点可知，有无裂纹情况下，裂纹中心上方波信号区别最大。因此我们推断，对于各测点波信号的小波分解系数，在裂纹中心上方的区别也必定最大。以此可以准确判断裂纹中心所在的位置。

为了证明这点，我们对各测点 R_i（$i=1, 2, ..., 5$）在有无裂纹情况下的表面位移信号同时进行小波分解。

方便起见，我们仅选取如上小波分析结果的第三阶高频系数的裂纹影响为比较依据，即 $\left|d_3^c - d_3\right|$，并将其无量纲为 $1000(\left|d_3^c - d_3\right|)/h$，结果如图 6 所示。

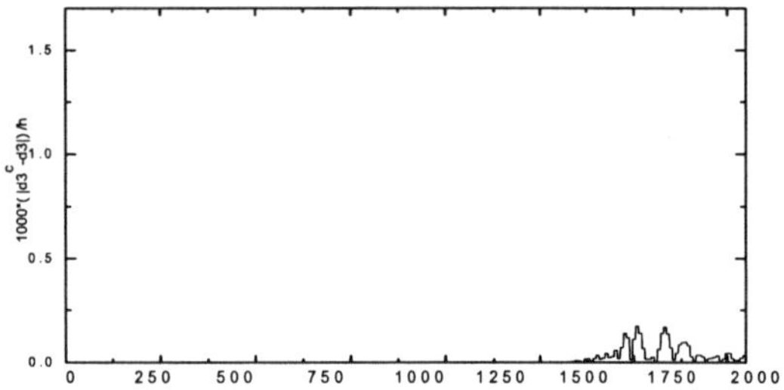

R_1

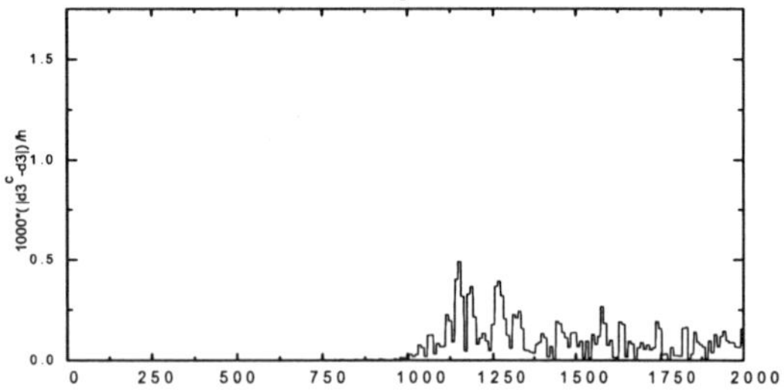

R_2

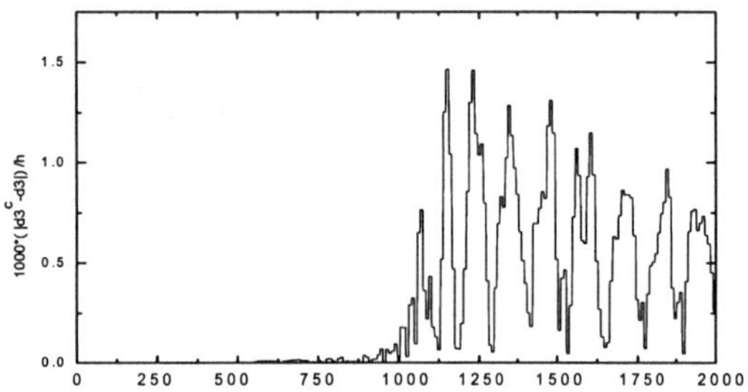

R_3

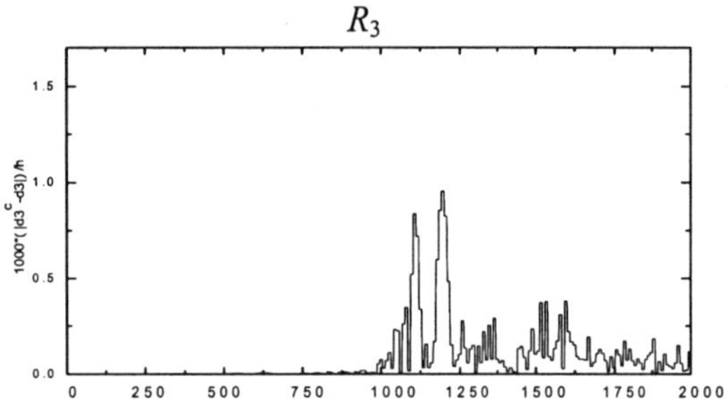

R_4

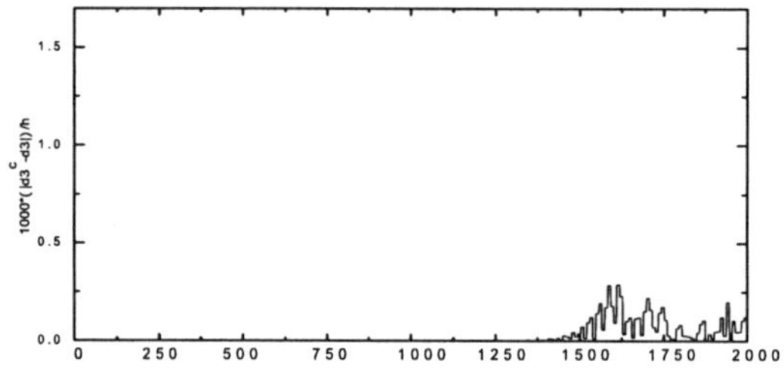

R_5

Figure 6. The contrast of crack influence to the third level of detail coefficients of the wavelet result at each receiver R_i (i=1, 2, ..., 5).

从图 6 可知，裂纹的存在对裂纹区域外的表面测点（R_1，R_5）的影响很小，但从裂尖（R_2，R_4）开始，高频系数就有较大的区别，并在裂纹中心（R_3）达到最大。

因此，在实际操作中，我们可以先固定波源，让信号接收点在试件表面作扫描，接收波信号并进行小波分析，如果在某一段内，小波分解系数有较大的变化，则这段就存在裂纹，然后在该段内进行精细扫描，着重比较相对差异，变化最明显的即裂纹中心。变化最小处附近即裂纹尖端，以此大致估计裂纹大小。换言之，以有无裂纹情况下，表面信号的小波分析高频系数的相关度为评价准则。

为了进一步验证该方法的可行性，我们选取了不同裂纹长度，不同厚度，不同材料组合的模型进行分析比较，结果显示，该方法适用于不同的模型，都能准确地测得裂纹中心位置及大致尺寸。限于篇幅，本文仅列出裂纹中心上表面信号小波分析的三阶高频系数的变化：

对于涂层厚度为 0.1mm 的氮化硅－铝材料组合，改变裂纹长度，分别取 2mm 和 3mm 的裂纹进行如上的分析，结果如图 7。

对于裂纹长度为 1mm 的氮化硅－铝材料组合，改变涂层厚度，分别取为 0.05mm 和 0.2mm 进行分析，结果如图 8 所示。

对于涂层厚度为 0.1mm，裂纹长度为 1mm 的模型，选取另外两种材料组合，铝涂层－铜基体，以及多晶金涂层－熔融石英基体进行分析，结果如图 9 所示。

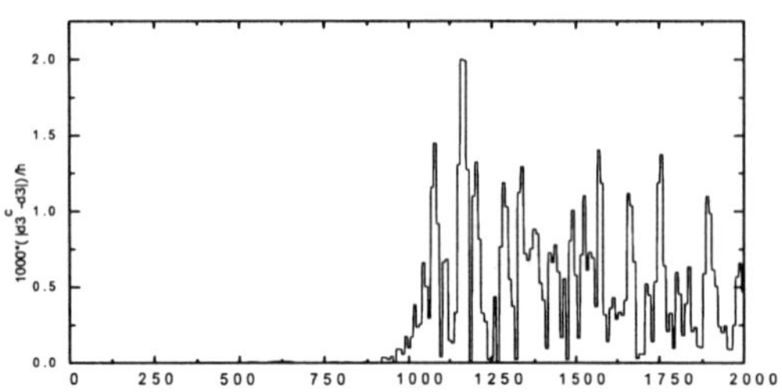

a=2mm

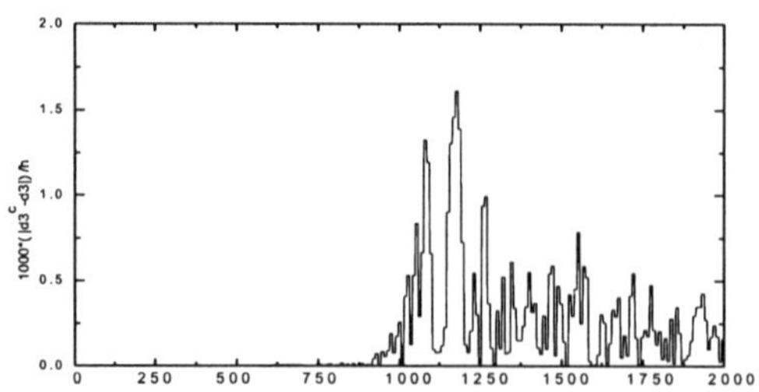

a=3mm

Figure 7. The detail coefficient variation of wavelet result for different crack size.

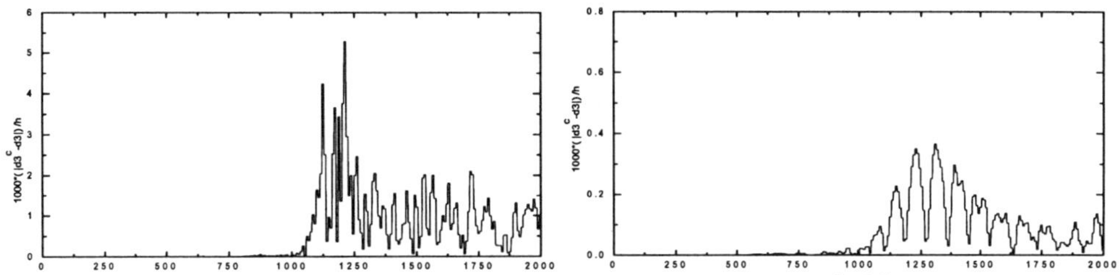

h=0.05mm h=0.2mm

Figure 8. The detail coefficient variation of wavelet result for different layer thickness.

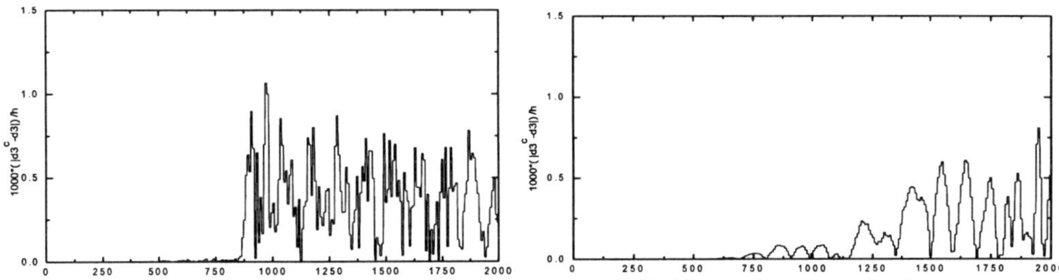

(a) Al-Cu (b) Polycrystalline aurum-fused quartz

Figure 9. The detail coefficient variation of wavelet result for different combinations.

5. 结论

通过上述有限元模拟及小波分析可得，含裂纹的薄膜涂层材料表面的波信号，与无裂纹情况相比，在裂纹上方的信号有明显不同，并在裂纹中心差别最大，对于不同材料组合，不同裂纹长度，不同涂层厚度的模型，都能检测到裂纹的影响。因此，通过激光脉冲载荷加载激发表面波，接收表面测点波信号并进行波形分析的方法，能够准确地判断裂纹中心位置，并估计其大小。

致谢

此文工作得到了国家自然科学基金（No. 10372058）的资助。

参考文献

1. 西拉德 主编, 陈积懋, 余南廷 译, 超声波检测新技术, 科学出版社, 北京 (1991).
2. 中国机械工程学会无损检测分会, 无损检测概论, 机械工业出版社, 北京 (1993).
3. P. Zinin, M.H. Manghnani, Y.C. Wang, et al., Detection of cracks in concrete composite using acoustic microscopy, *NDT & E Int.* **33**, 283 (2000).
4. A.P. Mouritz, C. Townsend, M.Z. ShahKhan, Non-destructive detection of fatigue damage in thick composite by pulse-echo ultrasonics, *Compos. Sci. Tech.* **60**, 23 (2000).
5. K. Mori, A. Spagnoli, Y. Murakami, et al., A new non-contacting non-destructive testing method for defect detection in concrete. *NDT & E Int.* **35**, 399 (2002).
6. T. Kundu, M. Ehsani, K.I. Maslov, et al., C-scan and L-scan generated images of the concrete GFRP composite interface. *NDT & E Int.* **32**, 61 (1999).
7. N. Toyama, J. Noda, Y. Shibuya, et al., Quick inspection of impact-induced delamination in cross-ply laminate by the use of Lamb waves. *J. Mater. Sci. Lett.* **22**, 523 (2003).

RESONANCE FREQUENCY ESTIMATION OF LANGEVIN TYPE PIEZOELECTRIC TRANSDUCERS USING SMALL DATA SET LEARNING

Yeong-Chin CHEN
Department of Computer Science and Information Engineering, Diwan College of Management, No.87-1, Nanshi Li, Madou Town, Tainan County 72153, Taiwan
E-mail: ycchenster@gmail.com

Feng-Ming M. CHANG
Department of Industrial Engineering and Management, Tungfang Institute of Technology, 110 Tung-Fang Road, Hu-Nei Shang, Kaohsiung Hsien, Taiwan
E-mail: fengming.chang@gmail.com

In underwater environment acoustical waves can transmit a longer range away from the transmitter than electromagnetic waves do. Underwater acoustical transducer is utilized as the physical element for sound wave transmitting and receiving. By transmitting a sound wave from the transducers, the surface or underwater objects ranging several miles away from the transducers can be located by detected the reflected sound wave from the objects itself. So far, the Langevin type piezoelectric transducer is still the best candidate as acoustical telemetry transmitters. Since the operating frequency of the transducer determines the distance that the sound wave could travel, it is important to measure it. However, it takes a long time to simulate and measure the transducer's resonance frequency in the laboratory experiments. Some methods are proposed to calculate and prediction the frequency instead of experiments, but they caused more or less accuracy errors. In the meantime, the Mega-fuzzification is a machine learning method that aims at increasing the prediction accuracy in limited data or small data set learning. This study develops a prediction system using Mega-fuzzification to determine the frequency of the Langevin type piezoelectric transducer. The results indicate that the proposed system gets the prediction error less than other methods.

Keywords: acoustical, Langevin, piezoelectric transducer, machine learning

1. Introduction

It is widely to use a Langevin type piezoelectric transducer as a key acoustical element to transmit and receive sound wave in the water. Acoustical waves can be transmitted longer from a transmitter than electromagnetic waves do in underwater. By transmitting a sound wave from the transducers, the surface or underwater objects ranging several miles away from the transducers can be located by detected the reflected sound wave from the objects itself. Up to now, the Langevin type piezoelectric transducer is still the best candidate as acoustical telemetry transmitters. The operating frequency of the transducer determines the distance that the sound wave could travel and is important to measure it.

Figure 1 illustrates the structure of a Langevin type piezoelectric transducer. It consists of a stack of eight PZT4 ring transducer elements electrically connected in parallel, a steel tail mass, a flared aluminum head mass and a steel compression bolt [1].

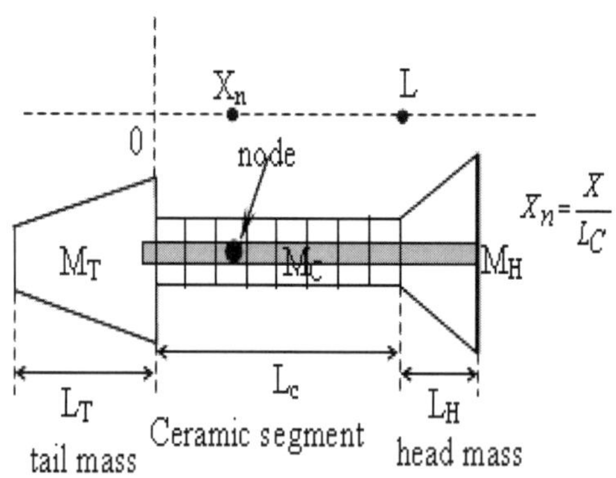

Figure 1. The diagram of Langevin type transducer cross-section.

The differences of materials and weights of Head mass and Tail mass determine different resonance frequency of a transducer. Many designs of the Langevin type transducer have been reported in many literatures [2-4]. The design of the transducer involves many physical parameters such as the area and thickness of the radiating surface, head and tail masses, ceramic volume and prestress rod, to meet the requirements of operating frequency, bandwidth, and transmitting and receiving frequency responses. However, the measure of this frequency value in laboratory experiment is hard to perform and has to take a longtime. This will be an obstacle for the estimation of the operating frequency. Such in this study, machine learning methodologies that have been used to predict or evaluate data are used to estimate transducer frequency instead of experiments.

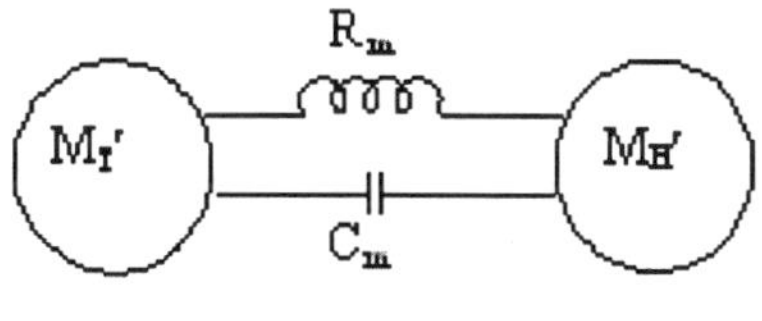

Figure 2. Simple mechanical model of Langevin type piezoelectric transducer.

There are two problems in the transducer frequency determination: one is the accuracy of prediction or estimation because the results are in steady of experiment values; the other is the present data are not enough. Because the present data are limited, the estimation accuracy will not be good and we need to build more measured data. To deal with this problem, the proposed method based on the Mega-fuzzification method developed by Li, et al. [5-6] and Chang [7] is used in this study. This method aims at providing better prediction accuracy under the condition of limited learning data size. There are many machine learning methods have been developed in the field of artificial intelligence. In them, fuzzy methods have better accuracy than traditional neural ones [5], and Mega-fuzzification has the best prediction accuracy in all of them [5-7]. Data on hand may be not limited. However, because Mega-fuzzification is designed to improve learning accuracy, it gets better learning result than general fuzzy methods. At the beginning, the Mega-fuzzification method is proposed for the production strategy of a flexible manufacturing system (FMS) [5-6]. It is also successful applied in the economical index forecast [8]. Specially, this method in this research is used to estimate the transducer frequency values in the field of electrics instead of laboratory experiments.

2. Reviews

2.1. *Electromechanical system of the Langevin type piezoelectric transducer*

The Langevin type piezoelectric transducer, as shown in Fig. 1, is composed of ring–type ceramic segments, head and tail masses. This transducer is clamped with a prestress torque by a stainless steel rod.

An AC signal is applied to the ceramic segments to stimulate the transducer. The vibration mode of the transducer is analogous to that of a mechanical system shown in Fig. 2, which consists of two mechanical masses linked by a mechanical compliance and resistance, where M'_H is effective head mass, M'_T is effective tail mass, R_m is vibration loss of ceramic segments, and C_m is mechanical compliance of ceramic segments.

If the transducer is vibrating longitudinally in the fundamental mode, there exists a node where the vibrating displacement is zero at all times. If friction loss and other mechanical losses are ignored, according to the "conservation of energy" theorem, the node can be derived by

$$(M_T+M_C\cdot X)X^2=[M_H+M_c(1-X)](1-X)^2, \qquad (1)$$

$$M'_T = M_T+M_C X_n\,,\ M'_H = M_H+ M_C(1-X_n), \qquad (2)$$

where M_H is head mass, M_c is mass of ceramic segments, and M_T is tail mass.

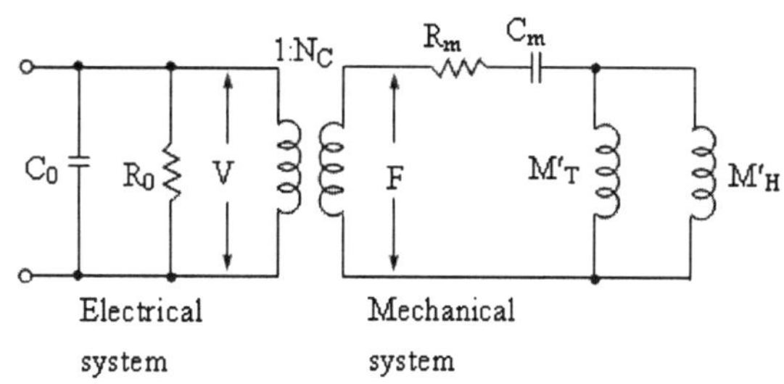

Figure 3. Equivalent circuit of Tonpiltz transducer working in air.

2.2. *Lump element model of the Langevin type transducer*

The lump element model of the Langevin type piezoelectric transducer is described in Fig. 3, where the electrical system is composed of clamped capacitance (C_0) and dielectric resistance (R_0), the mechanical system is composed of the mechanical parts described in Fig. 2, and Nc (Newton/voltage) is the electro-mechanical transformation ratio between the electrical and mechanical systems.

According to transducer's equivalent circuit, as shown in Fig. 3, the resonance frequency(f_s) is dependent on mechanical compliance of ceramic segments (C_m), effective tail mass (M'_T) and effective head mass (M'_H), and expressed as

$$f_s = \frac{1}{2\pi\sqrt{C_m (M_H' // M_T')}} \,. \tag{3}$$

where
$$M_H' // M_T' = \frac{M_H' * M_T'}{M_H' + M_T'} \tag{4}$$

From the theorem review, it shows that there are lots of sophisticated calculations involved in the Langevin type transducer design. In the real application development procedure, the ceramic stacks is determined first and the head mass and tail mass is tuned to fit the frequency specification, thus the machine learning concept is arouse in this study to simplify the Tail and Head mass determination.

2.3. *Lump element simulation*

According to the networking theorem, the voltage and current relations of input (V_1, I_1) and output(V_2, I_2) in Fig. 3 can be given by:

$$\begin{bmatrix} V_1 \\ I_1 \end{bmatrix} = \begin{bmatrix} 1 & 0 \\ j\omega C_0 + \frac{1}{R_0} & 1 \end{bmatrix} \begin{bmatrix} \frac{1}{N_C} & 0 \\ 0 & N_C \end{bmatrix} \begin{bmatrix} 1 & \frac{1}{j\omega C_m} + R_m \\ 0 & 1 \end{bmatrix}$$

$$\begin{bmatrix} 1 & 0 \\ \frac{1}{j\omega M_T'} + \frac{1}{j\omega M_H'} & 1 \end{bmatrix} \begin{bmatrix} V_2 \\ I_2 = 0 \end{bmatrix} = \begin{bmatrix} S_{00} & V_2 \\ S_{10} & V_2 \end{bmatrix} \tag{5}$$

By sweeping the frequency of the input AC signal, the input impedance plot can be calculated

$$Z_{IN} = \frac{V_1}{I_1} = \frac{S_{00}}{S_{10}} \tag{6}$$

Since the magnitude of impedance depend on frequency is obtained, the resonance frequency and anti-resonance frequency can be figure out at the minimum and maximum magnitude of impedance respectively.

2.4. *ANFIS*

The ANFIS [10] is a tool of fuzzy neural learning that performs neural learning using fuzzy typed numbers. Using given input and output data, ANFIS constructs a fuzzy inference system (FIS) whose membership function values are adapted using a backpropagation algorithm or in combination with a least square method. The adaptation function of the ANFIS provides the machine learning system with neuro-fuzzy characters.

The basic model of the ANFIS is Sugeno fuzzy model [15-17]. In the model, assuming x and y are two input fuzzy sets and z is the output fuzzy set, the fuzzy if-then rules for the Sugeno fuzzy model is formatted as:

If x is A and y is B then $z = f(x, y)$

Consider two rules of a first-order Sugeno fuzzy model, the if-then rules can be:

If x *is* A_1 *and* y *is* B_1

then $f_1 = p_1 x + q_1 y + r_1$, *and*

If x *is* A_2 *and* y *is* B_2

then $f_2 = p_2 x + q_2 y + r_2$

where A_1, B_1, A_2, and B_2 are fuzzy set values and p_1, q_1, r_1, p_2, q_2, and r_2 are constants. In figured presentation, Fig. 2 shows this Sugeno model and the corresponding ANFIS structure with five-layer artificial neural network.

Figure 4 shows the ANFIS structure with two inputs and a five-layer artificial neural network. We aim at increasing the predication accuracy, and the prediction error, the difference between the actual output and the prediction value, is decreasing. The measure of the prediction error in this research is Root Mean Squared Error (RMSE). The goal is to minimize RMSE:

$$Min(RMSE) = Min\sqrt{\frac{\sum_{i=1}^{l}(\hat{y}_i - y_i)^2}{l}} \,. \tag{7}$$

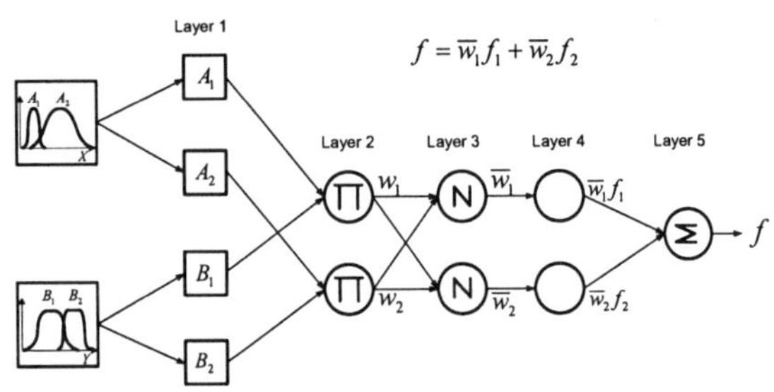

Figure 4. ANFIS structure.

2.5. *Mega-fuzzification*

This section describes the procedure of Mega-fuzzification method. The procedure includes data continualization, estimation of the output effect of the continuous data using a MF, data domain expansion, and FNN learning. They are as the following:

2.5.1. *Data continualization*

The first step of Mega-fuzzification is data continualization. Based on the virtual sample concept and filling the data gap concept by Huang and Moraga [9], crisp data are continualized and presented in the forms of MF to create virtual data to fill the gaps between the crisp data. The crisp learning data are transformed into continuous data as shown in Fig. 5. In the procedure of mega- fuzzification, a new virtual datum is generated within the domain of the MF. The main objective of the mega-fuzzification process is to expand the quantity of data in order to acquire flexibility on data definition.

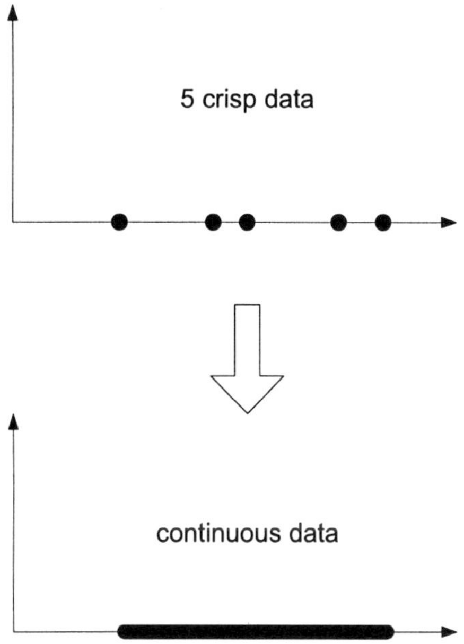

Figure 5. To transfer crisp data into continue.

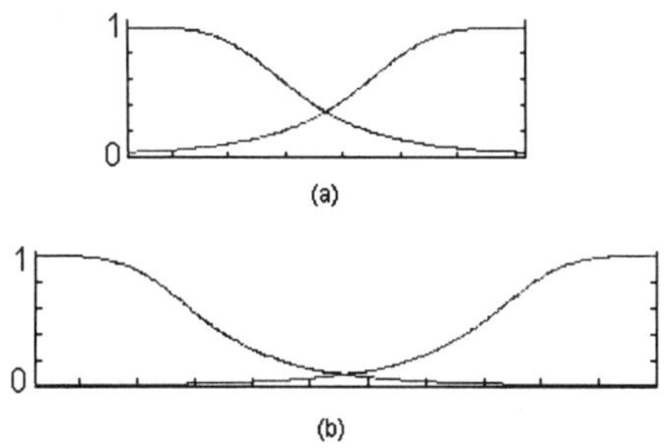

Figure 6. Data domain external expansion.

2.5.2. Estimation of the affective weights

The fuzzy method is used here not only to create a continuous data band but also to estimate the output effect of the continuous data using a MF which determines the data's effective weights in the FNN learning. Such estimation is determined using a common MF that can be a Gaussian, generalized-bell, triangle, or even anomalous style. For example, an initial Gaussian MF can be defined as:

$$gaussian(x;c,\delta)=e^{-\frac{1}{2}(\frac{x-c}{\delta})^2} \tag{8}$$

where c is the MF's center and δ is the MF's width. $\min=(c-\delta)$ is the minimum value of the original crisp data, $\max=(c+\delta)$ is the maximum value of the crisp learning data.

2.5.3. Data domain external expansion

If the data attribute ranges are known, then the data band is expanded to these known ranges. That is $\min_{new}$=known minimum value of the data, and $\max_{new}$=known maximum value of the data. In this condition, min and max in subsection 4.2 are replaced by $\min_{new}$ and $\max_{new}$, and $c_{new}=\dfrac{\min_{new}+\max_{new}}{2}$.

Using FNN learning to adapt the MF shape - After crisp data are transformed into continuous data

Using fuzzification technology, the neuro-fuzzy tool created by Jang [10] is applied to investigate the learning improvement. In the study of [5], the learning results obtained by using both crisp and continuous data are compared and learning accuracy from using continuous data is better than that using crisp data.

3. The Proposed Method

In this study, a frequency is assessed by giving head and tail masses. M_T is tail mass, M_H is head mass and f_s is

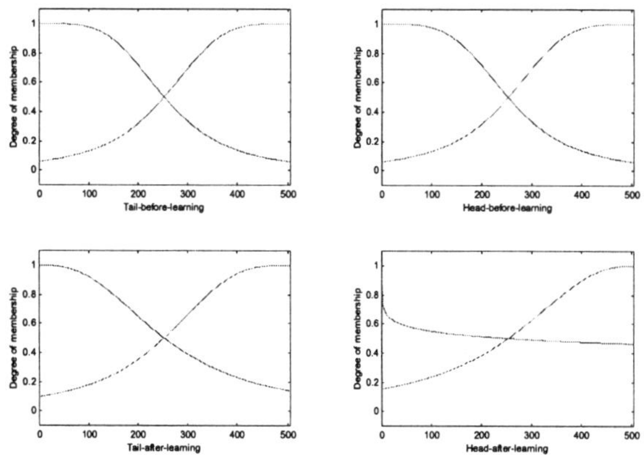

Figure 7. The input fuzzy membership functions before and after learning.

resonance frequency by kilo Hz. There are 85 data on hand, parts of the data are chosen randomly for learning, and the rest are used to check the assessment accuracy. Table 1 shows some of the data.

Table 1. Some of the 85 data for learning and checking.

M_T	M_H	fs(kHz)
90.3	120.7	13.43604
90.3	363.9	11.13798
90.3	388.7	11.01208
90.3	344.2	11.24629
90.3	505.2	10.54051
90.3	49.2	15.00687
90.3	0	16.7913
265.4	120.7	11.28402
361.9	120.7	10.67452
361.9	363.9	8.658257
361.9	388.7	8.541799
361.9	344.2	8.757848
361.9	505.2	8.09847
361.9	49.2	11.96612
361.9	0	13.37786
35.2	120.7	14.79525
150	120.7	12.4571
150	363.9	10.28204
150	388.7	10.16052
150	344.2	10.38637
150	505.2	9.702801
150	49.2	13.9055
150	0	15.52261
120.7	350	10.7381

There are two system attributes for the Langevin type piezoelectric transducers model that determines the frequency of itself: they are tail mass M_T and head mass M_H. The proposed method outputs the frequency when input attributes are given. Two FMs, M_T and M_H, are built up based on their data ranges. The FMs before and after learning are shown in Fig. 7. In Fig. 7, data are continualized and data domain of M_T and M_H are expanded to possible range [0, 505.2]. Each input is initiated and presented by two generalized bell FMs based on the research of [5]. After FNN learning, the FMs shapes will be adapted.

Given two input data, the crisp output is gotten. The If-Then rule for mapping two inputs to a single output is built from the current data. It is as the following expression:

IF (M_T = *246.6 grams) and* (M_H = *388.7 grams)*
THEN (frequency = 9.243823 kHz)

In our research, there are total 85 data shown in Table 1. First, 10 data are chosen randomly for learning and the rest 75 data are used to test the assessment accuracy. After that, 20, 30, 40, 50, 60 and 70 data are selected randomly for learning and the rest are used to be testing data individually also.

Figure 8 illustrates the learning result of using 30 data. There are 30 data are chosen form Table 1 and the rest 52 data are used as checking. The RMSE value is 0.22173 and is good for the frequency assessment.

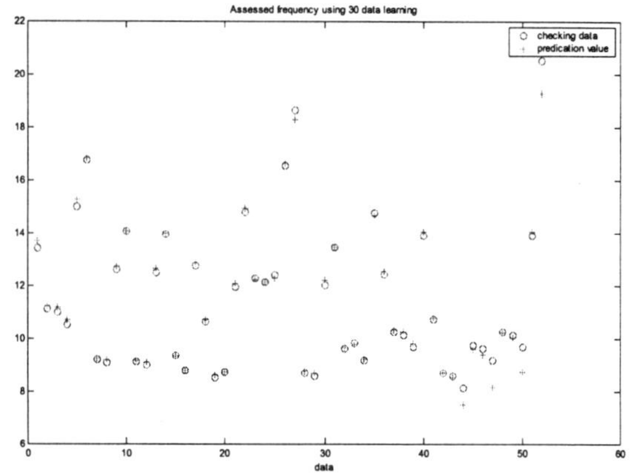

Figure 8. Learning by 30 data and checking by 52 data, RMSE=0.22173.

Figure 9 illustrates the comparison results of different learning size and different methods. When the learning data size increase, the RMSE value decreases. The RMSE of the proposed method is better than general nero-fuzzy, and then traditional neural network. Hence the proposed method is suitable for the frequency assessment of the langevin type piezoelectric transducers.

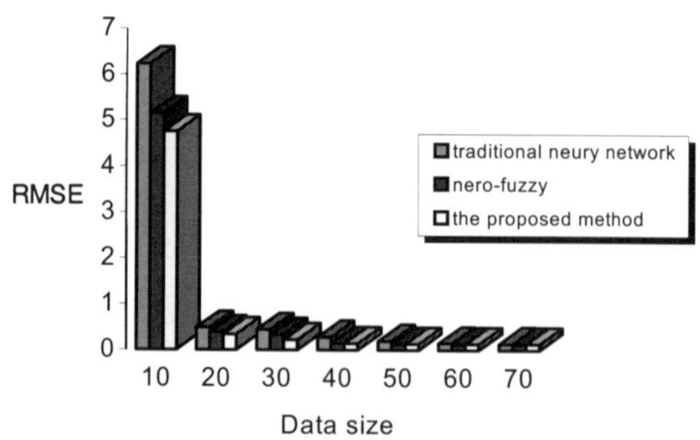

Figure 9. The comparison of three methods.

4. Conclusions

The operating frequency of the transducer determines the distance that the sound wave could travel and is important to measure it. The assessment of the resonance frequency of the piezoelectric transducers is complicated in using the theoretical simulation method. Some simulation errors arisen from the incompletely simulation model and un-accurate element value in the model. The determination of the resonance frequency of the piezoelectric transducers is hard to perform, whatever using laboratory measure or simulation method. If the specific construction of the transducer is set, such as the Lengevin type transducer in this research, and some measured data are obtained, the neural network method can help to predict the resonance frequency of the piezoelectric transducers more accurately. To use the method of neural network method, the learning accuracy is a main problem, especially the data on-hand are not big enough. However, this research applies mega-fuzzification method to increase the frequency assessment accuracy.

In the proposed method, the RMSE is small when the size of learning data is greater equal to about 20. When learning data size is up to 40, neuo-fuzzy method has the same RMSE value with the proposed method. It is clearly that the traditional neural network has the worst result. Summary, the proposed method can easy to estimate the operating frequency of the piezoelectric transducers and get good accuracy results.

References

1. D. Stansfield, *Underwater Electroacoustic Transducers*, Bath University Press, Claverton Down (1990).
2. D.F. Mccammon, The design of Tonpilz piezo-electric transducers using nonlinear goal programming, *J. Acoust. Soc. Am.* **68**, 754 (1980).
3. R. Krimholtz, D.A. Leedom, G. L. Matthaei, New equivalent circuits for elementary piezoelectric transducers, *Electr. Lett.* **6**, 398 (1970).
4. T. Inoue, T. Sasak, T. Miyama et al., Equivalent circuit analysis for Tonpilz piezoelectric transducer, *Trans. IEICE* **70**(10), 909 (1987).
5. D.C. Li, C. Wu, F.M. Chang, Using data-fuzzifying technology in small data set learning to improve FMS scheduling accuracy, *Int. J. Adv. Manufact. Tech.* **27**(3-4), 321 (2005).
6. D.C. Li, C. Wu, F.M. Chang, Using data continualization and expansion to improve small data set learning accuracy for early FMS scheduling, *Int. J. Prod. Res.* **44**(21), 4491 (2006).
7. F.M. Chang, An intelligent method for knowledge derived from limited data, In: *Proc. 2005 IEEE Int. Conf. Sys. Man Cyber.*, 566 (2005).
8. F.M. Chang, Determination of the economic prediction in small data set learning, *WSEAS Trans. Comput.* **5**(11), 2743 (2006).
9. C. Huang, C. Moraga, A diffusion-neural- network for learning from small samples, *Int. J. Appr. Reasoning* **35**, 137 (2004).
10. J.S.R. Jang, ANFIS: Adaptive-network-based fuzzy inference systems, *IEEE Trans. Sys. Man Cyber.* **23(3)**, 665 (1993).

超声生物效应的现状研究

马艳　吴胜举 吕园丽　沈其动
陕西省西安市长安南路 199 号陕西师范大学物理与信息技术学院
电子邮件：manyan_2050@163.com

超声的生物效应与声强、频率及生物组织本身的性质有很大关系，且有可逆效应和不可逆效应两种，本文在这里主要讨论 3 类超声生物效应，并从声学与细胞生物学上给出相应的解释 1 超声能够改变细胞膜的脂质双分子层结构，增加细胞膜的通透性，本文从生物学原理上给出了超声增加细胞膜通透性的解释：超声刺激改变了细胞膜液晶态结构，引起了膜电位的改变，使控制通道蛋白转换它的关-开构象，促使细胞膜上离子通道的开启，从而使膜通透性发生改变。2 本文给出了低频超声能够促进某些动植物细胞的生长的物理学原理：细胞内特定的 pH 是细胞正常代谢所学要的，超声刺激能够改变细胞内的 pH 值、促进细胞内的生长因子使细胞生长。3 本文从声学理论基础来初步的解释了超声对癌细胞的杀伤作用。

关键词： 超声，生物效应，膜通透性等

THE INVESTIGATION ABOUT THE BIOLOGICAL EFFECT OF ULTRASOUND

Yan MA, Sheng-Ju WU, Yuan-Li LU, Qi-Dong SHEN
Physic Department, Shaanxi Normal University Xi'an ,Shan Xi,China
E-mail: manyan_2050@163.com

The biological effect of ultrasound depends significantly on the sound intensity, frequency and the tissue properties. Both reversible effect and irreversible effect exist. This paper presents some biological and physical explanations, including (1) ultrasound can change the permeation of cell membranes. The stimulation of ultrasound changes the structure of cell, causing the change the electricity of cell membrane; (2) the ultrasound of low frequency can stimulate some plant and animal cells' growth. The pH is indispensable to the growth of cell and ultrasound will change the pH; and (3) we give some ultrasound explanations about the killing effect on cancer cells.

Keywords: ultrasound, biological effect, cell membrane

1. 引言

1920 年，法国物理学家 Langevin 在研究声纳时，将高强度超声射入水中，杀死了许多小鱼，就是超声生物效应的早期例证，超声的生物效应与声强、频率及生物组织本身的性质有很大关系，且有可逆效应和不可逆效应两种，可逆效应在声强度比较低的情况下发生，而声强超过一定阈值后则会产生不可逆效应，超声生物效应按作用机理可分为：热效应、机械效应、声流效应、空化效应和触变效应。随之而兴起的超生生物学效应的研究揭示了超声与生物体系各个层次相互作用的机制，这种生物效应可以改变细胞膜的脂质双分子层结构，增加细胞膜的通透性，增加化疗药物的细胞毒性，损伤细胞 DNA,使其单、双链断裂、促进细胞凋亡，高强度聚焦超声可直接杀死肿瘤细胞等。通过以上的作用，达到抑制细胞增殖的目的。它作为一种治疗的物理手段，在预防介入治疗后血管在狭窄及抗肿瘤治疗方面具有很大的研究价值因为超声的频率很率很高，波长很短，超声具有良好的方向特性，另一方面，超声有很少的衍射现象，可以反射出组织的表面现象，被红细胞分散，随着医学、物理学等交叉学科的迅速发展，超声的物理特性和生物学效应的运用已渗透到了人体保健、疾病预防、疾病的治疗（包括体外碎石、止血、肿瘤切除等），生物技术（如基因转染)等医学课题。

2. 结果与讨论

本文在这里主要讨论 3 类超声生物效应，并从声学与细胞生物学上给出相应的解释：

(1) 研究证明，在低强度的超声 2W（有效照射时间为 2-10 秒内)照射下可以促进植物细胞质膜中的 Ca^{2+}—ATP 酶活性增强[1] 。Wang 等在 1998 年已经证明 2 秒的超声刺激能够促进胡萝卜细胞的生长，超声刺激可以促进 O.satica Nipponbare 细胞生长和增殖；对于最简单的单细胞动物草履虫来说，当有 1MHz 的超

声照射时，最大相对生长速度比没有照射过的样品增长了 18% [2]，以上所报道都说明低频率的超声能够促进细胞生长，究其原因主要有两点：其一：细胞内部和细胞外液的离子成分有极大的差别（如表 1 所示），这种差别使细胞能以离子浓度梯度的形式储存位能，利用这种跨膜离子梯度可以合成 ATP,驱动各种转运过程和传播电兴奋信号，没有这些过程，细胞的生命活动就无法维持，

离子	细胞内浓度(mM)	细胞外浓度(mM)
Na	5-15	145
K	140	5
Mg	30	1-2
Ca	1-2	2.5-5
H	1-2 (PH7.4)	1-2 (PH7.4)
Cl	4	110

动物细胞常通过 Na^+驱动的 Na-H 队向运输来转运 H 以调节细胞内的 PH。细胞内特定的 pH 是细胞正常代谢所学要的，在不分裂的细胞内 pH 为 7.1—7.2,当细胞受超声辐射时，就会刺激细胞的生长因子，使细胞内 pH 值由 7.2 提高到 7.4，细胞开始生长与分裂。其二：钙离子对维持细胞的新陈代谢、分化及增殖极为重要；当细胞遇到超声刺激时，细胞会通过多种途径瞬间提高胞内局部或全部的钙离子浓度，实验已经表明钙的瞬态变化是细胞周期进程的信号，因此，超声刺激使钙离子浓度的变化能够作为重要的因子调控细胞增殖。

(2) 超声能够改变细胞膜的通透性，实验证明，细胞膜的通透性改变程度与功率、作用时间密切相关。随着超声作用功率、时间的增加，细胞的死亡率逐渐增加、存活率都逐渐减小、即细胞的破碎程度增大。提到超声作用功率、延长作用时间，将不利于细胞保持活性。细胞膜的通透性可以通过测定细胞染色率、FDA、蛋白质、核酸的提高率来反映。Tachibana 等人用 48 kHz，0.3W/cm2 超声剂量辐照 HL-60 细胞（白血病癌细胞）悬液，发现低强度超声可以改变细胞膜的脂质双分子层结构，使细胞膜的通透性增强；Gambihler 等人的研究也表明超声可增强细胞膜的通透性，减少细胞固有层的厚度.实验表明超声处理后细胞膜有一定程度的损伤，并且形成可逆小孔，即“穿孔效应”，这是细胞膜通透性提高的主要原因。在此条件下细胞膜虽有一定的损伤，但没有死亡，一定时间后又会恢复正常。超声增加细胞膜的通透性的原因可能有以下几点：一个原因是细胞膜上的电压门通道打开的概率由膜电位控制。电压门离子通道有特殊的带电荷的蛋白结构域，称为电压感受器，对膜电位的变化极端敏感，从而控制通道蛋白转换它的关-开构象。于是，在含有许多通道蛋白分子的膜片内，可能发现当膜处于某一电位时，平均 10%的通道是打开的，而处于另一电位时，90%的通道是打开的。另一个原因可能是：质膜中有 3 大类脂：磷脂、胆固醇和糖脂，这 3 类脂都是两性分子-既有亲水端和输水端，当两性分子的四周环境都是水相时，就要凝聚而把疏水尾部掩盖起来，只使亲水头部向水暴露，因此，生物膜的脂双层的形成是一种自聚集过程，这种脂双层趋于把自己包成一封闭的腔，免除自由的边缘，因为自由边缘的疏水尾部将水接触，同样理由，当由脂形成的腔受到超声波的刺激破裂后它会重新封闭起来。这可能是“声孔效应”和细胞膜通透性提高的主要原因。

(3) 癌变组织在组织学上的特点之一是其血流量仅为正常组织 10%左右，因此当超声能量被组织吸收转为热量而使自身温升时，正常组织可通过血流循环而散热，癌变组织缺因血流小，散热差，温升很容易超出周围组织 5℃到 9℃以上，且可维持足够长的时间。因此，很容易利用超声对癌变组织进行选择性加热。温热疗法用于致癌时，一般使癌变组织什温到 43-45℃，维持一定时间，癌细胞即可别杀死。对于温热可以使癌细胞致死的激励，已做了大量基础研究。一种普遍被接受的解释是：温升使溶酶体活性大大增强，从而加速了溶酶体对癌变组织细胞的破坏能力同时加热又使以脂类分子层为支架的细胞膜结构发生镶边，由液晶态转向无序太，使其功能被破坏，最后致整个细胞解体而死亡。由于热疗法的重要性，在超声治疗癌症中温度是非常重要的，实验表明声吸收系数与温度有着密切的关系，理论上声吸收吸收由下式决定：$aa=2\omega\sin[(\omega\Gamma\ln\gamma)/2(1+\omega^2\Gamma^2)^{1/2}]/c$，$\Gamma$ 为等效驰豫时间，γ 为绝热系数与等温压系数之比。癌细胞的声吸收机理是复杂的，它不仅由粘滞性引起，而且与许多复杂的物理、化学驰豫过程及热传导有关。总的声吸收则为每个驰豫过程造成的声吸收的线性叠加。声吸收系数在低频率（$\omega\Gamma \ll 1$ 到高频率（$\omega\Gamma \gg 1$）整个频段变化是，吸声系数由与频率的二次方关系变化到线形关系，多数生物组织的声吸收系数与频率的方次关系接近于 1 或者略高于 1，对于多数生物组织，在感兴趣的频段 $\omega\Gamma \gg 1$，由上述方程可知声吸收系数随温度升高而升高，Pennes 方程常常被用来研究生物组织的热传递。

$$\rho C_t \frac{\partial T}{\partial t} = \kappa \nabla^2 T + W_b C_b (T_b - T) + Q_m + Q_v$$

这里 ρ 和 C_t 分别表示密度和具体的热功率，κ 是热传导率，T 是组织温度，t 是时间；W_b 是在加热区域血液的灌注率，C_b 是血液的具体的热功率，T_b 是动脉血液的温度；Q_m Q_m 是由于生物反应的热生产率，Q_v 是热源。

综上所述，超声对与生物体的生理环境有很大影

响，但是超声对细胞作用的确切机制、基因调控、蛋白质表达等问题目前尚不清楚。这些机遇和挑战摆在我们面前，我们只有借前人已有的研究成果和经验[3-13]，通过努力工作和学习才能去解决这些问题，使超声更好地为人类造福。

致谢

此文工作得到了国家自然科学基金（No.10474061）的资助。论文写作过程中，与陕西师范大学声学所的同学进行了有益的讨论，在此一并表示谢意。

References

1. Y.Y. Liu, H. Yang, H. Takatsuki, Effect of ultrasonic exposure on Ca-ATPase activity in plasma membrane from Aloe arborescence callus cells, *Ultra. Sonochem.* **13**, 232 (2006).
2. Y.Y. Liu, A. Yoshikoshi, B.C. Wang, et al., Influence of ultrasonic stimulation on the growth and proliferation of Oryza stativa Nipponbare callus cells. *Coll. Surf. B* **27**, 287 (2003).
3. J.L. Nelson, B.L. Roeder, J.C. Carmen, et al., Ultrasonically activated chemotherapeutic drug delivery in a rat model, *Cancer Res.* **62**, 7280 (2002).
4. S.K. Yang, Y.C. Huang, Biological effect of paramecium in diffused ultrasonic fields, *Ultrasonics* **39**, 525 (2002).
5. W. Wang, Z.Z. Bian, Y.J. Wu, et al., Bioeffects of low-frequency ultrasonic gene delivery and safety on cell membrane permeability control, *J. Ultrasound Med.* **23**, 1569 (2004).
6. M. Hodnett, M.J. Choi, B. Zeqiri, Towards a reference ultrasonic cavitation vessel, Part1: Preliminary investigation of the acoustic field distribution in a 25 kHz cylindrical cell, *Ultra. Sonochem.* **14**, 29 (2007).
7. F.Q. Li, R. Feng, Q. Zhang, et al., Estimation of HIFU induced lesion in vitro: Numerical simulation and experiment, *Ultrasonics* **44**(S1), e337 (2006).
8. H.H. Pennes, Analysis of tissue and arterial blood temperature in the resting human forearm, *Appl. Physiol.* **1**(2), 93 (1948).
9. 李研研，超声预细胞增殖的体外抑制作用，国外医学、生理、病理科学与临床分册 **1**(22), 61 (2001).
10. 杜联芳，张青萍，刘望彭，诊断超声与细胞凋亡，中华超声影像学杂志 **6**(9), 374 (2006).
11. 翟中和，王喜忠，丁明孝，细胞生物学，高等教育出版社，北京 (2000).
12. 冯若，李化茂，声化学及其应用，安徽科学技术出版社，合肥 (1992).
13. 杜功焕，朱哲民，龚秀芬，声学基础，南京大学出版社，南京 (2001).

THE DETERMINATION OF ELECTRICAL PARAMETERS OF QUARTZ CRYSTAL RESONATORS WITH ASYMMETRIC ELECTRODES

Ji WANG
Piezoelectric Device Laboratory, School of Engineering, Ningbo University, 818 Fenghua Road, Ningbo, Zhejiang 315211
E-mail: wangji@nbu.edu.cn

Wen-Hua ZHAO, Jian YANG
Vectron Frequency Devices (Shanghai) Co., Ltd., 308 Fenju Road, Waigaoqiao Free Trade Zone, Pudong New Area, Shanghai 200131
E-mail: owenzhao@vectron.com

In our previous study, with the dissipation of quartz crystal through material viscosity is being considered in vibrations of piezoelectric plates, we have the opportunity to obtain electrical parameters from vibration solutions of a crystal plate representing an ideal resonator, in which both full and partial electrodes are considered. In fact, the electrodes of resonators are not symmetrically arranged due to the mounting points of crystal blanks are only in one side. As a result, the study of asymmetric electrodes is necessary for practical applications. Different from previous ones, the vibration solutions will contain both symmetric and anti-symmetric thickness-shear vibrations in the electroded area, which will introduce new boundary conditions. We start with the first-order Mindlin plate equations of a piezoelectric plate for the thickness-shear vibration analysis of a resonator with asymmetric electrodes. The electrical parameters are derived with emphasis on the resistance that is related to the imaginary part of complex elastic constants, or the viscosity. With this approach we can further analyze the actual resonator vibration influenced by the electrode position.

Keywords: quartz, crystal, resonator, frequency, vibration, plate, electrical, parameter, viscosity, electrodes

1. Introduction

As one of the most widely used piezoelectric devices, quartz crystal resonators have been traditionally analyzed with Mindlin [1] and Lee plate [2] theories, which are based on the expansion of displacements and electrical potential in the theory of linear piezoelectricity [3, 4] in power and trigonometric series. The simplified plate equations for the thickness-shear vibrations, which are also strongly coupled with flexural vibrations, with the consideration of asymmetric electrodes on the both faces, are widely used for the frequency, displacements, and electrical capacitance estimation of simple quartz crystal resonators. For design purpose, ideally all the device performance parameters, such as the resistance, capacitance, and quality factor, among others, should be provided for design refinement based on circuit requirements. However, plate theories [1,2] based on linear piezoelectricity are not capable for the calculation of some parameters due to the non-dissipative assumption, which neglects energy dissipation of quartz crystal.

For the formulation and evaluation of electrical parameters of a quartz crystal resonator in circuit applications, we start with the introduction of viscosity of quartz crystals in terms of complex elastic constants, which have imaginary parts proportional to the material damping and vibration frequency. The vibrations of piezoelectric solids, with quartz crystal in particular, have been studied by Lee and his collaborators lately to examine the effect of material viscosity on the modes shapes, frequency, and solution methods [5-7]. We assume the Mindlin plate equations for the coupled thickness-shear and flexural vibrations will not be modified except the elastic constants will be complex throughout. Then the usual solution procedure including the assumption of displacements, dispersion relation, and frequency spectra, will be adopted as in previous studies with real elastic constants. Of course, we can extract more parameters like the resistance, quality factor, and others based on the consideration of energy dissipation with complex elastic constants. The calculation of the electrical resistance of an AT-cut quartz crystal resonator has been carried out by Zhang [8] and Zhang and Doyle [9] with viscosity data and finite element solutions. What is different from the real elastic constants case is that the determinant needed in the calculation will also be complex, implying the solutions have to be obtained with the vanishing of both real and imaginary parts of the determinant simultaneously.

2. Thickness-shear Vibrations of a Quartz Crystal Plate

In the first-order Mindlin plate equations with higher-order displacements $u_i^{(0)}(i=1,2,3)$ and $u_j^{(1)}(j=1,3)$ and electrical potentials $\phi^{(n)}(n=0,1)$, two-dimensional constitutive relations for an AT-cut quartz crystal plate are [1]

$$
\begin{aligned}
T_1^{(0)} &= 2b\left[\bar{C}_{11}u_{1,1}^{(0)}+\bar{C}_{13}u_{3,3}^{(0)}+\kappa_4\bar{C}_{14}\left(u_{2,3}^{(0)}+u_3^{(1)}\right)+\bar{e}_{11}\phi_{,1}^{(0)}\right],\\
T_3^{(0)} &= 2b\left[\bar{C}_{31}u_{1,1}^{(0)}+\bar{C}_{33}u_{3,3}^{(0)}+\kappa_4\bar{C}_{34}\left(u_{2,3}^{(0)}+u_3^{(1)}\right)+\bar{e}_{13}\phi_{,1}^{(0)}\right],\\
T_4^{(0)} &= 2b\kappa_4\left[\bar{C}_{41}u_{1,1}^{(0)}+\bar{C}_{43}u_{3,3}^{(0)}+\kappa_4\bar{C}_{44}\left(u_{2,3}^{(0)}+u_3^{(1)}\right)+\bar{e}_{14}\phi_{,1}^{(0)}\right],\\
T_5^{(0)} &= 2b\left[C_{55}\left(u_{1,3}^{(0)}+u_{3,1}^{(0)}\right)+\kappa_6C_{56}\left(u_{2,1}^{(0)}+u_1^{(1)}\right)+e_{25}\phi^{(1)}+e_{35}\phi_{,3}^{(0)}\right],\\
T_6^{(0)} &= 2b\kappa_6\left[C_{65}\left(u_{1,3}^{(0)}+u_{3,1}^{(0)}\right)+\kappa_6C_{66}\left(u_{2,1}^{(0)}+u_1^{(1)}\right)+e_{26}\phi^{(1)}+e_{36}\phi_{,3}^{(0)}\right].\\
D_1^{(0)} &= 2b\left[\bar{e}_{11}u_{1,1}^{(0)}+\bar{e}_{13}u_{3,3}^{(0)}+\bar{e}_{14}\left(u_{2,3}^{(0)}+u_3^{(1)}\right)-\bar{\varepsilon}_{11}\phi_{,1}^{(0)}\right],\\
D_2^{(0)} &= 2b\kappa_2\left[e_{25}\left(u_{1,3}^{(0)}+u_{3,1}^{(0)}\right)+e_{26}\left(u_{2,1}^{(0)}+u_1^{(1)}\right)-\kappa_2\varepsilon_{22}\phi^{(1)}-\varepsilon_{23}\phi_{,3}^{(0)}\right],\\
D_3^{(0)} &= 2b\left[e_{35}\left(u_{1,3}^{(0)}+u_{3,1}^{(0)}\right)+e_{36}\left(u_{2,1}^{(0)}+u_1^{(1)}\right)-\kappa_2\varepsilon_{32}\phi^{(1)}-\varepsilon_{33}\phi_{,3}^{(0)}\right].\\
T_1^{(1)} &= \frac{2}{3}b^3\left(\tilde{C}_{11}u_{1,1}^{(1)}+\tilde{C}_{13}u_{3,3}^{(1)}+\tilde{e}_{11}\phi_{,1}^{(1)}\right),\\
T_3^{(1)} &= \frac{2}{3}b^3\left(\tilde{C}_{31}u_{1,1}^{(1)}+\tilde{C}_{33}u_{3,3}^{(1)}+\tilde{e}_{13}\phi_{,1}^{(1)}\right),\\
T_5^{(1)} &= \frac{2}{3}b^3\left[\hat{C}_{55}\left(u_{1,3}^{(1)}+u_{3,1}^{(1)}\right)+\hat{e}_{35}\phi_{,3}^{(1)}\right].\\
D_1^{(1)} &= \frac{2}{3}b^3\left(\tilde{e}_{11}u_{1,1}^{(1)}+\tilde{e}_{13}u_{3,3}^{(1)}-\tilde{\varepsilon}_{11}\phi_{,1}^{(1)}\right),\\
D_2^{(1)} &= \frac{2}{3}b^3\left[\hat{e}_{25}\left(u_{1,3}^{(1)}+u_{3,1}^{(1)}\right)-\hat{\varepsilon}_{23}\phi_{,3}^{(1)}\right],\\
D_3^{(1)} &= \frac{2}{3}b^3\left[\hat{e}_{35}\left(u_{1,3}^{(1)}+u_{3,1}^{(1)}\right)-\hat{\varepsilon}_{33}\phi_{,3}^{(1)}\right].
\end{aligned}
\qquad (1)
$$

where $T_p^{(n)}(p=1,2,3,4,5,6;n=0,1)$ and $D_j^{(n)}(j=1,2,3;n=0,1)$ are the nth-order stress and electrical displacement components, respectively. The modified elastic and piezoelectric constants and correction factors

$$
\begin{aligned}
\bar{C}_{pq} &= C_{pq}-\frac{C_{p2}C_{2q}}{C_{22}},\ p,q=1,3,4;\\
\tilde{C}_{pq} &= C_{pq}-\frac{C_{p4}C_{4q}}{C_{44}},\ p,q=1,2,3;\\
\hat{C}_{pq} &= C_{pq}-\frac{C_{p6}C_{6q}}{C_{66}},\ p,q=5;\\
C_{pq} &= c_{pq}+i\omega\eta_{pq},\ p,q=1,2,3,4,5,6;
\end{aligned}
$$

$$
\tilde{e}_{11}=e_{11}-\frac{C_{14}e_{14}}{C_{44}},\ \tilde{\varepsilon}_{11}=\varepsilon_{11}+\frac{e_{14}^2}{C_{44}},\ \kappa_p^2=\frac{\pi^2}{12},p=2,6, \qquad (2)
$$

where the real elastic constants c_{pq}, piezoelectric constants e_{ip}, and dielectric constants ε_{ik} of quartz crystal are from Bechmann [10] and the viscosity tensor η_{pq} are from Lamb and Richter [11]. The complex elastic constants are dependent on frequency ω.

The field equations with the consideration of electrodes are [1]

$$
\begin{aligned}
T_{1,1}^{(0)}+T_{5,3}^{(0)} &= 2b\rho(1+R)\ddot{u}_1^{(0)},\\
T_{6,1}^{(0)}+T_{4,3}^{(0)} &= 2b\rho(1+R)\ddot{u}_2^{(0)},\\
T_{5,1}^{(0)}+T_{3,3}^{(0)} &= 2b\rho(1+R)\ddot{u}_3^{(0)},\\
T_{1,1}^{(1)}+T_{5,3}^{(1)}-T_6^{(0)} &= \frac{2}{3}b^3\rho(1+3R)\ddot{u}_1^{(1)},\\
T_{5,1}^{(1)}+T_{3,3}^{(1)}-T_4^{(0)} &= \frac{2}{3}b^3\rho(1+3R)\ddot{u}_3^{(1)},\\
D_{1,1}^{(0)}+D_{3,3}^{(0)} &= 0\\
D_{1,1}^{(1)}+D_{3,3}^{(1)}-D_2^{(0)} &= 0
\end{aligned}
\qquad (3)
$$

where R is the mass ratio [1] and the equations can be expressed with displacements and electrical potentials by using (1).

3. Electrical Resistance of Asymmetric Electrodes Quartz Crystal Strip

In fact, the electrodes of resonators are not symmetrically arranged due to the mounting points of crystal blanks are only in one side. The ideal model of a resonator is shown in Fig. 1, which is asymmetrically electroded on upper and lower faces with a thin metal layer represented by mass ratio R.

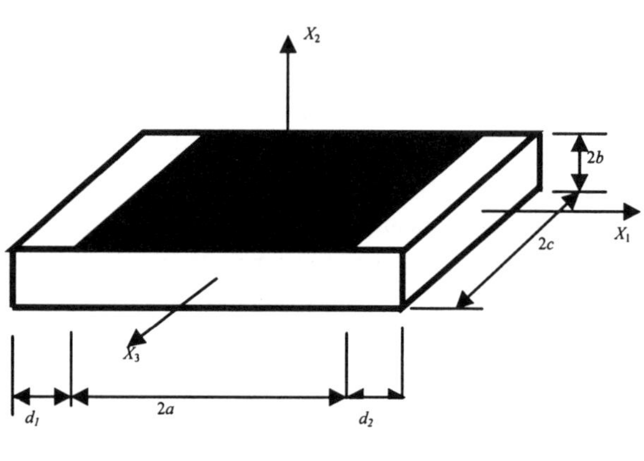

Figure 1. An asymmetric electroded quartz crystal plate.

Different from previous ones, the vibration solutions will contain both symmetric and anti-symmetric thickness-shear vibrations in the electroded area. We assume displacements and electrical potentials are straight-crested waves

$$\begin{aligned}
u_2^{(0)} &= \left(A_1 \sin \xi x_1 + A_2 \cos \xi x_1\right)e^{i\omega t},\\
u_3^{(0)} &= \left(A_3 \sin \xi x_1 + A_4 \cos \xi x_1\right)e^{i\omega t},\\
u_1^{(1)} &= \left(\frac{A_5}{b}\cos \xi x_1 + \frac{A_6}{b}\sin \xi x_1\right)e^{i\omega t},\\
\phi^{(1)} &= \sqrt{\frac{c_{66}}{\varepsilon_{22}}}\left(\frac{A_7}{b}\cos \xi x_1 + \frac{A_8}{b}\sin \xi x_1\right)e^{i\omega t}.
\end{aligned} \tag{4}$$

where $A_j\,(j=1,\cdots,8)$, b, ξ, x_1 and t are amplitudes, half thickness, wavenumber, coordinate, and time, respectively.

For the uncovered with electroded area, as the electrodes of resonators are not symmetrically, we also assume displacements and electrical potentials as:
In left

$$\begin{aligned}
\overline{u}_2^{(0)} &= \left(A_9 \sin\overline{\xi}x_1 + A_{10}\cos\overline{\xi}x_1\right)e^{i\omega t},\\
\overline{u}_3^{(0)} &= \left(A_{11} \sin\overline{\xi}x_1 + A_{12}\cos\overline{\xi}x_1\right)e^{i\omega t},\\
\overline{u}_1^{(1)} &= \left(\frac{A_{13}}{b}\cos\overline{\xi}x_1 + \frac{A_{14}}{b}\sin\overline{\xi}x_1\right)e^{i\omega t},\\
\overline{\phi}^{(1)} &= \sqrt{\frac{c_{66}}{\varepsilon_{22}}}\left(\frac{A_{15}}{b}\cos\overline{\xi}x_1 + \frac{A_{16}}{b}\sin\overline{\xi}x_1\right)e^{i\omega t}.
\end{aligned} \tag{5}$$

In right

$$\begin{aligned}
\widetilde{u}_2^{(0)} &= \left(A_{17} \sin\widetilde{\xi}x_1 + A_{18}\cos\widetilde{\xi}x_1\right)e^{i\omega t},\\
\widetilde{u}_3^{(0)} &= \left(A_{19} \sin\widetilde{\xi}x_1 + A_{20}\cos\widetilde{\xi}x_1\right)e^{i\omega t},\\
\widetilde{u}_1^{(1)} &= \left(\frac{A_{21}}{b}\cos\widetilde{\xi}x_1 + \frac{A_{22}}{b}\sin\widetilde{\xi}x_1\right)e^{i\omega t},\\
\widetilde{\phi}^{(1)} &= \sqrt{\frac{c_{66}}{\varepsilon_{22}}}\left(\frac{A_{23}}{b}\cos\widetilde{\xi}x_1 + \frac{A_{24}}{b}\sin\widetilde{\xi}x_1\right)e^{i\omega t}.
\end{aligned} \tag{6}$$

By substituting (4) into (1), then (3), and defining

$$Z = \frac{2b}{\pi}\xi, \quad \Omega = \frac{\omega}{\omega_0}, \quad \omega_0 = \frac{\pi}{2b}\sqrt{\frac{c_{66}}{\rho}}. \tag{7}$$

where ω_0 is the fundamental thickness-shear vibration frequency, we can study the free vibrations of electroded area in crystal plates of complex elastic constants.

Same method can also apply to obtain the displacement and stress solution in uncovered with electroded area,

For forced vibrations due to an alternative driving voltage $\phi = \phi_0 e^{i\omega t}$ on the electroded faces, we assume

$$u_1^{(1)} = B_1\phi_0 e^{i\omega t}, \quad \phi^{(1)} = \sqrt{\frac{c_{66}}{\varepsilon_{22}}}B_2\phi_0 e^{i\omega t}, \tag{8}$$

where B_1 and B_2 are to be determined.

From field equations in Eq. (3) we obtain

$$\begin{aligned}
&(\kappa_2 - 1)e_{26}B_1 - \kappa_2\sqrt{c_{66}\varepsilon_{22}}\,B_2 = -\frac{\varepsilon_{22}}{b},\\
&\left(12\kappa_6^2\frac{C_{66}}{c_{66}} - \pi^2\Omega^2\right)B_1 + 12\kappa_6\frac{e_{26}}{\sqrt{c_{66}\varepsilon_{22}}}B_2 = 0.
\end{aligned} \tag{9}$$

with known B_1 and B_2 from Eq. (9), we have non-trivial particular solutions of stresses

$$\begin{aligned}
T_6^{(0)} &= 2b\kappa_6\left(\kappa_6 C_{66}B_1 + e_{26}\sqrt{\frac{c_{66}}{\varepsilon_{22}}}B_2\right)\phi_0 e^{i\omega t},\\
T_5^{(0)} &= 2b\left(\kappa_6 C_{56}B_1 + e_{25}\sqrt{\frac{c_{66}}{\varepsilon_{22}}}B_2\right)\phi_0 e^{i\omega t},\\
D_2^{(0)} &= 2b\kappa_2\left(e_{26}B_1 - \kappa_2\sqrt{c_{66}\varepsilon_{22}}\,B_2\right)\phi_0 e^{i\omega t}.
\end{aligned} \tag{10}$$

Applying traction-free and charge-free boundary conditions on the two ends,

$$\begin{aligned}
&\overline{T}_6^{(0)} = \overline{T}_5^{(0)} = \overline{T}_1^{(1)} = \overline{D}_1^{(1)} = 0, \quad \text{at } x_1 = -(a+d_1),\\
&\widetilde{T}_6^{(0)} = \widetilde{T}_5^{(0)} = \widetilde{T}_1^{(1)} = \widetilde{D}_1^{(1)} = 0, \quad \text{at } x_1 = (a+d_2),
\end{aligned} \tag{11}$$

continuity conditions

$$\begin{aligned}
&\overline{u}_2^{(0)} = u_2^{(0)}, \quad \overline{u}_3^{(0)} = u_3^{(0)}, \quad \overline{u}_1^{(1)} = u_1^{(1)}, \quad \overline{\phi}^{(1)} = \phi^{(1)},\\
&\overline{T}_6^{(0)} = T_6^{(0)}, \quad \overline{T}_5^{(0)} = T_5^{(0)}, \quad \overline{T}_1^{(1)} = T_1^{(1)}, \quad \overline{D}_1^{(1)} = D_1^{(1)}, \quad \text{at } x_1 = -a.\\
&\widetilde{u}_2^{(0)} = u_2^{(0)}, \quad \widetilde{u}_3^{(0)} = u_3^{(0)}, \quad \widetilde{u}_1^{(1)} = u_1^{(1)}, \quad \widetilde{\phi}^{(1)} = \phi^{(1)},\\
&\widetilde{T}_6^{(0)} = T_6^{(0)}, \quad \widetilde{T}_5^{(0)} = T_5^{(0)}, \quad \widetilde{T}_1^{(1)} = T_1^{(1)}, \quad \widetilde{D}_1^{(1)} = D_1^{(1)}, \quad \text{at } x_1 = a.
\end{aligned} \tag{12}$$

we can obtain the values of all amplitudes. The displacements and potentials in electroded area are

$$\begin{aligned}
u_2^{(0)} &= \left\{\sum_{i=1}^{4}\left[A_{7i}\alpha_{1i}\sin\left(\frac{\pi Z_i}{2b}x_1\right) + A_{8i}\eta_{1i}\cos\left(\frac{\pi Z_i}{2b}x_1\right)\right]\right\}e^{i\omega t},\\
u_3^{(0)} &= \left\{\sum_{i=1}^{4}\left[A_{7i}\alpha_{2i}\sin\left(\frac{\pi Z_i}{2b}x_1\right) + A_{8i}\eta_{2i}\cos\left(\frac{\pi Z_i}{2b}x_1\right)\right]\right\}e^{i\omega t},\\
u_1^{(1)} &= \left\{\frac{1}{b}\sum_{i=1}^{4}\left[A_{7i}\alpha_{3i}\cos\left(\frac{\pi Z_i}{2b}x_1\right) + A_{8i}\eta_{3i}\sin\left(\frac{\pi Z_i}{2b}x_1\right) + bB_1\phi_0\right]\right\}e^{i\omega t},\\
\phi^{(1)} &= \left\{\frac{1}{b}\sqrt{\frac{c_{66}}{\varepsilon_{22}}}\sum_{i=1}^{4}\left[A_{7i}\alpha_{4i}\cos\left(\frac{\pi Z_i}{2b}x_1\right) + A_{8i}\eta_{4i}\sin\left(\frac{\pi Z_i}{2b}x_1\right) + bB_2\phi_0\right]\right\}e^{i\omega t}.
\end{aligned} \tag{13}$$

With displacements and electrical potential in Eq. (13), we have

$$D_2^{(0)} = \left\{ \sum_{i=1}^{4} \left\{ \left[\left(e_{25}\alpha_{2i} + e_{26}\alpha_{1i} \right) \pi Z_i + 2e_{26}\alpha_{3i} - 2\kappa_2 \sqrt{c_{66}\varepsilon_{22}}\alpha_{4i} \right] \kappa_2 A_{1i} \cos\left(\frac{\pi Z_i}{2b} x_1 \right) \right. \right.$$
$$\left. - \left[\left(e_{25}\eta_{2i} + e_{26}\eta_{1i} \right) \pi Z_i - 2e_{26}\eta_{3i} + 2\kappa_2 \sqrt{c_{66}\varepsilon_{22}}\eta_{4i} \right] \kappa_2 A_{8i} \sin\left(\frac{\pi Z_i}{2b} x_1 \right) \right\}$$
$$\left. + 2b\kappa_2 \left(e_{26}B_1 - \kappa_2 \sqrt{c_{66}\varepsilon_{22}} B_2 \right) \phi_0 \right\} e^{i\omega t}$$
$$= \left\{ \begin{array}{l} \sum_{i=1}^{4} \left[L_i \cos\left(\frac{\pi Z_i}{2b} x_1 \right) - \tilde{L}_i \sin\left(\frac{\pi Z_i}{2b} x_1 \right) \right] \\ + 2b\kappa_2 \left(e_{26}B_1 - \kappa_2 \sqrt{c_{66}\varepsilon_{22}} B_2 \right) \phi_0 \end{array} \right\} e^{i\omega t}. \tag{14}$$

The surface charge from (14) is [12]

$$Q_s = -\frac{\int_A D_2^{(0)} dA}{\int_b dx_2} = -2cQ_0\phi_0 e^{i\omega t},$$
$$Q_0 = \sum_{i=1}^{4} \frac{1}{\pi Z_i} \left\{ \left[\left(e_{25}\alpha_{2i} + e_{26}\alpha_{1i} \right) \pi Z_i + 2e_{26}\alpha_{3i} - 2\kappa_2 \sqrt{c_{66}\varepsilon_{22}} \right] \kappa_2 A_{5i} \sin\left(\frac{\pi Z_i}{2} \frac{a}{b} \right) \right\}$$
$$- 2a\kappa_2 \left(e_{26}B_1 - \kappa_2 \sqrt{c_{66}\varepsilon_{22}} B_2 \right) \tag{15}$$

Consequently, the electrical current in the electroded plate is

$$I = -\dot{Q}_s = i\omega 2cQ_0\phi_0 e^{i\omega t}. \tag{16}$$

In our plate model in Fig. 1, under the driving voltage $2\phi_0 e^{i\omega t}$, we have the electrical impedance as

$$Z = -\frac{2\phi_0 e^{i\omega t}}{I} = \frac{1}{i\omega c Q_0}. \tag{17}$$

Similarly, the static and motional capacitance and the ratio are

$$C_s = \frac{2ac\varepsilon_{22}}{b}, C_m = \frac{Q}{2\phi_0 e^{i\omega t}} = -cQ_0, \frac{C_m}{C_s} = -\frac{b}{2a}\frac{Q_0}{\varepsilon_{22}}. \tag{18}$$

Finally, the quality factor is defined as

$$Q = \frac{1}{\omega \operatorname{Re}(Z) C_m}. \tag{19}$$

With the electrical charge, current, and resistance known, we can use them as essential parameters for other electrical quantities important in quartz crystal resonator design and analysis. The capacitance ratio, motional resistance for an asymmetric electroded AT-cut quartz plate with material constants [10, 11] and mass ratio of 0.5% (R=0.005) are plotted in Figs. 2 and 3.

In Fig. 2, the capacitance ratio versus frequency shows that all the important vibration modes in the vicinity of the fundamental thickness-shear frequency. Most of the identified modes are consistent with previous experimental and computational results [12].

In Fig. 3, the resistance versus the electroded length to crystal thickness ratios at constant frequency $\Omega = 0.9980$ shows a general increasing trend, as observed through experiments by Zhang [8] and Zhang and Doyle [9]. The peaks of the resistance are the dominantly flexural modes, while the lowest values are the dominantly thickness-shear modes.

All these plots can be used with familiar results like the dispersion curves and frequency spectra to study the effect of resonator configuration and frequency on the electrical parameters, which are not calculated in previous studies as consider with asymmetric electroded crystal resonator.

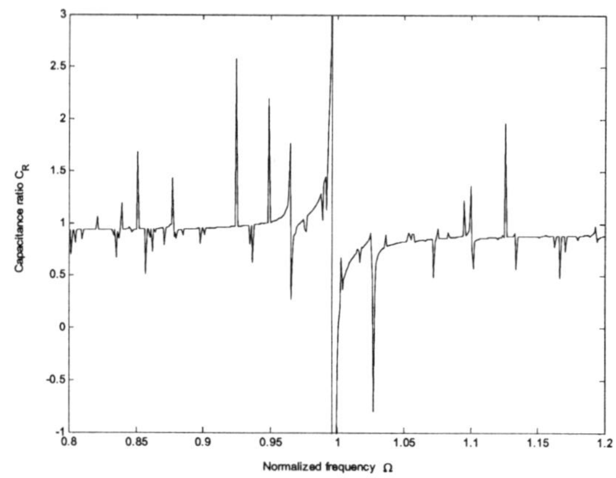

Figure 2. Capacitance ratio of an AT-cut quartz crystal resonator versus normalized frequency.

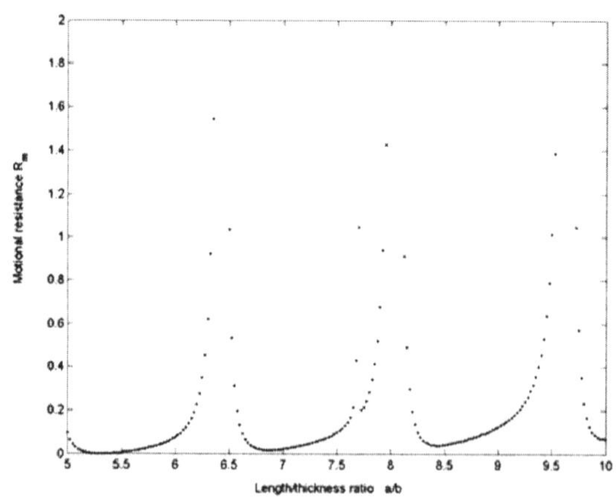

Figure 3. Motional resistance of an AT-cut quartz crystal resonator at normalized frequency $\Omega = 0.9980$ versus electroded length to thickness ratio.

4. Conclusions

One particular interest in our research is the extraction of the resistance of a crystal resonator with the consideration of viscosity. Since the viscosity data for quartz crystal has been known for many years and the sophisticated Mindlin plate theory can be easily extended to consider the complex elastic constants, then the calculation of electrical resistance is straightforward, as we have demonstrated in this paper. The formulation of the electrical charge and current with complex material constants that are also frequency dependent enables us to calculate more electrical parameters in a simple and systematic manner. These parameters can be used to evaluate the frequency dependence of quartz crystal resonators that has been a major concern in many applications. As the electrodes of resonators are not symmetrically arranged due to the mounting points of crystal blanks are only in one side, so the study of asymmetric electrodes is necessary for practical applications. Also we can find out that full and partial electrodes are the particular case in asymmetric ones if we assume that $d_1=d_2$ in Figs. 1. With nonlinear materials constants, these electrical parameters can be further utilized to study the nonlinear properties of quartz crystal resonators quantitatively.

References

1. R.D. Mindlin, High frequency vibrations of piezo-electric crystal plates, *Int. J. Solids Struct.* **8**, 891 (1972).
2. P.C.Y. Lee, J.D. Yu, W.S. Lin, A two-dimensional for vibrations of piezoelectric crystal plates with electroded faces, *J. Appl. Phys.* **83**(3), 1213 (1998).
3. H.F. Tiersten, *Linear Piezoelectric Plate Vibrations*, Plenum Press, New York (1969).
4. J.S. Yang, *An Introduction to the Theory of Piezoelectricity*, Springer, Berlin (2005).
5. P.C.Y. Lee, N.H. Liu, A. Ballato, Thickness vibrations of a piezoelectric plate with dissipation, *IEEE Ultras. Ferr. Freq. Contr.* **51**(1), 52 (2004).
6. P.C.Y. Lee, N. Liu, Plane harmonic waves in an infinite piezoelectric plate with dissipation, *IEEE Ultras. Ferr. Freq. Contr.* **51**(12), 1629 (2004).
7. P. . . Lee, N.P. Edwards, A variational principle for the equations of viscopiezoelectricity, In: *Proc. 2004 IEEE Int. Ultra. Sym.*, 794 (2004).
8. W.P. Zhang, Analytical modeling of resistance for AT-cut quartz strips, In: *Proc. 1998 IEEE Int. Freq. Contr. Sym.*, 981 (1998).
9. W.P. Zhang, M. Doyle, Analytical modeling of resistance for AT-cut quartz strips, In: *Mechanics of Electromagnetic Materials and Structures*, edited by J.S. Yang and G.A. Maugin, 147-158, IOS Press (2000).
10. R. Bechmann, Elastic and piezoelectric of alpha-quartz, *Phys. Rev.* **110**(5), 1060 (1958).
11. J. Lamb, J. Richter, Anisotropic acoustic attenuation with new measurements for quartz at room temperatures, *Proc. R. Soc. London* **293A**, 479-492 (1966).
12. J. Wang, J.D. Yu, Y.K. Yong, et al., A new theory for electroded piezoelectric plates and its finite element application for the forced vibrations of quartz crystal resonators, *Int. J. Solids Struct.* **37**, 5653 (2000).

PROPAGATION OF SURFACE ACOUSTIC WAVES IN A PLATE OF FUNCTIONALLY GRADED MATERIALS

Li-Ming GAO[1], Ji WANG[2], Zheng ZHONG[1], Jian-Ke DU[2]
[1]*College of Aerospace Engineering and Mechanics, Tongji University, 100 Zhangwu Road Shanghai 200092, CHINA*
[2]*Piezoelectric Device Laboratory, School of Engineering, Ningbo University, 818 Fenghua Road Ningbo, Zhejiang 315211, CHINA*

The propagation of surface acoustic waves in functionally graded materials is difficult to analyze because the differential equations have variable coefficients. In this study, Frobenius method is employed to obtain the analytical solution of this problem. The result is very close to that of layered model in our earlier study. Some results from the solution can be the fundamental guidelines for engineering applications including piezoelectric surface acoustic wave resonator and vibration control.

Keywords: Rayleigh wave, surface velocity, vibration, plate, FGM, Frobenius method

1. Introduction

Since Lord Rayleigh discovery surface acoustic waves (SAW, Rayleigh wave) in 1885 [1], it has been widely used in engineering applications including piezoelectric surface wave resonator due to its higher frequency [2].

Functionally graded materials (FGMs) are new generation of composites where the material properties continuously vary along with one or more spatial coordinates. They are widely used in engineering applications. The effective use of elastic waves for such a purpose relies on a through understanding of wave propagation in FGMs. Because the governing equations are generally differential equations with variable coefficients in FGM materials except the exponential variation of material properties along the thickness [3], it is difficult to solve analytically. An FGM plate is often divided into a large number of homogeneous thin layers [4-8], and the governing equations of every layer are differential equations with constant coefficients. By using the continuity of displacement and stress at the interface of two layers and the traction-free boundary conditions, the problem can be solved analytically with good results.

In this article, the Frobenius method is applied to analyze the surface acoustic waves in an FGM plate. At first, the displacements are expanded by Frobenius series and substitute the series into governing equations, and recursion relations can be obtained by making the coefficients of terms vanish. Finally, by using the traction-free boundary conditions, the formulation of surface acoustic waves in FGM plate can be completed.

2. Surface Acoustic Waves in an FGM plate

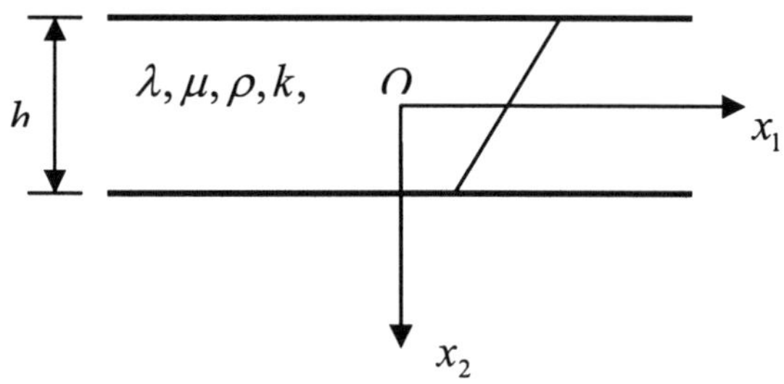

Figure 1. A functionally graded plate.

Firstly, we consider a functionally graded plate shown in Fig. 1 with isotropic material properties λ, μ, ρ as the Lamé constants and density varying along the thickness, respectively. They are assumed to be linear functions of x_2, that is

$$(\lambda, \mu, \rho) = (\lambda_0, \mu_0, \rho_0) f(x_2). \tag{1}$$

k and c are wavenumber and velocity, and $f(x_2) = 1 + \alpha x_2$.

The differential equations of motion are

$$T_{1,1} + T_{6,2} = \rho \ddot{u}_1, \ T_{6,1} + T_{2,2} = \rho \ddot{u}_2, \tag{2}$$

where T_1, T_2, T_6, u_1, u_2 are normal stresses, shear stress and displacements, respectively.

The displacements can be assumed as

$$u_1 = u(x_2)e^{ik(x_1-ct)},\ u_2 = v(x_2)e^{ik(x_1-ct)}. \tag{3}$$

From Eq. (3), the corresponding strains can be obtained as

$$\begin{aligned} S_1 &= ikue^{ik(x_1-ct)}, \\ S_2 &= v'e^{ik(x_1-ct)}, \\ S_6 &= (u' + ikv)e^{ik(x_1-ct)}. \end{aligned} \tag{4}$$

The stresses can be obtained from constitutive equations

$$\begin{aligned} T_1 &= [ik(\lambda + 2\mu)u + \lambda v']e^{ik(x_1-ct)}, \\ T_2 &= [(\lambda + 2\mu)v' + ik\lambda u]e^{ik(x_1-ct)}, \\ T_6 &= \mu(u' + ikv)e^{ik(x_1-ct)}. \end{aligned} \tag{5}$$

With stresses from (5), we have

$$\begin{aligned} & c_T^2 f(x_2)u'' + c_T^2 f'(x_2)u' + k^2(c^2 - c_L^2)f(x_2)u \\ & + ik(c_L^2 - c_T^2)f(x_2)v' + ikc_T^2 f'(x_2)v = 0, \\ & ik(c_L^2 - c_T^2)f(x_2)u' + ik(c_L^2 - 2c_T^2)f'(x_2)u \\ & + c_L^2 f(x_2)v'' + c_L^2 f'(x2)v' + k^2(c^2 - c_T^2)f(x_2)u = 0, \end{aligned} \tag{6}$$

where $c_L = \sqrt{\dfrac{\lambda+2\mu}{\rho}}$ and $c_T = \sqrt{\dfrac{\mu}{\rho}}$ are the velocities of the longitudinal and transverse waves, respectively.

Then u and v can be developed with series expansion

$$u = \sum_{n=0}^{\infty} a_n x_2^{n+s},\quad v = \sum_{n=0}^{\infty} b_n x_2^{n+t}. \tag{7}$$

where a_n and b_n are to be determined. Thus Eq. (6) can be rewritten as

$$\begin{aligned} & \sum_{n=0}^{\infty}\left[f_i(n,s)a_n x_2^{n+s+i} + g_j(n,t)b_n x_2^{n+t+j}\right] = 0, \\ & \sum_{n=0}^{\infty}\left[\bar{f}_i(n,s)a_n x_2^{n+s+i} + \bar{g}_j(n,t)b_n x_2^{n+t+j}\right] = 0, \end{aligned} \tag{8}$$

where $i = -2,-1,0,1,\ j = -1,0,$ and

$$\begin{aligned} & f_{-2}(n,s) = c_T^2(n+s)(n+s-1), \\ & f_{-1}(n,s) = c_T^2(n+s)^2\alpha, \\ & f_0(n,s) = k^2(c^2 - c_L^2), \\ & f_1(n,s) = k^2(c^2 - c_L^2)\alpha, \\ & g_{-1}(n,t) = ik(c_L^2 - c_T^2)(n+t), \end{aligned}$$

$$\begin{aligned} & \bar{f}_{-1}(n,s) = ik(c_L^2 - c_T^2)(n+s), \\ & \bar{f}_0(n,s) = ik\left[(c_L^2 - c_T^2)(n+s) + (c_L^2 - 2c_T^2)\alpha\right], \\ & \bar{g}_{-2}(n,t) = c_L^2(n+t)(n+t-1), \\ & \bar{g}_{-1}(n,t) = c_L^2(n+t)^2\alpha, \\ & \bar{g}_0(n,t) = k^2(c^2 - c_T^2), \\ & \bar{g}_1(n,t) = k^2(c^2 - c_T^2)\alpha. \end{aligned} \tag{9}$$

By setting the coefficients of the terms with the lowest power of x_2 in Eq. (8) equal to zero, i.e. $f_{-2}(n,s)=0$, $g_{-1}(n,t)=0, \bar{f}_{-1}(n,s)=0$, and $\bar{g}_{-2}(n,t)=0$, we have the indicial equations

$$\begin{aligned} & c_T^2 s(s-1) = 0 \quad \text{or} \quad s = 0,1, \\ & ik(c_L^2 - c_T^2)t = 0 \ \text{or} \ t = 0, \\ & ik(c_L^2 - c_T^2)s = 0 \ \text{or} \ s = 0, \\ & c_L^2 t(t-1) = 0 \quad \text{or} \quad t = 0, t = 1. \end{aligned} \tag{10}$$

It maybe seen from Eq. (8) that the choice of $s = 0$ and $t = 0$ makes the coefficients of terms x_2^{-2} and x_2^{-1} to vanish for arbitrary values of a_0, b_0, a_1 and b_1. It is important to emphasize that there are four undetermined constants, a_0, b_0, a_1 and b_1 in Eq. (7). Hence, the remaining constants in Eq. (7) can be expressed in terms of these four arbitrary constants by the relations

$$\begin{aligned} a_{n+3} &= \sum_{j=0}^{2}\left(\Lambda_{n,j}a_{n+j} + \Gamma_{n,j}b_{n+j}\right), \\ b_{n+3} &= \sum_{j=0}^{2}\left(\bar{\Lambda}_{n,j}a_{n+j} + \bar{\Gamma}_{n,j}b_{n+j}\right), \end{aligned} \tag{11}$$

where

$$\begin{aligned} \Lambda_{n,2} &= -\alpha\frac{n+2}{n+3}, \\ \Lambda_{n,1} &= -k^2\frac{c^2 - c_L^2}{c_T^2(n+3)(n+2)}, \\ \Lambda_{n,0} &= -k^2\alpha\frac{c^2 - c_L^2}{c_T^2(n+3)(n+2)}, \\ \Gamma_{n,2} &= -ik\frac{(c_L^2 - c_T^2)}{c_T^2(n+3)} \\ \Gamma_{n,1} &= -ik\alpha\frac{c_T^2 + (c_L^2 - c_T^2)(n+1)}{c_T^2(n+3)(n+2)}, \end{aligned}$$

$$
\begin{aligned}
&\Gamma_{n,0} = 0,\\
&\overline{\Lambda}_{n,2} = -ik\frac{c_L^2 - c_T^2}{c_L^2(n+3)},\\
&\overline{\Lambda}_{n,1} = -ik\alpha\frac{c_L^2 - 2c_T^2 + (c_L^2 - c_T^2)(n+1)}{c_L^2(n+3)(n+2)},\\
&\overline{\Lambda}_{n,0} = 0,\\
&\overline{\Gamma}_{n,2} = -\alpha\frac{n+2}{n+3},\\
&\overline{\Gamma}_{n,1} = -k^2\frac{c^2 - c_T^2}{c_L^2(n+3)(n+2)},\\
&\overline{\Gamma}_{n,0} = -k^2\alpha\frac{c^2 - c_T^2}{c_L^2(n+3)(n+2)}.
\end{aligned} \tag{12}
$$

Inserting Eq. (12) to the right side of Eq. (11), we have

$$
\begin{aligned}
a_n &= a_0h_0(n) + a_1h_1(n) + b_0h_2(n) + b_1h_3(n),\\
b_n &= a_0k_0(n) + a_1k_1(n) + b_0k_2(n) + b_1k_3(n).
\end{aligned} \tag{13}
$$

Substitution of Eqs. (12) and (13) into Eq. (7) yields

$$
\begin{aligned}
u(x_2) &= a_0W_0(x_2) + a_1W_1(x_2) + b_0W_2(x_2) + b_1W_3(x_2),\\
v(x_2) &= a_0G_0(x_2) + a_1G_1(x_2) + b_0G_2(x_2) + b_1G_3(x_2),
\end{aligned} \tag{14}
$$

where

$$
W_i = \sum_{n=0}^{\infty} h_i x_2^n,\quad G_i = \sum_{n=0}^{\infty} k_i x_2^n,\quad i = 0,1,2,3. \tag{15}
$$

If the four arbitrary constants can be obtained, the formulation for free vibrations of the FGM plate in surface acoustic wave mode is completed. And further substitution of Eq. (15) into Eq. (5) gives ($e^{ik(x_1-ct)}$ omitted)

$$
\begin{aligned}
T_1 &= a_0P_0(x_2) + a_1P_1(x_2) + b_0P_2(x_2) + b_1P_3(x_2),\\
T_2 &= a_0Q_0(x_2) + a_1Q_1(x_2) + b_0Q_2(x_2) + b_1Q_3(x_2),\\
T_6 &= a_0R_0(x_2) + a_1R_1(x_2) + b_0R_2(x_2) + b_1R_3(x_2),
\end{aligned} \tag{16}
$$

where

$$
\begin{aligned}
P_i(x_2) &= \hat{X}\left[ik(\lambda_0 + 2\mu_0)W_i(x_2) + \lambda_0 G_i'(x_2)\right],\\
Q_i(x_2) &= \hat{X}\left[ik\lambda_0 W_i(x_2) + (\lambda_0 + 2\mu_0)G_i'(x_2)\right],\quad i = 0,1,2,3,\\
R_i(x_2) &= \mu_0\hat{X}\left[W_i'(x_2) + ikG_i(x_2)\right],
\end{aligned} \tag{17}
$$

and $\hat{X} = 1 + \alpha x_2$.

On the upper and lower surfaces of the layered structure shown in Fig. 1, we have the traction-free boundary conditions

$$
T_2(-h/2) = T_6(-h/2) = T_2(h/2) = T_6(h/2) = 0. \tag{18}
$$

The resulted equation can be written as

$$
\mathbf{KA} = \mathbf{0}, \tag{19}
$$

where the amplitude vector is

$$
\mathbf{A} = \{a_0 \quad a_1 \quad b_0 \quad b_1\}, \tag{20}
$$

and the coefficient matrix is

$$
\mathbf{K} = \begin{bmatrix}
Q_0(-h/2) & Q_1(-h/2) & Q_2(-h/2) & Q_3(-h/2)\\
R_0(-h/2) & R_1(-h/2) & R_2(-h/2) & R_3(-h/2)\\
Q_0(h/2) & Q_1(h/2) & Q_2(h/2) & Q_3(h/2)\\
R_0(h/2) & R_1(h/2) & R_2(h/2) & R_3(h/2)
\end{bmatrix}. \tag{21}
$$

The velocity can be obtained from Eq. (21) by setting the determinant to vanish. By calculating the amplitude ratios, we also can obtain the mode shapes from Eq. (14).

3. Numerical Examples

For a functionally graded plate with thickness of three wavelengths and material properties varying along thickness direction in a linear function like $f(x_2) = 1 + \alpha x_2$ displacements in Eq. (7) are assumed with series expansion. From some calculations, we find the convergence of deformation and wave velocity can be achieved when n=80. Velocity and displacements, shown in Figs. 2-4, can be obtained from Eq. (19).

From the velocity in Fig. 2, the two branches of the velocity curve are shown, and they depart from each other along with the increase of $|\alpha|$. As we know, separated frequencies can be used for frequency selectivity in devices. From Figs. 3 and 4, it is clear that the hardening of the material along the thickness direction (positive α) from the top will enlarge the displacements of lower face in the first mode but reduce them in the second mode. Similarly, the softening of the material from the top of the plate (negative α) will reduce the displacements of the lower face in the first mode but enlarge them in the second mode. The increased deformation can be used for enhancement of electrical charge generation in SAW devices. On the other hand, the reduced deformation is preferable in the vibration isolation and control.

From Fig. 5, the two velocities in FGM plate trend that of homogeneous semi-infinite solid along with the increase of thickness of plate.

The above results of surface acoustic waves in FGM plate are same with those of layered model in our earlier study [8].

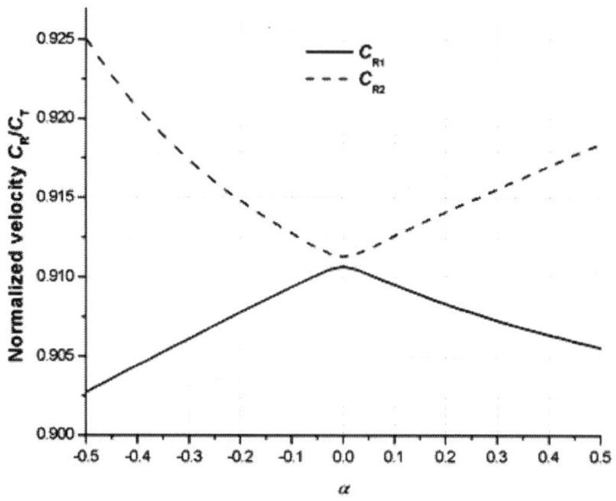

Figure 2. Velocity of surface acoustic waves in an FGM plate with thickness of three wavelengths and material properties of $f(x_2)=1+\alpha x_2$.

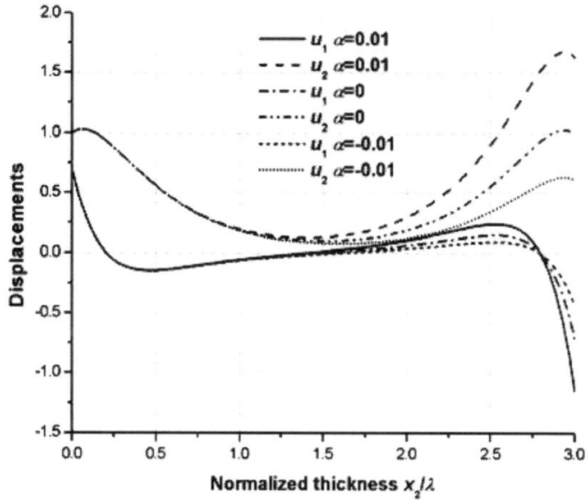

Figure 3. Displacement of the first mode of surface acoustic waves in an FGM plate with thickness of three wavelengths and material properties of $f(x_2)=1+\alpha x_2$.

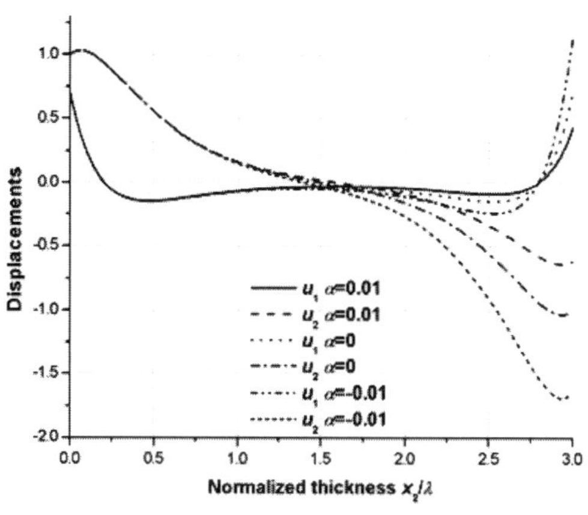

Figure 4. Displacement of the second mode of surface acoustic waves in an FGM plate with thickness of three wavelengths and material properties of $f(x_2)=1+\alpha x_2$.

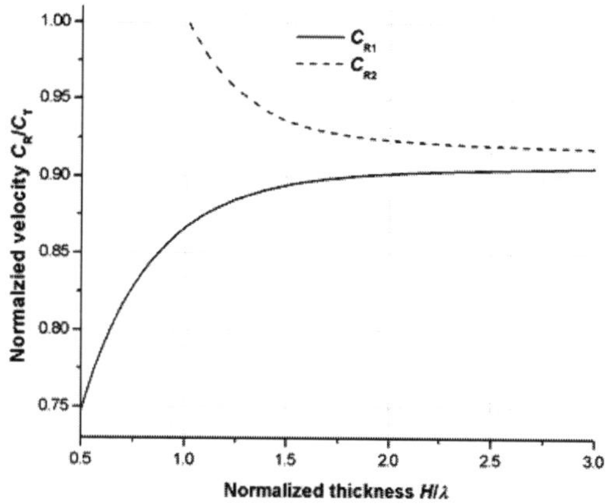

Figure 5. Normalized velocity of surface acoustic waves versus thickness of plate in FGM plate with thickness of three wavelengths.

4. Conclusions

Frobenius method is used to solve the differential equations with variable coefficients of surface acoustic waves in functionally graded materials. The equations and solution procedure are validated by comparing the solutions from the Frobenius method with earlier layered model solutions with good agreement.

From above results, if plate properties vary along the thickness, the displacement modes and frequency behavior can be modified. It is clear that there are different effects on deformation on the two faces of the FGM plate. As a result, the working mode must be identified before using the FGM.

Acknowledgments

This project is supported by the National Natural Science Foundation of China (Project Nos.10432030, 10125209, and 10572065) and the Teaching and Research Award Program for Outstanding Young Teachers in Higher Education Institutions, Ministry of Education, China.

This research is also supported by Qianjiang River Fund established by Zhejiang Provincial Government and Ningbo University and administered by Ningbo University.

References

1. L. Rayleigh, On waves propagated along the plane surface of an elastic solid, *Proc. London Math. Soc.* **17**, 4 (1885).

2. K. Hashimoto, *Surface Acoustic Wave Devices in Telecommunications, Modeling and Simulation*, Springer, Berlin (2000).
3. J. Wang, J.K. Du, L.H. Zhou, et al., Surface acoustic waves in solids of functionally graded materials, *IEEE TUFFC*, submitted.
4. X. Han, G.R. Liu, Effects of SH waves in a functionally graded plate, *Mech. Res. Commun.* **29**, 327 (2002).
5. X. Han, D. Xu, G.R. Liu, A computational inverse technique for material characterization of a functionally graded cylinder using a progressive neural network, *Neurocomputing* **51**, 341 (2003).
6. M.H. Santare, P. Thamburaj, G.A. Gazonas, The use of graded finite elements in the study of elastic wave propagation in continuously nonhomogeneous materials, *Int. J. Solids Struct.* **40**, 5621 (2003).
7. A. Chakraborty, S. Gopalakrishnan, A spectrally formulated finite element for wave propagation analysis in functionally graded beams, *Int. J. Solids Struct.* **40**, 2421 (2003).
8. L.M. Gao, J. Wang, Z. Zhong. et al., An analysis of surface acoustic wave propagation in a plate of functionally graded materials with a layered model, *Science in China G*, in press (2007).
9. J. Wang, J.K. Du, Q.Q. Pan, A two- dimensional analysis of surface acoustic waves in finite plates with eigensolutions, *Science in China G*, in press (2007).
10. J. Wang, J.K. Du, W.Q. Lu, et al., Exact and approximate analysis of surface waves in an infinite elastic plate with a thin metal layer, *Ultrasonics*, **44**(S1), 941 (2006).
11. J. Wang, K. Hashimoto, A two-dimensional theory for the analysis of surface acoustic waves in finite elastic solids, *J. Sound Vib.* **295**, 838 (2006).
12. J. Wang, J.B. Lin, A two-dimensional theory for surface acoustic wave analysis in finite piezoelectric solids, *J. Intell. Mater. Sys. Struct.* **16**, 623 (2005).

ROBUST TRACKING CONTROL OF A PIEZODRIVEN MONOLITHIC FLEXURE-HINGE STAGE

Yi-Cheng HUANG, Chih-Hao CHENG
Mechatronics Engineering, National Changhua University of Education,500 Chinde Rd. Changhua, Taiwan Changhua 500, Taiwan
E-mail: ychuang@cc.ncue.edu.tw

This study presents the controller design and tests of a new piezodriven two degree-of freedom (DOF) monolithic stage for precision motion. The computer-controlled system was developed, designed and employed for better displacement error compensation by proportional-integral-derivative (PID) controller based on Internal Model Control (IMC), Iterative Learning Control (ILC) and Disturbance Observer (DO). Experimental results show that stage positioning is precisely controlled (error ≈ 1.42%) for tracking sinusoidal waveforms by IMC and P-type ILC with repeatable disturbance. With additional DO, experiment tests perform error ≈ 0.5% with non repeatable disturbance up to 16% of the maximum traveling length in roughly 5 iterations. This is close to the hardware reproducibility level. Experimental results show the piezo-stage controlled system can be potentially used for nano technology applications for precision engineering in industrial systems.

Keywords: Iterative learning control, internal model control, disturbance observer, piezoelectric actuator, monolithic motion stage

1. Introduction

Micro positioning systems using piezoelectric actuator (PEA) have a very wide range of applications including ultra-precision machine tools, x-ray lithography and optical fiber alignment system. In recent years, ultra-high precision manufacturing technology has become an important area impacting on the production of semiconductors, optoelectronics, and MEMS/NEMS.

A major limitation of PEA positioning responses is that it exhibits hysteretic behavior when voltage is actuated. This hysteretic error can be compensated by following three efforts [1]. They are categorized as: 1) by use of electric charge control, 2) by use of feedforward nonlinear models, and 3) by use of closed-loop control schemes respectively. In the first effort, there is an almost linear relation between dielectric displacement and PEA deformation, but the circuitry for this power driver is complicated. When external forces apply to PEA, charge or voltage amplifier will be directly influenced by reverse piezoelectric effect and disturbs the actuating signals. The second compensation effort can be categorized with following two functions. The first one is to compensate the voltage bias while using linear PEA model. Therefore, actuated voltage is feedback with look-up table in [2]. Second one is the feedforward compensation based on PEA nonlinear models including: Maxwell Slip Model [3], Bouc-Wen Model [4], Duhem Model [5] and Preisach Model [1]. Predicting the PEA displacement in above models needs three or more parameters of the differential equations [1, 3-5]. As mentioned in above, when external force exists, the nonlinear PEA model needs to be reconstructed. Besides, additional force transducer or voltage sensor needs to be employed experimentally. The third effort is to combine the feedforward control and feedback control [1-2].

As expected, the hysteretic phenomena which cause unstable robustness in control, steady-state error etc, commonly occurs in broad spectrum of physical system. Hysteretic displacement error increases the time of feedback control compensation and degrades the PEA-actuated stage accuracy. As we know that in most control system applications, the majority of the errors can be categorized as a twofold: one is deterministic and reproducible the other one is non repetitive disturbance. Early learning and repetitive control methods [6] were usually based on the idea of integral control applied in the repetition domain. Since then, many approaches to producing learning and repetitive control laws for linear systems have been developed. A series of laws developed by [6-7] with theoretically or experimentally demonstrations of effectiveness. These laws are able to learn how to substantially decrease tracking error with repetitions. Since PEA hysteretic effect on positioning can be treated as repetitive disturbance. Therefore, control systems for PEA on positioning encounters the problems of executing the same commands many times each day, repeatedly making the same errors. These deterministic errors should be compensated to go to zero as the repetitions of the task progress theoretically [7-9]. In addition, the voltage amplifier with capacitive load creates voltage noise and renders the mechanical positioning noise. Besides, in cases where the plant has significant time delay, traditional continuous-time disturbance observer design methods based on low-order plant models encounter problems [8]. Thus a DO along with conventional PID compensation in feedback control provides a convenient method for assuring the controller with adequate disturbance rejection [8]. Controller design should allow study of better, more robust, positioning of a two DOF monolithic motion stage here.

2. Appratus Set-up

The experimental apparatus is shown in Fig. 1. The displacement of the PEA (model PSt 150/5/7, Piezomechanik Dr. Lutz Pickelmann Gmbh,) is directly measured by a precision capacitance positioning sensor (model PX505G) of 75 nanometer accuracy, 10k Hz bandwidth charge amplifier (model DMT 10, Lion Precision Corp.). The IBM-PC compatible computer with a sampling rate of 2 kHz is used and generated the digital driving voltage to the PEA. This signal is converted by a 12-bit digital-to-analogue converter (DAQ 6024E, National Instrument) and amplified by a voltage amplifier (SQV 3/150) to an analogue voltage signal in the range of 150 V. Real time workshop environment by MATLAB/Simulink is implemented. Measured positioning signal is converted to analogue-to-digital converter.

When PEA actuates a two degree-of-freedom (DOF) monolithic motion stage [9], as shown in Fig. 2, the reactive forces between the PEA and the guided flexure hinge for positioning stage degrades the efficiency of the electrical and mechanical energy conversion. If the conversion is good enough for motion output, it's conceivable that the stage positioning will move as the same as the PEA does.

The corresponding transfer function of stage is first experimentally identified by both Logarithmic decrement method in time domain and impulse response by using Dynamic Signal Analyzers (Model 20-42, SigLab, DSP Technology Inc.) in frequency domain. The theoretically and experimentally identified frequency responses are shown in Fig. 3. We can see that the natural mode of this monolithic stage is about 100 Hz.

3. Modeling of Piezoelectric Actuator

To improve the tracking accuracy of PEA positioning, it is important to develop a model to identify their nonlinear hysteresis behavior and to utilize this model in a control scheme. Over the past years a considerable number of studies have been focused on knowing the PEA nonlinear behavior.

As described in [10], any dynamic system will exhibit an ellipsoid-shaped input-output hysteresis, provided the input is of sufficient frequency to create discernible phase lag in the output. Our observation on PEA output trajectory is based on two factors: the amplitude and the phase. Therefore it is possible to seek a way to model PEA from experimental approach by an once-only tuned parameters from linear application based on phase delay concern. The nonlinearity compensation will then be treated as a repetitive disturbance error with repetitions.

In order to levitate the parametric efforts on PEA nonlinear behavior and propound an approach by mimicking the PEA ellipsoid-shaped trajectory, we chose the coefficients of the fist order transfer function b to be 1. Consequently coordinating two first-order transfer functions (TF) in parallel with a factor of 0.5 will be implemented for searching the parameters of PEA transfer function. The identified parameters employing only one measurement from the experiment will subject to examination for their applicability and be utilized for designs of feedback controllers thereafter in Section 4. These parameters will be treated as the nominal model. Any model uncertainty problem will be designed and examined later.

Figure 4 illustrates the numerical simulated and measured PEA trajectories for tuned parameters of a_1 and a_2 as 0.00287, 0.01053 respectively. It is known that the output trajectories of PEA exhibit different loop shapes while input magnitudes and frequencies change. Figure 5 gives the measured RMS tracking error as a function of voltage. In comparison with Bouc-Wen and Duhem models, the TF model can predict the measured PEA response well (below 10 % of the maximum displacement) for input magnitude ranging from 30 V to 100 V. This obtained TF model will be designed in following controllers as a nominal model.

4. Controller Structure Design

In this study, we will use the ILC as the learning framework to implement the stage control. This evolves the existing stable feedback controller for ILC design. It is known that the ILC needs to rely on a stable existing feedback controller. The conventional PID controller becomes the natural choice. However, tuning PID controller gain coefficients is time consuming. In Section 4.1 we will use the IMC to mimic the PID by using only one parameter after the PEA model is obtained in section 3. Since the environment disturbance includes repetitive and non repetitive disturbance to the stage. In Section 4.3, we use the design of DO to compensate those non repetitive disturbed signals.

4.1. *Iterative learning control design*

The simplest form of ILC is based on integral control ideas from classical control theory applied at each time step of a repetitive task. This action eliminates deterministic error in the output of a feedback controller executing this specific command repeatedly. The integral action changes the command each time step, with the aim of converging to a command, not equal to the desired output, but nevertheless, causing the feedback control system to produce the desired trajectory as the output.

A general SISO state-space formulation is used to represent the closed loop system relationship as follows,

$$x(k+1) = Ax(k) + B(u(k) + w(k)),\ k = 0,1,\cdots,p-1 \quad (1)$$

$$y(k) = Cx(k), \quad k = 0,1,\cdots,p \quad (2)$$

where x is the n-dimensional state vector. Matrix A is the closed loop system matrix, so that u is the learning control signal which is added to the commanded trajectory in order to cause the output y to converge to the desired output. The forcing function w contains the desired trajectory as it appears in the feedback control law, and in addition it can contain any disturbances that repeat every time the command is given. A command of p time steps is considered that starts from the same initial condition for each repetition.

If we write the solution of Eq. (2) in terms of convolution sums, and apply the difference operation, the initial condition term and the w term are eliminated, and we can package the result for an entire repetition as

$$\delta_j \underline{y} = P\delta_j \underline{u} \quad (3)$$

where

$$P = \begin{bmatrix} CB & 0 & 0 & \cdots & 0 \\ CAB & CB & 0 & \cdots & 0 \\ CA^2B & CAB & CB & \cdots & 0 \\ \vdots & \vdots & \vdots & \ddots & \vdots \\ CA^{p-1}B & CA^{p-2}B & CA^{p-3}B & \ldots & CB \end{bmatrix} \quad (4)$$

A general linear learning control law has the form

$$\underline{u}_j = \underline{u}_{j-1} + L\underline{e}_{j-1} \ ; \ \underline{e}_{j-1} = \underline{y}^* - \underline{y}_{j-1} \quad (5)$$

where L is the learning gain matrix, and $\underline{e}_j$ is the error history for repetition j, i.e., the difference between the desired output and the actual output at repetition j. Combining Eqs. (5) and (3)

$$\underline{e}_j = (I - PL)\underline{e}_{j-1} \quad (6)$$

from which we conclude that the repetitive learning process is stable and $\underline{e}_j \to 0$ for all initial errors, if and only if

$$|\lambda_i(I - PL)| < 1 \qquad i = 1,2,3,\ldots,p \quad (7)$$

Integral control based learning control corresponds to having the matrix L be diagonal with all elements equal to the same learning gain, $L = diag(\phi, \phi, \ldots, \phi)$. From Eq. (7), it will converge to zero tracking error, independent of the system dynamics in A, provided $|1 - CB\phi| < 1$. Unfortunately, this second condition (Eq. (7)) does not guarantee monotone convergence. Using a contraction mapping approach, Moore [7] developed a theorem to make the ILC scheme converge if the induced operator norm can satisfy

$$\|I - \phi P\|_i < 1 \quad (8)$$

The conditions on the plant for satisfying Eq. (8) under the same learning gain are more conservative than Eq. (7) by satisfying one of the following two conditions ensuring monotone convergence [7].

Condition 1: given a learning gain, ϕ, with $1 - CB\phi > 0$, if the condition of $|CB| > \sum_{j=2}^{P} |CA^{j-1}B|$ holds, the learning process guarantees monotone convergence.

Condition 2: given a learning gain, ϕ, with $1 - CB\phi < 0$, if the condition of $|CB| < \frac{2}{|\phi|} - \sum_{j=2}^{P} |CA^{j-1}B|$ holds, the learning process guarantees monotone convergence.

However, how to pick the sampling time by converting continuous-time system into the discrete-time system is unveiled in [7]. Although these two conditions can hold or not based on the sampling time selection, nevertheless, they suggest that if one of the conditions holds, the natural learning gain is bounded for guaranteeing monotone convergence. After several trials and errors the sampling time is chosen as 0.001 second in this study.

4.2. *Internal model control*

The well-known internal model control scheme has been and continues to be very popular in process control applications since it allows the designer to tune a single parameter to achieve an interesting tradeoff between closed loop performance and robustness to model inaccuracies [11]. The IMC and classical feedback structures are equivalent under the following transformation:

$$C_{IMC} = \frac{Q_{IMC}}{1 - Q_{IMC}\hat{G}}, \quad Q_{IMC} = \frac{C_{IMC}}{1 + C_{IMC}\hat{G}} \tag{9}$$

where C_{IMC} is the controller, $G(s)$ is the plant being controlled, $\hat{G}_{inv}(s)$ is the approximation to the inverse of the plant model, and Q_{IMC} is a design transfer function. Equation (9) implies that the controller C_{IMC} is parameterized in terms of the design transfer function Q_{IMC}. It also indicates that the controller is directly dependent on the model of $\hat{G}$. In Eq. (10), F_{IMC} is a closed-loop specification filter named modulation filter. The integer n is chosen to make Q_{IMC} bi-proper in Eq. (11).

In this study the n is assigned as one because of the TF model for PEA in section 3. That is, the order of the numerator is equal to the order of the denominator, and β is a design parameter that characterizes the speed of response of the closed-loop system. The presence of the term $\hat{G}_{inv}$ in Eq. (11) derives from the observation that a controller with the inverse structure of the process being controlled performed perfectively under the ideal case. It is also known that to ensure internal stability for the nominal loop ($G = \hat{G}$), the nominal complementary sensitivity function in Eq. (12) has to be stable.

$$F_{IMC} = \frac{1}{(1 + \beta s)^n} \tag{10}$$

$$Q_{IMC} = F_{IMC}\hat{G}_{inv} \tag{11}$$

$$\hat{T} = \frac{r}{y} = \frac{\hat{G}C_{IMC}}{1 + \hat{G}C_{IMC}} = Q_{IMC}\hat{G} \tag{12}$$

The IMC design procedure ensures following robust stability criterion can be satisfied as:

$$\left\| \hat{T}\tilde{G} \right\| < 1 \tag{13}$$

where

$$\tilde{G} = \frac{G - \hat{G}}{\hat{G}} = \frac{\Delta G}{\hat{G}} \tag{14}$$

Substituting Eqs. (11)-(14), we have

$$\left\| F_{IMC}\hat{G}_{inv}\Delta G \right\| < 1 \tag{15}$$

It is clear from Eq. (15) that the modulating filter F_{IMC} can be appropriately selected to compensate for the modeling error ΔG to ensure satisfaction of the robust stability condition.

4.3. *Disturbance observer*

Disturbance observers offer several attractive features [8]. In the absence of large model errors, they allow independent tuning of disturbance rejection characteristics and command following characteristics, which is particularly helpful in situation where gains needs to be tuned on-line. Besides, disturbance observers allow more flexibility via the selection of the order, relative degree, and bandwidth of low-pass filtering. As aforementioned, the P-type ILC can't tackle with the non repetitive disturbance to the motion stage. Use of DO will be designed and implemented by canceling the non deterministic error for bettering ultra fine positioning in this study. Therefore, each position sensor for each axis will be used for IMC structure followed by the injecting ILC monotonic decay learning processing signals. The unmodel dynamics of the non-repetitive disturbance will be compensated by the feature of DO design.

The key design of the DO is issued by choosing Q(s) (Fig. 6) to provide a good balance between disturbance rejection performance versus stability robustness and noise sensitivity. Ideally, the DO will attenuate disturbances at low frequencies and assure the plant to which the outer loop IMC compensation is applied closely matches the nominal model.

Consider a nominal system $P_n(s)$ in a continuous-time disturbance observer is manipulated with control signal u(s) and then output a signal v(s) with disturbance signal d(s) and sensor noise ς(s) as shown in Fig. 6. In order to realize the Q filter design in experiments, the equivalent block transfer function of $Q(s)/P_n(s)$ in the block diagram of equivalent continuous-time system illustrates the relative degree of the Q must less than the one of the P_n. The complimentary sensitivity function, $T(s)$, for the DO open loop gain in the absence of unmodeled dynamics is

$$G_{ol}(s) = \frac{Q(s)}{1-Q(s)} = T(s) \tag{16}$$

Suppose the PEA to be controlled is unmodeled with multiplicative perturbation as defined as follows.

$$\Delta = \frac{G(s)-G_n(s)}{G_n(s)} \tag{17}$$

The robust stability of the inner loop formed by the DO is assured, if

$$\|T(j\omega)\Delta(j\omega)\|_\infty \leq 1 \tag{18}$$

To visualize the limit imposed by additive perturbation upon the bandwidth of Q_i, the selection of Butterworth filters [12] was suggested with the cutoff frequency, τ, of Q_i as follows.

$$Q_1(s) = \frac{1}{\tau s+1} \tag{19}$$

$$Q_2(s) = \frac{1.41\tau s+1}{(\tau s)^2+1.41\tau s+1} \tag{20}$$

$$Q_3(s) = \frac{2(\tau s)^2+2\tau s+1}{(\tau s)^3+2(\tau s)^2+2\tau s+1} \tag{21}$$

Herein the Bode plot of the magnitudes of $1/\Delta$ and every candidate Q_i filter are shown in Fig. 7. Numerical simulations for τ are set as 0.01 and 0.001 respectively. The plot of Q_i exhibits below the plot of $1/\Delta$. This means the selection of Q_i filter for DO design is robust enough. Recently, the nano-technology application in positioning allows to process the PID control time for 50 ms. Thus in this study the repetitive period for PEA actuated stage is based on the design of 10Hz and the value of τ is set to be 0.01 for conservative design.

5. Experimental Results

5.1. *Identified PEA model and IMC realization*

The identified PEA transfer function ($G = \hat{G}$) via Fig. 4 is as follows.

$$\frac{6.7\times10^{-3}s+1}{3.02\times10^{-5}s^2+0.0134s+1} \tag{22}$$

Therefore designing the modulating filter F_{IMC} (Eq. 10) is a first order transfer function such that Q_{IMC} is bi-proper. The selection of β is set to be 0.0001 with the consideration of no overshooting phenomena but fast response behavior. The IMC robust stability criterion is satisfied based on 5 % perturbation on the damping and stiffness terms. Therefore by substituting Q_{IMC} and $\hat{G}$ into the controller C_{IMC}, we have

$$C_{IMC} = \frac{0.3.02s^2+1.34s+10000}{0.0067s^2+s} \tag{23}$$

Figure 8 illustrates the experimental result of the stage positioning without any disturbance. The reference positions are commanded by a 10 Hz sinusoidal wave with the amplitude in maximum 12 μm (see Figure 9). In Fig. 8, the RMS error is averaged as 1.25 % when the maximum 10 Hz sinusoidal tracking traveling length is 12 μm. Figure 9 presents the tracking sinusoidal command and the repetitive disturbance as a function of time with 10 Hz input. Figure 10 shows the performance of the IMC feedback controller with Fig. 9 disturbance excitation. As expected, when the PEA actuated stage is disturbed by repetitive disturbance (±1μm), experimental RMS errors will result to 0.32 μm corresponding to the 2.67 % of 12 μm. Therefore, for ultra-fine positioning, such an IMC system is said to be failing to learn. Besides, based on the PEA model uncertainty and unexpected disturbance, the learning process has the ability to capture the same mistake made by the same IMC parameters and correct it as repetition increases.

5.2. *Combined ILC and disturbance observer*

As mentioned, learning control uses the fact that the same task is being repeated, and the monotonic condition can guarantee convergence. ILC can very easily handle deterministic disturbances that occur during each repetition. It also has no on-line computation constraints whenever the computations are completed they can be applied to the next repetition of the command. The integrated controllers are structured as shown in Fig. 11. It is instructive to note that ILC method requires the continuous system relative degree to be one or at most two with P-typed learning control law. In above section 4.2, the feedback control system fulfills the ILC design category. Besides, section 4.1 details how to determine the bounded learning gain and then to assure the monotonic convergence. In this study, the sampling rate is chosen as 1 k Hz. Therefore the condition made by $|CB| > \sum_{i=20}^{50} |CA^{i-1}B|$ and ILC gain (ϕ) which is bounded by Eq. (8) is assured monotonic converged as $\phi < 1.2639$.

The searched gain made by $|1 - CB\phi| < 1$ in Eq. (8) gives $0 < \phi < 4.4627$.

Therefore the ILC gain is bounded by $0 < \phi < 1.2639$.

From Eqs. (4) and (7), the actual ILC convergence mechanism is a wave of convergence starting from time zero and progressing to time p. The best candidate for fast learning process is obtained by searching the learning gain as 1 where the RMS errors go to almost zero. Thus tested sinusoidal signals, in Fig. 12, with maximum 12 μm are injecting into the monolithic stage both by 10 Hz repetitive disturbance error ($\pm 1\mu m$) and non repeatable disturbance error ($\pm 1\mu m$). Figure 13 illustrates the measured tracking error of the monolithic stage by using the ILC and DO design is about twice of the sensor accuracy (75 nm) under the external excitation by $\pm 1\mu m$.

Table 1 shows the useful results by adding the DO. Observer helps to improve the tracking error in about 50 %. Based on the same identified TF model in Fig. 5, we would like to verify robustness through the controllers developed by ILC and DO. Table 2 and 3 demonstrate the experimental results for monolithic flexure hinge stage by varying the different amplitudes and frequencies. Without repetitive disturbances, the experimental RMS errors can reduce to the submicro meter resolution significantly.

6. Conclusions

A discrete-time tracking controller was designed and applied to a new two DOF piezodriven monolithic stage. Piezoelectric-actuator model is synthesized based on the two first-order transfer systems in parallel with two tuned parameters determined from experiments. The computer-controlled system was developed, designed and employed for precise motion by Internal Model Control, Iterative Learning Control and Disturbance Observer. Experimental results shows that stage positioning can be precisely controlled (RMS error ≈ 170 nm, error ≈ 1.42%) for tracking sinusoidal waveforms by IMC and P-type ILC with repeatable disturbance after 4 repetitions. With additional DO, experimental tests perform error ≈ 0.5% with non repeatable disturbance up to 16% of the maximum traveling length in roughly 5 iterations. This is close to the hardware reproducibility level. Experimental results show the piezo-stage control system can be potentially used for nano technology applications for precision engineering in industrial systems.

References

1. P. Ge, M. Jouaneh, Tracking control of a piezo-ceramic actuator, *IEEE Contr. Sys. Tech.* **4**(3), 209 (1996).
2. J.D. Kim, S.R. Nam, Development of a micro-position grinding table using piezoelectric voltage feedback, *Proc. Part B - J. Eng. Manufact.* **209**, 469 (1995).
3. G.S. Choi, H.S. Kim, G.H. Choi, A Study on position control of piezoelectric Actuators, In: *Industrial Electronics* (*ISIE '97*) **3**, 851 (1997).
4. B.M. Chen, T.H. Lee, C.C. Hang, et al., An H_∞ almost disturbance decoupling robust controller design for a piezoceramic bimorph actuator with hysteresis, *IEEE Contr. Sys. Tech.* **7**(2), 160 (1999).
5. Y. Stepanenko, C.Y. Su, Intelligent control of piezoelectric actuators, In: *Proc. 37th IEEE Conf. Decision Contr.* **4**, 4234 (1998).
6. R.W. Longman, Design methodology in learning and repetitive control, In: *Proc. 2nd Asian Contr. Conf. (Seoul)*, 39 (1997).
7. K.L. Moore, An observation about monotonic convergence in discrete-time, P-type iterative learning control, In: *Proc. IEEE Int. Sym. Intell. Contr.*, 45 (2001).
8. C.J. Kempf, S. Kobayashi, Disturbance observer and feedforward design for a high-speed direct-drive positioning table, *IEEE Contr. Sys. Tech.* **7**(5), 513 (1999).
9. Y.C. Huang, S.C. Shieh, *Precision Micrometer Positioning Motion Stage*, Taiwan Patent No. 090202103, (2001).

10. M. Goldfarb, N. Celanovic, Modeling piezoelectric stack actuators for control of micromanipulation, *IEEE Contr. Sys. Mag.* **17**, 69 (1997).
11. M. Morari, E. Zafiriou, *Robust Process Control*, Prentice Hall, New Jersey (1989).
12. T. Umeno, Y. Hori, Robust speed control of DC servomotors using modern two degrees-of-freedom controller design, *IEEE Indust. Electr.* **38(5)**, 363 (1991).

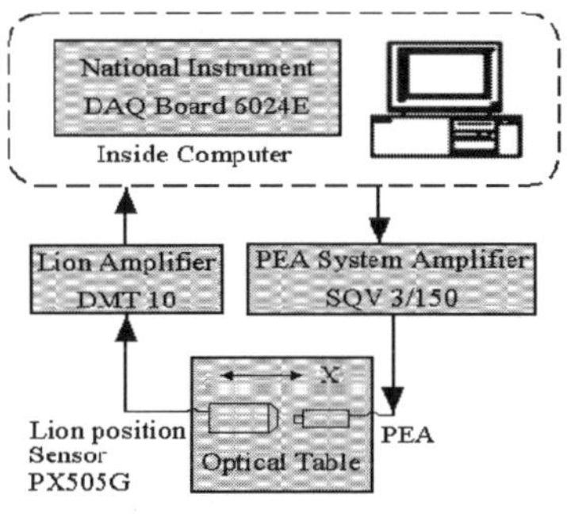

Figure 1. Experimental set-up of the PEA positioning system.

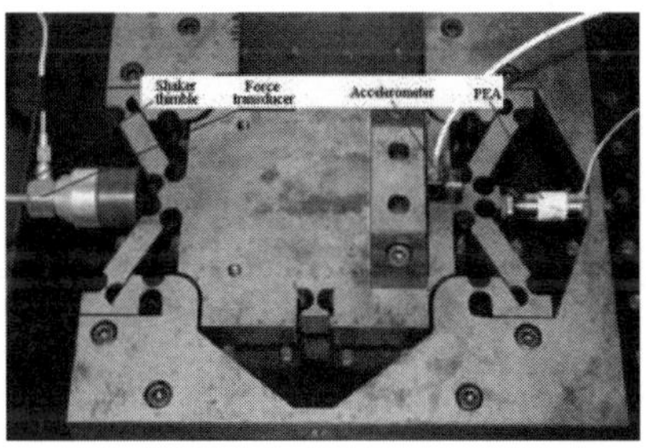

Figure 2. Picture of the two DOF piezodriven monolithic flexure-hinge stage.

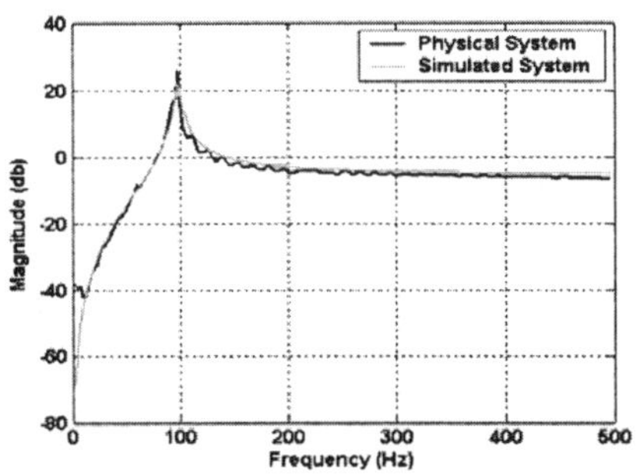

Figure 3. Frequency response of the piezodriven monolithic flexure-hinge stage.

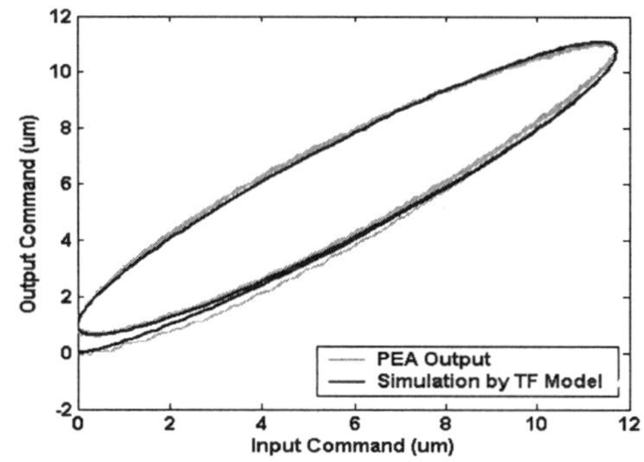

Figure 4. Experimental result of hysteretic loop of the PEA by using TF model with 10 Hz sinusoidal wave at 85V.

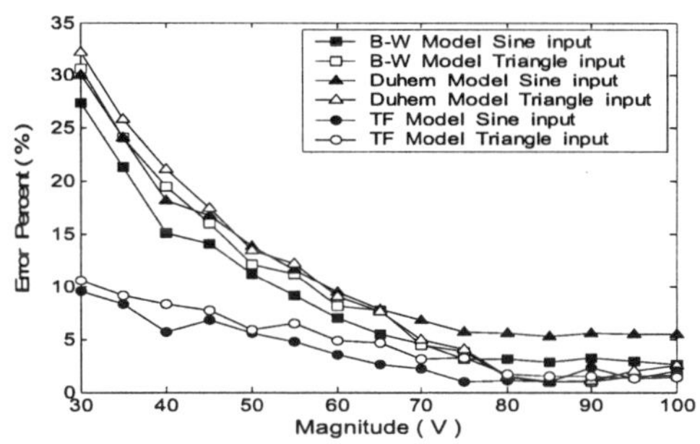

Figure5. Micro positioning experiment results of error percentage (RMS error divided by maximum traveling length) vs. variant amplitudes for three different models.

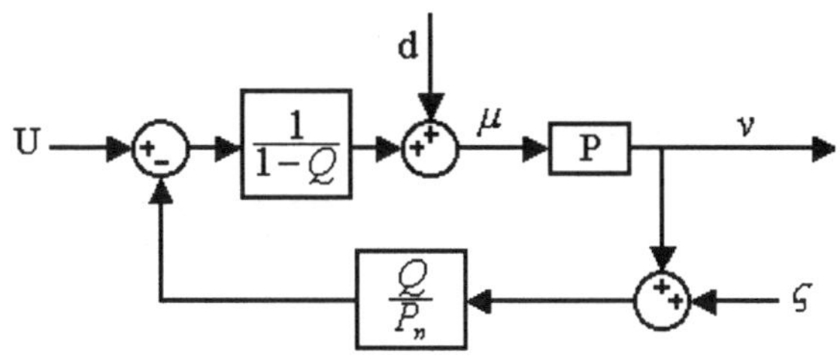

Figure 6. Equivalent continuous-time system of a continuous-time DO.

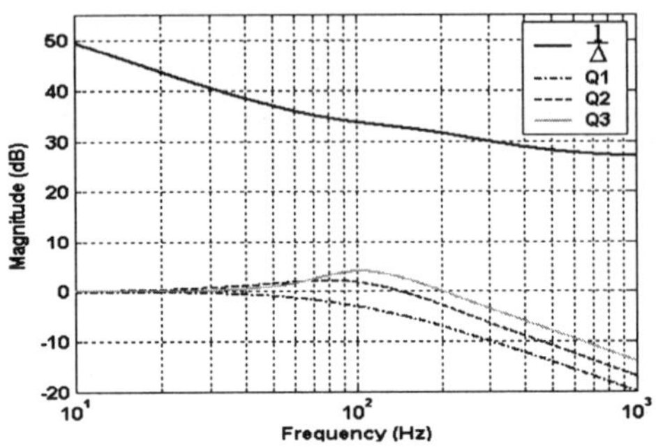

Figure 7. Q filter design with cutoff frequency (τ=0.01).

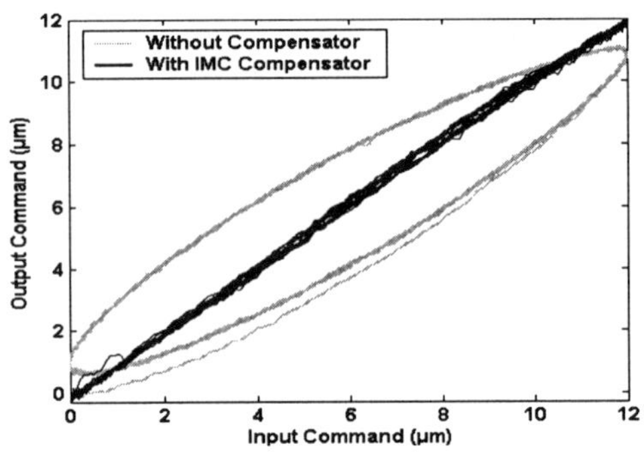

Figure 8. Positioning of the stage by 10 Hz sinusoidal input.

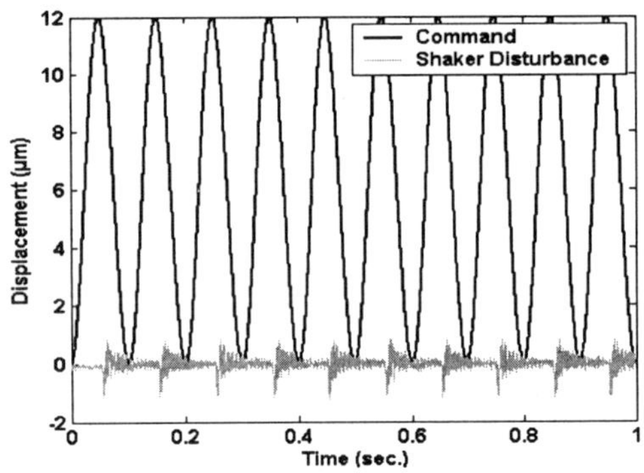

Figure 9. Tracking sinusoidal command and the repetitive disturbance as a function of time with 10 Hz input.

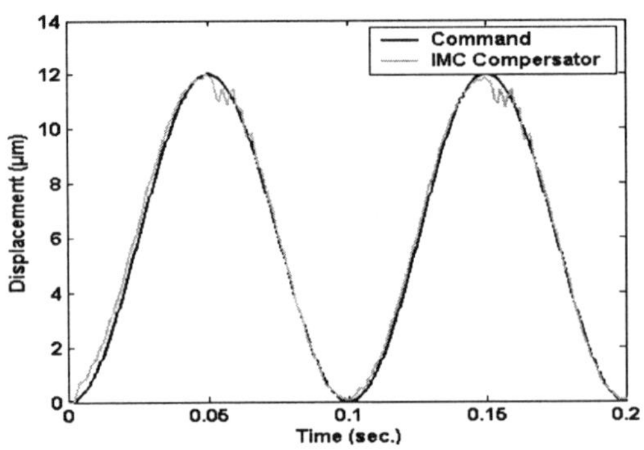

Figure 10. Performance of the IMC feedback controller with 10 Hz repetitive disturbance excitation.

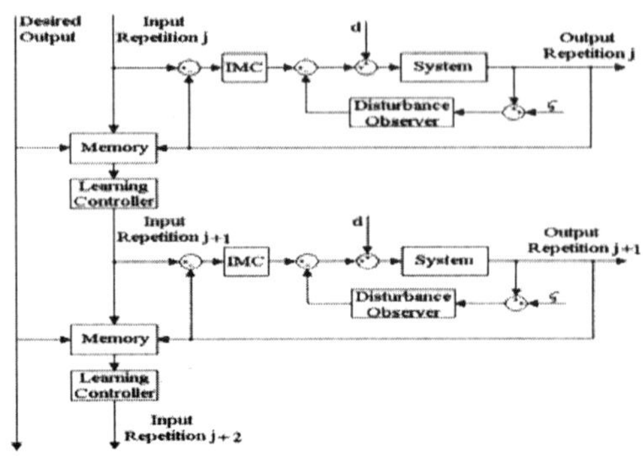

Figure 11. Flow chart of the ILC based on design of DO with existing feedback IMC controller.

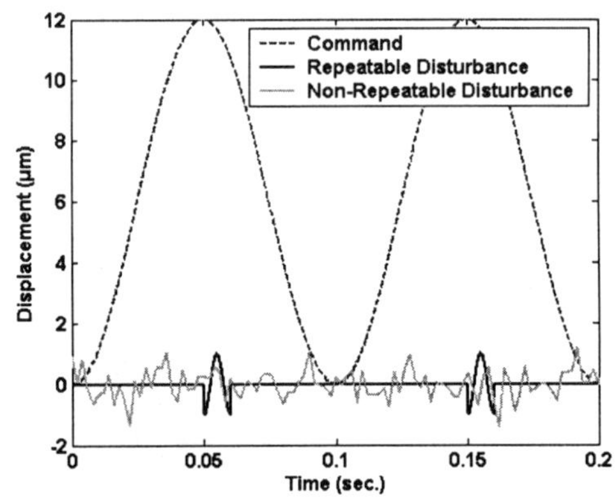

Figure 12. Referenced and testing signals for PEA-actuated stage.

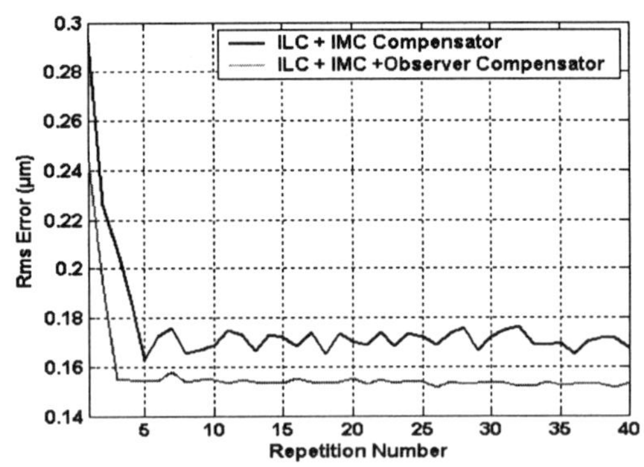

Figure 13. Experimental results of the RMS tracking errors of the one-axis monolithic stage by non-repetitive disturbance as repetitions

Table 1. Experimental results of the monolithic table by 10Hz sine wave input (displacement is from 0 to 12 μm, RD: repeated disturbance by ± 1 μm)

	Tracking error			
	Without RD		With RD	
	μm	%	μm	%
IMC Compensator	0.15	1.25	0.32	2.67
IMC+ILC Compensator	0.06	0.5	0.17	1.42

Table 2. Experimental results of the monolithic table by varying sinusoidal input frequencies: ILC and DO design. (The RMS errors are based on the average of repetitions for 10th -40th, without RD.)

Waves	Errors (μm)	Magnitude (μm)	Percent (%)
Sine-1Hz	0.066	0-12 μm	0.55
Sine -10Hz	0.06	0-12 μm	0.50
Sine -20Hz	0.1424	0-12 μm	1.19
Sine -30Hz	Overflow (the driving voltage capacity)		

Table 3. Experimental results of the monolithic table by varying sinusoidal input amplitudes: ILC and DO design. (The RMS errors are based on the average of repetitions for 10th -40th, without RD.)

Waves	Errors (μm)	Magnitude (μm)	Percent (%)
Sine90v10Hz	Over flow (the driving voltage capacity)		
Sine75v10Hz	0.0996	10.7490	0.93
Sine60v10Hz	0.0955	8.2072	1.16
Sine45v10Hz	0.0760	5.7892	1.31
Sine30v10Hz	0.0735	3.4395	2.13

MODELING OF THIN FILM BULK ACOUSTIC WAVE RESONATORS AND LADDER-TYPE FILTER DESIGN

Yeong-Chin CHEN

Department of Computer Science and Information Engineering, Diwan College of Management, No.87-1, Nanshi Li, Madou Town, Tainan County 72153, Taiwan

E-mail: ycchenster@gmail.com

In this paper, PSPICE is implemented to model and simulate the characteristic of thin film bulk acoustic resonator (FBAR). Both analogy equivalent circuits of Acoustic transmission line and Mason model is proposed and transferred to the PSPICE model by using the controlled-source method. The physical parameters such as piezoelectric materials and its thickness, electrode material, area and its thickness affecting the properties of the FBAS are discussed. Finally, we have implemented the FBAR to design a ladder type filter with a center frequency at 1.1 GHz and bandwidth about 60.9%. The study results in that PSPICE is an effective tool for the FBAR modeling and ladder type filter design.

Keywords: thin film bulk acoustic wave resonator, FBAR, resonator, filter, PSPICE

1. Introduction

Mobile phones are one of the major driving forces for advancement in miniature electronics. New types of advanced wireless transceivers are entering the commercial market to meet the requirement of voice, data, and multimedia communications. With the development of very large scale integration (VLSI) and digital technology, tremendous improvement has taken place in the miniaturization of wireless communication subsystems. However there seems to be little room for improvement in the miniaturization of the established surface acoustic wave (SAW) and ceramic devices used for front-end RF filters, IF filters, and voltage –controlled oscillators (VCOs) since they are very difficult to fabricate on-chip. Thin-film bulk acoustic resonator (FBAR) technology represents a breakthrough in miniaturization of frequency-selective devices. Additionally, FBARs can be integrated directly onto the substrate of a semiconductor, resulting in a lower insertion loss and better handing capability [1,2].

FBAR devices employ longitudinal thickness vibrations of the piezoelectric film to produce a resonant acoustic wave, and utilize the piezoelectric characteristics of the film to convert electrical energy into mechanical energy and vice versa. When an RF signal travels through the device, it expands and contracts in the form of mechanical vibrations of the entire piezoelectric layer. The piezoelectric transducer then excites the fundamental bulk compression wave, which travels perpendicularly to the film. A fundamental resonance condition is established when the thickness of the piezoelectric film is equal to an integer multiple of a half of the wavelength of the input signal. Previous studies have reported that an FBAR must incorporate two acoustically reflective surfaces in order to trap energy and to produce the required resonator characteristics [3,4]. The response of the FBAR is similar to that of a simple bulk acoustic wave resonator. However, in the case of an FBAR, the piezoelectric layer is very thin (generally on the order of nm), and this enables the device to operate in the frequency range of 0.5 GHz to 10 GHz [3,4]. To optimize the design of an FBAR device, it is necessary to carefully consider the choice of material to be used for the piezoelectric film and for the top and bottom electrodes since the material properties not only determine the performance characteristics of the FBAR, but also influence the subsequent design of the FBAR filter. Hence, the present study investigates the relative influence of different piezoelectric film and electrode materials, and explores the impact of various physical parameters upon the performance of FBAR devices. Finally, the application of FBAR devices on ladder type filter design is discussed.

2. Equivalent Circuit of FBAR

Figure 1 depicts a schematic illustration of the four layered composite FBAR structure considered in the present study. It is observed that the device consists of: (1) a top electrode, (2) a piezoelectric film, (3) a bottom electrode, and (4) a membrane layer. Since it is necessary to prevent energy leakage during operation, the FBAR must be acoustically isolated from the substrate. Hence, a cavity is created beneath the resonant structure, and a membrane is usually performed using the one –dimensional mason model, in which the non-piezoelectric layers such as the electrodes and the membrane are treated as part of an acoustic transmission line [5].

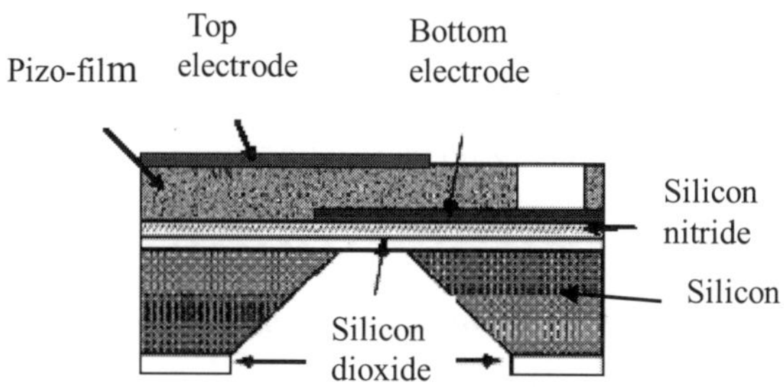

Figure 1. Diagram of FBAR.

The equivalent network of piezoelectric film can be represented by Mason [6] model as shown in Fig. 2.

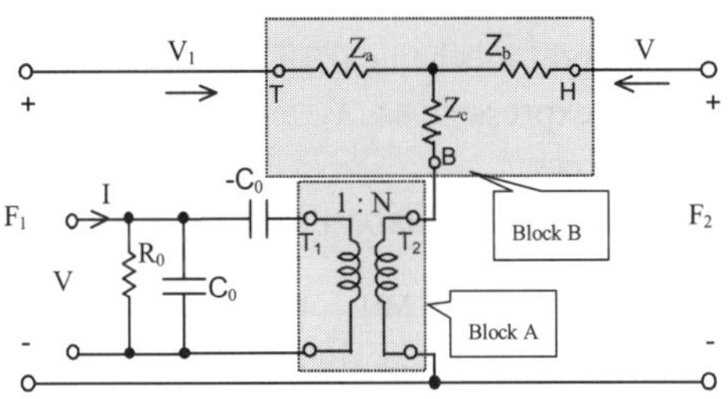

Figure 2. Mason circuit of piezoelectric film vibrating in thickness mode

The parameters are defined as follows:

$$Z_a = Z_b = jZ_0 \tan\frac{\kappa L_C}{2},\ Z_c = -j\frac{Z_0}{\sin \kappa L_C}, \quad (1)$$

$$Z_0 = D_C V_C A_C,\ \kappa = \frac{\omega}{V_C}, \quad (2)$$

$$C_0 = \frac{A_C}{\beta_{33}^S L_c},\ V_C = \left(\frac{C_{33}^D}{\rho}\right)^{\frac{1}{2}}, \quad (3)$$

and

$$N = C_0\ h_{33} \quad (4)$$

where Z_a, Z_c is mechanical impedance, L_C is length of the film, Z_0 is acoustical characteristic impedance of piezoelectric film, D_C is density of ceramic, V_C is longitudinal velocity of propagation, A_C is cross-sectional area of ceramic, κ is longitudinal wave number, ω is angular frequency, V is electrical potential applied to the device, R_0 is dielectric loss resistance, C_0 is longitudinally clamped capacitance, N is electromechanical transformation ratio, β_{33}^S is dielectric impermeability, C_{33}^D is elastic stiffness, h_{33} is piezoelectric coefficient. The Mason equivalent circuit of the four layered composite FBAR shown in Fig. 1 is shown in Fig. 3 [7].

3. PSPICE Model of FBAR

Since a great deal of mathematical deduction of the effective compliance was required to estimate characteristics of FBAR, an analogous circuit and PSPICE model for the FBAR was proposed to facilitate the analysis of the frequency response and filter design. The PSPICE model of the analogous circuit of FBAR is described in detail as follows.

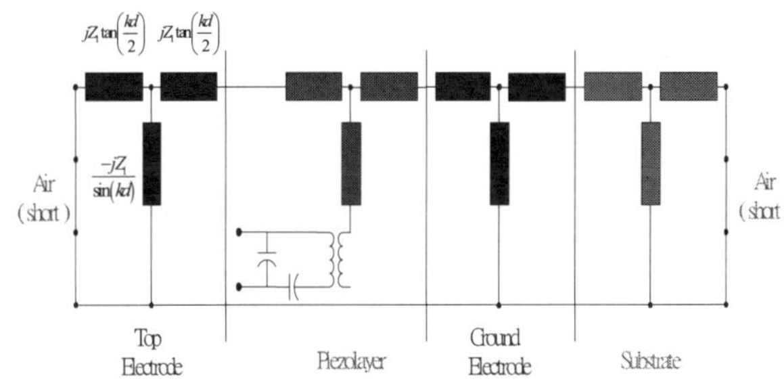

Figure 3. Mason equivalent circuit of FBAR.

3.1. *Electromechanical transformation circuit*

Since the electromechanical transformation circuit, shown in block A of Fig. 2, is a transformer of electrical voltage and mechanical force, we modeled the circuit using the controlled source [8] method. The PSPICE model is expressed in Fig. 4 and the PSPICE code as given below.

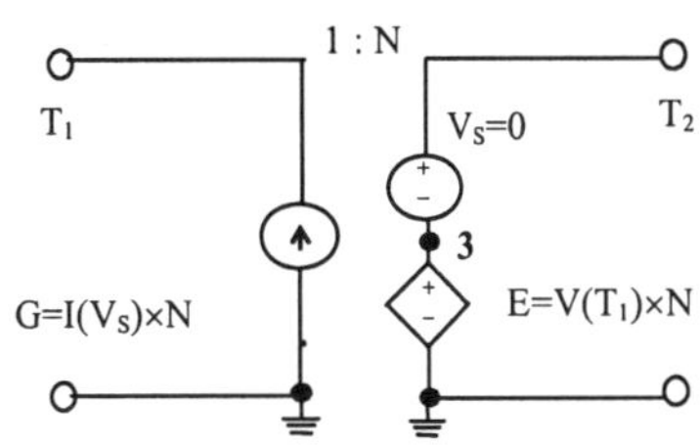

Fig. 4. PSPICE model of electromechanical transformation circuit.

```
**** PSPICE Model of Electromechanical Transformation
Circuit ****
.SUBCKT XTRANS T1 T2 PARAMS: N={0.94}
G 0 T1 VALUE = {I(VS)*N}
VS T2 3 DC 0
E 3 0 VALUE= {V(T1)*N}
.ENDS
******************************************
```

3.2. *Acoustical transmission line model for the passive film*

The mechanical impedance of the piezoelectric film and the passive film such as top electrode, bottom electrode and membrane (silicon nitride) are modeled as acoustical transmission formation (shown in block B of Fig. 2) [9,10]. The impedance formulas in the acoustical transmission formation model are transferred to a Laplace format by using the controlled source method [11,12] as shown in Fig. 5. Where the Laplace format of the impedance Z_a is

$$L\{Z_a\} = \frac{Z_a}{j\omega} S = jZ_0 \tan\frac{\kappa L_C}{2} \cdot \frac{S}{j\omega} = Z_0 \tan\frac{\kappa L_C}{2} \cdot \frac{S}{\omega} \cdot \quad (5)$$

Applying $\omega = (-S^2)^{\frac{1}{2}}$ and $\kappa = \frac{\omega}{v_a}$,

$$L\{Z_a\} = \frac{Z_m \cdot \tan\left(\frac{(-S^2)^{\frac{1}{2}} \cdot L_h}{2 \cdot v_a}\right) \cdot S}{(-S^2)^{\frac{1}{2}}} \quad (6)$$

and similarly,

$$L\{Z_b\} = \frac{Z_m \cdot \tan\left(\frac{(-S^2)^{\frac{1}{2}} \cdot L_h}{2 \cdot v_a}\right) \cdot S}{(-S^2)^{\frac{1}{2}}} \quad (7)$$

$$L\{Z_c\} = \frac{(-S^2)^{\frac{1}{2}} \bullet Z_m}{S \bullet \sin\left(\frac{(-S^2)^{\frac{1}{2}} \bullet L_h}{v_a}\right)} . \quad (8)$$

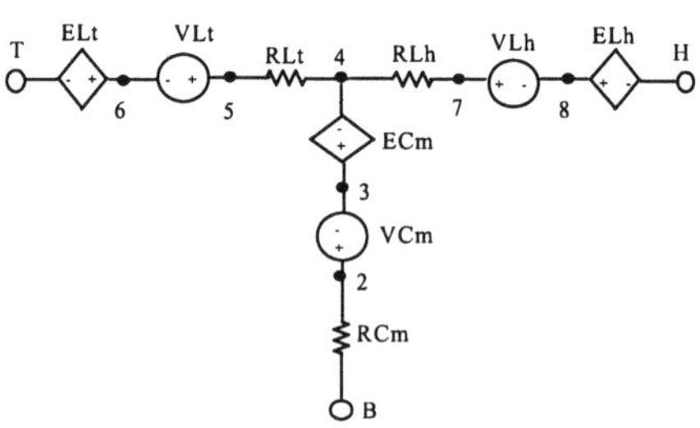

Figure 5. PSPICE model of acoustical transmission

The PSPICE code of acoustical transmission line is presented as follows.

****** *PSPICE Model of Acoustical Transmission Line Model for the Passive film* ******

```
.SUBCKT    XT_net    B    T    H    PARAMS:  D={8.9E3}
A={π*(20E-3)^2}    Va={3.5E3}   Lt={45E-3}
.PARAM   Zm={D*Va*A}
RCm   B  2   1E-6
VCm   2  3   DC  0
Ecm   3  4   LAPLACE  {I(Vcm)}
={SQRT(-S*S)*Zm/(S*SIN(SQRT(-+S*S)*Lt/Va))}
RLt  4  5  1E-6
VLt  5  6  DC  0
Elt   6  T   LAPLACE {I(VLt)} ={Zm*S/(SQRT(-S*S)*
+  SIN(SQRT(-S*S)*Lt/Va))*(1-(M*COS(SQRT(-S*S)*Lt/Va))
RLh  4  7  1E-6
VLh  7  8  DC  0
Elh  8  H  LAPLACE {I(VLh)} = {Zm*S/(SQRT(-S*S)*M*
+  SIN(SQRT(-S*S)*Lt/Va))*(1-(COS(SQRT(-S*S)*Lt/Va))
.ENDS
```

3.3. *PSPICE model of mason circuit*

The Mason circuit in Fig. 2 is described by electrical and mechanical portions linked with a transformer to convert the electrical voltage and mechanical force. The capacitance (C_o and - C_o) are described by frequency-domain device models of analog behavior modeling [12]. The subcircuits of the transformer (SUBCKT XTRANS) and mechanical T network (SUBCKT XT_net) are expressed as X_1 and X_2 in this PSPICE model, as follows.

**** * *PSPICE MODEL OF MASON CIRCUIT* *****

```
.SUBCKT  XMA  E  MT  MH   PARAMS:   C0={790E-12 }
R0  E  0  1E9
VC0  E  2  DC  0
RC0  2  3  1E-6
EC0  3  0  LAPLACE  {I(VC0)} =  {1/(1*S*C0)}
RC1  E   4   1E-6
VC1  4  5  DC  0
EC1  5  6  LAPLACE  {I(VC1)} = {-1/(1*S*C0)}
X1   6  7  XTRANS  PARAMS:   N={N}
X2    7  MT  MH  XT_net  PARAMS:  D={Dc}  A={Ac}
Va={Vc} Lt={Lc}
.ENDS
```

4. Ladder type FBAR filter

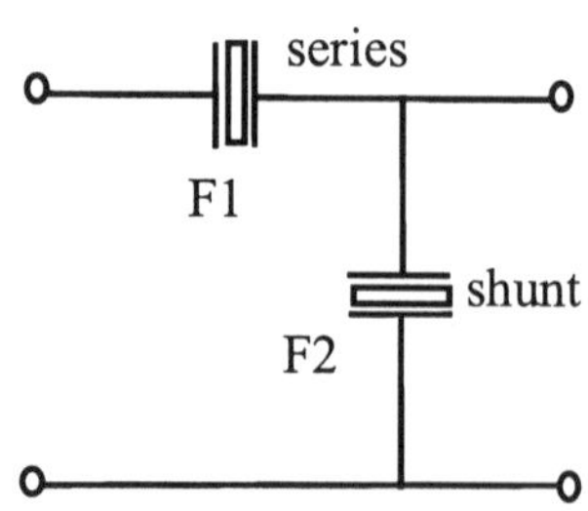

Figure 6. Single stage ladder-type filter.

The building block for a single stage ladder filter consists of a series and shunt resonator, as shown in Fig.

6. The shunt resonator is designed to have a resonant frequency slightly lower than that of the series one, and its anti-resonance frequency is aligned with the resonance frequency of series element and the anti-resonance frequency of shunt element determine the pass-band of the filter; the anti-resonance frequency of series element and the resonance frequency of shunt element are the two transmission zeroes of filter. The stop-band rejection is determined by the impedance ratio, or static capacitor ratio, between the series and shunt element. A single ladder section gives a steep roll-off at pass-band edges, but a poor stop-band rejection. The method to improve stop-band rejection is to enlarge the static capacitor ratio, that is the tern Z_s / Z_p FBAR, or cascade several ladder sections, but it will lead to large areas and increase the insertion loss.

5. Results and Discussions

5.1. *FBAR characteristics*

The PSPICE model of FBAR is implemented to simulate the characteristics in all its aspects. Considering a FBAR device with a schematic as Fig. 1, ZnO is chosen to be the piezoelectric film of the FBAR with a thickness T_{ZnO}=0.5μm, aluminum is chosen to be the top and bottom electrode with the same thickness T_{Al}=0.18μm, and the thickness of Silicon-Nitride is $T_{Si_3N_4}$ =0.2μm. ZnO possesses a piezoelectric parameter h_{33}= 4.05E9, electromechanical coupling factor k_t=0.28 and dielectric constant ε_r=8.8. The properties of the materials are listed in Table 1.

Table 1. Properties of the FBAR's materials.

Name of materials	Sound velocity in the matcrial (m/3)	Density (kg/m^3)
Zinc Oxide (ZnO)	6340	5680
Aluminum (Al)	6350	2695
Silicon Nitride (Si_3N_4)	6350	2695

The impedance diagram of the FBAR with T_{ZnO}=0.5μm is shown in Fig. 7, where the resonance frequency (f_s) is 3.3441GHz located at the point of minimum impedance, and the anti-resonance frequency (f_p)is 3.4085 GHz located at the point of maximum impedance.

When the piezoelectric films are varied in the thicknesses of 0.5μm, 0.7μm, 0.9μm and 1μm, the resonance frequency (shown in Fig. 8) are 3.3441 GHz, 8577 GHz, 2.4634 GHz and 2.1488GHz, individually. The resonance frequency increases as the thicknesses of piezoelectric film decreases, and the simulation results is similar to the experiment results in Ref. [13].

As we know, the resonance frequency (f_s) of the FBAR is attributed to thickness and sound velocity of the piezo-film, but how the electromechanical factor (K_t) of the piezo-film influences the characteristic of the FBAR? If we assume the properties of the piezo-film is the same except that the electromechanical factor is different and the simulation result in Fig. 9 reveals that the larger electromechanical factor (K_t =0.28, 0.38, 0.48) it has the smaller resonance frequency (f_s=3.3441GHz, 3.2827GHz, 3.1937GHz) is shown but the anti-resonance frequencies (f_p=3.4085GHz) stay unchanged. This result also concludes that larger electromechanical factor will improves the quality factor but degraded the bandwidth of the FBAR.

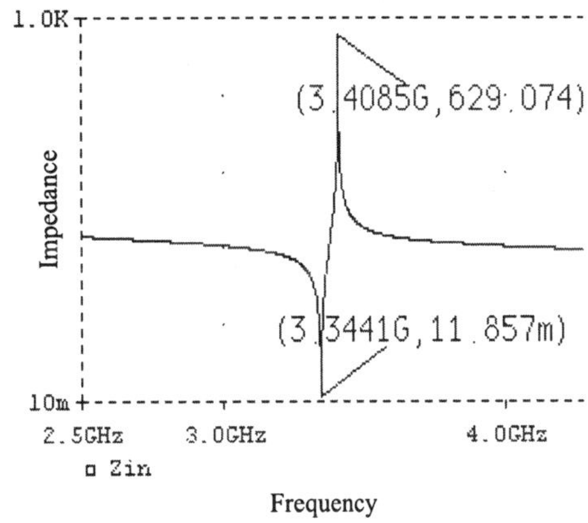

Figure 7. The magnitude of FBAR impedance. versus frequency.

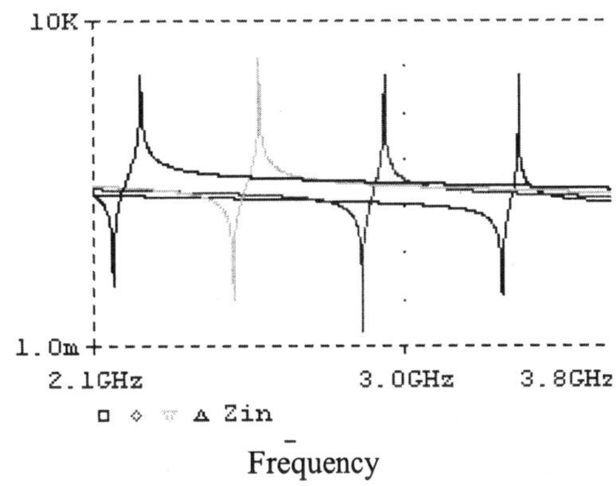

Figure 8. The magnitude of FBAR impedance versus frequency with different thickness of piezo-film.

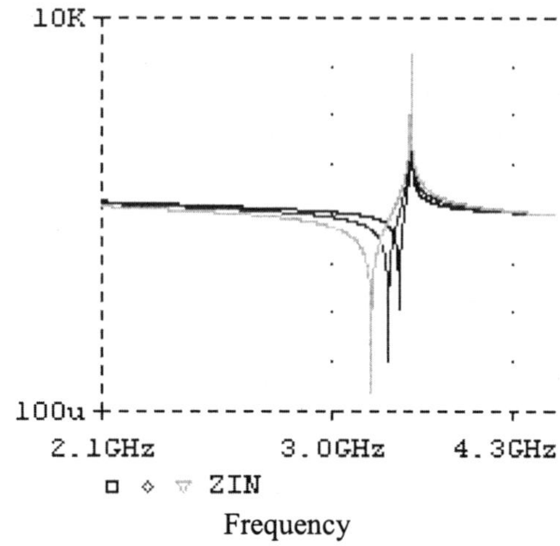

Figure 9. The magnitude of FBAR impedance versus frequency with different electromechanical factors.

As the area of the piezo-film is set to 300(μm), 400 (μm) or 500(μm) separately, Fig. 10 shows that the resonance frequency (f_s=3.3441GHz) and anti-resonance frequency (f_p=3.4085 GHz) is independent of the area of the piezo-film.

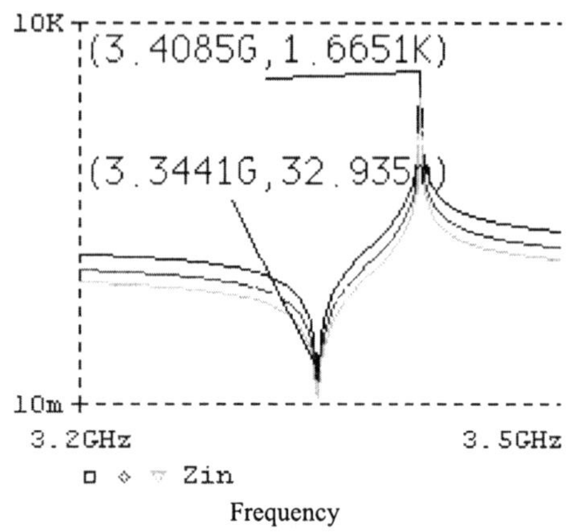

Figure 10. Impedances of FBAR with different electromechanical factors.

5.2. *FBAR filter design*

For a two stage ladder-type filter, the impedance of the series element and shunt element of the unity filter are respectively $Z_s=R_s+jX_s$ and $Z_p=R_p+jX_p$.

To improve the stop-band rejection, the impedance (Z_s) of series element is chosen to be larger than that (Z_p)of shunt. In our study, the thickness of piezo-film of series FBAR is 1.87μm, the thickness of piezo-film of shunt FBAR is 2.2μm, the areas of the series element and shunt element of the FBAR are respectively 265(um)^2 and 350(um)^2, the thickness of upper and bottom electrode is T_{Al}=0.01μm and the thickness of silicon-nitride $T_{Si_3N_4}$=0.25μm. Fig. 11 is the impedance magnitude of series FBAR, Fig. 12 is the impedance of shunt FBAR and Fig 13 is the transmission transform function of the two stage FBAR filter demonstrating a center frequency at 1.41 GHz and bandwidth of 283 MHz (Bw%=21.5%).

When the area of series and shunt FBAR is kept the same, the thicknesses of piezo-film of the shunt FBAR respectively vary as 1.87 μm, 2.4 μm, 3.0 μm, 3.6 μm, 4.2 μm and 4.8 μm, Fig. 14 shows that the 3.6 μm-thickness piezo-film of shunt FBAR will result in a larger bandwidth of (Bw%=60.9%).

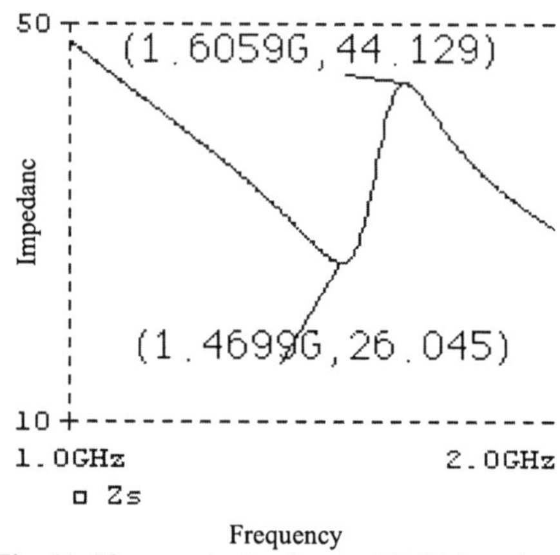

Fig, 11. The magnitude of series FBAR impedance versus frequency.

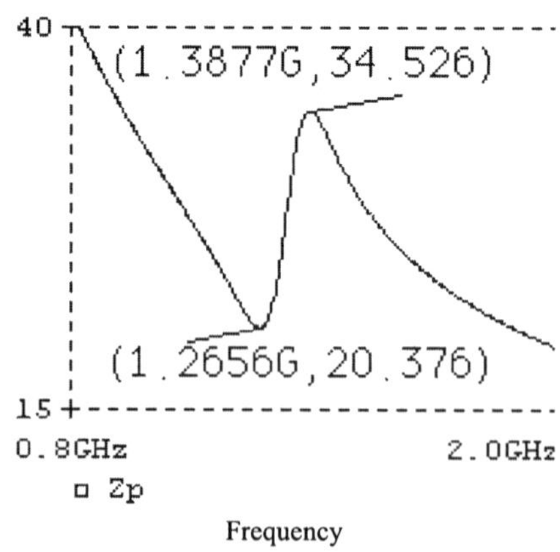

Figure 12. The magnitude of shunt FBAR impedance versus frequency.

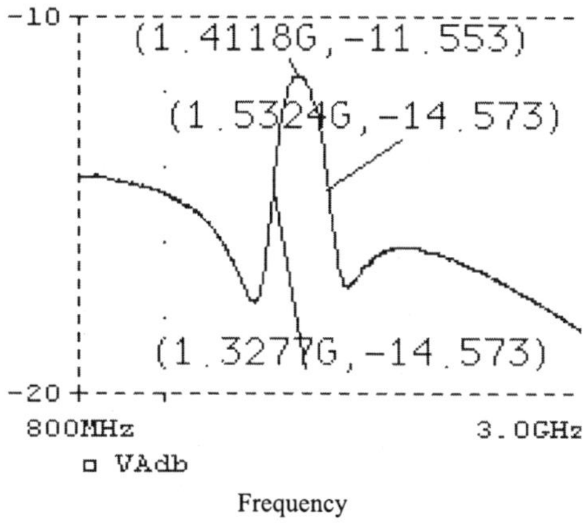

Figure 13. The transmission transform function (TTF) of single stage ladder-type filter.

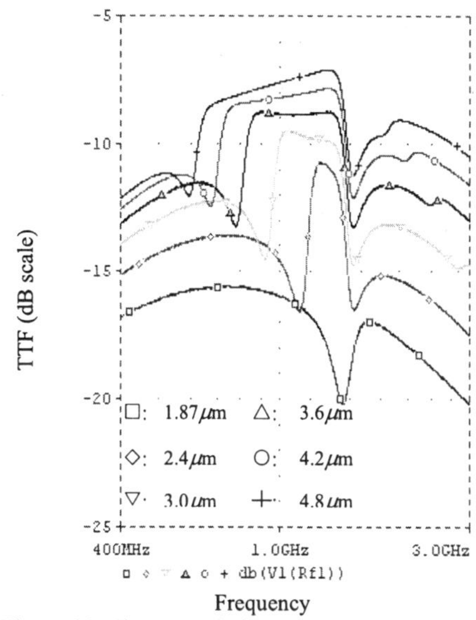

Figure 14. The transmission transform function of two stages ladder-type filter by varying the piezo-film thickness as 2.2 μm, 2.8 μm, 3.6 μm, 4.6 μm, 5.8 μm and 6.8 μm, respectively.

The result is that the thicknesses of series FBAR is T_{ZnO} =1.87μm and shunt FBAR is T_{ZnO} =3.6μm will give an optimum wide band filter. If the area of series FBAR is (265μm)^2, the area of shunt FBAR respectively vary as (265μm)^2 , (285μm)^2, (305μm)^2, (325μm)^2, (345μm)^2 and (365μm)^2, Fig. 15 shows that the larger the area of shunt FBAR will give a higher stop-band rejection, but the bandwidth is still unchanged.

6. Conclusion

PSPICE model of FBAR is developed to study the characteristic depend on structure parameter and piezo-film properties. The simulation results are consistent with the theoretical deduction and experimental results. Some errors between simulation and measurement is due to the parameters definition of the model. The mason model does not model the transmission loss is one of the key issue of simulation discrepancy.

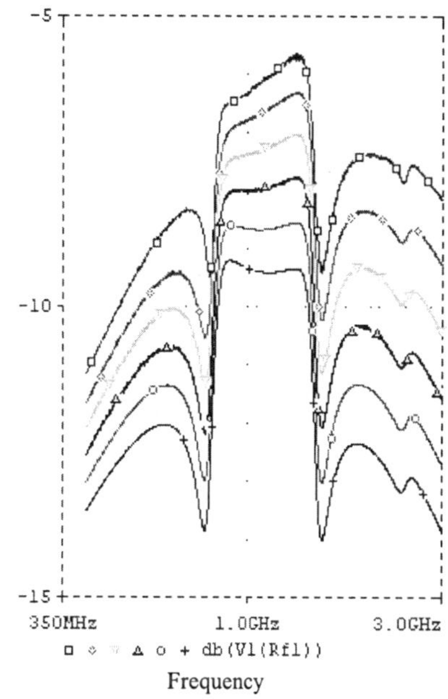

Figure 15. The transmission transform function of two stages ladder-type filter by varying the piezo-film thickness as(265μm)^2 , (285μm)^2, (305μm)^2, (325μm)^2, (345μm)^2 and (365μm)^2, respectively.

The PSPICE model of FBAR is implemented to design the ladder-type filter successfully. And found that this software is flexible for implementation on parameters optimization design. Factors such as device dimension, piezo-film thickness and electromechanical coupling factor that affect the characteristics of the filter are discussed and verified. A wide bandwidth FBAR filter is developed with a center frequency at 1.1GHz and bandwidth of 60.9%.

Acknowledgments

This work was supported by the National Science Council of the Republic of China under contract NSC 94-2216-E-272-003.

References

1. R.C. Ruby, P. Bradley, Y. Oshmyansky, et al., Thin film bulk wave acoustic resonators (FBAR) for wireless applications, In: *IEEE Ultra. Sym.* **1**, 813 (2001).

2. J.D. Larson, III. R.C. Ruby, P.D. Bradley, et al., Power handling and temperature coefficient studies in FBAR duplexers for the 1900 MHz PCS band, In: *IEEE Ultra. Sym.* **1**, 869 (2000).
3. M. Schmid, E. Benes, W. Burger, et al., Motional capacitance of layered piezoelectric thickness-mode resonators, *IEEE Ultra. Ferr. Freq. Contr.* **38**, 199 (1991).
4. S. Horwitz, C. Milton, S. Horwitz, et al., Application of film bulk acoustic resonators, *IEEE MTT-S Dig.* **1**, 165 (1992).
5. K.M. Lakin, Modeling of thin film resonators and filters, In: *IEEE MTT-S Int. Microwave Sym. Dig.* **1**, 149 (1992).
6. T. Inoue, T. Sasak, T. Miyama, et al., Equivalent circuit analysis for Tonpiltz piezoelectric transducer, *Trans. IEICE* **E70**, 909 (1987).
7. J.F. Rosenbaum, *Bulk Acoustic Wave Theory and Devices*, Artech House (1988).
8. W.M. Leach Jr., Controlled-source analogous circuits and SPICE models for piezoelectric transducers, *IEEE Ultra. Ferr. Freq. Contr.* **41**, 60 (1994).
9. G. Hayward, M.N. Jackson, Discrete-time modeling of the thickness mode piezoelectric transducer, *IEEE Sonics Ultra.* **SU-31**(3), 137 (1984).
10. P.W. Tuinenga, *SPICE: A Guide to Circuit Simulation and Analysis Using PSPICE,* 2nd ed., Prentice-Hall, Englewood Cliffs (1992).
11. *The Design Center-Application Notes Manual,* Version 6.1, Microsim Corporation, Irvive (1994).
12. *Microsim PSPICE A/D & Basics+- User's Guide*, Version 6.3, Microsim Corporation, Irvive (1996).
13. T.K. Wan, H. Cheng-Liang, L. Wu, Influence of piezoelectric film and electrode materials on film bulk acoustic-wave resonator characteristics, *Jpn. J. Appl. Phys.* **43**, 1122 (2004).
14. Z. Su, P. Kirby, E. Komuro, et al., Thin-film bulk acoustic resonators and filters using ZnO and Lead-Zirconium-Titanate thin films, *IEEE Microwave Theory Tech.* **49**, 769 (2001).

THE BLEUSTEIN-GULYAEV WAVE IN PIEZOELECTRIC 6MM CRYSTALS FOR LIQUID SENSING APPLICATIONS

Feng-Lin GUO, Yu SONG, Guo-Qing WANG
Department of Engineering Mechanics, School of Naval Architecture, Ocean and Civil Engineering, Shanghai Jiaotong University, Shanghai 200240, P. R. China
E-mail: flguo@sjtu.edu.cn

The influence of a viscous liquid on acoustic waves propagating in elastic or piezoelectric materials is of particular significance for development of liquid sensors. Bleustein-Gulyaev wave exists only in crystal class 6mm and mm2 materials. It is a shear-type surface wave, for which the energy concentrates on the material surface and it does not radiate energy into the adjacent liquid. This causes the B-G wave to be sensitive to changes in both mechanical and electrical properties of the surrounding environment. These features make B-G wave a good candidate for liquid sensing application. In this paper, we investigate the potential application of B-G wave in 6mm crystals for liquid sensing. The dispersion relations for both open circuit and metalized surface boundary conditions are given. A numerical example of PZT-5H piezoelectric ceramic in contact with viscous liquid is calculated and discussed. Numerical results of attenuation and phase velocity versus viscosity, density of the liquid and wave frequency are presented. The paper is intended to provide essential data for liquid senor design and development.

Keywords: Bleustein-Gulyaev wave, 6mm piezoelectric materials, viscous liquid, liquid sensing

1. Introduction

Surface waves have been applied successfully in many technological fields, such as NDE of materials, resonators, filters, sensors [1,2]. The development of micro-acoustic wave sensor in biosensing created the need for further investigations of the surface wave propagation in a viscous liquid loaded piezoelectric medium [3]. A number of acoustic wave modes have been utilized for various sensor applications. The influence of a viscous liquid on acoustic waves propagating in elastic or piezoelectric materials has been studied by several researchers, which is of particular interest for development of liquid viscosity sensors [4].

Ref. [5] proposed that Bleustein-Gulyaev wave (B-G wave) is a promising candidate for liquid sensing applications. The B-G wave does not radiate energy into the contacting liquid and are sensitive to the changes of the liquid density and viscosity. However, Ref. [5] did not give a detailed quantitative investigation of characteristics of B-G wave propagating in a 6mm piezoelectric material contacting viscous liquid.

In this paper, we investigate the potential application of B-G wave in 6mm crystals for liquid sensing. The dispersion relations for both open circuit and metalized surface boundary conditions are given. A numerical example of PZT-5H piezoelectric ceramic in contact with viscous liquid is calculated and discussed. Numerical results of attenuation and phase velocity versus viscosity, density of the liquid and wave frequency are presented. The paper is intended to provide essential data for liquid senor design and development.

2. Bleustein-Gulyaev Wave

The Bleustein-Gulyaev wave may exist in piezoelectric materials with higher symmetry. It is a mechanical-electro coupled shear-type surface wave, in which the direction of material particle motion is perpendicular to the propagating direction and parallel to the surface of half-space. If there is no piezoelectric effect, B-G wave degenerates to the shear bulk wave. It is a peculiar surface wave only existing in piezoelectric media with higher symmetry and it has no elastic counterpart.

The equation of motion and Gaussian equation of piezoelectric materials without body force and free charge are $\sigma_{ij,j} = \rho_p \frac{\partial^2 u_i}{\partial t^2} (i,j=1,2,3)$ and $D_{i,i}=0$ $(i=1,2,3)$, respectively. In these two equations, σ_{ij}, u_i and D_i are stress, mechanical displacement and electric displacement components, respectively, and ρ_p is the mass density. The indices preceded by a comma denote space-coordinate differentiation. Also, a repeated index in the subscript implies summation with respect to that index. The constitutive relations of piezoelectric materials can be expressed as

$$\begin{cases} \sigma_{ij} = C_{ijkl}s_{kl} - e_{kij}E_k \\ D_i = e_{ikl}s_{kl} + \varepsilon_{ik}E_k \end{cases} (i,j,k=1,2,3)\cdot \quad (1)$$

By inserting the constitutive relations into the equation of motion and Gaussian equation, we arrive at

$$\begin{cases} C_{ijkl}\dfrac{\partial^2 u_k}{\partial x_i \partial x_l} + e_{kij}\dfrac{\partial^2 \phi}{\partial x_k \partial x_i} = \rho_p \dfrac{\partial^2 u_j}{\partial t^2} \\ e_{ikl}\dfrac{\partial^2 u_k}{\partial x_i \partial x_l} - \varepsilon_{ik}\dfrac{\partial^2 \phi}{\partial x_k \partial x_i} = 0 \end{cases} (i,j,k,l=1,2,3). \quad (2)$$

The elastic constants C_{ijkl} can be written into contracted form $C_{\alpha\beta}$ by the following rule

$$\begin{array}{ll} \alpha = 9-i-j,\ \beta = 9-k-l & \text{if } i \neq j,\ k \neq l \\ \alpha = i = j,\ \beta = k = l & \text{if } i = j,\ k = l \end{array}. \quad (3)$$

Similarly, the piezoelectric constants e_{ijk} can also be put into contracted form $e_{i\alpha}$ with the index α obeying the same rule as above.

Now consider a harmonic wave propagating in x_1 direction, all physical quantities only depend on in-plane variables $(x_1,\ x_2)$, and are independent of x_3.This case is termed as generalized plane strain problem. In this situation, for 6mm piezoelectric materials Eq. (2) is simplified into

$$\begin{aligned} &(C_{11}\frac{\partial^2}{\partial x_1^2} + C_{66}\frac{\partial^2}{\partial x_2^2} - \rho_p\frac{\partial^2}{\partial t^2})u_1 + (C_{12}+C_{66})\frac{\partial^2 u_2}{\partial x_1 \partial x_2} = 0 \\ &(C_{12}+C_{66})\frac{\partial^2 u_1}{\partial x_1 \partial x_2} + (C_{66}\frac{\partial^2}{\partial x_1^2} + C_{22}\frac{\partial^2}{\partial x_2^2} - \rho_p\frac{\partial^2}{\partial t^2})u_2 = 0 \cdot \\ &(C_{44}\frac{\partial^2}{\partial x_1^2} + C_{44}\frac{\partial^2}{\partial x_2^2} - \rho_p\frac{\partial^2}{\partial t^2})u_3 + e_{15}\frac{\partial^2 \phi}{\partial x_1^2} + e_{24}\frac{\partial^2 \phi}{\partial x_2^2} = 0 \\ &e_{15}\frac{\partial^2 u_3}{\partial x_1^2} + e_{15}\frac{\partial^2 u_3}{\partial x_2^2} - \varepsilon_{11}\frac{\partial^2 \phi}{\partial x_1^2} - \varepsilon_{11}\frac{\partial^2 \phi}{\partial x_2^2} = 0 \end{aligned} \quad (4)$$

Obviously, it can be seen that $(u_1,\ u_2)$ is decoupled with $(u_3,\ \phi)$. The first two equations of Eq. (4) may constitute purely elastic Rayleigh wave whereas the last two equations comprise the B-G wave.

3. Dispersion Relations

3.1. *Description of the problem*

The problem in question is shown in Fig. 1. The piezoelectric material occupies the half-space $x_2 \leq 0$ and the liquid covers the half-space $x_2 \geq 0$.

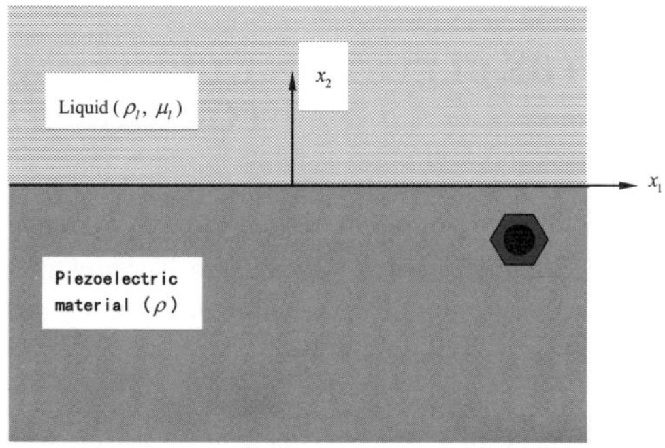

Figure 1. Schematic illustration of the problem and the coordinate system.

We consider that the liquid is viscous and nonconductive. Suppose the motion of liquid is induced only by wave propagation in the piezoelectric material and also propagates in the form of harmonic wave. For this problem, the embroiled inertial term in the Navier-Stokes equation can be omitted. Moreover, the pressure gradient can be ignored either since only shear deformation occurs during wave propagation. Therefore, the governing equation for liquid is simplified to

$$\frac{\partial v_3}{\partial t} - \frac{\mu_l}{\rho_l}\nabla^2 v_3 = 0\,, \quad (5)$$

where v_3 is the particle velocity of liquid in the x_3 direction, ρ_l is the mass density of liquid, and μ_l the dynamic viscous coefficient of the liquid.

Interfacial mechanical conditions are continuity of particle velocity and stress components at the interface. Assume that the liquid is electrically insulated and its permittivity is much less than that of the piezoelectric material. The electrical conditions at the interface can be classified into two categories, i.e., (1) open circuit: the electric displacement $D_2\,|_{x_2=0} = 0$, (2) metalized surface: the electric potential $\phi\,|_{x_2=0} = 0$.

3.2. *Derivation of the dispersion relation*

For a harmonic plane progressive wave traveling in x_1 direction, the displacement component u_3 and electric potential ϕ can be assumed in the following form

$$u_3 = W(x_2)e^{ik(x_1 - vt)},\ \ \phi = \Phi(x_2)e^{ik(x_1 - vt)}, \quad (6)$$

where k is wave number, v phase velocity of the wave, i the imaginary unit, and $W(x_2)$ and $\Phi(x_2)$ are functions to be determined.

Similarly, for the motion of liquid, we may assume

$$v_3 = V_3(x_2)e^{ik(x_1 - vt)} \quad (7)$$

where v is the phase velocity, k the wave number, and $V_3(x_2)$ is an unknown function to be determined.

Substituting Eqs. (6) and (7) into the last two equations of Eq. (4) and making use of the boundary conditions at the interface, after some mathematical manipulations, we obtain the dispersion relation under the open circuit condition as follows

$$k^2 = \frac{\omega^2(\rho_p \xi + i\mu_l \rho_l \omega)}{(\xi^2 + \mu_l^2 \omega^2)}, \tag{8}$$

where k is the wave number, ω is the angular frequency of wave and $\xi = (C_{44}\varepsilon_{11} + e_{15}^2)/\varepsilon_{11}$.
Similarly, the dispersion relation for metalized surface condition can be derived as

$$\begin{aligned}&(i\mu_l\rho_l\omega + \rho_p A)^2\omega^4 + [4\xi\eta^2\rho_p \\ &-2(\xi^2+\eta^2+\omega^2\mu_l^2)(i\omega\rho_l\mu_l + \rho_p\xi)]\omega^2k^2 \\ &+[(\xi^2+\eta^2+\omega^2\mu_l^2)^2 - 4\xi^2\eta^2]k^4 = 0\end{aligned}, \tag{9}$$

where $\eta = e_{15}^2/\varepsilon_{11}$.

After the wave number is obtained, the phase velocity is calculated by $v = \omega/\mathrm{Re}(k)$. The imaginary part of wave number k represents the attenuation per unit length in the propagation direction.

When the piezoelectric material is not in contact with liquid, we can easily deduce that the phase velocity of B-G wave in 6mm piezoelectric materials for open circuit condition is $v_o = \sqrt{\xi/\rho_p}$, and wave velocity for metalized surface condition is $v_m = \sqrt{\frac{C_{44}}{\rho_p}(1+2\frac{\eta}{\xi})}$.

4. Numerical Results

We consider PZT-5H piezoelectric ceramic half-space in contact with viscous liquid. Material properties of PZT-5H are taken from Ref. [6] and listed below

$$C_{44} = 2.3\times10^{10}\,\mathrm{N/m^2},\quad \rho = 7.5\times10^3\,\mathrm{kg/m^3}$$
$$e_{15} = 17.0\,\mathrm{C/m^2},\quad \varepsilon_{11} = 227.0\times10^{-10}\,\mathrm{F/m}$$

From these data, it can be easily calculated that $v_o = 2111.34\mathrm{m/s}$ and $v_m = 2005.90\mathrm{m/s}$. The mechanical-electro coupling factor is defined as $K^2 = 2(v_o - v_m)/v_o$, which expresses the material's ability to transform an electric signal into an elastic surface wave. For PZT-5H piezoelectric ceramic, $K = 0.316$.

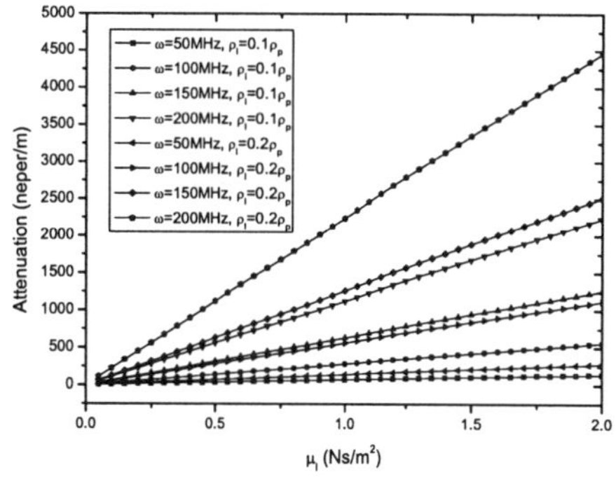

Figure 2. The attenuation as a function of liquid viscosity for open circuit condition.

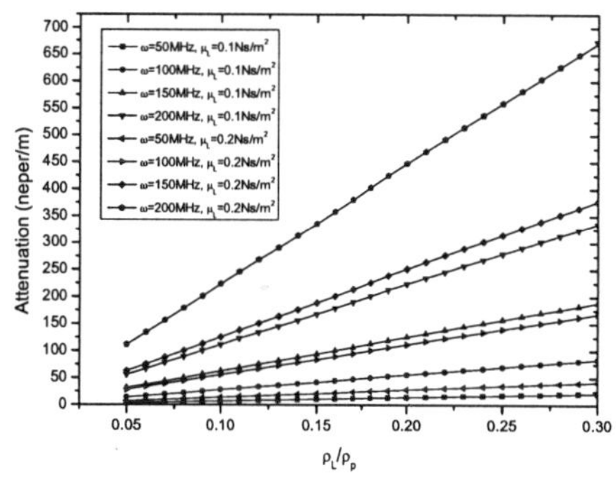

Figure 3. The attenuation as a function of the density ratio ρ_l/ρ_p for open circuit condition.

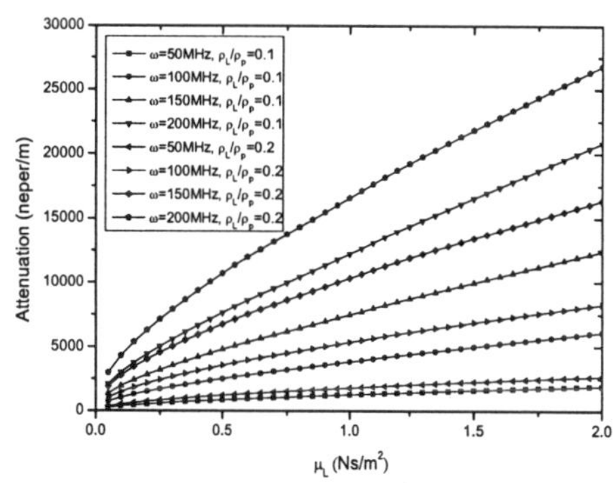

Figure 4. The change of attenuation with liquid viscosity for metalized surface circuit condition.

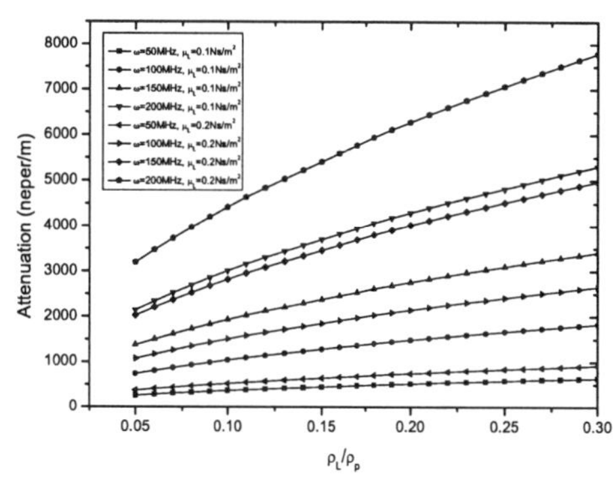

Figure 5. The change of attenuation with the density ratio ρ_l/ρ_p for metalized surface condition.

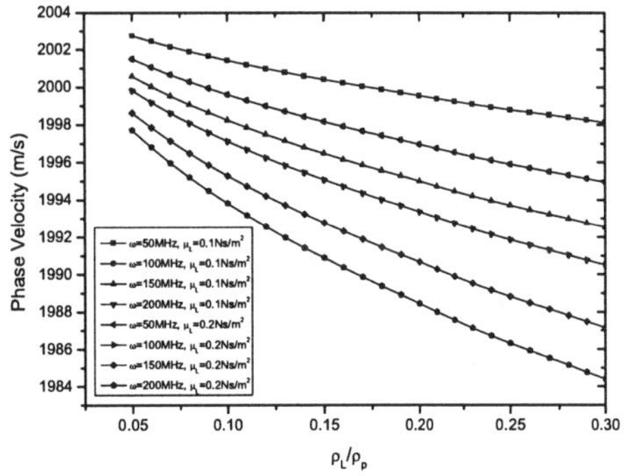

Figure 6. The phase velocity as a function of density ratio ρ_l/ρ_p for metalized surface condition.

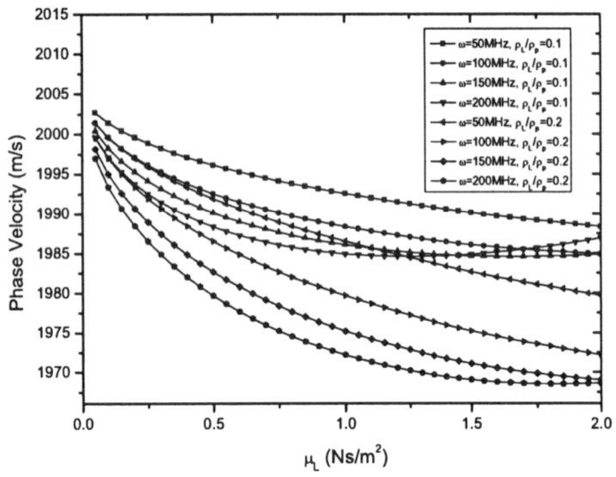

Figure 7. The phase velocity as a function of the liquid viscosity for metalized surface condition.

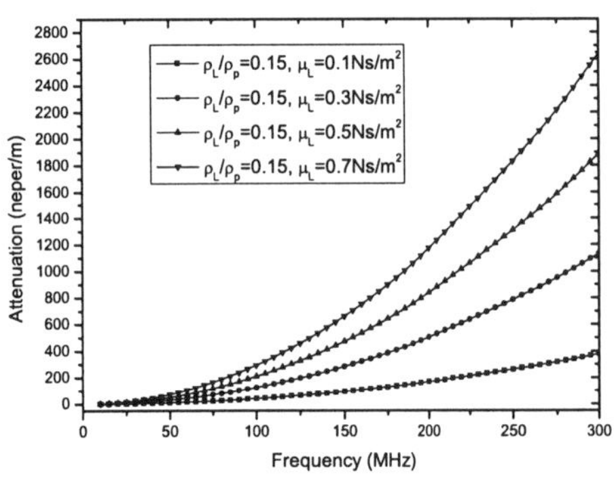

Figure. 8 Change of attenuation with the wave frequency for open circuit condition.

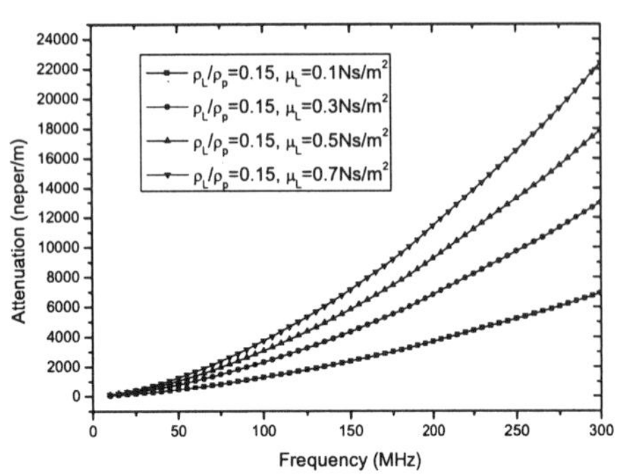

Figure 9. Change of attenuation with the wave frequency for metalized surface condition.

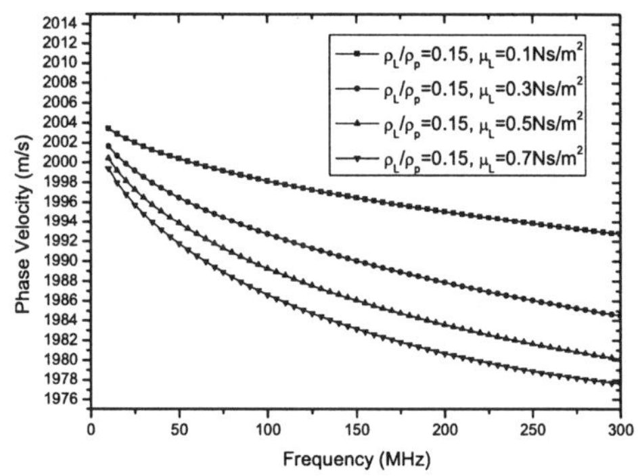

Figure 10. Change of phase velocity with the wave frequency for metalized surface condition.

The calculated results are shown in Figs. 2-11. Figure 2 shows change of attenuation with liquid viscosity in different values of liquid density under the open circuit condition. Fig. 3 illustrates the attenuation as a function of liquid density in different values of liquid viscosity under the metalized surface condition. From calculated results, it is found that change of wave velocity for open circuit condition is negligible. It is seen from these figures that the relationship of attenuation with viscosity or density is approximately linear in the open circuit condition. The attenuation for metalized surface condition is obviously larger than that for the open circuit condition. Besides, the relationship between the attenuation and liquid viscosity or density ratio in the metalized surface condition is obviously nonlinear, which is different from the approximately linear relationship for the open circuit condition. Figures 6-7 demonstrate the effect of viscosity and liquid density on the phase velocity. We can see that in most cases, the wave velocity drops with the increase of viscosity or liquid density. But in some range of viscosity, the wave velocity may increase with the increase of viscosity (see Fig. 7). The influence of wave frequency on the attenuation and phase velocity is shown in Figs. 8-10. We can see that in general, the attenuation increases monotonically with the increase of wave frequency, and phase velocity drops monotonically with the increase of wave frequency.

5. Concluding Remarks

In this paper, we study B-G wave propagating in a piezoelectric half-space of 6mm symmetry in contact with viscous liquid. The dispersion relations for both open circuit and metalized surface conditions are derived. Numerical example of PZT-5H piezoelectric ceramic loaded with viscous liquid is calculated. The numerical results show that the attenuation increases with the increase of liquid viscosity and density. For the same liquid viscosity and density, the attenuation in the metalized surface condition is larger that of open circuit condition. The variation of wave velocity for open circuit condition is negligible while in metalized surface condition we see a noticeable change of wave velocity. This can be attributed to that in the open circuit condition the penetration length is deeper than that in the metalized surface condition. Therefore, in the metalized surface condition energy is more concentrated on the region near the interface, thus the B-G wave in the metalized condition is more sensitive to environmental disturbances. Compared with the metalized condition, the B-G wave in the open circuit condition is less sensitive to surrounding changes.

One advantage of B-G wave for liquid sensing application is that B-G wave has no multiple modes. This makes that inverse determination of liquid properties utilizing B-G wave is simpler that by utilizing other types of waves, such as Love wave, Lamb wave, etc. This paper provides useful data for the design and development of liquid sensing devices.

Acknowledgments

This work was supported by the National Natural Science Foundation of China through grant No. 10472068.

References

1. M. Hoummady, A. Campitelli, W. Wlodarski, Acoustic wave sensors: design, sensing mechanisms and applications, *Smart Mater. Struct.* **6**, 647 (1997).
2. C. McMullan, H. Mehta, E. Gizeli, et al., Modeling of the mass sensitivity of the Love wave device in the presence of a viscous liquid, *J. Phys. D: Appl. Phys.* **33**, 3053 (2000).
3. T.T. Wu, T.Y. Wu, Surface waves in coated anisotropic medium loaded with viscous liquid, *J. Appl. Mech.* **67**, 262 (2000).
4. B.D. Zaitsev, I.E. Kuznetsova, S.G. Joshi, et al., Acoustic waves in piezoelectric plates bordered with viscous and conductive liquid, *Ultrasonics* **39**, 45 (2001).
5. C. Zhang, J.J. Caron, J.F. Vetelino, The Bleustein-Gulyaev wave for liquid sensing applications, *Sensor and Actuators B* **76**, 64 (2001).
6. H.Y. Fang, J.S. Yang, Q. Jiang, Rotation-perturbed surface acoustic waves propagating in piezoelectric crystals, *Int. J. Solids Struct.* **37**, 4933 (2000).

理想流体覆盖薄层对无限大弹性板中声表面波的影响

王骥 吴荣兴 杜建科
315211 浙江宁波江北区风华路 818 号宁波大学工学院压电器件技术实验室
电子邮件：{wangji, dujianke}@nbu.edu.cn, g05b08010409@email.nbu.edu.cn

Jiun-Der YU
Epson Palo Alto Laboratory, 33145 Porter Drive, Ste 104, Palo Alto, CA 95305, USA
E-mail: jdyu@erd.epson.com

从覆盖理想流体层的各向同性半无限大弹性体中的声表面波分析开始，我们求得了表面波速度与理想流体层厚度的关系。这一结果与早期的研究和实验结果一致。随后我们分析了基体是各向同性无限大弹性板的情况，发现随着流体层厚度的不断减小，弹性板的振动开始表现为对称和反对称模态，这一结果与没有覆盖流体层的弹性板振动研究结果相吻合。本文最后分析了基体是 ST 切石英晶体的半无限大弹性体和无限大弹性板的情形。我们发现，由于弹性板与流体层的相互作用，实际振动会出现多个声表面波模态和相应的波速。

关键词： 声表面波，理想流体，传感器，波速，振动，传播

SURFACE ACOUSTIC WAVES IN AN INFINITE ANISOTROPIC PLATE COVERED BY AN IDEAL LIQUID LAYER

Ji WANG, Romg-Xing WU, Jian-Ke DU
Piezoelectric Device Laboratory, School of Engineering, Ningbo, University
818 Fenghua Road, Ningbo, Zhejiang 315211, CHINA
E-mail: {wangji, dujianke}@nbu.edu.cn, g05b08010409@email.nbu.edu.cn

Our study starts from the interaction of a thin liquid layer and surface acoustic waves in an isotropic semi-infinite substrate, and we obtain the relationship between wave velocity and thickness of ideal fluid layer. This result is similar with earlier experimental and research results. We further extend substrate to an isotropic semi-infinite plate, at which both symmetric and anti-symmetric modes of a plate can be captured as thickness of liquid layer becomes extremely thin. This result is very close to plate vibrations without the liquid layer. Finally, we analyze the characteristics of surface acoustic waves propagating in an anisotropic semi-infinite solid and plates covered with an ideal liquid layer. It is observed from an ST-cut quartz crystal substrate that there are many displacement modes and corresponding velocities due to the interaction of waves in the plate and liquid layer.

Keywords: surface, wave, ideal liquid, sensor, velocity, vibration, propagation, frequency

1. 引言

长期以来，利用声表面波的传播特性进行流体性质测定已引起人们的极大兴趣[1-4]。一般来说，声表面波流体传感器具有频率高、体积小、测量速度快、结构简单和精度高等优点。随着检测技术的发展，声表面波流体传感器在石油、化工、医学与国家安全等领域发挥巨大作用。因此，对声表面波流体传感器的精确和详细的理论分析是一项十分重要的工作。在本文的研究中，我们用一个包含流体的双层结构模型来简化典型的声表面波流体传感器，并用声表面波理论和理想流体模型来精确分析声表面波在弹性板和理想流体层中的传播。

2. 覆盖流体层的各向同性半无限大弹性体和弹性板中的声表面波波速计算

2.1. 基体是无限大弹性体时的情形

对于如图 1 所示的覆盖理想流体层的各向同性半无限大弹性体中的声表面波，根据文献[6]，我们认为当声表面波沿 x_1 方向传播时，在弹性基体中的位移是

$$u_j = A_j e^{k\beta x_2} e^{ik(x-ct)}, j = 1,2, \tag{1}$$

式中 u_j, A_j, β, k, c 和 t 分别是位移、振幅、衰减指数、波数、波速和时间。

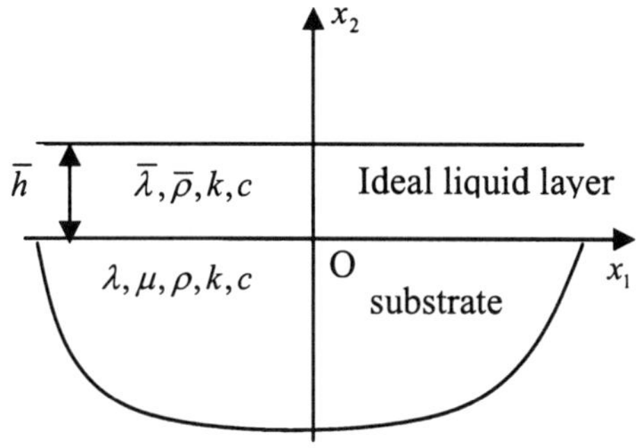

图 1. 覆盖理想流体层的半无限大弹性体

对于各向同性基体，通过式(1)可以得到应力表达式

$$T_1 = k[(\lambda+2\mu)iA_1 + \lambda\beta A_2]e^{k\beta x_2}e^{ik(x_1-ct)},$$
$$T_2 = k[\lambda i A_1 + (\lambda+2\mu)\beta A_2]e^{k\beta x_2}e^{ik(x_1-ct)}, \tag{2}$$
$$T_6 = k\mu(\beta A_1 + iA_2)e^{k\beta x_2}e^{ik(x_1-ct)},$$

式中λ和μ是材料的拉梅常数。以应力表示的运动方程是

$$T_{1,1} + T_{6,2} = \rho\ddot{u}_1,$$
$$T_{6,1} + T_{2,2} = \rho\ddot{u}_2, \tag{3}$$

式中ρ是固体材料的密度。将式(2)代入(3)，我们可以得到

$$[\beta^2 c_T^2 + (c^2 - c_L^2)]A_1 + i\beta(c_L^2 - c_T^2)A_2 = 0,$$
$$i\beta(c_L^2 - c_T^2)A_1 + [\beta^2 c_L^2 + (c^2 - c_T^2)]A_2 = 0, \tag{4}$$

式中$c_L^2 = \dfrac{\lambda+2\mu}{\rho}, c_T^2 = \dfrac{\mu}{\rho}$分别为纵向和横向波速。通过式(4)我们可以得到衰减系数β如下

$$\beta_1^2 = 1 - \frac{c^2}{c_L^2}, \beta_2^2 = 1 - \frac{c^2}{c_T^2}. \tag{5}$$

相应的振幅比为

$$\left(\frac{A_2}{A_1}\right)_1 = -i\beta_1, \left(\frac{A_2}{A_1}\right)_2 = \frac{1}{i\beta_2}. \tag{6}$$

利用式(5)和(6)可以得到新的两个振幅，为方便简记为$A_m(m=1,2)$，相应的位移和应力解为

$$u_1 = \left(A_1 e^{k\beta_1 x_2} + A_2 e^{k\beta_2 x_2}\right)e^{ik(x_1-ct)},$$
$$u_2 = \left(-i\beta_1 A_1 e^{k\beta_1 x_2} + \frac{1}{i\beta_2}A_2 e^{k\beta_2 x_2}\right)e^{ik(x_1-ct)},$$
$$T_1 = ik\left[(\lambda+2\mu) - \lambda\beta_1^2\right]A_1 e^{k\beta_1 x_2}e^{ik(x_1-ct)} + 2ik\mu A_2 e^{k\beta_2 x_2}e^{ik(x_1-ct)},$$
$$T_2 = ik\left[\lambda - (\lambda+2\mu)\beta_1^2\right]A_1 e^{k\beta_1 x_2}e^{ik(x_1-ct)} - 2ik\mu A_2 e^{k\beta_2 x_2}e^{ik(x_1-ct)}, \tag{7}$$
$$T_6 = k\mu\left[2\beta_1 A_1 e^{k\beta_1 x_2} + \frac{1}{\beta_2}(\beta_2^2+1)A_2 e^{k\beta_2 x_2}\right]e^{ik(x_1-ct)}.$$

根据文献[8]，在线性近似下,理想弹性流体的运动方程为

$$\bar{\lambda}\nabla\nabla\,\bar{u} = \bar{\rho}\ddot{\bar{u}}, \tag{8}$$

式中$\bar{\lambda}$为理想流体的拉梅常数。引入标量速度势函数φ可以得到

$$\dot{\bar{u}} = \nabla\varphi. \tag{9}$$

显然，由式(8)我们有

$$\nabla^2\varphi = \frac{1}{c_F^2}\ddot{\varphi}, \tag{10}$$

式中$c_F^2 = \dfrac{\bar{\lambda}}{\bar{\rho}}$，$\bar{\rho}$为理想流体的密度。最后我们可以得到理想流体应力表达式

$$p = -\bar{\lambda}\nabla\bar{u} = -\bar{\rho}\dot{\varphi}. \tag{11}$$

假设

$$\varphi = \psi(x_2)e^{ik(x_1-ct)}, \tag{12}$$

把式(12)代入式(10)，我们可以得到

$$\frac{d^2\psi(x_2)}{dx_2^2} - k^2\psi(x_2) = -k^2\frac{c^2}{c_F^2}\psi(x_2). \tag{13}$$

进一步假设

$$\psi(x_2) = Me^{k\bar{\beta}x_2}, \tag{14}$$

这里M是系数。把式(14)代入式(13)可以得到

$$\bar{\beta}^2 = 1 - \frac{c^2}{c_F^2}, \bar{\beta} = \pm i\sqrt{\frac{c^2}{c_F^2} - 1}. \tag{15}$$

把$\bar{\beta}$代入φ函数，再代入式(9)和(11)可以得到流体层内的位移和应力解

$$\varphi = \left(A_3\sin k\beta_3 x_2 + A_4\cos k\beta_3 x_2\right)e^{ik(x_1-ct)},$$
$$\dot{\bar{u}}_1 = ik\left(A_3\sin k\beta_3 x_2 + A_4\cos k\beta_3 x_2\right)e^{ik(x_1-ct)},$$
$$\dot{\bar{u}}_2 = k\beta_3\left(A_3\cos k\beta_3 x_2 - A_4\sin k\beta_3 x_2\right)e^{ik(x_1-ct)},$$
$$\bar{u}_1 = -\frac{1}{c}\left(A_3\sin k\beta_3 x_2 + A_4\cos k\beta_3 x_2\right)e^{ik(x_1-ct)} + U_1(t=0),$$
$$\bar{u}_2 = \frac{i\beta_3}{c}\left(A_3\cos k\beta_3 x_2 - A_4\sin k\beta_3 x_2\right)e^{ik(x_1-ct)} + U_2(t=0),$$

$$p = ik\bar{\rho}c\left(A_3 \sin k\beta_3 x_2 + A_4 \cos k\beta_3 x_2\right)e^{ik(x_1-ct)}, \tag{16}$$

式中，$\beta_3 = \pm\sqrt{\dfrac{c^2}{c_F^2}-1}$。相应的边界条件是

$$\begin{aligned} &p\left(x_2=\bar{h}\right)=0, T_2\left(x_2=0\right)=p\left(x_2=0\right), \\ &T_6\left(x_2=0\right)=0, u_2\left(x_2=0\right)=\bar{u}_2\left(x_2=0\right), \end{aligned} \tag{17}$$

式中$\bar{h}$是流体层的厚度。将式(7)和(16)的应力和位移代入边界条件(17)，就得到振幅的 4 个方程，通过求其系数行列式值为零求得与流体层厚度相应的波速。

2.2. 算例

为了简单起见，对流体层厚度作归一化处理

$$\bar{H} = \frac{\bar{h}}{\xi}, k\xi = 2\pi, k\bar{h} = 2\pi\bar{H},$$

其中ξ是波长，k是波速。为了与先前的工作做比较，我们取典型的材料参数如下

$$\begin{aligned} &\lambda = 5.02\times10^{10}\,\text{Pa}, \mu = 4.93\times10^{10}\,\text{Pa}, \\ &\rho = 7800\text{kg/m}^3, \bar{\lambda} = 5\times10^8\,\text{Pa}, \\ &\bar{\rho} = 998\text{kg/m}^3. \end{aligned} \tag{18}$$

我们求得的声表面波波速与理想流体层的厚度之间的关系如图 2，这里横坐标为归一化的流体层厚度$\bar{h}/\xi$，纵坐标为归一化的声表面波波速c/c_T。

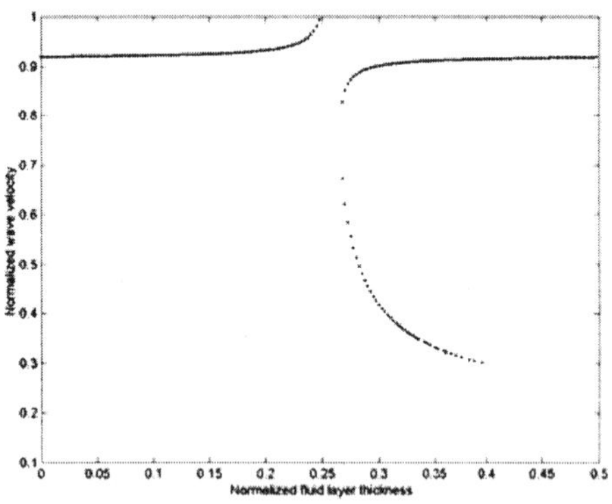

图 2. 半无限大各向同性弹性体中声表面波波速与理想流体覆盖层厚度之间的关系

2.3. 基体是无限大弹性板时的情形

利用式(5)和(6)得到的两个衰减系数和振幅比，重写振幅$A_{ij}(i=1,2, j=1,2)$，可以得到半无限大弹性板中的位移模式为

$$u_1 = \left(A_{11}e^{-k\beta_1 x_2} + A_{12}e^{-k\beta_2 x_2}\right)e^{ik(x_1-ct)}$$

$$+\left(A_{21}e^{k\beta_1 x_2} + A_{22}e^{k\beta_2 x_2}\right)e^{ik(x_1-ct)}, \tag{19a}$$

$$u_2 = \left(i\beta_1 A_{11}e^{-k\beta_1 x_2} + \frac{i}{\beta_2}A_{12}e^{-k\beta_2 x_2}\right)e^{ik(x_1-ct)}$$

$$+\left(-i\beta_1 A_{21}e^{k\beta_1 x_2} - \frac{i}{\beta_2}A_{22}\right)e^{k\beta_2 x_2}\ . \tag{19b}$$

通过式(19)我们可以求出应力的表达式

$$\begin{aligned} T_1 &= ik\left[\left(\lambda+2\mu-\lambda\beta_1^2\right)A_{11}e^{-k\beta_1 x_2} + 2\mu A_{12}e^{-k\beta_2 x_2}\right]e^{ik(x_1-ct)} \\ &\quad + ik\left[\left(\lambda+2\mu-\lambda\beta_1^2\right)A_{21}e^{k\beta_1 x_2} + 2\mu A_{22}e^{k\beta_2 x_2}\right]e^{ik(x_1-ct)}, \\ T_2 &= ik\left[\left(\lambda-2\mu\beta_1^2-\lambda\beta_1^2\right)A_{11}e^{-k\beta_1 x_2} - 2\mu A_{12}e^{-k\beta_2 x_2}\right]e^{ik(x_1-ct)} \\ &\quad + ik\left[\left(\lambda-2\mu\beta_1^2-\lambda\beta_1^2\right)A_{21}e^{k\beta_1 x_2} - 2\mu A_{22}e^{k\beta_2 x_2}\right]e^{ik(x_1-ct)}, \\ T_6 &= k\mu\left[-2\beta_1 A_{11}e^{-k\beta_1 x_2} - \frac{\beta_2^2+1}{\beta_2}A_{12}e^{-k\beta_2 x_2}\right]e^{ik(x_1-ct)} \\ &\quad + k\mu\left[2\beta_1 A_{21}e^{k\beta_1 x_2} + \frac{\beta_2^2+1}{\beta_2}A_{22}e^{k\beta_2 x_2}\right]e^{ik(x_1-ct)}. \end{aligned} \tag{20}$$

相应的边界条件是

$$\begin{aligned} &T_2\left(x_2=-h\right)=0, T_6\left(x_2=-h\right)=0, \\ &T_2\left(x_2=0\right)=p\left(x_2=0\right), \\ &u_2\left(x_2=0\right)=\bar{u}_2\left(x_2=0\right)+U_2\left(t=0\right), \\ &T_6\left(x_2=0\right)=0, p\left(x_2=\bar{h}\right)=0, \end{aligned} \tag{21}$$

其中h和$\bar{h}$分别是弹性板的厚度和流体层的厚度。将式(16)，(19)和(20)的应力和位移代入边界条件式(21)，我们可以得到振幅的 6 个方程，从而可求得与流体层厚度相应的波速。

2.4. 算例

同样我们也对板厚和流体层厚度作归一化处理

$$H = \frac{h}{\xi}, k\xi = 2\pi, kh = 2\pi H, \bar{H} = \frac{\bar{h}}{\xi}, k\xi = 2\pi, k\bar{h} = 2\pi\bar{H}$$

式中ξ是波长，k是波数。这里我们取同式(18)相同的材料常数，并且弹性板厚度取 3 个波长。我们求得的无限大弹性板中声表面波波速与理想流体层的厚度之间的关系如图 3，这里横坐标为归一化的流体层厚度$\bar{h}/\xi$，纵坐标为归一化的表面波波速c/c_T。

我们可以求出弹性板内的位移图，如图 4 和图 5。

3. 覆盖理想流体薄层的无限大 ST 切石英晶体和石英板中的声表面波波速计算

3.1. 基体为无限大 ST 切石英晶体的情形

考虑基体为各向异性材料而覆盖层为理想流体，同时假定声表面波沿 x_1 方向传播。对于基体，其位移的表达形式为

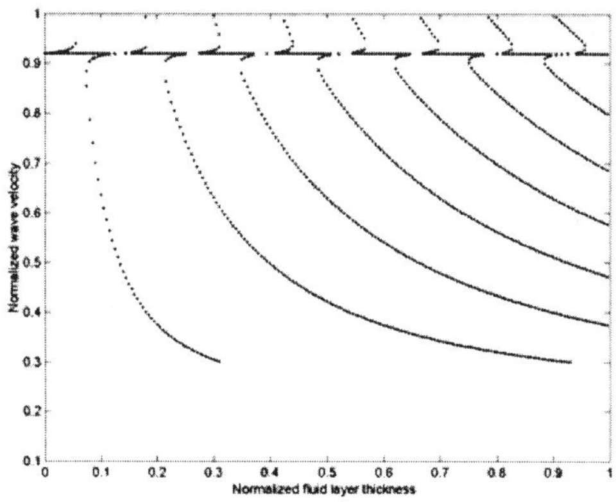

图 3. 半无限大各向同性弹性板中声表面波波速与理想流体覆盖层厚度之间的关系 $(H = 3\xi)$

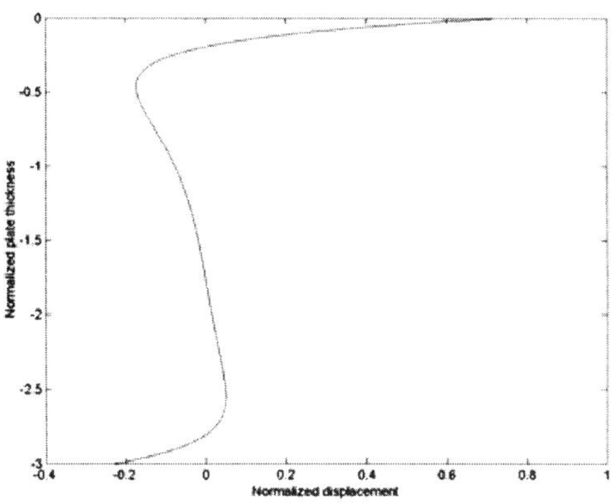

图 4. 弹性板厚度为 3 个波长，流体层厚度为 0.01 个波长时，x_1 方向的位移图(波速 $c = 0.92068482$)

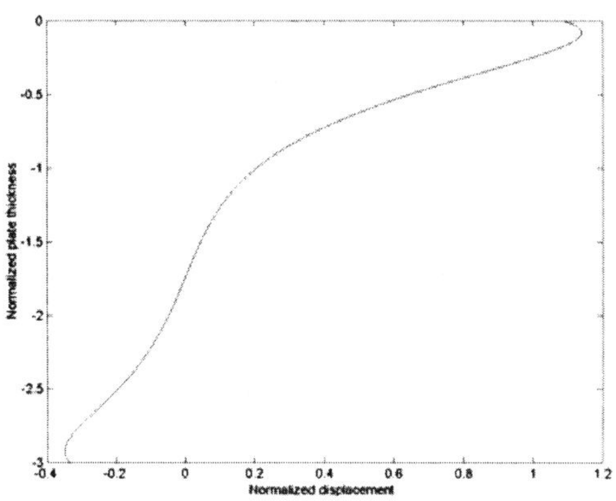

图 5. 弹性板厚度为 3 个波长，流体层厚度为 0.01 个波长时，x_1 方向的位移图 (波速 $c = 0.92068482$).

$$\begin{aligned} u_1 &= Ae^{k\beta x_2} e^{ik(x_1 - ct)}, \\ u_2 &= Be^{k\beta x_2} e^{ik(x_1 - ct)}, \\ u_3 &= Ce^{k\beta x_2} e^{ik(x_1 - ct)}, \end{aligned} \tag{22}$$

这里 A, B, C, k, β, c, t 分别是基体振幅，波数，基体的衰减系数，波速和时间。根据给定的位移(22)我们得到基体中相应的应变为

$$\begin{aligned} &S_1 = iku_1, S_2 = k\beta u_2, S_3 = 0, \\ &S_4 = k\beta u_3, S_5 = iku_3, S_6 = k\beta u_1 + iku_2. \end{aligned} \tag{23}$$

根据式(23)中的应变，我们得到基体中的应力为

$$\begin{aligned} &T_p = c_{p1}S_1 + c_{p2}S_2 + c_{p4}S_4 + c_{p5}S_5 + c_{p6}S_6, \\ &p = 1,2,3,4,5,6. \end{aligned} \tag{24}$$

运动方程如下所示

$$\begin{aligned} T_{1,1} + T_{6,2} &= -\rho k^2 c^2 u_1, \\ T_{6,1} + T_{2,2} &= -\rho k^2 c^2 u_2, \\ T_{5,1} + T_{4,2} &= -\rho k^2 c^2 u_3. \end{aligned} \tag{25}$$

将式(23)和(24)代入式(25)，通过求振幅 A, B, C 的系数矩阵的行列式的值为零可以求出三对 $\pm\beta$ 值，取 3 个正 β，那么半无限大弹性体中的位移写成如下形式

$$\begin{aligned} u_1 &= \sum_{r=1}^{3} \alpha_{1r} C_r e^{k\beta_r x_2} e^{ik(x_1 - ct)}, \\ u_2 &= \sum_{r=1}^{3} \alpha_{2r} C_r e^{k\beta_r x_2} e^{ik(x_1 - ct)}, \\ u_3 &= \sum_{r=1}^{3} C_r e^{k\beta_r x_2} e^{ik(x_1 - ct)}, \end{aligned} \tag{26}$$

其中 $\alpha_{1r} = \dfrac{A_i(\beta_r)}{C_3(\beta_r)}, \alpha_{2r} = \dfrac{B_i(\beta_r)}{C_3(\beta_r)}, \alpha_{3r} = 1, r = 1,2,3.$ 相应的应变写成如下表达形式

$$\begin{aligned} &S_1 = iku_1, \\ &S_2 = \left(k\beta_1 C_1 \alpha_{21} e^{k\beta_1 x_2} + k\beta_2 C_2 \alpha_{22} e^{k\beta_2 x_2}\right) e^{ik(x_1 - ct)} \\ &\qquad + k\beta_3 C_3 \alpha_{23} e^{k\beta_3 x_2} e^{ik(x_1 - ct)}, \\ &S_3 = 0, \\ &S_4 = \left(k\beta_1 C_1 e^{k\beta_1 x_2} + k\beta_2 C_2 e^{k\beta_2 x_2}\right) e^{ik(x_1 - ct)} \\ &\qquad + k\beta_3 C_3 e^{k\beta_3 x_2} e^{ik(x_1 - ct)}, \\ &S_5 = iku_3, \\ &S_6 = \left(k\beta_1 C_1 \alpha_{11} e^{k\beta_1 x_2} + k\beta_2 C_2 \alpha_{12} e^{k\beta_2 x_2}\right) e^{ik(x_1 - ct)} \\ &\qquad + k\beta_3 C_3 \alpha_{13} e^{k\beta_3 x_2} e^{ik(x_1 - ct)} + iku_2. \end{aligned} \tag{27}$$

最后，我们可以得到应力表达式

$$T_p = c_{p1}S_1 + c_{p2}S_2 + c_{p4}S_4 + c_{p5}S_5 + c_{p6}S_6,\quad p = 1,2,3,4,5,6. \tag{28}$$

相应的半无限大弹性体和理想流体层的边界条件是

$$\begin{aligned} &p(x_2 = \overline{h}) = 0, T_2(x_2 = 0) = p(x_2 = 0),\\ &u_2(x_2 = 0) = \overline{u}_2(x_2 = 0) + U_2(t = 0),\\ &T_4(x_2 = 0) = 0, T_6(x_2 = 0) = 0 \end{aligned} \tag{29}$$

把式(16)，(27)和(28)代入方程(29)就可以得到振幅系数的方程组。由此我们可求得流体覆盖层厚度与表面波波速之间的关系。

3.2. 算例

同样我们对流体层厚度归一化处理。这里流体的材料常数与前一节的算例一样，而石英晶体的材料常数见文献[10]。我们可以求得的半无限大 ST 切石英晶体中声表面波波速与理想流体覆盖层厚度之间的关系如图 6，这里横坐标为归一化流体层厚度 $\overline{h}/\xi$，纵坐标为归一化的声表面波波速 $c/c_0, c_0 = \sqrt{c_{66}/\rho}$。

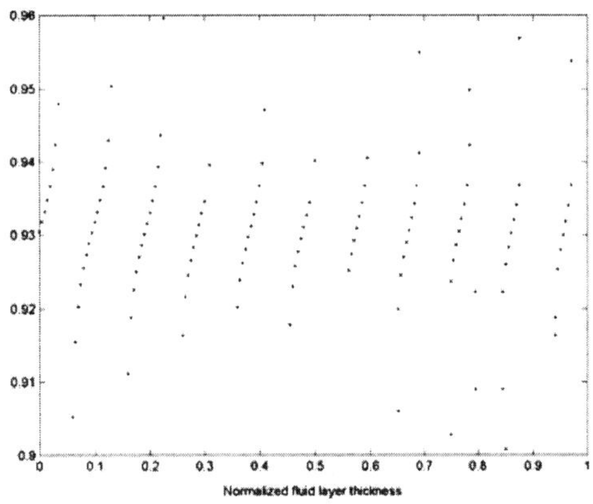

图 6 半无限大 ST 切石英晶体中声表面波波速与理想流体覆盖层厚度之间的关系

3.3. 基体是无限大 ST 切石英晶体板的情形

当下面基体为各向异性半无限大弹性板时，位移方程可以写为

$$\begin{aligned} u_1 = &\left(C_1\alpha_{11}e^{k\beta_1x_2} + C_2\alpha_{12}e^{-k\beta_1x_2}\right)e^{ik(x_1-ct)}\\ &+\left(C_3\alpha_{13}e^{k\beta_2x_2} + C_4\alpha_{14}e^{-k\beta_2x_2}\right)e^{ik(x_1-ct)}\\ &+\left(C_5\alpha_{15}e^{k\beta_3x_2} + C_6\alpha_{16}e^{-k\beta_3x_2}\right)e^{ik(x_1-ct)},\\ u_2 = &\left(C_1\alpha_{21}e^{k\beta_1x_2} + C_2\alpha_{22}e^{-k\beta_1x_2}\right)e^{ik(x_1-ct)}\\ &+\left(C_3\alpha_{23}e^{k\beta_2x_2} + C_4\alpha_{24}e^{-k\beta_2x_2}\right)e^{ik(x_1-ct)}\\ &+\left(C_5\alpha_{25}e^{k\beta_3x_2} + C_6\alpha_{26}e^{-k\beta_3x_2}\right)e^{ik(x_1-ct)},\\ u_3 = &\left(C_1e^{k\beta_1x_2} + C_2e^{-k\beta_1x_2}\right)e^{ik(x_1-ct)}\\ &+\left(C_3e^{k\beta_2x_2} + C_4e^{-k\beta_2x_2}\right)e^{ik(x_1-ct)}\\ &+\left(C_5e^{k\beta_3x_2} + C_6e^{-k\beta_3x_2}\right)e^{ik(x_1-ct)}, \end{aligned} \tag{30}$$

式中 $C_i(i = 1,2,3,4,5,6)$ 是振幅，$\beta_1, \beta_2, \beta_3$ 可从（25）式中求出

$$\alpha_{1i} = \frac{A_i(\beta_j)}{C_i(\beta_j)},\quad \alpha_{2i} = \frac{B_i(\beta_j)}{C_i(\beta_j)}. i = 1,3,5,\ j = 1,2,3.$$

$$\alpha_{1i} = \frac{A_i(-\beta_j)}{C_i(-\beta_j)},\quad \alpha_{2i} = \frac{B_i(-\beta_j)}{C_i(-\beta_j)}. i = 2,4,6.\ j = 1,2,3.$$

相应的应变可以写为

$$\begin{aligned} S_1 &= iku_1,\\ S_2 &= k\beta_1\left(C_1\alpha_{21}e^{k\beta_1x_2} - C_2\alpha_{22}e^{-k\beta_1x_2}\right)e^{ik(x_1-ct)}\\ &\quad + k\beta_2\left(C_3\alpha_{23}e^{k\beta_2x_2} - C_4\alpha_{24}e^{-k\beta_2x_2}\right)e^{ik(x_1-ct)}\\ &\quad + k\beta_3\left(C_5\alpha_{25}e^{k\beta_3x_2} - C_6\alpha_{26}e^{-k\beta_3x_2}\right)e^{ik(x_1-ct)},\\ S_3 &= 0,\\ S_4 &= k\beta_1\left(C_1e^{k\beta_1x_2} - C_2e^{-k\beta_1x_2}\right)e^{ik(x_1-ct)},\\ &\quad + k\beta_2\left(C_3e^{k\beta_2x_2} - C_4e^{-k\beta_2x_2}\right)e^{ik(x_1-ct)}\\ &\quad + k\beta_3\left(C_5e^{k\beta_3x_2} - C_6e^{-k\beta_3x_2}\right)e^{ik(x_1-ct)}\\ S_5 &= iku_3,\\ S_6 &= k\beta_1\left(C_1\alpha_{11}e^{k\beta_1x_2} - C_2\alpha_{12}e^{-k\beta_1x_2}\right)e^{ik(x_1-ct)}\\ &\quad + k\beta_2\left(C_3\alpha_{13}e^{k\beta_2x_2} - C_4\alpha_{14}e^{-k\beta_2x_2}\right)e^{ik(x_1-ct)}\\ &\quad + k\beta_3\left(C_5\alpha_{15}e^{k\beta_3x_2} - C_6\alpha_{16}e^{-k\beta_3x_2}\right)e^{ik(x_1-ct)} + ik_2u. \end{aligned} \tag{31}$$

那么，我们可以得到应力表达式

$$T_p = c_{p1}S_1 + c_{p2}S_2 + c_{p4}S_4 + c_{p5}S_5 + c_{p6}S_6,\quad p = 1,2,3,4,5,6. \tag{32}$$

无限大弹性板和理想流体层之间的边界条件是

$$\begin{aligned} &p(x_2 = h) = 0, T_2(x_2 = 0) = p(x_2 = 0),\\ &u_2(x_2 = 0) = \overline{u}_2(x_2 = 0) + U_2(t = 0),\\ &T_4(x_2 = 0) = 0, T_6(x_2 = 0) = 0, T_2(x_2 = -\overline{h}) = 0,\\ &T_4(x_2 = -\overline{h}) = 0, T_6(x_2 = -\overline{h}) = 0. \end{aligned} \tag{33}$$

把式(16)、(30)和(32)代入式(33)，通过解其振幅的系数行列式的值为零，就可以求得与一定流体厚度相应的波速。

3.4. 算例

同样对板厚和流体层厚度作归一化处理。流体和石英晶体的材料常数和上一节的算例一样。我们可以求得的无限大 ST 切石英晶体板中声表面波波速与理想流体覆盖层厚度之间的关系如图 7，这里横坐标为归一化流体层厚度 $\bar{h}/\xi$，纵坐标为归一化的声表面波波速 $c/c_0, c_0=\sqrt{c_{66}/\rho}$。

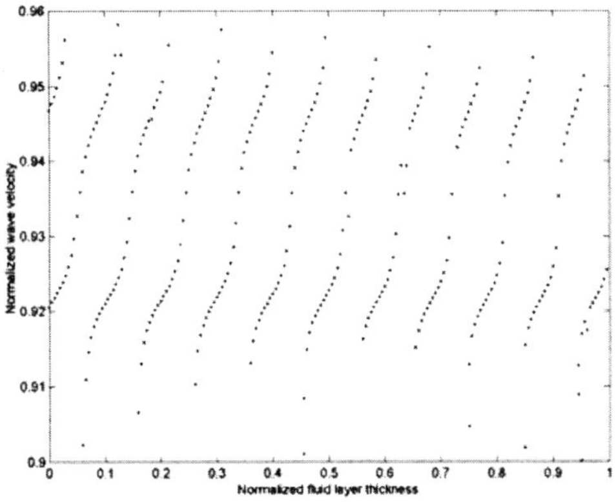

图 7. 无限大 ST 切石英晶体板中声表面波波速与理想流体覆盖层厚度之间的关系 $(H=3\xi)$

4. 结论

通过对覆盖有理想流体层的半无限大和有限厚度板中的表面波的研究，我们发现当流体厚度层较小时，表面波速度的显著改变提供了用于传感器的机会。虽然当流体层厚度较大时用于表面波传感器有困难是人所共知的，本文结果表明将表面波用于微流体传感器是值得探索的。

- 对于典型固体材料而言，流体层对声表面波波速的影响在 0.25 个波长达到最大。本文的研究结果与 Victorov 的理论和实验结果一致。
- 求出了覆盖理想流体层的各向同性无限大弹性板的声表面波的波速。发现随着流体层厚度的增加，声表面波波速有减小的趋势。当流体层厚度非常小的时候，板的振动模态越来越接近于无流体层覆盖时弹性板振动的对称和反对称模态。
- 分析了基体是 ST 切石英晶体的半无限大弹性体和无限大弹性板的情况。我们发现，由于弹性体或弹性板与流体层的相互作用，实际振动会出现了多个声表面波模态和波速。

致谢

本研究得到了国家自然科学基金（No. 10572065）和浙江省钱江学者基金的资助。

参考文献

1. P.C.Y. Lee, R. Huang, Effects of a liquid layer on thickness-shear vibrations of rectangular AT-Cut quartz plates, *IEEE Ultras. Ferr. Freq. Contr.* **49**, 604 (2002).
2. K.K. Kanazawa, J.G. Gordon, The oscillation frequency of quartz resonator in contact with a liquid, *Anal. Chem.* **175**, 99 (1985).
3. 吕霞付，舒红宇，王远亮，蔡绍哲，一种表面波液体密度传感器的实验研究，传感技术学报 **2**, 109 (1999).
4. 邓明晰，一种新型液体密度声传感器研究，传感器技术学报 **5**, 18 (1995).
5. I. Victorov, *Rayleigh and Lamb Waves: Physical Theory and Applications*, Plenum, New York (1967).
6. 陆文琼，王骥，杜建科，具有电极层无限大弹性板中声表面波的精确与近似解，宁波大学学报（理工版）**18**, 339 (2005).
7. 阿肯巴赫，弹性固体中波的传播，同济大学出版社，上海 (1992).
8. J. Wang, K.Y. Hashimoto, A two-dimensional theory for the analysis of surface acoustic waves in finite elastic solids, *J. Sound Vib.* **295**, 838 (2006).
9. J.Wang, J.B. Lin, A two-dimensional theory for surface acoustic wave analysis in finite piezoelectric solids, *J. Intell.t Mater. Sys. Struct.* **16**, 623 (2005).
10. K.Y. Hashimoto, 王景山等译，声表面波器件模拟与仿真，国防工业出版社，北京 (2002).
11. J. Wang, J.K. Du, Z. Li, et al., Two-dimensional analysis of the effect of an electrode layer on surface acoustic waves in a finite anisotropic plate, *Ultrasonics* **44**, 935 (2006).

具有初始应力的无限大弹性板中声表面波分析

王骥 吴荣兴 杜建科
315211 浙江宁波江北区风华路 818 号宁波大学工学院压电器件技术实验室
电子邮件：{wangji, dujianke}@nbu.edu.cn, g05b08010409@email.nbu.edu.cn

本文分析了有初始应力时的声表面波在各向同性半无限大弹性体和无限大弹性板中的传播特性，分别求出了半无限大弹性体和无限大弹性板中 Rayleigh 波的波速方程。数值计算结果与无初始应力情况下的声表面波的波速进行了比较，发现初应力对波速有着显著影响。在较小的应力范围内，特别是当应力与声表面波传播方向一致时，表面波速度的改变与初应力有着确定的对应关系。

关键词： 声表面波，初应力，无限大弹性板，波速，振动，传播

SURFACE ACOUSTIC WAVES IN INFINITE ELASTIC PLATE UNDER INITIAL STRESSES

Ji WANG, Rong-Xing WU, Jian-Ke DU
Piezoelectric Device Laboratory, School of Engineering, Ningbo University
818 Fenghua Road, Ningbo, Zhejiang 315211, CHINA
E-mail: {wangji, dujianke}@nbu.edu.cn, g05b08010409@email.nbu.edu.cn

The propagation behaviors of surface acoustic waves in an isotropic semi-infinite solid and infinite plate with initial stress field are investigated, and we obtain the phase velocity equations of Rayleigh waves in a semi-infinite solid and infinite plate. By comparing surface acoustic waves velocity in plate under initial stress with that without initial stress, it is clear that velocity of surface acoustic waves are evidently affected by initial stress. When the stress is in the same direction of the propagation of the surface acoustic waves, the change of the wave velocity of the surface acoustic waves has certain relation to the stress within small numerical value of stress.

Keywords: surface, wave, initial stress, plate, solid, velocity, vibration, propagation, frequency

1. 引言

声表面波是沿着半无限大弹性固体表面传播的弹性波，在电子技术、传感器和无损检测等领域都有着重要的应用。实际的声表面波器件是由覆盖层和基体构成的层状结构。在压电器件生产和使用的过程中，由于加工工艺的影响和环境的改变等，结构中不可避免地会产生初应力。在有些压电材料如陶瓷为了防止脆性断裂往往需要人为地加上预压应力。关于初应力对弹性板中 Rayleigh 波传播性能影响的研究报道还不多[1-2]。本文从 Biot[3]有初应力情况下在正交各向异性固体里弹性波的方程开始，通过位移形式的假定和弹性系数的简化，分别求出初应力对声表面波在半无限大弹性体和弹性板中传播的影响。

2. 具有初应力的无限大弹性体中的声表面波波速计算

2.1. 声表面波在弹性体中传播的情形

根据 Biot [3]，在有初应力情况下的对称正交各向异性固体以应力表示的运动方程是

$$\begin{aligned}\frac{\partial T_1}{\partial x_1}+\frac{\partial T_6}{\partial x_2}+(P_1-P_2)\frac{\partial \omega}{\partial x_2}=\rho\frac{\partial^2 u_1}{\partial t^2},\\ \frac{\partial T_6}{\partial x_1}+\frac{\partial T_2}{\partial x_2}+(P_1-P_2)\frac{\partial \omega}{\partial x_1}=\rho\frac{\partial^2 u_2}{\partial t^2},\end{aligned}\tag{1}$$

式中 $T_i, P_i, u_i, (i=1,2), \rho, \omega$ 分别是应力、初应力、位移、弹性材料的密度和 $\frac{1}{2}(u_{2,1}-u_{1,2})$。我们可以得到应力表达式为

$$\begin{aligned}T_1&=B_{11}u_{1,1}+B_{12}u_{2,2},\\ T_2&=B_{21}u_{1,1}+B_{22}u_{2,2},\\ T_6&=Q(u_{1,2}+u_{2,1}),\end{aligned}\tag{2}$$

式中 $B_{ij}(i,j=1,2)$ 和 Q 是弹性常数。对两个方向的初应

力 P_1 和 P_2，我们设

$$P_2 - P_1 = P. \tag{3}$$

把式(2)代入式(1)，我们可以得到

$$\begin{aligned} &B_{11}u_{1,11} + \left(B_{12} + Q - \frac{1}{2}P\right)u_{2,12} + \left(Q + \frac{1}{2}P\right)u_{1,22} = \rho\ddot{u}_1, \\ &B_{22}u_{2,22} + \left(B_{21} + Q + \frac{1}{2}P\right)u_{1,12} + \left(Q - \frac{1}{2}P\right)u_{2,11} = \rho\ddot{u}_2. \end{aligned} \tag{4}$$

对声表面波，我们假设位移为

$$\begin{aligned} u_1 &= Ae^{k\beta x_2}e^{ik(x_1-ct)}, \\ u_2 &= Be^{k\beta x_2}e^{ik(x_1-ct)}, \end{aligned} \tag{5}$$

其中 A, B, β, k, c 和 t 分别是振幅、衰减指数、波数、波速和时间。我们把式(5)代入方程(2)和(1)可以得到

$$\begin{aligned} &\left[\left(Q + \frac{1}{2}P\right)\beta^2 + \rho c^2 - B_{11}\right]A + i\beta\left(B_{12} + Q - \frac{1}{2}P\right)B = 0, \\ &i\beta\left(B_{21} + Q - \frac{1}{2}P\right)A + \left[\beta^2 B_{22} + \rho c^2 - \left(Q - \frac{1}{2}P\right)\right]B = 0. \end{aligned} \tag{6}$$

当材料为各向同性时，相应的弹性常数关系为

$$\begin{aligned} &B_{11} = \lambda + 2\mu, B_{12} = \lambda, \\ &B_{21} = \lambda, B_{22} = \lambda + 2\mu, Q = \mu. \end{aligned}$$

式中 λ 和 μ 是材料的拉梅常数。那么，方程(6)可以表示为

$$\begin{aligned} &\left[\beta^2\left(c_T^2 + c_P^2\right) + c^2 - c_L^2\right]A + i\beta\left(c_L^2 - c_T^2 + c_P^2\right)B = 0, \\ &i\beta\left(c_L^2 - c_T^2 - c_P^2\right)A + \left(\beta^2 c_L^2 + c^2 - c_T^2 + c_P^2\right)B = 0, \end{aligned} \tag{7}$$

式中 $c_L^2 = \dfrac{\lambda + 2\mu}{\rho}, c_T^2 = \dfrac{\mu}{\rho}, c_P^2 = \dfrac{P}{2\rho}$。通过解方程(7)可以得到两个衰减系数

$$\beta_1^2 = \frac{c_T^2 - c_P^2 - c^2}{c_T^2 + c_P^2}, \beta_2^2 = 1 - \frac{c^2}{c_L^2}. \tag{8}$$

相应的两个幅值比为

$$\left(\frac{B}{A}\right)_1 = \frac{1}{i\beta_1}, \left(\frac{B}{A}\right)_2 = \frac{c_P^2 + c_T^2 - c_L^2}{c_L^2 - c_T^2 + c_P^2}i\beta_2. \tag{9}$$

利用式(8)和(9)可以得到新的两个振幅，为方便简记为 $A_m(m = 1,2)$，得到相应的位移和应力解为

$$\begin{aligned} u_1 &= \left(A_1 e^{k\beta_1 x_2} + A_2 e^{k\beta_2 x_2}\right)e^{ik(x_1-ct)}, \\ u_2 &= \left(\frac{1}{i\beta_1}A_1 e^{k\beta_1 x_2} - i\beta_2 \cdot \frac{c_L^2 - c_T^2 - c_P^2}{c_L^2 - c_T^2 + c_P^2}A_2 e^{k\beta_2 x_2}\right)e^{ik(x_1-ct)}, \\ T_1 &= 2ik\mu A_1 e^{k\beta_1 x_2}e^{ik(x_1-ct)} \\ &\quad + ik\left[(\lambda + 2\mu) - \lambda\beta_2^2\frac{c_L^2 - c_T^2 - c_P^2}{c_L^2 - c_T^2 + c_P^2}\right]A_2 e^{k\beta_2 x_2}e^{ik(x_1-ct)}, \\ T_2 &= -2ik\mu A_1 e^{k\beta_1 x_2}e^{ik(x_1-ct)} \\ &\quad + ik\left[\lambda - (\lambda + 2\mu)\beta_2^2\frac{c_L^2 - c_T^2 - c_P^2}{c_L^2 - c_T^2 + c_P^2}\right]A_2 e^{k\beta_2 x_2}e^{ik(x_1-ct)} \\ T_6 &= k\mu\left(\frac{1 + \beta_1^2}{\beta_1}\right)A_1 e^{k\beta_1 x_2}e^{ik(x_1-ct)} \\ &\quad + k\mu\left(1 + \frac{c_L^2 - c_T^2 - c_P^2}{c_L^2 - c_T^2 + c_P^2}\right)A_2 e^{k\beta_2 x_2}e^{ik(x_1-ct)}. \end{aligned} \tag{10}$$

表面波在半无限大弹性体中传播的边界条件为

$$T_2(x_2 = 0) = T_6(x_2 = 0) = 0. \tag{11}$$

把式(10)代入式(11)，可以得到

$$\begin{aligned} &-2\mu A_1 + \left[\lambda - (\lambda + 2\mu)\beta_2^2\frac{c_L^2 - c_T^2 - c_P^2}{c_L^2 - c_T^2 + c_P^2}\right]A_2 = 0, \\ &\left(\frac{1 + \beta_1^2}{\beta_1}\right)A_1 + \beta_2\left(1 + \frac{c_L^2 - c_T^2 - c_P^2}{c_L^2 - c_T^2 + c_P^2}\right)A_2 = 0. \end{aligned} \tag{12}$$

由于振幅 A_1, A_2 不能为零，那么通过(12)振幅的系数矩阵的行列式值为零求得声表面波波速方程为

$$\begin{aligned} &\frac{4\left(c_L^2 - c_T^2\right)}{c_L^2 - c_T^2 + c_P^2}\sqrt{\left(\frac{c_T^2 - c_P^2 - c^2}{c_T^2 + c_P^2}\right)\left(1 - \frac{c^2}{c_L^2}\right)} \\ &= \frac{2c_T^2 - c^2}{c_T^2 + c_P^2}\left[2 - \frac{c^2}{c_T^2} \cdot \frac{c_L^2 - c_T^2 - c_P^2}{c_L^2 - c_T^2 + c_P^2}\right] \end{aligned} \tag{13}$$

如果不考虑初应力的作用，那么式(13)可以写为

$$4\sqrt{\left(1 - \frac{c^2}{c_T^2}\right)\left(1 - \frac{c^2}{c_L^2}\right)} = \left(2 - \frac{c^2}{c_T^2}\right)^2. \tag{14}$$

这就是众所周知的 Rayleigh 波相速度方程。

2.2. 算例

为了简单起见，我们对初应力作归一化处理

$$\overline{P} = P / \mu,$$

式中 μ 是材料的拉梅常数。我们选择弹性体材料参数如下

$$\lambda = 5\times10^{10}\,\text{Pa}, \mu = 5\times10^{10}\,\text{Pa},$$
$$\rho = 7.8\times10^{3}\,\text{kg/m}^3.$$

通过求解式(13)，我们得到表面波波速与初应力之间的关系如图 1，这里横坐标为初应力$\overline{P}$，纵坐标为归一化的表面波波速c/c_T。

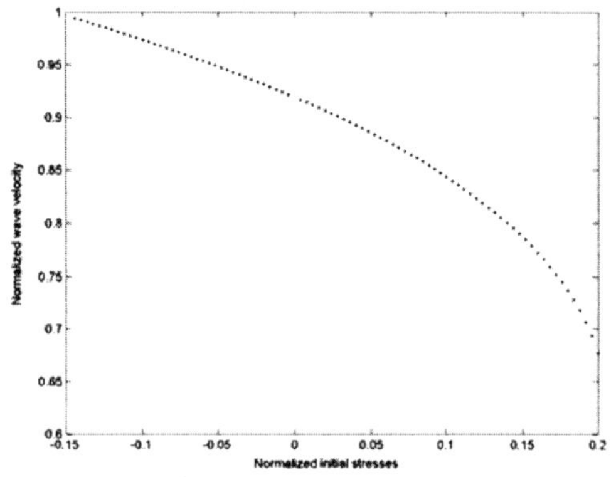

图 1. 半无限大弹性体中表面波波速与初应力的关系

3. 具有初始应力的无限大弹性板中的声表面波波速计算

3.1. 声表面波在弹性板中传播的情形

当声表面波在弹性板中传播的时候，根据式(8)和(9)，位移模式可以重写为

$$\begin{aligned} u_1 &= \left(A_1 e^{-k\beta_1 x_2} + A_2 e^{-k\beta_2 x_2}\right) e^{ik(x_1-ct)} \\ &\quad + \left(A_3 e^{k\beta_1 x_2} + A_4 e^{k\beta_2 x_2}\right) e^{ik(x_1-ct)}, \\ u_2 &= \left(\frac{i}{\beta_1} A_1 e^{-k\beta_1 x_2} - i\gamma\beta_2 A_2 e^{-k\beta_2 x_2}\right) e^{ik(x_1-ct)} \\ &\quad + \left(\frac{1}{i\beta_1} A_3 e^{k\beta_1 x_2} + i\gamma\beta_2 A_4 e^{k\beta_2 x_2}\right) e^{ik(x_1-ct)}, \end{aligned} \tag{15}$$

其中$A_i(i=1,2)$是振幅，$\beta_i(i=1,2)$和γ为

$$\beta_1^2 = \frac{c_T^2 - c_P^2 - c^2}{c_T^2 + c_P^2}, \beta_2^2 = 1 - \frac{c^2}{c_L^2}, \gamma = \frac{c_P^2 + c_T^2 - c_L^2}{c_L^2 - c_T^2 + c_P^2}. \tag{16}$$

相应的应变可以写为

$$\begin{aligned} S_1 &= ik\left(A_1 e^{-k\beta_1 x_2} + A_2 e^{-k\beta_2 x_2}\right) e^{ik(x_1-ct)} \\ &\quad + ik\left(A_3 e^{k\beta_1 x_2} + A_4 e^{k\beta_2 x_2}\right) e^{ik(x_1-ct)}, \\ S_2 &= ik\left(-A_1 e^{-k\beta_1 x_2} + \gamma\beta_2^2 A_2 e^{-k\beta_2 x_2}\right) e^{ik(x_1-ct)} \\ &\quad + ik\left(-A_3 e^{k\beta_1 x_2} + \gamma\beta_2^2 A_4 e^{k\beta_2 x_2}\right) e^{ik(x_1-ct)}, \\ S_6 &= -k\left[\frac{\beta_1^2+1}{\beta_1} A_1 e^{-k\beta_1 x_2} (1-\gamma)\beta_2 A_2 e^{-k\beta_2 x_2}\right] e^{ik(x_1-ct)} \\ &\quad + k\left[\frac{\beta_1^2+1}{\beta_1} A_3 e^{k\beta_1 x_2} + (1-\gamma)\beta_2 A_4 e^{k\beta_2 x_2}\right] e^{ik(x_1-ct)}. \end{aligned} \tag{17}$$

由此可以求出应力为

$$\begin{aligned} T_1 &= ik\left[2\mu A_1 e^{-k\beta_1 x_2} + \left(\lambda + 2\mu + \lambda\gamma\beta_2^2\right) A_2 e^{-k\beta_2 x_2}\right] e^{ik(x_1-ct)} \\ &\quad + ik\left[2\mu A_3 e^{k\beta_1 x_2} + \left(\lambda + 2\mu + \lambda\gamma\beta_2^2\right) A_4 e^{k\beta_2 x_2}\right] e^{ik(x_1-ct)}, \\ T_2 &= ik\left\{-2\mu A_1 e^{-k\beta_1 x_2} + \left[\left(\lambda+2\mu\right)\gamma\beta_2^2 + \lambda\right] A_2 e^{-k\beta_2 x_2}\right\} e^{ik(x_1-ct)} \\ &\quad + ik\left\{-2\mu A_3 e^{k\beta_1 x_2} + \left[\left(\lambda+2\mu\right)\gamma\beta_2^2 + \lambda\right] A_4 e^{k\beta_2 x_2}\right\} e^{ik(x_1-ct)}, \\ T_6 &= k\mu\left[-\frac{\beta_1^2+1}{\beta_1} A_1 e^{-k\beta_1 x_2} - (1-\gamma)\beta_2 A_2 e^{-k\beta_2 x_2}\right] e^{ik(x_1-ct)} \\ &\quad + k\mu\left[\frac{\beta_1^2+1}{\beta_1} A_3 e^{k\beta_1 x_2} + (1-\gamma)\beta_2 A_4 e^{k\beta_2 x_2}\right] e^{ik(x_1-ct)}. \end{aligned} \tag{18}$$

声表面波在有限厚度弹性板中传播的边界条件是

$$\begin{aligned} T_2(x_2=0) &= T_6(x_2=0) = 0, \\ T_2(x_2=-h) &= T_6(x_2=-h) = 0, \end{aligned} \tag{19}$$

式中h为弹性板的厚度。把式(18)代入方程(19)，我们可以得到

$$\begin{aligned} &-2\mu A_1 + \left[(\lambda+2\mu)\gamma\beta_2^2 + \lambda\right] A_2 \\ &\quad -2\mu A_3 + \left[(\lambda+2\mu)\gamma\beta_2^2 + \lambda\right] A_4 = 0, \\ &-\frac{\beta_1^2+1}{\beta_1} A_1 - (1-\gamma)\beta_2 A_2 \\ &\quad + \frac{\beta_1^2+1}{\beta_1} A_3 + (1-\gamma)\beta_2 A_4 = 0, \\ &-2\mu A_1 e^{k\beta_1 h} + \left[(\lambda+2\mu)\gamma\beta_2^2 + \lambda\right] A_2 e^{k\beta_2 h} \\ &\quad -2\mu A_3 e^{-k\beta_1 h} + \left[(\lambda+2\mu)\gamma\beta_2^2 + \lambda\right] A_4 e^{-k\beta_2 h} = 0, \\ &-\frac{\beta_1^2+1}{\beta_1} A_1 e^{k\beta_1 h} - (1-\gamma)\beta_2 A_2 e^{k\beta_2 h} \\ &\quad + \frac{\beta_1^2+1}{\beta_1} A_3 e^{-k\beta_1 h} + (1-\gamma)\beta_2 A_4 e^{-k\beta_2 h} = 0. \end{aligned} \tag{20}$$

由于系数$A_i(i=1,2,3,4)$不能为零，那么通过求其系数行列式的值为零可以解出不同初应力情况下的波速。

3.2. 算例

为简化计算，我们对板厚作归一化处理

$$H = \frac{h}{\varsigma}, k\varsigma = 2\pi, kh = 2\pi H,$$

式中ς是波长，k是波数。材料常数取的和上一节的算例一样。同样，我们可求得不同板厚时表面波波速和初应力的关系。这里横坐标为初应力$\overline{P}$，纵坐标为归一化的表面波波速 c/c_T。

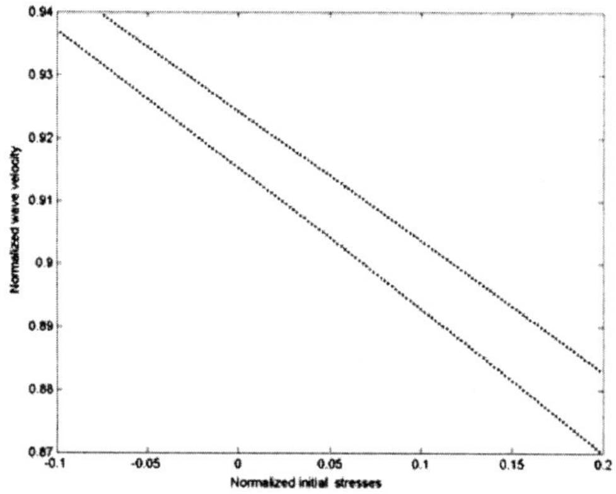

图 2. 无限大弹性板中表面波波速与初应力的关系 $(H=2\varsigma)$

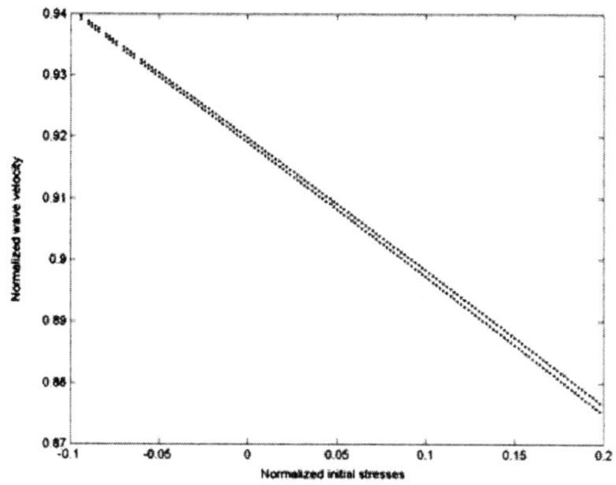

图 3. 无限大弹性板中表面波波速与初应力的关系 $(H=3\varsigma)$

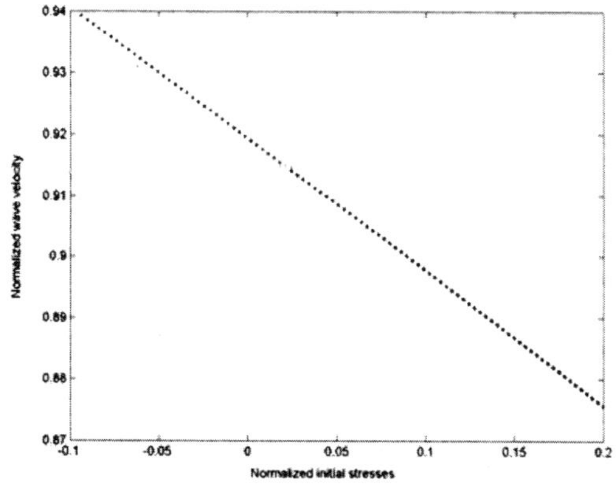

图 4. 无限大弹性板中表面波波速与初应力的关系 $(H=4\varsigma)$

4. 结论

本文分析了 Rayleigh 波在有初应力的半无限大弹性体和弹性板中传播特性，发现随着两个方向初应力之差的增大，波速不断减少。在一定数值范围内，波速和两个初应力之差存在着近似线性的对应关系。这一结论为利用声表面波作为力传感器提供了理论依据。

致谢

本研究得到了国家自然科学基金（No. 10572065）和浙江省钱江学者基金的资助。

参考文献

1. 刘华，王铁军，王子昆，初应力对压电层状结构声表面波传播性能的影响，力学学报 **32**, 492 (2000).
2. 张培源，卢晓霞，严波，汪天庚，初应力场的 Rayleigh 波，重庆大学学报(自然科学版) **23**, 64 (2000).
3. M.A. Biot, *Menchanics of Incremental Deformations*, John Wiley & Sons, New York (1964).
4. J. Wang, J.B. Lin, Y.P. Wan, et al., A two-dimensional analysis of surface acoustic waves in finite solids with the consideration of electrodes, *Int. J. Appl. Electromagnet. Mech.* **22**, 53 (2005).
5. A.M. Abd-Alla, H.A.H. Hammad, S.M. Abo-Dahab, Rayleigh waves in a magnetoelastic half-space of orthotropic material under influence of initial stress and gravity field, *Appl. Math. Computat.* **154**, 583 (2004).
6. S.D. Akbarov, M. Ozisik, The influence of the third order elastic constants to the generalized Rayleigh wave dispersion in a pre-stressed stratified half-plane, *Int. J. Eng. Sci.* **41**, 2047 (2003).
7. J. Wang, K.Y. Hashimoto, A two-dimensional theory for the analysis of surface acoustic waves in finite elastic solids, *J. Sound Vib.* **295**, 838 (2006).
8. J. Wang, J.B. Lin, A two-dimensional theory for surface acoustic wave analysis in finite piezoelectric solids, *J. Intell. Mater. Sys. Struct.* **16**, 623 (2005).

具有周期性电极的各向同性有限弹性体中声表面波的二维分析

王骥 李展 杜建科
315211 浙江宁波江北区风华路 818 号宁波大学工学院压电器件技术实验室
电子邮件：{wangji, lizhan, dujianke}@nbu.edu.cn

在声表面波谐振器分析和设计中，考虑复杂结构因素影响的声表面波波速是一个非常重要的性能参数。截止目前，声表面波波速的求解大多以简化的半无限空间模型为主。本文运用有限弹性体中的声表面波二维理论精确分析了声表面波在覆盖有周期性电极的各向同性有限弹性体中的传播问题。我们发现声表面波波速随着电极厚度的增加而减小，当电极厚度为零时我们所求得的波速与未覆盖电极相对应的半无限大弹性体中的声表面波波速相同。

关键词：声表面波，谐振器，周期性电极，各向同性，有限弹性体

A TWO-DIMENSIONAL ANALYSIS OF SURFACE ACOUSTIC WAVES IN FINITE ISOTROPIC ELASTIC SOLIDS WITH PERIODIC ELECTRODES

Ji WANG, Zhan LI, Jian-Ke DU
Piezoelectric Device Laboratory, School of Engineering, Ningbo University
818 Fenghua Road, Ningbo, Zhejiang 315211, CHINA
E-mail: {wangji, lizhan, dujianke}@nbu.edu.cn

In the analysis of a surface acoustic wave resonator for modeling and design, wave velocity considering the influence of complications of the structure is a very important parameter. Currently, solutions of surface acoustic wave velocity are mainly obtained from the simplified semi-infinite model. In this study, we analyze surface acoustic waves in a finite isotropic substrate with periodic electrodes by using the two-dimensional theory for finite elastic solids. Numerical examples, which use isotropic materials as substrates, show that surface acoustic waves will have a lower velocity with the increase of electrode thickness. When the thickness of electrode is zero, surface acoustic wave will have the same velocity with the corresponding semi-infinite substrate case.

Keywords: surface, wave, resonator, IDT, SAW, finite, solids, electrode, vibration

1. 引言

Rayleigh 最早研究了声表面波（Surface Acoustic Wave, SAW）在半无限大各向同性材料中的传播问题，以后的研究则大多沿用这样一个简化的半空间模型。我们知道，实际的声表面波谐振器是覆盖有叉指换能器（Interdigital Transducers, IDTs）形式的周期性电极的有限大压电弹性体，因此用传统的半空间模型来研究声表面波在这样一种复杂结构中的传播特性是不够精确的。运用三维运动方程加上边界条件可以精确描述声表面波在复杂结构中的传播，但是由于问题的复杂性，无论三维运动方程的解析解还是数值解都难以得到。同时我们注意到精确分析体波（Bulk Acoustic Wave, BAW）谐振器振动的各种二维理论，像 Mindlin 和 Lee 板理论[1-5]。我们从传统的三维运动方程出发，考虑到位移沿弹性体厚度方向呈指数衰减这一事实，把位移按与厚度方向坐标有关的指数函数展开，再通过变分方程的积分消掉厚度方向的坐标从而将三维运动方程简化为二维[6]，我们同时也得到了二维理论在覆盖有均匀电极层的有限弹性体中的推广形式[7]。本文就是运用有限弹性体中的声表面波二维理论及其推广来精确分析覆盖有周期性电极的各向同性有限弹性体中声表面波的传播问题。我们希望这些分析工作为更复杂的各向异性材料和声表面波谐振器结构打下基础。

2. 覆盖有周期性电极的各向同性有限弹性体中声表面波的二维分析

声表面波谐振器的基本模型如图 1 所示，下面是压电弹性基体，上面黑色部分为周期性分布的叉指换能器（Interdigital Transducers, IDTs）形式的电极，最简单常用的单指叉指换能器的结构如图 2 所示。

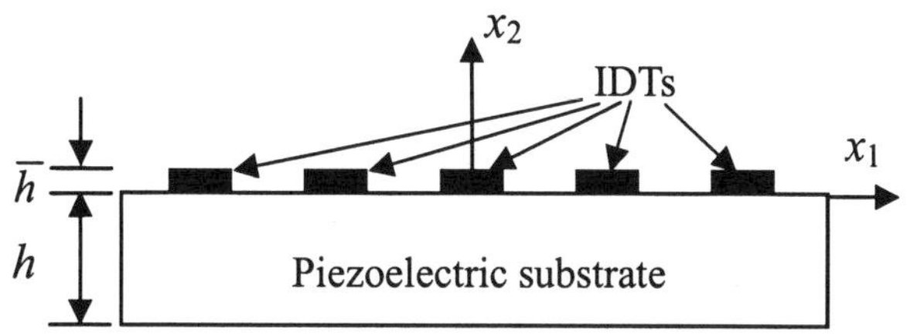

图 1. 声表面波谐振器的基本构造

图 2. 单指叉指换能器(IDTs)

我们以直行波（straight-crested wave）为例来分析声表面波在覆盖有周期性电极的各向同性有限弹性体中的传播。取图 1 所示结构的一个周期为研究对象，如图 3 所示。假定声表面波沿 x_1 方向传播。

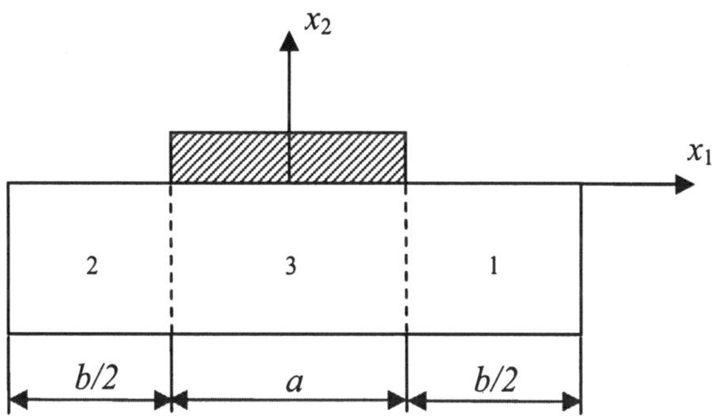

图 3. 声表面波谐振器的一个周期

根据各向同性板中的声表面波二维理论[6]，在未覆盖电极区域 1 我们设位移形式为：

$$
\begin{aligned}
u_1^{(1)} &= A_1 \sin k\bar{k}x_1 + B_1 \cos k\bar{k}x_1, \\
u_2^{(1)} &= A_2 \cos k\bar{k}x_1 + B_2 \sin k\bar{k}x_1, \\
u_1^{(2)} &= A_3 \sin k\bar{k}x_1 + B_3 \cos k\bar{k}x_1, \\
u_2^{(2)} &= A_4 \cos k\bar{k}x_1 + B_4 \sin k\bar{k}x_1,
\end{aligned} \tag{1}
$$

其中 $A_i, B_i (i=1,2,3,4)$, $k, \bar{k}$ 分别是声表面波在未覆盖电极区域 1 的振幅，波数和辅助波数。注意这里我们在位移项中略去了时间项 $e^{i\omega t}$。声表面波二维运动方程为：

$$
\begin{aligned}
T_{1,1}^{(n)} + T_{5,3}^{(n)} - k\beta_n T_6^{(n)} + F_6^{(n)} &= \rho \sum_{m=1}^{3} A_{mn} \ddot{u}_1^{(m)}, \\
T_{6,1}^{(n)} + T_{4,3}^{(n)} - k\beta_n T_2^{(n)} + F_2^{(n)} &= \rho \sum_{m=1}^{3} A_{mn} \ddot{u}_2^{(m)}, \\
T_{5,1}^{(n)} + T_{3,3}^{(n)} - k\beta_n T_4^{(n)} + F_4^{(n)} &= \rho \sum_{m=1}^{3} A_{mn} \ddot{u}_3^{(m)}, n = 1,2,3,
\end{aligned} \tag{2}
$$

其中 $A_{mn}(m,n=1,2)$ 和 $\beta_j (j=1,2)$ 分别为积分常数和衰减系数，高阶应力 $T_p^{(n)}(p=1,2,3,4,5,6; n=1,2)$ 为：

$$
\begin{aligned}
T_1^{(1)} &= A_{11}\left[(\lambda+2\mu)u_{1,1}^{(1)} + \lambda k\beta_1 u_2^{(1)} + \lambda u_{3,3}^{(1)}\right] \\
&\quad + A_{21}\left[(\lambda+2\mu)u_{1,1}^{(2)} + \lambda k\beta_2 u_2^{(2)} + \lambda u_{3,3}^{(2)}\right], \\
T_2^{(1)} &= A_{11}\left[\lambda u_{1,1}^{(1)} + (\lambda+2\mu)k\beta_1 u_2^{(1)} + \lambda u_{3,3}^{(1)}\right] \\
&\quad + A_{21}\left[\lambda u_{1,1}^{(2)} + (\lambda+2\mu)k\beta_2 u_2^{(2)} + \lambda u_{3,3}^{(2)}\right], \\
T_3^{(1)} &= A_{11}\left[\lambda u_{1,1}^{(1)} + \lambda k\beta_1 u_3^{(1)} + (\lambda+2\mu)u_{3,3}^{(1)}\right] \\
&\quad + A_{21}\left[\lambda u_{1,1}^{(2)} + \lambda k\beta_2 u_2^{(2)} + (\lambda+2\mu)u_{3,3}^{(2)}\right], \\
T_4^{(1)} &= A_{11}\mu\left(u_{2,3}^{(1)} + k\beta_1 u_3^{(1)}\right) + A_{21}\mu\left(u_{2,3}^{(2)} + k\beta_2 u_3^{(2)}\right), \\
T_5^{(1)} &= A_{11}\mu\left(u_{1,3}^{(1)} + u_{3,1}^{(1)}\right) + A_{21}\mu\left(u_{3,1}^{(2)} + u_{1,3}^{(2)}\right), \\
T_6^{(1)} &= A_{11}\mu\left(u_{2,1}^{(1)} + k\beta_1 u_1^{(1)}\right) + A_{21}\mu\left(u_{2,1}^{(2)} + k\beta_2 u_1^{(2)}\right), \\
T_1^{(2)} &= A_{12}\left[(\lambda+2\mu)u_{1,1}^{(1)} + \lambda k\beta_1 u_2^{(1)} + \lambda u_{3,3}^{(1)}\right] \\
&\quad + A_{22}\left[(\lambda+2\mu)u_{1,1}^{(2)} + \lambda k\beta_2 u_2^{(2)} + \lambda u_{3,3}^{(2)}\right], \\
T_2^{(2)} &= A_{12}\left[\lambda u_{1,1}^{(1)} + (\lambda+2\mu)k\beta_1 u_2^{(1)} + \lambda u_{3,3}^{(1)}\right] \\
&\quad + A_{22}\left[\lambda u_{1,1}^{(2)} + (\lambda+2\mu)k\beta_2 u_2^{(2)} + \lambda u_{3,3}^{(2)}\right], \\
T_3^{(2)} &= A_{12}\left[\lambda u_{1,1}^{(1)} + \lambda k\beta_1 u_3^{(1)} + (\lambda+2\mu)u_{3,3}^{(1)}\right] \\
&\quad + A_{22}\left[\lambda u_{1,1}^{(2)} + \lambda k\beta_2 u_2^{(2)} + (\lambda+2\mu)u_{3,3}^{(2)}\right], \\
T_4^{(2)} &= A_{11}\mu\left(u_{2,3}^{(1)} + k\beta_1 u_3^{(1)}\right) + A_{21}\mu\left(u_{2,3}^{(2)} + k\beta_2 u_3^{(2)}\right), \\
T_5^{(2)} &= A_{12}\mu\left(u_{1,3}^{(1)} + u_{3,1}^{(1)}\right) + A_{22}\mu\left(u_{3,1}^{(2)} + u_{1,3}^{(2)}\right), \\
T_6^{(2)} &= A_{12}\mu\left(u_{2,1}^{(1)} + k\beta_1 u_1^{(1)}\right) + A_{22}\mu\left(u_{2,1}^{(2)} + k\beta_2 u_1^{(2)}\right).
\end{aligned} \tag{3}
$$

将位移表达式(1)代入到二维运动方程(2)中可以得到下面的方程成立：

$$
\begin{aligned}
& A_{11}\left[(\lambda+2\mu)\bar{k}^2 + \mu\beta_1^2 - c^2\rho\right]A_1 + A_{11}\beta_1(\lambda-\mu)\bar{k}A_2 \\
& + A_{21}\left[(\lambda+2\mu)\bar{k}^2 + \mu\beta_1\beta_2 - c^2\rho\right]A_3 + A_{21}(\lambda\beta_2 - \mu\beta_1)\bar{k}A_4 = 0, \\
& A_{11}\beta_1(\lambda-\mu)\bar{k}A_1 + A_{11}\left[\mu\bar{k}^2 + (\lambda+2\mu)\beta_1^2 - c^2\rho\right]A_2 \\
& + A_{21}(\lambda\beta_1 - \mu\beta_2)\bar{k}A_3 + A_{21}\left[\mu\bar{k}^2 + (\lambda+2\mu)\beta_1\beta_2 - c^2\rho\right]A_4 = 0, \\
& A_{12}\left[(\lambda+2\mu)\bar{k}^2 + \mu\beta_1\beta_2 - c^2\rho\right]A_1 + A_{12}(\lambda\beta_1 - \mu\beta_2)\bar{k}A_2 \\
& + A_{22}\left[(\lambda+2\mu)\bar{k}^2 + \mu\beta_2^2 - c^2\rho\right]A_3 + A_{22}\beta_2(\lambda-\mu)\bar{k}A_4 = 0, \\
& A_{12}\beta_2(\lambda-\mu)\bar{k}A_1 + A_{12}\left[\mu\bar{k}^2 + (\lambda+2\mu)\beta_1\beta_2 - c^2\rho\right]A_2 \\
& + A_{22}\beta_2(\lambda-\mu)\bar{k}A_3 + A_{22}\left[\mu\bar{k}^2 + (\lambda+2\mu)\beta_2^2 - c^2\rho\right]A_4 = 0,
\end{aligned}
$$

$$
\begin{aligned}
&A_{11}\left[(\lambda+2\mu)\bar{k}^2+\mu\beta_1^2-c^2\rho\right]B_1-A_{11}\beta_1(\lambda-\mu)\bar{k}B_2\\
&+A_{21}\left[(\lambda+2\mu)\bar{k}^2+\mu\beta_1\beta_2-c^2\rho\right]B_3-A_{21}(\lambda\beta_2-\mu\beta_1)\bar{k}B_4=0,\\
&-A_{11}\beta_1(\lambda-\mu)\bar{k}B_1+A_{11}\left[\mu\bar{k}^2+(\lambda+2\mu)\beta_1^2-c^2\rho\right]B_2\\
&-A_{21}(\lambda\beta_1-\mu\beta_2)\bar{k}B_3+A_{21}\left[\mu\bar{k}^2+(\lambda+2\mu)\beta_1\beta_2-c^2\rho\right]B_4=0,\\
&A_{12}\left[(\lambda+2\mu)\bar{k}^2+\mu\beta_1\beta_2-c^2\rho\right]B_1-A_{12}(\lambda\beta_1-\mu\beta_2)\bar{k}B_2\\
&+A_{22}\left[(\lambda+2\mu)\bar{k}^2+\mu\beta_2^2-c^2\rho\right]B_3-A_{22}\beta_2(\lambda-\mu)\bar{k}B_4=0,\\
&-A_{12}\beta_2(\lambda-\mu)\bar{k}B_1+A_{12}\left[\mu\bar{k}^2+(\lambda+2\mu)\beta_1\beta_2-c^2\rho\right]B_2\\
&-A_{22}\beta_2(\lambda-\mu)\bar{k}B_3+A_{22}\left[\mu\bar{k}^2+(\lambda+2\mu)\beta_2^2-c^2\rho\right]B_4=0.
\end{aligned}
\tag{4}
$$

设振幅比为：

$$
\alpha_{ij}=\frac{A_{ij}(\bar{k}_i)}{A_{4j}(\bar{k}_i)},\alpha_{4j}=1;\qquad
\beta_{ij}=\frac{B_{ij}(\bar{k}_i)}{B_{4j}(\bar{k}_i)},\beta_{4j}=1,i,j=1,2,3,4.
\tag{5}
$$

根据式(4)和(5)，位移表达式(1)可以进一步写成：

$$
\begin{aligned}
u_1^{(1)}&=\sum_{i=1}^{4}\left[A_{4i}\alpha_{1i}\sin\left(k\bar{k}_ix_1\right)+B_{4i}\beta_{1i}\cos\left(k\bar{k}_ix_1\right)\right],\\
u_2^{(1)}&=\sum_{i=1}^{4}\left[A_{4i}\alpha_{2i}\cos\left(k\bar{k}_ix_1\right)+B_{4i}\beta_{2i}\sin\left(k\bar{k}_ix_1\right)\right],\\
u_1^{(2)}&=\sum_{i=1}^{4}\left[A_{4i}\alpha_{3i}\sin\left(k\bar{k}_ix_1\right)+B_{4i}\beta_{3i}\cos\left(k\bar{k}_ix_1\right)\right],\\
u_2^{(2)}&=\sum_{i=1}^{4}\left[A_{4i}\cos\left(k\bar{k}_ix_1\right)+B_{4i}\sin\left(k\bar{k}_ix_1\right)\right]
\end{aligned}
\tag{6}
$$

将位移表达式(6)代入到高阶应力表达式(3)中，可以把高阶应力进一步写成

$$
\begin{aligned}
T_1^{(1)}&=\sum_{i=1}^{4}A_{4i}k\left[(\lambda+2\mu)(A_{11}\alpha_{1i}+A_{21}\alpha_{3i})\bar{k}_i+\lambda(A_{11}\beta_1\alpha_{2i}+A_{21}\beta_2)\right]\cos k\bar{k}_ix_1\\
&+\sum_{i=1}^{4}B_{4i}k\left[-(\lambda+2\mu)(A_{11}\beta_{1i}+A_{21}\beta_{3i})\bar{k}_i+\lambda(A_{11}\beta_1\beta_{2i}+A_{21}\beta_2)\right]\sin k\bar{k}_ix_1,\\
T_6^{(1)}&=\sum_{i=1}^{4}A_{4i}\mu k\left[-(A_{11}\alpha_{2i}+A_{21})\bar{k}_i+(A_{11}\beta_1\alpha_{1i}+A_{21}\beta_2\alpha_{3i})\right]\sin k\bar{k}_ix_1\\
&+\sum_{i=1}^{4}B_{4i}\mu k\left[(A_{11}\beta_{2i}+A_{21})\bar{k}_i+(A_{11}\beta_1\beta_{1i}+A_{21}\beta_2\beta_{3i})\right]\cos k\bar{k}_ix_1,\\
T_1^{(2)}&=\sum_{i=1}^{4}A_{4i}k\left[(\lambda+2\mu)(A_{21}\alpha_{1i}+A_{22}\alpha_{3i})\bar{k}_i+\lambda(A_{21}\beta_1\alpha_{2i}+A_{22}\beta_2)\right]\cos k\bar{k}_ix_1\\
&+\sum_{i=1}^{4}B_{4i}k\left[-(\lambda+2\mu)(A_{21}\beta_{1i}+A_{22}\beta_{3i})\bar{k}_i+\lambda(A_{21}\beta_1\beta_{2i}+A_{22}\beta_2)\right]\sin k\bar{k}_ix_1,\\
T_6^{(2)}&=\sum_{i=1}^{4}A_{4i}\mu k\left[-(A_{21}\alpha_{2i}+A_{22})\bar{k}_i+(A_{21}\beta_1\alpha_{1i}+A_{22}\beta_2\alpha_{3i})\right]\sin k\bar{k}_ix_1\\
&+\sum_{i=1}^{4}B_{4i}\mu k\left[(A_{21}\beta_{2i}+A_{22})\bar{k}_i+(A_{21}\beta_1\beta_{1i}+A_{22}\beta_2\beta_{3i})\right]\cos k\bar{k}_ix_1.
\end{aligned}
\tag{7}
$$

在未覆盖电极区域 2 设位移形式为：

$$
\begin{aligned}
\tilde{u}_1^{(1)}&=\tilde{A}_1\sin k\bar{k}x_1+\tilde{B}_1\cos k\bar{k}x_1,\\
\tilde{u}_2^{(1)}&=\tilde{A}_2\cos k\bar{k}x_1+\tilde{B}_2\sin k\bar{k}x_1,\\
\tilde{u}_1^{(2)}&=\tilde{A}_3\sin k\bar{k}x_1+\tilde{B}_3\cos k\bar{k}x_1,\\
\tilde{u}_2^{(2)}&=\tilde{A}_4\cos k\bar{k}x_1+\tilde{B}_3\sin k\bar{k}x_1,
\end{aligned}
\tag{8}
$$

其中 $\tilde{A}_i,\tilde{B}_i(i=1,2,3,4)$ 是未覆盖电极区域 2 的声表面波的振幅。类似我们对未覆盖电极区域 1 的分析，我们可以把位移表达式进一步写成：

$$
\begin{aligned}
\tilde{u}_1^{(1)}&=\sum_{i=1}^{4}\left[\tilde{A}_{4i}\alpha_{1i}\sin\left(k\bar{k}_ix_1\right)+\tilde{B}_{4i}\beta_{1i}\cos\left(k\bar{k}_ix_1\right)\right],\\
\tilde{u}_2^{(1)}&=\sum_{i=1}^{4}\left[\tilde{A}_{4i}\alpha_{2i}\cos\left(k\bar{k}_ix_1\right)+\tilde{B}_{4i}\beta_{2i}\sin\left(k\bar{k}_ix_1\right)\right],\\
\tilde{u}_1^{(2)}&=\sum_{i=1}^{4}\left[\tilde{A}_{4i}\alpha_{3i}\sin\left(k\bar{k}_ix_1\right)+\tilde{B}_{4i}\beta_{3i}\cos\left(k\bar{k}_ix_1\right)\right],\\
\tilde{u}_2^{(2)}&=\sum_{i=1}^{4}\left[\tilde{A}_{4i}\cos\left(k\bar{k}_ix_1\right)+\tilde{B}_{4i}\sin\left(k\bar{k}_ix_1\right)\right]
\end{aligned}
\tag{9}
$$

应力表达式进一步写成：

$$
\begin{aligned}
\tilde{T}_1^{(1)}&=\sum_{i=1}^{4}\tilde{A}_{4i}k\left[(\lambda+2\mu)(A_{11}\alpha_{1i}+A_{21}\alpha_{3i})\bar{k}_i+\lambda(A_{11}\beta_1\alpha_{2i}+A_{21}\beta_2)\right]\cos k\bar{k}_ix_1\\
&+\sum_{i=1}^{4}\tilde{B}_{4i}k\left[-(\lambda+2\mu)(A_{11}\beta_{1i}+A_{21}\beta_{3i})\bar{k}_i+\lambda(A_{11}\beta_1\beta_{2i}+A_{21}\beta_2)\right]\sin k\bar{k}_ix_1,\\
\tilde{T}_6^{(1)}&=\sum_{i=1}^{4}\tilde{A}_{4i}\mu k\left[-(A_{11}\alpha_{2i}+A_{21})\bar{k}_i+(A_{11}\beta_1\alpha_{1i}+A_{21}\beta_2\alpha_{3i})\right]\sin k\bar{k}_ix_1\\
&+\sum_{i=1}^{4}\tilde{B}_{4i}\mu k\left[(A_{11}\beta_{2i}+A_{21})\bar{k}_i+(A_{11}\beta_1\beta_{1i}+A_{21}\beta_2\beta_{3i})\right]\cos k\bar{k}_ix_1,\\
\tilde{T}_1^{(2)}&=\sum_{i=1}^{4}\tilde{A}_{4i}k\left[(\lambda+2\mu)(A_{21}\alpha_{1i}+A_{22}\alpha_{3i})\bar{k}_i+\lambda(A_{21}\beta_1\alpha_{2i}+A_{22}\beta_2)\right]\cos k\bar{k}_ix\\
&+\sum_{i=1}^{4}\tilde{B}_{4i}k\left[-(\lambda+2\mu)(A_{21}\beta_{1i}+A_{22}\beta_{3i})\bar{k}_i+\lambda(A_{21}\beta_1\beta_{2i}+A_{22}\beta_2)\right]\sin k\bar{k}_ix,\\
\tilde{T}_6^{(2)}&=\sum_{i=1}^{4}\tilde{A}_{4i}\mu k\left[-(A_{21}\alpha_{2i}+A_{22})\bar{k}_i+(A_{21}\beta_1\alpha_{1i}+A_{22}\beta_2\alpha_{3i})\right]\sin k\bar{k}_ix_1\\
&+\sum_{i=1}^{4}\tilde{B}_{4i}\mu k\left[(A_{21}\beta_{2i}+A_{22})\bar{k}_i+(A_{21}\beta_1\beta_{1i}+A_{22}\beta_2\beta_{3i})\right]\cos k\bar{k}_ix_1.
\end{aligned}
\tag{10}
$$

覆盖电极区域 3，由于电极厚度很小，可以假定基体和电极中具有相同的位移形式[8-9]。根据声表面波二维理论在覆盖有均匀电极层的有限弹性体中的推广形式[7]，我们设位移为：

$$
\begin{aligned}
\bar{u}_1^{(1)}&=\bar{B}_1\cos k\bar{k}'x_1,\bar{u}_2^{(1)}=\bar{B}_2\sin k\bar{k}'x_1,\\
\bar{u}_1^{(2)}&=\bar{B}_3\cos k\bar{k}'x_1,\bar{u}_2^{(2)}=\bar{B}_4\sin k\bar{k}'x_1,
\end{aligned}
\tag{11}
$$

我们也可以把区域 3 的位移表示成对称与反对称的完整模态的形式：

$$\begin{aligned}
\bar{u}_1^{(1)} &= \bar{A}_1 \sin k\bar{k}' x_1 + \bar{B}_1 \cos k\bar{k}' x_1, \\
\bar{u}_2^{(1)} &= \bar{A}_2 \cos k\bar{k}' x_1 + \bar{B}_2 \sin k\bar{k}' x_1, \\
\bar{u}_1^{(2)} &= \bar{A}_3 \sin k\bar{k}' x_1 + \bar{B}_3 \cos k\bar{k}' x_1, \\
\bar{u}_2^{(2)} &= \bar{A}_4 \cos k\bar{k}' x_1 + \bar{B}_4 \sin k\bar{k}' x_1,
\end{aligned} \tag{12}$$

这里 $\bar{A}_i, \bar{B}_i (i=1,2,3,4)$, $k, \bar{k}'$ 分别是声表面波在覆盖电极区域 3 的振幅，波数和辅助波数。我们对将位移分别表示成式 (11)和(12)的情形都进行了求解，两种情形下声表面波波速的计算结果一致，因此，为简化起见，我们具体采用式(11)所表示的位移形式进行分析求解。类似我们对未覆盖电极区域 1 和 2 的分析，我们可以把位移表达式进一步写成：

$$\begin{aligned}
&\bar{u}_1^{(1)} = \sum_{i=1}^{4} \bar{B}_{4i}\bar{\beta}_{1i} \cos(k\bar{k}_i' x_1), \bar{u}_2^{(1)} = \sum_{i=1}^{4} \bar{B}_{4i}\bar{\beta}_{2i} \sin(k\bar{k}_i' x_1), \\
&\bar{u}_1^{(2)} = \sum_{i=1}^{4} \bar{B}_{4i}\bar{\beta}_{3i} \cos(k\bar{k}_i' x_1), \bar{u}_2^{(2)} = \sum_{i=1}^{4} \bar{B}_{4i} \sin(k\bar{k}_i' x_1).
\end{aligned} \tag{13}$$

应力表达式进一步写成：

$$\begin{aligned}
\bar{T}_1^{(1)} &= \sum_{i=1}^{4} \bar{B}_{4i} k\Big[-\big(\bar{A}_{11} c_{11}^{(11)} \bar{\beta}_{1i} + \bar{A}_{21} c_{11}^{(21)} \bar{\beta}_{3i}\big)\bar{k}_i' \\
&\quad + \big(\bar{A}_{11} c_{12}^{(11)} \bar{\beta}_1 \bar{\beta}_{2i} + \bar{A}_{21} c_{12}^{(21)} \bar{\beta}_2\big)\Big] \sin k\bar{k}_i' x_1, \\
\bar{T}_6^{(1)} &= \sum_{i=1}^{4} \bar{B}_{4i} k\Big[\big(\bar{A}_{11} c_{44}^{(11)} \bar{\beta}_{2i} + \bar{A}_{21} c_{44}^{(21)}\big)\bar{k}_i' \\
&\quad + \big(\bar{A}_{11} c_{44}^{(11)} \bar{\beta}_1 \bar{\beta}_{1i} + \bar{A}_{21} c_{44}^{(21)} \bar{\beta}_2 \bar{\beta}_{3i}\big)\Big] \cos k\bar{k}_i' x_1, \\
\bar{T}_6^{(1)} &= \sum_{i=1}^{4} \bar{B}_{4i} k\Big[\big(\bar{A}_{11} c_{44}^{(11)} \bar{\beta}_{2i} + \bar{A}_{21} c_{44}^{(21)}\big)\bar{k}_i' \\
&\quad + \big(\bar{A}_{11} c_{44}^{(11)} \bar{\beta}_1 \bar{\beta}_{1i} + \bar{A}_{21} c_{44}^{(21)} \bar{\beta}_2 \bar{\beta}_{3i}\big)\Big] \cos k\bar{k}_i' x_1, \\
\bar{T}_6^{(2)} &= \sum_{i=1}^{4} \bar{B}_{4i} k\Big[\big(\bar{A}_{21} c_{44}^{(12)} \bar{\beta}_{2i} + \bar{A}_{22} c_{44}^{(22)}\big)\bar{k}_i' \\
&\quad + \big(\bar{A}_{21} c_{44}^{(12)} \bar{\beta}_1 \bar{\beta}_{1i} + \bar{A}_{22} c_{44}^{(22)} \bar{\beta}_2 \bar{\beta}_{3i}\big)\Big] \cos k\bar{k}_i' x_1.
\end{aligned} \tag{14}$$

3. 边界条件

对于图 1 和 2 所示的周期性结构，它的任一周期内的场分布 $u(x_1)$ 与其它周期内的场分布相同，因此满足 Floquet 原理[14]：$u(x_1 + p) = u(x_1)\exp(-ikp)$, 其中 k, p 分别为波数和周期。这里我们具体以覆盖单指叉指换能器形式的电极的各向同性有限弹性体为求解对象，它的每一个周期为波长 ς 的一半，即 $p=a+b=\varsigma/2$，叉指电极的指条宽度 $a=\varsigma/4$，因此有 $\exp(-ikp)=\exp(-ik\varsigma/2)=\exp(-i\pi)=-1$，所以周期性条件可以简化为：

$$u(x_1 + p) = -u(x_1). \tag{15}$$

这样位移和应力周期性边界条件可以写成：

$$\begin{aligned}
&u_1^{(1)}\left(\frac{a+b}{2}\right) = -\tilde{u}_1^{(1)}\left(-\frac{a+b}{2}\right), u_2^{(1)}\left(\frac{a+b}{2}\right) = -\tilde{u}_2^{(1)}\left(-\frac{a+b}{2}\right), \\
&u_1^{(2)}\left(\frac{a+b}{2}\right) = -\tilde{u}_1^{(2)}\left(-\frac{a+b}{2}\right), u_2^{(2)}\left(\frac{a+b}{2}\right) = -\tilde{u}_2^{(2)}\left(-\frac{a+b}{2}\right). \\
&T_1^{(1)}\left(\frac{a+b}{2}\right) = -\tilde{T}_1^{(1)}\left(-\frac{a+b}{2}\right), T_6^{(1)}\left(\frac{a+b}{2}\right) = -\tilde{T}_6^{(1)}\left(-\frac{a+b}{2}\right), \\
&T_1^{(2)}\left(\frac{a+b}{2}\right) = -\tilde{T}_1^{(2)}\left(-\frac{a+b}{2}\right), T_6^{(2)}\left(\frac{a+b}{2}\right) = -\tilde{T}_6^{(2)}\left(-\frac{a+b}{2}\right).
\end{aligned} \tag{16}$$

即：

$$\begin{aligned}
&\sum_{i=1}^{4}(\tilde{A}_{4i} - A_{4i})\alpha_{1i} \sin\left[\frac{k\bar{k}_i(a+b)}{2}\right] = -\sum_{i=1}^{4}(\tilde{B}_{4i} + B_{4i})\alpha_{1i} \cos\left[\frac{k\bar{k}_i(a+b)}{2}\right], \\
&\sum_{i=1}^{4}(\tilde{A}_{4i} + A_{4i})\alpha_{2i} \cos\left[\frac{k\bar{k}_i(a+b)}{2}\right] = \sum_{i=1}^{4}(\tilde{B}_{4i} - B_{4i})\alpha_{2i} \sin\left[\frac{k\bar{k}_i(a+b)}{2}\right], \\
&\sum_{i=1}^{4}(\tilde{A}_{4i} - A_{4i})\alpha_{3i} \sin\left[\frac{k\bar{k}_i(a+b)}{2}\right] = -\sum_{i=1}^{4}(\tilde{B}_{4i} + B_{4i})\alpha_{3i} \cos\left[\frac{k\bar{k}_i(a+b)}{2}\right], \\
&\sum_{i=1}^{4}(\tilde{A}_{4i} + A_{4i}) \cos\left[\frac{k\bar{k}_i(a+b)}{2}\right] = \sum_{i=1}^{4}(\tilde{B}_{4i} - B_{4i}) \sin\left[\frac{k\bar{k}_i(a+b)}{2}\right], \\
&\sum_{i=1}^{4}(\tilde{A}_{4i} + A_{4i})c_{1i} \cos\left[\frac{k\bar{k}_i(a+b)}{2}\right] = \sum_{i=1}^{4}(\tilde{B}_{4i} - B_{4i})c_{1i} \sin\left[\frac{k\bar{k}_i(a+b)}{2}\right], \\
&\sum_{i=1}^{4}(\tilde{A}_{4i} - A_{4i})c_{2i} \sin\left[\frac{k\bar{k}_i(a+b)}{2}\right] = -\sum_{i=1}^{4}(\tilde{B}_{4i} + B_{4i})c_{2i} \cos\left[\frac{k\bar{k}_i(a+b)}{2}\right], \\
&\sum_{i=1}^{4}(\tilde{A}_{4i} + A_{4i})c_{3i} \cos\left[\frac{k\bar{k}_i(a+b)}{2}\right] = \sum_{i=1}^{4}(\tilde{B}_{4i} - B_{4i})c_{3i} \sin\left[\frac{k\bar{k}_i(a+b)}{2}\right], \\
&\sum_{i=1}^{4}(\tilde{A}_{4i} - A_{4i})c_{4i} \sin\left[\frac{k\bar{k}_i(a+b)}{2}\right] = -\sum_{i=1}^{4}(\tilde{B}_{4i} + B_{4i})c_{4i} \cos\left[\frac{k\bar{k}_i(a+b)}{2}\right],
\end{aligned} \tag{17}$$

其中：

$$\begin{aligned}
c_{1i} &= k\big[(\lambda + 2\mu)(A_{11}\alpha_{1i} + A_{21}\alpha_{3i})\bar{k}_i + \lambda(A_{11}\beta_1\alpha_{2i} + A_{21}\beta_2)\big], \\
c_{2i} &= \mu k\big[-(A_{11}\alpha_{2i} + A_{21})\bar{k}_i + (A_{11}\beta_1\alpha_{1i} + A_{21}\beta_2\alpha_{3i})\big], \\
c_{3i} &= k\big[(\lambda + 2\mu)(A_{21}\alpha_{1i} + A_{22}\alpha_{3i})\bar{k}_i + \lambda(A_{21}\beta_1\alpha_{2i} + A_{22}\beta_2)\big], \\
c_{4i} &= \mu k\big[-(A_{21}\alpha_{2i} + A_{22})\bar{k}_i + (A_{21}\beta_1\alpha_{1i} + A_{22}\beta_2\alpha_{3i})\big], i=1,2,3,4.
\end{aligned} \tag{18}$$

到目前为止，周期性边界条件我们总共得到了 8 个方程，$x_1 = \pm a/2$ 处的连续性边界条件共有 16 个方程，这样，周期性边界条件加上连续性边界条件一共有 24 个方程，而未知数 $\tilde{A}_{4i}, \tilde{B}_{4i}, A_{4i}, B_{4i}, \bar{B}_{4i}$ $(i=1,2,3,4)$ 共有 20 个，方程个数与未知数个数并不相等，因此不能进行求解。我们同时注意到式(17)的特点，令

$\widetilde{A}_{4i}=-A_{4i},\widetilde{B}_{4i}=B_{4i}(i=1,2,3,4)$ 对边界条件进行简化，从而可以消去 4 个周期性边界条件以及 $x_1=-a/2$ 处的 8 个连续性边界条件，这样，方程的个数与未知数的个数均变为 12 个，可以进行求解。若令 $\widetilde{A}_{4i}=A_{4i},\widetilde{B}_{4i}=-B_{4i}\quad(i=1,2,3,4)$ 虽然也可以消去 4 个周期性边界条件，但是 16 个连续性边界条件却一个也消不掉，未知数个数（12 个）与方程个数（20 个）不相同。因此，我们令 $\widetilde{A}_{4i}=-A_{4i},\widetilde{B}_{4i}=B_{4i}(i=1,2,3,4)$ 将方程的个数与未知数的个数均简化为 12 个来进行求解。同时，我们对将覆盖电极层区域 3 的位移表示成式(12)所示的对称与反对称的完整模态的情形（包含 24 个未知数以及 24 个边界条件的方程）也进行了求解，所得到的结果与简化情形下的结果一致。这证明我们所做的简化是正确的。由于满足 $\widetilde{A}_{4i}=-A_{4i},\widetilde{B}_{4i}=B_{4i}(i=1,2,3,4)$，位移和应力周期性边界条件由原来的 8 个方程简化为如下 4 个方程：

$$
\begin{aligned}
&\sum_{i=1}^{4}A_{4i}\alpha_{1i}\sin\left[\frac{k\bar{k}_i(a+b)}{2}\right]=\sum_{i=1}^{4}B_{4i}\alpha_{1i}\cos\left[\frac{k\bar{k}_i(a+b)}{2}\right],\\
&\sum_{i=1}^{4}A_{4i}\alpha_{3i}\sin\left[\frac{k\bar{k}_i(a+b)}{2}\right]=\sum_{i=1}^{4}B_{4i}\alpha_{3i}\cos\left[\frac{k\bar{k}_i(a+b)}{2}\right],\\
&\sum_{i=1}^{4}A_{4i}c_{2i}\sin\left[\frac{k\bar{k}_i(a+b)}{2}\right]=\sum_{i=1}^{4}B_{4i}c_{2i}\cos\left[\frac{k\bar{k}_i(a+b)}{2}\right],\\
&\sum_{i=1}^{4}A_{4i}c_{4i}\sin\left[\frac{k\bar{k}_i(a+b)}{2}\right]=\sum_{i=1}^{4}B_{4i}c_{4i}\cos\left[\frac{k\bar{k}_i(a+b)}{2}\right].
\end{aligned}
\tag{19}
$$

$x_1=\pm a/2$ 处的位移和应力连续性边界条件共 16 个可以简化为 $x_1=+a/2$ 处的位移和应力连续性边界条件，共有 8 个：

$$
\begin{aligned}
&\sum_{i=1}^{4}\left[A_{4i}\alpha_{1i}\sin\left(\frac{k\bar{k}_i a}{2}\right)+B_{4i}\beta_{1i}\cos\left(\frac{k\bar{k}_i a}{2}\right)\right]=\sum_{i=1}^{4}\overline{B}_{4i}\overline{\beta}_{1i}\cos\left(\frac{k\bar{k}'_i a}{2}\right),\\
&\sum_{i=1}^{4}\left[A_{4i}\alpha_{2i}\cos\left(\frac{k\bar{k}_i a}{2}\right)+B_{4i}\beta_{2i}\sin\left(\frac{k\bar{k}_i a}{2}\right)\right]=\sum_{i=1}^{4}\overline{B}_{4i}\overline{\beta}_{2i}\sin\left(\frac{k\bar{k}'_i a}{2}\right),\\
&\sum_{i=1}^{4}\left[A_{4i}\alpha_{3i}\sin\left(\frac{k\bar{k}_i a}{2}\right)+B_{4i}\beta_{3i}\cos\left(\frac{k\bar{k}_i a}{2}\right)\right]=\sum_{i=1}^{4}\overline{B}_{4i}\overline{\beta}_{3i}\cos\left(\frac{k\bar{k}'_i a}{2}\right),\\
&\sum_{i=1}^{4}\left[A_{4i}\cos\left(\frac{k\bar{k}_i a}{2}\right)+B_{4i}\sin\left(\frac{k\bar{k}_i a}{2}\right)\right]=\sum_{i=1}^{4}\overline{B}_{4i}\sin\left(\frac{k\bar{k}'_i a}{2}\right),
\end{aligned}
$$

$$
\begin{aligned}
&\sum_{i=1}^{4}A_{4i}k\left[(\lambda+2\mu)(A_{11}\alpha_{1i}+A_{21}\alpha_{3i})\bar{k}_i+\lambda(A_{11}\beta_1\alpha_{2i}+A_{21}\beta_2)\right]\cos\left(\frac{k\bar{k}_i a}{2}\right)\\
&+\sum_{i=1}^{4}B_{4i}k\left[-(\lambda+2\mu)(A_{11}\beta_{1i}+A_{21}\beta_{3i})\bar{k}_i+\lambda(A_{11}\beta_1\beta_{2i}+A_{21}\beta_2)\right]\sin\left(\frac{k\bar{k}_i a}{2}\right)\\
&=\sum_{i=1}^{4}\overline{B}_{4i}k\left[-\left(\overline{A}_{11}c_{11}^{(11)}\overline{\beta}_{1i}+\overline{A}_{21}c_{11}^{(21)}\overline{\beta}_{3i}\right)\bar{k}'_i+\left(\overline{A}_{11}c_{12}^{(11)}\overline{\beta}_1\overline{\beta}_{2i}+\overline{A}_{21}c_{12}^{(21)}\overline{\beta}_2\right)\right]\sin\left(\frac{k\bar{k}'_i a}{2}\right),\\
&\sum_{i=1}^{4}A_{4i}\mu k\left[-(A_{11}\alpha_{2i}+A_{21})\bar{k}_i+(A_{11}\beta_1\alpha_{1i}+A_{21}\beta_2\alpha_{3i})\right]\sin\left(\frac{k\bar{k}_i a}{2}\right)\\
&+\sum_{i=1}^{4}B_{4i}\mu k\left[(A_{11}\beta_{2i}+A_{21})\bar{k}_i+(A_{11}\beta_1\beta_{1i}+A_{21}\beta_2\beta_{3i})\right]\cos\left(\frac{k\bar{k}_i a}{2}\right)\\
&=\sum_{i=1}^{4}\overline{B}_{4i}k\begin{bmatrix}\left(\overline{A}_{11}c_{44}^{(11)}\overline{\beta}_{2i}+\overline{A}_{21}c_{44}^{(21)}\right)\bar{k}'_i\\+\left(\overline{A}_{11}c_{44}^{(11)}\overline{\beta}_1\overline{\beta}_{1i}+\overline{A}_{21}c_{44}^{(21)}\overline{\beta}_2\overline{\beta}_{3i}\right)\end{bmatrix}\cos\left(\frac{k\bar{k}'_i a}{2}\right),\\
&\sum_{i=1}^{4}A_{4i}k\left[(\lambda+2\mu)(A_{21}\alpha_{1i}+A_{22}\alpha_{3i})\bar{k}_i+\lambda(A_{21}\beta_1\alpha_{2i}+A_{22}\beta_2)\right]\cos\left(\frac{k\bar{k}_i a}{2}\right)\\
&+\sum_{i=1}^{4}B_{4i}k\left[-(\lambda+2\mu)(A_{21}\beta_{1i}+A_{22}\beta_{3i})\bar{k}_i+\lambda(A_{21}\beta_1\beta_{2i}+A_{22}\beta_2)\right]\sin\left(\frac{k\bar{k}_i a}{2}\right)\\
&=\sum_{i=1}^{4}\overline{B}_{4i}k\left[-\left(\overline{A}_{21}c_{11}^{(12)}\overline{\beta}_{1i}+\overline{A}_{22}c_{11}^{(22)}\overline{\beta}_{3i}\right)\bar{k}'_i+\left(\overline{A}_{21}c_{12}^{(12)}\overline{\beta}_1\overline{\beta}'_{2i}+\overline{A}_{22}c_{12}^{(22)}\overline{\beta}_2\right)\right]\sin\left(\frac{k\bar{k}'_i a}{2}\right),\\
&\sum_{i=1}^{4}A_{4i}\mu k\left[-(A_{21}\alpha_{2i}+A_{22})\bar{k}_i+(A_{21}\beta_1\alpha_{1i}+A_{22}\beta_2\alpha_{3i})\right]\sin\left(\frac{k\bar{k}_i a}{2}\right)\\
&+\sum_{i=1}^{4}B_{4i}\mu k\left[(A_{21}\beta_{2i}+A_{22})\bar{k}_i+(A_{21}\beta_1\beta_{1i}+A_{22}\beta_2\beta_{3i})\right]\cos\left(\frac{k\bar{k}_i a}{2}\right)\\
&=\sum_{i=1}^{4}\overline{B}_{4i}k\left[\left(\overline{A}_{21}c_{44}^{(12)}\overline{\beta}_{2i}+\overline{A}_{22}c_{44}^{(22)}\right)\bar{k}'_i+\left(\overline{A}_{21}c_{44}^{(12)}\overline{\beta}_1\overline{\beta}_{1i}+\overline{A}_{22}c_{44}^{(22)}\overline{\beta}_2\overline{\beta}_{3i}\right)\right]\cos\left(\frac{k\bar{k}'_i a}{2}\right).
\end{aligned}
\tag{20}
$$

这样，未知数 $A_{4i},B_{4i},\overline{A}_{4i}(i=1,2,3,4)$ 共 12 个，边界条件(19)和(20)的方程个数也为 12 个，可以进行求解。具体求解过程是：首先求出覆盖电极以及未覆盖电极相对应半无限大弹性体中的声表面波的衰减系数，然后将衰减系数和给定的波速 c 以及位移和应力表达式代入各自相对应的二维运动方程，根据运动方程求出辅助波数和振幅比，最后代入边界条件(19)和(20)，边界条件(19)和(20)是未知数为 $A_{4i},B_{4i},\overline{A}_{4i}(i=1,2,3,4)$ 的 12 个方程。求得满足未知数 $A_{4i},B_{4i},\overline{A}_{4i}(i=1,2,3,4)$ 的系数矩阵的行列式的值为零的 c 即为所求的声表面波波速。

4. 算例

我们以金为电极材料和玻璃为基体材料来求解覆盖有周期性电极的各向同性有限弹性体中的声表面波波速随电极厚度变化的关系。取基体厚度为 10 倍的波长。金和玻璃的材料常数如下所示：

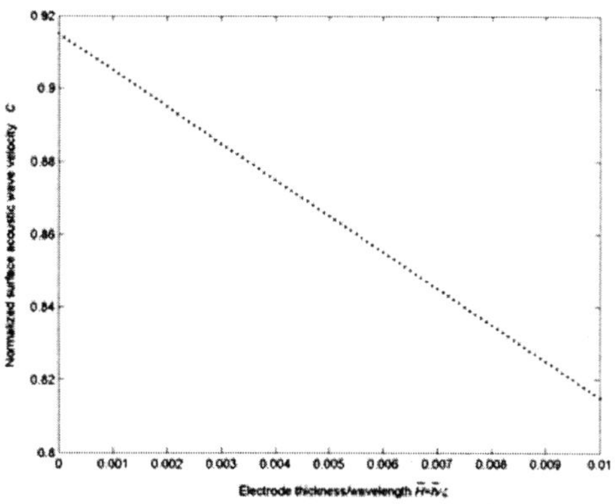

图 4. 声表面波速随电极厚度变化图

$\overline{\lambda}=10.2\times10^{10}\text{kg/m}^2, \overline{\mu}=4.20\times10^{10}\text{kg/m}^2, \overline{\rho}=19300\text{kg/m}^3;$
$\lambda=1.77\times10^{10}\text{kg/m}^2, \mu=2.18\times10^{10}\text{kg/m}^2, \rho=3879\text{kg/m}^3.$

如图 4 所示，我们可以发现声表面波波速随电极厚度的增加而减小，这与我们以前求解半无限弹性体覆盖均匀电极层的情形所得到的结果类似。

5. 结论

本文运用有限弹性体中的声表面波二维理论对覆盖有周期性电极的各向同性有限弹性体中声表面波的传播特性进行了分析。我们求解了以金为电极材料和玻璃为基体材料这样一个周期性结构中的波速，通过计算发现声表面波波速随着电极厚度的增加而减小。当电极厚度为零时所求得的波速与未覆盖电极相对应半无限大玻璃基体中的声表面波波速相同，这验证了我们的计算方法。由于实际的声表面波谐振器的基体大多为各向异性压电材料，因此研究声表面波在覆盖有周期性电极的各向异性有限弹性体中的传播特性将对声表面波谐振器的设计产生直接的实用价值，本文的分析也为此做好了准备。

致谢

本文的研究工作得到了国家自然科学基金（No. 10572065）和浙江省钱江学者基金的资助。

参考文献

1. R.D. Mindlin, *An Introduction to the Mathematical Theory of Vibrations of Elastic Plates*, US Army Signal Corps, Fort Monmouth, New Jersey (1955).
2. R.D. Mindlin, High frequency vibrations of piezoelectric crystal plates, *Int. J. Solids Struct.* **8**, 895 (1972).
3. P.C.Y. Lee, S. Syngellakis, J.P. Hou, A two-dimensional theory for high-frequency vibrations of piezoelectric crystal plates with or without electrodes, *J. Appl. Phys.* **61**, 1249 (1987).
4. P.C.Y. Lee, J.D. Yu, W.S. Lin, A new two-dimensional theory for vibrations of piezoelectric crystal plates with electroded faces, *J. Appl. Phys.* **83**, 1213 (1998).
5. P.C.Y. Lee, An accurate two-dimensional theory of vibrations of isotropic elastic plates, In: *Proc. 2006 IEEE Int. Freq. Contr. Sym.*, June 5-7, Miami, Florida, USA (2006).
6. J. Wang, K.Y. Hashimoto, A two-dimensional theory for the analysis of surface acoustic waves in finite elastic solids, *J. Sound Vib.* **295**, 838 (2006).
7. J. Wang, J.B. Lin, Y.P. Wan, et al., A two-dimensional analysis of surface acoustic waves in finite solids with considerations of electrodes, *Intl. J. Appl. Electromagnet. Mech.* **22**, 53 (2005).
8. H.F. Tiersten, Elastic surface waves guided by thin films, *J. Appl. Phys.* **40**, 770 (1969).
9. P. Bovik, A comparison between Tiersten model and $O(h)$ boundary conditions for elastic surface waves guided by thin films, *J. Appl. Mech.* **63**, 162 (1996).
10. K.Y. Hashimoto, *Surface Acoustic Wave Devices in Telecommunications: Modeling and Simulation*, Springer, Berlin (2000).

具有周期性电极的各向异性有限弹性体中声表面波的二维分析

王骥 李展 杜建科
315211 浙江宁波江北区风华路 818 号宁波大学工学院压电器件技术实验室
电子邮件：{wangji, lizhan, dujianke}@nbu.edu.cn

声表面波在有限弹性体中传播的分析大多建立在简化的半空间模型之上。本文运用有限弹性体中的声表面波二维理论精确分析了声表面波在覆盖有周期性电极的各向异性有限弹性体中的传播特性，通过对声表面波波速的求解我们发现波速随着电极厚度的增加而减小，当电极厚度为零时所求得的波速与未覆盖电极相对应半无限大弹性体中的声表面波波速相同。由于我们的研究模型更接近实际的声表面波谐振器，并且充分考虑了周期性电极的分布、尺寸效应以及材料属性，因此本文的研究方法以及得到的结果对于声表面波谐振器的分析和设计具有重要的实用价值。

关键词：声表面波，谐振器，周期性电极，各向异性，有限弹性体

A TWO-DIMENSIONAL ANALYSIS OF SURFACE ACOUSTIC WAVES IN FINITE ANISOTROPIC ELASTIC SOLIDS WITH PERIODIC ELECTRODES

Ji WANG, Zhan LI, Jian-Ke DU
Piezoelectric Device Laboratory, School of Engineering, Ningbo University
818 Fenghua Road, Ningbo, Zhejiang 315211, CHINA
E-mail: {wangji, lizhan, dujianke}@nbu.edu.cn

The analyses of surface acoustic waves propagating in finite elastic solids are mainly done with the simplified semi-infinite model. In this study, we analyze the characteristics of surface acoustic waves in finite anisotropic substrates with periodic electrodes by using the two-dimensional theory for finite elastic solids. Through the solutions of surface acoustic wave velocities, we find that surface acoustic waves will have a lower velocity with the increase of periodic electrode thickness. When the thickness of periodic electrode is zero, surface acoustic wave will have the same velocity with the corresponding semi-infinite substrate case. The analytical model we use is closer to the actual surface acoustic wave resonators, and at the same time the finite sizes of structures and the effect of electrodes for their layout, size, and material properties are considered. The method and results from this study will have important practical applications in the analysis of surface acoustic wave resonator for modeling and design.

Keywords: surface, wave, resonator, IDT, SAW, anisotropic, finite, solids, electrode, vibration

1. 引言

声表面波（Surface Acoustic Wave, SAW）谐振器实际上是覆盖有周期性电极的有限大尺寸的压电弹性体。对于这样一个复杂结构，虽然从理论上讲可以利用三维运动方程加上边界条件来精确地描述声表面波在其中的传播特性，但是由于运动方程以及边界条件的复杂性，求解三维运动方程的解析解几乎是不可能的。理论上也可以利用有限元法来求解三维运动方程，但是庞大的矩阵运算对计算机的运算速度以及内存有很高的要求，其求解结果的后处理也非常复杂。因此到目前为止，对于声表面波的传播特性研究大多以简化的半无限空间模型为主。而利用这样一种简化的模型来描述声表面波在覆盖有周期性电极的有限弹性体这样一种复杂结构中的传播特性是不够精确的。我们注意到各种二维理论，像 Mindlin 和 Lee 板理论[1-2]，以及其他板理论[3-4]已经可以准确的描述体波（Bulk Acoustic Wave, BAW）谐振器的振动规律。为了精确分析声表面波在有限弹性体中的传播特性，我们提出了声表面波二维理论并在此基础上做了一些推广[5-10]。本文就是运用声表面波二维理论及其推广来精确分析覆盖有周期性电极的各向异性有限弹性体中声表面波的传播问题。

2. 覆盖有周期性电极的各向异性有限弹性体中声表面波的二维分析

声表面波谐振器的基本构造是覆盖有叉指换能器

（Interdigital Transducers, IDTs）形式的周期性电极的有限弹性体，如图 1 所示。最简单常用的单指叉指换能器的结构如图 2 所示。

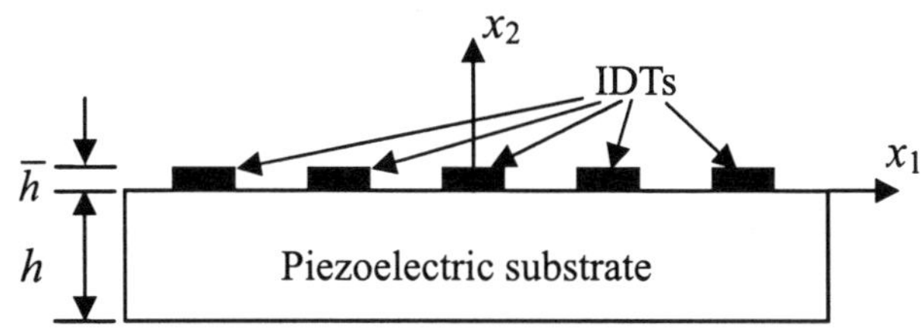

图 1. 声表面波谐振器的基本构造

图 2. 单指叉指换能器（IDTs）

我们以直行波（straight-crested wave）为例来分析声表面波在覆盖有周期性电极的各向异性有限弹性体中的传播。取声表面波谐振器的一个周期为研究对象，如图 3 所示。

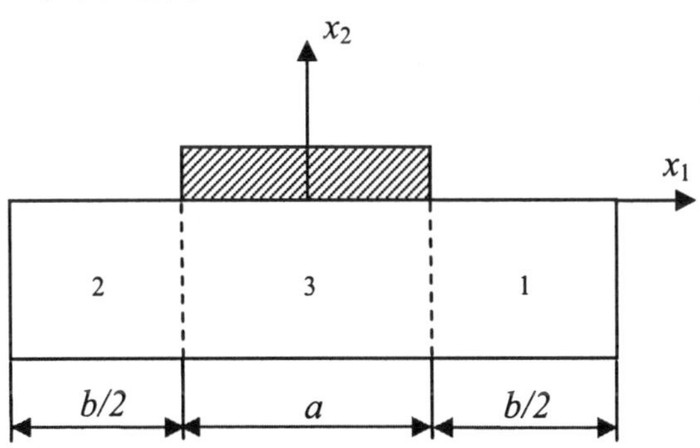

图 3. 声表面波谐振器的一个周期

我们运用各向异性有限弹性体中的声表面波二维理论[9]以及二维理论在覆盖有均匀电极层的各向异性有限弹性体中的推广[10]对未覆盖电极区域 1 和 2 以及覆盖电极区域 3 分别求解。假定声表面波波沿 x_1 方向传播。在未覆盖电极区域 1 设位移形式为：

$$\begin{aligned} u_1^{(n)} &= A_1^{(n)} \sin k\bar{k}x_1 + B_1^{(n)} \cos k\bar{k}x_1, \\ u_2^{(n)} &= A_2^{(n)} \cos k\bar{k}x_1 + B_2^{(n)} \sin k\bar{k}x_1, \\ u_3^{(n)} &= A_3^{(n)} \cos k\bar{k}x_1 + B_3^{(n)} \sin k\bar{k}x_1, \end{aligned} \tag{1}$$

其中 $A_i^{(n)}, B_i^{(n)}(i = 1,2,3; n = 1,2,3)$,$k, \bar{k}$ 分别是声表面波在未覆盖电极区域 1 的振幅，波数和辅助波数。注意这里我们在位移项中略去了时间项 $e^{i\omega t}$。声表面波二维运动方程为：

$$\begin{aligned} & T_{1,1}^{(n)} + T_{5,3}^{(n)} - k\beta_n T_6^{(n)} + F_6^{(n)} = \rho \sum_{m=1}^{3} A_{mn} \ddot{u}_1^{(m)}, \\ & T_{6,1}^{(n)} + T_{4,3}^{(n)} - k\beta_n T_2^{(n)} + F_2^{(n)} = \rho \sum_{m=1}^{3} A_{mn} \ddot{u}_2^{(m)}, \\ & T_{5,1}^{(n)} + T_{3,3}^{(n)} - k\beta_n T_4^{(n)} + F_4^{(n)} = \rho \sum_{m=1}^{3} A_{mn} \ddot{u}_3^{(m)}, n = 1,2,3, \end{aligned} \tag{2}$$

其中 $A_{mn}(m,n=1,2,3)$ 和 $\beta_j(j=1,2,3)$ 分别为积分常数和衰减系数，我们以 ST 切石英晶体为基体，它的弹性常数 $c_{15}=c_{16}=c_{25}=c_{26}=c_{35}=c_{36}=c_{45}=c_{46}=0$，所以高阶应力 $T_p^{(n)}(p=1,2,3,4,5,6; n=1,2,3)$ 变为：

$$\begin{aligned} T_1^{(n)} &= \sum_{m=1}^{3} A_{mn} \left[c_{11} u_{1,1}^{(m)} + c_{12} k\beta_m u_2^{(m)} + c_{14} k\beta_m u_3^{(m)} \right], \\ T_2^{(n)} &= \sum_{m=1}^{3} A_{mn} \left[c_{21} u_{1,1}^{(m)} + c_{22} k\beta_m u_2^{(m)} + c_{24} k\beta_m u_3^{(m)} \right], \\ T_4^{(n)} &= \sum_{m=1}^{3} A_{mn} \left[c_{41} u_{1,1}^{(m)} + c_{42} k\beta_m u_2^{(m)} + c_{44} k\beta_m u_3^{(m)} \right], \\ T_5^{(n)} &= \sum_{m=1}^{3} A_{mn} \left[c_{55} u_{3,1}^{(m)} + c_{56} \left(u_{2,1}^{(m)} + k\beta_m u_1^{(m)} \right) \right], \\ T_6^{(n)} &= \sum_{m=1}^{3} A_{mn} \left[c_{65} u_{3,1}^{(m)} + c_{66} \left(u_{2,1}^{(m)} + k\beta_m u_1^{(m)} \right) \right]. \end{aligned} \tag{3}$$

将位移表达式(1)以及高阶应力表达式(3)代入到二维运动方程(2)中可以得到未知数分别为 $A_i^{(n)}, B_i^{(n)}(i=1,2,3; n=1,2,3)$ 的各九个方程，未知数为 $A_i^{(n)}$ 的九个方程中 $A_i^{(n)}$ 前面的系数如下：

$$a_{11} = A_{11}\left(\rho c^2 - c_{11}\bar{k}^2 - c_{55}\beta_1^2\right), a_{12} = A_{11}\left(c_{66}\beta_1\bar{k} - c_{12}\beta_1\bar{k}\right),$$
$$a_{13} = A_{11}\left(c_{65}\beta_1\bar{k} - c_{14}\beta_1\bar{k}\right), a_{14} = A_{21}\left(\rho c^2 - c_{11}\bar{k}^2 - c_{66}\beta_1\beta_2\right),$$
$$a_{15} = A_{21}\left(c_{66}\beta_1\bar{k} - c_{12}\beta_2\bar{k}\right), a_{16} = A_{21}\left(c_{65}\beta_1\bar{k} - c_{14}\beta_2\bar{k}\right),$$
$$a_{17} = A_{31}\left(\rho c^2 - c_{11}\bar{k}^2 - c_{66}\beta_1\beta_3\right), a_{18} = A_{31}\left(c_{66}\beta_1\bar{k} - c_{12}\beta_3\bar{k}\right),$$
$$a_{19} = A_{31}\left(c_{65}\beta_1\bar{k} - c_{14}\beta_3\bar{k}\right),$$
$$a_{22} = A_{11}\left(\rho c^2 - c_{66}\bar{k}^2 - c_{22}\beta_1^2\right), a_{23} = A_{11}\left(-c_{65}\bar{k}^2 - c_{24}\beta_1^2\right),$$
$$a_{24} = A_{21}\left(c_{66}\beta_2\bar{k} - c_{21}\beta_1\bar{k}\right), a_{25} = A_{21}\left(\rho c^2 - c_{66}\bar{k}^2 - c_{22}\beta_1\beta_2\right),$$
$$a_{26} = A_{21}\left(-c_{65}\bar{k}^2 - c_{24}\beta_1\beta_2\right), a_{27} = A_{31}\left(c_{66}\beta_3\bar{k} - c_{21}\beta_1\bar{k}\right),$$
$$a_{28} = A_{31}\left(\rho c^2 - c_{66}\bar{k}^2 - c_{22}\beta_1\beta_3\right), a_{29} = A_{31}\left(-c_{65}\bar{k}^2 - c_{24}\beta_1\beta_3\right),$$
$$a_{33} = A_{11}\left(\rho c^2 - c_{55}\bar{k}^2 - c_{44}\beta_1^2\right), a_{34} = A_{21}\left(c_{56}\beta_2\bar{k} - c_{41}\beta_1\bar{k}\right),$$
$$a_{35} = A_{21}\left(-c_{56}\bar{k}^2 - c_{42}\beta_1\beta_2\right), a_{36} = A_{21}\left(\rho c^2 - c_{55}\bar{k}^2 - c_{44}\beta_1\beta_2\right),$$
$$a_{37} = A_{31}\left(c_{56}\beta_3\bar{k} - c_{41}\beta_1\bar{k}\right), a_{38} = A_{31}\left(-c_{42}\beta_1\beta_3 - c_{56}\bar{k}^2\right),$$
$$a_{39} = A_{31}\left(\rho c^2 - c_{55}\bar{k}^2 - c_{44}\beta_1\beta_3\right),$$

$$
\begin{aligned}
&a_{44}=A_{22}\left(\rho c^2-c_{11}\bar{k}^2-c_{66}\beta_2^2\right), a_{45}=A_{22}\left(c_{66}\beta_2\bar{k}-c_{12}\beta_2\bar{k}\right),\\
&a_{46}=A_{22}\left(c_{65}\beta_2\bar{k}-c_{14}\beta_2\bar{k}\right), a_{47}=A_{32}\left(\rho c^2-c_{11}\bar{k}^2-c_{66}\beta_2\beta_3\right),\\
&a_{48}=A_{32}\left(c_{66}\beta_2\bar{k}-c_{12}\beta_3\bar{k}\right), a_{49}=A_{32}\left(c_{65}\beta_2\bar{k}-c_{14}\beta_3\bar{k}\right),\\
&a_{55}=A_{22}\left(\rho c^2-c_{66}\bar{k}^2-c_{22}\beta_2^2\right), a_{56}=A_{22}\left(-c_{65}\bar{k}^2-c_{24}\beta_2^2\right),\\
&a_{57}=A_{32}\left(c_{66}\beta_3\bar{k}-c_{21}\beta_2\bar{k}\right), a_{58}=A_{32}\left(\rho c^2-c_{66}\bar{k}^2-c_{22}\beta_2\beta_3\right),\\
&a_{59}=A_{32}\left(-c_{65}\bar{k}^2-c_{24}\beta_2\beta_3\right),\\
&a_{66}=A_{22}\left(\rho c^2-c_{55}\bar{k}^2-c_{44}\beta_2^2\right), a_{67}=A_{32}\left(c_{56}\beta_3\bar{k}-c_{41}\beta_2\bar{k}\right),\\
&a_{68}=A_{32}\left(-c_{65}\bar{k}^2-c_{42}\beta_2\beta_3\right), a_{69}=A_{32}\left(\rho c^2-c_{55}\bar{k}^2-c_{44}\beta_2\beta_3\right),\\
&a_{77}=A_{33}\left(\rho c^2-c_{11}\bar{k}^2-c_{66}\beta_3^2\right), a_{78}=A_{33}\left(c_{66}\beta_3\bar{k}-c_{12}\beta_3\bar{k}\right),\\
&a_{79}=A_{33}\left(c_{65}\beta_3\bar{k}-c_{14}\beta_3\bar{k}\right),\\
&a_{88}=A_{33}\left(\rho c^2-c_{66}\bar{k}^2-c_{22}\beta_3^2\right), a_{89}=A_{33}\left(-c_{65}\bar{k}^2-c_{24}\beta_3^2\right),\\
&a_{99}=A_{33}\left(\rho c^2-c_{55}\bar{k}^2-c_{44}\beta_3^2\right)
\end{aligned}
\tag{4}
$$

未知数为 $B_i^{(n)}$ 的九个方程中 $B_i^{(n)}$ 前面的系数如下：

$$
\begin{aligned}
&b_{11}=A_{11}\left(\rho c^2-c_{11}\bar{k}^2-c_{55}\beta_1^2\right), b_{12}=A_{11}\left(-c_{66}\beta_1\bar{k}+c_{12}\beta_1\bar{k}\right),\\
&b_{13}=A_{11}\left(-c_{65}\beta_1\bar{k}+c_{14}\beta_1\bar{k}\right), b_{14}=A_{21}\left(\rho c^2-c_{11}\bar{k}^2-c_{66}\beta_1\beta_2\right),\\
&b_{15}=A_{21}\left(-c_{66}\beta_1\bar{k}+c_{12}\beta_2\bar{k}\right), b_{16}=A_{21}\left(-c_{65}\beta_1\bar{k}+c_{14}\beta_2\bar{k}\right),\\
&b_{17}=A_{31}\left(\rho c^2-c_{11}\bar{k}^2-c_{66}\beta_1\beta_3\right), b_{18}=A_{31}\left(-c_{66}\beta_1\bar{k}+c_{12}\beta_3\bar{k}\right),\\
&b_{19}=A_{31}\left(-c_{65}\beta_1\bar{k}+c_{14}\beta_3\bar{k}\right),\\
&b_{22}=A_{11}\left(\rho c^2-c_{66}\bar{k}^2-c_{22}\beta_1^2\right), b_{23}=A_{11}\left(-c_{65}\bar{k}^2-c_{24}\beta_1^2\right),\\
&b_{24}=A_{21}\left(-c_{66}\beta_2\bar{k}+c_{21}\beta_1\bar{k}\right), b_{25}=A_{21}\left(\rho c^2-c_{66}\bar{k}^2-c_{22}\beta_1\beta_2\right),\\
&b_{26}=A_{21}\left(-c_{65}\bar{k}^2-c_{24}\beta_1\beta_2\right), b_{27}=A_{31}\left(-c_{66}\beta_3\bar{k}+c_{21}\beta_1\bar{k}\right),\\
&b_{28}=A_{31}\left(\rho c^2-c_{66}\bar{k}^2-c_{22}\beta_1\beta_3\right), b_{29}=A_{31}\left(-c_{65}\bar{k}^2-c_{24}\beta_1\beta_3\right),\\
&b_{33}=A_{11}\left(\rho c^2-c_{55}\bar{k}^2-c_{44}\beta_1^2\right), b_{34}=A_{21}\left(-c_{56}\beta_2\bar{k}+c_{41}\beta_1\bar{k}\right),\\
&b_{35}=A_{21}\left(-c_{56}\bar{k}^2-c_{42}\beta_1\beta_2\right), b_{36}=A_{21}\left(\rho c^2-c_{55}\bar{k}^2-c_{44}\beta_1\beta_2\right),\\
&b_{37}=A_{31}\left(-c_{56}\beta_3\bar{k}+c_{41}\beta_1\bar{k}\right), b_{38}=A_{31}\left(-c_{42}\beta_1\beta_3-c_{56}\bar{k}^2\right),\\
&b_{39}=A_{31}\left(\rho c^2-c_{55}\bar{k}^2-c_{44}\beta_1\beta_3\right),\\
&b_{44}=A_{22}\left(\rho c^2-c_{11}\bar{k}^2-c_{66}\beta_2^2\right), b_{45}=A_{22}\left(-c_{66}\beta_2\bar{k}+c_{12}\beta_2\bar{k}\right),\\
&b_{46}=A_{22}\left(-c_{65}\beta_2\bar{k}+c_{14}\beta_2\bar{k}\right), b_{47}=A_{32}\left(\rho c^2-c_{11}\bar{k}^2-c_{66}\beta_2\beta_3\right),\\
&b_{48}=A_{32}\left(-c_{66}\beta_2\bar{k}+c_{12}\beta_3\bar{k}\right), b_{49}=A_{32}\left(-c_{65}\beta_2\bar{k}+c_{14}\beta_3\bar{k}\right),\\
&b_{55}=A_{22}\left(\rho c^2-c_{66}\bar{k}^2-c_{22}\beta_2^2\right), b_{56}=A_{22}\left(-c_{65}\bar{k}^2-c_{24}\beta_2^2\right),\\
&b_{57}=A_{32}\left(-c_{66}\beta_3\bar{k}+c_{21}\beta_2\bar{k}\right), b_{58}=A_{32}\left(\rho c^2-c_{66}\bar{k}^2-c_{22}\beta_2\beta_3\right),\\
&b_{59}=A_{32}\left(-c_{65}\bar{k}^2-c_{24}\beta_2\beta_3\right),\\
&b_{66}=A_{22}\left(\rho c^2-c_{55}\bar{k}^2-c_{44}\beta_2^2\right), b_{67}=A_{32}\left(-c_{56}\beta_3\bar{k}+c_{41}\beta_2\bar{k}\right),\\
&b_{68}=A_{32}\left(-c_{65}\bar{k}^2-c_{42}\beta_2\beta_3\right), b_{69}=A_{32}\left(\rho c^2-c_{55}\bar{k}^2-c_{44}\beta_2\beta_3\right),\\
&b_{77}=A_{33}\left(\rho c^2-c_{11}\bar{k}^2-c_{66}\beta_3^2\right), b_{78}=A_{33}\left(-c_{66}\beta_3\bar{k}+c_{12}\beta_3\bar{k}\right),\\
&b_{79}=A_{33}\left(-c_{65}\beta_3\bar{k}+c_{14}\beta_3\bar{k}\right),\\
&b_{88}=A_{33}\left(\rho c^2-c_{66}\bar{k}^2-c_{22}\beta_3^2\right), b_{89}=A_{33}\left(-c_{65}\bar{k}^2-c_{24}\beta_3^2\right),\\
&b_{99}=A_{33}\left(\rho c^2-c_{55}\bar{k}^2-c_{44}\beta_3^2\right)
\end{aligned}
\tag{5}
$$

设振幅比为：

$$
\alpha_{mi}=\frac{A_k^{(n)}\left(\bar{k}_i\right)}{A_3^{(3)}\left(\bar{k}_i\right)}, \beta_{mi}=\frac{B_k^{(n)}\left(\bar{k}_i\right)}{B_3^{(3)}\left(\bar{k}_i\right)},
\tag{6}
$$

$$
n,k=1,2,3, i=1,2,3,\cdots,9, m=3(n-1)+k.
$$

根据式(4)-(6)，位移表达式可以进一步写成：

$$
\begin{aligned}
u_1^{(1)}&=\sum_{i=1}^{9}\left[A_3^{(3)}\left(\bar{k}_i\right)\alpha_{1i}\sin\left(k\bar{k}_i x_1\right)+B_3^{(3)}\left(\bar{k}_i\right)\beta_{1i}\cos\left(k\bar{k}_i x_1\right)\right],\\
u_2^{(1)}&=\sum_{i=1}^{9}\left[A_3^{(3)}\left(\bar{k}_i\right)\alpha_{2i}\cos\left(k\bar{k}_i x_1\right)+B_3^{(3)}\left(\bar{k}_i\right)\beta_{2i}\sin\left(k\bar{k}_i x_1\right)\right],\\
u_3^{(1)}&=\sum_{i=1}^{9}\left[A_3^{(3)}\left(\bar{k}_i\right)\alpha_{3i}\cos\left(k\bar{k}_i x_1\right)+B_3^{(3)}\left(\bar{k}_i\right)\beta_{3i}\sin\left(k\bar{k}_i x_1\right)\right],\\
u_1^{(2)}&=\sum_{i=1}^{9}\left[A_3^{(3)}\left(\bar{k}_i\right)\alpha_{4i}\sin\left(k\bar{k}_i x_1\right)+B_3^{(3)}\left(\bar{k}_i\right)\beta_{4i}\cos\left(k\bar{k}_i x_1\right)\right],\\
u_2^{(2)}&=\sum_{i=1}^{9}\left[A_3^{(3)}\left(\bar{k}_i\right)\alpha_{5i}\cos\left(k\bar{k}_i x_1\right)+B_3^{(3)}\left(\bar{k}_i\right)\beta_{5i}\sin\left(k\bar{k}_i x_1\right)\right],\\
u_3^{(2)}&=\sum_{i=1}^{9}\left[A_3^{(3)}\left(\bar{k}_i\right)\alpha_{6i}\cos\left(k\bar{k}_i x_1\right)+B_3^{(3)}\left(\bar{k}_i\right)\beta_{6i}\sin\left(k\bar{k}_i x_1\right)\right],\\
u_1^{(3)}&=\sum_{i=1}^{9}\left[A_3^{(3)}\left(\bar{k}_i\right)\alpha_{7i}\sin\left(k\bar{k}_i x_1\right)+B_3^{(3)}\left(\bar{k}_i\right)\beta_{7i}\cos\left(k\bar{k}_i x_1\right)\right],\\
u_2^{(3)}&=\sum_{i=1}^{9}\left[A_3^{(3)}\left(\bar{k}_i\right)\alpha_{8i}\cos\left(k\bar{k}_i x_1\right)+B_3^{(3)}\left(\bar{k}_i\right)\beta_{8i}\sin\left(k\bar{k}_i x_1\right)\right],\\
u_3^{(3)}&=\sum_{i=1}^{9}\left[A_3^{(3)}\left(\bar{k}_i\right)\cos\left(k\bar{k}_i x_1\right)+B_3^{(3)}\left(\bar{k}_i\right)\sin\left(k\bar{k}_i x_1\right)\right].
\end{aligned}
\tag{7}
$$

将位移表达式(7)代入到高阶应力表达式(3)中，可以把高阶应力 $T_p^{(n)}(p=1,2,3,4,5,6;n=1,2,3)$ 进一步写成：

$$
\begin{aligned}
T_1^{(n)}=&\sum_{i=1}^{9}\left\{A_{1n}\left[c_{11}\alpha_{1i}\bar{k}_i+c_{12}\beta_1\alpha_{2i}+c_{14}\beta_1\alpha_{3i}\right]+A_{2n}\left[c_{11}\alpha_{4i}\bar{k}_i+c_{12}\beta_2\alpha_{5i}+c_{14}\beta_2\alpha_{6i}\right]\right.\\
&\left.+A_{3n}\left[c_{11}\alpha_{7i}\bar{k}_i+c_{12}\beta_3\alpha_{8i}+c_{14}\beta_3\right]\right\}A_3^{(3)}\left(\bar{k}_i\right)k\cos k\bar{k}_i x_1\\
&+\sum_{i=1}^{9}\left\{A_{1n}\left[-c_{11}\alpha_{1i}\bar{k}_i+c_{12}\beta_1\alpha_{2i}+c_{14}\beta_1\alpha_{3i}\right]+A_{2n}\left[-c_{11}\alpha_{4i}\bar{k}_i+c_{12}\beta_2\alpha_{5i}+c_{14}\beta_2\alpha_{6i}\right]\right.\\
&\left.+A_{3n}\left[-c_{11}\alpha_{7i}\bar{k}_i+c_{12}\beta_3\alpha_{8i}+c_{14}\beta_3\right]\right\}B_3^{(3)}\left(\bar{k}_i\right)k\sin k\bar{k}_i x_1,\\
T_5^{(n)}=&\sum_{i=1}^{9}\left\{A_{1n}\left[c_{56}\left(\beta_1\alpha_{1i}-\alpha_{2i}\bar{k}_i\right)-c_{55}\alpha_{3i}\bar{k}_i\right]+A_{2n}\left[c_{56}\left(\beta_2\alpha_{4i}-\alpha_{5i}\bar{k}_i\right)-c_{55}\alpha_{6i}\bar{k}_i\right]\right.\\
&\left.+A_{3n}\left[c_{56}\left(\beta_3\alpha_{7i}-\alpha_{8i}\bar{k}_i\right)-c_{55}\bar{k}_i\right]\right\}A_3^{(3)}\left(\bar{k}_i\right)k\sin k\bar{k}_i x_1\\
&+\sum_{i=1}^{9}\left\{A_{1n}\left[c_{56}\left(\beta_1\alpha_{1i}+\alpha_{2i}\bar{k}_i\right)+c_{55}\alpha_{3i}\bar{k}_i\right]+A_{2n}\left[c_{56}\left(\beta_2\alpha_{4i}+\alpha_{5i}\bar{k}_i\right)+c_{55}\alpha_{6i}\bar{k}_i\right]\right.\\
&\left.+A_{3n}\left[c_{56}\left(\beta_3\alpha_{7i}+\alpha_{8i}\bar{k}_i\right)+c_{55}\bar{k}_i\right]\right\}B_3^{(3)}\left(\bar{k}_i\right)k\cos k\bar{k}_i x_1,
\end{aligned}
$$

$$T_6^{(n)}=\sum_{i=1}^{9}\Big\{A_{1n}\big[c_{66}\big(\beta_1\alpha_{1i}-\alpha_{2i}\bar{k}_i\big)-c_{65}\alpha_{3i}\bar{k}_i\big]+A_{2n}\big[c_{66}\big(\beta_2\alpha_{4i}-\alpha_{5i}\bar{k}_i\big)-c_{65}\alpha_{6i}\bar{k}_i\big]$$
$$+A_{3n}\big[c_{66}\big(\beta_3\alpha_{7i}-\alpha_{8i}\bar{k}_i\big)-c_{65}\bar{k}_i\big]\Big\}A_3^{(3)}\big(\bar{k}_i\big)k\sin k\bar{k}_i x_1$$
$$+\sum_{i=1}^{9}\Big\{A_{1n}\big[c_{66}\big(\beta_1\alpha_{1i}+\alpha_{2i}\bar{k}_i\big)+c_{65}\alpha_{3i}\bar{k}_i\big]+A_{2n}\big[c_{66}\big(\beta_2\alpha_{4i}+\alpha_{5i}\bar{k}_i\big)+c_{65}\alpha_{6i}\bar{k}_i\big]$$
$$+A_{3n}\big[c_{66}\big(\beta_3\alpha_{7i}+\alpha_{8i}\bar{k}_i\big)+c_{65}\bar{k}_i\big]\Big\}B_3^{(3)}\big(\bar{k}_i\big)k\cos k\bar{k}_i x_1. \tag{8}$$

在未覆盖电极区域 2，位移形式为：

$$\begin{aligned}\tilde{u}_1^{(n)} &= \tilde{A}_1^{(n)}\sin k\bar{k}x_1 + \tilde{B}_1^{(n)}\cos k\bar{k}x_1,\\ \tilde{u}_2^{(n)} &= \tilde{A}_2^{(n)}\cos k\bar{k}x_1 + \tilde{B}_2^{(n)}\sin k\bar{k}x_1,\\ \tilde{u}_3^{(n)} &= \tilde{A}_3^{(n)}\cos k\bar{k}x_1 + \tilde{B}_3^{(n)}\sin k\bar{k}x_1,\end{aligned} \tag{9}$$

这里 $\tilde{A}_i^{(n)},\tilde{B}_i^{(n)}(i=1,2,3;n=1,2,3)$，$k,\bar{k}$ 分别是声表面波在未覆盖电极区域 2 的振幅，波数和辅助波数。类似我们对区域 1 的分析，将位移表达式(9)代入到二维运动方程(2)中可以得到未知数分别为 $\tilde{A}_i^{(n)},\tilde{B}_i^{(n)}$ $(i=1,2,3;n=1,2,3)$的各九个方程，未知数 $\tilde{A}_i^{(n)}$ 前面的系数 $\tilde{a}_{ij}=a_{ij}(i,j=1,2,3,\cdots,9)$，未知数 $\tilde{B}_i^{(n)}$ 前面的系数 $\tilde{b}_{ij}=b_{ij}(i,j=1,2,3,\cdots,9)$.设振幅比为：

$$\alpha_{mi}=\frac{A_k^{(n)}\big(\bar{k}_i\big)}{A_3^{(3)}\big(\bar{k}_i\big)},\beta_{mi}=\frac{B_k^{(n)}\big(\bar{k}_i\big)}{B_3^{(3)}\big(\bar{k}_i\big)}, \tag{10}$$
$$n,k=1,2,3,i=1,2,3,\cdots,9,m=3(n-1)+k.$$

由于 $\tilde{\alpha}_{mi}=\alpha_{mi}$，$\tilde{\beta}_{mi}=\beta_{mi}$，类似我们对未覆盖电极区域 1 的分析，位移表达式(9)可以进一步写成：

$$\tilde{u}_1^{(1)}=\sum_{i=1}^{9}\Big[\tilde{A}_3^{(3)}\big(\bar{k}_i\big)\alpha_{1i}\sin\big(k\bar{k}_ix_1\big)+\tilde{B}_3^{(3)}\big(\bar{k}_i\big)\beta_{1i}\cos\big(k\bar{k}_ix_1\big)\Big],$$

$$\tilde{u}_2^{(1)}=\sum_{i=1}^{9}\Big[\tilde{A}_3^{(3)}\big(\bar{k}_i\big)\alpha_{2i}\cos\big(k\bar{k}_ix_1\big)+\tilde{B}_3^{(3)}\big(\bar{k}_i\big)\beta_{2i}\sin\big(k\bar{k}_ix_1\big)\Big],$$

$$\tilde{u}_3^{(1)}=\sum_{i=1}^{9}\Big[\tilde{A}_3^{(3)}\big(\bar{k}_i\big)\alpha_{3i}\cos\big(k\bar{k}_ix_1\big)+\tilde{B}_3^{(3)}\big(\bar{k}_i\big)\beta_{3i}\sin\big(k\bar{k}_ix_1\big)\Big],$$

$$\tilde{u}_1^{(2)}=\sum_{i=1}^{9}\Big[\tilde{A}_3^{(3)}\big(\bar{k}_i\big)\alpha_{4i}\sin\big(k\bar{k}_ix_1\big)+\tilde{B}_3^{(3)}\big(\bar{k}_i\big)\beta_{4i}\cos\big(k\bar{k}_ix_1\big)\Big],$$

$$\tilde{u}_2^{(2)}=\sum_{i=1}^{9}\Big[\tilde{A}_3^{(3)}\big(\bar{k}_i\big)\alpha_{5i}\cos\big(k\bar{k}_ix_1\big)+\tilde{B}_3^{(3)}\big(\bar{k}_i\big)\beta_{5i}\sin\big(k\bar{k}_ix_1\big)\Big],$$

$$\tilde{u}_3^{(2)}=\sum_{i=1}^{9}\Big[\tilde{A}_3^{(3)}\big(\bar{k}_i\big)\alpha_{6i}\cos\big(k\bar{k}_ix_1\big)+\tilde{B}_3^{(3)}\big(\bar{k}_i\big)\beta_{6i}\sin\big(k\bar{k}_ix_1\big)\Big],$$

$$\tilde{u}_1^{(3)}=\sum_{i=1}^{9}\Big[\tilde{A}_3^{(3)}\big(\bar{k}_i\big)\alpha_{7i}\sin\big(k\bar{k}_ix_1\big)+\tilde{B}_3^{(3)}\big(\bar{k}_i\big)\beta_{7i}\cos\big(k\bar{k}_ix_1\big)\Big],$$

$$\tilde{u}_2^{(3)}=\sum_{i=1}^{9}\Big[\tilde{A}_3^{(3)}\big(\bar{k}_i\big)\alpha_{8i}\cos\big(k\bar{k}_ix_1\big)+\tilde{B}_3^{(3)}\big(\bar{k}_i\big)\beta_{8i}\sin\big(k\bar{k}_ix_1\big)\Big],$$

$$\tilde{u}_3^{(3)}=\sum_{i=1}^{9}\Big[\tilde{A}_3^{(3)}\big(\bar{k}_i\big)\cos\big(k\bar{k}_ix_1\big)+\tilde{B}_3^{(3)}\big(\bar{k}_i\big)\sin\big(k\bar{k}_ix_1\big)\Big]. \tag{11}$$

高阶应力 $\tilde{T}_p^{(n)}(p=1,2,3,4,5,6;n=1,2,3)$进一步写成：

$$\tilde{T}_1^{(n)}=\sum_{i=1}^{9}\Big\{A_{1n}\big[c_{11}\alpha_{1i}\bar{k}_i+c_{12}\beta_1\alpha_{2i}+c_{14}\beta_1\alpha_{3i}\big]+A_{2n}\big[c_{11}\alpha_{4i}\bar{k}_i+c_{12}\beta_2\alpha_{5i}+c_{14}\beta_2\alpha_{6i}\big]$$
$$+A_{3n}\big[c_{11}\alpha_{7i}\bar{k}_i+c_{12}\beta_3\alpha_{8i}+c_{14}\beta_3\big]\Big\}\tilde{A}_3^{(3)}\big(\bar{k}_i\big)k\cos k\bar{k}_ix_1$$
$$+\sum_{i=1}^{9}\Big\{A_{1n}\big[-c_{11}\alpha_{1i}\bar{k}_i+c_{12}\beta_1\alpha_{2i}+c_{14}\beta_1\alpha_{3i}\big]+A_{2n}\big[-c_{11}\alpha_{4i}\bar{k}_i+c_{12}\beta_2\alpha_{5i}+c_{14}\beta_2\alpha_{6i}\big]$$
$$+A_{3n}\big[-c_{11}\alpha_{7i}\bar{k}_i+c_{12}\beta_3\alpha_{8i}+c_{14}\beta_3\big]\Big\}\tilde{B}_3^{(3)}\big(\bar{k}_i\big)k\sin k\bar{k}_ix_1,$$

$$\tilde{T}_5^{(n)}=\sum_{i=1}^{9}\Big\{A_{1n}\big[c_{56}\big(\beta_1\alpha_{1i}-\alpha_{2i}\bar{k}_i\big)-c_{55}\alpha_{3i}\bar{k}_i\big]+A_{2n}\big[c_{56}\big(\beta_2\alpha_{4i}-\alpha_{5i}\bar{k}_i\big)-c_{55}\alpha_{6i}\bar{k}_i\big]$$
$$+A_{3n}\big[c_{56}\big(\beta_3\alpha_{7i}-\alpha_{8i}\bar{k}_i\big)-c_{55}\bar{k}_i\big]\Big\}\tilde{A}_3^{(3)}\big(\bar{k}_i\big)k\sin k\bar{k}_ix_1$$
$$+\sum_{i=1}^{9}\Big\{A_{1n}\big[c_{56}\big(\beta_1\alpha_{1i}+\alpha_{2i}\bar{k}_i\big)+c_{55}\alpha_{3i}\bar{k}_i\big]+A_{2n}\big[c_{56}\big(\beta_2\alpha_{4i}+\alpha_{5i}\bar{k}_i\big)+c_{55}\alpha_{6i}\bar{k}_i\big]$$
$$+A_{3n}\big[c_{56}\big(\beta_3\alpha_{7i}+\alpha_{8i}\bar{k}_i\big)+c_{55}\bar{k}_i\big]\Big\}\tilde{B}_3^{(3)}\big(\bar{k}_i\big)k\cos k\bar{k}_ix_1,$$

$$\tilde{T}_6^{(n)}=\sum_{i=1}^{9}\Big\{A_{1n}\big[c_{66}\big(\beta_1\alpha_{1i}-\alpha_{2i}\bar{k}_i\big)-c_{65}\alpha_{3i}\bar{k}_i\big]+A_{2n}\big[c_{66}\big(\beta_2\alpha_{4i}-\alpha_{5i}\bar{k}_i\big)-c_{65}\alpha_{6i}\bar{k}_i\big]$$
$$+A_{3n}\big[c_{66}\big(\beta_3\alpha_{7i}-\alpha_{8i}\bar{k}_i\big)-c_{65}\bar{k}_i\big]\Big\}\tilde{A}_3^{(3)}\big(\bar{k}_i\big)k\sin k\bar{k}_ix_1$$
$$+\sum_{i=1}^{9}\Big\{A_{1n}\big[c_{66}\big(\beta_1\alpha_{1i}+\alpha_{2i}\bar{k}_i\big)+c_{65}\alpha_{3i}\bar{k}_i\big]+A_{2n}\big[c_{66}\big(\beta_2\alpha_{4i}+\alpha_{5i}\bar{k}_i\big)+c_{65}\alpha_{6i}\bar{k}_i\big]$$
$$+A_{3n}\big[c_{66}\big(\beta_3\alpha_{7i}+\alpha_{8i}\bar{k}_i\big)+c_{65}\bar{k}_i\big]\Big\}\tilde{B}_3^{(3)}\big(\bar{k}_i\big)k\cos k\bar{k}_ix_1. \tag{12}$$

在覆盖电极区域 3，类似我们对基体为各向同性材料时的分析，设基体和电极中具有相同的位移表达式[11-12]:

$$\begin{aligned}\bar{u}_1^{(n)} &= \bar{B}_1^{(n)}\cos k\bar{k}'x_1,\\ \bar{u}_2^{(n)} &= \bar{B}_2^{(n)}\sin k\bar{k}'x_1,\\ \bar{u}_3^{(n)} &= \bar{B}_3^{(n)}\sin k\bar{k}'x_1,\end{aligned} \tag{13}$$

其中 $\bar{B}_i^{(n)}(i=1,2,3;n=1,2,3)$，$k,\bar{k}'$ 分别是声表面波在覆盖电极区域 3 的振幅，波数和辅助波数。我们将位移表达式(13)代入到二维运动方程(2)中可以得到未知数为 $\bar{B}_i^{(n)}(i=1,2,3;n=1,2,3)$ 的九个方程，以下是 $\bar{B}_i^{(n)}(i=1,2,3;n=1,2,3)$前面的系数：

$$\bar{b}_{11}=\bar{A}_{11}\big(\rho^{(11)}c^2-c_{11}^{(11)}\bar{k}'^2-c_{66}^{(11)}\bar{\beta}_1^2\big),\bar{b}_{12}=\bar{A}_{11}\big(-c_{66}^{(11)}\bar{\beta}_1\bar{k}'+c_{12}^{(11)}\bar{\beta}_1\bar{k}'\big),$$
$$\bar{b}_{13}=\bar{A}_{11}\big(-c_{65}^{(11)}\bar{\beta}_1\bar{k}'+c_{14}^{(11)}\bar{\beta}_1\bar{k}'\big),\bar{b}_{14}=\bar{A}_{21}\big(\rho^{(21)}c^2-c_{11}^{(21)}\bar{k}'^2-c_{66}^{(21)}\bar{\beta}_1\bar{\beta}_2\big),$$
$$\bar{b}_{15}=\bar{A}_{21}\big(-c_{66}^{(21)}\bar{\beta}_1\bar{k}'+c_{12}^{(21)}\bar{\beta}_2\bar{k}'\big),\bar{b}_{16}=\bar{A}_{21}\big(-c_{65}^{(21)}\bar{\beta}_1\bar{k}'+c_{14}^{(21)}\bar{\beta}_2\bar{k}'\big),$$
$$\bar{b}_{17}=\bar{A}_{31}\big(\rho^{(31)}c^2-c_{11}^{(31)}\bar{k}'^2-c_{66}^{(31)}\bar{\beta}_1\bar{\beta}_3\big),\bar{b}_{18}=\bar{A}_{31}\big(-c_{66}^{(31)}\bar{\beta}_1\bar{k}'+c_{12}^{(31)}\bar{\beta}_3\bar{k}'\big),$$
$$\bar{b}_{19}=\bar{A}_{31}\big(-c_{65}^{(31)}\bar{\beta}_1\bar{k}'+c_{14}^{(31)}\bar{\beta}_3\bar{k}'\big),$$
$$\bar{b}_{22}=\bar{A}_{11}\big(\rho^{(11)}c^2-c_{66}^{(11)}\bar{k}'^2-c_{22}^{(11)}\bar{\beta}_1^2\big),\bar{b}_{23}=\bar{A}_{11}\big(-c_{65}^{(11)}\bar{k}'^2-c_{24}^{(11)}\bar{\beta}_1^2\big),$$
$$\bar{b}_{24}=\bar{A}_{21}\big(-c_{66}^{(21)}\bar{\beta}_2\bar{k}'+c_{21}^{(21)}\bar{\beta}_1\bar{k}'\big),\bar{b}_{25}=\bar{A}_{21}\big(\rho^{(21)}c^2-c_{66}^{(21)}\bar{k}'^2-c_{22}^{(21)}\bar{\beta}_1\bar{\beta}_2\big),$$
$$\bar{b}_{26}=\bar{A}_{21}\big(-c_{65}^{(21)}\bar{k}'^2-c_{24}^{(21)}\bar{\beta}_1\bar{\beta}_2\big),\bar{b}_{27}=\bar{A}_{31}\big(-c_{66}^{(31)}\bar{\beta}_3\bar{k}'+c_{21}^{(31)}\bar{\beta}_1\bar{k}'\big),$$
$$\bar{b}_{28}=\bar{A}_{31}\big(\rho^{(31)}c^2-c_{66}^{(31)}\bar{k}'^2-c_{22}^{(31)}\bar{\beta}_1\bar{\beta}_3\big),\bar{b}_{29}=\bar{A}_{31}\big(-c_{65}^{(31)}\bar{k}'^2-c_{24}^{(31)}\bar{\beta}_1\bar{\beta}_3\big),$$

$$\bar{b}_{33}=\bar{A}_{11}\left(\rho^{(11)}c^2-c_{55}^{(11)}\bar{k}'^2-c_{44}^{(11)}\bar{\beta}_1^2\right),\bar{b}_{34}=\bar{A}_{21}\left(-c_{56}^{(21)}\bar{\beta}_2\bar{k}'+c_{41}^{(21)}\bar{\beta}_1\bar{k}'\right),$$
$$\bar{b}_{35}=\bar{A}_{21}\left(-c_{56}^{(21)}\bar{k}'^2-c_{42}^{(21)}\bar{\beta}_1\bar{\beta}_2\right),\bar{b}_{36}=\bar{A}_{21}\left(\rho^{(21)}c^2-c_{55}^{(21)}\bar{k}'^2-c_{44}^{(21)}\bar{\beta}_1\bar{\beta}_2\right),$$
$$\bar{b}_{37}=\bar{A}_{31}\left(-c_{56}^{(21)}\bar{\beta}_3\bar{k}'+c_{41}^{(21)}\bar{\beta}_1\bar{k}'\right),\bar{b}_{38}=\bar{A}_{31}\left(-c_{42}^{(31)}\bar{\beta}_1\bar{\beta}_3-c_{56}^{(31)}\bar{k}'^2\right),$$
$$\bar{b}_{39}=\bar{A}_{31}\left(\rho^{(31)}c^2-c_{55}^{(31)}\bar{k}'^2-c_{44}^{(31)}\bar{\beta}_1\bar{\beta}_3\right),$$
$$\bar{b}_{44}=\bar{A}_{22}\left(\rho^{(22)}c^2-c_{11}^{(22)}\bar{k}'^2-c_{66}^{(22)}\bar{\beta}_2^2\right),\bar{b}_{45}=\bar{A}_{22}\left(-c_{66}^{(22)}\bar{\beta}_2\bar{k}'+c_{12}^{(22)}\bar{\beta}_2\bar{k}'\right),$$
$$\bar{b}_{46}=\bar{A}_{22}\left(-c_{65}^{(22)}\bar{\beta}_2\bar{k}'+c_{14}^{(22)}\bar{\beta}_2\bar{k}'\right),\bar{b}_{47}=\bar{A}_{32}\left(\rho^{(32)}c^2-c_{11}^{(32)}\bar{k}'^2-c_{66}^{(32)}\bar{\beta}_2\bar{\beta}_3\right),$$
$$\bar{b}_{48}=\bar{A}_{32}\left(-c_{66}^{(32)}\bar{\beta}_2\bar{k}'+c_{12}^{(32)}\bar{\beta}_3\bar{k}'\right),\bar{b}_{49}=\bar{A}_{32}\left(-c_{65}^{(32)}\bar{\beta}_2\bar{k}'+c_{14}^{(32)}\bar{\beta}_3\bar{k}'\right),$$
$$\bar{b}_{55}=\bar{A}_{22}\left(\rho^{(22)}c^2-c_{66}^{(22)}\bar{k}'^2-c_{22}^{(22)}\bar{\beta}_2^2\right),\bar{b}_{56}=\bar{A}_{22}\left(-c_{65}^{(22)}\bar{k}'^2-c_{24}^{(22)}\bar{\beta}_2^2\right),$$
$$\bar{b}_{57}=\bar{A}_{32}\left(-c_{66}^{(32)}\bar{\beta}_3\bar{k}'+c_{21}^{(32)}\bar{\beta}_2\bar{k}'\right),\bar{b}_{58}=\bar{A}_{32}\left(\rho^{(32)}c^2-c_{66}^{(32)}\bar{k}'^2-c_{22}^{(32)}\bar{\beta}_2\bar{\beta}_3\right),$$
$$\bar{b}_{59}=\bar{A}_{32}\left(-c_{65}^{(32)}\bar{k}'^2-c_{24}^{(32)}\bar{\beta}_2\bar{\beta}_3\right),$$
$$\bar{b}_{66}=\bar{A}_{22}\left(\rho^{(22)}c^2-c_{55}^{(22)}\bar{k}'^2-c_{44}^{(22)}\bar{\beta}_2^2\right),\bar{b}_{67}=\bar{A}_{32}\left(-c_{56}^{(32)}\bar{\beta}_3\bar{k}'+c_{41}^{(32)}\bar{\beta}_2\bar{k}'\right),$$
$$\bar{b}_{68}=\bar{A}_{32}\left(-c_{65}^{(32)}\bar{k}'^2-c_{42}^{(32)}\bar{\beta}_2\bar{\beta}_3\right),\bar{b}_{69}=\bar{A}_{32}\left(\rho^{(32)}c^2-c_{55}^{(32)}\bar{k}'^2-c_{44}^{(32)}\bar{\beta}_2\bar{\beta}_3\right),$$
$$\bar{b}_{77}=\bar{A}_{33}\left(\rho^{(33)}c^2-c_{11}^{(33)}\bar{k}'^2-c_{66}^{(33)}\bar{\beta}_3^2\right),\bar{b}_{78}=\bar{A}_{33}\left(-c_{66}^{(33)}\bar{\beta}_3\bar{k}'+c_{12}^{(33)}\bar{\beta}_3\bar{k}'\right),$$
$$\bar{b}_{79}=\bar{A}_{33}\left(-c_{65}^{(33)}\bar{\beta}_3\bar{k}'+c_{14}^{(33)}\bar{\beta}_3\bar{k}'\right),$$
$$\bar{b}_{88}=\bar{A}_{33}\left(\rho^{(33)}c^2-c_{66}^{(33)}\bar{k}'^2-c_{22}^{(33)}\bar{\beta}_3^2\right),\bar{b}_{89}=\bar{A}_{33}\left(-c_{65}^{(33)}\bar{k}'^2-c_{24}^{(33)}\bar{\beta}_3^2\right),\quad(14)$$
$$\bar{b}_{99}=\bar{A}_{33}\left(\rho^{(33)}c^2-c_{55}^{(33)}\bar{k}'^2-c_{44}^{(33)}\bar{\beta}_3^2\right).$$

设振幅比为：

$$\bar{\beta}_{mi}=\frac{\bar{B}_k^{(n)}\left(\bar{k}_i'\right)}{\bar{B}_3^{(3)}\left(\bar{k}_i'\right)},n,k=1,2,3,i=1,2,3,\cdots,9,m=3(n-1)+k.\tag{15}$$

类似我们对未覆盖电极区域 1 和 2 的分析，可以把位移表达式(13)进一步写成：

$$\begin{aligned}
\bar{u}_1^{(1)}&=\sum_{i=1}^{9}\bar{B}_3^{(3)}\left(\bar{k}_i'\right)\bar{\beta}_{1i}\cos\left(k\bar{k}_i'x_1\right),\\
\bar{u}_2^{(1)}&=\sum_{i=1}^{9}\bar{B}_3^{(3)}\left(\bar{k}_i'\right)\bar{\beta}_{2i}\sin\left(k\bar{k}_i'x_1\right),\\
\bar{u}_3^{(1)}&=\sum_{i=1}^{9}\bar{B}_3^{(3)}\left(\bar{k}_i'\right)\bar{\beta}_{3i}\sin\left(k\bar{k}_i'x_1\right),\\
\bar{u}_1^{(2)}&=\sum_{i=1}^{9}\bar{B}_3^{(3)}\left(\bar{k}_i'\right)\bar{\beta}_{4i}\cos\left(k\bar{k}_i'x_1\right),\\
\bar{u}_2^{(2)}&=\sum_{i=1}^{9}\bar{B}_3^{(3)}\left(\bar{k}_i'\right)\bar{\beta}_{5i}\sin\left(k\bar{k}_i'x_1\right),\\
\bar{u}_3^{(2)}&=\sum_{i=1}^{9}\bar{B}_3^{(3)}\left(\bar{k}_i'\right)\bar{\beta}_{6i}\sin\left(k\bar{k}_i'x_1\right),\\
\bar{u}_1^{(3)}&=\sum_{i=1}^{9}\bar{B}_3^{(3)}\left(\bar{k}_i'\right)\bar{\beta}_{7i}\cos\left(k\bar{k}_i'x_1\right),\\
\bar{u}_2^{(3)}&=\sum_{i=1}^{9}\bar{B}_3^{(3)}\left(\bar{k}_i'\right)\bar{\beta}_{8i}\sin\left(k\bar{k}_i'x_1\right),\\
\bar{u}_3^{(3)}&=\sum_{i=1}^{9}\bar{B}_3^{(3)}\left(\bar{k}_i'\right)\sin\left(k\bar{k}_i'x_1\right).
\end{aligned}\tag{16}$$

高阶应力 $\bar{T}_p^{(n)}(p=1,2,3,4,5,6;n=1,2,3)$ 进一步写成：

$$\begin{aligned}
\bar{T}_1^{(n)}=\sum_{i=1}^{9}\Big\{&\bar{A}_{1n}\left[-c_{11}^{(1n)}\bar{\alpha}_{1i}\bar{k}_i'+c_{12}^{(1n)}\bar{\beta}_1\bar{\alpha}_{2i}+c_{14}^{(1n)}\bar{\beta}_1\bar{\alpha}_{3i}\right]+\bar{A}_{2n}\left[-c_{11}^{(2n)}\bar{\alpha}_{4i}\bar{k}_i'+c_{12}^{(2n)}\bar{\beta}_2\bar{\alpha}_{5i}+c_{14}^{(2n)}\bar{\beta}_2\bar{\alpha}_{6i}\right]\\
&+\bar{A}_{3n}\left[-c_{11}^{(3n)}\bar{\alpha}_{7i}\bar{k}_i'+c_{12}^{(3n)}\bar{\beta}_3\bar{\alpha}_{8i}+c_{14}^{(3n)}\bar{\beta}_3\right]\Big\}\bar{B}_3^{(3)}\left(\bar{k}_i'\right)k\sin k\bar{k}_i'x_1,
\end{aligned}$$

$$\begin{aligned}
\bar{T}_5^{(n)}=\sum_{i=1}^{9}\Big\{&\bar{A}_{1n}\left[c_{56}^{(1n)}\left(\bar{\beta}_1\bar{\alpha}_{1i}+\bar{\alpha}_{2i}\bar{k}_i'\right)+c_{55}^{(1n)}\bar{\alpha}_{3i}\bar{k}_i'\right]+\bar{A}_{2n}\left[c_{56}^{(2n)}\left(\bar{\beta}_2\bar{\alpha}_{4i}+\bar{\alpha}_{5i}\bar{k}_i'\right)+c_{55}^{(2n)}\bar{\alpha}_{6i}\bar{k}_i'\right]\\
&+\bar{A}_{3n}\left[c_{56}^{(3n)}\left(\bar{\beta}_3\bar{\alpha}_{7i}+\bar{\alpha}_{8i}\bar{k}_i'\right)+c_{55}^{(3n)}\bar{k}_i'\right]\Big\}\bar{B}_3^{(3)}\left(\bar{k}_i'\right)k\cos k\bar{k}_i'x_1,
\end{aligned}\tag{17}$$

$$\begin{aligned}
\bar{T}_6^{(n)}=\sum_{i=1}^{9}\Big\{&\bar{A}_{1n}\left[c_{66}^{(1n)}\left(\bar{\beta}_1\bar{\alpha}_{1i}+\bar{\alpha}_{2i}\bar{k}_i'\right)+c_{65}^{(1n)}\bar{\alpha}_{3i}\bar{k}_i'\right]+\bar{A}_{2n}\left[c_{66}^{(2n)}\left(\bar{\beta}_2\bar{\alpha}_{4i}+\bar{\alpha}_{5i}\bar{k}_i'\right)+c_{65}^{(2n)}\bar{\alpha}_{6i}\bar{k}_i'\right]\\
&+\bar{A}_{3n}\left[c_{66}^{(3n)}\left(\bar{\beta}_3\bar{\alpha}_{7i}+\bar{\alpha}_{8i}\bar{k}_i'\right)+c_{65}^{(3n)}\bar{k}_i'\right]\Big\}\bar{B}_3^{(3)}\left(\bar{k}_i'\right)k\cos k\bar{k}_i'x_1.
\end{aligned}$$

3. 边界条件

如图 1 和 2 所示的声表面波谐振器的基本结构，它的任一周期内的场分布 $u(x_1)$ 满足 Floquet 原理[14]：$u(x_1+p)=u(x_1)\exp(-ikp)$，这里 k,p 分别为波数和周期。覆盖单指叉指换能器形式电极的各向异性有限弹性体的一个周期 $p=a+b=\varsigma/2$，叉指电极的指条宽度 $a=\varsigma/4$，因此我们有：$\exp(-ikp)=\exp(-ik\varsigma/2)=\exp(-i\pi)=-1$. 周期性边界条件写为：

$$u(x_1+p)=-u(x_1).\tag{18}$$

所以我们得到位移和应力周期性边界条件为：

$$\begin{aligned}
&u_1^{(1)}\left(\frac{a+b}{2}\right)=-\tilde{u}_1^{(1)}\left(-\frac{a+b}{2}\right),u_2^{(1)}\left(\frac{a+b}{2}\right)=-\tilde{u}_2^{(1)}\left(-\frac{a+b}{2}\right),\\
&u_3^{(1)}\left(\frac{a+b}{2}\right)=-\tilde{u}_3^{(1)}\left(-\frac{a+b}{2}\right),u_1^{(2)}\left(\frac{a+b}{2}\right)=-\tilde{u}_1^{(2)}\left(-\frac{a+b}{2}\right),\\
&u_2^{(2)}\left(\frac{a+b}{2}\right)=-\tilde{u}_2^{(2)}\left(-\frac{a+b}{2}\right),u_3^{(2)}\left(\frac{a+b}{2}\right)=-\tilde{u}_3^{(2)}\left(-\frac{a+b}{2}\right),\\
&u_1^{(3)}\left(\frac{a+b}{2}\right)=-\tilde{u}_1^{(3)}\left(-\frac{a+b}{2}\right),u_2^{(3)}\left(\frac{a+b}{2}\right)=-\tilde{u}_2^{(3)}\left(-\frac{a+b}{2}\right),\\
&u_3^{(3)}\left(\frac{a+b}{2}\right)=-\tilde{u}_3^{(3)}\left(-\frac{a+b}{2}\right),\\
&T_1^{(1)}\left(\frac{a+b}{2}\right)=-\tilde{T}_1^{(1)}\left(-\frac{a+b}{2}\right),T_5^{(1)}\left(\frac{a+b}{2}\right)=-\tilde{T}_5^{(1)}\left(-\frac{a+b}{2}\right),\\
&T_6^{(1)}\left(\frac{a+b}{2}\right)=-\tilde{T}_6^{(1)}\left(-\frac{a+b}{2}\right),T_1^{(2)}\left(\frac{a+b}{2}\right)=-\tilde{T}_1^{(2)}\left(-\frac{a+b}{2}\right),\\
&T_5^{(2)}\left(\frac{a+b}{2}\right)=-\tilde{T}_5^{(2)}\left(-\frac{a+b}{2}\right),T_6^{(2)}\left(\frac{a+b}{2}\right)=-\tilde{T}_6^{(2)}\left(-\frac{a+b}{2}\right),\\
&T_1^{(3)}\left(\frac{a+b}{2}\right)=-\tilde{T}_1^{(3)}\left(-\frac{a+b}{2}\right),T_5^{(3)}\left(\frac{a+b}{2}\right)=-\tilde{T}_5^{(3)}\left(-\frac{a+b}{2}\right),\\
&T_6^{(3)}\left(\frac{a+b}{2}\right)=-\tilde{T}_6^{(3)}\left(-\frac{a+b}{2}\right).
\end{aligned}\tag{19}$$

这样，我们共有未知数 $A_3^{(3)}\left(\bar{k}_i\right),B_3^{(3)}\left(\bar{k}_i\right),\tilde{A}_3^{(3)}\left(\bar{k}_i\right),\tilde{B}_3^{(3)}\left(\bar{k}_i\right),\bar{B}_3^{(3)}\left(\bar{k}_i'\right)(i=1,2,3,\cdots,9)$ 为 45 个，边界条件为 54 个方程（周期性边界条件 18 个，连续性边界条件 36 个），方程个数与未知数个数并不相等，所以无法求解。我们令 $A_3^{(3)}\left(\bar{k}_i\right)=-\tilde{A}_3^{(3)}\left(\bar{k}_i\right)$,

$B_3^{(3)}\left(\bar{k}_i\right)=\tilde{B}_3^{(3)}\left(\bar{k}_i\right)(i=1,2,3,\cdots,9)$ 来简化未知数和边界条件的个数，位移和应力周期性边界条件可以简化为：

$$u_1^{(1)}\left(\frac{a+b}{2}\right)=-\tilde{u}_1^{(1)}\left(-\frac{a+b}{2}\right),u_1^{(2)}\left(\frac{a+b}{2}\right)=-\tilde{u}_1^{(2)}\left(-\frac{a+b}{2}\right),$$
$$u_1^{(3)}\left(\frac{a+b}{2}\right)=-\tilde{u}_1^{(3)}\left(-\frac{a+b}{2}\right),$$
$$T_5^{(1)}\left(\frac{a+b}{2}\right)=-\tilde{T}_5^{(1)}\left(-\frac{a+b}{2}\right),T_6^{(1)}\left(\frac{a+b}{2}\right)=-\tilde{T}_6^{(1)}\left(-\frac{a+b}{2}\right),$$
$$T_5^{(2)}\left(\frac{a+b}{2}\right)=-\tilde{T}_5^{(2)}\left(-\frac{a+b}{2}\right),T_6^{(2)}\left(\frac{a+b}{2}\right)=-\tilde{T}_6^{(2)}\left(-\frac{a+b}{2}\right),$$
$$T_5^{(3)}\left(\frac{a+b}{2}\right)=-\tilde{T}_5^{(3)}\left(-\frac{a+b}{2}\right),T_6^{(3)}\left(\frac{a+b}{2}\right)=-\tilde{T}_6^{(3)}\left(-\frac{a+b}{2}\right). \quad (20)$$

$x_1=\pm a/2$ 处位移和应力连续性边界条件简化为 $x_1=+a/2$ 处的位移和应力连续性边界条件：

$$u_1^{(1)}\left(+\frac{a}{2}\right)=\bar{u}_1^{(1)}\left(+\frac{a}{2}\right),u_2^{(1)}\left(+\frac{a}{2}\right)=\bar{u}_2^{(1)}\left(+\frac{a}{2}\right),$$
$$u_3^{(1)}\left(+\frac{a}{2}\right)=\bar{u}_3^{(1)}\left(+\frac{a}{2}\right),u_1^{(2)}\left(+\frac{a}{2}\right)=\bar{u}_1^{(2)}\left(+\frac{a}{2}\right),$$
$$u_2^{(2)}\left(+\frac{a}{2}\right)=\bar{u}_2^{(2)}\left(+\frac{a}{2}\right),u_3^{(2)}\left(+\frac{a}{2}\right)=\bar{u}_3^{(2)}\left(+\frac{a}{2}\right),$$
$$u_1^{(3)}\left(+\frac{a}{2}\right)=\bar{u}_1^{(3)}\left(+\frac{a}{2}\right),u_2^{(3)}\left(+\frac{a}{2}\right)=\bar{u}_2^{(3)}\left(+\frac{a}{2}\right),$$
$$u_3^{(3)}\left(+\frac{a}{2}\right)=\bar{u}_3^{(3)}\left(+\frac{a}{2}\right).$$
$$T_1^{(1)}\left(+\frac{a}{2}\right)=\bar{T}_1^{(1)}\left(+\frac{a}{2}\right),T_5^{(1)}\left(+\frac{a}{2}\right)=\bar{T}_5^{(1)}\left(+\frac{a}{2}\right),$$
$$T_6^{(1)}\left(+\frac{a}{2}\right)=\bar{T}_6^{(1)}\left(+\frac{a}{2}\right),T_1^{(2)}\left(+\frac{a}{2}\right)=\bar{T}_1^{(2)}\left(+\frac{a}{2}\right),$$
$$T_5^{(2)}\left(+\frac{a}{2}\right)=\bar{T}_5^{(2)}\left(+\frac{a}{2}\right),T_6^{(2)}\left(+\frac{a}{2}\right)=\bar{T}_6^{(2)}\left(+\frac{a}{2}\right), \quad (21)$$

未知数 $A_3^{(3)}\left(\bar{k}_i\right),B_3^{(3)}\left(\bar{k}_i\right),\bar{A}_3^{(3)}\left(\bar{k}_i'\right)(i=1,2,3,\cdots,9)$ 的个数与边界条件的方程的个数均为 27 个，可以进行求解。

4. 算例

我们以银为电极材料和 ST 切石英晶体为基体材料，取基体厚度为 10 倍的波长。ST 切石英晶体的材料常数见[13]，银的材料常数如下：

$\bar{\lambda}=3.16\times10^{10}\text{kg/m}^2,\bar{\mu}=4.37\times10^{10}\text{kg/m}^2,\rho=10490\text{kg/m}^3$

如图 4 所示为覆盖有周期性电极的各向异性有限弹性体中的声表面波波速随电极厚度的变化关系。我们可以发现声表面波波速随电极厚度的增加而减小。这与基体为各向同性的情形所得到的结论类似。

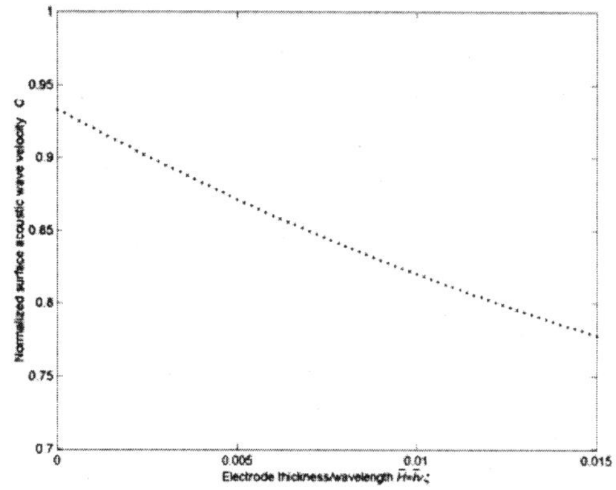

图 4. 声表面波速随电极厚度变化图

7. 结论

本文运用有限弹性体中的声表面波二维理论对覆盖有周期性电极的各向异性有限弹性体中的声表面波传播特性进行了分析。通过对覆盖不同电极厚度下 ST 切石英晶体中的声表面波波速的求解，我们发现声表面波波速随着电极厚度的增加而减小。当电极厚度为零时所求得的波速与未覆盖电极相对应半无限大 ST 切石英晶体中的声表面波波速相同，这验证了我们的分析。研究过程中我们充分考虑了周期性电极的分布、尺寸效应以及材料属性，因此本文的研究方法以及得到的结果对于声表面波谐振器的分析和设计具有重要的实用价值。

致谢

本文的研究工作得到了国家自然科学基金（No. 10572065）和浙江省钱江学者基金的资助。

参考文献

1. R.D. Mindlin, High frequency vibrations of piezoelectric crystal plates, *Int. J. Solids Struct.* **8**, 895 (1972).
2. P.C.Y. Lee, J.D. Yu, W.S. Lin, A new two-dimensional theory for vibrations of piezoelectric crystal plates with electroded faces, *J. Appl. Phys.* **83**, 1213 (1998).
3. J. Wang, J.S. Yang, Higher-order theories of piezoelectric plates and applications, *Appl. Mech. Rev.* **53**, 87 (2000).
4. R.C. Peach, A normal mode expansion for the piezoelectric plates and certain of its applications, *IEEE Ultras. Ferr. Freq. Contr.* **35**, 593 (1988).

5. J. Wang, K.Y. Hashimoto, A two-dimensional theory for the analysis of surface acoustic waves in finite elastic solids, *J. Sound Vib.* **295**, 838 (2006).
6. J. Wang, J.B. Lin, Y.P. Wan, et al., A two-dimensional analysis of surface acoustic waves in finite solids with considerations of electrodes, *Int. J. Appl. Electromagnet. Mech.* **22**, 53 (2005).
7. J. Wang, J.B. Lin, A two-dimensional theory for surface acoustic wave analysis in finite piezo-electric solids, *J. Int. Mater. Sys. Struct.* **16**, 623 (2005).
8. J. Wang, J.K. Du, Q.Q. Pan, A two-dimen-sional analysis of surface acoustic waves in finite plates with eigensolutions, In: *Proc. 2005 Joint IEEE Int. Freq. Contr. Sym. & Precise Time and Time Interval Sys. Applications Meeting*, August 29-31, Vancouver, BC, Canada (2005).
9. J. Wang, K.Y. Hashimoto, A two-dimensional theory for the analysis of surface acoustic waves in anisotropic elastic solids, In: *Proc. 2003 IEEE Int. Ultra. Sym.*, Honolulu, Hawaii, Oct 5-8 (2003).
10. J. Wang, J.K. Du, Z. Li, et al., Two-dimensional analysis of the effect of an electrode layer on surface acoustic waves in a finite anisotropic plate, *Ultrasonics* **44**, e935 (2006).
11. H.F. Tiersten, Elastic surface waves guided by thin films, *J. Appl. Phys.* 40, 770 (1969).
12. P. Bovik, A comparison between Tiersten model and O(*h*) boundary conditions for elastic surface waves guided by thin films, *J. Appl. Mech.* **63**, 162 (1996).
13. K.Y. Hashimoto, *Surface Acoustic Wave Devices in Telecommunications: Modeling and Simulation*, Springer, Berlin (2000).

动态变形介质中的弹性波

肖建华
河南理工大学测绘学院,河南,焦作市,454000
电子邮件：jhxiao@hpu.edu.cn

本文研究动态变形介质中的弹性波动行为问题。为此，基于陈 R-S 和分解定理，先导出介质动态变形的运动方程，再对位移场取变分而得到动态变形介质的增量波（P 波和 S 波）的波动方程。结果表明：均匀伸张变形介质中的弹性增量 P 波是速度各向异性的，弹性增量 S 波是速度各向异性的，速波受到介质伸张变形的调制；较小局部整旋变形介质中的弹性增量 S 波是速度各向同性的，速波受到介质局部整旋角 Θ 大小的调制，介质的局部整旋变形不影响增量波动 P 波速度，局部整旋变形介质的增量 P 波表现为偏振各向异性。文中给出了有关的速度公式。结论为：由对波特性（速度各向异性、偏振各向异性、或速度的时移变化）的检测可以得到介质的动态变形特性。

关键词：速度各向异性,偏振各向异性,弹性波,动态变形介质

ELASTIC WAVES IN DYNAMIC DEFORMING MEDIUM

Jian-Hua XIAO
Measurement Institute, Henan Polytechnic University
Jiaozuo, Henan,454000, P.R.C.
E-mail: jhxiaor@hpu.edu.cn

The elastic wave behavior in dynamic deforming medium is studied in this paper. Based on Chen R-S additive decomposition formulation, the motion equation for dynamic deforming medium is established firstly. Introducing perturbation on the displacement field, the wave equations for incremental deformation (P wave and S wave) are obtained. The results show that: for homogenous stretching medium, the incremental P wave velocity is anisotropy and the incremental S wave velocity is anisotropy, the wave velocity is tuned by the stretching of medium; for small local rotation deforming medium, the incremental S wave velocity is isotropic and it tuned by the local rotation angular parameter Θ ; the small local rotation deforming medium has no effects on incremental P wave velocity, however the incremental P wave vibration direction in the small local rotation deforming medium is anisotropy. The related velocity equations are given in the paper. The conclusion of this research is that: by detecting the wave features (velocity anisotropy, vibration direction anisotropy, or the time-shift velocity variation) the deformation features of dynamic deforming medium can be obtained.

Keywords: velocity anisotropy, vibration direction anisotropy, elastic wave, dynamic deforming medium

1. 引言

工程上，希望由对波特性（速度各向异性、偏振各向异性、或速度的时移变化）的动态检测来得到介质的变形特征。这就涉及动态变形介质中的弹性波动问题。动态变形介质中的弹性波动行为不同于经典的波动，一般地会导致各向异性或非线性波动问题[1-3]。

动态变形运动方程是介质中各物质点必须满足的运动方程，在这一条件下，增量弹性波动运动方程可以由动态变形运动方程以变分形式导出。由于在任一时刻、对任一物质点这二组方程必须同时满足[4]，故可以得到两者间将出现的动态耦合关系，这就是本文的基本研究内容。

在某些工程问题中，一般认为介质的动态变形是已知的，并且是很慢的(低频的)，要解决的是传播到这种动态变形介质中的弹性波会表现出何种特性。例如，在石油开采地震勘探及地质基础稳定性地震勘探中，希望由增量弹性波特性的变化来估计介质的某些动态变形参数[5,6]。对于低频变形介质中的高频增量波动问题，多数做法是引入低频变化的弹性参数来模拟介质背景变形的影响[7-9]，将问题等价于变弹性参数介质中的波；或者是通过引入限制性条件来模拟介质变形影响[10]；或者是对介质拉伸和压缩使用不同的弹性参数来引入介质变形的影响[11]。

本研究使用嵌含在动态变形介质中的拖带坐标系[12,13]来建立增量弹性波的运动方程。由于拖带坐

标系的动态变形反映了介质的动态变形，从而对弹性波动的增量变形量而言，其运动方程中没有混杂介质本身的变形量。按陈至达先生基于点集变换建立在拖带坐标系下的理性力学理论[12,13]，对增量弹性波动而言，介质动态变形表现为其参考位形是度规非均匀的、动态变化的位形，形成实际的 Riemman 空间，此时，需要用有限变形几何场论来建立弹性波的运动方程。

2. 基于陈定理的力学场和波动方程

陈至达先生基于点集变换概念引入基矢变换[12, 13]。在给变形梯度以明确的几何意义的同时，证明了变形梯度可以分解成一个对称张量和一个单位正交转动张量的和[12]，这一结果被称为陈 R-S 和分解定理[13]。

对在初始位形(本文取为惯性空间，拖带坐标为 dx^i， $i=1,2,3$)中的位移场 U^i，变形梯度 F^i_j 定义为：

$$F^i_j = U^i\big|_j + \delta^i_j \tag{1}$$

陈定理指出，F^i_j 可以表达成下列形式:

$$F^i_j = S^i_j + R^i_j \tag{2}$$

式中：

$$S^i_j = \frac{1}{2}(U^i\big|_j + U^j\big|_i) - (1-\cos\Theta)L^i_k L^k_j \tag{3}$$

$$R^i_j = \delta^i_j + L^i_j \sin\Theta + (1-\cos\Theta)L^i_k L^k_j \tag{4}$$

$$L^i_j = \frac{1}{2\sin\Theta}(U^i\big|_j - U^j\big|_i) \tag{5}$$

$$\sin\Theta = \frac{1}{2}[(U^1\big|_2 - U^2\big|_1)^2 + (U^2\big|_3 - U^3\big|_2)^2 + (U^3\big|_1 - U^1\big|_3)^2]^{\frac{1}{2}} \tag{6}$$

其中，$\big|_i$ 表示在初始拖带系中的协变导数。Θ 代表局部平均整旋角，L^i_j 代表转轴方位单位矢量。

相对于初始系定义的应力场为[14-16]:

$$\sigma^i_j = E^{ik}_{jl}(F^l_k - \delta^l_k) = E^{ik}_{jl}S^l_k + E^{ik}_{jl}(R^l_k - \delta^l_k) \tag{7}$$

在后面的讨论中，将称等式右边的第一项为变形应力，第二项为转动应力，而将 σ^i_j 简称为应力。

动量守恒方程的微分形式为:

$$(\sigma^i_j)\big|_i = \frac{\partial}{\partial t}(\rho\frac{\partial U^i}{\partial t}) \tag{8}$$

动量矩守恒方程的微分形式为:

$$(\sigma^i_j)\big|_i = \frac{\partial}{\partial t}[(\rho\frac{\partial U^i}{\partial t})g^0_{il}F^l_j] \tag{9-1}$$

$$e_{ijk}F^j_l\sigma^l_k = 0 \tag{9-2}$$

对于动态变形运动而言，根据波动学的理论及观测结果，可将方程写成如下形式：

P 波方程：

$$(\hat{\sigma}^i_j)\big|_j = \frac{\partial}{\partial t}(\rho\frac{\partial {U_P}^i}{\partial t}) \tag{10-1}$$

$$\hat{\sigma}^i_j = E^{ik}_{jl}S^l_k,\quad R^i_j = \delta^i_j \tag{10-2}$$

S 波方程：

$$(\tilde{\sigma}^i_j)\big|_i = [\frac{\partial}{\partial t}(\rho\frac{\partial {U_S}^i}{\partial t})g^0_{il}F^l_j] \tag{11-1}$$

$$\tilde{\sigma}^i_j = E^{ik}_{jl}(R^l_k - \delta^l_k),\quad S^j_l = 0 \tag{11-2}$$

但在一般动态变形情况，由于应力的非对称性，在导致 P 波和 S 波相互转化的同时，还因方程式(9)中出现的 F^i_j 因子导致转动应力($E^{ik}_{jl}(R^l_k - \delta^l_k)$)并不能完全与变形中转动部分造成的转动加速力平衡，其剩余部分将引出耦合波方程。

就研究动态变形介质中的波动而言，可以视为在 U^i 上的增量变形[16] δU^i。在 δU^i 为无限小位移时，δU^i 的波动方程在形式上与 U^i 的运动方程是一致的。在不考虑 δU^i 对 F^i_j 的贡献时，F^i_j 就成为一种加在波动方程上的强制项。在介质动态大变形为已知时（从而 F^i_j 为已知），波动方程（ δU^i 位移场形式）就表现为非线性形式的。就本文的运动方程形式而言，动态大变形介质的波动表现为在动态弯曲空间(由动态变形决定)中的波动。区别于经典波动方程的是，这两组方程(介质运动方程、无限小增量波动方程)要同时得到满足[4-6]。

3. 均匀伸张变形介质中的弹性波

现研究介质受均匀伸张变形作用时的弹性波。不失一般性，取初始拖带系为标准直角系，并假定介质均匀伸张变形梯度场为：

$$F^i_j = \begin{vmatrix} A_1(x^1,t) & 0 & 0 \\ 0 & A_2(x^2,t) & 0 \\ 0 & 0 & A_3(x^3,t) \end{vmatrix} \tag{12}$$

此时：

$$S^i_j = \frac{\partial U^i}{\partial x^j} = \begin{vmatrix} A_1(x^1,t)-1 & 0 & 0 \\ 0 & A_2(x^2,t)-1 & 0 \\ 0 & 0 & A_3(x^3,t)-1 \end{vmatrix} \tag{13}$$

$$R^i_j = \delta^i_j \tag{14}$$

变形应力为:

$$\sigma^i_j = E^{ik}_{jl} S^l_k = (\lambda+\mu)(A_1+A_2+A_3-3)\delta^i_j + \mu\begin{vmatrix} A_1-1 & 0 & 0 \\ 0 & A_2-1 & 0 \\ 0 & 0 & A_3-1 \end{vmatrix} \tag{15}$$

将有关量代入，得到介质均匀伸张变形运动动量守恒方程的具体形式为：

$$\left[(\lambda+2\mu)+\frac{(\lambda+\mu)\Delta+\mu(A_1-1)}{A_1}\right]\frac{\partial^2 U^1}{(\partial x^1)^2} = \frac{\partial}{\partial t}\left(\frac{\rho_0}{A_1A_2A_3}\frac{\partial U^1}{\partial t}\right) \tag{16-1}$$

$$\left[(\lambda+2\mu)+\frac{(\lambda+\mu)\Delta+\mu(A_2-1)}{A_2}\right]\frac{\partial^2 U^2}{(\partial x^2)^2} = \frac{\partial}{\partial t}\left(\frac{\rho_0}{A_1A_2A_3}\frac{\partial U^2}{\partial t}\right) \tag{16-2}$$

$$\left[(\lambda+2\mu)+\frac{(\lambda+\mu)\Delta+\mu(A_3-1)}{A_3}\right]\frac{\partial^2 U^3}{(\partial x^3)^2} = \frac{\partial}{\partial t}\left(\frac{\rho_0}{A_1A_2A_3}\frac{\partial U^3}{\partial t}\right) \tag{16-3}$$

式中：

$$\Delta = A_1+A_2+A_3-3 \tag{16-4}$$

3.1 均匀伸张变形介质中的弹性增量 P 波

对于增量波动 δU^i，由于是小变形，可由方程(16)得到 P 波方程为：

$$\left[(\lambda+2\mu)+\frac{(\lambda+\mu)\Delta+\mu(A_1-1)}{A_1}\right]\frac{\partial^2 \delta U^1}{(\partial x^1)^2} = \frac{\partial}{\partial t}\left(\frac{\rho_0}{A_1A_2A_3}\frac{\partial \delta U^1}{\partial t}\right) \tag{17}$$

$$\left[(\lambda+2\mu)+\frac{(\lambda+\mu)\Delta+\mu(A_2-1)}{A_2}\right]\frac{\partial^2 \delta U^2}{(\partial x^2)^2} = \frac{\partial}{\partial t}\left(\frac{\rho_0}{A_1A_2A_3}\frac{\partial \delta U^2}{\partial t}\right) \tag{18}$$

$$\left[(\lambda+2\mu)+\frac{(\lambda+\mu)\Delta+\mu(A_3-1)}{A_3}\right]\frac{\partial^2 \delta U^3}{(\partial x^3)^2} = \frac{\partial}{\partial t}\left(\frac{\rho_0}{A_1A_2A_3}\frac{\partial \delta U^3}{\partial t}\right) \tag{19}$$

可见，均匀伸张变形介质中的弹性增量 P 波是速度各向异性的。各方向的 P 波速度为:

$$V_{Pi} = \sqrt{\left[\frac{\lambda+2\mu}{\rho_0}+\frac{(\lambda+\mu)\Delta+\mu(A_i-1)}{A_i\rho_0}\right]A_1A_2A_3} \quad (\text{对 } i \text{ 不求和}) \tag{20}$$

速波受到介质伸张变形的调制。

3.2 均匀伸张变形介质中的弹性增量 S 波

对于增量波动 δU^i，转动应变为：

$$\delta R^i_j \approx \delta^i_j + \frac{1}{2}\left(\frac{\partial \delta U^i}{\partial x^j}-\frac{\partial \delta U^j}{\partial x^i}\right) \tag{21}$$

由方程(9)对 U^i 取变分并略去高阶小量，得到介质均匀伸张变形运动时，对于增量波动的转动应变，增量波动动量矩守恒方程的具体形式为：

$$\frac{\partial \delta\sigma^i_1}{\partial x^i} \approx \frac{\rho_0}{A_2A_3}\frac{\partial^2 \delta U^1}{\partial t^2} \tag{22-1}$$

$$\frac{\partial \delta\sigma^i_2}{\partial x^i} \approx \frac{\rho_0}{A_3A_1}\frac{\partial^2 \delta U^2}{\partial t^2} \tag{22-2}$$

$$\frac{\partial \delta\sigma^i_3}{\partial x^i} \approx \frac{\rho_0}{A_1A_2}\frac{\partial^2 \delta U^3}{\partial t^2} \tag{22-3}$$

式中：

$$\delta\sigma^i_j \approx \mu(\delta R^i_j - \delta^i_j) \tag{22-4}$$

并且，由增量 S 波定义有：

$$\delta S^i_j = \frac{1}{2}\left(\frac{\partial \delta U^i}{\partial x^j}+\frac{\partial \delta U^j}{\partial x^i}\right) = 0 \tag{23}$$

得到增量波动的 S 波方程为：

$$\mu\left[\frac{\partial^2 \delta U^1}{(\partial x^2)^2}+\frac{\partial^2 \delta U^1}{(\partial x^3)^2}\right] \approx \frac{\rho_0}{A_2A_3}\frac{\partial^2 \delta U^1}{\partial t^2} \tag{24-1}$$

$$\mu\left[\frac{\partial^2 \delta U^2}{(\partial x^1)^2}+\frac{\partial^2 \delta U^2}{(\partial x^3)^2}\right] \approx \frac{\rho_0}{A_2A_3}\frac{\partial^2 \delta U^2}{\partial t^2} \tag{24-2}$$

$$\mu\left[\frac{\partial^2 \delta U^3}{(\partial x^1)^2}+\frac{\partial^2 \delta U^3}{(\partial x^2)^2}\right] \approx \frac{\rho_0}{A_2A_3}\frac{\partial^2 \delta U^3}{\partial t^2} \tag{24-3}$$

可见：在低阶近似下，均匀伸张变形介质中的弹性增量S波是速度各向异性的。各方向的S波速度为：

$$V_{Si} = \sqrt{\frac{\mu}{\rho_0}\frac{A_1A_2A_3}{A_i}} \tag{25}$$

速波受到介质伸张变形方向及大小的调制。

4. 局部整旋变形介质中的弹性波

现研究介质受局部整旋变形作用时的弹性波。不失一般性，假定：$S^j_i = 0$，即不考虑 S^j_i 的影响。取初始拖带系为标准直角系，并假定介质变形梯度场的局部整旋为：

$$R^i_j = \delta^i_j + L^i_j \sin\Theta + (1-\cos\Theta)L^i_k L^k_j \tag{26}$$

由假定条件：

$$S^i_j = \frac{1}{2}\left(U^i\big|_j + U^j\big|_i\right) - (1-\cos\Theta)L^i_k L^k_j = 0 \tag{27}$$

得到：

$$U^i\Big|_i = 2(1-\cos\Theta) \tag{28}$$

局部整旋变形应力为：

$$\begin{aligned}\sigma^i_j &= E^{ik}_{jl}(R^l_k - \delta^l_k) \\ &= 2(\lambda+\mu)(1-\cos\Theta)\delta^i_j + \mu\frac{\partial U^i}{\partial x^j}\end{aligned} \tag{29}$$

对较小局部整旋变形，不难得到：

$$R^i_j \approx \cos\Theta\delta^i_j \tag{30}$$

对较小局部整旋变形利用（30）式，得到介质受局部整旋变形作用时的低价近似动量矩守恒方程为：

$$\begin{aligned}&2(\lambda+\mu)\sin\Theta\cdot\frac{\partial\Theta}{\partial x^j} + \mu\frac{\partial^2 U^i}{\partial x^j \partial x^i} \\ &= -\rho_0\sin\Theta\frac{\partial U^j}{\partial t}\frac{\partial\Theta}{\partial t} + \rho_0\cos\Theta\frac{\partial^2 U^j}{\partial t^2}\end{aligned} \tag{31}$$

4.1 局部整旋变形介质中的增量弹性 S 波

对上式关于 U^i 取变分并略去高阶小量，得到介质均匀伸张变形运动时，对于增量波动 δU^i 的转动应变，增量 S 波波动方程的具体形式为：

$$\mu\left[\frac{\partial^2\delta U^1}{(\partial x^2)^2} + \frac{\partial^2\delta U^1}{(\partial x^3)^2}\right] \approx \rho_0\cos\Theta\cdot\frac{\partial^2\delta U^1}{\partial t^2} \tag{32-1}$$

$$\mu\left[\frac{\partial^2\delta U^2}{(\partial x^1)^2} + \frac{\partial^2\delta U^2}{(\partial x^3)^2}\right] \approx \rho_0\cos\Theta\cdot\frac{\partial^2\delta U^2}{\partial t^2} \tag{32-2}$$

$$\mu\left[\frac{\partial^2\delta U^3}{(\partial x^1)^2} + \frac{\partial^2\delta U^3}{(\partial x^2)^2}\right] \approx \rho_0\cos\Theta\cdot\frac{\partial^2\delta U^3}{\partial t^2} \tag{32-3}$$

可见：在低阶近似下，较小局部整旋变形介质中的弹性增量 S 波是速度各向同性的。弹性增量 S 波速度为：

$$V_S = \sqrt{\frac{\mu}{\rho_0\cos\Theta}} \tag{33}$$

速波受到介质局部整旋角 Θ 大小的调制。

4.2 局部整旋变形介质中的增量弹性 P 波

增量波动 δU^i 的伸张应变的动量守恒方程并不受介质的局部整旋变形的影响，由 P 波方程(8)对 U^i 取变分得到增量波动 δU^i 的 P 波方程为：

$$(\delta\sigma^i_i)\Big|_i = \rho_0\frac{\partial^2\delta U^i}{\partial t^2} \tag{34}$$

表明：介质的局部整旋变形不影响增量波动 δU^i 的 P 波速度。

但由 P 波方程(9-2)的附加条件：

$$e_{ijk}R^j_l\delta\sigma^l_k = 0 \tag{35}$$

可以看出局部整旋变形的介质不支持经典的纯 P 波。介质的局部整旋变形导致增量波动 δU^i 的 P 波的偏振非独立性。即，局部整旋变形介质的增量 P 波表现为偏振各向异性。

5. 结束语

根据本文的结果，可以得出结论：经由对波特性（速度各向异性、偏振各向异性、或速度的时移变化）的检测可以得到介质的动态大变形特性或某些特征。

参考文献

1. J. Engelbrecht, *Nonlinear Wave Processes of Deformation in Solids*, Pitman Advanced Pub., London (1983).
2. R. Toupin, B. Bernstein, Sound waves in deformed perfectly elastic materials, In: *Foundations of Elasticity Theory*, edited by C. Truesdell, Gorden & Breach, New York (1966).
3. C. Trudsdell, General and exact theory of waves in finite elastic strain, In: *Foundations of Elasticity Theory*, edited by C. Truesdell, Gorden & Breach, New York (1966).
4. 肖建华，疲劳断裂失效的拖带几何变形力学描述，见：全国第 5 届航空航天装备失效分析会议论文集，张栋主编，422，国防工业出版社，北京 (2006).
5. 肖建华，安里千，陈至达，用地震资料进行构造地压解释的理论基础研究，石油地球物理勘探 **37**, 243 (2002).
6. 肖建华，彭苏萍. 论地震勘探中的断层反射解释问题，石油地球勘探 **37**, 322 (2002).
7. P. Boulunger, M. Hayes, C. Trimarco, Finite-amplitude plane waves in deformed Hadamard elastic materials, *Geophys. J. Int.* **118**, 447 (1994).
8. M. Negahban, A.S. Wineman, Material symmetry and the evolution of anisotropies in a simple-material, I. Change of reference configuration, *Int. J. Non-linear Mech.* **24**, 521 (1989).
9. M. Negahban, A.S. Wineman, Material symmetry and the evolution of anisotropies in a simple-material, II. The evolution of material symmetry, *Int. J. Non-linear Mech.* **24**, 537 (1984).
10. P. Borejko, Inhomogeneous plane waves in a constrained elastic body, *Q. J. Mech. Appl. Math.* **40**, 71 (1987).
11. D.A. Spence, J.E. Mkrtchian, The Boussinesq problem for a material with different moduli in

tension and compression, *Q. J. Mech. Appl. Math.* **30**, 449 (1977).

12. 陈至达, 有理力学一非线性连续力学, 中国矿业大学出版社, 徐州 (1987).
13. 陈至达, 理性力学, 重庆出版社, 重庆 (2000).
14. C. Truesdell, *The Mechanical Foundations of Elasticity and Fluid Dynamics*, Gorden & Breach, New York (1966).
15. B.A. Dudrovin, A.T. Fomenko, S.P. Novikov, *Modern Geometry - Methods and Application, Part I: The Geometry of Surfaces, Transformation Groups and Fields*, Springer, New York (1984).
16. A.M. Biot, *Mechanics of Incremental Deformations*, John Wiley, New York (1965).

STRESS EFFECT AND FREQUENCY JUMP ON GUIDED EM WAVES IN ANISOTROPIC DIELECTRIC PLATES

Jiun-Der YU

Epson Research and Development, Inc., San Jose, CA 95131, U.S.A.
E-mail: jdyu@erd.epson.com

The change in the frequency of guided EM waves in infinite and anisotropic dielectric plates affected by stress fields are studied based on the perturbation method. For the effect of uniform stress field, frequency shifts from first order perturbation and second order perturbation are calculated, and compared with those from exact solution. It's found that, a perturbation method only accurate to the first order is not enough for the prediction of frequency jump behavior. For the effect of thickness-dependent stress field, a dielectric plate attached to a rigid base and subjected to steady acceleration is considered. It is found the maximum frequency shift is about (3~15) × $10^{-10}/g$ for plate thickness $2b = 3.27$mm.

Keywords: EM, dielectric, stress effect, frequency jump

1. Introduction

When an elastic dielectric waveguide is subjected to steady forces or accelerations, strains are produced. The strains induce changes in the relative dielectric impermeability tensor through the nonlinear piezooptical effect which, in turn, affects the velocity or frequency of the electromagnetic waves and hence causes frequency shift.

In the general formulation for elastic dielectrics, the mechanical fields of stress, strain, and displacements are governed by the equations of elasticity and the EM fields by Maxwell's equations. These two sets of field equations are coupled by the constitutive equations through the linear piezoelectric effect and the nonlinear piezooptic effect [1,2]. We note that in the studies of *elastic vibrations in acoustic resonators*, the piezooptic effect has mostly been ignored in the equations of piezoelectricity (quasielectrostatic approximation) [3,4] and even in the equations of piezoelectromagnetism [5,6]. However, in the present study of stress effect on the *electromagnetic vibrations in dielectric resonators*, the piezooptic effect is of fundamental importance and must be retained. On the other hand, the effect of *EM* field on the changes of stresses in the dielectric resonators due to the piezoelectric effect may be regarded unimportant and ignored.

Hence, the present formulation reduces to a one-way coupled problem, i.e., the stress and strain fields are firstly solved from the uncoupled equations of elasticity and, then, the *EM* fields are obtained from Maxwell's equations in which the impermeability tensor (or permittivity tensor) is regarded dependent on strains of known functions of space.

Based on the exact solutions of Maxwell's equations for the guided *EM* waves in infinite and anisotropic dielectric plates [7], the effect of uniformly applied normal and shearing stresses of magnitude 1MPa on the frequency changes was studied by Lee et al. [8]. When a dielectric plate is supported by a rigid base and subjected to steady accelerations, the acceleration-induced stresses in the plate are thickness-dependent. The relative permittivity tensor of the dielectric plate also becomes thickness-dependent for which no exact solutions of guided waves are available. To compute approximately the frequency changes due to thickness-dependent stresses, a variation method was employed by Lee et al. [8]. However, the employed variation method can not predict the frequency jump phenomenon, which happens pretty often when originally uncoupled modes are coupled due to the stress effect. Hence, in this work, the perturbation method, whose accuracy can be improved by including the higher order equations, is employed to study the stress effect and frequency jump. For numerical computations, a dielectric plate of lithium niobate is used. The relative frequency shifts as a function of normalized wave number are computed for the *TE* and *TM* waves of various orders. To explain why a second-order accurate perturbation method is necessary to predict the frequency jump phenomenon, a simple case in which the lithium niobate plate is subjected to the uniform shear stress $T_{13} = -1\times10^{6}$ N/m^2 is considered. Frequency changes from the

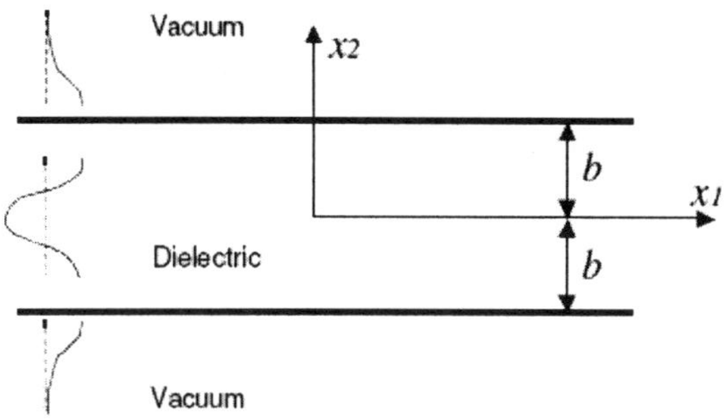

Figure 1. A dielectric plate surrounded by vacuum.

perturbation method accurate to the first order and to the second order are computed, and compared with the exact solutions. We demonstrate that a perturbation method, whose accuracy is better than first order, is necessary to predict frequency jumps. For acceleration sensitivity, a lithium niobate plate of thickness $2b = 3/27\text{mm}$ is considered. The second order perturbation method is employed to study the effect of thickness-dependent stress fields induced by steady accelerations.

2. Maxwell's Equations and Continuity Conditions

Referring to a rectangular coordinate system x_i, we denote the middle plane of an infinite dielectric plate by the x_1x_3 plane and the faces of the plate by $x_2 = \pm b$, where the thickness of the plate is $2b$ as shown in Fig. 1.

For the study of the stress effect on the guided *EM* waves, the piezooptical effect is of fundamental importance. The effect of *EM* fields on the changes of stresses due to piezoelectric effect may be regarded unimportant and ignored by setting the piezoelectric constants to zero. Hence the governing equations reduce to the following one-way coupled system:

For time-harmonic *EM* fields in the dielectric plate:

$$\begin{aligned} &\varepsilon_{ijk}E_{k,j} = i\omega B_i, && B_{i,i} = 0, \\ &\varepsilon_{ijk}H_{k,j} = -i\omega D_{i,t}, && D_{i,i} = 0, \\ &D_i = \varepsilon_0\varepsilon_{ij}E_j, && B_i = \mu H_i. \end{aligned} \tag{1}$$

For piezooptical effect:

$$\begin{gathered} (\varepsilon_{ij})^{-1} = \beta_{ij} = \beta_{ij}^0 + \Delta\beta_{ij}, \\ \Delta\beta_{ij} = p_{ijkl}S_{kl} = q_{ijkl}T_{kl}, \quad q_{ijkl} = q_{ijmn}(c_{mnkl})^{-1}. \end{gathered} \tag{2}$$

We note that Eq. (1) consists of the Maxwell's equations and constitutive equations, where E_i and H_i are the electric and magnetic field intensities, D_i and B_i the electric and magnetic flux densities, ω the angular frequency, ε_{ijk} the unit alternating tensor, ε_0 the dielectric permittivity of free space, ε_{ij} the relative dielectric permittivity tensor, and μ the magnetic permeability of the dielectric plate. In Eq. (2), β_{ij} is the relative dielectric impermeability tensor, β_{ij}^0 the relative impermeability tensor when the dielectric is in a stress-free state, $\Delta\beta_{ij}$ the perturbation of β_{ij}^0 from strains or stresses due to the piezooptical effect, p_{ijkl} the elastooptic tensor, q_{ijkl} the piezooptical tensor, c_{ijkl} the elastic stiffness tensor, S_{kl} the strain tensor, and T_{kl} the stress tensor. It's noticeable that the two divergence equations in Eq. (1) can be dropped because, for time-harmonic fields, they are implied by the two curl equations.

For the surrounding vacuum, we designate $\bar{E}_i$, $\bar{D}_i$, $\bar{H}_i$, and $\bar{B}_i$ as the field vectors. The governing equations of *EM* fields in vacuum may be obtained from Eq. (1) by letting $\varepsilon_{ij} = \delta_{ij}$ and $\mu = \mu_0$, where μ_0 is the magnetic permeability of free space.

The continuity conditions to be satisfied at $x_2 = \pm b$ are the continuity of the transverse components of the electric and magnetic fields.

For guided *EM* waves propagating along the x_1 direction of an infinite crystal plate, the field components have the form

$$\begin{aligned} E_i &= \mathrm{E}_i(x_2)e^{i(\xi x_1 - \omega t)}, \\ H_i &= \mathrm{H}_i(x_2)e^{i(\xi x_1 - \omega t)}, \\ \bar{E}_i &= \bar{\mathrm{E}}_i(x_2)e^{i(\xi x_1 - \omega t)}, \\ \bar{H}_i &= \bar{\mathrm{H}}_i(x_2)e^{i(\xi x_1 - \omega t)}, \end{aligned} \tag{3}$$

where ξ is the wave number. By substituting Eqs. (3) and $(1)_3$ into Eqs. $(1)_{1,2}$, we have

$$\begin{aligned} &\varepsilon_{ijk}\mathrm{H}_{k,j} + i\xi\varepsilon_{i1k}\mathrm{H}_k = -i\omega\varepsilon_0\varepsilon_{ij}\mathrm{E}_j, \\ &\varepsilon_{ijk}\mathrm{E}_{k,j} + i\xi\varepsilon_{i1k}\mathrm{E}_k = i\omega\mu\mathrm{H}_i, \\ &\varepsilon_{ijk}\bar{\mathrm{H}}_{k,j} + i\xi\varepsilon_{i1k}\bar{\mathrm{H}}_k = -i\omega\varepsilon_0\bar{\mathrm{E}}_i, \\ &\varepsilon_{ijk}\bar{\mathrm{E}}_{k,j} + i\xi\varepsilon_{i1k}\bar{\mathrm{E}}_k = i\omega\mu_0\bar{\mathrm{H}}_i. \end{aligned} \tag{4}$$

The continuity conditions to be satisfied by the guided wave are

$$\begin{aligned} \mathrm{E}_a(x_2 = \pm b) &= \bar{\mathrm{E}}_a(x_2 = \pm b), \\ \mathrm{H}_a(x_2 = \pm b) &= \bar{\mathrm{H}}_a(x_2 = \pm b), \end{aligned} \tag{5}$$

where $a = 1, 3$.

3. Perturbation Method

Since the strain-induced change in ε_{ij} is small, ε_{ij} can generally be represented by

$$\varepsilon_{ij} = \varepsilon_{ij}^0 + \Delta\varepsilon_{ij} = \varepsilon_{ij}^0 + \sigma\varepsilon_{ij}', \tag{6}$$

where ε_{ij}^0 is the relative dielectric permittivity tensor when the dielectric is in a stress-free state, σ is a small, dimensionless parameter, and $\sigma\varepsilon_{ij}' = \Delta\varepsilon_{ij}$. The induced change $\Delta\varepsilon_{ij}$ can be determined from Eq. (2). According to the measured values listed in Landolt-Börnstein [9], β_{ij}^0 are in the order of 1 to 10^{-2} and p_{ijkl} in the order of 10^{-1}. Strains due to the applied forces and accelerations in many experimental measurements are usually in the order of 10^{-5}. By Eq. $(2)_2$, we see that $\Delta\beta_{ij}$ is in the order of 10^{-6}, which is much smaller than β_{ij}^0. Hence, we can obtain $\Delta\varepsilon_{ij}$ approximately as follows.

$$\begin{aligned} &(\varepsilon_{ij}^0 + \Delta\varepsilon_{ij})(\beta_{jk}^0 + \Delta\beta_{jk}) = \delta_{ik} \\ &\Rightarrow \Delta\varepsilon_{ij}\beta_{jk}^0 + \varepsilon_{ij}^0\Delta\beta_{jk} \approx 0 \\ &\Rightarrow \Delta\varepsilon_{il} \approx -\varepsilon_{ij}^0\Delta\beta_{jk}\varepsilon_{kl}^0. \end{aligned} \tag{7}$$

The choice of the small, dimensionless parameter σ is not unique. One possible choice is

$$\sigma = \max_{i,k}\left|\varepsilon_{ij}^0 p_{jklm} S_{lm}\right|. \tag{8}$$

Corresponding to the change Eq. (6), the following perturbation expansion can be made

$$\begin{aligned} &\omega = \omega^0(1 + \sigma\omega' + \sigma^2\omega'') + O(\sigma^3) \\ &\mathrm{E}_i = \mathrm{E}_i^0 + \sigma\mathrm{E}_i' + \sigma^2\mathrm{E}_i'' + O(\sigma^3), \\ &\mathrm{H}_i = \mathrm{H}_i^0 + \sigma\mathrm{H}_i' + \sigma^2\mathrm{H}_i'' + O(\sigma^3), \\ &\bar{\mathrm{E}}_i = \bar{\mathrm{E}}_i^0 + \sigma\bar{\mathrm{E}}_i' + \sigma^2\bar{\mathrm{E}}_i'' + O(\sigma^3), \\ &\bar{\mathrm{H}}_i = \bar{\mathrm{H}}_i^0 + \sigma\bar{\mathrm{H}}_i' + \sigma^2\bar{\mathrm{H}}_i'' + O(\sigma^3), \end{aligned} \tag{9}$$

Substituting Eq. (9) into Eqs. (4) and (5), and collecting coefficients of terms of like powers of σ on both sides, we have the following perturbation problems of successive orders:

Zero order problem

$$\begin{aligned} &\varepsilon_{ijk}\mathrm{H}_{k,j}^0 + i\xi\varepsilon_{i1k}\mathrm{H}_k^0 = -i\omega^0\varepsilon_0\varepsilon_{ij}^0\mathrm{E}_j^0, \\ &\varepsilon_{ijk}\mathrm{E}_{k,j}^0 + i\xi\varepsilon_{i1k}\mathrm{E}_k^0 = i\omega^0\mu\mathrm{H}_i^0, \\ &\varepsilon_{ijk}\bar{\mathrm{H}}_{k,j}^0 + i\xi\varepsilon_{i1k}\bar{\mathrm{H}}_k^0 = -i\omega^0\varepsilon_0\bar{\mathrm{E}}_i^0, \\ &\varepsilon_{ijk}\bar{\mathrm{E}}_{k,j}^0 + i\xi\varepsilon_{i1k}\bar{\mathrm{E}}_k^0 = i\omega^0\mu_0\bar{\mathrm{H}}_i^0, \\ &\mathrm{H}_a^0 = \bar{\mathrm{H}}_a^0, \quad \mathrm{E}_a^0 = \bar{\mathrm{E}}_a^0 \quad \text{at } x_2 = \pm b. \end{aligned} \tag{10}$$

First order problem

$$\begin{aligned} &\varepsilon_{ijk}\mathrm{H}_{k,j}' + i\xi\varepsilon_{i1k}\mathrm{H}_k' = -i\omega^0\varepsilon_0(\omega'\varepsilon_{ij}^0\mathrm{E}_j^0 \\ &\qquad + \varepsilon_{ij}'\mathrm{E}_j^0 + \varepsilon_{ij}^0\mathrm{E}_j'), \\ &\varepsilon_{ijk}\mathrm{E}_{k,j}' + i\xi\varepsilon_{i1k}\mathrm{E}_k' = i\omega^0\mu(\omega'\mathrm{H}_i^0 + \mathrm{H}_i'), \\ &\varepsilon_{ijk}\bar{\mathrm{H}}_{k,j}' + i\xi\varepsilon_{i1k}\bar{\mathrm{H}}_k' = -i\omega^0\varepsilon_0(\omega'\bar{\mathrm{E}}_i^0 + \bar{\mathrm{E}}_i'), \\ &\varepsilon_{ijk}\bar{\mathrm{E}}_{k,j}' + i\xi\varepsilon_{i1k}\bar{\mathrm{E}}_k' = i\omega^0\mu_0(\omega'\bar{\mathrm{H}}_i^0 + \bar{\mathrm{H}}_i'), \\ &\mathrm{H}_a' = \bar{\mathrm{H}}_a', \quad \mathrm{E}_a' = \bar{\mathrm{E}}_a' \quad \text{at } x_2 = \pm b. \end{aligned} \tag{11}$$

Second order problems

$$\begin{aligned} &\varepsilon_{ijk}\mathrm{H}_{k,j}'' + i\xi\varepsilon_{i1k}\mathrm{H}_k'' = -i\omega^0\varepsilon_0(\omega''\varepsilon_{ij}^0\mathrm{E}_j^0 + \omega'\varepsilon_{ij}'\mathrm{E}_j^0 \\ &\qquad + \omega'\varepsilon_{ij}^0\mathrm{E}_j' + \varepsilon_{ij}'\mathrm{E}_j' + \varepsilon_{ij}^0\mathrm{E}_j''), \\ &\varepsilon_{ijk}\mathrm{E}_{k,j}'' + i\xi\varepsilon_{i1k}\mathrm{E}_k'' = i\omega^0\mu(\omega''\mathrm{H}_i^0 + \omega'\mathrm{H}_i' + H_i''), \\ &\varepsilon_{ijk}\bar{\mathrm{H}}_{k,j}'' + i\xi\varepsilon_{i1k}\bar{\mathrm{H}}_k'' = -i\omega^0\varepsilon_0(\omega''\bar{\mathrm{E}}_i^0 + \omega'\bar{\mathrm{E}}_i' + \bar{\mathrm{E}}_i''), \\ &\varepsilon_{ijk}\bar{\mathrm{E}}_{k,j}'' + i\xi\varepsilon_{i1k}\bar{\mathrm{E}}_k'' = i\omega^0\mu_0(\omega''\bar{\mathrm{H}}_i^0 + \omega'\bar{\mathrm{H}}_i' + \bar{\mathrm{H}}_i''), \\ &\mathrm{H}_a'' = \bar{\mathrm{H}}_a'', \quad \mathrm{E}_a'' = \bar{\mathrm{E}}_a'' \quad \text{at } x_2 = \pm b. \end{aligned} \tag{12}$$

The zero order equations (10) govern the fields of guided *EM* waves in an infinite homogeneous crystal plate surrounded by vacuum, whose closed form solutions were obtained by Lee and Yu [7]. The first and second order problems are inhomogeneous. The strain-induced perturbation ε_{ij}' is thickness dependent if the strain is so. There are "forcing terms" like $\omega'\varepsilon_{ij}^0\mathrm{E}_j^0$, $\varepsilon_{ij}'\mathrm{E}_j^0, \cdots$ coming from the fields of the previous orders. We will see later that we only have to solve the zero and first order problems to obtain the second order frequency perturbation ω''.

By multiplying Eq. $(11)_1$ with $-\mathrm{E}_i^{0*}$ and Eq. $(11)_2$ with H_i^{0*}, adding the resulting equations, noting that E_i, H_i are only functions of x_2, and using Eq. $(10)_{1,2}$, we have

$$\begin{aligned} &(\mathrm{H}_1^{0*}\mathrm{E}_3' - \mathrm{H}_3^{0*}\mathrm{E}_1')_{,2} - (\mathrm{E}_1^{0*}\mathrm{H}_3' - \mathrm{E}_3^{0*}\mathrm{H}_1')_{,2} \\ &= i\omega^0\omega'(\varepsilon_0\mathrm{E}_i^{0*}\varepsilon_{ij}^0\mathrm{E}_j^0 + \mathrm{H}_i^{0*}\mu\mathrm{H}_i^0) + i\omega\varepsilon_0\mathrm{E}_i^{0*}\varepsilon_{ij}'\mathrm{E}_j^0. \end{aligned} \tag{13}$$

Multiplying Eq. $(11)_3$ with $-\bar{\mathrm{E}}_i^{0*}$ and Eq. $(11)_4$ with $\bar{\mathrm{H}}_i^{0*}$ and doing the same manipulation, we have

$$(\bar{H}_1^{0*}\bar{E}_3' - \bar{H}_3^{0*}\bar{E}_1')_{,2} - (\bar{E}_1^{0*}\bar{H}_3' - \bar{E}_3^{0*}\bar{H}_1')_{,2} = i\omega^0\omega'(\bar{E}_i^{0*}\varepsilon_0\bar{E}_j^0 + \bar{H}_i^{0*}\mu_0\bar{H}_i^0). \tag{14}$$

By integrating Eq. (13) from $x_2 = -b$ to b and Eq. (14) from $x_2 = -\infty$ to $-b$ and then from b to ∞, adding the resulting equations, noting that $\bar{H}_i^0$, $\bar{H}_i'$, $\bar{E}_i^0$, $\bar{E}_i'$ are exponentially decaying in both the $+x_2$ and $-x_2$ directions, and applying the continuity conditions at the plate faces $x_2 = \pm b$, we obtain

$$\omega' = -\frac{\varepsilon_0 \int_{-b}^{b} E_i^{0*}\varepsilon_{ij}' E_j^0 dx_2}{\Delta_0}, \tag{15}$$

where

$$\begin{aligned}\Delta_0 = &\int_{-b}^{b}(\varepsilon_0 E_i^{0*}\varepsilon_{ij}^0 E_j^0 + H_i^{0*}\mu H_i^0)dx_2 \\ &+ \int_{b}^{\infty}(\bar{E}_i^{0*}\varepsilon_0\bar{E}_j^0 + \bar{H}_i^{0*}\mu_0\bar{H}_i^0)dx_2 \\ &+ \int_{-\infty}^{-b}(\bar{E}_i^{0*}\varepsilon_0\bar{E}_j^0 + \bar{H}_i^{0*}\mu_0\bar{H}_i^0)dx_2.\end{aligned} \tag{16}$$

Employing a similar procedure, we can obtain from Eq. (12) the second order frequency perturbation

$$\begin{aligned}\omega'' = \frac{1}{\Delta_0}\Big\{ &-\int_{-b}^{b}(\varepsilon_0 E_i^{0*}\varepsilon_{ij}' E_j')dx_2 - \omega'\int_{-b}^{b}(\varepsilon_0 E_i^{0*}\varepsilon_{ij}' E_j^0 \\ &+ \varepsilon_0 E_i^{0*}\varepsilon_{ij}^0 E_j' + H_i^{0*}\mu H_i')dx_2 \\ &+ \int_{b}^{\infty}(\bar{E}_i^{0*}\varepsilon_0\bar{E}_i' + \bar{H}_i^{0*}\mu_0\bar{H}_i')dx_2 \\ &\int_{-\infty}^{-b}(\bar{E}_i^{0*}\varepsilon_0\bar{E}_i' + \bar{H}_i^{0*}\mu_0\bar{H}_i')dx_2\Big\}.\end{aligned} \tag{17}$$

Hence, from Eqs. $(9)_1$, (15) and (17), the relative frequency shift from perturbation method accurate to the first order is

$$\frac{f - f^0}{f^0} = \frac{\omega - \omega^0}{\omega^0} = \sigma\omega', \tag{18}$$

and accurate to the second order is

$$\frac{f - f^0}{f^0} = \frac{\omega - \omega^0}{\omega^0} = \sigma\omega' + \sigma^2\omega'', \tag{19}$$

where $f^0 = \omega^0/2\pi$, $f = \omega/2\pi$ are respectively the frequencies for the stress-free and stressed plates.

It can be easily seen from Eqs. (15) and (17) that only the zero order *EM* fields are needed to obtain the first order frequency perturbation ω' and only the zero and first order *EM* fields are needed for the second order frequency perturbation ω''. The closed form field solutions to the zero order problem can be found in Lee and Yu [7] and the closed form field solutions to the first order problem can be found in Yu [10].

4. Numerical Results and Comparison

For numerical computations, we consider the crystal plate of lithium niobate [9]. Let x_1, x_2, x_3 be the principal axes of the crystal and x1 be the diagonal axis, the density, stiffness tensor, relative impermeability tensor, and piezooptical tensor used in this study were listed in Lee et al. [8].

Before the study of the effect of thickness-dependent stress fields, we compare the accuracy of the first order and second order perturbation results with the exact relative frequency shifts obtained by Lee et al. [8] for a lithium niobate crystal plate subjected to uniform shear stress $T_{11} = -1\times10^6\,\text{N/m}^2$. The perturbation in the relative dielectric permittivity tensor is

$$[\Delta\varepsilon_{ij}] = \begin{bmatrix} 0.0285 & -99.4704 & 41.7083 \\ -99.4704 & 0.0225 & -0.0094 \\ 41.7083 & -0.0094 & 0.0040 \end{bmatrix} \times 10^{-4}. \tag{20}$$

The first order perturbation, second order perturbation, and the exact results are plotted respectively in Fig. 2 to Fig. 4. We see that there is no visible difference between the second order perturbation results and the exact results but the first order results are quite different from the other two. The frequency jumps in Figs. 3 and 4 are due to mode coupling. To see this, we plot in Fig. 5 the lowest eight branches of dispersion curves for *EM* waves in the stress-free lithium niobate plate. Since the dielectric permittivity tensor ε_{ij}^0 is diagonal, the *TE* modes and *TM* modes are not coupled. We see from Fig. 5 that the first TE mode and the second TM mode cross each other at point "c" where the dimensionless wave number is about X = 2.34. However, for the stressed plate, the dielectric permittivity tensor is no longer diagonal. The first *TE* mode and the second *TM* mode are strongly coupled due to the stress, and, hence, a very pronounced frequency jump shows up at about X = 2.34 in Figs. 3 and 4.

The second order perturbation is used to study the effect of thickness dependent stress fields for the following two cases.

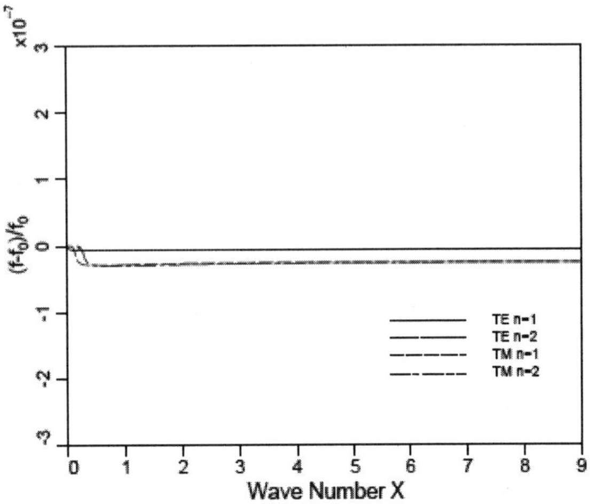

Figure 2. Relative frequency shift for $T_{13} = -1\times10^6\,\mathrm{N/m^2}$, first order perturbation.

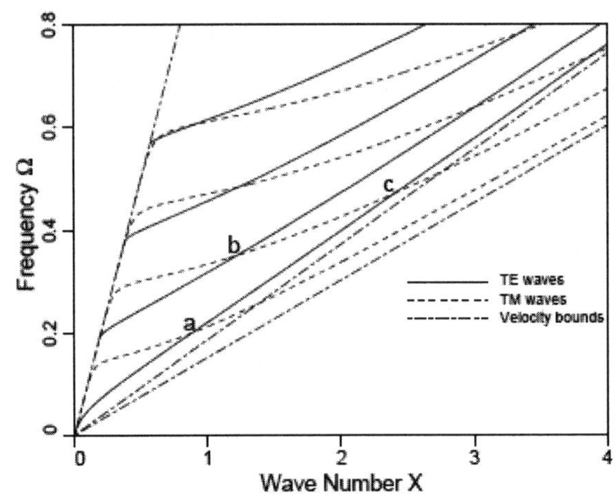

Figure 5. Dispersion curves of TE and TM waves.

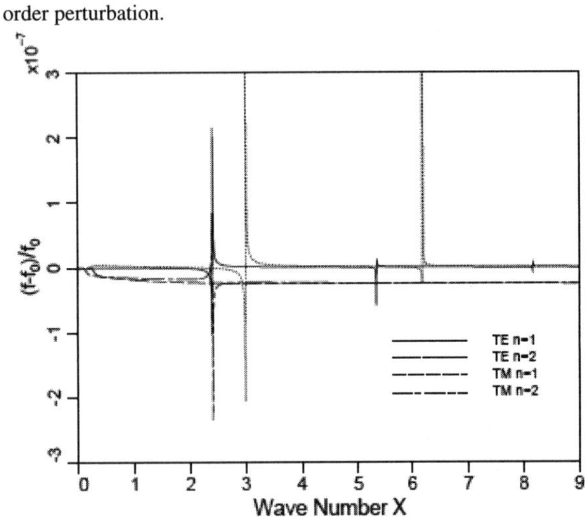

Figure 3. Relative frequency shift for $T_{13} = -1\times10^6\,\mathrm{N/m^2}$, second order perturbation.

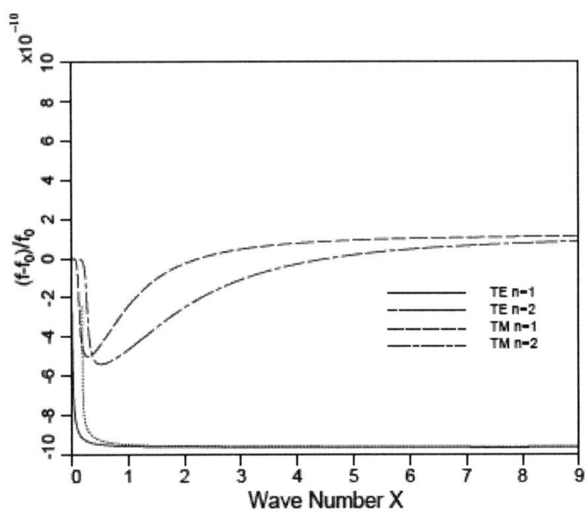

Figure 6. Relative frequency shift for vertical acceleration of $G = 1$ g.

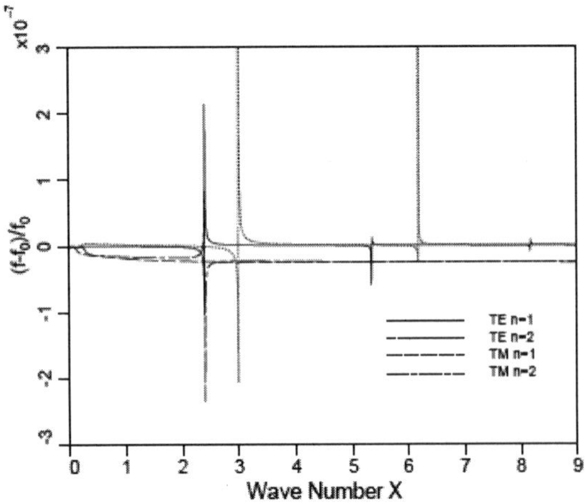

Figure 4. Relative frequency shift for $T_{13} = -1\times10^6\,\mathrm{N/m^2}$, exact solution.

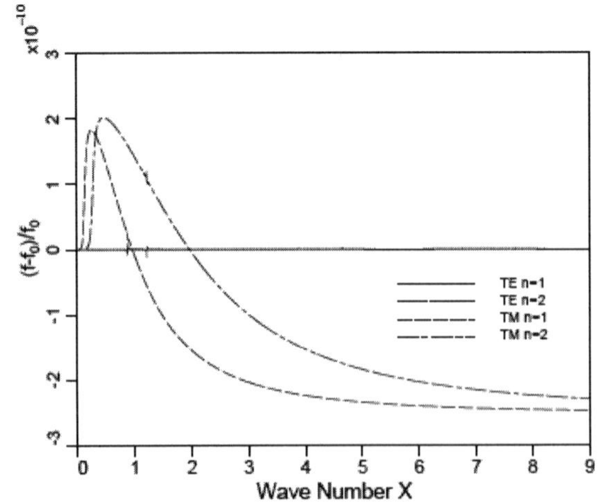

Figure 7. Relative frequency shift for horizontal acceleration of $G = 1$ g in the direction of x_1.

A. Under vertical acceleration

For an infinite crystal plate of lithium niobate under a steady acceleration of magnitude G in the vertical (x_2) direction, the stress fields are

$$\begin{aligned} T_{11} &= \rho G(b-x_2)(c_{14}c_{24}-c_{12}c_{44})/(c_{22}c_{44}-c_{24}^2) \\ T_{22} &= -\rho G(b-x_2), \quad T_{12}=T_{23}=T_{13}=, \\ T_{33} &= \rho G(b-x_2)(c_{24}c_{34}-c_{32}c_{44})/(c_{22}c_{44}-c_{24}^2), \end{aligned} \tag{21}$$

The perturbation in ε_{ij} caused by the strain field can be obtained from Eqs. (2) and (7). The relative frequency shifts for $2b$=3.2703mm and G = 9.81m/sec^2 are plotted in Fig. 6. We see from Fig. 6 that there is no obvious frequency jump. This is because the perturbation in the relative permittivity tensor induced by the normal stress field in Eq. (21), though thickness-dependent, is not a full matrix. Both $\Delta\varepsilon_{12}$ and $\Delta\varepsilon_{13}$ are vanishing. Hence the *TE* and *TM* modes are not strongly coupled by the stress field.

B. Under horizontal acceleration

For an anisotropic elastic plate under a steady horizontal acceleration G in the direction of the x_3 axis, the stress fields are

$$\begin{aligned} T_{11} &= \rho G b \frac{c_{12}c_{24}-c_{14}c_{22}}{c_{22}c_{44}-c_{24}^2}\left(1-\frac{x_2}{b}\right), \\ T_{33} &= \rho G b \frac{c_{32}c_{24}-c_{34}c_{22}}{c_{22}c_{44}-c_{24}^2}\left(1-\frac{x_2}{b}\right), \\ T_{23} &= -\rho G b\left(1-\frac{x_2}{b}\right), \\ T_{22} &= T_{12}=T_{13}=0. \end{aligned} \tag{22}$$

The relative frequency shifts for $2b$=3.2703mm and G= 9.81m/sec^2 are calculated and plotted in Fig. 7. It is interesting that, although the two *TE* modes are not sensitive to the considered horizontal acceleration, frequency jumps still happen at places where the *TE* modes are coupled to *TM* modes through the stress effect.

References

1. J. F. Nye, *Physical Properties of Crystals*, Oxford University Press, London (1957).
2. W.P. Mason, *Crystal Physics of Interaction Process*, Academic Press, New York (1966).
3. H.F. Tiersten, *Linear Piezoelectric Plate Vibrations*, Plenum Press, New York (1969).
4. P.C.Y. Lee, Electromagnetic radiation from an AT-cut quartz plate under lateral-field excitation, *J. Appl. Phys.* **65**(4), 1395 (1989).
5. R.D. Mindlin, Electromagnetic radiation from a vibrating quartz plate, *Int. J. Solids Struct.* **9**, 697 (1973).
6. P.C.Y. Lee, Y.G. Kim, J.H. Prevost, Electromagnetic radiation from doubly rotated piezoelectric crystal plates vibrating at thickness frequencies, *J. Appl. Phys.* **67**(11), 6633 (1990).
7. P.C.Y. Lee, J.D. Yu, Guided Electromagnetic Waves in Anisotropic Dielectric Plates, *J. Appl. Phys.* **74**(8), 4823 (1993).
8. P.C.Y. Lee, J.D. Yu, A. Ballato, Effect of stress on guided EM waves in anisotropic Dielectric plates, In: *Proc. 1993 IEEE Int. Freq. Contr. Sym.*, 461 (1993).
9. H. Landolt, R. Börnstein, *Landolt Börnstein New Series, Group III*, **1**, edited by K. H. Hellwege, Springer, Berlin (1966).
10. J.D. Yu, *Stress Effect on the Electromagnetic Waves and Vibrations in Dielectrics*, PhD thesis, Princeton University, 65 (1995)

ACCURATE ANALYSIS OF SPURIOUS MODES IN ALUMINUM NITRIDE FILM RESONATORS

Xun GONG, Xiao-Li SHANG, Jun XIONG, Jie DUAN, De ZHANG

Institute of Acoustics, Department of Electronics Science and Engineering, Nanjing University, No.22 Hankou Road, Nanjing, Jiangsu Province 210093, China

In this paper, a hybrid method, which combines the traditional concept of guided waves and FEM (finite element method), is proposed to analyze the spurious modes of aluminum nitride (AlN) film with electrodes. First, the guided wave modes in plated area are obtained by 1-D FEM. Second, a mode-match method is used to satisfy the boundary conditions. The vibration of the film resonator is a superposition of all the guided modes. With respect to AlN film resonator, which is a thickness-stretch mode resonator , we have identified three families of spurious modes, extension, thickness-stretch and thickness-shear. The spectrum of spurious modes is calculated and the influence of the spurious modes is discussed.

Keywords: Aluminum Nitride Film, FBAR, Spurious Mode

1. Introduction

In order to get more hertz resources, the working frequency of modern mobile communication systems becomes higher and higher. Conventionally, Surface Acoustic Wave (SAW) technology is the mainstream in mobile phone systems. Because of the limit of the resolution of the lithography, the working frequency of the SAW technology is gradually reaching its upper limit. On the other hand, compared to the SAW devices, the film bulk acoustic resonator (FBAR) devices have lighter weightiness, smaller size, cheaper price and larger power endurance. Therefore, the FBAR technology is more appealing in satisfying the commands of modern mobile phone systems. The FBAR technology has undergone development for more than twenty years, during which many kinds of piezoelectric materials have been tested as the candidates for the vibration film [1,2]. Now Aluminum Nitride (AlN) is preferable because of its high electromechanical coupling, high acoustic velocity, and mature manufacture technology.

Since the basic elements of FBAR devices are bulk wave resonators, the topic of spurious is surely important to FBAR technology. Of course, when the lateral scale is large, the spurious problem becomes less serious. However, considering the possibility of its possible application as a frequency source in SOC (System on Chip) where smaller size is always preferable. On the other hand, because the main purpose of FBAR devices in mobile phone is filtering, frequency contamination by spurious modes in the pass band is undesired. Therefore, we think that it is meaningful to give a comprehensive investigation on spurious modes. The spurious modes in AT-cut quartz resonator whose working mode is thickness-shear (TSh) vibration have been extensively studied [3-5]. However, the spurious modes in AlN film resonator whose working mode is thickness-stretch (TSt) mode have not been fully understood. To the best knowledge of the authors, some work has been done to analyze the spurious modes by FEM [6,7] and analytical methods [8,9]. In this study, the two-dimensional analysis of spurious modes in an AlN film resonator is carried out. A hybrid method [3] which combines one-dimensional FEM and traditional mode-match method is used. Firstly, a 1-D FEM is used to get guided modes in plated area. Second, a mode-match method is used to satisfy the boundary conditions. The vibration of the film resonator is a superposition of all the guided modes. Compared to the full FEM method, the method proposed in this paper is dramatically time-saving. It is also an accurate method in which no approximation is made on the vibration equations. Through our simulation, we find that there are three kinds of plate modes, extension (E), TSt, and thickness-shear (TSh) modes in an infinite C-axis oriented hexagonal AlN film. There are only TSt-1, TSt-3, TSt-5, … etc, which have odd numbers of half wavelength along the thickness direction, and there are only TSh-2, TSh-4, TSh-6, … etc., which have even numbers of half wavelength along the thickness direction. The dispersion relationship is obtained in the plated area. Then, the resonances are achieved by mode-matching on the edge of the plate to satisfy the boundary conditions of free stress and zero charge. A mode chart is calculated which represents the relationship between the resonances, which are coupled modes of the E, TSt and TSh vibrations, and the ratio of the lateral length of the electrode to the thickness of the film. The mode chart can serve as an orientation in designing AlN resonator for avoiding the spurious modes.

2. Mathematics Model

2.1. *Guides waves in infinite plated AlN film*

Consider a piece of aluminum nitride film with a pair of electrodes and the electrodes is short-circuited in Fig. 1. Only the region where $x_1 \geq 0$ and $x_3 \geq 0$ of the film needs to be considered because of symmetry. The two-dimensional motion of the film can then be described by the following equations:

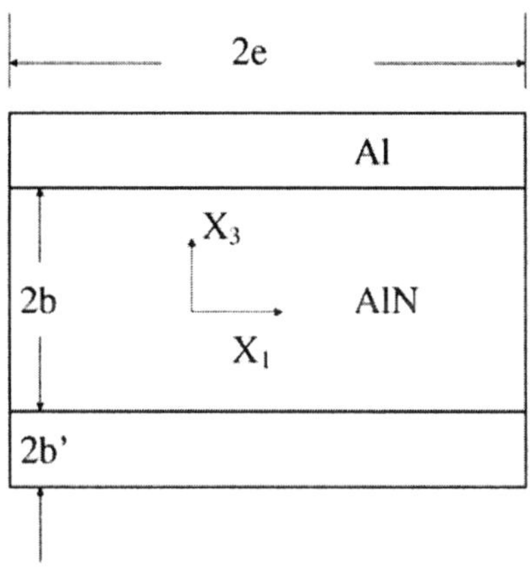

Figure 1. An aluminum nitride film resonator.

$$c_{11}u_{1,11} + c_{13}u_{3,31} + e_{31}\phi_{,31} + c_{55}\left(u_{1,33} + u_{3,13}\right) + e_{15}\phi_{,13} - \rho\omega^2 u_1 = 0 \quad \text{(1a)}$$

$$c_{55}\left(u_{1,31} + u_{3,11}\right) + e_{15}\phi_{,11} + c_{31}u_{1,13} + c_{33}u_{3,33} + e_{33}\phi_{,33} - \rho\omega^2 u_3 = 0 \quad \text{(1b)}$$

$$e_{15}\left(u_{1,31} + u_{3,11}\right) - \varepsilon_{11}\phi_{,11} + e_{31}u_{1,13} + e_{33}u_{3,33} - \varepsilon_{33}\phi_{,33} = 0 \quad \text{(1c)}$$

where $u_i\,(i = 1,2,3)$ is the displacement, ϕ is the electric potential, $c_{IJ}\,(I,J = 1,2,\ldots 6)$ is the elastic constant, $e_{iK}\;(i = 1,2,3 \;\; and \;\; K = 1,2,\ldots 6)$ is the piezoelectric constant, $\varepsilon_{ij}\,(i,j = 1,2,3)$ is the dielectric constant, and ω is the angular frequency.

According to a previous method [3], the solution of film can be obtained by the superposition of guided waves in the plated area. Since the electric field is anti-symmetrical along the thickness direction, the displacements have the following forms which are superposed by $2M + N - 3$ guided wave modes:

$$u_1 = \sum_{i=1}^{2M+N-3} a_i E_{1i}\left(x_3\right)\frac{\sin\beta_i x_1}{\beta_i} \quad \text{(2a)}$$

$$u_3 = \sum_{i=1}^{2M+N-3} a_i O_{3i}\left(x_3\right)cos\beta_i x_1 \quad \text{(2b)}$$

$$\phi = \sum_{i=1}^{2M+N-3} a_i O_{4i}\left(x_3\right)cos\beta_i x_1 \quad \text{(2c)}$$

where $E_i\left(x_3\right)$ and $O_i\left(x_3\right)$ mean even and odd eigen -function of x_3 respectively, a_i is he magnitude, and β_i is the wave-number of the ith guided wave mode. The odd function can be implemented by setting the value at $x_3 = 0$ as zero.

Because the thickness of the film is very small, the electrode is relatively thick and the vibration of the electrode has to be taken into consideration too. The following are the governing equations of the vibration in the electrodes:

$$c'_{11}u_{1,11} + c'_{12}u_{3,31} + c'_{66}\left(u_{3,13} + u_{1,33}\right) = -\rho'\omega^2 u_1 \quad \text{(3a)}$$

$$c'_{66}\left(u_{3,11} + u_{1,31}\right) + c'_{12}u_{1,13} + c'_{33}u_{3,33} = -\rho'\omega^2 u_3 \quad \text{(3b)}$$

where $c'_{IJ}\,(I,J = 1,2,\ldots 6)$ and ρ' are the elastic constants and density of the electrode, respectively.
In the electrodes, the displacements are also formed from $2M + N - 3$ guided wave modes:

$$u_1 = \sum_{i=1}^{2M+N-3} a_i U_{1i}\left(x_3\right)\frac{\sin\beta_i x_1}{\beta_i} \quad \text{(4a)}$$

$$u_3 = \sum_{i=1}^{2M+N-3} a_i U_{3i}\left(x_3\right)\cos\beta_i x_1 \quad \text{(4b)}$$

where $U_{1i}\left(x_3\right)$ and $U_{3i}\left(x_3\right)$ must have both the symmetrical and anti-symmetrical components because the boundary conditions at $x_3 = \pm h$ are different from those at $x_3 = \pm\left(h + 2h'\right)$.

Substitution Eq. (2) into Eq. (1) and Eq. (4) into Eq. (3) leads to, for the ith guided wave mode,

$$-c_{11}E_{1i}\beta_i^2 - c_{13}O_{3i,3}\beta_i^2 - e_{31}O_{4i,3}\beta_i^2 + c_{55}\left(E_{1i,33} - O_{3i,3}\beta_i^2\right) - e_{15}O_{4i,3}\beta_i^2 + \rho\omega^2 E_{1i} = 0 \quad (5a)$$

$$c_{55}\left(E_{1i,3} - O_{3i}\beta_i^2\right) - e_{15}O_{4i}\beta_i^2 + c_{31}E_{1i,3} + c_{33}O_{3i,33} + e_{33}O_{4i,33} + \rho\omega^2 O_{3i} = 0 \quad (5b)$$

$$e_{15}\left(E_{1i,3} - O_{3i}\beta_i^2\right) + \varepsilon_{11}O_{4i}\beta_i^2 + e_{31}E_{1i,3} + e_{33}O_{3i,33} - \varepsilon_{33}O_{4i,33} = 0 \quad (5c)$$

and

$$-c'_{11}\beta_i^2 U_{1i} - c'_{12}U_{3i,3}\beta_i^2 + c'_{66}\left(-U_{3i,3}\beta_i^2 + U_{1i,33}\right) = -\rho'\omega^2 U_{1i} \quad (6a)$$

$$c'_{66}\left(-U_{3i}\beta_i^2 + U_{1i,3}\right) + c'_{12}U_{1i,3} + c'_{33}U_{3i,33} = -\rho'\omega^2 U_{3i} \quad (6b)$$

In order to get the eigen-functions $F(x_3)$ including $E_i(x_3)$, $O_i(x_3)$ and $U_1(x_3)$, and the wave-numbers β_i, one dimensional FEM and the four-node line element are used. The eigen-functions $F(x_3)$ are interpolated as:

$$F(x_3) = \sum_{l=1}^{L} \psi_l(x_3) F_l \quad (7)$$

where l is the global sequence number of the node, ψ_l are cubic Lagrange basis functions, F_l are the values of $F(x_3)$ at $x_3 = x_{3l}$, For $E_1(x_3)$, $O_3(x_3)$, $U_1(x_3)$ and $U_3(x_3)$, L equals M which is the total number of nodes in the AlN film and electrode. For $O_4(x_3)$, L equals N which is the total number of nodes in the AlN film only. Galerkin weighting procedure is used in the FEM formulation. Integrating over the thickness of the resonator, we get,

$$\begin{aligned}
&\beta_i^2\left(\int_0^b w_m c_{11}E_{1i}dx_3 + \int_b^{2b'} w_k c'_{11}U_{1i}dx_3\right) \\
&= \beta_i^2 \int_0^b \begin{bmatrix} w_m\left(c_{13}O_{3i,3} + e_{31}O_{4i,3}\right) \\ +w_{m,3}\left(c_{55}O_{3i} + e_{15}O_{4i}\right)\end{bmatrix} dx_3 \\
&-\beta_i^2 \int_b^{2b'}\left(w_m c'_{12}U_{3i,3} - w_{m,3}c'_{66}U_{3i}\right)dx_3 \\
&+\int_0^b\left(w_m\rho\omega^2 E_{1i} - w_{m,3}c_{55}E_{1i,3}\right)dx_3 \\
&+\int_b^{2b'}\left(w_m\rho'\omega^2 U_{1i} - w_{m,3}c'_{66}U_{1i,3}\right)dx_3
\end{aligned} \quad (8a)$$

$$\begin{aligned}
&\beta_i^2\left(\int_0^b w_m c_{55}O_{3i} + \int_b^{2b'} w_m c'_{66}U_{3i}\right)dx_3 \\
&= -\beta_i^2 \int_0^b w_m e_{15}O_{4i}dx_3 + \int_0^b\left[w_m\left(c_{55}E_{1i,3} + \rho\omega^2 O_{3i}\right)\right. \\
&\left. - w_{m,3}\left(c_{31}E_{1i} + c_{33}O_{3i,3} + e_{33}O_{4i,3}\right)\right]dx_3 \\
&+ \int_b^{2b'}\left[w_m\left(c'_{66}U_{1i,3} + \rho'\omega^2 U_{3i}\right)\right. \\
&\left. - w_{m,3}\left(c'_{12}U_{1i} + c'_{33}U_{3i,3}\right)\right]dx_3
\end{aligned} \quad (8b)$$

$$\begin{aligned}
&\beta_i^2 \int_0^b w_m\varepsilon_{11}O_{4i}dx_3 = \beta_i^2 \int_0^b w_m e_{15}O_{3i}dx_3 \\
&-\int_0^b\left(w_m e_{15}E_{1i,3}\right. \\
&\left. + w_{m,3}\left(e_{31}E_{1i} + e_{33}O_{3i,3} - \varepsilon_{33}O_{4i,3}\right)\right)dx_3
\end{aligned} \quad (8c)$$

From Eq. (10), we can have a general eigen-value problem about wave-number β_i^2,

$$Af = \beta_i^2 Bf \quad (9)$$

where A and B are both $(2M+N-3)\times(2M+N-3)$ matrices and f is the eigenvector composed of the nodal values F_m. For a given ω, β_i and f can be obtained by solving Eq.(9). In this study, four elements and one element are arranged on 0≤x2≤b and b≤x2≤b+2b', respectively. These elements result in $M = 16$ and $N = 13$.

2.2. *Spurious vibrations of finite plated AlN film*

We obtain the solution from taking the sum of the guided waves in plated AlN film. Unknown amplitudes of $(2M+N-3)$ in Eq.(2) must be adjusted to meet the boundary conditions at $x_1 = e$. The boundary conditions of free stresses and zero charge are transformed, by using the method of weighted residuals (MWR), into the equivalent expression:

$$\int_0^{b+2b'} \psi_m(x_3)\cdot T_1\, dx_3 = 0, \quad (10a)$$

$$\int_0^{b+2b'} \psi_m(x_3)\cdot T_5\, dx_3 = 0, \quad (10b)$$

$$\int_0^{b+2b'} \psi_m(x_3)\cdot D_1 = 0, \quad (10c)$$

where $m = 1, 2, \cdots M$. Consequently we obtain $(2M+N-3)$ linear equations of unknowns a_i. In order to get nonzero solution the detriment of the coefficient matrix must be zero.

3. Numerical Results

3.1. *Dispersion relationship in an infinite plated AlN film*

Figure 2 shows the dispersion relationship calculated from Eq. (9). In Fig. 2, we have $2b' = 0.2\mu m$ and $2b = 2.56\mu m$. The frequency is normalized by $2.15GHz$, the thickness-stretch resonance frequency of an unplated film of $2.56\mu m$ thick. In Fig. 2, only the pure real and imaginary wave-numbers are shown. There are some complex wave-numbers. The material constants of elastic stiffness, piezoelectricity and permittivity of Tsubouchi et al. are used [10].

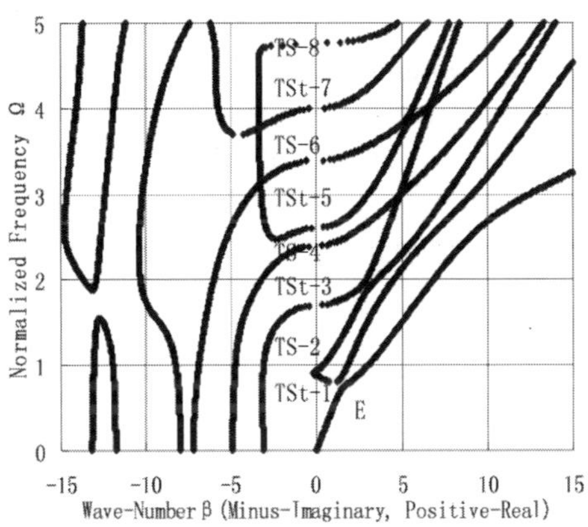

Figure 2. Dispersion relationship of guided waves in an infinite plated AlN film.

There are three kinds of waves in the plate, extension (E), thickness-stretch (TSt) and Thickness-shear (TS). There are TSt-1, TSt-3, TSt-5, ... and TS-2, TS-4, TS-6,.... symmetric modes. The cut-off frequencies of them are indicated in Fig.2 (when wave-numbers are zero). From the figure, we can find that the coupling of plate waves in low frequency around TSt-1 is stronger than at high frequency.

Considering that FBAR is working a little above the cutoff of TSt-1 mode, we should pay more attention to the first three branches. The beginning part of the first branch is the fundamental dilatational or extensional mode (E) in the infinite body. In the second branch, the beginning part apparently has a negative slope, which means that the guided mode has positive phase velocity and negative group velocity. In fact, because the wave-number occurs in the frequency equation only to the second power, the positive or negative values of the roots are equally valid. In Fig. 3, the positive and negative roots of wave-number are both shown. The beginning part of the second branch is actually a portion of the third positive branch with positive group velocity and negative phase velocity. The actual branches are shown as thin solid lines in Fig. 3. Branch 1 is extensional mode (E). In fact, Branch 2 is TSt-1 and Branch 3 is TS-2. In the beginning part of Branch 2, the wave-numbers is complex and in the second part, the wave-numbers are positive real. For Branch 3, the beginning part is complex, the second part is negative real, the third part is negative imaginary and the fourth part is positive real.

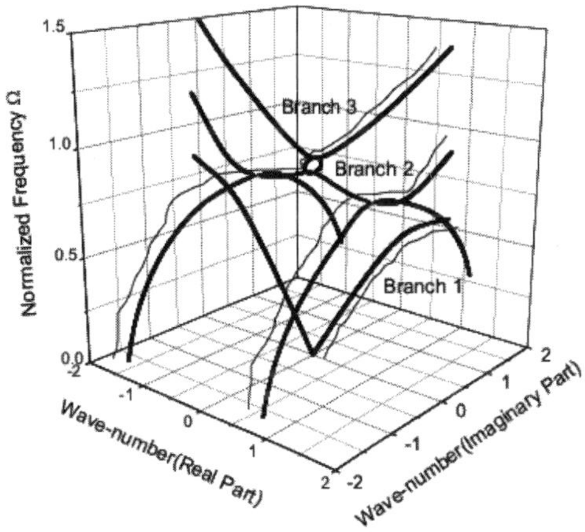

Figure 3. The first three branches of the dispersion relationship and the negative values of them.

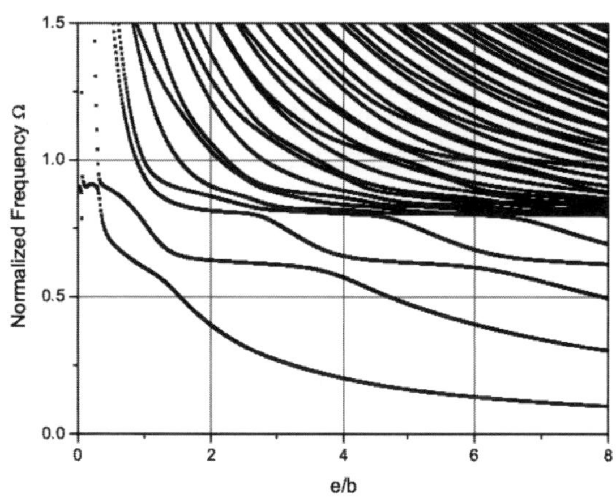

Figure 4. Frequency spectrum of the spurious modes in plated AlN film resonators.

3.2. *Spurious vibration in full plated AlN film resonator*

Assuming an operating frequency of about 1.88GHz, the plate-thickness and the electrode-length are again set at $2b' = 0.2\mu m$ and $2b = 2.56\mu m$. The ratio of the length to the thickness of the film varies from 0.01 to 60. For clarity, only the range of 0.01 to 8 is illustrated in Fig.4. The spurious modes are calculated from Eq.(10).

We can also investigate the mode shapes of each spurious mode. As an example, we set the lateral length of the resonator as $e = 7.68\mu m$, i.e. $e/b = 3$. We plot the mode shapes for its first twelve modes in Fig.4. According to their displacement distribution of the vibration, we try to classify the spurious types. The normalized frequencies for them are 0.270467, 0.656585, 0.767610, 0.817765, 0.842637, 0.889207, 0.919844, 1.01334, 1.08557, 1.14962, 1.21201, and 1.27055, respectively. All the modes are coupled ones. However, for some modes there are only one main type of vibration, while for some others, there are maybe two or three types of strong vibration. We name these coupled modes as E(1,0), TSt(1,1)+E(1,0)+TS(1,2), E(2,0)+TS(1,2), TS(2,2)+TSt(1,1)+E(2,0), E(3,0), TSt(1,1) +TS(2,2)+E(2,0), E(4,0), E(5,0), E(6,0)+ TSt(1,1)+TS(2,2), E(6,0), TS(3,2)+TSt(2,1)+E(7,0), and E(7,0), respectively. The two Arabic numerals in the parentheses stand for the number of half wave-length in lateral and thickness direction, respectively. The sequence of the mode type in each coupled modes implicates the vibration strength. For example, for Ω=0.889207, the coupled mode is TSt(1,1)+TS(2,2) +E(2,0). For this mode, the component of TSt(1,1) is the strongest, followed by the component of TS(2,2), then by the component of E(2,0).

4. Conclusion

In this study, we numerically analyzed the spurious modes in aluminum nitride film resonator. An efficient technique that combines 1-D FEM and traditional guided modes concept was used to solve the 2-D spurious vibrations of an infinite AlN film with aluminum-electrodes. Using the technique, the dispersion relationship for spurious modes in infinite

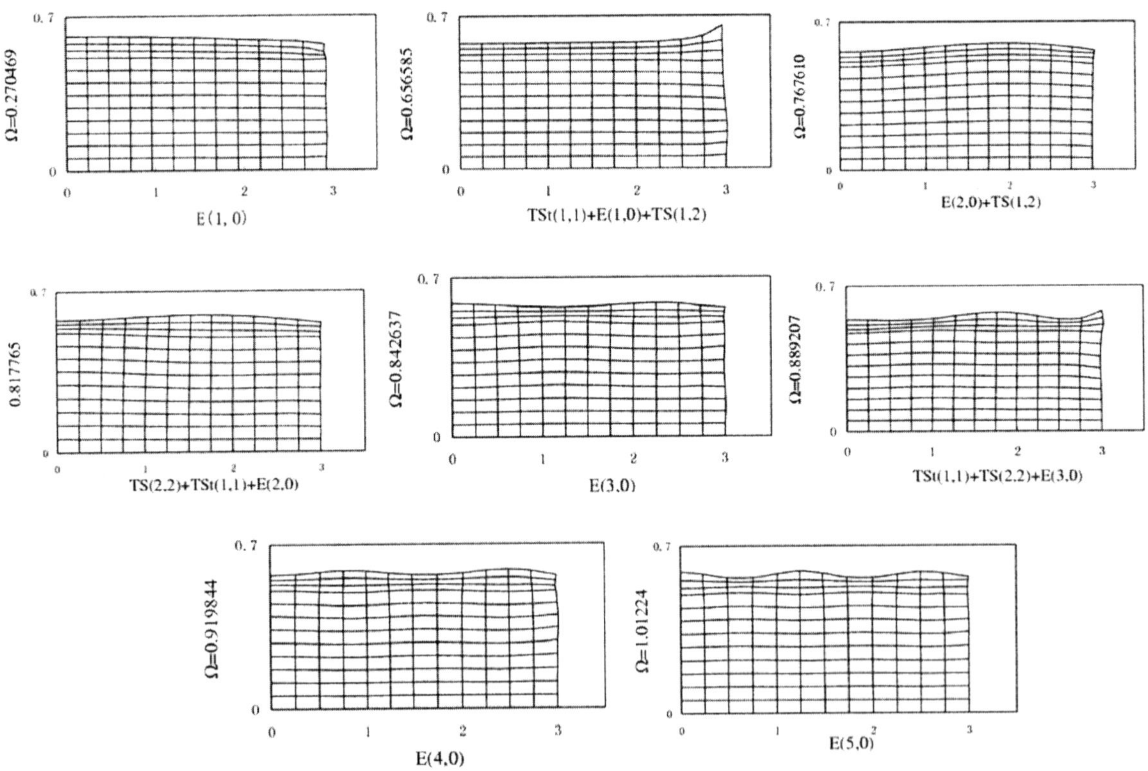

Figure 5. The mode shapes of the first eight spurious modes of an AlN film resonator with e/b=3, 2b=2.56μm, 2b'=0.2μm.

plate was calculated and the spurious spectrum in AlN film resonator was also obtained. The following results were obtained from this study:

1) From the dispersion relationship, we have found that the first three branches are special and they are important because they determine the spurious modes whose frequency is around the working fundamental thickness-stretch modes. The first branch is extension vibration. The beginning part of the second branch is actually a portion of the third branch. In fact, Branch 2 is TSt-1 and Branch 3 is TS-2.

2) There are three families of spurious modes in AlN film resonator which is a thickness-stretch type resonator: extension modes, thickness-stretch and thickness-shear anharmonic modes. We have found that there is no pure fundamental TSt mode. The coupling of the spurious modes to it is strong.

Our method can easily be extended to investigate the spurious modes in a three-dimensional rectangular resonator where 2-D FEM is used instead of 1-D FEM. The study on the forced vibration of an infinite plate with partial electrodes which is nearer to the practical resonator configuration is also meaningful.

Acknowledgments

This work was supported by the National Natural Science Foundation of China (No. 10404014).

References

1. T.W. Grudkowski, J.F. Black, T.M. Reeder, D.E. Cullen, R.A. Wagner, Fundamental-mode VHF/ UHF miniature acoustic resonators and filters on silicon, *Appl. Phys. Lett.* **37**, 993 (1980).
2. K.M. Lakin, J.S. Wang, Acoustic bulk wave composite resonators, *Appl. Phys. Lett.* **38**, 125 (1981).
3. A. Ishizaki, H. Sekimoto, Y. Watanabe, Three-dimensional analysis of spurious vibrations of rectangular AT-cut quartz plate, *Jpn. J. Appl. Phys.* **36**, 1194 (1997).
4. R.D. Mindlin, W.J. Spencer, Anharmonic, thickness-twist overtones of thickness-shear and flexural vibrations of rectangular AT-cut quartz plates, *J. Acoust. Soc. Am.* **42**, 1268 (1967).
5. P.C.Y. Lee, J. Wang, Vibrations of AT-cut quartz strips of narrow width and finite length, *J. Appl. Phys.* **75**, 7681 (1994).
6. T. Makkonen, A. Holappa, J. Ella, et al., Finite simulations of thin-film composite BAW resonators, *IEEE Ultra. Ferr. Freq. Contr.* **48**, 1241 (2001).
7. K.M. Lakin, Numerical analysis of two-dimensional thin film resonators, In: *Proc. IEEE Int. Freq. Contr. Sym.*, 502 (1993).
8. R.F. Milsom, Two-dimensional theory of thin-film ZnO resonators on silicon, In: *Proc. IEEE Ultra. Sym.*, 484 (1982).
9. H.F. Tierstenm, B.K. Sinha, Mode coupling in thickness-extensional trapped energy resonators, In: *Proc. IEEE Ultra. Sym.*, 142 (1979).
10. K. Tsubouchi, K. Sugai, N. Mikoshiba, AlN material constants evaluation and saw properties on AlN/Al_2O_3 and AlN/Si, In: *Proc. IEEE Ultra. Sym.*, 375 (1981).

EXPERIMENTAL ON THE VISCOUS ATTENUATION OF ULTRASONIC WAVES IN CEMENT MORTAR

Jian-Kang CHEN, Yong-Hui CAO, Huan-Ran WANG, Jue ZHU

Mechanics and Materials Science Research Center, Ningbo University, 818 Fenghua Road, Ningbo, Zhejiang 315211, China

E-mail address: chenjiankang@nbu.edu.cn

Abstract In this paper, an ultrasonic wave experiment is carried out for detecting viscosity property of cement mortar. The specimen of cement mortar of length 0.5m and radius 0.045m is formed. In order to detect the property of ultrasonic wave propagation at different position, the large specimen is cut into short specimens. Then, ultrasonic wave experiments for the specimen with different length are performed. The experimental results show that the clear attenuation of the amplitude of ultrasonic wave, and this implies the cement mortar is a material that possesses viscous properties. A viscoelastic model is proposed and related parameters in the model are numerically determined with the ultrasonic wave experimental results. This is an effective method to measure parameters of the constitutive relation of cement mortar by ultrasonic wave technique.

Keywords: Cement mortar, ultrasonic wave, viscoelastic property

1. Introduction

Concrete materials are widely used in structural engineering. In order to analyze the stress and strain in the material, various efforts were made on developing constitutive models of concretes. These models include: (1) Non-linear model. Because the uniaxial stress-strain relation is non-linear, the constitutive model of concretes is approximately described as non-linear one. For instance, Darwin and Pecknold proposed a biaxial stress-strain model for concrete [1]. (2) Viscoelastic model. Under high strain-rate, concrete materials possess viscoelastic property. This property may be simulated by a viscoelastic model, which is the combination of a series of springs and dashpots [2]. However, the damage evolution may take place in concretes under finite deformation, and it is not suitable to describe the damage evolution by a viscoelastic model. Therefore, the viscoelastic model can only be used in the small deformation. (3) Viscoplastic model. In the case of finite deformation, plastic deformation of concrete should be taken into account. Malvern discussed a viscoplastic model by means of strain-rate effect of the propagation of longitudinal wave in a bar [2]. Perzyna studied some fundamental problems in viscoplasticity [3]. Names et al discussed material damage and spall fracture with consideration of viscoplastic constitutive mode under high strain-rate deformation [4]. (4) Plastic-damage model. Lee and Fenves suggested a plastic-damage model to simulate the constitutive relation of concrete. They used this model to analyze the dynamic behavior of concrete structures under cycle loading [5]. Ghrib and Tinawi [6], and Cervera et al [7] investigated seismic dynamics of concrete dams in terms of plastic-damage model.

Although the mentioned models are different in forms, all those models indicate that when concrete materials are subjected to external loads, part of strain energy will be absorbed by the materials and it is nonreversible. This phenomenon is caused by viscous effect of materials. If stress wave propagates in such materials, the amplitude of stress wave will attenuates due to the viscous effect.

Durability of concrete depends on the damage evolution. Usually, damage nucleation and growth occurs in cement mortar or at the interface between cement mortar and gravel. Therefore, the properties of cement mortar are very important for the analysis of damage evolution in concrete. Especially, when concrete is under water, the viscous effect of soggy cement mortar should be investigated. Till now, few studies have been reported.

In this paper, ultrasonic wave mortar is employed to investigate the viscous effect of cement mortar. First, The column specimens with the same radius r (r=0.045m) are formed with length l (l=0.5m), 3l/4, l/2, and $l/4$, respectively. The water-cement ratios of the specimens are the same. Secondly, the relations between the wave velocity and coefficient of attenuation of the ultrasonic wave are derived. Thirdly, the ultrasonic wave experiment is carried out for the specimens with different length. Finally, parameters of viscous effect of the cement mortar are simulated in terms of the experimental results.

2. Relation Between Parameters of Maxwell Model and the Property of Ultrasonic Wave

The ultrasonic wave propagating in a specimen is assumed to be a one-dimensional wave. In this case, the constitutive relation of cement mortar may be described by Maxwell model [2], namely,

$$\frac{\partial \varepsilon}{\partial t}=\frac{1}{E}\frac{\partial \sigma}{\partial t}+\frac{\sigma}{\eta}\cdot \tag{1}$$

where σ and ε are the stress and strain of specimen, respectively; t is time; E and η are initial modulus and a viscous coefficient, respectively. They will be determined by experiment.

According to continuous condition and theorem of momentum [8], we have

$$\frac{\partial v}{\partial X}=\frac{\partial \varepsilon}{\partial t},\quad \rho\frac{\partial v}{\partial t}=\frac{\partial \sigma}{\partial X}\cdot \tag{2}$$

where v is the velocity of an arbitrary point in cement mortar; X is the material coordinate; ρ is density of specimen. If v and ε are expressed by displacement u, we have

$$v=\frac{\partial u}{\partial t},\quad \varepsilon=\frac{\partial u}{\partial X}\cdot \tag{3}$$

Substituting Eqs. (2) and (3) into Eq. (1) and then taking the derivative with respect to time t yields

$$\frac{\partial^3 u}{\partial t^3}-C_m^2\frac{\partial^3 u}{\partial X^2\partial t}+\frac{1}{\theta}\frac{\partial^2 u}{\partial t^2}=0\cdot \tag{4}$$

where

$$C_m^2=\frac{E}{\rho},\quad \theta=\frac{\eta}{E}, \tag{5}$$

where θ is the relaxation time, C_m is the wave velocity without considering the effect of viscosity of the material.

Assume the solution of Eq. (4) possesses the following form

$$u=u_0\exp[i(\omega t-k_1X)]\cdot \tag{6}$$

where k_1 is the parameter to be determined. Substitute Eq. (6) into Eq. (4), we obtain

$$-i\omega^2+iC_m^2k_1^2-\frac{1}{\theta}\omega=0\cdot \tag{7}$$

Let $k_1=k+i\alpha$, from Eq. (7) we obtain

$$k^2=\frac{\omega^2}{2C_m^2}\left(\sqrt{1+\frac{1}{\theta^2\omega^2}}+1\right)\cdot \tag{8a}$$

$$\alpha^2=\frac{\omega^2}{2C_m^2}\left(\sqrt{1+\frac{1}{\theta^2\omega^2}}-1\right)\cdot \tag{8b}$$

It is obvious that the value of α is only a negative parameter. Therefore, the displacement can be written as

$$u=u_0\exp(-|\alpha|X)\exp[i(\omega t-kX)]\cdot \tag{9}$$

It can be seen that the amplitude of ultrasonic wave will attenuate with the propagation distance. The symbol $|\alpha|$ is the attenuation coefficient; it implies the effect of viscosity of the material.

The velocity of the ultrasonic wave, C, is calculated by

$$C^2=\frac{\omega^2}{k^2}\cdot \tag{10}$$

Form Eqs.(8) and (10), we obtain

$$\theta=\frac{1}{2\omega}\left[\left(\frac{C|\alpha|}{\omega}\right)^{-1}-\frac{C|\alpha|}{\omega}\right], \tag{11}$$

and

$$C_m=\frac{C\omega}{\sqrt{\omega^2-C^2\alpha^2}}\cdot \tag{12}$$

Eq. (12) indicates that $C_m>C$. If $\omega^2>>C^2\alpha^2$, then $C_m\approx C$.

If the velocity, C, and the frequency, ω, of ultrasonic wave, and parameter of attenuation, α, are all measured by ultrasonic wave test or SHPB technique, the dynamic constitutive relation of cement mortar is then determined from Eqs. (11) and (12).

It should be pointed that the damage evolution may take place with the propagation of stress wave if SHPB technique is employed. In this case, the magnitude of constitutive parameters will be affected by the nucleated damage. In order to avoid the effect of damage evolution on the dynamic constitutive relation of cement mortar, ultrasonic wave technique is adopted in this paper.

3. Experiment of Ultrasonic Wave

3.1. *Method for Measuring the Viscoelastic Parameters*

Because the process of propagation of ultrasonic wave could not be recorded, it is difficult to directly determine the constitutive relation of cement mortar. In order to detect the amplitude and frequency of ultrasonic wave at different sections of a specimen, we try to divide a long specimen into some short specimens (as shown in Fig. 1). The right ends of those specimens can be considered as the sections of the specimen in the bottom in Fig.1. The signals of ultrasonic wave received from the right ends of those specimens may be considered as those pass through related sections of the original specimen.

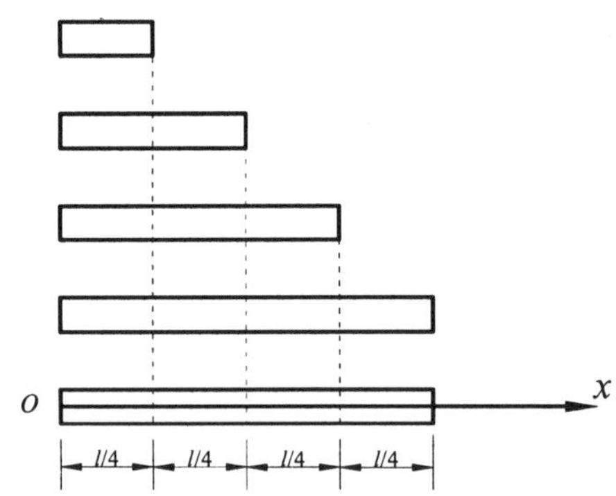

Figure 1. Plot of specimens with different length.

3.2. *Specimen of Cement Mortar*

The sand, which size is less than 2 mm, and norm cement made according to GB-8076 are chosen to form specimens. Some components of the cement are controlled in special values. For instance, tricalcium aluminate (C_3A) is about 6%~8%; tricalcium silicate (C_3S) is about 50%~55%; free calcium oxide (f-CaO) is less than 1.2%; alkali (Na_2O+0.658K_2O) is less than 1.0%. The specimens are shown in Fig. 2. The magnitude of water-cement is 0.45 (w/c=0.45). Density of specimens is measured as

$$\rho = 2141\,\text{kg/m}^3\,. \tag{13}$$

Figure 2. Specimen of cement mortar.

3.2. *Test of Attenuation of Ultrasonic Wave*

The specimens are curing for 57 days. The test of ultrasonic wave is shown in Fig. 3.

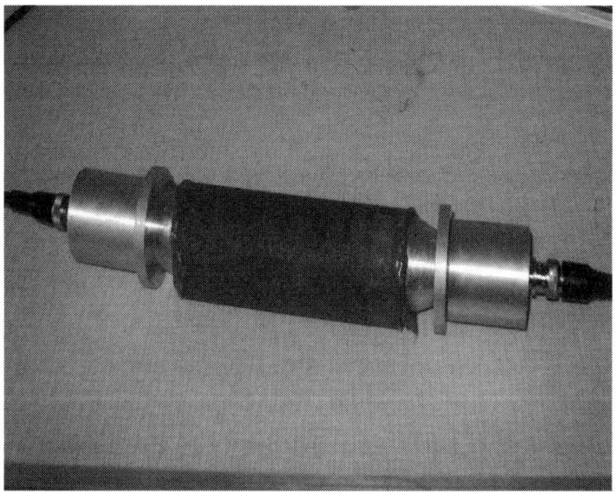

Figure 3. Test of Ultrasonic wave.

The RS-ST01D non-metal ultrasonic wave equipment is used to detect the propagation of ultrasonic wave in specimen. The frequency of ultrasonic wave is ω.

The wave signal is very complex due to the action and reaction of incident wave and reflection wave. We find that there is no any such the effect on the first wave. Therefore, only the first wave is used for the analysis of the constitutive relation.

The first wave at different position of specimen is shown in Fig. 4. The value of frequency and wave velocity can be approximately calculated from Fig. 4 as the following

$$\omega \approx 153621\,\text{rad/s}, \quad C \approx 3737\,\text{m/s}\,. \tag{14}$$

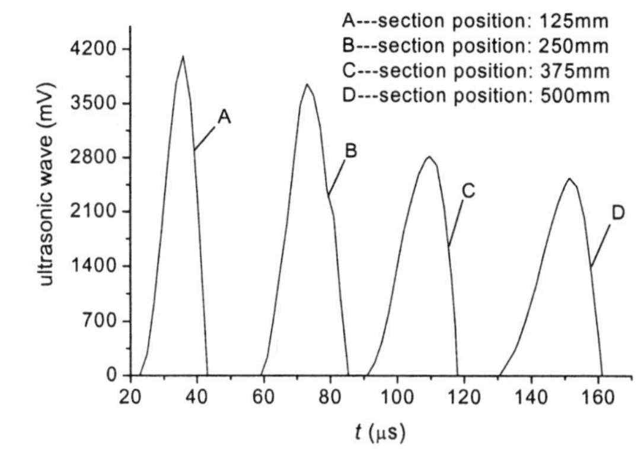

Figure 4. The first wave of ultrasonic wave at the different section of specimen.

From the results shown in Fig. 4 we can see that the amplitude of ultrasonic wave attenuates with the propagated distance. It means that the material of specimen is viscoelastic.

4. Stimulated of Parameters of Viscoelastic Effect

It should be pointed out that the ultrasonic signal is the displacement. In the case of one-dimensional stress, the ultrasonic signal is the displacement of cross section of the specimens. The peak values of the displacement wave at different section detected by ultrasonic wave technique are shown in the Fig. 5. In terms of Eq. (9), the numerically simulation of attenuation of those peak values is also drawn in Fig.5.

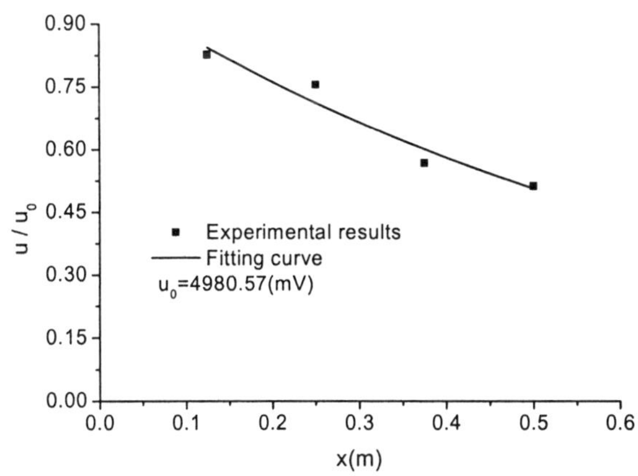

Figure 5 Fitting result of parameter of attenuation

From simulation result we obtain

$$|\alpha| = 1.36\ \text{m}^{-1},\quad u_0 = 4980.57\ \text{mV}\,. \tag{15}$$

Substituting Eqs. (5), (13)-(15) into Eqs. (11) and (12), we obtain

$$\theta = 0.983\,\mu\text{s},\ E = 29.9\,\text{GPa},\ C_m = 3739\,\text{m/s}\,. \tag{16}$$

5. Discussions and Conclusions

5.1. *The effect of frequency on wave velocity*

From Eq. (12) the wave velocity can be written as

$$C = C_m\left(1 + \frac{C_m^2\alpha^2}{\omega^2}\right)^{-1/2}. \tag{17}$$

and

$$C\big|_{\omega\to\infty} = \lim_{\omega\to\infty}\frac{C_m}{\sqrt{1+\dfrac{C_m^2\alpha^2}{\omega^2}}} = C_m\,. \tag{18}$$

Eqs. (17) and (18) indicate that the higher frequency, ω, may lead to the increase of wave velocity, C. When the frequency approaches to infinite, the wave velocity is equal to C_m, which is the velocity of ultrasonic wave propagating in an elastic material.

5.2. *The effect of viscosity on wave velocity*

The effect of viscosity of cement mortar can be described by α. If $\alpha = 0$, then there is no effect of viscosity. From Eq. (17) we can see that when the absolute value of α increases, the wave velocity will decrease.

5.3. *The effect of water in microvoids of cement mortar on the modulus of specimen*

The magnitude of modulus of soggy cement mortar is 28.6 GPa, which is much higher than that of cement mortar under static loading. There are three reasons for the higher modulus. The first reason is the curing time of the specimens are 57 days, this may lead to the increase of modulus. The second reason is the higher frequency may also increasing the modulus, this phenomena has been verified in static loading. The third reason is the effect of water in microvoids of specimens. Because specimens are stored in water, the effect of water in microvoids of the specimens on the modulus of cement mortar should be taken into account. In this case, the soggy cement mortar can be considered as a composite, namely, cement mortar filled with uncompressible inclusions. Owing to the effect of those uncompressible inclusions, the wave velocity will increase; therefore, the magnitude of modulus of the soggy cement mortar also increases.

5.4. *Validity of experiment on constitutive relation of cement mortar by ultrasonic technique*

A new method is proposed in this paper for the experimental determination on the viscous effect of cement mortar. The ultrasonic signal at different cross section of a specimen is replaced by the signal received at right end of specimens with different length. From the ultrasonic wave pass through different sections, the attenuation of amplitude and the wave velocity can be obtained. From Eqs. (11) and (12), the parameters of viscous effect can be determined.

Acknowledgment

The financial support by the National Natural Science Foundation of China (No. 10572064) is gratefully acknowledged. The first author thanks Professor Ji Wang of Ningbo University for his kind help.

References

1. D. Darwin, D.A. Pecknold, Nonlinear biaxial stress-strain law for concrete, *ASCE J. Eng. Mech. Div.* **103**, 229 (1977).
2. R.M. Christensen, *Theory of Viscoelasticity: An Introduction*, Academic Press, New York (1982).
3. L.E. Malvern, The propagation of longitudinal waves of plastic deformation in a bar of material exhibiting a strain-rate effect, *J. Appl. Mech.* **18**, 203 (1951).
4. P. Perzyna, Fundamental problems in visco-plasticity, *Adv. Appl. Mech.* **9**, 243 (1966).
5. J. Lee, G.L. Fenves, Plastic-damage model for cyclic loading of concrete structures, *J. Eng. Mech.* **124**, 892 (1998).
6. F. Ghrib, R. Tinawi, An application of damage mechanics for seismic analysis of concrete gravity dams, *Earthquake Eng. Struct. Dyn.* **24**, 157 (1995).
7. M. Cervera, J. Oliver, R. Faria, Seismic evaluation of concrete dams via continuum damage models, *Earthquake Eng. Struct. Dyn.* **24**, 1225 (1995).
8. L.L. Wang, *Foundations of Stress Wave,* National Defense Industry Press, Beijing (1985). (in Chinese)

碳纳米管声学特性的研究

张翊 郭航
厦门大学萨本栋微机电研究中心
电子邮件：hangguo@xmu.edu.cn

本文探讨了单壁、双壁碳纳米管的声学特性，并建立了碳纳米管中声波传播的解析模型。对于单壁碳纳米管，应用连续弹性介质模型，分析了纵波和弯曲波两种声波模式在碳纳米管中的传播特性，研究了纳米管结构尺寸参数与声波频率的关系；对于双壁碳纳米管，内外管壁之间的范德华力会引起声波的非线性变化，我们建立了范德华力产生的管壁耦合作用下的纵波传播的控制方程，以均布于碳纳米管长度方向上的横向载荷表示范德华力的作用，通过此模型，研究了双壁碳纳米管结构尺寸参数对声波谐振频率的影响。进而，比较了单、双壁碳纳米管的声波传播特性。结果表明，单壁、双壁碳纳米管具有不同声波传播特性，在相同声源的条件下，声波频率也相差较大。对于长度为数微米的单壁或双壁碳纳米管，它们能够传播的声波频率可在 10GHz 内，对于工程应用，此频率范围是目前运用 MEMS 即微机电技术并采用 ZnO 或 AlN 压电薄膜的超声共振器可以达到的。

关键词： 碳纳米管，声学特性，声波传播，声波频率

RESEARCH ON ACOUSTIC PROPERTIES OF CARBON NANOTUBES

Yi ZHANG, Hang GUO

Pen-Tung Sah MEMS Research Center, Xiamen University, Xiamen, Fujian, P. R. China

E-mail: hangguo@xmu.edu.cn

In this paper, we study the acoustic properties of single-wall and double-wall carbon nanotubes, and set up the analytical models of wave propagation in carbon nanotubes (CNTs). For single-wall carbon nanotubes, the continuum elastic model is used to analyze the acoustic properties of longitudinal wave and flexural wave modes, and then the relationship of the structure parameters of single-wall carbon nanotube and the frequency of acoustic wave is studied; for double-wall carbon nanotubes, the van der Waals force interaction between two adjacent tubes can cause the nonlinear free vibration, we establish the governing equation of longitudinal wave propagation by considering the effect of the van der Waals force, which is described as the transverse distribute pressure，by the model, the influence of the structure parameters of double-wall carbon nanotubes to the acoustic resonant frequency is investigated. Based on this, the difference of acoustic properties between single-wall CNT and double-wall CNT is obtained. The results show that the acoustic properties of single-wall CNT and double-wall CNT are quite different even with the same wave source. If the length of the CNT is more than several microns, the frequency of its fundamental acoustic mode can be within 10 GHz range, which is obtainable by using MEMS-based ZnO or AlN thin film micro resonator.

Keywords: carbon nanotube, acoustic properties, acoustic wave propagation, acoustic wave frequency

1. 引言

碳纳米管自 1991 年被发现以来，因其具有的优异的机械、电学和热学等物理特性，且体积小，重量轻，可能应用在许多工程领域，而备受关注。近年来，已有研究者提出利用碳纳米管的高硬度和弹性、高的电导和热导特性，和高的表面接触面积等特点，将它集成到微纳机械电子系统（MEMS）中，用于新型微小传感器的开发[1]，以提高传感器的灵敏度，缩小体积，降低能耗，从而应用在一些极端环境中。

碳纳米管是由碳原子组成的六边形网络，直径大约为数纳米，长度约为 1 微米到几个毫米。碳纳米管可看成是由薄层卷曲而成的圆筒状结构，根据卷曲成的圆筒的数目，碳纳米管可以分为单壁碳管和多壁碳管。单壁碳管只有一层薄层结构，而多壁碳管最多可达 50 层，如图 1 所示。虽然碳纳米管用于传感器中

的纳米敏感元件具有许多优势，但其前提是充分了解和把握碳纳米管的特性。目前，对于碳纳米管的特性研究，主要集中在它的机械、电学特性[2,3]，而对于碳纳米管的声学特性和电声特性，研究较少。由于碳纳米管尺寸太小，直接测量其特性难度很大，因此，计算模拟方法是研究碳纳米特性的较合适工具。

本文的目的就是建立碳纳米管中声波传播的解析模型，从而研究纵波和弯曲波在单壁碳管和多壁碳管的不同传播特性，得到声波谐振频率与碳纳米管结构尺寸的关系，从而得到可应用 MEMS 技术实现的声波谐振频率范围，为碳纳米管在声学微传感器的应用提供理论根据。

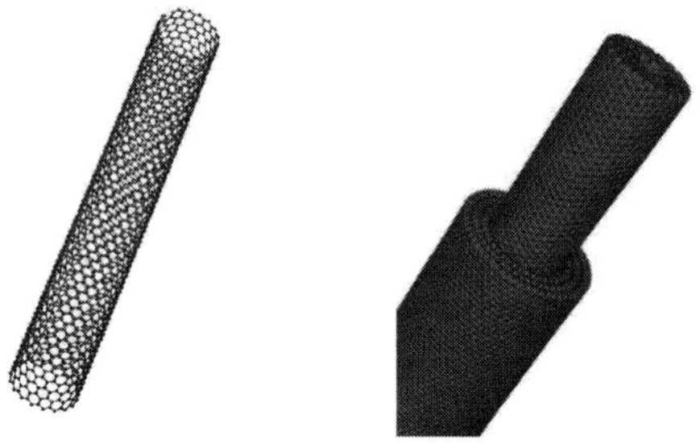

图 1. (a) 单壁碳纳米管的结构；(b) 多壁碳纳米管的结构

2. 单壁碳纳米管中的声波传播

虽然碳纳米管在径向在纳米尺度，但因其长度在微米甚至是毫米尺度，因此可以应用连续弹性介质模型分析碳纳米管中的声波传播[4]。本文研究了碳纳米管中两种主要形式的声波传播，即：纵波和弯曲波。

2.1. 纵波在单壁碳纳米管中的传播

假设碳纳米管的桥式结构为简支支承，则纵波引起单壁碳纳米管振动的差分方程为：

$$E\frac{\partial^2 y}{\partial x^2}=\rho\frac{\partial^2 y}{\partial t^2} \tag{1}$$

通过变量分离，得到方程的解为：

$$y_n(x,t)=(A_n\cos\frac{n\pi c}{l}t+B_n\sin\frac{n\pi c}{l}t)\sin\frac{n\pi x}{l} \quad (n=1,2,3,\cdots) \tag{2}$$

式中，$c=\sqrt{E/\rho}$ 为纵波的传播速度，A_n，B_n 由初始条件决定。

纵波声波频率可表示为:

$$f_n=\frac{nc}{2l}=\frac{n}{2l}\sqrt{\frac{E}{\rho}} \tag{3}$$

纵波的一阶频率为：

$$(f_{1st})_{long}=\frac{1}{2l}\sqrt{\frac{E}{\rho}} \tag{4}$$

利用表 1 的碳纳米管的基本参数，可以得到单壁碳纳米管纵波的一阶频率和碳纳米管长度的关系，如图 2 所示。

表 1. 单壁碳纳米管的基本参数

基本参数	数值
杨氏模量 E	1 TPa
内径 D_i	1.0 nm
外径 D_o	1.5 nm
密度 ρ	1.33×10^3 kg/m^3

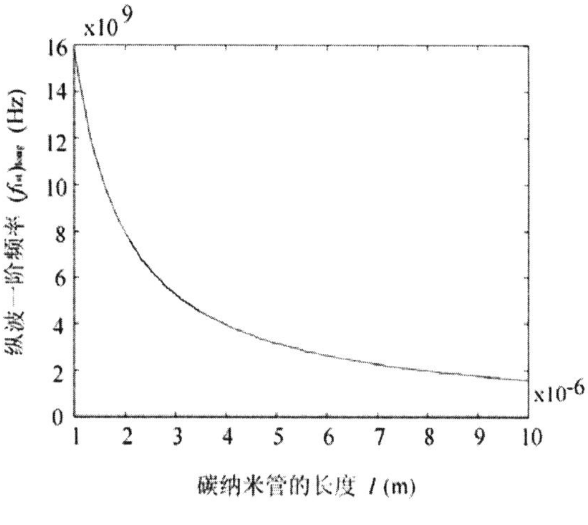

图 2. 纵波一阶频率随单壁碳纳米管长度变化的情况

由图 2 可知，纵波在碳纳米管中的传播,其一阶频率与单壁碳纳米管的长度成反比，若长度从 1 微米增加到 10 微米,纵波频率大约从 16GHz 降低到 1.6GHz。

2.2. 弯曲波在单壁碳纳米管中的传播

纵波引起单壁碳纳米管振动的差分方程为：

$$E\frac{r^2}{\rho}\frac{\partial^4 u}{\partial x^4}-r^2\frac{\partial^2 u}{\partial x^2\partial t^2}+\frac{\partial^2 u}{\partial t^2}=0 \tag{5}$$

式中，u 为变形量，r 为重力梯度，E 为杨式模量，ρ 为碳纳米管的密度。假设单壁碳纳米管中传播的弯曲波为简谐波，则单壁碳纳米管因声波产生的变形 u 为：

$$u = C\cos k(vt - x) \tag{6}$$

式中，$k = 2\pi/\lambda$，λ 为弯曲波的波长，v 为弯曲波的传播速度。将式(6)代入式(5)，可得：

$$v^2 = \frac{k^2r^2}{1+k^2r^2}\cdot\frac{E}{\rho} \tag{7}$$

由于碳纳米管的侧向尺寸远小于其长度，且 $\lambda >> K$，式(5)可简化为：

$$E\frac{r^2}{\rho}\frac{\partial^4 u}{\partial x^4} + \frac{\partial^2 u}{\partial t^2} = 0 \tag{8}$$

式(8)的解为 $u = \cos(\omega t + \varphi)$，式(8)可变换成：

$$\frac{\partial^4 u}{\partial x^4} = m^4 u \tag{9}$$

式中，$m^4 = \omega^2\rho/Er^2$，式(9)的解可表示为 $u = \exp(pmx)^2$，其中 p 的值为 $+1,-1,+i,-i$，因此，式(5)的解为：

$$\begin{aligned} u = (&A\cosh mx + B\sinh mx + \\ &C\cos mx + D\sin mx)\cos(\omega t + \varphi) \end{aligned} \tag{10}$$

式中，A,B,C,D 的值由碳纳米管末端固定方式所决定。如果将坐标原点设置于碳纳米管长度的对称中点，且碳纳米管两端不固定。若只研究碳纳米管的对称变形，将边界条件代入式(9)，得到：

$$\begin{cases} A\cosh(\frac{ml}{2}) - C\cos(\frac{ml}{2}) = 0 \\ A\sinh(\frac{ml}{2}) + C\sin(\frac{ml}{2}) = 0 \end{cases} \tag{11}$$

通过式(11)，可得到 $m_n = 2(n-1/4)\pi/l$，则在单壁碳纳米管中传播的弯曲波的频率可表示为：

$$f_n' = \frac{2\pi(n-1/4)^2 r}{l^2}\sqrt{\frac{E}{\rho}} \tag{12}$$

其中，r 为单壁纳米管的回转半径，可表示为：

$$r = \frac{1}{\sqrt{D_o^{\ 2} + D_i^{\ 2}}} \tag{13}$$

弯曲波的一阶频率为：

$$(f_{1st})_{flex} = \frac{9\pi}{32l^2}\sqrt{D_o^{\ 2} + D_i^{\ 2}}\sqrt{\frac{E}{\rho}} \tag{14}$$

利用表 1 的碳纳米管的基本参数，可以得到单壁碳纳米管弯曲波的一阶频率和碳纳米管长度的关系，如图 3 所示。由图 3 可知，弯曲波在碳纳米管中的传播，其一阶频率与单壁碳纳米管的长度成反比，若长度从 1 微米增加到 10 微米，弯曲波的频率大约从 90MHz 降低到 900KHz。

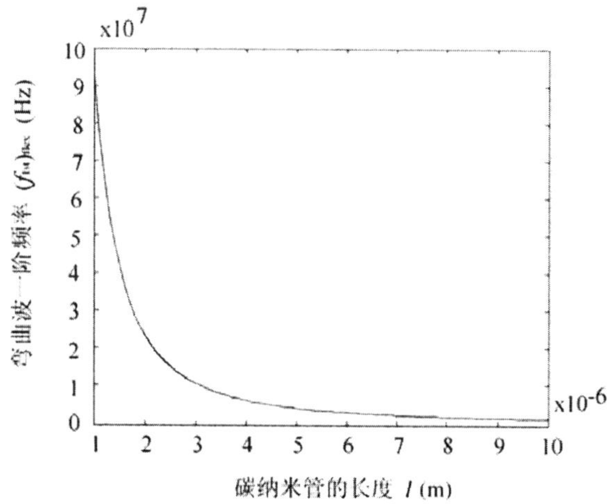

图 3. 弯曲波一阶频率随单壁碳纳米管长度变化的情况.

3. 双壁碳纳米管中的声波传播

受到横向分布载荷 $p(x)$ 作用而产生变形 $y(x,t)$ 的弹性介质声波传播的控制方程为：

$$EI\frac{\partial^4 y(x,t)}{\partial x^4} + \rho A\frac{\partial^2 y(x,t)}{\partial t^2} = p(x) \tag{15}$$

其中，x 为轴向坐标，t 为时间，I 为转动惯量，A 为碳纳米管的横截面积，E 为杨氏模量，ρ 为密度。

由于范德华力 p 的作用，双壁碳纳米管内管和外管受纵波声波的位移会产生耦合。范德华相互作用能可由 Lennard-Jones 模型推出，表示成与相邻碳管之间的层间距离有关的方程[5]。不考虑大变形的情况，层间距离通常等于或非常接近于最初的平衡距离；而在最初的平衡距离上，若内外壁的变形为同轴，则范德华力为零。碳-碳键的平衡距离为 0.34nm。相邻两层范德华力引起的分布载荷与内外壁的变形有关，表示为：

$$p = c[y_2 - y_1] \tag{16}$$

其中，y_1，y_2 分别为内外碳管的变形量；c 为与范德华相互作用系数，可以表示为[6]：

$$c = \frac{200 \times (D_1)\text{erg/cm}^2}{0.16d^2}，\quad (d = 1.42 \times 10^{-8}\text{cm}) \tag{17}$$

若考虑内外管的末端固定方式一致，且声波内管和外管的变形为线性，则声波内管和外管的变形的控制方程为：

$$\begin{aligned} EI_1 \frac{\partial^4 y_1(x,t)}{\partial x^4} + \rho A_1 \frac{\partial^2 y_1(x,t)}{\partial t^2} &= c[y_2 - y_1] \\ EI_2 \frac{\partial^4 y_2(x,t)}{\partial x^4} + \rho A_2 \frac{\partial^2 y_2(x,t)}{\partial t^2} &= -c[y_2 - y_1] \end{aligned} \tag{18}$$

方程的特征值 $Y(x)$ 可由特征方程获得：

$$\frac{d^4 Y(x)}{dx^4} = \lambda^4 Y(x) \tag{19}$$

对于简支支承，式(19)的一阶解为 $\lambda_1 L = \pi$，其一阶模态为 $Y_1(x) = \sin(\pi x / L)$。双壁碳纳米管的频率方程表示为：

$$y_1 = a_1 Y_1(x) e^{i\omega t}，\quad y_2 = a_2 Y_1(x) e^{i\omega t} \tag{20}$$

其中，a_1，a_2 分别为双壁碳纳米管内外管声波的幅值。将式(20)代入式(18)，可得到在同轴变形情况下，双壁碳纳米管的纵波一阶频率方程为：

$$(f_{1st})_{DWCNT} = \frac{\sqrt{2}}{4\pi}(\alpha_1 - \sqrt{\alpha_1^2 - 4\beta_1})^{1/2}$$

$$\begin{aligned} \alpha_1 &= \frac{EI_1\lambda_1^4 + c}{\rho A_1} + \frac{EI_2\lambda_1^4 + c}{\rho A_2} \\ \beta_1 &= \frac{EI_1 EI_2 \lambda_1^8}{\rho^2 A_1 A_2} + c\lambda_1^4 \frac{EI_1 + EI_2}{\rho^2 A_1 A_2} \end{aligned} \tag{21}$$

内外壁碳纳米管的幅值之比[7]可表示为：

$$A = \frac{a_1}{a_2} = 1 + \frac{EI_2\lambda_1^4}{c} - 4\pi^2[(f_{1st})_{DWCNT}]^2 \frac{\rho A_2}{c} \tag{22}$$

表 2. 双壁碳纳米管的基本参数

基本参数	数值
轴向杨氏模量 E	1 TPa
内管的直径 D_1	0.7 nm
外管的直径 D_2	1.5 nm
密度 ρ	1.33×10^3 kg/m^3

利用表 2 的双壁碳纳米管的基本参数，代入式(21)，可以得到双壁碳纳米管在同轴形变一致，且末端支承相同的情况下，纵波的一阶频率和碳纳米管长度的关系，如图 4 所示。

由图 4 可知，纵波在双壁碳纳米管中的传播,其一阶频率与碳纳米管的长度成反比,若长度从 1 微米增加到 10 微米，纵波的频率大约从 14.6GHz 降低到 146MHz。由式(21)和式(22)，得到图 5 表示的双壁碳纳米管中纵波传播的频率与幅值的大致关系，其中纵坐标为内外壁在纵波作用下产生变形的幅值之比。从图 5 可以得知，随纵波频率的增加，内外壁幅值的比值降低，但幅值变化很小。

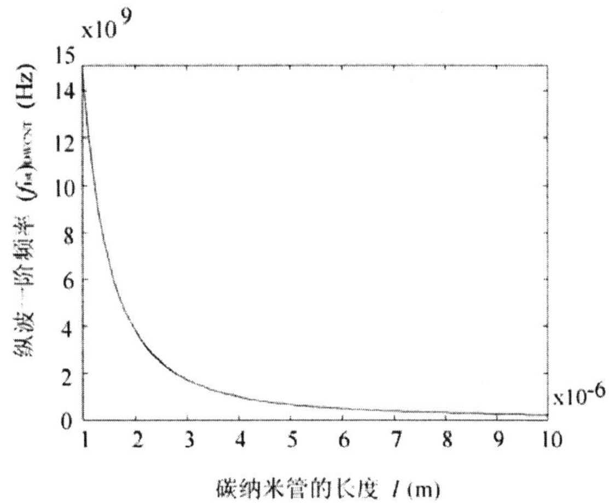

图 4. 纵波一阶频率随双壁碳纳米管长度变化的情况

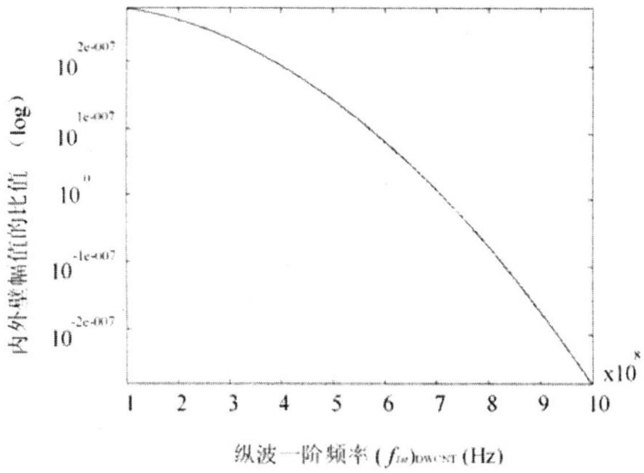

图 5. 纵波一阶频率与内外壁幅值之比的关系

4. 碳纳米管中声波传播频率特性的分析

4.1. 单壁碳纳米管中纵波和弯曲波频率的比较

在实际工程应用中，采用碳纳米管作为声学元件时，希望尽量能利用较低的频率实现声波在碳纳米管中的传播。对于单壁碳纳米管，由于可以采用纵波或弯曲波的驱动方式，因此比较单壁碳纳米管中纵波和弯曲波频率的数值是很有必要的。

由式(4)和式(14)，对单壁碳纳米管中纵波和弯曲波的声波频率进行比较可得：

$$(f_{1st})_{flex}/(f_{1st})_{long}=\frac{9}{16l}\sqrt{D_o^{\,2}+D_i^{\,2}} \qquad (23)$$

若碳纳米管的直径与长度接近（都在数个纳米），则纵波与弯曲波的频率相差不大，但由于随长度的减小，在单壁碳纳米管中传播的纵波和弯曲波的一阶频率也随之降低，因此，碳纳米管长度越长，声波越容易传播。长度在微米甚至毫米范围的碳纳米管才能满足实际的工程应用的需要。碳纳米管合成技术的发展，已经能制备微米甚至毫米的碳纳米管，而这些碳纳米管，其长度远大于径向尺寸，由式(23):

$$9\sqrt{D_o^{\,2}+D_i^{\,2}}<<16l\text{，}\ (f_{1st})_{flex}<<(f_{1st})_{long} \qquad (24)$$

弯曲波频率远小于纵波频率。实际上，碳纳米管声波的一阶频率等于碳纳米管产生振动的谐振频率。因此，对于长度与直径之比很大的碳纳米管，采用超声驱动产生弯曲波的方法更容易实现碳纳米管发生谐振，从而将声波传过。

4.2. 单壁和双壁碳纳米管纵波频率的比较

由图 2 和图 4 可知，在结构尺寸一致的情况，单壁碳纳米管和双壁碳纳米管中纵波的频率也差别很大。如图 6 所示为单壁和双壁碳纳米管的纵波传播一阶频率的变化情况。

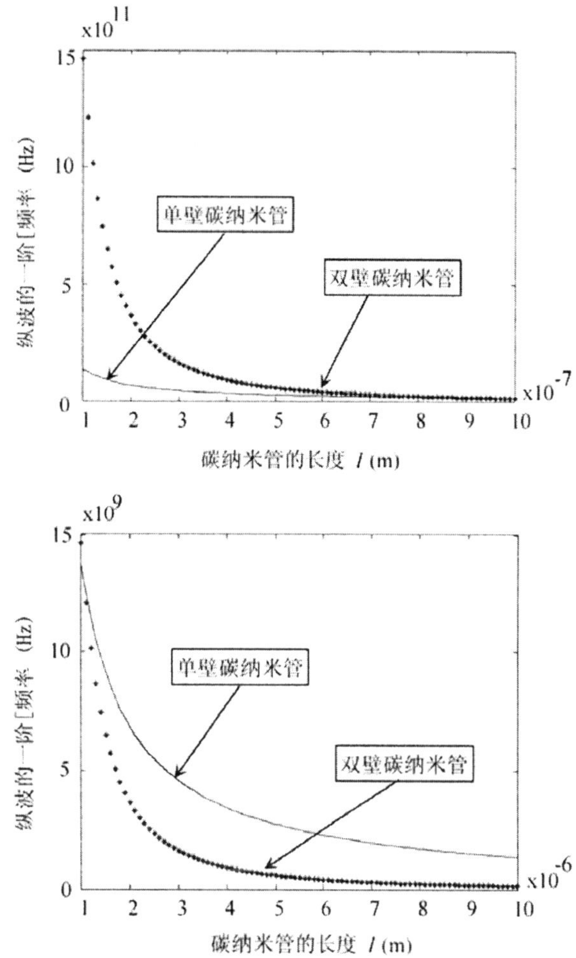

图 6. 单壁和双壁碳纳米管的纵波传播一阶频率的变化情况

由图 6 所示,当双壁碳纳米管的长度接近于其侧向尺寸时，范德华力引起的内外壁间的耦合作用，对纵波的传播起的是阻碍作用，相比相同尺寸的单壁碳纳米管，此时需要采用更高的频率才能实现声波在双壁碳纳米管中的传播；而随着长度的增加，范德华力引起的内外壁间的耦合作用减弱，双壁碳纳米管相当于嵌套结构的单壁碳纳米管，此时声波引起的内外壁的变形得到加强，从而在较低的频率下就能实现声波在双壁碳纳米管中的传播。

5. 结论

本文建立了单壁、双壁碳纳米管中声波传播的解析模型，研究了双壁碳纳米管结构尺寸参数对声波谐振频率的影响。对于单壁碳纳米管，若长度远大于其径向尺寸，则弯曲波的频率远小于其纵波的频率。对于双壁碳纳米管，其纵波传播频率受范德华力引起的耦合作用，与单壁碳纳米管的纵波频率相差较大。

长度数微米以上的单壁或双壁碳纳米管，它们能够传播的声波频率可在 10GHz 内，对于工程应用，目前最高谐振频率的声波驱动器件是运用微机电（MEMS）技术并采用 ZnO 或 AlN 压电薄膜制造的微型谐振器，其最高谐振频率在这一频率范围，因此可在工程应用中实现。

致谢

本文得到厦门大学引进人才科研启动基金的资助，在此表示感谢。

参考文献

1. N. Sinha, J. Ma, T.W. Yeow, Carbon nanotube-based sensors, *J. Nanosci. Nanotechnol.* **6**, 573 (2006).
2. E.W. Wong, P.E. Sheehan, C.M. Lieber, Nanobeam mechanics: elasticity, strength, and toughness of nanorods and nanotubes, *Science* **277** 1971 (1997).
3. M.F. Yu, B.I. Yakobson, R.S. Ruoff, Controlled sliding and pullout of nested shells in individual multiwalled carbon nanotubes, *J. Phys. Chem. B* **104**, 8764 (2000).
4. Q. Wang, V.K. Varadan, Vibration of carbon nanotubes studied using nonlocal continuum mechanics, *Smart Mater. Struct.* **15**, 659 (2006).
5. J.F. Green, T.K. Bolland, J.W. Bolland, Lennard-Jones interaction for hexagonal layered crystals, *J. Chem. Phys.* **61**, 1637 (1974).
6. C.Q. Ru, Column buckling of multi-walled carbon nanotubes with interlayer radial displacements, *Phys. Rev. B* **62**, 16962 (2000).
7. K.Y. Xu, X.N. Guo, C.Q. Ru, Vibration of a double-walled carbon nanotube aroused by nonlinear intertube van der waals forces, *J. Appl. Phys.* **99**, 064303 (2006).

表面处理对单基多电极石英晶体谐振器力-频特性的影响

鄂然 田文杰 崔媛媛 宁永怀

北四环中路 35 号北京信息工程学院传感器技术研究中心 100101

电子邮件：tempest_ao@mail.biti.edu.cn, t-wenjie@biti.edu.cn, dreamero@mail.biti.edu.cn

根据晶体振动的能限理论设计制作了单基多电极石英晶体谐振器。研究了这种结构的石英晶体谐振器的晶片表面处理（抛光）及边沿形状（倒边）对其力-频特性的影响；并与传统单基单电极石英晶体谐振器的力-频特性进行了比对分析。实验结果表明，对单基多电极石英晶体谐振器的晶片表面进行抛光并对边沿进行倒边处理，可有效地改善谐振器的力-频特性；在一定的加力方式下，单基多电极石英晶体谐振器的力-频特性将优于单基单电极石英晶体谐振器的力-频特性。

关键词： 石英谐振器，抛光，倒边，力-频特性

INFLUENCE OF SURFACE PROCESSING TO FORCE-FREQUENCY CHARACTERISTIC OF MONO-BASE MULTI-ELECTRODE QUARTZ CRYSTAL RESONATOR

Ran E, Wen-Jie TIAN, Yuan-Yuan CUI, Yong-Huai NING

Research Center of Sensor Technology,Beijing Information Technology Institute,
35# North forth circle mid road, Beijing, China
E-mail: tempest_ao@mail.biti.edu.cn , t-wenjie@.biti.edu.cn

Mono-base multi-electrode quartz crystal resonators were designed and produced by the energy trap theory. Influence of surface processing (polishing or not) and edge shape (edge beveling or not) to that was researched; then compared and analyzed with classical mono-base mono-electrode quartz crystal resonators. Experiment result shows that surface polishing and edge beveling to mono-base multi-electrode quartz crystal resonators can effectively improve the characteristic of the resonator. By a certain mode of force infliction, mono-base multi-electrode quartz crystal resonator have better force-frequency characteristic than mono-electrode one.

Key words: quartz crystal resonator, polishing, edge beveling, force-frequency characteristic

1. 引言

石英晶体谐振器的力-频特性在检测力或应力方面具有结构简单、响应时间短、测量精度高等特点，因而近五十年来对石英晶体谐振器力-频特性的研究一直是石英晶体谐振器应用领域的重点[1]。在被测力或应力本身引起频率变化之外，温度变化和老化等因素也将引起频率的变化。所以，人们通常用两个谐振器进行差频处理的方法来弃除力或应力以外因素对谐振频率的影响。

目前的研究成果表明，利用单基多电极石英晶体谐振器的差频方法可有效避免单基单电极谐振器之间因加工工艺不一致造成的差异，而且这种差频方法可得到较好的输入输出线性关系。在此基础上，本文主要测试分析了晶片表面抛光处理及晶片边缘形状对单基多电极石英晶体谐振器力-频特性的影响。实验结果表明，抛光和倒边之后的单基多电极晶体谐振器的力-频特性有明显的改善。沿 X 轴方向在晶片的边沿将单基单电极谐振器固结后，其力-频特性基本不变。因此，单基多电极谐振器可用边沿固结的方法安装于相关检测设备中。

2. 石英晶体的力-频特性及单基多电极谐振器结构

石英晶体谐振器在对径加力的时候，其谐振频率随加力大小变化而变化，这种力-频特性具有线性关系，可以近似用 $y = A + Bx$ 表示[2]，其中 y 表示力敏频差，x 表示砝码质量，B 表示灵敏度系数，A 表示拟合曲线在 y 轴的截距即零位偏置。

若取初始加砝码质量为 0 点，则 A=0，特性曲线可以拟合成为一条过零点的直线，即 y=Bx。对单基多电极谐振器，采用最小二乘法作曲线拟合，可以将同一基片上的多对电极的力-频特性绘于同一图中进行比较，进而进行差频计算。

本文以单基三电极谐振器为例进行测试分析。单基三电极谐振器结构如图 1 所示，基片为 Φ14mm 的抛光倒边石英晶片，在相间 120°的方位蒸镀上 Φ3mm 的电极，这样在同一单基晶片上形成三个独立的谐振器 P1、P2、P3。

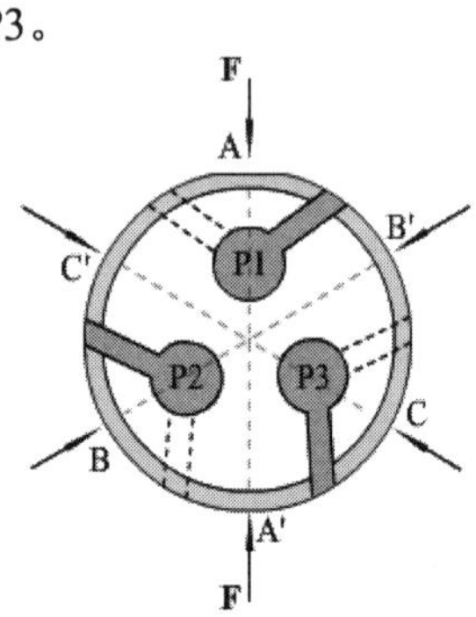

图 1. 单基三电极抛光倒边镀金石英谐振器

如图 1，带有微小切口的 AA'方向为 AT 切型的石英晶体谐振器的X轴方向。在此方向加力F时，P_1、P_2、P_3 对应的谐振器的频率变化最明显，但在 F 作用下，P_1、P_2、P_3 产生的应力大小不同，所以三个谐振器对应的力-频灵敏度系数不同，如图 2 所示。应力分布曲线在 P_1 点密度明显大于 P_2 和 P_3。曲线在 P_2 和 P_3 的密度相当，但方向不同。此时，

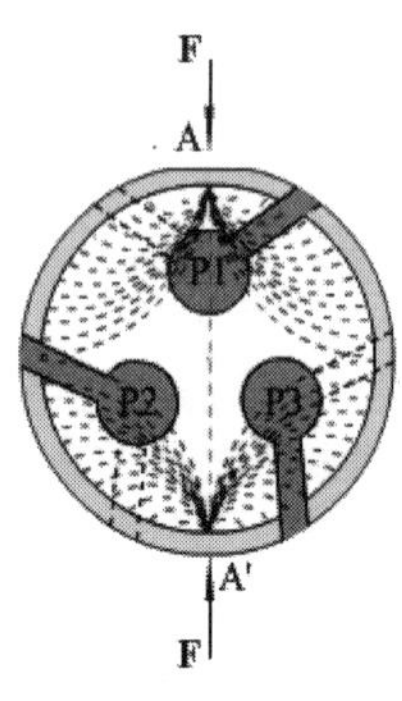

图 2. 力 F 沿 AA'方向作用时晶片内的应力分布

在 P_1、P_2、P_3 中选取两组数据做差频处理，可得到对应的力-频输出特性。

当力 F 作用于 BB'或 CC'方向时，应力分布情况与 F 作用于 AA'方向时的相似，但由于石英晶体的各向异性，对应的力-频输出特性差异较大。

表面处理对石英晶体谐振器的性能影响是十分重要的。为了使石英晶体谐振器具有稳定的频率特性，要求晶体表面加工无损伤且完全镜面[3]。通过抛光处理，可除去晶片切割过程中在晶片表面留下的缺陷，以改善石英晶体谐振器的力-频特性。

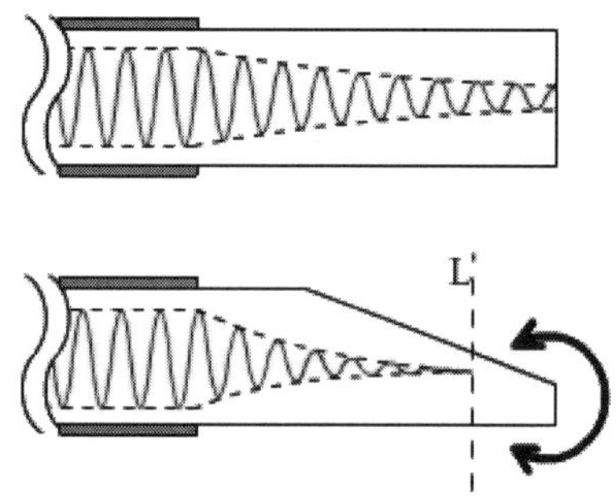

图 3. 倒边前后波的传播特性

石英晶片倒边的示意图如图 3 所示。图中在电极区，谐波等幅传播，离开电极区后开始衰减。而倒边使得衰减速度加快，假设在虚线 L 处，能量衰减为 0，则 L 右侧区域可按箭头指向进行粘合，而不会影响到晶体内部振动情况，倒边之前由于衰减较缓慢，直接对边缘进行粘合必然对内部振动造成影响，使得能量流失，情况严重则可直接导致停振。所以，倒边处理后的晶片在粘合前后的力频特性曲线应该变化不大。

3. 实验测试方法及结果

3.1. 三电极白片平边晶振测试结果

表 1. 三电极白片平边谐振器力-频特性

F（砝码/g）	0	20	50	100	200	300	500
Δf_{11}/Hz	0	58	142	288	583	878	1460
Δf_{12}/Hz	0	7	18	48	91	137	226
Δf_{13}/Hz	0	29	76	155	320	485	820

晶振基片为 Φ12.5mm 的白片平边晶片，根据晶振加力方位角特性找出 X 轴，在 X 轴方向施加对径力 F，用 Agilent-53132A 数字式频率计记录F作用时三个谐振器 P_1、P_2、P_3 的频率，并计算频率变化量Δf_{11}、△

f_{12}、$\triangle f_{13}$。测试结果如表 1 所示。

用最小二乘法进行线性拟合，如图 4 所示。由图可得：

$y_{11} = 2.9252x - 1.9286$，　$R_{11}^2 = 1$

$y_{12} = 0.4563x - 0.9885$，　$R_{12}^2 = 0.9992$

$y_{13} = 1.6434x - 5.3989$，　$R_{13}^2 = 0.9999$

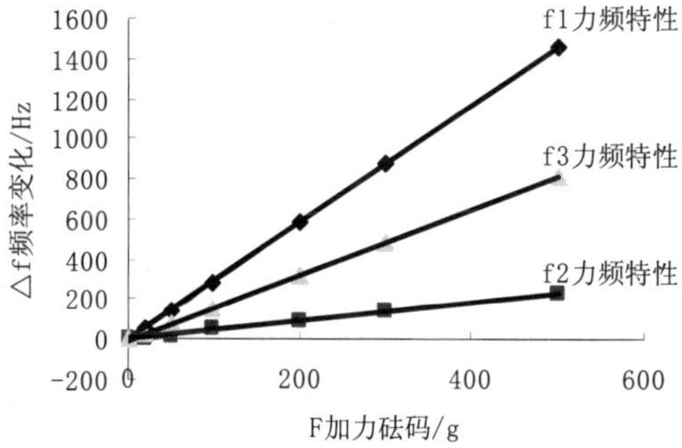

图 4. 三电极白片平边力-频特性曲线

3.2. 三电极抛光倒边晶振测试结果

晶振基片为 Φ14mm 的抛光倒边晶片，在晶体的 X 轴方向施加对径作用力 F，采用同样方法记录 P_1、P_2、P_3 的频率，并计算频率变化量$\triangle f_{21}$、$\triangle f_{22}$、$\triangle f_{23}$。测试结果如表 2 所示。

用最小二乘法进行线性拟合，如图 5 所示。由图可得：

$y_{21} = 2.3783x + 4.3441$，　$R_{21}^2 = 1$

$y_{22} = 1.3495x - 0.2664$，　$R_{22}^2 = 1$

$y_{23} = 0.7064x - 0.3565$，　$R_{23}^2 = 1$

表 2. 三电极抛光倒边谐振器力-频特性

F（砝码/g）	0	20	50	100	200	300	500
$\triangle f_{21}$/Hz	0	53	125	243	483	716	1193
$\triangle f_{22}$/Hz	0	27	67	134	269	406	674
$\triangle f_{23}$/Hz	0	14	35	70	140	212	353

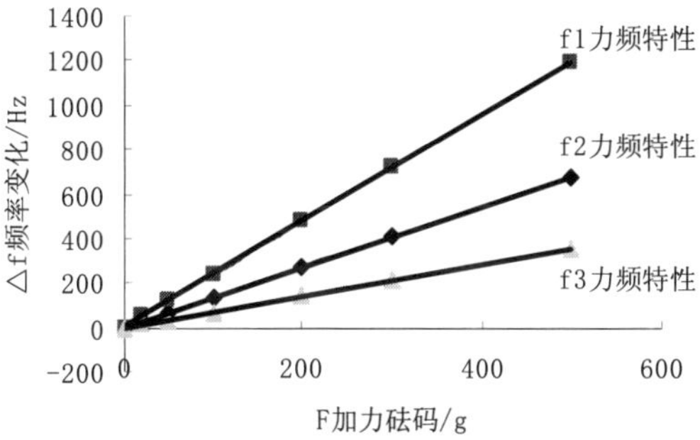

图 5. 三电极抛光倒边力-频特性曲线

3.3. 单电极白片平边晶振测试结果

单电极谐振器的基片为 Φ12.5mm 的白片平边晶片，在 X 轴方向，对径加力，测得频率变化量$\triangle f_{31}$如表 3 所示

表 3. 单电极白片平边谐振器力-频特性

F（砝码/g）	0	20	50	100	200	300	400
$\triangle f_{31}$/Hz	0	38	96	194	383	574	953

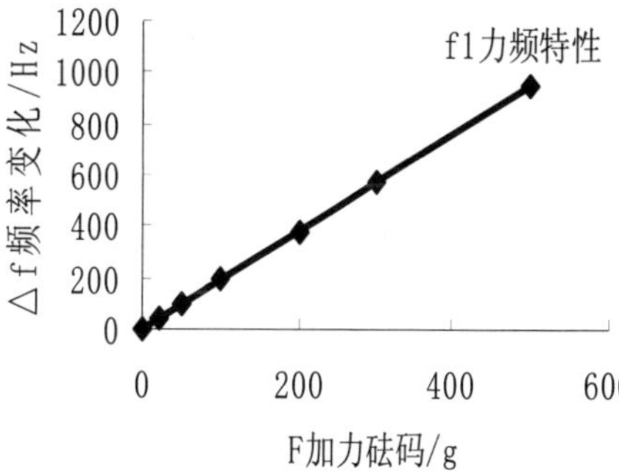

图 6. 单电极白片平边力-频特性曲线

用最小二乘法进行线性拟合，如图 6 所示。由图可得：

$y_{31} = 1.9063x + 1.0902$，$R_{31}^2 = 1$

3.4. 三电极抛光倒边晶振边沿粘合后测试结果

根据 2.2 的测试结果，将变化最明显的加力方式对径粘和于一模具中，并用相同的方法测试相应的力-频关系，测量结果如表 4 所示。

表 4. 三电极抛光倒边谐振器边沿粘合后力-频特性

F（砝码/g）	0	20	50	100	200	300	500
$\triangle f_{41}$/Hz	0	42	104	203	412	638	1087
$\triangle f_{42}$/Hz	0	28	71	145	292	434	713
$\triangle f_{43}$/Hz	0	19	45	82	158	237	406

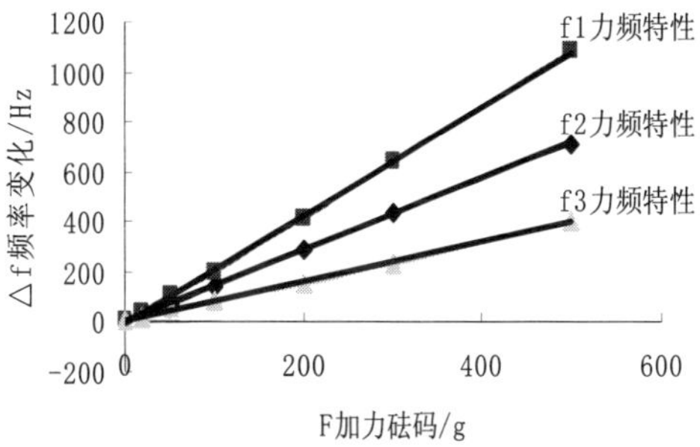

图 7. 三电极抛光倒边粘合后力-频特性曲线

用最小二乘法进行线性拟合，如图 7 所示。由图可得：

$$y_{41} = 2.1694x - 7.463, \quad R_{41}^2 = 0.9995$$
$$y_{42} = 1.4311x + 1.2379, \quad R_{42}^2 = 0.9999$$
$$y_{43} = 0.8019x + 1.2568, \quad R_{43}^2 = 0.9995$$

4. 比较分析及结论

对比单基三电极抛光前后得到的实验结果，白片所得灵敏度系数较大，而抛光片的R^2值更加趋近于1，可见抛光后频率值的线性关系更好，而白片Φ12.5mm和抛光片Φ14mm在外加力F大小相同时在晶片内部得到的应力不同，所以灵敏度系数白片要高于抛光片。

对比单基三电极和单基单电极谐振器得到的实验结果，单基三电极 f_1 的灵敏度系数大于单基单电极 f_1 的灵敏度系数，而 R^2 值只存在微小差别。

对比抛光片粘合前后得到的实验结果，可见在粘合之后，三个电极的灵敏度系数和 R^2 值都有所下降，但下降幅度很小。所以，倒边处理有效抑制了边缘粘合后的谐波能量损失，使得单基多电极谐振器可以用固结的方式在其他检测设备中使用，这对单基多电极谐振器性的应用提供了实验依据。

致谢

感谢北京市科技发展项目（KM200610772009），北京市高校学术创新团队项目（51050031），北京市传感器重点实验室项目（66062019）提供资助

参考文献

1. 路峻岭，田文杰，AT切石英晶体频率力敏特性的实验研究，仪表技术与传感器 **46-47**, 53 (2003).
2. 田文杰，路峻岭，张福学，石英谐振器力-频特性与结构参数的关系. 传感器技术 **9-11**, 14 (2003).
3. 袁巨龙，张如源，崔丽芬等，石英晶体无损伤理想镜面的超精密加工技术研究，仪器仪表学报，**16**, 181 (1995).

单基多电极石英晶体谐振器的频率-温度特性研究

崔媛媛 田文杰 鄂然 宁永怀
100101北京市北京信息工程学院传感器技术研究中心
电子邮件：dreamero@mail.biti.edu.cn, t-wenjie@biti.edu.cn

大气环境条件下测试分析了一种新型单基多电极石英谐振器的频率-温度特性，验证了其频率-温度特性与已有的单基单电极谐振器的频率-温度特性基本一致，曲线为一三次曲线。在相同激励及环境条件下，在同一基片上设置多对电极时，各对电极构成的谐振器的频率-温度特性基本相同。根据这种相似特点，将同一基片上不同电极对应的谐振器的振动频率进行差频补偿，可有效地抑制温度对谐振器振动频率的影响。这种差频补偿方法为石英谐振器相关特性的进一步开发利用提供依据。

关键词：多电极石英谐振器，频率-温度特性，差频补偿

TEMPERATURE CHARACTERISTIC OF A SINGLE-BASE MULTI-ELETRODE QUARTZ CRYSTAL RESONATOR

Yuan-Yuan CUI, Wen-Jie TIAN, Ran E, Yong-Huai NING

Research Center of Sensor Technology, Beijing Information Technology Institute,
35# North forth circle mid road, Beijng,100101, China
E-mail: dreamero@mail.biti.edu.cn, t-wenjie@biti.edu.cn

This paper analyzes the frequency temperature characteristic of a new type of single-base multi-electrode quartz crystal resonator in air environment and the result proves that AT-cut frequency temperature characteristic curve is cubic. Through the experiment, the frequency temperature characteristic of this resonator shows basically consistent with that of the single-base singular electrode of the same fundamental frequency and basal piece. We can conclude that the multi-electrode resonator is more available in practical use and it can implement multiplex compensation in measurement.

Keywords: multi-electrode quartz resonator, frequency temperature characteristic, differential frequency compensation

目前，压电石英传感器由于其体积小、灵敏度高、稳定性好的特点，得到广泛的应用[1]，其使用环境也随着应用而变得更加复杂。外界温度变化的影响已成为制约石英晶体谐振器特性应用的重要因素。因此，在设计石英晶体器件时，需要研究环境发生变化时晶体器件的频率-温度特性，并运用适当的温度补偿方法，抑制温度对石英晶体器件性能的影响，扩大石英晶体器件的应用领域。

1. 石英谐振器的频率-温度特性曲线

1.1. AT切石英谐振器的频率-温度特性

实验结果表明，石英谐振器的谐振频率随温度变化而变化。温度在-200℃~200℃的范围内变化时，石英谐振器的频率-温度特性 $f(t)$ 可以表示为下列展开式的形式[2-4]。

$$f(t) = f_0[1+\sum_{n=1}^{3}\frac{1}{n!}\frac{\partial^n f}{f_0\partial t^n}\bigg|_{t=t_0}](t-t_0)^n$$

式中， f_0 为 $t=t_0$ 时的晶体谐振频率；系数 $\frac{1}{n!}\frac{\partial^n f}{f_0\partial t^n}$ $|=T_f^{(n)}$ 称为 n 阶频率温度系数。由此可将上式改写为：

$$f(t) = f_0[1+T_f^{(1)}(t-t_0)+T_f^{(2)}(t-t_0)^2 + T_f^{(3)}(t-t_0)^3]$$

其中， $T_f^{(1)}$， $T_f^{(2)}$， $T_f^{(3)}$ 分别是一阶、二阶、三阶频率温度系数。

当$T_f^{(3)} \neq 0$时，上式为三次曲线的形式，即AT切石英晶体的频率-温度曲线。

1.2. 传统单基单电极石英晶体谐振器的频率-温度特性

一对于圆形对称型单基单电极AT切石英晶体谐振器（其结构如图1所示），在－60℃到100℃的大气环境温度实验中，测量切角存在偏差时的频率-温度特性，并做曲线拟合，所得结果如图2所示。

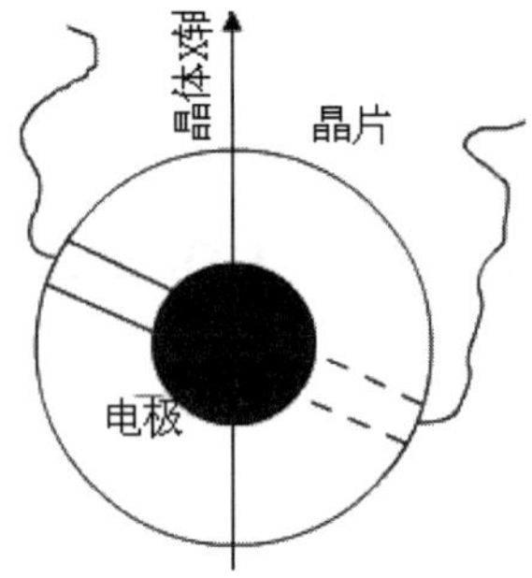

图 1. 传统晶振结构

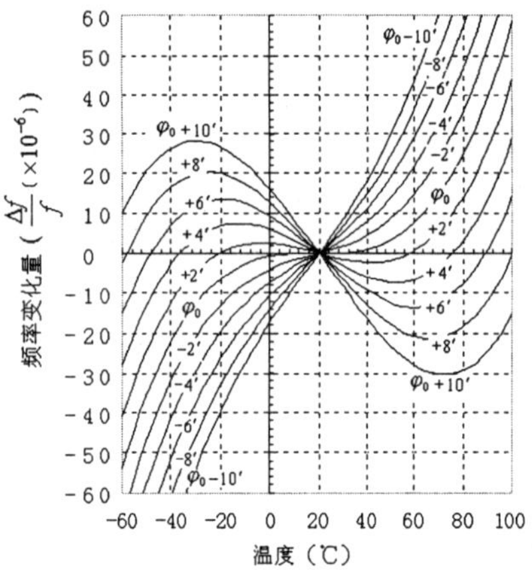

图 2. 不同切角的单基单电极石英谐振器的频率-温度特性曲线

上述结果表明，AT切型石英谐振器的频率-温度曲线是三次曲线，由于晶体加工工艺的限制，晶片切角存在偏差时，对应的频率-温度特性有较大差异，如切角相差20′时，在温度为 －45℃时频差达到100Hz以上。

2. 一种新型单基多电极石英谐振器的频率-温度特性

传统单基单电极谐振器虽然结构简单，成本低廉，但不同的晶片由于切角的微小差别，会使频率-温度特性产生较大差异。因此设计了一种新型的单基多电极谐振器，并对其力-频和温-频特性进行测试分析。与传统单基单电极谐振器相比，利用单基多电极谐振器作传感器的敏感元件时，一个单基多电极谐振器可替代多个独立晶片构成的谐振器，避免了单基单电极晶体谐振器之间因加工工艺不同而造成的差异。利用单基多电极谐振器的力-频特性并作差频输出时（其中一个用于温度补偿），可更好地抑制温度和老化等因素对谐振器力-频特性的影响。

2.1. 单基多电极石英谐振器设计的可行性

AT切石英谐振器的力-频效应与加力方位角ϕ有密切的关系。利用ANSYS软件，分析直径12.5mm，厚度0.16mm的AT切圆形石英晶片在沿x轴方向受一个集中力作用时的晶片内部应力分布（如图3所示），并在石英晶片1区、2区和3区的位置蒸镀ϕ3mm的电极，形成如图4所示的三个晶振。测量施加不同外力时三个晶振的频率输出，用最小二乘法处理数据，所得结果为直线关系，且线性度较好，但比例系数各不相同。这一结果说明在晶体的不同部位镀上电极形成的晶体谐振器，其力-频特性仍然为线性，但灵敏度系数不同。

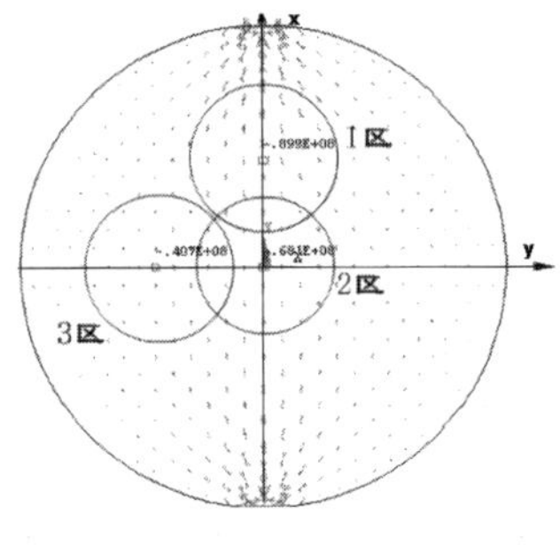

图 3. 沿晶片 x 轴受力时 ANSYS 分析所得的应力分布图

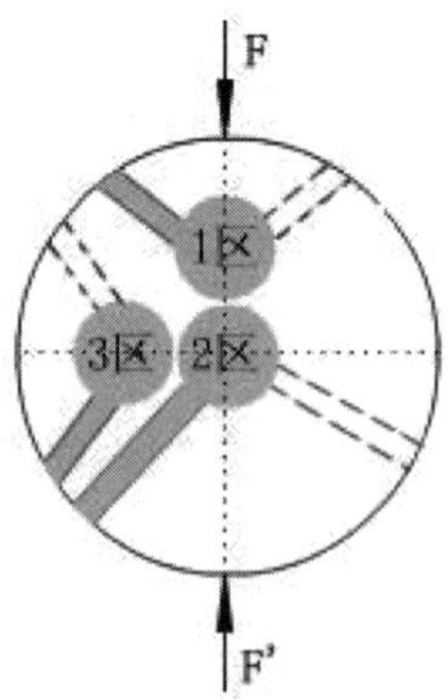

图 4. 单基多电极石英谐振器

2.2. 基多电极石英谐振器的频率-温度特性

将单基多电极谐振器密封，在大气环境下进行-45℃到65℃的高低温试验，可以得到三个晶振的频率输出如表1所示。

每两个谐振器之间的频率差如表2所示。从这些数据可以看出，三条曲线有几乎一致的走向，即基于同一基片的三个电极具有相同的频率-温度特征。在同一基片上形成的三个晶振，都保持了AT切型石英谐振器的频率-温度特性，有很好的三次曲线拟合度，并且走向一致，差值稳定。当在利用力-频特性测量时，选用其中一对谐振器的差频作为输出时，较之使用两个独立的单基单电极谐振器，差频的变化较之使用两个独立的单基单电极谐振器，差频的变化比较稳定。如选用Δf_{12}的平均值390Hz为基数进行修正后，在-45℃时最大频率差为51Hz，最小为2Hz，较之单基单电极谐振器，温度引起的频率差异有很大降低。

表1 各谐振器的频率-温度变化关系

温　度（℃）	1号晶振 10MHz+	2号晶振 10MHz+	3号晶振 10MHz+
-45	1548	1989	2437
-35	1597	2004	2486
-25	1618	1997	2528
-15	1614	1974	2562
-5	1592	1955	2564
5	1571	1928	2496
15.3	1524	1887	2390
25.4	1473	1868	2313
35	1400	1821	2191
44.7	1366	1758	2084
54.8	1316	1708	1981
65	1326	1737	1918

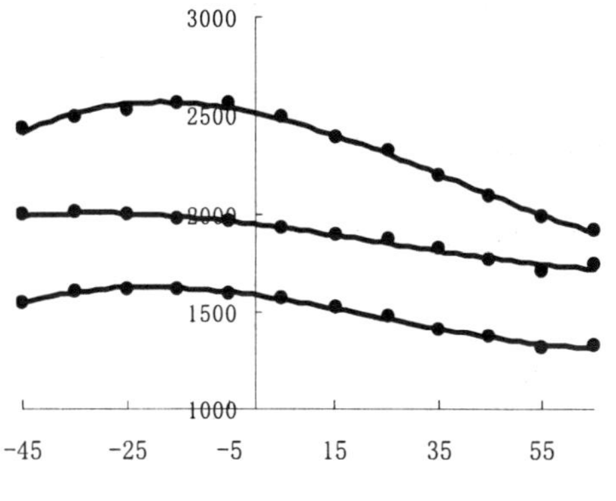

图 5 单基多电极英谐振器的频率-温度特性曲线

表2 各对谐振器间的频率差变化

温度（℃）	Δf_{12}	Δf_{22}	Δf_{13}
-45	441	448	889
-35	407	482	889
-25	379	531	910
-15	360	588	948
-5	363	609	972
5	357	568	925
15.3	363	503	866
25.4	395	445	840
35	421	370	791
44.7	392	326	718
54.8	392	273	665
65	411	181	592

3. 结束语

单基多电极的新型谐振器的构成的差频输出的温度-频率特性优于传统的单基单电极构成的谐振器的温度-频率特性。这是因为将多电极设计于同一基片时，每个电极形成的晶振频率-温度特性曲线走向一致。

单基多电极谐振器的力-频特性在力或应力检测领域有广泛的应用，消除外界温度对其产生的影响越来越被人们重视，采用差频补偿方法可有效地抑制温度对谐振器振动频率的影响。此外，多电极为多路复用、多方面进行温度补偿提供了有利条件。这种多电极设计方法将为石英谐振器相关特性的进一步开发利用提供依据。

致谢

此文工作得到了北京市科技发展项目（KM200610772009），北京市高校学术创新团队项目（51050031），北京市传感器重点实验室项目（66062019）的资助。

参考文献

1. 田文杰等，AT 切石英谐振器频率温度系数的研究，电子元件与材料 (9), 1 (2002).
2. 秦自楷等，压电石英晶体，国防工业出版社，北京 (1980).
3. B. B. 马洛夫，压电谐振传感器，国防工业出版社，北京 (1984).
4. 陈小林等，石英温度传感器的应用，传感器技术，55 (2002).

GUIDED WAVES IN ANISOTROPIC ELASTIC LAMINATED PLATES

W.Q. CHEN, Y.Q. GUO

Department of Civil Engineering, Zhejiang University, Hangzhou 310027, China
Email: chenwq@zju.edu.cn, guoyongqiang103@tom.com

H.M. Wang

Department of Mechanics, Zhejiang University, Hangzhou 310027, China
Email: wanghuiming@zju.edu.cn

J.W. SHAO

Architectural Design and Research Institute, Zhejiang University, Hangzhou 310027, China

The propagational characteristics of free waves in wave guides can be utilized for NDE, vibration reduction, and oil exploration. A vast of researches have been conducted on isotropic and anisotropic laminated plates, but few concerning the behavior in high frequency range or at large wave numbers, for which numerical instability may generally be encountered in conventional analysis methods. Based on the state equation for anisotropic elasticity, this paper constructs the formulations for the method of reverberation-ray matrix to analyze the wave propagation in anisotropic elastic laminated plates. Since unknown wave amplitudes are appropriately retained in the formulations, large numbers at high frequencies are excluded, making the calculation stable in the high frequency range. The matrix inverse operation is also avoided in the scattering relations to assure the stability in the low frequency range. Numerical examples are presented and good agreement is obtained.

Key words: Anisotropic laminated plate, reverberation-ray matrix method, dispersion curve, elastic waves

1. Introduction

Waves in layered media have long been the research subject in geophysics, acoustics, composites and nondestructive evaluation (NDE). A significant theoretical development was made by Thomson [1], who developed a matrix formulation to analyze wave propagation in layered media. The formulation is expressed in terms of displacement-stress vector (state vector); the state vectors on the uppermost and lowermost surfaces are related by a global transfer matrix, a product of individual transfer matrices for each layer. This makes the formulation very effective for media with a layered structure. An error in Thomson [1] was soon corrected by Haskell [2], and the formulation, widely known as the transfer matrix formulation, is sometimes also referred to the Thomson-Haskell formulation. However, the method of transfer matrix (MTM) suffers from serious numerical instability for long-element and high-frequency problems when the calculation is performed completely by a computer. The classical formulation of MTM thus has been modified by various researchers but limited success has been established [3].

In this paper, we extend the method of reverberation matrix (MRM), which was proposed by Pao et al. for dynamic response of planar trusses [4] and transient wave propagation in layered isotropic media [5], to analyzing free waves in anisotropic elastic laminated plates. The reverberation-ray matrix for a general anisotropic media is properly constructed, which bears two distinct features, i.e. no matrix inversion operator is involved and it is stable for both low and large wave numbers. Numerical results are presented and good agreement with existing results is obtained.

2. Basic Equations and Local Phase Relations

Consider the problem of free wave propagation in a laminated plate consisting of N homogeneous anisotropic elastic composite layers, as shown in Fig. 1. The z coordinate of the local dual coordinate system, which is unique for MRM, for the ith layer with the upper and lower surfaces denoted as I and J respectively, is also depicted in the figure. The local x and y coordinates are identical to those of the global coordinate system as given in the top. Consider the wave bearing the factor $e^{i(\omega t-k_x x-k_y y)}$, where ω is the circular frequency, and k_x and k_y are wave numbers in x- and y-directions, respectively. There are several ways to establish the state equation for such a problem of wave propagation in anisotropic elastic media. Here we follow the derivation by Ingebrigtsen and Tonning [6] but omit details. We choose u_x, u_y, u_z, σ_{xz}, σ_{yz}, and σ_{zz} as the primary variables, whose amplitudes (denoted by an overbar), which vary with the z coordinate, constitute the state vector $\mathbf{f}(z)$ satisfying

$$\frac{\mathrm{d}\mathbf{f}(z)}{\mathrm{d}z}=\mathbf{C}\mathbf{f}(z), \tag{1}$$

where the partitioned sub-matrices $\mathbf{C}$ are

$$\begin{aligned}&\mathbf{C}_{11}=-\mathrm{i}\mathbf{c}_{33}^{-1}\mathbf{L},\ \mathbf{C}_{12}=\mathbf{c}_{33}^{-1}\\&\mathbf{C}_{21}=-\rho\omega^2\mathbf{I}_3+k_x^2\mathbf{c}_{11}+k_y^2\mathbf{c}_{22}\\&\qquad+k_xk_y(\mathbf{c}_{12}+\mathbf{c}_{21})-\mathbf{L}^{\mathrm{T}}\mathbf{c}_{33}^{-1}\mathbf{L}\\&\mathbf{C}_{22}=-\mathrm{i}\mathbf{L}^{\mathrm{T}}\mathbf{c}_{33}^{-1}\end{aligned} \tag{2}$$

in which $\mathbf{L}=k_x\mathbf{c}_{31}+k_y\mathbf{c}_{32}$, and

$$\mathbf{c}_{ij}=\begin{bmatrix}c_{1i1j} & c_{1i2j} & c_{1i3j}\\ c_{2i1j} & c_{2i2j} & c_{2i3j}\\ c_{3i1j} & c_{3i2j} & c_{3i3j}\end{bmatrix} \tag{3}$$

with all other notations as commonly adopted in literature.

It is straightforward to show that the elastic stiffness matrices in the local dual coordinate system are related by

$$\mathbf{C}^{JI}=-\mathbf{J}_2\mathbf{C}^{IJ}\mathbf{J}_2 \tag{4}$$

where $\mathbf{J}_2=\mathrm{diag}(1,1,-1,-1,-1,1)$. It is obvious that $\mathbf{J}_2=\mathbf{J}_2^{-1}=\mathbf{J}_2^{\mathrm{T}}$.
Assume that λ^{IJ} is an eigenvalue of $\mathbf{C}^{IJ}$, i.e.

$$(\mathbf{C}^{IJ}-\lambda^{IJ}\mathbf{I})\mathbf{V}_\lambda^{IJ}=\mathbf{0} \tag{5}$$

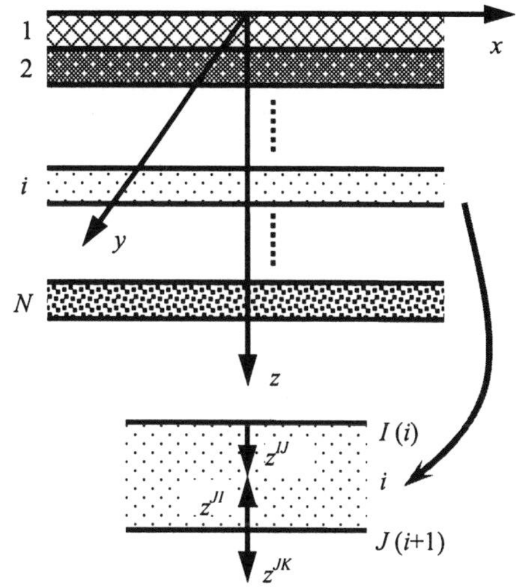

Figure 1 An N-layered plate and the local coordinates of a typical layer.

with $\mathbf{V}_\lambda^{IJ}$ being the corresponding eigenvector. It can be easily verified that $-\lambda^{IJ}$ is the eigenvalue of $\mathbf{C}^{JI}$ with $\mathbf{J}_2\mathbf{V}_\lambda^{IJ}$ being the corresponding eigenvector. Thus, for monoclinic materials (materials have one plane of symmetry parallel to the x-y plane such that $\mathbf{C}^{JI}=\mathbf{C}^{IJ}=\mathbf{C}$), as a special case of this result, if λ is an eigenvalue of $\mathbf{C}$, $-\lambda$ is also its eigenvalue.

The solutions to Eq. (1) in the local dual coordinate system are

$$\mathbf{f}^{IJ}(z^{IJ})=\mathbf{V}^{IJ}\exp(\mathbf{\Lambda}^{IJ}z^{IJ})\mathbf{A}^{IJ} \tag{6}$$

$$\mathbf{f}^{JI}(z^{JI})=\mathbf{V}^{JI}\exp(\mathbf{\Lambda}^{JI}z^{JI})\mathbf{A}^{JI} \tag{7}$$

where $\mathbf{A}^{IJ}$ and $\mathbf{A}^{JI}$ being the amplitude vectors.

Based on Eqs. (6) and (7), and noticing $\mathbf{f}^{JI}(h^{IJ}-z^{IJ})=\mathbf{J}_2\mathbf{f}^{IJ}(z^{IJ})$, we obtain the following relation between the two amplitude vectors

$$\mathbf{A}^{IJ}=\exp(-\mathbf{\Lambda}^{IJ}h^{IJ})(\mathbf{V}^{IJ})^{-1}\mathbf{J}_2\mathbf{V}^{JI}\mathbf{A}^{JI} \tag{8}$$

Setting

$$\begin{aligned}\mathbf{\Lambda}^{IJ}&=\mathrm{diag}(\lambda_1^{IJ},\lambda_2^{IJ},\cdots,\lambda_6^{IJ})\\ \mathbf{\Lambda}^{JI}&=\mathrm{diag}(\lambda_1^{JI},\lambda_2^{JI},\cdots,\lambda_6^{JI})\\&=\mathrm{diag}(-\lambda_1^{IJ},-\lambda_2^{IJ},\cdots,-\lambda_6^{IJ})\end{aligned} \tag{9}$$

gives

$$\mathbf{V}^{JI}=\mathbf{J}_2\mathbf{V}^{IJ} \tag{10}$$

Hence, Eq. (8) can be simplified to

$$\mathbf{A}^{IJ}=\exp(-\mathbf{\Lambda}^{IJ}h^{IJ})\mathbf{A}^{JI} \tag{11}$$

The correct form of local phase relations in MRM is the key to numerical stability in the high frequency range, and Eq. (11) should be rewritten further. The eigenvalue (η) of the matrix $\mathbf{E}=\mathrm{i}\mathbf{C}$ satisfies the following characteristic equation [6]

$$\begin{aligned}|\mathbf{c}_{33}\eta^2-(\mathbf{L}^{\mathrm{T}}+\mathbf{L})\eta-\rho\omega^2\mathbf{I}_3+k_x^2\mathbf{c}_{11}\\+k_y^2\mathbf{c}_{22}+k_xk_y(\mathbf{c}_{12}+\mathbf{c}_{21})|=0\end{aligned} \tag{12}$$

and the corresponding eigenvalue of $\mathbf{C}$ is $\lambda=-\mathrm{i}\eta$. The eigenvectors of $\mathbf{C}$ are identical to those of $\mathbf{E}$. If ω, k_x and k_y are all real, Eq. (12) is a sextic algebraic equation about η with real coefficients. Thus, we can draw the following four possibilities for the six λs: (a) all are complex ($\lambda_j=a_j+\mathrm{i}b_j, \lambda_{j+3}=-a_j+\mathrm{i}b_j, j=1,2,3$, where $a_j>0$ and b_j are real numbers); (b) all are pure imaginary ($\lambda_j=\mathrm{i}b_j$, $j=1,2,\cdots,6$, where b_j are real numbers); (c) four are complex and two are pure imaginary [in forms as in (a) and (b), respectively]; (d) two are complex and four are pure imaginary. The pure imaginary λ corresponds to a homogeneous wave, and the complex one to an inhomogeneous wave. According to Synge [7], the solutions may be divided into two different catalogues for each situation. One half of the complex solutions (corresponding to $\lambda_j=a_j+\mathrm{i}b_j$) represent inhomogeneous waves which grow exponentially with z, while the other half decay exponentially. One half of the pure imaginary solutions (corresponding to $\lambda_j=\mathrm{i}b_j$, with $b_j<0$) represent homogeneous waves with energy transport in the positive z-direction, while the others ($b_j>0$) in the negative z-direction. Hence, let $\mathbf{A}_-^{IJ}$ and λ_{j-}^{IJ} ($j=1,2,3$) be respectively the amplitudes and eigenvalues of the exponentially growing waves or the arriving plane waves with energy transport in the negative z^{IJ}-direction, and $\mathbf{A}_+^{IJ}$ and λ_{j+}^{IJ} ($j=1,2,3$) those of the exponentially decaying waves or the departing plane waves with energy transport in the positive z^{IJ}-direction.

The fact $\lambda_j^{JI}=-\lambda_j^{IJ}$ ($j=1,2,\cdots,6$) as given in Eq. (9) indicates that the solution in the coordinate z^{JI} corresponding to the eigenvalue λ_j^{JI} has an opposite physical interpretation as the one in the coordinate z^{IJ} corresponding to the eigenvalue λ_j^{IJ}. Thus, we can recast Eq. (11) into

$$\begin{Bmatrix}\mathbf{A}_-^{IJ}\\\mathbf{A}_+^{IJ}\end{Bmatrix}=\begin{bmatrix}\exp(-\mathbf{\Lambda}_-^{IJ}h^{IJ}) & \mathbf{0}\\ \mathbf{0} & \exp(-\mathbf{\Lambda}_+^{IJ}h^{IJ})\end{bmatrix}\begin{Bmatrix}\mathbf{A}_+^{JI}\\\mathbf{A}_-^{JI}\end{Bmatrix} \tag{13}$$

where

$$\mathbf{\Lambda}_-^{IJ}=\mathrm{diag}(\lambda_{1-}^{IJ},\lambda_{2-}^{IJ},\lambda_{3-}^{IJ})$$
$$\mathbf{\Lambda}_+^{IJ}=\mathrm{diag}(\lambda_{1+}^{IJ},\lambda_{2+}^{IJ},\lambda_{3+}^{IJ})$$

By rearrangement, we obtain

$$\begin{aligned}\begin{Bmatrix}\mathbf{A}_-^{IJ}\\\mathbf{A}_-^{JI}\end{Bmatrix}&=\begin{bmatrix}\mathbf{0} & \exp(-\mathbf{\Lambda}_-^{IJ}h^{IJ})\\ \exp(\mathbf{\Lambda}_+^{IJ}h^{IJ}) & \mathbf{0}\end{bmatrix}\begin{Bmatrix}\mathbf{A}_+^{IJ}\\\mathbf{A}_+^{JI}\end{Bmatrix}\\&=\mathbf{P}^{IJ}\begin{Bmatrix}\mathbf{A}_+^{IJ}\\\mathbf{A}_+^{JI}\end{Bmatrix}\end{aligned} \tag{14}$$

where $\mathbf{P}^{IJ}$ is the local phase matrix. Equation (14) expresses the right phase relations between arriving homogeneous waves and departing homogeneous waves in the layer IJ. If inhomogeneous waves exist, the corresponding elements in the phase matrix $\mathbf{P}^{IJ}$ will be exponential functions which decay with λh ($\mathrm{Re}[\lambda h]>0$). For monoclinic materials, since $\mathbf{\Lambda}_+^{IJ}=-\mathbf{\Lambda}_-^{IJ}$, we simply have

$$\begin{Bmatrix}\mathbf{A}_-^{IJ}\\\mathbf{A}_-^{JI}\end{Bmatrix}=\begin{bmatrix}\mathbf{0} & \exp(-\mathbf{\Lambda}_-^{IJ}h^{IJ})\\ \exp(-\mathbf{\Lambda}_-^{IJ}h^{IJ}) & \mathbf{0}\end{bmatrix}\begin{Bmatrix}\mathbf{A}_+^{IJ}\\\mathbf{A}_+^{JI}\end{Bmatrix} \tag{15}$$

Grouping the local phase relations for all layers together yields the global phase relations

$$\mathbf{a}=\mathbf{P}\mathbf{d} \tag{16}$$

where

$$\mathbf{a}=\begin{Bmatrix}\mathbf{A}_-^{12}\\\mathbf{A}_-^{21}\\\mathbf{A}_-^{23}\\\mathbf{A}_-^{32}\\\vdots\\\mathbf{A}_-^{(N+1)N}\end{Bmatrix},\quad \mathbf{d}=\begin{Bmatrix}\mathbf{A}_+^{12}\\\mathbf{A}_+^{21}\\\mathbf{A}_+^{23}\\\mathbf{A}_+^{32}\\\vdots\\\mathbf{A}_+^{(N+1)N}\end{Bmatrix} \tag{17}$$

3. Local Scattering Relations and Reverberation Matrix

The local scattering relations could be obtained easily from the boundary (continuity) conditions of each layer. Consider the continuity conditions at the interface J for example

$$\mathbf{f}^{JI}(0)=\mathbf{J}_2\mathbf{f}^{JK}(0) \tag{18}$$

This gives, by virtue of the solutions in Eqs. (6) and (7),

$$\mathbf{V}^{JI}\mathbf{A}^{JI}=\mathbf{J}_2\mathbf{V}^{JK}\mathbf{A}^{JK} \tag{19}$$

In view of Eq. (10), the above equation is rewritten as

$$\mathbf{V}^{IJ}\mathbf{A}^{JI}=\begin{bmatrix}\mathbf{V}_{11}^{IJ} & \mathbf{V}_{12}^{IJ}\\ \mathbf{V}_{21}^{IJ} & \mathbf{V}_{22}^{IJ}\end{bmatrix}\begin{Bmatrix}\mathbf{A}_{+}^{JI}\\ \mathbf{A}_{-}^{JI}\end{Bmatrix} \quad (20)$$

$$=\mathbf{V}^{JK}\mathbf{A}^{JK}=\begin{bmatrix}\mathbf{V}_{11}^{JK} & \mathbf{V}_{12}^{JK}\\ \mathbf{V}_{21}^{JK} & \mathbf{V}_{22}^{JK}\end{bmatrix}\begin{Bmatrix}\mathbf{A}_{-}^{JK}\\ \mathbf{A}_{+}^{JK}\end{Bmatrix}$$

which in turn gives

$$\begin{bmatrix}\mathbf{V}_{11}^{IJ} & -\mathbf{V}_{12}^{JK}\\ \mathbf{V}_{21}^{IJ} & -\mathbf{V}_{22}^{JK}\end{bmatrix}\begin{Bmatrix}\mathbf{A}_{+}^{JI}\\ \mathbf{A}_{+}^{JK}\end{Bmatrix}=\begin{bmatrix}-\mathbf{V}_{12}^{IJ} & \mathbf{V}_{11}^{JK}\\ -\mathbf{V}_{22}^{IJ} & \mathbf{V}_{21}^{JK}\end{bmatrix}\begin{Bmatrix}\mathbf{A}_{-}^{JI}\\ \mathbf{A}_{-}^{JK}\end{Bmatrix} \quad (21)$$

or

$$\mathbf{D}^{J}\mathbf{d}^{J}=\mathbf{A}^{J}\mathbf{a}^{J} \quad (22)$$

If pre-multiplying $(\mathbf{D}^{\mathbf{J}})^{-1}$ to the two sides of Eq. (22), we will get the conventional form of local scattering relations as derived by Pao et al. [4,5]; however, this usually introduces numerical instability at an extremely low frequency, for which since the problem is nearly static and almost no wave scattering occurs at the interface, the matrix inverse becomes badly conditioned. Another situation of numerical instability also occurs when there is nearly no wave component perpendicular to the interface (i.e. SH wave dominates significantly). Hence, in this paper, we directly adopt the form given in Eq. (22).

Grouping the local phase relations at all boundaries and interfaces together yields the global scattering relations

$$\mathbf{Dd}=\mathbf{Aa} \quad (23)$$

Combining Eq. (16) with Eq. (23) gives

$$(\mathbf{D}-\mathbf{AP})\mathbf{d}=\mathbf{Rd}=\mathbf{0} \quad (24)$$

where $\mathbf{R}=\mathbf{D}-\mathbf{AP}$ is the reverberation matrix, whose determinant should vanish to assure the existence of non-trivial solutions to Eq. (24); this gives the dispersion characteristic equation

$$|\mathbf{R}|=\mathbf{0} \quad (25)$$

which can be solved numerically.

4. Numerical Examples

To verify the method, we first consider two fiber-reinforced single-layered composite plates with fibers aligned along the *x*-axis (0°) and the *y*-axis (90°), respectively. The material properties of the plates are given in Table 1. In Ref. [10], the plane strain problem ($u_y=0$ and the other two displacement components are independent of y) and the anti-plane strain problem (only $u_y(x,z)\neq 0$) are separately considered. In our derivation, it is not necessary to do so, but in the following, we will assume that the wave propagates along the x-direction only. The frequency spectrum and phase velocity spectrum of the 0° lamina plate are shown in Figs. 2 and 3, respectively. In these figures, the dimensionless frequency, dimensionless wave number and dimensionless phase velocity are defined as $\Omega=\omega H/(2\pi\sqrt{c_{55}/\rho})$, $\gamma=kH/2\pi$ and $V=c/c_s$ respectively, where H is the thickness of the plate, k is the wave number along the *x*-direction, c is the phase velocity ($=\omega/k$) and c_s is the shear wave velocity ($=\sqrt{c_{55}/\rho}$). The results may be compared to those by Datta et al. [10] (Figs. 4 and 8 therein), and a close agreement could be observed. The frequency spectrum and phase velocity spectrum of the 90° lamina plate are depicted in Fig. 4 and Fig. 5, respectively, where the dimensionless variables are defined in the same fashion but the parameters should be replaced by those of the 90° lamina.

Table 1. Material properties of 0° and 90° laminae

Lamina	ρ	c11	c12	c13	c22	c23	c33	c44	c55	c66
0°	1200	1.6073	0.0644	0.0644	0.1392	0.0692	0.1392	0.035	0.0707	0.0707
90°	1200	0.1392	0.0644	0.0692	1.6073	0.0644	0.1392	0.0707	0.035	0.0707

Note: The unit of density is kg/m^3 and that of stiffness is 1011 N/m^2.

Next, a sandwich plate with 0°/90°/0° configuration and equal thickness for each lamina is considered. The frequency spectrum and phase velocity spectrum are presented in Figs. 6 and 7 respectively, where the dimensionless frequency, and dimensionless phase velocity are now defined as $\Omega=\omega H/[2\pi\sqrt{(c_{55}/\rho)_{0^\circ}}]$ and $V=c/c_{s0^\circ}$ respectively, along with the same definition of the dimensionless wave number as above. Comparison of the results to those obtained using the stiffness method by Datta et al. [10] (Figs. 5 and 9 therein) also indicates an excellent agreement.

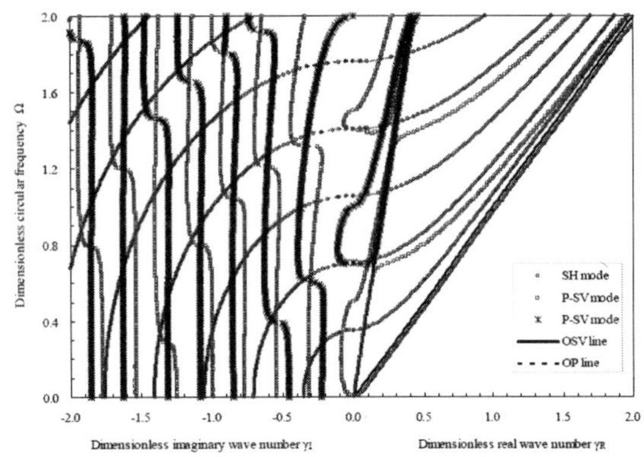

Figure 2. Frequency spectrum of the 0° lamina plate.

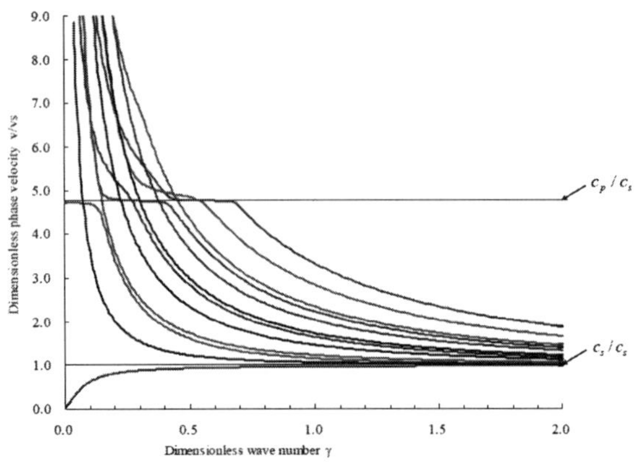

Figure 3. Phase velocity spectrum of the 0° lamina plate.

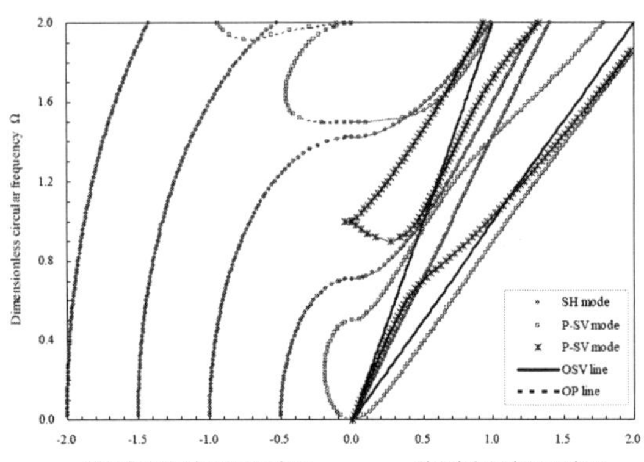

Figure 4. Frequency spectrum of the 90° lamina plate

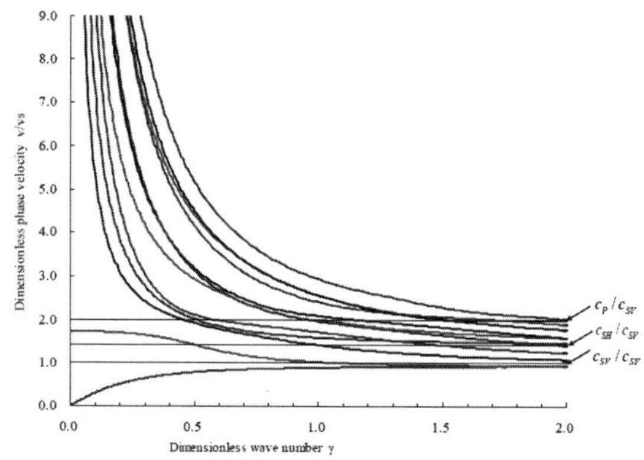

Figure 5. Phase velocity spectrum of the 90° lamina plate

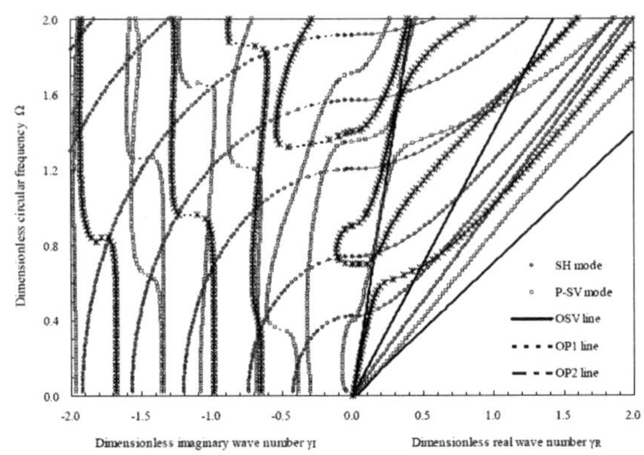

Figure 6. Frequency spectrum of the 0°/90°/0° laminated plate

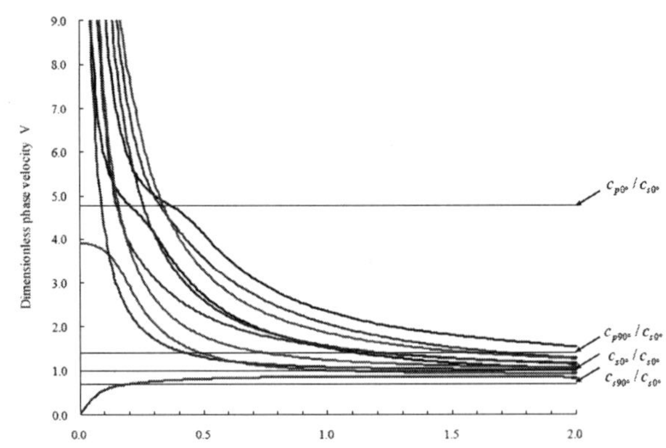

Figure 7. Phase velocity spectrum of the 0°/90°/0° laminated plate

5. Conclusion

Through the comparison of numerical results, it is shown that the current formulation of MRM could exhibit well in studying the wave propagation problem of anisotropic elastic laminated plate either in the high frequency range or in the extremely low frequency range. This makes MRM superior to the conventional MTM, and is also superior to the stiffness method for which a large number of sub-layers are needed in the high frequency range to obtain accurate results.

Acknowledgements

The work was supported by the National Natural Science Foundation of China (No. 10432030), the

Specialized Research Fund for the Doctoral Program of Higher Education (No. 20060335107) and the Program for New Century Excellent Talents in University (No. NCET-05-05010).

References

1. W.T. Thomson, Transmission of elastic waves through a stratified solid medium, *J. Appl. Phys.* **21**, 89 (1950).
2. N. Haskell, The dispersion of surface waves on multilayered media, *Bull. Sei. Soc. Am.* **43**, 17 (1953).
3. A.H. Nayfeh, *Wave Propagation in Layered Anisotropic Media*, Elsevier, Amsterdam (1995).
4. Y.H. Pao, D.C. Keh, S.M. Howard, Dynamic response and wave propagation in plane trusses and frames, *AIAA J.* **37**, 594 (1999).
5. X.Y. Su, J.Y. Tian, Y.H. Pao, Application of the reverberation-ray matrix to the propagation of elastic waves in a layered solid, *Int. J. Solids Struct.* **39**, 5447 (2002).
6. K.A. Ingebrigtsen and A. Tonning, Elastic surface waves in crystal, *Phys. Rev.* **184**, 942 (1969).
7. J.L. Synge, Flux of energy for elastic waves in anisotropic media. *Proc. Royal Irish Acad.* **58**, 13 (1956).
8. J.L. Rose, *Ultrasonic Waves in Solid Media*, Cambridge University Press, Cambridge (1999).
9. R. Jones, E.N. Thrower, An analysis of waves in a two-layer composite plate and its application to surface wave propagation experiment on roads, *J. Sound Vib.* **2**, 328 (1965).
10. S.K. Datta, A.H. Shah, R.L. Bratton, T. Chakraborty, Wave propagation in laminated composite plates, *J. Acoust. Soc. Am.* **83**, 2020 (1988).

集成式石英晶体谐振器的力-频特性及稳定性

田文杰 宁永怀 鄂然 崔媛媛

100101 北京市北四环中路 35 号北京信息工程学院传感器技术研究中心

E-mail: t-wenjie@biti.edu.cn, ningyonghuai@sohu.com

根据晶体振动的限波理论及有限元分析，将多对电极集成在同一晶体基片上，构成集成式石英晶体谐振器。利用对径加力的方法研究了这种集成式结构中处于不同位置的电极对应的谐振器的力-频特性及不同位置的谐振器之间以差频形式输出时的力-频特性。同时利用晶体频稳测试仪对这种结构的谐振器的振动状态的稳定性进行了测试和分析。实验结果表明，同一晶体基片上不同位置的谐振器的力-频特性各不相同，对应的力-频转换系数的差异最大可达 6 倍以上。用集成电路驱动谐振器工作时，振动频率稳定度都可达到 10^{-10} 的量级。

关键词：集成式石英谐振器，力-频特性，差频输出，频率稳定性。

FORCE-FREQUENCY CHARACTEACTERISTIC AND STABILITY OF INTEGRATE QUARTZ CRYSTAL RESONATOR

Wen-Jie TIAN, Yong-Huai NING, Ran E, Yuan-Yuan CUI

Research Center of Sensor Technology Beijing Information Technology Institute,
35# Middle North Forth Ring Road , Beijing,100101,P.R.China

E-mail: t-wenjie@biti.edu.cn, ningyonghuai@sohu.com

According to energy trap theory and finite element analyze, we plated several electrodes on the same quartz substrate. And an integrate quartz crystal resonator is created. We study the force-frequency characteristic of resonators and output of slip frequency on different positions of quartz substrate by adding radial force .simultaneity the resonator vibration state stability of this kind structure is testy and analyzed by using crystal frequency stability instrument .the result proved that the force-frequency characteristic of resonators on different positions of quartz substrate is different .and the difference of corresponding force-frequency coefficient can reach six times more. When resonators were driven by integrate circuit, the stability of vibration can get to 10-10 degree.

Keywords: integrate quartz crystal resonator，force-frequency characteristic, output of slip frequency, frequency stability

1. 引言

1947年Bottom发现了石英谐振器力频效应的特性。在过去的近六十年中，石英晶体谐振器的力-频特性一直是人们利用石英晶体作为力或应力检测元件所关注的重点[1-4]。为了克服除应力（或应变）之外的因素引起的石英晶体谐振器的频率变化，人们在利用石英晶体谐振器的力-频特性时，往往采用两个独立的单电极谐振器配对使用并用差频输出的方法抑制相关干扰因素的影响，提高石英谐振器的实用性能。但是，由于谐振器加工工艺技术的限制，配对使用的两个石英晶体极谐振器不可能完全一致，致使差频输出时的力频特性不可避免地受到干扰因素的影响。为了克服谐振器因晶片加工过程不同而造成的性能差异，本文介绍一种集成式的石英晶体谐振器，即在同一个晶体基片上的不同位置制作多个谐振器，且各个谐振器能同时独立工作。实验表明，这种集成式的石英晶体谐振器具有较好的力-频特性、输出线性度及频率稳定度。

2. 晶体限波理论及有限元分析

根据石英晶体厚度切变振动模式下形成的波在晶体中的传播特性,谐振器谐振稳定时,在电极区形成的波是由相向传播的两列等幅行波迭加而成的驻波[5],即

$$u(y.z.t)=\frac{A}{2}\sin(\frac{m\pi}{d}y)\cdot e^{i(\omega_{nm}t+\frac{n\pi}{b}z-\frac{\pi}{2})}+\frac{A}{2}\sin(\frac{m\pi}{d}y)\ e^{i(\omega_{nm}t-\frac{n\pi}{b}z+\frac{\pi}{2})} \quad (1)$$

式中，A为行波波幅；b、d分别表示行波传播方向上晶体的宽度和厚度；n、m为与振动模态相关的实数；ω_{mn}为谐振器的谐振频率，由谐振器的结构尺寸、晶体的刚度系数及振动模态决定。

而在电极区外，行波方程为

$$u(y,z,t)=A''\cdot e^{\xi z}\sin(\frac{m\pi}{d}y)\ e^{i\omega_{nm}t} \quad (2)$$

式中，ξ为实数，行波波幅$A''\cdot e^{\xi z}$随位置呈指数变化（衰减）。因此，晶体谐振器的振动能量被限制在电极区附近的区域内。

利用ANSYS有限元分析软件，对如图1所示的AT切圆形石英晶片内部的应力进行分析。若晶片直径为12.5mm、厚度为0.16mm，当沿x轴方向施加一个5N的对径集中力时，晶片内部处于中心位置的A点和距A点分别为3mm的B、C点的应力变化分别为：ΔF_A＝-6.81×10^7 N/m^2、ΔF_B = -8.99×10^7 N/m^2、ΔF_C = -4.07×10^7 N/m^2 。

用蒸镀电极的方法在如上所述的AT切晶片的A、B、C三个位置分别镀上电极，从而构成三种电极位置不同的谐振器。并沿晶体的x轴方向施加对径集中力，测量谐振器对应的频率变化量。可得A、B、C

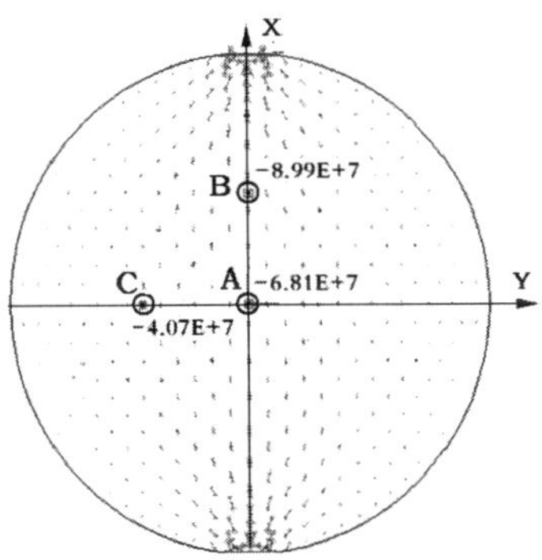

图1. AT切圆形石英晶片内的应力分布

三个位置对应的谐振器的力-频转换系数K分别为：K_A=189.9Hz/N、K_B=255.3Hz/N、K_C=115.0Hz/N。

将ANSYS分析得到的结果ΔF_A、ΔF_B、ΔF_C与实验所得结果k_A、k_B、k_C进行如下数值处理：

$$\eta_A=\left|\frac{\Delta F_A}{K_A}\right|=3.58\times10^5\ ,\ \eta_B=\left|\frac{\Delta F_B}{K_B}\right|=3.52\times10^5,$$

$$\eta_C=\left|\frac{\Delta F_C}{K_C}\right|=3.54\times10^5。$$

比较上述得到的η_A、η_B、η_C，它们之间对应的数值是非常相近的，相对误差最大为

$$\sigma_{max}=\left|\frac{\eta_A-\eta_B}{\frac{1}{2}(\eta_A+\eta_B)}\right|=1.7\%$$

以上结果证实，ANSYS有限元分析结果是正确的。在对晶片施加对径力时，谐振器的力-频特性由电极中心点的位置决定。因此，在同一晶体基片上设计谐振器的电极尺寸时，考虑到晶体振动的限波理论的要求，两个谐振器之间的电极间距愈大，则谐振器之间的相互耦合（干扰）就愈小，谐振器的工作就愈稳定；同时可看出，两个谐振器之间的电极距离愈大，对应的谐振器的力-频特性差异就愈大，这时若集成式谐振器采用差频形式输出，则表现出的差频力-频特性就愈显著。

3. 集成式谐振器及力-频特性

根据晶体振动的限波理论和差频输出的特点，设计集成式石英晶体谐振器时，应考虑到石英晶片的有限尺寸及用于力（或应力）传感器时石英晶体谐振器的边缘受到约束的情况，同时考虑晶体机械强度及工艺技术等的关系，对直径为12.5mm、厚度为0.16mm的石英晶片，在相间120°的方位、距中心点的距离为3.3mm的位置蒸镀Φ3mm的电极（两个电极边缘间距为2.7mm），可构成三个独立的谐振器P_1、P_2、P_3，如图2所示。

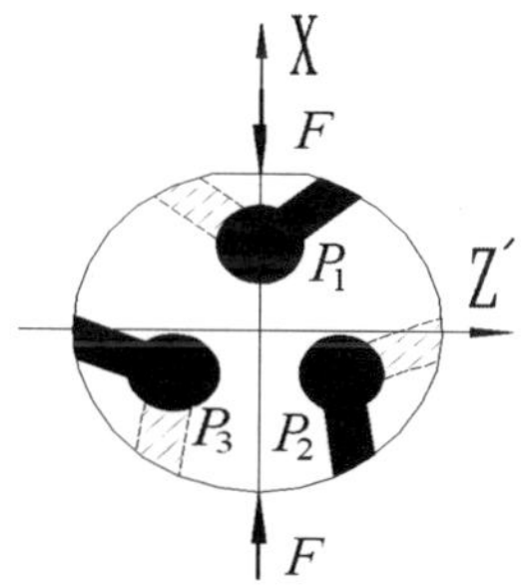

图2. 集成式石英谐振器

将如图2所示结构的三个独立谐振器P_1、P_2、P_3分别与各自的电路连接形成振荡，对应的基频振荡频率分别为f_1、f_2、f_3。在图示方向施加对径力F，用Agilent-53132A（12位）数字式频率计记录F改变时三个谐振器P_1、P_2、P_3的频率变化量$\triangle f_1$、$\triangle f_2$、$\triangle f_3$。利用最小二乘法处理数据，可得P_1、P_2、P_3对应的谐振器的力-频转换系数K分别为：K_{P1}=298.5Hz/N、K_{P2}=46.5Hz/N、K_{P3}=167.6Hz/N。

所得数据表明，同一加力方式下，不同位置的谐振器之间的力-频特性的差异较大，如谐振器P_1的力-

频转换系数是P_2的6.4倍。实验还表明，改变径向作用力F相对于X轴的方位角时，三个谐振器的力-频转换系数的大小将发生变化。

在图2所示的径向力F作用下，将谐振器P_1、P_2的频率变化量$\triangle f_1$、$\triangle f_2$再作差频处理，可得差频输出式的力-频转换系数$K_{(P1-P2)}$ = 251.9Hz/N，非线性度ε =0.48%FS。

4. 谐振器的稳定性

4.1. 表面抛光单基三电极谐振器的频率稳定度

室温时，在晶片边沿自由的状态下，用XHTF3597频稳测试仪，对基片直径为14mm，并且表面抛光的单基三电极谐振器进行频率稳定性测试。谐振器谐振基频为10MHz，振荡电路采用集成电路IC610。在每次取样10个数据，每个数据采样间隔时间为1s的情况下，连续测量电路输出频率的稳定度$\sigma(\tau)$，其测量结果如图3所示，稳定度的平均值$\overline{\sigma(\tau)}=1.921\times10^{-10}$。

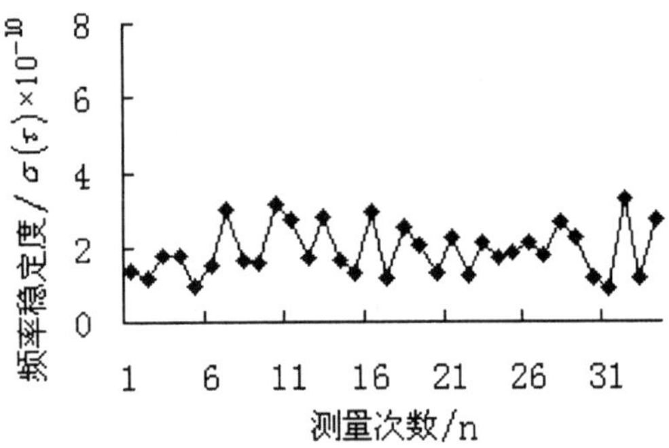

图 3. 表面抛光、基片边沿自由时单基三电极谐振器的频率稳定性

若将基片表面抛光的单基三电极谐振器的晶片边沿用环氧树脂固结于支架上，用同样的方法测量谐振器的频率稳定度$\sigma(\tau)$，其测量结果如图4所示，稳定度的平均值$\overline{\sigma(\tau)}=2.479\times10^{-10}$。

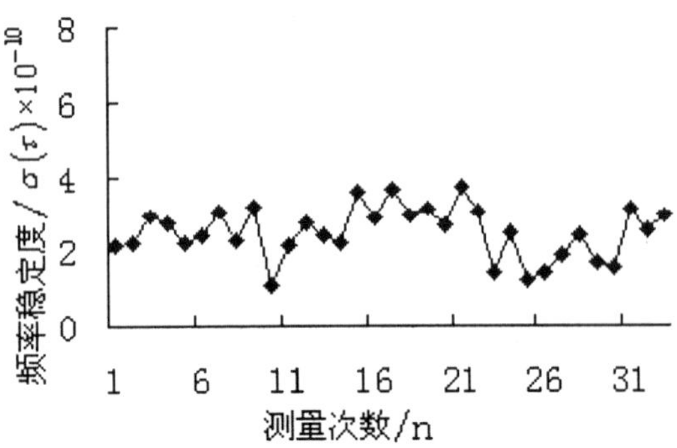

图 4 表面抛光、基片边沿固结时单基三电极谐振器的频率稳定性

4.2. 白片单基三电极谐振器的频率稳定度

同样在室温时，用XHTF3597频稳测试仪，在晶片边沿自由的状态下，对谐振基频为10MHz、基片直径为12.5mm、表面未经抛光处理的白片单基三电极谐振器进行频率稳定性测试。测量结果如图5所示，稳定度的平均值$\overline{\sigma(\tau)}=4.533\times10^{-10}$。

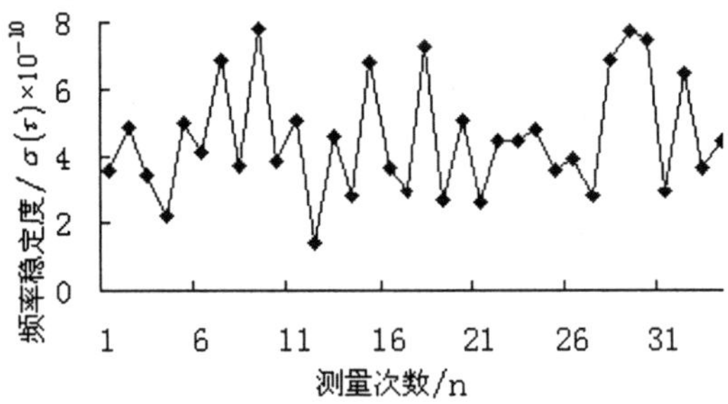

图 5. 表面白片单基三电极谐振器的频率稳定性

4.3. 白片单基单电极谐振器的频率稳定度

同样在室温时，用XHTF3597频稳测试仪，在晶片边沿自由的状态下，对谐振基频为10MHz、基片直径为12.5mm、表面未经抛光处理的白片单基单电极谐振器进行频率稳定性测试。测量结果如图6所示，稳定度的平均值$\overline{\sigma(\tau)}=3.535\times10^{-10}$。

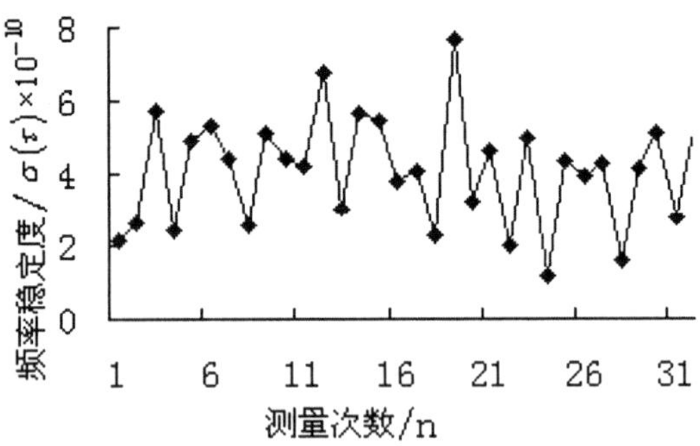

图 6. 表面白片单基单电极谐振器的频率稳定性

4.4. 稳定性对比分析

(1) 由图3、图4可看出，谐振器的基片边沿自由和固结时，稳定度的波动幅度相差不大，但边沿固结后的稳定度平均值比边沿自由时的大，说明基片边沿固结对谐振器的谐振稳定性有一定的影响。

(2) 将图3、图4及对应的稳定度的平均值$\overline{\sigma(\tau)}$与图5、图6比较可以看出：晶片表面抛光后稳定度的波动幅值和平均值都比表面未作抛光的白片小，即晶体表面抛光对谐振器的稳定性有明显的改善。

5. 结论

集成于同一基片上的不同位置电极构成的谐振器的力-频特性与加力方位角之间有密切关系。选择恰当的加力方位角，可以使不同位置的谐振器构成的差频式输出的力-频特性优于传统的单一中心电极构成的谐振器的力-频特性。由于这种集成式的谐振器基于同一晶片，它们将有相同的热敏特性，即对应的频率-温度特性曲线是相同的，根据它们之间的这种关系，用不同位置的谐振器构成差频式输出可有效地抑制温度对力敏特性的影响。

对集成式石英晶体谐振器的基片进行抛光处理，可有效地提高谐振器的谐振频率稳定性，这种结构的谐振器用于传感器时，可使传感器的测量分辨率和精度得到提高。

与一般的单基中心单电极谐振器相比，利用集成式石英晶体谐振器作传感器的敏感元件时，一个集成式谐振器可替代多个独立晶片构成的谐振器（其中一个用于温度补偿），这样既可利用同一单基晶片热特性能相同的特点抑制温度干扰，又能简化结构、降低相关成本和设计技术难度，克服独立的谐振器之间因结构及工艺差异造成的误差。因此，集成式石英晶体谐振器的力-频特性在力或应力检测领域有广泛的应用前景。

致谢

此文工作得到了国家自然科学基金北京市科技发展项目（KM200610772009），北京市高校学术创新团队项目（51050031）的资助,在此表示感谢。

参考文献

1. Z.Y. Wang, H.Z. Zhu, Y.G. Dong, et. al., Force-frequency coefficient of symmetrical incomplete circular quartz crystal resonator, *IEEE Ultra. Ferr. Freq. Contr.* **48**, 1471 (2001).
2. E.D. Reedy, W.J. Kass, Finite-element analysis of a quartz digital accelerometer, *IEEE Ultra. Ferr. Freq. Contr.* **37**, 5 (1990).
3. B.B. 马洛夫, 压电谐振传感器, 国防工业出版社, 北京 (1984).
4. 冯冠平, 王晓红, 王劲松, 石英晶体谐振器的力频效应及应用, 清华大学学报(自然版) **38**, 35 (1998).
5. 田文杰, 路峻岭, 刘玲玲等, 切变振动型石英晶体谐振器的特点及其应用, 压电与声光 **28**, 150 (2006).

VIBRATIONS OF AN ISOTROPIC ELASTIC PLATE WITH ONE RIGIDLY FIXED FACE

Ji WANG

Piezoelectric Device Laboratory, School of Engineering, Ningbo University,
818 Fenghua Road, Ningbo, Zhejiang 315211, CHINA
E-mail: wangji@nbu.edu.cn

Ren-Jie YAO, Zheng ZHONG

School of Aerospace Engineering and Applied Mechanics, Tongji University,
100 Zhangwu Road, Shanghai 200092, CHINA

Peter C.Y. LEE

Department of Civil and Environmental Engineering, Princeton University, Princeton, New Jersey 08544, USA

Surface acoustic wave resonators are fabricated on a finite elastic substrate with proper mountings. In the analysis of the wave propagation of finite elastic solids with complications such as electrodes, mountings, and boundary conditions, approximate theory has to be developed based on dominant vibration modes and actual boundary conditions. In considering the effect of mountings in a finite elastic plate and vibration mode changes, we start from an elastic plate with one face rigidly fixed to examine the vibration frequency and mode changes in the vicinity of the surface acoustic wave velocity. For an isotropic elastic plate, we introduce two potential functions for the three-dimensional elasticity equations. Solutions satisfying the boundary conditions of one rigidly fixed face and one free face are obtained along with frequency equation. It is found that with the increase of the plate thickness, solutions of the velocity and displacements approach to Rayleigh wave solutions we are familiar with. We further obtain stresses of the plate with known plate thickness and wave velocity to see the overall changes in addition to the velocity itself and displacements. These results will be used in the analysis of surface acoustic waves in finite solids in conjunction of our recent work on the two-dimensional theory for the analysis of surface wave propagation in finite plates. Such analytical methods and procedures are essential in the analysis and design of surface acoustic wave resonators, which are based on finite anisotropic piezoelectric solids with structural complications.

Keywords: isotropic, plate, surface wave, vibration

1. Introduction

For the analysis and design of surface acoustic wave resonators, it is natural and important to consider the finite size and boundary conditions that are different from the ideal Rayleigh waves [1], also known as surface acoustic waves (SAW), existing in the vicinity of a free surface of a semi-infinite elastic body. Approximate theory has to be developed on the base of dominant vibration modes and actual boundary conditions. We start from an elastic plate with one face rigidly fixed to examine the vibration frequency and mode changes in the vicinity of the surface acoustic wave velocity.

2. Governing Equations for An Isotropic Elastic Plate

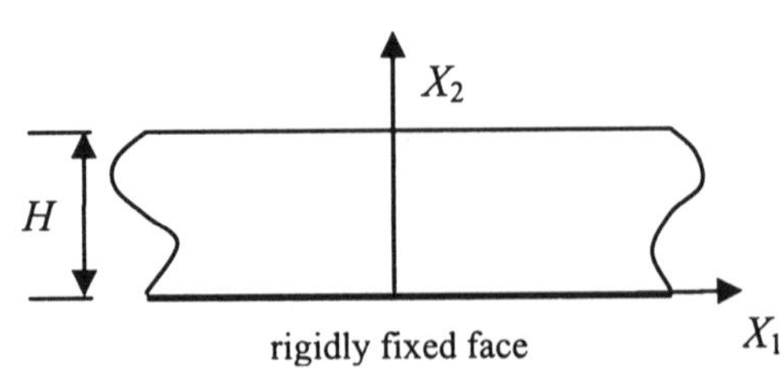

Figure 1. A plate with one rigidly fixed face.

For an isotropic elastic plate shown in Fig. 1, the displacements u_i are expressed by

$$u_i = \phi_{,i} + H_{k,j}e_{ijk}, \quad H_{k,k} = 0, \tag{1}$$

where ϕ and H are the scalar and vector potentials of the displacement, and they are governed by

$$v_1^2\phi_{,kk} = \ddot{\phi}, \quad v_2^2 H_{i,kk} = \ddot{H}_i, \tag{2}$$

where

$$v_1^2 = \frac{\lambda + 2\mu}{\rho}, \quad v_2^2 = \frac{\mu}{\rho}, \tag{3}$$

and λ and μ are Lamé's constants and ρ is the mass density of the plate.

For plane strains in the X_1-X_2 plane as shown in Fig.1, we consider

$$\phi = \phi(x_1, x_2, t), \quad H_i = H_i(x_1, x_2, t), \tag{4}$$

then H_1 and H_2 are uncoupled from ϕ and H_3, and therefore they can be considered separately.

Substituting Eq. (4) into Eq. (1), we have, for plane strain,

$$u_1 = \phi_{,1} + H_{3,2}, \quad u_2 = \phi_{,2} - H_{3,1}, \tag{5}$$

and the stress-displacement relations are

$$T_{11} = (\lambda + 2\mu)u_{1,1} + \lambda u_{2,2},$$
$$T_{22} = (\lambda + 2\mu)u_{2,2} + \lambda u_{1,1}, \tag{6}$$
$$T_{12} = \mu(u_{2,1} + u_{1,2}).$$

Consider solutions in wave form in x_1 direction

$$\phi = f(x_2)e^{i\xi(x_1 - vt)} = f(x_2)e^{i(\xi x_1 - \omega t)},$$
$$H_3 = ih(x_2)e^{i\xi(x_1 - vt)} = ih(x_2)e^{i(\xi x_1 - \omega t)}, \tag{7}$$

where ξ and v are the wave number and phase velocity of the wave, respectively, and they are related to the radian frequency ω by

$$\omega = \xi v. \tag{8}$$

Equation (7) satisfy Eq. (2) provided

$$f'' + \alpha^2 f = 0, \quad h'' + \beta^2 h = 0. \tag{9}$$

where

$$\alpha^2 = \frac{\omega^2}{v_1^2} - \xi^2 = \xi^2\left(\frac{v^2}{v_1^2} - 1\right) = \xi^2\left(k^{-2}s^2 - 1\right),$$

$$\beta^2 = \frac{\omega^2}{v_2^2} - \xi^2 = \xi^2\left(\frac{v^2}{v_2^2} - 1\right) = \xi^2\left(s^2 - 1\right), \tag{10}$$

$$k = v_1 / v_2, \quad s = v / v_2.$$

Substituting Eq. (7) into Eqs. (5) and (6) and making use of Eqs. (9) and (10), we have

$$u_1 = i(\xi f + h')e^{i\xi(x_1 - vt)},$$
$$u_2 = (f' + \xi h)e^{i\xi(x_1 - vt)}, \tag{11}$$

and

$$T_{11} = \mu\left[(2\alpha^2 - \beta^2 - \xi^2)f - 2\xi h'\right]e^{i\xi(x_1 - vt)},$$
$$T_{22} = \mu\left[(\xi^2 - \beta^2)f + 2\xi h'\right]e^{i\xi(x_1 - vt)},$$
$$T_{12} = i\mu\left[2\xi f' + (\xi^2 - \beta^2)h\right]e^{i\xi(x_1 - vt)},$$
$$T_{33} = -\lambda\left(\alpha^2 + \xi^2\right)f\,e^{i\xi(x_1 - vt)} = \mu\left(2k^{-2} - 1\right)\left(\xi^2 + \beta^2\right)f\,e^{i\xi(x_1 - vt)} \tag{12}$$

3. Classical Solution for An Isotropic Elastic Plate with One Rigidly Fixed Face

For a plate with traction free face at $x_2 = H$ and zero-displacement face at $x_2 = 0$, the boundary conditions are

$$T_{21} = T_{22} = 0, \text{ at } x_2 = H,$$
$$u_1 = u_2 = 0, \text{ at } x_2 = 0. \tag{13}$$

For the case $v > v_1$, or $s > k$, solutions of (9) take the form

$$f = A\sin\alpha x_2 + B\cos\alpha x_2,$$
$$h = C\sin\beta x_2 + D\cos\beta x_2, \tag{14}$$

Substituting Eq. (14) into Eq. (11) and imposing boundary conditions $(13)_2$, we obtain

$$B = -\frac{\beta}{\xi}C, \quad D = -\frac{\alpha}{\xi}A, \tag{15}$$

By the use of above relations, amplitudes B and D are eliminated in Eq. (10) as given below

$$f = A\sin\alpha x_2 - C\beta/\xi\cos\alpha x_2,$$
$$h = C\sin\beta x_2 - A\alpha/\xi\cos\beta x_2. \tag{16}$$

Then, insertion of Eq. (16) into Eqs. (11) and (12) leads to

$$u_1 = i\left[A\xi\left(\sin\alpha x_2 + \frac{\alpha\beta}{\xi^2}\sin\beta x_2\right) - C\beta(\cos\alpha x_2 - \cos\beta x_2)\right]e^{i\xi(x_1 - vt)}$$

$$u_2 = \left[A\alpha(\cos\alpha x_2 - \cos\beta x_2) + C\xi\left(\frac{\alpha\beta}{\xi^2}\sin\alpha x_2 + \sin\beta x_2\right)\right]e^{i\xi(x_1 - vt)} \tag{17}$$

and

$$T_{11} = \mu\left\{\left[-\left(\xi^2 + \beta^2 - 2\alpha^2\right)\sin\alpha x_2 - 2\alpha\beta\sin\beta x_2\right]A + \left[\frac{\beta}{\xi}\left(\xi^2 + \beta^2 - 2\alpha^2\right)\cos\alpha x_2 - 2\xi\beta\cos\beta x_2\right]C\right\}e^{i\xi(x_1 - vt)}$$

$$T_{22} = \mu\left\{\left[\left(\xi^2 - \beta^2\right)\sin\alpha x_2 + 2\alpha\beta\sin\beta x_2\right]A + \left[\frac{-\left(\xi^2 - \beta^2\right)\beta}{\xi}\cos\alpha x_2 + 2\xi\beta\cos\beta x_2\right]C\right\}e^{i\xi(x_1 - vt)}$$

$$T_{12} = i\mu\left\{\left[2\xi\alpha\cos\alpha x_2 - \frac{\alpha}{\xi}\left(\xi^2 - \beta^2\right)\cos\beta x_2\right]A + \left[2\alpha\beta\sin\alpha x_2 + \left(\xi^2 - \beta^2\right)\sin\beta x_2\right]C\right\}e^{i\xi(x_1 - vt)} \tag{18}$$

To satisfy boundary conditions $(13)_1$, we require

$$\begin{bmatrix} \gamma\sin\alpha H + 2\alpha\beta\sin\beta H & -\frac{\beta}{\xi}\gamma\cos\alpha H + 2\xi\beta\cos\beta H \\ 2\xi\alpha\cos\alpha H - \frac{\alpha}{\xi}\gamma\cos\beta H & 2\alpha\beta\sin\alpha H + \gamma\sin\beta H \end{bmatrix}\begin{bmatrix} A \\ C \end{bmatrix} = 0 \tag{19}$$

where $\gamma = \xi^2 - \beta^2$. Vanishing of the determinant of above coefficient matrix results the frequency equation

$$\left[\left(\xi^2 - \beta^2\right)^2 + 4\alpha^2\beta^2\right]\sin\alpha H\sin\beta H - \left[\left(\xi^2 - \beta^2\right)^2\frac{\alpha\beta}{\xi^2} + 4\xi^2\alpha\beta\right]\cos\alpha H\cos\beta H + 4\alpha\beta\left(\xi^2 - \beta^2\right) = 0 \tag{20}$$

If $v < v_2$, Eq. (10) can be rewritten as

$$\alpha^2 = -\xi^2\left(1 - k^{-2}s^2\right) = -\alpha_1^2, \quad \alpha = \pm i\alpha_1,$$

$$\alpha_1^{\,2} = \xi^2\left(1 - k^{-2}s^2\right), \quad \alpha_1 = \xi\left(1 - k^{-2}s^2\right)^{1/2},$$

and

$$\beta^2 = -\xi^2\left(1 - s^2\right) = -\beta_1^2, \quad \beta = \pm i\beta_1,$$

$$\beta_1^2 = \xi^2\left(1 - s^2\right), \quad \beta_1 = \xi\left(1 - s^2\right)^{1/2}, \tag{21}$$

$$\xi^2 - \beta^2 = \xi^2\left(2 - s^2\right).$$

Thus, Eq. (20) becomes, for $v < v_2$,

$$\left[\left(2 - s^2\right)^2 + 4\left(1 - s^2\right)\left(1 - k^{-2}s^2\right)\right]\sinh(\alpha_1 H)\sinh(\beta_1 H) - \left(1 - s^2\right)^{1/2}\left(1 - k^{-2}s^2\right)^{1/2}[4 + (2 - s^2)^2]\cosh(\alpha_1 H)\cosh(\beta_1 H) + 4\left(1 - s^2\right)^{1/2}\left(1 - k^{-2}s^2\right)^{1/2}\left(2 - s^2\right) = 0 \tag{22}$$

In the limiting case as $\xi \to \infty$ or $H/\lambda \to \infty$, $\sinh(\alpha_1 H) \approx \cosh(\alpha_1 H) \to \infty$, and $\sinh(\beta_1 H) \approx \cosh(\beta_1 H) \to \infty$, Eq. (22) becomes

$$\left(2 - s^2\right)^2 + 4\left(1 - s^2\right)\left(1 - k^{-2}s^2\right) - \left(1 - s^2\right)^{1/2}\left(1 - k^{-2}s^2\right)^{1/2}\left[4 + \left(2 - s^2\right)^2\right] = 0 \tag{23}$$

For $\left(1 - s^2\right)\left(1 - k^{-2}s^2\right) \neq 1$, (30) leads to

$$\left(2 - s^2\right)^4 = 16\left(1 - s^2\right)\left(1 - k^{-2}s^2\right), \tag{24}$$

which is identical to the equation for the phase velocity $s = v/v_2$ for the Rayleigh surface wave.

Define dimensionless frequency, wave number, and phase velocity as

$$\Omega = \frac{\omega}{\frac{\pi}{2H}v_2}, \quad Z = \frac{\xi}{\frac{\pi}{2H}}, \quad V = s = \frac{v}{v_2}. \tag{25}$$

And then Eq. (22) can be rewritten as

$$\left[\left(2 - V^2\right)^2 + 4\left(1 - V^2\right)\left(1 - \frac{\mu}{\lambda + 2\mu}V^2\right)\right]\sinh\left[\frac{\pi}{2}Z\left(1 - \frac{\mu}{\lambda + 2\mu}V^2\right)^{\frac{1}{2}}\right]\sinh\left[\frac{\pi}{2}Z\left(1 - V^2\right)^{\frac{1}{2}}\right] - \left(1 - V^2\right)^{\frac{1}{2}}\left(1 - \frac{\mu}{\lambda + 2\mu}V^2\right)^{\frac{1}{2}}\left[4 + \left(2 - V^2\right)^2\right]\cosh\left[\frac{\pi}{2}Z\left(1 - \frac{\mu}{\lambda + 2\mu}V^2\right)^{\frac{1}{2}}\right]\cosh\left[\frac{\pi}{2}Z\left(1 - V^2\right)^{\frac{1}{2}}\right] + 4\left(1 - V^2\right)^{\frac{1}{2}}\left(1 - \frac{\mu}{\lambda + 2\mu}V^2\right)^{\frac{1}{2}}\left(2 - V^2\right) = 0 \tag{26}$$

4. Universal Solutions and Results

When Z is a real number, the phase velocity can be smaller than transversal wave velocity, bigger than longitudinal wave velocity, or in the middle of longitudinal and transversal wave velocity. These conditions can be written as

$$v < v_2, \; v_2 < v < v_1, \quad v > v_1.$$

In the case of $v_2 < v < v_1$, there existed equations as below

$$\alpha^2 = -\xi^2\left(1 - v^2/v_1^2\right) = -\alpha_1^2, \quad \alpha = \pm i\alpha_1,$$

$$\alpha_1^2 = \xi^2\left(1 - k^{-2}s^2\right), \quad \alpha_1 = \xi\left(1 - k^{-2}s^2\right)^{1/2},$$

$$\beta^2 = \xi^2\left(\frac{v^2}{v_2^{\,2}} - 1\right) = \beta_1^2, \quad \beta_1 = \xi\left(s^2 - 1\right)^{1/2}, \qquad (27)$$

$$\xi^2 - \beta^2 = \xi^2\left(2 - s^2\right).$$

In the case of $v > v_1$, we can obtain alike equations.

Basing on the above-mentioned equations, we can plot frequency figure, velocity figure and displacement figures. Poisson's Ratio is set as 0.31 in every figures.

4.1. *Frequency and velocity figures*

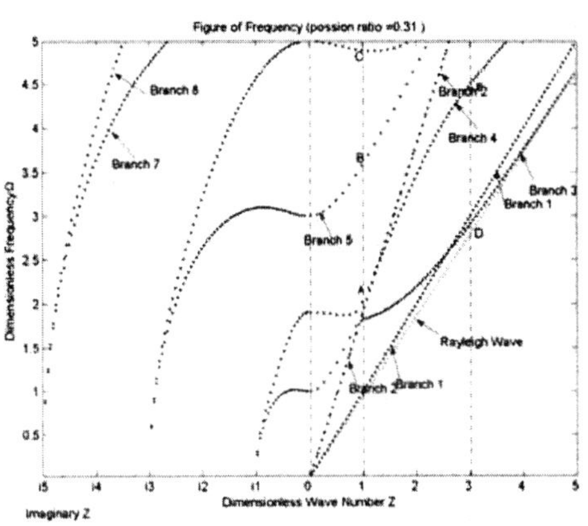

Figure 2. Frequency versus wavenumber.

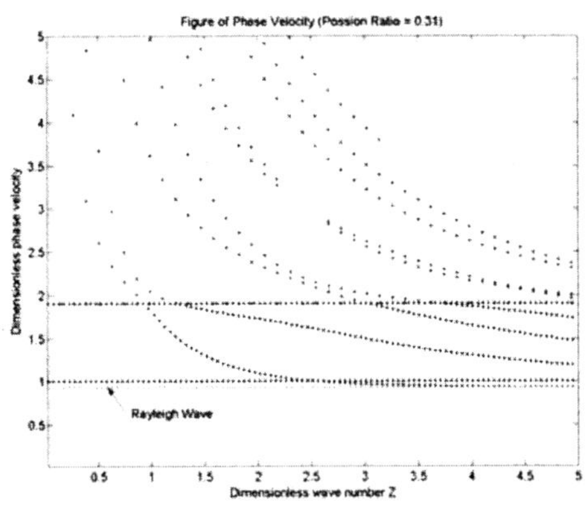

Figure 3. Velocity versus wavenumber in the plate.

4.2. *Displacement and stress figures*

As the last part, we plot figures of displacement amplitude and stress amplitude at selected points, namely, points A, B, C, D, E.

Point A: Z=1, branch 4

Point B: Z=1, branch 5

Point C: Z=1, branch 6

Point D: Z=3, branch 3

Point E: Z =3, branch 4

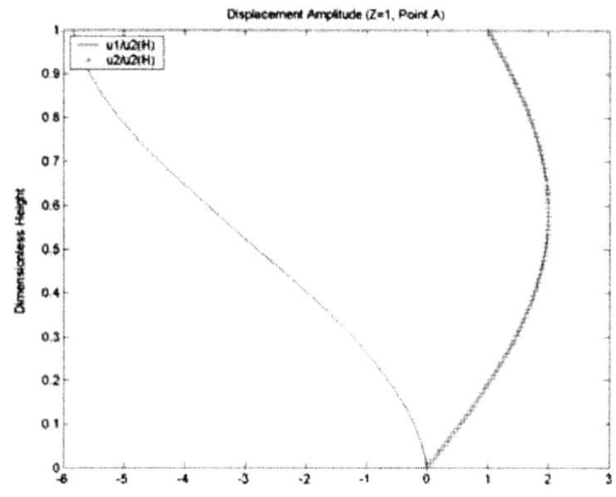

Figure 4. Displacement s of Point A.

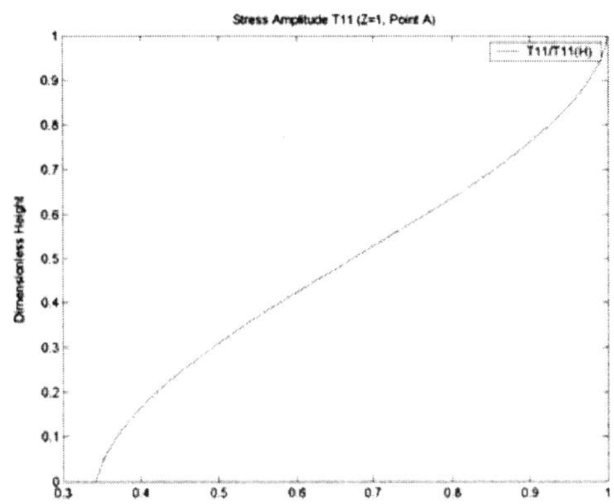

Figure 5. Stress T11 of Point A.

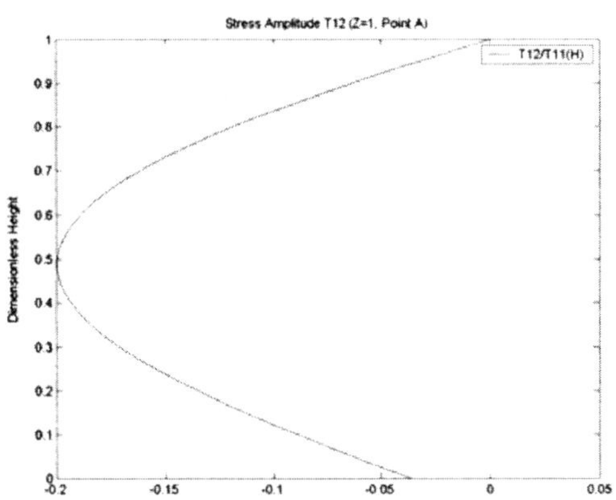

Figure 6. Stress T12 of Point A.

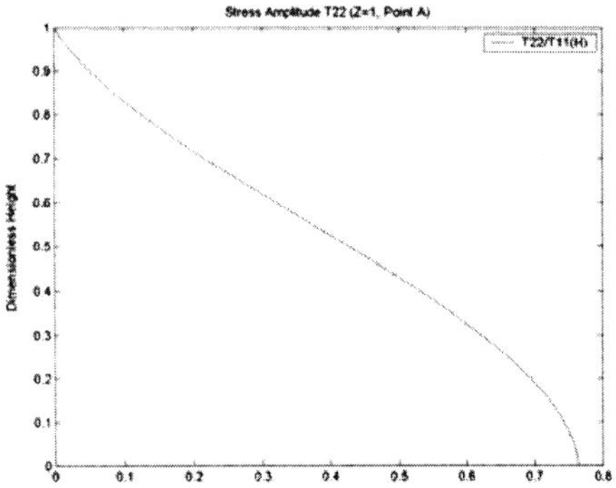

Figure 7. Stress T22 of Point A.

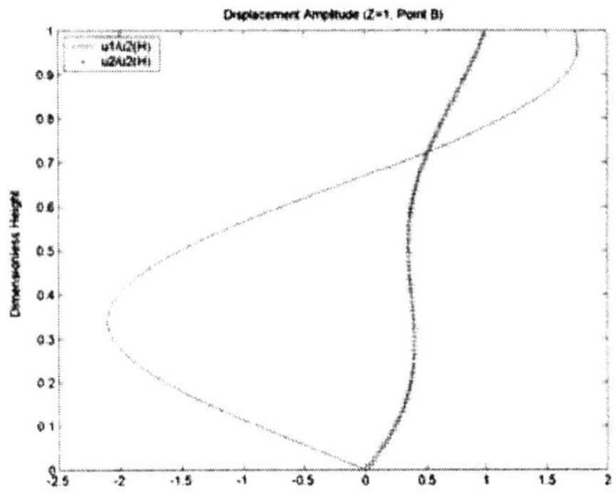

Figure 8. Displacements of Point B.

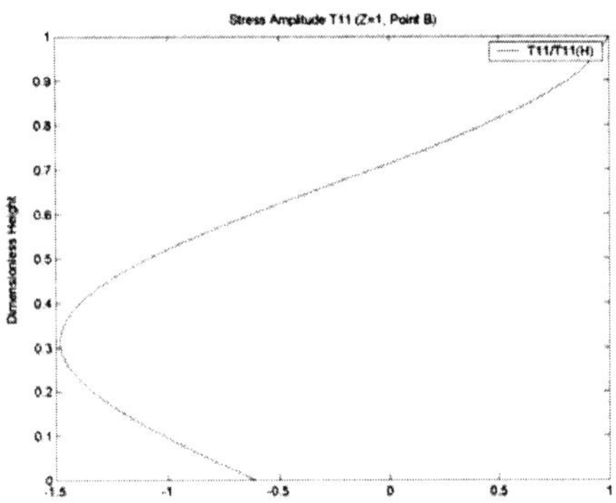

Figure 9. Stress T11 of Point B.

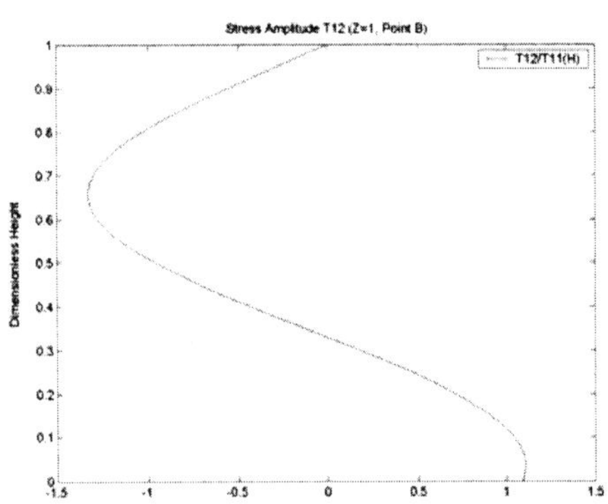

Figure 10. Stress T12 of Point B.

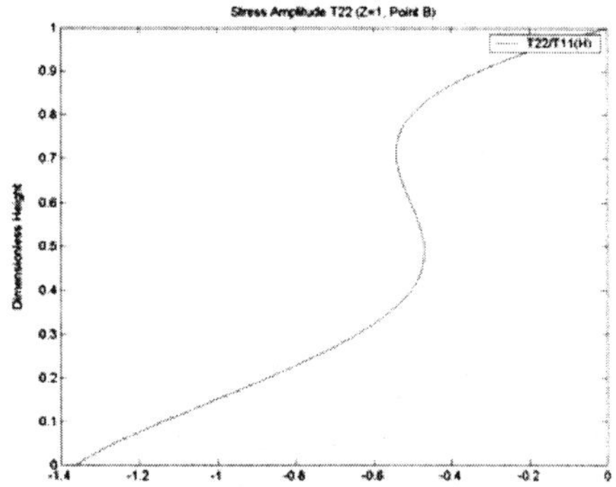

Figure 11. Stress T22 of Point B.

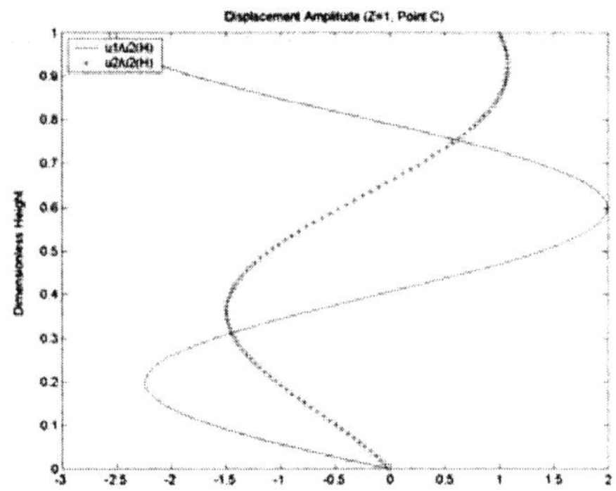

Figure 12. Displacements of Point C.

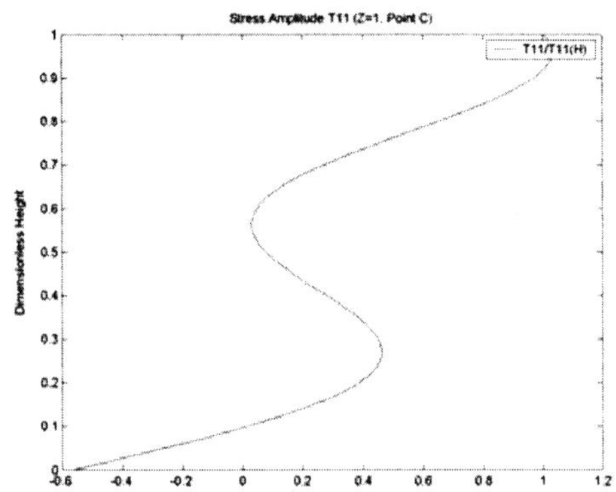

Figure 13. Stress T11 of Point C.

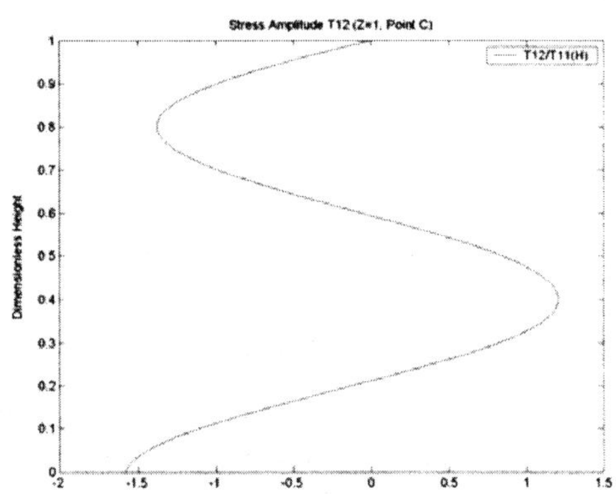

Figure 14. Stress T12 of Point C.

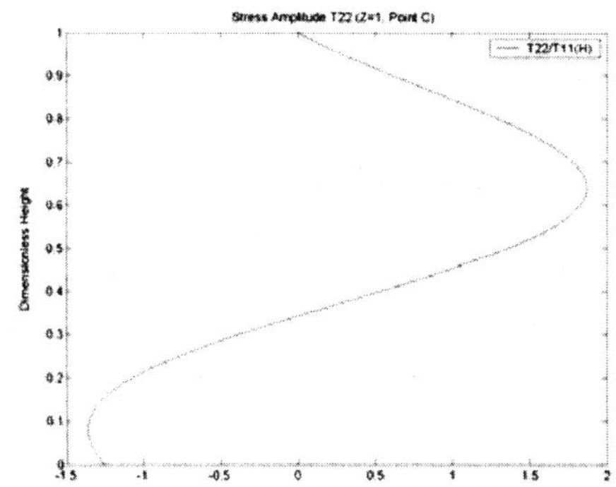

Figure 15. Stress $T22$ of Point C.

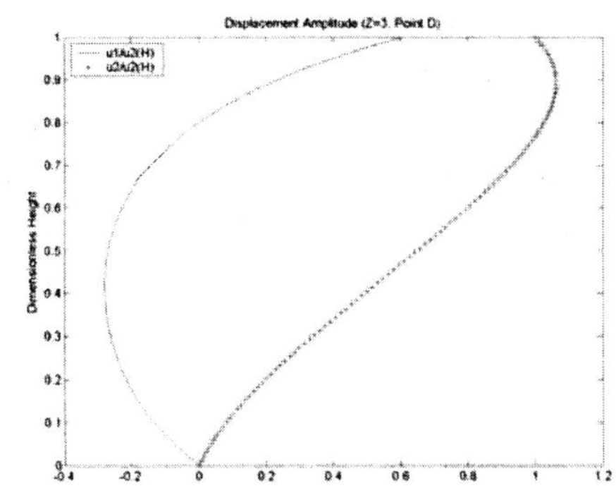

Figure 16. Displacements of Point D.

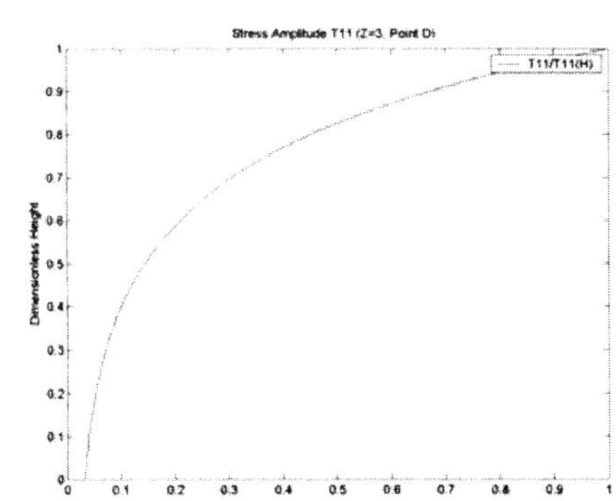

Figure 17. Stress $T11$ of Point D.

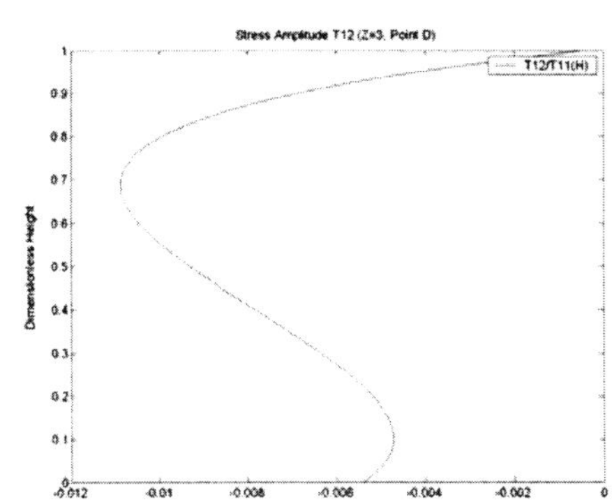

Figure18. Stress $T12$ of Point D.

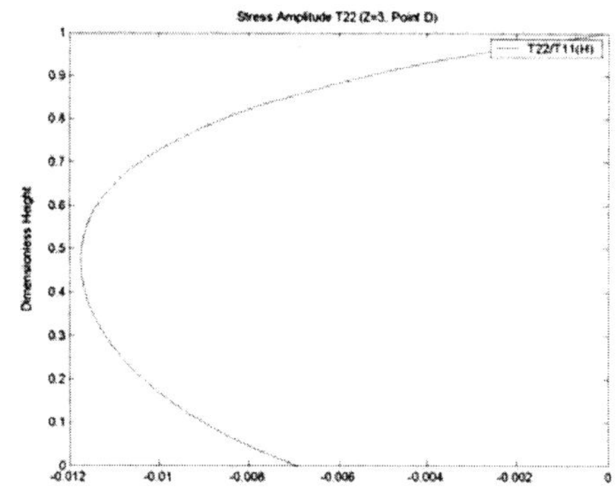

Figure 19. Stress T22 of Point D.

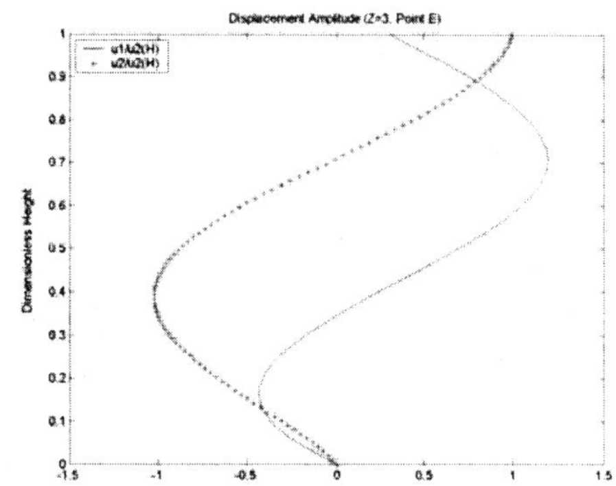

Figure 20. Displacements of Point E.

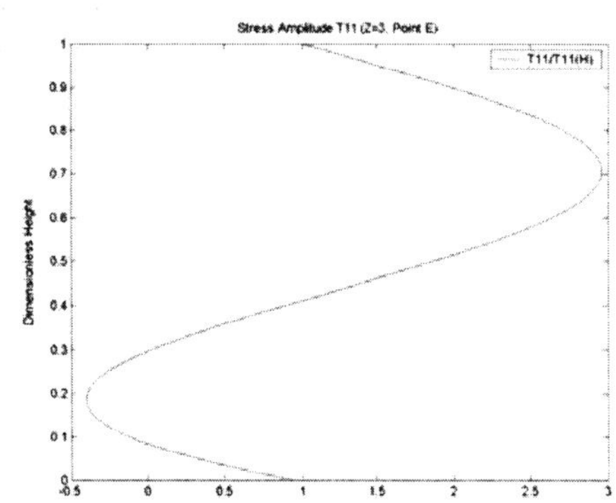

Figure 21. Stress $T11$ of Point E.

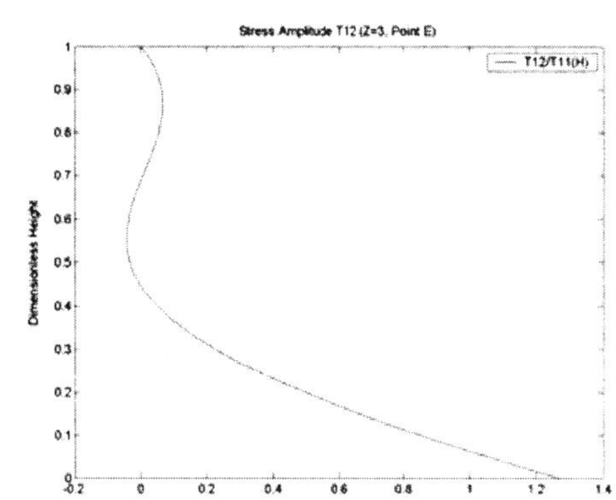

Figure 22. Stress $T12$ of Point E.

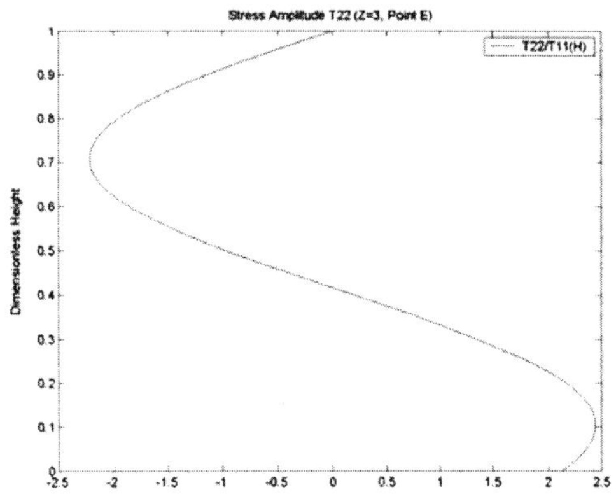

Figure 23. Stress T22 of Point E.

5. Conclusions

For an isotropic elastic plate with one rigidly fixed face, exact solutions are obtained along with frequency equation. Then we calculated the displacements and stresses of the plate with known plate thickness and wave phase velocity. It is found that with the increase of the plate thickness, solutions of the velocity and displacement approach to Rayleigh wave solutions which we are familiar with. We can see characteristics of different vibration modes from the displacement and stress amplitude figures. These results will be used in the analysis of surface acoustic waves in finite solids in conjunction of our recent work on the two-dimensional theory for the analysis of surface wave propagation in finite plates. Such analytical methods and procedures are essential in the analysis and design of surface acoustic wave resonators, which are based on finite anisotropic solids with complications.

Acknowledgments

This project is supported by the National Natural Science Foundation of China (Project Nos.10432030, 10125209, and 10572065).

This research is also supported by Qianjiang River Fund established by Zhejiang Provincial Government and Ningbo University and administered by Ningbo University.

References

1. L. Rayleigh, On waves propagated along the plane surface of an elastic solid, *Proc. London Math. Soc.* **17**, 4 (1885).

功能梯度 TIMOSHENKO 梁的波传播分析

赵莉 陈伟球
浙江大学土木系，杭州310027
电子邮件：10512053@gstu.zju.edu.cn, chenwq@zju.edu.cn

从Timoshenko梁理论的基本方程出发，采用辛解法考察弹性模量和材料密度沿轴向指数变化的功能梯度材料梁的波传播问题。给出了辛解法的具体步骤，揭示了不同于均匀材料的特点，特别是提出了移位Hamilton矩阵的新概念。最后考察了半无限长均匀Timoshenko梁连接有限长功能梯度梁受无穷远处来波激励的问题，揭示波激共振现象。

关键词：功能梯度材料，Timoshenko梁，移位Hamilton矩阵，波传播

WAVE PROPAGATION IN FUNCTIONALLY GRADED TIMOSHENKO BEAMS

L. ZHAO, W. Q. CHEN
Department of Civil Engineering, Zhejiang University, Hangzhou 310027, P. R. China
Email: 10512053@zju.edu.cn, chenwq@zju.edu.cn

Based on the Timoshenko beam theory, a symplectic analysis is established for a functionally graded beam whose Young's modulus varies exponentially with the axial coordinate. The analysis procedure is presented in detail to show how the conventional symplectic method can be extended and applied. In particular, in contrast to the Hamilton matrix (operation) appearing in the conventional analysis, a new concept of shifted Hamilton matrix (operation) is put forward to indicate the corresponding matrix for functionally graded material. The wave induced resonance of a semi-infinite homogeneous beam connected to a functionally graded beam of finite length is finally considered to illustrate the present theory.

Keywords: Functionally graded material, Timoshenko beam, shifted Hamilton matrix, wave propagation

1. 引言

功能梯度材料（FGM）由于其优越的性能而成为近十年来材料研究领域的一个热点。在 FGM 中，沿某一或者多个方向材料参数是连续变化的，不存在材料的间断面，从而不仅可以降低失配热应力，也可以防止断裂等问题[1]。在 FGM 结构的三维分析方面，Chen 和 Ding [2]结合分层近似采用状态空间法分析了沿厚度为非均匀的 FGM 压电矩形板的自由振动问题。最近，Elishakoff 等[3-5]在 FGM 梁、柱的自由振动方面发表了一系列论文，获得了一批精确形式解，极大地丰富了解析分析的成果；在其分析中，通常基于简化理论并假设材料密度、弹性模量或者截面面积沿杆件的轴向按某一规律变化。

在均匀材料情形，钟万勰基于结构力学与最优控制的模拟理论，提出了弹性力学的辛解法，建立与传统弹性力学中的半逆解法完全不同的一种新的求解体系[6,7]。辛解法的基本方程就是状态方程，但由于辛空间的引入，可以建立起特征向量间的辛共轭正交关系，进而可采用展开定理求解一般问题。

本文对沿轴线方向弹性模量和材料密度均以指数形式变化的功能梯度Timoshenko梁，采用辛解法分析波的传播问题，并给出可能发生波激共振现象的例子。由于弹性模量及材料密度沿轴向是非均匀的，功能梯度Timoshenko梁的波传播问题比均匀梁要复杂得多，各种解的存在地区间极大地依赖于非均匀指标α的大小。

2. 基本方程

基于 Timoshenko 假设的梁的基本方程为：

$$\begin{aligned}&\frac{\partial\tilde V}{\partial x}+\tilde q=\rho A\frac{\partial^2\tilde w}{\partial t^2}\\&\frac{\partial\tilde M}{\partial x}+\tilde V+\tilde m=\rho I\frac{\partial^2\tilde\psi}{\partial t^2}\\&\frac{\partial\tilde\psi}{\partial x}=\frac{\tilde M}{EI}\\&\frac{\tilde V}{\kappa AG}=\frac{\partial\tilde w}{\partial x}-\tilde\psi\end{aligned}\tag{1}$$

式中 E 和 G 分别为杨氏模量和剪切模量，κ 为剪切修正因子，ρ 为材料密度，A 和 I 为梁截面的面积和惯性矩，$\tilde q$ 和 $\tilde m$ 则为横向分布荷载和分布外力矩。

对于简谐振动有 $\tilde w=\bar w\mathrm{e}^{\mathrm{i}\omega t}$，$\tilde\psi=\bar\psi\,\mathrm{e}^{\mathrm{i}\omega t}$ 等，则基本方程可化为：

$$\begin{aligned}&\frac{\mathrm d\bar V}{\mathrm d x}+\bar q=-\rho A\omega^2\bar w\\&\frac{\mathrm d\bar M}{\mathrm d x}+\bar V+\bar m=-\rho I\omega^2\bar\psi\\&\frac{\mathrm d\bar\psi}{\mathrm d x}=\frac{\bar M}{EI}\\&\frac{\bar V}{\kappa AG}=\frac{\mathrm d\bar w}{\mathrm d x}-\bar\psi\end{aligned}\tag{2}$$

对于瞬态问题，可对时间变量 t 采用傅里叶变换，将时域化为频域，则方程(2) 在频域中仍然成立。

考虑下图所示的功能梯度 Timoshenko 梁，假设 $E=E_0\,\mathrm{e}^{\alpha x}$，$\rho=\rho_0\,\mathrm{e}^{\alpha x}$，而泊松比 ν 保持为常数，故有 $G=G_0\,\mathrm{e}^{\alpha x}$。

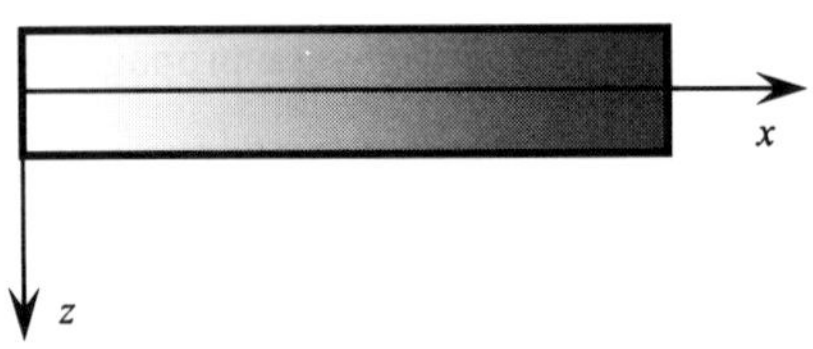

Figure 1. Coordinates for a beam

引进新的物理量 $M=\bar M\mathrm{e}^{-\alpha x}$，$V=\bar V\mathrm{e}^{-\alpha x}$，$w=\bar w$，$\psi=\bar\psi$，$q=\bar q\,\mathrm{e}^{-\alpha x}$，$m=\bar m\mathrm{e}^{-\alpha x}$，则可将方程(2)改写成如下矩阵形式：

$$\frac{\mathrm d\mathbf v}{\mathrm d x}=\mathbf{Hv}+\mathbf h\tag{3}$$

式中 $\mathbf v=[w,\psi,V,M]^{\mathrm T}$ 为状态矢量，而

$$\mathbf H=\begin{bmatrix}0&1&(\kappa AG_0)^{-1}&0\\0&0&0&(E_0I)^{-1}\\-\rho_0A\omega^2&0&-\alpha&0\\0&-\rho_0I\omega^2&-1&-\alpha\end{bmatrix}$$

$$\mathbf h=[0,0,q,m]^{\mathrm T}$$

3. 移位Hamilton矩阵

引入单位辛矩阵

$$\mathbf J=\begin{bmatrix}\mathbf 0&\mathbf I_2\\-\mathbf I_2&\mathbf 0\end{bmatrix}\tag{4}$$

并令

$$<\mathbf v_1,\mathbf v_2>\triangleq\mathbf v_1^{\mathrm T}\mathbf J\mathbf v_2=w_1V_2+\psi_1M_2-V_1w_2-M_1\psi_2\tag{5}$$

其满足辛内积的四个条件，因此状态向量 $\mathbf v$ 组成一组辛几何空间。通过直接计算，容易得到

$$<\mathbf v_1,\mathbf{Hv}_2>=<\mathbf v_2,\mathbf{Hv}_1>-\alpha<\mathbf v_1,\mathbf v_2>\tag{6}$$

由于多了一项 $\alpha<\mathbf v_1,\mathbf v_2>$，算子矩阵 $\mathbf H$ 并非是辛几何空间的 Hamilton 矩阵（变换），我们称之为移位的 Hamilton 矩阵。但如果 $\mathbf v_1$ 和 $\mathbf v_2$ 满足辛正交条件，则 $\mathbf H$ 满足 Hamilton 矩阵的定义。

要求解线性非齐次方程(3)，应先求解其齐次方程如下

$$\frac{\mathrm d\mathbf v}{\mathrm d x}=\mathbf{Hv}\tag{7}$$

采用分离变量法，设

$$\mathbf v(x)=\xi(x)\mathbf\Psi\tag{8}$$

式中 $\xi(x)$ 是 x 的函数，而 $\mathbf\Psi$ 则是待求的常数向量。将式(8)代入方程(7)可得

$$\xi(x)=\mathrm e^{\mu x}\tag{9}$$

及本征方程

$$\mathbf{H\Psi}=\mu\mathbf\Psi\tag{10}$$

其中 μ 为待求的本征值。经过与均匀材料[6,7]类似的推导，对于满足式(6)和(10)的任意 $2n\times2n$ 的的矩阵 $\mathbf H$，我们可以得到：

【定理 1】如果 μ 是矩阵 $\mathbf H$ 的本征值，重数为 m，则 $-\mu-\alpha$ 也是其本征值，重数也是 m。

【定理 2】如果 $\mathbf\Psi_i^{(0)}$，$\mathbf\Psi_i^{(1)}$，…，$\mathbf\Psi_i^{(m)}$ 和 $\mathbf\Psi_j^{(0)}$，$\mathbf\Psi_j^{(1)}$，…，$\mathbf\Psi_j^{(n)}$ 分别是本征值 μ_i 和 μ_j 对应的基本本征向量及 Jordan 型本征向量，则当 $\mu_i+\mu_j+\alpha\neq0$ 时本征向量间有如下辛正交关系：

$$<\mathbf\Psi_i^{(s)},\mathbf\Psi_j^{(t)}>=0\quad(s=0,1,\cdots,m;t=0,1,\cdots,n)\tag{11}$$

而与 $\mathbf\Psi_i$ 辛共轭的向量一定是本征值 $-\mu_i-\alpha$ 的本征向量或其 Jordan 型本征向量。

将本征值分成两组

(a) μ_i， $\mathrm{Re}(\mu_i) < -\alpha/2$ 或 $\mathrm{Re}(\mu_i) = -\alpha/2 \quad \cap \mathrm{Im}\,\mu_i < 0$ $(i = 1, 2, \cdots, n)$；

(b) $\mu_{n+i} = -\mu_i - \alpha$。

在(a)组中可按$|\mu_i|$的大小来编排，模越小越在前面。

在上述分类中，没有计入$\mu_i = \mu_{n+i} = -\alpha/2$这一特殊情形，以下遇到这种情况将具体讨论。

定理 1 所示的本征值关系与均匀材料的有所区别，即μ的共轭本征值不再是$-\mu$，而是$-\mu-\alpha$，相当于材料的非均匀性使得共轭的本征值移了位，此即我们称 **H** 为移位 Hamilton 矩阵的由来。

有了定理 2 所揭示的共轭辛正交关系，则原问题的解可展开为

$$\mathbf{v}(x) = \sum_{i=1}^{n} \left[A_i \mathbf{v}_i(x) + B_i \mathbf{v}_{n+i}(x) \right] \tag{12}$$

其中A_i与B_i是待定系数。

4. 波传播分析

4.1. 本征值的讨论

首先讨论矩阵 **H** 的本征问题，展开行列式

$$\det(\mathbf{H} - \mu \mathbf{I}) = 0 \tag{13}$$

可给出其特征多项式为

$$\theta^2 + \rho_0 \omega^2 \left(\frac{1}{E_0} + \frac{1}{\kappa G_0} \right) \theta + \frac{\rho_0{}^2 \omega^4}{\kappa G_0 E_0} - \frac{\rho_0 \omega^2 A}{E_0 I} = 0 \tag{14}$$

其中$\theta = \mu(\mu+\alpha)$。上式表明如果μ为其本征值，则$-\mu-\alpha$必同时为其本征值，与第 3 节基于辛分析的结论相符。方程(14)是关于θ的一元二次方程，其判别式为

$$\begin{aligned} \Delta &= \rho_0^2 \omega^4 \left(\frac{1}{E_0} + \frac{1}{\kappa G_0} \right)^2 - 4 \left(\frac{\rho_0{}^2 \omega^4}{\kappa G_0 E_0} - \frac{\rho_0 \omega^2 A}{E_0 I} \right) \\ &= \rho_0{}^2 \omega^4 \left(\frac{1}{E_0} - \frac{1}{\kappa G_0} \right)^2 + \frac{4 \rho_0 \omega^2 A}{E_0 I} > 0 \end{aligned} \tag{15}$$

因此θ必为实根，设其根为θ_1和θ_2，则有

$$\begin{aligned} \theta_1 + \theta_2 &= -\rho_0 \omega^2 \left(\frac{1}{E_0} + \frac{1}{\kappa G_0} \right) < 0 \\ \theta_1 \theta_2 &= \frac{\rho_0{}^2 \omega^4}{\kappa G_0 E_0} - \frac{\rho_0 \omega^2 A}{E_0 I} \end{aligned} \tag{16}$$

上述第二式不能判断正负，但分界点为

$$\omega_{cr}^2 = \kappa G_0 A / \rho_0 I \tag{17}$$

故要分三种情况进行讨论，即：(1) θ为两个负根；(2) θ为一个负根和一个正根；及(3) θ为一个负根和一个零根。

4.1.1. $\omega^2 > \omega_{cr}^2$

此时，θ有两个负根，假设$\theta_1 = -k_1^2$，$\theta_2 = -k_2^2$（不失一般性，设$k_2 > k_1 > 0$）。如果：

(1) $\alpha^2 > 4k_2^2 > 4k_1^2$，则 4 个本征值($\mu$)为

$$\begin{aligned} &\frac{-\alpha - \sqrt{\alpha^2 - 4k_2^2}}{2}, \quad \frac{-\alpha - \sqrt{\alpha^2 - 4k_1^2}}{2} \\ &\frac{-\alpha + \sqrt{\alpha^2 - 4k_2^2}}{2}, \quad \frac{-\alpha + \sqrt{\alpha^2 - 4k_1^2}}{2} \end{aligned} \tag{18}$$

对应的状态向量分别为

$$\begin{aligned} \mathbf{v}_1(x) &= \mathrm{e}^{\frac{-\alpha - \sqrt{\alpha^2 - 4k_2^2}}{2} x} \boldsymbol{\Psi}_1, \quad \mathbf{v}_2(x) = \mathrm{e}^{\frac{-\alpha - \sqrt{\alpha^2 - 4k_1^2}}{2} x} \boldsymbol{\Psi}_2 \\ \mathbf{v}_3(x) &= \mathrm{e}^{\frac{-\alpha + \sqrt{\alpha^2 - 4k_2^2}}{2} x} \boldsymbol{\Psi}_3, \quad \mathbf{v}_4(x) = \mathrm{e}^{\frac{-\alpha + \sqrt{\alpha^2 - 4k_1^2}}{2} x} \boldsymbol{\Psi}_4 \end{aligned} \tag{19}$$

这类解表现为局部振动的形式。

(2) $4k_2^2 > \alpha^2 > 4k_1^2$，则 4 个本征值为

$$\begin{aligned} &\frac{-\alpha - \mathrm{i}\sqrt{4k_2^2 - \alpha^2}}{2}, \frac{-\alpha - \sqrt{\alpha^2 - 4k_1^2}}{2} \\ &\frac{-\alpha + \mathrm{i}\sqrt{4k_2^2 - \alpha^2}}{2}, \frac{-\alpha + \sqrt{\alpha^2 - 4k_1^2}}{2} \end{aligned} \tag{20}$$

对于本征值为上述情况时的本征向量的求解见第 5 节。

(3) $4k_2^2 > 4k_1^2 > \alpha^2 \geq 0$，则 4 个本征值为

$$\begin{aligned} &\frac{-\alpha - \mathrm{i}\sqrt{4k_1^2 - \alpha^2}}{2}, \quad \frac{-\alpha - \mathrm{i}\sqrt{4k_2^2 - \alpha^2}}{2} \\ &\frac{-\alpha + \mathrm{i}\sqrt{4k_1^2 - \alpha^2}}{2}, \quad \frac{-\alpha + \mathrm{i}\sqrt{4k_2^2 - \alpha^2}}{2} \end{aligned} \tag{21}$$

对应的状态向量分别为

$$\begin{aligned} \mathbf{v}_1(x) &= \mathrm{e}^{\frac{-\alpha - \mathrm{i}\sqrt{4k_1^2 - \alpha^2}}{2} x} \boldsymbol{\Psi}_1, \mathbf{v}_2(x) = \mathrm{e}^{\frac{-\alpha - \mathrm{i}\sqrt{4k_2^2 - \alpha^2}}{2} x} \boldsymbol{\Psi}_2 \\ \mathbf{v}_3(x) &= \mathrm{e}^{\frac{-\alpha + \mathrm{i}\sqrt{4k_1^2 - \alpha^2}}{2} x} \boldsymbol{\Psi}_3, \mathbf{v}_4(x) = \mathrm{e}^{\frac{-\alpha + \mathrm{i}\sqrt{4k_2^2 - \alpha^2}}{2} x} \boldsymbol{\Psi}_4 \end{aligned} \tag{22}$$

即时间变量分离前原问题的解为

$$\tilde{\mathbf{v}} = \mathrm{e}^{\mathrm{i}\omega t} \begin{Bmatrix} \bar{w} \mathrm{e}^{\mu x} \\ \bar{\psi} \mathrm{e}^{\mu x} \\ \bar{V} \mathrm{e}^{\mu x} \\ \bar{M} \mathrm{e}^{\mu x} \end{Bmatrix} = \mathrm{e}^{\mathrm{i}\omega t} \begin{Bmatrix} w \mathrm{e}^{\mu x} \\ \psi \mathrm{e}^{\mu x} \\ V \mathrm{e}^{\mu x} \mathrm{e}^{\alpha x} \\ M \mathrm{e}^{\mu x} \mathrm{e}^{\alpha x} \end{Bmatrix} \tag{23}$$

其中 $\tilde{\mathbf{v}}=[\tilde{w},\tilde{\psi},\tilde{V},\tilde{M}]^{\mathrm{T}}$。显然，这表示有两对非均匀波同时传播，其相速度分别为 $2\omega/(\sqrt{4k_1^2-\alpha^2})$ 和 $2\omega/(\sqrt{4k_2^2-\alpha^2})$，且分别沿负 x 轴和正 x 轴方向行进。

(4) $\alpha^2=4k_2^2>4k_1^2$ 或者 $4k_2^2>4k_1^2=\alpha^2$，则将出现二重根

$$\mu=-\alpha/2 \tag{24}$$

将存在 Jordan 型本征向量，具体讨论见 4.2 节。

4.1.2. $\omega^2<\omega_{cr}^2$

此时 θ 有一个负根与一个正根。假设 $\theta_1=k_1^2$，对应的本征根为

$$\mu_2=\frac{-\alpha-\sqrt{\alpha^2+4k_1^2}}{2},\ \mu_4=\frac{-\alpha+\sqrt{\alpha^2+4k_1^2}}{2} \tag{25}$$

假设 $\theta_2=-k_2^2$，其本征根的具体形式依赖于 α^2 与 $4k_2^2$ 的大。

(1) $\alpha^2>4k_2^2$，则其本征根

$$\mu_1=\frac{-\alpha-\sqrt{\alpha^2-4k_2^2}}{2},\ \mu_4=\frac{-\alpha+\sqrt{\alpha^2-4k_2^2}}{2} \tag{26}$$

则式(25)和(26)组成的全部本征根与(18)式具有类似的形式。

(2) $0\le\alpha^2<4k_2^2$，则其本征根为

$$\mu_1=\frac{-\alpha-\mathrm{i}\sqrt{4k_2^2-\alpha^2}}{2},\ \mu_3=\frac{-\alpha+\mathrm{i}\sqrt{4k_2^2-\alpha^2}}{2} \tag{27}$$

则式(25)和(27)组成的全部本征根与(20)式具有类似的形式，相应的本征向量的求解也同式(20)的情形，见第 5 节。

(3) $\alpha^2=4k_2^2$，则出现式(24)所示的二重本征根，见 4.2 节的讨论。

4.1.3. $\omega^2=\omega_{cr}^2$

此时，θ 有一个零根，即 $\mu=0$ 和 $\mu=-\alpha$。还有一个根为负，即

$$\mu(\mu+\alpha)=-\frac{A}{I}\left(1+\frac{\kappa G_0}{E_0}\right) \tag{28}$$

令

$$\gamma^2=\frac{4A}{I}\left(1+\frac{\kappa G_0}{E_0}\right)=\frac{4A}{I}\left[1+\frac{\kappa}{2(1+\nu)}\right]$$

则当 $\alpha^2>\gamma^2$ 时，

$$\mu_{3,4}=\frac{-\alpha\mp\sqrt{\alpha^2-\gamma^2}}{2} \tag{29}$$

当 $\alpha^2<\gamma^2$ 时

$$\mu_{3,4}=\frac{-\alpha\mp\mathrm{i}\sqrt{\gamma^2-\alpha^2}}{2} \tag{30}$$

当 $\alpha^2=\gamma^2$ 时，将出现如式(24)所示的二重根。

4.2. $\omega^2=\omega_{cr}^2$ 时的本征向量及其辛共轭正交关系

由上节可知，当 $\omega^2=\omega_{cr}^2$ 时将出现零本征值，这是比较特殊的，我们将在此节予以讨论。

首先，由 $\mathbf{H\Psi}=0$ 可求出对应 $\mu=0$ 的基本本征向量为

$$\mathbf{\Psi}_0^{(0)}=\left[-\frac{\alpha I}{A},-1,\kappa G_0A,0\right]^{\mathrm{T}} \tag{31}$$

求解方程 $\mathbf{H\Psi}=-\alpha\mathbf{\Psi}$，可求出对应 $\mu=-\alpha$ 的基本本征向量

$$\mathbf{\Psi}_{-\alpha}^{(0)}=[0,-1,\kappa G_0A,-\alpha E_0I]^{\mathrm{T}} \tag{32}$$

可以验证 $\mathbf{\Psi}_0^{(0)}$ 和 $\mathbf{\Psi}_{-\alpha}^{(0)}$ 是互相辛共轭的。当 $\alpha=0$ 即均匀材料时，式(31)和(32)给出的是同一个本征向量，此时因为 $\mu=0$ 为二重根，因此必须寻求 Jordan 型的本征向量，具体见文[7]。

有了上述基本本征向量，可得到对应方程(2)的齐次方程的解为：

$$\begin{aligned}\bar{\mathbf{v}}_0^{(0)}&=\left[-\frac{\alpha I}{A},-1,\kappa G_0A\,\mathrm{e}^{\alpha x},0\right]^{\mathrm{T}}\\ \bar{\mathbf{v}}_{-\alpha}^{(0)}&=\mathrm{e}^{-\alpha x}[0,-1,\kappa G_0A\,\mathrm{e}^{\alpha x},-\alpha E_0I\,\mathrm{e}^{\alpha x}]^{\mathrm{T}}\end{aligned} \tag{33}$$

进而也容易得到对应方程(1)的齐次方程的解，这里略去。

对于另外两个本征值，当 $\alpha^2\ne\gamma^2$ 时，可由 $\mathbf{H\Psi}=\mu_i\mathbf{\Psi}$ 得到相应的本征向量为

$$\begin{aligned}\mathbf{\Psi}_i^{(0)}=\Bigg[&\frac{\mu_i+\alpha}{\mu_iE_0A}+\frac{(\mu_i+\alpha)^2I}{\kappa G_0A^2},\ \frac{1}{\mu_iE_0I},\\ &-\frac{\kappa G_0A}{\mu_iE_0I}-(\mu_i+\alpha),\ 1\Bigg]^{\mathrm{T}}\end{aligned} \tag{34}$$

其中 $i=3,4$。容易验证这两个向量互为辛共轭。

当 $\alpha^2=\gamma^2$ 时因 $\mu=-\alpha/2$ 为二重根，将出现 Jordan 型向量。首先求解 $\mathbf{H\Psi}=-(\alpha/2)\mathbf{\Psi}$，可得基本本征向量

$$\mathbf{\Psi}_{-\alpha/2}^{(0)}=\left[-\frac{I}{A}+\frac{\alpha^2E_0I^2}{4\kappa G_0A^2},\ -\frac{2}{\alpha},\right.$$
$$\left.\frac{2\kappa G_0A}{\alpha}-\frac{\alpha E_0I}{2},\ E_0I\right]^{\mathrm{T}} \tag{35}$$

接下来求解 Jordan 型本征解，即求解

$$\mathbf{H}\mathbf{\Psi}_{-\alpha/2}^{(1)}=-\frac{\alpha}{2}\mathbf{\Psi}_{-\alpha/2}^{(1)}+\mathbf{\Psi}_{-\alpha/2}^{(0)} \tag{36}$$

其解为

$$\mathbf{\Psi}_{-\alpha/2}^{(1)}=\left[\left(1+\frac{4}{\alpha}\right)\frac{E_0I}{\kappa G_0A},-\frac{2}{\alpha}\left(1+\frac{2}{\alpha}\right),\right.$$
$$\left.\left(1+\frac{\alpha}{2}\right)\left(\kappa G_0A\frac{4}{\alpha^2}-E_0I\right),E_0I\right]^{\mathrm{T}} \tag{37}$$

可以验证$\mathbf{\Psi}_{-\alpha/2}^{(0)}$和$\mathbf{\Psi}_{-\alpha/2}^{(1)}$是互相辛共轭的。

由基本本征向量$\mathbf{\Psi}_{-\alpha/2}^{(0)}$，得到对应方程(2)的齐次方程的解为：

$$\bar{\mathbf{v}}_{-\alpha/2}^{(0)}=\mathrm{e}^{-\frac{\alpha}{2}x}\left[-\frac{I}{A}+\frac{\alpha^2E_0I^2}{4\kappa G_0A^2},-\frac{2}{\alpha},\right.$$
$$\left.\left(\frac{2\kappa G_0A}{\alpha}-\frac{\alpha E_0I}{2}\right)\mathrm{e}^{\alpha x},E_0I\,\mathrm{e}^{\alpha x}\right]^{\mathrm{T}} \tag{38}$$

但一阶 Jordan 型本征向量本身不是解，而由下式给出齐次方程(2)的状态向量解

$$\bar{\mathbf{v}}_{-\alpha/2}^{(1)}=\mathrm{e}^{-\frac{\alpha}{2}x}(\mathbf{\Psi}_{-\alpha/2}^{(1)}+x\mathbf{\Psi}_{-\alpha/2}^{(0)}) \tag{39}$$

通过上面的分析我们看到，$\mu=0$和$\mu=-\alpha$对应的基本本征向量互为辛共轭；θ为负根时μ对应的另外两个本征向量也互为辛共轭。除了这两对辛共轭向量之外，其余向量之间皆为辛正交。

5. 传播波与非传播波共存时的本征向量

当材料为均匀时，当本征解中既含有传播波部分，又含有局部振动部分时，将可能引起半无限长梁的波激共振[7]。对于本文所考虑的功能梯度梁，如 4.1 节所述，这针对两种情形：(1)当$\omega^2>\omega_{cr}^2$且$4k_2^2>\alpha^2>4k_1^2$时，对应的本征值如式(20)所示，其中

$$k_1^2=\frac{\rho_0\omega^2}{2}\left(\frac{1}{E_0}+\frac{1}{\kappa G_0}\right)-\frac{1}{2}\sqrt{\Delta}$$
$$k_2^2=\frac{\rho_0\omega^2}{2}\left(\frac{1}{E_0}+\frac{1}{\kappa G_0}\right)+\frac{1}{2}\sqrt{\Delta} \tag{40}$$

(2) 当$\omega^2<\omega_{cr}^2$且$\alpha^2\le 4k_2^2$时，对应的本征值如式(26)所示，其中

$$k_1^2=-\frac{\rho_0\omega^2}{2}\left(\frac{1}{E_0}+\frac{1}{\kappa G_0}\right)+\frac{1}{2}\sqrt{\Delta} \tag{41}$$

而k_2^2仍如式(40)所示。注意，对均匀材料有$\alpha=0$，第(1)种情形是不可能发生的；下面仅以第(2)种情形为例进行具体的分析。由式$\mathbf{H\Psi}=\mu\mathbf{\Psi}$可得本征向量为

$$\mathbf{\Psi}_i=\left[\frac{\mu_i+\alpha}{\mu_iE_0A}+\frac{(\mu_i+\alpha)^2}{\rho_0\omega^2A},\ \frac{1}{\mu_iE_0I},\right.$$
$$\left.-\frac{\rho_0\omega^2}{\mu_iE_0}-(\mu_i+\alpha),1\right]^{\mathrm{T}} \tag{42}$$

其中$i=1,2,3,4$。令$\mathbf{\Psi}_i=[\mathbf{q}_i^{\mathrm{T}},\mathbf{p}_i^{\mathrm{T}}]^{\mathrm{T}}$，即

$$\mathbf{q}_i=\begin{Bmatrix}w_i\\ \psi_i\end{Bmatrix},\ \mathbf{p}_i=\begin{Bmatrix}V_i\\ M_i\end{Bmatrix} \tag{43}$$

利用式(27)，可得

$$\mathbf{q}_1=\begin{Bmatrix}\dfrac{(\alpha-\mathrm{i}\sqrt{4k_2^2-\alpha^2})^2}{4A}\left(-\dfrac{1}{E_0k_2^2}+\dfrac{1}{\rho_0\omega^2}\right)\\ \dfrac{-\alpha+\mathrm{i}\sqrt{4k_2^2-\alpha^2}}{2E_0Ik_2^2}\end{Bmatrix}$$
$$\mathbf{p}_1=\begin{Bmatrix}\dfrac{\alpha-\mathrm{i}\sqrt{4k_2^2-\alpha^2}}{2}\left(\dfrac{\rho_0\omega^2}{E_0k_2^2}-1\right)\\ 1\end{Bmatrix} \tag{44}$$

$$\mathbf{q}_3=\begin{Bmatrix}\dfrac{(\alpha+\mathrm{i}\sqrt{4k_2^2-\alpha^2})^2}{4A}\left(-\dfrac{1}{E_0k_2^2}+\dfrac{1}{\rho_0\omega^2}\right)\\ \dfrac{-\alpha-\mathrm{i}\sqrt{4k_2^2-\alpha^2}}{2E_0Ik_2^2}\end{Bmatrix}$$
$$\mathbf{p}_3=\begin{Bmatrix}\dfrac{\alpha+\mathrm{i}\sqrt{4k_2^2-\alpha^2}}{2}\left(\dfrac{\rho_0\omega^2}{E_0k_2^2}-1\right)\\ 1\end{Bmatrix} \tag{45}$$

这两个本征向量是复的，且 $\mathbf{q}_1$，$\mathbf{p}_1$ 与 $\mathbf{q}_3$，$\mathbf{p}_3$ 互为复共轭。在上述推导过程中，利用了

$$\mu_1\mu_3=k_2^2,\ \mu_1+\mu_3=-\alpha \tag{46}$$

的性质。另外，对于局部振动（非传播波）解，利用式(25)可得

$$\mathbf{q}_2=\begin{Bmatrix}\dfrac{(\sqrt{4k_1^2+\alpha^2}-\alpha)^2}{4A}\left(\dfrac{1}{E_0k_1^2}+\dfrac{1}{\rho_0\omega^2}\right)\\ \dfrac{\alpha-\sqrt{4k_1^2+\alpha^2}}{2E_0Ik_1^2}\end{Bmatrix}$$

$$\mathbf{p}_2 = \begin{Bmatrix} \dfrac{-\alpha + \sqrt{4k_1^2 + \alpha^2}}{2} \left(\dfrac{\rho_0 \omega^2}{E_0 k_1^2} + 1 \right) \\ 1 \end{Bmatrix} \tag{47}$$

$$\mathbf{q}_4 = \begin{Bmatrix} \dfrac{(\alpha + \sqrt{4k_1^2 + \alpha^2})^2}{4A} \left(\dfrac{1}{E_0 k_1^2} + \dfrac{1}{\rho_0 \omega^2} \right) \\ \dfrac{\alpha + \sqrt{4k_1^2 + \alpha^2}}{2E_0 I k_1^2} \end{Bmatrix} \tag{48}$$

$$\mathbf{p}_4 = \begin{Bmatrix} \dfrac{-\alpha - \sqrt{4k_1^2 + \alpha^2}}{2} \left(\dfrac{\rho_0 \omega^2}{E_0 k_1^2} + 1 \right) \\ 1 \end{Bmatrix}$$

这是实型的向量。同样在推导过程中也利用了类似于式(46)的性质，即

$$\mu_2 \mu_4 = -k_1^2,\quad \mu_2 + \mu_4 = -\alpha \tag{49}$$

虽然出现了复值向量$\mathbf{\Psi}_1$与$\mathbf{\Psi}_3$，但验证可知$\mathbf{\Psi}_1$（或$\mathbf{\Psi}_3$）与$\mathbf{\Psi}_2$（或$\mathbf{\Psi}_4$）满足辛正交关系。

而对于均匀材料 Timoshenko 梁而言，相应的四个本征值依次为[7]：

$$\mu_1 = -\mathrm{i}k_2,\ \mu_2 = -k_1,\ \mu_3 = \mathrm{i}k_2,\ \mu_4 = k_1 \tag{50}$$

对应的本征向量为[7]：

$$\mathbf{\Psi}'_i = \left[\frac{1}{A}\left(\frac{1}{E_0} + \frac{\mu_i^2}{\rho_0 \omega^2} \right), \frac{1}{\mu_i E_0 I}, -\mu_i \left(1 + \frac{\rho_0 \omega^2}{\mu_i^2 E_0} \right), 1 \right]^{\mathrm{T}} \tag{51}$$

式(50)可令将$\alpha = 0$代入式(25)和(27)中得到，而式(51)也可由式(42)退化得到，这部分地说明了本文推导的正确性。

6. 波激共振例子

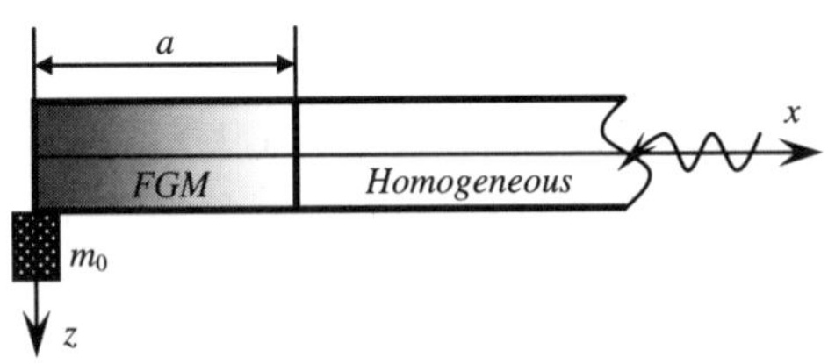

Figure 2. Configuration of the problem.

考虑图 2 所示的半无限长 Timoshenko 梁，其中$0 \le x \le a$梁段的材料常数按指数变化；$x \ge a$（或$x' = x - a \ge 0$）梁段为均匀材料。设在$x = 0$处有一个附加质量m_0，且该梁仅受到无穷远处来波的激励。

均匀梁在来波$\mathrm{e}^{\mathrm{i}k_2 x'}\mathbf{\Psi}'_3$激励下的响应为[7]

$$\bar{\mathbf{v}}'(x') = \mathrm{e}^{-\mathrm{i}k_2 x'}\mathbf{\Psi}'_1 + A_2 \mathrm{e}^{-k_1 x'}\mathbf{\Psi}'_2 + \mathrm{e}^{\mathrm{i}k_2 x'}\mathbf{\Psi}'_3 \tag{52}$$

其中A_2为待求未知实系数。而功能梯度梁的解为

$$\bar{\mathbf{v}}(x) = \begin{Bmatrix} \sum_{i=1}^{4} B_i \mathrm{e}^{\mu_i x} \mathbf{q}_i \\ \mathrm{e}^{\alpha x} \sum_{i=1}^{4} B_i \mathrm{e}^{\mu_i x} \mathbf{p}_i \end{Bmatrix} \tag{53}$$

其中B_i为未知系数，且B_1和B_3为相互复共轭，而B_2和B_4为实系数。

在$x = 0$处有

$$\bar{\mathbf{v}}(0) = \begin{Bmatrix} \sum_{i=1}^{4} B_i \mathbf{q}_i \\ \sum_{i=1}^{4} B_i \mathbf{p}_i \end{Bmatrix} \tag{54}$$

在$x = 0$处的边界条件为：

$$\sum_{i=1}^{4} B_i \mathbf{p}_i = \mathbf{R}\left(\sum_{i=1}^{4} B_i \mathbf{q}_i \right) \tag{55}$$

其中$\mathbf{R}$为对称的动力刚度矩阵[7]。在$x = a$（$x' = 0$）处有连续条件：

$$\bar{\mathbf{v}}(a) = \bar{\mathbf{v}}'(0) \tag{56}$$

方程(55)和(56)共给出 6 个条件，未知数只有 5 个，但由于边界处动力刚度矩阵的可调性，当取某一刚度参数组合时可使其中的一个条件与其它条件中的一个相同，这样可以得到 5 个相互独立的联立方程组

$$\mathbf{C}[B_1, B_2, B_3, B_4, A_2]^{\mathrm{T}} = \mathbf{h}'_c \tag{57}$$

其中$\mathbf{C}$为系数矩阵，$\mathbf{h}'_c$为来波激励列向量，两者的元素不难得到。当上式左端矩阵的行列式为零时，将由于波的传播与反射而发生波激共振[8]。需要指出的是，为便于计算，还可将式(57)表示成实数形式，具体步骤同均匀材料[6,7]，这里不再展开。

致谢

本文工作得到了国家自然科学基金(No.10432030)，新世纪优秀人才支持计划（NCET-05-05010）和高等学校博士学科点专项科研基金（No. 20060335107）等项目的资助。

参考文献

1. T. Hirai, Functionally graded materials, *Material*

Science and Technology, Processing of Ceramics - Part 2, **17B**, 292 (1996).
2. W.Q. Chen, H.J. Ding, On free vibration of functionally graded piezoelectric rectangular plate, *Acta Mech.* **153**, 207 (2002).
3. I. Caliò, I. Elishakoff, Closed-form solutions for axially graded beam-columns, *J. Sound Vib.* **280**, 1083 (2005).
4. L. Wu, Q.S. Wang, I. Elishakoff, Semi-inverse method for axially functionally graded beams with an anti-symmetric vibration mode, *J. Sound Vib.* **284**, 1190 (2005).
5. I. Elishakoff, D. Pentaras, Apparently the first closed-form solution of inhomogeneous elastically restrained vibrating beams, *J. Sound Vib.* **298**, 439 (2006).
6. 钟万勰, 弹性力学求解新体系, 大连理工大学出版社, 大连 (1995).
7. 姚伟岸, 钟万勰, 辛弹性力学, 高等教育出版社, 北京 (2002).
8. W.X. Zhong, F.W. Williams, On the direct solution of wave propagation for repetitive structures, *J. Sound Vib.* **181**, 485 (1995).

典型压电材料SAW陀螺效应的理论分析和比较

俞红杰　　李良儿
浙江舟山文化路105号 浙江海洋学院　电子信息工程系
电子邮件：superyu@zjou.net.cn, lile22@21cn.com

摘要：以压电线性理论为基础，建立并求解了含陀螺效应负载的压电介质电弹波动方程。以石英、铌酸锂和PZT-5H三种典型压电材料为对象，定量分析比较了基体旋转对声表面波传播特性的影响。理论计算与分析表明：不同材料及同种材料在不同切割与传播方向的SAW陀螺效应各不相同，同时陀螺效应的灵敏度还与旋转方向有关，且当基体旋转时，大部分情况下原来解耦的波会产生新的耦合，但在某些切型和转轴下仍保持原解耦状态。指出由于旋转引起波的色散以及使SAW传播特性相关参数的改变，在SAW陀螺的设计中应予以注意。本文理论结果为那些与陀螺效应密切相关的SAW器件的设计提供一些参考。

关键词：石英，铌酸锂，PZT，SAW陀螺效应，波动方程求解

THEORETIC ANALYSIS AND COMPARISON OF SAW GYROSCOPIC EFFECT IN TYPICAL PIEZOELECTRIC

Hong-Jie YU, Liang-Er LI
Department of Electronicl Information Engineering , Zhejiang Ocean University,
105 Wenhua road , zhoushan , Zhejiang , 316000, P. R. China
E-mail: superyu@zjou.net.cn, lile22@21cn.com

Based on the linear piezoelectricity theory, this paper sets up and solves the surface acoustic wave (SAW) wave equation with gyroscopic effect in the piezoelectric medium. Taking three typical piezoelectric materials, quartz, $LiNbO_3$ and PZT-5H as examples, the influence of substrate rotation on SAW propagation characteristics is analyzed and compared quantitatively. According to the theoretic calculations, not only the different materials but also the same materials with different cut orientations and propagation directions have different SAW gyroscopic effects. Furthermore, the sensitivity of the gyroscopic effect is related to the rotation direction. When the substrate suffers rotation, in most cases the formerly decoupled wave would generate new coupling, but others with certain cuts and rotation axes remain the decoupled state. The rotation induced change of SAW dispersion relation and propagation parameters should be considered and studied when designing SAW gyroscope. The investigations mentioned above provide theoretical guide for the research of SAW devices with gyroscopic effect.

Keywords: quartz, $LiNbO_3$, PZT, gyroscopic effect, the solution of wave equation

1. 引言

声表面波技术已在广播、电视、雷达、现代通信等领域有着重要的应用。目前它又在各种新颖传感器的开发中崭露头角。以用于检测旋转体转速为目的角速率传感器是整个传感器家族中的不可缺切的一员。声表面波器件所具有简单的平面结构的特点，恰好为新型的SAW陀螺的开发提供了可能。尽管迄今为止，SAW陀螺离开实用化还有较大的差距，但它诱人的优点正在吸引着人们对其进行更为深入的研究和探索[1]-[2]。压电体由于旋转产生的哥氏力和离心惯性力改变了声表面波的传播特性而产生陀螺效应。显然，在SAW的角速率传感器的设计中总是期望它有更强的陀螺效应。另外作为非测速用的SAW器件当它应用在高速旋转的场合时，我们又期望它能尽可能的减少由陀螺效应对器件所带来的影响，保证SAW器件能在此环境下仍能可靠的工作。选什么样的压电材料、选用何种切型能增强或减小陀螺效应？这就有必要对

含陀螺效应负载的压电弹波动方程求解进行理论研究，并对各种压电材料由于旋转而产生的对SAW传播特性的影响进行定量的计算、比较和分析，从中找出些规律性的东西来。本文以三种典型压电材料石英、铌酸锂和压电陶瓷PZT-5H为对象，计算分析陀螺效应与材料、切型以及转轴的定向之间的关系。愿能为与陀螺效应相关的SAW器件的设计及应用提供一些参考。

2. 含陀螺效应负载的波动方程的建立和求解

图1为固联在旋转压电介质上的坐标系o-$x_1x_2x_3$。设$x_3>0$为无限压电介质，SAW以波速v沿x_1、x_2平面内任一方向传播，压电基体过O点绕某一定轴以恒速率Ω旋转。在介质浅表面内任取一个体积为dv、质量为m的微元。

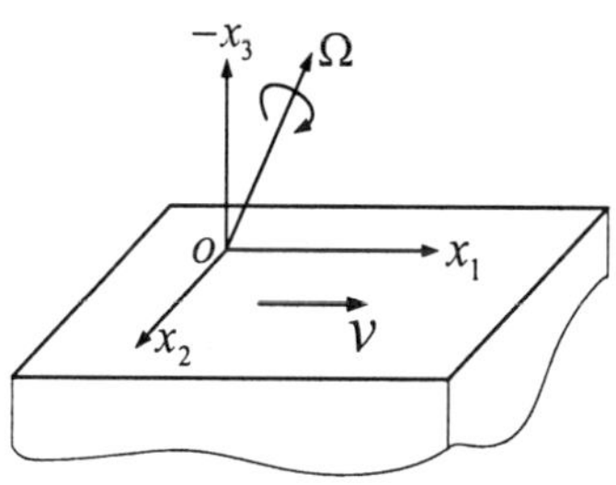

图 1. 含陀螺效应 SAW 波动方程求解坐标系

在这一转动的非惯性坐标系中，将会表现出科里奥里斯（Coriolis）力和惯性离心力$\mathbf{F}_{cor}$和$\mathbf{F}_{cen}$，其动力学方程为：

$$\mathbf{F}_T+\mathbf{F}_{cor}+\mathbf{F}_{cen}=\rho\ddot{\mathbf{u}}_r \tag{1}$$

$\mathbf{U}_r$表示位移矢量，$\mathbf{F}_T$由内应力引起的应力合力（以上的力均指单位体积所受的力）。$\mathbf{U}_r$的位移矢量可以分解成由惯性离心力引起的静位移$\mathbf{U}_0(\mathbf{r})$和由转动坐标系中观测到的动位移$\mathbf{U}(\mathbf{r},t)$，且$\mathbf{U}_r(\mathbf{r},t)=\mathbf{U}_0(\mathbf{r})+\mathbf{U}(\mathbf{r},t)$。这样可以建立以动位移$\mathbf{U}(\mathbf{r},t)$为控制变量的方程，由于此方程与静位移无关，因此方程(1)可以改写为[4]：

$$\nabla\cdot\mathbf{T}-2\rho\mathbf{\Omega}\times\dot{\mathbf{u}}-\rho\mathbf{\Omega}\times(\mathbf{\Omega}\times\mathbf{u})=\rho\ddot{\mathbf{u}} \tag{2}$$

$\mathbf{F}_T$、$\mathbf{F}_{cor}$、$\mathbf{F}_{cen}$在坐标轴i（$i=1,2,3$）上的分量各为；$T_{ij,j}$ 、$2\varepsilon_{ij'k'}\rho\dot{u}_{j'}\Omega_{k'}$ 、 $\rho[\varepsilon_{ij'k'}\Omega_{j'}\cdot(\varepsilon_{k'sm}u_s\Omega_m)]$

$$\varepsilon_{ij'k'}(\varepsilon_{k'sm})=\begin{cases}1 & ;\ ij'k'(k'sm)=123、231、312(\text{正序})\\ -1 & ;\ ij'k'(k'sm)=321、213、132(\text{逆序})\\ 0 & ;\ ij'k'(k'sm)\text{不符合上述排序}\end{cases}$$

依据：$T_{ij}=c_{ijkl}S_{kl}-e_{kij}E_k$； $S_{kl}=u_{k,l}$ ；$E_k=-\varphi_{,k}$ ；可得力学的耦合波方程：

$$\begin{aligned}\rho\ddot{u}_i=c_{ijkl}u_{k,jl}+e_{kij}\varphi_{,jk}+2\rho\varepsilon_{ij'k'}\dot{u}_{j'}\Omega_{k'}\\+\rho[\varepsilon_{ij'k'}\Omega_{j'}\cdot(\varepsilon_{k'sm}u_s\Omega_m)]\end{aligned} \tag{3}$$

其中c, e分别为弹性劲度、压电常数张量，φ、S、E分别为电势、应变及电场强度。

根据 $\nabla\cdot\boldsymbol{D}=\sigma$，其中$\boldsymbol{D}$为电位移，可知对绝缘介质，因$\sigma=0$，有$\nabla\cdot\mathbf{D}=0$。又因$D_j=e_{jkl}S_{kl}+\varepsilon_{jk}E_k$，可得电学的耦合波方程：

$$e_{jkl}u_{k,jl}-\varepsilon_{jk}\varphi_{,jk}=0 \tag{4}$$

其中ε_{jk}为介电常数张量。

至此建立了含陀螺效应的SAW耦合波方程为：

$$\begin{cases}\rho\ddot{u}_i=c_{ijkl}u_{k,jl}+e_{kij}\varphi_{,jk}+2\varepsilon_{ij'k'}\rho\dot{u}_{j'}\Omega_{k'}\\ \qquad+\rho[\varepsilon_{ij'k'}\Omega_{j'}\cdot(\varepsilon_{k'sm}u_s\Omega_m)]\\ e_{jkl}u_{k,jl}-\varepsilon_{jk}\varphi_{,jk}=0\end{cases} \tag{5}$$

为满足$\lim\limits_{x3\to\infty}u=0$ 和 $\lim\limits_{x3\to\infty}\varphi=0$设解的形式为：

$$\begin{cases}u_i=A_i\exp[-j(\omega t-\beta p_m x_m)]\\ \varphi=A_4\exp[-j(\omega t-\beta p_m x_m)]\end{cases} \tag{6}$$

p_l、p_2分别为方向余弦，η 为 x_3方向的波的衰减系数、β 为波数；将 （6）代入（5）得：

$$\begin{cases}\left\{c_{ijkl}P_jP_l-[\delta_{ik}-j2\varepsilon_{ij'k'}\dfrac{\delta_{j'k}\Omega_{k'}}{\omega}-\dfrac{\varepsilon_{ij'k'}\Omega_{j'}\cdot(\varepsilon_{k'sm}\delta_{mk}\Omega_s)}{\omega^2}]\rho v^2\right\}A_k+e_{kij}p_jp_kA_4=0\\ e_{jkl}p_jp_lA_k-\varepsilon_{jk}p_jp_kA_4=0\end{cases} \tag{7}$$

这就是含陀螺效应的 Christoffel 方程。写成矩阵的形式：

$$\Gamma'A=0 \tag{8}$$

$$\Gamma'_{ik}=(c_{ijkl}P_jP_l-\delta_{ik}\rho v^2)-[j2\varepsilon_{ij'k'}\frac{\delta_{j'k}\Omega_{k'}}{\omega}+\frac{\varepsilon_{ij'k'}\Omega_{j'}\cdot(\varepsilon_{k'sm}\delta_{mk}\Omega_s)}{\omega^2}]\rho v^2$$

$$\Gamma'_{i4}=\Gamma'_{4k}=e_{kij}p_jp_k\ ,\quad \Gamma'_{44}=-\varepsilon_{jk}p_jp_k$$

令： $\Gamma'_{ik}=\Gamma_{ik}(0)+\Gamma_{ik}(\Omega)$ i、$k=1,2,3$

其中：$\Gamma_{ik}(0)=c_{ijkl}P_jP_l-\delta_{ik}\rho v^2$ ——未旋转时的Christoffel 方程的项

$$\Gamma_{ik}(\Omega)=[j2\varepsilon_{ij'k'}\frac{\delta_{j'k}\Omega_{k'}}{\omega}+\frac{\varepsilon_{ij'k'}\Omega_{j'}\cdot(\varepsilon_{k'sm}\delta_{mk}\Omega_s)}{\omega^2}]\rho v^2$$

——以Ω速率旋转时的Christoffel方程的项。各行元素（k为列序号）为；

$$\Gamma_{1k}(\Omega)=-[j2\frac{\delta_{3k}\Omega_2-\delta_{2k}\Omega_3}{\omega}+\frac{\delta_{1k}(\Omega_2^2+\Omega_3^2)-\delta_{2k}\Omega_2\Omega_1-\delta_{3k}\Omega_3\Omega_1}{\omega^2}]\rho v^2$$

$$\Gamma_{2k}(\Omega)=-[j2\frac{\delta_{1k}\Omega_3-\delta_{3k}\Omega_1}{\omega}+\frac{\delta_{2k}(\Omega_1^2+\Omega_3^2)-\delta_{3k}\Omega_3\Omega_2-\delta_{1k}\Omega_1\Omega_2}{\omega^2}]\rho v^2$$

$$\Gamma_{3k}(\Omega)=-[j2\frac{\delta_{2k}\Omega_1-\delta_{1k}\Omega_2}{\omega}+\frac{\delta_{3k}(\Omega_1^2+\Omega_2^2)-\delta_{1k}\Omega_1\Omega_3-\delta_{2k}\Omega_2\Omega_3}{\omega^2}]\rho v^2$$

若绕坐标轴旋转时；

$$\Gamma_{1k}(\Omega)=-[j2\frac{\delta_{3k}\Omega_2-\delta_{2k}\Omega_3}{\omega}+\frac{\delta_{1k}(\Omega_2^2+\Omega_3^2)}{\omega^2}]\rho v^2$$

$$\Gamma_{2k}(\Omega)=-[j2\frac{\delta_{1k}\Omega_3-\delta_{3k}\Omega_1}{\omega}+\frac{\delta_{2k}(\Omega_1^2+\Omega_3^2)}{\omega^2}]\rho v^2$$

$$\Gamma_{3k}(\Omega)=-[j2\frac{\delta_{2k}\Omega_1-\delta_{1k}\Omega_2}{\omega}+\frac{\delta_{3k}(\Omega_1^2+\Omega_2^2)}{\omega^2}]\rho v^2$$

为讨论问题简化起见，设SAW沿图1所示的x_1轴正方向以波速v传播，则

$$p_1=1,\ p_2=0\ ,\ p_3=\eta$$

式 (8)中，要使A为非全零解，必须使$|\Gamma'|=0$，当给定Ω/ω为一个定值时，$|\Gamma'|=0$是一个关于以η和v为变量的高次方程，计算机数值求解时可假定v为给定的估试值，则此方程将变为关于η的一个8次方程（波不存在解耦时），根据波的不同模式选取4个有效的根η_n，再将四个η_n分别代入（8）可以求得各部分波的对应振幅分量$\left[A_1^{(n)}\quad A_2^{(n)}\quad A_3^{(n)}\quad A_4^{(n)}\right]$。

根据部分波的理论，设解的最终形式为：

$$u_i=\sum_{n=1}^{4}C_nA_i^{(n)}\exp\left[j\left(p_{mn}x_m-\omega t\right)\right]$$
$$\varphi=\sum_{n=1}^{4}C_nA_4^{(n)}e\,\mathrm{xp}\left[j\left(p_{mn}x_m-\omega t\right)\right] \qquad (9)$$

其中：$p_{1n}=1,\ p_{2n}=0\ ,\ p_{3n}=\eta$

为得到部分波的组合系数C_n，根据力学边界条件，$T_{i3}\big|_{x_3=0}=0$，可得：

$$(c_{i3kl}p_{\ln}A_k^{(n)}+e_{ki3}p_{kn}A_4^{(n)})C_n=0 \qquad (10)$$

根据电学的边界条件，对于金属表面：$\varphi\big|_{x_3=0}=0$可得：

$$A_4^{(n)}C_n=0 \qquad (11)$$

对于自由表面 1、$D_3\big|_{x_3=0^+}-D_3\big|_{x_3=0^-}=0$，

2、空气中 $\nabla^2\varphi\ \big|_{x_3=0^-}=0$ 可以得到：

$$[j(e_{3kl}A_k^{(n)}p_{ln}-\varepsilon_{3k}p_{kn})-\varepsilon_0\frac{|\beta|}{\beta}A_4^{(n)}]\cdot C_n=0 \qquad (12)$$

对于两种不同表面由式(10)、(11)或(10)、(12)，得到了边界条件的两个矩阵：

$$\mathbf{H}_\mathrm{m}\cdot\mathbf{C}_\mathrm{m}=0 \qquad (13)$$

$$\mathbf{H}_\mathrm{f}\cdot\mathbf{C}_\mathrm{f}=0 \qquad (14)$$

欲使部分波存在，必须使$|\mathbf{C}_m|$（或$|\mathbf{C}_f|$）的值为零。若给定的估试值v，不能满足这一条件，则在波速的允许范围内，用新的估试值v反复迭代，直至行列式值等于零，再将解得的v，代人（13）、(14)，至此在确定的Ω/ω下求得了含陀螺效应的SAW波动方程的完整解。

3. 三种典型压电材料陀螺效应计算与分析

依据上述的求解原理，我们采用快速有效的算法编制了计算机数值求解的程序。选取了石英、铌酸锂和PZT-5H三种较为典型的压电材料作为研究对象，对陀螺效应使声表面波传播速度和机电耦合系数的变化进行了定量的计算。为衡量陀螺效应对SAW传播特性的影响程度，我们引入了波速的旋转灵敏度δ_v（即波速旋转的相对变化率）

$$\delta_v=\frac{v(\Omega/\omega)-v(0)}{v(0)}\times100\% \qquad (15)$$

其中v(0)和v(Ω/ω)分别表示速比Ω/ω=0（即不旋转）和Ω/ω≠0的某个定值时SAW的相速度。

图2（a）、图2（b）各为石英和铌酸锂在X切族欧拉角（90º,90º,ψº），分别绕X_1、X_2和X_3轴旋转时（Ω/ω=0.05），旋转灵敏度δ_v~ψ的变化曲线。可见旋转灵敏度与转轴有关。绕X_1轴旋转具有较高的灵敏度，而绕X_3轴（与基体垂直方向）旋转时灵敏度最低。在大部分情况下$\delta_v<0$，意味着相速度随旋转速率的增加而减小，但也有随旋转速率的增加而增加的现象，如在绕X_2轴旋转时，在ψ位于124º~132º之间的切型。

图3（a）和图3（b）为石英绕X_1轴以Ω/ω=0.05速比旋转转时，*X*切族欧拉角（90º,90º,ψº），Y切族欧拉角（0º,90º,ψº），*Z*切族欧拉角（ψº,0º,0º）的旋转灵敏度 δ_v~ψ的变化曲线。从图中可见，旋转灵敏度与材料的切型相关。在X切族的（90º,90º,111°）和Z切族的（31º,0º,0º）、（91º,0º,0º）、（151º,0º,0º）附近的切型旋转灵敏度最高。

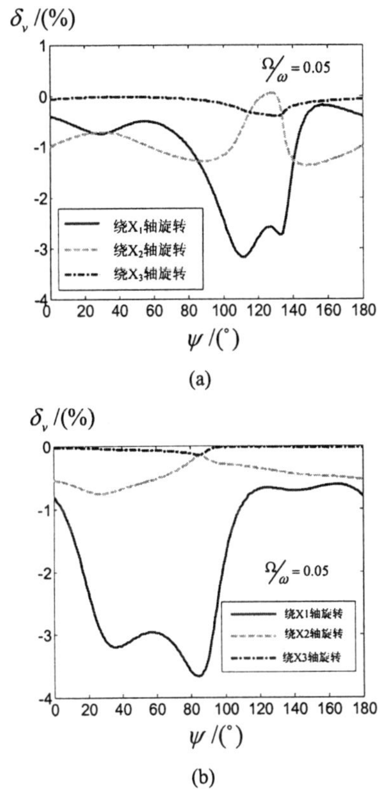

图 2. 压电材料 X 切绕不同坐标轴旋转时的旋转灵敏度-传播方向曲线 (a) 石英, (b) 铌酸锂

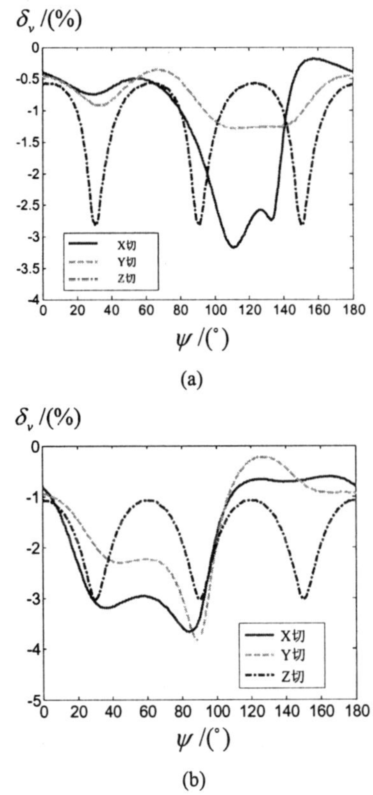

图 3. 压电材料绕 X1 坐标轴旋转时不同切族的旋转灵敏度-传播方向曲线 (a) 石英, (b) 铌酸锂

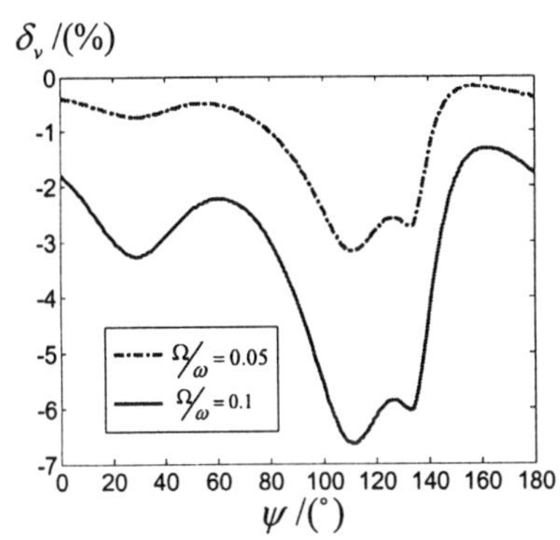

图 4. 石英 X 切绕 X1 坐标轴旋转时不同 Ω/ω 的旋转灵敏度-传播方向曲线

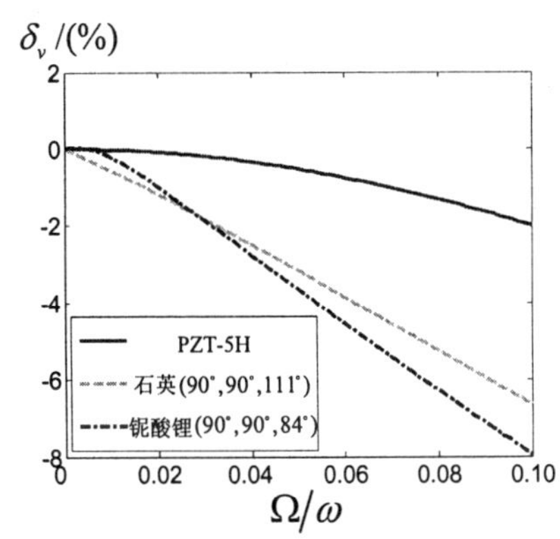

图 5. PZT-5H、石英、铌酸锂的旋转灵敏度-Ω/ω 曲线

图4为石英和铌酸锂在X切族欧拉角(90º,90º,ψº)，绕X_1轴分别以Ω/ω=0.05及$\Omega/\omega=0.1$的速比旋转的时旋转灵敏度δ_v ~ψ的变化曲线。可见，旋转灵敏度随着旋转速率的增加而增加。

图5为PZT、石英（90º,90º,111º）和铌酸锂（90º,90º,84º）旋转灵敏度对Ω/ω（0~0.1）的变化曲线。从图5中可见，石英的旋转灵敏度与转速存在着较好的线性度，铌酸锂有较大的变化斜率。也可见对于同一切型，Ω/ω的值不同，对应的δ_v值也不同，即v值不同。在Ω确定时，每一个ω对应着各不相同的v值，这说明了含陀螺效应的波是色散波，这正是它与不含陀螺效应的波的一个本质的区别。当激励的电振荡角频率ω确定时，不同的Ω对应着各不相同的v值，也就是意味着对应着不同的波长λ，这在SAW陀螺的设计中值得注意。同时不同材料在不同切割与传播方向的SAW陀螺效应都是不同的。

图6为铌酸锂Z切（ψº,0º,0º）当Ω/ω分别取0、0.05和0.1时，机电耦合系数k^2与切型之间的关系。图中可以看出，由于旋转对机电耦合系数k^2产生了影响。在某些切型随着转速的增加机电耦合系数随之增加，而在有些切向则反之。作为角速率传感器，期望选前者的切型。

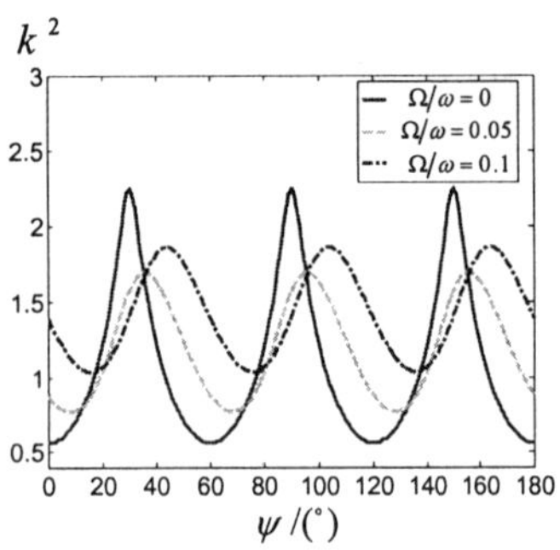

图 6. 铌酸锂 Z 切绕 X1 坐标轴旋转时不同 Ω/ω 的机电耦合系数-传播方向曲线

从计算中还可以发现；三种材料在不旋转时都存在着波解耦的现象。如PZT-5H在文献[3]、[5]的图1所示的坐标系中，存在着由(u_1、u_2)耦合与电完全解耦的纯Rayleigh波和(u_3 ,Φ)耦合的B-G波。石英、硅酸镓镧（LGS）在（0º,90º,,90º）由图1 坐标系所示的(u_1、u_3))耦合与电完全解耦的纯Rayleigh波和(u_2 ,Φ)耦合的B-G波组成。

但当基体旋转时，大部分情况下原来解耦的波会产生新的耦合。如上述的纯Rayleigh波会随着旋转而消失。但当绕着基体平面内某一轴旋转时仍保持原解耦状态。这是由于科里奥里斯（Coriolis）力与纵波的传播方向平行以及惯性离心力与另一二维平面内的波的振动方向垂直，因而对传播不产生影响。

4. 小结

压电材料中含陀螺效应的波动方程求解的理论分析对于直接应用还是期望避免陀螺效应的SAW器件的设计都是十分重要的。文章对含陀螺效应负载的压电介质电弹波动方程的建立和求解进行了研究。并对三种典型压电材料的SAW陀螺效应进行了比较。计算分析表明旋转灵敏度与材料、切型、转轴和转速相关，而且旋转会使原来解耦的波产生新的耦合。

参考文献

1. H.Y. Fang, J.S. Yang, Q. Jiang, Surface acoustic wave propagating over a rotating piezoelectric half-space, *IEEE Ultra. Ferr. Freq. Contr.* **48**, 998 (2001).
2. R.C. Woods, H. KalamiI, B. Johnson, Evaluation of a novel surface acoustic wave gyroscope, *IEEE Ultra. Ferr. Freq. Contr.* **49**, 136 (2002).
3. H.Y. Fang, J.S. Yang, Q. Jiang, Rotation sensitivity of waves propagating in a rotating piezoelectric plate, *Int. J. Solids Struct.* **39**, 5241 (2002).
4. 周又和等. 转动压电陶瓷体表面声波的存在性及波速特征关系. 力学学报 **32**, 707 (2002).
5. 李良儿等. 解耦的声表面波波动方程的求解, 传感技术学报 **18**, 205 (2005).

FREE VIBRATION OF MULTI-SPAN CONTINUOUS BEAMS VIA MRRM

J. ZHU, G.R. YE, W.Q. CHEN

Department of Civil Engineering, Zhejiang University, Hangzhou 310027, P. R. China

E-mail: thebeger@163.com, yeguiru@126.com, chenwq@zju.edu.cn

The free vibration of a multi-span continuous Euler-Bernoulli beam is studied by employing a recursive algorithm for the method of reverberation-ray matrix (MRRM). The algorithm is numerically stable at high frequencies or/and large span-to- thickness ratios. Numerical results are finally presented to show the effectiveness and efficiency of the proposed recursive algorithm. The present algorithm may be readily applied in wave propagation in laminated plates.

Key words: continuous beam, free vibration, method of reverberation-ray matrix, recursive algorithm

1. Introduction

Multi-span continuous beams are frequently encountered in our everyday life. Since their dynamic analysis is important to a proper design, a vast number of researches have been conducted, using various methods such as the graphical network method [1], finite element method [2], integral equation method [3] and U-transformation method [4, 5], etc. With the number of spans increases, the order of determinant of frequency equation in traditional analysis increases remarkably. The method of transfer matrix (MTM) was hence proposed by Thomson [6] to overcome the problem. But MTM usually suffers from the inherent numerical instability when the aspect ratio is large and/or the frequency is high [7]. Recently, Pao et al. developed a new method, called the method of reverberation-ray matrix (MRRM), for transient dynamic analysis of planar trusses [8, 9] and wave propagation in layered media [10, 11]. It has been recently recognized that, due to the unique usage of dual coordinate system, MRRM is very stable in numerical calculation [12]. However, for complex structures, with the increase of members and joints, the dimension of the reverberation-ray matrix becomes larger, and MRRM becomes inefficient.

In this paper, a recursive algorithm is constructed for MRRM. The algorithm is illustrated by considering the free vibration of multi-span continuous Euler-Bernoulli beams.

2. Basic Formulations

A p-span continuous Euler-Bernoulli beam of uniform thickness of h and length L with two terminal ends generally supported is considered as in Fig. 1. The individual spans are indicated by capital letters $I, J, K\cdots$. The left edge of a typical span, say the Jth span of length L_J, is designated as the I $(J-1)$th support.

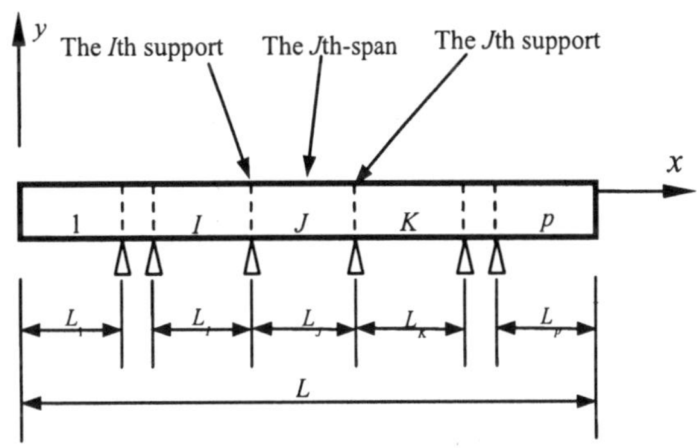

Figure 1. Geometry of a multi-span continuous beam with internal supports.

The governing equation for the Euler-Bernoulli beam is

$$EI\frac{\partial^4 w}{\partial x^4}+\rho A\frac{\partial^2 w}{\partial t^2}=0 \tag{1}$$

where all notations are common to all.

Eq. (1) can be rewritten as

$$\frac{\partial^4 \overline{w}}{\partial \overline{x}^4}+\frac{\rho A L^4}{EI}\frac{\partial^2 \overline{w}}{\partial t^2}=0 \tag{2}$$

where $\overline{x} = x/L$ and $\overline{w} = w/L$. For time harmonic motion at angular frequency ω of the form $\mathrm{e}^{\mathrm{i}\omega t}$, the general solution of Eq. (2) can be expressed as

$$\overline{w}(\overline{x},t) = (a_1 \mathrm{e}^{k_1\overline{x}} + a_2 \mathrm{e}^{k_2\overline{x}} + d_1 \mathrm{e}^{-k_1\overline{x}} + d_2 \mathrm{e}^{-k_2\overline{x}})\mathrm{e}^{\mathrm{i}\omega t} \quad (3)$$

where k_i $(i = 1, 2)$ given by

$$k_1 = \sqrt{\Omega}, \quad k_2 = \sqrt{-\Omega} \quad (4)$$

with $\Omega = \sqrt{\omega^2 \rho A L^4 / EI}$ is the dimension-less frequency, and a_i and d_i $(i = 1, 2)$ are unspecified amplitudes of various waves.

3. Recursive Algorithm for MRRM

Consider two adjacent spans, say the *J*- and *K*-th spans. A set of dual local coordinates are established for each span as depicted in Fig. 2.

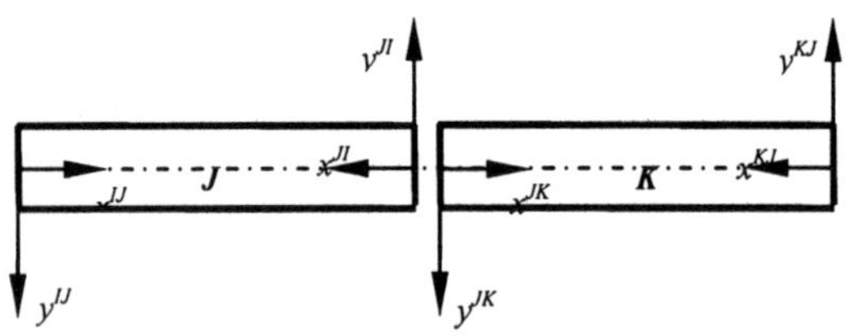

Figure 2. Local coordinates in two adjacent spans.

For the *J*-th span, the dimensionless displacement $\overline{w}$ can be expressed as (with the common time factor omitted)

$$\overline{w}^{IJ} = a_1^{IJ} \mathrm{e}^{k_1^{IJ}\overline{x}^{IJ}} + a_2^{IJ} \mathrm{e}^{k_2^{IJ}\overline{x}^{IJ}} + d_1^{IJ} \mathrm{e}^{-k_1^{IJ}\overline{x}^{IJ}} + d_2^{IJ} \mathrm{e}^{-k_2^{IJ}\overline{x}^{IJ}} \quad (5)$$

in the local coordinate system (x^{IJ}, y^{IJ}), and

$$\overline{w}^{JI} = a_1^{JI} \mathrm{e}^{k_1^{JI}\overline{x}^{JI}} + a_2^{JI} \mathrm{e}^{k_2^{JI}\overline{x}^{JI}} + d_1^{JI} \mathrm{e}^{-k_1^{JI}\overline{x}^{JI}} + d_2^{JI} \mathrm{e}^{-k_2^{JI}\overline{x}^{JI}} \quad (6)$$

in the local coordinate system (x^{JI}, y^{JI}). Similarly expressions can be written out for the *K*-th span and omitted here for brevity.

At the internal rigid support *J*, we have the following conditions

$$\overline{w}^{JI} = \overline{w}^{JK} = 0, \quad \overline{M}^{JI} + \overline{M}^{JK} = 0, \quad \overline{\psi}^{JI} = \overline{\psi}^{JK} \quad (7)$$

with $\overline{M} = -EI\partial^2\overline{w}/\partial\overline{x}^2$ and $\overline{\psi} = \partial\overline{w}/\partial\overline{x}$, which can be expressed as, by virtue of Eqs. (5) and (6) and similar equations for the *K*-th span,

$$\mathbf{D}^J\mathbf{d}^J = \mathbf{A}^J\mathbf{a}^J, \quad \mathbf{d}^J = \mathbf{S}^J\mathbf{a}^J \quad (8)$$

where

$$\mathbf{d}^J = [d_1^{JI}, d_2^{JI}, d_1^{JK}, d_2^{JK}]^{\mathrm{T}}, \quad \mathbf{a}^J = [a_1^{JI}, a_2^{JI}, a_1^{JK}, a_2^{JK}]^{\mathrm{T}}$$

$$\mathbf{D}^J = \begin{bmatrix} -1 & -1 & 0 & 0 \\ 0 & 0 & -1 & -1 \\ k_1^{JI} & k_2^{JI} & -k_1^{JK} & -k_2^{JK} \\ -(k_1^{JI})^2 & -(k_2^{JI})^2 & -(k_1^{JK})^2 & -(k_2^{JK})^2 \end{bmatrix}$$
$$\mathbf{A}^J = \begin{bmatrix} 1 & 1 & 0 & 0 \\ 0 & 0 & 1 & 1 \\ k_1^{JI} & k_2^{JI} & -k_1^{JK} & -k_2^{JK} \\ (k_1^{JI})^2 & (k_2^{JI})^2 & (k_1^{JK})^2 & (k_2^{JK})^2 \end{bmatrix} \quad (9)$$

Eq. (8) gives the local scattering relations at the J-th support, in which $\mathbf{S}^J = (\mathbf{D}^J)^{-1}\mathbf{A}^J$ is the local scattering matrix. On the other hand, the phase relations can be obtained from $\overline{w}^{IJ}(\overline{x}^{IJ}) = \overline{w}^{JI}(l^{IJ} - \overline{x}^{IJ})$ as

$$\begin{aligned} a_1^{IJ} \mathrm{e}^{k_1^{IJ}l^{IJ}} &= -d_1^{JI}, \quad a_2^{IJ} \mathrm{e}^{k_2^{IJ}l^{IJ}} = -d_2^{JI} \\ d_1^{IJ} \mathrm{e}^{-k_1^{IJ}l^{IJ}} &= -a_1^{JI}, \quad d_2^{IJ} \mathrm{e}^{-k_2^{IJ}l^{IJ}} = -a_2^{JI} \end{aligned} \quad (10)$$

where $l^{IJ} = L_J / L$ is the dimensionless length of the *J*-th span. Similarly for the K-th span, one has

$$\begin{aligned} a_1^{JK} \mathrm{e}^{k_1^{JK}l^{JK}} &= -d_1^{KJ}, \quad a_2^{JK} \mathrm{e}^{k_2^{JK}l^{JK}} = -d_2^{KJ} \\ d_1^{JK} \mathrm{e}^{-k_1^{JK}l^{JK}} &= -a_1^{KJ}, \quad d_2^{JK} \mathrm{e}^{-k_2^{JK}l^{JK}} = -a_2^{KJ} \end{aligned} \quad (11)$$

The phase relations in Eqs. (10) and (11) can be expressed in matrix form as

$$\begin{Bmatrix} a_1^{IJ} \\ a_2^{IJ} \end{Bmatrix} = \mathbf{P}^{IJ} \begin{Bmatrix} d_1^{JI} \\ d_2^{JI} \end{Bmatrix}, \quad \begin{Bmatrix} a_1^{JI} \\ a_2^{JI} \end{Bmatrix} = \mathbf{P}^{IJ} \begin{Bmatrix} d_1^{IJ} \\ d_2^{IJ} \end{Bmatrix} \quad (12)$$

and

$$\begin{Bmatrix} a_1^{JK} \\ a_2^{JK} \end{Bmatrix} = \mathbf{P}^{JK} \begin{Bmatrix} d_1^{KJ} \\ d_2^{KJ} \end{Bmatrix}, \quad \begin{Bmatrix} a_1^{KJ} \\ a_2^{KJ} \end{Bmatrix} = \mathbf{P}^{JK} \begin{Bmatrix} d_1^{JK} \\ d_2^{JK} \end{Bmatrix} \quad (13)$$

where

$$\mathbf{P}^{IJ} = \begin{bmatrix} -\mathrm{e}^{-k_1^{IJ}l^{IJ}} & 0 \\ 0 & -\mathrm{e}^{-k_2^{IJ}l^{IJ}} \end{bmatrix}$$
$$\mathbf{P}^{JK} = \begin{bmatrix} -\mathrm{e}^{-k_1^{JK}l^{JK}} & 0 \\ 0 & -\mathrm{e}^{-k_2^{JK}l^{JK}} \end{bmatrix} \quad (14)$$

are the phase matrices.

All local scattering relations provide a total of $4p$ relations, while all local phase relations give another $4p$ relations, thus completely determining the $8p$ unknowns a_k^{IJ} and d_k^{IJ}. However, in MRRM, a set of $4p$ linear algebraic equations is finally formed

$$(\mathbf{I}-\mathbf{R})\mathbf{d}=\mathbf{s} \tag{15}$$

where $\mathbf{R}$ is the reverberation-ray matrix of dimension $4p\times 4p$, a product of the global scattering matrix $\mathbf{S}$, the global phase matrix $\mathbf{P}$ and a permutation matrix $\mathbf{U}$, $\mathbf{d}$ is a global amplitude vector containing all d_k^{IJ} s, and $\mathbf{s}$ is the source vector due to external loads, which vanishes for the free vibration problem [8-11]. As shown in Eq. (14), only exponential functions with negative arguments have been retained in the phase matrix (and hence reverberation matrix), which benefits to computational stability.

For developing the recursive formulae to reduce the size of the final equations, the scattering relation in Eq. (8) is rewritten as

$$\begin{Bmatrix} d_1^{JI} \\ d_2^{JI} \end{Bmatrix} = \mathbf{S}_{11}^J \begin{Bmatrix} a_1^{JI} \\ a_2^{JI} \end{Bmatrix} + \mathbf{S}_{12}^J \begin{Bmatrix} a_1^{JK} \\ a_2^{JK} \end{Bmatrix} \tag{16a}$$

$$\begin{Bmatrix} d_1^{JK} \\ d_2^{JK} \end{Bmatrix} = \mathbf{S}_{21}^J \begin{Bmatrix} a_1^{JI} \\ a_2^{JI} \end{Bmatrix} + \mathbf{S}_{22}^J \begin{Bmatrix} a_1^{JK} \\ a_2^{JK} \end{Bmatrix} \tag{16b}$$

where $\mathbf{S}_{ij}^J$ are the partitioned matrices of $\mathbf{S}^J$.

Pre-multiplying Eq. (16a) by $\mathbf{P}^{IJ}$, Eq. (16b) by $\mathbf{P}^{JK}$, and utilizing the phase relations in Eqs. (12) and (13), we obtain

$$\begin{Bmatrix} a_1^{IJ} \\ a_2^{IJ} \end{Bmatrix} = \mathbf{P}^{IJ}\mathbf{S}_{11}^J\mathbf{P}^{IJ} \begin{Bmatrix} d_1^{IJ} \\ d_2^{IJ} \end{Bmatrix} + \mathbf{P}^{IJ}\mathbf{S}_{12}^J\mathbf{P}^{JK} \begin{Bmatrix} d_1^{KJ} \\ d_2^{KJ} \end{Bmatrix} \tag{17a}$$

$$\begin{Bmatrix} a_1^{KJ} \\ a_2^{KJ} \end{Bmatrix} = \mathbf{P}^{JK}\mathbf{S}_{21}^J\mathbf{P}^{IJ} \begin{Bmatrix} d_1^{IJ} \\ d_2^{IJ} \end{Bmatrix} + \mathbf{P}^{JK}\mathbf{S}_{22}^J\mathbf{P}^{JK} \begin{Bmatrix} d_1^{KJ} \\ d_2^{KJ} \end{Bmatrix} \tag{17b}$$

It is obvious that these new phase relations also do not contain any exponential functions with positive arguments, thus the property of computational stability is retained.

To illustrate the steps of analysis and computation with the recursive formulae, the 1st and 2nd spans are considered, for which Eq. (17) becomes

$$\begin{aligned} \begin{Bmatrix} a_1^{01} \\ a_2^{01} \end{Bmatrix} &= \mathbf{P}^{01}\mathbf{S}_{11}^1\mathbf{P}^{01} \begin{Bmatrix} d_1^{01} \\ d_2^{01} \end{Bmatrix} + \mathbf{P}^{01}\mathbf{S}_{12}^1\mathbf{P}^{12} \begin{Bmatrix} d_1^{21} \\ d_2^{21} \end{Bmatrix} \\ &= \mathbf{P}_{11}^1 \begin{Bmatrix} d_1^{01} \\ d_2^{01} \end{Bmatrix} + \mathbf{P}_{12}^1 \begin{Bmatrix} d_1^{21} \\ d_2^{21} \end{Bmatrix} \end{aligned} \tag{18a}$$

$$\begin{aligned} \begin{Bmatrix} a_1^{21} \\ a_2^{21} \end{Bmatrix} &= \mathbf{P}^{12}\mathbf{S}_{21}^1\mathbf{P}^{01} \begin{Bmatrix} d_1^{01} \\ d_2^{01} \end{Bmatrix} + \mathbf{P}^{12}\mathbf{S}_{22}^1\mathbf{P}^{12} \begin{Bmatrix} d_1^{21} \\ d_2^{21} \end{Bmatrix} \\ &= \mathbf{P}_{21}^1 \begin{Bmatrix} d_1^{01} \\ d_2^{01} \end{Bmatrix} + \mathbf{P}_{22}^1 \begin{Bmatrix} d_1^{21} \\ d_2^{21} \end{Bmatrix} \end{aligned} \tag{18b}$$

The scattering relations at the 2nd support are

$$\begin{Bmatrix} d_1^{21} \\ d_2^{21} \end{Bmatrix} = \mathbf{S}_{11}^2 \begin{Bmatrix} a_1^{21} \\ a_2^{21} \end{Bmatrix} + \mathbf{S}_{12}^2 \begin{Bmatrix} a_1^{23} \\ a_2^{23} \end{Bmatrix} \tag{19a}$$

$$\begin{Bmatrix} d_1^{23} \\ d_2^{23} \end{Bmatrix} = \mathbf{S}_{21}^2 \begin{Bmatrix} a_1^{21} \\ a_2^{21} \end{Bmatrix} + \mathbf{S}_{22}^2 \begin{Bmatrix} a_1^{23} \\ a_2^{23} \end{Bmatrix} \tag{19b}$$

and the phase relations at the 3rd span are

$$\begin{Bmatrix} a_1^{23} \\ a_2^{23} \end{Bmatrix} = \mathbf{P}^{23} \begin{Bmatrix} d_1^{32} \\ d_2^{32} \end{Bmatrix}, \quad \begin{Bmatrix} a_1^{32} \\ a_2^{32} \end{Bmatrix} = \mathbf{P}^{23} \begin{Bmatrix} d_1^{23} \\ d_2^{23} \end{Bmatrix} \tag{20}$$

Substituting Eq. (18b) into Eq. (19) and eliminating $[a_1^{21}, a_2^{21}]^{\mathrm{T}}$, gives rise to

$$\begin{Bmatrix} d_1^{21} \\ d_2^{21} \end{Bmatrix} = \mathbf{S}_{11}^2\mathbf{P}_{21}^1 \begin{Bmatrix} d_1^{01} \\ d_2^{01} \end{Bmatrix} + \mathbf{S}_{11}^2\mathbf{P}_{22}^1 \begin{Bmatrix} d_1^{21} \\ d_2^{21} \end{Bmatrix} + \mathbf{S}_{12}^2 \begin{Bmatrix} a_1^{23} \\ a_2^{23} \end{Bmatrix} \tag{21a}$$

$$\begin{Bmatrix} d_1^{23} \\ d_2^{23} \end{Bmatrix} = \mathbf{S}_{21}^2\mathbf{P}_{21}^1 \begin{Bmatrix} d_1^{01} \\ d_2^{01} \end{Bmatrix} + \mathbf{S}_{21}^2\mathbf{P}_{22}^1 \begin{Bmatrix} d_1^{21} \\ d_2^{21} \end{Bmatrix} + \mathbf{S}_{22}^2 \begin{Bmatrix} a_1^{23} \\ a_2^{23} \end{Bmatrix} \tag{21b}$$

It is obtained from Eq. (21a) that

$$\begin{aligned} \begin{Bmatrix} d_1^{21} \\ d_2^{21} \end{Bmatrix} &= (\mathbf{I}-\mathbf{S}_{11}^2\mathbf{P}_{22}^1)^{-1}\mathbf{S}_{11}^2\mathbf{P}_{21}^1 \begin{Bmatrix} d_1^{01} \\ d_2^{01} \end{Bmatrix} \\ &\quad + (\mathbf{I}-\mathbf{S}_{11}^2\mathbf{P}_{22}^1)^{-1}\mathbf{S}_{12}^2 \begin{Bmatrix} a_1^{23} \\ a_2^{23} \end{Bmatrix} \end{aligned} \tag{22}$$

Combing Eqs. (18a), (20), and (22) yields

$$\begin{Bmatrix} a_1^{01} \\ a_2^{01} \end{Bmatrix} = \mathbf{P}_{11}^2 \begin{Bmatrix} d_1^{01} \\ d_2^{01} \end{Bmatrix} + \mathbf{P}_{12}^2 \begin{Bmatrix} d_1^{32} \\ d_2^{32} \end{Bmatrix} \tag{23}$$

where

$$\begin{aligned} \mathbf{P}_{11}^2 &= \mathbf{P}_{11}^1 + \mathbf{P}_{12}^1(\mathbf{I}-\mathbf{S}_{11}^2\mathbf{P}_{22}^1)^{-1}\mathbf{S}_{11}^2\mathbf{P}_{21}^1 \\ \mathbf{P}_{12}^2 &= \mathbf{P}_{12}^1(\mathbf{I}-\mathbf{S}_{11}^2\mathbf{P}_{22}^1)^{-1}\mathbf{S}_{12}^2\mathbf{P}^{23} \end{aligned} \tag{24}$$

Pre-multiplying Eq. (18b) by $\mathbf{P}^{23}$, and noticing Eqs. (20) and (22), we get

$$\begin{Bmatrix} a_1^{32} \\ a_2^{32} \end{Bmatrix} = \mathbf{P}_{21}^2 \begin{Bmatrix} d_1^{01} \\ d_2^{01} \end{Bmatrix} + \mathbf{P}_{22}^2 \begin{Bmatrix} d_1^{32} \\ d_2^{32} \end{Bmatrix} \tag{25}$$

where

$$\mathbf{P}_{21}^2 = \mathbf{P}^{23}\mathbf{S}_{21}^2[\mathbf{I} + \mathbf{P}_{22}^1(\mathbf{I} - \mathbf{S}_{11}^2\mathbf{P}_{22}^1)^{-1}\mathbf{S}_{11}^2]\mathbf{P}_{21}^1 \tag{26a}$$

$$\mathbf{P}_{22}^2 = \mathbf{P}^{23}[\mathbf{S}_{21}^2\mathbf{P}_{22}^1(\mathbf{I} - \mathbf{S}_{11}^2\mathbf{P}_{22}^1)^{-1}\mathbf{S}_{12}^2 + \mathbf{S}_{22}^2]\mathbf{P}^{23} \tag{26b}$$

Equations (23) and (25) establish the phase relations for waves propagated from the left end to the 3rd support and vice versa. It should be pointed out that the matrix inversion, $(\mathbf{I} - \mathbf{S}_{11}^2\mathbf{P}_{22}^1)^{-1}$, is generally well conditioned as no large numbers appear in $\mathbf{I} - \mathbf{S}_{11}^2\mathbf{P}_{22}^1$.

Now we can generalize the recursive formulae in Eqs. (24) and (26) to

$$\begin{aligned}
\mathbf{P}_{11}^m &= \mathbf{P}_{11}^{m-1} + \mathbf{P}_{12}^{m-1}(\mathbf{I} - \mathbf{S}_{11}^m\mathbf{P}_{22}^{m-1})^{-1}\mathbf{S}_{11}^m\mathbf{P}_{21}^{m-1} \\
\mathbf{P}_{12}^m &= \mathbf{P}_{12}^{m-1}(\mathbf{I} - \mathbf{S}_{11}^m\mathbf{P}_{22}^{m-1})^{-1}\mathbf{S}_{12}^m\mathbf{P}^{m(m+1)} \\
\mathbf{P}_{21}^m &= \mathbf{P}^{m(m+1)}\mathbf{S}_{21}^m[\mathbf{I} + \mathbf{P}_{22}^{m-1}(\mathbf{I} - \mathbf{S}_{11}^m\mathbf{P}_{22}^{m-1})^{-1}\mathbf{S}_{11}^m]\mathbf{P}_{21}^{m-1} \\
\mathbf{P}_{22}^m &= \mathbf{P}^{m(m+1)}[\mathbf{S}_{21}^m\mathbf{P}_{22}^{m-1}(\mathbf{I} - \mathbf{S}_{11}^m\mathbf{P}_{22}^{m-1})^{-1}\mathbf{S}_{12}^m + \mathbf{S}_{22}^m]\mathbf{P}^{m(m+1)}
\end{aligned} \tag{27}$$

for $m = 1, 2, \cdots, p-1$, where $\mathbf{S}_{ij}^m$ are the partitioned matrices of the scattering matrix $\mathbf{S}^m$ for the m-th support, and $\mathbf{P}^{m(m+1)}$ is the phase matrix for the $(m+1)$-th span.

It is seen from Eq. (27) that the matrix inversion operation of $(\mathbf{I} - \mathbf{S}_{11}^m\mathbf{P}_{22}^{m-1})^{-1}$ is required in each iteration step. To avoid this, the equation is rearranged as

$$\begin{bmatrix} \mathbf{P}_{11}^m - \mathbf{P}_{11}^{m-1} & \mathbf{P}_{12}^m \\ \mathbf{P}_{21}^m & \mathbf{P}_{22}^m \end{bmatrix} = \boldsymbol{\kappa}_1\boldsymbol{\kappa}_2 = \begin{bmatrix} \mathbf{X} & \mathbf{0} \\ \mathbf{P}^{m(m+1)}\mathbf{S}_{21}^m\mathbf{Y} & \mathbf{P}^{m(m+1)} \end{bmatrix} \begin{bmatrix} \mathbf{S}_{11}^m\mathbf{P}_{21}^{m-1} & \mathbf{S}_{12}^m\mathbf{P}^{m(m+1)} \\ \mathbf{S}_{21}^m\mathbf{P}_{21}^{m-1} & \mathbf{S}_{22}^m\mathbf{P}^{m(m+1)} \end{bmatrix} \tag{28}$$

with $\mathbf{X} = \mathbf{P}_{12}^{m-1}(\mathbf{I} - \mathbf{S}_{11}^m\mathbf{P}_{22}^{m-1})^{-1}$ and $\mathbf{Y} = \mathbf{P}_{22}^{m-1}(\mathbf{I} - \mathbf{S}_{11}^m\mathbf{P}_{22}^{m-1})^{-1}$. Since

$$\boldsymbol{\kappa}_1 = \begin{bmatrix} (\mathbf{I} - \mathbf{S}_{11}^m\mathbf{P}_{22}^{m-1})(\mathbf{P}_{12}^{m-1})^{-1} & \mathbf{0} \\ -\mathbf{S}_{21}^m\mathbf{P}_{22}^{m-1}(\mathbf{P}_{12}^{n-1})^{-1} & (\mathbf{P}^{m(m+1)})^{-1} \end{bmatrix}^{-1} \tag{29}$$

and

$$\boldsymbol{\kappa}_2 = \mathbf{S}^m \begin{bmatrix} \mathbf{P}_{21}^{m-1} & \mathbf{0} \\ \mathbf{0} & \mathbf{P}^{m(m+1)} \end{bmatrix} \tag{30}$$

and $\mathbf{S}^m = (\mathbf{D}^m)^{-1}\mathbf{A}^m$, Eq. (28) is transformed to

$$\begin{bmatrix} \mathbf{P}_{11}^m - \mathbf{P}_{11}^{m-1} & \mathbf{P}_{12}^m \\ \mathbf{P}_{21}^m & \mathbf{P}_{22}^m \end{bmatrix} = \begin{bmatrix} \mathbf{P}_{12}^{m-1} & \mathbf{0} \\ \mathbf{0} & \mathbf{P}^{m(m+1)} \end{bmatrix} \times \begin{bmatrix} \mathbf{D}_{11}^m - \mathbf{A}_{11}^m\mathbf{P}_{22}^{m-1} & \mathbf{D}_{12}^m \\ \mathbf{D}_{21}^m - \mathbf{A}_{21}^m\mathbf{P}_{22}^{m-1} & \mathbf{D}_{22}^m \end{bmatrix}^{-1} \mathbf{A}^m \begin{bmatrix} \mathbf{P}_{21}^{m-1} & \mathbf{0} \\ \mathbf{0} & \mathbf{P}^{m(m+1)} \end{bmatrix} \tag{31}$$

which will be used instead of Eq. (27). It can be seen that there is even not necessary to compute the $(\mathbf{D}^m)^{-1}$ in the local scattering matrix as required by the conventional formulations of MRRM.

The recursive formulae can be applied to the case of a two-span beam by assuming

$$\mathbf{P}_{11}^0 = \mathbf{0},\ \mathbf{P}_{12}^0 = \mathbf{P}^{01},\ \mathbf{P}_{21}^0 = \mathbf{P}^{01},\ \mathbf{P}_{22}^0 = \mathbf{0} \tag{32}$$

For the p-span beam shown in Fig. 1, the global phase matrix, $\mathbf{P}_{ij}^{p-1}$ can be easily calculated from Eq. (31). Then, the global phase relations are expressed as

$$\begin{Bmatrix} a_1^{01} \\ a_2^{01} \\ a_1^{p(p-1)} \\ a_2^{p(p-1)} \end{Bmatrix} = \begin{bmatrix} \mathbf{P}_{11}^{p-1} & \mathbf{P}_{12}^{p-1} \\ \mathbf{P}_{21}^{p-1} & \mathbf{P}_{22}^{p-1} \end{bmatrix} \begin{Bmatrix} d_1^{01} \\ d_2^{01} \\ d_1^{p(p-1)} \\ d_2^{p(p-1)} \end{Bmatrix}, \text{ or } \mathbf{a} = \mathbf{P}\mathbf{d} \tag{33}$$

Note that Eq. (33) contains only eight unknown amplitudes of waves in two related spans. To determine them, the following scattering relations for the two terminal ends of the continuous beam should be considered,

$$\begin{Bmatrix} d_1^{01} \\ d_2^{01} \\ d_1^{p(p-1)} \\ d_2^{p(p-1)} \end{Bmatrix} = \begin{bmatrix} \mathbf{S}^0 & \mathbf{0} \\ \mathbf{0} & \mathbf{S}^p \end{bmatrix} \begin{Bmatrix} a_1^{01} \\ a_2^{01} \\ a_1^{p(p-1)} \\ a_2^{p(p-1)} \end{Bmatrix}, \text{ or } \mathbf{d} = \mathbf{S}\mathbf{a} \tag{34}$$

Combining Eq. (34) with Eq. (33) gives

$$(\mathbf{I} - \mathbf{R})\mathbf{d} = \mathbf{0} \tag{35}$$

where $\mathbf{R} = \mathbf{S}\mathbf{P}$ is the reverberation matrix for the recursive algorithm, whose size is kept at 4×4 no matter how many spans there are. Non-trivial solution to Eq. (35) requires the determinant of the coefficient matrix to vanish, leading to the following frequency equation

$$|\mathbf{I} - \mathbf{R}| = 0 \tag{36}$$

4. Numerical Example

The frequency parameters Ω are calculated for a simply-supported four-equal-span continuous beam and compared to that obtained from other methods, as presented in Table 1. It can be seen that the exact frequency parameters obtained by the present recursive algorithm agree well with the FEM results using ANSYS and MTM results in the low frequency range. With the order of frequency increases, MTM may become invalid due to the numerical instability caused by large numbers, as mentioned earlier. At the meantime, the frequencies predicted by the present method still agree well with those of FEM. It is noted that FEM results are employed here as a benchmark for the purpose of comparison while there are no other results available in literature. It should be pointed out that the FEM model contains a large number of unknowns and is numerical inefficient, while our method seems to be more attractive with operations on low order matrices only.

Table 1. Comparison of frequencies (Ω) for a continuous Euler-Bernoulli beam with four equal spans.

Mode Number	Present	MTM	ANSYS	Mode Number	Present	MTM	ANSYS
1	157.91	157.91	157.91	34	13028.97	13029.00	12985.53
2	184.22	184.22	184.22	35	13511.49	13511.40	13466.11
3	246.69	246.69	246.69	36	14002.78	14002.76	13954.36
4	318.74	318.74	318.72	37	15791.37	15792.70	15726.95
5	631.65	631.65	631.55	38	16055.65	16055.93	15989.53
6	685.48	685.48	685.36	39	16590.81	-	16521.65
7	799.44	799.44	799.30	40	17134.73	-	17062.14
8	922.12	922.12	921.96	41	19107.55	-	19013.03
9	1421.22	1421.22	1420.72	42	19398.16	-	19302.08
10	1501.27	1501.27	1500.68	43	19985.95	-	19885.74
⋮	⋮	⋮	⋮				

5. Concluding Remark

Although the recursive formulae for MRRM are developed for the free vibration of multi-span beams, the idea is versatile. In fact, for any one-dimensional problem (or that reducible to one-dimensional), the basic formulations will be the same except the number of unknown coefficients. An effort on studying wave propagation in anisotropic and piezoelectric laminated plates is now undertaken.

Acknowledgments

The work was supported by the National Natural Science Foundation of China (No. 10432030), the Specialized Research Fund for the Doctoral Program of Higher Education (No. 20060335107), and the Program for New Century Excellent Talents in University (No. NCET-05-0510).

References

1. R.S. Ayre, L.S. Jacobsen, Natural frequencies of continuous beams of uniform span length, *J. Appl. Mech.* **17**, 391 (1950).
2. T. Hayashikawa, N. Watanabe, Free vibration analysis of continuous beams, *J. Eng. Mech.* **111**, 639 (1985).
3. D. Zhou, A new method of solving free vibration of uniform beams with arbitrary number of elastic point-supports, *Chinese J. Eng. Mech.* **8**, 111 (1991). (in Chinese)
4. Y.K. Cheung, H.C. Chan, C.W. Cai, Exact method for static analysis of periodic structures, *J. Eng. Mech.* **115**, 415 (1989).
5. C.W. Cai, Y.K. Cheung, H.C. Chen, Dynamic response of infinite continuous beams subjected to a moving force-an exact method, *J. Sound Vib.* **123**, 461 (1988).
6. W.T. Thomson, Matrix solution for the vibration of non-uniform beams, *J. Appl. Mech.* **17**, 337 (1950).
7. E.C. Pestel, F.A. Leckie, *Matrix Methods in Elasto Mechanics*, McGraw-Hill, New York (1963).

8. S.M. Howard, Y.H. Pao, Analysis and experiments on stress waves in planar trusses, *J. Eng. Mech.* **124**, 884 (1998).
9. Y.H. Pao, D.C. Keh, S.M. Howard, Dynamic response and wave propagation in plane trusses and frames, *AIAA J.* **37**, 594 (1999).
10. Y.H. Pao, X.Y. Su, J.Y. Tian, Reverberation matrix method for propagation of sound in a multilayered liquid, *J. Sound Vib.* **230**, 743 (2000).
11. X.Y. Su, J.Y. Tian, Y.H. Pao, Application of the reverberation-ray matrix to the propagation of elastic waves in a layered solid, *Int. J. Solids Struct.* **39**, 5447 (2002).
12. Y.H. Pao, W.Q. Chen, X.Y. Su, The reverberation-ray matrix and transfer matrix analyses of unidirectional wave motion, *Wave Motion*, in press, doi:10.1016/j.wavemoti.2007. 02.004 (2007).
13. E.L. Tan, Stiffness matrix method with improved efficiency for elastic wave propagation in layered anisotropic media, *J. Acoust. Soc. Am.* **118**, 3400 (2000).

ACOUSTIC FILTER DEVICES FOR RF FRONT-ENDS

Ulrich Bauernschmitt, Christian Block, Günter Kovacs, Clemens C.W. Ruppel

EPCOS AG, Munich, Germany

This paper describes the requirements on RF filtering derived from multi-band, multi-mode RF front ends for cellular phone applications. Drivers are forward integration – e.g. from PA function via transmit front-end to a fully integrated radio – and new influences are introduced by new requirements of 3G systems and the integration of complementary access (e.g., Bluetooth; WLAN, GPS, DVB-H). Filter components such as SAW and BAW filters have to solve several aggravated requirements simultaneously. New technologies are required to follow the demand for improved RF performance, reduced PCB area consumption, and continuously decreased overall component costs.

Keywords: acoustic filter, RF, front end, multi-band

1. Introduction

Cellular systems like GSM are reaching maturity. At its introduction, only the 900 MHz band was used. A few years later, the DCS band at 1.8 GHz was added. In the U.S., the GSM system gained momentum after the PCS band at 1900 MHz became available. Triple-band GSM phones can be considered as the first single-system global phones. Today, with the addition of the 850 MHz band in the U.S., the GSM system spans over four bands. In response to the need of higher data rates, the GSM system expanded toward General Packet Radio Service (GPRS) and recently to enhanced data rate for GSM evolution (EDGE). Next, the 3-GPP committee has defined the Universal Mobile Telephone System (UMTS) as a global standard being able to deliver data rates exceeding the GSM/EDGE standard by a factor of three. In the coming years, handsets will have more features and functionality, e.g., internet access, streaming audio/video, and games. Differentiation between handset manufacturers is no longer based on technical performance features. Fashion aspects, and cost determine the choice! Key drivers for component and subsystem suppliers are therefore cost and size. We concentrate in our analysis on surface acoustic or bulk acoustic wave components (SAW or BAW) - exhibiting high Q-filtering - one of the key components in the microwave portion - both in the RF and IF sections of the mobile terminals.

2. Evolution of Filtering Requirements

2.1. *General considerations*

Filtering in the RF front end of cellular systems is undergoing a continuous refinement in terms of electrical performance, size and cost considerations. One of the most recent shifts in requirements is coming from cellular operators; in short the requirements can be summarized as a paradigm shift: from talk- and standby-time towards usage and autonomy. Coming historically from car phones, the first feature of interest for a portable device was the duration of talk until battery is exhausted. This approach is valid, as long as voice transmission was the major concern. In today's applications however, where voice, SMS, e-mail, gaming, WAP, etc. have to be considered, each of the usage modes requires individual monitoring of current draw to determine the overall possible usage time.

2.2. *Example: CDMA systems*

Phone performance using CDMA protocols is strongly dominated by the components closest to the antenna. The first component after the antenna (on the cellular phone side) is the duplexer. The duplexer separates the transmit frequencies of the phone (output power up to about 1 Watt) from the incoming receive frequencies (as low as -110 dBm or 10^{-11} Watts). Traditionally, bulky ceramic duplexers were the only technology capable of meeting the phone specs. This has changed with the introduction of SAW and BAW technology - where high electrical performance and small size could be fulfilled simultaneously.

Changes over the past years were the prolongation of talk time (from 3 up to 6 hrs), the requirement for extended standby time (from 6 up to 10 days) and increased signal/noise ratio (from -103dB to -108 dB). At the same time, new features like GPS, PTT (push-to-talk), built-in camera and smaller form factor required further miniaturization of the duplexers, down to a size as small as 3.0x2.5x0.6 mm³.

2.3. *Requirements by new RF partitioning*

In Fig. 1 we show the traditional setup of a discrete RF front end, using four receiver SAW filter for GSM in proximity to the RF ASIC. Whereas the digital part is already highly integrated, the RF front-end section consists of a large number of passive and active components assembled on the printed circuit board (PCB). In a first step in the 90's the integration of the antenna interface and the switching between different bands and modes was accomplished by antenna switch modules (ASM). About two years ago higher integrated fronted modules (FEM) [1], based on a combination of the surface acoustic wave receive filters and a larger number of matching elements together with the ASM, have started to replace these ASMs. LTCC technology (low temperature co-fired ceramics) is the by far most commonly used substrate for these "acoustic" front-end modules.

Figure 1. Discrete RF front end.

Compared to FR4 or laminates, LTCC is a low loss, high precision substrate allowing to integrate a large number of passive devices in a small volume, e.g., diplexers separating the 1 GHz and 2 GHz frequency bands with minimum size.

For the filtering this means that mechanical as well as electrical properties have to match the design and production process parameters for these module applications. The trend of reducing the size dramatically while keeping or even improving the performance of the RF filters requires accurate software tools for the simulation of all relevant effects and interactions. In the past it was sufficient to predict the acoustic behavior on the SAW chip, but higher operating frequencies, up to 2.5 GHz, and stringent specifications up to 6 GHz demand to account for electromagnetic (EM) effects, too. The combination of accurate acoustic simulation tools together with 2.5/3D EM simulation software packages allows to predict and optimize the performance of SAW filters and SAW-based front-end modules.

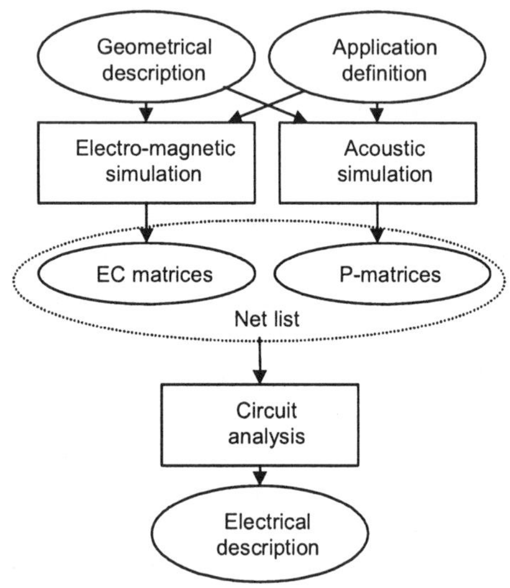

Figure 2. Detailed flow of SAW component simulation

3. Solutions

3.1. *Accurate modeling of electroacoustic components*

As performance requirements increase simulations have to accurately describe the attenuation in the pass band to a few tenths of a dB and the attenuation in the stop bands down to few dB at attenuation levels at 40 to 50 dB. Matching has to be predicted to halves of a dB at levels of 10 dB. These accuracy requirements have to be achieved despite the fact that the configurations being investigated have become significantly more complex. Additional functionality, such as, galvanic de-coupling or impedance transformation, has been integrated in the components.

Summing up, the specifications and the complexity of the components become more and more challenging, while required time to market becomes shorter and shorter. Thus, design engineers need excellent support from the computer aided design (CAD) system in order to allow for efficient, fast, and seamless design processes. Additionally, simulation tools are required that allow to provide filter designs which can be reliably realized in a minimum number of sample production runs.

Many techniques for SAW modeling are known that have been successfully applied in research and industry. They are extensively described in the literature [2-5]. Two essentially different types of approaches are worth being distinguished: specialized procedures, such as, coupling-of-modes (COM) or P-matrix models, and generic tools, such as, finite element method (FEM) or boundary element method (BEM).

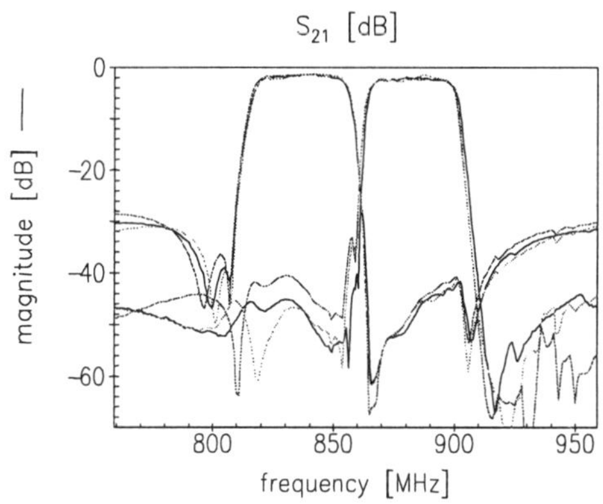

Figure 3. Comparison of measurement (black solid) and 2.5D (red, dash-dotted) and 3D (green, dashed) simulations of package.

In contrast to acoustic modeling, EM modeling of SAW components is a rather new area of interest [6-8]. With low-loss SAW RF filters entering the GHz-range, EM modeling has become more and more important. Fig. 2 shows the applied design flow, which allows the simultaneous modeling and optimization for SAW components using the P-matrix description of SAW properties. In a similar way, this design flow also applies for BAW components by replacing the SAW modeling with a detailed 3D BAW modeling of electro-acoustic properties [9].

The component chosen to illustrate the power of this method is a SAW duplexer for the U.S. cellular (800 MHz) band, whose ports are all single-ended and matched to 50 Ω. Fig 3 shows the Rx and Tx transfer functions. The duplexer is housed in an 9-pin Chip Sized SAW package and measures only 3.0x2.5x1.0 mm³ in size. By inspection, the simulation using the 3D EM description of the package agrees better with measurement than the one using the 2.5D description of the package. Further details can be found in [10]

3.2. *Advanced packaging*

Referring to fig. 1 it becomes obvious that the filtering within the RF portion of a cellular phone requires a considerable amount of PCB area. Recent trends to integrate filtering into modules holding PA, switching or the transceiver IC are putting even more pressure towards the miniaturization of packages for electroacoustic components. Besides having a cavity, the packages for SAW or BAW components used in mobile phones have to fulfill the following requirements [11]:

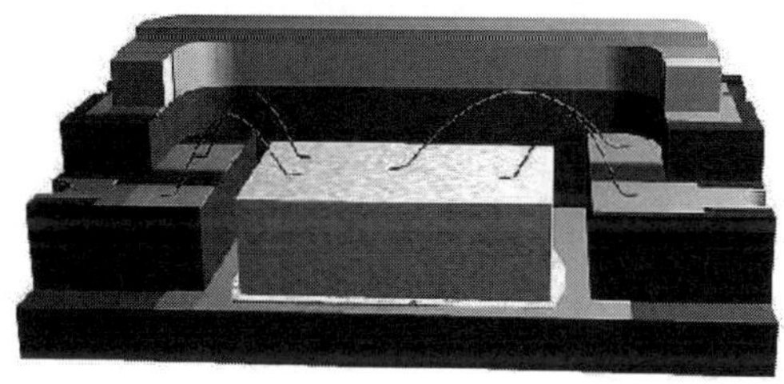

Figure 4. SMD package for SAW components made by High Temperature Co-Fired Ceramic (HTCC).

- The impact of the package within the operating temperature range for mobile phones from –30°C to +85°C to the SAW filter performance should be negligible.
- The need of low insertion attenuation in the passband of the SAW filter means to avoid any additional losses in the package.
- Most SAW filter applications use an unbalanced/balanced operation mode. The package should support or even improve the symmetric SAW filter behaviour at the balanced port.
- For electronic equipment like mobile phones a lot of electronic components are used. So the number of parts which are defect at delivery or after the soldering process must be very small for each component to reach a good assembly yield.
- To assure that the component does not fail during the

use of the system accelerated reliability tests are applied.

To achieve a good stability in temperature cycling a good matching of the coefficients of thermal expansion of the chip and the package materials is necessary. If they cannot be matched a compliant coupling by a soft material can avoid failure by mechanical overstress. For the survival of sub μm sized IDT structures in a high temperature and humidity test the package must be either hermetic to avoid that the humidity goes inside the package or the presence of corrosive substances must be limited to very small amounts. For nonhermetic packages there is also the risk in high temperature and humidity that impurities from polymer materials lead to a mass loading on the filter structure. This results in increased attenuation or a shift of the center frequency. Conducting particles inside the cavity could lead to a short if they come in contact to the IDTs.

Traditionally these requirements could be fulfilled using SMD type cavity package as shown in fig. 4. The chip is glued into a box made of High Temperature Cofired Ceramic (HTCC). For the electrical connection bonding wires between chip and package are used. The inner metal pads of the package are connected by vias or metallized castellations to SMD pads on the bottom side of the package. A metal lid is welded or soldered to hermetically seal the package.

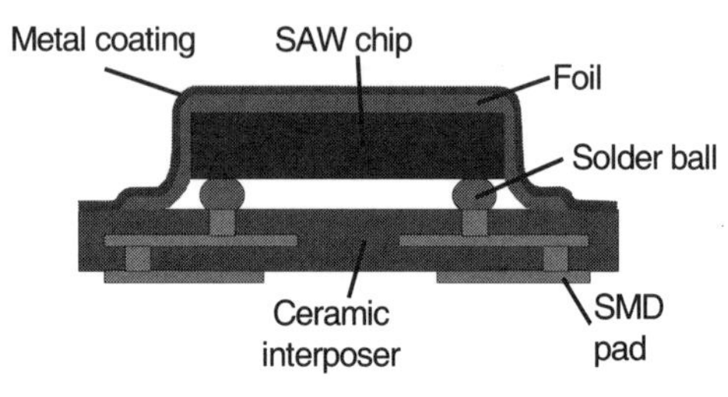

Figure 5. Schematic cross section of a second generation Chip Sized SAW Package.

Further miniaturization was possible only by optimizing the ratio of active are (SAW or BAW chip) to required landing are on the pcb. Therefore a novel approach was needed to reduce the area required for packaging the die. Fig. 5 shows a flip chip packages as described in [11]. The chips are soldered to a HTCC substrate using Lead free solder balls (SnAgCu) with a diameter of 100 μm. The cavity is formed by laminating a polymer foil onto the chips. A process using high pressure and temperature was developed to reach good adhesion of the foil on the ceramic interposer and on the chip and to ensure constant geometry of the foil over high production quantities. At the edge of the component the foil is removed before metallization. This is necessary to avoid that humidity can move into the packages. Cu and Ni layers with a total thickness of 20μm is used to close the package. The singularisation is done by a dicing process.

Going ahead one step further, the desired solution for the customer is to have no package at all. One step towards this solution is Wafer Level packaging (WLP), where the minimum amount of packaging is combined with the required amount of protection of the SAW or BAW dies for easy manufacturing. WLP is defined as the complete packaging of a component at wafer level. For SAW or BAW components this would include the formation of a cavity and of terminals which can be soldered on a PCB using standard equipment.

3.3. *Outlook*

The technologies which are needed to address continuously rising demands of modern cellular communication systems (including complementary access functions) require a multitude of different approaches: electromagnetic and electroacoustic modeling needs to be updates to serve stringent performance needs, micromechanical packaging approaches need to address the severe size constraints.

For higher integration and a reduction of the number of components a preferable alternative to standard SAW or BAW filters would be one single tunable filter for Rx and Tx band, respectively. Up to now only tunable SAW delay lines changing the delay time or phase have been realized with satisfactory performance. However, the center frequency of these devices remained unchanged.

Only recently, tunable SAW resonators have been published [12] which show first promising steps into a new fundamental area of improvement for microacoustic components. By this, a versatile module for the RF front end using continuously tunable multiplexer (for RX) and notch filters (TX) could be the next step in evolution of front-end filtering.

References

1. P. Hagn, A. Przadka, C. Ruppel, Acoustic frontend modules, In: *IEEE MTT-S Sym. Digest*, 921 (2004).
2. K. Hashimoto, *Surface Acoustic Wave Devices in Telecommunications – Modelling and Simulation*, Springer, Berlin (2000).
3. K. Hashimoto, G. Endoh, M. Yamaguchi, Coupling-of-modes modelling for fast and precise simulation of leaky surface acoustic wave devices, In: *Proc. 1995 IEEE Ultra. Sym.*, 251 (1995).
4. P. Ventura, J.M. Hode, B. Lopes, Rigorous analysis of finite SAW devices with arbitrary electrode geometries, In: *Proc. 1995 IEEE Ultra. Sym.*, 257 (1995).
5. P. Ventura, J.M. Hode, M. Solal, A new efficient combined FEM and periodic Green's function formalism for the analysis of periodic SAW structures, In: *Proc. 1995 IEEE Ultra. Sym.*, 263 (1995).
6. G. Fischerauer, Th. Ebner, P. Kruck, et al., SAW filter solutions to the need of 3G cellular phones, In: *Proc. 2001 IEEE Microwave Sym.*, 351 (2001).
7. X. Perois, M. Solal, J. Briot, et al., An accurate design and modeling tool for the design of RF SAW filters, In: *Proc. 2001 IEEE Ultra. Sym.*, 75 (2001).
8. C. Finch, X. Yang, T. Wu, et al., Full-wave analysis of RF SAW filter packaging, In: *Proc. 2001 IEEE Ultra. Sym.*, 81 (2001).
9. R. Talhammer, et. al., Prediction of BAW resonator performance using experimental and numerical methods, In: *Proc. 2004 IEEE Ultra. Sym.*, 282 (2004).
10. F.M. Pitschi, et. al, Accurate modeling and simulation of SAW RF filters, *IEEE MTT-S Sym. Digest*, 2009 (2003).
11. G. Feiertag, H. Krüger, P. Selmeier, Advanced packages for surface acoustic wave components, In: *Proc. 2003 MST*, (2003)
12. P. Smole, W. Ruile, et. al., Fabrication Techniques for Tunable SAW Resonators on Giant ΔE Layers, *IEEE USS Symp.*, 114 (2003).

AN ASSESSMENT OF THE RECENT DEVELOPMENT OF MEMS OSCILLATORS AS COMPARED WITH CRYSTAL OSCILLATORS

C.S. LAM

TXC Corporation, Ping Cheng City, Taoyuan County, Taiwan

Due to its high Q and temperature stable properties, for many years, quartz crystal based oscillators are important clock sources in consumer, commercial, industrial, and military digital sub-modules and modules. The demand for quartz crystal resonators and oscillators continues to rise. The unique fabrication and encapsulation requirements though render quartz crystal resonators and oscillators difficult or close to impossible to be integrated onto the mature silicon based IC platforms. The recent technical breakthroughs of MEMS (Micro Electro Mechanical Systems) based resonators and oscillators seem to re-ignite the interest in displacing/replacing the quartz crystal technology and to open up again the prospect in clock source integration.

This paper discusses and assesses, from the viewpoint of a quartz crystal manufacturer, such development and its possible impact on the quartz crystal industry which also experiences major progresses in miniaturization, performance enhancement, cost reduction, etc., in the past few years. This paper is not to discredit the MEMS oscillator efforts but to help the quartz crystal manufacturers to understand more about the efforts and advise them what they need to prepare for.

Keywords: MEMS, quartz, resonator, crystal oscillator

1. Introduction

Due to its high Q and temperature stable properties, for many years, quartz crystal based oscillators are important clock sources in consumer, commercial, industrial, and military digital sub-modules and modules [1]. The demand for quartz crystal resonators and oscillators continues to rise. The unique fabrication and encapsulation requirements though render quartz crystal resonators and oscillators difficult or close to impossible to be integrated onto the mature silicon based IC platforms.

For a typical handset, four different piezoelectric components are needed- RF SAW filter (~900 MHz to 2 GHz using $LiTaO_3$ or $LiNbO_3$), IF SAW filter (~50 to 400 MHz using mostly quartz), and TCXO (temperature-compensated crystal oscillator, ~10 to 30 MHz and quartz-based) in the RF section; and tuning fork (32.768 KHz and quartz-based) for standby clocking in the baseband section (Fig. 1).

Quite a few years ago the successful development of direct conversion technology in transceiver chipsets rendered IF SAW filter obsolete in may GSM handsets (as in Fig. 1). Some GSM transceiver chipsets now have the digitally-compensated crystal oscillator (DCXO) circuit of the TCXO integrated on-chip [2]. However, a quartz crystal is still needed off-chip (Fig. 2).

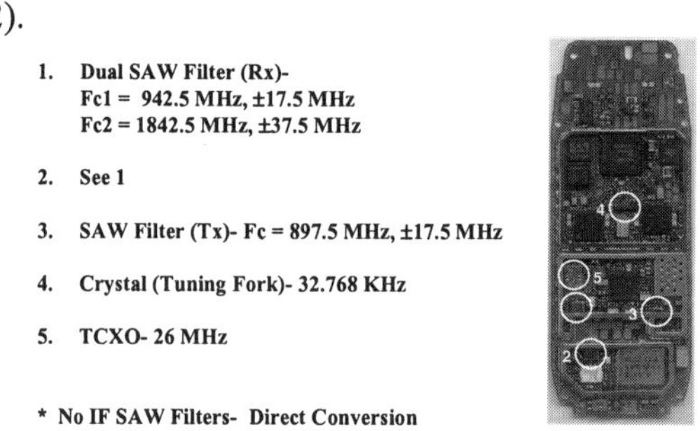

Figure 1. Piezoelectric components in a typical dual band GSM handset (GSM900 and DCS1800).

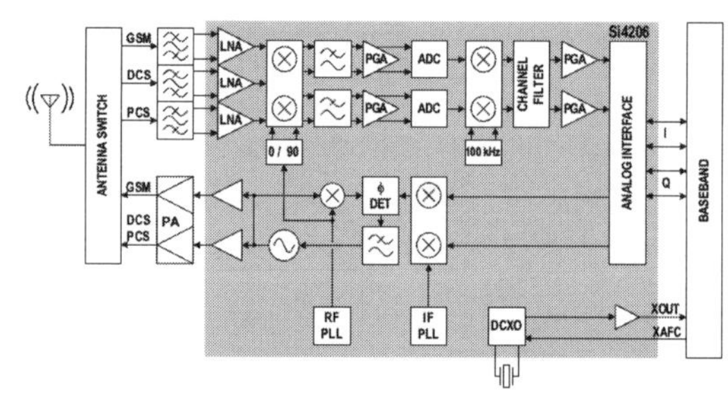

Figure 2 GSM transceiver chipset with on-chip DCXO [2].

As the handset market continues to grow, developing Micro Electro Mechanical Systems (MEMS) components as switches, filters, resonators/oscillators, etc. in the RF section of handsets seems to be the logical route of the final solution- integration (Fig. 3).

About 15 to 25 years ago, thin film resonators (TFRs) were vigorously discussed and researched as they could possibly be integrated onto the mature silicon based IC platforms [3]. After that it came 5 years of a quiet period. In 1994, HP research personnel presented the first report on film bulk acoustic resonator (FBAR) [4] and in 2001 Agilent announced the production of FBAR-based duplexers. FBAR (also coined BAWR nowadays by some), with its small size, silicon etching process and sacrificial layer removal step, can be considered as a MEMS component. As of now, FBAR-based duplexers and filters have successfully replaced a small portion of the rooted RF SAW duplexer/filter market but they still have to be individually packaged- like the RF SAW devices. Discrete RF SAW filter (and/or FBAR), TCXO (or quartz crystal) and quartz tuning fork are still the key off-chip piezoelectric components in handsets. FBAR integration and the full scale MEMS integration as in Fig. 3 are not likely to happen in the foreseeable future [5].

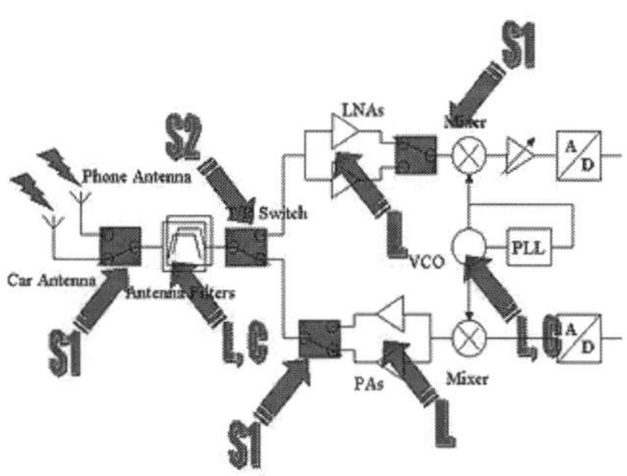

Figure 3. Applications of MEMS in RF section of handsets [5].

The recent technical breakthroughs of MEMS based resonators and oscillators seem to re-ignite the interest in displacing/replacing the quartz crystal technology and to open up again the prospect in clock source integration. This paper discusses and assesses, from the viewpoint of a quartz crystal manufacturer, such development and its possible impact on the quartz crystal industry which also experiences major progresses in miniaturization, performance enhancement, cost reduction, etc., in the past few years. This paper is not to discredit the MEMS oscillator efforts but to help the quartz crystal manufacturers to understand more about the efforts and advise them what they need to prepare for.

2. Silicon Solutions

Silicon clock oscillators are CMOS integrated circuits without using ceramic resonators, quartz crystals or other external components for frequency determination. The author commented in 2003 [6] on such solution based on the Maxim's EconOscillator/Divider and Micro Oscillator's MOI-2000 Oscillator (Fig. 4) [7]. One can easily note that the frequency stability of these oscillators is 5,000 to 15,000 ppm and so their applications are somewhat limited.

Linear Technology also offers a family of silicon oscillators with stability ranging from 2,500 to 15,000 ppm [8]. Recently, Mobius Microsystems announced the offering of the "All-silicon Copernicus Clock with 2,500 ppm frequency stability over process, voltage, and temperature." [9]

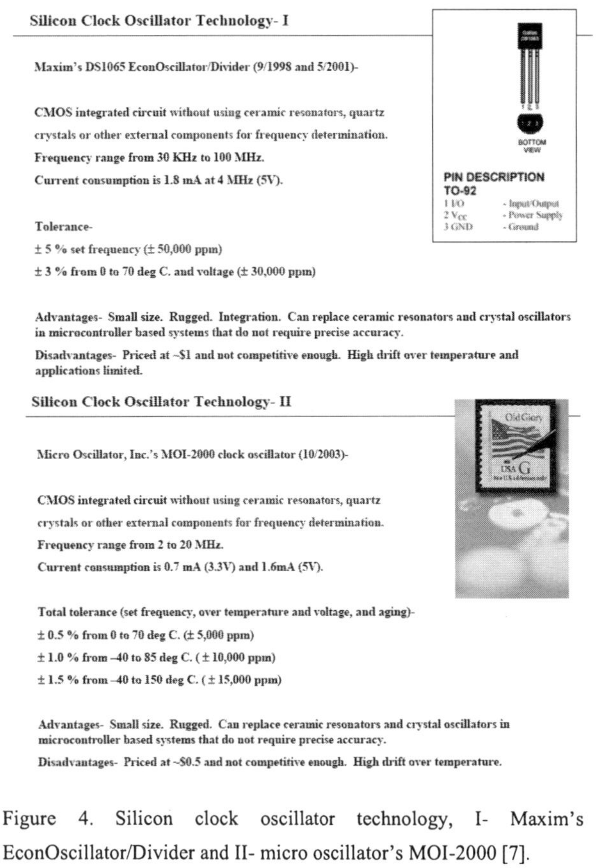

Figure 4. Silicon clock oscillator technology, I- Maxim's EconOscillator/Divider and II- micro oscillator's MOI-2000 [7].

Silicon clock oscillators can be integrated onto other silicon based IC platforms. One big advantage is their ruggedness (suitable for high shock and vibration applications) as there is no discrete mechanical resonant element. Their biggest disadvantage is clearly their poor frequency stability.

3. Quartz Solutions

It is almost 80 years since the applications of quartz crystals in telecommunication equipment first appeared [1]. Due to its high Q, unchallenged frequency-temperature stability, low cost, technical maturity, and widely commercial availability, quartz crystal continues to be the choice, and sometimes the only choice, in providing stable frequency sources in the ever expanding digital world.

Table 1. BAW (Crystal)- and SAW-based passives, oscillators and timing modules

BAW-based (<MHz ~ 200 MHz)	*SAW-based (<50 MHz ~ 3 GHz)*
Passives-	
Tuning Fork and Resonator	SAWR
MCF	SAWF
Oscillators-	
CXO	CSO
PCXO	
VCXO (Voltage-Controlled)	VCSO
TCXO (Temp. Compensated)	TCSO?
OCXO (Oven-Controlled)	OCSO?
Timing Modules-	
Clock Data Recovery (CDR)	Clock Data Recovery (CDR)
Clock Smoother (CS)	Clock Smoother (CS)
Frequency Translator (FX)	Frequency Translator (FX)
STM	STM
....	....

Powered by the fierce growth in wired and wireless equipment, quartz crystal (Bulk Acoustic Wave based = BAW-based) and its high frequency version SAW device (Surface Acoustic Wave based) are being used widely ranging from a simple passive resonator to a complex synchronous timing module (STM) as show in Table 1.

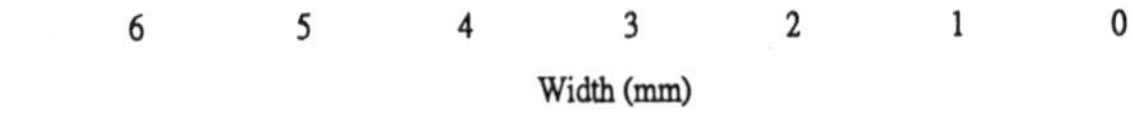

Figure 5. Development of quartz crystals.

Though unthinkable a few years ago, AT-cut quartz crystal (resonator) as small as 2.5x2mm^2 is now being shipped in volume (Fig. 5) [10]. Applications which need even smaller quarz crystals (2x1.6 and 1.6x1mm^2) are expected to appear and quartz crystal manufacturers are getting ready for them. Smaller than 5x3.2mm^2 quartz crystals need to be sealed in vacuum to retain impedance integrity. Low MHz small size quartz crystal blanks also need to be beveled (contoured) to sustain efficient energy trapping.

As for the crystal oscillators, delivery of 2.5x2mm^2 CMOS fixed frequency clock crystal oscillators (XOs/CXOs) is ramping up (Fig. 6) and quartz crystal manufacturers are preparing the yet smaller 2x1.6mm^2 version [10]. Oscillator IC suppliers also continue to shrink the IC sizes and for the 2.5x2mm^2 CXO one can still use wirebonding instead of flipchipping (Fig. 7).

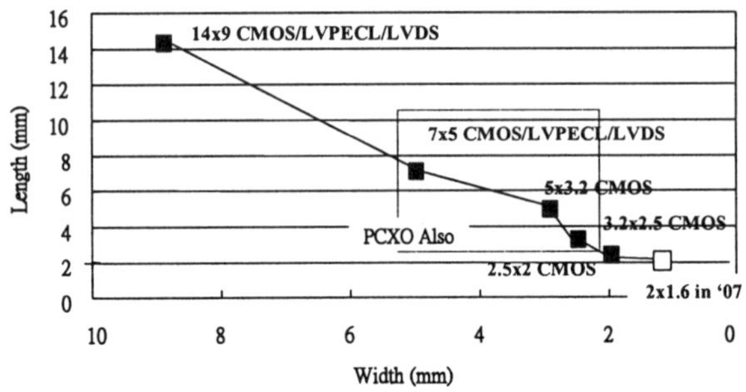

Figure 6. Development of crystal oscillators.

Figure 7. 2.5x2 mm2 CMOS crystal oscillators [10].

CMOS programmable clock crystal oscillators (PCXOs) are widely available in 7x5, 5x3.2 and 3.2x2mm^2 sizes [11]. These oscillators have on-chip phase lock loops (PLLs) with at least two dividers to allow programming to almost any frequency within a working frequency range (e.g. 2 to 200 MHz) based on a single low frequency quartz crystal (e.g. 25 MHz). These oscillators are attractive to designers as they can be quickly programmed to the frequencies desired for development purpose but they suffer from higher jitter which is inherent to all PLL-based oscillators. CXOs with differential LVPECL/LVDS output are also available in 14x9 and 7x5mm^2 platforms. Recently, one supplier began to offer programmable LVPECL CXO [12]. The frequency stability of the above quartz crystal, CXO and PCXO is usually specified at less than 100, 50, 25 and 10 ppm dependent on the temperature range of operation- significantly better than the all silicon solutions.

To provide even better frequency stability, temperature-compensated crystal oscillator (TCXO) is available. AT-cut quartz crystal's frequency- temperature stability is cubic in nature. The oscillator IC can have added voltage-frequency pulling function to analogously or digitally compensate the cubic frequency-temperature as depicted in Fig. 8. For nowadays handset applications, a frequency stability of better than 2.5 ppm TCXO is usually needed to provide the accurate reference clock of frequency synthesizing within the RF transceiver IC. For GPS equipment, TCXO of less than 1 or 0.5 ppm is needed. In 2004, the smallest TCXO available was 3.2x2.5mm^2 (Fig. 9) [13]. Now it is 2.5x2mm^2.

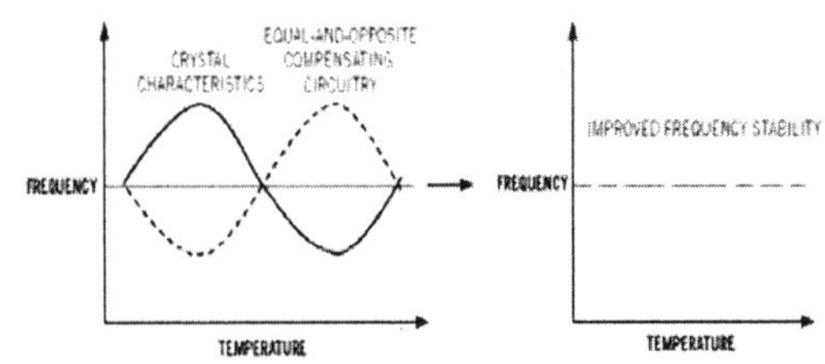

Figure 8. Temperature compensation of quartz crystal for TCXO applications.

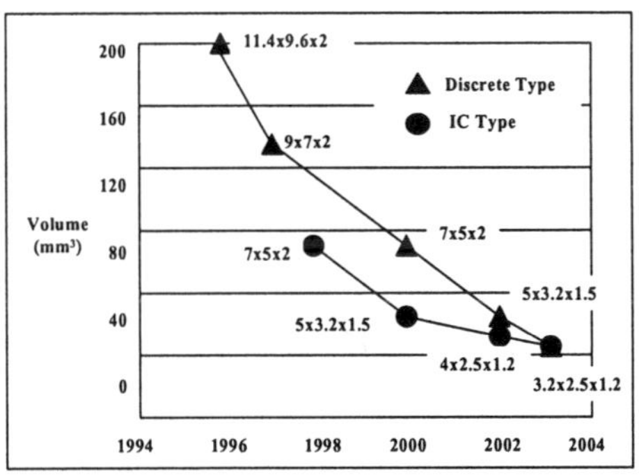

Figure 9. Development of TCXO for handset applications till 2004.

Overall, in the past few years, quartz crystal manufacturers have done the what once thought was impossible in shrinking the sizes of quartz crystal, CXO, PCXO and TCXO to where we are and most important of all, without sacrifying performance and cost [14,15]. Claims and threats to displace/replace quartz crystal devices come and go. More and more quartz crystal devices are shipped yearly and the average selling price continues to drop.

4. MEMS Solutions

Suggesting to use MEMS techniques to build the resonant elements for oscillator applications is not something new. The MEMS resonant elements are usually micromachined on silicon and they come in the shapes of combs, beams, discs, etc. For quartz crystal resonators, the vibration is based on piezoelectric excitation. For MEMS resonant element, it's based on electrostatic dynamics with "transducer gap" typical less than 1 μm (Fig. 10) [16,17]. Similar to the silicon clocks discussed in Section 2, MEMS resonators are rugged as they are small and integration is possible.

In 1998, Sandia National Laboratories announced "Microscopic machines may replace quartz crystals, Pollen-grain-sized parts soon in watches, TVs, computers." [18] Based on the earlier MEMS works funded by DARPA [19], Discera was established in 2001 with the mission "to become a global leader in CMOS MEMS resonator technology and to offer a broad portfolio of patented PureSilicon™ resonators whose breakthrough technology is proven reliable and used to create the industry's most advanced and economical Frequency Control and RF Circuits ..... Discera is the trend setter in today's multi-billion dollar timing industry, displacing quartz crystal solutions with systems-on-a-chip alternatives." [20]

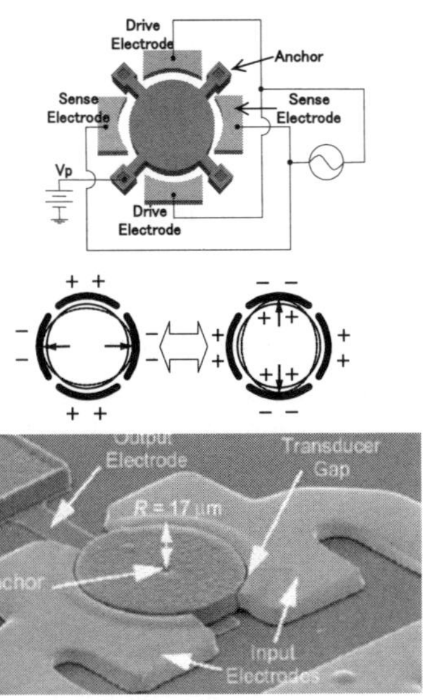

Figure 10. Electrostatic dynamics of disc-Like MEMS resonator [16,17].

In 2003, Discera offered the first MEMS oscillator MRO-100 (3x3mm^2) in 19.2 MHz for multiband wireless transceiver application (Fig. 11). The resonant element was a 30μm x8μm^2 MEMS beam.

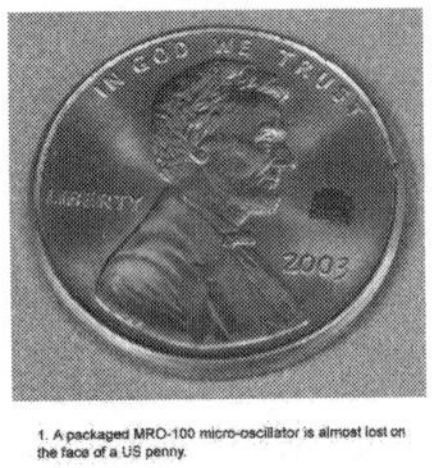

Figure 11. 3x3mm2 MEMS oscillator [20].

In 2003, Forman [21] commented "the challenge for Discera is in convincing customers to abandon an entrenched, known technology (quartz crystal technology) in favor of something new- convincing them to go with the devil they don't know." In 2004, Discera also demonstrated the first integrated 1.6 GHz tunable oscillator, likely for the VCO (usually discrete LC-based) of the local oscillator in wireless transceiver applications. As of today, no detailed specifications of the above two oscillators are available in the public domain and it's difficult to assess their acceptability in the commercial market.

Based on the IP licensed through Bosch, SiTime was established couple of years ago with the mission to become "a fabless integrated circuit company developing silicon timing, clock, and RF chips, which incorporate MEMS timing reference devices inside standard silicon electronic chips, eliminating the need for quartz crystals." [22] The first products introduced were the SiT8002 series programmable oscillators and the SiT1 series fixed frequency oscillators (likley programmed from the SiT8002 series). The CMOS oscillators are available in 7x5, 5x3.2, 3.2 and 2.5x2mm^2 (Fig. 12)- clearly targeting at the pin-to-pin compatible quartz crystal oscillator market (Fig. 6).

Figure 12. SiTime's MEMS oscillator [22].

The key success by SiTime over previous MEMS efforts was that "the clean and high vacuum sealing technology developed was able to minimize contamination and to support low aging of the MEMS resonator." [23,24] The SiT8002 and SiT1 series oscillators started out with a packaged 4-beam MEMS resonator (Fig. 13) wirebonded onto a leadframe-supported oscillator IC, and the whole assembly was then plastic-molded.

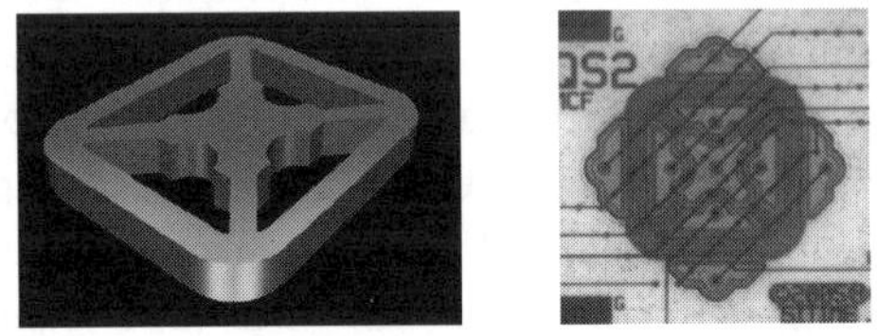

Figure 13. MEMS resonator based on 4-beam structure [22].

Little information was available on the MEMS resonator until SiTime announced the offering of it as a SiT0100 part (Fig. 14). The MEMS resonator operates at 5.1 MHz with 6-pad connection which is different from the familiar 2-pad connection of a quartz crystal resonator. The know-how in driving the MEMS resonator, Q and resistance values of the resonator, programming methodology of the oscillator, etc. are only available under an non-disclosure fees-associated agreement. No commercial available oscllator ICs are known to be available yet in pairing with this MEMS resonator.

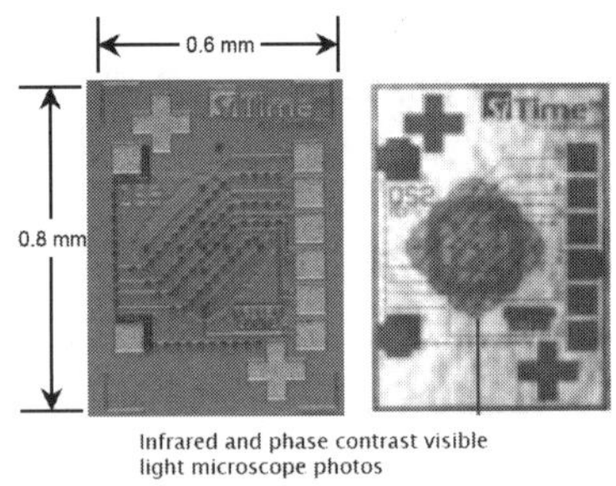

Figure 14. Packaged 0.8x0.6x0.15mm3 MEMS resonators [22].

Based on the public information available, one can say the SiT8002 series MEMS oscillators have a 5.1 MHz MEMS resonator inside and the oscillator output frequency is programmed (PLL'ed) from this MEMS resonator- similar to the PCXOs mentioned in Section 3. It is of interest to mention the series number SiT8002 is remarkably similar to that of the SG-8002 series PCXO from a major crystal oscillator manufacturer [11]. Recalling silicon-based MEMS resonator in general exhibits an inherent ~-30 ppm/°C frequency stability. To achieve the frequency stability claimed by the

MEMS oscillators (say 50 to 100 ppm), temperature compensation is needed- similar to the TCXOs mentioned in Section 3 except likely a simpler linear compensation is performed. In summary, it current MEMS oscillators need to be-

programmed to frequency (like PCXO) and
programmed to compensate frequency stability (like TCXO).

A PCXO needs to go through the following steps after encapsulation- tested, programmed, and tested (all done at room temperature). A TCXO needs to go through the following elaborate and costly steps after encapsulation- frequency-temperature test over the temperature range of operation, compensation, and frequency-temperature verification test over the temperature range of operation. Since the silicon-based MEMS resonator exhibits a linear frequency-temperature stability, compensation over the entire temperature of operation might not be needed to achieve a few tens of ppm stability. To get better stability, compensation based on frequencies measured at several temperatures close to the room temperature might be needed. Based on the information available so far, several questions with regard to the cuurent generation off MEMS oscillators can be posted-

Higher current drain than regular CXO to power the PLL circuits?
Poorer jitter performance as it's inherent to PLL-based oscillators?
Digital compensation often creates frequency perturbations within small temperature increments. Would that present problems for many applications?
Plastic molding is not hermetic- limitation in applications?
Programming and compensation can be costly?

As for integration, Johnson [25] commented "Though Discera's MEMS is cast into a CMOS chip, neither its nor SiTime's MEMS chips hold circuitry. Today, adding MEMS to a CMOS chip with circuitry would risk turning the circuitry to soup by virtue of the high temperatures needed to sculpt MEMS structures from silicon. Consequently, like quartz crystals, MEMS resonators today require a separate CMOS chip, containing a feedback path to maintain oscillation, a PLL to stabilize frequency and other conditioning circuitry to optimize performance. In the case of quartz crystals, the CMOS chip is wired to the crystal inside the package. By contrast, the MEMS resonator, as a planar CMOS chip itself, can be directly bonded to the chip holding the circuitry." As said in the introduction, FBAR integration is not likely to happen in the foreseeable future. The author believes it applies to MEMS oscillators also.

5. Quartz Plus MEMS Solutions

As said in the introuction, "FBAR, with its small size, silicon etching process and sacrificial layer removal step, can be considered as a MEMS component."

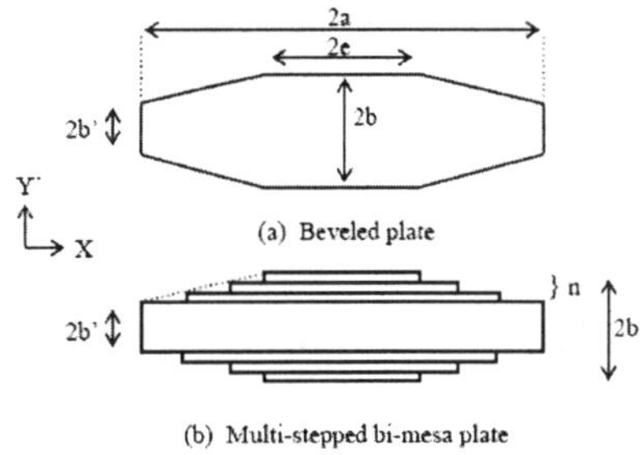

Figure 15. (a) Beveled quartz crystal and (b) Bi-mesa quartz crystal [26].

Nowadays many quartz crystal components are miniaturized and some sorts of MEMS processing steps are involved- like the double-side photolithography, etch through, Au etch protection, etc. of miniature quartz tuning forks; etching steps of bi-mesa type quartz crystals (Fig. 15) [26], Lamé mode quartz crystal [27]; etc. A major crystal oscillator manufacturer already coined the term "QMEMS" in recognizing the importance of linking the quartz and MEMS technologies for the next generations of quartz crystal devices [28]. Recently both Discera and SiTime announced their alliances with two individual quartz crystal manufacturers [29,30]. It seems instead of pushing pure MEMS-based solutions, some MEMS companies consider the best route is to link up with the quartz crystal manufacturers to identify markets which can best use both the quartz and MEMS techniques.

6. Discussions

This paper discusses and assesses, from the viewpoint of a quartz crystal manufacturer, the performances of silicon clocks and MEMS oscillators as compared with quartz crystal oscillators. This paper is not to discredit the MEMS oscillator efforts but to help the quartz crystal manufacturers to understand more about these products. The author believes MEMS oscillator technology has yet many issues (technical, cost, acceptance, etc.) to overcome in order to compete with the rooted quartz crystal oscillator technology [31]. The quartz crystal industry, though experiences major progresses in miniaturization, performance enhancement, cost reduction, etc. in the past few years, shall have to continue to retain its competitiveness through further

References

1. Industry in the USA, In: *Proc. 1981 Annual Freq. Contr. Sym.*, **3** (1981). ttp://www.ieee-uffc.org/fc_history/bottom.html.
2. Silicon Laboratories, AERO™ I+ Tranceiver for GSM and GPRS Wireless Communications, http://www2.silabs.com/public/documents/tpub_doc/dsheet/Wireless/Aero_RF_Transceivers/en/aeroI+.pdf.
3. J. Wang, K. Lakin, Sputtered AlN flms for bulk-acoustic-wave devices, In: *Proc. 1981 Ultra. Sym.*, 502 (1981).
4. R. Ruby, P. Merchant, Micromachined thin film bulk acoustic wave resonators, In: *Proc. 1994 IEEE Int Freq. Contr. Sym.*, 135 (1994).
5. P. Albert, J. Costello, P. Salomon, MEMS in CMOS-21st century RF and microwave applications, *RFdesign*, (2000).
6. Applications of Frequency Control Products for Telecommunication & Handset and Their Development Trends, IT Market Conference, 2003 http://www.txc.com.tw/download/TECH_PAPER/2003-ITMarket-1-English.pdf.
7. Microcontroller Clock-Crystal, Resonator, RC Oscillator, or Silicon Oscillator? Maxim's Application Note 2154 http://www.maxim-ic.com/appnotes.cfm/appnote_number/2154 and "MOI-2000 CMOS Clock Oscillator," Micro Oscillator, http://www.micro-oscillator.com/MOI2000_Data%20Sheet4-04.pdf.
8. Linear Technology Silicon Oscillators, http://www.linear.com/pc/viewCategory.do?navId=H0,C1,C1010,C1096.
9. "Mobius Microsystems Introduces the All-silicon Copernicus Clock," May 10, 2005, http://www.us.design-reuse.com/news/news10402.html.
10. TXC Corporation's 2006 Products Roadmap.
11. Epson-Toyocom SG-8002 Series Programmable Crystal Oscillators, http://www.epsontoyocom.co.jp/english/product/OSC/programmable.html.
12. Versatile OTP Oscillator Delivers Differential LVPECL for Data Designers with Deadlines, C-MAC MicroTechnology, September 1, (2005). http://news.thomasnet.com/fullstory/467366.
13. C.S. Lam, C.W. Chiang, Development of miniaturized analog and digital temperature compensated crystal oscillators, In: *Proc. Second Sym. Acoust. Dev. Future Mobile Commun. Sys.*, (2004).
14. R. Burns, Why oscillators are the best frequency sources for wireless designs? *RFdesign*, August 1, (2003). http://rfdesign.com/mag/radio_why_oscillators_best/ index.html.
15. Jon Titus, ECN, It's crystal clear: Quartz still resonates with designers, October 1, (2006). http://www.ecnmag.com/article/CA6380016.html?filename=ECN20061001ec6ocs100_.xml.
16. M. Okazaki, Current activities of Japanese quartz industries, In: *Proc. 100th Meeting of the No. 150th Committee on Acoustic Wave Devices, Jpn. Soc. Promot. Sci.*, (2006).
17. W. T. Hsu et al., Design and fabrication procedure for high Q MEMS resonators, *Microwave Journal*, **47**, 60 (2004).
18. Microscopic machines may replace quartz crystals, Pollen-grain-sized parts soon in watches, TVs, computers, *Sandia National Laboratories, News Release,* July 7, (1998). http://www.sandia.gov/media/memquar.htm.
19. C. T. -C. Nguyen, Transceiver front-end architectures using high-Q micromechanical resonators, In: *Proc. IEEE European MIDAS Workshop*, (2000).
20. Discera, http://www.discera.com.
21. "Discera's dilemma: Making enough noise to merit mobile's attention," *David Forman, Small Times*, June 23, (2003). http://www.smalltimes.com/document_display.cfm?document_id=6261
22. Sitime, http://www.sitime.com.

23. A. Partridge, J. McDonald, Silicon MEMS oscillators to replace quartz crystals, *SiTime Corporation's 2006 Promotion Materials*.
24. Thomson Dialog News Edge, A new paradigm in tme: Silicon MEMS resonators vs. quartz crystals, May 1, (2006). http://www.tmcnet.com/usubmit/2006/05/01/1627534.htm.
25. R. Colin Johnson, MEMS eyes quartz crystal apps, *EE Times,* (2006). http://www.embedded.com/rss/showArticle.jhtml?articleID=193401321&cid=RSSfeed_embedded_news
26. S. Goka, et al., Decoupling effect of multi-stepped bi-mesa AT-cut quartz resonator, In: *Proc. 2003 IEEE Int. Freq. Contr. Sym.*, 694 (2003).
27. Y. Shimizu, et al., Quasi–Lamé–mode quartz-crystal resonators, *J. Appl. Phys.* **39**(5B), 3010 (2000).
28. What is QMEMS? *Epson-Toyocom*, http://www.epsontoyocom.co.jp/english/info/2006/qmems.html.
29. Vectron and Discera to Drive New Era of MEMS Timing Devices, (2006). http://www.discera.com/03b_zp111406.shtml.
30. SiTime and Micro Crystal Enter MEMS Oscillator Joint Development Agreement, 2006, http://www.sitime.com/news/releases/micro111306.htm.
31. Jérémie Bouchaud and Bernardo Knoblich, MEMS oscillators, has their time come? *Wicht Technologie Consulting*, http://www.memsinvestorjournal.com/2006/10/mems_oscillator.html#more

集成式石英谐振器尺寸结构分析及实验

宁永怀 田文杰 鄂然 崔媛媛

100101 北京市北四环北路 35 号北京信息工程学院传感器技术研究中心

电子邮件：ningyonghuai@sohu.com, t-wenjie@biti.edu.cn

利用石英晶振的能限理论和归一化判据对单基集成晶振的电极结构进行了分析，并对不同电极结构的晶振振动特性进行了分析。结果表明理论分析和实验结果一致，并得出了 10MHz AT 切的单基集成晶振的最佳结构。根据该结构设计的差频式石英谐振传感器的温度特性得到了较大的改善。

关键词：石英谐振器，能限，传感器

ANALYSIS AND EXPERIMENT OF INTEGRATE QUARTZ RESONATOR DIMENSION STRUCTURE

Yong-Huai NING,, Wen-Jie TIAN, Ran E, Yuan-Yuan CUI

Research Center of Sensor Technology Beijing Information Technology Institute,
35# Middle North Forth Ring Road , Beijing,100101,P.R.China

E-mail:ningyonghuai@sohu.com, t-wenjie@biti.edu.cn

By energy trap theory and normalized criterion, we analyze the rationality of Mono-base integrate quartz resonator force sensor dimension structure, and the vibration characteristic of different structure. The result of theory analysis is consistent with experiment nearly. We find out the optimal integrate dimension structure of AT cut quartz resonator which frequency is 10 million. Based on this optimal structure, a differential frequency quartz resonator sensor is made which improves the temperature effect largely.

Keywords: quartz resonator, energy trap, sensor

石英谐振力传感器是一种以石英谐振器为敏感元件的数字式传感器，它利用谐振器的力频效应，频率变化量是外力的线性函数，通过测量被外力调制的谐振频率的变化量测量力[1,2]。石英谐振式力传感器具有数字量输出、功耗低、分辨率高和成本低等优点。但在在引起石英晶体谐振器频率变化的其他因素中，温度是引起频率变化的主要因素。由此，人们在利用石英晶体谐振器的力-频特性时，往往采用两个独立的单电极谐振器配对的方法弃除相关干扰因素的影响。但是，由于加工工艺技术的限制，配对使用的两个石英晶体谐振器性能不可能完全相同，从而导致误差的存在。在同一个晶体基片上集成多个谐振器，且各个谐振器能同时独立工作，由此可构成差频式的频率输出。实验表明结果，这种单基集成晶振的差频办法大大改善了温度对谐振器的影响，本文从能限理论和归一性判据出发就单基多谐振器设计中的尺寸结构进行了分析并进行了相关试验，发现理论分析和实验比较符合的方法。

1. 能限理论

在 AT 切振子中，振动稳定时，利用数学物理中的分析变量法可得剪切振动耦合波动方程的解为[3]

$$u = A''\sin(\frac{n\pi}{h}y)\, e^{i\omega t}\cdot e^{i\xi z} \tag{1}$$

其中 ξ 为波传播常数， A'' 为振幅，z 为离开波源的距离。ξ 为实时能形成波。而当 ξ 为虚数时，在晶片中的行波振幅是衰减的。

将 $A''\sin(n\pi y/h)\, e^{i\omega t}\cdot e^{i\xi z}$ 代入耦合晶振动力学方程

$$c_{66}^{E'}\frac{\partial^2 u}{\partial y^2} + c_{55}^{E'}\frac{\partial^2 u}{\partial z^2} = \rho\frac{\partial^2 u}{\partial t^2} \tag{2}$$

可得

$$-c_{66}^{E'}(\frac{n\pi}{h})^2+(i\xi)^2c_{55}^{E'}=\rho\cdot(i\omega)^2 \quad (3)$$

$$\xi^2=\left(\frac{n\pi}{h}\right)^2\left(\frac{c_{66}^{E'}}{c_{55}^{E'}}\right)\left[\left(\frac{\omega^2}{\frac{c_{66}^{E'}}{\rho}\cdot(\frac{n\pi}{h})^2}\right)-1\right] \quad (4)$$

$$\xi=\pm(\frac{n\pi}{h})(\frac{c_{66}^{E'}}{c_{55}^{E'}})^{1/2}\left[(\frac{\omega}{\omega_c})^2-1\right]^{1/2} \quad (5)$$

式中，$\omega_c=\frac{n\pi}{h}\sqrt{\frac{c_{66}^{E'}}{\rho}}$。由式(5)可得，在 n 一定时，ξ 随 ω 而变化（如图 1）

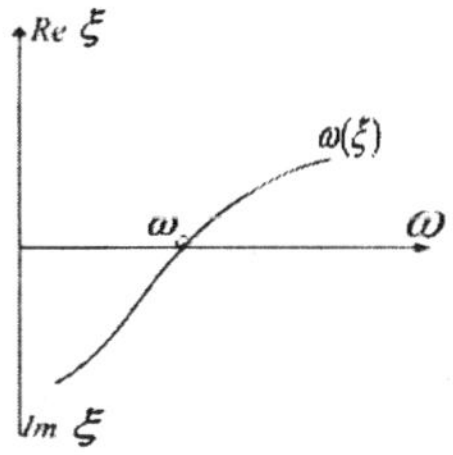

Figure 1. Relation between ω and ξ.

从上面的分析中可得在无限大的弹性介质中波的传播特性决定于材料的性能；而在有限体中，波动过程不仅决定于介质性能而且还决定于弹性波和弹性体边界的相互作用。对剪切波特点来说，频率小于 ω_c 时波传播常数变为虚数，这个 ω_c 就是晶振的截止频率。

对于局部电极石英晶体谐振器，晶片面上存在电极边界。电极覆盖区的振动将有别于无电极区的振动。

（i）在电极覆盖区域，由于电极的存在晶体的厚度增加（增加了压电元件的惯性矩），则行波截止频率 $f_c=\frac{\omega_c}{2\pi}=\frac{n}{2h}\sqrt{\frac{c_{66}^{E'}}{\rho}}$ 减小，并记为 f_{ce}，$f_{ce}=\frac{\omega_{ce}}{2\pi}$；

（ii）在无电极的区域，ρ 不变，f_c 不变，仍为 $f_c=\frac{\omega_c}{2\pi}=\frac{n}{2h}\sqrt{\frac{c_{66}^{E'}}{\rho}}$，记为 f_{cs}，$f_{cs}=\frac{\omega_{cs}}{2\pi}$。所以有 $f_{ce}<f_{cs}$。

所以谐振器中传播的波，存在如下三种形式：

① $f=\frac{\omega}{2\pi}<f_{ce}<f_{cs}$ 时，波在有电极区和无电极区都不能传播。

② $f=\frac{\omega}{2\pi}>f_{cs}>f_{ce}$ 时，波在有电极区和无电极区都能传播。

③ $f_{ce}<f=\frac{\omega}{2\pi}<f_{cs}$ 时，波只能在电极区传播，而不能在无电极区传播。

所以，选择适当的 $\omega=2\pi f$，使波只在电极内传播，而超出电极后，则呈指数衰减，不能传播。这样的谐振器便有陷波的作用。

由于频率满足 $f_{ce}<f<f_{cs}$ 波在电极区形成时谐振，所以可以通过检测电极回路中的谐振电流而得到晶体机械谐振频率。

2. 无电极区振幅与距离的关系

AT 切薄片振子的 $A(z)$ 关系[4]

$$A(z)=A_0e^{-2.28\sqrt{R}z/h} \quad (6)$$

式中 A_0 为电极边缘的振幅值，z 为离开电极边缘的距离，h 为晶体厚度，$R=(f_{cs}-f_{ce})/f_{cs}$ 为下降率无因次参数，它表示了无电极区域的频率 f_{ce} 和电极区频率 f_{cs} 的相对差值，通常为了抑制晶体中非谐波泛音，R 可根据如下的归一化判据适当选择[4]

$$\frac{a_z}{h}\le\frac{B}{\sqrt{R}} \quad (7)$$

式中 a_z 为圆形电极尺寸，h 为晶体厚度，B 为常数通常取 2.25。

3. 电极结构理论分析

从能限效应可知，电极厚度越薄，电极区波谐振频率越单一，振动中心能量越大，晶振品质因素好，起振也容易，所以从晶体振荡的品质因素来考虑，应该是电极的厚度越薄越好，但是从非电极区的下降率无因次参数而言，晶体电极厚度越薄，下降率无因次参数越小。为了防止晶体和外界耦合晶振电极边界离晶振边缘的距离就必须增大。所以综合以上两个因素下降率无因次参数不能太大也不能太小，通常取值为 0.01~0.03 之间。

为了抑制晶体中非谐波泛音，根据归一化判据，R 取值为 0.01，那么圆形电极尺寸最好要小于 3.4mm。如果单从归一化判据判断，晶振电极直径约小越好，但是电极尺寸约小，起振也越困难，所以一般电极直径的取值能刚好满足归一化判据就可。

从非谐振区晶体振动的 $A(z)$ 关系分析，电极边缘离晶振边缘越远越好，这样可以避免晶振和外界的耦合，但是晶振尺寸一般都不可能很大，所以相应取下降因次 R 为 0.01，例如，主振频率为 10MHz 的晶振厚度为 0.15mm，按振幅衰减 40dB 计算，晶振电极离边界距离不能小于 1.2mm。

4. 电极结构布局设计实验

试验选用了基频为 10MHz 的 AT 切石英晶振，石英晶振直径ϕ12.5mm、厚度 *h* 为 0.15mm，分别作了如下几组电极结构布局试验。

4.1. 四电极实验

在晶片上等间隔的镀上四对相同电极，分别分为电极直径ϕ4mm，电极间距为 2mm，电极边界离晶振边界为 1.5mm~2mm。试验结果表明四对电极之间存在强烈的耦合现象，晶体中的四对电极不能各自独立振荡，而是以某对振动最强的电极频率振动，把电极直径ϕ4mm 时，情况仍然如此。

4.2. 三电极实验

在晶片上等间隔的镀上三对相同电极，分别分为电极直径ϕ4mm，电极间距为 3mm，电极边界离晶振边界为 1.5mm~2mm。结果表明 3 对电极都能各自对立振动。当把电极直径换为ϕ4mm 时，尽管也能各自独立振动，但是在做温度试验时，发现电极直径ϕ3mm 振动稳定性明显优于电极直径ϕ4mm。

5. 结论

从上面的分析数据可得，根据能限理论和和归一化判据设计的电极结构布局和实验基本相符。实验和理论表明，对晶振振动的稳定性和温度特性的改善，在同一 10MHz ϕ12.5mm 晶片上集成晶振时，电极直径取 3mm，电极间距取 3mm，电极离晶片边缘距离为 2mm 是一种最为理想的选择。

致谢

此文工作得到了国家自然科学基金北京市科技发展项目（KM200610772009），北京市高校学术创新团队项目（51050031）的资助,在此表示感谢。

参考文献

1. E.P. EerNisse, T. Lukaszek, A. Ballat, Variational calculation of force-frequency constants of doubly rotated quartz resonators, *IEEE Sonics Ultra.* **SU-25**, 132 (1978).
2. 秦自楷，压电石英晶体，国防工业出版社，太原 (1980)
3. Z.Y. Wang, H.Z. Zhu, Y.G. Dong, et al., Force-frequency coefficient of symmetrical incomplete circular quartz crystal resonator, *IEEE Ultra. Ferr. Freq. Contr.* **48**, 1471 (2001).
4. B.B. 马洛夫，翁善臣 译，压电谐振传感器，国防工业出版社，北京 (1984).

FEP 和多孔 PTFE 复合膜压电驻极体的制备及压电性的研究

黄金峰　张晓青　夏钟福　王飞鹏

200092 上海市杨浦区四平路 1239 号同济大学物理系波耳固体物理研究所

Email：0520103047@smail.tongji.edu.cn, x.zhang@mai.tongji.eud.cn

含封闭孔洞结构的聚合物薄膜经过适当的电极化处理后表现出突出的压电活性。由于它同时具有压电材料和驻极体的特点，被命名为压电驻极体。本文报道了微孔结构 PTFE 和 FEP 复合膜的制备方法，并讨论了其压电性能。该复合膜的结构特点是以多孔 PTFE 为骨架，而以致密（非多孔）的 FEP 为储存电荷的介质层。研究结果显示：FEP 和 PTFE 复合膜压电驻极体的准静态压电系数 d_{33} 可以达到 200-500pC/N，并且 d_{33} 在 0-12kPa 的压强范围内呈现出良好的线性。在 90°C 下老化 160min 后 d_{33} 仍保持在初始值的 43%且趋于稳定。

关键词：压电驻极体，压电系数，复合膜

PREPARATION AND PIEZOELECTRICITY OF FEP AND PTFE LAMINATED FILMS

Jin-Feng HUANG, Xiao-Qing ZHANG, Zhong-Fu XIA, Fei-Peng WANG

Pohl Institute of Solid State Physics, Tongji University, Shanghai 200092 China

E-mail: 0520103047@smail.tongji.edu.cn x.zhang@mai.tongji.eud.cn

After proper electric charging, polymer foams show the behavior similar to ferroelectric material. Since the charged polymer foams combine the characteristics of ferroelectric materials (hysteresis loop) and electrets (surplus charges), they are named ferroelectrets. This paper introduces a method of preparation of laminated polytetrafluoroethylene (PTFE) and fluoroethylenepropylene (FEP) films with cellular structure. The character of such ferroelectret is that the layers of compact FEP are the electrets storing charges and the layers of porous PTFE are the framework of the cellular structure. The results show the quasi-static piezoelectric d33 coefficients of the laminated films are up to 200-500pC/N and relatively independent on the static applied pressure in the range of 12kPa; after 160 minutes of aging d33 of the complex films can retain 43% of the original and tends to stabilization.

Keywords: ferroelectret, piezoelectric coefficient, laminated films

1. 引言

含封闭孔洞结构的聚合物薄膜经过适当的电极化处理后表现出突出的压电活性，它同时具有压电材料和驻极体的特点，被命名为压电驻极体或铁电驻极体[1]，是上世纪九十年代发展起来的新一类机电传感器材料。由于多孔结构聚合物在日常生活中被广泛用作保温、包装、电绝缘、以及隔音等材料，既表现出良好的机械性能，又具有较低的重量且价格低廉[2]。上世纪 90 年代前后，经过电极化处理之后的这类材料具有十分强的压电活性，引起科学界的关注，从而成为驻极体领域内一个新的研究热点。2005 年前，有关这种新型材料的研究主要集中在多孔聚丙烯薄膜（cellular PP）上，并开展了一些实际应用。但是由于多孔 PP 膜自身的热稳定性的限制，它的工作温度一般不超过 60 °C。超过此温度，其压电活性将明显衰减，甚至消失，从而限制了其应用范围。因此，寻找既具有高热稳定性同时又具有强压电活性的多孔聚合物薄膜材料成为压电驻极体研究领域的新课题。本文首次报道了微孔结构 FEP 和 PTFE 复合膜的制备方法，并讨论了该复合膜的压电活性及其热稳定性.

2. 实验

实验采用的原膜是由杜邦公司生产厚度为 12.5μm 致密 FEP 薄膜（三层）和上海塑料研究所生产的厚度

为 12.5μm 的多孔 PTFE 薄膜（两层，其表面 SEM 照片如图 1 所示）。首先将两种薄膜交替层叠在一起，且最外层均是致密的 FEP 薄膜（图 2），然后在温度 T_0=280°C 时向膜系施加 10kPa 的压力； T_0 选定在高于 FEP 的熔点（260°C）而低于 PTFE 熔点（327°C）的温区内[3]，是因为在熔融状态下的 FEP 可以和 PTFE 牢固地粘合在一起，形成孔洞层与致密的电介质层交替出现的封闭孔洞的复合膜。施压的时间是根据所选择的温度和压力大小来确定。在上面所选择的温度和压力参数下，施压时间为 1h。

图 1. 多孔 PTFE 薄膜表面的 SEM 照片

微孔结构复合膜利用针－平板结构的电晕系统进行电极化处理。电晕电压、充电温度和充电时间分别为-30kV、25°C 和 120s。电晕电极与样品表面的距离为 7cm。充电后复合膜的两面分别蒸镀层厚 100nm 的铝电极。

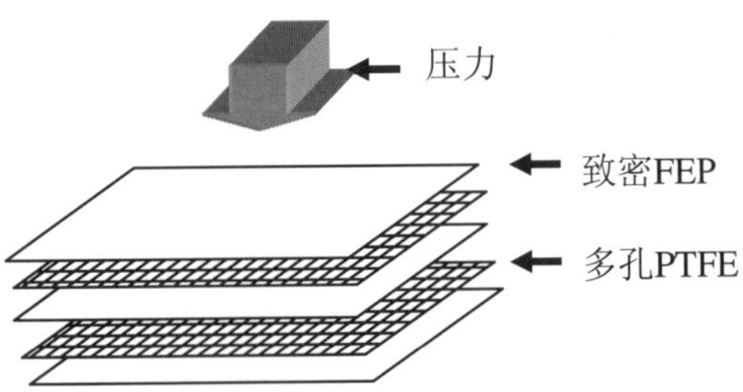

图 2. 压电驻极体复合膜的制备工艺示意图

材料的压电活性主要是通过其压电系数的测量衡量表征。本文是通过准静态的方法来测量上述复合膜的压电系数 d_{33}，即对压电复合膜的表面施加一定的静压力（砝码），然后去掉该压力，通过静电计(Keithley600B electrometer, USA0)检测出释压过程中样品电极上的感应电荷量的变化值，并通过公式计算出压电系数 d_{33}。

3. 结果与讨论

FEP 和 PTFE 是聚合物驻极体中热稳定性优异的材料。其中多孔 PTFE 膜是迄今所知的热稳定性最好的驻极体聚合物[4-5]。压电驻极体薄膜在用作传感器芯片时必须在上下两面蒸镀金属电极，由于多孔 PTFE 的气孔上下导通（图 1），因此在镀电极时金属粒子进入到气孔内而使上下电极导通，使其丧失压电活性。如果在该多孔薄膜上下两表面热粘合上一层致密的 FEP 薄膜，使 PTFE 中的气孔形成封闭的孔洞结构则可避免上下电极导通。

图 3 为采用上述工艺制得的压电驻极体复合膜的扫描电镜断面照片，由此图可看出该复合膜的多孔 PTFE 层与致密的 FEP 层交替出现，两层间结合紧密不存在明显的气隙层，复合膜微孔呈封闭型结构。

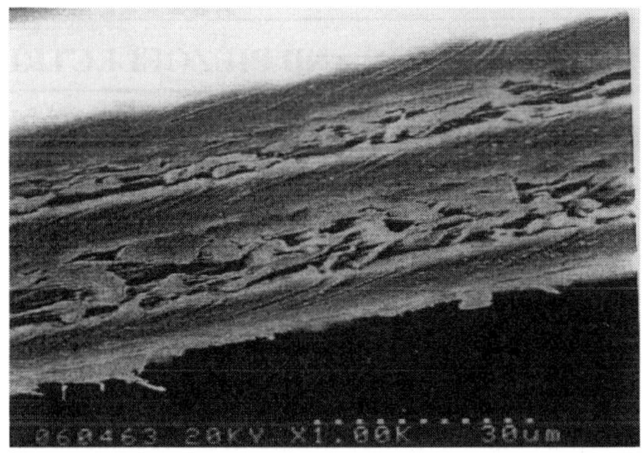

图 3. 压电驻极体复合膜横截面 SEM 照片

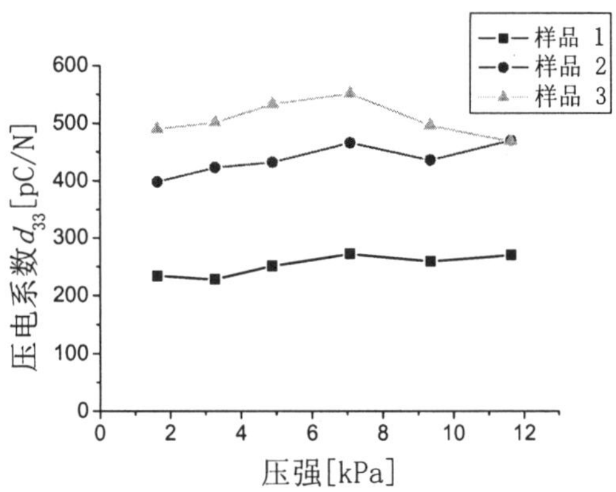

图 4. 压电驻极体复合膜压电系数 d_{33} 的压强特性图

图 4 是该复合膜在室温下采用准静态法测量得到的压电系数 d_{33} 随压强变化曲线。结果表明该复合膜在经过电晕充电处理之后其压电系数高达 200－500pC/N，与 PP 孔洞商品膜压电驻极体（EMF, HS01）的压电系数相当。图 4 结果还说明在压强为 0－12kPa 范围内 $d33$ 呈现出良好的线性。众所周知：压电系数

与压强间的良好线性度是衡量压电材料产业化应用重要的指标之一。对比文献[6]中多层 FEP 的多孔压电复合膜压电系数随压力的增大而急剧下降的结果，本文所制备的FEP/PTFE多层复合膜的压电系数与压强的线性度要好于 FEP 多层复合膜。该结果同时也从另一个侧面表明了采用本文中的热压方法制得的压电驻极体复合膜层与层之间粘合的比较好，并不存在大的气隙层。本文工艺所制得的复合膜，由于以致密的 FEP 膜作为储电介质层，复合膜系的电荷储存热稳定性很大程度上取决于 FEP 的热稳定性。而 FEP 是聚合物驻极体中久负盛名的优异热稳定性驻极体材料，采用热压的方法与多孔 PTFE 膜的复合既可以使复合膜系具有较高的热稳定性，同时又可实现具有人工可控的封闭孔洞。如图 4 所示，电晕处理后得到的压电驻极体薄膜的热稳定性比 PP 有了显著提高。例如在 90°C 下，经过 160min 的热老化，其压电系数 $d33$ 仍保持在初始值的 40%以上。图中样品的热处理初始，其压电系数急剧下降，是源于储存在复合膜体内孔洞上下表面上低能级势阱俘获的电荷的衰减，根据压电驻极体压电系数 $d33$ 的表达式来解释

$$d_{33}=\frac{\varepsilon s}{Y}\frac{s_1\sum_i s_{2i}\sigma_i}{s_2(s_1+\varepsilon s_2)^2}$$

式中 ε 为固体电介质材料的相对介电常数，s_1 和 s_2 分别为固体层和气隙层的总厚度，显然孔洞薄膜厚度 $s=s_1+s_2$，s_{2i} 是第 i 个气隙层的厚度，$\sum s_{2i}=s_2$，σ_i 是第 i 层表面的电荷密度，Y 是孔洞薄膜的杨氏模量[7]。我们的实验结果表明：在 90°C 下老化，对上述复合膜杨氏模量及介电常数的影响较小，所以图 5 中 d_{33} 衰减的主要原因应该是储存在复合膜体内孔洞上下介质表面内的储存电荷的衰减。

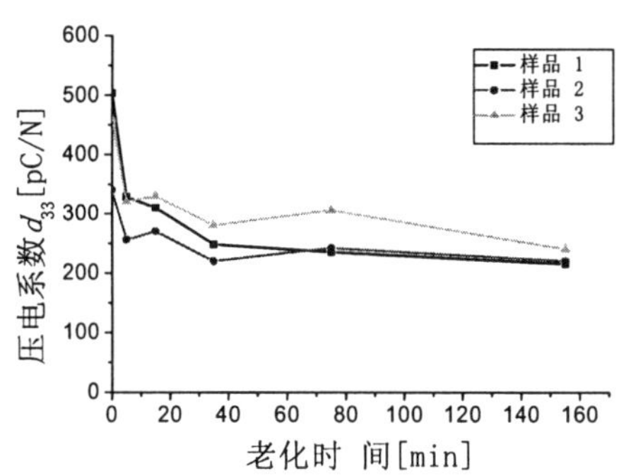

图 5. 压电驻极体复合膜 d_{33} 在 90°C 下的等温衰减

如前所述，对于 FEP/PTFE 多层复合膜来说，FEP 是主要的储电介质层，复合膜系的电荷的稳定性主要是由 FEP 的驻极体热稳定性决定。显然，储存在复合膜内孔洞上下表面上异号电荷中的任一种电荷的衰减都会导致复合膜内的电荷密度减小，从而造成复合膜的压电系数的下降。由于储存在 FEP 内的正电荷热稳定性较差[8]，在热老化的初始阶段压电系数 d_{33} 急剧减小是因为储存在FEP中的正电荷的脱阱而使电荷密度急剧减小。随着老化时间的延长，其剩余极化电荷主要由深阱电荷组成，这时的电荷密度不再随老化时间的增加发生明显变化，因此压电驻极体复合膜压电系数 d_{33} 趋于稳定。上述实验充电过程是在室温下进行的（即充电期间没经过特殊处理），如果在高温下充电则深阱电荷所占的比例增大，可以增强复合膜压电系数 d_{33} 的热稳定性。此外还可以通过像优化多孔 PP 膜压电系数 d_{33} 的膨化工艺[9]来提高复合膜的压电活性。有关这方面的研究正在进行中。

4. 结论

通过严格受控条件下的热压工艺，可以人工控制微孔结构复合膜的气孔大小的分布。由于工艺简单，在实际产业化中可大大降低成本。通过选择热稳定性优异的驻极体材料，借助热压工艺得到 FEP/PTFE 的复合压电膜，其压电系数 d_{33} 可以达到 200-500pC/N，并且 d_{33} 在 0-12kPa 的压强范围内呈现出良好的线性及良好的热稳定性。这一结果预示会较大的扩展压电复合膜的使用范围。

致谢

此文工作得到了国家自然科学基金（No. 50503018）和上海市自然科学基金（No.05ZR14125）和教育部留学回国人员科研启动基金的资助。

References

1. S. Bauer, R. Gerhard-Multhaupt and G. M. Sessler, *Phys. Today* **57**(2) , 37 (2004).
2. D. Klempner, K.C. Frisch, eds., *Handbook of Polymeric Foams and Foam Technology*, Hanser Publisher, Műchen (1991).
3. X. Zhang, J. Hillenbrand and G. M. Sessler, *Appl. Phys.* **A84**, 139 (2006).
4. 吴越华，夏钟福，王飞鹏等，充电栅压对聚四氟乙烯多孔膜驻极体储电能力的影响，物理学报 **52**(12), 3186 (2003).
5. 夏钟福，邱勋林，张冶文等，聚四氟乙烯多孔薄膜驻极体的电荷储存稳定性，物理学报 **51**(2), 389 (2003).

6. R. A. C. Altafim, H. C. Basso and R. A. P. Altafim et al., *IEEE Dielectr. Electric. Insul.* **13**, 979 (2006).
7. G. M. Sessler and J. Hillenbrand, Electro-mechanical response of cellular electret films, *Appl. Phys. Lett.* **75**, 3405 (1999).
8. H. von Seggern, J. E. West, Stabilization of positive charge in fluorinated ethylene propylene copolymer, *J. Appl. Phys* **55**, 2754 (1984).
9. X. Zhang, J. Hillenbrand and G. M. Sessler, *Appl. Phys. Lett.* **37**, 2146 (2004).

人工微孔结构氟聚合物压电功能膜的制备和表征

张晓青 黄金峰 王飞鹏 夏钟福

200092 上海市同济大学物理系波耳固体物理研究所

电子邮件：x.zhang@mail.tongji.edu.cn

本文描述了一种可控微结构的多孔聚合物压电功能膜的制备方法，讨论了采用该工艺制备的孔洞氟聚合物压电驻极体膜的压电活性及其热稳定性。结果表明，这类氟聚合物压电驻极体膜的准静态压电系数 d_{33} 可达 2200 pC/N；压电系数 d_{33} 的压力特性在直到 20kPa 的压强范围内呈现良好的线性；与聚丙稀(PP) 压电驻极体膜相比较，氟聚合物压电驻极体膜不仅具有更高的压电活性，而且呈现更优良的热稳定性；对氟聚合物压电驻极体进行预老化处理可以进一步提高材料压电活性的热稳定性。

关键词： 压电，驻极体，微孔结构，功能膜，氟聚合物

PREPERATION AND CHARICTERIZATION OF PIEZOELECTRIC POLYMERS WITH CELLULAR STRUCTURE

Xiao-Qing ZHANG, Jin-Feng HUANG, Fei-Peng WANG, Zhong-Fu XIA

Pohl Institute of Solid Physics, Tongji University, Shanghai, 200092, China

E-mail: x.zhang@mail.tongji.edu.cn

A new method for preparing piezoelectric polymer with cellular structure (piezoelectret) is introduced. Their piezoelectric activity and thermal stability are investigated for the fluorocarbon piezoelectret films produced in this method. The quasistatic piezoelectric d33 coefficients up to 2200 pC/N are obtained for the fluorocarbon piezoelectret films; d33 coefficients are relatively independent on the static applied pressure in the range of 20 kPa; comparing to polypropylene piezoelectret film the new fluorocarbon films show not only higher values of d33, but also much better thermal stability; Furthermore, the thermal stability of the fluorocarbon piezoelectret film can be further improved by the process of pre-ageing.

Keywords: piezoelectricity, electret, cellular structure, functional film, fluorocarbon polymer

1. 引言

以有机驻极体材料为基质的微孔结构薄膜经过适当的电极化处理后可表现突出的压电活性和类似于铁电材料的电滞回线。这种微孔结构薄膜在电极化的过程中使呈椭圆状微孔的俩固体介质壁因气隙放电而沉积等值和极性相反的空间电荷，形成了微米量级的宏观“偶极子”。如果将一个孔洞视为一个畴结构,那么具有取向“偶极子”的孔洞就是一个电畴。 由于这种材料同时具有压电材料和驻极体的特点，因而被命名为压电驻极体(piezoelectret)或铁电驻极体(ferroelectret)，是 1990 年前后发展起来的新一类压电功能材料[1]。当前研究最多的是 PP 压电驻极体，其压电系数 d_{33} 比铁电聚合物 PVDF 约高出 20 倍以上；与压电陶瓷材料相比，压电驻极体除具有较高的压电系数 d_{33} 以外，还拥有聚合物的柔顺性、可大面积成膜、低成本、低电容率以及与空气和水匹配的低声阻抗等突出特性。目前唯一商品化的 PP 压电驻极体膜是被成功地应用在医用智能床垫和报警器上，并已经推向市场。而以 PP 压电驻极体膜为敏感芯片的声电传感器在实验室已研制成功。这种新型的压电式声电传感器不仅结构简单（单片式），成本低廉,灵敏度高，而且其灵敏度在整个声频区间表现出平坦的响应[2]。预计在不久的将来，压电驻极体在压电应用领域可能在通讯、保安、控制、生命科学及军事等方面有广阔的应用前景[3]。

压电驻极体的压电活性源于沉积在内部孔洞上下两壁极性相反的长寿命空间电荷和材料的特定微孔结构。该材料的压电活性与孔洞电介质壁的驻极体性能、孔洞膜的力学特性、孔洞形貌特征，以及介质

层和气隙的体积比密切相关。图 1 是压电驻极体薄膜的截面示意图。

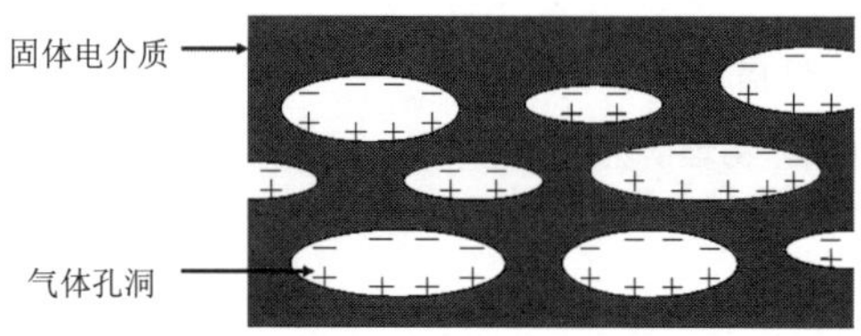

图 1. 压电驻极体的微观结构和电荷分布的示意图

传统工艺制备封闭微孔结构聚合物膜的方法主要有两种：一是通过化学发泡工艺得到孔洞结构的材料；二是将聚合物树脂与无机或有机颗粒进行熔融共混，通过挤出或热压工艺形成薄板，借助聚合物树脂和添加颗粒之间力学性能的巨大差异在双向拉伸过程中形成微孔结构的薄膜。但是，上述两类制备方法都无法实现对薄膜微观结构的精细调控。本文报道一种可控微孔结构聚合物压电驻极体膜制备的新方法，并讨论了采用该工艺制备的孔洞氟聚合物压电驻极体膜的压电活性及其热稳定性。

2. 实验

2.1. 有机微孔结构薄膜的制备

图 2 是可控微结构的有机膜制备工艺的示意图。 首先将若干张(例如三、五、 或七张...)厚度分别为 12.7μm 和 3μm 的 FEP 和 PTFE 薄膜交替层叠在一起置于金属平板上，薄膜上方放置一个金属栅网(本文中栅网孔径分别为 1mm×1mm 和 0.25mm×0.25mm)并施加约 10 kPa 的压力，再将系统升温至 280 °C 并保温 15min、将系统冷却后把制备好的膜取出。

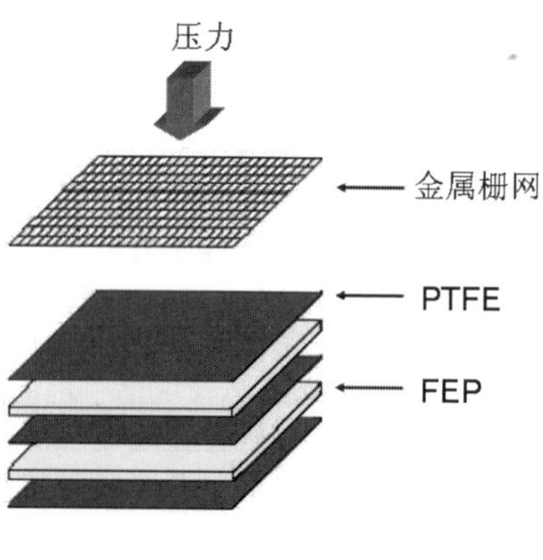

图 2. 可控微结构膜制备工艺的示意图

2.2. 电极化工艺

上述微孔膜必须经过适当的电极化以形成为驻极体后才能表现出压电活性。本文中的实验采用针-平板结构的电晕充电装置对微孔结构氟聚合物膜系进行电极化处理：首先将样品膜放置在平板电极上，调节针电极与平板电极间的距离为 7 cm，然后通以 32 kV 的直流电压，恒压电晕充电时间 60 s。充电后在其上下两面各蒸镀一层厚为 100 nm 的铝电极。

2.3. 准静态正压电系数 d_{33} 的测量

压电效应反映了压电功能材料力学量和电学量之间的关系。在恒电场和恒熵时，沿直角坐标系 Z 轴方向的纵向正压电应变系数 d_{33} 可表示为：

$$d_{33} = (\frac{\partial D_3}{\partial X_3})_{E,T} \tag{1}$$

其中 D、X、E 和 T 分别表示电位移矢量、应力分量、电场强度和温度。

激光干涉法、声学法及准静态法等都可以用来测定压电系数 d_{33}。本文采用准静态法测量压电驻极体膜的压电系数 d_{33}。准静态压电系数 d_{33} 的测量是将样品置于一样品架上，将一定重量的法码加在样品上，利用静电计（Keithley 600B electrometer，USA） 检测样品上下两电极产生的电荷，根据下列公式计算出压电系数 d_{33}：

$$d_{33} = \frac{Q}{F} \tag{2}$$

其中 Q 是样品电极上产生的电荷密度，而 F 是施加在样品上的机械力。为了消除加载过程对测量数据的影响，文中以准静态法测量的数据均是在加载后 10 s 读数。

2.4. 压电系数 d_{33} 的等温衰减的测量

压电系数 d_{33} 等温衰减的考察是将样品放入恒温箱中，检测老化过程中 d_{33} 随老化时间的变化。

3. 结果和讨论

3.1. 氟聚合物层叠复合膜的微观结构

图 3 是由 2 层 FEP 和 3 层 PTFE 薄膜制备的氟聚合物微孔结构膜的扫描电镜照片。从图中可以看出在 FEP 和 PTFE 薄膜的界面间分布着独立和规则排列的气孔，而相邻气孔之间的 FEP 和 PTFE 薄膜被粘合在一起。氟聚合物微孔膜的这种微观结构特征与多孔 PP

膜类似。这种规则孔洞的形成是因为在介于 FEP 和 PTFE 熔点之间的温度时，与金属栅网网丝接触部分的FEP和PTFE薄膜在外压力的作用下相互熔融粘合所至。网丝之间的区域由于没有受到力的作用并在FEP和PTFE薄膜之间残留一定量的气体而形成了微孔结构。通过选取不同型号的金属栅网（如目数、丝径、孔形、气孔率等等）及热粘合工艺参数可以实现微孔结构的人工调控。

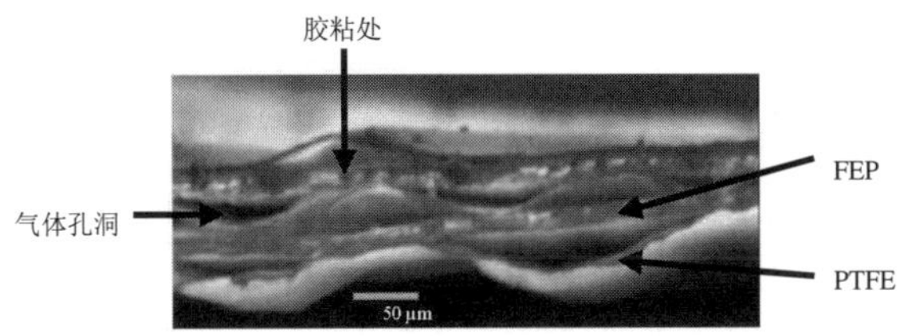

图 3. 微孔结构氟聚合物膜的扫描电镜图像

3.2. 氟聚合物复合膜的压电性能

压电功能材料的产业化应用要求材料压电系数在一定的压强范围必须满足良好的线性关系，它也是评价材料压电性能及其应用能力的重要指标之一。对压电驻极体而言，材料压电性的压强特性，即材料压电效应的线性度和材料的微观孔洞的结构特点密切相关。 因此我们首先考察了微孔结构氟聚合物压电驻极体膜的压强特性。 图 4 是两个样品的实验结果，结果说明两个样品都表现出高达1200 pC/N的压电活性；在实验所示的压强范围内随着施加压强的增大它

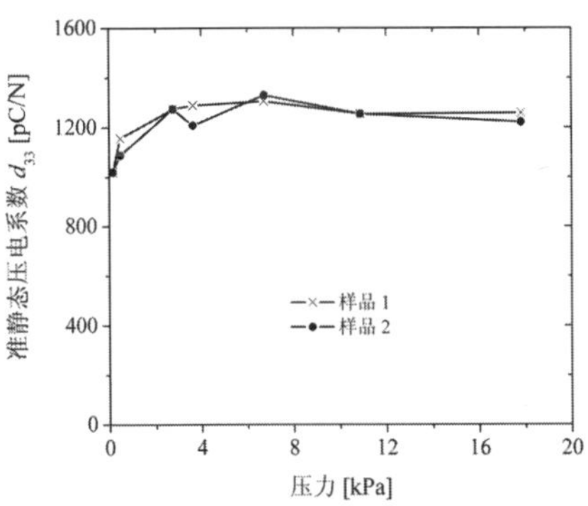

图 4. 氟聚合物压电驻极体膜准静态 d33 的压强特性

们的压电系数 d_{33} 首先上升(在小于 5 kPa 时)，此后曲线趋于平坦。在 1~18kPa 的压强范围内，这类压电驻极体的压电系数 d_{33} 的起伏约在 10%以内。氟聚合物复合膜压电效应的这个特征与 PP 压电驻极体膜的压电活性随压强变化的行为类似，这从另一个方面证实采用上述工艺制备的氟聚合物膜也是由许多独立的封闭气孔构成，即气孔之间没有因相互贯通而形成大的气隙层，避免了由气隙效应引起的随压强增大导致压电系数 d_{33} 的急剧衰减现象的发生[4, 5]。

进而这种新型的微孔结构的氟聚合物压电驻极体不仅具有与多孔 PP 相当的压电活性（迄今为止报道的 PP 压电驻极体的最高准静态压电系数 *d*33 约为 1400 pC/N[6]），而且具有多孔 PP 无法比拟的优良的热稳定性。微孔结构氟聚合物复合膜和多孔 PP 膜压电活性热稳定性的比较性研究结果示于图5：在90 oC的老化温度下，经过一天的老化，氟聚合物复合膜的压电系数仅从初始值的 1289 pC/N 衰减到 500 pC/N，为初始值的 40%；而在相同的老化条件下 PP 膜的剩余压电系数 d_{33} 已降至初始值（600 pC/N）的 16% 左右，即剩余的压电系数为 98pC/N。若在同样的温度下再储存 4 天，氟聚合物复合膜的压电系数 *d*33 被稳定在 350 pC/N 左右，而多孔 PP 膜剩余的压电系数 *d*33 仅为 80 pC/N 左右。说明氟聚合物复合膜压电活性的热稳定性明显优于多孔 PP 膜。

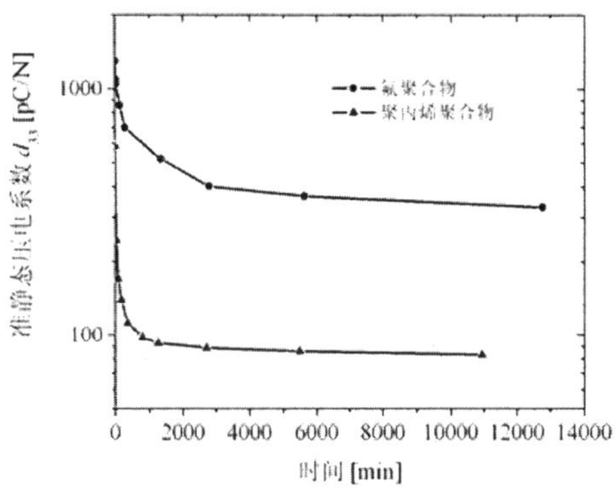

图 5. 氟聚合物和 PP 压电驻极体膜准静态 d_{33} 在 90 °C 时的衰减曲线

从下述压电驻极体的理论模型可能阐明氟聚合物复合膜高热稳定性的根源。根据其理论模型(见图 6)，微孔压电驻极体的压电系数 d_{33} 可表述为[7]:

$$d_{33} = \frac{\varepsilon s}{Y} \frac{s_1 \sum_i s_{2i} \sigma_i}{s_2 (s_1 + \varepsilon s_2)^2} \tag{3}$$

式中 ε 为固体电介质材料的相对介电常数；s_1、s_2 和 $s = s_1 + s_2$ 分别为上述介质层、气隙层以及微孔膜的总厚度；其中 s_{2i} 是第 i 个气隙层的厚度，因此 $\sum s_{2i} = s_2$；σ_i 是第 i 层表面的电荷密度，Y 是孔洞薄膜的杨氏模量。如果假设各层的 σ_i 相等并且等于 σ，则式(3)中 $\sum s_{2i}\sigma_i$ 等于 $s_2\sigma$，则等式(3)可简化为

$$d_{33} = \frac{\varepsilon\sigma}{Y} \frac{1 + (s_2 / s_1)}{(1 + \varepsilon(s_2 / s_1))^2} \tag{4}$$

由式(4)可见压电系数 d_{33} 的大小不仅与构成微孔结构压电驻极体材料的驻极体性能密切相关（如电荷密度），而且与材料的形貌特征和力学性能（如孔洞的几何尺寸、分布、气孔率以及薄膜的杨氏模量等等）有关。而压电系数 d_{33} 的热稳定性是由电介质材料的电荷储存热稳定性（σ的热稳定性）和微孔膜的力学参数（如 s_2 和 Y）的热稳定性决定的。d_{33} 对 s_2 的依赖关系已由上式中 $(1+s_2/s_1)/(1+\varepsilon(s_2/s_1))^2$ 表征：当 s_2/s_1 从 ∞ 降低到 0，则这个表达式的值从 0 增加到 1。而微孔结构膜的力学特性主要是由薄膜的制备工艺参数决定：实验结果说明在常温到 90°C 热老化条件下，上述微孔膜的力学性能没有因实验环境的影响而发生明显的变化，所以由材料力学性能改变引起的 d_{33} 的变化可以忽略不计。因此压电驻极体压电系数 d_{33} 的热稳定性主要是由 PP 和 FEP/PTFE 的驻极体电荷热稳定性决定的。

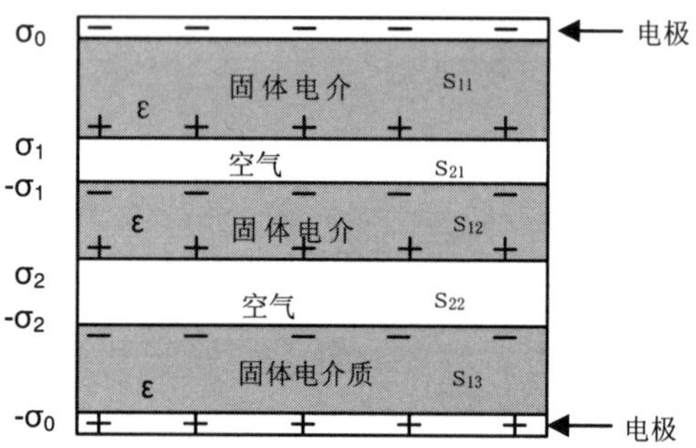

图 6. 压电驻极体的理论模型

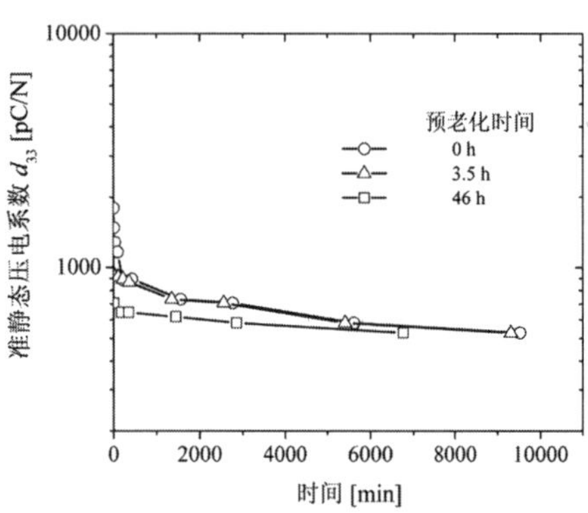

图 7. 预老化处理对氟聚合物压电驻极体膜热稳定性的影响(预老化温度为 90°C)

在有机驻极体材料中 FEP 和 PTFE 具有优异的热稳定性，其热稳定性远优于 PP。我们的研究结果还表明，若在高温下对这两种材料进行预老化处理可以进一步提高其电荷储存和压电活性的热稳定性。图 7 给出了经不同时间预老化处理样品的 d_{33} 在 90oC 下的衰减情况。从图中可以看出，随着预老化时间的增加，氟聚合物压电驻极体 d_{33} 的热稳定性逐步增强。例如将初始 d_{33} 为 2200pC/N 的氟聚合物压电驻极体膜进行 46h 的预老化处理，其剩余压电系数为 1200pC/N，并表现出高稳定性：在 90oC 的温度下储存 110h 后，其 d_{33} 仅衰减了约 5%。因此，当压电驻极体传感器的应用需要涉及高温环境时（例如在汽车传感器方面的应用），氟聚合物压电驻极体可能满足它们的要求。

4. 结论

本文报道了一种可控多孔微结构聚合物压电功能膜的制备方法，讨论了采用该工艺制备的氟聚合物压电驻极体膜的压电活性及其热稳定性。结果表明，氟聚合物膜压电驻极体膜的准静态压电系数 d_{33} 可高达 2200 pC/N，比传统的铁电聚合物 PVDF 高出两个数量级；压电系数 d_{33} 在~20kPa 的压强范围内呈现良好的线性关系；与 PP 压电驻极体膜相比较,氟聚合物压电驻极体膜具有优良的热稳定性，而进行预老化处理可以进一步提高这类驻极体材料压电活性的热稳定性。

致谢

此文工作得到了国家自然科学基金（No. 50503018）、上海市自然科学基金项目（No.05ZR14125）和教育部留学回国人员科研启动基金的资助。论文写作过程中，与德国达姆斯塔特技术大学 Gerhard M. Sessler 教授进行了有益的讨论，在此一并表示谢意。

参考文献

1. M. Lindner, H. Hoislbauer, R. Schödiauer, et al., Charged cellular polymers with “ferroelectretic” behavior, *IEEE Dielectr. Electr. Insul.* **11**, 255 (2004).
2. J. Hillenbrand, G.M. Sessler, High-sensitivity piezoelectric microphone based on stacked cellular polymer films, *J. Acoust. Soc. Am.* **116**, 3267 (2004).
3. S. Bauer, R. Gerhard-Multhaupt, G.M. Sessler, Ferroelectrets: Soft electroactive foams for transducers, *Physics Today*, 37 (2004).
4. J. Hillenbrand, G.M. Sessler, Quasistatic and dynamic piezoelectric coefficients of polymer foams and polymer film systems, *IEEE Dielectr. Electr. Insul.* **11**, 72 (2004).
5. X. Zhang, J. Hillenbrand, G.M. Sessler, Thermally

stable fluorocarbon ferroelectrets with high piezoelectric coefficient, *Appl. Phys. A* **84,** 139 (2006).

6. X. Zhang, J. Hillenbrand, G.M. Sessler, Improvement of piezoelectric activity of cellular polymers using a double-expansion process, *J. Phys. D: Appl. Phys.* **37**, 2146 (2004).
7. G.M. Sessler, J. Hillenbrand, Electromechanical response of cellular electret films, *Appl. Phys. Lett.* **75**, 3405 (1999).

基于分子印迹技术的 Cu^{2+} 压电石英传感器的研制

徐洁 叶芝祥 刘沛 牛秀玲

四川省成都市西南航空港经济开发区学府路 1 段 24 号成都信息工程学院环境工程系 610225

电子邮件：xujie_cuit@163.com, {yzxiang, Liupei, Nxlin}@cuit.edu.cn

本文利用分子印迹技术，以 Cu^{2+} 为模板分子，邻苯二胺为功能单体，用循环伏安法将分子印迹聚合膜沉积于压电石英晶体铂电极表面制成 Cu^{2+} 压电传感器。对影响电聚合反应的因素进行了筛选（模板分子浓度、单体浓度）。结果表明，该传感器对 Cu^{2+} 具有良好的选择性和灵敏度，Cu^{2+} 浓度在 10^{-5}～10^{-4}mol/L 范围内与 Δf 具有良好的线性关系，检测下限为 10^{-6}mol/L。

关键词：分子印迹，石英晶体微天平，电化学技术，Cu^{2+}，传感器

PREPARATION OF MOLECULARLY IMPRINTIN SENSOR FOR CUPRUM (Ⅱ) BASED ON QUARTZ CRYSTAL MICROBALANCE

Jie XU, Zhi-Xiang YE, Pei LIU, Xiu-Ling NIU

Environment Engineering Department ,Chengdu University of Information Technology, ChengDu,No.24,Block.1,Xue Fu road , 610225, China

E-mail: xujie_cuit@163.com, {yzxiang, Liupei, Nxlin}@cuit.edu.cn

The feasibility of a piezoelectric quartz Cuprum (II) sensor based on a molecularly imprinted σ-PD is described. The Cuprum (II) sensor was devised by depositing the polymer onto one side of an Pt-cut quartz crystal through an electro-polymerization process. The author screened the factors which affect the electrochemical polymerization reaction, such as the concentration of template molecule and the concentration of monomer. The sensor showed high selectivity and sensitivity in aqueous system. The sensor response exhibited a linear relationship between frequency shift and the Cuprum (II) concentration in the range of 10-5~10-4 mol/L and the detection limit was 10-6mol/L.

Keywords: molecularly imprinting technology, electrochemistry, quartz crystal microbalance, Cuprum (II), sensor

1. 引言

随着经济的发展，人们对金属材料的利用也越来越多，由于金属铜的优良特性，越来越多的被人类所利用，在电力行业、电子行业、电镀行业等的应用日益广泛，随之而来的则是日益严重的 Cu^{2+} 污染，同时发展起来的有关 Cu^{2+} 的监测手段也越来越丰富。目前，对 Cu^{2+} 的监测方法有二乙氨基二硫代甲酸钠萃取光度法、原子吸收法、阳极溶出伏安法、示波极谱法、ICP-AES 法等方法，但是这些方法监测程序较为复杂，耗时长，抗干扰能力差，不利于水污染的在线监测的推广和利用。所以，研制具有检测快速、选择性好、灵敏度高、适应性强、样品处理简单、检测费用低等优点的 Cu^{2+} 快速测量仪尤显重要。

分子印迹技术（molecular imprinting technique，MIT）是 70 年代以 Wulff [1-3]为代表的科学家发展起来的一项为获得空间结构和结合位点上与某一结构的化合物或化合反应过渡态完全匹配的实验技术。其基本原理是以目标分子为模板分子，将具有结构上互补的功能化聚合物单体通过共价键或非共价键与模板分子结合，反应完成后将模板分子洗脱出来，形成的一种具有固定孔穴大小和形状及有确定排列功能团的交联高聚合物[4]，这种交联高聚合物即分子印迹聚合物（molecular imprinting polymers，MIPs）。基于 MIPs 所具有的预定性、识别性以及抗恶劣环境的能力，表现出高度的稳定性和长的使用寿命等优点，因此，分子印迹技术在传感器领域有良好的应用前景。

本文利用分子印迹技术，以硫酸铜为模板分子，循环伏安法制备分子印迹膜，作为识别元件沉积在压电石英晶体铂电极表面制成Cu^{2+}压电传感器，能克服传统检测方法的缺点，具有操作简单，响应快，选择性好，灵敏度高的特点。

2. 实验部分

2.1. 试剂和仪器

邻苯二胺（σ-PD,A.R.天津市科密欧化学试剂开发中心），使用前经减压蒸馏提纯；硫酸铜（A.R.，纯度>99.0%；汕头市光华化学厂）；其余均为国产分析纯试剂；水为超纯水。

压电石英晶体铂电极（d=6mm）；QCA922 型石英晶体微天平（日本，SEIKO EG&G 公司）；283 型恒电位/电流控制仪（美国，Perkin Elmer 公司）；饱和甘汞电极（上海雷磁仪器厂）；超声波清洗器（型号 DL-60A；上海之信仪器有限公司）。

2.2. 分子印迹纳米膜的制备

用 3:1 的 H_2SO_4: H_2O_2 的混合溶液浸泡压电石英晶体铂电极 15 分钟，在超纯水中超声波清洗 15 分钟，冲洗后放入 0.5 mol/L H_2SO_4，接通三电级系统于 -50-900mV 范围内以 50mV/s 的扫描速度扫描极化至稳定的 CV 空白曲线。

分子印迹膜（iPPD）的制备：电化学聚合采用三电极系统，即以压电石英晶体铂电极、铂线和饱和甘汞电极分别作为工作电极、辅助电极和参比电极，采用自制的电化学池。将 0.5mmol/L$CuSO_4$ 和 1.25mom/L 的δ-PD 溶于 100mL 的 0.2mol/LNaAc-HAc 缓冲溶液（PH=5.2），氮气除氧后取一定量的该溶液于电化学反应池，循环伏安法扫描 20 圈，扫描范围为-50~900mV，扫描速度为 50mv/s。待聚合完毕后，Cu^{2+}-δ-PD 纳米膜便沉积在压电石英晶体铂电极的表面， 0.2mol/L 的 EDTA 浸泡 30min，超纯水冲洗数次以去除纳米膜上的Cu^{2+}形成孔隙结构，即制成了分子印迹膜。

非印迹膜(PPD)的制备：除了不加模板分子 $CuSO_4$ 外，其余与印迹膜的制备相同。

3. 实验原理

本实验采用石英晶体微天平对Cu^{2+}进行检测。石英晶体微天平（QCM）技术又称压电质量传感，其工作原理是在测定时首先用一外加电压使石英晶片变形，使两平行晶片以固定频率相对运动，当晶面吸附了物质时，共振频率就会发生改变[5]。Sauerbrey [6]等于 1959 年提出压电石英晶体频移(ΔF)与晶体表面均匀吸附的极薄层物质质量(Δm)存在正比例关系：

$$\Delta f = -2.26\times10^6 f_0^2 \cdot \Delta m / A,$$

式中，f_0 是石英晶体的基频，A 是石英晶体的面积，Δm 是涂层的质量。当晶体上分子的印迹膜选择性吸附了模板分子时，晶体质量增加，共振频率下降。因此，可以通过英晶体微天平跟踪印迹分子的频率变化，从而检测水样中Cu^{2+}的浓度。

4. 结果与讨论

4.1. 分子印迹膜的制备

在相同条件下，没有模板分子存在时，电聚合的循环伏安曲线与有模板分子存在时的电聚合循环伏安曲线相同，说明在聚合过程中模板分子在电极上没有发生电化学反应。模板分子 Cu^{2+}和功能单体邻苯二胺（δ-PD）通过循环伏安法聚合在压电石英晶体铂电极上，其循环伏安曲线如图 1 所示，由图可知，δ-PD 在压电石英晶体铂电极上的循环伏安法电化学聚合是一个完全不可逆的过程，随着循环次数的增加电流

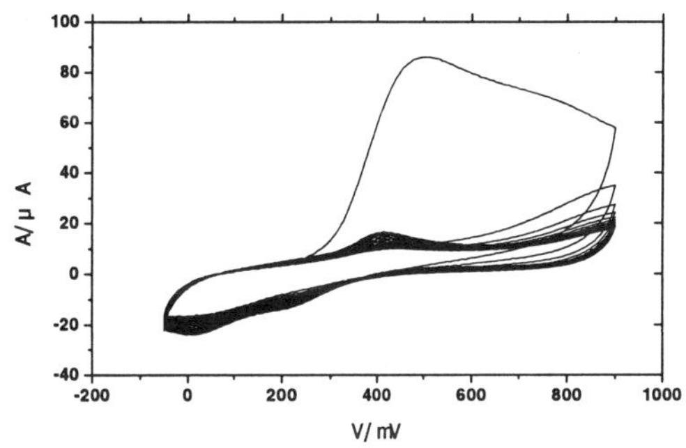

Figure 1. Cyclic voltammograms of δ-PD during electro-polymerization

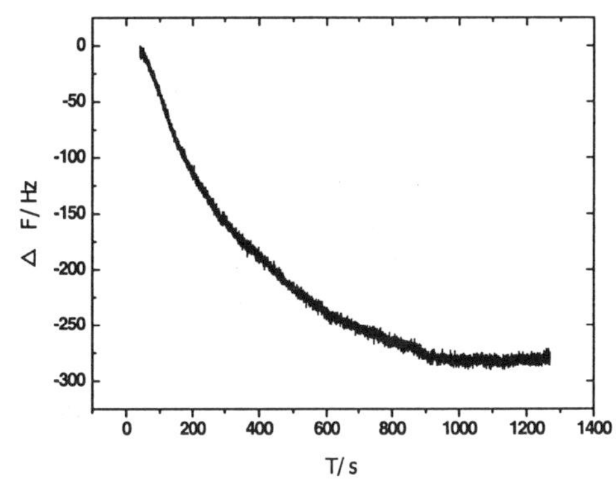

Figure 2. The frequency variation of δ-PD during electro-polymerization

降低，由于形成了非导电的膜，并覆盖到压电石英晶体铂电极表面，使电极有效面积降低。图 2 是电聚合过程中频率与时间关系图，由图可知，随着聚合的进行，电极表面膜变厚，观察到石英晶体的响应频率显著下降。随后，频率下降变小，最后曲线趋于平缓，这是因为一定厚度的膜可以形成钝化层，阻止单体进一步氧化[7]。

4.2. 聚合最优条件的选择

对于电化学聚合制备分子印迹聚合膜，其聚合优化条件包括：模板分子浓度、单体浓度、扫描电位和扫描次数，主要考察指标为最大响应值，本文着重从模板分子（Cu^{2+}）浓度和单体（δ-PD）浓度两方面考察，表 1 为不同实验条件下印迹膜电聚合参数和结果。

Table 1. The experimental parameters and results of iPPD electrochemical polymerizational membranes at different experimental conditions

编号	模板分子浓度 (mmol/L)	单体浓度 (mmol/L)	扫描电位 (V)	扫描次数	最大响应值 Δfmax(Hz)
1	0	12.5	-0.05~0.9	20	53.7
2	5	12.5	-0.05~0.9	20	381.7
3	5	10	-0.05~0.9	20	290.0
4	10	20	-0.05~0.9	20	275.9
5	10	25	-0.05~0.9	20	265.9
6	10	5	-0.05~0.9	20	202.9

当扫描次数小于 20 次时，膜的灵敏度提高，但是由于成膜不够完全，响应值较小；当扫描次数大于 20 次时，最大响应值有所增加，但是印迹膜过厚，灵敏度降低，因此，最佳扫描次数为 20 次。邻苯二胺扫描电位窗为-50~900mV，过低扫描电位低于邻苯二胺的氧化电位,电化学聚合不能进行；过高则成膜太快不易控制，造成邻苯二胺过度氧化[8]。

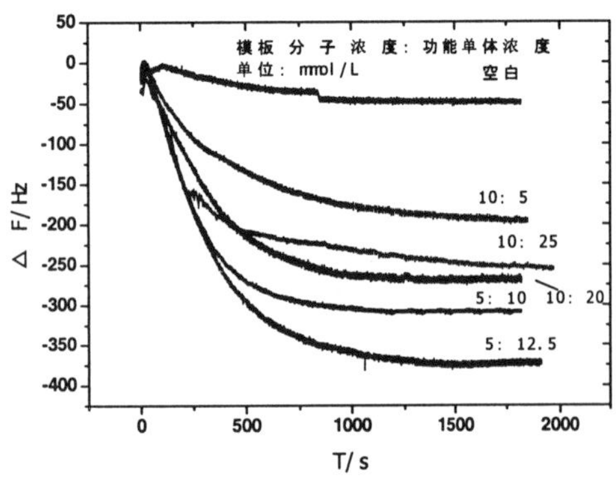

Figure 3. The response curves of iPPD membranes to 1×10^{-4}mol/L Cu^{2+} at different concentrations of Cu^{2+} and δ-PD.

由表 1 可知，通过改变模板分子浓度和单体浓度制成不同的分子印迹纳米膜对 1×10^{-4}mol/L 的 $CuSO_4$ 溶液响应，其时间—频率变化曲线见图 3。当模板分子浓度和单体浓度分别为 5mmol/L 和 12.5mmol/L 时的印迹膜响应最大，为 381.7Hz。

因此，最佳聚合条件为：在电解质为 PH=5.2 的 0.2mol/LNaAc-HAc 缓冲溶液中，模板分子浓度为 5mmol/L，单体浓度为 12.5mmol/L，模板分子浓度：单体浓度=1：2.5，扫描电位范围为-50~900mV，扫描次数为 20 次。

4.3. 分子印迹效应的证实

图 4 为加入模板分子和不加模板分子前后对 1×10^{-4}mol/L 的 $CuSO_4$ 溶液的响应曲线，由曲线可以看出，不加模板分子的印迹膜的响应值为 53.7Hz，而加入模板分子后的印迹膜的响应值达到 381.7Hz，其选择性因子 α（$\alpha=\Delta f_{iPPD}/\Delta f_{PPD}$）为 7.1。该结果表明：非印迹的聚邻苯二胺(δ-PD)膜由于本身的多孔结构，对底物有一定的物理吸附，加入模板分子后的印迹膜，由于保留有对模板分子 $CuSO_4$ 的识别能力的三维印迹孔穴，除物理吸附外，还存在化学吸附，导致 Cu^{2+}在膜表面有更多的吸附，因而响应值大大增加。为证明聚合膜内的识别位点对模板分子具有特异的选择性，采用结构类似的 Pb^{2+}进行验证。由图可以看出，印迹膜对硝酸铅的响应值为 110Hz，而对硫酸铜的响应值有 381.6Hz。该结果表明由于 Cu^{2+}和 Pb^{2+}的相似结构以及印迹膜本身的孔穴，印迹膜对 Pb^{2+}会有一定的吸附作用。但是由于印迹膜对 Cu^{2+}的特定空间结构和功能基的识别作用，使得对 Cu^{2+}的响应值要大的多。表明以 Cu^{2+}为模板分子的高分子聚合膜对 Cu^{2+}展现了很高的选择性，而对其他重金属离子选择性较低，从而具有较高的抗干扰能力。

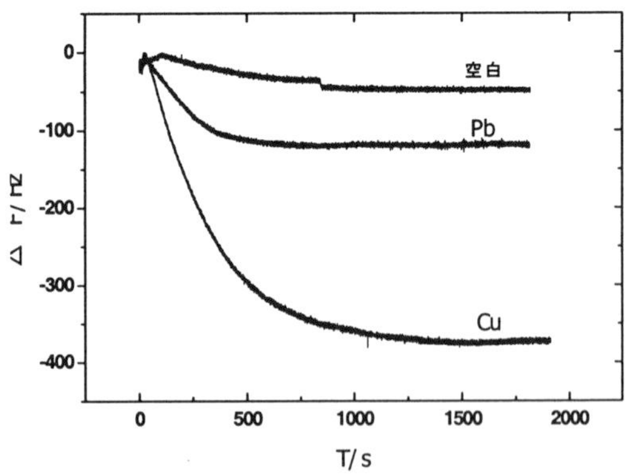

Figure 4. The response curves of iPPD and PPD to Pb^{2+} and Cu^{2+}.

4.4. Cu^{2+}的定量测定

我们定义本测量体系的检测限为 2 倍噪声所对应的 Cu^{2+}浓度，系统噪声为±2Hz，2 倍为±4Hz,即为 10^{-6}mol/L。由图 5 可知当 Cu^{2+}的浓度在 10^{-5}～10^{-4}mol/L 范围内，随着 Cu^{2+}浓度的增加，其吸附引起的频率变化值增加。对 Cu^{2+}的响应值进行了线性回归，线性相关性达到 0.990。

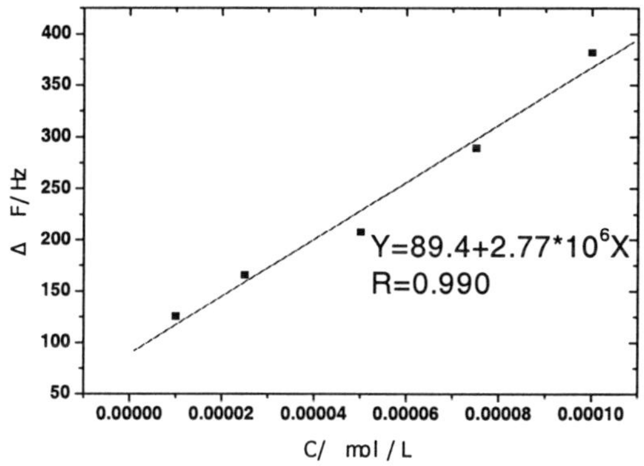

Figure 5. The response curve of an iPPD sensor to different concentrations of Cu^{2+}.

5. 结论

利用电化学聚合方法，将分子印迹聚合物的高选择性和石英晶体微天平的高灵敏度结合起来，制成了对 Cu^{2+}具有良好选择性能的传感器，若结合便携式石英晶体微天平，可望用于 Cu^{2+}的检测，具有良好的应用前景。

References

1. G. Wulff, A. Sarchan, *Tetrahedron Lett.* **44**, 4329 (1973).
2. G. Wulff, A. Sarchan, *D.O.S. Patent.* **22**, 42796 (1974).
3. G. Wulff, A. Sarchan, *U.S. Patent.* **41,** 27730 (1978).
4. D.J. Rodi, et al., *Current Opinion in Chemical Biology* **6**, 92 (2001).
5. B. Shao, Piezoelectric mass sensing and its application, *J. Analyt. Sci.* **1**, 75 (1994).
6. G. Sauerbrey, The use of quartz oscillators for weighting thin layers and for microweighting, *Z. Phys.* **155**, 206 (1959).
7. X.L. Wang, Q.X. Yang, X.M. Luo, Study of electropolymerized poly (o-diaminobenzene) film, *J. Shandong Inst. Building Mater. Univ.* **12**, 19 (1996). (in Chinese)
8. Y.J. Zuo, J.H. Yu, Q.B. Huan, The preparation of molecularly imprinting nanometer layer and its application in detecting nerve agent sarin, *Chinese J. Chem.* **7**, 31 (2003).

THE CHARACTERISTICS OF FBAR ON PT ELECTRODES

Kok-Wan TAY, Hung-Chi HUANG

Department of Electrical Engineering, Wu Feng Institute of Technology, Chiayi 62153, Taiwan

E-mail: kwtay@mail.wfc.edu.tw

Long WU

Department of Electronics Engineering, Far East University, Tainan 744, Taiwan

E-mail: wu0602@cc.feu.edu.tw

Pao-Hua CHOU, Menq-Jion WU, Tsung-Jui HUNG

Department of Mechatronics Engineering, National Changhua University of Education, Changhua 500, Taiwan

E-mail: liu.w0821@msa.hinet.net

This study focuses on the characteristics of film bulk acoustic-wave resonator (FBAR) on Pt electrodes for high frequency wireless applications, and the critical parameters of the sputtering process such as RF power, deposition pressure, substrate temperature and Ar/N2 flow rate ratio were studied to clarify the effects on the Pt electrodes characteristic of the zinc oxide (ZnO) films using reactive RF magnetron sputter system.

Measurements of X-ray diffraction (XRD) and scanning electron microscopy (SEM) show that the ZnO film deposited on the Pt electrode exhibits highly c-axis orientation with well-aligned columnar and smoother surface. The fabricated two-port FBAR consisted of 1.5μm thick ZnO film with 0.2μm thick Pt top and bottom electrodes was characterized with a network analyzer have a resonant frequency of 1.5 GHz and the return loss is –24.76dB. Furthermore, the effects of varying ZnO thickness on the performance of k_{eff}^2 of the fabricated FBAR devices are also discussed.

Keywords: sputtering, ZnO film, acoustic-wave

1. Introduction

The rapid growth of wireless mobile tele-communication systems has led to an increasing demand for high- frequency oscillators, filters and duplexers capable of operating in the 0.5 GHz to 5 GHz frequency range. Microwave ceramic resonators and surface acoustic wave (SAW) resonators have been conventionally applied in this frequency range. However, microwave ceramic resonators tend to be physically bulky, while SAW resonators demonstrate a relatively poor sensitivity to temperature and have high insertion losses and limited power handling characteristics. Moreover, SAW devices must generally be interfaced at the board level rather than directly at the chip level. Thin film bulk acoustic-wave resonators (FBARs) have been developed to address the limitations of these conventional devices. Compared to microwave ceramic resonators and SAW resonators, FBAR devices have the advantages of low cost and enhanced electrical performance, i.e. low insertion losses, high power handling capabilities, and high frequency operation [1-4]. The miniature scale of FBARs has the possibility of mounting them on Si or GaAs substrates and it may permit their use within microwave monolithic integrated circuits (MMICs) [5].

Since sputtered films are polycrystalline structures, the piezoelectric properties of highly c-axis oriented films are approximately the same as those of single crystalline films. It is known that the physical properties of the film are significantly influenced by its crystallographic orientation, which in turn is influenced by the sputtering parameters and by the choice of substrate material. Therefore, a careful specification of the sputtering parameters is clearly essential if the performance of the FBAR device is to be optimized. Consequently, this study investigates the influence of the various RF powers on the deposition of highly c-axis oriented ZnO films on Pt/Ti bottom electrodes, and studies the performance of an electromechanical coupling coefficient, frequency response and quality factor for use in FBAR applications.

2. Experimental

In this study, the various thin ZnO films were deposited using reactive RF magnetron sputtering system. During the deposition, the substrates were maintained at a distance of 70 mm from the target to avoid surface damage caused by the direct immersion of the substrate in plasma, and an impedance matching network was used to control the RF power input. The sputtering chamber incorporated a simple RF magnetron sputtering system with a water-cooled 7.62 cm-diameter 99.99% ZnO target disc, which was pre-sputtered with the target shutter closed for approximately half hour before the deposition commenced to improve the reappearance of film crystallization. The sputtering chamber was evacuated such that the base pressure fell below $1x10^{-6}$ Torr and high purity argon was then introduced. During the pre-sputtering, the RF power and Ar flow rate were maintained at 150 W and 10 sccm, respectively. A mechanical pump and a turbo pump were employed to maintain a sputtering pressure of approximately $5x10^{-3}$ Torr. In the reactive RF deposition, high-purity argon (99.999%) and oxygen (99.9995%) gas with the flow rate of 8:2 (sccm) mixture was introduced into the chamber by a mass flow controller and the RF power was turned to 150 W, 200 W and 250 W, respectively. During the deposition the temperature was fixed at 300°C. The ZnO films were deposited at a rate of approximately 0.9 μm/hour. The deposition time was deliberately varied in order to form ZnO films of various thicknesses. However, the remaining sputtering parameters were maintained at constant values throughout and are summarized in Table I.

Table I Sputtering parameters of ZnO films deposition

Parameters	Values
Target	ZnO (99.99%)
Substrate	Pt/ Si_3N_4/Si
Substrate-to-target distance	70 mm
Substrate temperature	300℃
Base pressure	$1x10^{-6}$ Torr
Sputtering pressure	$5x10^{-3}$ Torr
Pre-sputtering power	150W
Sputtering power	150 W, 200 W, 250 W
Ar : O_2 gas flow rate	8 : 2 sccm
Deposition rate	0.9 μm/hour

Figure 1 presents the details of the FBAR fabrication process. The substrate was initially cleaned using an RCA cleaning operation, and then a low-pressure chemical vapor deposition (LPCVD) was employed to deposit films of low-stress silicon nitride on either side of the substrate. The upper Si3N4 (2000 Å) layer served as a support membrane for the FBAR, while the bottom layer acted as an etching mask. A thin Pt/Ti film (2000 Å) was then sputter deposited over the membrane layer and patterned using conventional photolithography techniques to form the bottom electrode. A reactive RF magnetron sputtering was then employed to deposit a thin ZnO film on the bottom electrode. Finally, the Pt/Ti was sputter deposited on the ZnO film and patterned photo-lithographically to form the top electrode.

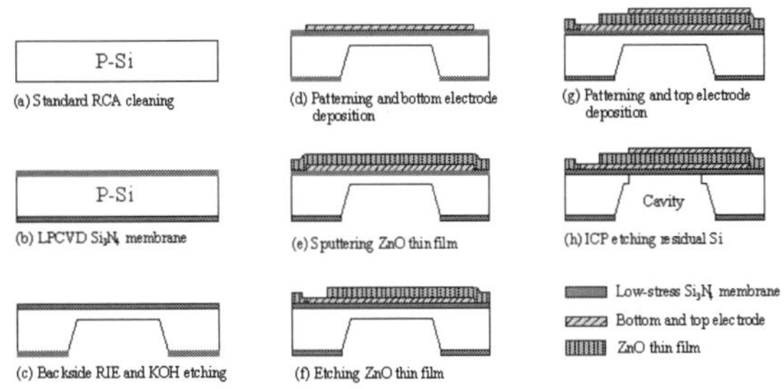

Figure 1. FBAR fabrication process flow: (a) Standard RCA cleaning, (b) Low-stress Si3N4 deposition, (c) Backside nitride patterning, then RIE and KOH etching, (d) Pattering and Pt/Ti bottom electrode deposition, (e) Reactive sputtering ZnO thin film, (f) Etching ZnO thin film, (g) Pattering and Pt/Ti top electrode deposition, (h) Backside ICP etching residual silicon.

Since it is necessary to prevent energy leakage during operation, the FBAR must be acoustically isolated from the substrate. Consequently, having patterned the low-stress Si3N4 layer on the underside of the silicon substrate, the silicon substrate was etched selectively in a KOH (potassium hydroxide) wet etching process in order to create a cavity under the piezoelectric-active area. An etchant of 40% potassium hydroxide (KOH) with 30% water at 80℃ was utilized to etch the silicon substrate to an appropriate thickness. The etching rate along the (100) plane was approximately 0.9 μm/min. As shown in Figure 1(h), the etching process generated a cavity beneath the resonance structure and formed a crystal-air interface beneath the resonator.

The crystalline structure and crystallographic orientation of each ZnO film were analyzed by X-ray diffraction (XRD, RIGAKU D/max 2.B) analysis with CuKα radiation (λ = 1.5418 Å). The power of the XRD was fixed at 25 kV and 5 mA, and scanned from 30° to 50° at a scanning speed of 4°/min. The cross-sectional of various ZnO film grain structures were observed using a scanning electron microscopy (SEM, PHILIPS XL-40FEG). The thickness of the various films was determined using a stylus profilometer (Veeco DEKTAK). The characteristic of fabricated FBARs were measured using HP 8753E network analyzer and Cascade probe station.

3. Results and Discussion

To study the feasibility of tuning the RF power to obtain highly c-axis-oriented ZnO films, the present study sputter deposited ZnO films at RF powers of 150 W, 200 W and 250 W. Figure 2 presents the XRD patterns of the corresponding ZnO films, which in all cases were prepared using a sputtering pressure of 5 mTorr, and an Ar:O2 gas flow rate ratio of 8:2 sccm.

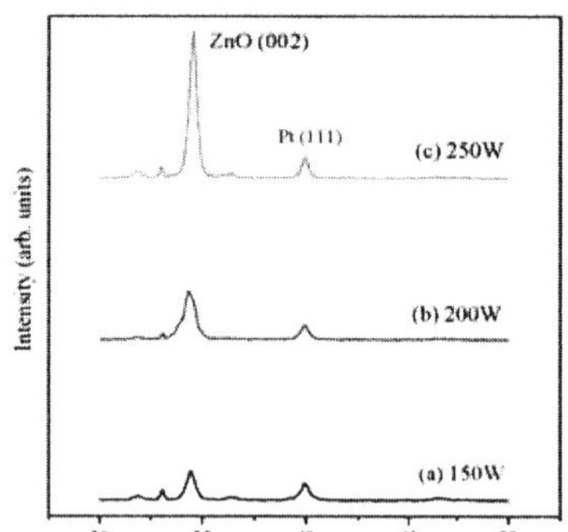

Figure 2. XRD patterns of ZnO films on Pt electrode deposited at different RF powers of: (a) 150 W, (b) 200 W, and (c) 250 W.

Figure 2(a) shows the XRD pattern of the ZnO film deposited at an RF power of 150 W. It is noted that the diffraction intensity of the ZnO (002) peak is relatively weak compared to that of the Pt(111). This suggests that the c-axis of the ZnO film is orientated approximately parallel to the substrate surface. Meanwhile, Figure 2(b) reveals that increasing the RF power to 200 W causes the intensity of the ZnO (002) peak to become relatively stronger than that of the Pt(111). Moreover, as the RF power is increased further to 250 W [Fig. 2(c)], a significant increase in the intensity of the ZnO (002) peak is observed, which suggests that the c-axis of the hexagonal ZnO structure is perpendicular to the substrate surface. It was determined that increasing the RF power to 350 W failed to yield any further improvement in the intensity of the ZnO (002) peak. Hence, the RF power was fixed at 250 W for the remainder of the study.

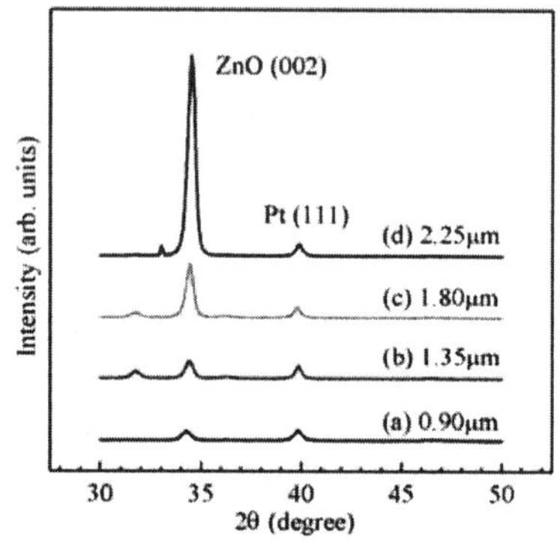

Figure 3. XRD patterns associated with ZnO films of different thickness: (a) 0.90μm, (b) 1.35μm, (c) 1.8μm, and (d) 2.25μm.

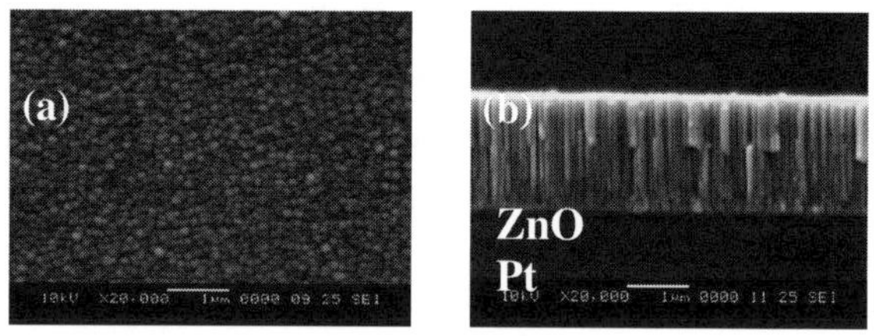

Figure 4. SEM micrographs of ZnO film deposited on Pt bottom electrode by RF sputtering: (a) top view and (b) cross-sectional view.

In order to study the effects of the deposited ZnO film thickness upon the orientation of the film, the sputtering process was employed to generate films of thickness 0.90μm, 1.35μm, 1.80μm, and 2.25μm. Figure 3 shows the corresponding XRD patterns for the four ZnO films prepared under a RF power of 250W, a sputtering pressure of 5mTorr, and an oxygen concentration (O2/(Ar+O2)) of 20%. Figures 3(a) and 3(b), which show the XRD patterns for ZnO films of thickness 0.90μm and 1.35μm, respectively, indicate that the diffraction intensity of the (002) peak is relatively weak compared to that of the Pt(111) in both cases. These results suggest that the c-axis of the ZnO films is approximately parallel to the substrate surface. However, from figures 3(c) and 3(d), it can be seen that the intensity of the (002) peak becomes increasingly stronger as the thickness of the ZnO film increases, thus indicating that the c-axis of the hexagonal ZnO structure gradually adopts the preferred orientation, i.e. normal to the substrate surface. In this orientation, the ZnO film possesses the highest piezoelectric stress constant [6-7]. However, it is noted that the fundamental frequency of an FBAR device is primarily a function of its ZnO piezoelectric film thickness since this film comprises the largest part of the acoustic path. Therefore, although an increased film thickness improves the piezoelectric characteristics of the FBAR device, the acoustic path within the device is lengthened, and this leads to a reduction in its resonant frequency.

Figure 4 shows the SEM top surface and cross-sectional morphologies of ZnO film deposited onto a Pt bottom electrode at the optimal sputtering condition already mentioned above. Fig. 4(a) shows the top surface of ZnO film with a fairly uniform grain size of approximately 81 nm. Fig. 4(b) indicates that the ZnO film grown onto a Pt bottom layer reveals a well-textures columnar structure in the vicinity of the Pt surface. The vertical columnar structure extends fully from the Pt bottom layer, and clearly develops as the film thickness increases.

The microstructures of the deposited films are clearly inhomogeneous and possess fine grain structures in the vicinity of the substrate surface. This characteristic of the ZnO/Pt interface ensures good adhesion properties between the two layers and yields a smooth interfacial quality in the fabricated FBAR devices.

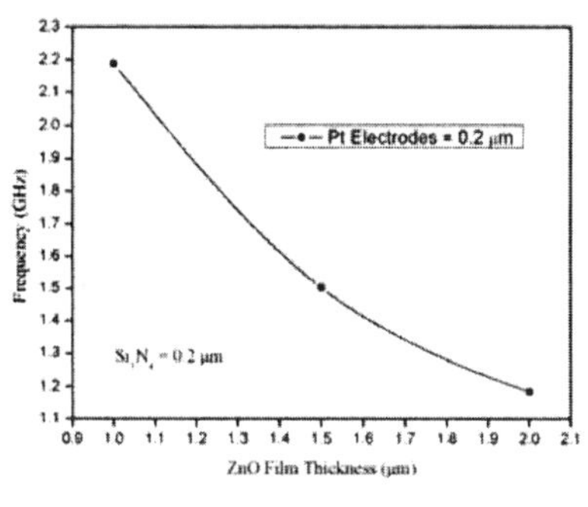

Figure 5. The resonance frequency obtained with Pt electrodes with various ZnO films Thicknesses.

Fig. 5 shows the experimental results of the response frequency obtained with Pt electrodes with various ZnO film thicknesses 1 μm, 1.5 μm and 2 μm. While the thickness of Si3N4 membrane, bottom and top electrode was kept constant of 0.2μm, 0.2μm and 0.2μm, respectively. It can be seen that the resonance frequency of the FBAR is strongly affected by the thickness of the ZnO film layer. Specifically, reducing the ZnO thickness yields a significant increase in the resonance frequency since the thickness field excitation of the FBAR is reduced, thereby shortening the acoustic path.

The effective electromechanical coupling coefficient (k_{eff}^2) determine the piezoelectric quality of the ZnO film, and hence the filter response. The effective electromechanical coupling coefficient is defined as [8-9]:

$$k_{eff}^2 = \frac{\left(\frac{\pi}{2}\right)\left(\frac{f_s}{f_p}\right)}{\tan\left(\left(\frac{\pi}{2}\right)\left(\frac{f_s}{f_p}\right)\right)} \approx \left(\frac{\pi}{2}\right)^2 \frac{f_p - f_s}{f_p}$$

where f_p and f_s are the measured parallel and series resonant frequencies of the FBAR device, respectively. If a resonator is to be effective in a filter application, a wide gap should exist between its series and parallel resonant frequencies, i.e. the maximum bandwidth should be large.

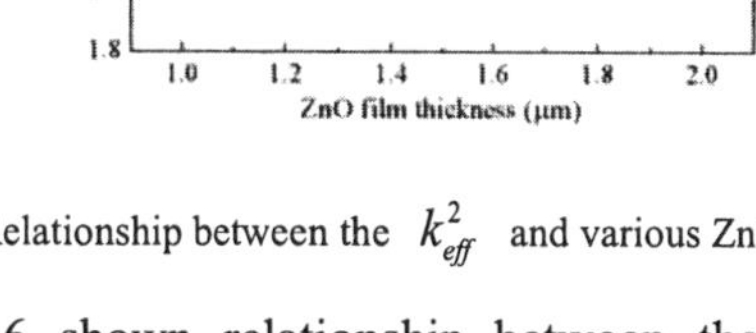

Figure 6. Relationship between the k_{eff}^2 and various ZnO thickness .

Fig. 6 shown relationship between the k_{eff}^2 and various ZnO film thicknesses. The result indicated that the resonance provides a maximum in k_{eff}^2 when the ZnO film thickness increase up to 1.5 μm. This maximum k_{eff}^2 is due to the ZnO film thickness approached to their fundamental one-half-wavelength. Further increase ZnO film thickness cause the k_{eff}^2

gradually decrease. Therefore, the higher the degree of (002) preferred orientation shown in Fig. 3(d) does not guarantee yield higher k_{eff}^2 due to large columnar grain structure and coarser surface roughness.

To test the performance of the ZnO film when incorporated in an FBAR device, the present study implemented the two-port FBAR shown in Fig. 1(f). Figure 7 shown the top view SEM image of fabricated two-port FBAR, its piezoelectric-active area was 150x100 μm2 and measured using HP 8753E network analyzer and a ground-signal-ground type probe station. The fabricated two-port FBAR consisted of 1.5μm thick ZnO film with 0.2μm thick Pt top and bottom electrodes was characterized with a network analyzer have a resonant frequency of 1.5 GHz and the return loss is –24.76dB as shown in Fig. 8.

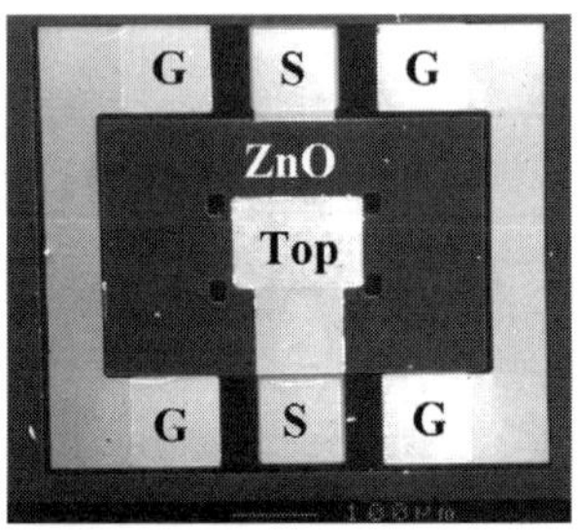

Figure 7. SEM image of top view of fabricated two-port FBAR.

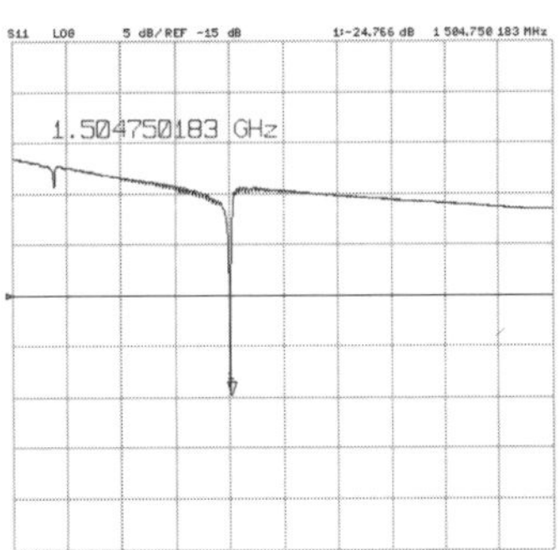

Figure 8. Magnitude of S11.

4. Conclusion

This study has employed the reactive RF magnetron sputtering method to deposit highly c-axis-oriented ZnO films on Pt bottom electrodes. The results have shown that ZnO films prepared at a higher RF power of 250 W tend to be more strongly aligned in the preferred orientation. Furthermore, the thicker ZnO films have a stronger c-axis orientation, but increased both the grain size and the surface roughness, hence diminishes the characteristics of FBAR devices. The fabricated two-port FBAR consisted of 1.5μm thick ZnO film with 0.2μm thick Pt top and bottom electrodes was characterized with a network analyzer have a resonant frequency of 1.5 GHz and the return loss is –24.76dB. However, the resonance provides a maximum in k_{eff} when the ZnO film thickness is approached to their fundamental one-half-wavelength. Understanding the effect of ZnO film thickness and electrode materials on the characteristics of the FBAR devices can provide a valuable source of reference for the future development of FBARs and their associated filters to support the requirements of miniaturized of wireless communication devices.

References

1. R.C. Ruby, P.D. Bradley, Y. Oshmyansky et al., In: *IEEE Ultra. Sym.*, 813 (2001).
2. J.D. Larson III, R.C. Ruby, P.D. Bradley, et al., In: *IEEE Ultra. Sym.*, 869 (2000).
3. R. Ruby, J.D. Larson, P. Bradley, et al., *IEEE Int. Solid State Circuits Conf.*, 120 (2001).
4. G.W. Yoon, J.D. Park, Fabrication of ZnO- based film bulk acoustic resonator devices using W/SiO_2 multilayer reflector, *Electr. Lett.* **36**(16), 1435 (2000).
5. K.M. Lakin, J.S. Wang, G.R. Kline, et al., In: *Proc. 1982 IEEE Ultra. Sym.* **1**, 466 (1982).
6. Y.E. Lee, J.B. Lee, Y.J. Kim, et al., *J. Vacuum Sci. Technol.* **A14**, 1943 (1996).
7. I.K. Yoshino, Y. Takeuchi, M. Matayama, et al., *Vacuum* **59**(2-3), (2000).
8. *IEEE Standard on Piezoelectricity* ANSI/IEEE Std, 176 (1988).
9. Y.H. Takeuchi, M. Yoshino, T. Makanoet, al., *Vacuum* **66**(3-4), 463 (2002).

一种采用 Walsh 门限匹配滤波实现 SAW-RFID 防冲突的方法

李庆亮 韩韬 施文康

上海市东川路 800 号 上海交通大学仪器科学与技术系 200240

电子邮件：flexa@sjtu.edu.cn; than@sjtu.edu.cn

SAW-RFID 是被动式、无源射频标签，在使用中它始终处于工作状态，而不象基于 IC 的 RFID 那样可以根据需要控制开启或关闭，因此，SAW-RFID 的多目标辩识是实用化的关键技术。基于 WALSH 变换，提出了一种采用匹配门限滤波的方法来实现 SAW-RFID 多目标辨识，即在大容量编码的 SAW-RFID 标签状态中，预先依据 WALSH 滤波门限选择出可利用的标签作为正式使用的编码标签。当在阅读器天线辐射范围内有多个标签时，接收的多个标签的回波信号的和虽然在时域上没法分辨，但是通过对标签综合信号进行 Walsh 变换到序域上，并按照给定的序率门限进行滤波，再与标签编码数据库进行编码匹配，最后在经过 Walsh 反变换，将会得到综合信号中的各自的标签信息。仿真结果和实验数据证明这种方法是实用、可行的。

关键词：声表面波，射频标签，Walsh 滤波，防冲突

A NEW ANTI-COLLISION ALGORITHM FOR MULTI-TARGET SAW-RFID SYSTEM

Qing-Liang LI, Tao HAN, Wen-Kang SHI

Dept. of Instrument Science and Technology, Shanghai Jiao tong Univ., Shanghai 200240, China

E-mail: flexa@sjtu.edu.cn; than@sjtu.edu.cn

This is where the English abstract should be placed. It should consist of one paragraph giving a concise summary of the material in the article below. Replace the title, authors, and addresses with your own title, authors, and addresses. You may have as many authors and addresses as you like. It is preferable not to use footnotes in the abstract or the title; the acknowledgments of funding bodies etc. are to be placed in a separate section at the end of the text.

Keywords: SAW, RFID, walsh filter, anti-collision

1. 引言

基于声表面波技术的射频标签(SAW RFID)因具有纯无源、可工作于恶劣环境、需求功率小、读取距离远等特点。最近 RFSAW 公司用一定数量的反射栅，通过结合脉冲时间位置和脉冲相位来对标签进行编码，开发出了编码空间超过 128 位的新一代 SAW-RFID，基本解决了标签编码容量偏小的商用障碍。对于多目辩识问题，由于 SAW-RFID 是被动式、无源射频标签，在使用中它始终处于工作状态，不能象基于 IC 的 RFID 那样可以根据需要控制开启或关闭，因而解决起来难度更大，文献[1]提出了几种 SAW RFID 防冲突检测的方法，包括：1.信号强度辨别；2.时间分割或时间分离；3.基于选择天线模式的空间辨别；4.代码分割；5.信号减法。首先必须采用阅读器天线系统来限制在一个给定阅读周期读取的标签数量，然后再研究多标签防冲突问题，这样使冲突标签的数量限制在一个较小规模，有利于问题的解决。所以基于选择天线模式的空间辨别应该是被动式标签的一个基本要求。当一个标签比其它的更靠近阅读器天线，其将比别的标签有更强的应答信号。当这个信号足够强时，阅读器就可解码。时间分隔的防冲突在实际应用中有很多限制，这是因为，非遮挡的时间段有限，而且需要 SAW 器件更长的延时时间，这都使器件价格升高，插损加大。

本文提出基于 Walsh 变换的门限匹配序率滤波来实现 SAW RFID 标签防冲突的目标。首先，在海量的标签状态中选择具有特定序率的标签状态作为实际的标签编码。选择的标签状态相互之间在序域上有明显的区分。这样当多个实际的标签在阅读器查询范围内时，接收的多个标签的回波信号的和虽然在时域

上没法分辨，但是通过对标签综合信号进行 Walsh 变换到序域上，并按照给定的序率门限进行滤波，再与标签编码数据库中的标签进行编码匹配，最后在经过 Walsh 反变换，将会得到综合信号中的各自的标签信息。另外本文对门限匹配滤波方法中滤波前后的信噪比进行了讨论，指出脉冲抽样率在 1-8 的范围内变化时对信噪比影响很小，可以采用小的采样率以提高运算速度。本文还讨论了门限电平的影响，说明了高门限电平只保留了脉冲存在与否的信息，而脉冲形状和大小的信息已经丢失。本文还讨论了这种方法对编码状态数量的影响，计算表面当同时读取标签数量为 6~8 时，因为序率相关而引起的编码状态的减少量不超过所有编码状态的 50%。对编码容量的影响可以接受。采用沃尔什变换的矢量滤波可以使得运算速度非常快，且只需 $2N\log_2 N$ 次加减运算与 N 次实数相乘运算。在频域中，实际滤波特性很少表示为简单的对角滤波矩阵，但在序域中就大不相同了。

本文利用编写的编码状态选择程序和门限匹配滤波程序，首先仿真了理论的正确性。此外，通过设计和制作具有 4 条反射栅的 SAW-RFID 标签器件，实验证明能够对多个标签进行识别。

2. 采用 Walsh 匹配门限滤波的防冲突方法

当在工作范围内有多个标签存在时，阅读器接收到 M 个标签（每个标签含有 p 条反射栅）的混合信号和噪声 $n(t)$，可表示为

$$r(t)=\sum_{i=1}^{M}\sum_{j=1}^{P}x_{i,j}(t-\tau_{i,j}-\varsigma_i)+n(t) \tag{1}$$

其中 $x_{i,j}(t)$ 为第 i 个标签上第 j 个反射栅的返回信号，$\tau_{i,j}$ 为第 i 个标签在 j 个反射栅位置上的包络时延。当 $\tau_{i,j}=\tau_{i+l,j+m}$，$(l=1,\ldots M-1,\ m=0,\ldots P-1)$ 时第 i 个标签与第 $i+l$ 个标签即发生信号碰撞。ς_i 是第 i 个标签到阅读器天线的距离引起的时延，与反射栅的时延 $\tau_{i,j}$ 相比，其值很小，一般情况下可以忽略。

2.1. 基于 Walsh 匹配门限滤波的多标签辨识

图 1 为利用 Walsh 门限匹配滤波的流程图。阅读器接收到 SAW 标签的反射回波信息后，经滤波、放大、I/Q 解调后进行 A/D 转换，得到基频信号的离散形式，而后对接收信号进行重采样处理并采样点取 2p 整数，以减少运算量，得到信号的序列 $r(i), i=1,..N(=2^P)$。对序列 $r(i)$ 进行 Walsh 变换得到序率 Rn

$$R_n=\frac{1}{N}\sum_{i=0}^{N-1}r(i)Wal(n,i),\ n=0,1,2\cdots N-1 \tag{2}$$

其中 $Wal(n,i)=(-1)^{n\odot i}$，$n\odot x$ 为 n 与 x 的二进制并元积。

在序域上对输入信号[式(2)]进行序率滤波的方法是采用酉变换为 Walsh 变换的广义维纳滤波[2]形式，如图 2 所示，其中矩阵 A 和 A-1 所构成的酉变换运算是 Walsh 变换和 Walsh 逆变换，G 是滤波矩阵。由图可看出，当输入信号 $r(t)$ 不变，而滤波矩阵 G 变化时，滤波输出 y(t)将产生不同的输出。选择已知的标签信号 $x_i(t)$ 的 Walsh 变换值作为滤波矩阵 G，就可以对接收的标签信号 $r(t)$ 进行匹配滤波，以根据输出 $y(t)$ 判断标签信号 $r(t)$ 中是否包含标签 $x_i(t)$。

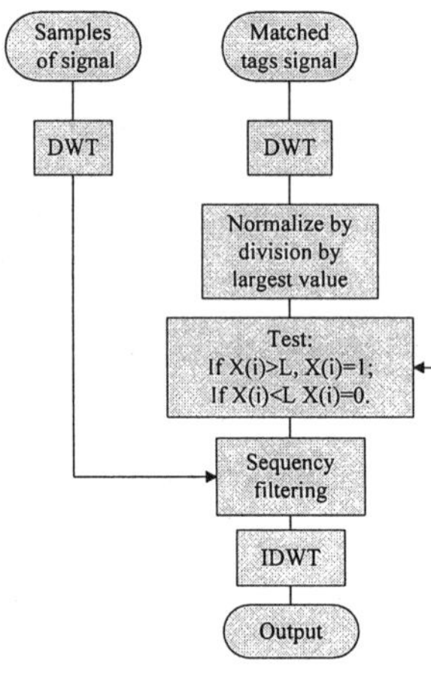

图 1. Walsh 门限匹配滤波流程图

在计算滤波矩阵 G 时，对已知标签信号 $x_i(t)$ 的 Walsh 变换值（即序率）定义一个门限值 L，使满足：

$$G(l_i)=\begin{cases}1,\ S(l_i)\ge L\\ 0,\ S(l_i)<L\end{cases} \tag{3}$$

其中，$G(l_i)$ 为匹配滤波矩阵，$S(l_i)$ 第 l 个标签编码信号的序率。对门限值的选择在节 3 中讨论。

经门限匹配滤波变换后得到输出 $y(t)$

$$y(t)=A^{-1}\cdot G\cdot A\cdot r(t) \tag{4}$$

通过恰当地选择滤波矩阵 G，就可以根据式 4 的输出 $y(t)$ 辨识出接收信号中是否包含标签 $x_i(t)$。

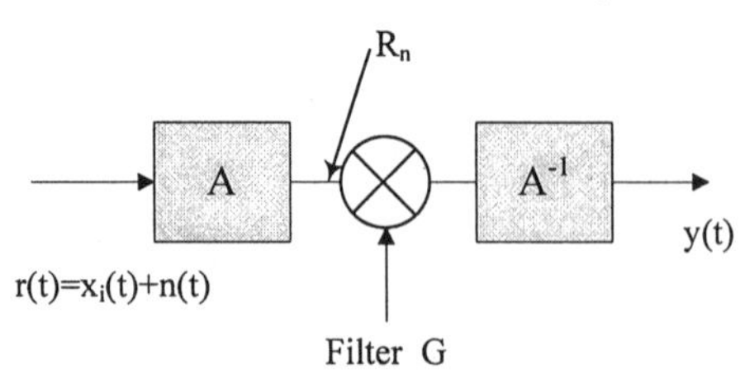

图 2. 广义维纳滤波 Generalized Wiener Filtering

2.2. 基于序率的编码状态选择

当采用脉冲位置与步进相位相结合的编码方法时，海量编码容量为实际编码提供了冗余[3]。为了保证匹配门限滤波方法的正确实现，需要先从海量编码容量中选择出可行的标签编码。编码状态的选择步骤如下：

1. 确定单次阅读的最大可能标签数量 N_m。不同的 N_m 会有不同数量的可用编码状态，N_m 越大选择出的可用编码数量将越小，相反如果每次阅读范围内只有很少的标签存在，则在海量编码状态中将有极大比例的编码可用。因此应根据实际应用情况，与可用编码容量折中来选取 N_m。当确定 N_m 后，采用 Walsh 门限匹配滤波方法时的最大编码数量也已确定。

2. N_m 个基本标签选择，在确定单次最大阅读数量后，就可以从所有的编码状态中选择出 N_m 个标签作为基本组。N_m 个标签的选择方法之一是选择序率比较特殊的那些编码，比如脉冲间距相近或具有对称结构的编码，以保证基本标签的脉冲位置要尽量覆盖整个组内的时间槽空间。

3. 计算可用的编码状态，计算可用编码状态的过程与图 **Error! Reference source not found.**的流程图相似。不同的是被匹配端的输入参数是 N_m 个标签编码状态的线性和 S_N，匹配端的输入参数是所有的编码状态而不是选择后的可用标签编码，门限 L 的值保持不变。这样，通过对所有可能组合的标签进行验算后，得到实际可用的编码标签。

经过以上步骤我们就得到了用于实际编码的标签状态。把得到的所有标签编码存储在数据库中，作为已知信号，用于多标签信号的匹配门限滤波。

3. 讨论

3.1. 门限选择

采用 Walsh 函数综合接收到的多个标签信号时，门限电平必须选的适当，既要保证有足够多的分量来恢复原始信号，又要尽量使滤波矩阵更简化（更多的 0 元素）以提高计算速度。因此对于平滑缓变的信号，就需要选取一个较低的门限以减小在恢复信号中的失真，而对于理想的脉冲或不连续的信号时，较少的分量就能综合出原信号，则可选用较高的门限电平。例如，当 3.1 节 **Error! Reference source not found.**中接收的多标签回波信号的脉冲由于滤波和放大的作用，而变为相对平滑的脉冲信号时，需要选取一个较低的门限电平。这时的滤波门限一般不高于 45%。而在 3.2 节中选择编码状态时，编码状态都是理想的脉冲信号，因此通过很少的几个分量就能够适当地综合出原信号，这时则选用较高的门限电平。

另外值得注意的一点是，如果提高了门限电平，则恢复出来的脉冲将是被展宽的脉冲，这是因为有限个非零序率系数只有当抽样数较多时才改变信号状态的缘故。展扩的程度则是与脉冲的宽度成反比，脉冲愈窄展扩的愈大。因此，在脉冲中只包含有一个抽样单位的脉冲，它展扩的最大。由此可知，脉冲恢复的准确程度决定于脉冲中的抽样个数（脉宽）与门限。而抽样数的大小极大影响计算的速度，因此在计算速度和脉冲恢复的准确度之间也要折中。在满足辨识速度的情况下尽量提高抽样数。

3.2. 信噪比

为了辨识出在接收信号中是否包含指定脉冲信号，需要特别注意滤波信号的信噪比，这时的脉冲波形却是无关紧要的，特别是当原始信号的信噪比小于 0dB 时更是如此。表 1 给出了门限滤波前后的信噪比关系[4]。当单个脉冲宽度的抽样在 1-8 个范围内变化时，信噪比结果变化很小。对于高门限电平来说，只决定出有无脉冲存在，至于脉冲的形状和脉冲的相对大小都由于经过滤波而无法恢复出来了。

Table 1. Signal/noise ratio for the threshold filtering

Signal/Noise ratio(dB)	After filtering S/N ratio (dB)			
	Threshold level			
	20%	30%	50%	70%
6	19	22	23	33
0	12	15	17	37
-3	9	12	13	34
-6	9	12	10	22

3.3. 对编码数量的影响

采用文献[3]提出的脉冲位置与步进相位相结合的编码方法时，编码容量具有极大的提高，当采用某些多目标辨识方法时，编码容量的损失是必不可少的。如果采用的多目标辨识方法使实际可应用的编码状态很少，则不具有实用性。因此需要考虑辨识方法对应用状态数的影响。采用本文提出的 Walsh 匹配门限滤波，当时间槽为 20，脉冲数为 4，脉冲间最小间隔为 4 时，有 330 种编码状态，当在 Walsh 匹配门限滤波方法中门限不超过 50%，每次同时阅读标签数量不超过 5 只时，有 118 种可用的状态数，也即可以从 330 种编码状态中选择 118 种状态作为实际的标签编码。而同样情况下当采用时间槽为 75，脉冲数为 4，脉冲最小间隔为 13 时，可用的标签状态数超过了 6000，因此当脉冲数不变，时间槽增加时，有效的编码状态会极大地增加。另外，编码数量也受基本标签选择的影响，但影响不大。

4. 试验

4.1. 标签编码选择

试验用的标签设计为，反射栅数 M 为 4 条，时间槽数 L 为 20 个，反射栅最小间隔 K 为 3，构成的编码数可计算为：

$$N = \frac{(L-(M-1)*K)!}{(L-(M-1)*K-M)!M!} \tag{5}$$
$$= 330$$

规定每次最大阅读的标签数量为 5，并选择了 12、19、41、78、236 作为基本标签，计算得到此情况下最大的编码数量是 118 种。图 3 是在选择标签编码时标签 1 做匹配计算的结果。实线表示 5 个标签的合成信号，点画线为标签 12 的编码位置，虚线是以标签 12 的编码信息作为滤波矩阵对 5 个标签的合成信号进行 Walsh 匹配门限滤波后的输出。滤波门限 L 取 33%。从图 3 (a)可以看出对合成信号的滤波输出的峰值与标签 1 的脉冲位置重合，能够辨识多个标签中包含 1 号标签，而图 3 (b)不包含标签 1 时滤波输出虽然因为脉冲位置重叠的原因有 3 个脉冲位置的值最大，但第四个脉冲的值明显变小，可以确定原信号不包含标签 1。

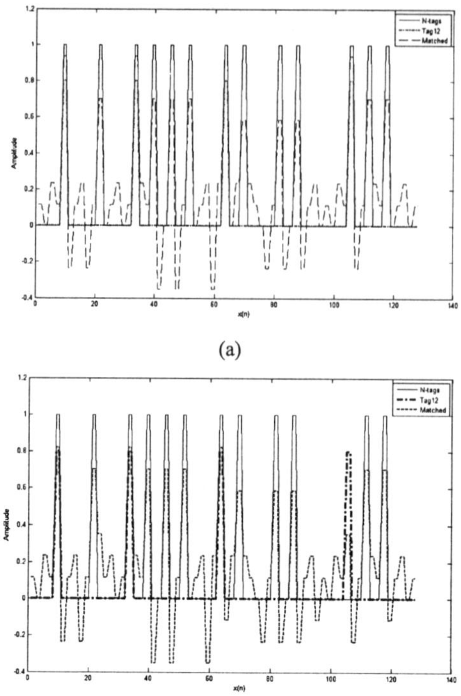

图 3. 匹配门限滤波结果 (a)包含标签 12; (b) 不包含标签 12

4.2. 标签试验

根据 4.1 计算出的可用编码状态，制作了 SAW 标签，每个标签有 4 条反射栅，分布于 20 个时间槽上，时间槽宽度为 80ns，任意相邻的反射栅最小间隔是 3 个时间槽，既 240ns，标签系统的工作频率为 434 MHz，射频脉冲宽度为 100ns，工作距离大于 1 米。图 4-6 中实线是 12、41、236 号标签同时被读取时的接收波形。由于反射栅对查询脉冲的展扩，使接收信号的脉冲产生重叠。但各个脉冲的峰值位置还是很明显。

图 4 是用 12 号标签来匹配接收信号的结果（只截取了回波脉冲段），其中点画线表示 12 号标签的标准波形，实线是接收到的多标签混合波形，虚线是匹配结果的曲线。从图 4 可以看出，匹配结果（虚线）的 4 个相同的峰值脉冲正好符合 12 号标签的 4 个反射脉冲位置，通过判断滤波结果的极值可以确定混合信号中包含了 12 号标签。图 5 是 236 号标签匹配接收信号的结果，从输出曲线可以看到回波也信号包含了 5 号标签的信息。图 6 是用 19 号标签匹配接收信号的结果，从匹配结果（虚线）和匹配标签（点画线）可以看出回波信号不包含 19 号标签的信息。

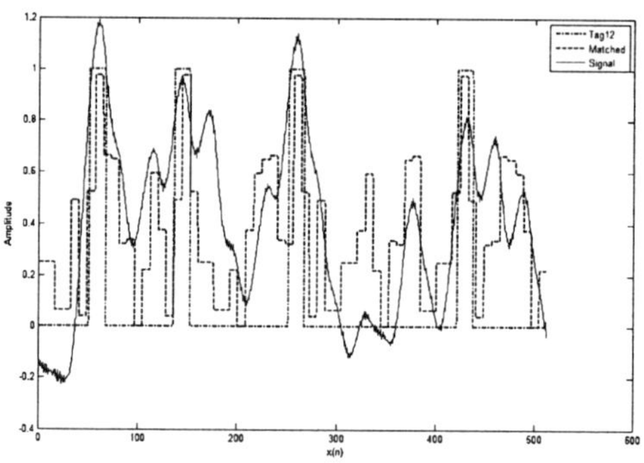

图 4. 标签 12 匹配接收信号的结果

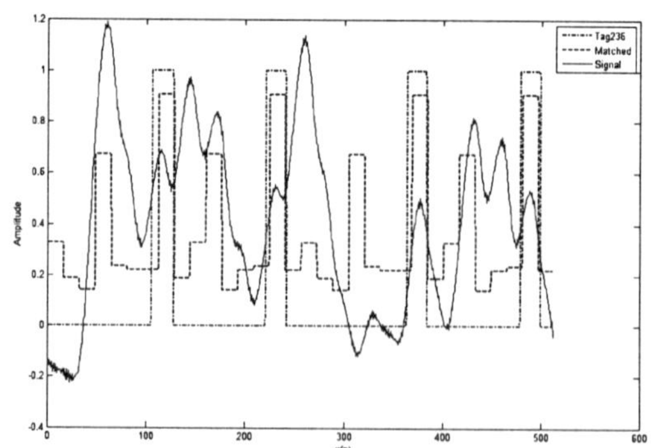

图 5. 标签 236 匹配接收信号的结果

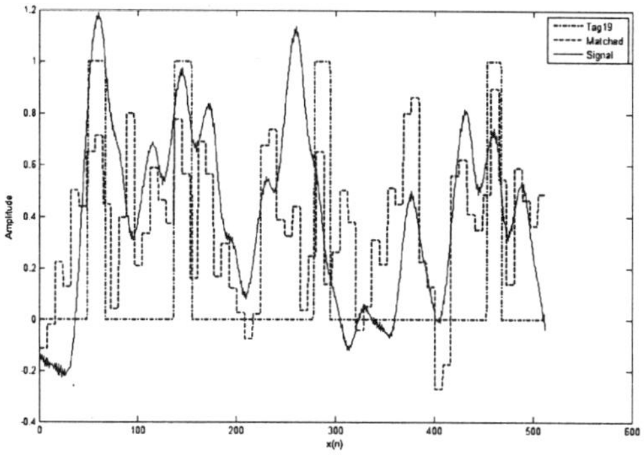

图 6. 标签 19 匹配接收信号的结果

5. 结论

本文提出一种采用 Walsh 匹配门限滤波进行 SAW RFID 标签的多目标辨识方法。本方法首先根据应用选择出一次阅读的最大可能数量，据此计算出所有可用的标签编码状态以作为实际应用的标签编码并建立可用标签编码的数据库；当接受信号中包含多个标签时，依据数据库中的编码信息，用 Walsh 匹配门限滤波方法来辨识每个标签。同时本文还讨论了匹配滤波门限的选择、滤波前后的信噪比和应用本文的方法时对可用编码状态数量的影响等问题。本文进行的实际试验表面本方法是有效的。

致谢

此文工作得到了国家自然科学基金（10304012）的资助。

参考文献

1. C.S. Hartmann, Anti-collision methods for global SAW RFID tag systems, In: *Proc. 2004 IEEE Ultra. Sym.*, 805 (2004).
2. N. Wiener, *Extrapolation, Interpolation and Smoothing of Stationary Time Series*, MIT Press, Cambridge, (1964).
3. C.S. Hartmann, A global SAW ID tag with large data capacity, In: *Proc. 2002 IEEE Ultra. Sym.*, 63 (2002).
4. K.G. Beauchamp, *Walsh Functions and Their Applications*, Academic Press, New York (1975).
5. P. Cole, R. Vaughan, US Patent #s 3,704,094 (1972); 3,755,803 (1974); and 3,707,711 (1974).
6. F. Schmidt, G. Scholl, Wireless SAW identification and sensor systems, *Adv. Surface Acoustic Wave Technol. Sys. Appl.* **2**, 277 (2001).

FABRICATION OF PIEZOELECTRIC AlN THIN FILM FOR FBARs

Sin-Cha KUO

Department of Electronics Engineering, Far East University, Tainan 744, Taiwan,
E-mail: kuohsing@cc.fec.edu.tw

Kok-Wan TAY

Department of Electrical Engineering, Wu Feng Institute of Technology, Chiayi 62153, Taiwan.

Wei-Kuo LIU, Menq-Jion WU

Department of Mechatronics Engineering, National Changhua University of Education,
Changhua 500, Taiwan.
E-mail: liu.w0821@msa.hinet.net

This paper focuses on the fabrication of film bulk acoustic-wave resonator (FBAR) comprising an aluminum nitride (AlN) piezoelectric thin film sandwiched between two metal electrodes, and located on a silicon substrate with a low-stress silicon nitride (Si3N4) support membrane for high frequency wireless applications, and analysis the optimization of the thin AlN film deposition parameters on Mo electrodes using reactive RF magnetron sputter system.

Several critical parameters of the sputtering process such as RF power and Ar/N2 flow rate ratio were studied to clarify their effects on the different electrodes characteristic of the AlN films. The experiment indicated that the process for Mo electrode is easier compared with the Pt/Ti or Au/Cr bi-layer electrode as it entails only one photo resist and metal deposition step. Besides, Pt/Ti or Au/Cr electrodes reduced the resonance frequency due to it high mass density and low bulk acoustic velocity. Compared with the case of an Al bottom electrode, there is no evident amorphous layer between Mo bottom electrode and the deposited AlN film.

The characteristics of the FBAR devices depend not only upon the thickness and quality of the AlN film, but also upon the thickness of the top electrode and the materials used. The results indicate that decreasing the thickness of either the AlN film or the top electrode increases the resonance frequency. This suggests the potential of tuning the performance of the FBAR device by the carefully controlling AlN film thickness. Besides, increasing either the thickness of the AlN film or higher RF power have improves a stronger c-axis orientation and tend to promote a narrower rocking curve full-width at half-maximum (FWHM), but increased both the grain size and the surface roughness. An FBAR device fabricated under optimal AlN deposition parameters has demonstrated the effective electromechanical coupling coefficient (k_{eff}^2) and the quality factor (Q_{fx}) were about 1.5% and 332, respectively.

Keywords: Sputtering, thin film, piezoelectric

1. Introduction

The rapid growth of wireless mobile telecommunication systems has led to an increasing demand for high-frequency oscillators, filters and duplexers capable of operating in the 0.5GHz to 5GHz frequency range. Conventionally, microwave ceramic resonators and Surface Acoustic Wave (SAW) resonators have been applied in this frequency range. However, microwave ceramic resonators tend to be physically bulky, while SAW resonators demonstrate a relatively poor sensitivity to temperature and have high insertion losses and limited power handling characteristics. Moreover, SAW devices must generally be interfaced at the board level rather than directly at the chip level. Micromachined thin Film Bulk Acoustic-Wave Resonators (FBARs) have been developed to address the limitations of these conventional devices. Compared to microwave ceramic resonators and SAW resonators, FBAR devices have the advantages of low cost and enhanced electrical performance, and are characterized by low insertion losses, high power handling capabilities, and high frequency operation [1-3]. Furthermore, the miniature scale of FBARs and the possibility of mounting them on Si or GaAs substrates permit their use within Microwave Monolithic Integrated Circuits (MMICs) [4].

The performance of the FBAR device depends upon the presence of a large acoustic impedance mismatch on both sides of the piezoelectric material in order to trap energy and hence produce resonating characteristics. This requires either the use of a Bragg reflector on the lower side of the piezoelectric [5], or the inclusion of an air/crystal interface beneath the resonator.

AlN is preferred over ZnO as the piezoelectric material since it has a superior compatibility with silicon [6], a higher bulk acoustic wave velocity, higher electrical resistivity, lower mass density, and a wider band gap. Although previous studies have generally adopted Pt/Ti, Au/Cr or Al as the bottom electrode of the FBAR device, the present study deliberately specifies the use of molybdenum on account of its low resistivity, large acoustic velocity, and excellent adhesive properties with the low-stress silicon nitride (Si3N4) supporting membrane. Consequently, this study investigates the influence of the RF power and nitrogen flow rate ratio on the deposition of highly c-axis oriented AlN films on Mo bottom electrodes, and studies the performance of these films for use in FBAR resonator applications.

2. Experimental procedure

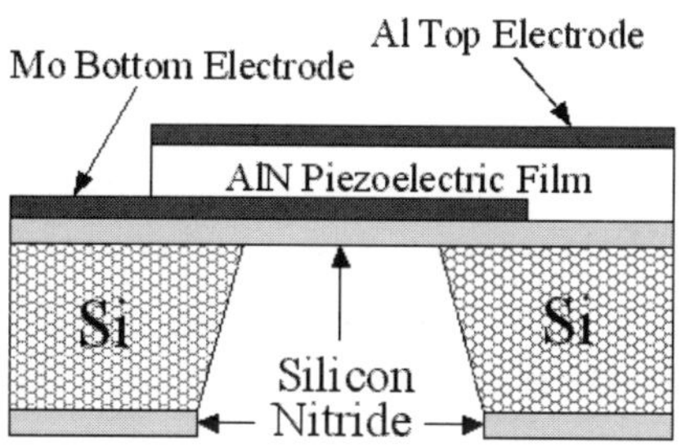

Figure 1. Cross-sectional view of FBAR.

Figure 1 presents a schematic illustration of a micromachined FBAR device fabricated on a (100) crystallographic oriented silicon wafer (4 inch) with a highly boron-doped layer. In the fabrication process, the substrate was initially cleaned using an RCA cleaning operation, and then a Low Pressure Chemical Vapor Deposition (LPCVD) process was employed to deposit films of low-stress silicon nitride on either side of the substrate. The two low-stress Si3N4 layers serve as a support membrane for the FBAR cantilever and as an etching mask, respectively. Finally, the underside of the silicon substrate was removed in a wet etching process to create a cavity under the piezoelectric-active area.

An etchant concentration of 40% potassium hydroxide (KOH) with 30% of water at 80℃ was utilized to etch the silicon substrate to an appropriate thickness. The etching rate along the (100) plane was approximately 0.9μm/min. A 1000Å thick molybdenum film was deposited by DC sputter over the membrane layer and patterned using conventional photolithography techniques to form the bottom electrode. The deposition parameters such as discharge power, Substrate temperature, Ar-flow rate, deposited pressure and deposited rate were 150W, 50℃, 24sccm, 3.2x10-6 Torr and 0.36Å/sec, respectively. Subsequently, the reactive RF magnetron sputtering process was employed to deposit a thin AlN film on top of the molybdenum layer. Finally, an aluminum film was sputter deposited over the AlN film and patterned photolithographically to form the top electrode. The detailed deposition of RF sputtering parameters for AlN films are summarized in Table 1.

Table 1. Parameters used for deposition of AlN thin films

Parameters	AlN Film
Target	Al (99.999%)
Substrate	Mo/ Si3N4/Si
Substrate-to-target distance	50 mm
Substrate temperature	250℃
Base pressure	1x10-6 Torr
Sputtering pressure	5x10-3 Torr
RF power (Watts)	200, 300, 400, 450
Gas flow rate ratio (sccm)	Ar/N_2=5/7, Ar/N_2=4/8 Ar/N_2=3/9, Ar/N_2=2/10

The present study has two principal objectives, namely to investigate the growth of piezoelectric AlN films and to study the characteristics and performance of FBAR devices incorporating these films. In order to study the quality of thin AlN films, 1000Å thick Mo films were sputtered over low stress silicon nitride films deposited on silicon wafer substrates. Subsequently, thin AlN films were deposited using a reactive RF magnetron sputtering method under various sputtering parameters, i.e. RF powers of 200W, 300W, 400W and 450W, and various nitrogen flow rate ratios (N2/(Ar+N2)) of 58%, 66%, 75% and 83%. While all other parameters were kept constant.

In investigating the deposited AlN films, this study focuses principally on the preferred orientation and surface roughness of the films since these characteristics are known to have significant impacts on the resonance properties and reliability of FBAR devices. The crystalline structure and crystallographic orientation of each AlN film were analyzed by X-ray diffraction (XRD, model: RIGAKU D/max 2.B) analysis with CuKα radiation (λ = 1.5418 Å). The power of the XRD was fixed at 25 kV and 5 mA, and scanned from 30° to 50° at a scanning speed of 4°/min. The cross-sectional of the various AlN film grain structures were observed using a Scanning Electron Microscope (SEM PHILIPS XL-40FEG). Furthermore, Atomic Force Microscope (AFM; SPA300HV) was utilized to facilitate a detailed analysis of the surface morphology and surface roughness of each of the AlN films. The AFM analysis was carried out in contact mode using a scan size area of 2μm2. The thickness of the various films was determined using a stylus profilometer (Veeco DEKTAK). Finally, the S parameters were measured using a network analyzer (HP 8722ES) and a wafer probe station (Cascade Microtech).

3. Results and discussion

In order to study the feasibility of tuning the RF power to obtain highly c-axis oriented AlN films, the present study developed AlN films under RF powers of 200W, 300W, 400W, and 450W, respectively. Figure 2 presents the XRD patterns of the corresponding AlN

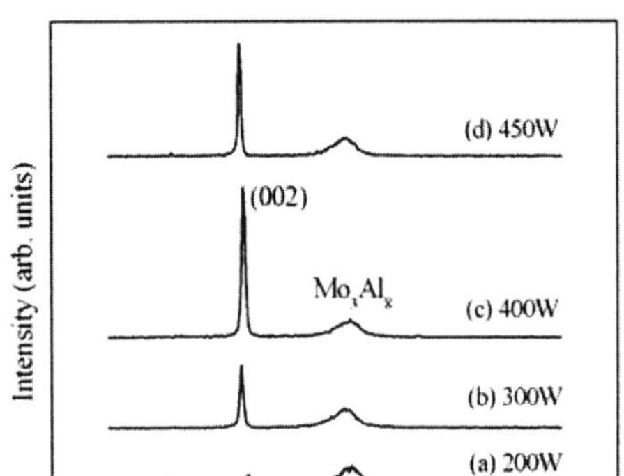

Figure 2. XRD patterns of AlN films on Mo deposited at different RF powers: (a) 200W, (b) 300W, (c) 400W, and (d) 450W.

films prepared at a sputtering pressure of 5mTorr and a nitrogen flow rate ratio of 75%. It is noted that in each case, the AlN film thickness is approximately 2.7μm and that the film was deposited over a period of 3 hours.

Figure 2(a) shows the XRD pattern of the AlN film deposited under an RF power of 200W. It is observed that the diffraction intensity of the (002) peak is relatively weak compared to that of the Mo3Al8. This suggests that the c-axis of the AlN film is approximately parallel to the substrate surface. Meanwhile, Figure 2(b) indicates that increasing the RF power to 300W causes the intensity of the (002) peak to become relatively stronger than that of the Mo3Al8. As the RF power is further increased to 400W (Fig. 2(c)), it is clear that there is a significant increase in the intensity of the (002) peak, indicating that the c-axis of the hexagonal AlN structure is perpendicular to the substrate surface. Testing revealed that increasing the RF power further to 450W shown in Fig. 2(d) failed to yield any further improvement in the intensity of the (002) peak. Hence, the RF power was fixed at 400W throughout the remainder of the study.

Figure 3 shows relationship of different RF powers between the AlN film thickness and the AlN full width at half maximum (FWHM). Increasing either the RF sputtering power or the thickness of the AlN film improves the c-axis orientation of the film and promotes a narrower FWHM.

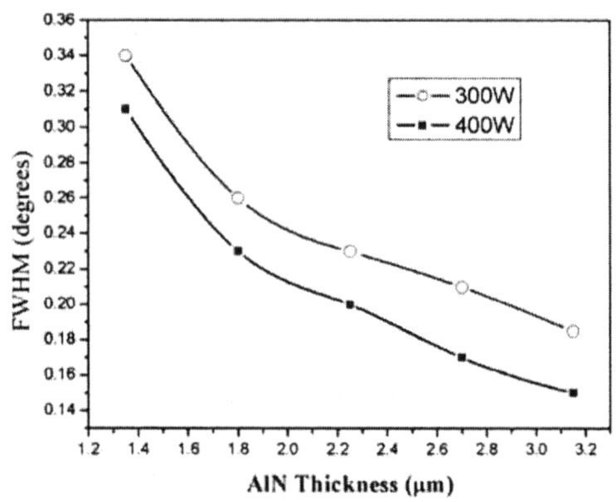

Figure 3. Relationship between the AlN film thickness and FWHM of the (002) peak of AlN films with different RF powers grown on Mo bottom electrode.

The experimental results presented in Figs. 2 and 3 confirm that AlN films deposited on the Mo bottom electrode prepared under a RF power of 400W have a stronger diffraction intensity of the (002) peak than those prepared under lower RF power conditions (200W, 300W) or higher RF power of 450W. These results can be explained by assuming the basal plane in hexagonal structures to possess the lowest surface energy and the maximum atomic density. Increasing the RF power not only enhances the sputtering yield, but also increases the kinetic energy of the particles in the plasma. Consequently, the aluminum-nitride complex particles have sufficient kinetic energy to attach themselves to the substrate, hence providing the adatoms with increased opportunities to move to the lowest energy state and to form a highly c-axis-oriented crystalline film structure. However, when the RF power exceeds 400W, the kinetic energies of the secondary atoms will also increase. These high-energy atoms then attack the substrate surface, causing surface damage and prompting deterioration in the preferred c-axis orientation as shown in Fig. 2(d) [7]. As described above, the specification of a 400W RF power yields AlN films on Mo bottom electrode is improved with the preferred c-axis orientation in our experimental.

In order to study the effects of the nitrogen flow rate ratio on the crystallographic orientation of the AlN films. Figure 4 shows the corresponding XRD results of the AlN films deposited on Mo electrode at nitrogen flow rate ratios of 58%, 66%, 75%, and 83%, with a power of 400W and a sputtering pressure of 5 mTorr.

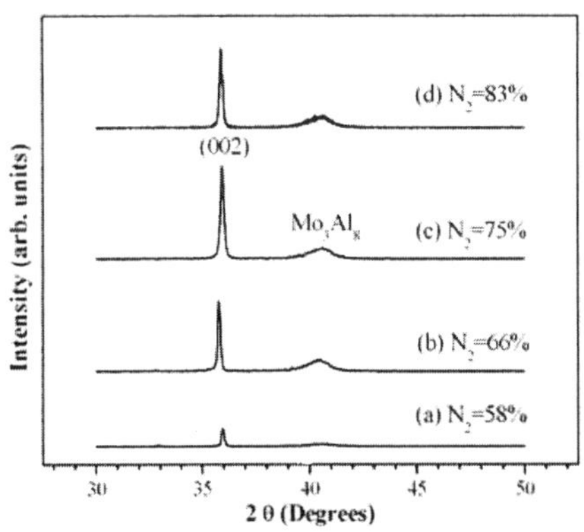

Figure 4. XRD patterns of AlN films on Mo deposited at various nitrogen flows rate ratios: (a) N2=58%, (b) N2=66%, (c) N2=75%, and (d) N2=83%.

It is evident that the crystalline structures of these films are all c-axis-oriented and hexagonal. Furthermore, increasing the N2 flow rate ratio to 75% shown in Figure 4(c) causes the AlN film to develop a stronger preference for the preferred (002) orientation, as atomic bombardment of the film surface causes an increase in the film density. Under bombardment, the kinetic energy of the surface atoms is increased and is sufficient for some of these atoms to rearrange themselves to achieve thermal equilibrium conditions, hence reducing the voided regions within the microstructure. The flux of the bombarding particles increases as the nitrogen flow rate ratio increases. Therefore, the adatomic mobility at the film surface is also improved as a result of the increase in energy transfer taking place at the film surface. Consequently, an elevated nitrogen flow rate ratios are beneficial in developing AlN films with the desired normal orientation and hence to manifest enhanced piezoelectric qualities. Further increase nitrogen flow rate ratios to 83% shown in Fig. 4(d) failed to yield any further improvement in the intensity of the (002) peak. Hence, the nitrogen flow rate ratios were fixed at 75% throughout the remainder of the study.

Figure 5 shown FWHM of the (002) peak of AlN films grown on Mo bottom electrode as a function of the nitrogen flow rate. The smaller FWHM of the (002) peak of AlN film was 0.17° at nitrogen flow rate of 75%. While increasing the nitrogen flow rate to 83% cause the larger FWHM of 0.175°.

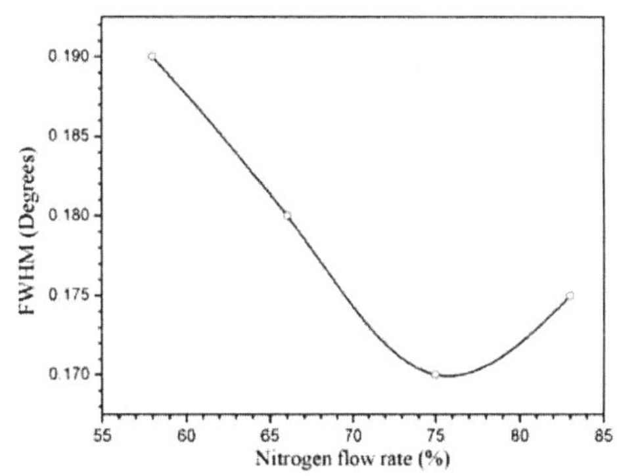

Figure 5. FWHM of the (002) peak of AlN films grown on Mo bottom electrode as a function of the nitrogen flow rate

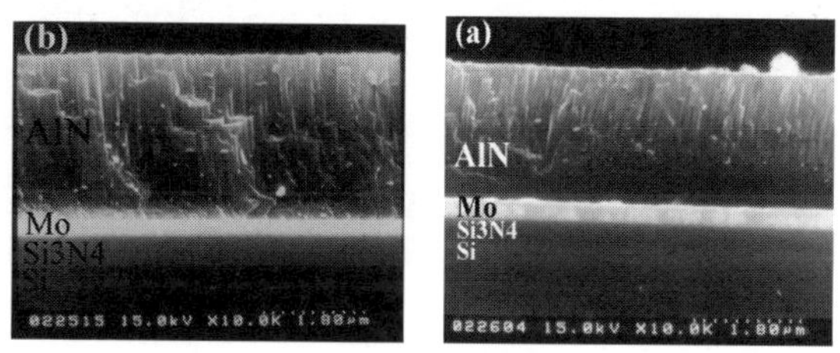

Figure 6. Cross-sectional SEM of AlN films on Mo bottom electrode at various RF powers: (a) 300W, and (b) 400W.

Figures 6(a) and 6(b) present SEM micrographs of the cross-sectional structure of AlN films deposited at RF powers of 300W and 400W, respectively, with N2 flow rate ratios of 75% and sputtering pressures of 5 mTorr. The typical columnar structure with tapered tops associated with the growth of AlN films on Mo electrodes is particularly evident in 400W RF power case shown in Fig. 6(b). The microstructures of the deposited films are not homogeneous and are seen to have fine grain structures in the vicinity of the substrate surface. The columnar structures clearly develop as the film thickness increases. This characteristic of the AlN-Mo interface ensures good adhesion properties between the two layers, and is indicative of a smooth interfacial quality in fabricated FBAR devices.

The surface roughness of each film was measured using an AFM technique. Figure 7 presents a statistical analysis of the surface roughness of AlN films prepared at various RF powers using an N2 flow rate ratio of 75%. Figure 7(a) presents the surface roughness of the films prepared at 300W, as shows an equivalent 3-D view with z-axes of 150nm. It can be seen that the average roughness (Ra) is 14nm and that the average peak to valley height of each grain column is 116nm. Meanwhile, Figure 7(b) shows the surface roughness of the AlN films prepared at 400W. The average roughness of these films is seen to be 4nm, while the average peak to valley height of each grain column is 30nm. From which it is observed that the films prepared at 400W have a very smooth upper surface. Therefore, it would appear that smaller grain columns are associated with a smoother upper surface. The results of Fig. 7 indicate that preparing AlN films at an RF power of 400W and an N2 flow rate ratio of 75% not only refines the film grain size, but also yields uniform films with smooth morphologies, and hence improves the coupling factor when these films are utilized in FBAR devices.

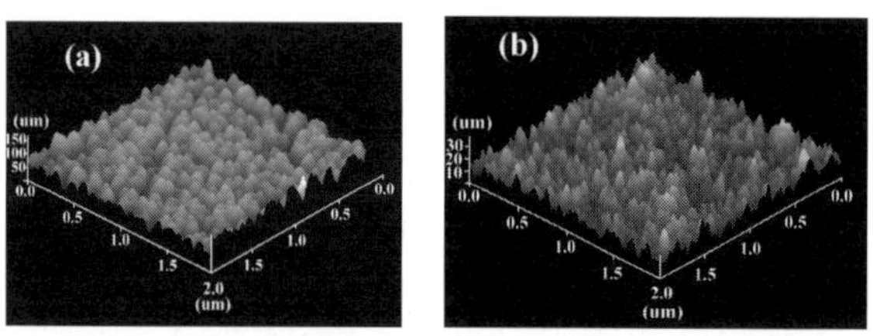

Figure 7. AFM surface roughness of AlN film deposited on Mo at various RF powers: (a) 3-D view of 300W with z-axes of 150nm, and (b) 3-D view of 400W with z-axes of 30nm.

In general, the choice of electrode material also has a pronounced influence upon the performance of an FBAR device. It is of particular importance to consider the longitudinal velocity and the mass density of the specified electrode material. Figure 8 shows the experimental results for both the resonance frequency obtained with Mo and Pt/Ti bottom electrodes with various AlN film thicknesses of 2.25 μ m, 2.7 μ m, 3.15 μ m and 3.6 μ m. While the thickness of Si3N4 membrane, bottom and top electrode was kept constant of 0.2 μ m, 0.1 μ m and 0.18 μ m, respectively. It can be seen that the smaller mass loading effect and larger acoustic velocity associated with Mo electrodes result in an improved FBAR resonance frequency compared to the cases of Pt/Ti electrodes are employed. It is also observed that the resonance frequency of the FBAR is strongly affected by the thickness of the AlN film layer. Specifically, reducing the AlN thickness yields a significant increase in the resonance frequency since the thickness field excitation of the FBAR is reduced, thereby shortening the acoustic path. The results of Figure 8 demonstrate that, subjected to a minimum practical thickness, FBARs can be designed to operate at different resonance frequencies by carefully controlling the thickness of the deposited AlN film.

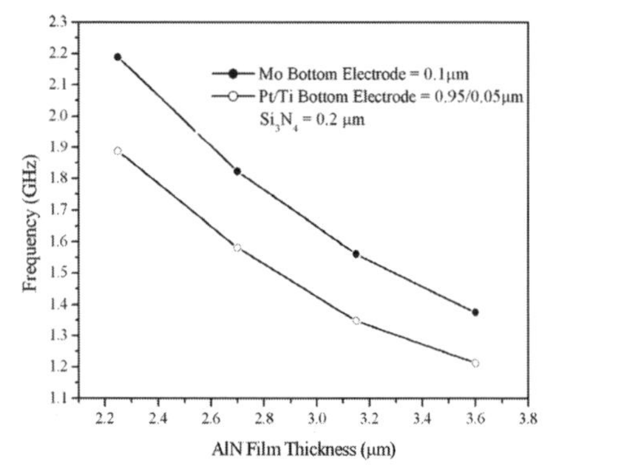

Figure 8. The resonance frequency obtained with Mo and Pt/Ti bottom electrodes with various AlN film thicknesses.

In order to test the performance of the AlN film in FBAR devices, a two-port FBAR device with a four-layered composite structure was implemented and tested. Figure 9 shown the SEM image of top view of fabricated two-port AlN FBAR, its piezoelectric-active area was square shape with 150 x 100μm were measured using G-S-G probe, the thickness of low stress Si3N4, AlN film, Mo (bottom) and Al (top) electrodes was consisted of 0.2μm, 2.25μm, 0.1μm and 0.18μm, respectively.

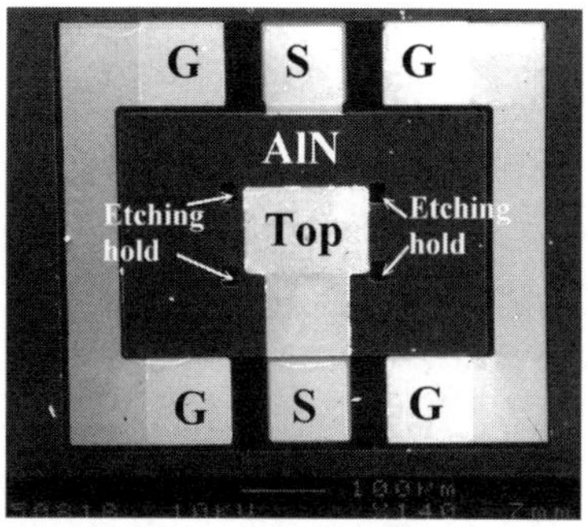

Figure 9. SEM image of top view of fabricated two-port FBAR.

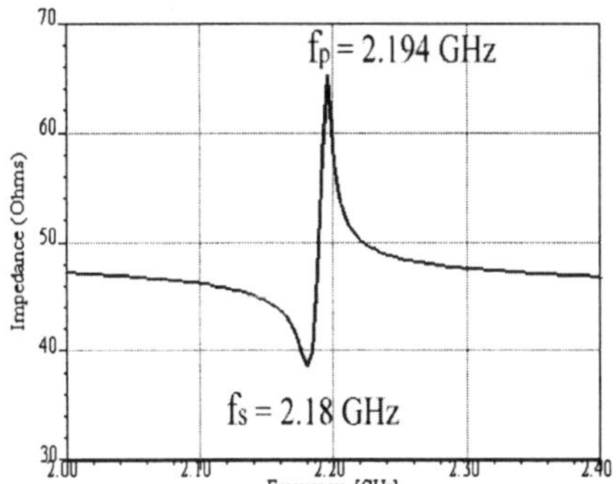

Figure 10. Input impedance versus frequency of the fabricated two-port AlN FBAR.

The impedance characteristic of the fabricated two-port AlN FBAR is shown in Fig. 10. The parallel and series resonance frequencies of the FBAR appeared at 2.19 and 2.18 GHz, respectively.

The effective electromechanical coupling coefficient (k_{eff}^2) and the quality factor (Q_{fx}) determine the piezoelectric quality of the AlN film. From the measured frequency response of two-port AlN FBAR, we calculated the k_{eff}^2 and Q_{fx} by using the following equations.

$$k_{eff}^2 = \frac{\left(\frac{\pi}{2}\right)\left(\frac{f_s}{f_p}\right)}{\tan\left(\left(\frac{\pi}{2}\right)\left(\frac{f_s}{f_p}\right)\right)} \approx \left(\frac{\pi}{2}\right)^2 \frac{f_p - f_s}{f_p} \tag{1}$$

$$Q_{f_x} = \frac{f_x}{2}\left|\frac{d\angle Z_{in}}{df}\right|_{f_x} \tag{2}$$

where $\angle Z_{in}$ is the phase response expressed in radians and f_x corresponds to either parallel (f_p) or series (f_s) resonant frequencies of the two-port AlN FBAR device. The k_{eff}^2 and Q_{fx} were about 1.5% and 332, respectively.

4. Conclusions

This study has employed the reactive RF magnetron sputtering method to deposit highly c-axis-oriented fine polycrystalline AlN films on Mo electrodes. The results have shown that AlN films prepared at the RF power of 400W and an increased N2 flow rate ratio of 75% demonstrate a stronger tendency toward the preferred c-axis orientation and exhibit smoother morphologies. Hence, these films enhance the coupling factor when applied in FBAR devices. Moreover, it has been shown that increasing either the thickness of the AlN film or the intensity of the 400W RF power tends to promote a narrower FWHM.

An FBAR device fabricated under optimal AlN deposition parameters has demonstrated the k_{eff}^2 and the Q_{fx} were about 1.5% and 332, respectively. The present results suggest the potential to tune the resonance frequencies of FBAR devices by carefully controlling the thickness of the AlN layers during the fabrication process. For it is related both to the quality and the thickness of the AlN.

References

1. R.C. Ruby, P. Bradley, Y. Oshmyansky. et al., In: *IEEE Ultras. Sym.*, 813 (2001).
2. J.D. Larson III, SM, R.C. Ruby, P.D. Bradley. et al., In: *IEEE Ultra. Sym.*, 869 (2000).
3. R. Ruby, J.D. Larson. P. Bradley. et al., *IEEE Int. Solid State Circuits Conf.*, 120 (2001).
4. K.M. Lakin, J.S. Wang, G.R. Kline, et al., *Proc. 2001 IEEE Ultra. Sym.* **1**, 466 (2001).
5. K.M. Lakin, G.R. Kline, K.T. McCarron, *IEEE MIT-S Digest* 833 (1995).
6. S.M. Sze. *Semiconductor Devices Physics And Technology*, Wiley, New York (1985).
7. H.C. Lee, J.Y. Lee, *J. Mater. Sci, Mater. in Electrc.* **5**, 221 (1994).

一种降低 dds 杂散的设计方法

黄旭伟　吴玉成

重庆市沙坪坝区正街 174 重庆大学通信工程学院

电子邮件：hxw0713@163, wyc@ccee.cqu.edu.cn

论文分析了直接数字频率合成技术（DDS）的工作原理及其频谱特点，在此基础上提出了一种通过改进 DDS 结构的方法来抑制相位截断误差的设计方法，用 FPGA 对其进行实现，并给出 MATLAB 对设计方法进行仿真的结果。

关键词：直接数字频率合成技术，相位截断，杂散

A METHOD OF ELIMINATING SPUR　OF THE DDS

Xu-Wei HUANG, Yu-Cheng WU

College of Communication Engineering, ChongqingUniversity , Chongqing, Chongqing, China

E-mail: hxw0713@163.com, wyc@ccee.cqu.edu.cn

The paper presents the work principle and frequency spectrum of DDS. On the basis of these, the paper introduces a new DDS structure for eliminating spurs caused by phase truncation error, then introduce the design of FPGA and give the simulation results of the method using MATLAB software.

Keywords: DDS, phase truncation, spur

1. 引言

DDS 是从相位的概念出发进行频率合成，具有频率分辨率高、控制容易、稳定可靠、频率转换快、相位噪声小、频率转换时相位是连续的等优点，可有效克服传统直接频率合成（DS）方法体积大、成本高、杂散分量难以抑制的缺点，以及间接频率合成（IDS）方法频率转换时间长的缺点，在现代通信、雷达、航空航天、电子战、高精度测量系统等领域得到广泛应用[1]。

由于 DDS 存在杂散抑制比较差的缺点，杂散成为限制 DDS 应用的重要因素。国内外许多学者对次进行研究，提出了许多改善的措施，这些改善杂散的方法主要分为两大类一类是优化设计波形 ROM，最为典型的是文献[2,3]。Nicholas 等人提出的采用单象限波形存储结构和改进的 Sunderland 结构，存在改善的程度不明显，性价比较高等问题；另一类方法是利用随机化技术，来降低输出信号的杂散[4]。最为典型的是文献[5]。Wheatley 提出的抖动注入法，是在每次相位累加溢出之时，将一个随机整数加到相位累加器的寄存器值上，使的相位累加器的溢出随机地提前，破坏杂散的周期性，从而消除相位舍位引起的杂散，他是目前研究较多的改善 DDS 输出频谱重要方法。本文通过对 DDS 系统频谱分析，在 Wheatley 提出的抖动注入法基础上，进一步提出一种改善相位截断误差所引起杂散的 DDS 新结构，并对其进行仿真研究。

2. DDS 输出频谱分析

直接数字频率合成器（简称 DDS）的工作原理如图 1 所示， DDS 一般由四部分组成：相位累加器（PA）、相位-幅度转换表（ROM）、数字-模拟转换器（DAC）以及低通滤波器（LPF）。在参考时钟的控制下，相位累加器对频率控制字 F_{CW} 进行线性累加，得到的相位序列 $\varphi(n)$，作为取样地址码去寻址 ROM，周期性地读取 ROM 中的数据，得到一系列离散的幅度编码。该幅度编码经数/模转换器 DAC 变换后得到模拟的阶梯电压，再经低通滤波器 LPF 平滑后即得到所需的正弦信号。当输入时钟为 F_{CLK}，频率控制字为 F_{CW}，相位累加器位数为 L 时，DDS 的输出频率为

$$f_0 = \frac{F_{CW}}{2^L} F_{CLK} \tag{1}$$

当式(1)中，$F_{CW}=1$ 时，DDS 的最小分辨率为

$$f_{\min} = \frac{F_{CLK}}{2^L} \tag{2}$$

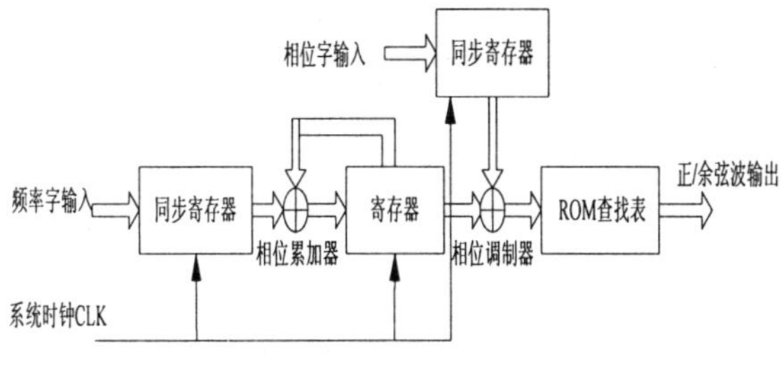

图 1. DDS 基本构成框图

DDS 杂散的来源主要有三个：（1）在实际的 DDS 应用中，为了取得极高的频率分辨率，常将相位累加的位数 L 取得很大，而只读存储器 ROM 的容量有限，为了压缩 ROM 的容量，常采用 L 位相加累加器的高 W 位来寻址 ROM 中的数据,并舍去低的 $B = L - W$ 位。由于将 L 位地址截为 W 位,从而产生了相位截断误差 $\varepsilon_P(n)$。（2） 由于 ROM 存储的是正弦值的量化值而非模拟值，而 ROM 数据线位数 D 是有限的，因而相位幅值量化过程将产生量化误差 $\varepsilon_T(n)$。（3） 由于 DAC 的非理想特性，在 DAC 的输出端引入杂散分量 $\varepsilon_{DA}(n)$。由此可得 DDS 的杂散来源模型，如图 2 所示[6]。由于 DDS 杂散的来源（幅度量化噪声、相位截断噪声、DAC 的非线性噪声）中，最重要的是相位截断噪声，所以对它的抑制是提高 DDS 性能的关键，本文是在假设不存在其它杂散来源的条件下，对此进行分析并提出改善杂散的措施。

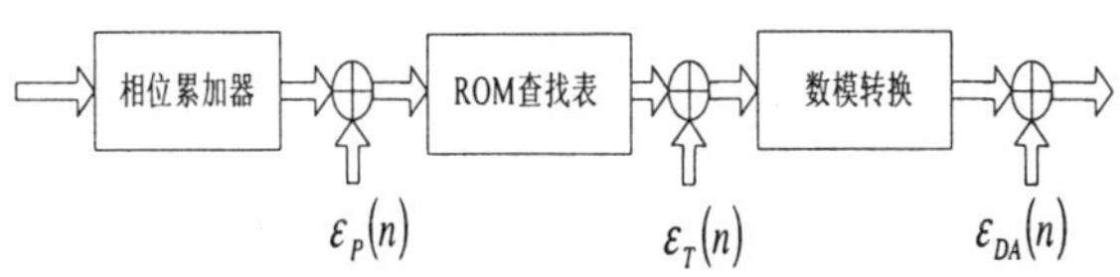

图 2. DDS 杂散来源模型

2.1. 相位截断误差分析

正如前文所述，相位截断位数是影响 DDS 杂散的最主要因素，当用 L 表示相位累加器的输出位数，频率控制字为 F_{CW}，时钟为 F_{CLK}，寻址 ROM 的地址线只取相位累加器输出地址线的高 W 位，及舍弃了低 $B = L - W$ 时，有：

$$S_t(n) = \sin\left(\frac{2\pi 2^B}{2^L} F\left[\frac{F_{CW}}{2^B} n\right]\right) \tag{3}$$

其中，算子 $F[x]$表示对作 x 不大于 x 的取整运算，上式也可表示为

$$S_t(n) = \sin\left(\frac{2\pi}{2^L}\left[F_{CW} n - \varepsilon_P(n)\right]\right) \tag{4}$$

其中，相位舍入误差 $\varepsilon_P(n)$ 为

$$\varepsilon_P(n) = F_{CW} n - 2^B F\left[\frac{F_{CW}}{2^B} n\right] = \langle nF_{cw}\rangle_{2^B} \tag{5}$$

上式中 $\langle nF_{CW}\rangle_{2^B}$ 是 nF_{CW} 对 2^B 取模运算，很显然，$S_t(n)$，$\varepsilon_P(n)$ 分别是以 $\frac{2^L}{(2^L, F_{CW})}$，$\frac{2^B}{(2^B, F_{CW})}$ 为周期的序列，(X,Y) 表示 X 和 Y 的最大公约数。由数字信号处理理论易知 $S_t(n)$，$\varepsilon_P(n)$ 的谱线以 F_{CLK} 为周期，在区间 $(0, F_{CLK}/2]$ 内 $\varepsilon_P(n)$ 的频谱由 $2^{B-1}/(F_{CLK}, 2^B)$ 根离散谱线所组成。$S_t(n)$ 的频谱由 $2^{L-1}/(F_{CLK}, 2^L)$ 根离散谱线所组成。在文献[2]中对 $\varepsilon_P(n)$ 有详细的数学分析，对 $\varepsilon_P(n)$ 作 Fourier 级数展开为

$$\varepsilon_P(n) = \sum_{K=1}^{A} \zeta_K e^{j2\pi K \frac{F_{CW}}{2^B} n} e^{j\rho(K,A)} \tag{6}$$

其中，$\zeta_K = \frac{2^B}{2A}\cos\left(\frac{K\pi}{2A}\right)$，$\rho(K,A) = -\cos\left(\frac{K\pi}{2A}\right)$，$A = \frac{2^{B-1}}{(2^B, F_{CW})}$。由于 $0 \le \varepsilon_P(n) \le 2^B$ 而实际中一般 $2^B \le 2^L$，也就是说 $\frac{\varepsilon_P(n)}{2^L} << 1$。所以，有

$$\cos\left(2\pi \frac{\varepsilon_P(n)}{2^L}\right) \approx 1 \tag{7a}$$

$$\sin\left(2\pi \frac{\varepsilon_P(n)}{2^L}\right) \approx 2\pi \frac{\varepsilon_P(n)}{2^L} \tag{7b}$$

可将式(6), (7)代入式(4)化简由前面的分析可知 $S_t(n)$ 以 $\frac{2^L}{(2^L, F_{CW})}$ 为周期，在 $(0, F_{CLK}/2]$ 内 ，$S_t(n)$ 的频谱 $\xi = \frac{2^{L-1}}{(2^L, F_{CW})}$ 根离散谱线组成。最多只有 $2\xi + 1$ 根谱线的幅度不为零，从而在 $(0, F_{CLK}/2]$ 内 $S(n)$ 的杂散分布为

$$F_{K\pm} = \frac{\langle KF_{CW} \cdot 2^{L-B} \pm F_{CW}\rangle_{2^{L-1}}}{2^L} \cdot F_{CLK} \tag{8}$$

其中，当 $K = 1, 2, \cdots, A$； $F_{K\pm}$ 的幅度为

$$\rho_K = \frac{\pi}{2^L}\zeta_K = \frac{\pi}{2^L}\frac{2^B}{2A}\csc\left(\frac{K\pi}{2A}\right) = \frac{\pi 2^{B-L}}{2A}\csc\left(\frac{K\pi}{2A}\right) \tag{9}$$

其主谱与最强杂散谱幅度之比为

$$\left(\frac{S}{S_{spour}}\right)dB = 20\lg\left[\frac{1}{2^{L-B}}\cdot S_a\left(\pi\frac{a}{\lambda}\right)\right] \ge 6(L-B)dB \tag{10}$$

式(9)中右边乘积项的值在[1，$\pi/2$]之间，可以忽略不计，则相位舍位引起的最大杂散幅度表达式：

$$\rho(dB) \approx 2\lg 2^{B-L} = 6.02(B-L) \tag{11}$$

图 3 是相位截断下的频谱图，参数分别为图(a) $L=24, W=10, B=14$;(b) $L=24, W=11, B=13$。对比两图可以看出舍位 B 每减少 1 位，能改善杂散约 6dB，这是上述分析的验证。本文采用的是基于 Wheatley 抖动注入法的 DDS 新结构，通过破坏 $\varepsilon_p(n)$ 的周期性，从而消除相位舍位引起的杂散，下面就对该方法进行介绍。

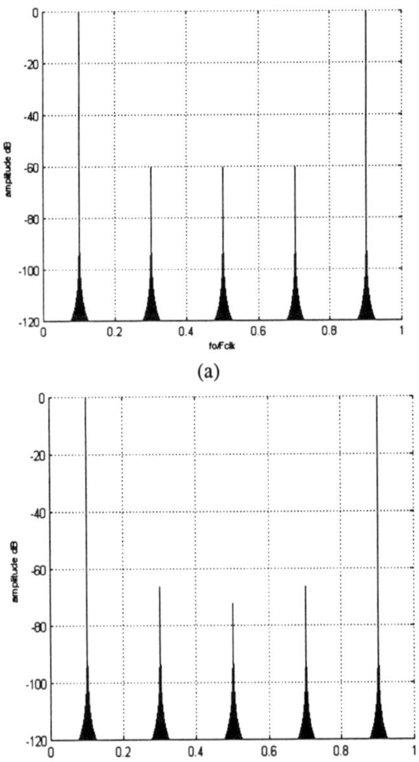

(a)

(b)

图 3. 相位截断下的频谱图

2.2. 改善 DDS 输出频谱的方法

由 DDS 的频谱分析可知，除非频率控制字是 2 的幂次方，否则由于相位累加器的位数有限，将产生 $K[(2^B, F_{CW})F_{CLK}/2^L]$ 的杂散，如果能够打破该周期性，那么就可以减少这种影响。本文介绍的基于 Wheatley 抖动注入法 DDS 新结构是在每一个时钟脉冲到来后,给相位累加器输出中，加入满足一定统计特性的扰动信号。通过破坏 $\varepsilon_p(n)$ 的周期性，从而使输出的杂散信号与有用信号的电平之比降低,最终达到改善DDS输出频谱特性的目的,图4为改进的DDS新结构

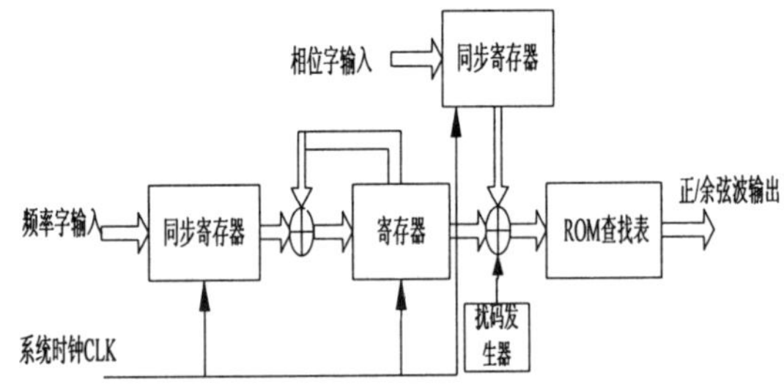

图 4. DDS 新结构

文献[6]得到有用信号电平与寄生信号电平之比为

$$\frac{S}{S_p} \approx \frac{\left(1-\Delta p^2/16\right)^2}{\left(\Delta p^2/16\right)^2} \approx \frac{256}{\Delta p^4} = 12.04(L-B) - 7.84dB \tag{12}$$

将式(11)与式(12)进行比较，可以得到如下结论：采用这种 DDS 新结构，可使杂散分量的抑制比从每相位 6dB 增加到每相位 12dB。

3. 仿真分析

本设计方案中 DDS 可分为四个模块：相位累加器、随机序列产生器模块、加法器模块和正（余）弦幅值存储器模块。相位累加器的设计我们采用 LPM 宏单元中的 LPM_ADD_SUB，扰码发生器用 LPM 宏单元

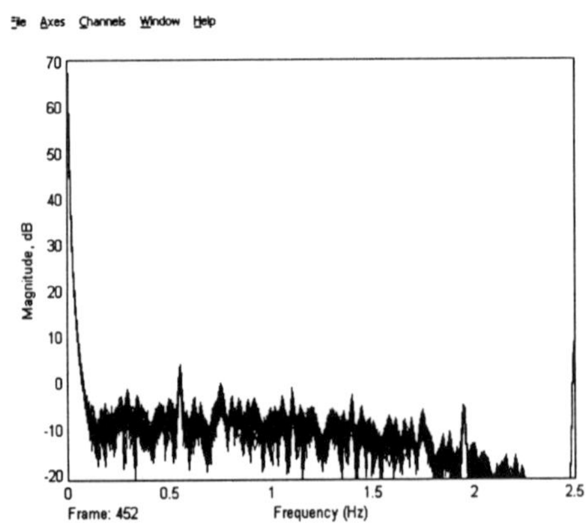

图 5. 未采用改进结构输出信号频谱

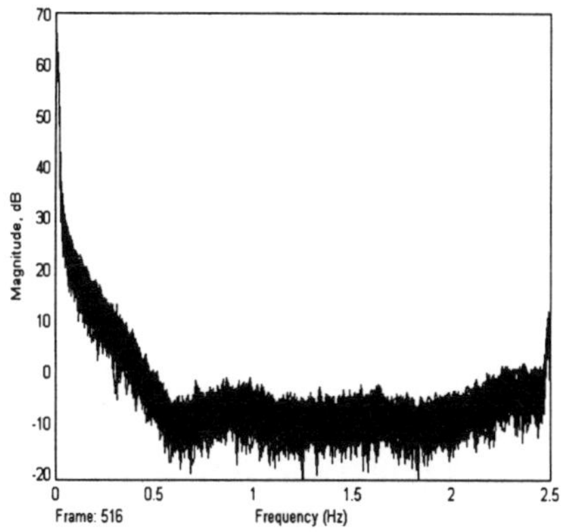

图 6. 采用改进结构输出信号频谱

中的 LPM_SHIFTREG，ROM 查找表在设计中分别由两个宏模块 LPM_ROM 构成,ROM 的初始化用 MATLAB 编程实现。加法器采用 LPM 宏单元库中的 LPM_ADD_SUB 完成两个 24 位数的相加。参数为：$N=24$ ，$F_{CLK}=100MHZ$，$F_{CW}=\ 0X199999$，幅度量位数 $D=10$。对 $W=10$ 时 DDS 输出信号频谱与采用改进结构的 DDS 输出信号频谱进行比较。采用改进结构后的 DDS 输出信号频谱底噪声大大增多了，如图 5 和图 6 所示，实验结果表明采用改进构后的 DDS 设计电路的输出频谱质量有很大改善。

致谢

此文工作得到了重庆自然科学基金（No. 2005BB 2194）的资助。论文写作过程中，与丁强、朱长根进行了有益的讨论，在此一并表示谢意。

References

1. J. Tierney, C.M. Rader, B. Gold, A digital frequency synthesizer, *IEEE Audio Electroacoust.* **AU-19**, 48 (1971).
2. H.T. Nicholas, H. Samueli, An analysis of the output spectrum of direct digital frequency synthesizers in the presence of phase-accumulator truncation, In: *Proc. 41st Annual Freq. Contr. Sym.*, 495 (1987).
3. H.T Nicholas, H. Samueli, B. Kim, The optimization of direct digital frequency synthesizer performance in the presence of finite word length effects, In: *42nd Annual Freq. Contr. Sym.*, 357 (1988).
4. J. Vankka, Methods of mapping from phase to sine amplitude in direct digital synthesis, In: *IEEE Proc. 50th AFCS*, 942 (1996).
5. C.E. Wheatley, Spurious suppression in direct digital synthesizers, In: *Proc. 35th Annual Freq. Contr. Sym.* **5**, 428 (1981).
6. M.J. Flanagan, G.A. Zimmerman, Spur-reduced digital sinusoid synthesizers, *IEEE Commun.* 43 (1995).

声子晶体器件声带隙性能的声固耦合分析

许震宇 章敏

200092 上海市四平路 1239 号同济大学航空航天与力学学院

电子邮件：xu_zy@mail.tongji.edu.cn

新型功能材料声子晶体具有声带隙性能，即处于声带隙频率范围内的振动或声波被禁止在声子晶体中传播。利用声子晶体的这一性能，可以制成隔音器件、精密机械的减震平台、滤波器等器件。本文设计了声波导中一维声子晶体结构的滤波器，对于这个有限尺寸的器件利用有限元软件 FEMLAB 对该结构的声带隙特性进行了声固耦合分析。结果表明，该结构对特定频率范围内的声波具有反射作用。

关键词：声子晶体，声带隙，声固耦合分析，FEMLAB

COUPLED ACOUSTIC-STRUCTURAL ANALYSIS OF THE BAND GAP OF A SONIC CRYSTAL APPARATUS

Zhen-Yu XU, Min ZHANG

School of Aerospace Engineering and Applied Mechanics, Tongji University, 1239, Siping Road, Shanghai, 200092,

E-mail: xu_zy@mail.tongji.edu.cn

The Sonic Crystals (Acoustic Crystal, Phononic Crystal), a new kind of functional material, have the property of Sonic Band Gap, that is, the sound or elastic waves whose frequency are in the band gap can't propagate through the material. Based upon the property and the others, plenty of apparatus can be designed, including the sound-proof structure, the vibrations absorbable platform, filters, and so on. In this paper, a Sonic Crystal filter is designed. For this finite size apparatus, the finite element software FEMLAB is used to calculate its band gap by means of acoustic - structural coupled analysis. The results show that, such a structure can reflect specific bands of sound waves.

Keywords: sonic crystals, sonic band gap, coupled acoustic-structural analysis, FEMLAB

1. 引言

与光子晶体类似，当声波或弹性波在周期弹性结构中传播时也存在带隙现象，可分别称该结构具有声带隙（Acoustic Band Gap, Sonic Band Gap） 或弹性波带隙（Elastic Wave Band Gap）性能。这种周期结构称为声子晶体（Sonic Crystal, Acoustic Crystal, Phononic Crystal），处于声带隙频率范围内的振动或声波被禁止在该声子晶体中传播。声子晶体这种新型的功能材料将在无源隔音、精密机械平台减振、声波及振动滤波器等方面得到广泛的应用[1]。而对声子晶体各种特性的研究，也将会对固体物理学、材料科学、声学等领域产生深刻的影响。

对于液固两相声子晶体，为了简化计算，一般都将固体看成是刚性的[2]。但是，本质上这是一个声固耦合问题，所以在计算液固型声子晶体的声带隙性能时需要考虑固体的弹性[3]。对声子晶体声带隙性能的理论研究方法主要包括平面波展开法、传输矩阵法、时域有限差分法、多重散射法、有限元法等方法[4]。这些方法各有自己的适用范围。例如，平面波展开法在处理声固耦合问题时，很难得到收敛的结果；多重散射法只能计算球形散射体结构的带隙性能；而时域有限差分法和有限元法具有更广泛的适用性[5]。FEMLAB 是一个专业有限元数值分析软件包，是对基于偏微分方程的科学和工程问题进行建模和仿真计算的交互开发环境，可以处理任意数目的耦合问题。FEMLAB 对于所有科学和工程领域内物理过程的建模和仿真提供了一个崭新的技术[6]。

本文设计了声波导中的一维声子晶体结构的滤波器，对于这个有限尺寸的器件，利用 Femlab 软件对该结构的声带隙特性进行了声固耦合分析。

2. 一维声子晶体滤波器的结构及声带隙性能计算

如图 1 所示，白色部分为空气，上下边是管道壁，左右边是声波的入口和出口。十个弹性方板周期排列在管道中。可以将弹性体部分的结构分析视为平面应变问题，以减小计算规模。

图 1. 声波导中的一维声子晶体结构

这里，弹性体的厚度为 20 毫米，高 200 毫米，间隔 20 毫米。

谐声波在空气中的传播规律满足频域的 Helmholtz 方程

$$\nabla\left(-\frac{\nabla p}{\rho_0}+\mathbf{q}\right)=\frac{\omega^2 p}{\rho_0 c^2} \tag{1}$$

其中，p 是谐波的空间部分，$\mathbf{q}$ 是可选的偶极子辐射源，ρ_0 是空气密度，ω 是角频率，c 是声速。

在弹性体里应用频响分析。在 Femlab 中，在界面处需要设置耦合边界条件，声压作为弹性体的外载荷

$$\mathbf{F}=-\mathbf{n}_\mathbf{s} p \tag{2}$$

其中，$\mathbf{n}_\mathbf{s}$ 是法向向量。弹性体的位移作为加速度边界条件施加在声场上

$$a_n=(\mathbf{n}_\mathbf{a}\mathbf{u})\omega^2 \tag{3}$$

3. 结果与分析

3.1. 无缺陷结构

平面声波从左侧边界传入，经过弹性体的周期性反射和散射，在管道右侧的出口处形成图 2 所示的透射频谱。

由图 2 可见，在 415Hz、1240Hz 和 2050Hz 附近存在明显的带隙，即这些频率附近的声波无法穿过声子晶体。图 3 显示了 500Hz 入射声波造成的压力分布等高线图。可见，此时只在入口处有较大的压力梯度分布，而在出口附近，压力均为零，这也就意味着此时声波没有传播过声子晶体结构。

进一步对比图 4 和图 5 不同频率时弹性体的变形和 von-Mises 应力分布，也可以明显看出频率处于声带隙内和之外的声波所导致的弹性体位移和应力有明显的不同。

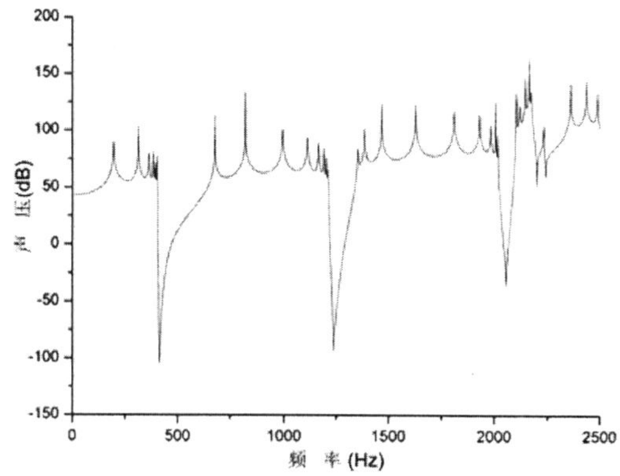

图 2. 透射频谱

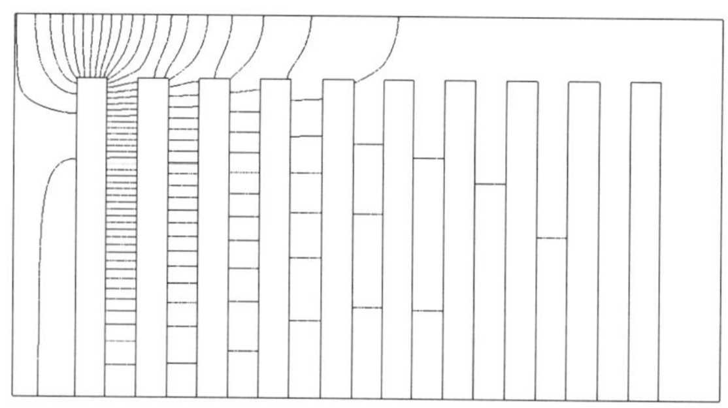

图 3. 500Hz 时空气中的压力分布等高线图

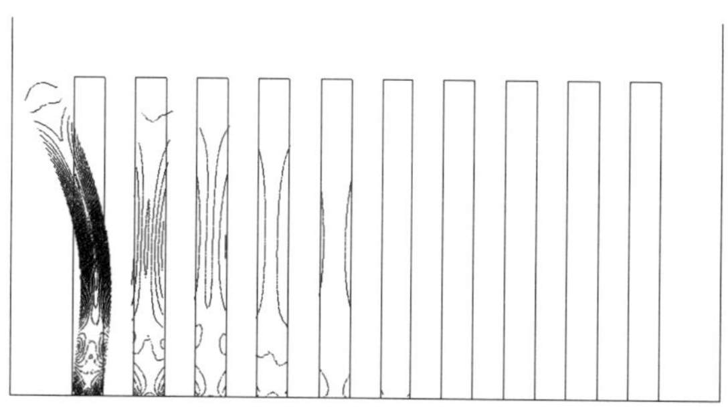

图 4. 500Hz 的变形和 von-Mises 应力分布等高线图

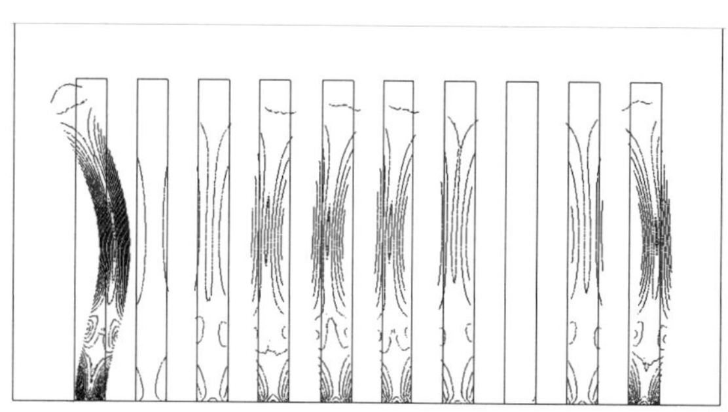

图 5. 800Hz 的变形和 von-Mises 应力分布等高线图

3.2. 含缺陷结构

如果结构中存在缺陷，例如某处的结构或者材料的周期性遭到破坏，那么将较显著地改变原来的带隙特性，例如在原来的禁带中产生极窄（甚至是单频）的通带。利用含缺陷结构的这一属性，可以制成窄带滤波器。

如果图 1 所示的结构，中间某层弹性体的厚度增大，这样会对其高频传播特性造成影响，例如会有 2050 Hz 附近有频率极窄的通过带（见图 6）。

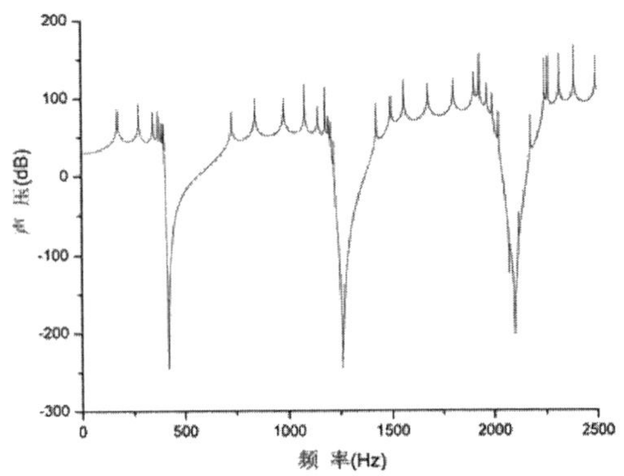

图 6. 含缺陷结构及其透射频谱

4. 结论

本文所设计、计算的声子晶体结构对特定频率范围内的声波具有反射作用。根据本文的工作，可以设计有限尺寸的声学器件，对该器件的声带隙特性进行分析，并且还可以进行应力分析。

进一步的工作包括，设计其它声子晶体结构，并考察初始应力等因素对声子晶体结构的声带隙等性能的影响。

致谢

此文工作得到了国家自然科学基金（No. 10672123）的资助。

参考文献

1. 赵宏刚，韩小云，温激鸿等，新型声学功能材料—声子晶体，材料科学与工程学报 **21**，153 (2003).
2. J.V. Sanchez-Perez, D. Caballero, R. Martinez-Sala et al., Sound attenuation by a two-dimensional array of rigid cylinders, *Phy. Rev. Lett.* **80**, 5325 (1998).
3. M.S. Kushwaha, P. Halevi, G. Martinez, Theory of acoustic band structure of periodic elastic composite, *Phy. Rev. B*, **49**, 2313 (1994).
4. 齐共金，杨盛良，赵恂，新型功能材料—声子晶体，物理 **31**, 568 (2002).
5. D. Garcia-Pablos, M.M. Sigalas, N. Gacia, Theory and experiments on elastic band gaps, *Phy. Rev. Lett.* **84**, 4349 (2000).
6. http://www.comsol.com/, http://www.cntech.com.cn/comsol/

PHONON FOCUSING IN ANISOTROPIC PIEZOELECTRIC MATERIALS

Ying LIU

Institute of Mechanics, Beijing Jiaotong University
Beijing, 100044, P.R. China

Ling-Tian GAO

Department of Mechanical Engineering, Tsinghua University
Beijing, 100871, P.R. China

Xin-Chun ZHANG

Institute of Mechanics, Beijing Jiaotong University
Beijing, 100044, P.R. China

The tri-dimensional acoustic wave propagation in general anisotropic piezoelectric crystals is analyzed by adopting generalized characteristic theory. The characteristic differential equations and compatible relations along bicharacteristics are deduced. Instead of degenerated to 2D plane and using Umov-Poynting vector or ray method, the explicit expressions for phonons along an arbitrary direction in general anisotropic piezoelectric solids are obtained through the characteristic relations. The focusing patterns in piezoelectric crystals with different symmetry are discussed with the purpose to disclose the evolution rules of phonon focusing along with the increase of the material anisotropy.

Keywords: energy velocity, piezoelectric, anisotropy, phonon focusing

1. Introduction

Increasingly wide applications for piezoelectric materials in modern technologies motivate the interesting in the investigation of wave propagation through the piezoelectric components. Though a great variety of theoretical and numerical studies have been carried out from different view points and by using variant methods [1-3], the thorough understanding of some basic characteristic of stress waves in general anisotropic piezoelectric materials, such as the characteristic of energy velocities, which describes the energy flow and plays a central role in the interpretation of a wide range of wave phenomena, has not been reached.

Buchwald and Davis [4] studied the surface waves in anisotropic elastic media and discussed the singularities on the wave surfaces. Payton and Stewart [5] fully analyzed the cusps on the wave fronts in transversely isotropic solids and classified them into five classes. Wolfe [6] gave the phonons imagines. These theoretic analysis results imply that in anisotropic materials, there may be caustics on the energy velocity surface of the two quasi-transverse waves, and the energy intensity falls off slowly in the caustic direction. However, almost all of the studies are restricted the propagation in anisotropic materials to a fixed plane (symmetry or arbitrary plane) and hence the problem is degenerated to a 2D problem. In fact, the wave propagation in an anisotropic medium is a three-dimensional phenomenon. The degenerated situation, especially for waves in a symmetry plane, cannot fully disclose the abundant characteristic of energy velocity propagation in neighboring directions, particularly near the singularity directions [7]. As a result, though a lot of research works have been carried out to grasp the basic characteristics of the energy propagation, the thorough understanding of the singularities that caused by anisotropy of the materials have not been reached.

The present work suggests an analytical method with explicit geometrical and physical meaning to discuss the propagation characteristic of energy flux along a general direction in anisotropic piezoelectric solids. The characteristic differential equations and compatible relations along bicharacteristics are deduced, and the geometrical distinct patterns of singularities on the surface of energy velocity in 3D space are identified.

2. Solution of the problems

For linear and generally anisotropic piezoelectric solids, the governing equations in the absence of free electric charge or body forces in a fixed rectangular coordinate system may be expressed as [1]

$$\sigma_{ij,j} = \rho v_{i,t}, \quad D_{i,i} = 0, \tag{1}$$

where ρ is the density of the piezoelectric solids, v_i the velocity components in the direction i, σ_{ij} and D_i the stress and electric displacement components, respectively. Repeated indices imply summation, a comma before an index stands for partial derivative with respect to the space variable x_i, and a t following a comma the partial derivative with respect to the time. The constitutive equations for anisotropic piezoelectric solids are given as

$$\sigma_{ij,t} = C_{ijkl} v_{k,l} - e_{kij} B_{,k}, \quad D_{i,t} = e_{ikl} v_{k,l} + \kappa_{ik} B_{,k} \tag{2}$$

where $B_{,k} = -\phi_{,kt}$, ϕ the electric potential. C_{ijkl}, e_{ijk} and κ_{ik} are the elastic module (measured in a constant electric field), piezoelectric coefficients (measured at a constant strain or electric field) and dielectric constants (measured at a constant strain), respectively.

Let the characteristic surface in the $(\mathbf{x}, t)$ space be given as [8]

$$\chi = t - \tau(\mathbf{x}), \tag{3}$$

where τ is a function of $\mathbf{x}$ with $\mathbf{x} = \{x, y, z\}$. Assume $\bar{f}$ be the value of the function $f(\mathbf{x}, t)$ evaluated on the characteristic surface $t = \tau(\mathbf{x})$, that is,

$$\bar{f}(\mathbf{x}, t) = f(\mathbf{x}, \tau(\mathbf{x})). \tag{4}$$

We then have

$$\bar{f}_{,i} = f_{,i} + f_{,t}\tau_{,i}, \tag{5}$$

where $f_{,i}$ and $f_{,t}$ on the right-hand side of Eq. (5) are evaluated on the characteristic surface after taking the partial differentiations. By applying Eq. (5) to σ_{ij} and D_i in Eqs. (1) and (2), and eliminating $\sigma_{ij,t}$ and $D_{i,t}$, we have

$$(\hat{M}_{ik} - \rho\delta_{ik}) v_{k,t} = \hat{A}_i, \tag{6}$$

where

$$\hat{M}_{ik} = C_{ijkl}\tau_{,j}\tau_{,l} + \frac{E_i E_k}{K},$$

$$\hat{A}_i = (C_{ijkl}\tau_{,j} + \frac{E_i E_k}{K\tau_{,l}})\bar{v}_{k,l} - \bar{\sigma}_{ij,j} - \frac{E_i}{K}\bar{D}_{k,k},$$

with $E_i = e_{ijr}\tau_{,j}\tau_{,r}$, $E_k = e_{mkn}\tau_{,m}\tau_{,n}$, $K = \kappa_{pq}\tau_{,p}\tau_{,q}$.

In order to obtain the non-trivial solution of v_k, the determinant of the coefficient matrix in Eq. (6) must be zero. So the characteristic surface $\tau(\mathbf{x})$ is determined as

$$|Q_{ik}| = |\hat{M}_{ik} - \rho\delta_{ik}| = 0. \tag{7}$$

At a fixed time t, let $\mathbf{n}(\mathbf{x})$ be the unit normal vector to the characteristic surface in the $\mathbf{x}$-space pointing toward the propagation direction of the characteristic surface and c the normal wave phase speed. Then

$$\tau_{,i} = n_i / c. \tag{8}$$

Substitution of Eq. (8) into Eq. (7) yields the characteristic equation for wave phase velocities c, i.e.

$$\left| C_{ijkl} n_j n_l + \frac{E'_i E'_k}{K'} - \rho c^2 \delta_{ik} \right| = 0, \tag{9}$$

where $E'_i = e_{ijr} n_j n_r$, $E'_k = e_{mkn} n_m n_n$, $K' = \kappa_{pq} n_p n_q$. For elastic piezoelectric solids, the elastic module matrix is positive. Thus, for a given $\mathbf{n}$, the solutions of Eq. (9) are positive, which corresponds to three positive velocities in general anisotropic piezoelectric solids. Because their polarizations may not be along the dynamic axes, they are known as quasi-longitudinal wave and quasi-transverse waves, which are marked as QL, QS1and QS2, respectively.

Since the characteristic curves obtained by Eq. (9) are the bicharacteristics of Eqs. (1), we get [9]

$$b_p = \frac{dx_p}{dt} = \frac{(\partial Q / \partial \tau_{,p})}{\tau_{,k}(\partial Q / \partial \tau_{,k})}, \tag{10}$$

where b_p is the wave velocity measured along the bicharacteristic direction. According to every b_p, we can find the corresponding left eigenvectors $\mathbf{L}$ of $\mathbf{Q}$, that is

$$l_i Q_{ik} = l_i(\hat{M}_{ik} - \rho\delta_{ik}) = 0. \tag{11}$$

When Eqs. (6) are multiplied by $\mathbf{L}$, following Eqs. (11) we have

$$l_i[(C_{ijkl}\tau_{,j} + \frac{E_i E_k}{K\tau_{,l}})\bar{v}_{k,l} - \bar{\sigma}_{ij,j} - \frac{E_i}{K}\bar{D}_{k,k}] = 0. \tag{12}$$

Because $\bar{\sigma}_{ij}$, $\bar{v}_k$ and $\bar{p}$ are the values of σ_{ij}, v_k and p evaluated on the characteristic surface, Eq. (12) is just the 'interior differential equation' on the characteristic surface.

Along the bicharacteristics, the total differentiation of the function $f(\mathbf{x}, t)$ is define by

$$\frac{df}{dt}=f_{,j}\frac{dx_j}{dt}+f_{,t}=f_{,j}b_{,j}+f_{,t}\cdot \tag{13}$$

Elimination of $f_{,t}$ between Eq. (5) and Eq. (13) yields

$$\bar{f}_{,i}=\frac{df}{dt}\tau_{,i}+(\delta_{ij}-\tau_{,i}b_{,j})f_{,j}\cdot \tag{14}$$

Therefore, using Eqs. (6), (8) and (10), Eq. (12) can be rewritten as

$$l_i(\frac{d\sigma_{ij}}{dt}n_j-\rho c\delta_{ik}\frac{dv_k}{dt}+\frac{E_i}{K}\frac{dD_k}{dt}n_k)=-\Gamma, \tag{15a}$$

where

$$\Gamma=l_i[(C_{ijkl}n_j+\frac{E_iE_k}{Kn_l}n_j-\rho c\delta_{ik}b_l)v_{k,l} \tag{15b}$$
$$-(\delta_{jk}-n_jb_k)\sigma_{ij,k}-\frac{E_i}{K}(\delta_{kl}-n_kb_l)D_{k,l}].$$

The left-hand side of Eq. (15a) contains differentiations along the bicharacteristics while the right-hand side contains differentiations on the part of characteristic surface, which intersects the plane *t=constant*. Eqs. (15) are the desired compatibility relations along bicharacteristics and the base for a finite-difference approximation.

Slowness surface is important in the treatment of diverse problems such as the propagation of surface acoustic waves, sound reflection/transmission. The slowness surface **S** is defined as

$$\mathbf{S}=\mathbf{n}(\mathbf{x})/c, \tag{16}$$

and the projections of the coordinates of points on slowness surface to the axis x_i are

$$S_i=n_i/c=\tau_{,i}, \tag{17}$$

where $\tau_{,i}$ are the solutions of Eq. (7). Substitution S_i for $\tau_{,i}$ in Eq. (7), the characteristic equations for slowness surface in general anisotropic piezoelectric solids are expressed as

$$F=|C_{ijkl}s_js_l+\frac{E_i''E_k''}{K''}-\rho\delta_{ik}|=0, \tag{18}$$

where $E_i''=e_{ijr}S_jS_r$, $E_k''=e_{mkn}S_mS_n$, $K''=\kappa_{pq}S_pS_q$.

Energy velocity surface is another important surface in wave description. Different from the situation in isotropic materials, anisotropy causes the non-homogenous propagation of the energy velocity. Recently, singularities on energy velocity surfaces have been observed experimentally with laser generalized ultrasonic surface waves, and the research indicts that along the caustic directions, the energy attenuates more slowly than usual directions. Thus, classification of the singularities in general anisotropic piezoelectric materials has significant meaning.

The energy velocity surface and slowness surface is polar reciprocal and they satisfy

$$\mathbf{V}\cdot\mathbf{S}=1\cdot \tag{19}$$

Since the slowness vector has been obtained through Eq. (18), the energy velocity vector **V** then could be determined by the direction and the module of the slowness vector **S.** It is seen that Eq. (7) is the one order partial differential equation of variable τ. The differential equations of Eq. (7) along bicharacteristics are

$$\frac{dx_i}{ds}=\frac{\partial F}{\partial\tau_{,i}},\ \frac{d\tau}{ds}=\tau_{,i}\frac{\partial F}{\partial\tau_{,i}},\ \frac{d\tau_{,i}}{ds}=-(\tau_{,i}\frac{\partial F}{\partial\tau}+\frac{\partial F}{\partial x_i}). \tag{20}$$

In Eq. (20), the direction of vector $\partial F/\partial\tau_{,i}$ is the normal direction of the surface F=0, that is, the normal direction of the slowness surface **S**. Referencing to Eq. (19), it is just the direction of vector **V**. Moreover, along bicharacteristics, $t=\tau(\bar{\mathbf{x}})$, so we have

$$V_i=\frac{dx_i}{dt}=\frac{dx_i}{d\tau}=\frac{dx_i}{ds}/\frac{d\tau}{ds}, \tag{21}$$

where V_i is the velocity for wave fronts along the direction *i*. Substitution Eqs. (20) into (21) leads to the expressions for the energy velocity in general anisotropic piezoelectric solid materials

$$V_i=\frac{\partial F}{\partial\tau_{,i}}/(\tau_{,j}\frac{\partial F}{\partial\tau_{,j}})\cdot \tag{22}$$

Eq. (21) shows that the energy velocity propagates along the bicharacteristic direction. The angles for energy velocity vector with the axes X and Z in Cartesian coordinate, indicated in Fig. 1, is determined as

$$\theta_w = \tan^{-1}\left(\frac{V_x}{V_y}\right), \quad \varphi_w = \tan^{-1}\left(\frac{\sqrt{V_x^2+V_y^2}}{V_z}\right). \tag{23}$$

Combination with Eq. (8), we have

$$V = \left|\frac{\partial F}{\partial \tau_{,i}}\right| / \left(|\tau_{,j}| \cdot \left|\frac{\partial F}{\partial \tau_{,j}}\right| \cos\psi\right) = c / \cos\psi, \tag{24}$$

where ψ is the angle between the wave propagation direction and the wave front vector. Eq. (24) means that the wave phase velocity is equal to the projection of the energy velocity vector onto the propagation direction.

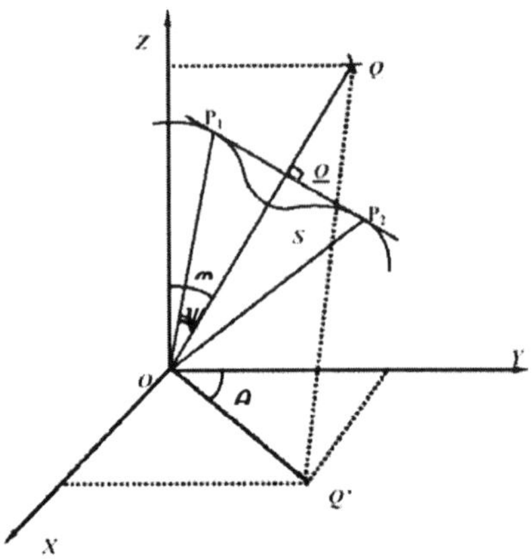

Figure 1. The diagrammatic sketch for the relation between the slowness vector and the energy velocity vector.

3. Numerical discussion

In this section, in order to show the complex characteristic of energy flux focusing caused by anisotropy of the materials, the characteristic of slowness surface and energy velocity of several usual piezoelectric materials in tri-dimensional space are discussed according to Eqs. (18) and (22), which have been given in the section 2. The material parameters are given in table 1. The densities are: PZT-5H 7.5 kg/m^3; ZnO 5.68 kg/m^3; $Li_2SO_4.H_2O$ 2.052 kg/m^3.

Figures 2 and 3 show the slowness surfaces and energy velocity surfaces for PZT-5H and ZnO, respectively, which are all hexagonal crystals with different material parameters. In latitude plane (the iso-plane, the plane parallel to plane *XOY*), the slowness surfaces and the energy velocity surfaces are all circles with the same properties as those in cubic crystals (the detailed discussion please refers to the Ref. (10). But as shown in Figs. 2(a) and 3(a), in longitudinal plane (the aniso-plane, the plane containing axis *Z* and vertical to plane *XOY*), they display different characteristics. They are no longer circles, but change with the propagation directions, and along certain directions, concave parts appear on the slowness surfaces for the transverse waves. Correspondingly, cusps appear on the energy velocity surfaces, which are marked as I in Fig. 2(b) and 3(b) and have been fully discussed[8]. Comparison between Figs. 2(b) and 3(b) shows that the cusps may appear on the energy velocity surfaces in aniso-planes of one or both of the transverse waves of hexagonal crystals. The sizes and position of the cusps are changed with respect to the material properties. Comparison between Figs. 2(a) and 2(b), 3(a) and 3(b) show that the concave sections on the slowness surfaces correspond to the cusps on the wave fronts. This could be explained according to Fig. 1. Point P_1 is on the slowness curve **S**. In order to determination the corresponding point on the

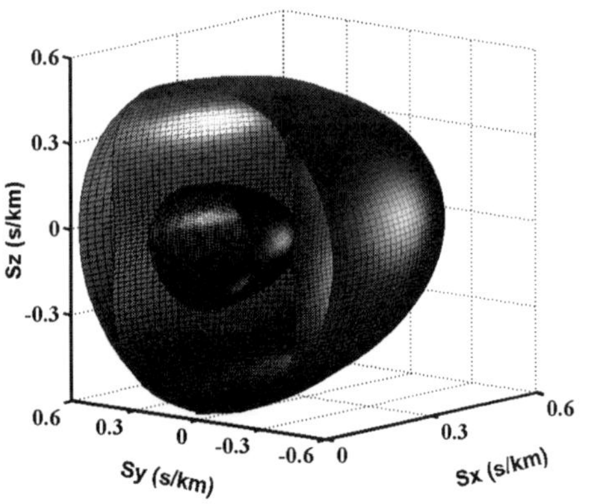

Figure 2(a). Slowness surfaces for waves QL, QS1 and QS2 in PZT-5H ceramics

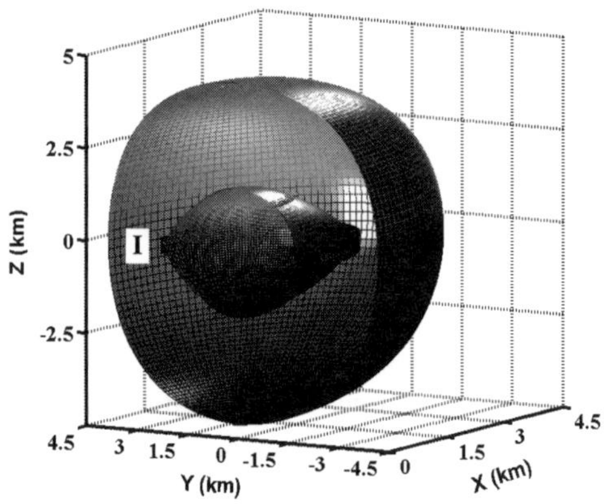

Figure 2(b). Energy velocity surfaces for waves QL, QS1 and QS2 in PZT-5H ceramics

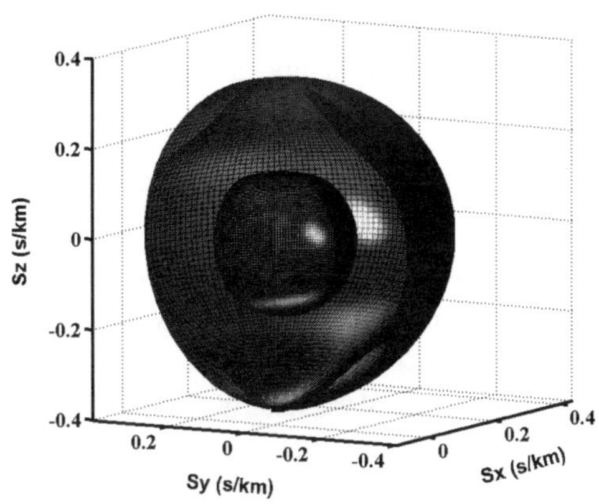

Figure 3(a). Slowness surfaces for waves QL, QS1 and QS2 in ZnO

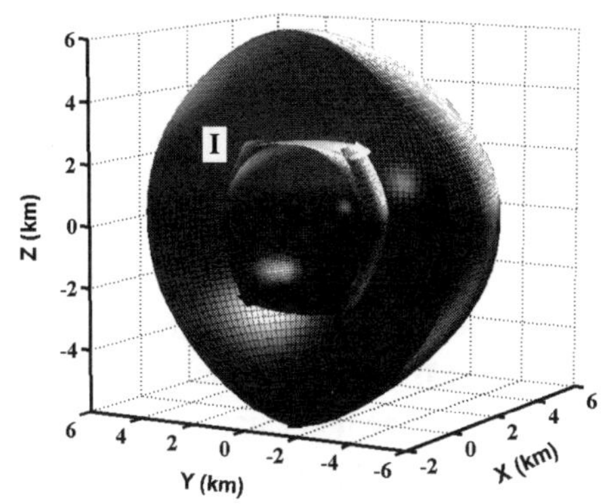

Figure 3(b). Energy velocity surfaces for waves QL, QS1 and QS2 in ZnO

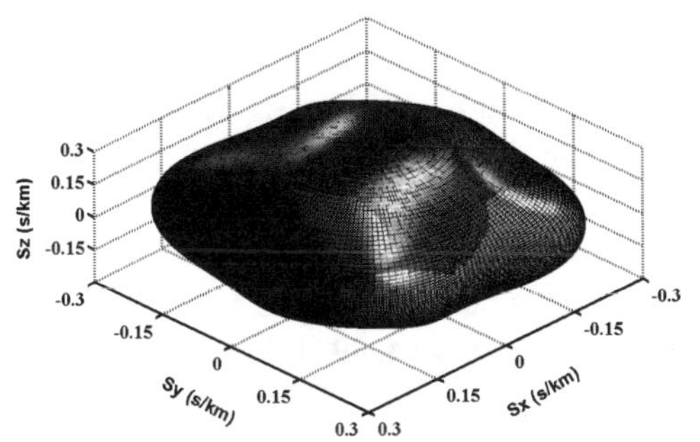

Figure 4(a). Slowness surface for wave QS1 in $Li_2SO_4 \cdot H_2O$

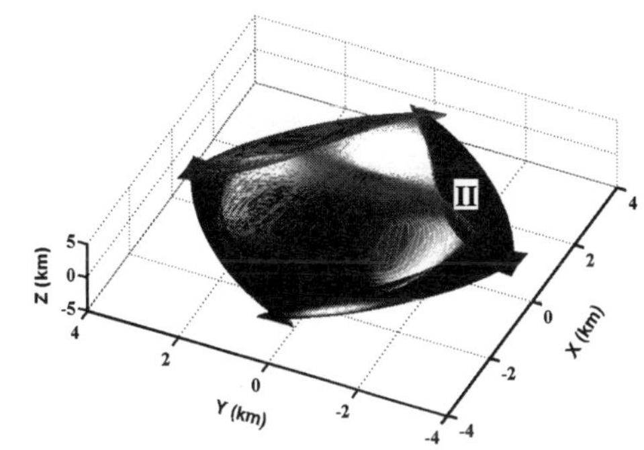

Figure 4(b). Energy velocity surface for wave QS1 in $Li_2SO_4 \cdot H_2O$

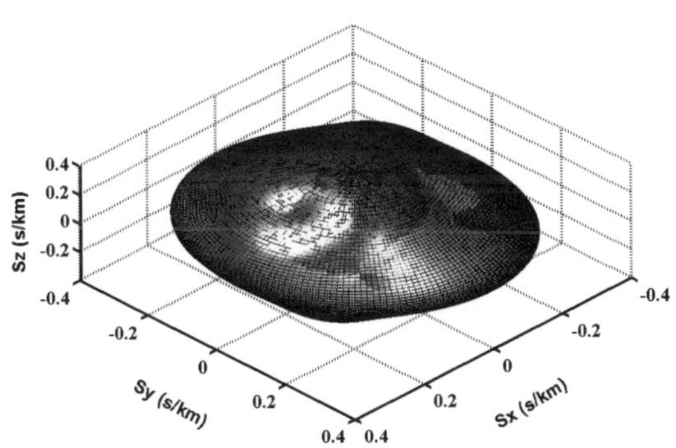

Figure 5(a). Slowness surface for wave QS2 in $Li_2SO_4 \cdot H_2O$

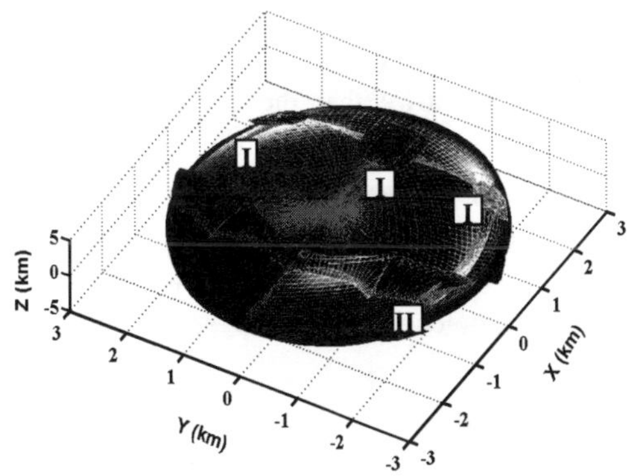

Figure 5(b). Energy velocity surface for wave QS2 in $Li_2SO_4 \cdot H_2O$

energy velocity surface, the tangent line of the curve **S**, line $P_1\underline{Q}$, is drawn. By drawing the vertical line, $O\underline{Q}$, to the line $P_1\underline{Q}$, and extending it to the inverse magnitude of line $O\underline{Q}$, the corresponding point Q on the fronts is determined. However, if line P_1P_2 is the bitangent line of the curve **S**, point P_1 and P_2 would correspond to the same point, point $\underline{Q}$, on the wave front, and then the cusp forms.

That is, the existence condition for the bitangent line of slowness curve is the existence condition for the cusps.

Figures 4 and 5 display the propagation characterristic of energy flux in $Li_2SO_4 \cdot H_2O$, a monoclinic crystal. The surfaces in the whole tri-dimensional space are given. It could be seen that the slowness surfaces for two quasi-transverse waves show great directional dependence, especially for their energy velocity surfaces, the changes are more excessive, and fantastic phenomenon appears. Different kinds of singularities appear simultaneously on different directions, shown as figure 5(b), which are marked as section I, III, IV and V. Even with only one kind of singularity, shown in figure 4(b), marked as section II, the position and sizes change sensitively with the propagation direction and intercross in the space. Figure 6 shows the details of the focusing patterns. Section II is the fold singularity. Section III is the swallowtail singularity combined with the fold singularity. The section IV is butterfly singularity and section V is the inner conical refraction. It is seen that increase of the material anisotropy causes complicated focusing patterns. For material with hexagonal symmetry, the primary energy flow directions are concentrated on the directions [100] and [111]. But for materials with low symmetry, except for the symmetry directions, the energy predominate propagation directions rely on the material parameters and higher singularities may appear.

4. Summary

Summarizing the results above, we assert that generalized characteristic theory is an effective tool in the analysis of elastic waves propagation in anisotropic piezoelectric materials. The energy flux propagates along the bicharacteristics. Tri-dimensional plots of energy velocity shows that the primary energy flow directions is along the symmetry directions, and higher singularities may appear along with the increase of the anisotropy of the materials. This supplies a better understanding of the energy flow through the anisotropic piezoelectric materials.

Acknowledgments

The authors gratefully acknowledge the financial support of the National Natural Science Foundation of China (Nos. 10302002, 10672018).

References

1. J.L. Bleustein, A new surface wave for piezoelectric materials, *Appl. Phys. Lett.* **13**, 412 (1968).
2. Q. Wang, V.K. Varadan, Wave propagation in piezoelectric coupled plates by use of interdigital transducer Part 1. Dispersion characteristics, *Int. J. Solids Struct.* **39**, 1119 (2002).
3. Q. Wang, V.K. Varadan, Wave propagation in piezoelectric coupled plates by use of interdigital transducer, Part 2: Wave excitation by interdigital transducer, *Int. J. Solids Struct.* **39**, 1131 (2002).
4. V.T. Buchwald, A. Davis, Surface waves in anisotropic elastic media, *Nature* **191**, 899 (1961).
5. T. Poston, I. Stewart, *Catastrophe Theory and its Applications*, Pitman, London (1978).
6. J.P. Wolfe, Acoustic wave front imaging, *Annaler der Physik (keipzig)* **4**, 99 (1995).
7. S. Crampin, M. Yedlin, Shear-wave singularities of wave propagation in anisotropic media, *J. Geophys.* **49**, 43 (1981).
8. T.C.T. Ting, Characteristic forms of differential equations for wave propagation in nonlinear media, *J. Appl. Mech.* **48**, 743 (1981).
9. R. Courant, D. Hilbert, *Methods of Mathematical Physics*, Wiley-Interscience, New York (1962).
10. Y. Liu, K. Liu, Characteristic analysis for stress wave propagation in transversely isotropic fluid-saturated porous media, *Appl. Math. Mech.* **25**, 577 (2004).

利用微制造超声装置进行微粒分离

杨慧 孙宏明 张翊 郭航*
厦门大学萨本栋微机电研究中心
电子邮件：hangguo@xmu.edu.cn

本文提出了一种新的基于芯片的用于分离微纳米级颗粒的 MEMS 超声分离装置。在这种装置中，采用 MEMS 技术在硅基上制造出氮化硅薄膜结构，将一对 PZT-4 薄片粘结在硅基上作为驱动器。由于能量耦合效应，在 PZT-4 的驱动下，氮化硅薄膜受激振动产生超声驻波场，利用超声驻波场中产生的声学辐射力分离生物颗粒或其它微粒。文中对微纳米颗粒的超声分离进行了理论分析，描述了能够实现分离的微装置的的具体构造，完成了 MEMS 超声分离装置的微制造过程。在此基础上采用有限元方法对超声分离装置的特性进行了分析，给出了装置的结构振型及响应情况，并对微纳米颗粒的分离效果进行了研究。

关键词： MEMS，超声分离，微纳米颗粒，有限元方法

PARTICLES SEPARATION USING MICROMACHINED ULTRASONIC DEVECE

Hui YANG, Hong-Ming SUN, Yi ZHANG, Hang GUO
Pen-Tung Sah MEMS Research Center, Xiamen University, Xiamen, Fujian, P.R.China
E-mail:hangguo@xmu.edu.cn

In this paper, a new microdevice for on-chip separation of microparticles is presented, in which a micromachined silicon nitride membrane structure is bonded with a glass substrate and then PZT-4 plates are bonded to the silicon and glass substrates to excite the microdevice into vibration. Due to the energy coupling, silicon nitride membranes are excited into vibration as well, generating an ultrasonic standing wave field below the membranes, for which we can use it to separate microparticles within the fluids. In the paper, we start from the radiation force analysis and then design and fabricate the practical microdevice, and use finite element method in ANSYS to obtain its normal mode shapes and frequency response. In the end, the separation performance of micro and/or nano particles is calculated and analyzed.

Keywords: MEMS, ultrasonic separation, micro/nano particles, finite element method

1. 引言

生物芯片技术是当前科学技术研究的前沿之一，其主要由有两部分组成：生物微粒分离及生物微粒检测。对生物微粒，诸如 DNA、蛋白质、细胞等，进行分析、测试及提纯等相关技术中，第一步就是要将生物颗粒从其所在介质中分离出来，因此，一种高效的、无污染的分离方法是十分关键的。现有的对微纳米级颗粒进行分离的方法主要分为两大类：接触式分离方法和非接触式分离方法。其中，接触式分离方法在其操作过程中具有不连续性，或者在操作过程中需要加入其他材料，可能影响被分离物的特性；与之相比，非接触式的分离方法更为有利，因为它们不需要消耗其他材料，不会在分离过程中产生不可避免的污染，因此，在这种方法中就可以实现连续操作，更进一步说，非接触式方法可以保证微粒的活性并使微粒仍处于悬浮状态以保证后来的使用。目前应用最为广泛的非接触式分离方法为电泳方法，在这种方法中，至少要对工作电极施加百伏以上的电压，在此强电场中进行微粒分离，可能对生物颗粒的特性造成影响。而与电泳分离或磁分离等其他的非接触式分离方法相比，超声分离只需颗粒的密度和可压缩率必须不同于其周围介质的密度和可压缩率，这一特性使得超声分离方法可以用于分离非电性或非磁性微粒。近些年来，随着 MEMS 技术的迅速发展，采用微制造技术制造的 MEMS 器件在体积、重量、成本等方面，都具有十分明显的优势。本文中提出了一种基于 MEMS 的用于分离微纳米颗粒的超声分离装置，并对其分析、设计和制作过程进行了详细介绍。

2. 超声分离原理

当悬浮于液体中的微粒处于超声驻波场中时，它们受到声压波动的影响，这一声压即可形成作用于微粒的超声辐射力。除超声辐射力以外，液体的粘滞阻力同样作用于微粒。

2.1. 驻波声场中的超声辐射力

根据 Yosioka 和 Kawasima 的理论[1]，固定驻波声场中作用于可压缩微粒的超声辐射力 F_{ac} 与微粒半径 a，超声驻波的波数 k,超声能量密度 E,以及密度-可压缩率系数 $f(\lambda,\sigma)$成比例。超声辐射力可以表示为：

$$F_{ac} = -\frac{4}{3}\pi k a^3 E f(\rho, c)\sin 2kh = -F_0 \sin 2kh \tag{1}$$

式中，h 是与驻波源的距离， F_0 是 F_{ac} 的最大值，式(1)中，E and $f(\lambda,\sigma)$可以表示为：

$$E = \rho_0 k^2 |A|^2 \tag{2}$$

$$f(\rho, c) = \frac{5\rho^* - 2\rho_0}{2\rho^* + \rho_0} - \frac{\rho_0 c_0^2}{\rho^* c^{*2}} \tag{3}$$

式中 A 是超声场的波幅，ρ^*, ρ_0, c^*, c_0 分别是微粒及介质的密度和其中超声波传播的波速。

式(1)中，当 $f(\lambda,\sigma)$为正时，超声辐射力驱动微粒向声场节点处聚集，当 $f(\lambda,\sigma)$为负时，微粒向声场反节点处聚集。对于绝大多数悬浮于水合溶液中的微粒来说，比如生物细胞和大分子，$f(\lambda,\sigma)$为正，因此，它们向节点平面运动[2]。

由于聚苯乙烯微粒的密度和可压缩率近似于血液中白血球和红血球的密度及可压缩率，因此采用聚苯乙烯微粒代替白血球和红血球进行分析与实验。假设一个半径为 $2\mu m$ 的聚苯乙烯颗粒悬浮于纯水中，微粒与纯水介质都处于一个频率为 1MHz，波幅为 $10\mu m$ 的超声驻波场中。通过计算，可得固定的超声驻波场与作用于微粒的超声辐射力之间的关系，如图 1 所示。在超声驻波场中，波峰、波谷及驻点处的超声辐射力等于 0，当微粒位于点 A 和点 B 处时，它们所受的辐射力方向相反，但都指向最近的驻点。因此可以运用超声驻波场的这一特性将微米或纳米颗粒从介质中分离出来。

作用于微粒的超声辐射力受到几个因素的影响，比如微粒的半径及超声驻波场的频率。对于悬浮于纯水介质中的聚苯乙烯颗粒，首先假设超声场的频率为 200KHz,波幅为 $2\mu m$，则超声辐射力的最大值与微粒

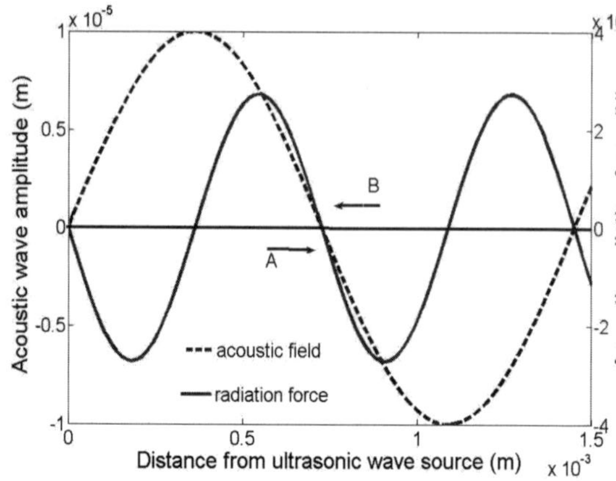

图 1. 超声驻波场与超声辐射力之间的关系（点 A 和点 B 处的微粒在辐射力的作用下向驻点运动）

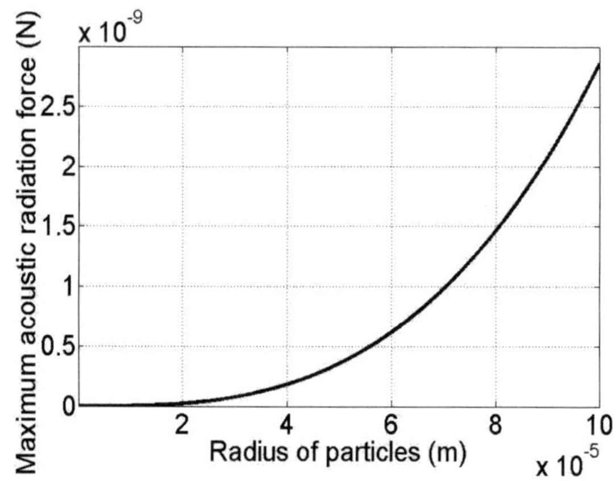

图 2. 超声辐射力与微粒半径之间的关系

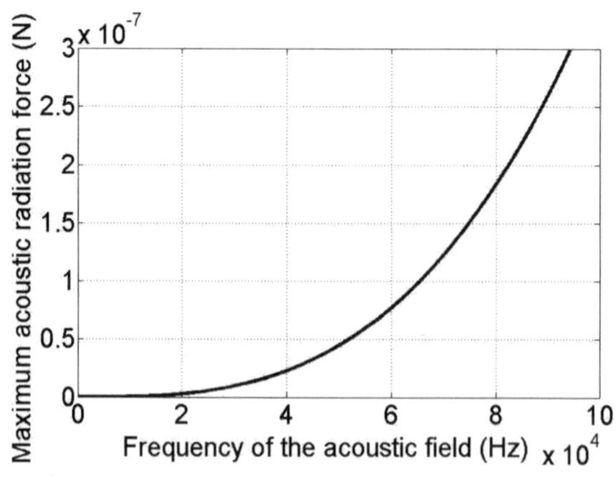

图 3. 超声辐射力与超声波频率之间的关系

半径的关系如图 2 所示。当微粒半径的范围为几微米到 10μm 时，超声辐射力可以达到几个纳牛顿。其次，当聚苯乙烯微粒的半径为 10μm 时，可得超声辐射力的最大值与超声场的频率之间的关系如图 3 所示。从图 3 中可以看出，当超声波频率增大时，超声辐射力的值也随之增大，这就意味着，对于体积一定的微粒，当希望获得更大的超声辐射力以克服微粒所受的液体粘滞阻力，从而驱动微粒向驻点平面聚集时，则可以通过增大超声驻波场频率的方法实现这一目的。

当微粒悬浮于溶液中时，微粒所受的重力与浮力的合力与超声辐射力相比非常小，不会影响微粒的分离效果，因此可以忽略不计。但是微粒所受的液体粘滞阻力是不可忽略的，由斯托克斯定律，当微纳米颗粒在超声场中进行分离时，液体的粘滞阻力可以表示为：

$$\gamma = 6\pi\mu a \tag{4}$$

式中，μ 为液体的粘滞系数。

对于有效的超声分离而言，微粒所受的超声辐射力的最大值必须大于液体的粘滞阻力。通过超声辐射力与粘滞阻力之间的关系，可以得知，可被分离的微粒的半径主要由超声驻波场的频率与振幅决定，具体的计算结果由本文的第三部分给出。

3. 超声分离装置的设计与分析

本文提出一种对微纳米颗粒进行超声分离的微制造器件，如图 4 所示。在这一微器件中，首先将氮化硅生长于硅基底表面，然后采用一系列 IC 工艺将部分氮化硅下部的体硅通过刻蚀除去，从而形成氮化硅薄膜结构，再将此硅基底粘结于玻璃基底之上，在氮化硅薄膜下部的空腔内充以液体介质及微纳米颗粒，一对 PZT 薄片分别粘结在硅基底与玻璃基底上，如图 5 所示。当一个正弦交流信号以适当的频率及波幅输入到 PZT 换能器时，微器件即受激发生体共振，并通过能量耦合效应耦合到氮化硅薄膜上，驱动薄膜产生振动，从而在薄膜下部的空腔内形成一个超声驻波场，这一驻波场即可用来分离液体介质中的微纳米颗粒。

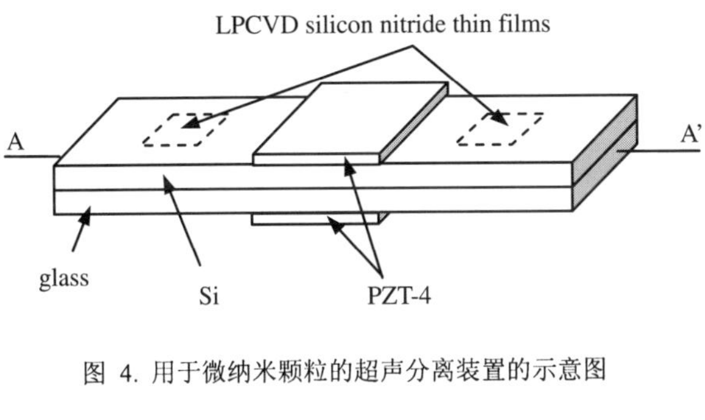

图 4. 用于微纳米颗粒的超声分离装置的示意图

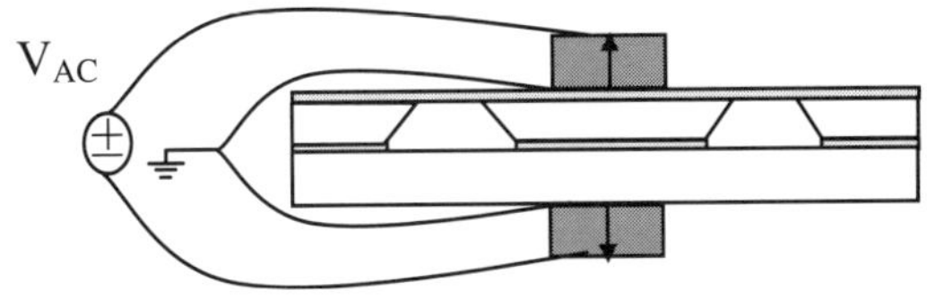

图 5. 超声分离装置的 A-A’ 向视图

图 6 描述了用于微纳米颗粒超声分离器件的微制造工艺。首先，采用低应力低压化学气相沉积方法将氮化硅薄膜沉积于<100>硅片上，然后在硅片的背面通过光刻形成一定形状的图形，并通过反应离子刻蚀方法去除图形处的氮化硅，之后，图形处的体硅通过 KOH 湿法腐蚀方法除去，以便形成氮化硅薄膜，通过以上一系列微制造工艺形成的微制造器件粘结于玻璃基底之上，最后，将两片 PZT 薄片分别粘结于体硅与玻璃基底的中央。图 7 展示了加工完成的微制造超声分离器件。与其它微纳米颗粒的分离器件相比，本文提出的微器件是一种基于芯片的分离装置，其制作工艺兼容于任何与 CMOS 相关的工艺。

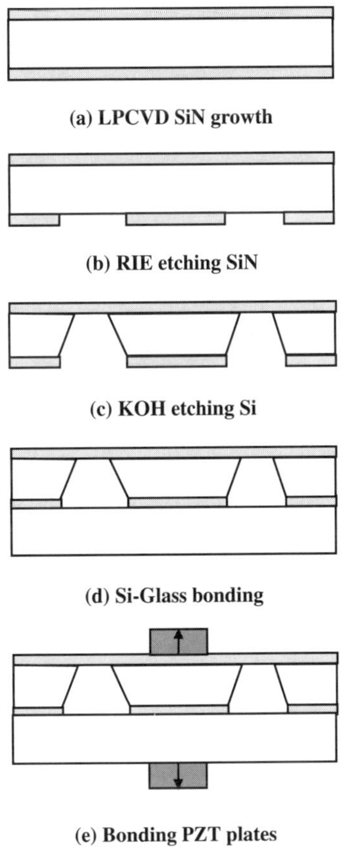

图 6. 微器件的加工工艺

采用有限元方法软件 ANSYS 对超声分离器件的体共振模式进行分析，可得到器件前三阶模态的振动频率及振动形态，如图 8 所示。其中，第一阶模态的共振频率为 55.958KHz，在这一频率下，氮化硅薄膜的振幅最大，如图 9 所示。图 10 显示了通过薄膜振动与流体耦合分析方法得到的超声场的声压梯度分布情况。

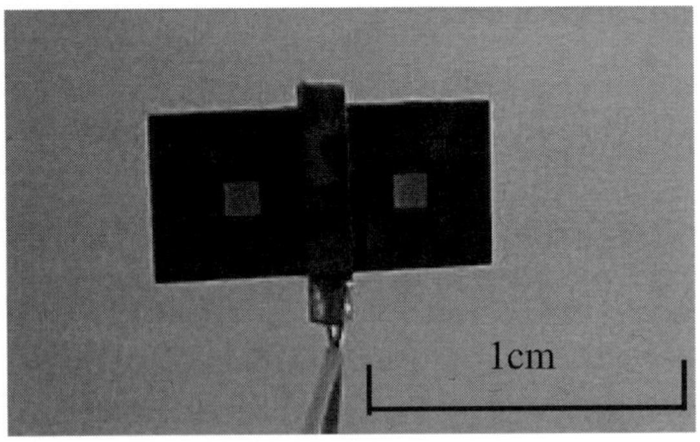

图 7. 加工完成的微制造超声分离器件

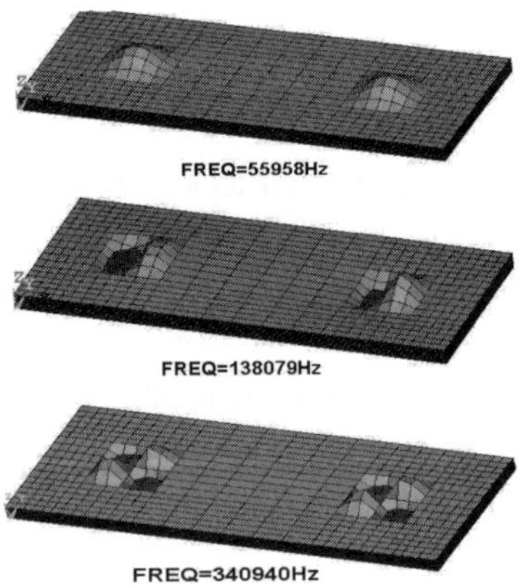

图 8. 超声分离器件的三阶体共振模式

(a) f = 55.958KHz (b) f = 138.079KHz (c) f = 340.94KHz

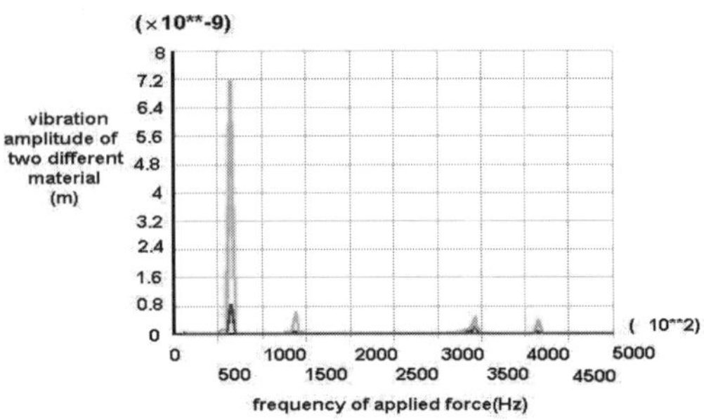

图 9. 超声分离器件三阶体共振模式对应的氮化硅薄膜与硅基底的振动幅值

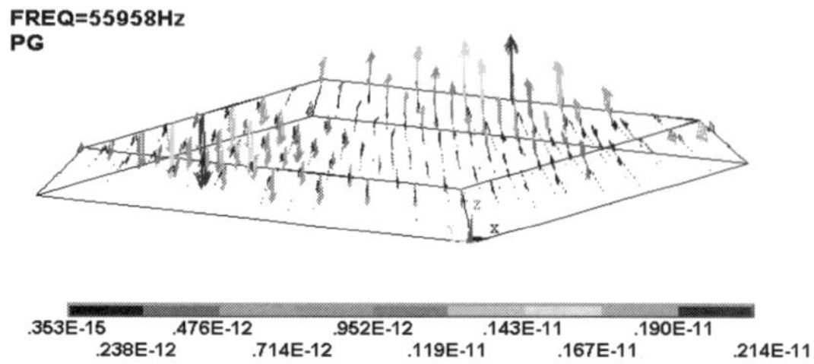

图 10. 薄膜振动与流体耦合分析——由薄膜振动产生的超声场的声压分布梯度图

随着氮化硅薄膜振动，微器件的空腔内形成一个超声驻波场。由式（1）所示，为了计算作用于微纳米颗粒的超声辐射力的大小，必须已知超声波的波幅。在固定的超声驻波场中，氮化硅薄膜的振幅并不等于超声波的波幅，因此需要通过一系列函数关系计算出超声波的幅值。当氮化硅薄膜振动时，即可形成一个声压源，这一声压是一个关于薄膜振幅的函数，声压源向外辐射出声波，而声波的幅值又与声压成正比。通过薄膜振幅、声压与超声波幅值之间的关系，即可在 ANSYS 分析的基础上计算出作用于微粒的超声辐射力。

为计算超声辐射力，首先推导由薄膜振动产生的声压与薄膜振幅之间的关系，如下式所示，

$$P_a = 4\pi^2 f^2 A_m \rho_m h_m / [J_0(kr)/J_0(ka) - 1] \qquad (5)$$

式(5)中，A_m 是薄膜振动的幅值，ρ_m 是氮化硅薄膜的密度，h_m 是薄膜的厚度，J_0 为零阶柱面贝塞尔函数，r 是距离薄膜中心的半径。

运用氮化硅薄膜振动频率与振幅的分析结果，利用式(5)可计算出薄膜振动产生的声压的大小，如表 1 所示。对应于微器件的三阶体共振模式，其声压分别为 0.56 Pa, 0.32 Pa 及 0.92 Pa。

表 1. 由氮化硅薄膜振动产生的声压

	振动频率 f	振动幅值 A_m	声压 P_a
一阶模态	55.958KHz	7.18nm	0.56Pa
二阶模态	138.079KHz	0.55nm	0.32Pa
三阶模态	340.940KHz	0.52nm	0.96Pa

对于微纳米颗粒的超声分离，超声波的波幅与声压成正比，波幅与声压之间的关系如式(6)所示：

$$A = \frac{P_a C}{4\pi f}\sqrt{\frac{r_0}{\rho_0}} \qquad (6)$$

式中，c是介质中声波的波速。

通过式(6)以及表 1 所示的声压结果，即可计算作用于不同半径的微粒的超声辐射力的大小。

当微粒悬浮于溶液中时，它们同时受到超声辐射力与液体粘滞阻力的作用，定义超声辐射力与粘滞阻力的合力为超声分离力，如下式所示，

$$F_s = F_0 - \gamma = 4\pi k a^3 E F(\lambda,\sigma) - 6\pi\eta u a \quad (7)$$

对于有效的超声分离而言，超声分离力必须大于零。当半径为 20MM 的聚苯乙烯粒子悬浮于纯水介质中，微粒与介质都处于一个频率从 10 KHz 变化至 600 KHz，波幅从 1NM 变化至 50MM 的超声驻波场中，则超声分离力与超声波振幅和频率之间的关系如图 11 所示。

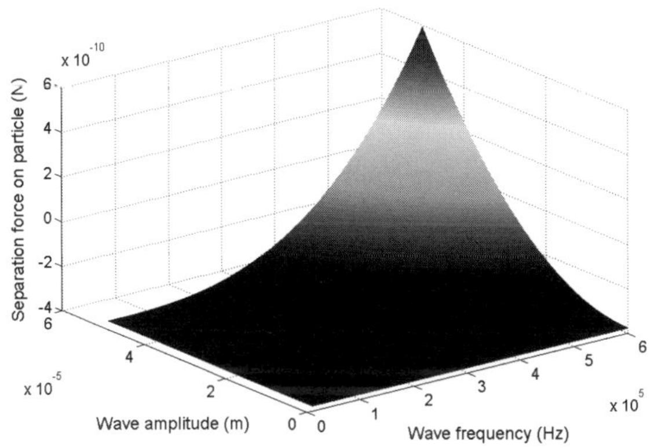

图 11. 超声分离力与超声波振幅及频率之间的关系

通过图 11 可以发现，当超声波振幅与频率在一定范围内变化时，超声辐射力与液体的粘滞阻力的合力可能为负值。在这些情况下，微粒则不可从介质中分离出来。更进一步说，通过式（7）所示的关系，一个固定半径的微粒是否能被有效地分离，主要取决于超声驻波场频率与声压的大小。

表 2. 微器件三阶振动模式下对应的可被分离的微粒的最小直径

	振动频率 f	振动幅值 A_m	微粒的最小直径 a
一阶模态	55.958KHz	7.18nm	64 μm
二阶模态	138.079KHz	0.55nm	26 μm
三阶模态	340.940KHz	0.52nm	2.2 μm

在表 1 所示结果的基础上，可计算出对应的器件振动模式下作用于微粒的辐射力与微粒直径之间的关系，结果如图 12 所示。通过计算，可得器件的三阶振动模式下可分离的微粒的最小直径，具体结果在表 2 中列出。对应于图 8 中所示的一阶模态，微粒的最小直径约为 60MM，而对于三阶模态，尽管其薄膜振幅最小，但其分离效果最小，可分离最小直径约为 2MM 的粒子。因此，超声频率越高，可被分离的微粒的体积越小。当超声波频率达到 MHz 时，本文提出的超声分离器件可以分离纳米级的微粒。

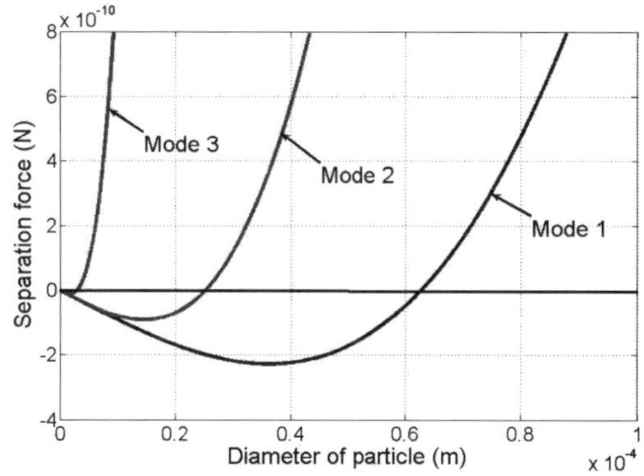

图 12. 超声分离力与可被分离的微粒的最小直径之间的关系

4. 结论

本文首先研究了作用于微纳米颗粒的超声辐射力的相关理论，并且提出了一种新的基于 MEMS 技术、用于微纳米颗粒超声分离的微器件。进而分析了此微器件的工作原理，给出了微器件的具体结构及其微制造工艺，并通过有限元方法在 ANSYS 软件中对微器件进行了数值分析。分析结果表明，本文所提出的用于微纳米颗粒超声分离的微器件可有效地分离微米尺度甚至是纳米尺度的微粒。

致谢

本文得到厦门大学引进人才科研启动基金的资助，在此表示感谢。

参考文献

1. K. Yosioka, Y. Kawasima, Acoustic radiation pressure on a compressible sphere, *Acoustica* **5**, (1955).
2. K. Yasuda, T. Kamakura, Acoustic radiation force on micrometer-size particles, *Appl. Phys. Lett.* **71**, 1771 (1997).
3. Z.Y. He, Y.F. Zhao, *Theoretical Foundation of Acoustics*, Defence Industry Press, Beijing (1981). (in Chinese)
4. H. Guo, A. Lal, Flexural plate wave excitation using bulk modes, In: *Proc. 2001 IEEE Ultra. Sym.* **1**, 799 (2001).

5. M. Araz, C.H. Lee, A. Lal, Ultrasonic separation in microfluidic capillaries, In: *Proc. 2003 IEEE Ultra. Sym.* **2**, 1111 (2003).
6. K. Yasuda, S. Umemura, K. Takeda, Particle separation using acoustic radiation force and electrostatic force, *J. Acoust. Soc. Am.* **99**, 1965 (1996).
7. M. Hill, J.J. Hawkesm, N.R. Harris, et al., Resonant ultrasonic particle manipulators and their applications in sensor systems, In: *Proc. 2004 IEEE Conf. Sensors,* **2**, 794 (2004).

压电式微加速度计的研究

杨慧 郭航
厦门大学萨本栋微机电研究中心
电子邮件：hangguo@xmu.edu.cn

本文研究了在硅基上的具有集中质量块、采用悬臂梁结构、梁上铺设单层 ZnO 压电薄膜的微加速度计的不同结构，详细讨论了压电式微加速度计的力学原理及结构参数设计，建立了传感器的数学模型，研究了压电层厚度、悬臂厚度、长度及宽度对微加速度计灵敏度的影响。进而利用有限元方法软件 ANSYS 对不同悬臂结构的微加速度计进行了分析，得到了不同形式微加速度计结构的模态及灵敏度等结果。

关键词：MEMS，压电式微加速度计，ZnO，有限元方法

INVESTIGATION ON PIEZOELECTRIC MICROACCELEROMETER

Hui YANG, Hang GUO*
Pen-Tung Sah MEMS Research Center, Xiamen University, Xiamen, Fujian, P.R.China
E-mail: hangguo@xmu.edu.cn

In this paper, a piezoelectric accelerometer with different micromechanical structures is studied, in which the micromachined silicon mass block and cantilever, covered with ZnO piezoelectric thin films, are used as the sensing element. Starting from the mechanics theory, we design the structure of sensing element and then analyze the factors affecting the sensitivity of the microdevice, including the length and width of the cantilever, the thickness of both ZnO piezoelectric thin film layer and silicon cantilever. Furthermore, finite element method in ANSYS is used to make a 3-D analysis of the microaccelerometer, the resulted resonant frequency of the fundamental mode and higher order modes, which determines the device working bandwidth, and device sensitivity are presented in the end.

Keywords: MEMS, piezoelectric microaccelerometer, zinc oxide, finite element method

1. 引言

加速度计是惯性测量和导航系统的主要元件之一，随着微电子机械系统（MEMS）技术的发展，微硅加速度计作为一种新型惯性传感器，由于采用微机械加工技术制作，它在体积、重量、成本、功耗、可靠性及寿命等方面，都具有传统加速度计无可比拟的优势，在航空航天、汽车工业、工业自动化、机器人及医药等领域具有广阔的应用前景，因而成为目前MEMS产品化的研究热点之一。硅加速度计作为将加速度信号转换为电信号的装置，其能量传送方式、测量原理以及设计理论等与传统的加速度计并无差异,仅是在几何尺寸上实现了微型化，而由于微机械结构制作精确、重复性好、易于集成化、适于大批量生产,所以其性能价格比很高。硅加速度计的敏感单元由悬臂梁和质量块组成。敏感单元将加速度信号转换成可通过检测单元测得具体量值的电信号，最后根据一定的对应关系得到加速度的量值。从检测机理上讲,硅加速度计主要有压阻式、电容式、压电式、谐振式、热传导式、隧道式等形式，其中压电式硅加速度计利用某些材料（如PZT、ZnO、AlN 等）的压电效应进行加速度测量，即惯性力作用于压电材料上时，压电材料就有电荷（或电压） 输出。与压阻式、电容式硅加速度计相比,它的优点是：动态响应与压电材料尺寸及其误差无关，灵敏度较高,线性好，频率范围宽。

近年来，经研究表明，ZnO作为压电材料，具有良好的压电性能、很高的机电耦合系数及较低的介电常数，并且兼容于IC工艺，因此可用于制造压电式微加速度计。文中对采用单层ZnO压电薄膜的微加速度计的不同结构进行了详细研究，给出了具体的分析结果。研究表明，压电式微加速度计结构便于制造，可靠性强，可以承受比较大的加速度g，并具有较高的灵敏度，具有良好的应用前景。

2. 压电式微加速度计原理

压电式微硅加速度计的敏感单元由集中质量块和弹性支撑横梁构成。当有加速度输入时,质量块由于惯性力作用产生位移，悬臂梁发生弯曲，在压电层的上下表面产生电势差，通过测量此电势差的大小，即可得知外加加速度的大小。

一个单层压电材料的压电悬臂梁，如图1所示，悬臂梁由上层的压电单元和下层的硅基底构成，其中，压电材料位于两层电极之间。

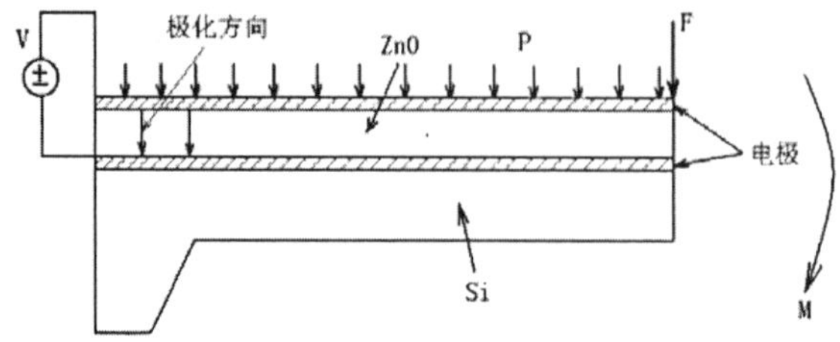

图 1. 压电悬臂梁的示意图

根据Smits压电悬臂层合梁的理论模型[1]，当悬臂受到施加在自由端的外加弯矩M、外加集中力F、梁表面的均布载荷P、压电材料上下电极上的外加电压V时，硅基压电结构的静态响应矩阵可表示为：

$$\begin{pmatrix}\alpha\\ \delta\\ v\\ Q\end{pmatrix}=\begin{pmatrix}\frac{12S_{11}^{Si}S_{11}^{P}(S_{11}^{P}h_{Si}+S_{11}^{Si}h_{P})L}{Kw} & \frac{6S_{11}^{P}S_{11}^{Si}(S_{11}^{P}h_{Si}+S_{11}^{Si}h_{P})L^2}{Kw} & \frac{2S_{11}^{Si}S_{11}^{P}(S_{11}^{P}h_{Si}+S_{11}^{Si}h_{P})L^3}{K} & \frac{-6d_{31}S_{11}^{P}S_{11}^{Si}h_{Si}(h_{Si}+h_{P})L}{K}\\ \frac{6S_{11}^{Si}S_{11}^{P}(S_{11}^{P}h_{Si}+S_{11}^{Si}h_{P})L^2}{Kw} & \frac{4S_{11}^{P}S_{11}^{Si}(S_{11}^{P}h_{Si}+S_{11}^{Si}h_{P})L^3}{Kw} & \frac{3S_{11}^{Si}S_{11}^{P}(S_{11}^{P}h_{Si}+S_{11}^{Si}h_{P})L^4}{2K} & \frac{-3d_{31}S_{11}^{Si}S_{11}^{P}h_{Si}(h_{Si}+h_{P})L^2}{K}\\ \frac{2S_{11}^{Si}S_{11}^{P}(S_{11}^{P}h_{Si}+S_{11}^{Si}h_{P})L^3}{K} & \frac{3S_{11}^{P}S_{11}^{Si}(S_{11}^{P}h_{Si}+S_{11}^{Si}h_{P})L^4}{2K} & \frac{3S_{11}^{Si}S_{11}^{P}(S_{11}^{P}h_{Si}+S_{11}^{Si}h_{P})L^5w}{5K} & \frac{-d_{31}S_{11}^{Si}S_{11}^{P}h_{Si}(h_{Si}+h_{P})L^3w}{K}\\ \frac{-6d_{31}S_{11}^{Si}S_{11}^{P}h_{Si}(h_{Si}+h_{P})L}{K} & \frac{-3d_{31}S_{11}^{Si}S_{11}^{P}h_{Si}(h_{Si}+h_{P})L^2}{K} & \frac{-d_{31}S_{11}^{Si}S_{11}^{P}h_{Si}(h_{Si}+h_{P})L^3w}{K} & \frac{Lw}{h_P}(\varepsilon_{33}^{T}-\frac{d_{31}^2h_{Si}(S_{11}^{Si}{h_P}^3+S_{11}^{P}{h_{Si}}^3)}{K})\end{pmatrix}\begin{pmatrix}M\\ F\\ P\\ V\end{pmatrix} \tag{1}$$

$$K=(S_{11}^{Si})^2(h_P)^4+4S_{11}^{Si}S_{11}^{P}h_{Si}(h_P)^3+6S_{11}^{Si}S_{11}^{P}(h_{Si})^2(h_P)^2+4S_{11}^{Si}S_{11}^{P}h_P(h_{Si})^3+(S_{11}^{P})^2(h_{Si})^4 \tag{2}$$

在式（1）中，α 为悬臂梁的自由端的转角，δ 为悬臂梁自由端的横向位移，v 为体位移，Q 为感应电荷量，S_{11}^{Si}和S_{11}^{P}分别为硅和压电材料的弹性柔顺系数，h_{Si}、h_P、L和w分别为硅层厚度、压电层厚度、微型悬臂梁的长度和宽度，d_{31}为压电材料的压电系数。当施加外部弯矩、集中作用力、分布载荷或电压时，悬臂就会在自由端点处产生转角、横向位移、体位移和表面电荷。当压电薄膜在外力作用下产生感应电荷时，由于压电薄膜本身可视为一个电容器，因此其上下两层电极之间存在电势差，这一电势差即为压电层产生的电压，可以作为微加速度传感器的输出信号。本文研究的重点将放在电荷量，外加集中载荷和电压间的关系。当压电悬臂梁只受到外加集中载荷作用时，通过式（1）,可得感应电荷量与外加集中载荷之间的关系为：

$$Q=\frac{-3d_{31}S_{11}^{Si}S_{11}^{P}h_{Si}(h_{Si}+h_P)L^2}{K}F \tag{3}$$

感应电荷量与压电层产生的电压之间的关系为：

$$Q=C_{free}V \tag{4}$$

式(4)中，C_{free}为压电悬臂梁自由端的电容，其值为：

$$C_{free}=\frac{Lw}{h_P}(\varepsilon_{33}^{T}-\frac{d_{31}^2h_{Si}(S_{11}^{Si}{h_P}^3+S_{11}^{P}{h_{Si}}^3)}{K}) \tag{5}$$

从式（3）、式（4）和式（5）可知，微加速度传感器的感应电荷量外加集中载荷成正比，当压电悬臂梁的结构参数确定后，其自由端的电容为一定值，因此，随着感应电荷量的增加，压电层产生的电压也不断增大。所以当微加速度计的质量块部分感应的加速度越大时，相当于作用于悬臂梁自由端的集中载荷越大，微加速度计的输出信号越大。

对于压电式微加速度计，其灵敏度可以表示为：

$$S_u=\frac{U_o}{a}=\frac{U_om}{F} \tag{6}$$

式中，S_u为加速度计灵敏度，U_0为输出电压，m 为加速度计集中质量块的质量。

3. 压电式微加速度计的结构设计

根据传感器的工作原理，传感器的弹性梁能将外界的加速度转换为相应的机械量变形。弹性梁的基本结构为矩形悬臂梁结构。质量块产生的惯性力将施加在弹性梁上，弹性梁受到一个弯矩作用而产生变形。

由于单晶硅是一种脆性材料，破坏时塑性变形很小，所以取其屈服极限（或弹性极限）为工作应力的上限。由于悬臂梁横截面为矩形，因此其最大弹性弯矩为：

$$M = \frac{\sigma_s w h^2}{6} \tag{7}$$

式中，σ_s 为单晶硅的屈服极限，w 为梁的宽，h 为梁的高。假设有一集中载荷 ma 作用在质量块，为使加速度计不失效，则要求：

$$ma < \frac{M}{L} = \frac{\sigma_s w h^2}{6L} \tag{8}$$

即

$$a < \frac{\sigma_s w h^2}{6mL} \tag{9}$$

当微加速度计在受冲击载荷作用时，要使其不失效，必须满足式（9）的条件。在悬臂梁的三个结构尺寸 L、w、h 中，h 对加速度计的量程影响最大。要设计具有较大量程的微加速度计，必须合理选择悬臂梁的结构尺寸。

由式（3）、式（4）和式（5）可知，压电材料的感应电荷量和极板间电势差与悬臂梁的结构参数密切相关，因此在设计压电式微加速度计的过程中，必须研究悬臂梁的具体结构与输出电压之间的关系。设悬臂梁的硅层厚度为 $5\mu m$，ZnO 层的厚度为 $2\mu m$，当悬臂梁的自由端受到 $20\mu N$ 的集中载荷作用时，输出电压与悬臂长宽比之间的关系如图 2 所示。由图 2 可以看出，悬臂梁长宽比越大，输出电压越大。由于此时外加集中载荷及悬臂梁敏感质量始终保持不变，

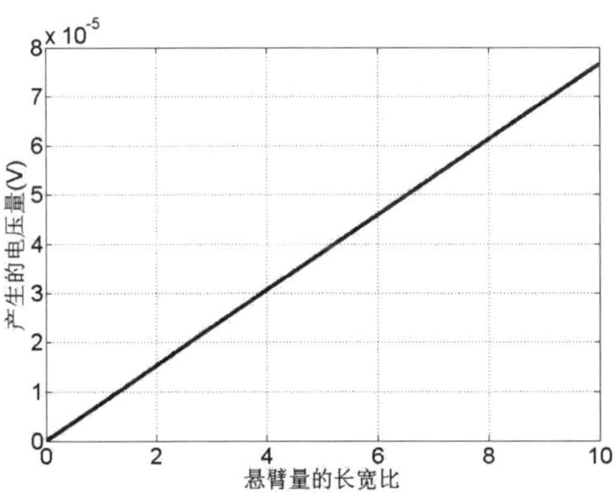

图 2. 输出电压与悬臂梁长宽比之间的关系

即加速度值不变，由式（6）可知，当外加加速度不变时，输出电压越大，加速度计的灵敏度越大，因此，当悬臂梁的长宽比越大时，其灵敏度也就越大。当悬臂长 $400\mu m$，宽 $200\mu m$，外加集中载荷为 $20\mu N$ 时，图 3 显示了悬臂梁不同材料单元的厚度与输出电压之间的关系。由图 3 可以看出，当悬臂梁上压电层和硅层的厚度都为 $0.1\mu m$ 时，输出电压达到最大值，但是由式（9）可知，压电式微加速度计要能够承受一定的载荷，因此不可将悬臂梁的厚度设计的过小。综合考虑微加速度计量程和输出电压大小等因素后，将悬臂梁硅层厚度确定为 $5\mu m$，当悬臂长 $400\mu m$，宽 $200\mu m$，外加集中载荷为 $20\mu N$ 时，压电层的输出电压与和 ZnO 层厚度的关系如图 4 所示。

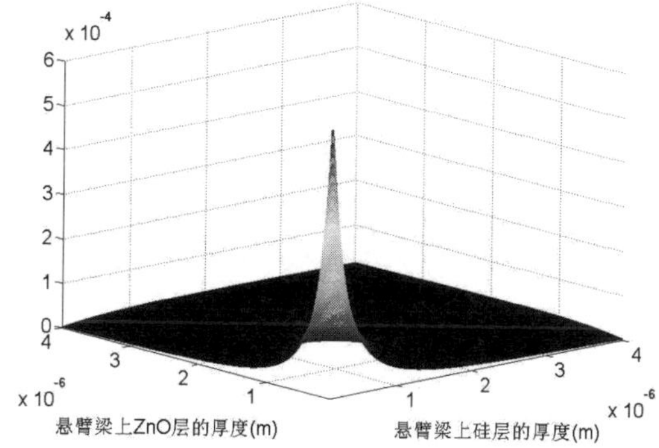

图 3. 悬臂梁不同材料单元的厚度与输出电压之间的关系

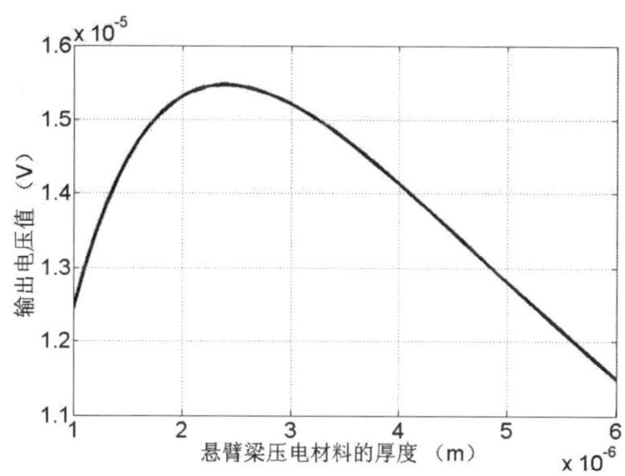

图 4. 输出电压与悬臂梁上压电材料 ZnO 厚度之间的关系

表 1. 微加速度计的各基本结构参数

悬臂长度 L	$400\mu m$
悬臂宽度 w	$200\mu m$
悬臂硅层厚度 h	$5\mu m$
质量块边长	$800\mu m$
质量块厚度	$350\mu m$
ZnO 压电薄膜厚度	$2.2\mu m$

由图 4 可以看出，悬臂梁硅层厚度确定后，当 ZnO 薄膜约为 $2.2\mu m$ 时，输出电压值最大。由式（6）可知，由于此时作用于悬臂梁自由端的集中载荷及悬臂梁结构的敏感质量都是固定的，因此当输出电压达到最大值时，微加速度计的灵敏度也达到最大值。通过以上分析，确定微加速度计的基本结构参数如表 1 所示。

采用以上结构参数的单悬臂梁压电式微加速度

计，由计算可得，最大可承受 7600g 的加速度，若悬臂梁的结构为双悬臂梁式或四悬臂梁式，则其可承受的加速度值更大。

4. 压电式微加速度计的分析

4.1. 不同悬臂梁结构的压电式加速度计的分析模型

由于压电式加速度计的主要传感部分为微悬臂梁，当外界加速度信号发生改变时，悬臂梁自由端的质量块受到一外加作用力的作用，带动悬臂梁发生弯曲，输出电信号。不同悬臂结构的加速度计，其模态分析结果、静力响应或灵敏度是不同的，本文对可应用于微加速度计的三种悬臂梁结构进行了计算机仿真计算。微加速度计的各基本结构参数如表 1 所示。三种悬臂梁结构如图 5 所示。悬臂梁下层及质量块由硅材料构成，悬臂梁上层和质量块上表面铺设 ZnO 薄膜。

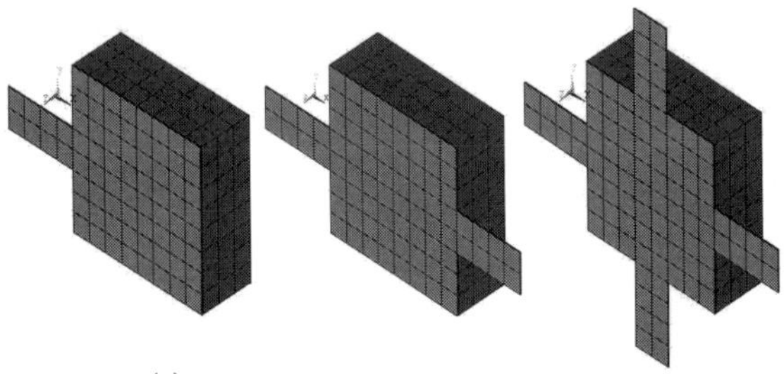

(a) (b) (c)

图 5. 微加速度计的三维分析模型

(a) 单悬臂梁结构, (b)双悬臂梁结构, (c)四悬臂梁结构

4.2. 模态分析

微加速度计有两个重要性能指标,即固有频率和灵敏度,利用静力分析可以求出灵敏度,利用模态分析可以得到加速度计的固有频率和与之对应的振动形态。对应一个结构,如果受到接近其固有频率的激励,结构就有被损坏的危险。所以有了加速度计的固有频率，我们就可得知某个频率的激励对加速度计来说是否危险,并可得微加速度计的工作带宽。在 ANSYS 中对微加速度计进行模态分析，对图 5 中所示的三种模型在悬臂梁远离质量块的一端对所有自由度施加约束，可得三种结构的模态分析结果。得出的加速度计的三种结构的振动形态分别如图 6、图 7 和图 8 所示，对应的前三阶固有频率如表 2 所示。

通过以上分析可知，单悬臂梁结构的微加速度计的一阶模态频率最低，其工作带宽最窄；四悬臂梁结构的微加速度计的模态频率在三种结构中最大，因此其工作带宽最大。

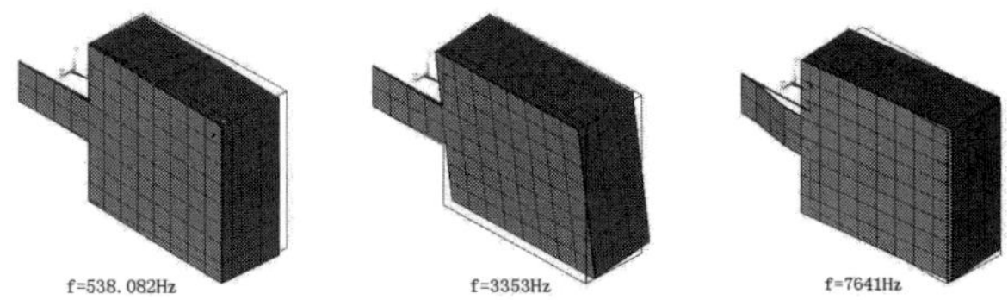

(a) (b) (c)

图 6. 单悬臂梁结构前三阶的振动形态

(a) 一阶形态, (b) 二阶形态, (c) 三阶形态

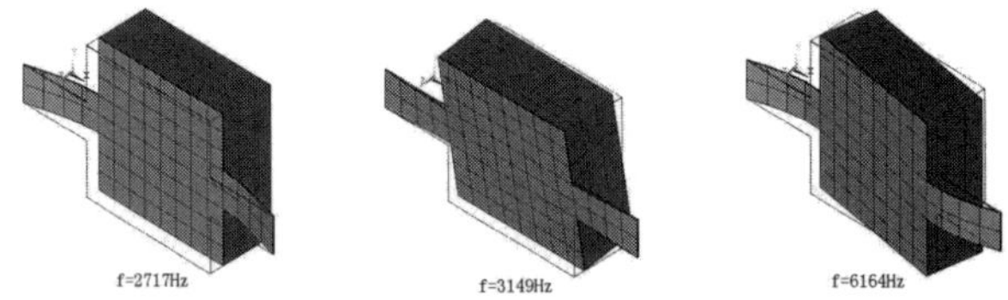

(a) (b) (c)

图 7. 双悬臂梁结构前三阶的振动形态

(a) 一阶形态, (b) 二阶形态, (c) 三阶形态

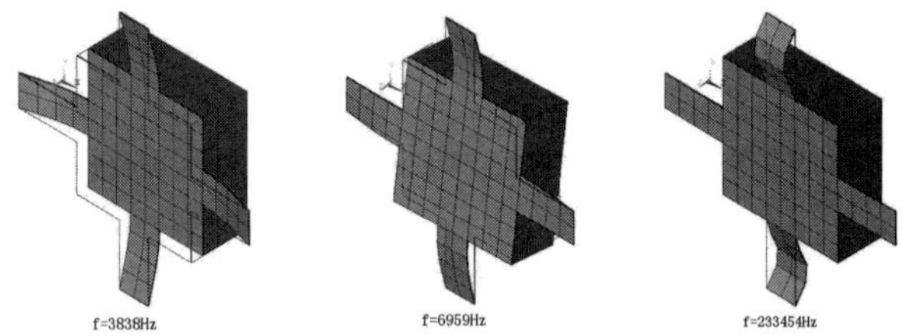

(a) (b) (c)

图 8. 四悬臂梁结构前三阶的振动形态

(a) 一阶形态, (b) 二阶形态, (c) 三阶形态

表 2. 不同结构悬臂梁的前三阶模态分析结果

	单悬臂梁结构	双悬臂梁结构	四悬臂梁结构
一阶模态	538.082Hz	2717Hz	3838Hz
二阶模态	3353Hz	3419Hz	6959Hz
三阶模态	7641Hz	6164Hz	233454Hz

4.3. 静力分析

静力分析是用于求解静力载荷作用下结构的位移、应力和应变等结果。对压电式加速度计进行静力分析，就是要着重观察结构在固定集中载荷作用下，各悬臂压电层的电势分布情况，以及所产生的电压。通过 ANSYS 进行不同悬臂梁结构的程序的处理运算后,可以利用其后处理器观察微加速度计的应力、应变、电场与电势分布等结果。对于微加速度计，其性

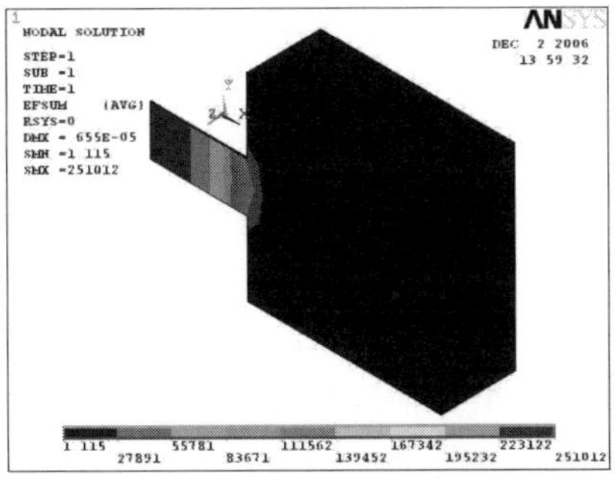

图 9. 单悬臂梁模型的压电层电场分布示意图

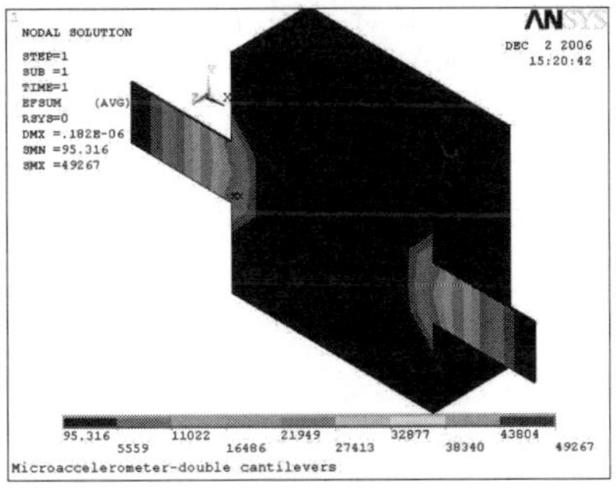

图 10. 双悬臂梁模型的压电层电场分布示意图

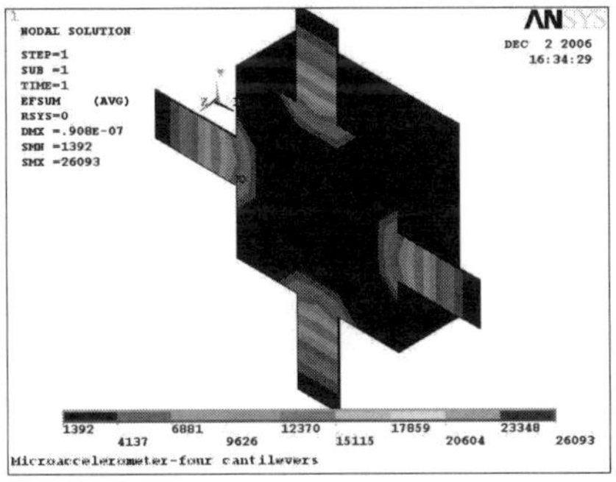

图 11. 四悬臂梁模型的压电层电场分布示意图

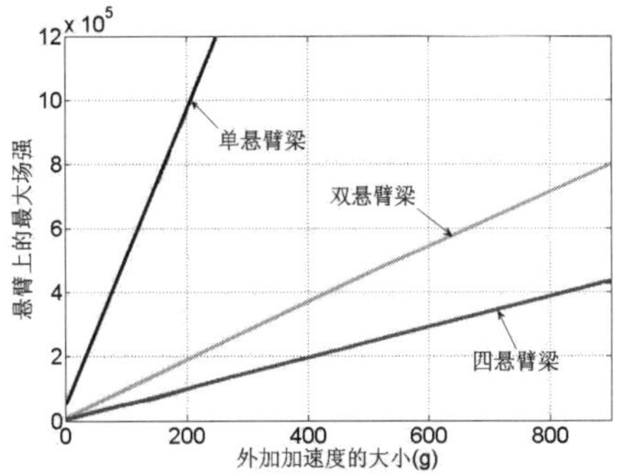

图 12. 不同悬臂结构的最大场强与输入加速度之间的关系

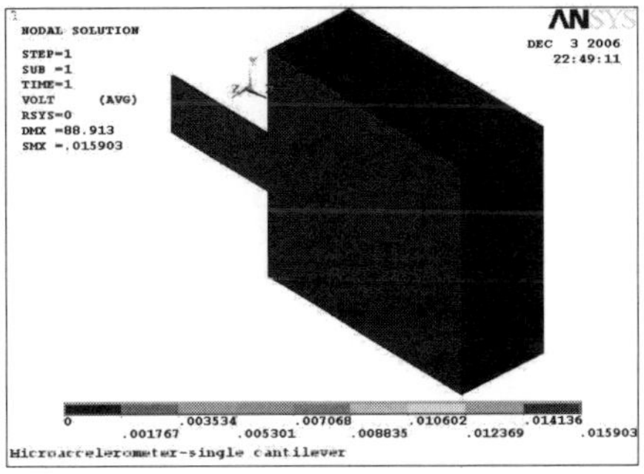

图 13. 单悬臂结构上的电压分布分布图－3-D 视图

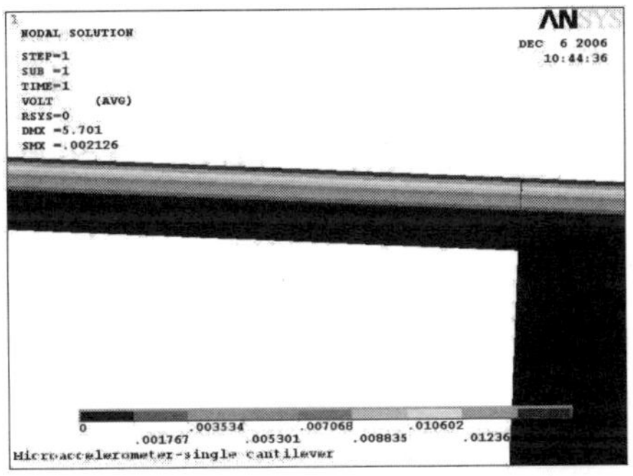

图 14. 单悬臂结构上的电压分布分布图－侧向视图

能指标中最重要的是当集中质量块感受到外界加速度信号的变化，即受到一外加作用力作用时，压电层的电势分布情况以及输出电压信号的大小。若对图 5 所示的三种模型的质量块中心施加 $20\mu N$ 的作用力，其各自的电场分布如图 9、图 10 和图 11 所示。

从图 9、图 10 和图 11 中我们可以看出，当悬臂结构发生变化时，若梁上压电层受力作用，其电场分布也随之变化。当质量块感受到不同的加速度变化时，通过 ANSYS 分析可以得出不同悬臂结构的最大场强与加速度之间的对应关系，如图 12 所示。

由于压电式微加速度计最终的输出信号为电压信号，因此，同样对电压分布与不同悬臂结构的关系进行分析，当在质量块中心施加 $20\mu N$ 的作用力时，悬臂梁上的电压分布如图 13、图 14、图 15 和图 16 所示。

由图 13、图 14、图 15 和图 16 可知，当微加速度计的敏感单元感受到外加加速度信号时，悬臂梁压电层的上下表面之间产生一电势差，即可作为输出电压信号。图 14 表明，这一电压沿压电层厚向逐渐减小，上表面电压值最大，下表面电压值为零。加速度值越大，上表面电压值越大，通过 ANSYS 计算不同加速度条件下的输出电压值，可以得到不同悬臂梁结构的微加速度计的输出电压与加速度之间的关系，如图 17 所示。

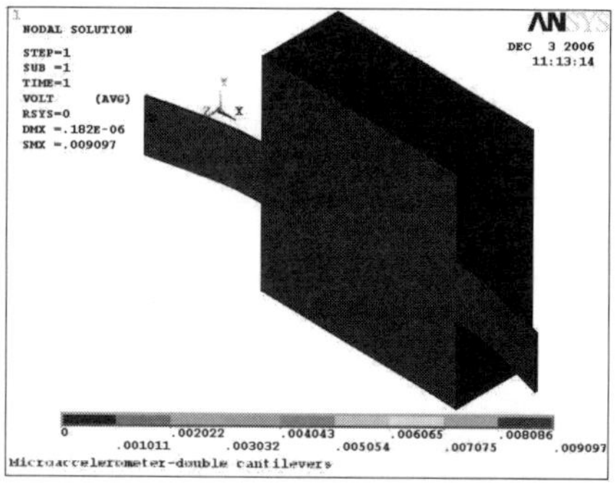

图 15. 双悬臂结构上的电压分布分布图

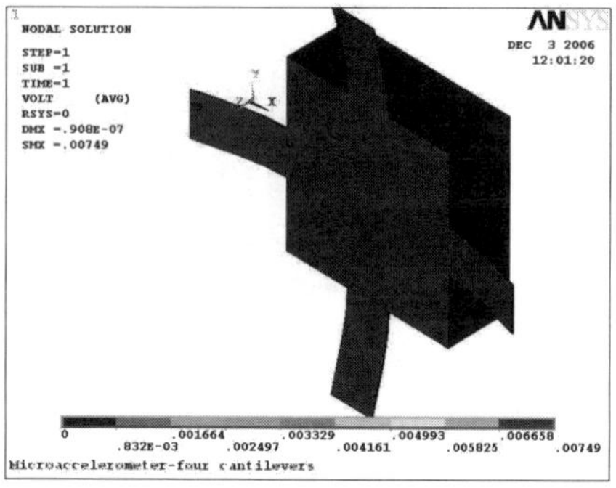

图 16. 四悬臂结构上的电压分布分布图

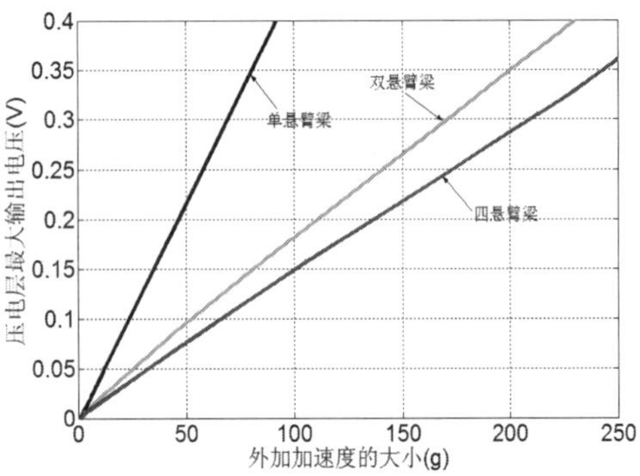

图 17. 微加速度计压电层输出电压与外加加速度的关系

表 3. 不同悬臂结构的微加速度计的灵敏度

敏感单元结构形式	灵敏度（mV/g）
单悬臂梁	4.3
双悬臂梁	1.7
四悬臂梁	1.4

由于压电式加速度计的灵敏度表示为输出电压与加速度的比值，即图 17 中三条曲线的斜率，通过计算可得三种悬臂结构的灵敏度如表 3 所示。

由表 3 可知，单一悬臂梁结构的加速度计的灵敏度最高。但是，由模态分析结果可知，单一悬臂梁结构的模态频率较低，并且它在使用过程中容易受到其它方向的加速度的影响，使得加速度计悬臂产生扭转，造成测量结果的不准确。因此在设计过程中，必须综合考虑以上几方面的因素。

5. 结论

本文中分析了压电式微加速度传感器的工作机理,得到了加速度计的输出电压与压电悬臂梁结构参数之间的关系，经计算得出,随着悬臂梁压电层厚度的变化,其输出电压有个最优值（峰值），即微加速度计的压电层为这一厚度时，可以使该传感器具有最高的灵敏度。所以,可以在保证可靠性的情况下,合理地选择微加速度计敏感单元的结构形式和参数，来得到更高的灵敏度。通过使用 ANSYS 软件对微加速度计三种不同的敏感单元结构进行模态和静力的仿真分析,得出了加速度计的两个最重要的性能指标,固有频率和灵敏度。经过本文的分析,对于三种不同的悬臂梁结构形式的微加速度计，单一悬臂梁结构的加速度计的灵敏度最高，但其稳定性较差，因此在设计过程中，必须结合实际情况综合考虑灵敏度与稳定性等因素。经研究表明，采用 ZnO 制作压电式微加速度计是完全可行的，并且其结构便于制造，可靠性强，可以承受比较大的加速度 g，具有较高的灵敏度，具有良好的应用前景。

致谢

本文得到厦门大学引进人才科研启动基金的资助，在此表示感谢。

参考文献

1. J.G. Smits, W.S. Choi, The constituent equations of piezoelectric heterogeneous bimorphs, *IEEE Ultra. Ferr. Freq. Contr.* **38**, 256 (1991).
2. D.L. DeVoe, A. Pisano, Surface micromachined piezoelectric accelerometers (PiXLs), *J. Microelectromech. Sys.* **10**, 180 (2001).
3. Q. Zou, W. Tan, E.S. Kim, et al., Highly symmetric tri-axis piezoelectric bimorph accelerometer, In: *2004 IEEE Microelectro- Mech. Sys.*, 197 (2004).

氧化锌压电薄膜的生长与表征

孙宏明　张翊　郭航

361005 厦门大学萨本栋微机电研究中心

电子邮件：hangguo@xmu.edu.cn

本文通过实验研究用磁控溅射技术生长的 ZnO 压电薄膜，运用 XRD 和 SEM 来测试 ZnO 薄膜的 C 轴择优取向生长情况和晶粒质量，比较了 Si、覆盖在 Si 基底上的 Al 薄膜和 Si_xN_y 薄膜三种材料衬底和退火处理对 ZnO 薄膜的结晶质量的影响。为了能够与 CMOS 工艺兼容，本文开发了仍然采用 Al 作为底电极但用一层 Si_xN_y 薄膜与 ZnO 层隔离的 MEMS 压电器件的微制造工艺，以满足生长高质量的 ZnO 压电薄膜并与 CMOS 工艺兼容的要求。

关键词： ZnO 薄膜、磁控溅射、XRD、退火处理、MEMS 器件

THE GROWTH AND CHARACTERIZATION OF ZINC OXIDE PIEZOELECTRIC THIN FILM

Hong-Ming SUN, Yi ZHANG, Hang GUO

Pen-Tung Sah Research Centre, Xiamen University, Xiamen , Fujian, P.R.China

E-mail: hangguo@xmu.edu.cn

This paper presents the growth and characterization of ZnO piezoelectric thin film using magnetron sputtering technology. In this paper, we studied the influence of annealing process and different substrates, including silicon, aluminum layer and silicon nitride thin film on silicon, on the piezoelectric performance of ZnO thin film by using XRD and SEM to analyze C-axis orientation and crystalline quality of ZnO thin film. In the end, we develop a fabrication process, for which the aluminum is still used as the bottom electrode but isolated from the ZnO thin film by a layer of silicon nitride thin film, to meet the requirements of the quality of the ZnO thin film growth and the compatibility with CMOS technology.

Keywords: ZnO film; magnetron sputtering; XRD; annealing; MEMS device

1.　引言

ZnO 是一种六方纤锌矿晶体，呈 N 型导电特性，禁带宽度为 3.37eV，有很高的激子结合能（60meV），在光电领域应用很广泛，如短波长发光器件以及太阳能电池等方面的应用。同时 ZnO 材料具有低介电常数和高机电耦合系数，在压电方面也有很广的应用前途，如在 MEMS 微制造技术的领域，ZnO 压电薄膜可应用在 MEMS 麦克风和微加速度传感器等微传感器件中，也可用于声表面波以及体共振器件中[1]。ZnO 薄膜可以利用金属有机气象沉积（MOCVD）、溶胶凝胶以及磁控溅射等方法来制备，但利用磁控溅射法成本较低，效率高，因此是较常用的薄膜生长技术。为了获得压电器件的高机电耦合系数和高压电常数，首先就应制备具有高度 C 轴择优取向的 ZnO 薄膜。随着 MEMS 技术的发展成熟，器件的微制造与微电子 IC CMOS 的兼容工艺可以实现器件和电路的芯片集成。在 IC 工艺中作为接触和互连最常用的材料是 Al，因此本文通过实验来开发 Al 作为电极材料的 ZnO 压电薄膜器件的微制造工艺，以满足与 IC 工艺兼容的要求。

2.　磁控溅射生长 ZnO 薄膜与表征

为了得到具有较高声电转换效率和高驱动能力的 ZnO 压电器件, ZnO 薄膜应具有一定的厚度，并且具有良好的 C 轴择优取向和致密的晶体结构以获得较高的压电系数。为此，我们采用了磁控溅射法来生长 ZnO,溅射过程中采用纯 Zn 靶材料，衬底温度为 200^0C，靶距为 8cm，氩氧比（$Ar:O_2=1:2$）,溅射功率为 200W。在上述同样条件下，为了比较生长的 ZnO 薄膜晶体的 C 轴取向程度，采用不同的衬底进行溅射，分别是 n 型 Si（100）基底、n 型 Si（100）基底上溅射 Al 膜和 n 型 Si（100）基底上生长 Si_xN_y 薄膜，

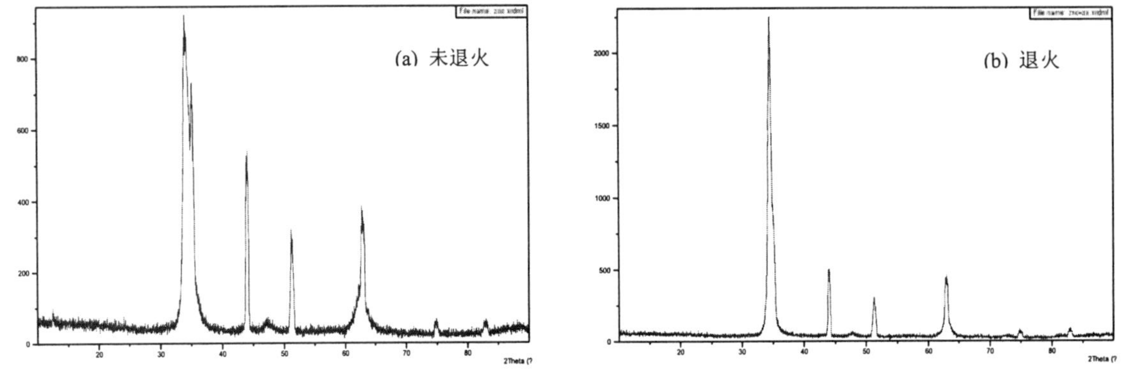

图1. Si衬底上直接生长ZnO的XRD图谱

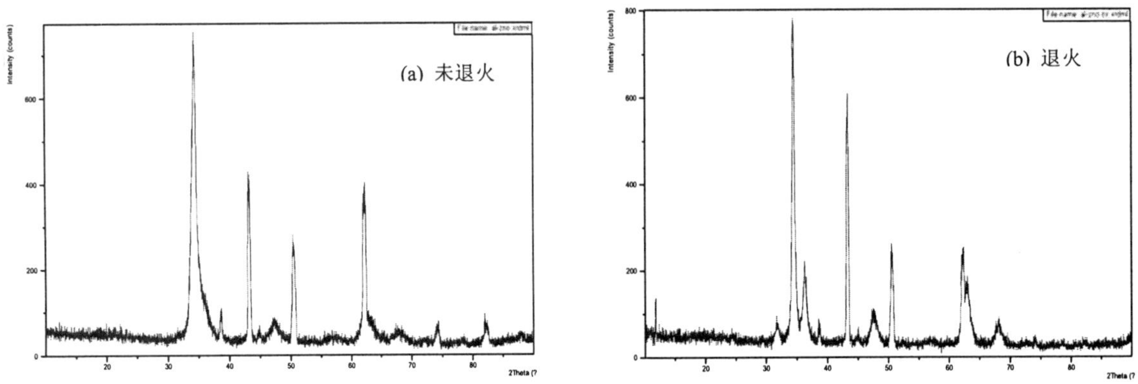

图 2. Si 基底上镀有 Al 膜再生长 ZnO 的 XRD 图谱

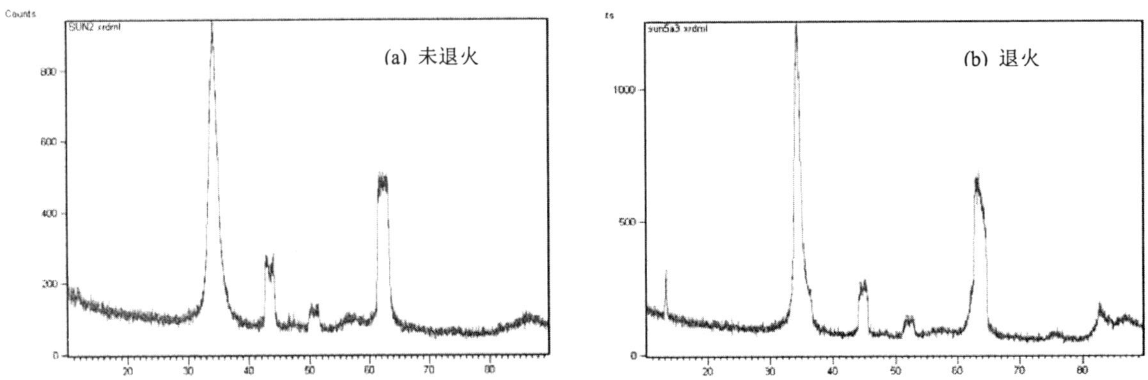

图 3. Si 基底上沉积 Si_xN_y 薄膜上生长的 ZnO 的 XRD 图谱

溅射的 ZnO 厚度为 1~1.5μm。同时取以上三种不同衬底的样品，在纯氧环境下进行 450^{0}C 退火处理 30 分钟，并自然降温。利用 X 射线衍射(XRD)实验对 ZnO 样品进行晶体质量的分析，扫描范围为 10-90^0，扫描步长为 0.0167^0，掠射角角度（Omega）为 6^0。阳极金属为 Cu，电压为 40kV，电流为 30mA。并利用扫描电子显微镜（SEM）对 ZnO 晶体的形貌进行分析。

ZnO 薄膜的结晶质量和其生长的取向性以及晶粒尺寸大小都有一定的关系。图 1—图 3 是不同衬底样品退火处理前后的 XRD 实验的特征谱图，从图 1 中可以看出，直接在 Si 基底生长的 ZnO 在（002）晶面的衍射峰最强，峰附近有分叉为（101）峰，其它三个侧峰为（200）、（110）和（103）晶面。退火处理后，（002）晶面的衍射峰对其它方向的抑制作用明显，说明在单晶硅上溅射 ZnO 退火处理使得结构致密，取向变好。图 2 是在溅射有 300nm 厚的 Al

金属薄膜的 Si 基底上生长 ZnO，用来表征电极材料对结晶效果的影响，从 XRD 衍射谱可以看出，除了（002）晶面以外，其它晶面方向都有弱峰出现。说明在 Al 金属上溅射，其它方向还有生长，取向效果不好，退火后新出现（100）、（101）峰，这种情况产生的原因是由于 Al 金属的熔点较低，在温度较高的环境下活性变大从而影响了结晶质量。从图 3 中可以看出，在低应力 Si_xN_y 薄膜上生长的 ZnO，与前两种衬底相比，侧峰只有（103）较强，说明（002）方向择优生长情况较好，在 450^0C 退火后结晶质量也有所改善。根据 Scherrer 公式，通过 X 射线衍射峰的半高宽（FWHM）可以估算晶粒尺寸的大小：

$$D = k\lambda / \beta\cos\theta \approx 0.89\lambda / \beta\cos\theta \qquad (1)$$

式中 D 为晶粒的平均直径，β 为衍射峰的半高宽，表 1 是对三种衬底生长的 ZnO 在（002）晶面的晶粒尺寸进行估算的结果。从表中可以得出，在 Al 上生长的晶体晶粒尺寸最大，在 Si_xN_y 上生长的晶粒尺寸最小，退火后，晶面间距都变小，并且晶粒尺寸变大。但在 Al 上的晶粒尺寸变大也是引起其它晶面生长的原因，反而使晶体取向效果变差。

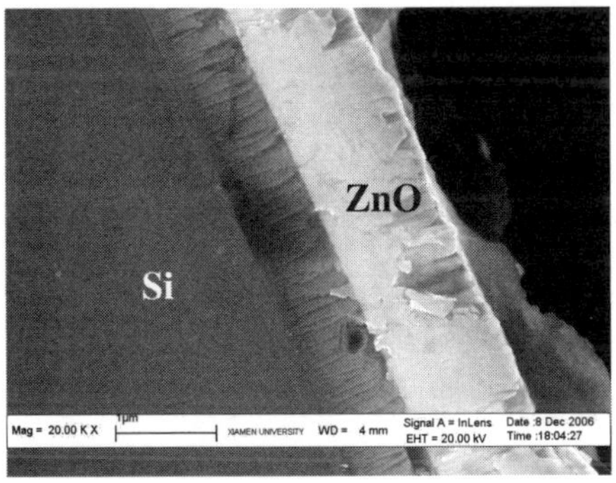

(a) Si基底上直接生长ZnO未退火

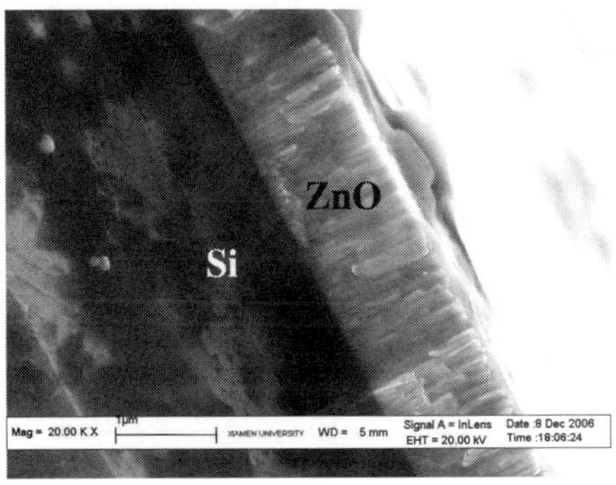

(b) Si基底上直接生长ZnO退火

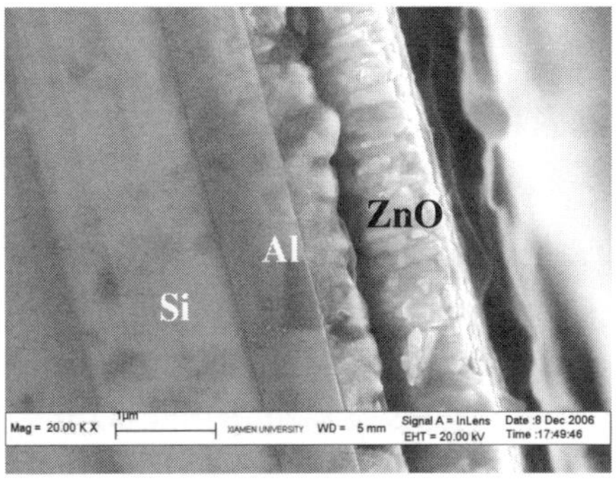

(c) Si+Al 基底上生长 ZnO 退火

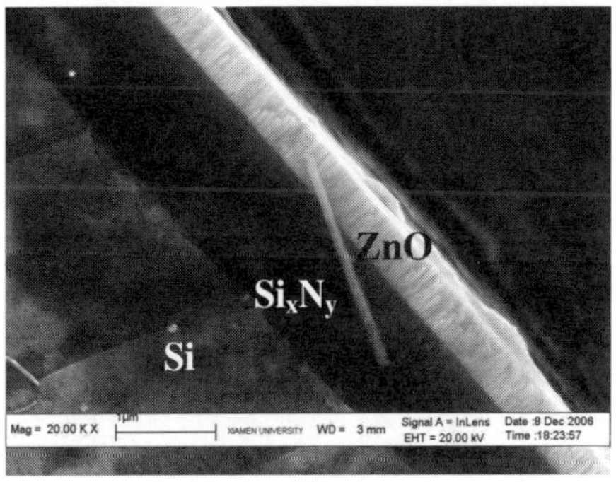

(d) Si+Si_xN_y 基底上生长 ZnO 未退 火

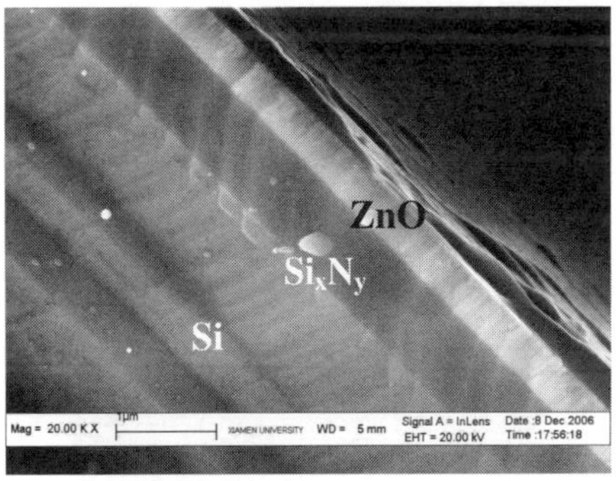

(e) Si+Si_xN_y 基底上生长 ZnO 退火

图4. 不同衬底上生长ZnO薄膜断面电镜扫描图

图 4 所示的是对 ZnO 样品断面形貌的电镜扫描（SEM）图，在 Al 材料上生长的晶体界面粗糙不整齐，但在 Si 和 Si_xN_y 上生长的晶体界面较整齐。且退火后，尤其在 Si 基底上生长的 ZnO 结晶质量有明显改善，但由于 Al 金属熔点较低，因此在 450^0C 时活性变大从而影响了结晶质量。

3. ZnO 压电薄膜 MEMS 器件制造

从以上的实验和表征结果可以得出，Al 作为电极材料并且在其上生长 ZnO 薄膜的晶体质量不高，因此利用 Al 作电极的器件压电特性势必会受到影响，为了解决这一问题，很多利用 ZnO 作压电薄膜的器件都采用其它材料作电极，如 Pt/Au 等[3]。但是在 CMOS IC 的互连线和接触工艺中，Al 合金材料的使用最为广泛，为了能够与 CMOS 集成工艺的兼容，Al 材料仍然被用作为压电器件的电极，但底电极用一层 Si_xN_y 薄膜与 ZnO 层隔离，以满足生长高质量的 ZnO 压电薄膜并与 CMOS 工艺兼容的要求。

图 5 为利用 MEMS 技术制造的用 ZnO 作为压电薄膜的器件工艺流程图，首先利用 LPCVD 在 Si 基片上沉积一层厚约为 1μm 的 Si_xN_y 薄膜，利用光刻以及体硅刻蚀等工艺制备出薄膜结构，如图 5（a）、（b）所示；然后利用热氧化法在硅侧面生成厚度约为 300nm 的 SiO_2 绝缘层，如图 5（c） 所示；再利用磁控溅射沉积一层厚约为 1.5μm 的 ZnO 到 Si_xN_y 薄膜上（生长条件与前面表征样品的条件相同），并进行退火处理，最后在两面溅射 Al 金属作为电极， 450^0C 下集中退火 15 分钟，最后得到如图 5（d）所示的结构。图 6 是未切割的器件实物图，其中（a）中的 ZnO 未退火处理，（b）中的 ZnO 有退火处理，退火处理的薄膜在另一侧看起来有边缘轮廓，这是由薄膜热应力引起的变形所致。器件中 ZnO 薄膜与 Al 下电极之间有一层 Si_xN_y，在微制造工艺中避免了在 Al 金属上溅射 ZnO 薄膜，可以提高薄膜的生长质量。通过对该结构的 ZnO 薄膜进行极化，可以实验观察或测量由于极化电场引起的位移，并能进一步开发为与电路集成的复合层结构 FBAR 器件。

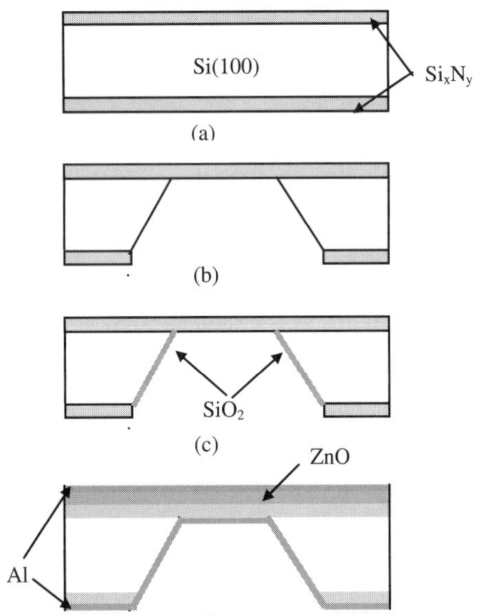

图5. ZnO压电薄膜FBAR器件工艺流程图

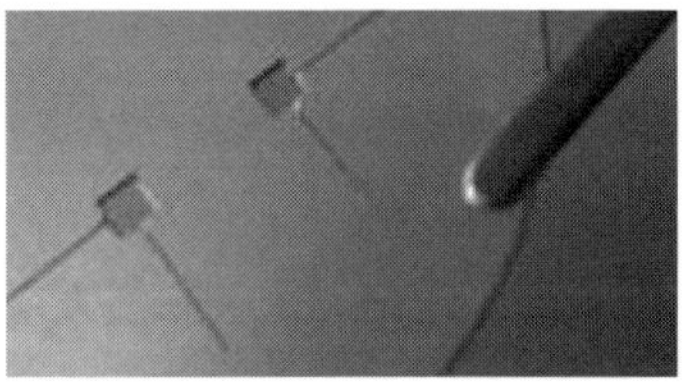

(a) ZnO 未退火

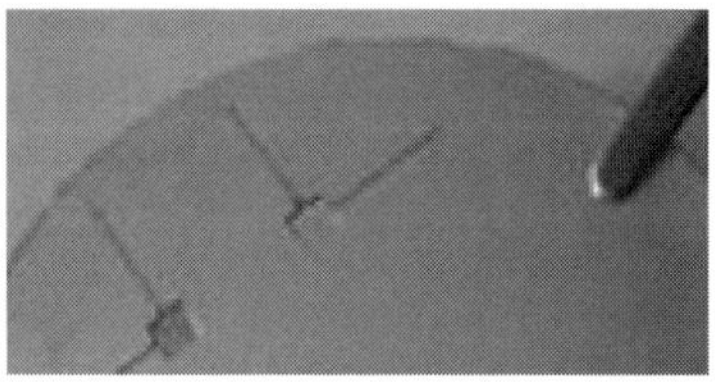

(b) ZnO退火

图6. MEMS制造的压电器件实物图

4. 结论

本文通过对不同衬底上生长 ZnO 薄膜的表征和测试，研究表明了 Si_xN_y 薄膜上生长 ZnO 与在 Al 和 Si 相比能够获得更好的 C 轴择优取向，退火处理能够改善晶粒的质量。开发了仍然采用 Al 材料作为电极，利用磁控溅射法在 Si_xN_y 薄膜上生长 ZnO 的 MEMS 器件的微制造工艺，以满足能够与 CMOS 工艺兼容要求。

致谢

本文得到厦门大学引进人才科研启动基金的资助，在实验与微制造过程中得到萨本栋微机电研究中心工程师们的帮助，在此表示感谢。

参考文献

1. 徐步衡，薛俊明，赵颖等， MOCVD 制备用于薄膜太阳电池的 ZnO 薄膜的研究，光电子·激光 **16**，(2005).
2. D.S. Liu, C.Y. Wu, C.S. Sheu, et al., The preparation of piezoelectric ZnO films by RF magnetron sputtering for layered surface acoustic wave device applications, *Jpn. J. Appl. Phys.* **45**, 3531 (2006).
3. 杨楚威，硅微压电传声器的研究，中国科学院声学研究所硕士学位论文，北京 (2003).

超声波激励微管道内的流场研究

孙宏明　郭航
36100 厦门大学萨本栋微机电研究中心
电子邮件：hangguo@xmu.edu.cn

本文首先应用声流的基本理论，建立起基于 MEMS 技术制造的微流体装置的一维解析模型，分析了声场对微管道内流体运动的影响，并利用有限元分析软件 ANSYS 对超声波激励的微管道进行流体-结构耦合场数值分析，得到微管道内声压、频率以及流场的速度和驱动力分布的结果。

关键词：声流，微管道，流体-结构耦合，超声激励，流场

INVESTIGATION OF FLOW FIELD IN MICROCHANNEL ACTUATED BY ULTROSONIC VIBRATION

Hong-Ming SUN, Hang GUO
Pen-Tung Sah Research Centre, Xiamen University ,Xiamen ,Fujian ,P.R.China
E-mail:hangguo@xmu.edu.cn

In this paper, we start from the fundamental of fluidic dynamics to set up a 1-D analytical model for a MEMS-based microfluidic device, and then we investigate the fluid flow in microchannel influenced by the acoustic field on the basis of acoustic streaming theory. Furthermore, finite element method in ANSYS is used to analyze the structural-fluid coupled field in microchannel actuated by ultrasonic vibration. The results of the acoustic pressure, frequency, velocity and driving force for the fluid flow in microchannel are presented in the end.

Keywords: acoustic streaming, microchannel, structural-fluid coupled field, ultrasonic vibration, flow field

1. 引言

利用微制造技术加工的微流体装置已经被应用于许多领域，如在 DNA 及一些生物分子的测试应用中，环境监测以及喷墨打印等应用方面。微管道是微流体装置中的基本组成结构，驱动和控制微管道内流体的流动是微流体研究的一个重要任务。随着超声在许多领域的应用发展，超声波在微管道内流体控制的应用近些年受到重视，如利用超声流进行冷却以及驱动微马达的研究[1]。目前有许多关于声流的研究实验都建立起来，但多数管道尺寸都在毫米以上范围，对于微管道内声流的研究并不多。随着 MEMS 技术的发展，分析微管道内的声流流场有利于超声应用在 MEMS 以及纳米技术领域的研究。本文利用声流的理论分析微管道内的声场和流场来描述流体介质的运动，研究超声频率激励下的流体运动情况，在分析中忽略了声场的复杂性引起的其它声学现象，如散射情况。

2. 声流理论

2.1. 声流产生

声波在流体介质中传播时，由于流体的粘性和热导性，就会伴随产生非定向的流体运动，即声流，声波的非线性畸变也对声流有一定影响 [3]。本文讨论了粘性流体中产生的声流，研究流体介质质点速度的时间平均值，以及引起声流变化的驱动力。根据粘性流体 Navier-Stoke 质量守恒方程和运动 s 方程组出发，

$$\frac{\partial \rho}{\partial t} + \nabla \bullet (\rho \mathrm{u}) = 0 \tag{1}$$

$$\rho \frac{\partial \mathrm{u}}{\partial t} + \rho \mathrm{u} \bullet \nabla \mathrm{u} = -c^2 \nabla p + \eta \nabla^2 \mathrm{u} + \left(\xi + \frac{\eta}{3}\right) \nabla\nabla \bullet \mathrm{u} \tag{2}$$

式中 ρ 是介质密度，p 是声压，c 是声波在介质中的传播速度，u 是指流体介质质点的运动速度，ε 和 η 分别是介质的体积粘性系数和切变粘性系数。

按照 Bradley 和 Nyberg 的理论，假设声流在二阶声场中产生并且对一阶声场不产生影响[4] 。对式

(1)和(2)中的声压、介质密度和粒子的速度进行级数展开为，

$$\mathrm{u} = \mathrm{u}_0 + \mathrm{u}_1, p = p_0 + p_1, \rho = \rho_0 + \rho_1 \tag{3}$$

若一阶声场是正弦的为周期项，其时间平均值为零，对运动方程和质量守恒方程进行时间平均，如式(4)-(6)，在二阶声场中有时间平均值不为零的项，就会产生如图 1 所示的涡旋。如果忽略介质的体积粘性系数和外界作用[5]，可以得到声流运动的表达式，如式(7)-(11)所示。

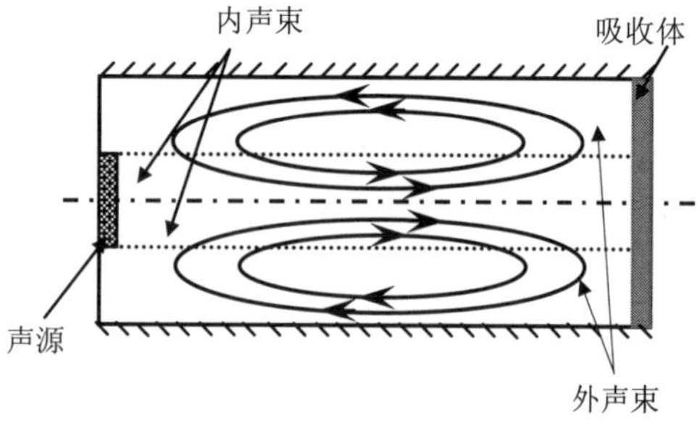

图 1. 管道内声流产生的示意图

$$\left\langle \frac{\partial \rho}{\partial t} + \nabla \bullet (\rho \mathrm{u}) \right\rangle \Rightarrow \nabla \bullet \left(\mathrm{u}_0 + \left\langle \frac{\rho_1 \mathrm{u}_1}{\rho_0} \right\rangle \right) = 0 \tag{4}$$

$$\left\langle \rho \frac{\partial \mathrm{u}}{\partial t} + \rho \mathrm{u} \bullet \nabla \mathrm{u} \right\rangle \Rightarrow \left\langle \rho_0 \frac{\partial \mathrm{u}_0}{\partial t} - \rho_1 \frac{\partial \mathrm{u}_1}{\partial t} + \rho_0 (\mathrm{u}_0 \bullet \nabla) \mathrm{u}_0 + \rho_1 (\mathrm{u}_1 \bullet \nabla) \mathrm{u}_1 \right\rangle \tag{5}$$

$$\left\langle -\nabla p + \eta \nabla^2 \mathrm{u} + \left(\xi + \frac{\eta}{3} \right) \nabla \nabla \bullet \mathrm{u} \right\rangle \Rightarrow \left\langle -\nabla p_0 + \left(\xi + \frac{\eta}{3} \right) \nabla \nabla \bullet \mathrm{u}_0 + \eta \nabla^2 \mathrm{u}_0 \right\rangle \tag{6}$$

将上式整理后，得

$$\mathrm{U}_{\mathrm{dc}} = \mathrm{u}_0 + \frac{1}{\rho_0} \langle \rho_1 \mathrm{u}_1 \rangle \tag{7}$$

$$\nabla \bullet \mathrm{U}_{dc} = 0 \tag{8}$$

$$\frac{\partial \mathrm{U}_{dc}}{\partial t} + (\mathrm{U}_{dc} \bullet \nabla) \mathrm{U}_{dc} - \frac{\eta}{\rho_0} \nabla^2 \mathrm{U}_{dc} = -\frac{\mathrm{F}}{\rho_0} \tag{9}$$

$$\mathrm{F} = \frac{-1}{\mathrm{c}_0^2} \left\langle p_1 \frac{\partial \mathrm{u}_1}{\partial t} \right\rangle - \rho_0 \langle (\mathrm{u}_1 \bullet \nabla) \mathrm{u}_1 \rangle = -\nabla E \tag{10}$$

$$E = \frac{1}{2} \frac{p_1^2}{\rho_0 c_0^2} + \frac{1}{2} \rho_0 \mathrm{u}_1 \bullet \mathrm{u}_1 \tag{11}$$

式中 U_{dc} 代表声流的宏观流动速度，F 为声场对流体的驱动力 [4] 。E 为单位体积声场能量密度。

根据公式(7)，当初始流体为静态时，声流的启动速度为

$$\frac{1}{\rho_0} \langle \rho_1 \mathrm{u}_1 \rangle = \frac{|p_1|^2}{2 \rho_0^2 c_0^3} \tag{12}$$

式中 $|p_1|$ 为声压幅度，‹›表示变量的时间平均值。

如图 1 所示的为一理想活塞声源在管道内产生声流的示意图，假定管壁是刚性的，终端为理想吸声体。流体就会在内声束沿声波传播方向流动，在外声束的流动方向相反从而产生涡旋。

2.2. 接触界面横波对微管道内声流的影响

由于声场的复杂性，且管道的尺寸微小，粘性流体中声场的横波成分会影响流体的运动，流体与管壁的交界面都会有横波成分，因此在设计微流体装置中就应考虑到这种影响，其衰减距离与介质的动粘性系数和频率有关，一般在以下的厚度外横波可以忽略[5]，

$$x = \sqrt{\frac{\nu}{\pi f}} \tag{13}$$

式中 x 为界面层厚度，ν 为动粘性系数，f 为声波频率。

如图 2 所示的为声波在水中传播的该界面层厚度与声波频率的关系（10KHz-1MHz），从曲线中可以看出，在超声波激励的微管道中，如果声波频率越高，横波的影响就越小。因此对超声频率激励的微管道内只考虑纵波的分析。

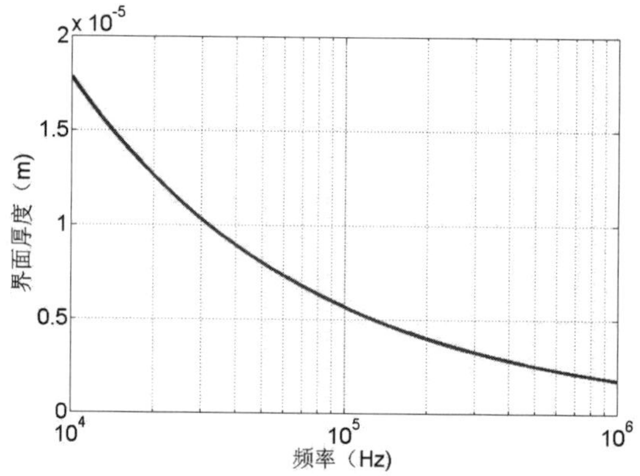

图 2. 声场横波影响运动的界面厚度与频率的关系

2.3. 声辐射力

流体介质的粒子在声场的作用下会受到辐射力，声辐射力在流体中取决于粒子是否会影响声场的能量密

度连续性，一般情况下声场的能量密度是连续的，依据公式

$$\lambda = \frac{u_0}{f} \tag{14}$$

从上式可以判断，对于频率为 1MHz 的超声波在水中传播，波长尺寸约为 1mm，在微管道中的粒子直径尺寸远小于波长，因此粒子所受到的辐射力就等效为声场能量密度差，即声辐射力为式(10)所表示的形式。

3. 微管道的声场、流场分析及结果

为了分析超声波激励的微管道内的流场，本文建立如图 2 所示的微流体装置，该装置利用薄膜的振动激励薄膜下面腔体的流体产生声流，微管道与腔体相连，因此可以根据该 MEMS 微流体装置建立有限元分析模型来研究流场，设该结构表面的 Si_3N_4 薄膜尺寸为 2mm×2mm，厚度为 2μm，微管道的长度为 1cm，宽度为 200μm 和高为 200μm。

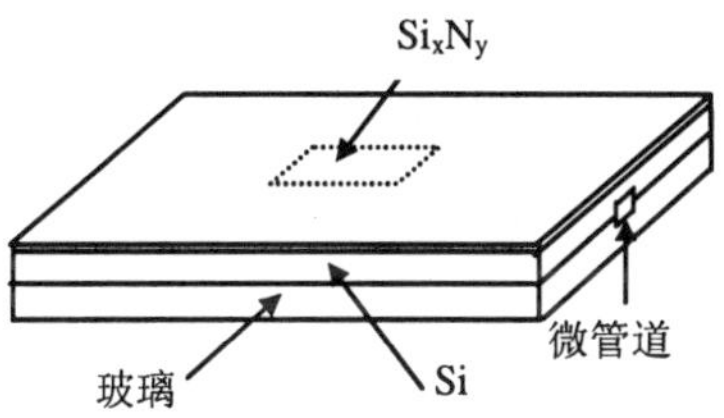

(a) 微流体装置示意图

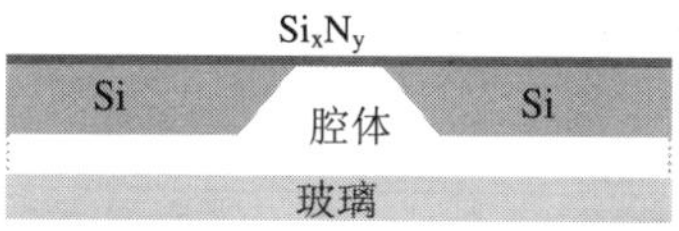

(b) A-A' 向截面图

图 3. 微管道流场分析的微装置结构示意图

本文利用 ANSYS 软件对微管道的流场进行有限元仿真，为了简化分析过程，根据图 3 所示建立二维的模型，由于结构的对称性，只取右半部分来建立几何模型，如图 4(a)所示。在 ANSYS 分析中，分为两步执行，首先分析 Si_xN_y 薄膜振动产生的声场，然后再分析声场对流体的运动的影响。在声场分析中，Si_xN_y 薄膜用 BEAM4 结构单元来划分，与结构接触的流体单元用 FLUID29（opt2=0）来划分，其它区域的流体单元用 FLUID29（opt2=1）来划分，在结构表面施加激励进行耦合分析。然后再利用 ANSYS 的 FLOTRAN CFD 模块对同一有限元模型进行流场分析，在声场分析中的所有 FLUID29 单元替换成 FLUID141 单元，而 BEAM4 结构单元用 NULL（0）来替换。如图 4(b)、(c)所示。

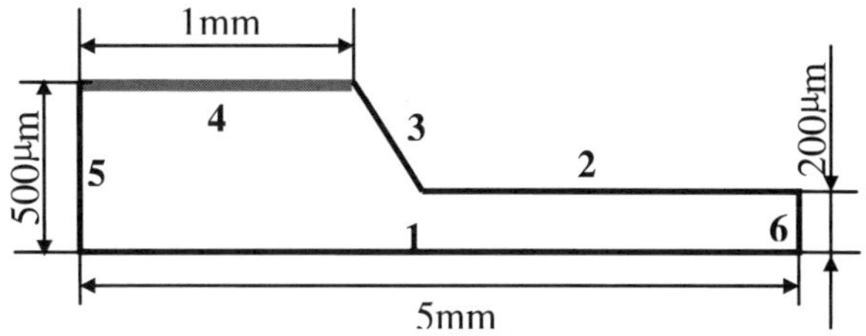

(a) 腔体与微管道的几何模型

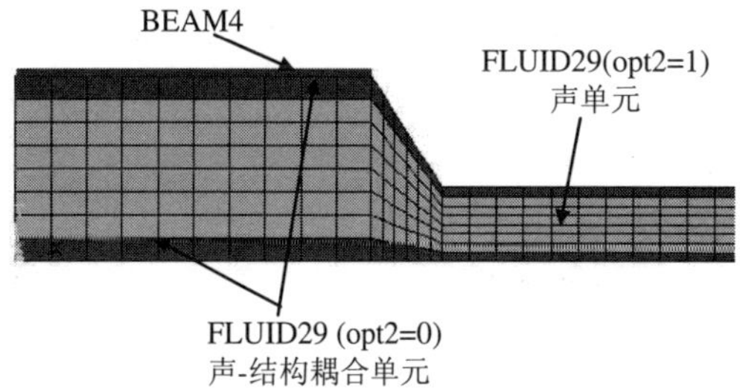

(b) 声场分析的单元划分图

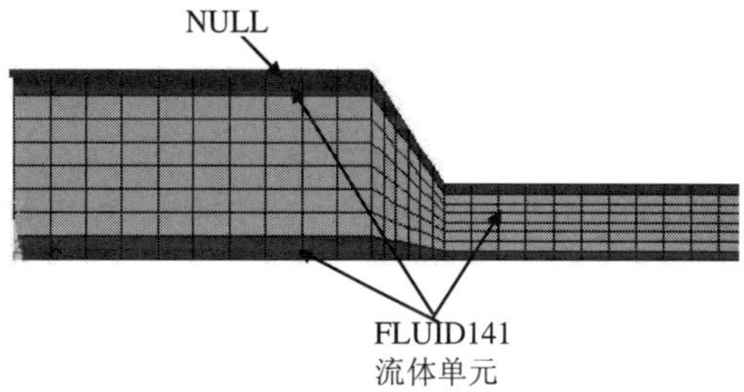

(c) FLOTRAN CFD 分析中的单元划分图

图 4. 声场和流场分析的 ANSYS 有限元模型

声场分析中在 BEAM4 单元上（线 4）所施加的正弦激励载荷幅度为 FY=-0.01N，腔体和管道中介质为水，在线 1、2、3、5 施加刚性约束，线 6 处定义自由压力出口。在 0—1MHz 频率范围内进行频率扫描的谐响应分析，得出声压值结果，如图 5 和图 6 所示，当频率为 55kHz 时，腔体内的声压幅值达到最大约为 0.0064Pa,管道内的声压最大幅值为 0.005Pa，薄膜中心位移达到 1.5nm,如图 7 所示。在该频率下，管道内的声压对激励的响应最强，因此可分析激励频率在 55kHz 时微管道内流体运动的情况。这里所要指出的是，ANSYS 声场分析中是假定流体不流动和非粘

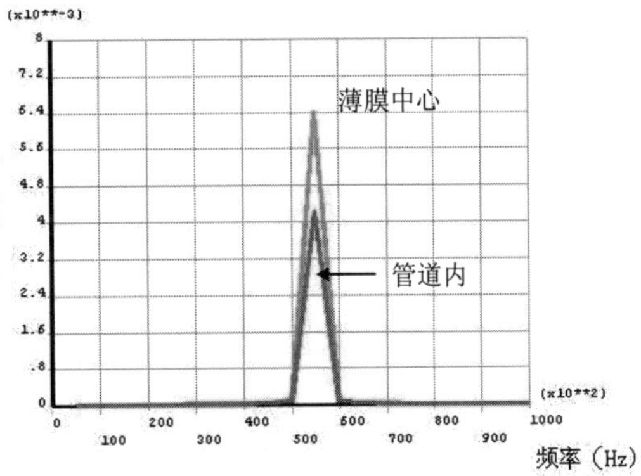

图 5. 声压幅度与频率的关系（ANSYS）

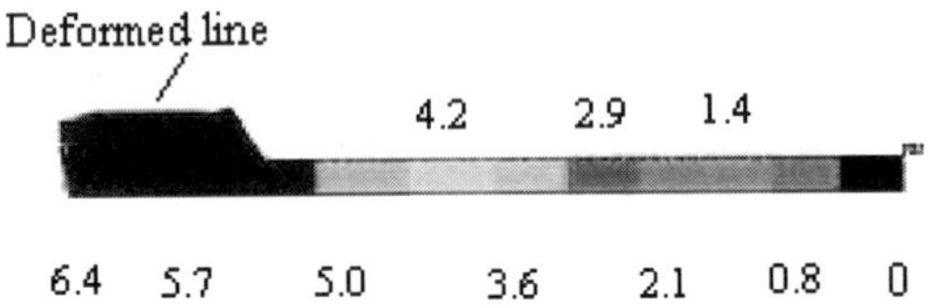

图 6. 频率为 55KHz 时的声场压力分布图（单位：10^{-3}Pa）

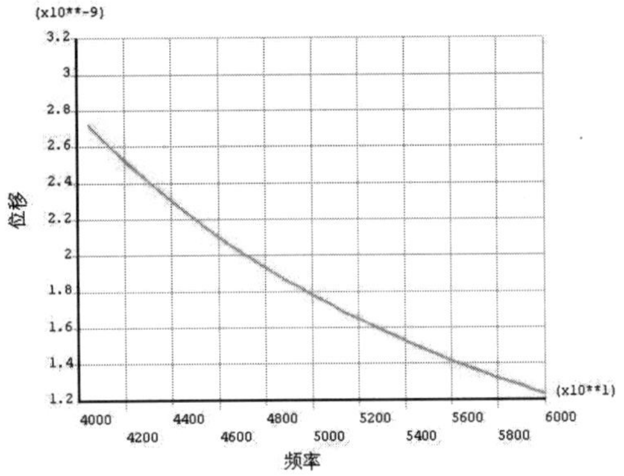

图 7. 薄膜中心的位移与频率关系图

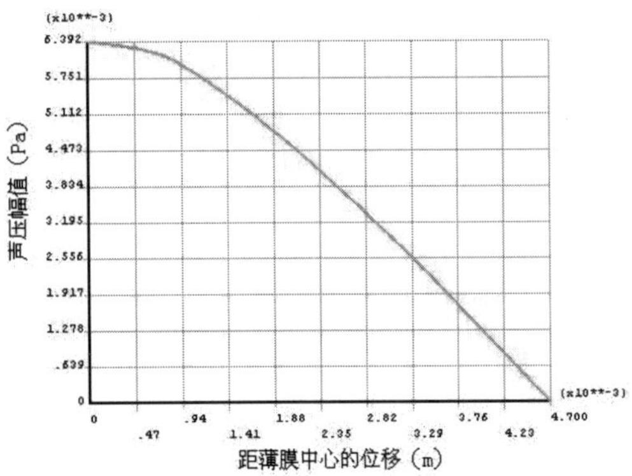

图 8. 频率为 55KHz 时声压在管道内的分布

性的流体-结构耦合分析。

声压在微管道内是衰减连续分布的，若定义管道内的路径进行分析，可得图 8 所示的声压大小随距离的分布曲线。

由公式(12)可知，声流的启动速度与一阶声压幅值有关。在施加一简谐载荷后，在薄膜上的压力幅度约为 10^4Pa，流体启动速度约为 0.017μm/s，该速度沿 Y 负方向施加在线 4 上，为了研究声场变化对粘性流体运动的影响，将以上的声场分析结果耦合到 CFD 分析中，这里不考虑流体对结构的影响，薄膜单元不施加载荷，线 1、2、3、5 的速度边界都为 0，线 6 仍然定义为自由出口。将声场分析中的声压结果（存在 RST 文件中，包括幅值和相位信息）作为体载荷导入到流场分析中。其中水的粘性系数为 1.003×10^{-3}Pa/s 。

流场分析的结果如图 9 所示，从图中可以看出，流体运动速度在声压作用影响下，沿管道方向（即 X 方向）的流动定常状态管道中心速度增加到 0.12μm/s，而在 Y 方向上的流速在管道内很小几乎为零，且在拐角处达到 0.04μm/s。

(a) 腔体与管道内的速度矢量图

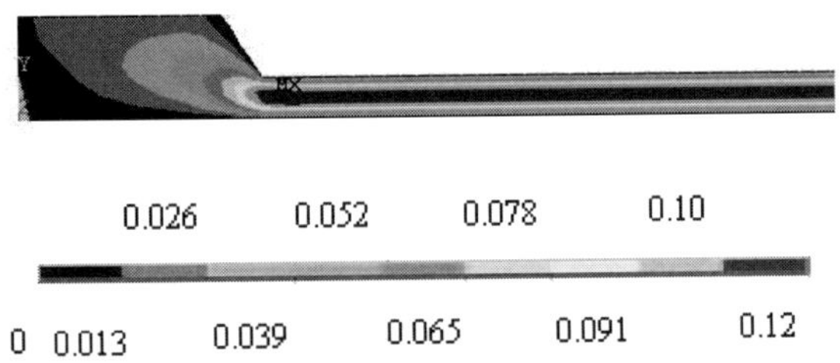

(b) X 方向腔体与管道内流体流动图（单位：μm/s）

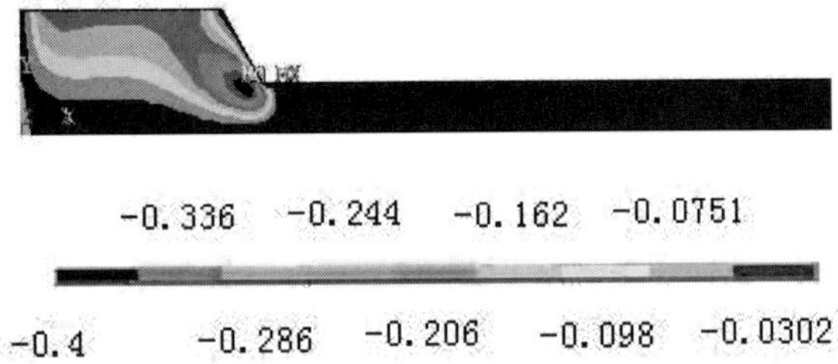

(c) Y 方向腔体与管道内流体流动图 （单位：10^{-7}m/s）

图 9. FLOTRAN CFD 分析的流场示意图

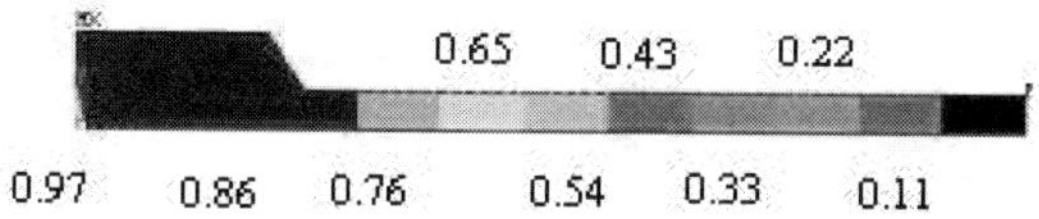

图 10. 流体驱动力力分布示意图 (单位：10^{-4}Pa)

图10 所示的是FLOTRAN CFD分析之后所得出的压力分布结果，该图说明流体运动驱动力与声场中的声压相关，但比声压值小，这是因为两种流体耦合场分析在不同的物理环境下运行，即 FLOTRAN CFD 耦合分析过程，显示了热粘性流体吸收声场能量从而驱动流体运动的结果。图中所示的微管道内最大压力值为 0.76×10^{-4}Pa，该值依赖于流体的密度，粒子速度以及流体的粘性系数和声波衰减系数等。

声流可以通过一定频率的超声激励产生，比如利用双压电晶片就可在流体介质内激发产生声流，这在微电子领域应用于冷却功能有一定潜力。

4. 结论

本文研究了超声波激励微管道内产生的声流场，利用 ANSYS 软件对超声激励的微管道内进行了流体-结构的耦合场分析，得出了流体的运动在频率为 55kHz 声场作用下达到 0.12μm/s。接下来将进一步分析微管道内声流的输运作用，如进行药物粒子输运的流场的分析。

致谢

本文得到厦门大学引进人才科研启动基金的资助，在此表示感谢。

参考文献

1. J. Hoffelner, H. Landes1, R. Lerch, Calculation of acoustic streaming velocity and radiation force based on finite element simulations of nonlinear wave propagation, In: *Proc. 2002 IEEE Ultra. Sym.*, 585 (2002).
2. Q. Wan, et al, Forced convective cooling via acoustic streaming in a narrow channel established by a vibrating piezoelectric bimorph, *Flow, Turbul. Combust.* **74**, 195 (2005).
3. J. Hoffelner, et al, Numerical simulation of nonlinear effects in high power ultrasound applications, In: *Proc. 2001 IEEE Ultra. Sym.*, 645 (2001).
4. C.E. Bradley, Acoustic streaming field structure: The influence of the radiator, *J. Acoust. Soc. Am.* **100**, 1399 (1996).
5. 李太宝，计算声学-声场的方程和计算方法，北京：科学出版社 (2005).
6. A. Sathaye, A. Lal, Numerical simulation of acoustic streaming near embedded microstructures inside microfluidic channels, In: *Proc. 2002 IEEE Ultra. Sym.*, 539 (2002).
7. C.J. Hartley, Characteristics of acoustic streaming created and measured by pulsed Doppler ultrasound, *IEEE Ultra. Ferr. Freq. Contr.* **44**, 1278 (1997).
8. X.G. Shi, M. Roy, V. Shahram, et al., Experimental investigation and finite element simulation of streaming in blood in cylindrical models, In: *2000 IEEE Ultra. Sym.*, 1509 (2000).
9. X.L. Zhao, Z.M. Zhu, G.H. Du, A note about acoustic streaming: Comparison of C. E. Bradley's and W. L. Nyborg's theories, *J.Acoust.Soc.Am.* **104**, (1998).

AUTHOR INDEX